U0156866

著 者 简 介

张海国　汉族，1950 年生于上海。复旦大学生物系人类学专业本科毕业。上海交通大学医学院副教授，复旦大学生命科学学院人类遗传学与人类学系现代人类学教育部重点实验室兼职教授，上海人类学学会名义会长，中国遗传学会中国肤纹学研究协作组组长。长期致力于肤纹的教学和研究工作，获上海人类学学会颁发的“人类学终身成就奖”。

国家科学技术学术著作出版基金资助出版

中华民族肤纹

Dermatoglyphics of Chinese Ethnic Groups

张海国　著

科 学 出 版 社

北　京

内 容 简 介

本书全面介绍了肤纹理论、实践、技术、实验、平台、操作、计算和统计等内容。全书分为两篇：第一篇为概论，概述了肤纹研究的简史，肤纹嵴的发育和遗传，电子捺印肤纹采样，分析技术的美国标准+中国版本和项目品种的中国标准，肤纹伦理学，常用肤纹统计方法和公式，多元统计分析的应用和原理，肤纹的特性，肤纹在人类学、刑侦及安保、运动员选材和医学辅助诊断上的应用情况等内容。第二篇是各论，分别介绍了中国 56 个民族肤纹的模式样本。

本书可供肤纹学研究人员，以及民族学、医学、人类遗传学、法医物证学、生物多样性、人类表型组研究人员参考。

图书在版编目（CIP）数据

中华民族肤纹 / 张海国著. —北京：科学出版社，2021.11

ISBN 978-7-03-070587-7

Ⅰ. ①中…　Ⅱ. ①张…　Ⅲ. ①中华民族—肤纹学　Ⅳ. ①Q983

中国版本图书馆 CIP 数据核字（2021）第 226367 号

责任编辑：沈红芬　路　倩 / 责任校对：张小霞

责任印制：肖　兴 / 封面设计：陈　敬

科学出版社 出版

北京东黄城根北街 16 号

邮政编码：100717

http：//www.sciencep.com

三河市春园印刷有限公司 印刷

科学出版社发行　各地新华书店经销

*

2021 年 11 月第　一　版　开本：787×1092　1/16

2021 年 11 月第一次印刷　印张：43 3/4　插页：1

字数：1 000 000

定价：268.00 元

（如有印装质量问题，我社负责调换）

序　一

2017 年 12 月底，上海市科学技术委员会召开上海科技、知识产权工作情况通报会，正式宣布启动“一计划两中心”行动计划，以形成具有重大战略意义的主攻方向，即以国际人类表型组重大科学计划、微纳电子与量子国际创新中心、脑与类脑智能国际创新中心为第一期核心建设内容，逐步形成重大项目和人才聚集、重大科学问题和核心前沿技术创新研究的高地。

自“人类基因组计划”完成之后，国际科学界发现需全面研究人类表型组，补充所需生命信息的另一半，并对基因、环境、表型之间多层次的关联、整合及三者整体性进行研究，为全面解读人类生命健康密码提供科技支撑。“人类表型组计划”已经成为继“人类基因组计划”后的又一战略制高点。复旦大学联合中国科学院上海生命科学研究院、上海交通大学、上海市计量测试技术研究院申请了“国际人类表型组计划”项目，将系统刻画健康、亚健康、疾病、特殊才能人群的表型特征，实现遗传与发育基础研究和健康管理及医疗应用的接轨，为发起全球人类表型组、全基因组蛋白标签计划等大科学计划提供支撑。

2018 年是不平凡的一年。这一年 10 月 31 日，在张江“人类表型组计划国际协作组”和“中国人类表型组研究协作组”宣告成立，吹响了“人类表型组”国际大科学计划的集结号，标志着由中国科学家倡议发起的“人类表型组”国际大科学计划已得到多国科学家的认同和参与。复旦大学科学家领衔的国际大科学计划启动。

肤纹是人类外露的生物性状，也是为人们非常关注的生物表型。张海国老师一直专注于肤纹课题，研究肤纹的医学应用价值、肤纹的民族群体特性。今天，他依然活跃在肤纹研究的一线，应邀为复旦大学研究生开课，到各地现场采样并撰写专著。该书为国际大科学计划做肤纹理论研究和肤纹技术操作奠定了基础。愿我国的肤纹研究越做越好，保持国际先进地位。

是为序。

陈竺

2020 年 10 月

序　二

张海国老师所著《中华民族肤纹》即将出版，这是值得庆贺的好事。

2018 年 10 月 31 日开幕的第二届国际人类表型组研讨会上，成立了“人类表型组计划国际协作组”和“中国人类表型组研究协作组”。“人类表型组”国际大科学计划（一期）在上海全面启动，并开展相关研究。

在这次会议上，“人类表型组”国际大科学计划的实施路线图、合作机制和组织架构已基本明确，为国际大科学计划在全球范围内的正式启动实施迈出了最关键的一步。作为“人类表型组”国际大科学计划的主要发起方，中国将推动该计划与本国已有的重大科技基础设施产生联动，充分发挥联动所产生的合力，并将其边界延伸，使中国的大科学基础设施发展成为向全世界开放的科研平台。

中国有极其丰富的民族肤纹资源，随着我国科技经济实力迅速发展、引领“‘一带一路’倡议”、主导国际人类表型组研究的全面开展，我国在整个计划中处于领头雁地位。我国也曾经是研究肤纹大国，最盛时有几十个机构在研究肤纹。今天，随着我国全民族肤纹研究告一阶段，在人类表型组战略部署中肤纹研究又得到支撑，迎来了肤纹学研究的春天。中国在肤纹研究的技术标准、项目标准的创建中，掌握了真正的话语权。

张海国同志自 2010 年 1 月 21 日至今，被聘为复旦大学生命科学学院人类遗传学与人类学系现代人类学教育部重点实验室的兼职教授，协助我们从事体质人类学表型组民族群体肤纹的研究和教学、技术平台建设及理论总结工作。

引用一段我写过的文字，作为序言的结束语。

“关于《全中国所有民族指纹地理格局》（*PLoS One* e8783 发表）的论文收到并已仔细拜读，感动不已。深为他三十年来的锲而不舍而折服。在中国，能甘于寂寞在一个领域踏踏实实、孜孜以求，以自己的毕生精力去做好一件事的人已是凤毛麟角。这是一种精神，一种优秀的学者精神。他为科学研究的后来者树立了一个楷模。我为有机会成为他的同事和同道而感到骄傲。这不仅仅是一篇文章，更是一个伟大的工程，是我国人类学研究的一个丰碑，值得大书特书！同时，我为他有陈仁彪教授、陈竺教授等这样长期理解并支持他工作的领导而庆幸；我也为复旦大学人类学专业有他这样的学生而感到骄傲。作为上海市人类学学会的会长，我会建议学会设立并为他颁发‘终身成就奖’，并举行专题报告会，为他的成就庆贺。吴定良先生和刘咸先生虽已故去，他们一定会为有他这样的学生而感到骄傲的。”

此为序。

2020 年 10 月

前　言

中国工程院陈赛娟院士和中国科学院金力院士分别为本书作序，表现出他们对我国人类表型组事业和肤纹研究的关心和希望。对此，深表感谢！

我还在本科读书时就急切期盼“什么时候能在科学出版社出本书”。科学出版社在我心中占有极其重要的地位。读大学时老师教导我们看书要注意两点：一看作者熟不熟，是不是行业顶尖专家，权威的著作才值得为之花时间。二看出版社是否一流，国家级出版社的书，不容错过，比如科学出版社……老师的一个比如，成为留在我心中 40 多年的念想，这就是心结的源头。一个人的行为举止，很大部分受心结暗示和支配。2021 年，将在科学出版社出版《中华民族肤纹》一书，我倍感欣慰。

《中华民族肤纹》是我花费 40 多年撰写的专著。从参加田野调查、肤纹捺印、分析图像、统计计算到撰写和发表论文，一系列的工作一气呵成。现场指挥捺印并亲自操作，观察肤纹图像，把实践中的体会及时记录成文，并在教学中讲授。这样既动手又动笔的经历，是实践磨砺和理论归纳两者互相依赖、互相提高的过程。掌握肤纹研究必备的基本技能和基础理论，是本书得以诞生的基础。

人类学研究的现场采样又称田野工作或田园工作，不管称呼多么浪漫，辛苦都是不言而喻的，做人类学研究，要有健康的身体，更要有坚韧不拔的意志。现场采样会有更丰富的经历，这些经历是在实验室中无法体验的，如采样扫描仪的故障和排除、采样对象的情绪、夏季和冬季采样的不同耗材、不同的现场氛围等，现场就是大学堂。

个体肤纹图像分析又称数字转换或个体图像数字化。这个过程在实验室中进行，也是肤纹学研究者必须亲力亲为的一个环节。当前的技术标准和项目标准尚不能应对或涵盖不断出现的新问题，因此肤纹学的标准经常在补充完善。

把大量个体图像转换成数字信息，再提炼为群体参数，需要用到 Basic 程序。再把许多群体的参数收集成参数矩阵，做群体间的多元分析，如主成分分析、聚类分析等，需要用 SAS 软件。

表型组是生物体从胚胎发育到出生、成长、衰老、死亡的过程中，形态特征、功能、细胞、分子组成规律等生物学性状的集合，也是看得见、摸得着、测得出的人类生物性状，是基因和环境产生的或相互作用产生的所有生物体的表征。人类学之体质人类学的经典学科——肤纹学，是人类外在的、最经典的、为民众熟悉的，也是人类学界关注研究了上百年的、不可或缺的最重要表型之一 。

人类表型组研究能以多视角检视基因、环境、表型相互作用关系，找到疾病发生的机制，提出针对性健康维护方案，从而推动精准医学、健康和医药产业的发展。

表型组研究包括四大平台：影像表型测量平台、功能表型测量平台、细胞表型测量平台和分子表型测量平台。每套平台采集的数据要求一体化、资源化、精细化和标准化。同时，每套平台的运作必须置于伦理原则之下。创新的平台是整个研究的物质保障，利用新仪器、新设备，安全、完整、快捷、清洁、无痛地完成采样任务。

一、肤纹学的研究进入新时代

复旦大学自2014年起开始筹备发起“人类表型组”国际大科学计划。在科技部、上海市的支持下，国内总体规划和布局已经基本到位。

2015年，复旦大学领衔科技部基础性工作专项“中国各民族体质人类学表型特征调查”中国人类表型组研究，已于4月25日正式立项。

2015年，科技部基础性工作专项支持启动了全球首个大规模人类表型组研究项目“中国各民族体质人类学表型特征调查”。

2016年，上海市科委基础研究重大项目对表型组研究给予了优先启动支持。

2017年11月，“国际人类表型组计划（一期）”项目作为上海市首批市级科技重大专项予以立项，为建设人类表型组研究的全球公共技术平台和国际学术交流中心奠定了基础。

2018年10月31日开幕的第二届国际人类表型组研讨会（2018谈家桢国际遗传学论坛）上，“人类表型组计划国际协作组”和“中国人类表型组研究协作组”宣告成立，吹响了“人类表型组”国际大科学计划的集结号。会上获悉，“人类表型组”国际大科学计划（一期）在上海全面启动，并开展相关研究。阿里耶·瓦谢尔（Arieh Warshel）、迈克尔·莱维特（Michael Levitt）、罗杰·科恩伯格（Roger Kornberg）3位诺贝尔奖获得者参加会议，13位国内外院士、来自17个国家的近40名相关领域著名专家、400名国内外高校科研院所和企业界代表参会。

2019年初，相关专用研究平台建成，并正式开始对志愿者进行全面表型测量。“人类表型组”国际大科学计划（一期）在上海开展研究。复旦大学副校长金力介绍，初步计划先在上海精确测量1000个个体，每个个体测量2万个指标；然后在全国范围内精确测量1万个个体，每个个体测量5万个指标；最后在全球五大洲代表性人群中进行测量，每个洲测量1万个个体，每个个体测量10万个指标。最终将形成全球人类表型组的参比图谱，帮助全球科学家进一步开展研究，解读出更多的未知信息。

启动“人类表型组”国际大科学计划将对我国人类遗传资源的保护和创新研究提出更高的要求。“打铁须得自身硬。任何东西只保护不开发利用，实际上并不构成资源。保护与开发利用必须并重”，金力院士表示，应加快建立国家级人类遗传资源基础信息平台和样本库平台，为实施大科学计划保驾护航。

目前的任务：建设电子扫描捺印平台；建立数据库；建成数据分析大平台，包括计算机软件-人工智能-自动分型-自动计数-自动统计-自动分析-自动画图等；整理过去采样的资料（30多个民族群体的个体代码数据）；捺印扫描27个民族的肤纹（指纹、掌纹和足纹）。

二、油墨捺印与电子扫描捺印

金力院士2015年底曾经对我说：肤纹捺印的油墨问题，事关伦理；一项大的科研项目也包括技术平台的创新。在金力院士的支持下我们购买了2套（6台）捺印扫描仪。2017年，在广西河池市、内蒙古鄂尔多斯市、河南新密市、西藏日喀则市等地全面推进捺印扫描肤纹。采集肤纹的油墨捺印法，终于在2017年结束使用。

国家卫生和计划生育委员会于2016年10月12日发布了《涉及人的生物医学研究伦理审查办法》（自2016年12月1日起施行），旨在保护人的生命和健康，维护人的尊严，尊重和保护受试者的合法权益，规范涉及人的生物医学研究伦理审查工作。

（1）使用了100多年的油墨捺印法，在2017年被扫描捺印法彻底替代。油墨中的有机溶剂对人体的危害毋庸置疑。电子扫描捺印不需接触任何有机溶剂，大大提高了安全性。

（2）油墨捺印肤纹，难以防止交叉污染、病原体接触传染。电子扫描捺印每完成一个个体，要用酒精清洁扫描仪表面，避免了交叉感染。

（3）油墨捺印受气温的影响，一般在夏季捺印肤纹。电子扫描捺印不受气温的限制，冬天在室内照常采样。

（4）油墨捺印须在现场洗手洗足，现场脏乱；电子扫描捺印肤纹，没有洗手洗足环节，现场整洁。

（5）油墨捺印肤纹一般需要调查员4～5人，其中2人负责捺印指纹，2人负责捺印足纹，1人负责擦足上油污，工作繁重。电子扫描捺印1个标准人机配置（1台指纹扫描仪、1台掌纹扫描仪、1台足纹扫描仪）2人2岗（摊）位，其中1人负责捺印指纹，1人负责捺印掌纹、足纹。调查员的劳动强度大大减轻，卫生安全可得到基本保障。

（6）采用电子扫描捺印，调查对象的顾虑得以缓解，群众流失的现象大大减少。

（7）电子扫描捺印符合伦理学健康、无害和有利的要求。

（8）电子扫描捺印把样品采集、图像分析、数据输入、文件上传等过程一体化处理。

三、肤纹研究的几大问题或课题

（1）肤纹的基因定位研究。进行全基因组关联分析（GWAS），通过DNA分析找到其在染色体的位置、区段、片段和具体的顺序。从正反两个方向证明指纹基因的真实可靠性。

（2）指纹进化方向“繁⟷简”的探讨。指纹有弓、箕、斗三大类，弓的花纹最简单，斗的花纹较繁杂。什么是指纹的野生型或突变型？

（3）依据民族的显著差别，如同DNA分子钟一样，建立肤纹进化或突变生物钟。肤纹进化或突变频率是多少？

（4）完成亚洲的唐氏综合征诊断标准的制定，提高对唐氏综合征患者的诊断率。

（5）多开展含足纹项目的研究。我国已完成56个民族的指纹和掌纹调查研究，而足纹只调查研究了28个民族，还有28个民族没有足纹资料。

（6）非人灵长类动物的肤纹研究。我国南方的台湾猕猴和北方的太行山猕猴都是非常好的研究材料。对非人灵长类前后肢体掌足纹的研究进展如何？非灵长类动物疑似嵴纹的研究情况又如何？

（7）将语言类型作为分群的依据。

1）按语言方言分区，做汉族肤纹研究。汉方言有北方、吴、湘、赣、客家、粤、闽7种。需要寻找无大规模迁徙的原住民群体（源头的群体），研究对比他们的肤纹参数。

2）按语言族系分区，做民族肤纹研究。调查语言分类清楚的语系或语族群体的肤纹。

学者的生命总有终结时，但学者的学术思想都融进了书籍中，得以较长时间留存于世！《中华民族肤纹》由我这样的“深度肤纹上瘾者”撰写，并交由科学出版社出版，了却深藏了40多年的心愿。同时希望本书能为促进我国肤纹学研究尽绵薄之力。

最后，书中存在的不足和缺点，恳请广大读者批评指正！

张海国

2020年8月

目　　录

第一篇　概论——肤纹学基础

第二篇　各论——中国 56 个民族的肤纹（各民族肤纹模式样本）

第一篇

概论——肤纹学基础

第一章　肤纹研究的简史

皮肤纹理（dermatoglyph）简称肤纹、皮纹。手掌上的嵴线花纹为掌纹，手指上的嵴线花纹为指纹，脚掌上的嵴线花纹为足纹。肤纹包含了指纹（fingerprint）、掌纹（palm）和足纹（sole），是灵长目动物，从低等的原猴类到高等的类人猿，持有的上下（前后）肢掌面的外露表型，是掌面上厚型皮肤的嵴线（ridge，或称嵴纹、嵴）组成的各种类型的花纹。肤纹学（dermatoglyphics）按研究部位分为指纹学、掌纹学、足纹学等；按研究目的细分为非人灵长类肤纹学、人类肤纹学、民族肤纹学、医学肤纹学、司法指纹学等分支学科，在各自领域从不同的方面进行理论和应用研究。肤纹学是以厚型皮肤嵴线花纹为研究对象，以现代统计分析技术和人类其他表型相关分析为研究方法，以发现肤纹生物学信息为研究目的的一门科学。

人类嵴线花纹的研究是一门专门的学科，称为人类肤纹学。人类肤纹学（human dermatoglyphics）以人类厚型皮肤的嵴线构成的花纹为研究对象，以各种现代分析技术为研究方法，以探索人类肤纹理论和应用为研究目的。

嵴线上有丰富的神经末梢和汗腺，对压力、温度等信息的感受更为敏感，具有增加摩擦力的作用，以利于攀缘和紧握工具。在人与大自然抗争的进化史中，肤纹有着重要的作用，故有遗传学家认为：灵长类肤纹的野生型是复杂的斗形纹；简单的弓形纹则是其突变型。肤纹各不相同、终身稳定。

第一节　我国观察与应用肤纹技术的历史

中国是世界指纹观察和应用的发祥地，这一点已得到世界肤纹学界的肯定。我们的祖先观察和应用肤纹的历史已达几千年。

在新石器时代中期仰韶文化的半坡遗址（陕西西安东郊浐河东岸半坡村北）出土的陶器，距今已有 6000 多年，陶器上印有清晰可见的指纹。这些指纹大概是制作时无意印留下来的，但也不能排除有意识作为区别他人产品的标记，或者是作为装饰图案。

在新石器时代的另一处遗址——山东省（章丘市龙山镇城子崖）龙山文化的出土文物中，亦有陶罐类文物，陶罐上装饰有云雷纹，这种云雷纹是一种有意识的绘画图案（吴山，1975）。

台北故宫博物院铜器展馆展出的青铜器召卣（图 1-1-1），是古代的调酒器，满身云雷纹。此召卣为排球样大小，有盖有勺、配件齐全，包浆厚润，品相极好，是西周早期的产物，距今约 3000 年。

古之云雷纹（图 1-1-2）是云纹和雷纹的合称。云纹呈柔和圆形，雷纹呈阳刚方形，大多不做区分或有时难以区分。

图 1-1-1[①] 青铜器召卣

满身云雷纹，高 29.8cm，宽 22.9cm。藏品号：丽七八八故铜 1857

（台北故宫博物院铜器展馆 2006 年友情协助）

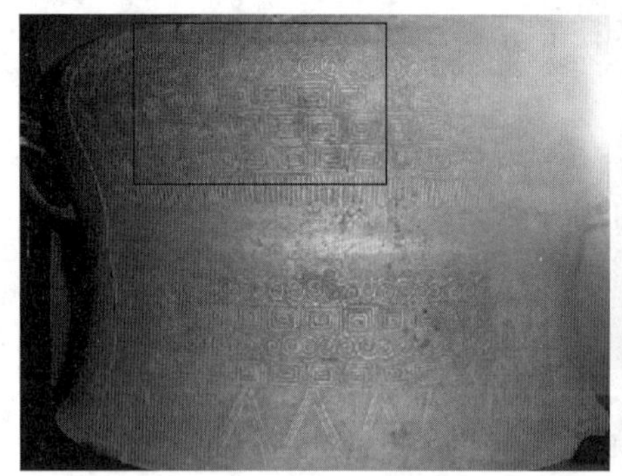

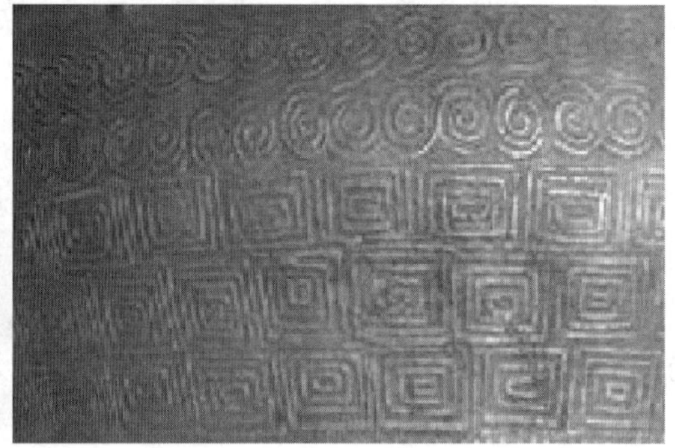

图 1-1-2 铜鼓的装饰纹

右图上二排示云纹，下三排示雷纹

（上海闵行区文化馆民族乐器展示厅 2006 年友情协助）

历史学家郭沫若曾经对 3000 多年前出现在青铜器上的云雷纹做过描述："雷纹者，余意盖脱胎于指纹。古者陶器以手制，其上多印有指纹，其后仿刻之而成雷纹也。彝器之古者，多施雷纹，即其脱胎于古陶器之一证。"郭沫若用了两个"脱胎"将青铜器上的雷纹、陶器上的雷纹、制陶者的指纹这三者联系在一起。

美国芝加哥菲尔德博物馆中，珍藏着一枚中国古代的泥印，印的正面刻着主人的名字，反面有拇指的印痕，条条阳纹，清晰可辨。世界著名考古学者一致认为，这颗极为珍罕的泥印源于中国古代，距今已有 2000～3000 年，这颗泥印是指印最古老的实物凭证（Cummins et al，1943；Cummins et al，1976；罗伯特·海因德尔，2008；刘持平 等，2018；沈国文 等，2015）。

秦汉时代（公元前 221～公元 220 年）盛行封泥制。当时的官吏文书大多写在竹简和木牍上，差发时用绳捆缚，在绳端或交叉处封以黏土，盖上印章或指模，作为信验，以防私拆。这种泥封指纹用作个人识别，也代表了信义，还可以用来防止伪造。

①本书所有插图中，引用他人的图片均注明了出处，其余图片均为笔者拍摄或制作。

1959 年，新疆米兰古城出土了一份唐代（公元 618～907 年）藏文文书（借粟契）。这份契约写在长 27.5cm、宽 20.5cm 棕色、较粗的纸上，藏文为黑色，落款处按有 4 个红色指印。其中 3 个已看不出纹线，但有一个能看到纹线，可以肯定为指纹（唐长孺，1994）。

1964 年，在新疆吐鲁番阿斯塔那 10 号墓，发现有唐代贞观元年的《高昌延寿四年（公元六二七年）参军汜显祐遗言文书》（唐长孺，1994），出土的文书已被剪成三张鞋样，一分为三（文书编号分别为 10：38 号、10：41 号、10：42 号，图 1-1-3）。原著的记载是“本件三片同拆自女鞋，内容密切相关，今故列为一件。在（二）的一、二、三行上方空白处有朱色倒手掌印纹（右手）。在（三）的一、二行上方有朱色手掌印纹（右手）的左半部”。以肤纹学历史的眼光来看：一张有手掌指印，全长 16.9cm，除小指部位残缺外，其余部位清晰可见；另一张有半个手掌印，只有拇指和示指，其余部分残缺，指掌分明，视为正规

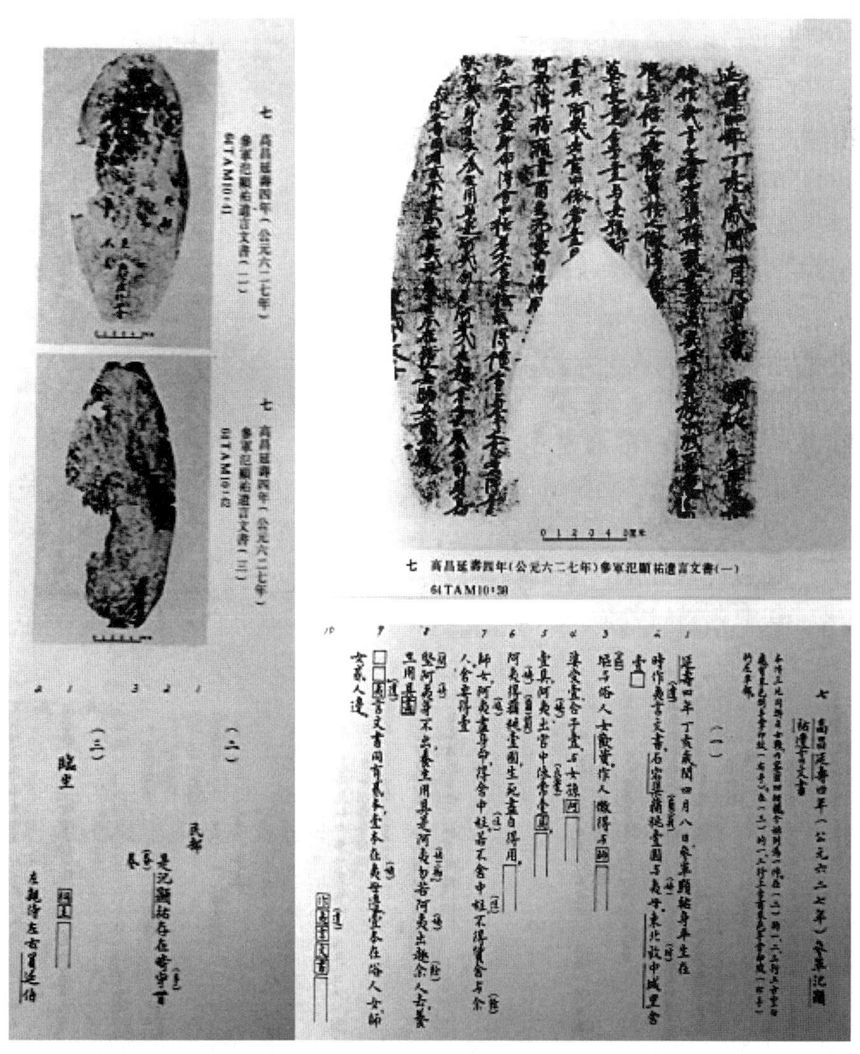

图 1-1-3　《高昌延寿四年（公元六二七年）参军汜显祐遗言文书》

（唐长孺，1994；沈国文 等，2015；刘持平 等，2018）

捺印。经鉴定这两张文书上的手印均为右手手印，但不是同一个人的右手手印。这是以手掌包括指纹为信的例证。这份文物在《中华指纹发明史考》（刘持平 等，2018）中有极高的评价，“现存最早的实物资料《高昌延寿四年（公元六二七年）参军汜显祐遗言文书》证明，公元 627 年指纹技术已普遍在个人遗嘱、私人契约上应用，它有明确纪年，是指掌纹与遗言相结合最早的一份文书，更是迄今为止已知的应用指纹作为诚信方式最早的实物文书，因此其开创的意义非同一般”。这是唐代早期的文书，距今已有近 1400 年。刘持平还将公认的指纹技术从唐代提前到隋代，彻底解决了近百年来指纹技术发明史上悬而未决的断代问题。在另一本关于指纹历史研究的著作《中国指纹史》（沈国文 等，2015）中，研究者通过东汉郑玄（公元 127～200 年）对《周礼·地官·司市》的注释及唐代贾公彦对郑玄同样内容的注疏考证后写道：在我国，指纹作为个人标志在契约签署中正式使用，应该是在西汉时期。

1964 年，在新疆吐鲁番阿斯塔那左憧憙墓出土了 8 件唐代文书契约，内举钱契 4 件、举练契 2 件、买草契和买奴契各 1 件。这 8 件契约的立约时间为唐显庆五年（公元 660 年）至乾封三年（公元 668 年）。左憧憙生于隋炀帝大业十三年（公元 617 年），亡于唐高宗咸亨四年（公元 673 年）。每张契约上都写着“两和立契，画指为信”或“两和立契，按指为信”，而且每张契约的落款处，当事人、中保人、见证人都在自己的名下画上指印。这些指印都是将手指平放在字纸上，画下示指 3 条指节纹的距离。古书上所讲的“下手书”，也就是这种画有指节纹距离的文书。具“下手书”的文书实证，还见于出土于阿斯塔那第 24 号墓地的第 28 号文书（图 1-1-4）（唐长孺，1994），文书上写着“两主和可，获指为信”，并且在各自名下画有指节。

1975 年 12 月，我国考古工作者在湖北省云梦县睡虎地发掘了 12 座战国末期至秦代的墓葬，其中第 11 号墓的墓主喜生于公元前 262 年，亡于公元前 217 年，当时喜 46 岁。在喜的墓中出土了 1155 枚秦代竹简，定名为“睡虎地秦墓竹简”，或称“云梦秦简”。这一考古工作的重要发现，为研究中国古代法医学的产生、发展和所取得的成就提供了极其宝贵的资料。在云梦秦简中，与法医学关系密切的是《法律答问》和《封诊式》两书，其中尤以后者为甚。《封诊式》的“封”是指查封；“诊”是指诊察、勘验、检验；“式”是指格式和程式。顾名思义，《封诊式》就是一部关于查封与勘验程式的书籍。

《封诊式》全书共 25 节，包括书题共 3010 字。书中的绝大部分内容都是以案例的形式介绍的，但所述案例都没有用真名，而是以甲乙丙丁代表。这说明它不是单纯案例的记录，而是选择极为典型的案例，用以示范或供模仿学习。《封诊式》及云梦秦简中有关法医学内容的记载，反映了我国古代法医学领先于世界各国的辉煌成就。

《封诊式》的《穴盗》一文中记载了一个挖墙洞入民居盗窃的案例。盗窃现场勘查的记录详细规范，记录的内容有报案情况、现场勘查人员的职务和人数、被盗物品的数量和价值、现场访问情况、墙洞大小、房间方位等，是古代办案的范例。在勘查所见的部分写有“内中及穴中外壤上有厀（膝）、手迹，厀、手各六所”，说明在墙洞内外发现手印和膝盖印痕有六处。《穴盗》的记载表明 2000 多年前的勘查官员非常重视手印的作用，已把手的印迹作为盗窃案件现场勘查的重要证据。

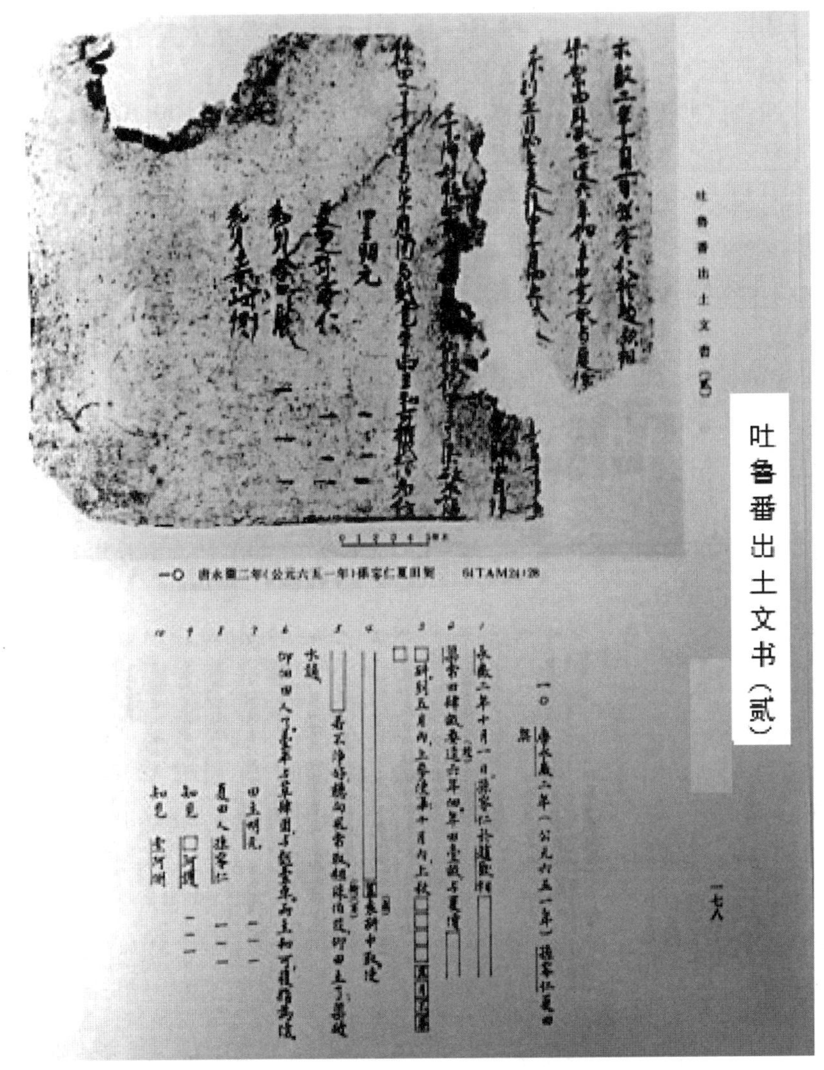

图 1-1-4　唐永徽二年（公元 651 年）孙（零）仁夏田契

肖允中（1980）在《指纹小史》一文中也提及：西汉初年汉高祖刘邦（公元前 256～前 195）的宰相萧何制定《汉律》时，规定在供词上捺印指纹为证。《汉律》之简（书）已亡佚。

古代的契是多种文书的总称，写在竹简和木牍上，分为两半，立约双方各执一半作为凭证。后来总把买卖文书称为契。《周礼·地官·司市》记载“以质剂结信而止讼”一语（韩路，1998），汉代郑玄注《周礼》，仍认为“质剂，谓两书一札而别之也，若今下手书”。唐代文学家贾公彦对《周礼》这一内容疏道：“汉时下手书，即今画指券，与古‘质剂’同也。”由于唐代文学家贾公彦在为《周礼》注疏时，出色地考证出“下手书”也即“画指券”，说明我们的祖先早已懂得了“指纹佐证”。

德国指纹史学者 Robert Heindl 曾查阅世界各国大量文献，做了深入的研究，终于在东亚和北美许多国家的古书中找到了有关利用指纹侦破案件的记载，并找到了古老的指纹遗迹，于 1921 年写成《指纹鉴定》一书。书中写道：“中国第一个提到用作鉴定的指印的著作家是贾公彦，他是唐代的著作家。他的作品大约写于公元 650 年，他是着重指出指纹是确认个人的方法的世界最早的作家。”书中还提到中国唐代建中三年（公元 782 年）的两张契约文书，一张是何新月向护国寺方丈建英借粮的文书，另一张为马灵芝向护国寺方丈建英借钱的契约。这两张借据详细讲述了所借的钱粮数、利率、不能归还时的赔偿方法等，最后谈道：恐后无凭，立此为据，立约人双方认为公平合理，并以手印为信。

从以上出土文物和文献考证来看，我国自秦汉就有封泥制盖手印纹和有“下手书”及“画指券”，到了唐代在文书契约上已相当广泛地用指纹、指节纹和指掌印作为一个人的信证。

Robert Heindl 的学术地位及《指纹鉴定》一书的权威性，使肤纹的观察和应用的发祥地定位在中国，这与事实相吻合，得到了肤纹学界的赞同。但是考虑到当时的文物和文献的局限性，Robert Heindl 的研究使中国的肤纹观察和应用历史判定在 1300 多年前的唐代，这在现今已引起国内外同行的疑惑。

唐朝经济富足，文化昌盛，交流频繁，贸易增加，官贾间或布衣百姓间“两和立契，画指为信”也就适时而普遍地出现在契约上，指纹术随丝绸之路向西传布。1300 多年前的唐代仅仅是科学应用指纹的一个全盛期，而不是 Robert Heindl 所断言的“贾公彦是世界上最早认识指纹的作家”，进而推论出同时代的唐代才是中国人认识指纹的开始时期。我国肤纹应用的全盛时代之前有一个更长期的实践和认知过程，这也是我国肤纹学界的共同感受。

近些年来，我国肤纹学工作者纷纷研究祖先观察和应用指掌纹的历史（周稼骏，1980；张秉伦 等，1983；马慰国，1986；吕学诜 等，1988a；吕学诜 等，1988b；罗伯特·海因德尔，2008；刘持平 等，2018；刘持平，2021；沈国文 等，2015）。在历史考古资料日渐丰富的情况下，已经证明祖先对肤纹观察和应用的历史从 1300 多年前的唐代，向前推到秦汉代，又上溯到青铜器时代，再追寻到新石器时代。笔者认为 1300 多年前的唐代是我国古代应用肤纹的全盛时代，而非我国肤纹应用的开端时期。

第二节 我国唐代以后在刑事和民事诉讼方面的肤纹应用

我国在唐代多是把指掌纹应用在契约上。在北宋（公元 960～1127 年）指掌纹已正式作为刑事诉讼的物证。《宋史·元绛传》（脱脱，1985）：“安抚使范仲淹表其材，知永新县。豪子龙聿诱少年周整饮博，以技胜之，计其赀折取上腴田，立券。久而整母始知之，讼于县。县索券为证，则母手印存，弗受。又讼于州，于使者，击登闻鼓，皆不得直。绛至，母又来诉。绛视券，呼谓聿曰：‘券年月居印上，是必得周母他牍尾印，而撰伪券续之耳。’聿骇谢，即日归整田。”这段文字记载，表明了龙聿利用带有周整母亲手印的牍尾，伪造证据，霸占周家良田。周母上告到县衙未得到解决，又向州府告状也未能得到伸张。县州官吏未加细察皆未发现龙聿的作伪。经过经验丰富的元绛重断，因见年月居手印之上，终于识破龙聿利用周母按有指印的旧牍伪造田契的诡计，从而使良田物归原主。由此可见，当时处理民事纠纷常用手印作为证据，而且能鉴别出手印属于何人。

随着各国与唐朝文化的交流，指纹应用也开始传入日本和西亚。日本《大宝律令》中也有“不明文字者，以押指为记”的规定。《大宝律令》是日本的第一部成文法典，其主要部分参照了我国唐朝的《永徽律》(何勤华，1999)。这可能是日本关于“指纹法”的最早记述。

宋代名家黄庭坚(1045～1105 年)在《山谷别集》中说，“江南田宅契亦用手摹也”，“今婢券不能书者，画指节”，即不能亲笔签名的人，以画指节或印手印(手模)、指印为信，在离婚的休书上也如此。黄庭坚“盖以手模人罕相同”的表述，在我国肤纹学界的著作里广为流传。黄庭坚的这个表述，最早出现在我国肤纹学著名学者刘少聪(1984)的著作《新指纹学》中，书中脚注首次提及宋代名人黄庭坚有书“盖以手模人罕相同”，脚注还说明文献来自北宋《宋黄山谷先生全集·别集卷十一·杂论》。因为黄庭坚的著作在其身后有大量的刻本、选编，出版者以同样书名舍取不同内容章节，同样书名版本不同，内容变更很大。我国各大著名图书馆、博物馆(院)、藏书楼等都有各种类型的黄庭坚著作，在浩渺的古书中找寻“手模人罕相同”字句文书的证据，犹如大海捞针。

我国近年出版的肤纹著作或发表的肤纹论文中经常引用黄庭坚的表述，都是援引而非亲睹。

笔者找寻了十几个版本未见“人罕相同”字样。后在几次相遇中，笔者亲自请教刘少聪老师，多次讨论文献的收藏地问题。可惜，因为找不到黄庭坚的原著，证明肤纹原理之一“各不相同”，即黄庭坚的“人罕相同”在 1000 年前就披露了，所以现在不能证明我国是肤纹原理的应用发源地，也不能证明西方肤纹原理发源于中国。

宋代有新生儿捺印足纹的做法。当时的育婴堂收留弃婴，无姓名、无住址，只有生辰八字，在登记造册时捺印手纹或足纹，这种利用肤纹技术的管理是我国古代婴儿收养事务中的创举。当今新生儿在出生时，产院都印足印，或送给家长或存档。这是宋代留下的习惯。

南宋作品《快嘴李翠莲记》[①](洪楩，2001)中，就有在休书上捺指印的记载。对不识字的人，在没有纸笔的条件下，有时不写休书只打手模，也可以作离婚的凭证。

元代姚燧所撰潘泽神道碑文[②]中说：“转佥山北辽东道提刑按察司事，治有田民杀其主者，狱已结矣……又有讼其豪室，奴其一家十七人，有司观顾数年不能正。公以凡今鬻人皆画男女左右食指横理于券为信，以其疏密判人短长壮少，与狱词同。其索券视，中有年十三儿，指理如成人。公曰：‘伪败在此!’为召郡儿年十三十人，以符其指，皆密不合。豪室遂屈，毁券。”这段文字表明，浙西廉访副使潘公(即潘泽)在审理案件时曾根据“指理”来判断人的体态和年龄，并加以验证，终于避免了一起冤案。

元曲四大名家之一的马致远在《任风子·三》[③]中讲，一对夫妇要离婚，男方要写休书却没有纸，女方说手帕上印个泥手模“便当休书”。不过由于指印和手模广泛用于借贷契约、买卖子女、订婚离婚等方面，不写休书而单凭指印或手模为证(上海辞书出版社，1995)，事后可以做各种不同的解释，所以元代法律禁止这样做。《元史·刑法志·户婚》说“诸出妻妾，须约以书契，听其改嫁；以手模为证者，禁之”(宋濂，1976)。元《通

---

①《快嘴李翠莲记》描述了少女的详细生活状况和丰富的风土人情，是了解古代女性的话本小说。通过其可了解手印、手模的应用状态。

② 考自《牧庵集》碑文，见《姚燧集》碑文(影印本)。

③ 马致远在制作剧本时反映当时社会利用手纹的情况。老百姓对于将掌印、指印当个人身份的举措广泛认同，但不严密的动作也常常出现在老百姓中间。

制条格》卷四载大德七年（1303 年）中书省部呈东昌路王钦休弃妾孙玉儿案，中书省上报亦云，“今后凡出妻妾，须用明立休书，即听归宗，似此手模，拟合禁治。都省准拟”（黄时鉴，1986）。

宋元以后，手模指纹不仅在借据契约、婚约休书上继续应用，而且在审理案件时也要被审人在口供上“点指画字”。元末明初小说家施耐庵的《水浒传》，叙述了武松杀嫂前命胡正卿笔录潘金莲和王婆的口供，也“叫他两个都点指画了字”。明清小说《警世通言》《红楼梦》等书中也有类似的描述。许多博物馆等单位还保存着明清时代印有指印的契约原件。明清时代民间普遍把手纹指印作为契约的组成部分，图 1-1-5 是清嘉庆二年（1797 年）的一份契约。

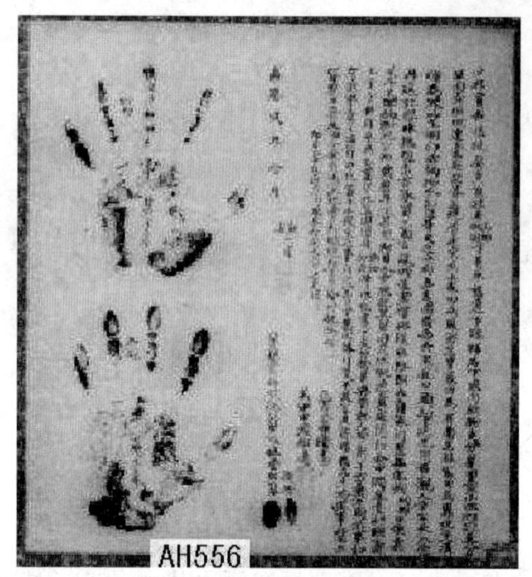

图 1-1-5 印有手纹指纹的契约
成品于嘉庆二年（1797 年）（台北故宫博物院友情提供）

综上所述，我国把指纹掌纹广泛应用于刑事和民事诉讼至少有 1000 多年的历史。指纹技术用于刑事诉讼表示该技术的成熟和使用的熟练，在这之前应该有一个漫长的认识时期。若把西汉初（公元前 206 年）萧何为汉高祖刘邦制定汉律，规定“供词上捺印指纹为证”作为起点，那么我国把指纹应用于刑事诉讼也应有 2000 多年的历史了。

第三节 近现代国外肤纹学发展

古巴比伦与古希腊人在陶器上印以指纹，可能是作为鉴识标记。

1000 年前的日本陶器上亦发现有指纹，很可能也是生产者的标识。

中国是世界上公认的指纹应用的发祥地，具有悠久的历史，但中国古代肤纹应用及对其他国家的影响仅停留在经验基础上的实际应用。指纹学或肤纹学作为专门科学的问世是近 300 多年的事（Cummins et al，1976），可分为四个阶段：指纹学研究的开端、指纹学研究的发展、肤纹学研究的开展和 Cummins 等的贡献。每一阶段都犹如一座里程碑。

一、指纹学研究的开端

1684 年英国医学博士 N. Grew 向英国皇家学会递交了一份关于他对手掌纹理解剖形式的观察报告，详细描述了汗孔、皮肤嵴线及其排列方式，并附上人手形象的绘图，这份报告刊登于《皇家学会哲学会报》上。

1685 年，荷兰解剖学家 G. Bidloo 发表了关于触觉器官结构的论文。文中描绘了拇指摩擦纹的嵴和汗孔。

1686 年，意大利伯拉加大学的 Marcello Malpighi（1628～1694 年）采用当时的先进仪器显微镜对嵴线进行了观察研究，指出嵴线中间排列着开放的汗孔。

1823 年，普鲁士伯莱斯劳大学教授捷克生理学家 John Evangelist Purkinje（1787～1869 年）（图 1-1-6）在《视觉器官和皮肤组织生理学检查注解》一文中不仅描述了指纹，还根据观察的不同纹理形式对肤纹花样进行了系统的分类。他最先将指纹分为 9 类，分别命名为拱、帐拱、左环、右环、左袋、右袋、左螺、右螺和重环。这一分类方法与现代很接近，他的研究使近代指纹学的发展跨出了意义重大的一步。这是近代肤纹学发展的第一个里程碑。

图 1-1-6　帕金杰
近代肤纹学第一个里程碑的代表人物（John Evangelist Purkinje，1787～1869 年）
（Cummins et al，1943）

二、指纹学研究的发展

社会的需要是科学发展的动力，指纹学研究的发展也顺应社会的需要。指纹在司法部门的应用有力促进了肤纹研究的发展。当解剖生理学家注视指纹的解剖、分类的时候，中国人应用指纹的传统方法早已在印度、日本等国传开。

1877 年 8 月，英国人 William Herschel 经过 19 年的实验和研究，确认指纹是不会重复的，并且给孟加拉监狱总监写信汇报了自己的发现并要求推广指纹技术，但未获批准。

1880 年在日本传教行医的苏格兰人 Henry Faulds（1843～1930 年）在《自然》上发表论文《手上的皮肤垄沟》。Faulds 是英国皇家内外科医师学会会员，1873 年作为基督教传教士到了日本。直到 1860 年，日本有许多文件和中国一样，常常是用手印来签署的，而且其某些地区仍然习惯用手印按在大门上作为标记。Faulds 收集了很多指纹进行研究，并组织日本的学生和医生进行各种试验。由此，Faulds 认定人的指纹各不相同、终身稳定不变，可用于个人识别，而且他还根据指纹侦破了两起盗窃案；但他的研究成果并没有立即得到司法部门的普遍承认。1921 年 Faulds 创办了《指纹学》双月刊，虽然只发行了 7 期，但 Faulds 仍然是西方指纹学的主要倡导者。

印度的 Herschel 于 Faulds 在《自然》上发表论文《手上的皮肤垄沟》后，同年在同一杂志也发表了指纹研究论文。之后，两人之间便发生了谁拥有指纹破案发明权的争论。

19 世纪 80 年代，指纹在司法部门的应用受到了限制。各国警察机关普遍应用的不是指纹法，而是法国警察 Alphonse Bertillon 创造的人体测量法，即根据人头部的长、宽、高和手臂、手指、脚等的尺码来识别个人。其实当时使用的人体测量法是不可靠的，其基于的理论认为人从 20 岁一直到死亡以上指标是不会变化的。人体测量法在实际应用中也有难以克服的矛盾：测量的尺码精度因被测者不同而不同；测量需要大量的时间；公式、代号缺乏严格的准确性；测量法规定一个人的三大部位十一项标准不仅过于繁难，而且还不足以代表个人。由于 Bertillon 是法国巴黎鉴定机关的负责人，法国迟迟未采用指纹法，直到 1914 年才废除人体测量法。1911 年巴黎发生了一起盗窃案，举世闻名的达 · 芬奇的油画——《蒙娜丽莎》在卢浮宫被盗。Bertillon 在镜柜上发现了罪犯的指纹，但他的测量卡是按各项人体测量指标存储的，无法从中查对指纹，以致此案两年多未能破获。1913 年盗窃犯卖画时被捕，才得知他的人体测量卡早已在 Bertillon 的档案里了。1914 年 Bertillon 去世后，法国才废除人体测量法，改用指纹法。这标志着指纹法最终取代了人体测量法，肤纹学也得到了很大发展。

在使指纹法得到司法机关承认的抗争中主要有 4 位学者做出了较大贡献。他们是德国人 Wilhelm Eber、英国人 Francis Galton、阿根廷人 Juan Vucetich 和英国人 Edward Richard Henry。

1888 年，德国兽医学校的教授 Eber 草拟了一份采制指纹图和碘显指纹图的说明。他在大量实验的基础上断定每个人的指纹图像各不相同，而且认为根据 1cm^2 面积的指纹即可识别一个人，但他的建议很快就被柏林警察厅驳回了。

1888 年，英国皇家学会科学知识普及会邀请 Galton 出席法国警官 Bertillon 人体测量法讨论会。这位英国著名的人类学家、天文学家、探险家、作家，是进化论创始人达尔文的表弟，他深受达尔文的影响，也得到了 Herschel 的帮助。他在听证会上听取了各方面的报告，其中包括指纹在中国的应用。他认为应用指纹识别个人比人体测量法更有价值。他还曾深入进行过研究，在指纹花样的分类、指纹的生物变异、孪生和同胞的一致性、指纹花样的永恒性和遗传性、指纹的种族差异及采取指纹花样捺印技术等许多方面都做了大量的工作。他的研究得出了三个重要的结论：指纹终身不变；指纹可以识别；指纹可以分类。在会上他从生理学、遗传学讲到了指纹的构造和应用价值。这次演讲极为成功，受到与会者的热烈欢迎和推崇。尽管 1888 年 Galton 在《自然》上发表了文章，1892 年又出版了《指纹学》一书，但英国于 1893 年还是顽固地采用了 Bertillon 人体测量法的 5 种标准，虽然加印犯人的 10 个指纹于档案卡上，但其只是作为人体测量法的补充手段。

1892 年，阿根廷拉普拉塔警察局统计室主任 Vucetich 创造了一套指纹分类系统。他是受到 Galton 指纹学的影响，才注意到摩擦嵴线终身不变的特征，还观察了尸体的指纹。他创造的这一指纹分类系统与 Galton 的分类系统基本相同。之后 Vucetich 还出版了《人体测量学和指纹学使用概论》，该书详细描述了指纹学的优越性，并提到他仅用一天就用指纹法鉴定了 23 名罪犯，而这些都是人体测量法无法识别的罪犯。当年阿根廷妇女弗朗西斯卡控告 1 名牧场的工人，说这个工人追求自己，后因追求遭到了拒绝而怀恨在心，于是杀害了自己的 2 个孩子作为报复。阿根廷警察局勘查现场时用 Vucetich 的方法发现了凶手的血手印，血手印与被控告工人的手印不同，反而与原告弗朗西斯卡的手印相符。指纹使真相大白，原来凶手就是弗朗西斯卡自己。这是外国利用指纹侦破案件的第一个范例，也是全世界公认的警察机关利用指纹破案的第一个例子。Vucetich 具有说服力的工作，终于使阿根廷于 1896 年成为世界上第一个以指纹学作为鉴定依据的国家，这为整个南美大陆采用指纹鉴定制度铺平了道路。

Henry 努力论证在作案现场采取指纹的价值，1900 年他的论文《指纹的应用与鉴别》发表。他发明的二步八类分析法，使指纹分析、储存、查对趋于完善。他还著有《证明犯罪之指纹法》。Henry 将指纹研究成果献给了政府。1897 年 6 月 12 日在印度的英殖民政府正式采用 Henry 指纹法。1901 年 7 月 21 日英国采用 Henry 指纹法。德国、美国、法国也分别于 1903 年、1904 年、1914 年使用 Henry 指纹法。在 Henry 工作的影响下，奥地利、瑞士、丹麦、挪威、俄国、荷兰、意大利、西班牙、比利时、埃及等国也相继使用 Henry 指纹分析法。从此，指纹的管理和应用正式走向科学化的道路，并被越来越多的国家政府所重视和采纳。

一般认为 Galton 于 1892 年出版《指纹学》一书，标志着近代指纹科学理论的开始。在《指纹学》中，Galton 还提到西方最早的一张印有指纹的单据，是 1882 年一个美国人的订单。Galton（图 1-1-7）的研究工作是近代肤纹学发展的第二个里程碑。

图 1-1-7　高尔顿
近代肤纹学第二个里程碑的代表人物
（Francis Galton，1822～1911 年）
（Cummins ct al，1943）

三、肤纹学研究的开展

自 1897 年至 1926 年的近 30 年中 Harris Hawthorne Wilder（1864～1928 年）对手掌和足底肤纹的所有方面进行了深入研究，并在《美国解剖学杂志》《美国体质人类学杂志》上发表了 15 篇文章（Wilder，1922），他给指间三角 a、b、c、d 和主线 A、B、C、D 定名，指定主线终止处的数值，提出了主线公式，描述了大鱼际区、小鱼际区和指间区的花纹。他对足底花纹也做了大量类似的工作。在另一篇著作中他还讨论了肤纹学对体质人类学和群体遗传学的重要意义和局限性，以及双胞胎及三胞胎手纹足纹的相似性。他的学生（即他的夫人）Inez Whipple Wilder（1871～1929 年）发表了一篇关于一种灵长类动物肤纹的文章，这是最早的有关非人类动物肤纹研究的严谨的论文。Wilder 夫妇（图 1-1-8）的工作是肤纹学发展的第三个里程碑。

图 1-1-8　怀尔德夫妇
近代肤纹学第三个里程碑的代表人物（Inez Whipple Wilder，1871～1929 年；Harris Hawthorne Wilder，1864～1928 年）
（Cummins et al，1943）

四、Cummins 等的贡献

1943 年，美国学者 Harold Cummins（1893～1976 年）和 Charles Midlo 合作出版了肤纹学上划时代的经典著作《指纹、掌纹和跖纹》，书中对肤纹学各个应用都进行了清楚的论述，对当时肤纹的方法学、解剖学、胚胎学、遗传学、民族学及唐氏综合征的肤纹特点等研究成果都做了全面精辟的概括。“肤纹学”一词就是 Cummins 于 1926 年提出的，其巧妙地将皮肤（dermato）与雕刻（glyphic）结合成 dermatoglyphics——皮肤纹理学，简称肤纹学。此书于 1961 年、1976 年由纽约 Dover 出版社再版。最重要的是 Cummins 改进了以往的方法学，现代的医学肤纹学或民族肤纹学的研究方法都沿用了“Cummins 标准”。1942 年，Midlo 和 Cummins 还合作发表了《灵长类的肤纹》，这是非人灵长类肤纹的重要论文。自 1926 年至 1967 年，Cummins 在《美国体质人类学杂志》和《美国解剖学杂志》等重要杂志上发表了 48 篇论文。Cummins 的出色研究加速了全球肤纹学的进展。他是美国路易斯安那州新奥尔良市杜兰大学医学院的终身荣誉解剖学教授，是美国肤纹学学会的终身荣誉主席。

图 1-1-9　库明斯
近代肤纹学第四个里程碑的代表人物
（Harold Cummins，1893～1976 年）
（照片由 Mavalwala 于 1986 年访华时赠送笔者）

1955 年，法国遗传学家和人类细胞学家 J. Lejeune 发现唐氏综合征患儿的第 21 号染色体多了一条，并找到了患者的特征性肤纹，证实肤纹可作为染色体异常诊断的有益指标。医学肤纹学从此开始。1926～1961 年，日本学者 T. Furuhata 等对不同种族人群的指纹进行了比较研究。1937 年，加拿大学者 J. W. MacArthur 对著名的五胞胎姊妹的肤纹进行了鉴定。S. B. Holt、D. Loesch 等许多学者也对肤纹学的发展做出了贡献，Cummins（图 1-1-9）是他们中的杰出代表，其研究工作是肤纹学发展的第四个里程碑。

第四节　美国肤纹学学会

1974 年 10 月 16～19 日在美国波特兰市举行的美国人类遗传学会年会上，由 Chris C. Plato 等提议成立美国肤纹学学会（American Dermatoglyphics Association，ADA）（Plato et al，1975；Steinberg et al，1975），并组成了 6 人组织委员会。同时进行法律登记，向州政府注册成立 ADA。1975 年 10 月 8～11 日于巴尔的摩市举行国际人类遗传学大会期间，召开了第一次 ADA 学术会议，会上选举 Plato 为 ADA 主席，并一致选举 Cummins 为 ADA 终身荣誉主席。ADA 于 1977 年 3 月 28～31 日专门召开 Cummins 肤纹学学术研讨会，以纪念这位肤纹学大师。

ADA 每两年进行一次换届，仅选一名常务秘书，上届常务秘书任本届的副主席，上届副主席任本届主席，主席为一任。2010 年的 ADA 主席是澳大利亚的 Maciej Henneberg 教授。ADA 每年出版一卷包括 3 册或 4 册的 ADA 通讯（ADA Newsletter）。ADA 的学术年会很少单独召开。1978 年以后，ADA 年会专门穿插于美国体质人类学家学会（American Association of Physical Anthropologists，AAPA）年会中召开。

1990 年，Terry Reed 和 Robert Meier 共同发表美国标准文件——*Taking Dermatoglyphic Prints：A Self-Instruction Manual*，这个文件具有指导意义。

ADA 的成立大大推动了美国肤纹学的发展。

第五节　中国肤纹学研究协作组

1979 年 11 月 25～30 日在湖南长沙召开了第一次全国人类医学与遗传学学术研讨会，会上南京郭汉璧（1934～2006 年）、甘肃李崇高和梁光、上海张海国分别宣读了各自的肤纹学论文，引起了与会者的关注。在这次会上，上述 4 位讲者及佳木斯的吕学诜（1938～2009 年）还共同讨论了成立中国肤纹学研究协作组的事宜。协作组隶属于中国遗传学会，并归于人类与医学遗传学委员会，受群体遗传学组领导，全称中国遗传学会全国肤纹学研究协作组，简称中国肤纹学研究协作组（Chinese Dermatoglyphics Association，CDA）。

1982 年 10 月 4～8 日召开了中国肤纹学研究协作组第一次学术论文研讨会，至今已召开过 9 次会议，时间、地点等简报如表 1-1-1 所示。

表 1-1-1　中国肤纹学研究协作组历次学术论文研讨会一览表

届次	时间	地点	召集人	负责人	代表人数	论文篇数
第一次	1982 年 10 月 4～8 日	江苏南京	郭汉璧	郭汉璧	40	45
第二次	1985 年 6 月 6～9 日	河北石家庄	李汝箐	组长郭汉璧 副组长吕学诜、张海国（兼秘书）	50	120
第三次	1989 年 8 月 15～19 日	黑龙江佳木斯	吕学诜	同上次	50	102
第四次	1992 年 5 月 5～8 日	河南郑州	邵紫菀	同上次	90	113
第五次	1998 年 5 月 18～21 日	山西太原	陈进明	组长张海国 副组长邵紫菀	20	21
第六次	2003 年 11 月 8～9 日	上海	张海国	同上次	42	12
第七次	2009 年 7 月 27～31 日	云南昆明	张海国	组长张海国 副组长李辉	72	36
第八次	2013 年 7 月 13～14 日	河南新乡	赵晓进	同上次	40	20
第九次	2017 年 11 月 17～19 日	江苏南京	徐同祥	同上次	27	12

1982 年，在南京召开的第一次会议上对全国 56 个民族的肤纹研究做了分工，并出现了地区性的牵头人。由这些牵头人发动本地的科研机构、医疗机构、医学院校等具体从事当地民族肤纹研究。

会议规定以美国学者 Cummins 的技术主张为我国民族肤纹分析的方法，即采用 Cummins 标准（也称英美标准）为中国民族肤纹研究的技术标准，也称分类标准。对各地执行 Cummins 标准中尚有分类分型争议的问题进行讨论。积极主动请教国际权威学者，对 Cummins 标准进行补充和改良。

会议根据代表们的意见印发了《中国肤纹学研究协作组统一标准（暂行草案）》，将其作为协作组的民族肤纹分析指南，在内部使用。

这次会议对中国 56 个民族的肤纹研究起到了促进作用。中国肤纹学研究协作组从一开始工作就很好地发挥了协调作用。

会议论文论及了肤纹与疾病、血型的关系。

1985 年，在河北石家庄召开的第二次会议上，经充分讨论协商，一致提名由郭汉璧、吕学诜、张海国 3 人组成中国肤纹学研究协作组领导小组，其中郭汉璧为组长，吕学诜为副组长，张海国为副组长兼秘书。在这次会议上，各位代表根据近三年来在实际工作中碰到的问题，对民族肤纹分析中 Cummins 标准执行的情况做了讨论，会议规定：严格执行 Cummins 标准，补充完善 Cummins 标准。对上次会议文件《中国肤纹学研究协作组统一标准（暂行草案）》中的不足之处进行了讨论，并把这个文件修改成名为《人类肤纹学研究观察的标准项目》（以下简称为标准项目）的文件在协作组内部继续实行。这个重要的文件使我国肤纹分析的项目品种和数目有了一个可靠的基本保证，也标志着“项目标准”的诞生，后来称“项目标准”为“CDA 标准”或“中国标准”。Cummins 标准和中国标准使我国民族肤纹研究走上了一条规范化和标准化的道路，也使以后的民族肤纹研究少走了不少的弯路。有 120 篇论文讨论了肤纹在法医学和孪生子鉴定等方面的应用情况，以及在医学领域的应用经验。

1989 年，在佳木斯召开的第三次会议（中国遗传学会，1989）的贡献在于代表们形成了共同认识：同意把中国标准这一规范我国民族肤纹研究行为的文件公布于世；并重申今后民族肤纹学领域的论文如不符合中国标准的内容条款，则不予发表；对现今的民族肤纹参数不齐的研究要抓漏补缺。会后，领导小组委托郭汉璧整理与会人员的意见，把《人类肤纹学研究观察的标准项目》即中国标准发表在《遗传》杂志 1991 年第 13 卷第 1 期上（郭汉璧，1991）。领导小组对于全国少数民族中尚未进行肤纹研究的几个民族的研究任务做了动员和部署。体育界应用肤纹成功地参与运动员选材的几场演讲得到了代表们的赞扬。

1992 年，在郑州召开的第四次会议是成果检阅会，会上交流了肤纹发生学、肤纹与肿瘤、肤纹方法学、肤纹与精神病、肤纹与选材等方面的研究心得（中国遗传学会，1992）。一批博士研究生和硕士研究生的关于肤纹的高质量毕业论文受到了与会者的好评。全国 56 个民族，如果不考虑研究质量的高低，已有 55 个民族做过肤纹调查研究，没有进行过肤纹分析的民族唯有西藏门巴族。协作组领导小组希望全国的肤纹工作者在肤纹遗传机制的研究上加大力度。与会人员对分析技术的美国标准+中国版本的可执行性和操作性表示满意。

1998 年 5 月，在山西太原召开的第五次会议对信息技术与肤纹研究的关系进行了讨论，交流了在国际互联网上获取肤纹信息的经验。研究者们对全国 56 个民族都进行了肤纹调查研究，但是所完成的民族肤纹研究的数量与质量并不都令人满意，特别是一些在中国标准内部使用之前所做的早期研究还存在很多缺陷，这些问题亟待解决。会上就人类基因组计划（Human Genome Project，HGP）将对肤纹研究进程产生的重大影响进行了讨论，肤纹学工作者梦寐以求的肤纹遗传机制也可能将得到解密，尽管需待时日；同时也提示要保护好我国肤纹生物性状多样性的资源和民族基因资源。会上还对中国标准实施的情况做了评估，实施情况良好，达到了预期目的。会议进行了换届选举，代表一致推选张海国为中国肤纹学研究协作组组长、邵紫菀（女）为副组长，并推选对我国肤纹学研究做出重要贡献的郭汉璧和吕学诜为协作组顾问。

2003 年 11 月，在上海召开第六次会议。会上对掌纹的指间区纹有单基因遗传现象进行了讨论，一般认为肤纹是多基因遗传性状，单基因遗传花纹的出现给当今肤纹研究带来了很大的突破。为使与会者开拓思路，寻找更多的途径解答肤纹的遗传机制问题。会上对此研究做了详细的讲解和讨论。

肤纹是人类外露的易于识别的稳定而又特异的生物性状。在高新技术介入经典学科（肤纹）后，为展望肤纹与疾病相关的可能性及肤纹与其他生理性状关联的可能性，会上讨论了人类肤纹研究的策略和方法。

在协作组制定的中国标准指导下，所有民族群体肤纹项目依照中国标准开展研究，基本可以实现互相统计对比。经过中国肤纹学研究协作组 6 次学术会议的讨论，提出以 6 个项目的 11 个参数[指纹嵴的 TFRC，手掌的 a-b RC，指纹类型 A、Lu、Lr 和 W，大鱼际纹（T/Ⅰ），指间Ⅱ、Ⅲ、Ⅳ区纹，小鱼际纹（H）]为参与中国肤纹综合分析的必要条件，会议规定了在今后的民族群体肤纹调查报告里必须具备这些参数，多则不限，提倡有足纹的内容。

在肤纹学研究中要捺印指纹、掌纹和足纹，涉及知情同意的伦理学原则（张文君，2004）。青海杨江民、上海张海国介绍了他们在土族肤纹研究中执行知情同意原则和手续的体会。中国的肤纹研究成果最终要与国际素材比对或开展国际交流，因此从开始时就要遵守伦理学原则。比照医学伦理学和遗传伦理学的原则，会上讨论了肤纹研究中的伦理事项。陈仁彪教授（1928～2018 年，国家人类基因组南方研究中心伦理学专家组顾问）所作的伦理学报告引起了代表们的兴趣。

肤纹捺印图是肤纹学研究的直接素材，人数非常少的民族人群的捺印图异常珍贵。随着经济发展，人口流动、外族婚配增加，若干年后，民族的认定只能以户口为凭、自认为准，双亲为同一民族的纯血统的民族人口越来越少。现有的 56 个民族的多个群体的捺印图可起到保护民族遗传资源和生物多样性的作用，还有些隔离群体的肤纹捺印工作实质是一种抢救行动。会上讨论了分支民族和小群体肤纹研究问题。

在肤纹学研究中，肤纹捺印图具有原始的权威作用，它是肤纹学研究的出发点，对于研究成果的评价和进一步开发利用非常重要。肤纹捺印图是记录人类生物性状的实物，是我国民族遗传资源，是人类存留于世的真实的原样大小的拷贝，对若干世代后的同样对比研究有着史籍作用。肤纹捺印图具有未经任何预先处理的鲜活性和稳固性。比起离体处理过的 DNA 或人类血样标本、细胞株的长期保存需要专用设备和大量人力物力，而且不能有一刻中断的恒定条件等的特殊性，肤纹捺印图长期保存的费用完全可以忽略不计。但是，情况并不乐观，我国大陆民族的肤纹捺印图有的已经存放 20 多年，由于保管不善造成破损、霉变、虫蛀等，有的因多次搬家造成散乱，20 世纪 80 年代随着研究人员的退休或转专业，为数不少的捺印图资料已经丢失，令人心痛。肤纹捺印图的保存犹如珍藏孤本书刊档案一样，也需要专业设备和人员。我国现存的全部大陆民族的100多个群体近10万份捺印图有的已面临流失和遗弃的问题，会上也讨论了补救方案。

第六次中国肤纹学研究协作组会议上，台湾花莲慈济大学人类学研究所的陈尧峰博士介绍了台湾少数民族（高山族）肤纹研究的情况。

第七次中国肤纹学研究协作组会议借2009年7月27～31日“国际人类学与民族学联合会第十六届世界大会”（16 IUAES）在中国昆明的云南大学召开的机会，组织了专题会议——肤纹学之经典和活力，专题会议主席张海国恰是中国肤纹学研究协作组组长，中国肤纹学研究协作组第七次学术论文研讨会就同时召开了。因有上海人类学学会帮助会议组织筹备，所以这次会议也是“上海人类学学会–体质人类学学术论文2009年研讨会”。有美国、意大利、以色列、白俄罗斯、印度、印度尼西亚和中国学者共69人出席会议，交流论文35篇。会议对美国标准+中国版本（ADA standard+CDA edition）和中国标准（item standard）的执行情况做了回顾，认为在今后的较长时期，这两套标准不但对我国民族肤纹研究的影响会越来越大，而且这种影响会辐射到其他国家的民族肤纹研究之中。会上交流了医学肤纹学、法医指纹学、肤纹学教学、体育肤纹学研究的体会。肤纹美学的内容第一次在会上做了展示，与会者就肤纹在幼教特教领域应用的教育肤纹学做了学术探讨。代表们认为经典体质人类学范畴的肤纹学，在中国有广袤的适应土壤，经各位学者的努力，经典肤纹学会焕发青春和活力。会上交流的论文，汇集成《肤纹学之经典和活力》一书（张海国，2011）。会上推选复旦大学人类学实验室李辉为副组长，同时推举邵紫菀（女）为协作组顾问。

2013年7月13～14日，召开了第八次会议。会议在河南新乡的河南师范大学生命科学学院举行，由河南师范大学生命科学学院院长赵晓进教授操办。来自全国各地的30余位代表参加了会议。上海人类学学会体质人类学专业委员会论文（2013）研讨会同时举行。会议代表张海国作了题为“我国民族肤纹学焕发青春”的报告。赵晓进教授研究团队总结了河南师范大学对太行山猕猴肤纹研究的论文，并带领代表们参观了圈养近百只猕猴的养殖场。

2017年11月17～19日，在南京召开了中国肤纹学研究协作组的第九次全国会议，同时召开了主题为“指纹学的历史、发展与展望”的第二届全国指纹论坛。会上，协作组组长张海国作了题为“表型组时代肤纹研究——迎接国际人类表型组研究时代到来兼谈伦理要求”的发言。

中国科学院马普学会计算生物学伙伴研究所（简称中科院马普计算所）李金喜博士作了题为“肤纹的一因多效与遗传”的学术报告，介绍了DNA基因和指纹表型的关联研究，该报告引起了很大的轰动，肤纹的基因研究是肤纹界最为关切的课题之一。

复旦大学生命科学学院现代人类学教育部重点实验室领衔科技部基础性工作专项项目《中国各民族体质人类学表型特征调查》，已于2015年4月25日正式立项。2015年5月5～6日国际人类表型组研究香山会议召开。2016年初，上海为建国际创新城市，提出基础性专项——国际人类表型组研究等项目。复旦大学于2016年5月11日在上海正式发起国际人类表型组研究。2016年11月22日复旦大学发起并成立了“中国人类遗传资源产业技术创新战略联盟”，其由复旦大学和100家重点高校、三级医院、国家层面研究院所组成，实现了政、产、学、研大联合。2017年初，美国召开的生物遗传学会上提出“地球生物基因组计划”，对地球的所有生物进行基因测序。对150万种地球真核生物进行基因测序，预计10年完成。当前，国内大规模人类表型组研究正在进行中，特大型国际人类表型组研究正在组织实施准备中。

在谈到使用100多年的肤纹采样油墨捺印问题时，张海国指出，由国家卫生和计划生育委员会于2016年10月12日发布、自2016年12月1日起施行的《涉及人的生物医学研究伦理审查办法》是为保护人的生命和健康，维护人的尊严，尊重和保护受试者的合法权益，规范涉及人的生物医学研究伦理审查工作而制定的。2017年是肤纹油墨捺印时代的结束、扫描捺印时代的开始。油墨捺印在过去的100多年中，为肤纹研究做出了很大贡献，随着时代的变迁，油墨捺印暴露出越来越多的问题，目前已被摒弃。在一项大型科学研究中，实验操作平台创新为整个研究铺平了道路。复旦大学和中科院马普计算所在肤纹电子扫描捺印平台建设中走在了前列。会上，复旦大学、中科院马普计算所的科研人员讲述和交流了电子扫描捺印指纹、掌纹和足纹的经验。

第六节 中外肤纹学界的交流与互访

1984年南京医学院副院长姚荷生翻译出版了B. Schaumann与M. Alter合著的*Dermatoglyphics in Medical Disorders*一书（Schaumann et al，1976），中文书名为《皮肤纹理学与疾病》（肖曼 等，1984）。

1985年6月，著名肤纹学家、美国肤纹学学会（ADA）主席B. Schaumann访问北京中国科学院遗传研究所（中国科学院遗传研究所，1985）。

1986年6月，加拿大多伦多大学人类学教授、国际肤纹学学会秘书长、美国肤纹学学会学术委员J. Mavalwala先生与夫人来上海就民族肤纹学课题做假期学术访问，带来了肤纹目录式书籍（Mavalwala，1977），对Cummins标准进行了讨论。

1987年上海交通大学医学院遗传学教研室张海国被国际肤纹学学会吸收为会员，同年又被美国肤纹学学会（ADA）吸收为会员。

1989年8月至1990年3月北京医科大学钱宇平的博士研究生陈伟到美国夏威夷大学师从遗传学家米明璧，开展肤纹与心肌梗死的关联研究。

1989年11月，河南省体育科学研究所邵紫菀代表中国体育界出席在美国科罗拉多斯普林斯召开的第一届世界奥林匹克体育科学大会，邵紫菀的肤纹与体育运动员选材关系的研究受到了国外同行的赞誉（邵紫苑 等，1988；邵紫苑 等，1989；邵紫苑，1989）。

1992年9月，张海国受美国普渡大学教授、著名的肤纹诊断唐氏综合征列线图的发明者（Reed et al，1970）、美国标准的撰写者Terry E. Reed邀请，作为访问学者到美国访问1年多，考察了美国肤纹学研究的状况，对Cummins标准、美国标准、美国标准+中国版本和中国标准的互相联系、改良修正、补充完善等关系做了深入讨论。

1997年4月23～30日J. Mavalwala再次受上海交通大学医学院遗传学教研室的邀请，

做假期学术访问，讨论了两国肤纹学发展的前景。

1998年8月7日美国肤纹学学会学术委员、美国得克萨斯大学人类遗传学中心的Ranajit Chakraborty访问上海，就肤纹学的有关问题与张海国进行了讨论。

2009年4月初，在美国耶鲁大学做博士后研究的上海复旦大学李辉，出席了在芝加哥召开的第78届美国体质人类学家大会年会的ADA会议，李辉向ADA主席Maciej Henneburg介绍了CDA的近况。

2009年7月27～31日，国际人类学与民族学联合会第十六届世界大会（16 IUAES）在中国昆明的云南大学召开，会上有专题会议——肤纹学之经典和活力（张海国，2011），中国、美国、意大利、以色列、白俄罗斯、印度等国的学者出席会议并交流。

第七节　20世纪以来指纹法在中国的发展

指纹法属于司法指纹学。指纹法是以个体单枚单面指纹为对象，以分类对比为方法，以同一认定为目的的研究科目。

指纹学是以指上嵴线组成的花纹为对象、以分类统计为方法、以探索指纹生物学信息为目的的研究科目。指纹学大多以群体的指纹为对象，研究成果多为司法所用。

我国民主革命的先驱孙中山先生在党员登记时强调要盖指纹（中国社会科学院近代史研究所中华民国史研究室 等，1984）。1913年在反对袁世凯的二次革命失利后，要进行三次革命。1914年12月5日在《批释加盖指模之意义》中，孙中山指出“故第三次成功之后，欲防假伪，当以指模为证据。盖指模人人不同，终身不改，无论如何巧诈，终不能作伪也，此本党用指模之意也”，孙中山先生还强调“总之，指模一道，迟早要盖，今日为党人不盖，他日为国民亦必要盖”。

1900年，Henry的二步八类分析法风靡世界，被称为Henry指纹法。后来德国汉堡警察长罗希尔著有《指纹法》一书，而警察总长卢锡尔根据罗希尔的指纹法改为三种九类分析法，称之为汉堡式指纹法。日本早年亦采用德国汉堡式指纹法，学者古畑种基等又在此基础上发展成为日本式指纹法。

我国于1905年在青岛市警察局首建汉堡式指纹法制度，分析材料于1914年被日本人带走，又于1926年重建。

1909年夏天，上海英租界工部局开始设立手印间，全部采用Henry指纹法。上海法租界则采用法国的爱蒙培尔式指纹法。

1912年，京师警察厅派夏全印到上海工部局巡捕房专习指纹（上海通社，1998），经过2年，夏全印根据Henry指纹法的条文编撰《指纹学术》一书，并于内政部警官高等学校创设专科训练学员，分发各地使用。1922年，夏全印的《指纹学术》出版。

1919年，伍冰壶撰写的《指纹法》由香港伍广益金山庄和广州光东书局出版发行，该书20余万字，含13章节，图文俱佳，是我国第一部完整、系统的指纹专著。此书现保存于江苏警官学院南京中华指纹博物馆。

1924年，上海淞沪警察厅创设指纹室，捺印人犯指纹。到1929年升室为股建制，设主任、科员、办事员、书记、摄影员各1人，另专设司捺员2人（上海通社，1998）。

随后，1929年浙江杭州、1931年广东、1933年北京和天津、1934年东三省等相继建立了十指纹法和单指纹档案，并逐步推广。江苏省省会警察局于1930年建立“中华式”指纹档案。其间在全国成立了指纹学会。王日叟编写的《指纹学研究》于1930年由上海世界书局出版。1931年，指纹学会会长刘紫菀撰写《中华指纹学》一书（由上海法学编译社出版）。

1947年7月，俞叔平先生的《指纹学》在上海远东图书股份公司出版，徐圣熙的《实用指纹学》也于同年在南京中华警察学术研究社出版。民国时期还有王扬滨、王宠惠、李士珍、冯文尧、余秀豪等优秀指纹专家推动了指纹学发展。

由于我国长期处于半殖民地半封建状态，各帝国主义列强先后侵占我国领土，威逼当时软弱无能的政府割土地、划租界。作为统治工具的指纹登记制度也被带入我国。在这种情况下，各省市所建立的十指纹或单指纹档案，除较普遍采用Henry式（英）外，还有汉堡式（德）、佛斯蒂克式（奥地利）、爱蒙培尔式（法）、古畑种基式（日）等。1950年以前的近50年内始终未能统一。

1950年以后，公安部接收了这些指纹档案，于1953年12月至1954年9月在天津、上海进行了试点和调查研究，1955年底编制了《中国十指指纹分析法》。1956年于民警干部学校开始培训专门人员，对各省市旧档案进行改编，统一了全国的分析、储存和查对方法。此后各地相继建立了单指指纹档案。但是当时单指指纹的分析法尚未做到全国统一，仍然根据不同的情况制定了各自的分析法（刘少聪，1984）。

1984年，刘少聪组织编写了《新指纹学》，这是中华人民共和国成立以来的第一本内容详尽的指纹学专著。该书脚注首次提及宋代名人黄庭坚有书“盖以手模人罕相同”，脚注还说明材料来自北宋《宋黄山谷先生全集·别集卷十一·杂论》。

1984年，时任南京医学院副院长的姚荷生翻译出版了《皮肤纹理学与疾病》，为推进中国肤纹研究做出了很大贡献。

1987年，赵向欣主编的《指纹学》受到广大读者的欢迎，1997年此书再版，更名为《中华指纹学》。新版《中华指纹学》全面总结了我国指纹学研究的经验。

1994年，冶福云的《皮纹与疾病》出版，这是我国肤纹科普类兼医学应用类的第一本书。

1998年6月24日，“全微机化分布式并行处理指纹自动识别系统”通过专家鉴定。这套系统的诞生使我国指纹对比鉴别研究进入了世界先进行列。

2000年，上海在制作社会保障卡时，除了要摄制持卡人的数码相片外，还要用指纹扫描仪两次扫描摄制对象右手示指的正面指纹。

2001年1月，刘持平的《指纹的奥秘》出版；2003年5月其又出版了《指纹无谎言》。刘持平和何海龙及王京摘要翻译了德国著名指纹史专家Robert Heindl的名著《世界指纹史》。刘持平是公安司法指纹研究专家，既长期工作在指纹个体鉴定的战线上，又在普及指纹知识方面做出了重要贡献。《指纹的奥秘》和《指纹无谎言》两本科普读物的出版，受到了广大读者的欢迎。2010年10月，花兆合、陈祖芬合写的《皮纹探秘》出版。

2006 年 3 月，张海国的《人类肤纹学》出版，并作为上海交通大学同名课程的配套教材。此外，张海国还出版了《皮肤纹理学——24 个民族皮肤纹理参数》(2001)、《中国民族肤纹学》(2002)、《手纹科学》(2004)、《肤纹学之经典和活力》(2011)、《中华 56 个民族肤纹》(2012) 等书籍，内容涉及肤纹的理论、实践、历史等。

2015 年 1 月，沈国文、徐同祥编著的《中国指纹史》出版，书中对中国指纹研究的历史进行了梳理，提出中国指纹研究早于四大发明。

2018 年 9 月，刘持平的《中华指纹发明史考》出版，刘持平和沈国文共同为指纹应用在我国出现的时代、朝代、年代问题的理清做出了贡献。

2008 年 4 月 18 日，中华指纹博物馆落成，设在南京雨花台的江苏警官学院内。这是中国第一家指纹专业博物馆，为弘扬中国指纹文化、普及指纹科学、研究指纹提供了专门场所。

2016 年，中华指纹博物馆搬迁到江苏警官学院浦口新校区内。

第八节　近百年来中国民族肤纹学的概况

民族肤纹学 (dermatoglyphics of ethnic groups) 是以民族群体为对象、以建立民族正常肤纹参数（数据库）的统计技术为方法，以认同族群渊源关系为目的的研究科目。研究时须与其他民族或人种做对比，以找出其间的异同。

台湾高山族的肤纹研究开展得很早。1910 年，日本研究者 K. Hasebe 的相关论著问世。中国民族肤纹学由此开端。

1922 年，Shiino 和 Mikami 发表《中国人的掌纹》一文。同年，Wilder 在《美国体质人类学杂志》上发表了《手足纹在种族间的不同：中国人和日本人的手足纹》，研究对象是上海的大学生和南京金陵学院的学生，从体质人类学角度研究中国大陆人群肤纹的历史应该是从 1922 年开始的。

1928 年，Kudo 的关于高山族阿美人和排湾人的指纹分析论文发表。1929 年，Kanaseki 的研究文章《台湾（高山族）泰雅人的掌纹和足纹》在《东京人类学杂志》上发表。1945 年第二次世界大战结束前，台湾人群的肤纹研究大多由日本和德国研究者开展；台湾光复后，台湾人群肤纹的研究多转由台湾本地学者开展，涉及台湾高山族主要分支人群的手纹和足纹，以及沿海较大岛屿上的人群和祖籍为福建人群的肤纹。到 20 世纪 70 年代为止，日本、德国研究者和台湾本地学者等（Hu，1956；Chai，1971）前后共发表了 58 篇论文。德国和日本学者的肤纹分析方法与英美不同，加上德、日间的分析方法也未趋同，这些文章在技术分析标准、项目参数标准上有很大不同，再加上样本量不大、研究的项目比较单一，很难在几篇文章中凑齐一个人群或一个民族的指掌纹的近 10 项参数。

1942 年，我国人类学家吴定良、吴汝康在英国皇家人类学杂志发表论文《中国南方坝苗的体质》，提到 1941 年 8 月的调查中有贵州苗族、仡佬族、汉族和布依族的 1000 余份指纹手纹（图 1-1-10）资料。这是大陆学者第一次独自研究中国民族肤纹，具有开创意义。

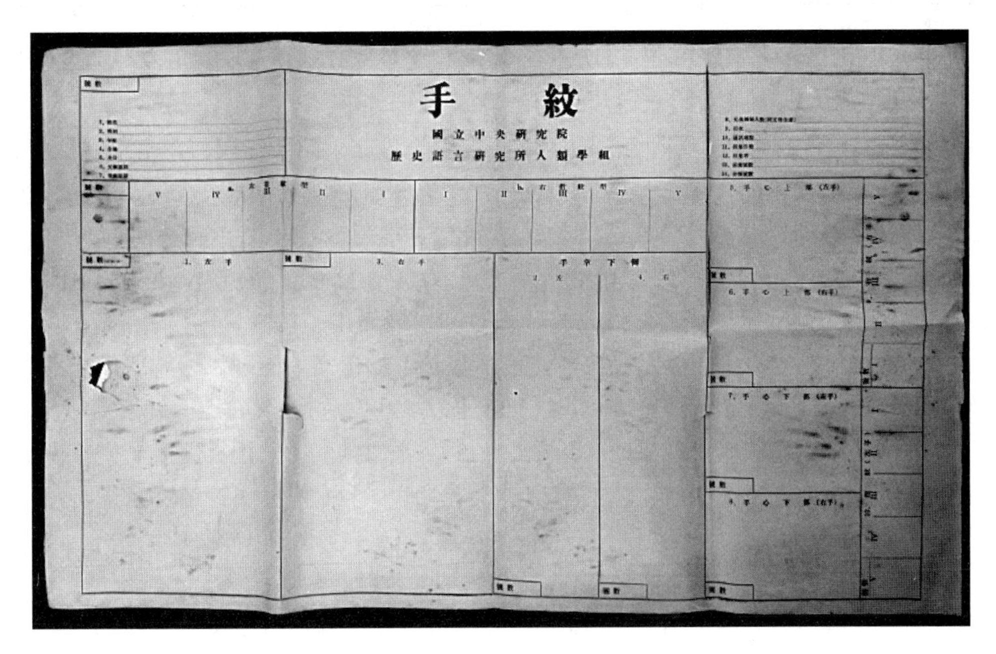
手紋

國立中央研究院

歷史語言研究所人類學組

图 1-1-10　民国时期手纹调查捺印表

表格约有 4 张 A4 纸大小。来源于 2019 年 12 月 26 日，吴小庄女士向浙江大学人类学研究院档案馆捐赠父亲吴定良院士遗物的捐赠会上。手纹捺印表是吴定良院士于 1935 年、1941 年分别在上海和贵州坝苗进行指纹和手纹调查的文件备件

20 世纪 60 年代，上海复旦大学人类学教师董悌忱指导郭常富的毕业论文①，调查了广西僮族（现为壮族）人的指纹和掌纹，1964 年在《复旦大学学报》上发表了《广西僮族的掌纹和指纹的研究》（董悌忱，1964）。

在 1965 年的《南京医学院科研资料集》中可以看到姚荷生当年研究《指纹隆线总数的频率分布》的踪迹。以姚荷生的工作为界，肤纹领域的研究于 1966 年 6 月全面停止，这一中断持续了十多年。

1977 年，《遗传学报》第 1 期发表了中国科学院遗传研究所等单位的研究报道《一百五十五例先天性大脑发育不全儿童的染色体组型分析》，其中提到肤纹与染色体的关系，这是近代大陆首次将肤纹运用于疾病诊断的报道。1978 年 11 月，江苏南京医学院姚荷生在《江苏医药》上发表的《肤纹花样——诊断遗传疾病的一种辅助手段》一文及 1979 年南京苏应元在《遗传》上发表的《皮纹嵴图型与先天畸形》综述文章，都介绍了当时国外肤纹研究的情况。1979 年兰州医学院李崇高，继 1966 年中断的研究，率先在《遗传》杂志上发表大样本的手纹综合调查《630 例正常学龄儿童手的皮纹学观察》。1979 年 11 月中国肤纹学研究协作组成立。1979 年 11 月，长沙的全国遗传学会议上，张海国宣读的肤纹论文，因其样本量大、研究项目多、统计精确，而且采用电子计算机计算，当场受《遗传学报》约稿，《中华医学杂志》（英文版）也主动征稿。（张海国 等，1981；Zhang et al，1982）。

① 1963 年 6 月，复旦大学生物系人类学专业郭常富在毕业论文（论文编号 63-5）《中国人的掌纹和指纹的研究》中描叙了在本校生物系、经济系、历史系 148 人同年毕业同学中捺印的掌纹和指纹。论文引用的文献之 3 是董悌忱的教材《人类学专业形态学讲义：肤纹学》。在此强调一下，复旦大学用“肤纹”一词历史悠久。

1979 年张海国在《科学画报》《大众医学》上发表文章，介绍肤纹的科学意义和医学价值（张海国，1979a；张海国，1979b）。

1981 年 3 月张海国等在《遗传学报》发表肤纹学论文。同年春天，在南京召开中国遗传学大会，会议提议论文作者单位举办肤纹研究学习班。1981 年 6 月，在上海交通大学医学院医学遗传学教研室举办“华东区人类医学肤纹学研究学习班”，16 位来自全国的学员参加了为期 6 天的学习。学习班以 Cummins 标准为蓝本编写了《肤纹学讲义》，作为学习班教材。学员们为推动全国民族肤纹研究的规范和发展做出了贡献。

1981 年和 1982 年张海国等发表在《遗传学报》上的论文《中国人肤纹研究Ⅰ.汉族 10 项肤纹参数正常值的测定》和《中国人肤纹研究Ⅱ. 1040 例总指纹嵴数和 a-b 纹嵴数正常值的测定》被国内外同行多次引用（Chu et al，1998）。张海国的《中国人肤纹研究Ⅲ.中国 52 个民族的肤纹聚类》也于 1998 年在《遗传学报》上发表，多家媒体对这篇文章进行了报道。

1994 年，汪宪平与张海国合作，于 1996 年夏顺利完成了门巴族肤纹的研究工作，论文于 1999 年发表于《人类学学报》。此前，假如不考虑项目参数的齐全与否问题，全国做过肤纹调查的民族有 55 个，门巴族是唯一没有进行过肤纹调查的民族。

在中国肤纹学研究协作组的协调下，经过全国数百个科研医务单位的千余名肤纹工作者的共同努力（李辉，等，1999），从 1979 年开始到 1996 年的短短 17 年里，中国大陆的民族肤纹全部完成了调查研究，调查涉及 150 多个群体。1/3 以上的民族是 1000 人的大样本，并且手足项目齐全。除了在标准项目试行之前所做的少数几个民族的项目不齐外，其他 50 多个民族或群体样本的参数项目都达到了所规定的标准，都是模式样本，约 2/5 的民族群体样本量超过了规定的要求。研究过程中捺印的肤纹图是中国人遗传和体质研究的宝贵财富，为进一步研究和开发新项目打下了基础。遗憾的是尚缺少台湾高山族资料和数据。

2000 年，陈仁彪教授到台北出席遗传学学术会议，委托台湾遗传学会会长潘以宏教授查找复印肤纹文献。潘教授在一年之中找到并复印了 58 篇 100 年前左右的文献，使笔者团队了解了台湾地区肤纹研究的脉络，为以后双方的合作打下了学术基础。

2001 年 9 月 5～29 日，国家人类基因组南方研究中心资助张海国到新疆和青海进行了塔塔尔族、俄罗斯族、土族和撒拉族手足纹捺印，对不符合中国标准的族群进行再研究。至此，大陆 55 个民族都有了各自的肤纹模式样本的捺印图，由捺印图到整理出数据或论文要数年时间，之后肤纹参数就可以在中国标准下进行综合研究和对比分析了。

2002 年 11 月，张海国的《中国民族肤纹学》出版，此书首次汇集了我国 56 个民族的肤纹参数。特别要说明的是，虽然民族数达到 56 个，却没有做到每个民族都有模式样本。个别民族的项目参数缺如，要进行大陆 55 个民族的综合分析乃至中国 56 个全民族的综合分析，还有许多路要走。

2003 年 5 月，上海复旦大学李辉到越南中部顺化地区进行了京族 100 余人的肤纹捺印和研究（Li et al，2006）。

2003 年，经由复旦大学李辉介绍，张海国与台湾花莲慈济大学体质人类学教师陈尧峰相识，随后共同开展了台湾高山族的肤纹研究，开始对高山族的阿美人、噶玛兰人和太鲁阁人进行研究，这是台湾参数最齐全的高山族肤纹分析，还对台湾闽南人、客家人的肤纹做了研究。陈尧峰等的论文（陈尧峰 等，2006；陈尧峰 等，2007a；陈尧峰 等，2007b；陈尧峰 等，2011）建立了台湾的肤纹模式样本，可与其他群体对比。

2005 年春季，上海交通大学医学院开设了人类肤纹学课程，供本科生选修，课程为 36 学时 2 学分。同年，上海交通大学闵行分部、复旦大学总部、复旦大学医学院、上海西南片 10 余所高校，为本科生、研究生开课。2006 年《人类肤纹学》出版（张海国，2006）。可惜的是，2018 年上海交通大学停止了该课程。目前仅复旦大学还继续为研究生开课。

2006 年 3 月 1～5 日，台湾慈济大学人类学研究所召开了“第一届体质人类学暨分子人类学学术交流研讨会”，该校体质人类学教师陈尧峰宣读了关于台湾闽南人与噶玛兰人肤纹的论文；张海国出席会议并做了关于肤纹学教学的“民族肤纹学概论”演讲。

2009 年 7 月 27～31 日“国际人类学与民族学联合会第十六届世界大会”在中国昆明的云南大学召开。

2010 年 1 月 20 日，*Dermatoglyphics from All Chinese Ethnic Groups Reveal Geographic Patterning* 在国际学术杂志《公共科学图书馆·综合》（*PLoS One*）上发表（Zhang et al，2010），论文总结了含中国 56 个民族的 156 个模式群体的肤纹情况。中国成为第一个完成全国民族肤纹调查研究的国家。

2015 年 4 月，遵照国家科技基础性工作专项研究的具体安排，笔者团队于 2015～2019 年赴贵州麻江苗族、广西南宁壮族和汉族、江苏泰州汉族、宁夏银川回族、广西河池壮族、内蒙古鄂尔多斯蒙古族、河南新密汉族、西藏藏族等近万名群体中采用电子扫描捺印，展示了中国民族研究的活力。

国家重视和支持肤纹学的研究，如高等学校博士点科学专项科研基金、国家残疾人联合会基金、国家自然科学基金等拨出专款供肤纹研究之用。地方政府和各级主管部门也十分支持肤纹学工作者的研究，提供了大量的研究经费。各地肤纹学工作者团结合作、互相帮助，使我国民族肤纹学研究有了飞速发展，大多数民族肤纹在样本的数量和质量及研究的项目和参数上都达到了国际先进水平。我国肤纹学论文一般都刊登在《人类学学报》《解剖学报》《遗传学报》《遗传》《中华医学》等有关分科杂志上，此外，在各高等院校的学报和省级的医药杂志上也有不少论文。与民族有关的肤纹学论文有近 300 篇，涉及疾病的肤纹学论文也有 200 多篇，还有论及遗传、发生、法医、体育、心理、环境等的文章发表。

近年来有很多单位因肤纹研究而获得省市级的科学技术进步奖。贵州贵阳医学院吴立甫等得到贵州省出版基金资助出版了肤纹专著（吴立甫，1991），并获得省科学技术进步二等奖。丁明等（2001）主编的《皮肤纹理学——24 个民族皮肤纹理参数》获 2001 年度西部地区优秀科技图书二等奖。《中国民族肤纹学》获第十一届全国优秀科技图书奖二等奖（张海国，2002）。《人类肤纹学》（张海国，2006）获 2009 年度上海交通大学优秀教材二等奖。

第九节　中国非人灵长类肤纹研究

中国对非人灵长类的肤纹研究于 20 世纪 80 年代开始。

1980 年和 1981 年中国科学院昆明动物研究所张耀平、彭燕章等在《动物学研究》发表论文，开启了我国研究非人灵长类肤纹的篇章。

1984 年张耀平等在《人类学学报》发表树鼩肤纹论文（张耀平 等，1984；张耀平 等，1981；张耀平 等，1980）。

1991 年 8 月中国科学院昆明动物研究所灵长类联合实验室叶智彰等（1991）发表了研究成果《黑叶猴和菲氏叶猴的皮纹》。

1992 年 5 月张海国的论文《广西猴、猩猩、黑猩猩的肤纹类型》收录于“中国遗传学会第四届全国肤纹学学术交流会”的论文集（中国遗传学会，1992）。

1993 年 8 月中国科学院昆明动物研究所邓紫云等发表了《藏猴（*Macaca thibetana*）皮纹的研究》。

2001 年复旦大学李辉在《人类学学报》发表了有关灵长类指间区纹进化研究的论文（李辉 等，2000；李辉 等，2001）。

2009 年河南师范大学生命科学院赵晓进等对“太行山猕猴掌面花纹嵴数的性别差异分析”（赵璇 等，2010）进行了研究，并于同年 7 月在“国际人类学与民族学联合会第十六届世界大会”做了专题发言。

第二章　指纹理论的形成

指纹理论的真正成型与两位英国指纹学大师的争论有关。指纹技术在世界的崛起和世界名画《蒙娜丽莎》失窃有关。

Henry Faulds（1843～1930 年）是英国皇家内外科医师学会会员，1874～1886 年在日本东京筑地医院工作。1880 年 10 月 28 日，《自然》上发表了 Faulds 的论文——《手上的皮肤垄沟》（*On the Skin-Furrows of the Hand*）。

William Herschel 是英国派驻印度殖民地的内务官，1853～1878 年在孟加拉胡格里地区民政部任职。1880 年 11 月 25 日，《自然》上也发表了 Herschel 的论文——《手的皮肤垄沟》（*Skin Furrows of the Hand*）。

Herschel 的论文比起 Faulds 的论文，仅仅迟发表了不到 1 个月，并且在同一本杂志上发表，两篇论文的题目又惊人地相似。因此，两人之间发生了指纹学发明权的争夺。

第一节　Faulds 和 Herschel 为指纹学理论发明权的争夺

一、Faulds 的发明

Faulds（图1-2-1）在日本东京筑地医院讲授生物学课程达 13 年之久。他见到日本有许多文件都像中国一样，常常是用手印来签署的，而且这个国家的某些地区仍然习惯用手印按在大门上作为标记。

图 1-2-1　福尔兹

指纹学的主要倡导者（Henry Faulds，1843～1930 年）

（Cummins et al，1943）

生物学的故乡是英国，指纹是人类的生物学特征，Faulds 出于对生物学知识的敏感，对古代陶器上的指纹产生了浓厚的兴趣。Faulds 收集了很多指纹进行研究，并将收集范围扩大到猴，以期了解人类皮肤的进化过程。

为了解指纹是否有变化，他组织日本的学生和医生进行了各种试验。用砂纸、酸碱试着磨去或腐蚀指纹，但新长出来的指纹和原来的一样，毫无改变。有许多研究的样本来自一次猩红热流行以后，他的研究组观察到患者手掌脱皮后长出的新皮肤，还保持着原来的花纹图形，没有改变。Faulds 同时特别注意婴儿的手指，发现手指的长度和体积都在增长，但指纹的图形没有改变。

Faulds 凭借自己深厚的生物学知识功底，从一开始就用生物学理论和方法规范自己的指纹研究，很快就得到指纹各不相同的结论，并证实了由吉森大学讲师、人类学家奥尔克于 1856 年提出的“指纹终身不变”的理论。

Faulds 联想到经常碰到的无名尸体的识别问题，想到把人们的指印加以保存，建立档案卡，在以后法医的检验中，只要找到残尸的一只手，哪怕是一根手指，就可以辨清死者的身份。他专门编制了采集和管理十指指纹档案的方法，这个方法具原创性，为指纹学的推广普及迈出了坚实的一步。

为了纪念 Faulds 在日本生活时期对指纹技术的贡献，日本于 1961 年在 Faulds 的生活旧址修造了纪念碑。该纪念碑位于东京筑地。纪念碑（图 1-2-2）建在路边的树丛中，高不过 1m，为实心梯形的石料碑，一面用日文刻写 Faulds 的生平事迹和科学贡献，另一面用英文刻有 “Henry Faulds 博士——指纹鉴定的先驱——1874 年至 1886 年住在此地”，右侧面刻有立碑的时间等资料，在纪念碑的梯形上端平面上用日文刻着“指纹研究发祥地”。

图 1-2-2 日本东京筑地街头的 Faulds“指纹研究发祥之地”纪念碑

（张嘉芮于 2019 年 7 月 15 日拍摄提供）

二、Herschel 的贡献

Herschel 在印度是作为英国派驻印度的内务官，1853～1878 年在印度的孟加拉胡格里地区民政机构任职时，发现来到孟加拉的一些中国商人有时在契约上按拇指印。Herschel（图 1-2-3）也采用盖手印的方法让每一个士兵在领津贴的名单和收据上盖两个指纹，结果重领和冒领的现象戛然而止。后来，他又让入狱的犯人按右手中指和示指为质，制止了当时常有的罪犯雇人服刑、冒名顶替现象。

Herschel 为自己的理想和成果所鼓舞，为此他向本加里监狱总侦查长提出报告。报告中指出手指指纹图形样式 10～15 年是不会改变的，并申请在其他监狱试验这个方法。

Herschel 20 年的努力，换来的竟是监狱侦查总长的拒绝，侦查总长甚至把 Herschel 的建议看成是“精神错乱的产物”，并把 Herschel 提供的指纹样本当成废纸投进了火炉。当时，Herschel 正患严重的热带病，这个不好的消息加重了他的病情。

Herschel 于 1858 年开始指纹试验，在长达 19 年的实践中，他收集了数千人的右手示指、中指指印档案，这些档案为指纹技术进一步的研究和发展提供了宝贵的第一手原始资料。1877 年 8 月，Herschel 在印度写出了《手之纹线》一文。Herschel 成为第一个在警务事务中运用指纹技术的欧洲人。

图 1-2-3　赫舍尔
指纹学的主要实践者（William Herschel，1833～1918 年）（沈国文 等，2015）

三、Henry 推动英国指纹法诞生

指纹形态的分类问题是指纹应用和理论研究的拦路石。指纹的应用，如存档、管理、检索、鉴别都与指纹的分类有关。1891 年 Galton 用统计学和概率论的理论，整理出指纹的形态规律。Galton 擅长统计学，他以指纹的三角数目的多少和有无为依据，将千奇百态的指纹合并为弓、箕、斗三大类型，再在其中分出亚型，对各种形态编制数字代码，可以大大方便指纹档案的管理，也可以按数字序号很快抽出需要的指纹卡。Faulds 的理论经过 Galton 的系统整理，1892 年 Galton 的经典著作《指纹学》出版。此书标志着非经验的、有科学理论意义的现代指纹学诞生。

Galton 建立的现代指纹学理论在欧洲和美洲不为人们重视。整个欧洲和美洲盛行法国 Bertillon 的人体测量法，将其用于个体鉴定。

1891 年 Henry 接替 Herschel 担任孟加拉警察总监。在 Herschel 的提示和帮助下，Henry 于 1893 年学习了 Galton 的著作《指纹学》，很受启发。Henry 1895 年回伦敦休假，当面向 Galton 请教指纹学新知识。Henry 深深地被指纹学吸引。Henry 回到印度，创造出指纹档案分类登记法。于是他在印度使用指纹法，并把指纹分为五个种类：平拱、凸拱、桡侧环（正箕）、尺侧环（反箕）、螺形。后来他邀请政府官员讨论这一方法，形成的报告于 1897 年 6 月经印度总监会通过，同年印度放弃了人体测量法，采用 Henry 指纹法。Henry（图 1-2-4）于 1903 年出任伦敦警察总监。

图 1-2-4　亨利
英国指纹法的发明人（Edward Richard Henry，1850～1931 年）（Cummins et al，1943）

四、Faulds 和 Herschel 为指纹技术发明权的争夺

1880 年 10 月 28 日，Faulds 的论文在《自然》上发表。1880 年 11 月 25 日，Herschel

的论文也在《自然》上刊登，但迟了不到 1 个月。

Herschel 宣布自己是指纹技术的第一人，虽然 Faulds 的论文早了 4 周发表。

Faulds 则声明自己是指纹科学第一人。

两个英国绅士在打口水仗，争夺指纹技术的发明权。

Faulds 在声明中还说自己是第一个从事此项研究的作者，自己的指纹知识得益于中国和日本。

Herschel 自豪地宣称，当 Faulds 刚刚开始研究时，自己已经对指纹研究了 20 年，这种研究是完全出自自己的创造发明，并没有其他第三方面的灵感。

图 1-2-5　海因德尔
德国指纹历史专家（Robert Heindl，1883～1958 年）
（罗伯特 · 海因德尔，2008）

德国指纹史学家 Heindl（图 1-2-5）非常了解指纹技术的历史渊源，后来针对这场争论指出，数百年以来就为亚洲人熟悉的指纹技术，Herschel 有关的指纹思想意识不可能是自发产生的。Herschel 在印度加尔各答服务，加尔各答很早就与中国有商贸活动，生意契约上有指印。Herschel 常年为自己的创造而忘我地工作，他可能忘记了从哪里来的第一次灵感，也忘记了是否受到亚洲人指纹技术的影响。

关于 Faulds 和 Herschel 的争论，Heindl 的评论为，Herschel 是警察专家及实践者，掌握了丰富实践价值的资料。Faulds 是生物学家及理论家，以科学家的态度幸福地工作。他们两人共同为以后 Galton 经典式指纹系统技术的诞生提供了实践与理论的基础。

第二节　世界名画《蒙娜丽莎》的被盗促使指纹技术的崛起

指纹技术的崛起与世界名画《蒙娜丽莎》失窃有关（图 1-2-6）。《蒙娜丽莎》高 77cm、宽 53cm，由文艺复兴运动的杰出人物意大利人莱昂纳多 · 达 · 芬奇（Leonardo da Vinci，1452～1519 年）于 1503～1506 年在意大利创作。

图 1-2-6　《蒙娜丽莎》
（褚美萍 2019 年 3 月 2 日摄于法国巴黎卢浮宫）

一、《蒙娜丽莎》失窃

1910 年 6 月 12 日，《蒙娜丽莎》悬挂在卢浮宫卡埃展示厅内。和往常一样，《蒙娜丽莎》画像前挤满了围观的人群。两名男子站在展示厅的一个角落。其中一位瘦高个，说话声音轻柔，名为伊夫 · 肖德隆，是法国最熟练的名画修复家、精美赝品制造家。另一位是马克斯 · 爱德华多 · 德 · 瓦尔费诺，是赝品贩卖者。瓦尔费诺当场向肖德隆订购《蒙娜丽莎》画像五幅赝品，类似这样的欺诈活动他们已经策划过许多次。

瓦尔费诺找到了意大利籍的木匠，曾受雇于卢浮宫的温琴佐·佩鲁贾。佩鲁贾对卢浮宫的布局和内部的运作情况了如指掌。

1911 年 8 月 20 日下午，佩鲁贾和两名意大利籍男子走进卢浮宫，闭馆前潜入一间小储藏室过了一晚。8 月 21 日几人便轻松盗走了《蒙娜丽莎》画像。

卢浮宫的官员们直到第二天中午才得知他们的名画不见了。画像可能丢失的消息最初仍然秘而不宣。等到 8 月 23 日，瓦尔费诺得到了他想要的头版通栏大标题的报道。

正如瓦尔费诺所希望的那样，《蒙娜丽莎》被盗的消息在世界各地掀起了轩然大波。

消息一公开，顿时一片混乱。法国总理约瑟夫·卡约任命一名高官负责进行官方调查。警官们在被丢弃的画框上提取了一个左手拇指指印后，便开始查对所有在卢浮宫工作和曾经工作过人员的档案记录，以及警察局的案底档案。佩鲁贾在卢浮宫留有档案，而且在警察局也有非法持有凶器的案底，看来他难逃法网，但他的运气救了他，法国警方当时有个莫明其妙的规定，只拓印下犯人右手拇指指纹的指印（指纹是母版，在手指上，指印是拷贝在手指以外的载体上，有时为讲述方便并不严格区分指纹和指印）。此外，他在卢浮宫的档案也遗失不见了。

第二轮的调查更加缜密。警官们把过去 5 年内所有在卢浮宫工作过的人一一查出并进行面谈。画像被盗 3 个月后的一天，一名警官来敲佩鲁贾公寓套间的门。佩鲁贾被审问了几个小时，然后，那名警官简洁地做了以下记录，“根据所获信息，8 月 21 日（即失盗那天），佩鲁贾正常上班是上午 7 点，但 9 点才到达……其间 2 小时不在场，并无以解释”。既然画像被盗已确定是在上述时间范围内发生，那么这种巧合应足以引起巴黎警察局的重视，但没人注意。佩鲁贾从可疑人员名单上被划掉，其他调查继续进行。

直到 1913 年 11 月，刊登广告的画廊老板阿尔费雷多·杰里收到了佩鲁贾的来信，二人在 1 个月中通了两封信、发了三个电报之后，在佛罗伦萨市维亚·潘扎尼河边的黎波里-伊塔里亚旅馆见了面。当佩鲁贾取出《蒙娜丽莎》，随便地扔到他那乱糟糟的床上时，杰里惊讶得目瞪口呆，不相信这一切是真的。

杰里报告警察局后，《蒙娜丽莎》被找到，佩鲁贾因此被送进意大利监狱。

佩鲁贾慷慨激昂地狡辩说“把《蒙娜丽莎》在被迫流放几个世纪之后归还给意大利公民、归还给她合法的所有者，是他唯一的目的”。佩鲁贾好像成了意大利英雄。

肖德隆是伪造名画的高手，也是躲避犯罪过程中种种陷阱的高手，他在巴黎郊外过着宁静的生活。

瓦尔费诺躲过逮捕，过着无拘无束的生活，1931 年在摩洛哥平静地去世。

失窃 2 年多的《蒙娜丽莎》返回卢浮宫后，法国政府很快通过一条法规宣布：《蒙娜丽莎》是法国国宝，她的价值被正式确定为“不可估量”。

二、指纹技术在世界的崛起

虽然《蒙娜丽莎》平安回到了巴黎，但是一名平常的意大利木匠愚弄了庞大的法国警方，使法国警方丢尽颜面。假如这个案子当时发生在英国伦敦、德国柏林，其破案的过程可能会变得很简单。因为佩鲁贾在作案时为了躲过“戒备森严”的保安系统，不得已将画从画框中割下来，藏在衣服里混出馆外。画框被废弃在馆内。佩鲁贾把自己的指纹（左手拇指指纹）“大方”地留在了画框上。法国警方发现了这枚指印并完整提取下来。

此时中国古老的指纹技术传到西方不久，在当时还是一项新鲜又前卫的技术，广大公众和大多数警察及作案者都不甚了解指纹技术。但是，英国的伦敦、德国的柏林警察局已先行一步，汲取中国古老的指纹科学道理，于 10 年前就开始建立犯罪人指纹档案库。只要把现场的指印与指纹库里的指印卡片做比对，由现场指印引出佩鲁贾的指纹，就可以认定其作案，将他逮捕，然后突击搜查赃物藏匿的可疑地点，便可找到《蒙娜丽莎》，重新请回卢浮宫。可是当时法国警方办不到，巴黎警方曾法办过佩鲁贾，留有他的人体测量资料和右手拇指的指印。虽然一筹莫展的法国警方邀请欧洲各国同行支持，但同行们也是“巧妇难为无米之炊”，没有存档指印能认定现场指印是佩鲁贾所留。

巴黎警方在侦破《蒙娜丽莎》案中暴露出的陈旧观点和落后技术，遭到新闻界猛烈的抨击，也使已进行了 20 年的有关更好的个人识别技术的争论达到白热化程度，受到批评的焦点人物是法国人体测量学权威、高级警官、人体鉴定机关负责人 Bertillon。

19 世纪 80 年代，指纹的应用在司法部门受到了限制。各国警察机关应用法国警官 Bertillon 创造的人体活体测量法。测量法规定一个人的三大部位 11 项标准不足以代表个人。Bertillon 在人体鉴定方面有过贡献，他发明的人体测量法比起用火烙人体作记号的野蛮识别法有极大进步，被称为“Bertillon 式罪犯人体测量法”。在欧洲、美洲警界高层领导、专家学者开始接受更为科学的指纹鉴定法时，固执的 Bertillon 为“捍卫”自己的理论，多次运用自己的影响阻止指纹技术在法国的应用。Bertillon 还下令取消人体测量法的补充，即要加印两枚指纹的规定。

实际上，Bertillon 创造过法国侦破史上第一个使用指纹破案的纪录，并因此获得了巨大的荣耀。

1902 年 10 月 17 日，巴黎一所口腔诊所的保安人员、45 岁的雷贝尔被人勒死在地板上，凶手杀人后抢走 1650 法郎和一些小物品。当时出任巴黎警察局罪犯档案侦缉处负责人的 Bertillon 参与了此案的现场勘查。罪犯档案侦缉处是警察局长专为 Bertillon 建立的，为的是支持他建立罪犯人体测量档案。Bertillon 在现场提取到 4 枚较清楚的指纹印。1 周后即 10 月 24 日，Bertillon 提交了鉴定报告，报告写道“雷贝尔被 26 岁的送货员悉夫杀害，悉夫在几个月前因盗窃罪被抓时留有指纹卡片，他的指纹与案发现场的指纹惊人地相似”。很快悉夫被抓获，供认了罪行。Bertillon 在雷贝尔命案的侦破中起了关键作用，在法国引起极大轰动。但由于指纹技术毕竟不是 Bertillon 发明的，他因为要保住自己在“人体鉴定”方面的权威地位，而在以后的十几年里百般阻止指纹技术在法国应用。

德国年轻的指纹学家 Heindl 多次与 Bertillon 交谈对指纹技术的体会，以说服这位邻国德高望重的长者，但 Bertillon 不为所动，视指纹技术为异己。巴黎警察总监可龙早就不满 Bertillon 扼杀指纹技术的做法，宣布法国用指纹法代替人体测量法，并建议针对国际流窜犯罪召开指纹统一鉴定的国际会议。

1914 年初，Bertillon 逝世，当年的 4 月 14 日，在摩纳哥召开了由法国、德国、日本、奥地利等 14 个国家的警察首脑参加的国际刑事警察会议，会议一致通过了《将指纹鉴定法作为国际通行的识别人身的科学方法》文件。指纹鉴定法又称指纹法。这次会议奠定了指纹技术在世界各国法律中的科学地位，指纹鉴定成为重要的诉讼证据，指纹被公认为物证之首。

参加这次国际会议的各国警察首脑对自己做出的历史选择感到欣慰，更是从心底感谢《蒙娜丽莎》为“指纹技术在全世界警务中引起革命”做出的贡献。

第三章　肤纹的理论和特性

肤纹广泛应用于医学辅助诊断、民族群体的性状多样性研究、民族间遗传距离的分析、公安法医系统的个体认定与侦查破案、体育运动员的选材等方面。肤纹以其各不相同、终身稳定的两大特性成为应用领域的理论根据。

指纹是指个体手指面的嵴线组成的花纹；指印是指纹留在载体上的痕迹，是指纹的镜像拷贝，属平面指印。指模是指纹留在塑性材料（面团、橡皮泥、乳酪、肥皂、油灰团等）上的压痕，是指纹的阴模拷贝，属立体指印。从严格意义讲，所有指印都是立体指印。

平面指印有减层印和加层印，在灰尘、油垢、血迹等表面留下的指印，是嵴纹粘走载体表面的物质，为减层印；把自己指纹上的汗垢、油污等留在载体表面上，为加层印，一枚成人指印（加层印）的重量约为10μg。有的载体上的指印人眼看不出来，要用仪器或显印法（茚三酮法、碘熏法或502蒸熏法等）才能使其显出指印图，这是潜指印。

除了在专门报告上要严格界定指纹、指印、指模的概念，准确使用这三个名词外，在一般的文章，甚至在肤纹专业书中，基本不分指纹指印。

第一节　肤纹的理论

一、各不相同

人的肤纹各不相同，以指纹为例，每个指纹的几何形状在大小、角度、嵴线的走向、三角的夹角比等方面不可能相同；每条指纹的嵴线细节在粗细、长短、汗孔的多少等方面也不可能一致，指纹具有唯一性。单卵双生子同名指指纹类型相同的可能性达到95%以上，但极少有几何形状相同者，嵴线细节相同的可能性为零。嵴线细节在排列格局上的变化，是肤纹各不相同的物质基础。

英国著名学者Francis Galton（1822～1911年）于1892年对指纹做了细致的分析。他推测可能找寻到两枚相同指纹的概率为300亿分之一。1910年法国巴黎大学教授勃太柴用数学方法证明指纹各不相同。勃太柴把指纹的嵴线细节归为四种：起点、终点、分叉、结合，每种嵴线细节可以在指纹的100个部位上出现，排列格局有4的100次方（4^{100}）种。计算得出61位数，即得到$4^{100}=1.6\times10^{60}$种排列格局，再以当时1个世纪内生存的人口约50亿计算，每人10指，共有500亿枚指纹，得到：$(1.6\times10^{60})/(5\times10^{10})=3.2\times10^{49}$（世纪），即表示要经过50位数长的世纪才可能出现两枚重复的指纹。可是50位数长的世纪之后，地球早已不复存在了，因此，当今世上活着的人中是不可能有两枚相同指纹的。

再以当今的数据来说明勃太柴的数学公式。1999 年世界人口 60 亿，到 2100 年的 1 个世纪里人口绝不会有 500 亿，即使用 500 亿人口代入公式，结果显示要经过 49 位数长的世纪才可能出现两枚重复的指纹。

近百年来世界各国在指纹档案管理、查对和侦破案件的指纹鉴定实践中，未发现有指纹完全重复的实例。这从理论到实践都证明了指纹各不相同的客观性。实际上掌纹和足纹在理论和实践中也是各不相同的。

指纹“各不相同”的理论，为指纹用于个体鉴别提供了客观依据。

二、终身稳定

一个人从小到大，嵴随着手指的生长而生长。一条嵴的结构与周邻嵴的关系为有序顺延、同步扩缩、维持次序和保持式样；具有函数式关系。嵴与嵴之间的几何关系稳定不变，以嵴的三个细节组成三角为例：

$$180°=a+b+c=a'+b'+c'=f(a)+f(b)+f(c)$$

其中 $f(a)$、$f(b)$、$f(c)$ 表示嵴细节同步变化的函数位置。

肤纹从在胚胎中形成到个体死亡后的一段时期内，始终保持着它原来的基本嵴线细节特性。仍以指纹为例，人出生后随着年龄的增长，嵴线会变粗，花纹面积会增大。但到了成年之后，这些变化就不明显了。在老年人特别是在长寿老人的手上，指纹嵴线就开始变细一些，花纹的面积也变得小一点。花纹的类型结构在一生之中是不会变化的，此谓“终身不变”。

数学的分支——拓扑学的解释，也说明指纹终身稳定不变。几何图形空间在连续不断改变形状后性质不变，这种改变只考虑物体之间的位置关系。

拓扑学的欧拉定理和几何学的欧几里得原理，可以用比喻解释：一张巴掌大的橡皮，可以被任意拉伸、放松，或为 A4 纸大小，或放松为两只巴掌大，或压缩到更小，不可以绞扭和折叠橡皮，橡皮表面点、棒、线、弧间的函数关系就是拓扑变换。保持不变的属性就是拓扑属性。一个婴儿、成年人、老年人的指纹终身稳定不变，是花纹几何类型稳定，花纹拓扑属性不变。

诚然，指纹的稳定也是相对的，在整个人生过程中，除了自幼年到成年嵴线粗细和花纹面积有明显变化外，个别人成年以后还可能发生嵴线某些局部形态的变化（虽然嵴的基本细节未出现变异）。因此，指纹“终身不变”也还是相对的。

指纹“终身不变”即相对稳定性很强，还表现于它具有顽强的复原性和难以毁灭性。它的复原性来源于真皮乳头的再生能力，只要不伤及真皮，不把真皮乳头和表皮生发细胞毁坏，即使表皮大面积剥脱亦能够逐渐恢复，而且保持着原来完全同一的花纹形态和结构及全部嵴的基本细节特征。只有伤及真皮，破坏了真皮乳头和表皮生发层的细胞组织，才会使受伤部位的嵴线遭到破坏，代之以瘢痕，留下的瘢痕本身也是永久性特征，又提供了新的鉴别依据（图 1-3-1）。

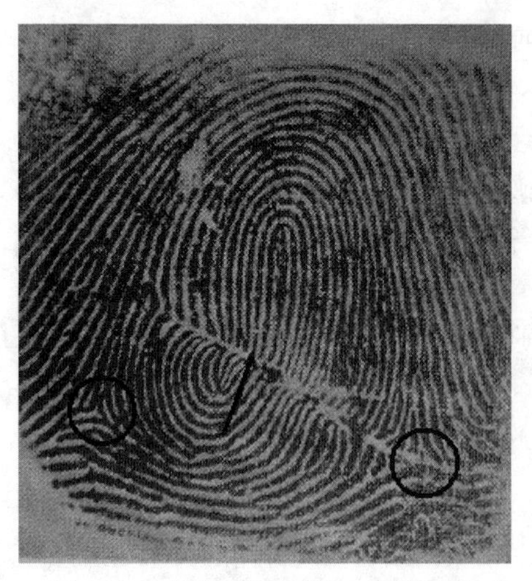

图 1-3-1　指纹上的切痕——新产生的认定特征

指纹"终身稳定"的理论，为指纹用于个体鉴定提供了连续跟踪的可能性。

指纹难以毁灭性的特点，是与它自身结构和性能密切相关的。因为真皮乳头就有神经末梢分布，尤其是指的痛觉神经分布密集，对疼痛的刺激比较敏感。有些罪犯作恶之后企图逍遥法外，采取磨灭指纹的伎俩，可是很少有忍受剧痛的决心，磨灭破坏到一定程度则自止了。只要指纹没有遭到彻底的破坏，就有保留或恢复一部分乃至大部分指纹原貌的能力，也就能发挥指纹的鉴别作用。

指纹的终身稳定，同样被人类实践所证明。在各国侦查、审判个人鉴别中，未发现由于时间变迁、年龄增长而指纹完全变成另一个样子的情况。相反，对大量的同一个人前后相差几十年的相貌、指纹的考察证明，人的相貌可因年龄的增长、生理过程的变化而几乎变成两个人，而其同一指的指纹却依然如故。掌纹及足纹也是终身稳定的。

第二节　肤纹的特性

一、触 物 留 痕

手一接触物体便留下痕迹，在案件现场可以留下很多的手印，还有指模（指纹的阴模）留在现场。手掌面有汗腺，不时地分泌汗液，形成汗垢，汗垢细腻不含杂质，均匀地分布在皮肤表面，而且容易脱离皮肤，能牢固地附着在物体的表面。所以只要触摸或拿取物体就会留下痕迹。汗液不会流绝，人只要活着，没有特殊的疾病，就有汗液从汗孔中分泌出来，布满整个手指和手掌的嵴线。即使是洗了手，也很快就有汗液排出汗孔。手经常接触鼻、面部、头部等，这些部位皮脂腺分泌的油脂较多，常常沾染手指和手掌面。手总在活动，黏附着的其他特殊细微物质一起混在汗垢里，更容易留下指印，此类指纹不但可以鉴别个人，还能判断其行踪和职业等。指模里的信息多于指印。

手是达到作案目的不可缺少的最直接的"工具"，作案者作案时心跳加快、血压升高，使得汗液分泌增多，加之慌忙等，留下更多更清晰指印和手印的机会也就越多。

二、认 定 人 身

指印是认定人身的"证据之首"。手印直接反映人手接触部位的外表结构特征，这种直接关系使得手印可在鞋印、工具痕迹、枪弹痕迹等其他痕迹物证不周的情况下，直接认定人身。如果现场的手印经科学认定是某人所留，那么就可以直接证明这个人到过现场，触摸过现场的某些客体，从而在诉讼中成为揭露和证实犯罪的重要证据。这一点是世界公认的。

但并非所有现场的手印都是嫌疑人所留，现场指印来自事主　（受害人）本人、亲友、嫌疑人，也有现场未保护好而杂入的指印。

鉴定结论的正确性和可靠性需加以科学的判断才能证实。必须客观对待指印鉴定，正确分析每一个鉴定结论的证据意义。

就指印证据意义而言，指印直接认定的是人，而不是直接认定罪犯，由认定人身转化为认定罪犯，还需要许多证明工作。正确的指纹鉴定是一个重要的证据，但不是唯一的证据，也不是直接证据，因此既要十分重视这一证据，又不能把它当成法官的最后判决依据。

第四章　中国原始指纹图画

要追寻中华民族祖先开始观测应用指纹的历史，就要进行考古活动，对出土文物进行研究。古代陶器上的绘画作品反映了当时人们的生活情况，通过对绘画的研究，探讨或揣摩古人绘画创作灵感的来源。在古陶器上出现的有些像指纹花样的图案，更是受到当代肤纹学工作者的青睐。

张海国在 1981 年发表的有关中国人肤纹研究的论文中初次把“新石器时代陶器上的云雷纹即由指纹脱胎而来”的论点，在肤纹学论文中引用，在以后的多篇肤纹论文和多部肤纹专著中也引用了这个观点。云雷纹与指纹的螺形花样相似，簸箕纹与指纹的箕形纹相似，古代器皿和陶罐上的云雷纹和簸箕纹被称为“中国原始指纹图画”，提请考古学者在对古器皿装饰纹的分类中重视原始指纹图画的地位。通过对原始指纹图画的研究，找到中国古代指纹术的源头。

著名指纹学者沈国文、刘持平对中国原始指纹图画的研究成果（沈国文 等，2015；刘持平，2001；刘持平，2003；刘持平 等，2018）及论文《中国原始指纹图画的发现与研究》，得到了指纹学界的充分认可，引起了考古学界的广泛兴趣。

一、红山文化陶罐上的原始箕形图画

现在发现的古陶罐上有中国原始指纹图画的不是很多，肤纹学工作者期盼着这样的陶罐早日出土。

在中国科学院考古研究所珍藏着一只鳞纹彩陶罐，它出土于 5000 年前的红山文化遗址。指纹学者与这只陶罐不期而遇，看到了原始指纹图画的实物。这只陶罐出土时已经破碎，小部分碎片已不见，幸运的是绘有原始指纹图画的部分几乎全部找到，经过考古技师的精心修复，基本恢复了陶罐原来的面貌。

古陶罐上有三组几何曲线画，是三枚相同的、典型的簸箕形指纹图画，每枚指纹图画有一条中心线和六条围线，重点突出。其为写实画，线条流畅圆润，彩线与留白即是嵴线与犁沟的比例。指纹图画的纹型为“一线箕”，处于中心的线上端居中，起到平衡整个图形重心的作用，中心线下端稍稍向左倾斜，带动环绕其左右的六条围线也顺势向左倾斜，整个画面静中有动，真实地表现出手指由上而下取物时动作的稳定性。三枚指纹相连，指尖向下，呈“二个指头稳捏田螺”状态（图 1-4-1）。

在现实生活中，用左手从上向下取圆柱体物品时，拇指、示指和中指最容易形成这种角度相对垂直、指纹中心突出、少见箕纹三角的指印。这只大口深腹陶罐也显示出，绘制它的工艺匠受手指动作的启发，勤于观察，善于描绘，将指纹的美丽线条超凡脱俗地表现在了自己的作品上。

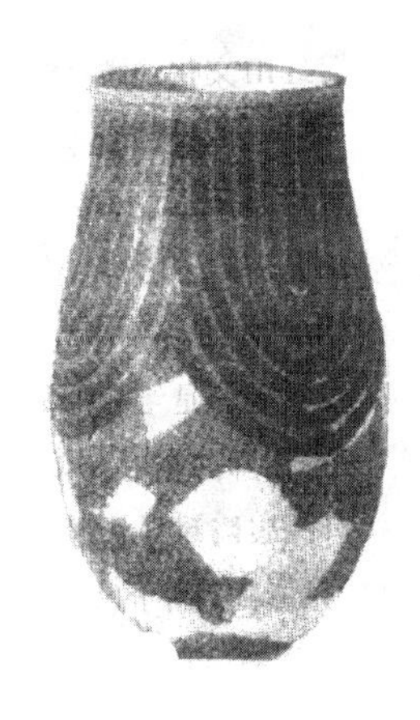
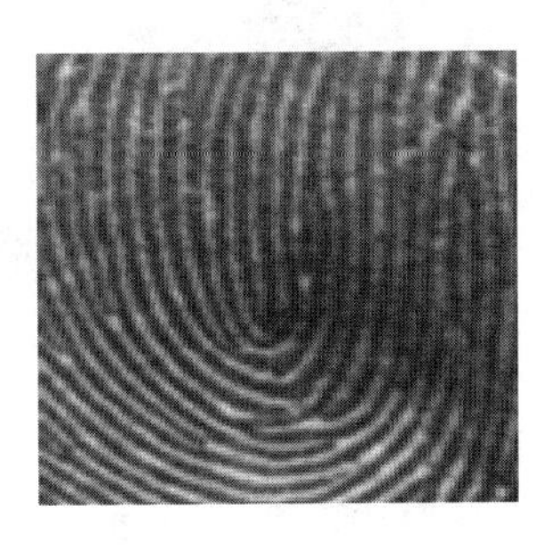

图 1-4-1　古陶罐上的原始箕形指纹图画（刘持平，2003）

红山文化因在内蒙古赤峰市东北郊的红山发现距今 5000 余年的新石器时代的居住遗址而得名。红山文化广泛分布于中国东北三省和内蒙古地区，在河北省和中原地区的仰韶文化相连接。20 世纪 80 年代在辽宁省建平县牛河梁遗址发掘出规模宏大的红山女神庙，女神群像高于真人两倍以上，中华 5000 年文明起源的标志性遗址惊现于世，堪与尼罗河文明的埃及金字塔、伊拉克两河文明的乌尔古城遗址、印度河文明的莫亨觉达罗遗址等三大文明古国的象征性遗址相媲美，是中华文明的起源和文化起源过程中地位突出且具代表性的遗址。绘有原始箕形纹的大口深腹陶罐出土于这样古老的文化遗址中，对指纹学工作者而言，意义非同小可。

二、马家窑文化陶罐上的原始螺形图画

1974～1978 年在青海省乐都县高庙乡柳湾村的考古发掘中，距离县城 17 公里的墓地 M216 号遗址出土的人像彩陶壶，属于马家窑文化，距今近 5000 年，指纹学者称其为人像指纹彩陶壶。指纹学者加称“指纹”二字，是为突出彩陶壶的饰纹犹如螺旋形指纹的意义。人像彩陶壶或称人像指纹彩陶壶高 22.4cm，小口短颈，双耳圆腹，平底。器口呈半圆形向上隆起，加工为人面。看整个人面，头发、睫毛、胡须以黑彩绘成，耳鼻捏塑为凸出状，眼、耳、口镂空。观其表情，眼睛半闭，口半张开，为沉思状态。陶壶腹部绘制螺旋形图（图 1-4-2）。图 1-4-3 是古陶碗上的原始弓形指纹图画。

人像指纹彩陶壶的腹部绘有四幅原始螺旋形指纹图画。指纹的中心花纹呈逆时针旋转，由内到外有 8 圈螺旋纹，嵴线起点、终点的细节特征很明显，工艺匠巧妙利用两组画的相邻处绘制一个三角。一个中心花纹配左右两个三角纹，组成了一幅完整的斗形指纹图画。

柳湾墓地出土的各类陶器数以万计，但人像彩陶壶仅有三件，一件是人像文面彩陶壶，另一件是人像裸体彩陶壶，还有一件就是人像指纹彩陶壶。人像文面彩陶壶被认为反映了先民文身的习俗。人像裸体彩陶壶因有明显夸张的女性性器官，有学者认为是母系社会女性崇拜的写照，也有学者认为是男女友谊、爱情的象征。研究文面彩陶壶和裸体彩陶壶的

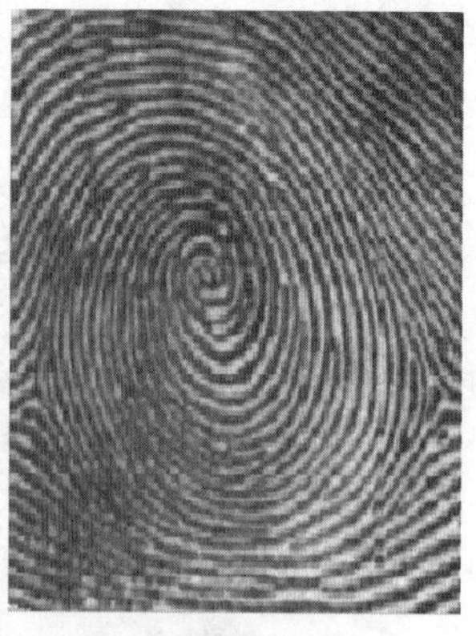

图 1-4-2　古陶罐上的原始斗形指纹图画

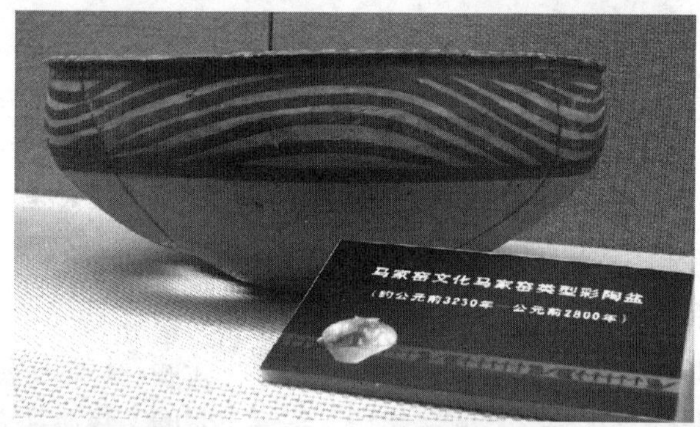

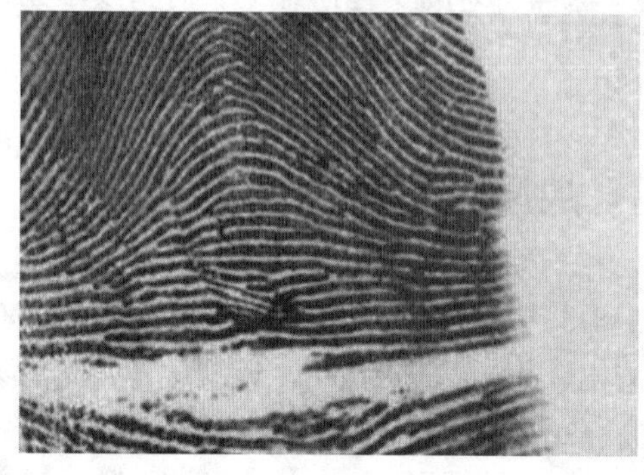
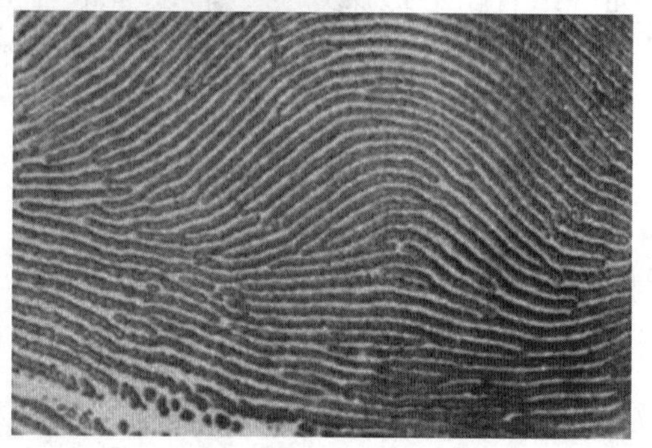

图 1-4-3　古陶碗上的原始弓形指纹图画

文章很多。唯独人像指纹彩陶壶受到“冷落”，鲜有研究文章，可能是螺旋纹过于抽象，很难解释其中的奥妙。附丽于器物表面的装饰花纹是人类文化的重要内容，是人类审美创造活动的重要内容，在相当长的时期，纹样可能与某些类似巫术的活动联系在一起，以使器物有神秘功能。审美功能和神秘功能两种目的互相交叉的纹样，在新石器时代达到了高潮。

指纹学家确认，指纹曾是先民进行陶器纹样设计的模板，新石器时代陶器上被考古学家命名的几何装饰纹中，如波形纹、弧形纹、圆圈纹、曲线纹、旋涡纹、云雷纹等，指纹上应有尽有。指纹是天然的几何纹模板、天然的几何图形教科书，几何装饰纹并非都是先民抽象思维的产物。先民按照指纹“依样画葫芦”、照帖临摹，都是写实创造手法。古老陶器上的指纹图画很有可能象征先民对灵巧双手的赞美和崇拜。

指纹学家还认为，在陶器制作中，手是特殊的“造型工具”，指纹天然优美的形态自然地、无数次地印显在陶坯上，成为“自然装饰纹”，日久天长引起先民的注意，激起创作的兴趣，在积累了丰富的指纹观察经验的基础上，准确生动地创作了指纹图画。这种创作的成功，是深刻理解指纹特性基础上的再创造，是对指纹术认识的前奏。

原始指纹图画的审美功能和神秘性是考古学者考虑得比较多的方面。我们提出“中国原始指纹图画”的新画种，是为了证明中国是指纹术的发祥地，中国观察指纹的历史在5000年以上，指纹史是中华文明史的组成部分。

三、中华肤纹学

“指纹”名称的认同率远远高于“肤纹”，民众也不清楚“指纹”与“肤纹”之间有什么区别。

1931年时任指纹学会会长刘紫菀著书名为《中华指纹学》。指纹鉴定权威、指纹研究专家赵向欣长期在刑事技术部门工作，1987年出版《指纹学》一书，1997年对该书修订再版时改书名为《中华指纹学》。指纹学的内容是指纹，是手指远端腹面的花纹，研究指纹在个体鉴定中的作用，利用指纹为侦查服务。中国有古老的原始指纹图画，指纹术又是中国发明，中华指纹学应运而生。

示指、中指、环指、小指都由三段指节组成，靠近手掌的称为近端指节，中间的称为中段指节，近端指节和中段指节的花纹称为指节纹，指节和指节之间有指间褶。指节纹和指间褶线虽然都在手指上，但是都不称为指纹。中国先民在契约上画指间褶线的距离，按整个手掌印，这些都在指纹范围之外。

我们的祖先对指纹、指节纹、指间褶、掌纹、足纹、屈肌线等的观察和应用，同样有古老的历史，中国古老的肤纹技术应该称为“中华肤纹学”。

四、与中国失之交臂的指纹理论

中国作为一个历史悠久的文明古国，古代就有辉煌灿烂的文明，还有许多科学技术成果。中国古代指纹技术在世界上长期居于领先地位。为什么近代肤纹理论和技术产生在西方，而不是中国？不少人在扼腕叹息之余，试图揭开这个谜。

（一）经济、社会与政治原因

在自然经济下，长期手工劳动的生产方式和交换形式，使人们处于封闭和分散状态，自给自足，生活节奏缓慢甚至停顿，缺少足够的竞争和动力因素去刺激、促进生产知识和技术的创造更新，缺乏普遍性的科学探索需要。

在长期特别是中后期封建社会等级和专制制度下，统治者凭借长官意志和统治的权术来进行管理，既不需要民主，也不需要法制和科学。

在儒家思想占主导地位的影响下，当时的社会不重视自然和社会的具体知识，轻视甚至排斥经济和科技活动。

自北宋开始，在长达近千年的历史中，手相算命的书籍层出不穷，指纹知识始终在手相算命的旋涡里打转。长期没有人想到总结先祖运用指纹的依据和道理，摸索出一些规律来。

（二）科学发展的机制

不能自觉地将科学本身理论与应用技术区分开，以取得系统化的理论知识。对于已经取得的、多属实用技术型的成果，则满足于一时的用处，甚至是仅仅满足于极其庸俗的目的，不求甚解。一些人还常常将其据为己有，或将其神秘化、精英化、贵族化，不让其普遍化，达不到公众普遍可用的效果。这样必然妨碍科学理论的形成。最终缺少在学理上认真彻底、追根究底、严密论证、尝试应用、加以检验、一丝不苟的精神；满足于空谈玄辩，轻视对假说与理论的实验证实。

当近代西方实验科学蓬勃发展起来、成果日益丰富时，中国却仍热衷于通过内省思辨，构筑远离现实世界、经验事实的理学大厦，重了悟轻论证，终于使中国错过了深化科学、建立理论、试验技术与生产密切结合的机会。

对待科学的态度是一种文化性格的缩影。对科学尚且不能够做到彻底、认真，对其他事情就更可能采取“马马虎虎”“见好就收”之类的态度。

几千年来指纹技术运用于买卖契约，有人认为契约上的指纹仅仅可能是一种郑重其事的表示，或者是不会写字的人的代笔，有“已阅”的意思。

第五章　肤纹嵴的发育

肤纹嵴线的分化在胎儿发育的早期就发生了。嵴线花纹和胎儿掌趾垫的关系较明确，嵴线花纹就是在掌趾垫的位置形成的。

第一节　胎儿掌趾垫与肤纹嵴线发生的关系

胎儿的掌趾垫（volar pad）是一种丘状隆起物，由局部增厚的间充质构成（吴立甫，1991）。此垫只见于胚胎发育期指和趾端的掌侧面、手和足的每个指（趾）间区、大小鱼际区及足跟区。在其他区域，如手掌中央或近端指骨上还可以看到次生的胎儿掌指垫（图 1-5-1）。在胚胎发育的第 6～7 周，可以最先在指尖上看到这些垫的形成。在以后的几周垫变得很明显，到第 5 个月又减少，在第 6 个月完全消失。在此时期垫的表面形成皮肤嵴线（皮嵴，dermal ridge），嵴线排列成特殊的花纹，取代了掌趾垫。掌趾垫的存在及大小和位置，在很大程度上与乳头嵴花纹（papillary ridge pattern）的形成有密切的关系。小垫形成简单的弓形（arch），更凸起的垫往往形成大而复杂的嵴线构型，如箕型（loop）和斗型（whorl）系统。手指尖掌面对称的垫则发育成集中到花样区中间的斗形花样，不对称的垫则形成花样区内方位不对称的箕形花样，根据垫的不同位置，或者形成尺侧纹，或者形成桡侧纹。

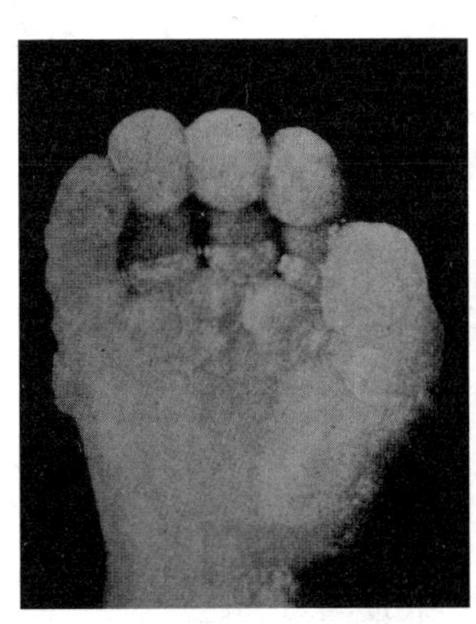
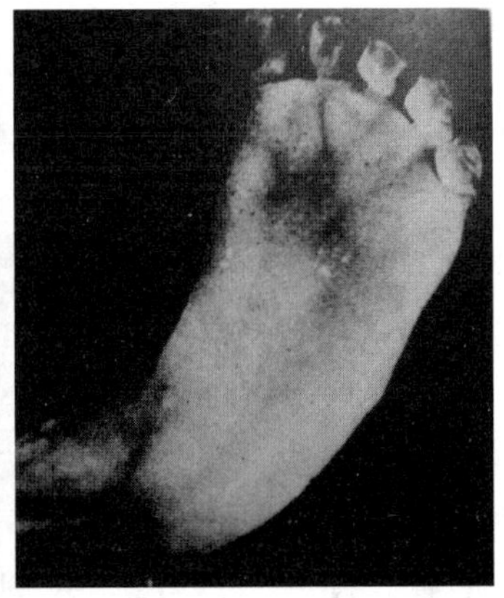

图 1-5-1　人胚胎 70 天时手和脚的掌面（Schaumann et al，1976）

许多学者对乳头嵴线的胚胎发生进行了广泛而详细的研究。近年，从组织学的角度，用光学显微镜和电子显微镜观察嵴线的发育过程。胚胎发育第 9 周时嵴线原基发育之前胎儿皮肤的切片见图 1-5-2A。现在已经明确嵴线形成的开始时期即妊娠约 3 个月，冠–臀长约 70mm 时。这时掌趾垫接近于或者刚刚过它们的发育高峰。虽然表皮的外表面仍然是光滑的，但在表皮的基底层可以观察到波形的起伏。这种浅的表皮增生在第 4 个月时形成了生发层下层的界限分明的表皮褶（图 1-5-2B），接着真皮则形成乳头状，反方向上凸入表皮，这就是乳头嵴。据 Hale（1952）的命名，表皮褶就是腺褶（glandular fold）或称初生嵴（primary ridge）。腺褶开始在垫的中心部形成，接着在垫的周围部又形成了更多的腺褶，直至覆盖整个垫的表面。当腺褶继续生长时，它的尖端出现分叉。胚胎第 5 个月，腺褶的最深部形成球状的汗腺原基，深深插入到结缔组织中。起初汗腺原基为实心的上皮细胞索，随后才变为中空，形成汗腺的分泌部和导管，汗腺导管向表皮表面延伸，于胚胎发育的第 6 个月开口于表皮的表面。在腺褶与腺褶之间出现沟褶（furrow fold），又称为次生嵴（secondary ridge）（图 1-5-2C）。沟褶或次生嵴与腺褶平行发育，它们的出现没有严格的时间、空间规律。沟褶或次生嵴的出现只是次生现象，对乳头嵴的形成没有影响，或只是稍稍起作用。

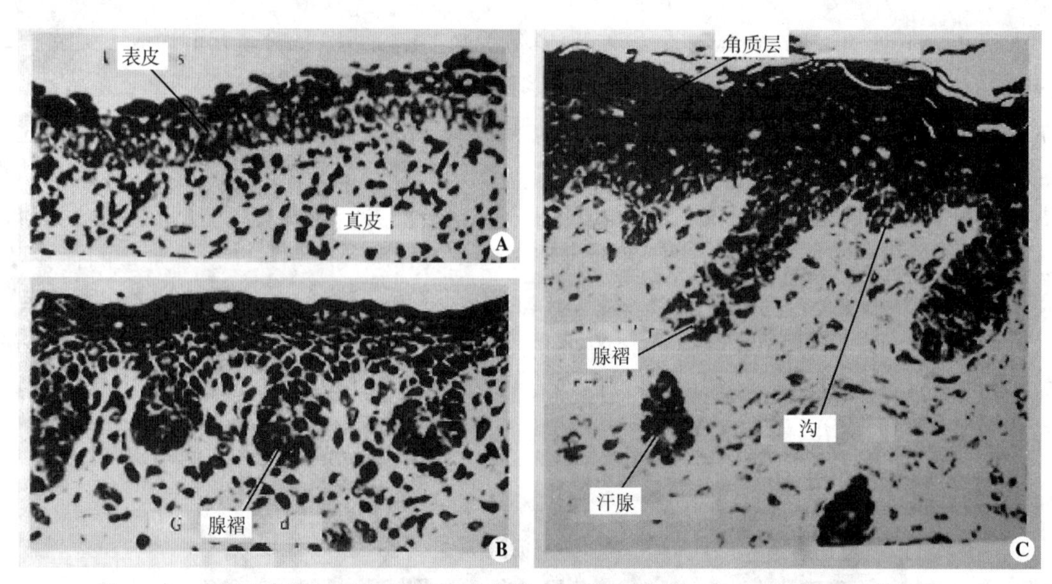

图 1-5-2　人胚胎在第 9 周（A）、第 16 周（B）、第 23 周（C）时的皮肤嵴线结构切片
（Schaumann et al，1976）

表皮嵴线的外露在胚胎发育的第 6 个月才全部完成，此时腺褶已成熟，汗腺已有分泌功能，角质化表皮也已形成。据此，皮肤表面出现的肤纹与胚胎发育皮肤所见结构相应关系为表皮沟与沟褶对应，表皮嵴线与腺褶对应。

近年来，国内不少学者也对肤纹的胚胎发育进行了研究，如温州医学院邵华信认为，皮肤纹理的胚胎发育可分为以下 5 期（邵华信　等，1991）。

1. 腺褶分化期　此期始于胚龄 12～14 周。表皮与真皮连接处，由表皮基层细胞向真皮细胞内增殖形成腺褶原基。两腺褶原基之间的真皮凸向表皮成为乳头原基。

2. 汗腺分化期　胚胎 14～16 周，腺褶末端的细胞数量增多，分化成汗腺原基。第 18 周后，真皮内已可见到相当数量的汗腺。

3. 沟褶和真皮嵴分化期　此期约发生在胚胎发育的第 16 周。两腺褶之间的表皮基层细胞向真皮内凹陷，此即沟褶。至第 18 周，真皮嵴（乳头嵴）及其构型在体视显微镜下清晰可辨。

4. 角化层形成期　在胚胎 14～16 周的胚胎切片上，表皮表面首先出现嗜酸性的角化薄带，在第 18 周胚胎切片上已相当明显。

5. 表皮嵴及其构型　表皮嵴及其构型（纹型）在放大镜下隐约可见。据湖北孝感地区卫生学校邓少华等（1991）报道，汉族人手足皮肤嵴线的胚胎发生与上述引用的国内外资料基本相似，只是发生的时间和步骤比国外研究者所提供的资料要早 2～4 周，即胚胎第 6 周，手指表皮为两层细胞，深层有明显的基膜；第 8 周开始出现中间层；第 12 周初生嵴（即腺褶）出现；第 18 周初生嵴的顶端出现汗腺原基；沟褶在胚胎第 20 周出现，此时汗腺开口已达表皮表面；胚胎第 22 周，表皮嵴线、沟已明显，表明皮肤纹理已形成。

邓少华等还观察到，汉族人足部表皮嵴线的发生时间比手部要晚 1～2 周，不论是手还是足，均为掌面诸结构的发生比侧面早，掌纹的发生比指纹早，掌纹在桡侧发生比尺侧早（邓少华 等，1991）。

第二节　影响嵴线形成的机制

有关影响表皮嵴线发育及花纹形成的机制，有几种假说，虽然这些假说在多年之前形成，但至今仍具有影响。

1926 年，Cummins 认为，表皮嵴线花纹的发育可能是全身和局部生长力作用的结果。胚胎发育早期，存在于皮肤内的张力和压力决定着表皮嵴线的发育和花纹的形成。

1929 年，Bonnevie 则认为，指端肤纹的发育取决于其下位的周围神经分布排列的情况。

1973 年，Hirsch 和 Schweichel 总结了腺褶发生导致表皮嵴线形成的知识，根据早先的研究资料及他们的观察指出，在平滑的表皮和真皮交界限之下，即在腺褶形成之前，短时出现排列有序的血管神经对，而后才出现腺褶、沟褶、汗腺和表皮嵴线等结构（表 1-5-1）。当上皮无神经长入时，皮肤纹理就发育不全。另外，异常的嵴线与异常的神经发育有关，组织供氧不足、汗腺的分布和形成也发生偏离现象。当存在其他可能影响皮肤纹理的因素时，上皮基底的细胞增殖及上皮的角化发生紊乱。由此可以证明腺褶是由血管神经对诱导而发生的，上皮嵴线以外皮肤的其他结构先于表皮嵴线形成前已次第出现。这些早期出现的结构的形成受制于胚胎掌趾垫的外部压力，或者受到胚胎的运动，特别是手的运动影响。

表 1-5-1　人胚胎皮肤发育（Schaumann et al，1976）

	胎龄（月）						
	2	3	4	5	6	7	8
冠–臀长（mm）	40	60	100	150	200	230	270
血管	++	++	++	++	++	++	++
掌趾垫	+	++	（+）	（+）	–	–	–
神经	（+）	+	++	++	++	+++	+++

续表

	胎龄（月）						
	2	3	4	5	6	7	8
腺褶	−	−	+	++	++	++	++
汗腺	−	−	−	+	+	++	++
沟褶	−	−	−	（+）	+	+	+
表皮嵴线	−	−	−	−	（+）	+	++

注：（+）、+、++、+++表示发育程度。

邵华信对胚胎发育过程中表皮嵴线分化的研究指出，表皮嵴线的形成与其相邻结构的分化有关（吴立甫，1991），其关系见表 1-5-2。从表 1-5-2 可见，表皮嵴线的形成与邻近相关结构的分化支持肤纹分化的诱导关系。

表 1-5-2　表皮嵴线的形成与邻近相关结构的分化

	胚龄（周）						
	10	12	14	15	16	18	20
腺褶	−	（+）	+	+	（+）+	（+）+	++
沟褶	−	−	−	−	（+）	+	（+）+
汗腺	−	−	−	−	（+）	+	（+）+
角化层	−	−	−	（+）	（+）	+	+
真皮层	−	−	−	（+）	（+）	+	（+）+
表皮嵴线	−	−	−	−	−	（+）	（+）

注：（+）、+、++、+++表示发育程度。

邓少华等近年的研究发现，皮肤诸结构在其发生过程中，表皮嵴线邻近各组织同步发生。他们认为掌趾垫的实质为一团密集的细胞群，似呈同心圆排列的趋势，其中央部细胞体大，胞质着色浅，胞核大而圆，核仁清楚，其周边的细胞多呈椭圆形，胞核圆而着色浅，核仁 1～2 个。此团细胞在胚胎第 10 周即消失，代之以排列规则的毛细血管。这一现象持续到第 20 周，腺褶发育仍然清楚可见。至胚胎第 22 周，当沟褶发育成熟、表皮嵴线已经形成后，毛细血管逐渐减少，排列就变得无规则。由此也可以证明上述的细胞团诱导指端毛细血管增生，毛细血管又诱导腺褶出现，其诱导机制显而易见。

第三节　皮肤和肤纹嵴线

人的全身由皮肤覆盖，这被称为薄型皮肤。在手掌和足掌面的皮肤上有由嵴线组成的花纹，这是人类和其他灵长类动物身上特殊的一片皮肤①，也称为厚型皮肤。

①笔者认为灵长类是唯一长肤纹的生物。复旦大学人类表型组研究院李金喜博士后则说：有文献表明，澳大利亚树袋熊（考拉，koala bear）也有指纹，肤纹不唯一出现在灵长类上。

一、薄型皮肤的构造

薄型皮肤覆盖在身体表面，保护体内组织和器官免受外界的刺激和损害；可以排汗、分泌皮脂、散热、保温，具有调节体温和排泄废物的功能；可以感受痛、触、压、温、冷等刺激，是重要的感觉器官；成年人的皮肤面积为1.5～2.0m^2，平均厚度是0.5～4.0mm。

薄型皮肤由外向内，分为三层，分别为表皮、真皮和皮下组织。

（一）表皮

表皮由外胚层形成，属上皮组织。皮肤的最外层是已完全角质化的细胞，较硬，能耐受一定的摩擦，能防止细菌侵入人体。表皮不断衰老脱落，其最外层称为角化层。表皮角化层的下面是生发层，生发层细胞有旺盛的生命力，不断向表层增生，新的细胞顶替脱落的细胞，生生不息，补充角化层脱落的细胞或修补缺损。

（二）真皮

真皮由中胚层形成，属结缔组织。表皮生发层的下面是真皮的浅部和深部，即乳头层和网状层。真皮的浅部有许多乳头状的突起物深入到表皮，称为乳头层。乳头层有丰富的血管和神经末梢，乳头层呈波浪状，在表皮也形成相应的波浪起伏。真皮的深部较厚，内有纵横交错的纤维，称为网状层。真皮中含有血管、淋巴管和神经，还有汗腺、毛囊和皮脂腺。

1. 汗腺　开口于乳头端，人的汗液就是由汗腺分泌和排泄的。

2. 毛发　如汗毛，毛干露于皮外，毛根埋在皮内，包围毛根的部分称为毛囊，每根毛发与一束肌肉相连，肌肉收缩时能使毛发竖起。

3. 皮脂腺　腺体内充满脂滴，经过毛囊排出体外，身体的气味在很大程度上是由皮脂腺引起的。

4. 神经　在真皮浅层和表皮有许多神经（感觉神经）末梢，对痛觉、触摸、冷暖、压力等感觉很敏感，还有的神经（交感神经）专门支配立毛肌的收缩、血管的舒张、汗腺的分泌等。

（三）皮下组织

皮下组织由中胚层形成，属结缔组织。它由筋膜和大量的脂肪组成，使皮肤有保暖和缓冲压力的作用。皮下组织中的脂肪在身体各部位的厚度是不同的。皮下组织的深面是深筋膜和肌肉，皮肤的浅表面与深筋膜相连，会在皮肤的表面出现致密透明的屈肌线。

二、厚型皮肤的构造

人类手足的掌面皮肤与身体其他部位的皮肤不同。与其他部位皮肤相比：手足的掌面没有汗毛，表皮更加厚实（所以称为厚型皮肤），表皮细胞分裂增生能力很强；手足掌真皮乳头很高而且高低深浅一致，真皮乳头排列更整齐有序，一排真皮乳头与另一排真皮乳头之间是沟，覆盖在真皮乳头上的表皮依照乳头的排列模型呈相应的波浪起伏状；手掌皮肤表面与深筋膜相连，导致手掌内握时表皮内折的折线固定不变，在皮肤表面形成大的屈肌线。

人类手足的掌面厚型皮肤的纹理是由嵴线组成的。表皮覆盖在成排的真皮乳头上，乳头以两排为 1 个队列单位，形成一条嵴线，称之为嵴原型。在多排乳头上，形成多条嵴线；又因为多排乳头并非都是平行关系，可以形成曲线、圆圈、螺旋等几何图形，所以表皮上的嵴线也成为相应的几何图形。嵴线和嵴线之间是沟，为乳头和乳头之间的沟在表皮的反映，嵴线的构造模式图如下（图 1-5-3 和图 1-5-4）。

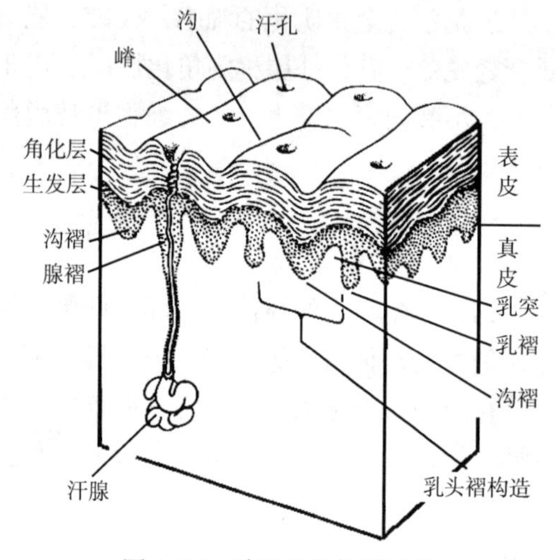

图 1-5-3　肤纹的结构模式图
（Schaumann et al，1976）

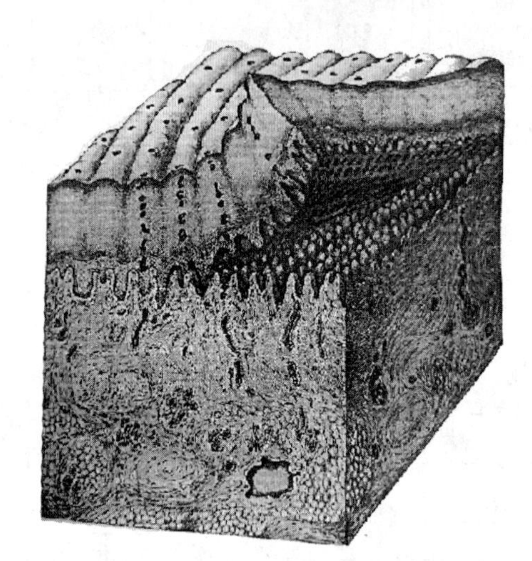

图 1-5-4　肤纹的结构模式照片
（Cummins et al，1943）

嵴线组成的肤纹是灵长类动物特有的性状，各种猴、猿类、猩猩，还有人类都属于灵长类动物。非灵长类动物有皮肤而没有肤纹。由此联想到我国湖北省神农架地区有神奇动物出现，有的说是野人，有的说是猿、猴、猩猩，还有的说是狗熊，也采集到很多石膏足印，有的足印是比较清楚的，可以先观察其有无肤纹，首先判断这种神奇动物是否是灵长类。

薄型皮肤上的色斑不是肤纹。有的人把皮肤上的由色素沉积形成的斑纹也称为肤纹，这不是真正的肤纹。例如，妇女生孩子后，在小腹部出现许多条状妊娠纹，这是色斑，不是肤纹。肤纹专指由嵴线形成的花纹。厚型皮肤和薄型皮肤的模式图如下（图 1-5-5，彼得·威廉斯，1999）。

手足掌上的皱褶在捺印时，留在纸上的是白线（white line）。白线是厚型皮肤的皱褶，不是肤纹。也有人把手掌上的细小白线当成肤纹，随着年龄增长，这些小白线会越来越多、越来越深，小白线渐渐变成大白线，白线的多少和大小又随着手足运动形式不同而变化。例如，手处于松松的握拳状，可看到掌面上皱褶增多；把手掌手指伸直，可看到皱褶减少。

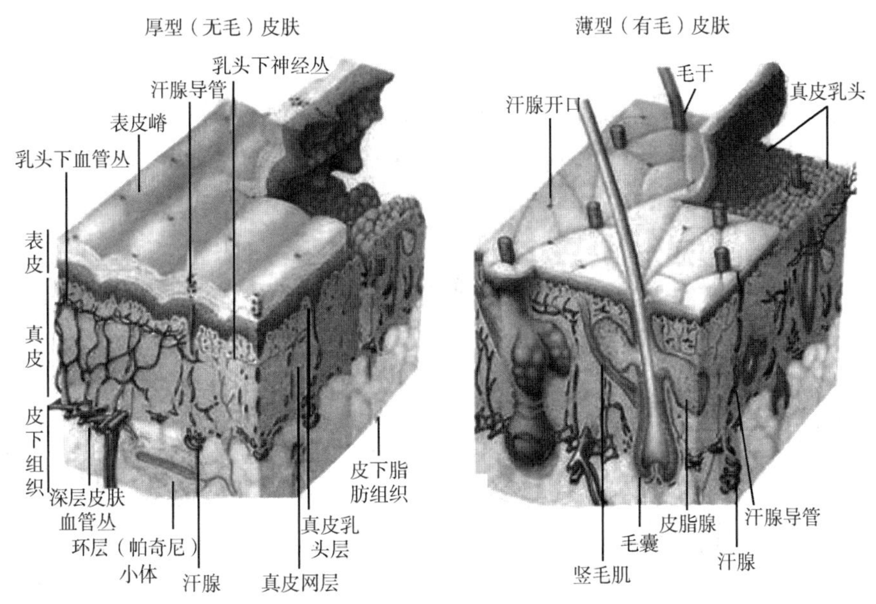

图 1-5-5　厚型皮肤和薄型皮肤的模式图（彼得·威廉斯，1999）

左边为厚型皮肤，右边为薄型皮肤

手掌上的三道屈肌线（较大的纹路）也不是肤纹。屈肌线是生来就有的，各不相同且终身稳定。屈肌线呈致密、透明状线条，屈肌线上没有嵴线构造，使皮肤的打折方向有相对稳定性。屈肌线并不是由嵴线形成的，在解剖学上系由表皮与深筋膜相连而成。屈肌线形态在一生中基本保持稳定。人出生后，新产生的白线有时在屈肌线附近或与屈肌线相连，常常被误认为是屈肌线发生了变化。

肤纹仅是厚型皮肤的嵴线及其花纹。假如扩大肤纹的内涵，可以提出广义肤纹的定义：肤纹是厚型皮肤的嵴线及其花纹、屈肌线和白线（小纹路）的总称，即肤纹含嵴线与纹路。有关屈肌线和白线的内容常常出现在肤纹学研究的文献中，无所谓“狭义”肤纹、“广义”肤纹的界限。

有专家认为，白线会随身体状况的变化，产生有无或多少的现象，这可以作为某些疾病诊断的依据。对此尚有讨论余地。

第六章　电子扫描捺印肤纹

将研究对象的指纹、掌纹、足纹的三面或多面图像拓印在纸片上，或扫描后存储在计算机中就是捺印（ink print）。捺印方法很多，有静电复印、玻璃胶纸粘贴、激光照相、摄像、扫描仪摄入计算机、使用金属粉末、茚三酮反应及其他化学反应法（刘少聪，1984；赵向欣，1987；赵向欣，1997）。但较经济和方便的还是油墨捺印法，既能得到清楚的图像，又能长期保存，便于阅读。油墨捺印是一项细致的工作。一份清楚而完整的肤纹图纸，就是一份珍贵的资料。古典的油墨捺印法在今天仍被各国肤纹工作者应用。油墨法虽好，但是与当代生物伦理学相抵触，不符合现代伦理原则，油墨法自 2017 年摒弃不用，代之以电子扫描捺印肤纹。2016 年 10 月开始，国家卫生和计划生育委员会规定“生物医学研究中涉及的生物材料”必须遵守伦理学清洁、无害、有利等原则。

个人的手足印是个人私有的资料，我们要得到捺印图，必须遵循“知情自愿”原则。

肤纹研究中的油墨捺印法应彻底摒弃，要全面推广电子扫描捺印法。

用电子仪器扫描捺印肤纹的标准配置：1 台滚动指纹扫描仪（如 GreenBit-DactyScan 40i 活体单指指纹采集仪，简称“40i 指纹仪”）、1 台捺印掌纹扫描仪（如 EPSON V370，简称“V370”）、1 台捺印足纹扫描仪（V370）、1 台手提电脑、1 只四合一 USB 扩展 HUB 接口器。

现场布置因人而异。推荐 2 人 1 套仪器式样，1 小时采样 20 人左右。其他搭配方式见表 1-6-1。

表 1-6-1　扫描捺印人员仪器搭配和效率

摊位	人力	指纹（40i）	掌纹（V370）	足纹（V370）	接口器	电脑	效率（人/小时）	适应地：采样/实验课
1	1	√	√	√	√	√	8～10	实验课
2	1	√				√	20	采样
	1		√	√	√	√	20	采样
3	1	√				√	20	采样
	1		√			√	25～30	采样
	1			√		√	25～30	采样

采样工作人员均坐着操作。捺印掌纹和足纹的对象也提倡坐姿。为每位捺印对象制定二维码或条形码。

第一节　扫描捺印指纹

捺印指纹的电子仪器，目前多用 GreenBit-DactyScan 40i 活体单指指纹采集仪（简称

“40i 指纹仪”，图 1-6-1），用此种型号的指纹仪可捺印三面指纹，下文以此为例进行介绍。

辅助用品：水性湿纸巾 1 包（50 抽/50 人），木纤维韧性干纸巾 1 包（100 抽/50 人）。医用酒精棉、乳胶手套、口罩若干，与群体人数相等的大量一次性拖鞋（冬天采样必需）。

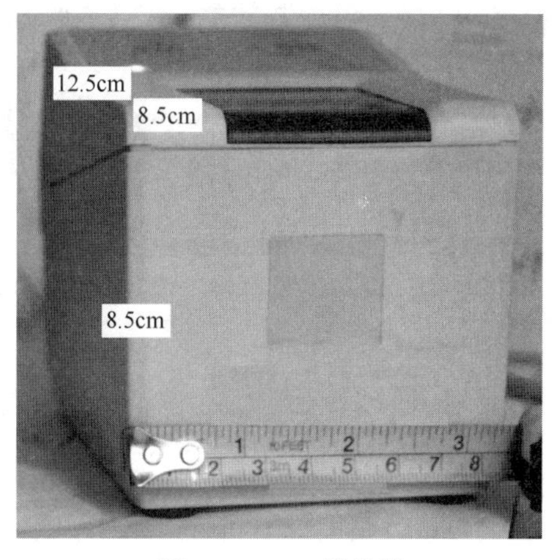

图 1-6-1 40i 指纹仪

一、安装驱动软件

首次使用 40i 指纹仪的电脑上，一定要安装扫描仪驱动软件。

（1）在网上下载“DactyScan 40i”软件夹，复制到计算机。

（2）在文件夹里选择点击“Universal Driver”。

（3）正确选择点击 64 位或 86 位。

（4）点击“Setup”。

（5）在文件夹里选择点击“MultiScan Demo SDK 2.9”。

（6）选“GBMS Demo.exe”，即应用程序，点击。

（7）在桌面显示快捷键图标。安装 40i 指纹仪驱动软件完成。

二、扫描捺印指纹操作

（1）计算机连接电源，开启电脑。

（2）指纹仪连接计算机 USB 2.0 接口。

（3）点击桌面快捷图标，进入“New”界面。

（4）点击“New”，进入图 1-6-2 所示界面。

（5）在左上方 Surname 框里填写个体的文件名，如 20170304，再点击右上中方的“Configuration”，见图 1-6-3。

（6）点选“No Roll Preview”，使小圆圈成小红点，再在下方点击“OK”框，回到图 1-6-2 所示界面。

（7）点击上中方的“Start acquistion sequence”；再点击左方“Rolled Fingerprints”；右键点选要扫描的格子，后出现“Acquire...”；左键点击“Acquire...”，准备扫描指纹。

（8）扫描好 1 枚指纹的三面，可见图 1-6-4。在图左上方出现“√”，假如对扫描的指纹质量满意，就点击“√”，保留一枚指纹扫描图片。每扫描 1 枚指纹，要点击“√”，返回到图 1-6-2 所示界面。

（9）10 个格子都扫描好后，即可点击图下方的“OK”，保留个体的 10 枚指纹扫描图。否则，10 枚指纹留空白，没有保存文件，要重新扫描。

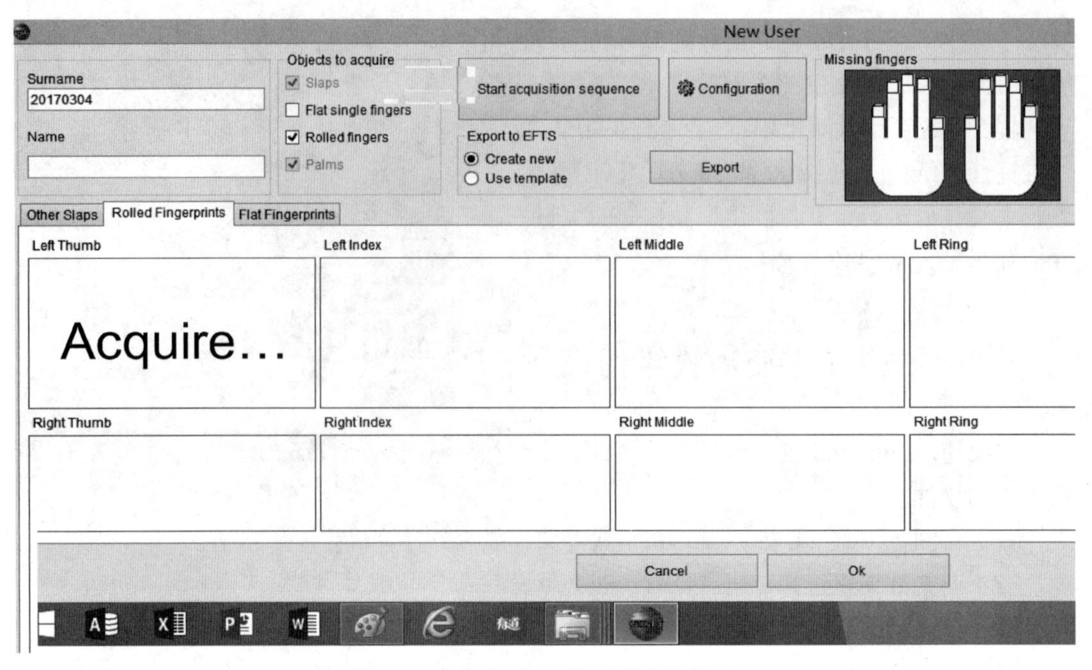

图 1-6-2　点击“New”后进入的界面

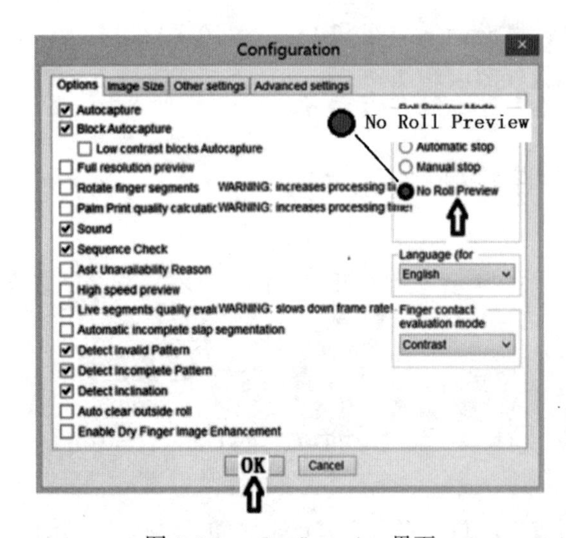

图 1-6-3　Configuration 界面

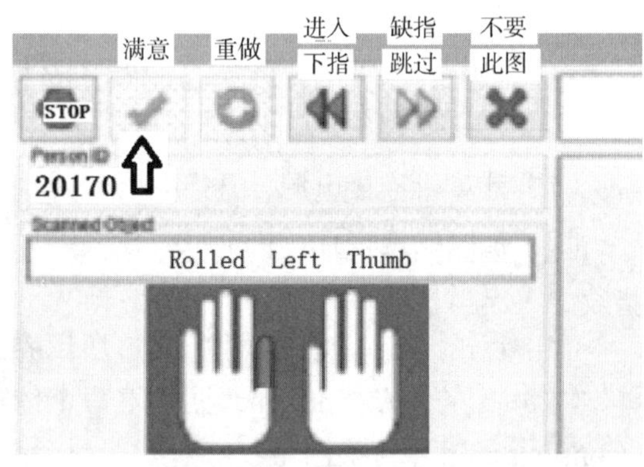

图 1-6-4　扫描 1 枚指纹后的确认界面

（10）图 1-6-4 的左上方“STOP”旁有 5 个图标，依次代表：捺印满意；重做；进入下一个手指的捺印；有缺残手指，跳过它；不要这个捺印图。

三、扫描指纹流程图

扫描指纹流程见图 1-6-5。

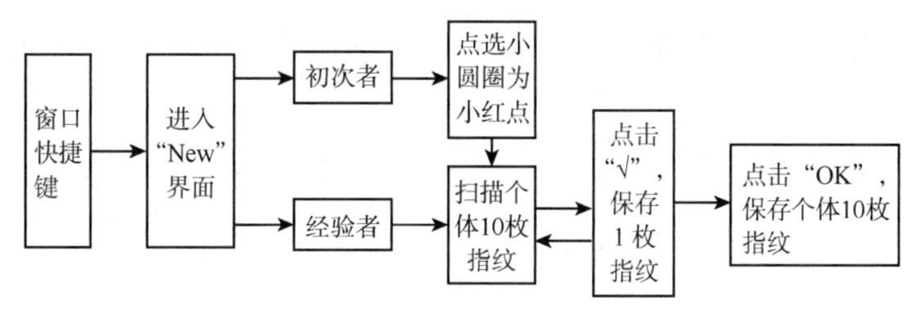

图 1-6-5　扫描指纹流程图

四、复查或研读扫描仪上的指纹图

（1）查询先前扫描捺印的指纹。页面上有“20170304”文件，如图 1-6-6 所示点击箭头 1 所示位置，再点击箭头 2 所示的“View”，复查。

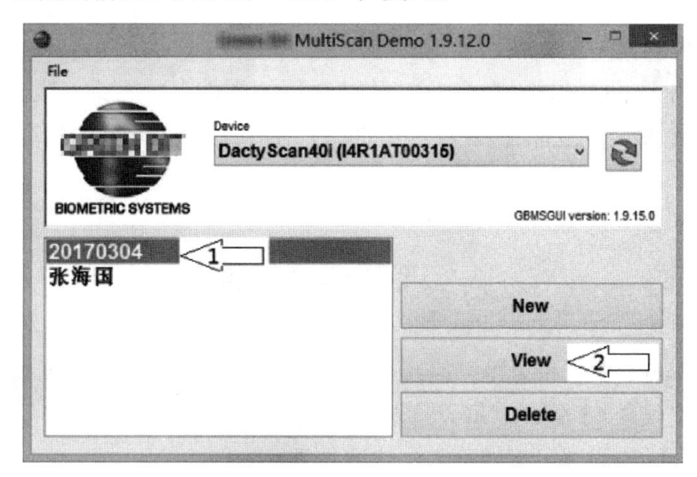

图 1-6-6　复查“20170304”文件

（2）如图 1-6-7 所示，点击箭头 1 所示的“Rolled Fingerprints”，可见先前扫描捺印的指纹。

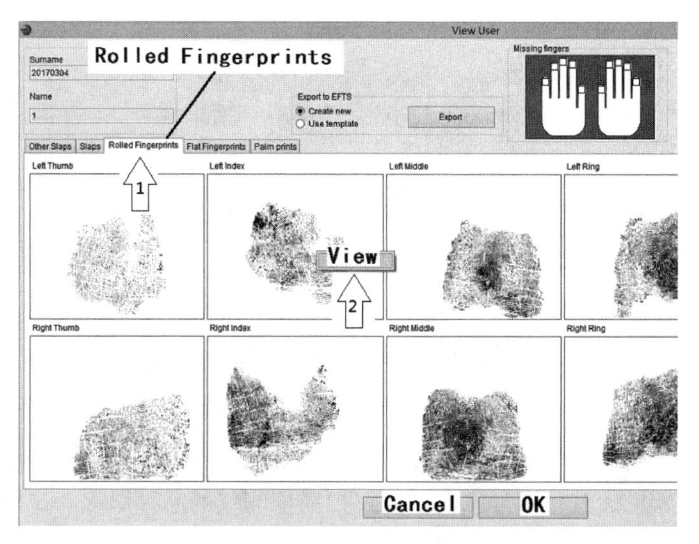

图 1-6-7　View 界面

（3）选择需要的指纹文件名，右键点击，如图 1-6-6 所示，可出现箭头 2 所示的“View”。

（4）点击“View”，有一个文件（一个个体）发送到桌面，更便于观察（见图 1-6-7），且可放大数倍。

五、把捺印图片保存到另外的文件夹中

（1）点击“DactyScan 40i”。

（2）点击“MultiScan Demo SDK 2.9”，选择所要的图片文件夹，复制。显示个体指纹按照左手“示指、小指、中指、环指、拇指”次序排列，右手也按照“示指、小指、中指、环指、拇指”次序排列，即指纹英文的字母顺序排位。

（3）选择、设置文件夹，粘贴复制的图片。

（4）及时把当天采样的图片收集、转移到合适的文件夹中，采样人作为第一保存人，保存原始图片文件夹，一般保存 2 年。全部采样结束后，妥善把图片交给资料中心统一保存。

六、卡顿快速处理

现场采样操作员经常反馈，每扫描几个人（一般是 4～6 人）就有卡顿现象出现。处理一次卡顿事故，耽误 3～5 分钟，每天总采样 50 余人，则多费约 1 小时。因此，卡顿问题会严重妨碍指纹采样进程，可按如下方法快速处理。

（1）计数扫描捺印为 4 名个体时，立即停止扫描，正常关闭扫描页面；然后，重新启动扫描页面，当作操作的第 1 名个体扫描。此方法最有效、快速，几乎感觉不到有停顿发生。

（2）当扫描超过 4 名个体、发生卡顿时：

1）“Ctrl+Alt+Del”三键联按，后台处理；点击“（启动）任务管理器”。

2）选择点击“MultiScan Demo（32 位）”；点击“结束任务”，强制关闭卡顿的扫描窗口程序。

3）选择点击“Acqusition”；点击“结束任务”，强制关闭扫描程序。然后，重新启动扫描页面当作采样的第 1 名个体扫描。

第二节　扫描捺印掌纹

目前，捺印掌纹、足纹的电子仪器，用得较多的是 EPSON V370 显微立体扫描仪（简称“V370”，图 1-6-8）。其他型号掌纹、足纹扫描捺印仪的品种繁多。这里介绍 V370 显微立体扫描仪，用于掌纹、足纹扫描捺印、阅读分析的运作。

扫描仪连接电源接口。HUB 接口连接计算机 USB 2.0 接口，掌纹扫描仪连接 HUB 1 号接口（注意：足纹扫描仪连接 HUB 2 号接口）。注意适时开启、关闭 HUB 开关，不可同时开启 2 个开关。有时 HUB 的 1 号、2 号接口插好后，扫描仪不能工作。这是操作系统的版本低于 Win 8.1 所致。此时要下载 HUB 接口器的驱动软件，启动后就可以使用了。

准备掌纹、足纹 V370 扫描仪各 1 台（包括电源线、USB 电缆线），具有 Win 8.1 系统、已安装扫描仪配套驱动软件的手提电脑 1 台。

肤纹采样常常在野外进行，扫描图如不理想，主要是露天阳光直射所致。可以做个小暗室，即黑色盒子（盒子内部为纯黑色，5 个面，其中一个面可半自由打开）；或用遮光布盖在手足和仪器上；或做遮光布套，使仪器、手、足都处在暗环境中；或在工作点上方置遮阳伞。较好的采样场所为暗室型小屋，或有窗帘的房子。

辅助用品：婴儿湿纸巾、木纤维韧性干纸巾。喷雾型医用酒精、一次性乳胶手套、一次性塑料手套、口罩、每人一双一次性冬季拖鞋（其他季节按 1/2 配置），最好再准备 1 间专供女性使用的私密室（盛夏必需）。

为防止压碎扫描仪表面玻璃，有必要在表面放一块 6mm 厚的平板玻璃（每边大于 A4 纸 2cm），以保护扫描仪。

一、仪器驱动软件安装

在首次使用 V370 扫描仪的电脑上，安装扫描仪驱动软件。借助购买仪器时配套的磁盘，可在计算机的光驱上（或外接光驱），直接自动安装驱动软件；或在网上打开“EPSONScanV370 Driver-Win”文件夹，双击“InstallNavi.exe”文件，进入许可协议界面，勾选左下角“我接受许可协议的内容”，点击右下角“下一步”按钮，进入驱动安装的“开始和连接”界面。

点击“开始和连接”按钮，进入安装界面。

点击右下角“安装”按钮，开始安装，安装过程可能需要 1～2 分钟。

完成安装后，按照指引，连接 USB 电缆，然后开启 V370 电源按钮。

二、扫描捺印掌纹操作

（1）打开连接 V370 的 USB 接口的扩展 HUB 的 1 号接口，其他接口均处于关闭状态。

（2）在计算机桌面上建立扫描图片保存文件夹。

（3）指定扫描图片保存路径。

（4）受试者掌纹扫描。受试者正坐，手心朝下，双手自然张开轻轻平放到扫描仪文稿台上（图 1-6-8）。注意：无须用力下按或下压双手，保持自然状态即可。保证受试者双手放在文稿台上，勿动，因为扫描仪有 19mm 的景深，所以可捺印到掌腕线和小鱼际尺部位。

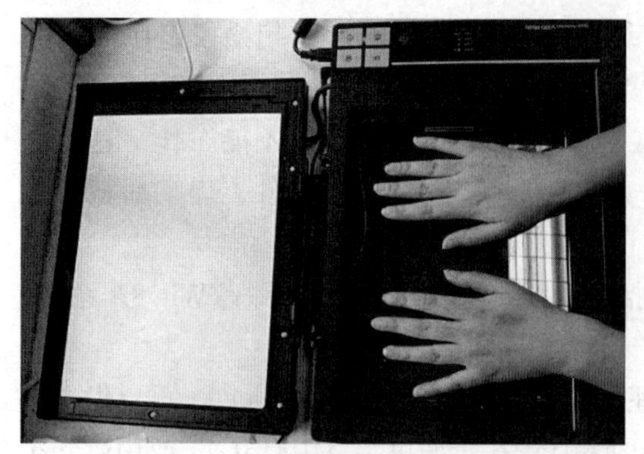

图 1-6-8 双手平放到扫描仪文稿台上

群体采样的个体很多，必须对每一个体进行命名。

命名原则：首要元素+次要元素+再次要元素……

首要元素是含采样年代、民族、采样地区、序号信息的数字和字母的组合，后缀的次要元素是个体具体一个项目名称缩写的 2～3 个字母，再次要元素是对个体的补充说明。

点击“扫描”按钮，扫描仪开始工作。整个过程分 2 次扫描，第一次扫描为预览，供修改调整位置；5 秒后进行第二次正式扫描，手不能动。过程见图 1-6-9 和图 1-6-10，其间无须进行任何操作，持续时间 25 秒左右。

图 1-6-9 扫描仪开始工作

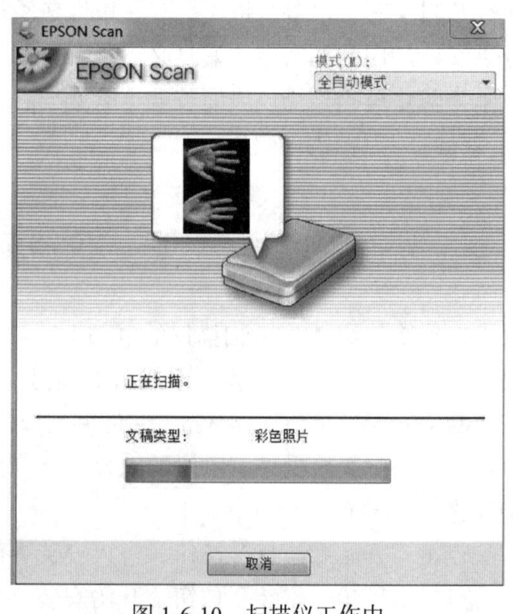

图 1-6-10 扫描仪工作中

二维码或条形码放在个体的左上角，注意左右侧方向。一个样本扫描结束后，会自动打开路径保存文件（之前已指定路径）。注意查看扫描图片质量（图 1-6-11）。

图 1-6-11 所示扫描质量尚可。有些扫描图存在缺失掌腕线、没有小指纹等情况（图 1-6-12），需进行重新采集。

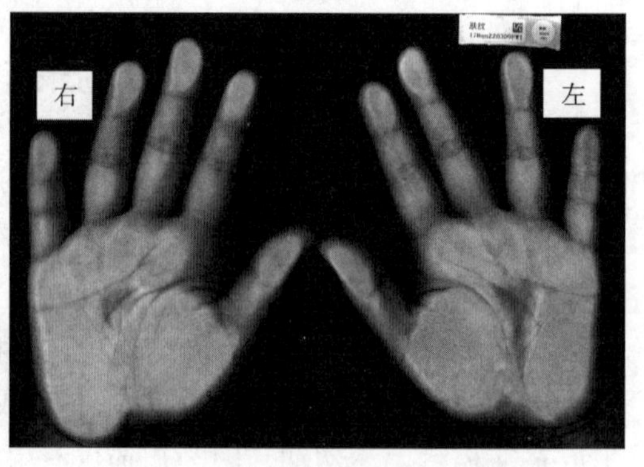

图 1-6-11 扫描捺印质量较好示例

（材料为河南新密 309#）

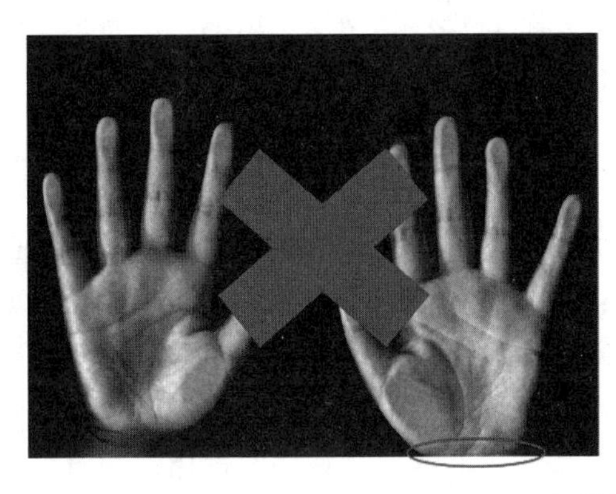

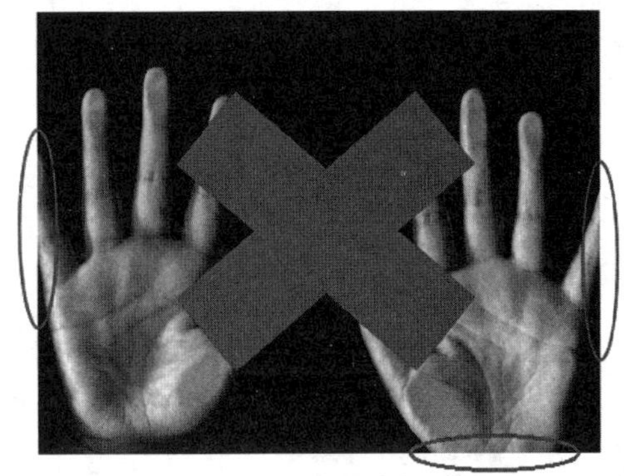

图 1-6-12　扫描捺印质量不好示例
左图和右图的左手掌腕线缺如，右图双小指不全
（照片由中科院马普计算所李金喜博士提供）

三、扫描掌纹流程图

扫描掌纹流程见图 1-6-13。

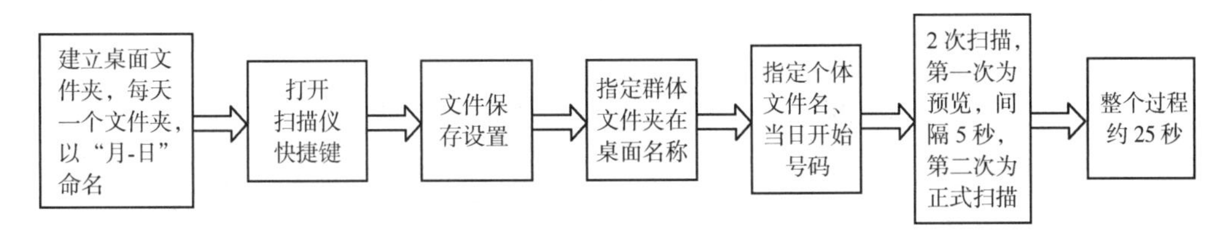

图 1-6-13　扫描掌纹流程图

第三节　扫描捺印足纹

将另一台同型号扫描仪平放在地上，扫描仪平行四边形的短边向着受试者，见图 1-6-14，扫描捺印足纹。扫描仪的景深，可以满足小鱼际和足跟球部的基本捺印要求。习惯在左足上方摆放个体的二维码。

为防止脚踩碎扫描仪表面玻璃，可在表面放一块 6mm 厚的平板玻璃（每边大于 A4 纸 2cm），以保护扫描仪。

打开连接 V370 扫描仪 USB 接口的扩展 HUB 的 2 号接口，其他接口（1 号）处于关闭状态。

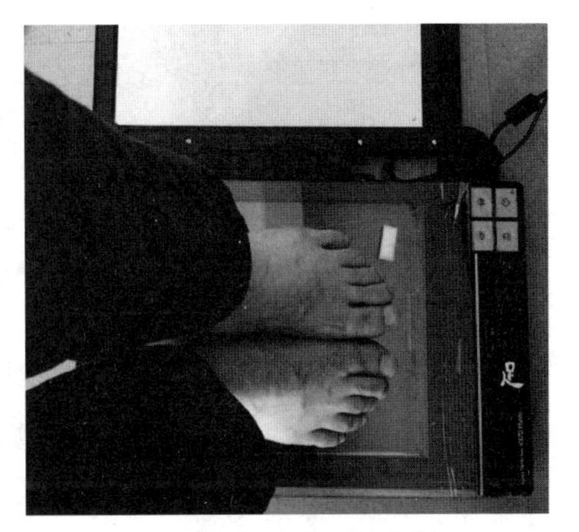

图 1-6-14　扫描足纹实例

足纹主文件名同掌纹主文件名。扫描仪自动

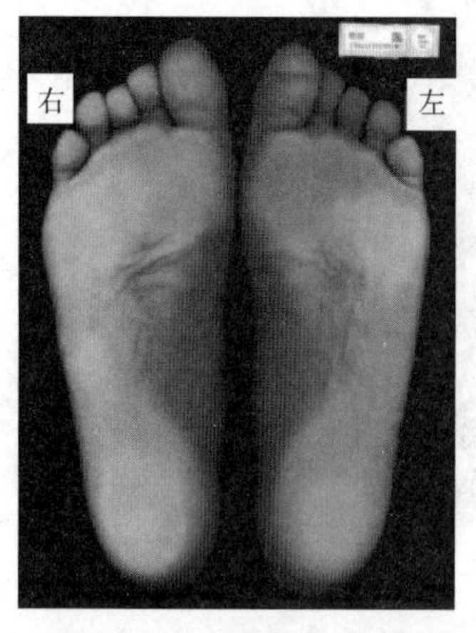

图 1-6-15　扫描捺印的足纹

为同一个体的掌纹足纹排序，给出一个后缀号码。足纹的扫描捺印见图 1-6-15，密切关注足的左、右侧别。方法同捺印掌纹。

当扫描掌纹或足纹运作出现卡顿时，关闭计算机；或切断电源；或关闭/重启计算机，点击扫描仪快捷键；或交换扫描仪和鼠标的 USB 接口，可排除故障。

在实际操作时，建议不要在扫描仪开启后，频繁切换表格软件、图片软件等扫描仪以外的操作软件。群体采样要一机一用，防止一机多用，严禁多软件同时操作。多窗口的频繁切换是扫描仪卡顿的主要原因。

第四节　图像举例和少见图像

本节列出的图像（图 1-6-16～图 1-6-21）是扫描捺印的图片。有的是比较典型的标准图，有的非常少见，甚至是笔者第一次见到。

右手环指　　　　右手小指

图 1-6-16　扫描图（1）

个体 10 个手指指纹都是简弓，罕见

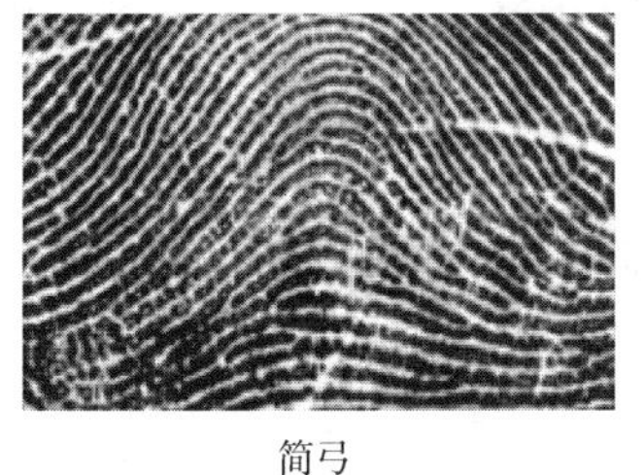

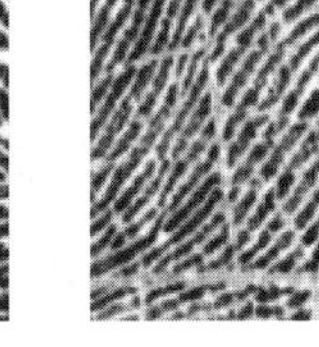

简弓　　　　尺箕　　　　一般斗

图 1-6-17　扫描图（2）

裁剪的 3 种指纹图

图 1-6-18　扫描图（3）

左手拇指火轮状斗形纹

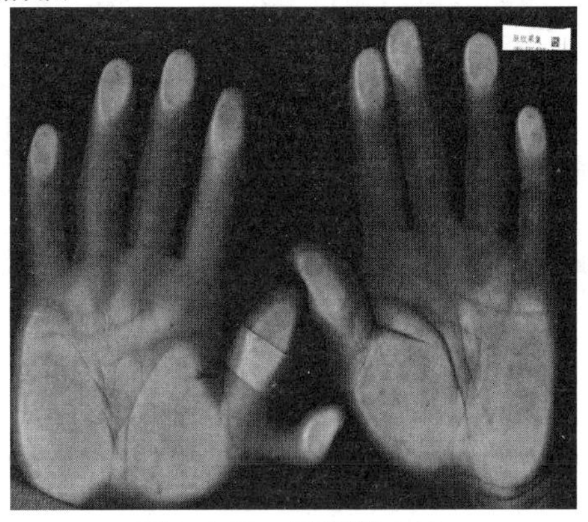

图 1-6-19　扫描图（4）

右手拇指赘生第 6 指，其登记号主体后加小数点再加后缀号，如 18HuiYC0024.5

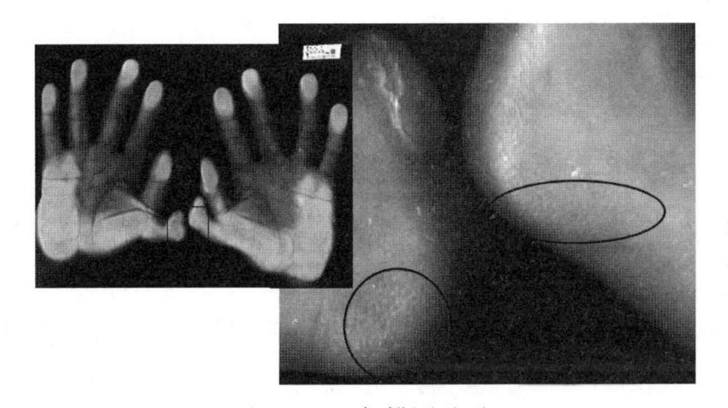

图 1-6-20　扫描图（5）

右手和左手都是赘生 6 指，圈内示 2 枚第 6 指的指纹嵴和未发育的痕迹如散在小珠状

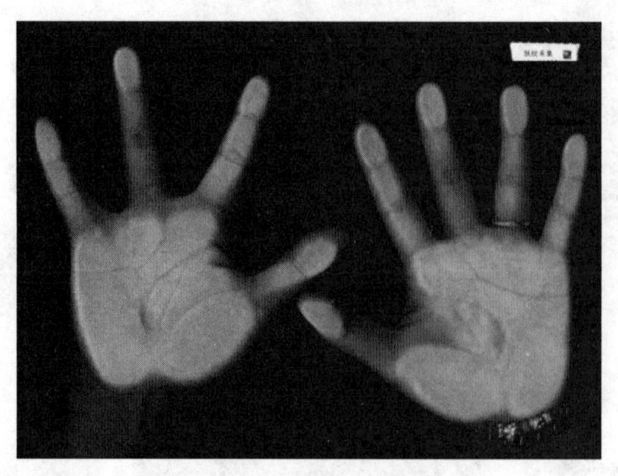

图 1-6-21 扫描图（6）

右手 4 指，中指、环指并蒂

第五节 电子扫描捺印与油墨捺印

中科院马普计算所和复旦大学人类学重点实验室肤纹研究组的师生，在 2015 年认识到肤纹捺印的油墨问题事关伦理；一项大的科研项目也包括技术平台的创新。为此，肤纹研究组采购了 2 套（6 台）捺印扫描仪，并于 2017 年在广西河池市、内蒙古鄂尔多斯市、河南郑州新密市、西藏日喀则市等地，采样了 4000 多人份的肤纹，全面推进捺印扫描。100 多年来，采集肤纹的油墨捺印法在 2017 年终于结束了。

电子扫描捺印相比油墨捺印的优势如下。

（1）油墨中的有机溶剂对人体的危害，不容置疑。电子扫描捺印不需接触任何有机溶剂，安全性提高了许多。

（2）油墨捺印肤纹，难以防止交叉污染、病毒细菌感染、皮肤病直接和间接的接触传染。电子扫描捺印每完成一个个体，要用酒精清洁扫描仪表面，以保持干净，杜绝交叉间接接触。

（3）油墨捺印受气温的影响，一般在夏季捺印肤纹。整个现场因洗手洗足而脏乱。电子捺印肤纹，没有洗手、洗足环节，现场整洁，只需 1 个废物袋收置湿纸巾、干纸巾和一次性拖鞋等废物，且电子扫描捺印没有气温的限制，冬天在室内照常采样。

（4）油墨捺印肤纹（张海国，2012），调查员有 4～5 人，2 人捺印指纹，2 人捺印足纹，1 人擦足上油污，工作强度大。

电子扫描捺印：一个“标准人机配置”（1 台指纹扫描仪、1 台掌纹扫描仪、1 台足纹扫描仪），2 人 2 岗（摊）位。1 人捺印指纹，1 人捺印掌纹、足纹，有条件的再有 1 人维持现场秩序、质量监督，3 人足够。群众涌入高峰时，每天捺印 50 人（20 人/小时）只要 3 名调查员即可。一般情况下 2 人即可。相比油墨捺印，节约人力成本近一半。

（5）劳动强度也减轻许多，调查员的卫生安全可得到基本保障。

（6）调查对象的心理顾虑和阴影得以缓解。

（7）符合伦理学健康、无害和有利的要求。

（8）把样本采集、图像分析、数据输入、文件上传等过程一体化处理。

（9）捺印现场更有序，流失群众的现象大大减少。对象现场流失率在油墨法为 20%～30%；电子扫描捺印纹为 0%～1%。

（10）电子扫描捺印得到的图像有利于使用人工智能进行分析，可提高分析质量，加快分析速度。

第七章　肤纹伦理问题

肤纹学在民族群体的遗传问题研究、个体疾病的辅助诊断中的作用越来越明显，与医学的关系也日趋密切。医学伦理学的原则（沈铭贤，2003）可以用于肤纹伦理。在肤纹学研究的活动中有必要借鉴和遵守医学伦理学的原则，形成肤纹伦理学（dermatoglyphics ethics）（张海国，2004a；张海国，2005）。肤纹伦理学是肤纹学研究和应用活动中的道德规范。

2016 年 10 月 21 日，国家卫生和计划生育委员会发布《涉及人的生物医学研究伦理审查办法》，自 2016 年 12 月 1 日起施行。我们在肤纹研究中要遵守伦理原则，坚持采样有益、无害、无痛的规则。

第一节　巴西美国指纹争执

2004 年 1 月 1 日，230 名美国游客在巴西圣保罗国际机场入境时出现了尴尬场面，他们被巴西警方留下了照片和指纹“个人资料”。

巴西警方的新年新措施是根据巴西联邦法官朱利耶·塞巴斯蒂昂·席尔瓦的司法裁定执行的。美国国土安全部曾在 2003 年做出决定，为进一步防范恐怖活动，凡进入美国的外国公民，必须在机场留下个人的照片和指纹，美国列了一个 27 国的名单，巴西名列其中。为了对美国的决定做出对等反应，巴西联邦法官做出了上述决定。

巴西警方在机场要求美国游客照相和按指纹时，美国游客显得很“恼怒”，经巴西警方耐心解释，这是对等措施，因为巴西公民进入美国国土同样被要求照相和按指纹，美国游客才“配合”了巴西警方的行动。

2006 年 12 月 2 日伊朗宪法监护委员会批准了一项法律。2006 年 11 月 19 日伊朗议会通过的议案，经过审核成为法律条文，规定：所有（只有）美国人进入伊朗要留指纹，作为对等的回应。

2008 年以来，美国国家安全部门所执行的是任何其他国家的人进入美国都要留指纹的措施，美国国家安全部门也示意国民，到其他国家要尊重他国采指印的要求。

2017 年以来，我国及许多国家的出入境管理中都有捺印指纹的要求。

第二节　医学伦理学原则

医学伦理学有尊重自主（简称自主）、行善、无害、公正四大伦理原则。

1. 尊重自主　基于人人享有平等人权，在法律允许的范围内尊重人们的思想、意愿和行动上的自主，是所有道德力量的一项基本属性。自主权有知情同意或称知情选择、医疗保密、尊重自主、良好交流、授权代理等含义。

2. 行善　行善有时也称有利原则，一切医疗卫生服务均为患者做好事，有利于患者早日恢复健康、延年益寿。遵循最优化原则，使患者获得最大的益处。

3. 无害　必须以最小的损害为代价，让患者获得最大利益，使患者了解利与害的风险概率，趋利避害。

在油墨捺印中，油墨是有机墨或无机墨，是否无害健康，这些都没有相关规定。油墨纸不能作食品包装袋，尤其不可作入口即食的食品包装袋，佐证了油墨的有害性、不健康性。

从2017年春开始，中科院马普计算所、复旦大学现代人类学教育部重点实验室和复旦大学泰州健康科学研究院的科研、技术人员在肤纹捺印采样中摒弃了油墨法。他们在广西河池地区、内蒙古鄂尔多斯地区、河南郑州新密地区、广东广州地区捺印肤纹，全部使用电子扫描捺印。同年夏季，辽宁锦州医科大学席焕久、温有锋团队在西藏地区用电子扫描捺印肤纹，其团队开创了在高原电子捺印的先例，为高原地区扫描捺印肤纹积累了非常宝贵的经验。

4. 公正　公正也可称为公平，公正原则要求享有基本医疗服务，以同样的医疗水平、同样的服务态度，对待有同样需要的患者。公正原则并非实施平均主义，如对不同需要的患者给予平均医疗保健服务，这实际上是不公平的。

医学伦理学的四大原则，在宗教、政治、文化、哲学上被视为是中性的。这些伦理原则体现了现代社会人际关系的共同准则和职业道德。

在价值多元化的现代文明社会，伦理学的相对性是客观存在的。东西方之间的文化差异也是客观存在的。但是，好生恶死、行善积德是人类社会相通的本性。

第三节　肤纹伦理学原则

肤纹学为医学和遗传学所用，医学伦理学的四大原则，也就是肤纹伦理学的原则，故在肤纹学研究的检查、分析和保存这三个过程中要遵守医学伦理学和遗传伦理学原则。

指纹（肤纹）是个人的生物学特征，是个体识别的重要特征，具有生物特征权（张文君，2004）。指纹具有人格权的所有属性。

一、肤纹检查

尊重自主中知情同意的程序和手续要在肤纹检查中存在。这里的肤纹检查是指捺印指纹、掌纹和足纹。采样者要向捺印对象（供者）说明：捺印肤纹的目的；为何邀请对方参加，参加是自愿的；捺印的步骤；捺印对个人和家庭（如果要家系图的话）造成的不便，占用的时间；肤纹检查结果对预期结果的不确定性；对他人和对科学的可能益处；对供者背景资料和捺印图的保密性；供者在任何时候有宣布即刻停止使用和追回捺印图的权利，并不因此受歧视。

二、肤 纹 分 析

对行善、无害原则的判断，要视其是否有悖于社会公理。例如，利用掌纹进行手纹算命等伪科学活动都是违背伦理学原则的。要珍惜肤纹捺印图资料；把与健康有关的信息提供给供者；与健康有关的肤纹信息是供者个人的隐私，不得向雇主、保险商、学校等披露。

三、肤 纹 保 存

肤纹捺印图资料是医学、遗传学研究的材料，是人类存留于世的外在性状的真实的、原样大小的拷贝，肤纹捺印图（电子图）对供者是重要的，对其家属也是重要的。随着人类表型组学的深入发展，库存肤纹捺印图的重要性也进一步体现出来。采集的肤纹图和已保存在库的捺印图要遵守资料保存的伦理学原则：一揽子知情同意书允许供者的捺印图可以用于捺印时的计划，也可以用于尚未确定的未来的研究计划，处理好一揽子知情同意书看来是有效和经济的方法，它可以避免在开始实施每个新的研究计划之前耗费精力与供者再联系；5 年前已存库的捺印图可在未来研究计划中使用；供者可以了解家庭成员的肤纹分布情况；捺印图应长期妥善保存，无论供者存活与否，也无论民族（群体）消亡与否；供者应每隔若干年将自己的地址告知捺印图保管中心，以便保管中心随访；供者不主动与保管中心联系，不意味着放弃托管；除了法医目的或者是直接有关公共安全外，保存者应拒绝对供者不利的访问；专业工作者才可以接触捺印图。

目前我国 56 个民族近 200 个群体的肤纹图由各研究单位自己保管，大多数捺印图已存放了 20 多年，在保管上暴露出不少问题，有破损、虫蛀、霉变、脆化的现象；也有光照使图变色、受潮使图粘连的情况；还有多次搬家造成捺印图编册散乱、遗失的现象；再有与捺印图配套的原始背景资料遗失，使捺印图成为无用的“死资料”的现象。为妥善保管我国民族肤纹捺印图，建议：由各个科室保管的捺印图送到本单位专门的资料馆、图书馆或档案馆；各大区（如华东区）的高等院校要成为捺印图的保管中心。送入资料馆、图书馆、档案馆、保管中心的捺印图，一般不设保密期限，直接供社会使用。有些捺印图有保密期，在解密前供原单位使用，解密后可供社会使用（解密时间可理解为捺印图上的日期往后 30 年，保密期不宜过长），社会使用这批资料须遵守肤纹伦理学原则。

丁明等（2001）研究的材料，张海国等研究的资料册、肤纹图的一部分，都送入了江苏警官学院的中华指纹博物馆（张海国，2012），资料将得到归档保存。

张海国的双生子、锡伯族肤纹图，1040 人的肤纹数据集，双生子的数据汇集、论文手稿等，都送至复旦大学生命科学学院人类学系图书保管室、档案库妥善保管。专业单位或博物馆的保存，绝对优于个人留存。

2017 年后扫描捺印采集的肤纹图，要上传到肤纹资料库利用、开发和统一保管。

第四节 肤纹伦理学的知情同意

在肤纹研究中，实行知情同意程序是执行肤纹伦理学尊重自主原则的最重要措施。我国民族肤纹的大规模研究开始于 1980 年前后。1980 年，中国肤纹学研究协作组第一次会议上提出：研究肤纹要以肤纹捺印图为素材和基准。虽然捺印时已对供者做过宣讲，也在当地报刊电台做过普及宣传，但并没有做过知情同意的文件备案。

世界卫生组织（WHO）在 1997 年 12 月 15～16 日在日内瓦召开了 WHO 医学遗传学伦理问题会议，与会专家一致通过《医学遗传学与遗传服务伦理问题的建议国际准则》（以下简称准则）。根据准则中临床实践和研究工作的知情同意原则的区别，在肤纹研究中应该参照准则中研究工作的原则。准则中库存 DNA 应用的原则也可以在肤纹研究中执行。

1982 年近 30 个民族的捺印和调查完成，1992 年 54 个民族完成了抽样捺印和调查。1994 年西藏门巴族的肤纹捺印完成（门巴族是我国大陆最后进行捺印和研究的民族，但是还有几个在 20 世纪 80 年代初研究的民族肤纹没有达到中国肤纹学研究协作组的要求，需要再次研究，包括新疆的塔塔尔族、青海的土族和撒拉族）。我国的民族肤纹捺印图多数在当时没有建立知情同意书之类的文本，也没有建立与供者再联系的方式。这些早期的捺印图的再研究可以不受知情同意和再联系的制约。

伦理学的执行情况因历史、政治、社会、经济、教育等因素的不同，发展中国家和发达国家的情况不同；也因文化传统、价值观念、现实国情等方面存在诸多差异，中国和西方国家在认识和处理知情同意原则的某些环节上有着不同的理念和做法；对在肤纹学中应用医学或遗传学伦理原则有一些争议，这是正常的。库存若干年的资料仍可用于未来计划，这是东西方争论后的谅解。现在或今后未经知情同意得到的资料库存若干年的情况不在此例。从现在起，做肤纹捺印图必须要有知情同意的程序和文本，对此东西方的看法是相同的。

我国大规模的民族群体肤纹调查工作已基本结束，对民族分支群体和分析质量有些欠缺的早期捺印的民族群体补遗还有些工作要做。有关人类表型组、医学、人类遗传学研究的项目将越来越多。指纹在个人终身稳定、各不相同的特性，使其成为个人身份识别的依据，中国公民个人的社会保障卡的芯片中存有右手示指正面指纹图资料，指纹是个人随身携带的生理凭证和防伪标志，毫无疑问地成为个人隐秘不宣的重要档案，也是多数人认识水平上视为个人隐私的材料，比起 DNA 的个人隐私性来讲，人们对指纹的认识更加普遍。未经过知情同意程序的捺印和研究被认为是不道德的，目前国际上一流刊物对无知情同意程序或伦理组织认证的研究也持不认可态度。国内一些有影响的核心刊物也陆续要求在研究中要有知情同意的程序文本证明。

同意参加的知情决定可以是个人的、家庭的，或在社区和人群层次。理解研究的性质、风险和受益，以及其他任何可供选择的方法是很关键的。这种同意应该摆脱科学的、医学的或其他权威的强迫。在一定条件下获得适当的许可，出于流行病学的目的和监测，匿名检测可以是同意要求的一个例外[摘自国际人类基因组组织（HUGO）伦理委员会中国委员邱仁宗译的 1996 年 3 月 21 日海德堡会议上批准的声明——*Statement on the Principled Conduct of Genetics Research*]。

2001 年 9 月 5～29 日，国家人类基因组南方研究中心资助张海国到新疆和青海进行了塔塔尔族、土族、撒拉族和俄罗斯族手足纹捺印。这也是把知情同意程序和手续应用到肤纹研究中的第一次实践（Zhang et al，2003；徐双进 等，2004；王平 等，2003；袁疆斌 等，2003；杨江民 等，2002）。至此，大陆 55 个民族的肤纹参数将在中国标准下进行综合研究和对比分析。

实行知情同意程序，是执行肤纹伦理学尊重自主原则最重要的措施。肤纹工作者要自觉遵守肤纹研究中的伦理学原则，在肤纹研究中执行知情同意程序是表现中国肤纹工作者良好科学道德的举措。复旦大学在肤纹调查采样中自觉执行了知情同意手续（林凌 等，2002a；林凌 等 2002b）。遵循国际科学研究伦理学原则，尊重涉及人体研究的生物特征权（张文君，2004），是中国肤纹工作者走向国际交流、合作和竞争的重要步骤。

知情同意书一般一式两份，一份给供者，以便供者使用；另一份由采样人或采样人单位保管，作为向伦理委员会或出版部门提供的证据。

附 电子捺印肤纹的知情同意书

我们（采样人）邀请您（供者）参加本群体肤纹调查，为医学和人类健康服务，为科学研究提供素材。

我们捺印您的指纹、掌纹、足纹，同时还要记录您的姓名、性别、年龄、民族、父母民族等。这些记录和捺印图以及肤纹分析结果将会得到我们严格保密。我们以后只发表群体性的研究结果。对此我们承担法律责任。同时也希望您在 1 年内不要参加同类研究，以便我们更好地开展您所在民族群体的研究工作。

电子扫描捺印您的指纹、掌纹、足纹是没有痛苦和无害的操作。

我们（采样单位）将在现在和以后，以您的肤纹捺印图从事人类学、医学、遗传学与健康等有关的研究。在今后的 6 个月中，如果发现您的肤纹有异常，无须您的要求，我们将主动立即通知您本人。如果您需要了解自己的肤纹情况，我们将按照您指定的通信方式把分析结果告诉您本人。

无论多久，您都有权告知我们：即刻停止使用或追回您自己的肤纹捺印图。

如果您愿意参加这项研究，请您在下面签名或盖指印。您的签名或指印表明您已了解上述情况，并愿履行您我之间的承诺。

感谢您对我们肤纹研究的支持。

供者________________ 监护人__________________

采样人（单位）_________________________编号____________ 采样地______

年 月 日

地址：

e-mail： 电话：

第八章　肤纹的形态和测量

指纹、掌纹和足纹（肤纹）嵴由原肠胚外胚层发生的表皮组织的真皮乳头形成；手掌上屈肌线则由原肠胚中胚层发源的结缔组织的深筋膜形成。

对肤纹进行分析，首先要对形态进行分类。世界上曾经有过几种分类，包括德国、法国、奥地利、阿根廷、日本、英美等学派。近 50 年来，在人类肤纹学中，以英美学派为主流。英美学派推荐美国学者 Cummins 的技术分析方法作为规范，因为这是继承和保留英国学者 Galton 和 Henry 的理论的方法，并称为 Cummins 标准（Cummins standard）或英美标准（Britain-American standard）。此套标准为规范世界肤纹研究做出了极其重大的贡献，但在应用中还是有些问题和漏洞暴露出来。为改良和修正暴露的问题，美国指纹学学会（ADA）发挥了作用。

第一节　美国标准+中国版本的来源

1990 年 ADA 发布肤纹研究规范标准——*Taking Dermatoglyphic Prints：A Self-Instruction Manual*，对以往的规则做了修订，这项工作由肤纹专家 Terry Reed 和当时任 ADA 主席兼 *Newsletter* 主编的 Robert Meier 完成，谓之美国标准，发表在 ADA 的内部刊物《美国肤纹学学会通讯》（*Newsletter of the American Dermatoglyphics Association*）1990 年增刊上。

1990 年后，Cummins 标准的改良修正版本就称为美国标准，在中国民族肤纹研究中沿用的技术标准是美国标准。

中国肤纹学研究协作组（CDA）注意到，虽然以美国标准作为民族肤纹的分析方法，符合主流做法，但在实际操作中有许多不明确处。

早在 1982 年南京的 CDA 第一次学术论文研讨会上，就提出“对美国标准做补充和改良”的建议。

不久，CDA 迅速纠正方向，把“补充和改良”调整为“补充和完善”。以后的历次研讨会上未进行美国标准的改良和修正，只是进行补充或完善工作。

会议代表在会上或会后可得到油墨捺印相关标准的会议文件。1990 年前，我们称之为 Cummins 标准+中国版本。

指纹三个系统的分析是对美国标准的补充。系统中的嵴线追踪和疑难花纹的判定内容是对美国标准的完善。美国标准+中国版本形成，贯穿在我国民族肤纹研究过程之中。

从图 1-8-1 中可看到分析技术的美国标准+中国版本的来源与美国标准的关系。

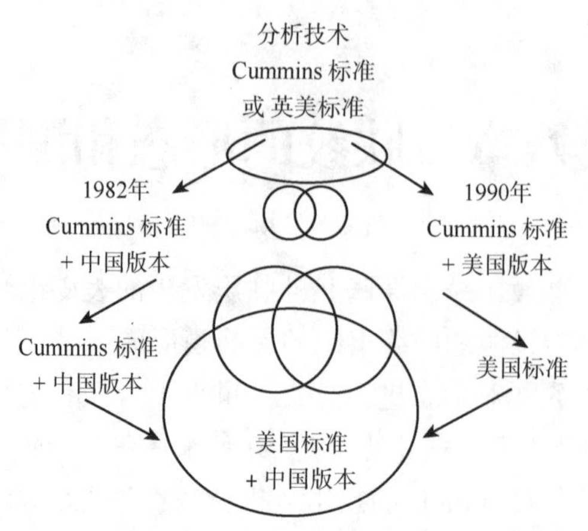

图 1-8-1　美国标准+中国版本的来源与美国标准的关系

第二节　肤纹图的方向和阅读

分析肤纹时，要把肤纹先捺印在纸上；或者扫描捺印存储在计算机内，通过屏幕阅读。屏幕阅读要注意图像的制式：顺势镜映相似式、背透镜映相似式。油墨捺印得到顺势镜映相似式的自然位置：左手在左，右手在右。电子扫描捺印掌纹、足纹图得到背透镜映相似式的非自然位置图，见图 1-8-2 和图 1-8-3。

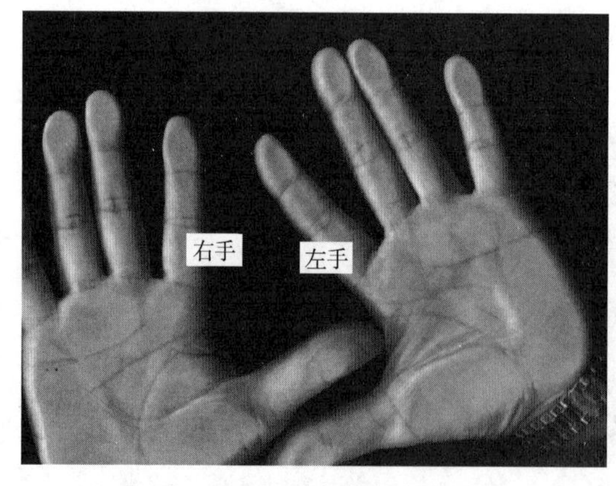

图 1-8-2　电子扫描捺印掌纹

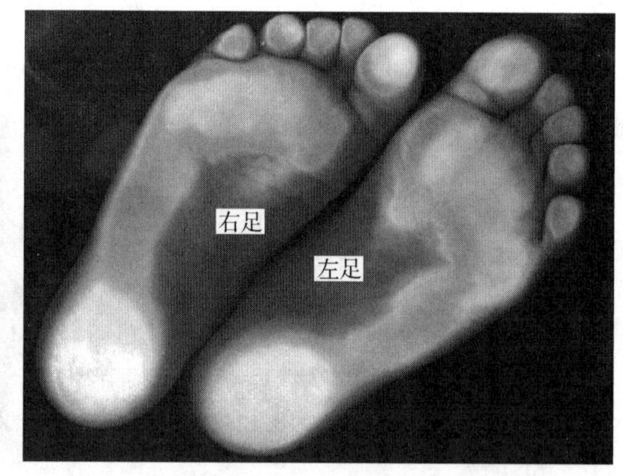

图 1-8-3　电子扫描捺印足纹

扫描仪保存的指纹图，按照左手的示指、小指、中指、环指、拇指（依次简写为示、小、中、环、拇）次序排列，右手也按照这个次序排列，实际是以英文字母序排列（图 1-8-4）。

手纹图都是指尖向上，足纹图则是趾尖向上。确定好肤纹图方向后就可以测量肤纹各部位的花纹了。

图 1-8-4　左、右手各按照示、小、中、环、拇次序排列

一、确定肤纹图的方位

辨认肤纹图类似看地图，先定方位，地图的东南西北，是掌纹、足纹图的左近右远的方向。在一帧完整的手纹图上，不论是左手还是右手，拇指一侧均称为桡侧，小指一侧均称为尺侧。同样在一帧完整的足纹图上，不论是左足还是右足，蹈趾一侧均称为胫侧，小趾一侧均称为腓侧。

二、阅读肤纹图

在阅读肤纹图时，最有助于分析的标志是三角，计有指纹上的指纹三角、指根的指垫部的指三角、手掌近侧部的轴三角（简称 t）、足掌面上趾根部的趾三角等。三角是由三个方向的嵴线向一点汇集，三条嵴线之间的夹角各约为 120° 。图 1-8-5 的圆圈内是指纹三角。图 1-8-6 的 a、b、c、d 表示手纹上的指三角，t 为轴三角。

图 1-8-5　弓、箕、斗及指纹三角（圆圈内）

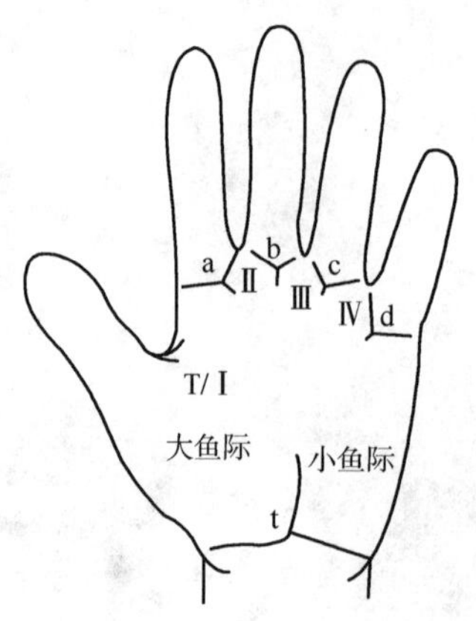

图 1-8-6 掌纹上的三角（Schaumann et al，1976）

手掌上有大鱼际区和小鱼际区，手指与手指之间称为指间区。

足掌上有蹋趾球部区和足小鱼际区，足趾与足趾之间为趾间区。足纹上也有三角。

第三节 手 足 分 区

人类手足掌面上嵴线形成的各种花纹是肤纹的主要研究内容。为了研究方便，把手掌指和足掌趾分为若干个区域，手、足分区是肤纹学中特定的方法，其局部名称使用人类学的有关术语。在分区时三角是有用的标记，计有指纹三角、指三角、轴三角、趾三角等。

主要掌纹线 A、B、C 和 D 分别由指三角 a、b、c 和 d 向近侧（向心）发出。大鱼际花纹和第一指间区花纹不容易区别，故作一个区域分析（T/Ⅰ）。指间区以指三角为界，趾间区以趾三角为界。

一、手 掌 分 区

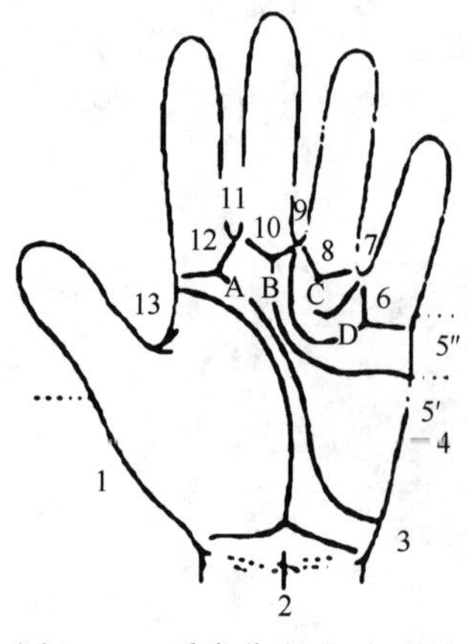

图 1-8-7 手掌分为 13 个区域（Cummins et al，1943）

手掌一般分为 13 个区域，还有一些大同小异的分区法，这里介绍的是为大多数学者所推崇的 Cummins 和 Midlo（1943）的 13 分区法，又称为改良法，分区的规则如下（图 1-8-7）。

1 区：大鱼际的整个部分（虎口不算在内）。

2 区：大鱼际与小鱼际在腕部 1/2 处交界的一个点。

3 区：小鱼际向尺侧远中部的 1/2 处。

4 区：掌尺侧 1/2 处的一个点。

5 区：分为两个区，即 5′区和 5″ 区。5′区为尺侧远中部的 1/2 处到远侧屈肌线沟处，就是第二屈肌线的起读点（read point）处。5″ 区为第二屈肌线的起读点处到第五指掌褶处。

6 区：第五指掌褶及其下方的指垫，指三角 d。

7 区：第五指与第四指的指间。

8 区：第四指掌褶及其下方的指垫，指三角 c。

9 区：第四指与第三指的指间。

10 区：第三指掌褶及其下方的指垫，指三角 b。

11 区：第三指与第二指的指间。

12 区：第二指掌褶及其下方的指垫，指三角 a。

13 区：第二指与拇指之间，即虎口处。

为研究各个有关区域，常把指间区独立为一个分区系统，从拇指到小指的指间以Ⅰ、Ⅱ、Ⅲ、Ⅳ标记；也把各个指垫上的三角分为一个系统，从第二指到第五指，分别标以 a、b、c、d（见图 1-8-6）。

二、足 掌 分 区

足掌一般分为 14 个区域（Cummins et al，1943），分区法如下（图 1-8-8）。

1 区：从蹈趾的趾跖褶处到跟骨远缘处为 1 区。其中近 1/2 处为 1′区，远 1/2 处为 1″区。

2 区：跟骨远缘处的一个点。

3 区：胫腓两侧的跟骨远缘处，也就是足跟部位。

4 区：在腓侧，跟骨远缘向小趾跖褶的 1/2 处的一个点。

5 区：从 4 区到小趾跖褶的全长，平均分为 2 个区域，近侧为 5′区，远侧为 5″区。

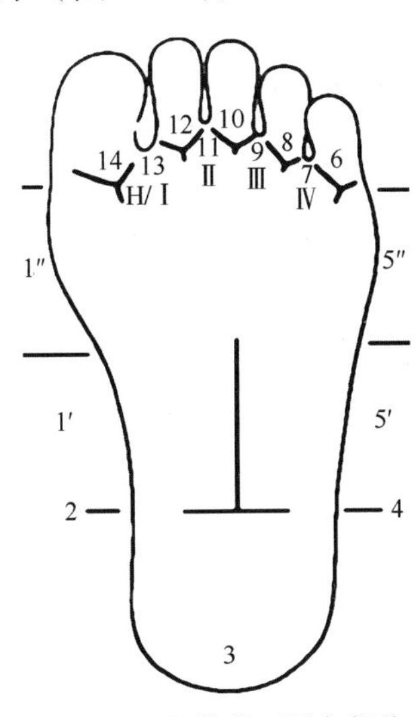

图 1-8-8 足掌分区及各部位名称（Cummins et al，1943）

6 区：第五趾跖褶下方的趾垫，趾三角 d。

7 区：第五趾与第四趾的趾间。

8 区：第四趾跖褶下方的趾垫，趾三角 c。

9 区：第四趾与第三趾的趾间。

10 区：第三趾跖褶下方的趾垫，趾三角 b。

11 区：第三趾与第二趾的趾间。

12 区：第二趾跖褶下方的趾垫，趾三角 a。

13 区：第二趾与第一趾的趾间。

14 区：第一趾跖褶下方的趾垫，趾三角 e。

一般趾间区单独分析，从蹈趾到小趾的趾间记为Ⅰ、Ⅱ、Ⅲ、Ⅳ，从蹈趾到小趾的趾垫上的三角记为 e、a、b、c、d。

第四节 嵴线的细节

单条嵴线的形态构造为肤纹的细节（minutia），基本细节示于图 1-8-9。嵴线有起点

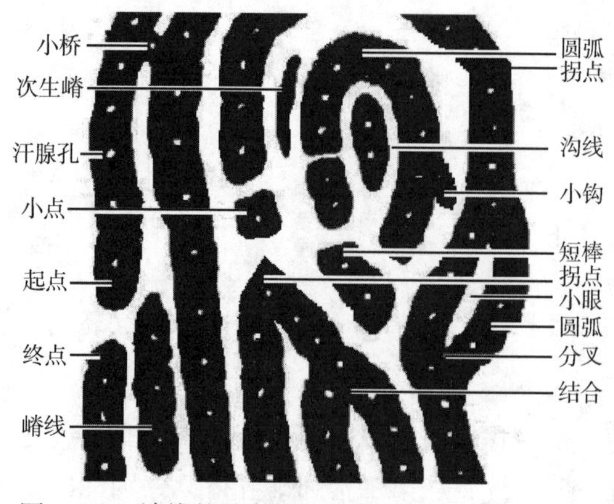

图 1-8-9　嵴线的基本细节（Cummins et al，1943. 经修绘）

（向心点）和终点（远心点），嵴线从起点行进到中间分开为分叉；两条嵴线相遇融合成一条嵴线为结合；一条嵴线分叉迅速又结合为小眼；仅有一个汗腺孔的短嵴线为小点；有 2 个汗腺孔的嵴线为短棒；有≥3 个汗腺孔的嵴线为线状嵴（嵴，嵴线）；还有在两条嵴线中间有一桥状线称为小桥；嵴线上小点或短棒式的分叉称为小钩。三条嵴线来自三个不同方向并趋向一点，在一点上不论是否融合，都称为三角。一条长的嵴线可能是光滑的弧线（arc）或圆弧线（测量值是弧度）；也可能是有拐点（inflection point）的折线（测量值是角度）。

嵴线上的汗腺发育不完全，在嵴线上看不到汗孔，形成的细瘦嵴线称为次生嵴。次生嵴一般不长，嵌于发育的嵴线之间。次嵴线不连成片，组不成花纹，它们的细节依上述发育嵴线分类和命名，观察时要特别说明。次生嵴的粗细小于正常嵴线的 1/2。嵴线的细节及其上的汗腺孔构成了千变万化的花纹，其排列格局使肤纹各不相同，构成了肤纹的生物多样性。

第五节　指 纹 分 类

指纹（finger print）的分类比较复杂，但一般习惯分为三大类（图 1-8-5）。在三大类中又细分为 6 种亚型（图 1-8-10）。

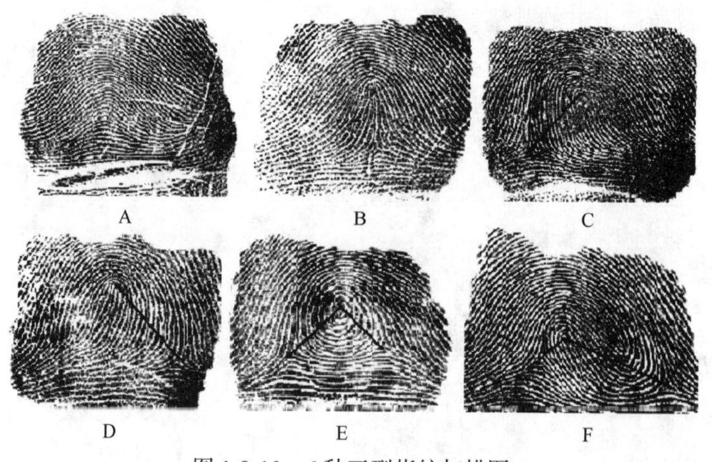

图 1-8-10　6 种亚型指纹扫描图

A. 简弓，源自 18HanNN0082 右示指；B. 帐弓，源自 18HanNN0131 右示指；C. 尺箕，源自 18HanNN0363 右中指；D. 桡箕，源自 18HanNN0363 右示指；E. 一般斗，源自 18HanNN0088 左示指；F. 双箕斗，源自 18HanNN0535 右拇指

一、弓　形　纹

弓形纹（arch，A）为嵴线从一方发出到另一方，中间没有弧形回旋。其有指纹三角或中心（core）花纹；可分为 2 种亚型，嵴线在中间没有三角，称为简单弓或简弓（simple arch，As）；嵴线在中间呈大幕式或帐篷式，则称为帐弓（tented arch，At）。帐弓有一个三角，三角的上部支流长短决定帐弓的高低，高低帐弓的界限不明，帐弓没有中心花纹。

二、箕　形　纹

箕形纹（loop，L）为嵴线从一方发出，中间又以弧形式样回旋到发出的这一方。其至少有一个指纹三角和一个中心花纹。箕形纹也分为两型，大部分的箕为尺箕（ulnar loop，Lu），又称正箕，少量的箕为桡箕（radial loop，Lr），也称反箕，这主要依箕的开口方向而定。

三、斗　形　纹

斗形纹（whorl，W）为嵴线呈螺旋、同心圆、双曲线等形状。其必须有两个指纹三角和一个中心花纹。有一种斗的中间是两个完整的箕形纹互相交联在一起，这是斗的一种亚型，称为双箕斗（double loop whorl，Wd）。双箕斗的中心必须有一条完整的“S”形嵴线或沟线，并把两个完整箕头分开（图 1-8-11）。其他（除双箕斗外）各种斗形纹统归于另一种亚型，称为一般斗（simple whorl，Ws）。

图 1-8-11　双箕斗的“S”形嵴线

左图有 11 条“S”形嵴线把两个箕头分开，右图至少 5 条完整的“S”形嵴线把两个完整箕头分开

箕的开口向尺侧为尺箕（正箕）；开口方向朝桡侧为桡箕（反箕）。双箕斗的双箕，一个是正头箕，另一个必是倒头箕；正头箕的开口方向朝向尺侧（约占 80%），少部分朝向桡侧（约 20%），双箕斗也可分为尺侧双箕斗（ulnar double loop whorl，Wdu）和桡侧双箕斗（radial double loop whorl，Wdr）。桡侧双箕斗在示指上多见。双箕斗也必须要有两个指纹三角和一个中心花纹，以正头箕的中心花纹为指纹的中心花纹。

斗形纹按两个三角内部支流的上下层关系，可以划分为尺偏斗（ulna-oriented of whorl，

Wu)、平衡斗(balanced of whorl, Wb)、桡偏斗(radius-oriented of whorl, Wr)3 种偏向斗(图 1-8-12)。

图 1-8-12 3 种偏向斗

斗形纹的尺偏斗、平衡斗、桡偏斗与内部支流(粗线)的关系(每小图的左边为桡侧,右边是尺侧)

对于指纹要分析各种纹型出现的百分率及其百分标准误。指纹在左右手的对应手指上是非随机组合的,在上海的汉族中计有 79%的手指左右花纹对称,即左右手相对应的手指有同一类型的指纹。还可以分析 3 类指纹在一手 5 指上出现的格局,以及一手 5 指或双手 10 指同为一种类型花纹的百分率。

库明斯指纹指数(Cummins index)也称指纹强度指数(pattern intensity index, PII),是一种常用的肤纹指数。其求法为

$$指纹指数=(2W+L)/N$$

式中,W 是斗形纹的百分率,L 是箕形纹的百分率,N 是常数 10(10 个手指)。例如,汉族人的斗形纹占 50.86%,箕形纹占 47.12%,计算可得指纹指数是 14.88,即

$$指纹指数=(2\times 50.86+47.12)/10=14.88$$

第六节 掌纹分类

手掌上的花纹在统计时仅计真实花纹和非真实花纹两大类。

一、大鱼际纹

大鱼际纹(thenar pattern, T)仅统计各种箕、斗和箕斗复合纹(complex pattern),这些花纹被称为真实花纹(true pattern)。各种弓形纹则不在真实花纹之列,称为非真实花纹(non-true pattern)。各种真实花纹和非真实花纹见图 1-8-13。非真实花纹有两种:一种是弓形纹,或称为开放型(open, A);另一种为花纹呈微复杂化,繁于弓简于箕,被称为退化纹(vestige, V)。真实花纹中的斗也包括两种类型,即一般斗(simple whorl, Ws)和复合斗(complex whorl, Wc)。真实花纹中箕的种类较多,按箕的开口方向定为四种类型,即远箕(distal loop, Ld)、桡箕(radial loop, Lr)、近箕(proximal loop, Lp)、尺箕(ulnar loop, Lu)。大鱼际真实花纹中最常见的是远箕。大鱼际纹与指间 Ⅰ 区纹不易区分,故放在一起分析,记为 T/Ⅰ 或者 T。

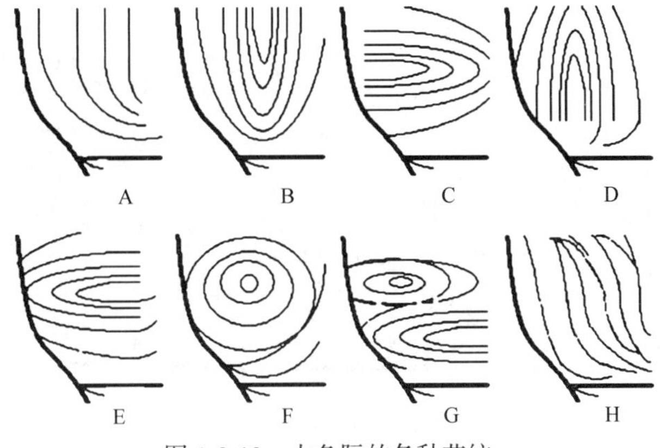

图 1-8-13　大鱼际的各种花纹

A 和 H 是非真实花纹，其他为真实花纹

二、指间区纹

指三角与指三角之间的花纹称为指间区纹（interdigital pattern），也仅计真实花纹，其中以远箕多见，偶有斗形纹。Ⅱ区、Ⅲ区和Ⅳ区中又以Ⅳ区内的真实花纹频率为高，Ⅲ区内少见，Ⅱ区内很少见真实花纹。有的个体在Ⅳ区内会有两个真实花纹出现，还有的个体在Ⅲ区和Ⅳ区之间有跨区的真实花纹（图 1-8-14～图 1-8-17）。

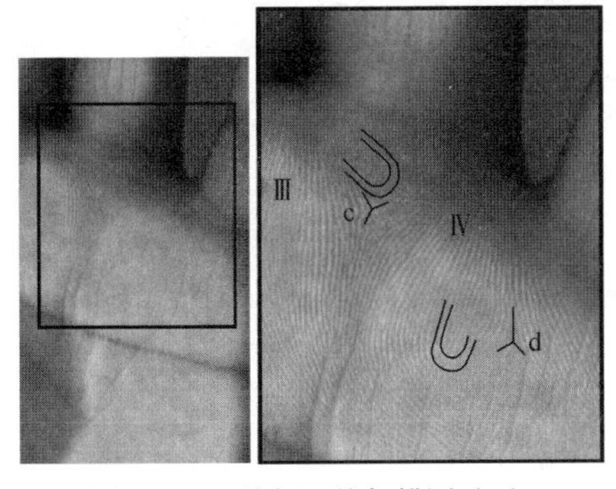

图 1-8-14　指间区纹扫描图（1）

示左手指间Ⅳ区纹为远箕，指三角 c 上有桡箕，罕见纹

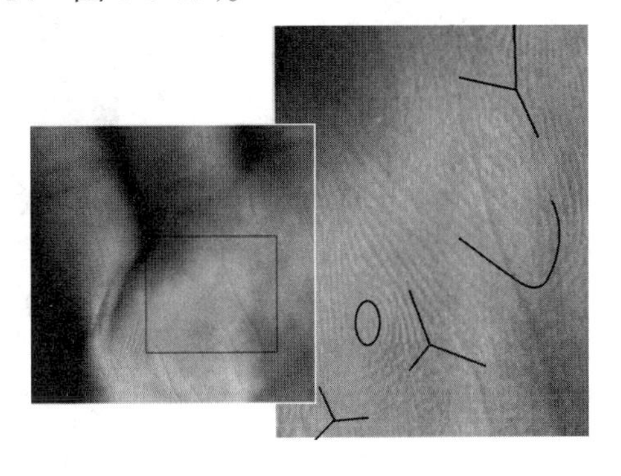

图 1-8-15　指间区纹扫描图（2）

示指间Ⅳ区纹为远箕和斗

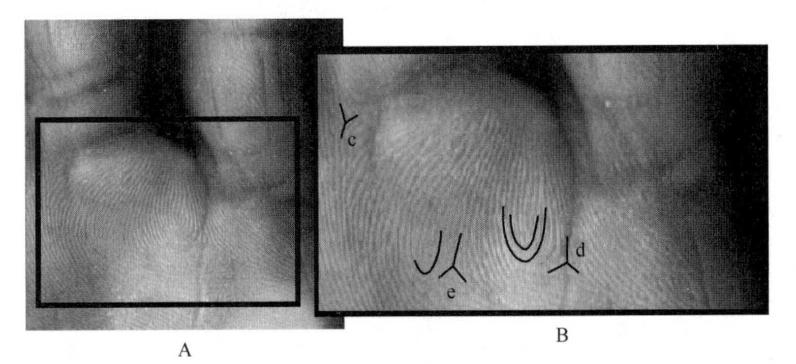

图 1-8-16　指间区纹扫描图（3）

示左手指间区Ⅳ区纹有 2 个远箕（源自 18HanNN0193）

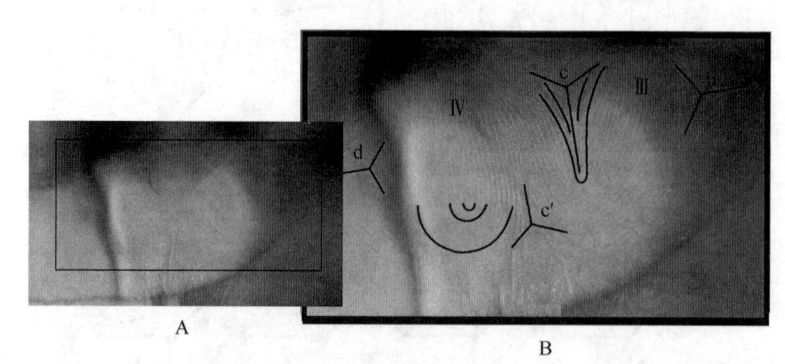

图 1-8-17　指间区纹扫描图（4）

示右手指间Ⅳ区纹、Ⅲ/Ⅳ区纹

三、小鱼际纹

小鱼际纹（hypothenar pattern，H）分析也仅计算真实花纹，其基本分类与大鱼际纹十分相似，见图 1-8-13 和图 1-8-18。

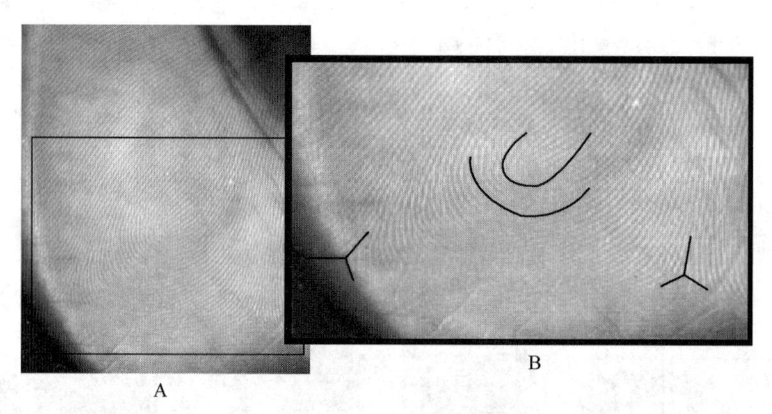

图 1-8-18　小鱼际纹扫描图

示右手掌小鱼际纹为远箕

四、主要掌纹线

主要掌纹线常简称为主线（main line），指分别从指三角 a、b、c 和 d 向心发出的嵴线，各以大写字母 A、B、C 和 D 表示。各主要掌纹线自指三角发出，跟踪其行迹，直到终止。终止区即按照手掌的 13 个区域编码表示。各终止区的号码依照 D、C、B 和 A 的次序写出，就是主要掌纹线公式。常见的公式是 9、7、5′、3，它代表 D 线止于 9 区，C 线止于 7 区，B 线止于 5′区，A 线止于 3 区（见图 1-8-7）。

第七节 屈肌线和手上的皱褶

一、手掌的屈肌线

手掌上的屈肌线（flexion crease）共有三条、分别称为远侧屈肌线（distal crease，也称第一屈肌线）、近侧屈肌线（proximal crease，也称第二屈肌线）和纵侧屈肌线。屈肌线又可称屈际线、曲肌线等。纵侧屈肌线环绕着大鱼际，也称为大鱼际屈肌线（thenar crease）。远侧屈肌线在手掌的远处，它的起读点处于尺侧。近侧和纵侧屈肌线的起读点在虎口处，表现为两种情况：第一种情况多见，两线相连共用一个起读点，为汇合型（图 1-8-19E）；另一种情况少见，即在起读点分开，为不汇合型，或称“川”字线型（图 1-8-19F）。屈肌线并不是由表皮组织的嵴线形成的，而是由结缔组织的深筋膜形成，故对屈肌线的分析仅为肤纹研究的附属内容。

屈肌线的分析主要看其主支是否横贯整个手掌，横贯者即为通贯手。通贯手大概可分为四种（图 1-8-19A～D）。

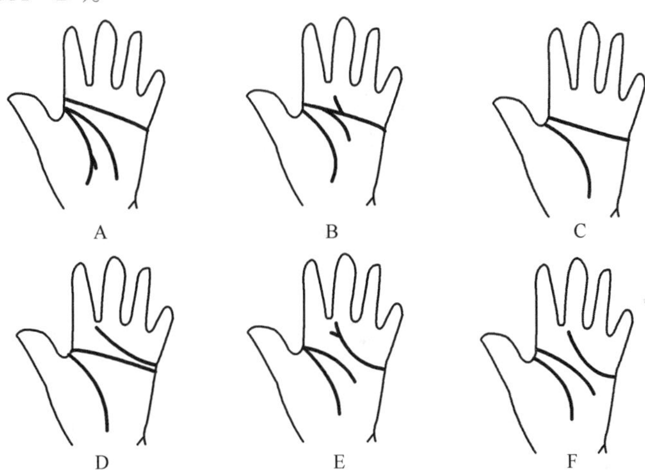

图 1-8-19 屈肌线及通贯手和“川”字线手（Schaumann et al，1976）

A～D 为通贯手或称猿线（其中 B 是相遇型，C 是相融型，D 是悉尼线）；E 是汇合型或一般型；F 是“川”字线型

（1）远侧屈肌线单独横贯整个手掌，称“一横贯”型，见图 1-8-19A。

（2）远侧屈肌线和近侧屈肌线相互沟通而横贯整个手掌，又称“一二相遇”型，见图 1-8-19B。

（3）远侧和近侧屈肌线互相融合（已分不出远侧和近侧屈肌线）而横贯整个手掌。也称“一二相融”型，见图 1-8-19C 和图 1-8-20。

（4）近侧屈肌线单独横贯整个手掌，称“二横贯”型，见图 1-8-19D。

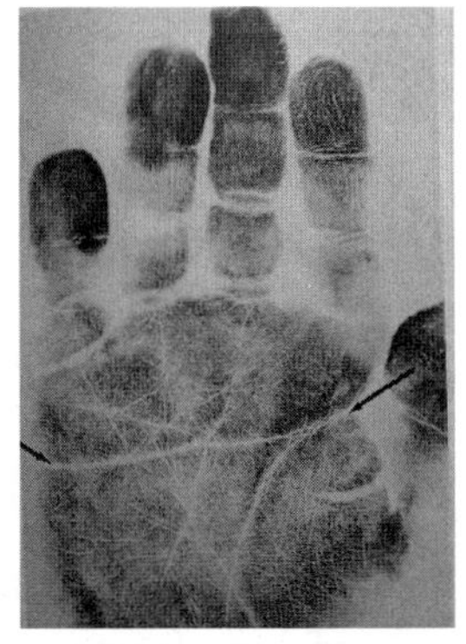

图 1-8-20 远侧和近侧屈肌线融合的通贯手（Schaumann et al，1976）

前三种通贯手也称为猿线（simian line），第四种通贯手称为悉尼线（Sydney line）。悉尼线是由近侧屈肌线单独横贯手掌形成的。相互沟通而形成的猿线，是从近侧和远侧屈肌线的起读点开始分析

的，只有当两条屈肌线的主支相互沟通时才认为是猿线。

屈肌线具有年龄上的变化，年龄越大，手上的屈肌线也会变得越复杂，进行通贯手分析时要注意。猿线观察误差多是对第二种类型的判断失误所造成。通贯手分类还有其他的方法和命名，无非是在第二种类型中进一步细分。第二种类型也称为过渡型或桥贯型，还可以对此进一步细分为过渡Ⅰ型和过渡Ⅱ型（或称桥贯Ⅰ型和桥贯Ⅱ型）等。

二、屈肌线起读点

近侧和纵侧屈肌线的起读点都在虎口处，这两条线在虎口可能具有一个共同的起读点，也可能具有各自的起读点。近侧和纵侧屈肌线具有一个共同的起读点称为汇合型，在汉族中占 84.00%（图 1-8-19E）；有两个起读点的为不汇合型，犹如“川”字，故又称“川”字线型，占 16.00%（图 1-8-19F）。

三、手 上 白 线

除了三大屈肌线外，手上皱褶（fold）很多，在捺印时留在纸上为白线，故皱褶也称“白线”（white line）。按部位有指白线、掌白线、足白线之分。白线比起屈肌线来都是小皱褶，其构造不同于屈肌线。白线是厚型皮肤的皱褶，是与年龄有关的产物，年龄越大，白线也越大越多。有时新产生的白线与屈肌线相连或相近，让人误以为是屈肌线产生了变化。

四、指　间　褶

在手指上有指间褶（interphalangeal crease）（图 1-8-21），除拇指只有一道指间褶外，其他四指都有两道指间褶。在正常人群中，小指只有一道指间褶的个体罕见，此特征有很重要的临床诊断意义。

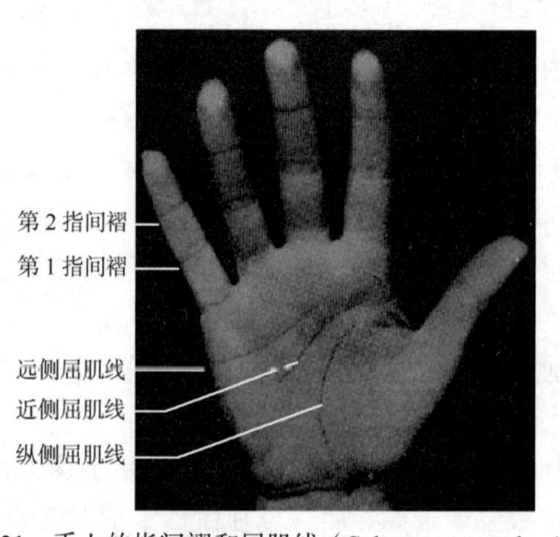

图 1-8-21　手上的指间褶和屈肌线（Schaumann et al，1976）

第八节　足　　纹

足掌部花纹（足纹）如同手掌纹一样，可表现出大量的生物信息。在利用肤纹诊断唐氏综合征时，足纹可提供 25%的信息。在群体或个体的肤纹研究中应尽量收集足纹捺印图。足掌各部位的名称见图 1-8-22。

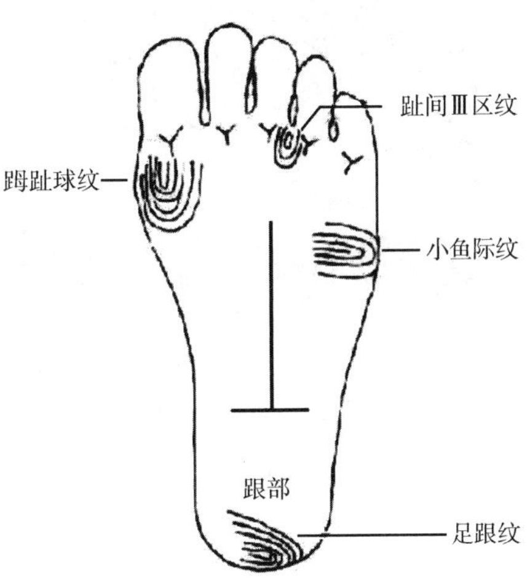

图 1-8-22　足掌各部位的名称

一、踇趾球纹

踇趾球纹（hallucal pattern）与趾间Ⅰ区纹不易区分，故也作一个区域分析，记为 H/Ⅰ，不分真实花纹与非真实花纹。踇趾球纹分为 3 类 11 种，见图 1-8-23。踇趾球纹的第一类是弓类，分为 5 种，即胫帐弓（tibial tented arch，TAt）、远弓（distal arch，Ad）、胫弓（tibial arch，At）、近弓（proximal arch，Ap）和腓弓（fibular arch，Af）。弓形纹基底线（弓弦）的位置决定了弓形纹的类型。第二类是箕类，分为 4 种，即远箕（distal loop，Ld）、胫箕（tibial loop，Lt）、近箕（proximal loop，Lp）和腓箕（fibular loop，Lf）。箕形纹开口的方向决定了箕形纹的类型。第三类是斗类，有一般斗（Ws）和复合斗（Wc）两种。踇趾球纹的扫描图可见图 1-8-24 和图 1-8-25。

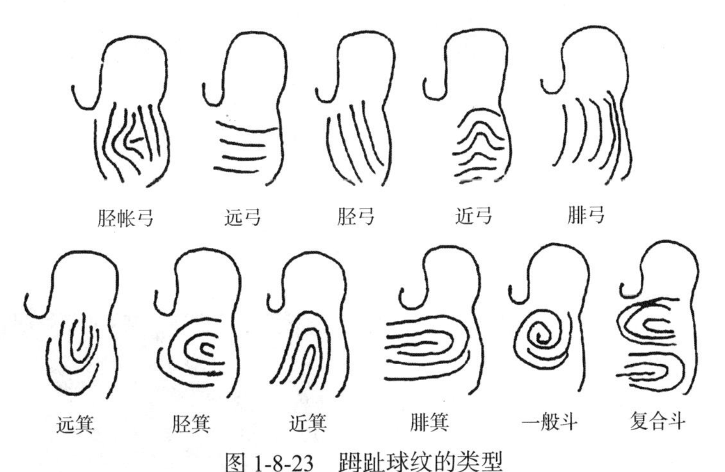

图 1-8-23　踇趾球纹的类型

二、趾间区纹

趾三角与趾三角之间的花纹称为趾间区纹（sole interdigital pattern），分析时仅计真实花纹。真实花纹中以远箕（Ld）为多见，近箕（Lp）较少，斗（W）罕见。趾间Ⅲ区纹真实花纹频率最高，趾间Ⅱ、Ⅳ区纹真实花纹较少见。由于趾间三角不一定能捺印清楚，区域的判断会有些困难。趾间区纹和趾三角的扫描图见图 1-8-24 和图 1-8-25。

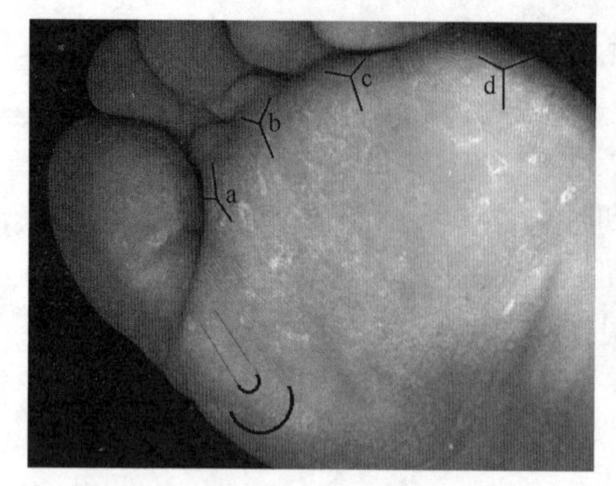

图 1-8-24 趾间区纹和趾三角的扫描图（1）
示左足趾三角，踇趾球纹为远箕

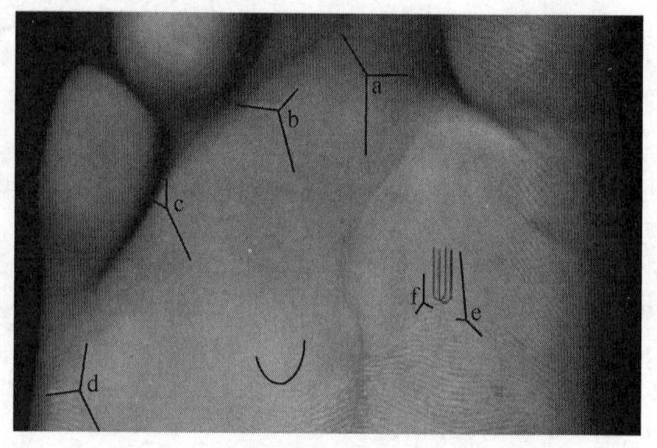

图 1-8-25 趾间区纹和趾三角的扫描图（2）
示右足Ⅲ区纹为远箕、趾三角，踇趾球纹为远箕
（源自 18HanNN0007）

三、足小鱼际纹

对足小鱼际纹（sole hypothenar pattern）分析仅计真实花纹。真实花纹中基本或全部是胫箕（Lt），斗（W）极少，罕见腓箕（Lf）。非真实花纹的出现率为 70%～80%。大多数胫箕的箕头在足掌的腓侧面，没有捺印到腓侧面箕头的箕，看上去与弓形纹一样，因此只有在捺印图质量很好的群体中才能进行此项分析。有的花纹繁于弓又简于箕，被称为退化纹，属于非真实花纹的一种。足小鱼际真实花纹扫描图见图 1-8-26。

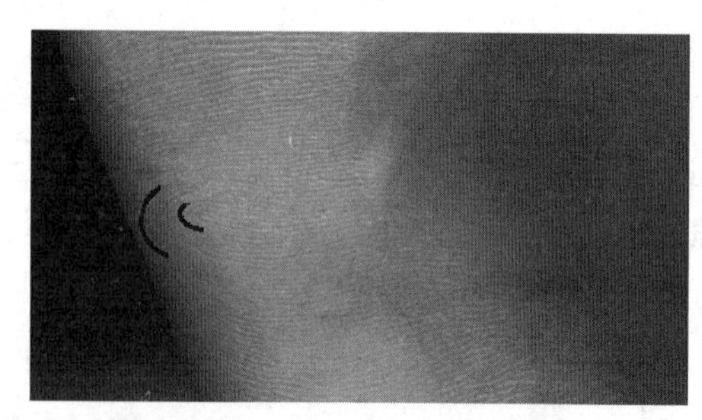

图 1-8-26 足小鱼际纹扫描图
示右足小鱼际纹胫箕（源自 18HanNN0247）

四、足 跟 纹

足跟纹（calcar pattern）分析仅计真实花纹（图 1-8-27）。花纹中以胫箕（Lt）为主，目前在足跟所见真实花纹都是胫箕。有报道在足跟见到斗（W）。真实花纹的出现率在各个群体中都不高，仅占 3%左右。足跟纹胫箕的箕头一般都处于足跟腓侧的上部，难以捺全这个花纹，所以捺印图的质量直接影响观察频率。扫描图见图 1-8-27。

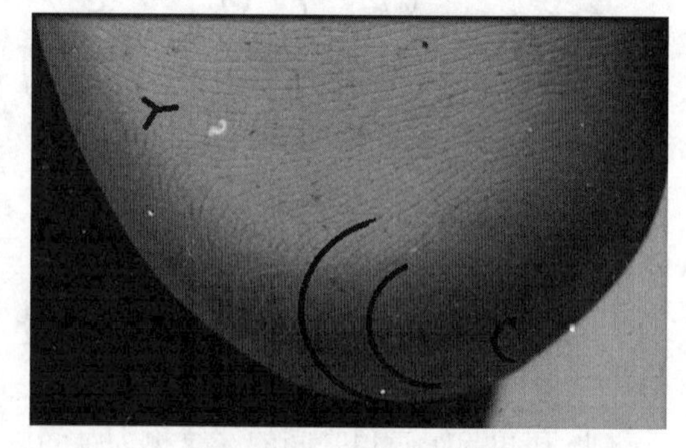

图 1-8-27 足跟纹扫描图
示右足跟纹胫箕（源自 18HanNN0267）

第九节 肤纹的测量值

肤纹中有一些项目为计量资料，如 atd 角度和 t 百分距离（tPD）等。肤纹学界习惯把总指嵴数（TFRC）和指三角 a-b 嵴数（a-b RC）也纳入计量资料的范围。

一、轴 三 角

轴三角（axial triradius）的位置可以用 atd 角度（atd triangle）和 t 百分距离（percent distance of axial triradius，tPD）来衡量。近年的分析多用整数。atd 和 tPD 的测量方法如图 1-8-28 所示。测量 atd 角时，以轴三角 t 为顶点向指三角 a 和 d 分别作两条直线，得到一个夹角。用量角器量出其角度。

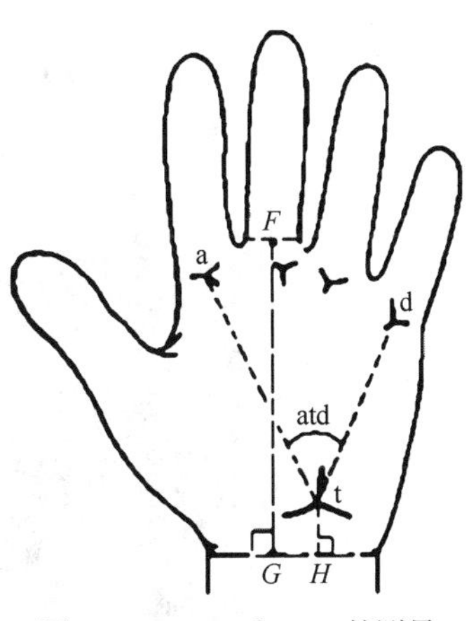

图 1-8-28 atd 和 tPD 的测量

tPD 的测量，先以中指掌指褶的中点（*F*）向掌腕褶的中点（*G*）作一条直线，并量出其全长，即为掌长（*FG*）。然后以轴三角（t）向掌腕褶作一条直线，与掌腕褶相交，得到一点（*H*），量出直线距离（t*H*），t*H* 平行于 *FG*（t*H* 为短线，*FG* 为长线）。求 tPD 时用公式：

$$tPD=(tH/FG)\times 100$$

atd 角的测量不能缺少指三角 a 或 d，也不能没有 t。tPD 的测量可以没有指三角 a 或 b，但不能缺少 t。有的个体在手上有两个或两个以上的 t，此为超常数 t，正常人群里约 2%的个体有超常数 t。

分析中可见 atd 角增大，则 tPD 值也增加，反之亦然。在汉族人群里对这两个指标求直线回归方程组。

已知 atd，求 tPD 时用公式：

$$y_{tPD}=0.4396\times atd-1.3732$$

已知 tPD，求 atd 时用公式：

$$y_{atd}=0.4219\times tPD+32.7677$$

轴三角在手掌上的位置可以用 t、t′、t″和 t‴表示，t 在手掌的近侧，t‴在最远侧。每相邻两个位置上的轴三角，tPD 相差 20，atd 相差 9°。t″是在手掌长轴的中央位置，其 tPD 应是 50（41～60），atd 应是 55°（51°～59°）。

二、总 指 嵴 数

总指嵴数（total finger ridge count，TFRC）是分别计数个体 10 枚指纹的嵴线数，然后加在一起而得。只能在箕形纹和斗形纹中进行分析。分析示意见图 1-8-10 和图 1-8-12，即在内部花纹的中心点和三角区的中心点之间画一条线（三角区的中心见图 1-8-29），数出经过这

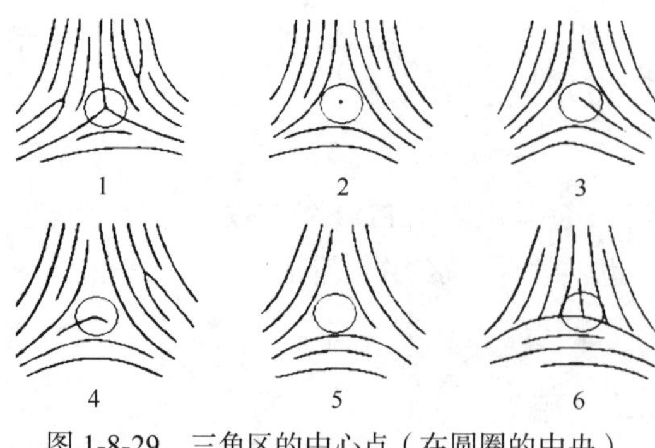

图 1-8-29　三角区的中心点（在圆圈的中央）

条线的嵴线，包括嵴线中所有的点、线、棒、眼，但是计数时不把中心点和三角点上的嵴线计算在内，就是不计算、不包含起点和终点。

一枚指纹的嵴数（finger ridge count，FRC）记为 FRC。箕形纹有 1 个中心和 1 个三角，故只有 1 个 FRC 计数。斗形纹有 1 个中心和 2 个三角，可有 2 个 FRC 计数，按取大舍小原则，以大数参加总和计算，见图 1-8-30。弓形纹没有三角和中心，FRC 计数为 0。把 10 个手指的计数累加起来，即得 TFRC 值。

斗形纹的偏向与计算嵴线的位置有关，尺偏斗大多取桡侧的嵴线，桡偏斗大多取尺侧的嵴线，平衡斗取桡侧或尺侧的嵴线要视情况而定。

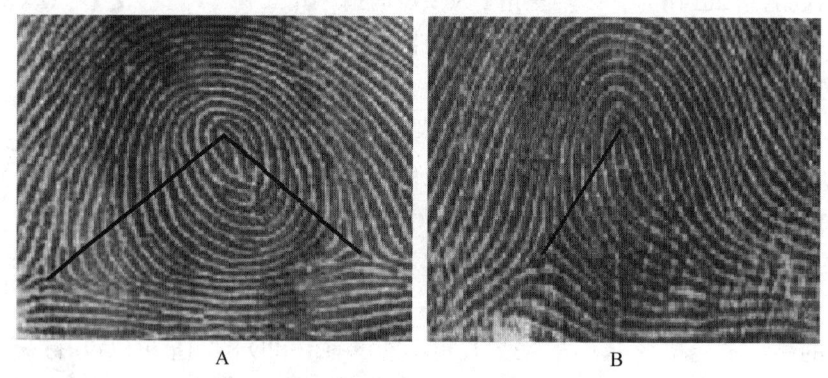

图 1-8-30　FRC 计数法

A. 斗形纹嵴数分别为 16 条和 10 条，取 16 舍 10；B. 箕形纹嵴数为 8 条

三、指三角 a-b 嵴数

指三角 a-b 嵴数（digital a and b total ridge count，a-b RC）是在指三角 a 和 b 之间画一条直线，除去起、止点，数出经过直线的嵴线数（图 1-8-31）。在 b-c、c-d 三角间也可以计算嵴数。

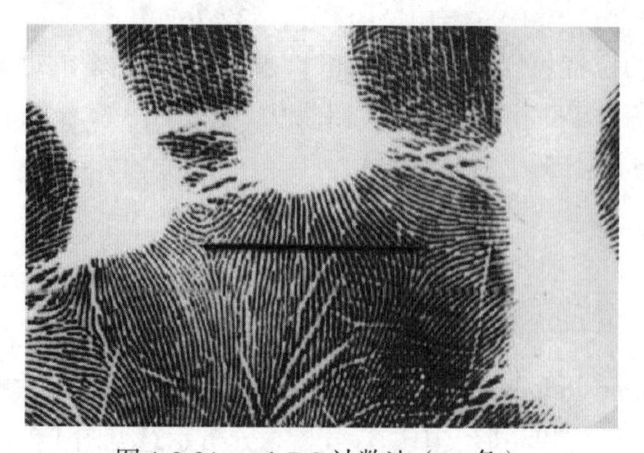
图 1-8-31　a-b RC 计数法（33 条）

第十节　左右同名部位对应组合

双手双足左右对称，左右同名部位的花纹类型组合格局情况是肤纹学研究的内容。左右手的拇指指纹可以有 A/A、A/L、A/W、L/L、L/W、W/W 6 种对应组合格局，其中 A/A、L/L、W/W 为同型花纹对应组合，为纯合型组合；而 A/L、A/W、L/W 为异型花纹对应组合，为杂合型组合。指纹 A、L、W 在左右同名手指的对应为非随机性组合，其间有一定的内在关系。

指纹对应的纯合型组合有亲和性，指纹对应的杂合型组合（A/W 组合）有不相容性，都是非随机性组合的表现。

在各对应的同名左右指中，以 A/A、L/L、W/W 组合的观察频率显著高于期望频率，表现为左右同名指以同型花纹对应的亲和性；以 A/W 组合的观察频率显著低于期望频率，表现为左右同名指以 A/W 花纹对应的不相容性。

双手的大小鱼际真实花纹、各个指间区真实花纹等都有真/真对应的亲和性趋势。

双足踇趾球部花纹分类很多。观察同型花纹对应情况，也可以把各种弓形纹合并为弓（A），观察左右足非同型花纹的 A/Ld、A/W、Ld/W 对应情况，表现为不相容性。观察右踇趾球纹的 A/A、Ld/Ld、W/W 组合对应，表现为亲和性。

足上的各个趾间区真实花纹、足小鱼际真实花纹、足跟真实花纹等也有真/真对应的亲和性倾向。

一手 5 指指纹的组合、双手 10 指指纹的组合，具有很多的组合格局及更多的排列格局。肤纹学研究中比较关注组合格局。

第十一节　掌纹和指纹的非常数三角

手掌上的轴三角 t、指三角 c 和 d，有非常数现象。

一、轴三角 t′或 t″

轴三角 t 以远端有另外的三角出现，按距离的近远为 t′或 t″。当额外三角同时符合下列 3 种情况时，方能成立（图 1-8-32）。

（1）在 atd 的 td 直线桡侧（atd 角内）。

（2）配有 Lu 纹，或其他真实花纹。

（3）当 t′在 atd 外侧时，t′到 td 的直线在 5 条以内（不含起点和终点）（图 1-8-32）。

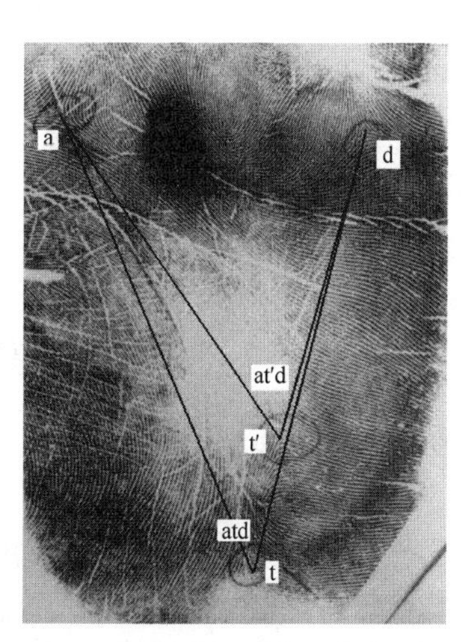

图 1-8-32　t′在 atd 的 td 直线桡侧（atd 角内）

二、轴三角 t 缺失

当手掌或靠近掌腕线的部位找不到轴三角 t 时，即缺 t（−t）(图 1-8-33)。

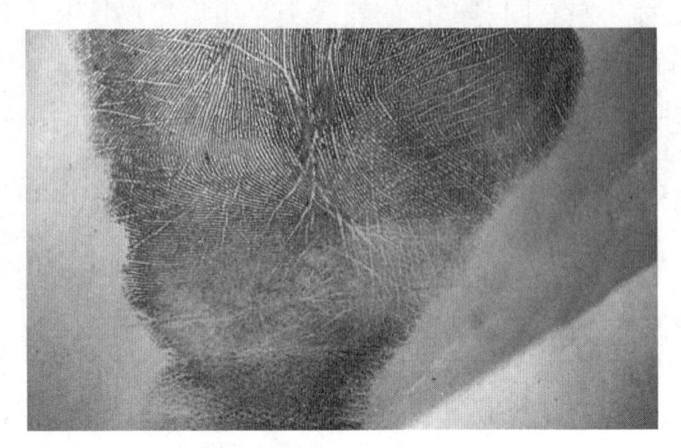

图 1-8-33　缺 t（−t）

三、手掌指三角 c

符合下列 2 种情况之一为缺指三角 c（−c)。

（1）在三角 bd 中间没有次生 c′，也没有次生 d′。

（2）指间Ⅳ区下方有三角 x：当 xb＞ba 时，则缺 c（−c)，有 x=d（图 1-8-34)。如 xb ≤ba，则缺 d（−d)，有 x=c。

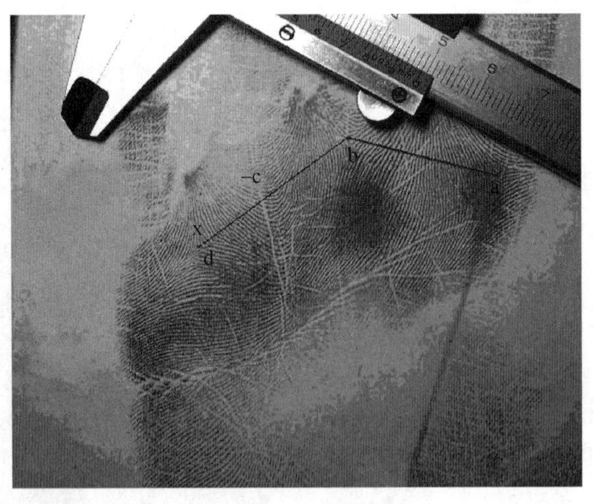

图 1-8-34　缺 c（−c）

四、手掌指三角 d

符合下列 2 种情况之一为缺指三角 d（−d)（图 1-8-35)。

（1）指三角 c 的尺侧方没有三角。

（2）指间Ⅳ区纹没有 Ld；同时，疑似的 D 主线与“三角”桡侧下支的夹角≤90º。

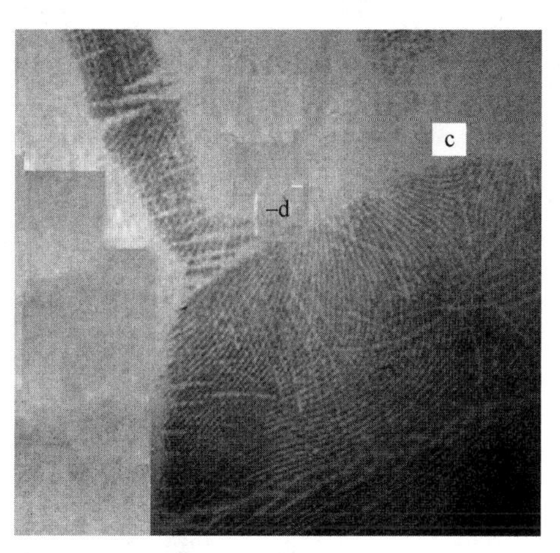

图 1-8-35　缺 d（– d）

五、指纹的非常数三角

在极少数个体，可以看见 1 枚指纹上有 3 个指纹三角（参见本篇第九章图 1-9-9）。常见箕形纹有 1 个指纹三角，斗形纹有 2 个指纹三角。

第九章　分析技术的美国标准+中国版本、项目品种的中国标准

中国肤纹学研究协作组注意到，虽然以美国标准作为民族肤纹的分析方法，符合主流做法，但在实际操作中有许多不明确处。早在1982年南京召开的中国肤纹学研究协作组第一次学术论文研讨会上，就提出“对美国标准做补充和改良”的建议，不久，中国肤纹学研究协作组迅速纠正方向，把“补充和改良”（complementarity and improve）调整为“补充和完善”（complementarity and consummate），以后的历次研讨会上没有做美国标准的改良和修正，只是进行补充或完善工作，会议代表在会上或会后可得到油墨捺印相关标准的会议文件。1990年前，将其称为“Cummins标准+中国版本”。美国肤纹学学会（ADA）对Cummins标准的实行开始于1990年，当年，笔者收到了ADA寄来的印有“美国标准”的通讯本。看来Cummins标准+中国版本比美国标准更早诞生。

指纹三个系统的分析，是对美国标准的补充，本章的嵴线追踪内容是对美国标准的完善，形成了美国标准+中国版本，这贯穿在我国民族肤纹研究过程之中。

当前的技术标准和项目标准，不能完全解决不断出现的新问题。肤纹表型多样性在肤纹观察中表现得淋漓尽致，因此肤纹学的标准须不断补充、完善、创新和总结。

下文介绍美国标准+中国版本的内容（Cummins et al，1943；Schaumann et al，1976；张海国，2006；张海国，2011；张海国，2012）。

第一节　指纹嵴线的三个系统

嵴（ridge）形成点、棒、线。嵴线再形成弧、曲、螺、圆。嵴线可以是用弧度测量的圆或半圆的线段，也可以是只能用角度测量的带拐点的线段。每条嵴线都有内外侧之分；圆圈形嵴线还有内外圈之分。无论嵴线内外圈（侧）是否一致，都以外圈（侧）为判断部位（图1-9-1）。在外圈辨认拐点和圆弧，见图1-8-9嵴线的基本细节。

嵴线是指纹的基本构造。嵴线组成多种嵴线系统，嵴线系统再组成各种指纹。嵴线组成3个系统（图1-9-2）：三角系统、内部系统和中心系统。3个系统互不粘连、独立存在。

汉族人中有97%以上的指纹是由3种系统组成的。由2种系统或1种系统组成的指纹很少，还有的指纹上找不到3种系统的任何一种。系统是分析指纹或其他花纹的依据。嵴线系统各部的名称，在不同的研究机构有不同的命名法。公安刑侦部门的命名法较为机密。在民族肤纹学研究中，对嵴线系统各部命名与其他机构虽有所不同，但也大同小异。

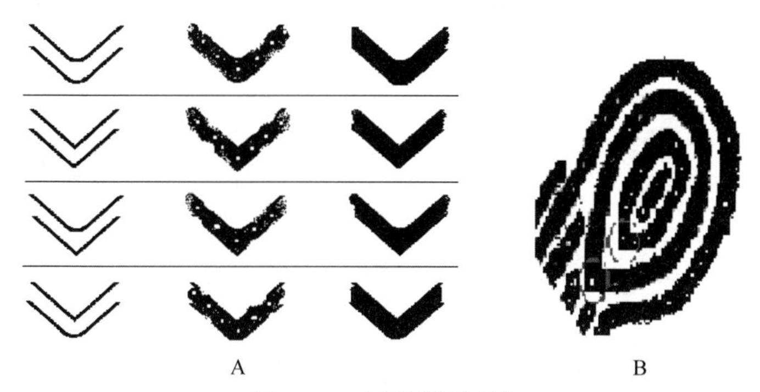

图 1-9-1　嵴线外圈观察

A. 第一行到第四行，分别是圆弧、拐点、拐点和圆弧；B. 表示外圈都为拐点，判读为箕形纹，极易与斗形纹混淆

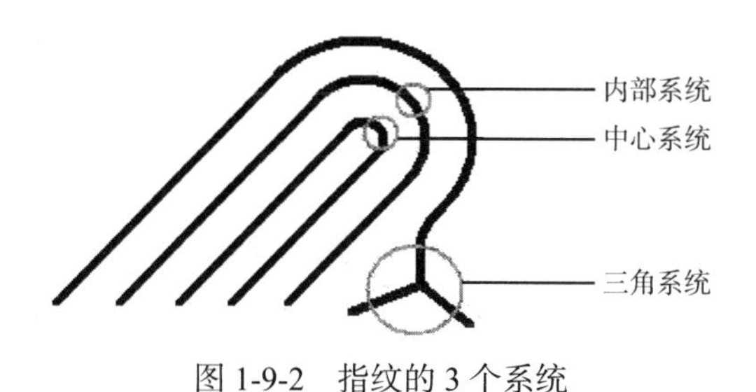

图 1-9-2　指纹的 3 个系统

嵴线系统的命名和使用规定，是中国民族肤纹研究的重要内容，也是中国肤纹研究协作组多年来研究积累的成果，具有肤纹理论和实践意义。

一、三 角 系 统

三角系统（triangle system）含有三角中心部、上部支流部、下部支流部和各支流的外延部。

由 3 个方向来的嵴线趋向一点，或者在一点发出 3 条嵴线，嵴线与嵴线间的夹角大约为 120°。图 1-9-3 的圆圈中有 1 个三角。图 1-9-4 是 5 种不同模式的三角。

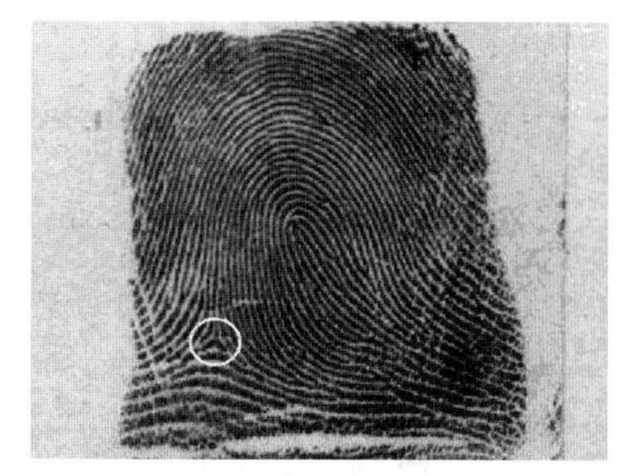

图 1-9-3　指纹的三角

（一）三角中心区

三角中心区是由中心点和三角区组成的。图 1-9-3 圆圈的圆心是三角的中心点，圆圈的范围是三角区。

（二）三角区

三角区一般是指由中心点发出的 3 条嵴线开始的直线部分形成的区域，图 1-9-4 的圆圈内为三角区。三角区多无明显的分界。指纹三角可分为结合三角、分散三角、空心三角、分叉三角和二上支三角等。

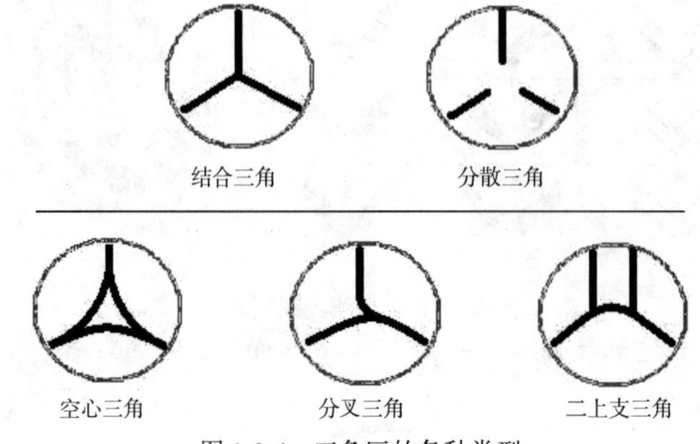

图 1-9-4　三角区的各种类型

（三）三角中心点的标注

自然中心点是不要人为添加辅助线而自然存在的中心点。图 1-9-5 的 3 个例子都是自然中心点。

图 1-9-5　三角的自然中心

人工中心点是在添加辅助延长线后产生的结合点。图 1-9-6A 的中心点是由 3 条嵴线向中心作辅助延长线而得。有时人工中心点要经过 2 个步骤才能确定，如图 1-9-6B 所示，3 条辅助延长线没有在一点结合，形成新的小三角；找出新小三角的中线交点——重心，称之为中心点。

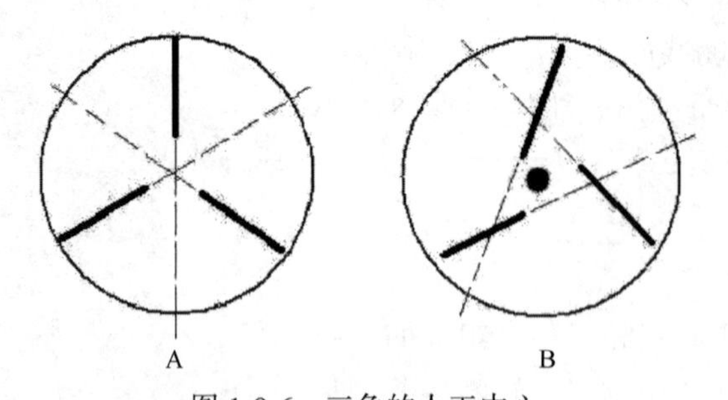

图 1-9-6　三角的人工中心

A.添加辅助线后得到中心点；B. 添加辅助线得到小三角，找出重心（中线的交点）为中心点

三角中心的标识以约 120°夹角为原则，即各夹角都约为 120°，或最大限度平均分割成 120°。图 1-9-7 示二上支三角的中心点，图 1-9-8 为分散三角的中心点。

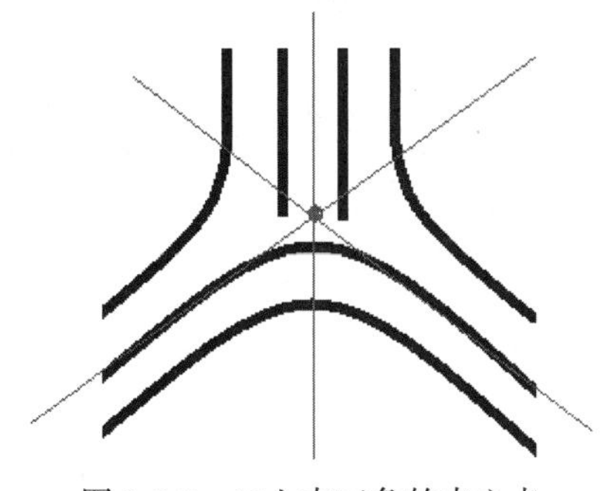

图 1-9-7　二上支三角的中心点

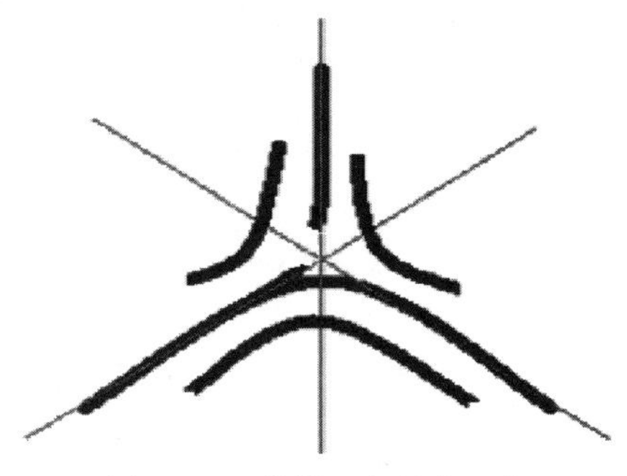

图 1-9-8　分散三角的中心点

在一些特殊指纹的花纹中有 3 个三角，依照指纹中心的所在位置，总能区分出向心和离心地点。以离心地点的三角中心为采纳中心（图 1-9-9）。

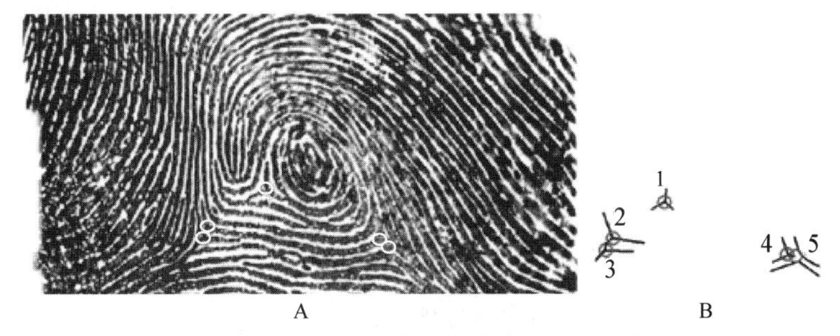

图 1-9-9　具 3 个三角的特殊指纹及其示意图

A. 罕见三角点的中心。左下三角有 2 个三角中心（见圆圈内）；右下三角也有 2 个三角中心（见圆圈内）；依指纹中心花纹，总有 1 个三角向心，另一个三角离心。取离心三角为测量点。B. A 图的示意图，三角 3 和 5 处于离心三角位置

（四）三角的上部支流和下部支流

上部支流：从三角中心点向上发出的嵴线称为上部支流。上部支流是在三角区内的嵴线（图 1-9-10）。有的三角有两条上部支流，称为二上支三角。

下部支流的内侧：从三角中心点向指纹中心花纹的下内方向发出的嵴线为内部支流（见图 1-9-10）。内部支流被圈定在三角区内。

下部支流的外侧：从三角中心点向指纹中心花纹的下外方向发出的嵴线为外部支流（见图 1-9-10）。外部支流被圈定在三角区内。

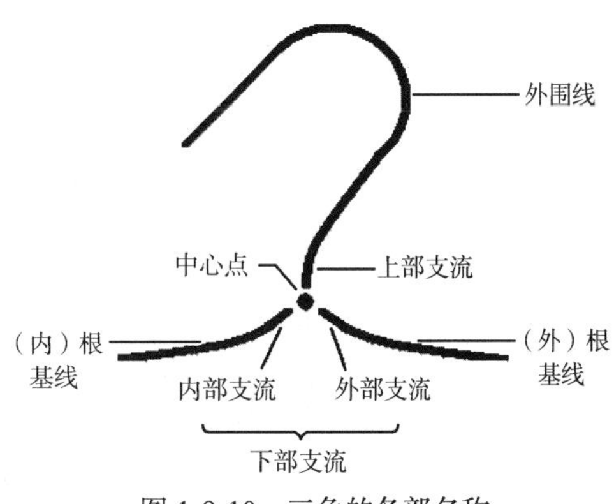

图 1-9-10　三角的各部名称

（五）三角支流外延部

外围线：上部支流向上延伸，并沿花纹的轨迹上升，嵴线上升到高处成为半圆形的弧形弯旋（而不是折返或有拐点），再向下延伸（图 1-9-10）。外围线的长度可以很长，从左、上、右三面包围花纹，也有的伸入花纹内部。

内根基线：下部支流向指纹中心花纹的底部延伸，成为花纹的根基。此线在花纹的内侧（见图 1-9-10），延线称为“内根基线”或“内部支流”。

外根基线：下部支流向指纹中心花纹的外部延伸，离中心花纹而去。此线在花纹的外侧（见图 1-9-10），延线称为“外根基线”或“外部支流”。

二、内部系统

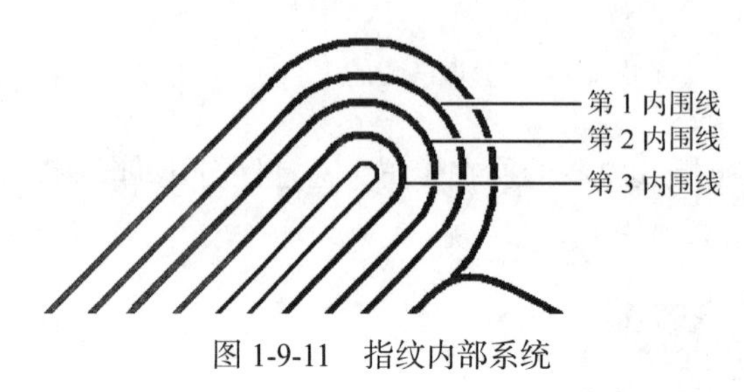

图 1-9-11　指纹内部系统

内部系统是处于外围线和心围线之间的嵴线。内部系统的嵴线有 0 条或数十条不等，这些嵴线为内围线。紧邻外围线的内围线为第 1 内围线，依次向心围线靠近的内围线分别称为第 2 内围线、第 3 内围线等（图 1-9-11）。越靠近心围线，内围线的序数越大。

三、中心系统

中心系统仅由 1 条心围线和 0 至数条心内线组成（图 1-9-12）。中心系统又称为中心花纹。心内线和心围线相伴而行，生物的对称性使心内线在心围线内等距离发育。

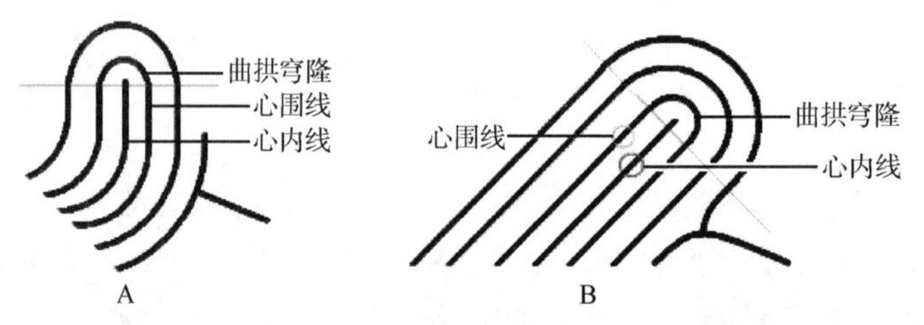

图 1-9-12　中心系统和中心半圆（180°）的曲拱穹隆

（一）心围线

每个中心系统都只有一条心围线。

曲拱穹隆：心围线最高位处的曲拱（arch）、处于最内核的穹隆（roof），称为曲拱穹隆（arch roof）。曲拱穹隆（图 1-9-12）具有自然、完整、唯一性。曲拱穹隆的弧线上不可有拐点，箕形纹的曲拱穹隆为不小于 180°的半圆，斗形纹的心围线是圆或不小于 360°的旋，如图 1-9-12B 有完整的曲拱穹隆构造；在顶端处有拐点或折点，如图 1-9-13A 和 B 的尖顶，是不能构成心围线的例子。

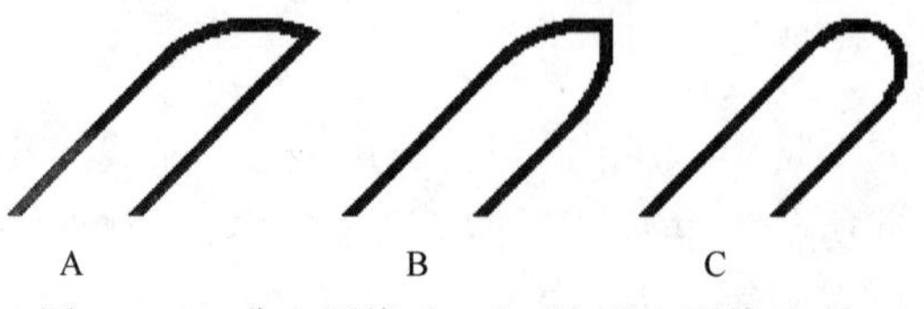

图 1-9-13　非心围线（A 和 B）及心围线（C）

（二）心内线

心内线：在心围线内的 0 条或数条嵴线。心内线数字的奇偶，决定中心点的选择，是自然中心点，还是人工中心点。

（三）中心系统的类型及中心点

中心系统的中心点在心围线头部的内侧，或直接在心围线的头上（图 1-9-14），即在曲拱穹隆内或曲拱穹隆顶端。

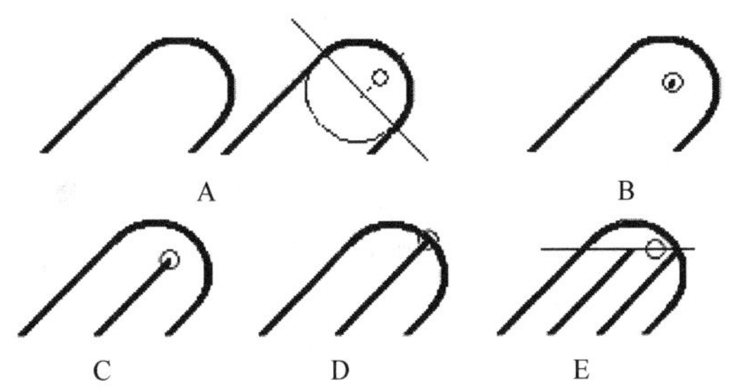

图 1-9-14　各种心围线和心内线关系

A. 空心型中心；B、C. 非连接型中心；D. 连接型中心；E. 混合型中心

1. 中心系统的类型　中心系统有两种分类。一是按心内线和曲拱穹隆的关系分为空心型中心、连接型中心、非连接型中心、混合型中心（图 1-9-14）。二是按心内线的数目分为奇数型中心和偶数型中心。

图 1-9-14C 和 D 分别是奇数非连接型中心和奇数连接型中心，图 1-9-14E 为偶数混合型中心。

双箕斗的两个箕头不是正头箕和倒头箕，而呈现上下的平行关系。以离心侧箕头的中心为整个花纹的中心，如图 1-9-15 所示。

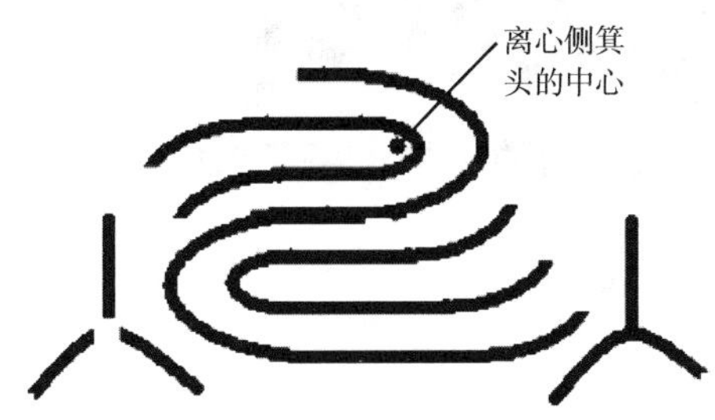

图 1-9-15　双箕斗以离心侧箕头的中心为整个花纹的中心

2. 中心点的标注　空心型的中心点：心围线穹隆内无任何的心内线（嵴点），心围线穹隆的圆心到穹隆最高点的 1/2 处（即半径的 1/2 处），即为中心点（图 1-9-14A 的空心型中心）。

连接型的中心点：心内线与心围线穹隆相交，其交点为中心点。

非连接型的中心点：心内线与心围线穹隆无粘连或连接，心内线的顶端就是中心点（图 1-9-14B 和 C）。

奇数型的中心点：心内线是奇数，自然会有最中间的嵴线，不论是连接型中心还是非连接型中心，其中心点的产生都在最中间的嵴线顶端，与邻近的嵴线无关，由一条线决定中心点位置。奇数型的中心点又称自然中心点。

偶数型的中心点：心内线是偶数，中心点的产生由最中间两条心内线决定。最中间的两条心内线顶端连线的中央，是中心点位置所在处。若心内线的最中间两条嵴线都是连接型，则中心点在心围线穹隆上；若最中间两条嵴线都是非连接型，则中心点在心围线穹隆内；若最中间两条嵴线是混合型，则中心点在心围线穹隆内。在标注中心点过程中，因为有添画辅助线的步骤，所以此中心点又称人工中心点。

因为斗形纹和箕形纹都只有一个中心，斗形纹的穹隆在圆的上半部或以上，犹如是箕的中心，所以斗形纹也用此中心点的标注法。双箕斗的中心依箕头朝上的箕标注中心点。在标注中心点时，只考虑中心的形态，不考虑所标中心点与邻近指纹三角的距离关系。

四、指纹嵴线三个系统的关系

指纹嵴线的三个系统——三角系统、内部系统和中心系统是组成指纹的条件，但不是必要条件。在指纹弓、箕、斗三大类中做判断，必须先辨认指纹三个系统是否独立、是否完整。

（一）三个系统的指纹

大多数的箕形纹和斗形纹都有指纹的三个系统。三个系统各自完整，中心系统在最里面，外有三角系统，中间是内部系统（图 1-9-16）。箕形纹有一个必不可少的三角系统，有一个中心系统和一个内部系统。斗形纹有两个必不可少的三角系统，有一个中心系统和一个内部系统。

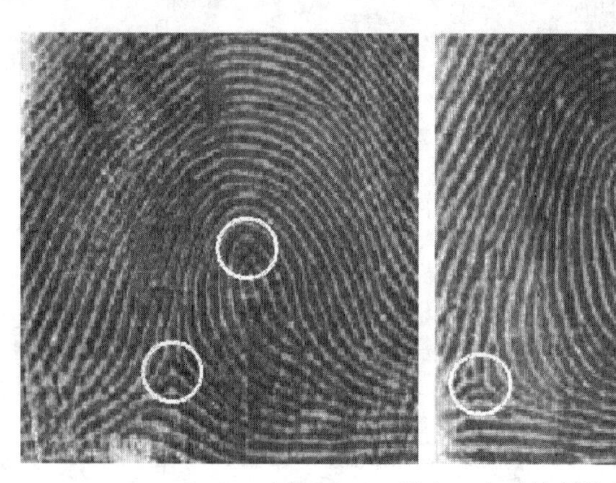

图 1-9-16　具有三个系统的指纹

（二）两个系统的指纹

有少数的箕形纹和斗形纹只有指纹的两个系统。内部系统和中心系统互相融合，分不出彼此，此种融合的形式一般仍称为中心系统，也可看作外围线和心围线之间没有内围线，即没有内部系统。只有三角系统和中心系统也可以组成箕形纹和斗形纹，这种箕和斗的结构很简单（图 1-9-17）。一个三角系统和一个中心系统就可以组成箕形纹。两个三角系统和一个中心系统也能组成斗形纹。

图 1-9-17　只有两个系统组成的指纹
A. 由一个中心和一个三角组成的最简单的箕形纹；
B. 由一个中心和两个三角组成的最简单的斗形纹

（三）一个系统的指纹

有少数的指纹仅由指纹的一个系统（三角系统）形成。只有一个三角系统的是帐弓纹（图 1-9-18A 和 B）。有时三角系统也不完整（图 1-9-18C），缺少三角上部支流的外围线，或者缺少三角下部支流的外延线。因为缺少中心花纹，所以也分不清下部支流的内部支流和外部支流。

图 1-9-18D 的三角系统或三角区显示由完整到消失（或逆方向为发育成长）的过程。图 1-9-18A～F 也显示出弓形纹的繁简程度。

（四）没有系统的指纹

在少数指纹中找不到任何系统。嵴线层层叠加，只有微微的凸弧形嵴线组成弓形纹（图 1-9-18D～F）。在这种指纹中无中心点和三角点，无所谓内围线和根基线，为最简单的指纹，被称为简弓或弓。

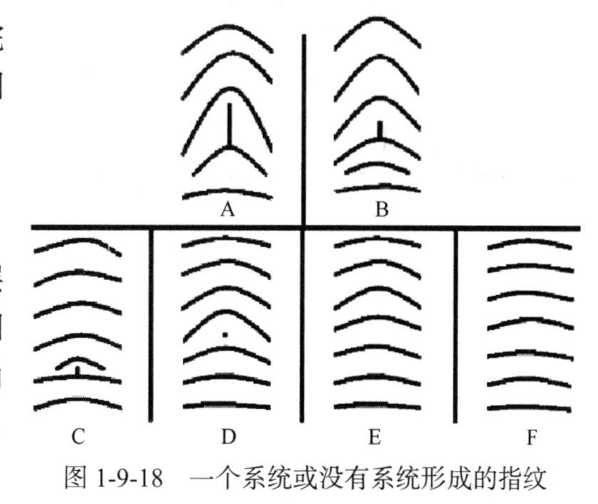

图 1-9-18　一个系统或没有系统形成的指纹

五、箕形纹头体尾的划分

典型的箕形纹有头部、体部和尾部。

（一）内围线头部和体部的切分

切分的方法：由心围线长轴或心内线长轴过中心系统的中心点，与内部系统的第 1 内围线弧顶端相交，中心点到弧顶点为半径。以中心点为圆心，中心点到弧顶点为半径画圆。在心内线长轴和圆的交点处作圆切线。切线分内部系统为头部和体部两部分，切线也分中心系统为头部和体部两部分（图 1-9-19）。

内部系统和中心系统的体部和尾部通常不易区分，故统称为体部。

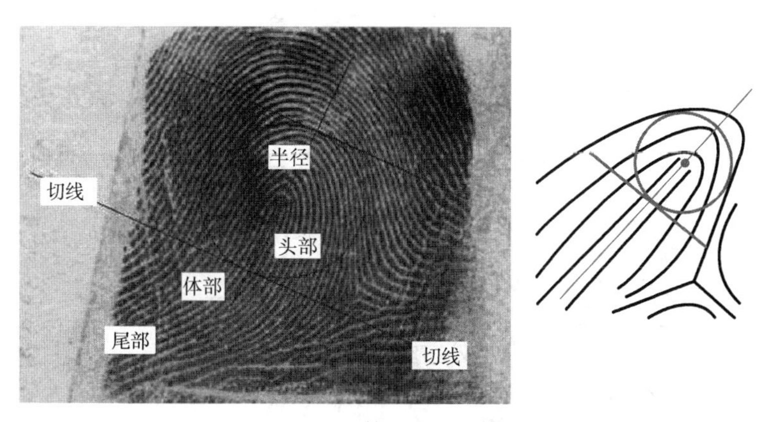

图 1-9-19　箕形纹的头体尾

（二）无内部系统箕形纹的头部和体部划分

无内部系统的箕形纹，其头体尾的划分依靠中心系统来完成。无须找到半径，此类花纹没有内部系统，因而没有内围线。沿中心系统长轴画线，与长轴平行的部分为头部，向下弯曲的部分是体部，再往下的是尾部。体部和尾部难以区分（图 1-9-20）。

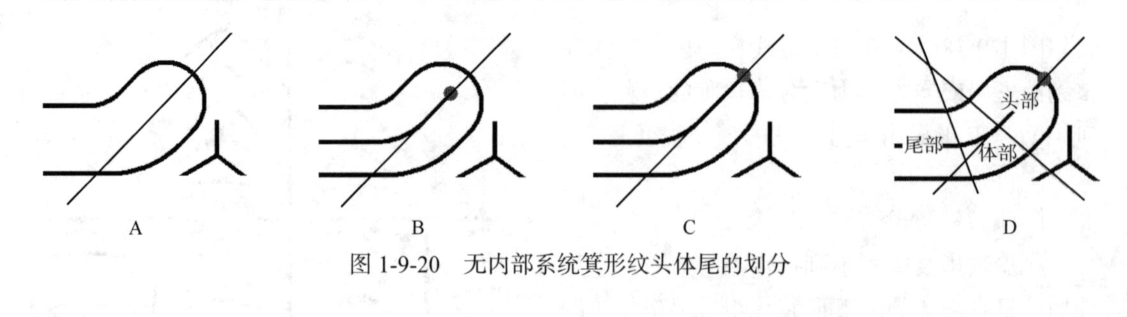

图 1-9-20　无内部系统箕形纹头体尾的划分

第二节　嵴线的追踪

所谓追踪，就是沿着嵴线的轨迹延长。一条嵴线有断裂，它的延长要接着同方向、同层次的嵴线延伸，简称轨迹法。有时在嵴线断裂处没有轨迹线可循，嵴线的延长以向最邻近的离中心的嵴线靠借，此方法以中心系统为参照系，借接的又是离中心的线，故简称为远离法。

一、三角上部支流和外围线的追踪

外围线是指纹内部系统和外部线条的分界线（图 1-9-21），外围线走向的追踪是肤纹分析的基础。为确认斗形纹的偏向，要对斗形纹三角的内根基线进行追踪。指纹双箕斗的确认依靠对“S”线的追踪。为确认中心系统存在与否，要对心围线进行追踪（图 1-9-21）。

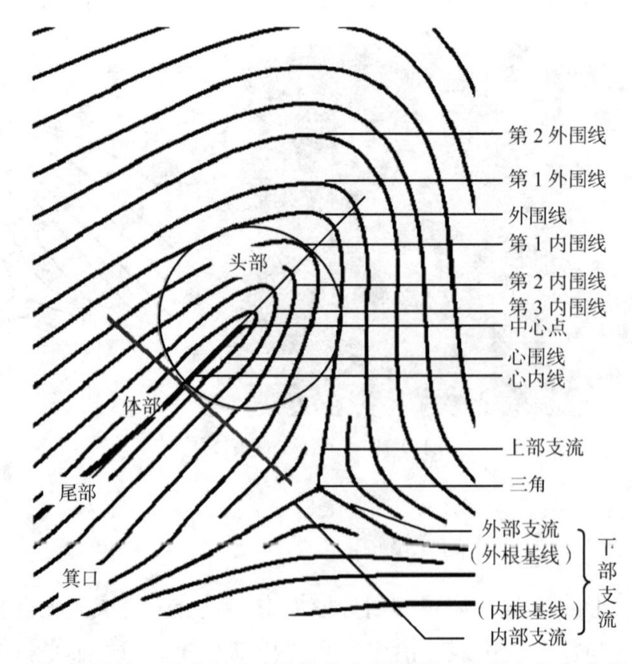

图 1-9-21　箕形纹中要进行追踪的嵴线有外围线、内部支流的内根基线等

图 1-9-22 中，A 是“二上支三角”，上部支流以远离中心花纹的一支为追踪线，图为最简单的箕形纹；B 是开口于另外一方的箕形纹，上部支流的追踪也以远离中心的一支为准，图亦为最简单的箕。

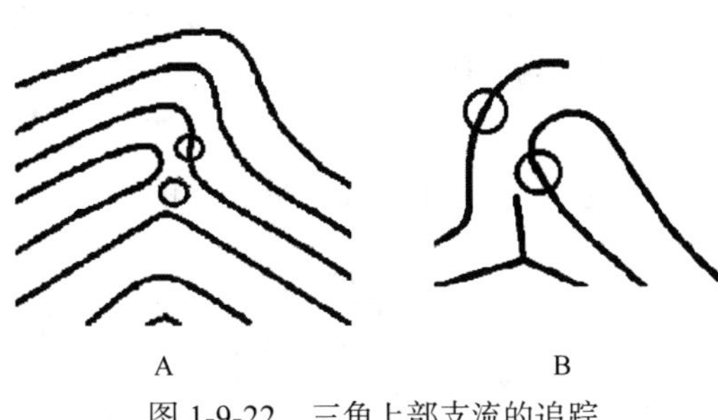

图 1-9-22　三角上部支流的追踪

A. 由三角中心向上外追踪；B. 向上外追踪

三角上部支流的追踪，很少有可沿轨迹的理想情景，多数是在远离法下追踪。轨迹法和远离法同时可用时，优先应用轨迹法，即“轨迹”优于“远离”。

二上支三角的上部支流追踪线也有两条，参照指纹中心花纹位置，区分出二上支的内支和外支，沿着外支继续追踪，外围线得以延长。

三角的上部支流和外围线的追踪始于三角点，应遵循 3 项原则：不参与中心系统；远离中心系统；“轨迹”优于“远离”。

二、内根基线的追踪

内根基线（就是下部支流的内部支流）的追踪线，可能遇有两条嵴线可循，以中心系统为参照系，总能分为近中心和离中心两种状态的嵴线。把离中心的嵴线作为追踪线。

斗形纹偏向有 3 种。斗形纹的具体偏向由其两个三角内部支流关系决定（图 1-9-23）。两条内部支流有连接和非连接两种状态。分别对两条内部支流做追踪。当左右两个三角的内部支流，从各自三角点开始在左右侧同时或一侧向对方追踪时，如两条内部支流互相连接，就有平衡斗产生；两条内部支流互相非连接，则有尺偏斗或桡偏斗产生。有时内部支流从左侧发动追踪或从右侧发动追踪，得到的结果不同，致使两条内部支流连接或非连接，认定的原则是，无论是单侧还是双侧，无论从哪一侧发动追踪，有连接即为平衡斗。以连接为“是”，套用逻辑运算法则：是是为是，非非为非，是非为是。图 1-9-23D~F 示，是非为是。

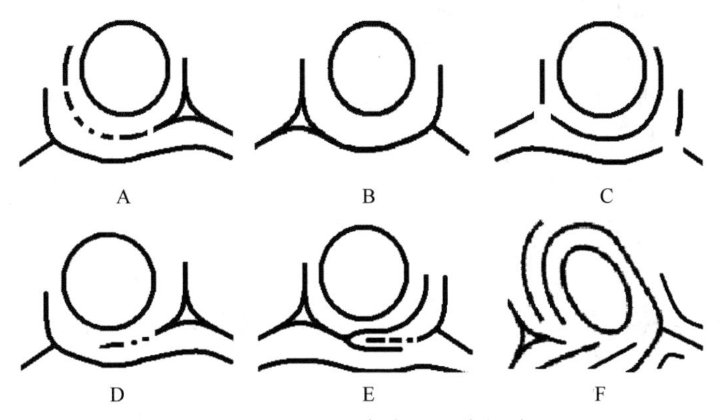

图 1-9-23　左右三角内根基线的关系

A、C. 偏向斗；B. 平衡斗；D、E. 追踪右侧内部支流认定的平衡斗；F. 追踪左侧内部支流认定的平衡斗

图 1-9-24A 尺侧缘的三角在高处，示为尺偏。图 1-9-24C 桡侧缘的三角在高处，示为桡偏。图 1-9-24B 两个三角在平衡处，示为平衡斗，两条内根基线连接两条内根基线追踪始于三角点，遵循 4 项原则：左右都可发动追踪；不参与中心系统；远离中心系统；“轨迹”优于“远离”。对斗形纹三种偏向的观察为指纹的非随机分布提供了证据。

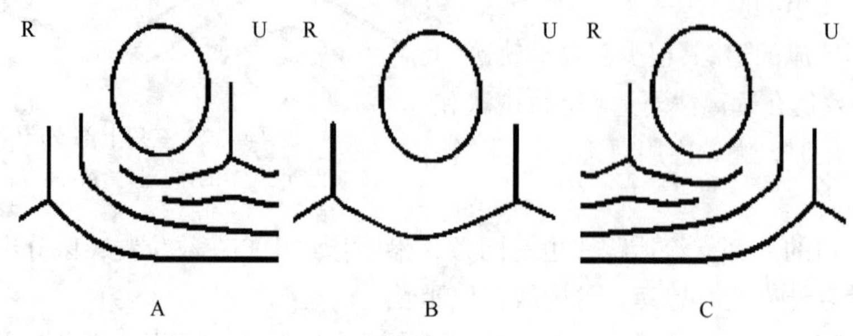

图 1-9-24 斗形纹的两个三角对偏向的影响

是否为平衡斗，要由两条内部支流关系决定。如图 1-9-25 所示，左三角显著高于右三角。左根基线的追踪，获得平衡斗。

图 1-9-25 显著处于高位的左三角

三、心围线的追踪

心围线穹隆：处于花纹中心、最内核的穹隆式嵴线，曲拱穹隆必须自然完整，不可做穹隆嵴线人工追踪。其他嵴线适用的轨迹法和远离法，都不能用于此。无论是箕形纹还是斗形纹，都只有一个中心，不必做穹隆追踪，不能造成多个中心。

在图 1-9-26 所示多曲拱交混的情况中，按箭头所指嵴线追踪可得中心系统。如不按箭头所指嵴线追踪，会得到大小曲拱叠套图，分不清真正的中心系统。心围线只是一“座”曲拱穹隆，处于最内核。图 1-9-26C 由两个同时追踪的箭头引导，得到单核心的中心系统；如按自由追踪，会产生 4 个曲拱，也产生 4 个核心（4 个中心系统），这是错误的选择。追踪时要掌握“单核心优于多核心”原则。

图 1-9-26E 是不少见的例子，其跟踪箭头有两个，无论怎样追踪都有两个核心（双芯）出现，每个核心都有理由成为该花纹的中心系统，选用哪个为妥？按照中心系统在内核、在中央的原则，每个核心花纹都不是中心系统。此案例的处理办法是，纳此双芯同为中心系统。中心点的标定是按照在中心系统找中心点的方法，此例有两个核心（双芯），可得到各自的两个中心点，把两点连线的中央作为整个中心系统的中心点。图 1-9-26F 是双芯型中心系统的标定。

指纹中有倒头箕型，其中心系统与多数箕不同，其箕头部朝下，曲拱穹隆在中心系统的最“低”位。

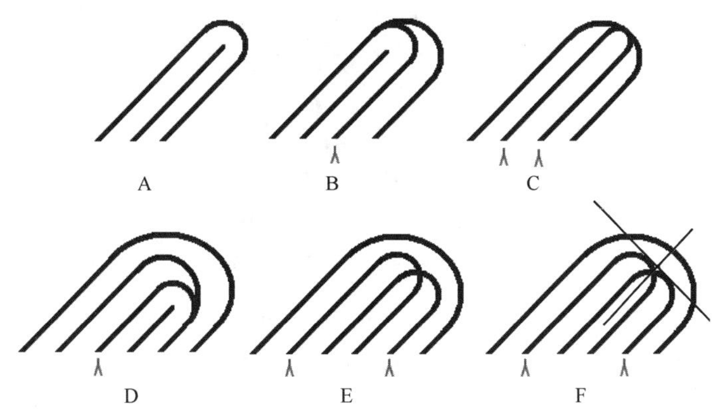

图 1-9-26　多曲拱交混

A. 单核心；B～E. 按箭头引导追踪；C. 按 2 个箭头同时追踪有单核心；E. 按 2 个箭头同时追踪有双核心，此为双芯系统；F. 示双芯型中心系统的中心点

四、三个系统嵴线追踪

三个系统存在模棱两可的状态。在指纹分类分析中，会遇到有些指纹形状介于帐弓与尺箕或帐弓与桡箕之间（图 1-9-27）。遇此情况要按照"心围线优先于外围线"的判别方法来处理。

图 1-9-28 中三角系统的上部支流组成外围线，内部支流和外围线又组成心围线。

图 1-9-27　三角上部支流的轨迹线，可当三角系统的外围线，也可当中心系统的心围线

按照"三个系统互不粘连、独立存在"的说法，此图陷入矛盾圈。如果按照"纹线向一个方向发出，中间回旋到发出的一方"的说法，有心围线可构成箕形纹。结论：心围线的判别优先于外围线。此图记桡箕（源自：2014TZ-1659-5-2664 右示指）

图 1-9-28　三角系统的上部支流组成外围线，内部支流和外围线又组成心围线

中心系统的心围线和三角系统易混淆。系统嵴线的追踪按照中心系统优于三角系统原则。此图记尺箕（源自：2014TZ-1659-2845 左小指）

在实际分析中会偶然遇到模棱两可的情况，按照三个系统互相独立的原则，有些图像无法分析。如图 1-9-29 所示，心围线和上部支流合而为一，判断在箕和帐弓间犹豫不定。按照优先法则，心围线优先，此图记箕形纹。

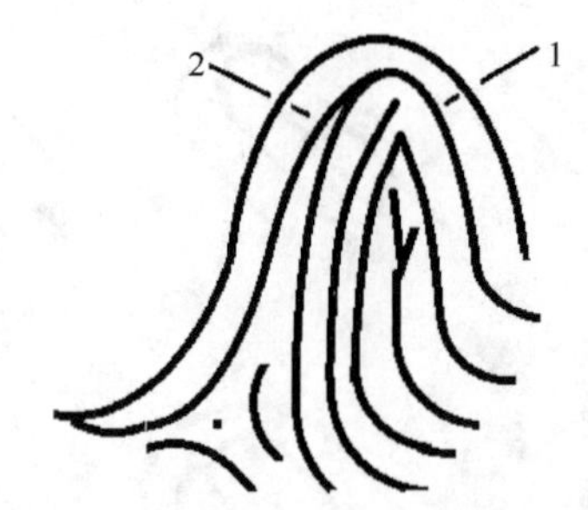

图 1-9-29　心围线和上部支流合而为一

1 是心围线，2 是上部支流。心围线优先于外围线，此图记箕形纹

五、双箕斗的 S 线追踪

双箕斗（double loop whorl，Wd）有一个中心、两个三角。Wd 必由正头箕和倒头箕（图 1-9-30）组成。Wd 中心系统的中心点都必须定在正头箕上，像普通箕形纹一样标定中心系统的中心点。

Wd 是生物特性的标志。Wd 的确认依靠对 S 线的追踪。图 1-9-31A 中，S 线参与箕头的组成，被判读为一般斗。Wd 的中心必须有一条完整的 S 线（图 1-9-31B），并把两个完整的箕头分开；图 1-9-31B 显示为两个独立的箕，由点虚线形成“S”形沟线。S 线可以是嵴线或者沟线。

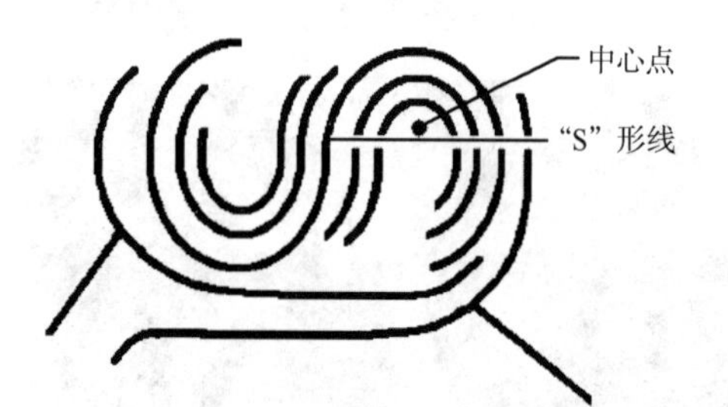

图 1-9-30　Wd 的 S 线、倒头箕、正头箕和中心系统的中心点

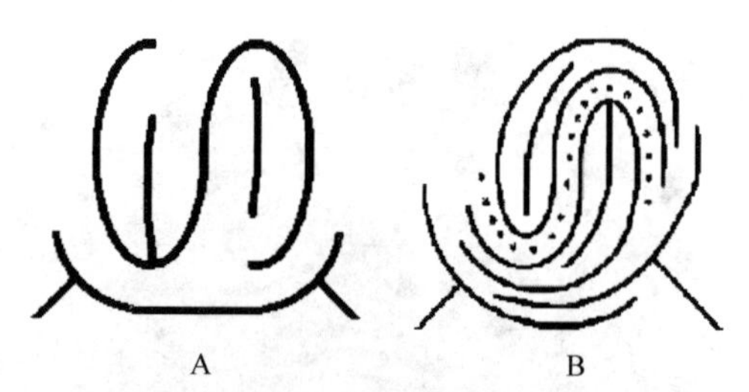

图 1-9-31　容易混淆的两枚指纹

A.“两个”不能独立的箕，实质是一个斗；

B. 由沟线分开两个箕头，判为 Wd

S 线追踪始于线端，规则有四条：左右都可发动追踪；不参与中心系统；远离中心系统；“轨迹”优于“远离”。左右发动追踪的结果按逻辑运算法则处理，如左侧发动的结果是 Wd，记为是，也套用逻辑运算法则：是是为是，非非为非，是非为是。图 1-9-32 示是非为是。图 1-9-32B 必须从右侧发动追踪，才能得到 Wd。

以图 1-9-32 为例做 S 线追踪：A 中 S 线追踪由轨迹进入正头箕的心围线，破坏了正头箕的完整性。B 中 S 线追踪，在倒头箕心围线外圈处，利用了 次远离法追踪，得到完整 S 线和两个完整箕头。

S 线的追踪比较复杂，初涉者要牢记“S 嵴或沟完全分开两个完整箕头”。

图 1-9-33 和图 1-9-34 是两种“S”形沟线的例子。

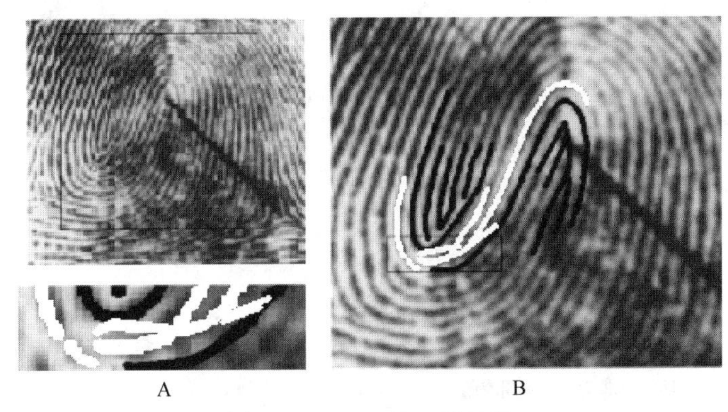

图 1-9-32　Wd 的 S 线追踪

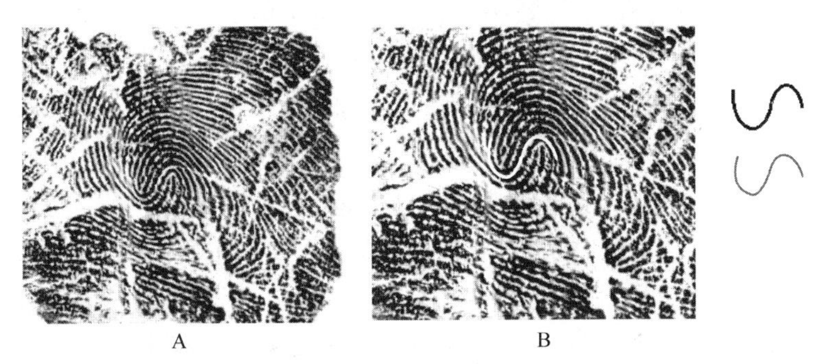

图 1-9-33　左拇指双箕斗

A. 两个完整的箕头由“S”形沟线分开；B. A 图的示意图，示“S”形沟线，此线是人工加上的（源自 18HanNN0312）

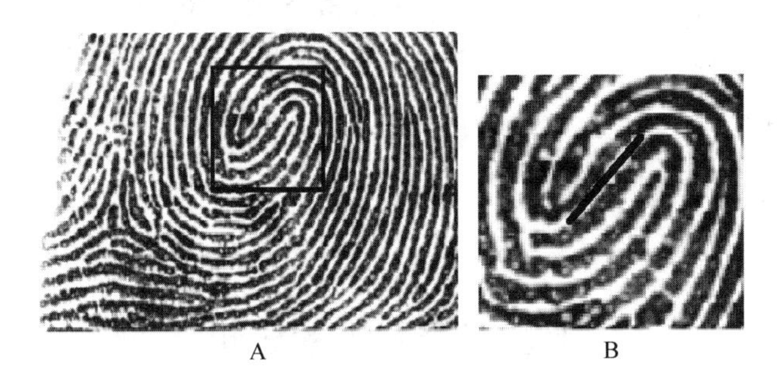

图 1-9-34　左小指双箕斗

A. 两个完整的箕头由“S”形沟线分开；B. A 图的示意图，示沟线，此粗线是人工加上的（源自 18HanNN0314）

六、嵴线追踪的提示

嵴线追踪的提示总结在表 1-9-1 中。

表 1-9-1　嵴线追踪的提示

	三角上部支流和外围线	两条内根基线	“S”形嵴线、沟线	心围线（穹隆外的部分）	心围线和外围线
不参与中心系统	√	√	√		
远离中心系统	√	√	√		
“轨迹”优于“远离”	√	√	√		

续表

	三角上部支流和外围线	两条内根基线	"S" 形嵴线、沟线	心围线（穹隆外的部分）	心围线和外围线
左右都可发动追踪		√	√	√	
只依轨迹追踪				√	
单核心优于多核心				√	
逻辑运算*		√	√		
心围线优先于外围线					√

*逻辑运算法则：是是为是，非非为非，是非为是。

1. 三角上部支流和外围线 追踪始于三角点，有 3 项原则：不参与中心系统；远离中心系统；"轨迹"优于"远离"。

2. 两条内根基线 追踪始于三角点，有 4 项原则：不参与中心系统；远离中心系统；"轨迹"优于"远离"；左右都可发动追踪。

以连接为"是"，套用逻辑运算法则：是是为是，非非为非，是非为是。

3. S 嵴线、沟线 追踪始于线端，规则有 4 条：不参与中心系统；远离中心系统；"轨迹"优于"远离"；左右都可发动追踪。

左右发动追踪的结果按逻辑运算法则处理，即是是为是，非非为非，是非为是。

4. 心围线（穹隆） 追踪嵴线始于箕体或箕尾处，有 3 条规则：左右都可发动追踪；只依轨迹追踪；单核心优于多核心（见图 1-9-14 和图 1-9-26）。

曲拱穹隆必须自然、完整、唯一，不必也不可做曲拱穹隆嵴线人工追踪。

5. 中心系统和三角系统的嵴线 中心系统嵴线判别的界级高，三角系统嵴线判别的界级低。故有心围线优先于外围线。见有"纹线向一个方向发出，中间回旋到发出的一方"的先判别，则记箕形纹。

七、疑难肤纹的分析

（一）没有中心系统和内部系统的指纹分析

利用指纹三个系统和嵴线追踪分析疑难指纹。图 1-9-35 表现出三角系统的发育情况。

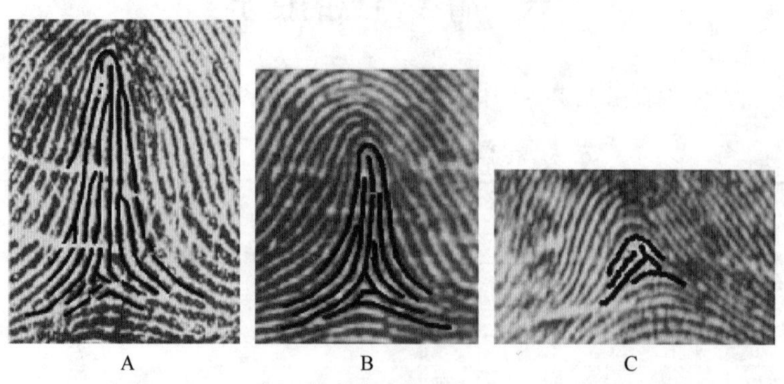

图 1-9-35 只有三角系统，都无中心系统和内部系统

（二）内部系统是“滴水型”的指纹分析

图 1-9-36 是两张箕形纹照片。图 1-9-36A 是非连接型中心系统，内部系统都表现为“滴水型”（又称双屈线型）嵴线，没有一个螺旋转过 360°，两边嵴线缝以拐点。图 1-9-36B 是空心型中心系统，内部系统是未闭合的“滴水型”嵴线（犹如羽毛中间的羽轴），内围线在图左下部形成的环口实际上是箕口的变形体。

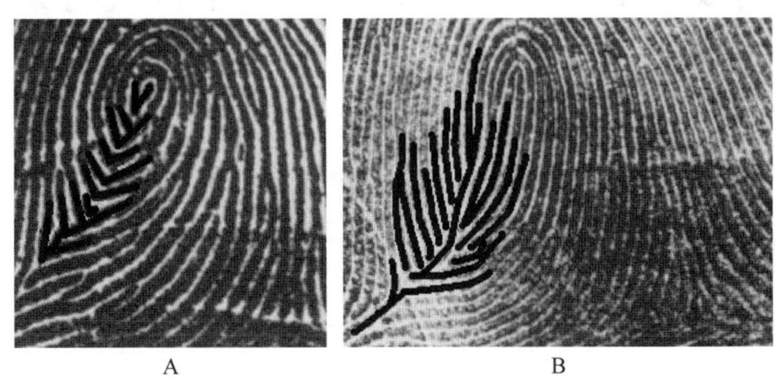

图 1-9-36　箕形纹，极易与斗形纹混淆

（三）没有内部系统的指纹

没有内部系统的箕形纹见图 1-9-37。

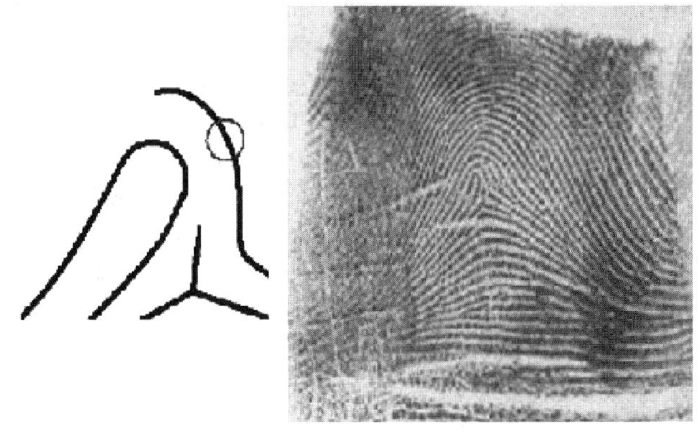

图 1-9-37　没有内部系统的箕形纹

三角的上部支流很短，外围线向上右追踪，有空心型中心系统。本图记箕形纹

指纹的三角系统和中心系统存在模棱两可的状态。按优先原则，中心系统的心围线判别在先，三角系统的外围线判别在后。

（四）蹋趾球纹的远箕和斗形纹

蹋趾球纹的远箕纹和斗形纹有时易混淆。交点的外角角度是区分两种花纹的评判指标。如图 1-9-38 所示，有交点的外角，当外角≤90°时，记斗形纹（图 1-9-38A）；外角＞90°

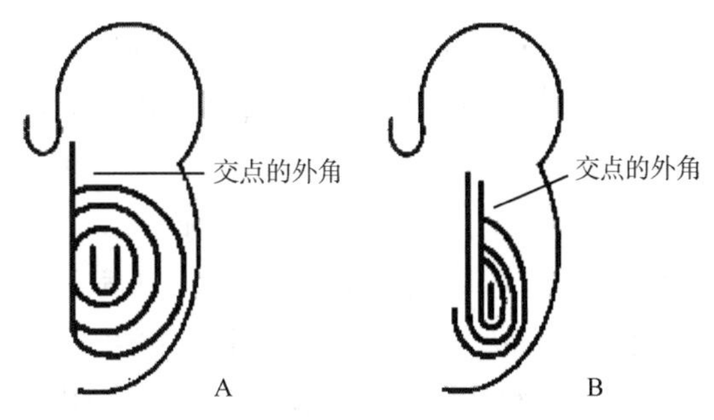

图 1-9-38　蹋趾球纹交点的外角

A. 交点的外角≤90°，记斗形纹；B.交点的外角＞90°，记远箕

时，记远箕（图 1-9-38B）。

（五）嵴线的计数直线

计数指纹的嵴数（ridge count，RC），如 FRC，要在三角的中心点与中心系统的中心点之间作直线；计数指三角间嵴数，如 a-b RC，要在两个三角的中心点之间作直线。

1. 穹隆切线和三角　中心点有标示在穹隆内和穹隆上两种。心围线（穹隆）和心内线的关系主要分为连接中心和非连接中心。非连接中心的中心点标示在穹隆内，计数 FRC 时穹隆嵴记在内。连接中心的中心点标示在穹隆上，切线和穹隆嵴有图 1-9-39 所示的几种情况，记 1 或记 0。

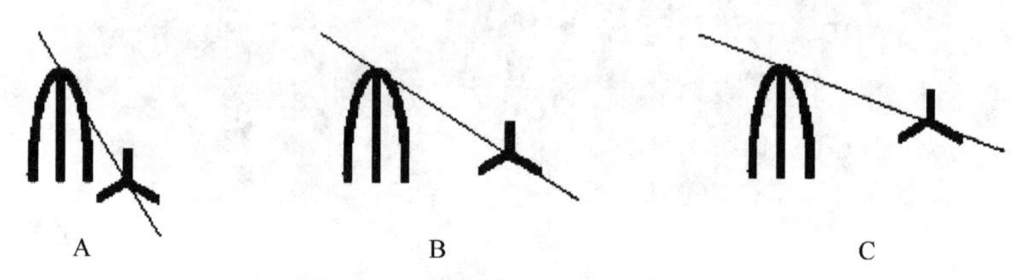

图 1-9-39　切线和中心点嵴 FRC

A. 切去嵴线，记 1；B. 切去嵴线≥1/2 的宽度，记 1；C. 切去嵴线<1/2 的宽度，记 0

2. 在直线上计数嵴数　当在直线上计数嵴数（RC）时，如正好有嵴的结合或分叉通过直线，则在直线的近端和远端计数出的 RC 不同。此时，以直线近端的数据为准。图 1-9-40 表示在直线近端的 RC 为 8 条，直线远端的 RC 为 5 条，采用近端的 8 条。人工画出的直线有粗细之分，以细线为宜。

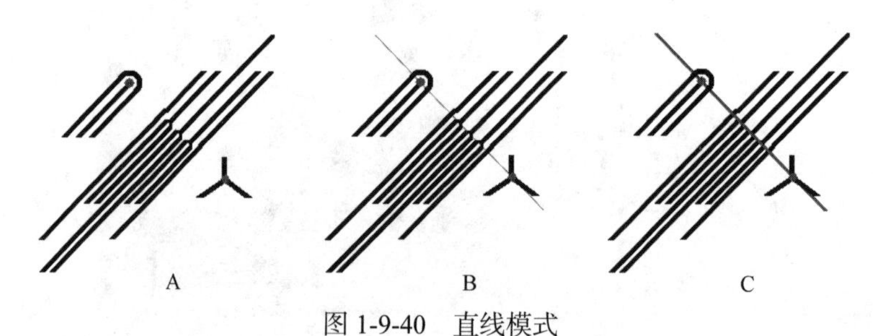

图 1-9-40　直线模式

直线近端的 RC 为 8 条，直线远端的 RC 为 5 条，采录近端的 8 条。A. 嵴的结合；B. 直线是细线，适宜；C. 直线为粗线，不适

3. FRC 分析的压嵴计数　有的嵴发育良好，见一记一；有的嵴发育不良，为次级嵴（次嵴）。次嵴计数以邻近嵴宽度为准，宽度≥1/2 记 1，否则记 0。量宽度是对次级线嵴、次级点嵴、次级叉嵴都适用的方法。还可以次级嵴有无汗腺开口作为取舍根据。

中国肤纹研究协作组在多年的研究中形成了分析技术规范，也形成了分析技术的中国版本。这是对美国技术标准的补充和完善，组合成美国标准+中国版本，中国版本部分内容也是某种创新。

本章提及模棱两可的花纹判断，采用所谓的“优先原则”，是基于在对灵长类如黑猩猩、猕猴的指纹观察中，看到的多是繁杂的斗形纹，难道斗形纹是“野生型”，其他（箕或弓）

是“突变型”？笔者偏向于注重传统、积极创新。注重传统就是要了解事件的来龙去脉，遵照国际规则，保护中国利益。积极创新就是要在肤纹理论、实践中对生物表型及多样化的观察做出合理解释和可操作的指导，必要时通过图文的方式说明问题和解决方案。

第三节 项目品种的中国标准

研究肤纹要考虑两件事：一是分析技术标准，即在繁多的技术标准中选用哪个标准，解决怎样做、照谁的做的问题。试看台湾的肤纹资料，从 1910 年到 1971 年的 62 年中有 58 篇民族肤纹论文，但因为技术标准不同，没有一篇文章可以与当今台湾的肤纹论文做比较研究。二是项目标准，即在繁多的项目品种中选用哪几种。例如，上海汉族人的肤纹研究项目品种，指纹多达 997 种，掌纹多达 587 种，足纹多达 574 种，共计 2158 种，每一品种的数值都是经过统计才得出参数。我国有的民族肤纹的项目品种还要多。表 1-9-2 列出了上海汉族肤纹调查的指纹、掌纹、足纹的项目品种数目。1970 年前后，台湾肤纹研究的分析技术已执行 Cummins 标准，但是没有项目标准的限制，品种数目过少或参差不齐，故不能参与比较。项目品种数目要合适，须通过项目标准调节。

表 1-9-2 上海汉族肤纹调查的项目品种数目

	表序	1	2	3	4	5	6	7	8	9	10	11	12	13	14						
指纹	行	6	6	7	7	2	2	21	66	4	7	4	2	14	7						
	列	10	10	6	6	4	6	7	7	6	5	4	6	3	5						
	表序	15	16	17	18	19	20	21	22	23	24	25	26	27	28	29	30	31	32	33	34
掌纹	行	3	7	3	7	1	7	2	7	8	7	8	7	8	7	2	2	2	2	2	1
	列	5	5	5	5	6	5	8	8	8	8	8	7	6	4	7	7	7	6	3	5
	表序	35	36	37	38	39	40	41	42	43	44	45	46	47	48						
足纹	行	11	11	7	7	7	12	12	12	4	7	3	4	2	2						
	列	7	11	5	5	5	4	4	4	7	4	7	7	7	4						

我国项目标准编写不像美国标准有蓝本可依。项目标准的编写过程在中国肤纹研究协作组历次会议、在百年中华民族肤纹中都从不同视角做了介绍。编写项目标准要考虑很多因素。

一、项目标准的品种选择

指纹是最重要的项目，采用三类六型，TFRC 是国际常用的观察项目。

掌纹的大小鱼际纹是传统项目，各指间区纹流行已久，a-b RC 是受研究者欢迎的项目，还有 atd/tPD、主线指数、通贯手记录等。

足纹有踇趾球纹/趾间Ⅰ区纹，足趾间Ⅱ、Ⅲ、Ⅳ区纹，足小鱼际纹，足跟纹等。

二、项目标准的品种淘汰

（1）指纹中弓形纹的细分只在 60%的论文中可见，指纹的双箕斗（Wd）在群体中的差异极大，这是对 Wd 的认识不同造成的，而且有 50%的论文中缺项。

（2）掌纹中 atd/tPD 是受年龄影响的项目，肤纹学是人类体质研究中不受年龄影响的科目，含主线指数的论文不到 5%，对通贯手的认识始终存在争议，而且通贯手是肤纹嵴线外的项目，包括除 a-b RC 外的 RC 项目的论文不到 2%。

（3）足纹中的项目在中国只涉及 57%的民族、27%的群体。

（4）只有单性别的群体。

以上提及的品种（项目）要淘汰。

三、项目标准的数目选择

在国内外有 80%的论文共同研究的品种（项目）属主流项目，是保留的项目，品种数目为 17 种。

四、项目标准的数目淘汰

淘汰每个项目的性别式项目（数目）。

用通过族群标记（PM）遴选的群体，对各种数目的组合做聚类分析和主成分分析，逐一添加或减少项目（数目），如主成分贡献率在前 2 项≤60%，前 4 项≤70%，又聚类模糊，则此添加或减少的项目（数目）为淘汰项目，当品种数目为 11 时，则几近最大效果。保留品种数目为 11，其他均淘汰。到此项目标准编写完成，中国标准诞生。

中国标准的编写，除了要依据多元统计（聚类分析和主成分分析）的结果，还应考虑：包含按美国标准已研究的多数模式样本，有最大公约数；我国 56 个民族肤纹经努力可以达到的状况；我国现有论文中多数还可提供丰富的品种数目；适当多于国外民族对比的项目品种数目；估计可保持中国民族肤纹研究领先 15～20 年的标准。

通过不断选择和淘汰，留下的项目是群体中男女合计的 TFRC、a-b RC、A、Lu、Lr、W、T/Ⅰ、Ⅱ、Ⅲ、Ⅳ、H，共 11 项。这是应用至今的项目标准，也就是中国标准。

第四节　模 式 样 本

完成一个国家全部民族的手纹大样本的调查，建立模式样本，是各国人类学研究者的夙愿。目前，中国已经构建全部 56 个民族的肤纹模式样本。这些数据成为其他领域研究的基础。

模式样本（model swatch）是指按要求采样的群体，按美国标准+中国版本和中国标准提取的信息；是民族肤纹统计的代表群体。一个模式样本是一个数据库。

模式样本实体：群体的已签知情同意书、肤纹扫描捺印图或照片、数据集、论文或其他如统计软件等。

一、肤纹捺印图采样的规定

1. 随机群体，身体健康　男女身体健康，家族内无已知遗传病，随机群体。对人口特别少的民族（1 万人以下）可用少量家系材料。

2. 人数要求　样本量在 1000 人或以上，男女人数相近。对人口特别少的民族（1 万人以下），要求人数占总人口的 1.5%～3.0%。

3. 同一民族　祖辈三代为同一民族，来自聚居区的样本。对人口特别少的民族，要求此条严格执行。

4. 知情同意　在知情同意伦理原则下采样（注意：2000 年前的样本不要求知情同意，2010 年后的样本必须知情同意）

二、模式样本三级等次

模式样本依照中国标准提取的项目数，可分为三级等次（一级模式样本、二级模式样本、三级模式样本）。

一级模式样本：含有指纹的 A、Lu、Lr、W、TFRC 项目。

二级模式样本：包含一级模式样本全部和掌纹的 a-b RC、T/Ⅰ、Ⅱ、Ⅲ、Ⅳ、H 项目。

三级模式样本：包含二级模式样本全部和足纹的蹈趾球纹（hallucal）（A、L、W）、Ⅱ、Ⅲ、Ⅳ、H、足跟纹（calcar，C）项目。

其他项目多而不限。

中国肤纹研究协作组领衔完成的题为“Dermatoglyphics from All Chinese Ethnic Groups Reveal Geographic Patterning”的论文（Zhang et al, 2010），于 2010 年 1 月 20 日发表在 *PLoS One* 上。在这篇总结性的文章中含 56 个民族的 68 846 个个体，运用了 121 个二级模式群体。

在今后的研究中，提倡向三级模式群体的规模努力；二级模式群体是基本要求；一级模式群体接近淘汰。

第五节　图像转化成数字代码

一、足纹（以左足印为例）

（一）蹈趾球纹

记录蹈趾球纹的 11 个类型（表 1-9-3），具体图像见图 1-8-23～图 1-8-25。

表 1-9-3 跗趾球纹的代码

	胫帐弓	远弓	胫弓	近弓	腓弓	远箕	胫箕	近箕	腓箕	一般斗	双箕斗
代码	1	2	3	4	5	6	7	8	9	10	11

（二）足掌纹

记录足掌花纹（图 1-8-22）的有无和类型的代码（表 1-9-4）。在足掌的趾间Ⅱ、Ⅲ、Ⅳ区（图 1-8-25），远箕记 2，近箕记 3，斗记 4，跨Ⅱ/Ⅲ区真实花纹在Ⅲ区下记 5。在足掌小鱼际区（图 1-8-26），胫箕记 2，斗记 3。在足掌的跟部区（图 1-8-27），胫箕记 2，腓箕记 3。出现弓形纹时，为非真实花纹，则视为无花纹，记为 1。

表 1-9-4 足掌花纹的代码

有无花纹代码	趾间Ⅱ区	趾间Ⅲ区	趾间Ⅳ区	足小鱼际	足跟
非真实花纹：弓形纹	1	1	1	1	1
远箕=2，近箕=3，斗=4	2，3，4	2，3，4	2	—	—
跨Ⅱ/Ⅲ区=远箕	—	5	—	—	—
胫箕=2，斗=3	—	—	—	2，3	—
胫箕=2，腓箕=3	—	—	—	—	2，3

二、指纹和掌纹

（一）指纹三类六型

指纹分为三类六型，见图 1-8-10。指纹 3 个系统的优先级，可用于模棱两可的形状。例如，图 1-9-27 三角上部支流的轨迹线，可作三角系统的外围线，也可作中心系统的心围线。按照“3 个系统互不粘连、独立存在”的说法，图 1-9-27 陷入矛盾圈。如果按照“纹线向一个方向发出，中间回旋到发出的一方”的说法，心围线可构成箕形纹。结论：心围线的判别优先于外围线。图 1-9-27 记箕形纹（Lr）。笔者提出用小数点形式，同时记录有待讨论的（模棱两可）花纹，如 2.3 表示主判断为 2，次判断是 3；又如，5.3 表示主判断为 5，次判断是 3；但是，真正统计时要做两遍计算。手掌纹的花纹代码见表 1-9-5。

表 1-9-5 手掌花纹的代码

类型	简弓	帐弓	尺箕	桡箕	一般斗	双箕斗
简记	As	At	Lu	Lr	Ws	Wd
代码	1	2	3	4	5	6

（二）指纹 TFRC

1. 弓形纹 RC 为 0 条。

2. 箕形纹 RC 最少为 0 条，具体图像见图 1-8-10C 和 D 及图 1-8-30B，最多时有 30 多条。

3. 斗形纹 RC　以左手印为例，记录由 5 位数字组成：第 1 位表示斗的偏向，共 3 种姿态，1=尺偏，2=平衡，3=桡偏（图 1-8-10E 和 F、图 1-8-12、图 1-8-30A、图 1-9-23、图 1-9-24）；第 2 位和第 3 位表示尺侧 RC；第 4 位和第 5 位表示桡侧 RC。斗形纹 RC 记录见表 1-9-6。

表 1-9-6　斗形纹的 RC 代码

	5 位数	偏向	尺侧 RC	桡侧 RC
左手	10709	尺偏斗	7 条	9 条
	21110	平衡斗	11 条	10 条
	31311	桡偏斗	13 条	11 条
右手	10709	尺偏斗	9 条	7 条
	21110	平衡斗	10 条	11 条
	31311	桡偏斗	11 条	13 条

以右手印为例，斗形纹 RC 记录由 5 位数字组成：第 1 位表示斗的偏向，共 3 种姿态，1=尺偏，2=平衡，3=桡偏（图 1-8-12、图 1-8-30A 等）；第 2 位和第 3 位表示桡侧 RC；第 4 位和第 5 位表示尺侧 RC。斗形纹 RC 记录见表 1-9-6。

左右指斗形纹 RC 记录方式见表 1-9-7。

表 1-9-7　左右指斗形纹 RC 记录方式

	左指			右指		
	偏向（1 位数）	尺侧（2 位数）	桡侧（2 位数）	偏向（1 位数）	尺侧（2 位数）	桡侧（2 位数）
表型（1）	1	11	14	1	15	10
记录（1）		11114			11510	
表型（2）	3	16	10	2	14	14
记录（2）		31610			21414	

（三）手掌屈肌线–猿线–通贯手–“川”字线代码

记录各种猿线–通贯手的类型，见图 1-8-19。

记录猿线、非猿线和“川”字线的代码，见表 1-9-8。

表 1-9-8　手掌各种屈肌线形成猿线、“川”字线等的代码

代码	1	2	3	4	5
说明	一般型	一横贯、一二相遇	一二相融	二横贯（悉尼线）	“川”字线

三、非常数指三角 c、d 和轴三角 t

指三角 c 缺失（－c）记为 3，指三角 d 缺失（－d）记为 4，轴三角 t 缺失（－t）记为 5。图 1-8-34、图 1-8-35 和图 1-8-33 是－c、－d 和－t 的图片，代码见表 1-9-9。

表 1-9-9　缺少掌纹上的三角代码

	−c	−d	−t
代码	3	4	5
常数三角的代码	1	1	1

四、指三角 a-b RC

记录指三角 a-b RC，见图 1-8-31。

在实际观察中没有看到缺指三角 a、b 的情况。a-b RC 在 15～60 条。

五、手掌大鱼际，指间Ⅱ、Ⅲ、Ⅳ、Ⅱ/Ⅲ、Ⅲ/Ⅳ区和小鱼际

记录掌纹的大鱼际，指间Ⅱ、Ⅲ、Ⅳ、Ⅱ/Ⅲ、Ⅲ/Ⅳ区和小鱼际部位的真实花纹，出现箕形或斗形真实花纹，记为 2，出现弓形非真实花纹，记为 1（图 1-8-13A 和 H）。大鱼际，指间Ⅳ区、Ⅲ/Ⅳ区和小鱼际的花纹分别见图 1-8-13～图 1-8-18，其代码见表 1-9-10。

表 1-9-10　手掌花纹的代码

	大鱼际	指间Ⅱ区	指间Ⅲ区	指间Ⅳ区	指间Ⅱ/Ⅲ区	指间Ⅲ/Ⅳ区	小鱼际
非真实花纹	1	1	1	1	1	1	1
真实花纹	2	2	2	2 或 22	2	2	2
尺缘，Lp 或 At						5	

注：指间Ⅳ区纹有 2 个远箕，记为 22；指间Ⅳ区纹有 1 个远箕，记为 2。

六、手掌 atd、at′d、at″d 角

轴三角（axial triradius，t）的位置近远可以用 atd 角度来衡量（图 1-8-32）。在指三角（digital triradius）a、d 和轴三角 t 中，以 t 为三角顶点，量出角度（小数点后四舍五入取整）。

除了有 atd，有时还可看到手掌远端的 t′或 t″角组成的三角。记录量出的角度（小数点后四舍五入取整）（表 1-9-11）。

表 1-9-11　atd 角的变种代码

	atd	at′d	at″d	ato	aod
角度（1）	39	45	68	0	0
记录（1）	39	39.45	39.4568	0	0
角度（2）	40	50	70	0	0
记录（2）	40	40.50	40.507	0	0

七、tPD 值

t 的位置近远可以用 t 百分距离（tPD）来衡量（图 8-28）。量出 *H*t 距离，称之为短线（short line），量出 *GF* 距离，称之为长线（long line）（单位为 mm，小数点后四舍五入取整），记录在册。有多个 t，就有多个短线、多个记录数（表 1-9-12）。

表 1-9-12 tPD 的短线变种

	*H*t	*H*t′	*H*t″	*H*0
短线数（1）	13	18	32	0
记录（1）	13	13.18	13.1832	0
短线数（2）	10	20	30	0
记录（2）	10	10.2	10.203	0

八、手掌“川”字线

手掌虎口处有近侧屈肌线和纵侧屈肌线的起读点。两个起读点汇合或不汇合，是两种状态，见图 1-9-41 和图 1-9-42。

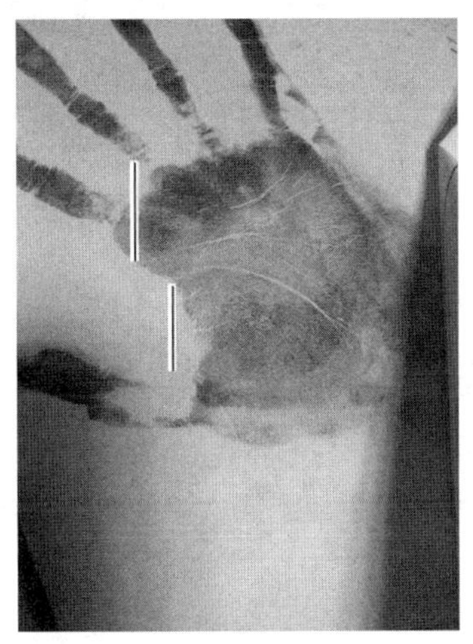

图 1-9-41 手掌屈肌线的不汇合型，俗称“川”字线

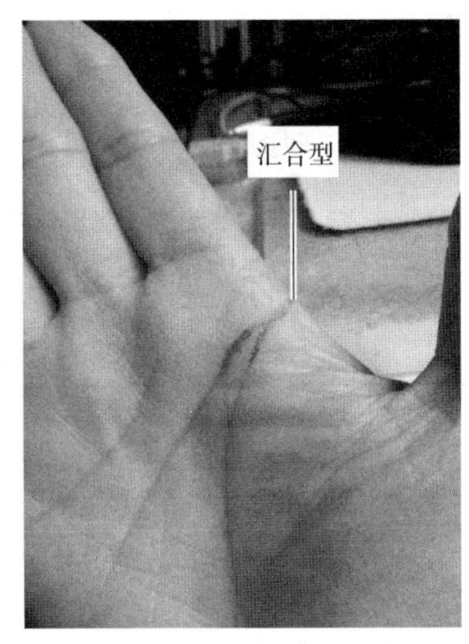

图 1-9-42 手掌屈肌线的汇合型

多数人的手为汇合型，记录代码为 1。少数人的手为不汇合型，俗称“川”字线，记录代码为 5，见表 1-9-8。

第十章 肤纹常规统计和合并加权方法

常规统计是肤纹分析的必要方法(史秉璋 等,1987;黄秉宪 等,1984;杨纪珂,1964)。肤纹分析中的原始资料可分为两大类。一类是测量资料,它以数值的大小来表示观察结果,如 atd 角、tPD 值、TFRC、a-b RC 等。另一类是计数资料,是指清点样本时同一性状的数目,如指纹分为弓、箕、斗,它们在样本全部手指上各有多少个。左右同名部位的对应、一手 5 个手指指纹的组合格局、双手 10 个手指指纹的组合格局的观察也要计算各种组合的多少。

在民族肤纹的分析中,常常要把同一民族的若干群或同一群体的男女项目参数加以合并。采用加权法处理,合并群的参数(如平均数)由人数加权法求得,合并群参数的标准差(s)或标准误($s_{\bar{x}}$)由平方和加权法求得。

第一节 肤纹分析统计量和显著性检验

为叙述和操作方便,现以男女各 20 例的 atd 角和 tPD 值及各型指纹为例,分别做测量资料和计数资料的统计运算。原始数据见表 1-10-1 和表 1-10-2。表 1-10-1 和表 1-10-2 的中间处理数据见表 1-10-3~表 1-10-5。

表 1-10-1 20 例男性指纹和轴三角位置

序号	左手							右手						
	指纹					轴三角位置		指纹					轴三角位置	
	拇	示	中	环	小	atd(°)	tPD	拇	示	中	环	小	atd(°)	tPD
1	3	3	3	3	3	44	28	3	3	3	3	3	46	33
2	5	5	3	5	3	39	15	5	3	3	5	3	45	16
3	5	5	5	5	5	35	15	5	5	5	5	5	36	17
4	3	3	3	3	3	34	18	5	3	3	5	5	37	15
5	3	3	3	3	1	41	22	3	3	3	3	3	42.5	20
6	5	5	5	5	5	44.5	14	5	5	3	5	3	48	24
7	5	3	5	5	5	37	14	3	3	5	5	5	38	11
8	5	5	5	5	5	48	23	5	5	5	5	5	43	28
9	5	5	5	5	5	44	26	5	5	3	3	5	45	28
10	1	1	3	3	1	47	25	1	3	3	3	1	48	30
11	1	5	3	5	3	36	18	3	5	3	5	3	37	11
12	3	5	3	3	3	43.5	25	5	3	3	3	3	41	20

续表

序号	左手							右手						
	指纹					轴三角位置		指纹					轴三角位置	
	拇	示	中	环	小	atd（°）	tPD	拇	示	中	环	小	atd（°）	tPD
13	5	5	5	5	5	42	13	5	5	5	5	5	42.5	21
14	5	5	3	5	3	39	14	5	5	3	5	5	42.5	22
15	5	5	5	5	3	35	14	5	5	5	5	5	36	12
16	5	3	3	5	3	50	24	5	5	3	5	3	47	29
17	3	3	3	5	3	43.5	22	5	3	5	5	3	38	15
18	5	5	5	5	5	35	12	5	5	5	5	5	36	14
19	3	3	5	5	3	38.5	18	3	5	3	5	3	41	27
20	5	5	5	5	5	36	15	5	5	5	5	5	34	16

注：表中指纹列的 1 代表弓形纹（A），3 代表箕形纹（L），5 代表斗形纹（W）。

表 1-10-2　20 例女性指纹和轴三角位置

序号	左手							右手						
	指纹					轴三角位置		指纹					轴三角位置	
	拇	示	中	环	小	atd（°）	tPD	拇	示	中	环	小	atd（°）	tPD
1	5	5	5	5	5	34	15	5	5	5	5	3	38.5	15
2	5	3	3	5	5	37	17	5	3	3	5	5	38.5	19
3	5	5	3	3	3	31.5	16	5	3	3	3	3	35	15
4	3	3	3	3	3	37	19	3	3	3	3	3	37	18
5	1	5	5	3	3	40	16	1	3	3	3	3	40	16
6	5	5	3	3	3	41.5	24	3	3	3	3	3	42	25
7	5	3	1	3	3	41	9	5	3	3	3	3	41	5
8	3	3	3	3	3	49.5	12	3	5	3	3	3	41	17
9	5	1	3	3	3	47	22	5	3	3	3	3	45	21
10	3	5	5	5	5	36	13	5	5	3	5	5	35	9
11	5	5	5	5	3	38	20	3	5	3	5	3	40.5	19
12	5	3	3	5	3	43	21	5	3	3	3	3	44	25
13	1	1	3	3	3	39	19	1	3	3	3	3	45	24
14	3	5	5	5	5	37.5	9	3	5	3	5	5	36.5	10
15	3	3	3	3	3	40	17	5	5	3	3	3	35	5
16	1	3	5	5	3	45	28	3	3	5	5	3	42	20
17	5	5	5	5	5	40.5	23	5	5	3	5	5	41	23
18	3	5	3	3	3	46	26	3	3	3	3	3	45.5	25
19	5	5	5	5	5	39	17	5	5	5	5	5	41	21
20	1	1	3	3	3	51.5	28	3	3	3	3	5	51.5	33

注：表中指纹列的 1 代表弓形纹（A），3 代表箕形纹（L），5 代表斗形纹（W）。

表 1-10-3 对表 1-10-1 和表 1-10-2 中 atd（°）原始数据的中间处理

		n	$\sum x$	$\sum x^2$	$\sum x^3$	$\sum x^4$
男	左手	20	812.0	33 411.00	1 393 137.4	58 849 907
	右手	20	823.5	34 282.75	1 442 560.8	61 326 937
	合计	40	1 635.5	67 693.75	2 835 698.2	120 176 844
女	左手	20	814.0	33 619.50	1 409 259.9	59 955 435
	右手	20	815.0	33 541.50	1 394 549.7	58 591 623
	合计	40	1 629.0	67 161.00	2 803 809.6	118 547 058
男女合计		80	3 264.5	134 854.75	5 639 507.8	238 723 802

表 1-10-4 对表 1-10-1 和表 1-10-2 中各型指纹按性别计算左右手的频数

	男性指纹						女性指纹					
	左			右			左			右		
	1	3	5	1	3	5	1	3	5	1	3	5
拇	2	6	12	1	5	14	4	6	10	2	8	10
示	1	7	12	0	8	12	3	7	10	0	12	8
中	0	10	10	0	12	8	1	11	8	0	17	3
环	0	5	15	0	5	15	0	11	9	0	12	8
小	2	10	8	1	9	10	0	14	6	0	14	6
合计	5	38	57	2	39	59	8	49	43	2	63	35

注：指纹类型的 1 代表弓形纹（A），3 代表箕形纹（L），5 代表斗形纹（W）。

表 1-10-5 对表 1-10-1 和表 1-10-2 中各型指纹按男女和合计计算的频数

	男			女			合计		
	1	3	5	1	3	5	1	3	5
拇	3	11	26	6	14	20	9	25	46
中	1	15	24	3	19	18	4	34	42
示	0	22	18	1	28	11	1	50	29
环	0	10	30	0	23	17	0	33	47
小	3	19	18	0	28	12	3	47	30
合计	7	77	116	10	112	78	17	189	194

注：指纹类型的 1 代表弓形纹（A），3 代表箕形纹（L），5 代表斗形纹（W）。

一、全　距

全距（range）也称变异幅度，是一种最简单的样本变异指标。从有关资料中找出最大值和最小值，两者之差就是全距。例如：

男左手 atd 的全距是 50°−34°=16°。

女右手 atd 的全距是 51.5°−35°=16.5°。

则全距写作 16°（34°～50°）和 16.5°（35°～51.5°），即把差值写在前面，最小值和最大值写在括号内。

有时括号前的数据是平均数，括号内写上最小值和最大值，容易与全距表示法相混。

二、众　　数

众数（mode）是样本中出现次数最多的测量值。例如，男左手的 tPD 频数分配如下：

tPD	12	13	14	15	18	22	23	24	25	26	28
频数	1	1	4	3	3	2	1	1	2	1	1

tPD 值中 14 出现次数最多，为 4 次，众数即为 14。

三、均　　数

均数代表样本中各测量值的集中趋势。

由表 1-10-3 所知，$\sum x_1$=812.0°，$\sum x_2$=823.5°，n=20，则

男左手 atd 的均数（$\bar{x}_1$）是

$$\bar{x}_1=\sum x_1 \div n=812.0° \div 20=40.6°$$

男右手 atd 的均数（$\bar{x}_2$）是

$$\bar{x}_2=\sum x_2 \div n=823.5° \div 20=41.18°$$

四、标　准　差

标准差说明一组资料的离散程度，以 s 表示。在科学研究中，它常常和均数（$\bar{x}$）一起出现，记为“$\bar{x} \pm s$”。这样更能说明一套原始数据的分布情况。

求 s 的公式为

$$s=\sqrt{\frac{\Sigma(x-\bar{x})^2}{n-1}}=\sqrt{\frac{\Sigma x^2-(\Sigma x)^2/n}{n-1}}$$

式中，n 为总观察例数，Σx 和$\sum x^2$ 已经在表 1-10-3 中求得。将各项数值代入公式即可。

例如，男左手 atd 的标准差（s）计算如下：将 n=20，Σx=812.0，$\sum x^2$=33 411.00，代入公式：

$$s(°)=\sqrt{\frac{33\,411.00-812.0^2/20}{20-1}}\approx 4.833$$

男左手 atd 的平均数±标准差为 40.60°±4.83°。

当已知 n、s、$\bar{x}$ 时，可求出$\sum x^2$。2 个群体来自 1 个民族，要合并 $\bar{x} \pm s$，用下面公式：

$$\Sigma x = x_1 + x_2 + x_3 + \cdots + x_n$$

$$\Sigma x^2 = x_1^2 + x_2^2 + x_3^2 + \cdots + x_n^2$$

$$s=\sqrt{\frac{\Sigma x^2 - (\Sigma x)^2 / n}{n-1}}$$

$$s^2 = \frac{\Sigma x^2 - (n \times \overline{x})^2 / n}{n-1}$$

$$\Sigma x^2 = s^2 \times (n-1) + (n \times \overline{x})^2 / n$$

五、标 准 误

标准误用于衡量抽样误差的大小，它是资料平均数的标准差，用来表示资料平均数的分布情况，记以 $s_{\overline{x}}$。

$$s_{\overline{x}} = s \div \sqrt{n}$$

例如，男左手 atd 角 s=4.833°（n=20），则 $s_{\overline{x}}$ 计算如下：

$$s_{\overline{x}} = 4.833° \div \sqrt{20} \approx 1.08°$$

对两组同性质的测量资料比较时，要用到标准误。

六、变 异 系 数

变异系数（V）是标准差对平均数的百分数。当两组资料的度量单位不同时，可以用变异系数来比较两组资料的变异程度。

$$V = (s \div \overline{x}) \times 100$$

例如，要比较男左手 atd 和 tPD 的变异程度，由于 atd 的测量单位为度（°），tPD 为百分数且无量纲，难以进行同单位的比较。因此，可先求出它们各自的变异系数：

男左手 atd：$\overline{x}$=40.6°，s=4.83°

男左手 tPD：$\overline{x}$=18.55，s=5.59

atd 的变异系数：V=（4.83°÷40.6°）×100=11.9

tPD 的变异系数：V=（5.59÷18.55）×100=30.1

可见 atd 的变异系数（11.9）小于 tPD 的变异系数（30.1），说明样本 tPD 的变异程度比 atd 大。

七、两均数差异显著性检验

差异显著性检验（t 检验）是检验两组资料是否来自同一个总体，也就是要检验两个均数的不同是由于抽样误差，还是因为两个均数确实代表两个性质不同的总体。两个均数的差异显著性检验要求 t 值（t 检验）。

当两个均数的 $t<2$ 时，相当于 $P>0.05$，认为差异不显著。当 $2 \leqslant t<3$ 时，相当于 $0.01<P \leqslant 0.05$，认为差异显著。当 $t \geqslant 3$ 时，相当于 $P \leqslant 0.01$，认为差异极显著。

求 t 值公式为

$$t=\frac{\left|\overline{x}_1-\overline{x}_2\right|}{\sqrt{s_{\overline{x}_1}^2+s_{\overline{x}_2}^2}}$$

式中下角标号 1 代表男性参数，2 代表女性参数。

做这项检验有两项要求：一是数据呈正态分布；二是对比的两样本例数都＞50 例。

例如，有男女两样本各 520 例，原始数据呈正态分布。试比较男 atd 和女 atd 的均数，已知：

男 atd，$\overline{x}_1$=39.11°，$s_{\overline{x}_1}$=0.17°

女 atd，$\overline{x}_2$=39.92°，$s_{\overline{x}_2}$=0.21°

代入公式得

$$t=\frac{39.92-39.11}{\sqrt{0.17^2+0.21^2}}\approx 3.00$$

t 值为 3.00，$P<0.01$。故可认为在 520 例男性和 520 例女性 atd 平均数之间有极显著差异。

八、回归与相关

有的资料与某个资料是相互依存、相互联系的，它们之间存在着一定的关系。将两个变量间的关系用方程表示出来，便可以从一个变量来推算另一个变量，这就是回归分析所要解决的问题。测量客观事物和现象在数量方面相互关系的密切程度并且用适当的统计指标表示出来，这是相关分析的任务。事物之间相关不一定是因果关系，但是如果事物之间存在一定的回归关系（因果关系），则两者必然也有一定的相关性。我们称“因”的变量为自变量，习惯上以 x 表示，称“果”的变量为应变量，以 y 表示。

（一）直线回归

如果绘制点图，横轴为自变量（x），纵轴为应变量（y），图中的每一点都代表每一个事物的两个变量，当点趋于直线时，即说明两个变量的关系密切。

直线回归分析就是要找出一条最能代表这些点趋势的回归线。

直线回归方程的通式为

$$\hat{y}=a+bx$$

式中，a 为 x=0 时的 y 值。b 为此直线的斜率，称为回归系数，它表示当 x 增减一个单位时，y 平均增减 b 个单位。式中的 a 和 b 是两个待测定的常数。可按下列公式求出 a 和 b：

$$b=\frac{\Sigma(x-\overline{x})(y-\overline{y})}{\Sigma(x-\overline{x})^2}=\frac{\Sigma xy-(\Sigma x)(\Sigma y)/n}{\Sigma x^2-(\Sigma x)^2/n}$$

$$a=\overline{y}-b\overline{x}$$

x 和 y 分别代表 atd 和 tPD 值。以计算 10 只手的 atd 和 tPD 为例：

atd（°）	36	35	40	41	42	37	39	42	34	40
tPD	15	14	16	17	20	15	16	19	14	17

$n=10$

$\sum x=36+35+\cdots+40=386$，$\bar{x}=38.6$

$\sum x^2=36^2+35^2+\cdots+40^2=14\,976$

$\sum y=15+14+\cdots+17=163$，$\bar{y}=16.3$

$\sum xy=36\times15+35\times14+\cdots+40\times17=6340$

$\sum y^2=15^2+14^2+\cdots+17^2=2693$

代入公式得

$$b=\frac{6340-386\times163\div10}{14\,976-386^2\div10}=48.2\div76.4\approx0.63$$

$$a=16.3-0.63\times38.6=-8.02$$

建立方程

$$\hat{y}_{\text{tPD}}=0.63\times x_{\text{atd}}-8.02$$

如已测得 atd 为 40°，代入方程得

$$\text{tPD}=0.63\times40-8.02=17.18$$

又当测得 atd 为 38°时，代入方程得

$$\text{tPD}=0.63\times38-8.02=15.92$$

（二）回归系数的显著性检验

要测得直线回归方程，必须先求出回归系数。但回归系数也是一个样本的统计量，不同的样本，求出的 b 值会有差异，为了解所得方程究竟能否代表实际情况，要对回归系数做显著性检验。显著性检验的公式为

$$t_b=\frac{b}{s_b}$$

上例回归系数 $b=0.63$，s_b 是回归系数的标准误，有

$$s_b=\sqrt{\frac{\Sigma(y-\bar{y})^2-\left[\Sigma(x-\bar{x})(y-\bar{y})\right]^2/\Sigma(x-\bar{x})^2}{(n-2)\Sigma(x-\bar{x})^2}}$$

上例已知 $n=10$，$\sum x=386$，$\sum y=163$，$\sum x^2=14\,976$，$\sum y^2=2693$，$\sum xy=6340$。

因为 $\sum(y-\bar{y})^2=\sum y^2-(\sum y)^2/n=2693-163^2/10=36.1$

$\sum(x-\bar{x})^2=\sum x^2-(\sum x)^2/n=14\,976-386^2/10=76.4$

$\sum(x-\bar{x})(y-\bar{y})=\sum xy-\sum x\sum y/n=6340-386\times163/10=48.2$

代入公式得

$$s_b=\sqrt{\frac{36.1-48.2^2/76.4}{(10-2)\times76.4}}\approx0.0965$$

于是得

$$t_b=\frac{b}{s_b}=0.63/0.0965=6.5285$$

根据自由度（df），如这里的 $\text{df}=n-2=10-2=8$，查 t 值表。如果得表中概率的 $P>0.05$，认为回归不显著，如 $0.01<P\leqslant0.05$ 认为回归显著，如 $P\leqslant0.01$ 则认为回归极显著。

df=8 时，$t_{b\,0.01}$= 3.355，上例 t_b>3.355，则 $P<0.01$，说明回归极显著。

（三）相关系数

当两个变量之间有一定关系，但不能确定是因果关系时，可用相关系数（coefficient of correlation，r）来表示两组变量之间关系的密切程度，其公式为

$$r=\frac{\Sigma(x-\bar{x})(y-\bar{y})}{\sqrt{\Sigma(x-\bar{x})^2\Sigma(y-\bar{y})^2}}$$

仍然以上述例子作相关系数运算，在回归系数的显著性检验中已知：

$$\Sigma(x-\bar{x})(y-\bar{y})=48.2，\Sigma(x-\bar{x})^2=76.4，\Sigma(y-\bar{y})^2=36.1$$

代入公式得

$$r=\frac{48.2}{\sqrt{76.4\times36.1}}\approx0.92$$

相关系数越接近 1，说明两者关系越密切；当相关系数距 1 很远时，则说明关系不密切。相关系数为正数是正相关，为负数则是负相关。本例相关系数为 0.92，说明是正相关，两者关系极为密切。

（四）相关系数的显著性检验

相关系数也有抽样变异。相关系数是否显著与样本的大小有关。可以直接查相关系数显著性检验表，判断一个样本的相关系数是否显著。

当 $P>0.05$ 时，认为相关不显著；$0.01<P\leqslant0.05$ 时，认为相关显著；$P\leqslant0.01$ 则认为相关极显著。

此例 y=8，在相关系数显著性检验表上 $r_{0.01}$=0.765，现在 r=0.92，则 $P<0.01$，说明此份资料相关极显著，或说明此份资料的两个变量关系极密切。

九、正态分布

在肤纹研究中可见到许多测量数据在平均数附近最多，特大或特小者很少，一般都呈中间多两头少的钟形左右对称正态曲线，即呈正态分布。随着样本例数的增加，这种趋势也更加明显。为了考察一个样本是否呈典型的正态分布，要做统计处理。其公式如下：

$$a_1=\Sigma x/n$$
$$a_2=\Sigma x^2/n$$
$$a_3=\Sigma x^3/n$$
$$a_4=\Sigma x^4/n$$
$$V_1=a_1$$
$$V_2=a_2-a_1^2$$
$$V_3=a_3-3a_1a_2+2a_1^3$$
$$V_4=a_4-4a_1a_3+6a_1^2a_2-3a_1^4$$

$$K_1=V_1$$

$$K_2=\frac{n}{n-1}V_2$$

$$K_3=\frac{n^2}{(n-1)(n-2)}V_3$$

$$K_4=\frac{n^2}{(n-1)(n-2)}\frac{(n+1)V_4-3\times(n-1)V_2^2}{n-3}$$

$$g_1=\frac{K_3}{K_2^{3/2}}=\frac{K_3}{K_2\sqrt{K_2}}$$

$$g_2=K_4/K_2^{\ 2}$$

$$s_{g1}=\sqrt{6/n}$$

$$s_{g2}=\sqrt{24/n}$$

$$t_{g1}=g_1/s_{g1}$$

$$t_{g2}=g_2/s_{g2}$$

t_{g1}是曲线的左右对称度值，t_{g2}是曲线的高低峰度值。

如果t_{g1}和t_{g2}的绝对值都小于2，可以认为曲线的左右对称度和峰度与曲线的正态分布无显著不同。

t_{g1}的绝对值小于2，可以认为曲线的左右对称度与曲线的正态分布无显著不同。

t_{g2}的绝对值小于2，可以认为曲线的峰度与曲线的正态分布无显著不同。

t_{g1}的绝对值大于2，且为正值，则曲线为正偏态，均数以下的数值多，众数小于均数。

t_{g1}的绝对值大于2，且为负值，则曲线为负偏态，均数以上的数值多，众数大于均数。

t_{g2}的绝对值大于2，且为正值，表示曲线为高狭峰。

t_{g2}的绝对值大于2，且为负值，表示曲线为低阔峰。

试以80只手的atd为例：

已知n=80，$\sum x$=3264.5，$\sum x^2$=134 854.75，$\sum x^3$=5 639 507.8，$\sum x^4$=238 723 802（表1-10-3）。代入公式：

$$a_1=3264.5/80\approx40.8$$

$$a_2=134\ 854.75/80\approx1685.7$$

$$a_3=5\ 639\ 507.8/80\approx70\ 493.8$$

$$a_4=238\ 723\ 802/80\approx2\ 984\ 047.5$$

$$V_1=a_1=40.8$$

$$V_2=1685.7-40.8^{\ 2}=21.06$$

$$V_3=70\ 493.8-3\times40.8\times1685.7+2\times40.8^3=-1.256$$

$$V_4=2\ 984\ 047.5-4\times40.8\times70\ 493.8+6\times40.8^2\times1685.7-3\times40.8^4\approx2882.2$$

$$K_1=a_1=V_1=40.8$$

$$K_2 = \frac{80}{80-1} \times 21.06 \approx 21.3$$

$$K_3 = \frac{80^2}{(80-1)(80-2)} \times (-1.256) \approx -1.3$$

$$K_4 = \frac{80^2}{(80-1)(80-2)} \times \frac{(80+1) \times 2882.2 - 3 \times (80-1) \times 21.06^2}{80-3} \approx 1731.2$$

$g_1 = -1.3/(21.3 \times \sqrt{21.3}) \approx -0.013$

$g_2 = 1731.2/21.3^2 \approx 3.8$

$s_{g1} = \sqrt{6/80} \approx 0.27$

$s_{g2} = \sqrt{24/80} \approx 0.55$

$t_{g1} = -0.013/0.27 \approx -0.048$

$t_{g2} = 3.8/0.55 \approx 6.91$

此份资料的对称度 t_{g1} 的绝对值<2，说明曲线的左右对称度与正态分布并无显著差异；t_{g2} 绝对值>2，说明曲线为高狭峰。

十、百分率和百分标准误

（一）百分率

将计数资料分门别类，算出其频数，然后与总例数相比，得到百分率，记为 p，或称频率。公式为

$$p=（某一类型出现的例数/总例数）\times 100\%$$

例如，要求男性环指斗形纹的出现率，已知有 30 枚斗形纹，总例数为 40，得

$$p=(30/40) \times 100\% = 75\%$$

（二）百分标准误

百分标准误是各个样本百分率（频率，%）的标准差，记为 s_p。

$$s_p = \pm\sqrt{(p \cdot q)/n}$$

式中，p 是某一类型出现的百分率；q 是其不出现的百分率，$1-p=q$；n 是总例数。

例如，如果求男性环指斗形纹出现率的标准误，已知出现率 $p=75\%$，$q=1-75\%=25\%$，$n=40$，代入公式得

$$s_p = \pm\sqrt{(75\% \times 25\%)/40} \approx \pm 6.85\%$$

一般把 s_p 写在百分率之后，在本例表示为 75%±6.85%。

（三）两个百分率的差异显著性检验

两个百分率的差异显著性检验可用卡方值（χ^2）或显著性 t 值求得。

1. χ^2 检验　进行 χ^2 检验先要在四格表中填入有关数据：

a	b	$a+b$
c	d	$c+d$
$a+c$	$b+d$	$a+b+c+d=n$

表中，a 为一个样本中某一类型的出现频数，b 为不出现的频数。c 为另一个样本中某一类型的出现频数，d 为不出现频数。

用公式：

$$\chi^2=\frac{(|ad-bc|-n\div 2)^2 n}{(a+b)(c+d)(a+c)(b+d)}$$

例如，男性的斗形纹在 200 个手指中共有 116 枚，女性的斗形纹在 200 个手指中有 78 枚，试求斗形纹在两个性别之间是否有差异？

已知 a=116，b=200−116=84，c=78，d=200−78=122。填入四格表得

116	84	200
78	122	200
194	206	400

把四格表中的数据代入公式得

$$\chi^2=\frac{(|116\times 122-84\times 78|-400\div 2)^2\times 400}{200\times 200\times 194\times 206}\approx 13.70$$

χ^2 为 3.84 时 P=0.05，χ^2 为 6.64 时 P=0.01。当 $P>0.05$ 时认为差异不显著，$0.01<P\leqslant 0.05$ 认为差异显著，$P\leqslant 0.01$ 则认为差异极显著。四格表的自由度 df=1，查 χ^2 表，$P_{0.01}$ 时 χ^2=6.64，小于 13.70，故 $P<0.01$，表明在男女之间斗形纹出现率有极显著性差异。

2. Fisher 精确概率检验　当理论数 $t<1$，或 $n<40$，要用 Fisher 精确概率检验，公式为

$$p=\frac{(a+b)!(c+d)!(a+c)!(b+d)!}{a!b!c!d!n!}$$

3. t 检验　进行 t 检验的两个样本例数要大于 100 才能用此方法。公式为

$$t=\frac{|p_1-p_2|}{\sqrt{\dfrac{p_1q_1}{n_1}+\dfrac{p_2q_2}{n_2}}}$$

式中，p_1 为一个样本中某一类型的出现率，q_1 为其不出现率。p_2 为另一样本中某一类型的出现率，q_2 为其不出现率。

试检验男女箕形纹出现率是否有差异。通过表 1-10-5 的有关数据先分别求出男女箕形纹的百分率。

男箕形纹：（77/200）×100%=38.5%

女箕形纹：（112/200）×100%=56%

代入公式：

$$t=\frac{|56\%-38.5\%|}{\sqrt{\dfrac{56\%\times 44}{200}+\dfrac{38.5\%\times 61.5}{200}}}\approx 3.56$$

df=$n_1+n_2-2=200+200-2=398$

$t<1.96$ 为无显著性差异，$t\geqslant 1.96$ 为有显著性差异，$t\geqslant 2.58$ 被认为差异极显著。有时把 1.96 近似于 2，相当于 $P=0.05$；2.58 近似于 3，相当于 $P=0.01$。本例 t 值 3.56>3，$P<0.01$，说明男女箕形纹出现率有极显著性差异。

4. *u* 检验　比较男女间斗形指纹的出现率差异，也用 u 检验。男性 200 个手指中有斗形指纹 116 枚，占 58.00%，女性 200 个手指里有斗形指纹 78 枚，占 39.00%。问斗形指纹出现频率在男女间有无差异？

公式：

$$u=\frac{p_1-p_2}{s_{p_1-p_2}}=\frac{p_1-p_2}{\sqrt{p_c\left(1-p_c\right)\left(\frac{1}{n_1}+\frac{1}{n_2}\right)}}$$

其中，$p_c=\frac{x_1+x_2}{n_1+n_2}$

已知 $n_1=200$，$x_1=116$，$p_1=58\%$。$n_2=200$，$x_2=78$，$p_2=39\%$。

代入公式

$$p_c=\frac{116+78}{200+200}\times 100\%=48.50\%$$

$$u=\frac{58\%-39\%}{\sqrt{48.5\%\left(1-48.5\%\right)\left(\frac{1}{200}+\frac{1}{200}\right)}}\approx 3.82$$

以 $u<1.96$，即 $P>0.05$ 判为差异不显著；$1.96\leqslant u<2.58$，即 $0.01<P<0.05$ 判为差异显著；以 $u>2.58$，即 $P<0.01$ 判为差异非常显著（史秉璋 等，1987）。本例中 $u=3.82$，$P<0.01$，表明男女间斗形指纹出现率具有非常显著的差异。

第二节　多群体合并参数处理方法

在民族肤纹的分析中，常常要把同一民族的若干群或同一群体的男女项目参数加以合并。①假如两个群体的人数相同，只要把两个项目参数（如均数）相加后除以 2 即可得到合并群的均数，但参数的标准差或标准误等，要用平方和加权法处理。②假如两个群体的人数不同，参数（如平均数）和参数的标准差或标准误等都要用加权法处理，即合并群的参数（如均数）由人数加权法求得；合并群参数的标准差或标准误由平方和加权法求得。本节以 TFRC 的均数及其标准差或标准误为例。

TFRC、a-b RC、atd、tPD 等项目的参数可以带有 s 的测量资料，合并时要用人数加权法、平方和加权法。

计数资料因为其参数是百分数，合并时用人数加权法。

通过分解一些已知参数，可以找到另外的有用参数，如已知标准差（s）和标准误（$s_{\bar{x}}$），可求出总人群数（n）和均数（$\bar{x}$）。

一、男女人数相等群体的合并

上海汉族 520 例男性的 TFRC 为（148.80±42.53）条，520 例女性的 TFRC 为（138.46±41.59）条，求合并群体 1040 例的 TFRC 均数和标准差。

按题意，男性 TFRC=148.80 条，女性 TFRC=138.46 条，两个群体的人数都是 520 人，因人数相等是人数权重相等，故合计群体的均数：

TFRC=（148.80+138.46）/2=143.63

本题求标准差用平方和加权法公式：

$$s_1=\sqrt{\frac{\Sigma x_1^2-(\Sigma x_1)^2/n_1}{n_1-1}} \quad \text{（式 1-10-1）}$$

$$s_2=\sqrt{\frac{\Sigma x_2^2-(\Sigma x_2)^2/n_2}{n_2-1}} \quad \text{（式 1-10-2）}$$

$$s_3=\sqrt{\frac{(\Sigma x_1^2+\Sigma x_2^2)-(\Sigma x_1+\Sigma x_2)^2/(n_1+n_2)}{n_1+n_2-1}} \quad \text{（式 1-10-3）}$$

$\bar{x}_1$=148.80，s_1=42.53，n_1=520。代入式 1-10-1：

$$42.53=\sqrt{\frac{\Sigma x_1^2-(148.80\times 520)^2/520}{520-1}}$$

$$42.53^2=\frac{\Sigma x_1^2-11\ 513\ 548.8}{519}$$

得到
$$\sum x_1^2=11\ 513\ 548.8+42.53^2\times 519\approx 12\ 452\ 316.47$$

$\bar{x}_2$=138.46，s_2=41.59，n_2=520。代入式 1-10-2：

$$41.59=\sqrt{\frac{\Sigma x_2^2-(138.46\times 520)^2/520}{520-1}}$$

$$41.59^2=\frac{\Sigma x_2^2-9\ 969\ 009.232}{519}$$

得到
$$\sum x_2^2=9\ 969\ 009.2+41.59^2\times 519\approx 10\ 866\ 738.12$$

把 $\sum x_1^2$ 和 $\sum x_2^2$ 代入式 1-10-3：

$$s=\sqrt{\frac{(12\ 452\ 316.47+10\ 866\ 738.12)-(148.80\times 520+138.46\times 520)^2/(520+520)}{520+520-1}}$$

$$\approx\sqrt{\frac{1\ 864\ 294.6}{1039}}\approx 42.36$$

通过以上计算，合并群的 n=1040，$\bar{x}$=143.63，s=42.36。

二、群体内人数不等的合并

有云南建水县哈尼族 1000 人的 TFRC 为（137.56±42.33）条，云南元阳县哈尼族 687 人的 TFRC 为（135.90±38.08）条，求合并群体 1687 人 TFRC 的均数和标准差。

本题 TFRC 标准差的求法为人数加权法、平方和加权法。

已知 $\bar{x}_1$=137.56，s_1=42.33，n_1=1000，和 $\bar{x}_2$=135.90，s_2=38.08，n_2=687。求合并后的 TFRC 均数（$\bar{x}_3$），因两个群体的人数不等，用人数加权法公式：

$$\bar{x}_3 = (\bar{x}_1 \times n_1 + \bar{x}_2 \times n_2) / (n_1 + n_2) \quad \text{（式 1-10-4）}$$

当 $n_1=n_2$，即人数相等时，用下式：

$$\bar{x}_3 = (\bar{x}_1 + \bar{x}_2) / 2 \quad \text{（式 1-10-5）}$$

数据代入式 1-10-4：

$$\bar{x}_3 = (137.56 \times 1000 + 135.90 \times 687) / (1000 + 687) \approx 136.8840$$

得到合并群体 1687 人的 TFRC 均数为 136.8840 条。

把 $\bar{x}_1$=137.56，s_1=42.33，n_1=1000 代入式 1-10-1：

$$42.33 = \sqrt{\frac{\Sigma x_1^2 - (137.56 \times 1000)^2 / 1000}{1000 - 1}}$$

$$42.33^2 = \frac{\Sigma x_1^2 - 18\,922\,753.6}{999}$$

得到

$$\sum x_1^2 = 18\,922\,753.6 + 42.33^2 \times 999 \approx 20\,712\,791$$

把 $\bar{x}_2$=135.90，s_2=38.08，n_2=687 代入式 1-10-2：

$$38.08 = \sqrt{\frac{\Sigma x_2^2 - (135.90 \times 687)^2 / 687}{687 - 1}}$$

$$38.08^2 = \frac{\sum x_2^2 - 12\,688\,072.47}{686}$$

得到

$$\sum x_2^2 = 12\,688\,072.47 + 38.08^2 \times 686 \approx 13\,682\,832$$

把 $\sum \bar{x}_1^2$ =20 712 791，$\bar{x}_1$=137.56，n_1=1000 和 $\sum \bar{x}_2^2$ =13 682 832，$\bar{x}_2$=135.90，n_2=687，代入式（1-10-3）：

$$s = \sqrt{\frac{(20\,712\,791 + 13\,682\,832) - (137.56 \times 1000 + 135.90 \times 687)^2 / (1000 + 687)}{(1000 + 687 - 1)}}$$

$$\approx 40.65$$

合并后的群体 n=1687，$\bar{x}$=136.88，s=40.65。

三、群体参数合并

（一）多个群体（2 个以上群体）合并参数的求法

求参数均数用人数加权法即式 1-10-4；求参数的标准差（s）用平方和加权法，即式 1-10-1 和式 1-10-3，用式 1-10-1 分别求出各群体的$\sum x^2$，再代入式 1-10-3，求得 s。

（二）从标准差（s）或标准误（$s_{\bar{x}}$）求人数

标准差（s）和标准误（$s_{\bar{x}}$）的关系为

$$s_{\bar{x}} = s / \sqrt{n}$$

或

$$n=s^2 / s_{\bar{x}}^2 \qquad \text{（式 1-10-6）}$$

例如，当 s=4.83，$s_{\bar{x}}$=1.08 时，求总人数（n）。

将数据代入式 1-10-6 得到 $n=4.83^2/1.08^2=20$。

本例题的总人数为 20 人。

由 s 或 $s_{\bar{x}}$ 求出总人数后，再利用 s 或 $s_{\bar{x}}$ 参数，可以与其他群体的参数合并。

本章为说明统计方法，多数例题仅引用男 20 例和女 20 例的数据。结果与汉族 1040 例所得参数有偏差，这主要是样本太小的缘故。肤纹分析以大样本为宜。样本例数越多，就越能反映被测总体的情况；但样本大，运算烦琐。利用计算机运算（谭浩强 等，1984；谭浩强 等，1993）可大大提高运算效率。

第十一章　肤纹多元统计的主成分分析和聚类分析

在研究某一事件时，考虑许多因素对事件的正负影响，可使分析结果更接近事实。多元统计是综合考虑多种因素的数学模型或统计方法，其计算结果颇为优良，但计算过程极其复杂。在计算机普及前，有人用手摇齿轮计算器做多元分析的运算，单是统计计算的工作量就占整个研究工作量的 98%以上，使人望而却步，要使用多元方法解决肤纹的一些问题，只能是美好的愿望。现在，随着计算机科学的发展，肤纹学研究中使用多元统计手段也更加便捷、正确。

作为多元统计分析的主成分分析和聚类分析方法（史秉璋 等，1987；黄秉宪 等，1984），是肤纹研究中不可或缺的两种统计手段。

第一节　多元统计的矩阵

在一个肤纹矩阵中，i 为模式样本数，j 为项目数。数据总数为 $i \times j$。假如缺少 1 个项目数 j，则 j 所在的模式样本整个剔除，或者将 i 所在的 j 项目整个剔除。任何参数的微小变动，都会影响整个分析结果，牵一发而动全身。

在肤纹矩阵中的 i 是民族，1 个民族至少要有 1 个模式样本，可以有多个样本，j 是项目。按照中国标准项目数为 11，即 j=11。研究全部中华民族肤纹，得到 $i \geqslant 56$，每个民族最少有一个模式样本在矩阵里。

中国现有 56 个民族，各民族间的对比要在项目同一的情况下，才能进行同质对比。例如，第 1 个民族的项目仅是指纹，而第 2 个民族的项目仅有指间区纹，这两个民族的肤纹项目因为不同质，就不能对比；或者有的民族的肤纹项目超过 11 项，但缺少中国标准中的一项或几项，就视为项目残缺不齐。在多元统计中，对原始数据的考察引用“水桶原理”，即水桶的最大容积由最短的一块木板决定，多元分析的项目数由项目最少的一个民族决定，而且有叠加效应，两个民族的项目残差的数目不同，则不同残差的数目之和为水桶的缺损度。中国标准的编制成功，极大避免了制造非模式样本的无效劳动。

有些权威的、精细的、大样本调查研究（杜若甫，2004），因为没有按中国标准进行，缺少个别品种项目，故成为非模式样本，非常可惜。

第二节　主成分分析

在肤纹分析中用得较多的多元分析法为主成分分析（principal component analysis,

PCA）法（刘筱娴，2000）。主成分分析是指在知道分类的前提下，寻找各因子的贡献度（值）。也可以在已知分类的情况下，对分类做进一步的考证和探索。主成分分析还为了浓缩肤纹变量的信息含量，去除变量之间的联系，减少数据的数量，以确保最多的肤纹信息。

通过计算，在原始变量中求得一组不相关的综合变量，达到浓缩原始数据信息、简化原始数据结构及压缩原始数据规模的效果。以新的坐标系表现出来，建立以 x 为第 1 主成分、y 为第 2 主成分的二维坐标系。明确各主成分占总信息量的比例，或主成分代表的原始变量占总信息的百分数。当少数几个主成分代表了总信息量的 80%（或称累积贡献率达 80%），则这少数几个主成分代表了原始变量的绝大部分信息。剩余 20%的信息量是许多个主成分提供的，提供信息量微小的主成分可以忽略不计。

主成分分析中有数据的转换，标准化项目参数、标准化得分系数、标准化主成分得分，是主成分分析（或绘图）所进行的三个“转换”过程。

一、把原始数据转化为标准化项目参数

计算多变量的数据资料时，由于观察的各指标参数计量单位（量纲）不同或量级（大小）不同；或有些参数的量纲一样，但参数的绝对值大小相差很多；也有的参数是计量资料或是计数资料。所以，直接用原始参数进行计算，会突显那些绝对值大的参数的作用，而压制绝对值小的参数的作用。因此，为了消除参数计量单位（量纲）、量级绝对值（大小）对整个统计的影响，一般要求在统计中要有对原始参数进行标准化处理的步骤。标准化处理的过程必须处在统计的第一步。使得每组参数的均值为 0、标准差为 1。有的统计中，均数为 0，但方差不为 1，还要做另外的标准化转换。

有 32 个群体的肤纹参数，每个群体有 11 项指标。要求出其主成分，并根据主成分 PCⅠ和 PCⅡ或其他主成分作 x-y 轴的二维散点图。

表 1-11-1 是 31 个模式样本的项目参数，也就是原始参数。上海汉族作为演示群体，序号以“32”代替。期望把 31 个群体分为南方群体、北方群体、黑种人群体、白种人群体，再考察上海群体所在的具体位置。黑种人群体和白种人群体作为监视标记（supervise marker，SM）群体，在分析中若连 SM 群体也分不清，则统计无效。

对 k 个变量做标准化处理，得到标准化项目参数。将表 1-11-1 的原始数据（k=11）做标准化处理，得到表 1-11-2。标准化的公式为

$$x^*_{ik}=(x_{ik}-\bar{x}_k)/s_k;\ i=1,2,\cdots,n;\ k=1,2,\cdots,p \quad（式 1-11-1）$$

其中：x^*_{ik} 为第 k 变量第 i 个观察值的标准化得分，就是标准离差值；x_{ik} 为原始数据中的第 k 变量第 i 个观察值；$\bar{x}_k$ 为第 k 变量的均值；s_k 是第 k 变量的标准差。

标准差标准化后数据（x^*_{ik}）中每个变量的均数为 0，标准差为 1，可消除参数量纲量级的不利影响。

表 1-11-1 32 个群体的肤纹项目参数

序号	PM & SM	民族/群体	TFRC (条) x_1	a-b RC (条) x_2	A (%) x_3	Lu (%) x_4	Lr (%) x_5	W (%) x_6	T/ I (%) x_7	Ⅱ (%) x_8	Ⅲ (%) x_9	Ⅳ (%) x_{10}	H (%) x_{11}
1	PM-S	Achang-2 阿昌族	133.07	38.73	3.31	52.37	2.79	41.53	5.37	1.21	17.42	77.30	15.17
2	PM-S	Bai-2 白族	130.12	36.72	1.55	48.64	2.96	46.85	5.35	0.30	15.40	77.30	16.45
3	PM-S	Blang-2 布朗族	125.55	33.81	1.72	51.33	1.52	45.43	2.75	0.95	9.20	71.00	12.70
4	PM-N	Bonan-2 保安族	161.99	35.78	2.61	45.73	3.05	48.61	6.00	0.46	15.28	77.33	21.16
5	PM-S	Dai-2 傣族	125.37	37.50	4.00	53.68	3.18	39.14	2.78	1.54	14.35	67.87	9.63
6	PM-N	Daur 达斡尔族	144.29	37.25	2.46	44.81	3.16	49.57	3.08	1.85	24.50	57.05	17.30
7	PM-S	De'ang-2 德昂族	125.33	36.79	4.16	50.59	3.47	41.78	4.83	0.42	13.31	69.75	12.46
8	PM-S	Dong-2 侗族	140.18	36.90	2.31	49.18	2.84	45.67	3.97	1.72	13.41	69.36	15.43
9	PM-N	Dongxiang 东乡族	142.88	38.02	2.29	48.50	3.18	46.03	8.81	1.74	11.75	55.03	18.58
10	PM-N	Ewenki 鄂温克族	147.67	36.36	2.24	44.78	2.36	50.62	6.99	1.62	7.16	25.86	19.72
11	PM-S	Hani-3 哈尼族	137.57	38.49	2.54	51.88	2.57	43.01	6.90	0.70	14.35	79.05	20.65
12	PM-N	Hezhen 赫哲族	142.14	35.35	3.19	47.95	2.05	46.81	12.35	1.81	21.99	51.20	11.14
13	PM-N	Hui-4 回族	157.09	38.98	1.64	44.66	2.70	51.00	6.94	0.47	8.67	47.56	20.53
14	PM-S	Jingpo-2 景颇族	131.45	35.80	2.44	51.52	3.41	42.63	3.30	1.30	11.70	67.60	10.90
15	PM-S	Jino-2 基诺族	123.82	36.42	3.43	55.75	2.22	38.60	1.74	0.42	6.54	78.06	15.05
16	PM-N	Korean-2 朝鲜族	136.13	36.00	1.21	48.90	2.40	47.49	7.67	1.77	6.49	41.73	16.94
17	PM-N	Lhoba 珞巴族	147.05	38.40	1.48	41.71	1.54	55.27	8.58	0.15	12.95	82.53	14.31
18	PM-S	Lisu-2 傈僳族	137.56	38.33	1.98	49.95	3.83	44.24	2.17	0.57	10.92	73.95	7.92
19	PM-S	Maonan 毛南族	130.63	36.31	3.46	52.83	2.42	41.29	3.75	2.71	13.75	67.92	14.90
20	PM-N	Monba 门巴族	157.91	39.46	1.07	39.20	1.80	57.93	7.14	0.00	17.05	72.81	25.58
21	PM-N	Mongol-3 蒙古族	143.34	35.97	1.84	45.53	2.83	49.80	7.51	2.33	24.47	67.01	15.02
22	PM-S	Mulam-2 仫佬族	135.25	36.93	2.67	51.06	1.87	44.40	6.73	1.45	15.96	72.50	13.56
23	PM-N	Oroqen 鄂伦春族	146.34	35.83	2.41	45.86	2.19	49.54	10.65	1.01	10.91	25.20	18.36
24	PM-N	Qiang-2 羌族	164.32	40.14	2.10	48.34	2.68	46.88	10.77	1.49	18.74	63.57	11.56
25	PM-N	Tibetan-8 藏族	143.62	38.01	1.18	41.74	2.73	54.35	6.10	0.60	11.70	82.00	25.90
26	PM-N	Xibe 锡伯族	146.50	39.00	1.81	45.39	2.63	50.17	7.50	1.80	21.05	64.95	21.00
27	PM-S	Yi-5 彝族	135.38	38.90	1.62	51.20	2.82	44.36	2.00	0.20	16.15	66.60	9.50
28	PM-N	Yugur 裕固族	147.40	40.71	2.03	44.30	2.29	51.38	9.05	1.63	18.99	55.79	25.07
29	PM-S	Zhuang-2 壮族	129.55	36.27	2.75	52.09	2.63	42.53	5.30	1.70	15.10	68.50	18.50
30	SM-Af	African 黑种人	124.72	37.62	4.85	64.70	2.70	27.75	1.13	9.40	41.75	83.50	34.13
31	SM-Ca	Caucasian 白种人	131.65	41.35	7.95	61.45	4.40	26.20	7.10	2.50	37.65	45.85	35.20
32	?	Han-10 上海汉族	143.63	38.05	2.05	44.65	2.44	50.86	8.65	0.87	14.66	73.46	17.26
		$\overline{x}_k$	139.67	37.51	2.57	49.07	2.68	45.68	6.04	1.46	16.04	64.97	17.55
		s_k	10.91	1.66	1.33	5.33	0.62	6.70	2.83	1.62	7.74	14.94	6.42

注："PM & SM"一列中，PM，population marker，群体标记；SM，supervisory marker，监视标记；N，northern population，北方群体；S，southern population，南方群体；?，上海待测群体。

表 1-11-2　32 个群体的肤纹标准化项目参数

序号	民族/群体	PM & SM	TFRC x_1	a-b RC x_2	A x_3	Lu x_4	Lr x_5	W x_6	T/I x_7	Ⅱ x_8	Ⅲ x_9	Ⅳ x_{10}	H x_{11}
1	Achang-2 阿昌族	PM-S	–0.61	0.74	0.56	0.62	0.18	–0.62	–0.24	–0.15	0.18	0.83	–0.37
2	Bai-2 白族	PM-S	–0.88	–0.47	–0.77	–0.08	0.46	0.17	–0.24	–0.72	–0.08	0.83	–0.17
3	Blang-2 布朗族	PM-S	–1.29	–2.22	–0.64	0.42	–1.87	–0.04	–1.16	–0.31	–0.88	0.40	–0.76
4	Bonan-2 保安族	PM-N	2.05	–1.04	0.03	–0.63	0.60	0.44	–0.01	–0.62	–0.10	0.83	0.56
5	Dai-2 傣族	PM-S	–1.31	–0.00	1.08	0.86	0.81	–0.98	–1.15	0.05	–0.22	0.19	–1.23
6	Daur 达斡尔族	PM-N	0.42	–0.15	–0.09	–0.80	0.78	0.58	–0.93	0.24	1.09	–0.53	–0.04
7	De'ang-2 德昂族	PM-S	–1.31	–0.43	1.20	0.28	1.28	–0.58	–0.43	–0.64	–0.35	0.32	–0.79
8	Dong-2 侗族	PM-S	0.05	–0.36	–0.20	0.02	0.26	–0.00	–0.73	0.16	–0.34	0.29	–0.33
9	Dongxiang 东乡族	PM-N	0.29	0.31	–0.21	–0.11	0.81	0.05	0.98	0.17	–0.55	–0.67	0.16
10	Ewenki 鄂温克族	PM-N	0.73	–0.69	–0.25	–0.80	–0.51	0.74	0.34	0.10	–1.15	–2.62	0.34
11	Hani-3 哈尼族	PM-S	–0.19	0.59	–0.02	0.53	–0.17	–0.40	0.30	–0.47	–0.22	0.94	0.48
12	Hezhen 赫哲族	PM-N	0.23	–1.29	0.47	–0.21	–1.01	0.17	2.23	0.22	0.77	–0.92	–1.00
13	Hui-4 回族	PM-N	1.60	0.89	–0.70	–0.83	0.04	0.79	0.32	–0.61	–0.95	–1.17	0.46
14	Jingpo-2 景颇族	PM-S	–0.75	–1.02	–0.10	0.46	1.18	–0.46	–0.97	–0.10	–0.56	0.18	–1.04
15	Jino-2 基诺族	PM-S	–1.45	–0.65	0.65	1.25	–0.74	–1.06	–1.52	–0.64	–1.23	0.88	–0.39
16	Korean-2 朝鲜族	PM-N	–0.32	–0.90	–1.03	–0.03	–0.45	0.27	0.58	0.19	–1.23	–1.56	–0.09
17	Lhoba 珞巴族	PM-N	0.68	0.54	–0.83	–1.38	–1.84	1.43	0.90	–0.81	–0.40	1.18	–0.50
18	Lisu-2 傈僳族	PM-S	–0.19	0.50	–0.45	0.16	1.86	–0.21	–1.37	–0.55	–0.66	0.60	–1.50
19	Maonan 毛南族	PM-S	–0.83	–0.72	0.67	0.70	–0.42	–0.66	–0.81	0.77	–0.30	0.20	–0.41
20	Monba 门巴族	PM-N	1.67	1.17	–1.13	–1.85	–1.42	1.83	0.39	–0.90	0.13	0.52	1.25
21	Mongol-3 蒙古族	PM-N	0.34	–0.92	–0.55	–0.66	0.25	0.62	0.52	0.54	1.09	0.14	–0.39
22	Mulam-2 仫佬族	PM-S	–0.41	–0.35	0.07	0.37	–1.30	–0.19	0.24	–0.01	–0.01	0.50	–0.62
23	Oroqen 鄂伦春族	PM-N	0.61	–1.01	–0.12	–0.60	–0.79	0.58	1.63	–0.28	–0.66	–2.66	0.13
24	Qiang-2 羌族	PM-N	2.26	1.58	–0.36	–0.14	0.01	0.18	1.67	0.02	0.35	–0.09	–0.93
25	Tibetan-8 藏族	PM-N	0.36	0.30	–1.05	–1.37	0.09	1.30	0.02	–0.53	–0.56	1.14	1.30
26	Xibe 锡伯族	PM-N	0.63	0.90	–0.58	–0.69	–0.08	0.67	0.52	0.21	0.65	–0.00	0.54
27	Yi-5 彝族	PM-S	–0.39	0.84	–0.72	0.40	0.23	–0.20	–1.43	–0.78	0.01	0.11	–1.25
28	Yugur 裕固族	PM-N	0.71	1.92	–0.41	–0.89	–0.63	0.85	1.06	0.11	0.38	–0.61	1.17
29	Zhuang-2 壮族	PM-S	–0.93	–0.74	0.13	0.57	–0.08	–0.47	–0.26	0.15	–0.12	0.24	0.15
30	African 黑种人	SM-Af	–1.37	0.07	1.72	2.93	0.04	–2.68	–1.74	4.91	3.32	1.24	2.58
31	Caucasian 白种人	SM-Ca	–0.74	2.31	4.05	2.32	2.79	–2.91	0.37	0.64	2.79	–1.28	2.75
32	Han-10 上海汉族	?	0.36	0.33	–0.39	–0.83	–0.38	0.77	0.93	–0.36	–0.18	0.57	–0.05

注："PM & SM"一列中，PM，population marker，群体标记；SM，supervisory marker，监视标记；N，northern population，北方群体；S，southern population，南方群体；?，上海待测群体。

二、求出特征根和主成分得分

用统计分析系统（statistical analysis system，SAS）程序对表 1-11-2 中已标准化的 32 个群体的 11 个肤纹项目参数做主成分分析，求出特征根（λ_i）（表 1-11-3）和 PCⅠ，PCⅡ，…，PCn。取累积贡献率 $C_m>0.8$ 的前 m 个主成分（PC），取 λ_i 大于或近似 1 的主成分（表 1-11-4）。据此 PCⅠ和 PCⅡ入选为二维散点分布图的两项 PC。表 1-11-4 是 4 个主成分的权重系数（在 11 个肤纹项目参数中仅列出 4 个 PC）。

表 1-11-3　特征根、差、贡献率及累积贡献率

主成分序号	特征根（λ_i）	差	贡献率（p_i）	累积贡献率（C_m）
1	4.577 532 27	2.297 126 63	0.416 1	0.416 1
2	2.280 405 64	1.111 753 60	0.207 3	0.623 4
3	1.168 652 04	0.009 518 76	0.106 2	0.729 6
4	1.159 133 28	0.623 870 67	0.105 4	0.835 1
5	0.535 262 61	0.059 582 76	0.048 7	0.883 8
6	0.475 679 85	0.135 185 99	0.043 2	0.926 9
7	0.340 493 86	0.129 717 30	0.031 0	0.958 0
8	0.210 776 56	0.034 532 04	0.019 2	0.977 1
9	0.176 244 52	0.100 425 15	0.016 0	0.993 1
10	0.075 819 37	0.075 819 37	0.006 9	1.000 0
11	0.000 000 00		0.000 0	1.000 0

表 1-11-4　前 4 个主成分的权重系数

x_i	PCⅠ	PCⅡ	PCⅢ	PCⅣ
x_1	−0.300 405	0.414 925	0.087 800	−0.041 427
x_2	0.056 474	0.445 435	0.405 374	−0.365 664
x_3	0.400 254	0.123 276	−0.206 410	−0.173 583
x_4	0.434 335	−0.138 665	−0.108 951	0.012 306
x_5	0.245 272	0.079 473	0.019 680	−0.663 850
x_6	−0.447 851	0.078 666	0.125 840	0.085 926
x_7	−0.230 880	0.411 823	−0.318 635	0.050 051
x_8	0.325 762	0.146 216	−0.061 753	0.511 660
x_9	0.317 702	0.352 469	0.157 788	0.202 009
x_{10}	0.078 506	−0.237 035	0.783 636	0.136 366
x_{11}	0.174 539	0.459 530	0.113 747	0.250 012

根据表 1-11-2 和表 1-11-4 由原始的标准化数据 x_1，x_2，…，x_{11} 转换为综合指标 z_1、z_2。公式如下：

$$\begin{cases} z_1=(-0.3004)\times(-0.61)+0.0565\times 0.74+\cdots+0.1745\times(-0.37) \\ z_2=0.4149\times(-0.61)+0.4454\times 0.74+\cdots+0.4595\times(-0.37) \end{cases}$$（式 1-11-2）

主成分得分 PC Ⅰ 的 z_1（j=1～32）、PC Ⅱ 得分 z_2（j=1～32）等列于表 1-11-5。本表仅列出 z_1～z_4 的数据。

表 1-11-5　主成分得分

序号	民族/群体	PM & SM	PC Ⅰ z_1	PC Ⅱ z_2	PC Ⅲ z_3	PC Ⅳ z_4
1	Achang-2 阿昌族	S	1.10	−0.40	0.71	−0.54
2	Bai-2 白族	S	−0.24	−1.12	0.67	−0.27
3	Blang-2 布朗族	S	−0.47	−3.09	−0.49	1.69
4	Bonan-2 保安族	N	−1.05	0.49	0.63	−0.16
5	Dai-2 傣族	S	1.85	−1.70	−0.20	−1.10
6	Daur 达斡尔族	N	0.01	0.46	0.20	−0.21
7	De’ang-2 德昂族	S	1.21	−1.41	−0.34	−1.47
8	Dong-2 侗族	S	0.04	−0.77	0.26	−0.07
9	Dongxiang 东乡族	N	−0.40	0.78	−0.68	−0.65
10	Ewenki 鄂温克族	N	−1.72	0.62	−2.30	0.22
11	Hani-3 哈尼族	S	0.31	0.04	0.81	−0.14
12	Hezhen 赫哲族	N	−0.82	0.52	−2.02	1.07
13	Hui-4 回族	N	−2.00	1.35	−0.24	−0.77
14	Jingpo-2 景颇族	S	0.67	−1.92	−0.30	−0.84
15	Jino-2 基诺族	S	1.25	−2.67	0.16	−0.03
16	Korean-2 朝鲜族	N	−1.21	−0.52	−1.77	0.48
17	Lhoba 珞巴族	N	−2.79	0.18	1.31	0.83
18	Lisu-2 傈僳族	S	0.24	−1.52	0.93	−2.13
19	Maonan 毛南族	S	1.26	−1.32	−0.40	0.63
20	Monba 门巴族	N	−2.94	1.89	1.77	0.74
21	Mongol-3 蒙古族	N	−0.53	0.28	−0.04	0.74
22	Mulam-2 仫佬族	S	−0.07	−0.79	−0.04	0.91
23	Oroqen 鄂伦春族	N	−1.87	0.94	−2.88	0.40
24	Qiang-2 羌族	N	−1.31	2.04	0.29	−0.68
25	Tibetan-8 藏族	N	−1.71	0.52	1.66	0.19
26	Xibe 锡伯族	N	−0.74	1.45	0.68	0.24
27	Yi-5 彝族	S	0.07	−1.23	0.84	−1.10
28	Yugur 裕固族	N	−1.13	2.51	0.49	0.21
29	Zhuang-2 壮族	S	0.84	−0.94	−0.28	0.41
30	African 黑种人	SM-Af	7.19	1.13	0.94	3.43
31	Caucasian 白种人	SM-Ca	6.36	3.69	−0.94	−2.16
32	Han-10 上海汉族	?	−1.40	0.50	0.56	0.13

注："PM & SM" 一列中，PM，population marker，群体标记；SM，supervisory marker，监视标记；N，northern population，北方群体；S，southern population，南方群体；?，上海待测群体。

根据表 1-11-5 的 PC Ⅰ 和 PC Ⅱ 作散点分布图（图 1-11-1）。

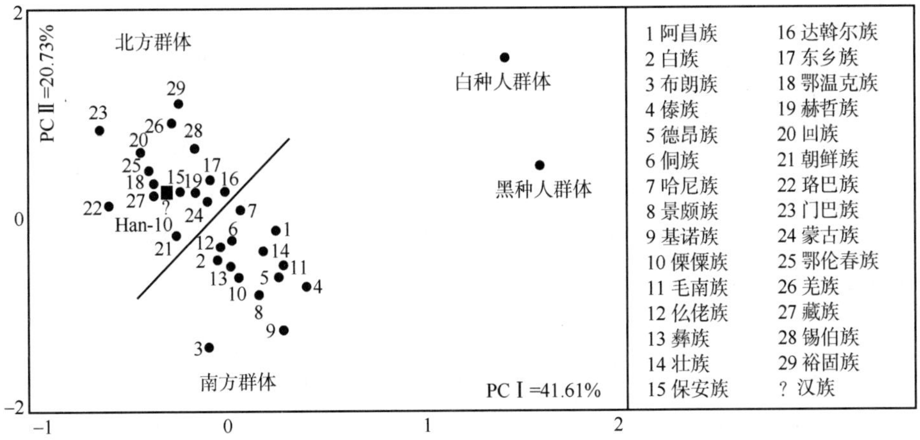

图 1-11-1　根据主成分得分表 1-11-5 的 z_1 和 z_2 作散点图（x 为 PC Ⅰ，y 为 PC Ⅱ）

三、求出标准化主成分得分系数

表 1-11-4 是 4 个主成分系数（在 11 个肤纹项目参数中列出 4 个 PC）。表 1-11-3 是特征根（λ_i）、贡献率（p_i）及累积贡献率（C_m）的数据。因为在表 1-11-5 的主成分得分中 z_1、z_2 的均值为 0，方差并不是 1。为了统一标度，对式 1-11-2 右侧的系数按式 1-11-3 进行标准化转换，求出标准化主成分得分系数：

$$b_{ij}=a_{ij}\ /\lambda_i \qquad （式 1-11-3）$$

式 1-11-3 中的 a_{ij} 来自表 1-11-4，λ_i 来自表 1-11-3，b_{ij} 为第 i 主成分第 j 变量的标准化主成分得分系数。

如第 1 主成分第 1 变量的标准化得分系数：– 0.0656（– 0.3004/4.5775）

第 1 主成分第 2 变量的标准化得分系数：0.0123（0.0565/4.5775）

标准化得分系数见表 1-11-6。本表仅列出 b_{i1}～b_{i4} 的数据。

表 1-11-6　主成分分析的标准化得分系数

序号	PC Ⅰ b_{i1}	PC Ⅱ b_{i2}	PC Ⅲ b_{i3}	PC Ⅳ b_{i4}
1	– 0.065 6	0.182 0	0.075 1	– 0.035 7
2	0.012 3	0.195 3	0.346 9	– 0.315 5
3	0.087 4	0.054 1	– 0.176 6	– 0.149 8
4	0.094 9	– 0.060 8	– 0.093 2	0.010 6
5	0.053 6	0.034 9	0.016 8	– 0.572 7
6	– 0.097 8	0.034 5	0.107 7	0.074 1
7	– 0.050 4	0.180 6	– 0.272 7	0.043 2
8	0.071 2	0.064 1	– 0.052 8	0.441 4
9	0.069 4	0.154 6	0.135 0	0.174 3
10	0.017 2	– 0.103 9	0.670 5	0.117 6
11	0.038 1	0.201 5	0.097 3	0.215 7

四、求出标准化主成分得分

由表 1-11-6 中标准化得分系数的数据、表 1-11-2 中 32 个群体的肤纹标准化项目参数，按式 1-11-4 求出标准化主成分得分。

$$\begin{cases} z_1 = (-0.0656)\times(-0.61) + 0.0123\times 0.74 + \cdots + 0.0381\times(-0.37) \\ z_2 = 0.1820\times(-0.61) + 0.1953\times 0.74 + \cdots + 0.2015\times(-0.37) \end{cases} \quad （式 1\text{-}11\text{-}4）$$

标准化主成分 PC Ⅰ 得分 z_{i1}（i 为 1～32）、PC Ⅱ 得分 z_{i2}（i 为 1～32）列于表 1-11-7。本表仅列出 z_{i1}～z_{i4} 的数据。

表 1-11-7　标准化主成分得分

序号	民族/群体	PM & SM	PC Ⅰ z_{i1}	PC Ⅱ z_{i2}	PC Ⅲ z_{i3}	PC Ⅳ z_{i4}
1	Achang-2 阿昌族	PM-S	0.239 9	−0.174 7	0.604 2	−0.467 7
2	Bai-2 白族	PM-S	−0.052 9	−0.489 4	0.570 6	−0.235 4
3	Blang-2 布朗族	PM-S	−0.102 0	−1.357 2	−0.417 3	1.457 0
4	Bonan-2 保安族	PM-N	−0.229 0	0.215 5	0.537 6	−0.141 6
5	Dai-2 傣族	PM-S	0.404 0	−0.746 5	−0.169 7	−0.951 2
6	Daur 达斡尔族	PM-N	0.001 5	0.201 3	0.173 6	−0.180 6
7	De'ang-2 德昂族	PM-S	0.264 9	−0.617 3	−0.286 7	−1.267 8
8	Dong-2 侗族	PM-S	0.008 6	−0.336 8	0.224 6	−0.064 4
9	Dongxiang 东乡族	PM-N	−0.086 7	0.342 8	−0.585 4	−0.560 3
10	Ewenki 鄂温克族	PM-N	−0.376 0	0.272 0	−1.967 8	0.191 4
11	Hani-3 哈尼族	PM-S	0.068 2	0.017 7	0.691 4	−0.118 0
12	Hezhen 赫哲族	PM-N	−0.178 6	0.226 8	−1.725 0	0.923 4
13	Hui-4 回族	PM-N	−0.437 5	0.590 4	−0.204 6	−0.661 4
14	Jingpo-2 景颇族	PM-S	0.146 1	−0.840 0	−0.255 5	−0.728 1
15	Jino-2 基诺族	PM-S	0.272 5	−1.170 2	0.139 7	−0.025 2
16	Korean-2 朝鲜族	PM-N	−0.264 5	−0.227 3	−1.518 4	0.418 1
17	Lhoba 珞巴族	PM-N	−0.609 5	0.076 9	1.118 8	0.716 2
18	Lisu-2 傈僳族	PM-S	0.053 3	−0.664 5	0.798 7	−1.833 9
19	Maonan 毛南族	PM-S	0.275 7	−0.581 0	−0.340 8	0.541 7
20	Monba 门巴族	PM-N	−0.643 0	0.828 7	1.511 5	0.640 2
21	Mongol-3 蒙古族	PM-N	−0.116 8	0.124 4	−0.034 9	0.639 4
22	Mulam-2 仫佬族	PM-S	−0.015 6	−0.347 6	−0.030 9	0.780 8
23	Oroqen 鄂伦春族	PM-N	−0.407 8	0.413 3	−2.468 7	0.347 5
24	Qiang-2 羌族	PM-N	−0.286 2	0.894 5	0.250 2	−0.588 6
25	Tibetan-8 藏族	PM-N	−0.373 0	0.226 3	1.424 3	0.164 5
26	Xibe 锡伯族	PM-N	−0.161 2	0.635 8	0.582 1	0.210 2
27	Yi-5 彝族	PM-S	0.014 5	−0.539 5	0.716 7	−0.945 9
28	Yugur 裕固族	PM-N	−0.245 8	1.102 5	0.415 4	0.179 9
29	Zhuang-2 壮族	PM-S	0.184 1	−0.411 1	−0.235 7	0.354 9
30	African 黑种人	SM-At	1.570 0	0.493 6	0.802 0	2.955 1
31	Caucasian 白种人	SM-Ca	1.388 8	1.619 4	−0.802 9	−1.866 2
32	Han-10 上海汉族	?	−0.306 3	0.221 2	0.482 7	0.116 2

注："PM & SM" 一列中，PM，population marker，群体标记；SM，supervisory marker，监视标记；N，northern population，北方群体；S，southern population，南方群体；?，上海待测群体。

五、根据标准化主成分得分 z_{i1} 和 z_{i2} 作散点分布图

标准化项目参数（见表 1-11-2）、标准化得分系数（见表 1-11-6）、标准化主成分得分（见表 1-11-7），是为绘图所做的三个“标准化”准备过程。在此以第 1 主成分为 x 坐标，第 2 主成分为 y 坐标，绘制二维散点图（图 1-11-2）。

在图 1-11-2 中，见到北方民族为一大群，南方民族为一大群，白种人和黑种人各自成一大群。在北方大群中有上海汉族群（$x=-0.3063$，$y=0.2212$）。

以主成分 PCⅠ和 PCⅡ作散点分布图，其群体分布的格局与聚类分析的结果相同。如同聚类树系图一样，主成分散点图提供了较为直接的另一种视角。

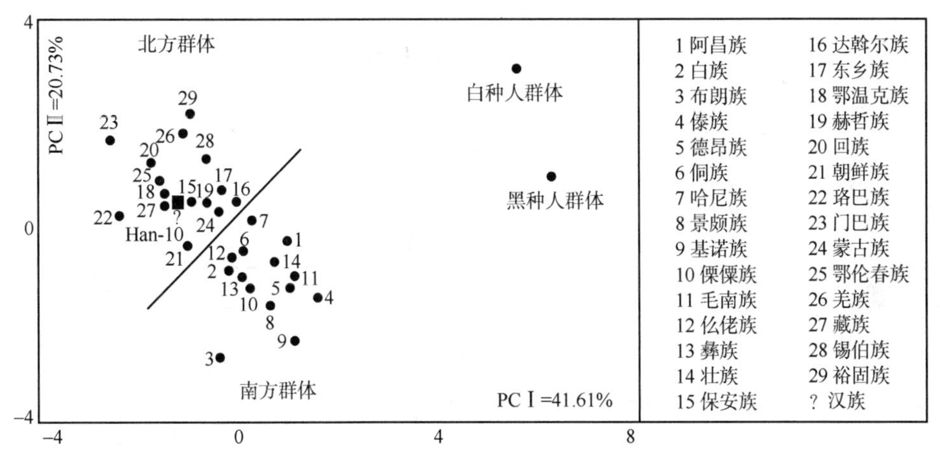

图 1-11-2　根据标准化主成分得分表 1-11-7 的 z_{i1} 和 z_{i2} 作散点图（x 为 PCⅠ，y 为 PCⅡ）

图 1-11-2 为根据标准化主成分得分表（见表 1-11-7）所作，主要用于正式的报告和论文中。根据主成分得分表（见表 1-11-5）作散点图（见图 1-11-1），则多用于实验的初级阶段。两图的 x 轴、y 轴的标尺均不同。

第三节　聚类分析

一、聚类问题在肤纹研究中的应用

对自然事物或现象进行分析研究的重要方法是对事物和现象做分类，有分类才有归类。分类和归类是科学研究的重要手段。肤纹可分类是肤纹得以研究的基础。在以群体肤纹为基础的研究中，单凭经验和专业知识并不能确切区分群体的类型，也不能正确地归类群体。分类或归类是聚类分析的强项。利用群体肤纹的数值（参数）做聚类分析（cluster analysis），可以很明确地把各群体做分类或归类。聚类分析是多元统计的一支（刘筱娴，2000；金丕焕　等，2000）。计算机和计算机统计软件的发展，使聚类分析较普遍地得到应用。聚类分析、回归分析、判别分析成为多元分析的三大主流方法（高惠璇，1997；Sosa Segura，1990）。

“类”是相似性物体的集合。聚类就是以研究对象（项目、样本、参数、变量等）之间有不同程度的相似性（亲疏关系）为依据，把一些相似程度较大的样本（或群体）聚合为一类，再把另一些彼此相似程度较小的样本（或群体）聚合为另一类。如此反复，使互相亲近的样本聚合到一个小的分类单位，使互相疏远的样本聚合到一个大的分类单位，直到把所有样本（群体）都聚合完毕为止，形成一个由亲近到疏远、由小到大的分类系统。最后以整个分类系统的数据，用聚类分析的树系图（又称分群图、谱系图、聚类图等）把样本（或群体）之间的亲疏关系表达出来。

用聚类分析做分类，其研究对象的类别未知，甚至连分类的多少也未知，需要根据事物间各种数据的结构和关系来寻找合适的分类方案。

二、聚类方法的选择

系统聚类法又称谱系聚类法，统计分析系统（SAS）中（刘筱娴，2000；金丕焕 等，2000；高惠璇，1997）提供了 11 种统计聚类方法（表 1-11-8）。

表 1-11-8　11 种聚类方法的名称

序号	英文名	中文名
1	average linkage	类平均法
2	centroid method	重心法
3	complete method（farthest neighbor method）	最长距离法
4	density linkage	密度估计法
5	EML	最大似然法
6	flexible-beta method	可变类平均法
7	McQuitty's similarity analysis（WPGMA）	相似分析法
8	median method（Equidistance）	中间距离法
9	single linkage（nearest neighbor method）	最短距离法
10	two-stage density linkage	两阶段密度估计法
11	Ward's minimum-variance method	最小方差法

注：括号内是同种方法另外的名称。

McQuitty 方法又称 WPGMA（weighted pair-group method using arithmetic averages）法。在群体遗传学常用 UPGMA（unweighted pair-group method using arithmetic averages）法。

SPSS（statistical package for the social science）统计软件的聚类方法较少。

尽管聚类方法有 11 种之多，但聚类的基本思想是相同的，都是以普通的谱系聚类过程为基本原则。各种方法的开始都将每个样本各视作 1 个群，然后将距离最近的 2 个样本合并为新的 1 个群，再计算新群与其他样本的距离，重复进行 2 个最近样本（群）的合并，每次减少 1 个样本（群），直至所有的样本（群）合并为 1 个群。不同聚类方法的区别是样本间距离的计算方法不同。

各种聚类法的类间距离的不同定义方法可用统一公式来表达：

$$D_{rk}^2 = a_p D_{pk}^2 + a_q D_{qk}^2 + \beta D_{pq}^2 + \gamma \left| D_{pk}^2 - D_{qk}^2 \right|$$

式中，D_{rk}^2 为合并的新类 G_r=（G_p，P_q）与其他类 G_k 的距离；a_p、a_q、β、γ 分别为不同距离定义的待定系数。部分公式的系数取值（高惠璇，1997；SosaSegura，1990）见表 1-11-9。

表 1-11-9　部分聚类方法的系数值

序号	方法	系数			
		a_p	a_q	β	γ
1	average linkage（类平均法）	n_p/n_r	n_q/n_r	0	0
2	centroid method（重心法）	n_p/n_r	n_q/n_r	$-a_pa_q$	0
3	complete method（最长距离法）	0.5	0.5	0	0.5
4	flexible-beta method（可变类平均法）	（1-β）n_p/n_r	（1-β）n_q/n_r	<1	0
5	median method（中间距离法）	0.5	0.5	−0.25	0
6	single linkage（最短距离法）	0.5	0.5	0	−0.5

不同聚类方法的效果也不同。在不同问题中“类”的含义不尽相同，很难给“类”一个严格的定义。在聚类分析中没有一种方法能把前面步骤中产生的也许“不正确”聚类的对象重新进行分类。对肤纹聚类的结果要仔细考察，看其是否符合实际情况。对于特殊的肤纹问题，应该试用几种聚类方法，而且在一个确定的方法内给出多种距离进行运算。假如来自不同方法的结果一致，来自同一方法的不同距离的结果一致，则在很大程度上表明聚类统计分析的结果较真实地反映了事物的客观规律。

三、聚类图的控制轴

画出的树系图中，每 2 个群为一个最小聚类单位。合并后的群为 1 个新群，再与其他群合并，即每 2 个群做合并。每 2 个群的上下位置可以在控制轴的限制下做转动调整。下一级的控制轴又可以在上一级控制轴的限制下做群体位置的调整。图 1-11-3 是各控制轴的权限，如①控制 2 和 3；③控制①和 1，此时①内已含 2 和 3，③实际控制了 1、2、3，以此类推。还要注意，在本例中 4 和 5 绝不受控于③，4 和 5 的任何一群都不可进入③所控制的群体中。

在控制轴的限制下，做有限的调整，可以使聚类树系图更加合理或便于解释。

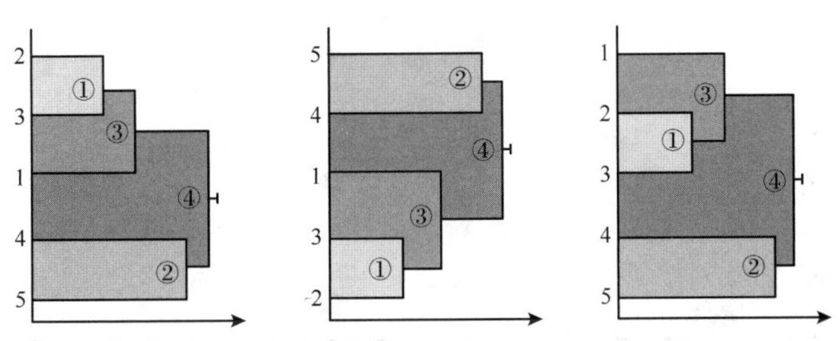

图 1-11-3　各群体在控制轴的限制下做位置的调整

①控制 2、3；②控制 4、5；③控制①、1；④控制②、③

四、聚类图的画法

聚类分析的特征根、贡献率及累积贡献等与主成分分析（本章第二节）一样，具体参数列于表 1-11-10。

根据聚类具体过程可以看到画聚类图（图 1-11-4）的步骤，帮助理解聚类的原理。在 SAS（8.2 版本）软件中有较为简单的聚类图自动输出。要看到清楚、全面的聚类图，就要重新画图。

表 1-11-10　30 群体的聚类过程

序号	类数	合并类 1	合并类 2	新类群数	簇间距离
1	30	Maonan 毛南族	Zhuang-2 壮族	2	0.258 3
2	29	Achang-2 阿昌族	Hani-3 哈尼族	2	0.297 9
3	28	Dai-2 傣族	De'ang-2 德昂族	2	0.309 0
4	27	Ewenki 鄂温克族	Oroqen 鄂伦春族	2	0.326 7
5	26	Xibe 锡伯族	Yugur 裕固族	2	0.341 2
6	25	Bai-2 白族	Dong-2 侗族	2	0.342 8
7	24	CL28	Jingpo-2 景颇族	3	0.383 5
8	23	CL30	Mulam-2 仫佬族	3	0.387 0
9	22	Lisu-2 傈僳族	Yi-5 彝族	2	0.408 0
10	21	Daur 达斡尔族	Mongol-3 蒙古族	2	0.417 6
11	20	CL29	CL25	4	0.434 5
12	19	CL20	CL23	7	0.439 8
13	18	CL27	Korean-2 朝鲜族	3	0.451 1
14	17	Dongxiang 东乡族	Hui-4 回族	2	0.494 1
15	16	CL17	CL26	4	0.516 3
16	15	Lhoba 珞巴族	Monba 门巴族	2	0.519 2
17	14	CL19	CL24	10	0.536 5
18	13	CL15	Tibetan-8 藏族	3	0.565 2
19	12	CL14	Jino-2 基诺族	11	0.590 2
20	11	Bonan-2 保安族	CL21	3	0.605 5
21	10	CL12	CL22	13	0.608 0
22	9	CL16	Qiang-2 羌族	5	0.616 9
23	8	CL11	CL9	8	0.690 8
24	7	CL18	Hezhen 赫哲族	4	0.698 1
25	6	CL8	CL13	11	0.751 5
26	5	CL10	Blang-2 布朗族	14	0.774 1
27	4	CL6	CL7	15	0.846 9
28	3	CL5	CL4	29	0.908 7
29	2	African 黑种人	Caucasian 白种人	2	1.461 3
30	1	CL3	CL2	31	1.860 6

注：采用中间距离法。CL. cluster，聚类。

表 1-11-10 是 30 个群体的聚类具体过程，是聚类树系图的数字表现形式。以表 1-11-10 的序号 1、8、21、30 为例，说明树系图的画法。

在第 1 行的聚类合并的结果为第 30 类（记为 CL30），由 Maonan 毛南族和 Zhuang-2 壮族合并而成。新类里群数为 2。群体（簇）内的距离为 0.2583。

在第 8 行的聚类合并的结果为第 23 类（记为 CL23），由合并类 CL30 簇和 Mulam-2 仫佬族合并而成。新类里群数为 3。群体（簇）内的距离为 0.3870。

在第 21 行的聚类合并的结果为第 10 类(记为 CL10)，由合并类 CL12 簇和合并类 CL22 簇合并而成。新类里群数为 13。群体（簇）内的距离为 0.6080。

在第 30 行的聚类合并的结果为第 1 类（记为 CL1），由合并类 CL3 簇和合并类 CL2 簇合并而成。新类里群数为 31。群体（簇）内的距离为 1.8606。至此，全部聚类（图 1-11-4）完成。

根据肤纹聚类图（图 1-11-4）、历史资料、迁徙文献等，可解读上海群体聚类在北方大群中的原因。

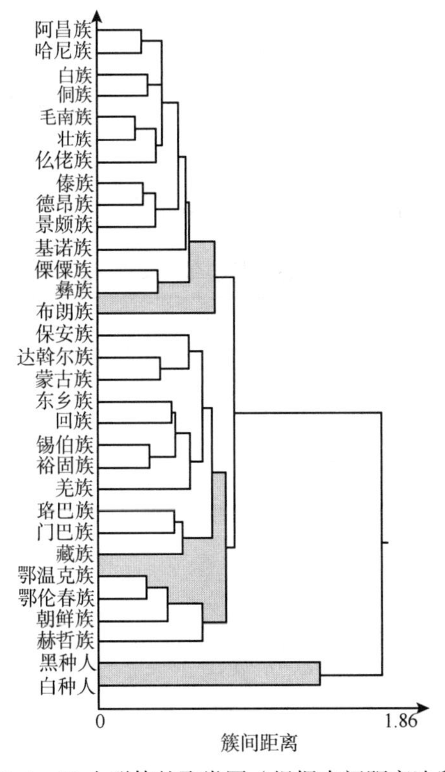

图 1-11-4　30 个群体的聚类图（根据中间距离法所作）

第十二章　atd 角和 tPD 值的年龄变化

由于肤纹的形态终身稳定，在形态类型方面的成人项目参数的正常值可以作为未成年人的参数，但是 atd 角、tPD 值有年龄上的变化（谭浩强 等，1984；张海国 等，1987；阮家超，1992）。轴三角 t 在手掌上的位置可根据 atd 和 tPD 的测量值来衡量。

为了解 atd 和 tPD 的年龄变化情况，调查了 1～11 岁人群 2200 人，每 1 岁为一组，每组男女各 100 人，均是汉族人，调查对象身体健康，家族无遗传病史。捺印调查对象的手纹，在捺印图上用量角器测量 atd 角，用直尺测量 tPD 值，输入计算机统计数据参数（吉林大学数学系计算数学教研室，1976；Michael et al，1994；谭浩强 等，1984；张后苏 等，1994）。

第一节　atd 角的年龄变化

2200 例 1～11 岁人群中各年龄组和男女性 atd 角度见表 1-12-1。

表 1-12-1　各年龄组和男女性 atd 角度

年龄（岁）	$\bar{x}$（°）	s（°）	t_{g1}	t_{g2}	男		女	
					$\bar{x}$（°）	s（°）	$\bar{x}$（°）	s（°）
1	47.56	7.18	7.97	6.91	46.74	7.61	48.38	6.65
2	47.13	6.40	3.66	0.46	46.38	5.41	47.88	7.19
3	45.34	6.62	5.45	3.66	44.38	5.66	46.30	7.35
4	45.24	5.50	6.82	4.50	44.73	4.87	45.75	6.03
5	44.23	6.83	8.82	12.47	43.23	6.25	45.23	7.24
6	43.00	5.42	2.95	2.75	42.04	5.50	43.96	5.18
7	42.78	6.05	3.22	3.89	42.18	6.31	43.38	5.72
8	40.63	6.31	3.21	2.57	39.89	6.06	41.38	6.48
9	39.89	7.70	–4.91	41.95	39.86	6.95	39.92	8.40
10	41.28	7.61	4.85	2.87	40.98	6.89	41.59	8.28
11	40.19	7.18	7.58	11.84	38.97	8.13	41.41	5.86

对表 1-12-1 的均数作线图，见图 1-12-1。

在 11 个年龄组中，各组男性（100 人）平均值与同组男女合计（200 人）平均值的显著性检验、各组女性（100 人）平均值与同组男女合计（200 人）平均值的显著性检验都未见有显著性差异（t<1.96，P>0.05）。各组男性平均值都小于女性，这与成人组一致（1040 名汉族人，男性 39.11°±5.57°，女性 39.92°±6.60°）。11 个年龄组 atd 平均值的方差分析表现出显著性差异（F=78.70，P<0.01）。除了 10 岁和 11 岁 2 个组外，1～9 岁组的 atd 均符合直线回归公式：

atd=48.8208－0.9586×年龄（式 1-12-1）

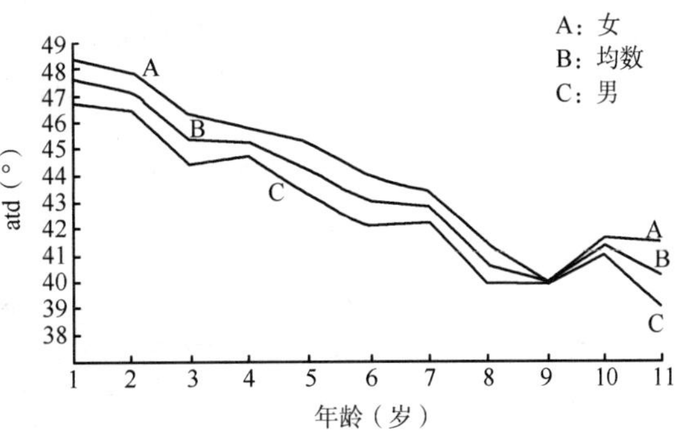

图 1-12-1　11 个年龄组的 atd 角均数线图

年龄和 atd 呈高度相关（r=－0.9875，P<0.001）。回归系数显著性检验得 t_b=22.7969，df=11–2，有 P<0.001，表明回归显著。在式 1-12-1 中：常数 a=48.8209≈49，回归系数 b=－0.9586≈−1。1～9 岁组 atd 直线回归关系的公式可以简化为

atd=49–年龄　　　　（式 1-12-2）

把 10 岁和 11 岁也用 9 岁来代替，代入式 1-12-2，得到各年龄组的理论值，列入表 1-12-2。

表 1-12-2　11 个年龄组 atd 平均值的观察值和理论值的显著性对比

年龄（岁）	观察值（°）	理论值（°）	t 检验和 P 值
1	47.56	48	
2	47.13	47	t = 0.694 3
3	45.34	46	
4	45.24	45	$t_{0.5}$ = 0.700 0
5	44.23	44	
6	43.00	43	y = 10
7	42.78	42	
8	40.63	41	0.694 3<0.700 0
9	39.89	40	
10	41.28	40	P>0.05
11	40.19	40	

表 1-12-2 的 2 组数值的差异显著性检验为 P>0.05，表明无显著性差异。

检验如下：①男性与同组平均值作对比（女性亦然），如有差异则不可合并男女为一组。②对 11 个年龄组的平均值作组间对比，如无差异则不须依年龄分组。③对公式做回归显著性检验、相关显著性检验都显示差异极显著，如检验结果为差异不显著，则公式无效。④对 1～9 岁各组进行观察值与理论值的显著性对比（对 1～11 岁亦然），如有差异则公式无效。经过以上 4 项检验才表明公式：atd=49－年龄（年龄在 1～9 岁），可用可靠。

第二节　tPD 值的年龄变化

11 个年龄组的 2200 例 1～11 岁人群中在各年龄组和男女性 tPD 测量值见表 1-12-3。

表 1-12-3　各年龄组和男女性 tPD 值

年龄（岁）	$\bar{x}$	s	t_{g1}	t_{g2}	男		女	
					$\bar{x}$	s	$\bar{x}$	s
1	17.84	6.49	8.58	3.55	17.83	6.93	17.86	6.04
2	17.31	6.44	8.81	3.71	16.73	6.46	17.89	6.38
3	17.32	6.17	8.33	2.29	16.84	5.41	17.80	6.83
4	16.68	5.53	6.05	–0.44	16.39	5.91	16.97	5.12
5	16.78	6.66	10.15	7.41	16.20	6.52	17.37	6.78
6	17.29	6.08	8.92	7.29	16.66	5.56	17.91	6.51
7	17.30	5.97	6.93	2.24	16.90	6.15	17.69	5.78
8	16.47	6.07	8.75	5.01	16.06	5.87	16.88	6.25
9	16.72	6.37	6.34	1.09	16.65	6.42	16.80	6.33
10	17.99	6.85	7.11	1.76	17.53	6.49	18.45	7.17
11	17.39	5.79	6.20	2.62	17.04	5.67	17.73	5.89

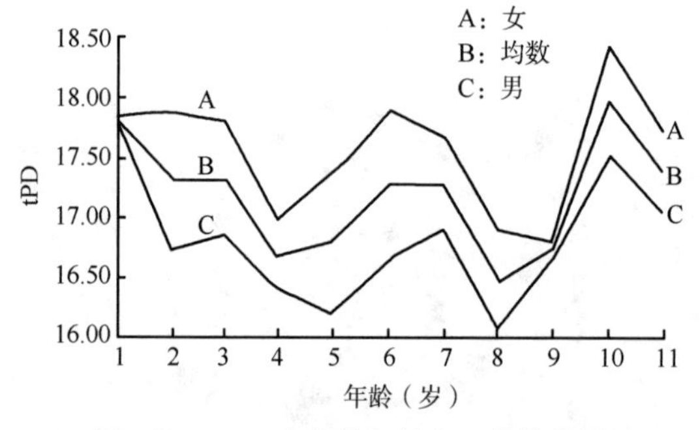

图 1-12-2　11 个年龄组的 tPD 均数线图

对表 1-12-3 的均数作线图，见图 1-12-2。

在 11 个年龄组中，每组（200 人）的均数与同组男女（各 100 人）平均值做显著性检验都未见有显著性差异（都是 $t<1.96$，$P>0.05$）。各组男性的平均值都小于女性，这与成年组一致（1040 名汉族人，男性 15.60±6.34，女性 16.40±6.13）。在 11 个年龄组的 10 个相邻组之间做差异显著性检验，未见有显著性差异（都是 $t<1.96$，$P>0.05$）。对 11 个年龄组的任意 2 个组做均数差异显著性检验及全部 55 对组的对比，表现出显著性差异（F=2.4030，$F_{0.05}$=1.83，$P<0.05$），这是仅由 8 岁组与 10 岁组的对比有差异（处理数为 11，b=1.40，两个均数差为 1.52）所致。

2200 例 1～11 岁人群的总 tPD 均数为 17.19±6.24，显著大于成人组的均数 16.00±6.25，表现出显著性差异（$t>2.56$，$P<0.01$）。

1～11 岁人群的 tPD 不像 atd 有显著的直线回归关系，因为与成年人有差异，各年龄阶段的 tPD 值宜用各自年龄组的参数。

第三节 轴三角 t 和指三角的形态观察

测量 atd 要有轴三角 t 及指三角 a 和 d。测量 tPD 不涉及指三角 a 和 d，轴三角 t 不可缺少。在 2200 名 1～11 岁人群的手掌观察中，见到有 t、d 非常数的情况，即三角数目不是常数 1，在手掌上有的多于 1，有的缺如（是为 0）。2200 名婴幼儿童的轴三角 t 和指三角 d 作为肤纹形态的观察频率见表 1-12-4，并和 1040 例成人对比。

表 1-12-4 三角 t、a、d 增加或缺失在 1～11 岁人群和成人中频率（频数）的对比

	t≥2	ato（d=0）	aod（t=0）	合计无 atd（atd=0°）
1～11 岁人群 2200 人	2.05%	0.48%	0.43%	0.91%
4400 只手	（90）	（21）	（19）	（40）
成人 1040 人	1.83%	0.67%	0.48%	1.15%
2080 只手	（38）	（14）	（10）	（24）
显著性检验	t=0.60	t=0.95	t=0.27	t=0.89
	$P>0.05$	$P>0.05$	$P>0.05$	$P>0.05$

对轴三角 t 和指三角 d 的非常数情况在 1～11 岁人群和成人组之间做显著性检验。在 t≥2、ato、aod 和无 atd 中的对比都是 $t<1.96$，$P>0.05$，表明各种对比间都无显著性差异。

综上，1～11 岁人群和成人组这两个大群体的手掌 atd 和 tPD 作为肤纹测量值的观察指标，有群体年龄间的差异。

1～11 岁人群和成人组这两个大群体的手掌轴三角 t、指三角 a（未见非常数指三角 a）和指三角 d 作为肤纹形态的观察指标，没有群体年龄间的差异。

第十三章　指纹排列组合及系数和期望频率

在 2 个手指（2 指）上，可以有 3 种指纹类型（3 花）[弓（A）、箕（L）、斗（W）] 出现，2 指 3 花可以用下列公式求得排列格局数和组合格局数：

$$(A+L+W)^2=AA+AL+AW+LL+LA+LW+WW+WA+WL$$
$$=AA+LL+WW+2AL+2AW+2LW$$

有 9 种排列：AA、AL、AW、LL、LA、LW、WW、WA、WL。

AL 和 LA、AW 和 WA、LW 和 WL 均是同组分的不同排列。

有 6 种组合：AA、LL、WW、AL、AW、LW。

组合的系数：AL、AW、LW 的系数都是 2，AA、LL、WW 的系数都是 1。

组合为同型花纹时，为纯合型。组合为异型花纹时，为杂合型。纯合型组合的系数为 1，杂合型组合的系数为同组分排列数之和。

此平方和公式可以计算比较简单的排列和组合数。

对于花纹种类较多或手指数多（如一手 5 指、双手 10 指）等较复杂的排列和组合格局，要用杨纪珂介绍的公式（杨纪珂，1964）求得。

为检验左右同名部位（指纹）或一手 5 指、双手 10 指的非随机化组合情况，要进行观察频率与期望频率（也称理论频率）的显著性对比。观察频率是从实际调查中得到的，期望频率来自以观察频率（参数）为变量的概率乘法公式的运算。

第一节　指纹的排列

一、不可代换排列

（一）不可代换排列之一

排列（permutation pattern）n 个不同的物体（杨纪珂，1964），全部不同排列的数目为

$$P_n = n! \qquad （式 1-13-1）$$

例如：有 3 种指纹弓（A）、箕（L）、斗（W）。全部不同的排列共有多少种？

式 1-13-1 中 n=3，有

$$P_3 = 3! = 3\times2\times1 = 6$$

对本题的理解和提示：布袋中有 3 枚指纹棋子弓（A）、箕（L）、斗（W）。第 1 次从布袋中取 1 枚，写下记号和顺序号，棋子不放回布袋；第 2 次再取 1 枚，写下记号和顺序号，棋子也不放回布袋；写下第 3 枚的记号和顺序号。每 3 次为 1 组，为 3 花的排列格局。布袋里最先有 3 枚不同的棋子，取 1 次少 1 枚，也少 1 种花样，取到相同棋子的事件不可能发生（不可代换排列）。不可代换的 3 花排列格局有 6 种：ALW、AWL、LAW、LWA、

WAL、WLA。

（二）不可代换排列之二

不同的物体有 n 个，排列时只取其中 r 种，$r \leqslant n$，全部不同排列的数目为

$$P_n^r = \frac{n!}{(n-r)!} \qquad （式 1-13-2）$$

例如：有 3 种指纹弓（A）、箕（L）、斗（W）。取 2 枚排列，全部不同的排列共有多少种？

式 1-13-2 中 n=3，r=2，有

$$P_3^2 = \frac{3!}{(3-2)!} = \frac{3 \times 2 \times 1}{1!} = \frac{6}{1} = 6$$

对本题的理解和提示：布袋中有 3 枚指纹棋子——弓（A）、箕（L）、斗（W）。第 1 次从布袋中取 1 枚，写下记号和顺序号，棋子不放回布袋；第 2 次再取 1 枚，写下记号和顺序号。每 2 次为 1 组，为 2 花的排列格局。布袋中只有 3 枚不同花样的指纹棋子，取到相同棋子的事件不可能发生（不可代换排列）。不可代换的 2 花排列格局有 6 种：AL、AW、LA、LW、WA、WL。

二、可代换排列

不同的事物有 n 种，各种事物都有充分的供应，取 r 个事物的不同排列方法为

$$n^r \qquad （式 1-13-3）$$

例 1：有 3 种指纹弓（A）、箕（L）、斗（W）。2 枚指纹不同的排列共有多少种？

式 1-13-3 中 n=3，r=2，有

$$3^2=9$$

对本题的理解和提示：布袋中有 3 枚指纹棋子弓（A）、箕（L）、斗（W）。第 1 次从布袋中取 1 枚，写下记号和顺序号，棋子放回布袋；第 2 次再取 1 枚，写下记号和顺序号。每 2 次为 1 组，为 2 花的排列格局。每次取棋子时布袋里有 3 枚不同的棋子，取到与上次相同棋子的事件有可能发生（可代换排列）（表 1-13-1）。

表 1-13-1　可代换的 2 花排列格局（9 种）

	A	L	W
A	AA	AL	AW
L	LA	LL	LW
W	WA	WL	WW

例 2：有 3 种指纹弓（A）、箕（L）、斗（W）。3 枚指纹不同的排列共有多少种？

式 1-13-2 中 n=3，r=3，有

$$3^3=27$$

对本题的理解和提示：布袋中有 3 枚指纹棋子弓（A）、箕（L）、斗（W）。第 1 次从布袋中取 1 枚，写下记号和顺序号，棋子放回布袋；第 2 次取 1 枚，写下记号和顺序号，棋子也放回布袋；第 3 次取 1 枚，写下记号和顺序号。每 3 次为 1 组，为 3 花的排列格局。取棋子时布袋里总有 3 枚不同的棋子，下一次取棋子时取到与上次棋子相同的事件有可能发生（可代换排列）（表 1-13-2）。

表 1-13-2　可代换的 3 花排列格局（27 种）

	A			L			W		
	A	L	W	A	L	W	A	L	W
	AA	AL	AW	LA	LL	LW	WA	WL	WW
A	AAA	AAL	AAW	ALA	ALL	ALW	AWA	AWL	AWW
L	LAA	LAL	LAW	LLA	LLL	LLW	LWA	LWL	LWW
W	WAA	WAL	WAW	WLA	WLL	WLW	WWA	WWL	WWW

第二节　指纹的组合

一、不可代换组合

从 n 种事物中 1 次取 r 件，$r \leqslant n$，其不同的组合（combination pattern）方式为

$$C_n^r = \frac{n!}{r!(n-r)!} \qquad （式 1-13-4）$$

例如：有 3 枚指纹弓（A）、箕（L）、斗（W）。每次取 2 枚为 1 种组合，共有多少种组合？

式 1-13-4 中 n=3，r=2，有

$$C_3^2 = \frac{3!}{2!(3-2)!} = \frac{3 \times 2 \times 1}{2!1!} = \frac{6}{2} = 3$$

对本题的理解和提示：布袋中有 3 枚指纹棋子弓（A）、箕（L）、斗（W）。每次从布袋中取 2 枚，写下记号，把棋子放回布袋。每次为 1 组，是为 2 指 3 花的组合格局。布袋中保持有 3 枚不同的棋子，1 把抓 2 枚取到相同棋子的事件不可能发生（不可代换组合）（表 1-13-3）。

表 1-13-3　2 指 3 花组合格局（3 种）

	A	L	W
A	AA	AL	AW
L	LA	LL	LW
W	WA	WL	WW

注：AA、LL、WW 不可能出现，AL 和 LA、AW 和 WA、LW 和 WL 各为同种组合。

二、可代换组合

有 n 种事物，均取之不尽。从中抽取 r 个，其不同的组合方式为

$$C_{n+r-1}^{r}=\frac{(n+r-1)!}{r!(n-1)!} \qquad (式 1\text{-}13\text{-}5)$$

例 1： 有 3 枚指纹弓（A）、箕（L）、斗（W）。每 5 枚为 1 种组合，共有多少种组合？

式 1-13-5 中 n=3，r=5，有

$$C_{3+5-1}^{5}=\frac{(3+5-1)!}{5!(3-1)!}=21$$

5 指 3 花的组合格局为 21 种。

对本题的理解和提示：布袋中有 3 枚指纹棋子弓（A）、箕（L）、斗（W）。每次从布袋中取 1 枚，写下记号，把棋子放回布袋。每 5 次为 1 组，是为（一手）5 指 3 花的组合格局。布袋中保持有 3 枚不同的棋子，下次取到与上次同样棋子的事件有可能发生（可代换组合）（表 1-13-4）。

表 1-13-4　5 指 3 花的组合格局（21 种）

	1	2	3	4	5	6	7	8	9	10	11	12	13	14	15	16	17	18	19	20	21
A	0	0	5	0	0	0	0	1	2	3	4	1	2	3	4	1	1	1	2	2	3
L	0	5	0	1	2	3	4	0	0	0	0	4	3	2	1	1	2	3	1	2	1
W	5	0	0	4	3	2	1	4	3	2	1	0	0	0	0	3	2	1	2	1	1
合计	5	5	5	5	5	5	5	5	5	5	5	5	5	5	5	5	5	5	5	5	5

例 2： 有 4 种指纹弓（A）、箕（Lu，Lr）、斗（W）。每 5 枚（一手）为 1 种组合，共有多少种组合？

式 1-13-5 中有 n=4，r=5，有

$$C_{4+5-1}^{5}-\frac{(4+5-1)!}{5!(4-1)!}=56$$

5 指 4 花的组合格局为 56 种。

例 3： 有 6 种指纹弓（As，At）、箕（Lu，Lr）、斗（Ws，Wd）。每 5 枚（一手）为 1 种组合，共有多少种组合？

式 1-13-5 中 n=6，r=5，有

$$C_{6+5-1}^{5}=\frac{(6+5-1)!}{5!(6-1)!}=252$$

5 指 6 花的组合格局为 252 种。

例 4： 有 3 种指纹弓（A）、箕（L）、斗（W）。每 10 枚（双手）为 1 种组合，共有多少种组合？

式 1-13-5 中 n=3，r=10，有

$$C_{3+10-1}^{10}=\frac{(3+10-1)!}{10!(3-1)!}=66$$

10 指 3 花的组合格局为 66 种。

例 5： 有 4 种指纹弓（A）、箕（Lu、Lr）、斗（W）。每 10 枚（双手）为 1 种组合，共有多少种组合？

式 1-13-5 中 n=4，r=10，有

$$C_{4+10-1}^{10}=\frac{(4+10-1)!}{10!(4-1)!}=286$$

10 指 4 花的组合格局为 286 种。

例 6： 有 6 种指纹弓（As、At）、箕（Lu、Lr）、斗（Ws、Wd）。每 10 枚（双手）为 1 种组合，共有多少种组合？

式 1-13-5 中 n=6，r=10，有

$$C_{6+10-1}^{10}=\frac{(6+10-1)!}{10!(6-1)!}=3003$$

10 指 6 花的组合格局有 3003 种。

第三节　指纹组合的系数

一、10 指 3 花组合的各项系数

10 指 3 花有排列格局（3^{10}）59 049 种，组合格局为 66 种。排列格局数远多于组合格局数，1 种组合包括成千种排列式。3A4L3W 组合有 4200 种排列格局，它的系数就是 4200，根据多项式各系数通式求得。

多项式的通式：

$$(a+b+c\cdots z)^{n}=1 \qquad \text{（式 1-13-6）}$$

各项系数通式：

$$\frac{n!}{p!q!r!\cdots s!}a^{p}b^{q}c^{r}\cdots z^{s} \qquad \text{（式 1-13-7）}$$

在指纹的组合中，$a^{p}b^{q}c^{r}\cdots z^{s}$ 项的系数为

$$\frac{n!}{p!q!r!\cdots s!}$$

当 $n=p+q+r$ 时，系数的通式为

$$\frac{n!}{p!q!r!} \qquad \text{（式 1-13-8）}$$

例如：求双手 10 指的组合是 A A A L L L L W W W，由 3A、4L、3W 组成，此种组合格局是 $A^3L^4W^3$，为求 10 指组合，p=3 为有 3 个 A 或 A 的指数是 3，q−4 为有 4 个 L 或 L 的指数是 4，r=3 为有 3 个 W 或 W 的指数是 3，将指数值代入式 1-13-8，有

$$\frac{10!}{3!4!3!}=\frac{10\times9\times8\times7\times6\times5\times4\times3\times2\times1}{3\times2\times1\times4\times3\times2\times1\times3\times2\times1}=4200$$

$A^3L^4W^3$ 的系数是 4200。

10 指 3 花的 59 049 种排列组合为 66 种，总系数为 59 049，各组合的系数列表如下（表 1-13-5）。

表 1-13-5　10 指 3 花组合的各项系数

序号	A	L	W	组合系数	序号	A	L	W	组合系数
1	0	0	10	1	34	3	3	4	4 200
2	0	1	9	10	35	3	4	3	4 200
3	0	2	8	45	36	3	5	2	2 520
4	0	3	7	120	37	3	6	1	840
5	0	4	6	210	38	3	7	0	120
6	0	5	5	252	39	4	0	6	210
7	0	6	4	210	40	4	1	5	1 260
8	0	7	3	120	41	4	2	4	3 150
9	0	8	2	45	42	4	3	3	4 200
10	0	9	1	10	43	4	4	2	3 150
11	0	10	0	1	44	4	5	1	1 260
12	1	0	9	10	45	4	6	0	210
13	1	1	8	90	46	5	0	5	252
14	1	2	7	360	47	5	1	4	1 260
15	1	3	6	840	48	5	2	3	2 520
16	1	4	5	1 260	49	5	3	2	2 520
17	1	5	4	1 260	50	5	4	1	1 260
18	1	6	3	840	51	5	5	0	252
19	1	7	2	360	52	6	0	4	210
20	1	8	1	90	53	6	1	3	840
21	1	9	0	10	54	6	2	2	1 260
22	2	0	8	45	55	6	3	1	840
23	2	1	7	360	56	6	4	0	210
24	2	2	6	1 260	57	7	0	3	120
25	2	3	5	2 520	58	7	1	2	360
26	2	4	4	3 150	59	7	2	1	360
27	2	5	3	2 520	60	7	3	0	120
28	2	6	2	1 260	61	8	0	2	45
29	2	7	1	360	62	8	1	1	90
30	2	8	0	45	63	8	2	0	45
31	3	0	7	120	64	9	0	1	10
32	3	1	6	840	65	9	1	0	10
33	3	2	5	2 520	66	10	0	0	1

二、5 指 3 花组合的各项系数

5 指 3 花有排列格局（3^5）243 种、组合格局 21 种。排列格局数远多于组合格局数，1 种组合包括许多种排列式。1A2L2W 组合有 30 种排列格局，它的系数就是 30，根据多项式各系数通式求得。

例如：5 指的组合是 A L L L W，由 1A3L1W 组成，此种组合格局是 AL^3W，为求 5 指组合，p=1 为有 1 个 A 或 A 的指数是 1，q=3 为有 3 个 L 或 L 的指数是 3，r=1 为有 1 个 W 或 W 的指数是 1，将指数值代入式 1-13-8，有

$$\frac{5!}{1!3!1!}=\frac{5\times4\times3\times2\times1}{1\times3\times2\times1\times1}=20$$

AL^3W 的系数是 20。

5 指 3 花的 243 种排列组合为 21 种，总系数为 243，各组合的系数列表如下（表 1-13-6）。

表 1-13-6　5 指 3 花组合的各项系数

序号	A	L	W	组合系数	序号	A	L	W	组合系数
1	0	0	5	1	12	2	0	3	10
2	0	1	4	5	13	2	1	2	30
3	0	2	3	10	14	2	2	1	30
4	0	3	2	10	15	2	3	0	10
5	0	4	1	5	16	3	0	2	10
6	0	5	0	1	17	3	1	1	20
7	1	0	4	5	18	3	2	0	10
8	1	1	3	20	19	4	0	1	5
9	1	2	2	30	20	4	1	0	5
10	1	3	1	20	21	5	0	0	1
11	1	4	0	5	合计				243

第四节　对应组合的期望频率

双手双足左右同名部位组合格局的分析，要求出期望频率，或称理论频率。观察频率是从实际调查中得到的，期望频率来自以观察频率（参数）为变量的概率乘法定律公式的运算。把观察频率与期望频率作 χ^2 对比。根据 $\chi^2<3.84$ 有 $P>0.05$，认为差异不显著；$3.84\leqslant\chi^2<6.64$ 有 $0.01<P\leqslant0.05$，认为差异显著；$\chi^2\geqslant6.64$ 有 $P\leqslant0.01$ 则认为差异极显著，此处的 df =1。在大多数描述中的观察频率实际是观察百分频率，为了求出期望频率，要把观察百分频率还原成观察小数频率，如将 51%还原为 0.51。

一、左右同名部位真实花纹的组合频率

手的大鱼际纹、指间区纹、小鱼际纹、各种指轴三角的缺失、屈肌线的猿线，以及足的趾间区纹、足小鱼际纹、足跟纹等都只计有或无两种状态，如真实花纹的有或无、指三角 c 的有或无等。期望频率公式如下：

$$(t+f)^2=1$$

$$t^2+2tf+f^2=1$$

式中，t 为某部位真实花纹的观察小数频率，f 为非真实花纹的观察小数频率。

云南白族 1000 人（男女各 500 人，见第二篇第二章表 2-2-15）手大鱼际纹真实花纹的观察小数频率为 0.0535（即 5.35%），非真实花纹的观察小数频率为 0.9465（即 94.65%），左右以真/真对应的观察频率为 1.50%，代入 χ^2 检验公式（见本篇第十章第一节的 χ^2 检验）：

真/真对应为 t^2 即 $(0.0535)^2\approx0.002\,862$，$0.002\,862\times100\%=0.2862\%$

非/非对应为 f^2 即 $(0.9465)^2\approx0.895\,862$，$0.895\,862\times100\%=89.5862\%$

真/非对应为 $2tf$ 即 $2\times0.0535\times0.9465\approx0.101\,276$，$0.101\,276\times100\%=10.1276\%$

比较真/真对应的观察频率（1.50%）与期望频率（0.2862%）有无显著性差异，得

$\chi^2=6.7833$，df=1，$P_{0.01}=6.625$，$P<0.01$，观察频率显著高于期望频率，表明真/真对应组合有亲和性（affinity）。

二、左右同名指指纹组合的期望频率

指纹至少可分为 A、L、W 三大类型，群体同名指对应的期望频率公式如下：

$$(f_A+f_L+f_W)^2=1$$

式中，f_A 为 A 型指纹的观察小数频率，f_L 为 L 型指纹的观察小数频率，f_W 为 W 型指纹的观察小数频率。简化公式为

$$(A+L+W)^2=1$$

展开公式为

$$A^2+L^2+W^2+AL+AW+LA+LW+WA+WL=1 \qquad (式 1\text{-}13\text{-}9)$$

AW 与 WA 的排列不同，共有 9 种全排列格局；AW 与 WA 的组合相同，整理式 1-13-9 可得到 6 种组合格局：

$$A^2+L^2+W^2+2AL+2AW+2LW=1 \qquad (式 1\text{-}13\text{-}10)$$

上海汉族 1040 人的指纹有数据：A=0.0205，L=0.4710，W=0.5086，代入式 1-13-10 得到 6 种组合的期望频率：

$A^2=(0.0205)^2=4.2025\times10^{-4}$，$4.2025\times10^{-4}\times100\%\approx0.0420\%$

$L^2=(0.4710)^2\approx0.2218$，$0.2218\times100\%=22.18\%$

$W^2=(0.5086)^2\approx0.258\,674$，$0.258\,674\times100\%=25.8674\%$

$2AL=2\times0.0205\times0.4710\approx0.0193$，$0.0193\times100\%=1.93\%$

$2AW=2\times0.0205\times0.5086\approx0.0209$，$0.0209\times100\%=2.09\%$

$2LW=2\times0.4710\times0.5086\approx0.4791$，$0.4791\times100\%=47.91\%$

左右同名指指纹以同型 A/A、L/L、W/W 相对应的观察频率明显增多，P 值均<0.001，在统计学上有显著性差异，表示同型组合为亲和性。A/W 组合的观察频率显著少于期望频率，$P<0.001$，差异也有统计学意义，提示 A/W 不相容。这表明对应组合的非随机性有遗传机制在发生作用。

三、一手 5 指的指纹组合的期望频率

一手 5 指指纹的期望频率有公式：

$$(f_A+f_L+f_W)^5=1$$

式中，f_A 为 A 型指纹的观察小数频率，f_L 为 L 型指纹的观察小数频率，f_W 为 W 型指纹的观察小数频率。简化公式为

$$(A+L+W)^5=1$$

全排列格局有 $3^5=243$ 种，组合格局为 21 种。

如果要求一手 5 指的组合是 A L L W W，由 1A、2L、2W 组成，此种组合格局是 AL^2W^2，式 1-13-8 中 $n=5$ 为求 5 指组合，$p=1$ 为有 1 个 A 或 A 的指数是 1，$q=2$ 为有 2 个 L 或 L 的指数是 2，$r=2$ 为有 2 个 W 或 W 的指数是 2，将指数值代入式 1-13-8，求 AL^2W^2 的系数：

$$\frac{5!}{1!2!2!}=\frac{5\times4\times3\times2\times1}{1\times2\times1\times2\times1}=\frac{120}{4}=30$$

得到 AL^2W^2 项的系数为 30，有 $30AL^2W^2$。

仍以上海汉族 1040 人的指纹数据为例：A=0.0205，L=0.4710，W=0.5086，代入 $30AL^2W^2$ 求出期望频率：

$$30\times0.0205\times0.4710^2\times0.5086^2\approx0.0353$$

$$0.0353\times100\%\approx3.53\%$$

1A 2L 2W 的观察频率是 0.82%，参见第二篇第十六章表 2-16-59，期望频率为 3.53%，经 χ^2 检验得 $P<0.01$，两者差异显著，表明一手 5 指的组合中 A 与 W 有不相容趋势。

四、双手 10 指的指纹组合的期望频率

双手 10 指指纹的期望频率有公式：

$$(f_A+f_L+f_W)^{10}=1$$

式中，f_A 为 A 型指纹的观察小数频率，f_L 为 L 型指纹的观察小数频率，f_W 为 W 型指纹的观察小数频率。简化公式为

$$(A+L+W)^{10}=1$$

全排列格局有 $3^{10}=59049$ 种，组合格局为 66 种。

例如：要求双手 10 指的组合是 A L L L L L L W W W，由 1A、6L、3W 组成，此种组合格局是 AL^6W^3，式 1-13-8 中 n=10 为求 10 指组合，p=1 为有 1 个 A 或 A 的指数是 1，q=6 为有 6 个 L 或 L 的指数是 6，r=3 为有 3 个 W 或 W 的指数是 3，将指数值代入式 1-13-8，求 AL^6W^3 项的系数：

$$\frac{10!}{1!6!3!}\frac{10\times9\times8\times7\times6\times5\times4\times3\times2\times1}{1\times6\times5\times4\times3\times2\times1\times3\times2\times1}=\frac{3\,628\,800}{4320}=840$$

得到 AL^6W^3 的系数为 840，有 840 AL^6W^3。

以我国新疆维吾尔族 1000 人的指纹数据为例：A=0.0251，L=0.5403，W=0.4346，代入 840 AL^6W^3 求出期望频率：

$$840\times0.0251\times0.5403^6\times0.4346^3\approx0.043\,055\,8$$

$$0.043\,055\,8\times100\%=4.305\,58\%=4.31\%$$

1A 6L 3W 的观察频率是 1.30%，参见第二篇第四十九章表 2-49-7。期望频率为 4.31%，经 χ^2 检验得 $P<0.01$，两者差异显著，表明双手 10 指的组合中 A 与 W 有不相容趋势。

第十四章　肤纹在人类学的应用

人类肤纹在个体上不同，在人种、民族、群体之间也不相同，表现了生物群体的多态性和民族体质特征的多样性。

第一节　人种和民族间的肤纹参数比较

一、黄种人与白种人比较

肤纹因人种而不同，人类学家利用肤纹频率上的差别及其他参数的不同，来进行人种分类。蒙古人种（Mongolian）汉族的资料（张海国　等，1981；张海国　等，1982；Zhang et al，1982）与高加索人种（Caucasian）美国明尼苏达白种人的资料（Schaumann et al，1976）比较见表 1-14-1。

表 1-14-1　蒙古人种与高加索人种的手肤纹参数比较

肤纹项目	高加索人种 美国明尼苏达人 200 人 （白种人）	蒙古人种 汉族 1040 人 （黄种人）	差异显著性检验
弓形指纹（%）	6.60	2.05	$P<0.001$
箕形指纹（%）	66.32	47.10	$P<0.001$
斗形指纹（%）	27.08	50.86	$P<0.001$
指间Ⅲ区纹（%）	45.75	14.66	$P<0.001$
指间Ⅳ区纹（%）	49.50	73.46	$P<0.001$
小鱼际纹（%）	43.25	17.26	$P<0.001$
猿线（%）	6.50	10.24	$P<0.001$
TFRC（条）	123.25	143.63	$t>2$
a-b RC（条）	41.50	38.05	$t>2$

经统计处理表明表 1-14-1 所列的各个项目间都有显著性差异。白种人（高加索人种）的斗形指纹频率仅约为黄种人（蒙古人种）的 1/2。小鱼际纹在白种人中频率很高，为黄种人的 2.5 倍。白种人的指间Ⅲ区纹的频率约是黄种人的 3 倍。

二、黄种人与黑种人比较

蒙古人种的汉族人群（黄种人）（张海国　等，1981；张海国　等，1982）与利比里亚人群（黑种人）（Cummins et al，1943）的肤纹参数比较见表 1-14-2。

表 1-14-2　汉族人群与利比里亚人群肤纹频率的比较

肤纹项目*	利比里亚人 （黑种人，%）	汉族人 1040 人 （黄种人，%）	差异显著性检验
弓形指纹（401 人）	6.0	2.0	$P<0.01$
箕形指纹（401 人）	64.0	47.1	$P<0.01$
斗形指纹（401 人）	30.0	50.9	$P<0.01$
大鱼际纹（75 人）	14.0	8.7	$P>0.05$
指间Ⅱ区纹（75 人）	10.0	0.9	$P<0.01$
指间Ⅲ区纹（75 人）	29.0	14.7	$P<0.01$
指间Ⅳ区纹（75 人）	90.0	73.5	$P<0.05$
小鱼际纹（75 人）	19.0	17.3	$P>0.05$
踇趾球纹（96 人）	56.0	29.4	$P<0.01$
趾间Ⅱ区纹（96 人）	30.0	9.3	$P<0.05$
趾间Ⅲ区纹（96 人）	2.0	50.3	$P<0.01$
趾间Ⅳ区纹（96 人）	0	5.7	$P<0.01$

*此列括号内的数目是利比里亚人群的人数。

从表 1-14-2 中可以见到黄种人（蒙古人种）趾间Ⅲ区纹的频率竟是黑种人（尼格罗人种）的 25 倍之多。而黑种人趾间Ⅱ区纹的频率是黄种人的 3 倍多。在指间区项目中，黄种人的指间Ⅱ区纹仅约为黑种人的 1/10。

三、同一人种的汉族与壮族比较

我国是一个多民族国家，各民族间肤纹参数亦有差别，现将广西壮族人群（陶诚 等，1990）的肤纹参数与汉族（张海国，2012）做比较，具体数值见表 1-14-3。

表 1-14-3　壮族与汉族的肤纹频率比较

肤纹项目	壮族 500 人（%）	汉族 11 253 人（%）	差异显著性检验
弓形指纹	3.98	2.29	$P>0.05$
箕形指纹	50.20	48.00	$P>0.05$
斗形指纹	45.82	49.71	$P>0.05$
大鱼际纹	5.50	7.60	$P>0.05$
小鱼际纹	14.30	13.94	$P>0.05$
指间Ⅱ区纹	2.60	1.77	$P>0.05$
指间Ⅲ区纹	25.00	15.05	$P>0.05$
指间Ⅳ区纹	75.60	68.01	$P>0.05$

从表 1-14-3 上见到所有项目都无显著性差异（$P>0.05$），两民族之间不同项目的数据完全不像人种间的差异那么大。壮族人群的肤纹参数值更接近于同一人种的汉族人群。

通过比较人种间的差别（蒙古人种与高加索人种的比较、蒙古人种与尼格罗人种的比较）和民族间的差别（汉族人群与壮族人群的比较），明显可以看到人种间的差别大、项目多，而民族间的差别小、项目少。壮族人群的肤纹参数频率在秩次上有许多项目与汉族人群一致。

第二节　族群识别中的尝试

待定族群的识别（费孝通，1980），以前很少有生物学方面的素材介入。实际上人类生物性状是具有民族特异性的，人类肤纹是外露的生物学性状，在各人种和各民族群体中不相同，肤纹能够定量定性分析，因而可以作为民族识别的佐证。

聚居于四川甘肃边界山区的白马藏族有 1 万余人，是一支有待识别的人群，他们自己要求正名为氐族。四川省民族宗教委员会于 1979 年专门就白马藏族的族属问题召开了研讨会（四川民族研究所，1980），有人认为白马藏族是藏族的一支，有人则认为白马藏族是古氐族后裔，应成为独立民族，分歧较大。下面通过肤纹的分析来讨论白马藏族的族属问题。

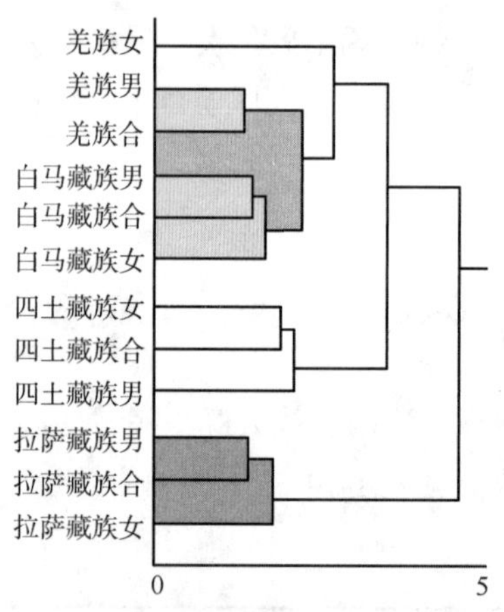

图 1-14-1　白马藏族在四个群体十二个组的系统树上的位置

分析的材料是与白马藏族族属识别有关的民族群体，他们是西藏的拉萨藏族（汪宪平　等，1991）、四川平武县的白马藏族（黄宣银　等，1984）、四川阿坝藏族自治州马尔康县的四土家支藏族（四土藏族）（张济安　等，1986）、四川阿坝茂汶羌族自治县的羌族（李实喆　等，1984）。用聚类分析方法得到系统树（phylogenetic tree）见图 1-14-1。

肤纹聚类分析结果显示了白马藏族与羌族关系甚近，而与拉萨藏族的距离很远。

（1）不妨把拉萨藏族当成藏族的主支，把与白马藏族相邻的四土藏族看成藏族的一个分支。在肤纹聚类图上，白马藏族与主支、分支的差异很大，白马藏族可能不属藏族。这里完成了运用生物学资料进行民族识别工作的第一步——鉴别，在肤纹上白马藏族与藏族有不同之处。

（2）民族识别工作的第二步——归类，是较为复杂的问题。现在我国已无氐族，古氐族与古羌族的族源相近，白马藏族与羌族的肤纹距离相近，不能排除白马藏族可能就是羌族的一支。但考虑到古氐族、古羌族的族源相近，以及白马藏族的意愿（要求正名为氐族）等，白马藏族也有可能就是古氐族较为直接的后裔。如有更多的生物学方面的素材及历史文化方面的资料，这个问题将会得到妥善解决。

在进行民族识别时，除了开展历史文化方面的调查外，生物性状的调查也是必不可少的，后者的素材更加客观，结论也将更客观。1964 年，第二次全国人口普查时仅有 3.24 万人口族属未定，而第三次全国人口普查（1982 年 7 月 1 日）时有 87.9 万人族属未定，2002

年8月出版的《中国2000年人口普查资料》(国务院人口普查办公室，2002)公布的族属未定的人口是73.4万人(其中有71万人居住在贵州省)。有必要开展民族素质和民族肤纹的调查，为民族识别提供更多的资料支持。民族认定会考虑许多复杂的问题，除了生物学因素，还有社会学原因，更有政治缘由。我国56个民族的认定也经过了20多年时间。56个民族这一数目会稳定一个阶段。

我国56个民族的认定经过如表1-14-4所示。

表1-14-4 中国56个民族识别的时间

年份	识别数	公布机关	民族名
1953	识别了39个民族	第一届全国人民代表大会	白族、保安族、布依族、傣族、东乡族、侗族、俄罗斯族、鄂伦春族、鄂温克族、高山族、汉族、哈尼族、哈萨克族、回族、景颇族、柯尔克孜族、朝鲜族、拉祜族、黎族、傈僳族、满族、蒙古族、苗族、纳西族、羌族、撒拉族、水族、塔吉克族、塔塔尔族、藏族、土族、佤族、维吾尔族、乌孜别克族、锡伯族、瑶族、彝族、裕固族、壮族
1964	识别了15个少数民族	国务院	阿昌族、布朗族、达斡尔族、德昂族、独龙族、赫哲族、仡佬族、京族、毛南族、门巴族、仫佬族、怒族、普米族、畲族、土家族
1965	识别了珞巴族	国务院	珞巴族
1979	识别了基诺族	国务院	基诺族

第十五章　肤纹的地方族群标记

民族肤纹学基础研究中，以已知特征、明确定位、呈现地域特点的地方族群为分析的标记，简称群体标记（population marker，PM）。监视标记（supervise marker，SM）是 PM 模型的校对、甄别标记。

中国从 1979 年开始，认定 56 个民族。中国的民族划分比较清楚，人口交往不太频繁，有些人数极少的民族还聚集在一地。在这个时期内做好 56 个民族的肤纹捺印和研究，在时机上有许多有利因素。

近年来对所有公开发表的群体参数进行了整理和校核，发现有部分民族群体的项目参数参差不齐（杜若甫，2004）。所谓项目参数整齐的意思是含有 TFRC、a-b RC、A、Lu、Lr、W、T/Ⅰ、Ⅱ、Ⅲ、Ⅳ、H 共 6 个项目的 11 个参数（张海国　等，1998a；张海国　等，1998b；Zhang et al，1998），此为二级模式样本。肤纹基础数据的生物学信息的发掘研究有大量工作要做。

第一节　区分地方族群的肤纹项目

一、肤纹的“岛式淀积”

有些族群经过迁徙后，较长时间生活在较为稳定的地理区域，犹如在岛上，是为“岛居人群”。

肤纹的地方族群标记显示岛居人群肤纹项目参数类同于大陆北方的中原人群。岛居人群的主体来自大陆南部沿海，而源于大陆中原等地。因为岛居人群的血统一段时期内较为稳定，少与外族通婚，所以在沿海时代就有基因淀积，成为岛居人群后，这种基因淀积得到加速和纯化，是为“岛式淀积”。在“岛式淀积”作用下，发生表型“返祖现象”，实际上是多基因遗传的“回归现象”（陈竺，2005），即回归到群体原来固有的频率，肤纹表现出 Castle-Hardy-Weinbery 平衡。“岛式淀积”是民族肤纹学理论的重要内容。岛居人群因“岛式淀积”的作用，其肤纹更具北方群特征。

二、肤纹的群体标记

肤纹的地方族群标记（local population dermatoglyphics marker，LPDM）指在民族肤纹学基础研究中，以已知特征、明确定位、起指示标杆作用的地方族群为分析的标记，简称群体标记（PM）。肤纹 PM 是以多民族多群体为对象，以 SAS 的聚类分析为方法

（刘筱娴，2000），以探索族群源流为目的的研究项目。标记的群体为南（14 个）北（15 个）分类明确的模式样本，计有 29 个民族群体；另外有美国和南非的黑种人 1 个群体（Steinberg et al，1975）、北美白种人 1 个群体（Plato et al，1975）；共 31 个群体。用 PM 进行分析有 2 个步骤。

（一）方法选择

聚类图上的黑种人、白种人、南方人、北方人必须各聚类于一群作为检验方法的标准。

（二）群体测定

与 PM 做联合分析时会发现待测群体集群于合适的位置，据此可以看出其基本的属性。

PM 的发现有较大的理论价值和应用价值：基于 PM 是发现“岛式淀积”人群持有大陆中原人群基因、中国民族肤纹分为 3 群、藏族是我国北方民族的族群、汉族是各少数民族集合的后代等的关键所在。

三、肤纹的群体标记的材料

（一）含有项目参数

涉及 PM 的群体有 29 个，对其进行 PM 的探索。参与分析的民族都含二级模式样本，详见表 1-11-1。

（二）涉及 PM 的模式样本民族

涉及 PM 的民族有 Achang-2 阿昌族、Bai-2 白族、Blang-2 布朗族、Bonan-2 保安族、Dai-2 傣族、Daur 达斡尔族、De’ang-2 德昂族、Dong-2 侗族、Dongxiang 东乡族、Ewenki 鄂温克族、Hani-3 哈尼族、Hezhen 赫哲族、Hui-4 回族、Jingpo-2 景颇族、Jino-2 基诺族、Korean-2 朝鲜族、Lhoba 珞巴族、Lisu 傈僳族、Maonan 毛南族、Monba 门巴族、Mongol-3 蒙古族、Mulam-2 仫佬族、Oroqen 鄂伦春族、Qiang-2 羌族、Tibetan-8 藏族、Xibe 锡伯族、Yi-5 彝族、Yugur 裕固族、Zhuang-2 壮族，29 个模式样本中 14 个为南方群体（S），另外 15 个是北方群体（N）。

南非黑种人、北美白种人共 2 个人种群体。这 2 个群体作为 PM 群体的校对、甄别标准，起监视标记（SM）作用，记为 SM 群体。

第二节　产生肤纹地方族群标记的方法

利用统计分析系统（SAS）中的 11 种聚类分析法进行统计，分别为类平均法（average linkage）、重心法（centroid method）、最长距离法（complete method）、密度估计法（density linkage）、最大似然法（EML）、可变类平均法（flexible-beta method）、相似分析法（McQuitty’s similarity analysis)、中间距离法(median method)、最短距离法(single linkage)、两阶段密度估计法(two-stage density linkage)、最小方差法(Ward's minimum-variance method)。

尽管以上 11 种方法不同,但聚类的基本方案相同,都是以普通的谱系聚类过程为原则。各种方法的开始都将每个样本视作 1 个群,然后将距离最近的 2 个样本合并为 1 个新的群,再计算新群与其他样本的距离,重复进行 2 个最近样本(群)的合并,每次减少 1 个样本(群),直至所有的样本(群)合并为 1 个群。不同聚类方法的区别是样本间距离的计算方法不同。

用 SAS 聚类分析法对 32 个群体做分析,要在 SAS 的 11 种方法中试运行,因为这 32 个群体是已知特征、定位明确、呈地域特点,起指示标杆作用的群体,31 个群体在聚类图上应该成为三大群,即南方群、北方群、黑白种人群。其中黑白种人群兼起校对、监视标记作用。如果不是明确分为三大群,而是有移动,或有混杂,说明方法选用有误。最终选出 1 种或几种方法。

一、用 11 种方法遴选 PM 模式样本

SAS 的常用方法为 11 种,在众多的方法中要遴选对本样本有用的方法。参加聚类的样本是 156 个族群(含 2 个黑白种人群)。用 11 种方法逐一对 156 个族群(样本)进行聚类分析。在最短距离法和两阶段密度估计法这 2 种方法中,要设置程序中参数 k=100 时可完成全部程序运算。

用 11 种聚类方法对 156 个族群进行运算。11 种方法中都有南北混合群出现,剔除 11 种方法中出现的混合族群,留有 31 个族群。

二、在 11 种方法中遴选可用方法

用 11 种方法对 31 个群体进行聚类运算,不能明显区分出南方群、北方群、黑白种人群的方法有 4 种,其对族群有混淆或聚不成三大群,这 4 种方法是中间距离法、重心法、最短距离法和两阶段密度估计法。

通过本次遴选,可以利用的聚类方法有 7 种:类平均法、最长距离法、密度估计法、最大似然法、可变类平均法、相似分析法、最小方差法。这些方法都可以把 31 个族群区分出南方群(14 个民族)、北方群(15 个民族)、黑白种人群(2 个群体)三大群类。虽然在 6 种方法中每一族群在聚类图上的位置(在 y 轴)不尽相同,或者聚类的距离(在 x 轴)单位大小不一,但每一族群必须在三大群类中有相对稳定的位置。例如,南方群的民族,可能在群内的 14 个位置上有变化,但不能聚类到北方群中,也不可聚类到黑白种人种群中。

三、7 种方法的使用

通过遴选 PM,可利用的聚类方法有 7 种:类平均法、最长距离法、密度估计法、最

大似然法、可变类平均法、相似分析法、最小方差法，这些方法对 31 个族群聚类，得到了稳定的 PM。

根据最小方差法、最长距离法所作的聚类图（树系图），见图 1-15-1。在图中可以看到三大群类的区域和所包含的族群很稳定。至此，由模式样本建立的 PM 已基本完成。

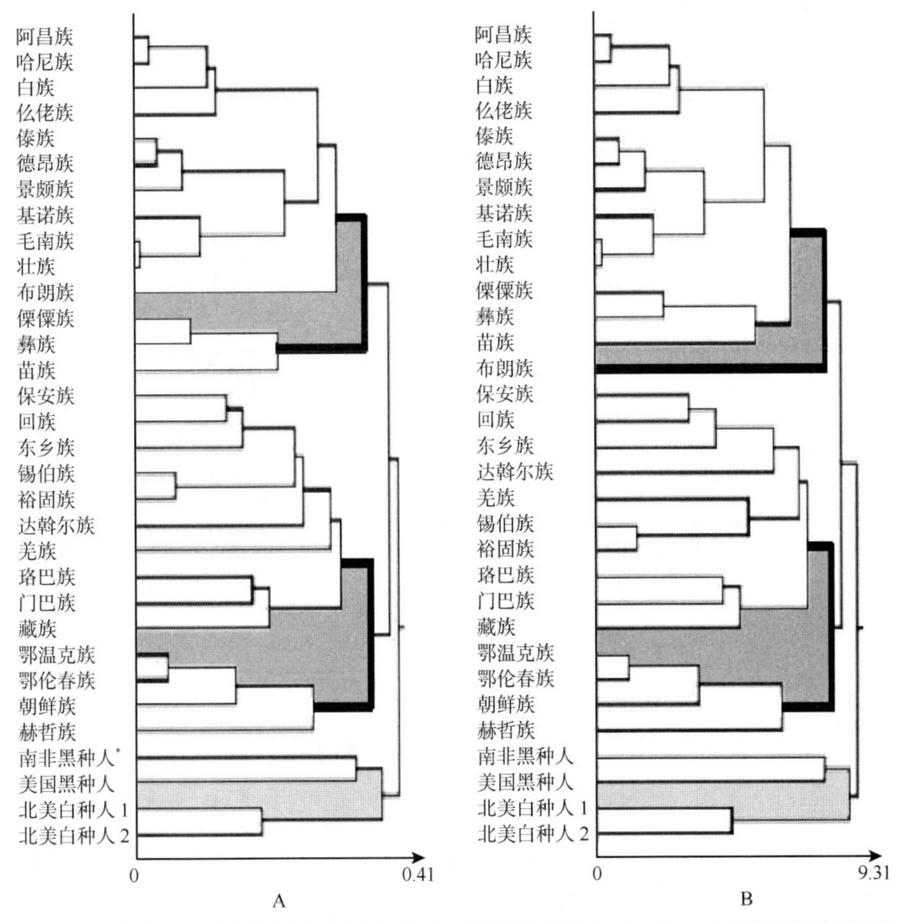

图 1-15-1　确定 PM 时根据最小方差法（A）、最长距离法（B）对 31 个族群所作的聚类图

* 黑种人群分两个群体参加聚类，白种人群亦然

第三节　以上海汉族模拟演示的待定群体的分析

把待测定的 1 个群体（上海汉族 Han-10）参数和 31 个群体参数做聚类分析，作为模拟演示的待定群体。上海汉族（Han）群体的数据在表 1-11-1 上处于第 32 号序列。上海样本的个体双亲祖籍为上海的仅占 14%，上海是近代特大型移民城市。

用经 7 种方法得到的 PM，对演示群体上海汉族人进行分析。7 种方法的 PM 都把上海群体聚于北方群内。

根据最小方差法、最长距离法对包括上海汉族在内的 32 个群体所作的聚类图(树系图，图 1-15-2）如下。

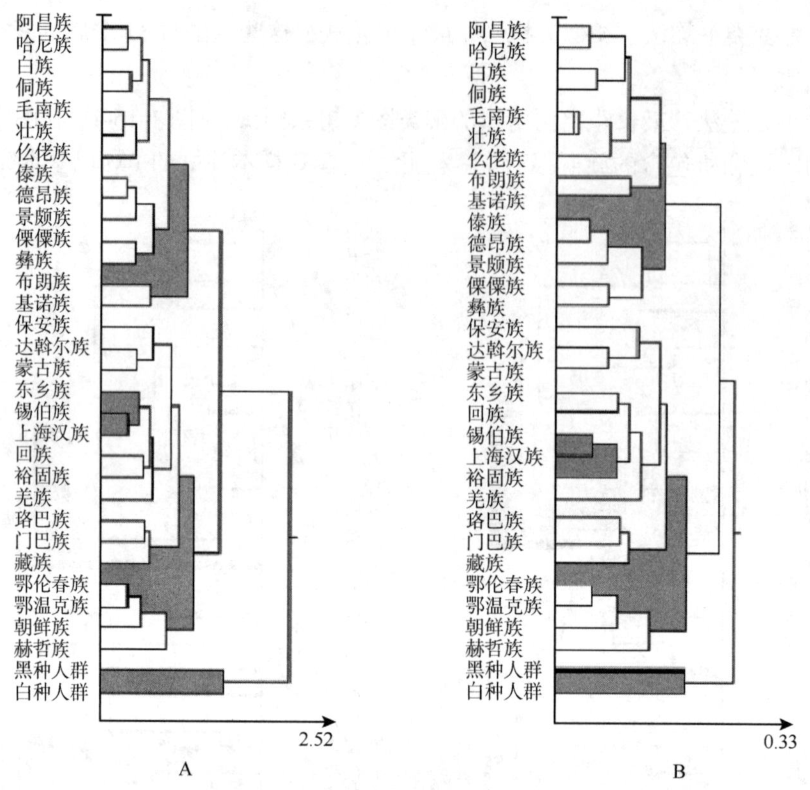

图 1-15-2 上海汉族群体在 PM 中的位置

根据最小方差法（A）和最长距离法（B）所作的聚类图

第四节 肤纹的群体标记的启示

只有在积累了几乎包括全部民族的模式样本后，才可能构建本民族肤纹的群体标记（PM）。为全国、大地区、洲际乃至世界的肤纹研究提供 PM。

一、参数值为决不可改动的常量

用 11 种聚类方法遴选到 31 个模式样本，每个样本都具有 11 项参数，所有样本的参数是最原始的调查素材。当 1 个族群的参数数目达标后，检查这个群体的 11 项参数，重点检查数据间的逻辑关系。例如，指纹的 4 项参数之和大于或小于 100%，遇到这种情况要深入分析原始文献的数据，或与原作者联系请求帮助和核实。检查每项参数，核实它们的逻辑关系正确与否。不可以改动任何数据，以实现预想的聚类结果，任何擅自改动即为造假。在族群资料的收集中，见到有的群体的指间Ⅱ区纹频率为 20%，超过同类群体（2.6%～4.7%）400%～760%，经与原作者讨论后得以改正（见第二篇第四十章第一节）。

数据方阵的每个数据都与其他数据有计算上的关系，1 个数据的微小变动，可以改变某样本在聚类图上的位置，也可能引起整个聚类图的大变化。忠于原始数据是聚类分析的基本因素。参数值为常量，决不可改动。

二、中国标准就是常量

目前，国际上还有许多地区的肤纹调查尚未开展或者做得很少，项目数的多少也没有定数。肤纹研究先行一步的地区要建立标准化的项目品种数目，多则不限，提倡有足纹的内容，这就是中国标准。与北美发达国家肤纹调查的较规范的行为接轨，以利于国际肤纹资料的共享和交流。

对中国人群 ABO（花兆合 等，1993）、HLA（A、B、C、D）（赵桐茂，1984）和酸性磷酸酶等 38 个基因座上 130 个等位基因的频率进行了主成分分析。前 4 个主成分的信息贡献率为 72%（肖春杰 等，2000）；而对肤纹学的 6 个项目 11 个参数进行主成分运算，4 个主成分的信息贡献率为 74%。群体肤纹的贡献率大于基因座的 2 个百分点。选录的 6 个项目 11 个参数基本表达了族群的肤纹情况。项目数为常量，是最大公约数，一般不增加或剔除。

三、PM 的族群数为可变数

以 29 个模式样本作为 PM，黑种人和白种人 2 个种群作为校对的监视标记，这 2 个群体的聚类位置是评价聚类方法和聚类结果的标尺。29 个群体样本数可以酌情减少，南方群和北方群的数目以大约同样多为宜。PM 的族群数目可适量减少。

四、PM 的运用以同人种的族群为好

肤纹的项目参数在各人种间的群体差异很大，在同人种的族群中依然有不同的表现。一套 PM 数值及所遴选的聚类方法，只能用于本民族本地区群体肤纹的研究，无益于非本地区的民族。

五、PM 大群类的多种形式

在模式样本中找南方群和北方群的 PM，相关研究可以找南北混合群等需要的 PM。根据使用的方法和提供的项目参数，可以形成所需要的 PM 模型。由不同的 PM 形成多种形式的大群类。

六、对 SAS 和 SPSS 的评价

以 SAS 做聚类分析，也是较经典的选择，在 SAS 的各种版本中都有 11 种聚类方法，在计算速度上无多大差别。SPSS 在近几年中有越来越多的用户，界面也更受欢迎，可是要

找全 11 种聚类方法很困难。现在，SAS 的系统树画图过程软件已经诞生（高惠璇，1977；Sosa Segura，1990），使用非常方便。笔者也曾经开发根据聚类结果的数据集画图的程序，本书的聚类图由笔者团队的自主软件绘就。

七、PM 与 SM 的转换

对各族群的数据，经过适当整理和聚类方法的遴选，可作为其他 PM 模型校对的 SM。其他人种的 SM 在遴选聚类法和测定聚类中的归类地址不可变动，发现有变动，任何假设都是徒劳。遴选 PM 会涉及民族学、历史学、人口地理学等相关学科，有时其他相关学科的主张是决定 PM 取舍的关键。

积累了几乎包括全部民族的肤纹项目参数后，就可以构建本民族的 PM，为全国、大地区、洲际乃至世界的肤纹研究提供 PM 和 SM。

中国人族群肤纹的基础研究可以制作南北 PM，还可以成为国际性的 SM。只要方法正确，注意创新，经典学科“肤纹学”仍有活力，且前景广阔。

第十六章　中华56个民族的肤纹综合分析

完成一个国家所有民族的肤纹参数调查，就是建立每一个民族的模式样本，这是一项浩大的基础研究项目，是各国人类学、肤纹学工作者的美好愿望。经过海峡两岸学者30多年的努力，今天在中国，这个愿望实现了。

通过对中华全部民族肤纹的综合分析，在肤纹聚类图和主成分图上，发现有中国南方民族群和中国北方民族群，应找到民族肤纹的标志性群体，明确民族主支和支系的关系等。汉族是中华民族集合的后代。汉族的肤纹特征表现了很强的民族杂合性。

第一节　56个民族的肤纹项目

一、体质人类学中先完成普查的项目

民族肤纹学在体质人类学（physics anthropology）的学科范畴内，并且是体质人类学典型的基础学科（Cummins et al，1943；Schaumann et al，1976；Mavalwala，1977；张海国，2006；Reed et al，1970）。

中国的民族肤纹学项目是第一个完成全部56个民族调查的研究项目，也是目前我国唯一完成全部民族生物学项目调查研究的课题。

30多年来，上千名中国肤纹学工作者共同努力，完成了这项体质调查研究的宏大工程，顺利完成了中华全部民族（56个民族）的肤纹调查研究。

二、156×11矩阵的情况和方法

将中华56个民族和其他民族的具体肤纹参数列成156×11矩阵（表1-16-1），其中有些是初次发表的数据。表1-16-1的矩阵在采用前，做了数据逻辑检查和校正。例如，一个样本指纹的总频率不是100%，可能是刊印有误或计算有问题，可通过计算每个手指的指纹分布频率，再推算出正确数据。因一个数据无法校正，而废弃一个民族数据的情况曾多次发生。数据录入矩阵后，决不可随意修改。

笔者团队研究了29个民族（34个样本）（张海国 等，1981；张海国 等，1982；张海国 等，1988；张海国，1988；张海国，1989；张海国 等，1989；张海国 等，1998a；张海国 等，1998b；丁明 等，2001；张海国，2002；Zhang et al，1982；陈尧峰 等，2006；陈尧峰 等，2007a；陈尧峰 等，2007b；陈尧峰 等，2011；Chen et al，2007；Chen et al，2008；张海国 等，2008；张海国，2006），占民族数的51.8%（29/56），所有的分析都在捺

印图上完成，捺印图是民族肤纹学研究的基础素材。

全国人口不足万人的民族有 6 个，笔者团队完成了 4 个样本（门巴族、独龙族、塔塔尔族、珞巴族）的调查研究。

表 1-16-1 对象的父母都是同一民族、男女兼有的健康群体。引用 3 个样本为监视标记（SM），他们是 African（Grace，1974；Grace et al，1973；Steinberg et al，1975）样本、Caucasian（Schaumann et al，1976；Plato et al，1975）和 Gin Vietnam（Li et al，2006）样本。表 1-16-1 中中国境内的 56 个民族的 121 个模式样本[除了 Tibetan India（杜若甫，2004）、Gin Vietnam、African、American Caucasian，还不包括 31 个已合并群体的人数]共有 68 846 名个体，其中男性 35 950 名，女性 32 896 名。矩阵中的第 44 行汉族、第 61 行回族、第 75 行朝鲜族和第 99 行蒙古族的数据资料来源于陆舜华等的相关研究（陆舜华 等，1995）。

以 SAS 软件（PC statistical analysis system 6.12）对 156×11 矩阵进行运算。通过聚类分析和主成分分析的计算，画出聚类图及由 PCⅠ和 PCⅡ组成的 *x-y* 轴的散点分布图。

三、美国标准和中国标准

因为美国学者 Cummins 等（1943，1976）主张的技术分析规范实际上是继承和保留了英国学者 F. Galton（1822～1916 年）和 E. R. Henry（1850～1931 年）的方法，所以这种技术分析的规范称为 Cummins 标准、英美标准，后又经 ADA 改良成美国标准。中国肤纹学研究协作组（Chinese Dermatoglyphics Association，CDA）制定和确认的项目认定的规范包含二级模式样本的手纹 6 个项目 11 个参数（TFRC，a-b RC，A、Lu、Lr、W，T/Ⅰ，Ⅱ、Ⅲ、Ⅳ，H），称为中国标准（张海国，2002；张海国，2006；张海国，2012）。项目标准符合多数国内外习惯，覆盖绝大多数已有的研究项目。

四、肤纹地方族群标记的产生

肤纹基础数据的生物学信息的发掘研究有很多事情可做。找寻肤纹的群体标记（PM），是民族肤纹研究的任务之一。

通过遴选 PM，可利用的聚类方法有 7 种：类平均法、最长距离法、密度估计法、最大似然法（EML）、可变类平均法、相似分析法、最小方差法。

这些方法都可以把 31 个群体样本区分出南方群（14 个民族）、北方群（15 个民族）、黑种人和白种人（2 个群体）四大群类。虽然在 7 种方法中每个族群在聚类图上的位置（在 *y* 轴）不尽相同，或者聚类的距离（在 *x* 轴）单位大小不一，但每一族群必须在四大群类中有相对稳定的位置。例如，南方样本可能在 14 个位置上有变化，但不能聚类到北方样本中，更不可聚类到黑种人和白种人样本中。

表 1-16-1　各民族群体的来源地点、人数和参数

序号		民族/群体	缩写	采集地	经纬度（°）		人数（人）			指（条）	掌（条）	指纹频率（%）				掌纹频率（%）				
					北纬	东经	男	女	合计	TFRC	a-b RC	A	Lu	Lr	W	T/ I	Ⅱ	Ⅲ	Ⅳ	H
1	1	阿昌族	Achang-1	云南	24.41	97.90	231	236	467	134.87	36.66	2.72	43.64	2.38	51.26	4.71	1.61	8.68	61.14	12.63
2			Achang-2	云南	24.81	98.20	287	290	577	133.07	38.73	3.31	52.37	2.79	41.53	5.37	1.21	17.42	77.30	15.17
3			Achang-*						1 044	133.88	37.80	3.05	48.46	2.61	45.88	5.07	1.39	13.51	70.07	14.03
4	2	白族	Bai-1	云南	25.62	100.13	400	400	800	125.97	35.21	2.36	49.37	3.05	45.22	1.01	0.57	15.76	79.57	12.25
5			Bai-2	云南	26.04	99.91	500	500	1 000	130.12	36.72	1.55	48.64	2.96	46.85	5.35	0.30	15.40	77.30	16.45
6			Bai-*						1 800	128.28	36.05	1.91	48.96	3.00	46.13	3.42	0.42	15.56	78.31	14.58
7	3	布朗族	Blang-1	云南	22.01	100.80	187	204	391	132.68	34.96	2.29	51.84	2.72	43.15	2.67	1.02	14.39	82.68	14.64
8			Blang-2	云南	21.91	100.42	500	500	1 000	125.55	33.81	1.72	51.33	1.52	45.43	2.75	0.95	9.20	71.00	12.70
9			Blang-*						1 391	127.55	34.13	1.88	51.47	1.86	44.79	2.73	0.97	10.66	74.28	13.25
10	4	保安族	Bonan-1	甘肃	35.71	102.82	126	41	167	137.96	39.21	1.06	47.89	2.89	48.16	4.73	0.00	6.57	51.81	20.50
11			Bonan-2	甘肃	35.71	102.82	301	240	541	161.99	35.78	2.61	45.73	3.05	48.61	6.00	0.46	15.28	77.33	21.16
12			Bonan-*						708	156.32	36.59	2.25	46.24	3.01	48.50	5.70	0.35	13.23	71.31	21.00
13	5	布依族	Bouyei	贵州	26.62	106.74	230	218	448	132.99	36.68	0.85	44.80	2.25	52.10	3.24	0.89	12.83	65.86	8.93
14	6	傣族	Dai-1	云南	24.38	97.93	300	300	600	130.00	38.25	2.38	47.92	2.27	47.43	1.25	0.75	13.83	72.58	10.67
15			Dai-2	云南	24.38	97.93	500	507	1 007	125.37	37.50	4.00	53.68	3.18	39.14	2.78	1.54	14.35	67.87	9.63
16			Dai-*						1 607	127.10	37.78	3.39	51.53	2.84	42.24	2.21	1.25	14.16	69.63	10.02
17	7	达斡尔族	Daur	新疆	46.71	82.91	500	500	1 000	144.29	37.25	2.46	44.81	3.16	49.57	3.08	1.85	24.50	57.05	17.30
18	8	德昂族	De’ang-1	云南	24.38	97.91	170	130	300	134.49	38.02	4.60	47.63	1.73	46.04	4.33	0.33	12.83	53.17	10.33
19			De’ang-2	云南	24.38	97.91	330	260	590	125.33	36.79	4.16	50.59	3.47	41.78	4.83	0.42	13.31	69.75	12.46
20			De’ang-*						890	128.41	37.20	4.31	49.59	2.88	43.22	4.66	0.39	13.15	64.16	11.74
21	9	独龙族	Derung-1	云南	27.69	98.51	100	98	198	124.35	34.60	4.14	44.19	6.26	45.41	4.55	0.50	12.88	78.28	8.59
22			Derung-2	云南	27.69	98.51	136	164	300	127.20	36.47	4.80	48.80	7.87	38.53	6.16	0.33	11.50	70.00	9.17
23			Derung-*						498	126.07	35.73	4.54	46.97	7.23	41.26	5.53	0.40	12.05	73.29	8.94

续表

序号		民族/群体	缩写	采集地	经纬度（°）		人数（人）			指（条）	掌（条）	指纹频率（%）				掌纹频率（%）				
					北纬	东经	男	女	合计	TFRC	a-b RC	A	Lu	Lr	W	T/ I	Ⅱ	Ⅲ	Ⅳ	H
24	10	侗族	Dong-1	贵州	25.91	108.51	199	215	414	131.09	37.16	3.01	45.34	1.93	49.72	2.52	1.53	15.36	63.62	9.96
25			Dong-2	广西	25.79	110.10	340	330	670	140.18	36.90	2.31	49.18	2.84	45.67	3.97	1.72	13.41	69.36	15.43
26			Dong-*						1 084	136.71	37.00	2.58	47.71	2.49	47.22	3.42	1.65	14.15	67.17	13.34
27	11	东乡族	Dongxiang	甘肃	35.61	103.31	307	75	382	142.88	38.02	2.29	48.50	3.18	46.03	8.81	1.74	11.75	55.03	18.58
28	12	鄂温克族	Ewenki	内蒙古	49.10	119.70	317	306	623	147.67	36.36	2.24	44.78	2.36	50.62	6.99	1.62	7.16	25.86	19.72
29	13	高山族	Gaoshan-1	台湾	23.60	121.60	50	50	100	162.21	40.20	1.20	38.50	2.60	57.70	8.00	0.00	14.50	79.00	14.50
30			Gaoshan-2	台湾	23.70	121.40	100	100	200	163.07	39.12	1.25	40.80	2.35	55.60	9.00	0.50	17.50	68.00	11.75
31			Gaoshan-*						300	162.78	39.48	1.24	40.03	2.43	56.30	8.67	0.33	16.50	71.67	12.67
32	14	仡佬族	Gelao	贵州	27.67	106.91	209	201	410	135.95	37.33	2.02	46.83	2.39	48.76	4.41	2.82	18.75	65.04	8.70
33	15	京族	Gin-1	广西	21.71	108.32	128	113	241	147.80	39.70	1.37	45.02	2.66	50.95	4.98	1.04	9.33	63.07	13.07
34			Gin-2	广西	21.71	108.32	270	230	500	140.81	38.95	1.78	45.24	2.78	50.20	3.10	0.60	9.10	61.30	7.00
35			Gin-*						741	143.08	39.19	1.65	45.17	2.74	50.44	3.71	0.74	9.17	61.88	8.97
36	16	汉族	Han-1	台湾	25.11	121.51	100	100	200	151.26	39.38	2.15	43.95	2.40	51.50	5.75	3.00	20.50	70.50	19.50
37			Han-2	台湾	25.11	121.51	100	100	200	143.38	40.01	2.25	47.85	2.30	47.60	9.00	1.25	20.50	75.75	20.50
38			Han-3	陕西	33.62	109.10	134	133	267	102.40	32.34	3.71	43.61	2.32	50.36	11.28	1.13	6.02	62.97	13.16
39			Han-4	安徽	31.29	118.38	220	162	382	136.29	37.23	2.88	45.11	2.17	49.84	4.84	2.62	14.14	65.32	14.13
40			Han-5	贵州	27.67	106.91	204	209	413	135.89	39.70	2.20	44.31	1.77	51.72	7.53	1.88	14.59	68.35	5.76
41			Han-6	辽宁	41.14	121.05	250	250	500	126.34	33.60	3.64	48.32	2.62	45.42	5.50	2.20	5.20	65.50	10.10
42			Han-7	上海	31.31	121.44	309	284	593	133.25	38.09	2.60	45.41	2.39	49.60	11.41	0.42	11.96	58.32	18.79
43			Han-8	四川	28.80	105.37	367	327	694	150.97	38.96	2.33	44.99	2.58	50.10	8.27	0.92	11.58	56.18	11.44
44			Han-9	内蒙古	49.10	119.70	456	456	912	127.86	31.35	2.10	47.67	2.64	47.59	4.35	3.26	21.14	77.94	11.89
45			Han-10	上海	31.31	121.44	520	520	1 040	143.63	38.05	2.05	44.65	2.44	50.86	8.65	0.87	14.66	73.46	17.27
46			Han-11	江苏	34.26	117.24	582	508	1 090	129.87	34.07	2.06	47.14	2.06	48.74	5.00	1.69	15.92	65.00	11.65

续表

序号	民族/群体	缩写	采集地	经纬度（°）		人数（人）			指（条）	掌（条）	指纹频率（%）				掌纹频率（%）				
				北纬	东经	男	女	合计	TFRC	a-b RC	A	Lu	Lr	W	T/ I	Ⅱ	Ⅲ	Ⅳ	H
47		Han-12	江苏	32.09	118.72	698	483	1 181	128.22	38.53	2.21	45.11	3.20	49.48	8.89	1.61	15.63	66.70	12.31
48		Han-13	上海	31.10	121.58	640	560	1 200	131.10	36.90	0.90	43.90	2.70	52.50	3.00	2.15	14.40	68.35	11.30
49		Han-14	天津	39.16	117.35	642	638	1 280	141.92	40.04	1.88	46.87	2.44	48.81	10.62	2.07	18.44	74.05	17.69
50		Han-15	上海	31.10	121.58	640	661	1 301	126.77	35.77	3.45	43.65	2.54	50.36	10.14	1.69	14.72	65.95	16.33
51		Han-*						11 253	133.68	36.83	2.29	45.49	2.51	49.71	7.60	1.77	15.05	68.01	13.94
52	17　哈尼族	Hani-1	云南	22.00	100.70	210	210	420	118.32	36.03	3.19	51.83	2.84	42.14	3.93	0.72	15.72	72.27	12.14
53		Hani-2	云南	23.18	102.67	520	167	687	135.90	35.99	1.41	49.87	2.88	45.84	0.80	0.80	15.65	82.68	11.20
54		Hani-3	云南	23.40	102.80	500	500	1 000	137.57	38.49	2.54	51.88	2.57	43.01	6.90	0.70	14.35	79.05	20.65
55		Hani-*						2 107	133.19	37.18	2.30	51.21	2.73	43.76	4.32	0.74	15.05	78.88	15.88
56	18　赫哲族	Hezhen	黑龙江	46.80	134.00	86	80	166	142.14	35.35	3.19	47.95	2.05	46.81	12.35	1.81	21.99	51.20	11.14
57	19　回族	Hui-1	海南	17.81	109.22	183	38	221	145.47	38.38	1.85	54.51	2.34	41.30	6.13	0.00	6.12	49.00	9.08
58		Hui-2	安徽	33.82	115.72	200	200	400	138.79	37.12	2.60	49.87	2.38	45.15	7.75	1.00	19.25	69.75	15.00
59		Hui-3	云南	24.11	102.67	200	200	400	130.03	36.28	3.10	47.20	1.85	47.85	4.13	0.63	11.25	53.88	10.63
60		Hui-4	甘肃	35.61	103.10	364	170	534	157.09	38.98	1.64	44.66	2.70	51.00	6.94	0.47	8.67	47.56	20.53
61		Hui-5	内蒙古	40.85	111.72	309	411	720	128.10	36.00	2.75	49.34	2.38	45.53	4.97	1.84	16.48	62.57	15.98
62		Hui-6	宁夏	38.46	106.28	431	500	931	127.25	36.79	4.40	48.50	2.20	44.90	5.90	0.10	26.20	80.80	19.70
63		Hui-7	云南	25.51	103.21	500	500	1 000	129.21	37.39	2.19	51.92	2.80	43.09	2.65	0.30	8.00	76.75	16.25
64		Hui-*						4 206	133.97	37.14	2.81	49.29	2.43	45.47	5.12	0.62	14.85	67.21	16.48
65	20　景颇族	Jingpo-1	云南	24.40	97.91	254	242	496	135.08	38.09	2.56	47.16	2.05	48.23	1.31	0.71	15.43	72.38	7.46
66		Jingpo-2	云南	24.50	98.50	500	500	1 000	131.45	35.80	2.44	51.52	3.41	42.63	3.30	1.30	11.70	67.60	10.90
67		Jingpo-*						1 496	132.65	36.56	2.48	50.07	2.96	44.49	2.64	1.10	12.94	69.18	9.76
68	21　基诺族	Jino-1	云南	22.01	100.80	120	120	240	122.01	35.74	2.96	54.04	2.50	40.50	3.13	0.83	10.00	80.00	17.50
69		Jino-2	云南	22.01	100.80	395	439	834	123.82	36.42	3.43	55.75	2.22	38.60	1.74	0.42	6.54	78.06	15.05

续表

序号	民族/群体	缩写	采集地	经纬度（°）		人数（人）			指（条）	掌（条）	指纹频率（%）				掌纹频率（%）				
				北纬	东经	男	女	合计	TFRC	a-b RC	A	Lu	Lr	W	T/Ⅰ	Ⅱ	Ⅲ	Ⅳ	H
70		Jino-*						1 074	123.42	36.27	3.33	55.37	2.28	39.02	2.05	0.51	7.31	78.49	15.60
71	22 哈萨克族	Kazak	新疆	43.81	87.62	500	500	1 000	134.11	37.86	2.61	52.52	4.23	40.64	9.20	2.55	30.40	61.75	34.70
72	23 柯尔克孜族	Kirgiz	新疆	39.50	75.15	500	500	1 000	139.47	38.88	2.81	49.10	3.77	44.32	9.55	1.95	25.25	63.35	31.70
73	24 朝鲜族	Korean-1	吉林	42.91	129.50	200	200	400	142.75	36.10	3.00	49.43	8.17	39.40	7.75	1.85	6.70	41.65	16.70
74		Korean-2	吉林	42.91	129.50	205	277	482	136.13	36.00	1.21	48.90	2.40	47.49	7.67	1.77	6.49	41.73	16.94
75		Korean-3	内蒙古	46.10	122.01	270	267	537	136.74	37.42	2.32	51.66	2.82	43.20	4.57	0.84	11.82	73.65	17.97
76		Korean-4	辽宁	41.61	123.40	300	300	600	102.22	30.62	3.08	51.50	2.48	42.94	2.00	0.83	13.58	56.33	8.25
77		Korean-*						2 019	127.53	34.80	2.42	50.51	3.68	43.39	5.18	1.26	10.06	54.54	14.58
78	25 拉祜族	Lahu-1	云南	22.71	99.13	91	87	178	141.34	35.04	1.12	57.47	2.75	38.66	5.90	1.12	8.71	80.34	19.66
79		Lahu-2	云南	22.71	99.13	90	110	200	153.32	36.08	2.10	34.55	1.20	62.15	3.00	0.25	15.00	61.25	8.00
80		Lahu-3	云南	22.71	99.13	268	300	568	148.61	34.92	0.95	41.90	1.69	55.46	4.94	1.06	18.35	70.90	7.14
81		Lahu-4	云南	22.71	99.13	480	500	980	143.16	35.85	1.26	45.67	1.94	51.13	2.70	0.82	29.49	64.49	4.85
82		Lahu-*						1 926	145.65	35.52	1.24	44.49	1.87	52.40	3.69	0.86	22.78	67.51	7.22
83	26 珞巴族	Lhoba	西藏	29.22	94.12	142	190	332	147.05	38.40	1.48	41.71	1.54	55.27	8.58	0.15	12.95	82.53	14.31
84	27 黎族	Li-1	海南	18.63	109.72	258	270	528	133.76	36.48	2.66	48.84	2.20	46.30	2.48	0.79	5.24	42.63	12.81
85		Li-2	海南	19.92	109.63	406	152	558	142.88	37.08	2.87	46.04	2.90	48.19	5.29	2.96	19.00	72.67	16.22
86		Li-*						1 086	138.45	36.79	2.77	47.40	2.56	47.27	3.92	1.90	12.31	58.06	14.56
87	28 傈僳族	Lisu-1	云南	24.33	97.91	110	95	205	144.41	38.26	1.56	41.90	1.22	55.32	1.46	0.00	6.10	60.98	1.95
88		Lisu-2	云南	25.90	98.80	500	283	783	137.56	38.33	1.98	49.95	3.83	44.24	2.17	0.57	10.92	73.95	7.92
89		Lisu-*						988	138.98	38.32	1.89	48.28	3.29	46.54	2.02	0.45	9.92	71.26	6.68
90	29 满族	Man	辽宁	40.64	120.51	242	230	472	126.03	33.18	2.01	49.06	2.78	46.15	6.78	0.85	8.37	51.80	16.63
91	30 毛南族	Maonan	广西	24.83	108.25	240	240	480	130.63	36.31	3.46	52.83	2.42	41.29	3.75	2.71	13.75	67.92	14.90
92	31 苗族	Miao-1	海南	18.65	109.73	181	150	331	140.12	37.15	1.99	53.44	1.81	42.76	4.25	1.21	11.65	57.74	10.33

续表

序号	民族/群体	缩写	采集地	经纬度（°）		人数（人）			指（条）	掌（条）	指纹频率（%）				掌纹频率（%）				
				北纬	东经	男	女	合计	TFRC	a-b RC	A	Lu	Lr	W	T/ I	Ⅱ	Ⅲ	Ⅳ	H
93		Miao-2	四川	28.14	105.73	188	167	355	131.86	38.69	4.00	60.88	2.90	32.22	1.42	1.96	13.92	59.81	11.65
94		Miao-3	贵州	26.60	107.93	221	182	403	133.05	38.94	1.49	44.89	2.16	51.46	3.44	1.49	11.43	74.08	8.35
95		Miao-*						1 089	134.81	38.31	2.46	52.70	2.30	42.54	3.03	1.56	12.31	64.46	10.03
96	32 门巴族	Monba	西藏	27.91	91.91	101	116	217	157.91	39.46	1.07	39.20	1.80	57.93	7.14	0.00	17.05	72.81	25.58
97	33 蒙古族	Mongol-1	内蒙古	43.60	118.67	300	300	600	123.70	32.37	2.53	46.30	2.47	48.70	2.33	1.42	15.67	58.92	14.25
98		Mongol-2	云南	24.17	102.73	313	413	726	133.40	40.05	2.39	55.89	1.83	39.89	5.51	0.69	14.12	71.07	7.02
99		Mongol-3	内蒙古	46.02	122.02	515	553	1 068	143.34	35.97	1.84	45.53	2.83	49.80	7.51	2.33	24.47	67.01	15.02
100		Mongol-*						2 394	135.40	36.31	2.18	48.86	2.44	46.52	5.61	1.60	19.13	66.21	12.40
101	34 仫佬族	Mulam-1	广西	24.75	108.91	226	261	487	126.41	36.99	4.33	48.52	2.57	44.58	7.91	1.54	16.22	85.12	14.68
102		Mulam-2	广西	24.75	108.91	260	260	520	135.25	36.93	2.67	51.06	1.87	44.40	6.73	1.45	15.96	72.50	13.56
103		Mulam-*						1 007	130.97	36.96	3.47	49.83	2.21	44.49	7.30	1.49	16.09	78.60	14.10
104	35 纳西族	Naxi-1	云南	26.81	100.20	310	310	620	132.02	36.99	1.89	46.52	2.16	49.43	2.26	0.97	16.05	81.54	13.55
105		Naxi-2	云南	26.81	100.20	408	420	828	132.21	37.77	1.10	43.40	2.14	53.36	5.26	0.91	19.44	70.53	12.34
106		Naxi-*						1 448	132.13	37.44	1.44	44.73	2.15	51.68	3.98	0.94	17.99	75.24	12.86
107	36 怒族	Nu-1	云南	26.41	99.19	73	65	138	132.50	36.93	1.74	45.79	1.82	50.65	6.16	0.36	9.05	91.31	10.14
108		Nu-2	云南	25.91	98.70	175	176	351	149.03	39.08	1.34	45.89	2.71	50.06	6.40	0.43	16.81	73.79	8.40
109		Nu-*						489	144.37	38.47	1.45	45.86	2.46	50.23	6.34	0.41	14.62	78.73	8.89
110	37 鄂伦春族	Oroqen	内蒙古	50.61	123.61	184	238	422	146.34	35.83	2.41	45.86	2.19	49.54	10.65	1.01	10.91	25.20	18.36
111	38 普米族	Primi	云南	26.40	99.20	159	138	297	157.84	39.27	1.65	38.08	1.42	58.85	12.96	1.35	14.14	86.53	8.59
112	39 羌族	Qiang-1	四川	31.61	103.78	262	149	411	145.97	39.29	1.66	43.78	2.80	51.76	7.79	0.89	7.54	64.55	9.94
113		Qiang-2	四川	31.61	103.78	296	272	568	164.32	40.14	2.10	48.34	2.68	46.88	10.77	1.49	18.74	63.57	11.56
114		Qiang-*						979	156.62	39.78	1.91	46.43	2.73	48.93	9.52	1.24	14.04	63.98	10.88
115	40 俄罗斯族	Russ	新疆	43.78	87.69	31	25	56	143.87	38.45	3.93	56.97	3.39	35.71	7.14	1.79	25.89	54.46	15.18

续表

序号		民族/群体	缩写	采集地	经纬度（°）		人数（人）			指（条）	掌（条）	指纹频率（%）				掌纹频率（%）				
					北纬	东经	男	女	合计	TFRC	a-b RC	A	Lu	Lr	W	T/ I	Ⅱ	Ⅲ	Ⅳ	H
116	41	撒拉族	Salar	青海	35.78	102.39	102	102	204	149.40	40.21	1.72	44.85	4.95	48.48	8.58	1.72	19.36	75.98	25.49
117	42	畲族	She	浙江	28.45	119.89	270	155	425	134.20	37.21	3.70	49.36	2.68	44.26	11.31	1.50	15.20	70.70	13.20
118	43	水族	Sui-1	贵州	26.01	107.82	135	170	305	145.40	36.32	1.79	43.32	2.05	52.84	7.33	2.61	16.13	77.03	16.45
119			Sui-2	贵州	26.01	107.82	206	207	413	136.60	37.07	1.77	41.55	1.91	54.77	2.54	1.57	11.02	72.28	13.44
120			Sui-*						718	140.34	36.75	1.78	42.30	1.97	53.95	4.57	2.01	13.19	74.30	14.72
121	44	塔吉克族	Tajik	新疆	37.78	75.22	562	500	1 062	134.26	39.00	6.57	47.49	2.65	43.29	4.24	3.30	28.25	50.75	26.93
122	45	塔塔尔族	Tatar	新疆	43.81	87.61	29	24	53	146.58	41.35	2.64	59.62	4.91	32.83	4.72	2.83	39.62	59.43	41.51
123	46	藏族	Tibetan-1	印度	28.00	77.00	156	150	306	148.10	39.82	1.48	41.98	2.08	54.46	4.18	0.49	9.11	63.92	18.59
124			Tibetan-2	西藏	29.56	91.11	182	189	371	145.95	39.30	1.20	38.13	1.45	59.22	4.75	0.55	4.07	50.81	16.96
125			Tibetan-3	四川	33.00	102.68	223	181	404	148.03	39.72	1.88	41.68	2.00	54.44	7.35	0.00	18.25	75.18	14.70
126			Tibetan-4	四川	32.42	104.34	246	242	488	153.56	37.12	1.97	42.25	2.52	53.26	13.42	0.71	10.66	66.19	18.65
127			Tibetan-5	西藏	29.56	91.11	226	291	517	142.31	39.11	1.97	41.45	1.72	54.86	6.93	1.07	9.49	72.60	17.91
128			Tibetan-6	四川	31.84	102.42	341	326	667	161.49	39.79	1.87	47.45	3.60	47.08	9.98	0.70	14.26	72.40	10.06
129			Tibetan-7	甘肃	34.15	103.11	500	500	1 000	168.10	34.95	3.04	44.71	3.00	49.25	11.20	1.60	6.00	63.95	12.30
130			Tibetan-8	西藏	29.56	91.11	500	500	1 000	143.62	38.01	1.18	41.74	2.73	54.35	6.10	0.60	11.70	82.00	25.90
131			Tibetan-*						4 753	153.00	38.01	1.92	42.92	2.57	52.59	8.44	0.82	10.31	70.03	17.08
132	47	土族	Tu	青海	36.89	101.98	106	108	214	143.47	39.66	1.92	50.98	2.90	44.20	7.95	1.64	19.16	73.36	21.96
133	48	土家族	Tujia	四川	28.38	108.91	265	240	505	120.04	38.54	2.43	45.84	1.86	49.87	8.51	1.48	12.97	60.79	16.43
134	49	维吾尔族	Uygur	新疆	43.81	87.61	500	500	1 000	138.09	37.27	2.51	50.28	3.75	43.46	14.90	4.70	39.15	62.00	33.10
135	50	乌孜别克族	Uzbek	新疆	46.85	82.86	600	600	1 200	152.00	38.00	3.46	49.39	2.76	44.39	5.91	5.63	45.67	54.38	27.00
136	51	佤族	Va-1	云南	22.72	99.40	416	354	770	137.78	37.63	2.01	56.36	2.09	39.54	2.78	0.58	16.28	77.56	9.75
137			Va-2	云南	23.13	99.19	500	400	900	139.60	38.20	2.34	57.61	2.82	37.23	2.67	1.06	14.39	73.67	13.67
138			Va-*						1 670	138.76	37.94	2.19	57.03	2.48	38.30	2.73	0.84	15.26	75.46	11.86

续表

序号	民族/群体	缩写	采集地	经纬度（°）		人数（人）			指（条）	掌（条）	指纹频率（%）				掌纹频率（%）				
				北纬	东经	男	女	合计	TFRC	a-b RC	A	Lu	Lr	W	T/ Ⅰ	Ⅱ	Ⅲ	Ⅳ	H
139	52　锡伯族	Xibe	新疆	43.69	81.25	500	500	1 000	146.50	39.00	1.81	45.39	2.63	50.17	7.50	1.80	21.05	64.95	21.00
140	53　瑶族	Yao-1	广西	24.90	107.61	350	140	490	123.14	35.69	2.51	51.63	1.96	43.90	12.45	0.92	20.71	52.25	7.55
141		Yao-2	广西	24.19	107.27	376	168	544	128.45	34.00	3.20	43.58	2.41	50.81	1.47	2.48	13.79	65.07	7.54
142		Yao-*						1 034	125.93	34.80	2.87	47.39	2.20	47.54	6.67	1.74	17.07	58.99	7.54
143	54　彝族	Yi-1	四川	28.01	102.80	180	160	340	150.63	40.38	2.12	52.50	2.76	42.62	6.18	1.18	14.27	79.27	16.91
144		Yi-2	云南	25.11	102.72	200	200	400	139.15	39.42	1.33	52.50	2.47	43.70	2.25	0.25	16.13	79.00	13.38
145		Yi-3	云南	25.25	101.31	250	250	500	135.08	37.80	1.10	43.60	1.52	53.78	4.00	0.00	12.80	67.20	17.80
146		Yi-4	四川	27.81	102.81	434	71	505	153.48	41.34	2.00	46.37	3.09	48.54	5.73	1.16	7.73	48.79	11.50
147		Yi-5	云南	24.72	103.21	500	500	1 000	135.38	38.90	1.62	51.20	2.82	44.36	2.00	0.20	16.15	66.60	9.50
148		Yi-*						2 745	141.09	39.41	1.62	49.28	2.57	46.53	3.60	0.47	13.75	66.81	12.86
149	55　裕固族	Yugur	甘肃	38.81	99.46	185	151	336	147.40	40.71	2.03	44.30	2.29	51.38	9.05	1.63	18.99	55.79	25.07
150	56　壮族	Zhuang-1	广西	23.82	106.61	298	202	500	133.40	37.79	3.98	48.20	2.00	45.82	5.50	2.60	25.00	75.60	14.30
151		Zhuang-2	广西	24.81	108.25	287	283	570	129.55	36.27	2.75	52.09	2.63	42.53	5.30	1.70	15.10	68.50	18.50
152		Zhuang-*						1 070	131.35	36.98	3.32	50.27	2.34	44.07	5.39	2.12	19.73	71.82	16.54
153	芒人群	Mang	云南	22.70	103.20	124	110	234	118.42	36.71	4.10	62.44	2.35	31.11	6.41	0.00	8.98	64.10	6.62
154	京族（越南）	Gin-VieT.	越南	21.00	106.00	66	69	135	128.00	36.30	5.40	46.90	1.70	46.00	0.40	1.10	12.30	65.20	9.30
155	黑种人	African	南非			200	200	400	124.72	37.62	4.85	64.70	2.70	27.75	1.13	9.40	41.75	83.50	34.13
156	白种人	Caucasian	美国			200	200	400	131.65	41.35	7.95	61.45	4.40	26.20	7.10	2.50	37.65	45.85	35.20

注：民族名称依据《中国大百科全书·民族》（1986）按英文字母顺序排列。Bouyei、Dong-1、Dong-2、Ewenki、Han-5、Han-12、Miao-2、Miao-3、Oroqen 和 Yugur 样本的人数是指纹的人数，其他项目的人数有变动。Gaoshan-1 的Ⅱ、Gaoshan-2 的Ⅱ和 H、Han-1 的Ⅲ、Han-2 的Ⅱ和Ⅲ、Salar 的Ⅳ和 H、Tatar 的 T/Ⅰ、Tu 的Ⅱ和Ⅲ数据是首次披露。Han-13 的Ⅱ数据由李辉博士友情提供。Russ 的Ⅱ数据女性原来错为 20%。A、Lu、Lr、W 4 个数据的总和应该是 100%，对数据有错的群体重新做了校正。

*表示民族内的合并群。当一个民族有 2 个（含 2 个）以上群体时，做民族内人数加权合并，总共 156 个群体，包括国外材料中的 4 个群体（印度藏族、越南京族、南非黑种人、美国白种人），还有 31 个民族有多群体的合并群，在中国采样的民族模式样本是 121 个（含 1 个待定群体——云南芒人群）。56 个民族中，有 31 个民族做了合并，有 25 个民族只有 1 个样本。

第二节　肤纹聚类图的分析

聚类图（图 1-16-1 的上下部分，分为图 1-16-2 和图 1-16-3）上有南方群（1～71）和北方群（72～154）出现，表示我国各民族仍有其相对独立的体质人类学即肤纹学体质特征。

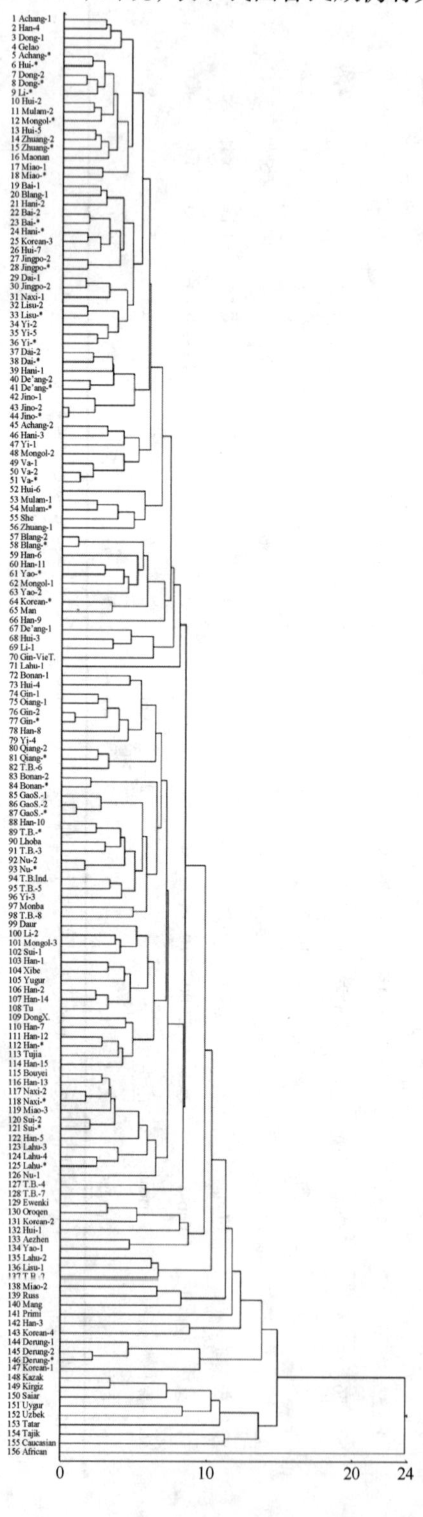

图 1-16-1　中华 56 个民族和黑种人、白种人及越南京族共 156 个群体的聚类图

由上向下顺序为 1～156 个族群。第 70 个为 Gin VieT.，第 155 个是 Caucasian，第 156 个是 African，中华 56 个民族有 153 个群体。图上有中国南方民族群（Southern Chinese Group，SG；1～71）和中国北方民族群（Northern Chinese Group，NG；72～154）。图上 SM（70、155、156）的黑种人（156）是最后聚类的群体，白种人在 155 位。越南京族（Gin VieT.）在中国南方民族群中的第 70 位，SM 分别占据合适的位置。根据类平均法计算的结果画出聚类图。Gin-VieT.，Gin-Vietnam；T. B.，Tibetan；T. B. Ind.，Tibetan India；DongX.，Dong xiang；GaoS.，Gaoshan

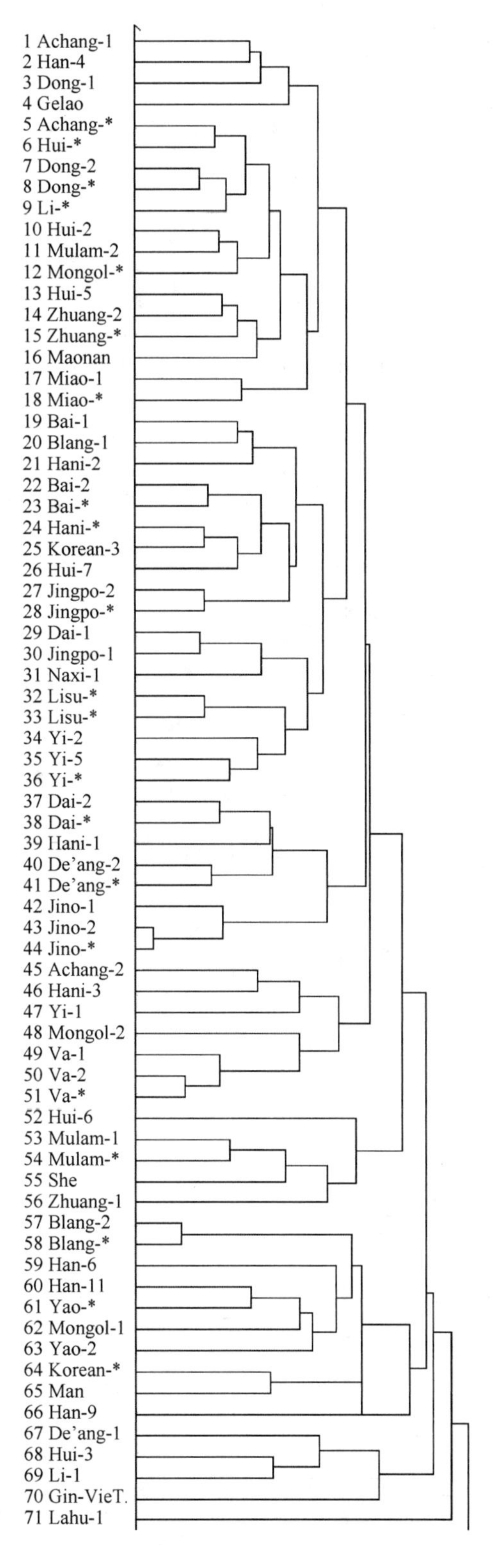

图 1-16-2　图 1-16-1 的上半部分

1～71 是南方为主的群体

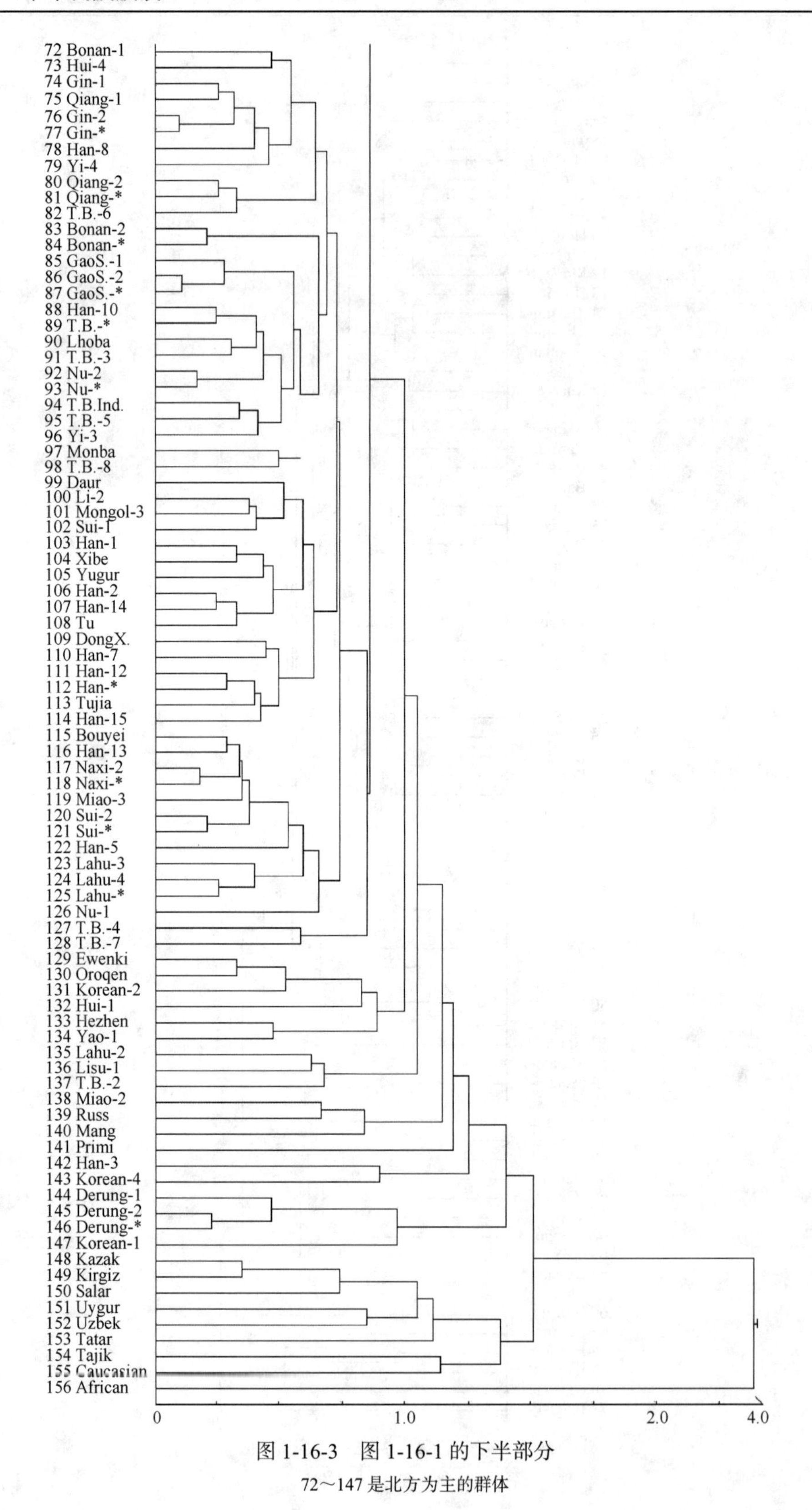

图 1-16-3　图 1-16-1 的下半部分

72～147 是北方为主的群体

一、南方群和北方群

南方群（1～71）含有71个样本（Gin-VieT.除外），见图1-16-2。其中有少量的北方样本（共9个）出现。北方样本中的56%（5个）集中在57～66区段，成为富含北方样本的区段，可被看成南方群向北方群的过渡地区，或者称混合区段。由南向北或由北向南在肤纹体质特征上，有一个逐步融合的过程，民族迁移和混杂仍然受到地理条件的限制。

北方群（72～154）含有83个样本。在115～126区段中，都是南方样本，成为富含南方样本的区段（图1-16-3），可被看成北方群向南方群的过渡地区。在北方群中，有取材于新疆的哈萨克族、柯尔克孜族、维吾尔族、乌孜别克族、塔塔尔族、塔吉克族和青海的撒拉族共7个样本自成1个群。除了撒拉族外，新疆6个样本的指纹频率W显著少于L（$P<0.01$），指间Ⅲ区真实花纹的频率多于20%。我国新疆样本有明显的西北民族（中西亚民族）特性，似乎可以单列为西北民族群。

作为监视标记的越南京族、非洲黑种人和美国白种人在聚类系统树上有明确和合适的位置。越南京族聚类在中国南方群内。美国白种人先和塔吉克族聚类，后与西北样本聚类。黑种人样本聚类在最外围。

二、聚类图的启示

有31个民族是多个群体参与了聚类分析，在分析之前已进行人数加权合并，合并后的群体基本上可以在系统树上得到比较客观的分类，由此可见大样本的优势。

四川是我国少数民族人口和种类较多的西南省份，该省的11个样本（包括羌族合并群）有10个样本（Han-8，Miao-2，Qiang-1、Qiang-2、Qiang-*，T.B.-6、T.B.-3、T.B.-4，Tujia，Yi-4）聚在北方群内，只有1个样本（Yi-1）聚类在南方群内。在300多年中，由10万人增至今天的1亿人口，可能四川是民族体质交流的中间驿站，民族融合在这里得到了较充分的表现。

历史上多次南来北往的民族大迁移、东西交流的丝绸之路的开辟，使原来的一个民族分为多个群体而与本民族主支的差异日趋扩大，或成为聚类图上的混合群体，或聚类于其他人群。例如，蒙古族（Mongol-2）、回族（Hui-2、Hui-7、Hui-3）等迁徙群体与当地民族（南方群）聚类，表现出肤纹体质特征与地理区域的平行关系。远离主支的群体与主支群体有较大的差异。

藏族的9个样本（含合并群）都聚类在北方群中。在85～98的区段中有5个藏族样本（T.B.-*、T.B.-3、T.B.Ind、T.B.-5、T.B.-8），是藏族群体较集中的区段。藏族肤纹表现出北方群的特征，是北方民族，非“南来（印度）”的民族。藏族的族源与古羌族等有关。肤纹表明拉萨等地区藏族主支有较多的北方血统。

T.B.-4是一支族属有争议的群体（黄宣银 等，1984），称为白马藏族。在全民族的聚类图上与甘肃藏族（T.B.-7）聚类。这提示白马藏族与藏族主支有较大的差别。印度藏族移民样本（T.B.Ind）与西藏拉萨郊区的样本（T.B.-5）聚类，表明这两个群体的亲缘相近。

苗族样本中取材于海南岛（省）的苗族（Miao-1）聚于南方群，而四川和贵州的苗族（Miao-3、Miao-2）则聚类在北方群。海岛的地理隔离对体质变化仍起影响。

云南的彝族有 2 个支系样本参与分析，彝族的撒梅支系（Yi-2）与彝族的罗罗卜支系（Yi-3）分别聚类在南方群和北方群，族内各支系之间的差异很大。

三、台湾地区的群体分析

台湾闽南汉族（Han-2 Minnan）是台湾人口最多的群体，占总人口的 80%左右。台湾闽南汉族（Han-2）肤纹项目参数（陈尧峰　等，2007b）类同于大陆北方群。闽南人来自福建南部即闽南，而源于大陆中原等地。此外，因为闽南人群的血统一段时期内较为稳定，少与外族通婚，所以在闽南时就有基因淀积，世居台湾（岛）后，这种基因淀积得到加速和纯化。岛居住民特有的基因淀积和纯化现象在其他较封闭的环境也有所表现。笔者团队通过肤纹研究发现因“岛式淀积”的作用，台湾闽南人的肤纹更具有北方群特征。

台湾客家汉族（Han-1 Kejia）的肤纹项目参数（陈尧峰　等，2007a）的分布情况，以及其在聚类树系图上所处的北方群的位置，都支持肤纹的“岛式淀积”假设。

台湾高山族的 2 个样本分别是人数最多（人口 16.7 万）的阿美人样本（Gaoshan-2）和人数很少（人口约 800）的噶玛兰人样本（Gaoshan-1）（陈尧峰　等，2006；Chen et al，2007；Chen et al，2008）。高山族样本（Gaoshan-1、Gaoshan-2、Gaoshan-*）都聚类在北方群内。

四、汉族肤纹表现出强烈的杂合性

汉族的 16 个样本（包括合并群）中，4 个样本（Han-4、Han-6、Han-11、Han-9）聚入南方群，12 个样本（Han-8、Han-10、Han-1、Han-2、Han-14、Han-7、Han-12、Han-*、Han-15、Han-13、Han-5、Han-3）聚入北方群。北方群里有 Han-2 和 Han-14 为相邻的样本，Han-2 和 Han-14 分别取材于南方和北方。北方群里有 Han-12 和 Han-*为相邻的样本，Han-12 取材于南方，Han-*是汉族的 11 253 人合并样本。取材于北方的 2 个样本（Han-6、Han-9）聚类于南方群。取材于南方的 9 个样本（Han-8、Han-10、Han-1、Han-2、Han-7、Han-12、Han-15、Han-13、Han-5）聚类于北方群。上海汉族 3 个样本（Han-10、Han-15、Han-13），每个样本的人数都在 1000 人以上，都聚类在北方群。在 109～114 区段中，有富含汉族的区段，6 个样本中，汉族有 4 个，汉族样本并没有单独聚类成为一群。我国汉族是中国乃至世界人口最多的民族，分析中发现所有各地（华东、西北、东北、西南）的汉族样本都与当地的民族聚类一群，中华民族多元一体，汉族是中华民族集合的后代。汉族的肤纹特征表现了强烈的民族杂合性。

第三节 肤纹主成分图的分析

把待测定的上海汉族（Han-10 Shanghai）演示样本、云南芒人群（Mang）的参数和31个PM/SM的参数做聚类分析和主成分分析。云南芒人群是未识别的民族待定的人群。

在聚类图（图1-16-4）中，见到北方群中有上海汉族样本，在南方群中有芒人群样本。在PCⅠ中x_1、x_3、x_4、x_6、x_8项目的系数绝对值>0.30，在PCⅡ中x_1、x_2、x_7、x_9、x_{11}项目的系数绝对值>0.30。PCⅠ和PCⅡ入选为二维散点分布图的参数。以主成分PCⅠ和PCⅡ作散点分布图（图1-16-5），其样本分布的格局与聚类分析的结果相同。同聚类树系图一样，主成分散点图提供了较为直接的又一种视角。

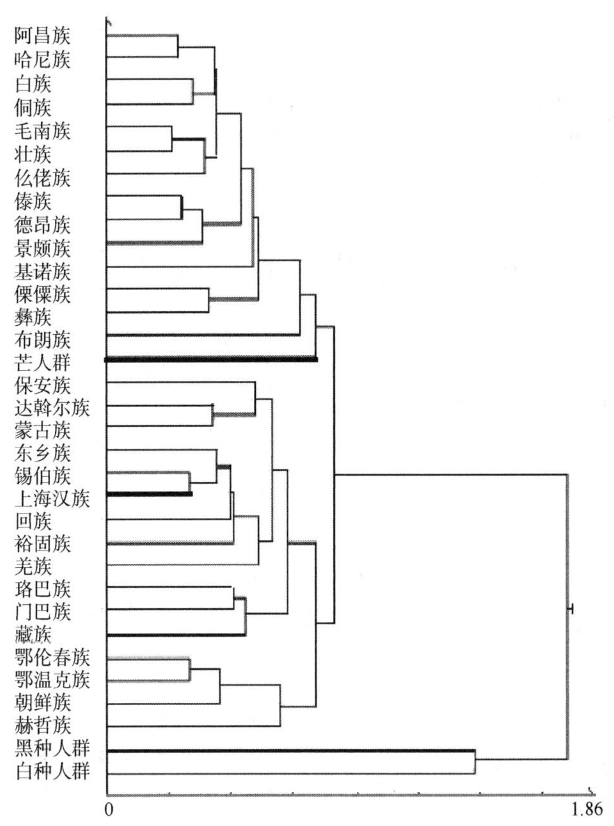

图1-16-4 利用31个群体的（PM/SM）做上海汉族（Han-10）、芒人群（Mang）的聚类（共33个群体）

确定PM和用PM进行分析的2个步骤如下。①方法选择：聚类图上的南方人、北方人、非洲人种和欧洲人种必须聚类在一个群内，作为检验方法的标准；②待测定群体与31个PM做联合分析。发现待测群体（Han-10）聚类在北方民族群的位置。据此可以看出上海汉族（Han-10）的肤纹基本属性为北方特征。见到芒人群在南方群的最外围，指示芒人群属于南方群。本图根据聚类分析的类平均法计算所得

本文对33个样本的11个项目参数做主成分分析，见到前3个主成分贡献率累积达到72.33%，前4个主成分的信息贡献率为82.72%（39.26%、21.74%、11.33% 和 10.39%）。对38个基因位点做主成分分析，前4个主成分的信息（肖春杰 等，2000）贡献率为65.84%。相比于前4个主成分的贡献率，群体肤纹的贡献率大于基因位点16.88个百分点。

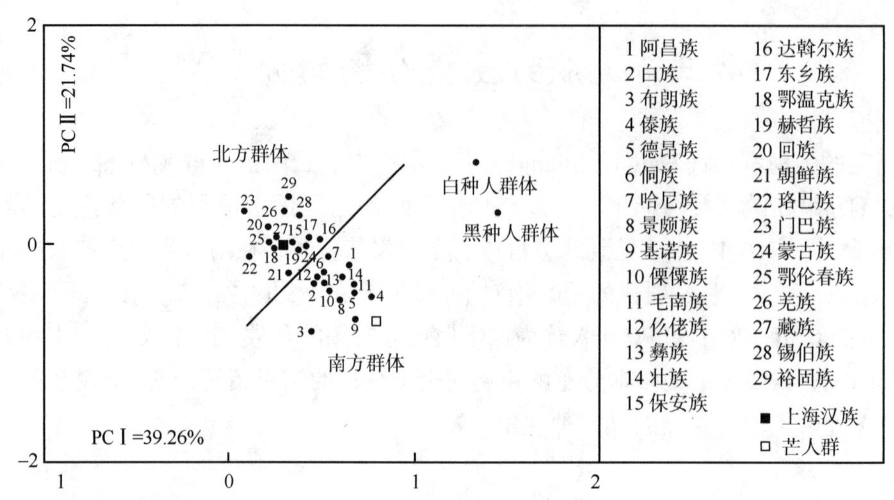

图 1-16-5　上海汉族（Han-10）、芒人群（Mang）和 31 个群体（PM/SM）的主成分散点图

本图根据表 1-16-2 的标准化主成分得分（z_{i1}，z_{i2}）数据所画。在作散点图前，先进行了 3 个标准化处理：标准化项目参数、标准化得分系数、标准化主成分得分。*x* 为 PC Ⅰ（39.26%），*y* 为 PC Ⅱ（21.74%）。作以常数 *a* 为−1、斜率 *b* 为 1 的直线，把 PM 南和 PM 北分为 2 个群。Han-10 在北方群中，芒人群样本在南方群中

第四节　56 个民族肤纹综合分析的初步体会

金安鲁教授等研究的同样民族的不同样本（Bai-1、Yi-2、Jino-1、Hani-1、Blang-1）（吴立甫，1991）及张海国等所研究的白族、彝族、基诺族、哈尼族、布朗族 6 个样本（Bai-2，Yi-5，Jino-2，Hani-2、Hani-3，Blang-2），都聚类在南方民族群内，还有金安鲁等研究的独龙族（Derung-1）与张海国等分析的独龙族（Derung-2）都聚类在北方群内。不同研究单位的学者在云南研究同一民族的不同样本，能得到如此同一的归类，殊途同归，说明中国肤纹学研究协作组（CDA）所坚持的技术标准和制定的项目标准的作用很大。

中国民族肤纹体质特征可分为南方群、北方群，以长江或北纬 30°～33°为界带。此推测与以前研究部分民族肤纹的结果相似（张海国，1988；张海国　等，1988；张海国，1989；张海国，1990；张海国　等，1998b；Zhang et al，1998；朱庭玉，1999；张振标，1988；陈仁彪　等，1993）。这个推测还与人类体质测量学、HLA 研究、利用免疫球蛋白同种异型（Gm）研究和遗传多样性研究（张振标，1988；陈仁彪　等，1993；赵桐茂，1984；赵桐茂　等，1991；金力　等，2006）所提出的中华民族起源于古代南北两大群体的假说有相同之处。这个初步分类有待于人类学、遗传学、民族学等方面的研究进一步补充和验证。由于我国民族多且南北差异大，故在医学应用（张海国，2004b）和遗传对比上，宜应用本民族和本地区群体数据作参照系。

肤纹 PM 是以多民族、多群体为对象，以 SAS 的聚类分析和主成分分析为方法，以探索族群源流为目的的研究项目。

用经过 7 种聚类方法得到的 PM，对演示群体上海汉族（Han-10 Shanghai）和云南芒人群（Mang）进行分析。7 种方法的 PM 都把上海群体聚类于北方群内（图 1-16-4），上海样本的个体双亲祖籍为上海的仅占 14%，上海是近代特大型移民城市。芒人群是有待识别

的群体。在全民族的聚类图（见图 1-16-3）上，Mang 与 Miao-2、Russ 聚类，识别问题没有解决。但在 PM 的主成分图上，芒人群在南方群的最外围（见图 1-16-5），明显指示芒人群样本属于南方群，为芒人群的识别提供了又一条思路。

主成分分析的标准化项目参数、标准化得分系数和标准化主成分得分，是为绘图所做的三个“标准化”准备过程（表 1-16-2）。在此，以第 1 主成分（PCⅠ）为 x 坐标，第 2 主成分（PCⅡ）为 y 坐标，绘制二维散点图（见图 1-16-5）。

在图 1-16-5 中，可见北方民族为一大群，南方民族为一大群，黑种人和白种人各自成一群。在北方大群中有上海汉族群（$x=-0.3334$，$y=0.2157$），南方群中有芒人群（$x=0.4697$，$y=-1.1427$）。以主成分 PCⅠ和 PCⅡ作散点分布图，其群体分布的格局与聚类分析的结果相同。

中华 56 个民族的肤纹参数，为不同目的的 PM 或 SM 筛选，如研究民族渊源关系（胡焕庸 等，1984）、语言系统关系、体质形态关系等，提供了多种选择。

对于一些资料不齐和样本量过小且分类不明确的群体，进一步研究他们的三级模式样本，将是我国肤纹学界的又一个新任务。

表 1-16-2 31 个群体（PM/SM）、上海汉族（Han-10）和芒人群（Mang）的 4 个标准化主成分得分

PM & SM	民族/群体	PCⅠ z_{i1}	PCⅡ z_{i2}	PCⅢ z_{i3}	PCⅣ z_{i4}
1 PM-S	Achang-2 阿昌族	0.239 3	−0.110 6	0.353 0	0.674 7
2 PM-S	Bai-2 白族	−0.061 1	−0.397 9	0.575 1	0.436 7
3 PM-S	Blang-2 布朗族	−0.098 8	−1.252 7	0.432 7	−1.561 5
4 PM-N	Bonan-2 保安族	−0.255 1	0.236 2	0.534 3	0.319 8
5 PM-S	Dai-2 傣族	0.427 7	−0.637 1	−0.244 6	0.798 8
6 PM-N	Daur 达斡尔族	−0.010 3	0.293 4	0.307 7	0.199 4
7 PM-S	De’ang-2 德昂族	0.283 7	−0.541 0	−0.478 7	1.060 0
8 PM-S	Dong-2 侗族	0.001 8	−0.253 1	0.366 5	0.125 5
9 PM-N	Dongxiang 东乡族	−0.111 9	0.322 4	−0.715 8	0.309 9
10 PM-N	Ewenki 鄂温克族	−0.408 5	0.198 6	−1.560 2	−0.944 4
11 PM-S	Hani-3 哈尼族	0.049 6	0.043 5	0.465 4	0.400 4
12 PM-N	Hezhen 赫哲族	−0.198 8	0.149 7	−1.317 2	−1.549 8
13 PM-N	Hui-4 回族	−0.479 3	0.521 5	−0.473 4	0.565 7
14 PM-S	Jingpo-2 景颇族	0.157 2	−0.724 4	−0.117 0	0.547 8
15 PM-S	Jino-2 基诺族	0.288 2	−1.070 3	0.309 5	0.068 6
16 PM-N	Korean-2 朝鲜族	−0.290 5	−0.247 1	−1.065 9	−0.978 9
17 PM-N	Lhoba 珞巴族	−0.642 6	0.053 5	1.022 1	−0.215 2
18 PM-S	Lisu-2 傈僳族	0.063 1	−0.544 5	0.367 9	2.009 0
19 PM-S	Maonan 毛南族	0.282 3	−0.483 9	0.078 0	−0.670 6
20 PM-N	Monba 门巴族	−0.698 6	0.796 4	1.313 9	0.019 0
21 PM-N	Mongol-3 蒙古族	−0.135 7	0.190 5	0.310 9	−0.647 6
22 PM-S	Mulam-2 仫佬族	−0.025 0	−0.318 7	0.207 5	−0.749 6

续表

PM & SM		民族/群体	PC Ⅰ z_{i1}	PC Ⅱ z_{i2}	PC Ⅲ z_{i3}	PC Ⅳ z_{i4}
23	PM-N	Oroqen 鄂伦春族	−0.444 8	0.280 7	−2.093 8	−1.274 4
24	PM-N	Qiang-2 羌族	−0.325 3	0.804 1	−0.287 2	0.669 4
25	PM-N	Titeban-8 藏族	−0.408 6	0.283 6	1.330 5	0.415 1
26	PM-N	Xibe 锡伯族	−0.195 6	0.652 1	0.483 8	0.037 8
27	PM-S	Yi-5 彝族	0.014 5	−0.450 1	0.446 1	1.158 0
28	PM-N	Yugur 裕固族	−0.293 9	1.049 5	0.130 3	0.033 7
29	PM-S	Zhuang-2 壮族	0.179 8	−0.334 3	0.054 1	−0.437 9
30	SM	African 黑种人	1.573 7	0.796 7	1.880 4	−2.532 2
31	SM	Caucasian 白种人	1.388 9	1.620 4	−1.595 7	1.456 6
?		Han-10 Shanghai　上海汉族	−0.333 4	0.215 7	0.362 7	0.091 8
?		Mang　芒人群	0.467 9	−1.142 7	−1.382 7	0.164 6

注：PM，群体标记；SM，监视标记；N，北方群体；S，南方群体；？，待测定的模式样本。

第五节　肤纹考古论的雏形

关于台湾高山族的渊源，主要有“南来”（南太平洋群岛）、“北来”（琉球群岛）、“西来”（海峡西岸）三大学说。肤纹是基因和环境的产物，群体肤纹的基因在上千年内才有一些微小变化，几百年内观察不到改变，肤纹是群体遗传的标志物。肤纹研究的结果是高山族人数最多的阿美人样本和人数较少的噶玛兰人样本都与中国北方群体相近，对“南来说”和“北来说”做了修正和改良。

汉族表现出了很强的民族杂合性。本研究中涉及汉族的 16 个样本都分散（聚类）在各民族之中，这表明现代汉族有很强的杂合性，甚至是中国少数民族的杂合后代。

汉族之间的差异远远大于汉族与其他民族的差异，也表明汉族与各民族有较充分的融合。

所有 9 个藏族样本（含四川、甘肃、拉萨、混合群）都在北方大群内。结合先前的考古、历史资料，知道藏族源于中国古羌族，非“南来（印度）之民族”。

第六节　全民族足纹研究情况

目前，我国 56 个民族的肤纹研究只是完成指纹、掌纹项目参数研究。我国已有 30 个民族（计 36 个族群）完成了足纹的参数研究报告（表 1-16-3），还有 26 个民族群体的足纹没有涉及。

之所以没有完成剩余 26 个民族的足纹参数研究，主要有两方面的原因。

表 1-16-3 38个模式样本（36个族群30个民族）的肤纹三级标准的地区、人数和参数[①]

序号	族群[①]序号	民族	缩写	地点	经纬度（°）		人数（人）			TFRC	指纹频率（%）				a-b RC	掌纹频率（%）					足纹频率（%）							
					北纬	东经	男	女	合计	（条）	A	Lu	Lr	W	（条）	T/Ⅰ	Ⅱ	Ⅲ	Ⅳ	H	A	L	W	Ⅱ	Ⅲ	Ⅳ	H	C
1	1	阿昌族	Achang	云南	24.81	98.20	287	290	577	133.07	3.31	52.37	2.79	41.53	38.73	5.37	1.21	17.42	77.30	15.17	6.85	78.07	15.08	3.55	36.31	5.29	56.41	0.09
2	2	白族	Bai	云南	26.04	99.91	500	500	1 000	130.12	1.55	48.64	2.96	46.85	36.72	5.35	0.30	15.40	77.30	16.45	7.95	69.85	22.20	6.40	48.20	3.75	40.80	0.50
3	3	布依族	Bouyei	贵州	26.62	106.74	230	218	448	132.99	0.85	44.80	2.25	52.10	36.68	3.24	0.89	12.83	65.86	8.93	8.11	64.34	27.55	7.67	63.22	13.44	1.78	0.00
4	4	傣族	Dai	云南	24.38	97.93	500	507	1 007	125.37	4.00	53.68	3.18	39.14	37.50	2.78	1.54	14.35	67.87	9.63	11.22	71.06	17.72	4.97	42.85	6.65	29.05	0.15
5	5	德昂族	De'ang	云南	24.38	97.91	330	260	590	125.33	4.16	50.59	3.47	41.78	36.79	4.83	0.42	13.31	69.75	12.46	11.27	74.49	14.24	5.76	38.56	3.90	40.43	0.00
6	6	独龙族	Derung	云南	27.69	98.51	136	164	300	127.20	4.80	48.80	7.87	38.53	36.47	6.16	0.33	11.50	70.00	9.17	12.99	68.18	18.83	2.00	32.17	6.67	34.33	0.00
7	7	侗族	Dong	贵州	25.91	108.51	199	215	414	131.09	3.01	45.34	1.93	49.72	37.16	2.52	1.53	15.36	63.62	9.96	5.39	72.60	22.01	5.98	50.36	9.81	3.95	0.00
8	8	仡佬族	Gelao	贵州	27.67	106.91	209	201	410	135.95	2.02	46.83	2.39	48.76	37.33	4.41	2.82	18.75	65.04	8.70	10.25	61.58	28.17	8.17	54.88	8.66	2.44	0.00
9	9-1	汉族-1	Han-1	贵州	27.67	106.91	204	209	413	135.89	2.20	44.31	1.77	51.72	39.70	7.53	1.88	14.59	68.35	5.76	4.58	63.66	31.76	8.00	44.23	3.06	3.41	0.00
10	9-2	汉族-2	Han-2	广西	22.80	108.30	349	506	855	*	2.21	52.81	2.70	42.28	*	2.16	0.70	9.65	64.50	8.95	6.61	73.39	20.00	5.97	54.21	6.20	5.09	0.12
11	9-3	汉族-3	Han-3	河南	34.40	113.70	389	627	1 016	*	1.65	48.40	3.02	46.93	*	12.30	0.89	7.38	70.67	16.24	7.08	67.28	25.64	7.91	58.42	8.51	6.30	0.74
12	9-4	汉族-4	Han-4	江苏	32.50	119.90	362	663	1 025	162.60	2.22	50.72	3.34	43.72	40.94	7.41	0.73	11.22	68.39	18.39	9.61	65.46	24.93	5.66	52.29	4.00	31.66	1.37
13	9-5	汉族-5	Han-5	上海	31.31	121.44	520	520	1 040	143.63	2.05	44.65	2.44	50.86	38.05	8.67	0.87	14.66	73.46	17.26	9.77	60.86	29.37	9.33	50.34	5.72	9.77	0.29
14	10-1	哈尼族-1	Hani-1	云南	23.18	102.67	520	167	687	135.90	1.41	49.87	2.88	45.84	35.99	0.80	0.80	15.65	82.68	11.20	10.84	71.62	17.54	6.33	36.83	2.98	50.00	0.00
15	10-2	哈尼族-2	Hani-2	云南	23.40	102.80	500	500	1 000	137.57	2.54	51.88	2.57	43.01	38.49	6.90	0.70	14.35	79.05	20.65	9.70	72.40	17.90	6.45	41.15	3.65	43.20	0.05
16	11	回族	Hui	宁夏	38.50	106.30	366	604	970	*	1.03	47.87	4.08	47.02	*	8.40	0.16	15.88	84.33	19.23	5.46	78.19	16.35	7.99	60.05	6.34	16.91	2.16
17	12	景颇族	Jingpo	云南	24.50	98.50	500	500	1 000	131.45	2.44	51.52	3.41	42.63	35.80	3.30	1.30	11.70	67.60	10.90	9.95	77.40	12.65	3.95	34.45	4.95	43.05	0.25
18	13	基诺族	Jino	云南	22.01	100.80	395	439	834	123.82	3.43	55.75	2.22	38.60	36.42	1.74	0.42	6.54	78.06	15.05	10.73	76.44	12.83	5.76	42.81	4.98	38.37	0.30
19	14	哈萨克族	Kazak	新疆	43.81	87.62	500	500	1 000	134.11	2.61	52.52	4.23	40.64	37.86	9.20	2.55	30.40	61.75	34.70	8.95	69.90	21.15	16.45	63.95	10.20	57.70	2.65
20	15	柯尔克孜族	Kirgiz	新疆	39.50	75.15	500	500	1 000	139.47	2.81	49.10	3.77	44.32	38.88	9.55	1.95	25.25	63.35	31.70	10.65	72.10	17.25	15.25	63.10	10.85	24.20	2.45
21	16	拉祜族	Lahu	云南	22.71	99.13	480	500	980	143.16	1.26	45.67	1.94	51.13	35.85	2.70	0.82	29.49	64.49	4.85	19.13	67.10	13.77	10.26	36.73	2.50	34.08	0.05
22	17	珞巴族	Lhoba	西藏	29.22	94.12	142	190	332	147.05	1.48	41.71	1.54	55.27	38.40	8.58	0.15	12.95	82.53	14.31	10.99	68.23	20.78	6.93	50.30	3.91	27.41	0.94

续表

序号	族群[①]序号	民族	缩写	地点	经纬度（°）		人数（人）			TFRC	指纹频率（%）				a-b RC	掌纹频率（%）					足纹频率（%）							
					北纬	东经	男	女	合计	（条）	A	Lu	Lr	W	（条）	T/ I	Ⅱ	Ⅲ	Ⅳ	H	A	L	W	Ⅱ	Ⅲ	Ⅳ	H	C
23	18	傈僳族	Lisu	云南	25.90	98.80	500	283	783	137.56	1.98	49.95	3.83	44.24	38.33	2.17	0.57	10.92	73.95	7.92	10.15	70.63	19.22	6.26	34.74	4.28	36.65	0.38
24	19-1	苗族-1	Miao-1	贵州	26.60	107.93	221	182	403	133.05	1.49	44.89	2.16	51.46	38.94	3.44	1.49	11.43	74.08	8.35	7.03	64.89	28.08	7.27	56.40	9.85	3.33	0.00
25	19-2	苗族-2	Miao-2	贵州	26.27	107.38	245	352	597	145.21	2.66	47.84	3.12	46.38	39.64	3.85	0.50	15.24	70.02	14.91	12.40	66.50	21.10	8.04	53.69	9.88	42.96	2.01
26	20	门巴族	Monba	西藏	27.91	91.91	101	116	217	157.91	1.07	39.20	1.80	57.93	39.46	7.14	0.00	17.05	72.81	25.58	20.74	68.20	11.06	6.45	68.42	1.84	47.47	0.00
27	21	纳西族	Naxi	云南	26.81	100.20	408	420	828	132.21	1.10	43.40	2.14	53.36	37.77	5.26	0.91	19.44	70.53	12.34	4.53	79.59	15.88	4.71	44.86	5.19	28.02	0.06
28	22	怒族	Nu	云南	25.91	98.70	175	176	351	149.03	1.34	45.89	2.71	50.06	39.08	6.40	0.43	16.81	73.79	8.40	10.11	61.11	28.78	2.14	23.22	2.57	37.89	0.57
29	23	撒拉族	Salar	青海	35.78	102.39	102	102	204	149.40	1.72	44.85	4.95	48.48	40.21	8.58	1.72	19.36	75.98	25.49	3.92	73.28	22.80	6.62	58.82	6.62	47.55	0.00
30	24	水族	Sui	贵州	26.01	107.82	206	207	413	136.60	1.77	41.55	1.91	54.77	37.07	2.54	1.57	11.02	72.28	13.44	8.11	67.19	24.70	3.03	50.61	9.93	1.81	0.00
31	25	塔塔尔族	Tatar	新疆	43.81	87.61	29	24	53	146.58	2.64	59.62	4.91	32.83	41.35	4.72	2.83	39.62	59.43	41.51	7.14	72.45	20.41	13.27	66.33	10.20	45.92	1.02
32	26	藏族	Tibetan	西藏	29.56	91.11	500	500	1 000	143.62	1.18	41.74	2.73	54.35	38.01	6.10	0.60	11.70	82.00	25.90	12.85	73.00	14.15	9.50	57.05	5.45	60.55	2.45
33	27	土族	Tu	青海	36.89	101.98	106	108	214	143.47	1.92	50.98	2.90	44.20	39.66	7.95	1.64	19.16	73.36	21.96	9.81	69.63	20.56	2.10	54.91	9.11	51.40	1.40
34	28	维吾尔族	Uygur	新疆	43.81	87.61	500	500	1 000	138.09	2.51	50.28	3.75	43.46	37.27	14.90	4.70	39.15	62.00	33.10	7.65	67.95	24.40	21.45	63.30	13.65	56.95	1.05
35	29	佤族	Va	云南	22.72	99.40	416	354	770	137.78	2.01	56.36	2.09	39.54	37.63	2.78	0.58	16.28	77.56	9.75	10.26	78.58	11.16	2.33	26.68	5.19	44.41	0.00
36	30	壮族	Zhuang	广西	22.80	108.30	121	343	464	*	2.72	50.96	2.44	43.88	*	0.86	0.00	10.99	65.09	10.99	4.31	77.05	18.64	5.60	53.66	8.62	5.93	0.11
37	31	芒人群	Mang	云南	22.70	103.20	124	110	234	118.42	4.10	62.44	2.35	31.11	36.71	6.41	0.00	8.98	64.10	6.62	4.44	62.91	30.65	3.23	39.92	12.90	19.45	0.00
38	32	京族（越南）	Gin-VieT.	越南	21.00	106.00	66	69	135	128.00	5.40	46.90	1.70	46.00	36.30	0.40	1.10	12.30	65.20	9.30	7.05	71.47	21.48	5.93	38.89	11.11	33.70	0.00

*4 群体，即 9-2、9-3、11、30 是新近做的电子数码捺印肤纹，没有进行 TFRC、a-bRC、atd、tPD 测量调查。这里适时列出其足纹数据，使这些民族也有足纹参数。

①族群 3、9-4、19-1 的人数依据指纹和 TFRC 人数列出。其他项目的人数有变化。

一、对足纹的意义认识不够

足纹和掌纹有相同部位花纹间的相关关系，但认为掌纹可以代替足纹，其实有非常大的误区，如足纹有蹈趾球纹，其花纹表现了极其丰富的多样化，以箕形纹为主，斗形纹常见，弓形纹不稀少，而与踇趾球部相对应的手大鱼际部位花纹的多样性要简单许多，在手大鱼际区因为箕斗花纹非常少见，只能把手大鱼际纹分为真实花纹和非真实花纹两大类。

足纹蕴藏肤纹 1/4 的信息量。本书关于肤纹诊断唐氏综合征的内容——依据右足踇趾球纹配合右手掌 atd 角、右示指、左示指共 4 项个体肤纹项目，可以对患者进行诊断，诊断的正确率为 81%。

二、捺印足纹非常困难

足纹的捺印比较困难，尤其在天寒地冻时节的北方地区。2017 年之前，还保留油墨捺印方法，采集足纹图遭到采样员和群众的共同反对，要捺印足纹成为不可能或者非常困难的事情。

第十七章　肤纹在刑侦及安保中的应用

一、肤纹在刑侦中的作用

肤纹各不相同，为肤纹鉴别个人提供了依据。肤纹终身稳定，为肤纹鉴别个人提供了方便，即使在间隔相当长的时间后才找到所要寻找的比对手印，仍可以作为有力证据（俞叔平，1947；刘少聪，1984；赵向欣，1987；赵向欣，1997；刘持平，2001；刘持平，2003）。手指触物留痕，为缩小侦查范围提供了线索。指纹认定人身，又直接证明某人到过现场。世界各国的公安、刑侦机关十分关注肤纹学在本领域的应用和研究，我国各地公安机关一般都设有指纹室，专门开展指纹的比对工作。

在案情现场发现的指印或手印，可能是作案者所留，也可能是事主或他人所留。要从中找出作案者的手印，必须弄清现场所发现的每一个手印与作案行为的关系，通过分析手印遗留的部位及手印与人的职业、身高、年龄、体态和性别的关系，为侦查、技术检验提供线索和范围。

（一）现场手印与作案行为的关系

在现场采集手印后，首先要详细调查和研究留有手印载体的情况，分析手印载体与作案行为的关系，更要细致分析现场所留手印的位置、形成物质、新鲜程度等各种不同情况与作案的关系。尽可能抓住反映作案人某些特殊举动（如攀登、撬砸等）所留下的手印，借以鉴别现场手印是否为罪犯所留。

（二）现场手印与遗留部位的关系

分析手印遗留的方向和排列关系，分析指纹花样和嵴线的粗细、弯曲度、倾斜流向和细节特征出现率等和左右侧间、各指间的差异，以判明是左手还是右手所形成的印痕；再根据各指印的面积、形态和嵴线结构的不同，各指的指纹花样的频率，以及各指印间的距离和状态做进一步分析，判断是哪一个手指遗留的手印。综上所述，明确工作对象和范围，提高核对手纹和指印的效率。

（三）现场手印与职业习惯的关系

利用手印分析其职业、身高、年龄、体型、性别等特征，可为侦查工作缩小范围、提供方向。利用被肢解的手足，判断原尸的身高和年龄，以作为查找死者身份的一种依据。

1. 职业的判断　对形成手印的物质成分、手印上所能显示的职业特征、嵴线上表现的职业特点，以及手印所在物体和被盗物品的分析，再结合现场被破坏的方法和手段是否反映了职业技巧等，可提高对职业、兴趣爱好分析判断的准确性。

2. 身高的判断　在一般情况下，手印遗留的高度，可在一定程度反映该人的身高。手印宽窄和长短、花纹的形态及嵴线的密度等，也可以对作案现场留下手印的人进行身高分析和判断。

3. 年龄的判断　根据现场手印外形的轮廓、长短和宽窄，嵴线的宽度和密度，嵴线边缘的形态和清晰度，细节出现的多少，以及褶纹、白线和脱皮的表现等因素进行综合分析，即可勾画出一个大致年龄范围。

4. 体态的判断　人类的体态按照有关标准分为胖型、中等和瘦型三等。胖型人的指和指节印均较宽大，指头多呈圆柱形，掌印的长宽比值较小；由于掌心丰满，该部位的印纹比较完整清晰；嵴线较稀，皱纹较少。瘦型人的指、掌印较为细长，指节印两头大而中间小；掌弓较高，捺印掌纹困难，掌印的掌心部位往往有一大片空白，手印中皱纹也较多。中等体型者手印的上述特征处于胖型和瘦型人之间。

5. 性别的判断　男女间手印的外形、大小、长宽比值、嵴线密度、花纹形态和皱纹等方面，都会出现不同程度的差异。根据皮肤所具有的性别差异特点，再结合现场手印位置的高低等其他情况进行分析，对性别的判断有一定帮助。

（四）现场手印与库存样本的关系

通过上述三方面的工作，再进一步结合现场情况和其他痕迹进行分析，将判断数据调整到最有把握的限度，勾画出罪犯的“脸谱”；然后捺取或调取存档的嫌疑者的手印和指纹，以现场手印为依据，再与样本做比对检验，明确两者的符合点是主要的还是差异点是主要的，为做出结论提供可靠的资料。

（五）指纹的计算机识别

目前国内外已经制成了大型的指纹特征点核查计算机系统。这种系统，首先对输入的指纹照片进行修整，再确定其中心和 x、y 轴，然后根据残留的部分划出核查区。紧接着测出核查区内各点的坐标、指纹嵴线的方向和曲率等数据，并与存储在计算机数据库内的指纹数据进行对照，以确认输入指纹的所属者。上述过程计算机只需数秒钟便可完成。

计算机能对指纹图形进行快速而准确的分析，为侦查案件带来了极大的方便。许多科学技术发达的国家，其安全部门已逐步采用计算机指纹鉴别系统。为了尽可能从众多的嫌疑对象中捕捉到真正的罪犯，计算机数据库内存储的指纹数据越多越好。美国联邦调查局下属的指纹局，目前所保存的指纹卡片已超过 2 亿张，这将给他们的工作带来很多方便。

（六）指纹技术的“不同认定”作用

提及指纹技术，就会想到指纹在同一认定、个体认同方面的作用。其实，指纹技术在排除嫌疑人中的作用，即“不同认定”，同它的“同一认定”一样有重大意义。

在特大刑事案件的侦破过程中，常常会受到令人哭笑不得的干扰。正在破案的紧张关头，有案犯投案自首，供认了作案的时间、地点、手段，但经过指纹比对排除了嫌疑。自首者是精神妄想症患者，他供认的事实是在报纸、通缉令上读到的，巨额奖金刺激患者把自己幻想成案犯。如不能及时识破患者身份，则有可能阻碍破案进程。

对特大刑事案件的嫌疑人要发动全国的警察进行追捕，一场全国行动，会出现几十个乃至上百个可疑对象，地方警察机关甚至认为已抓到嫌疑人。这种误认事件对目标案件的侦破有极大的破坏性。把嫌疑人的指纹图传到各地警察机关，比对指纹，及时排除可疑人物，就可以把精力集中到真正的嫌疑人身上。

按照指纹各不相同的理论，既可以用于“同一认定”，又可以用于“不同认定”。指纹鉴定时，不是寻找有多少相同点，而是看有无不同点。指纹鉴定的真谛是“相异优于相同”。应用原则是反证法，即使 2 枚指印的 100 个细节特征中有 99 个是相同的，只要有一个嵴线细节特征不同，它们就是绝对不同。

图 1-17-1 是 2 枚指印的比对模式，除了 1 是以伤痕为比对特征外，其他 11（2～12）个特征都是以嵴线细节的分叉和结合为认同依据。有 12 个细节特征证明这 2 枚指印出自同一枚指纹。

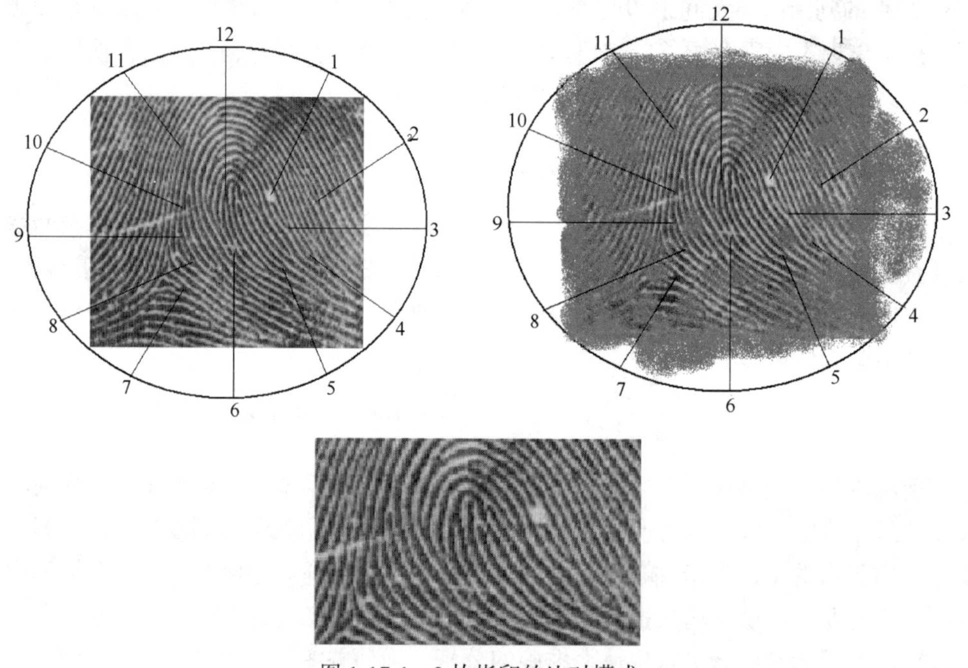

图 1-17-1　2 枚指印的比对模式

主要以嵴线细节的分叉和结合为认同依据。下方是存档的指印（已放大）

二、指纹在生物识别系统中的应用

门禁是大门启闭的控制系统。近来有计算机的“生物特征识别软件”加入门禁系统，把要进大门的人的生物特征摄入计算机，与已有的图像作比较，如果相同，则自动门锁开启放行，否则拒之门外。

计算机门禁系统识别人的生物特征，指纹是首取。指纹作为生物识别特征，有六大特点。

（1）各不相同：指纹可达到每指不同，密级可以在指纹数目的多少和次序上做调整，

10 枚指纹的排列组合格局和本来的特性使指纹门禁绝无“2 把相同的指纹钥匙”。

（2）终身稳定：一次录入，终身可用。小孩、成年人、老年人的指纹嵴线的细节不变，细节的几何关系不变。

（3）采访便捷：捺印方便，伸指就用，胜过囊中取物。

（4）无痛无伤：无任何创伤，无接触传染。

（5）质材特殊：由有生命的有机物组成，具自我修复功能，难以毁灭。比起无生命的金银宝石图章，无遗、窃、碎、改等问题。

（6）法律属性：指纹具有人格权的一切属性，遵从法律（张文君，2004）。指纹的人格权包括天生固有性、权利能力的一致，还包括专属权、不可剥夺、不可转让和不可继承的特性。

由于各不相同，长期稳定不变，随身而行，指纹成为一份不会遗失的特殊身份证。

三、指纹鉴定中的失误和教训

指纹鉴定极受法庭举证方的青睐。近几年来，指纹鉴定错案时有发生，指纹鉴定的科学性遭到前所未有的严峻考验（刘持平，2001；刘持平，2003）。

2002 年 1 月 7 日，美国联邦法院大法官布拉克做出了石破天惊的裁决：指纹鉴定不能作为证据。指纹技术的可靠性受到了怀疑。

布拉克大法官是在判决 3 名被控告贩卖毒品、涉嫌谋杀 4 人的被告人时做出上述裁决的。

因为他认为，虽然每人的指纹不同而且永久不变，但在罪案现场提取的指纹常常是不完整的、不清楚的、有点模糊的图像，不容易与档案中完整的、清晰的指纹作比较。要判断两枚指纹间有几个相同点才能肯定它们同属一人，没有一定的标准，难免会出现个人的主观判断。所以他裁定，指纹技术从科学角度来讲是不可靠的，指纹专家的鉴定也不能当作证据。

布拉克的裁定使一些对指纹技术有怀疑的人受到启发，他们举出了一个著名的案例，用以证明布拉克大法官观点的正确性。

1991 年，美国宾夕法尼亚州发生了一起抢劫案件。警察在嫌疑人逃逸的汽车的方向盘上提取到一枚指纹，在变速杆上又提取到一枚指纹。经比对，认定是嫌疑人贝伦 · 米西尔的指纹。米西尔被逮捕。在法院审理过程中，米西尔不服，1998 年他提出了上诉。2000 年经法庭审判罪名成立。米西尔的律师对定案的关键证据，即汽车上的两枚指纹表示怀疑，紧抓不放，希望以此找到翻案的机会。

再审期间，法庭应米西尔的律师要求，对指纹重新鉴定。联邦调查局将两枚现场指纹和米西尔的指纹拷贝，送给全美五十几家指纹鉴定机构，其中有 35 家机构返回了鉴定报告。出人意料的是有 8 家不能认定一号现场指纹，还有 6 家不能认定二号现场指纹。

联邦调查局又进行第二次测试，将两枚现场指纹与米西尔指纹比对的特征标注好，然后再发给原鉴定机构。标注好特征就是提示，这些机构都认定现场指纹与米西尔指纹相同。

美国专家评论：此案第一次指纹鉴定的可靠性不高，实际上是对指纹鉴定提出了怀疑。

米西尔案例的列举，使布拉克大法官观点处于上风。

中国指纹技术专家认真研究了布拉克大法官的观点，明确表示指纹的科学地位毋庸置疑，并指出布拉克观点不可靠的四点理由。

第一，包括指纹鉴定在内的所有鉴定，即使是采用高科技和最先进的仪器设备进行的鉴定，最后都要由人来下鉴定结论，从这一点来讲都有主观成分。假如有了主观认识成分，就认为鉴定不科学，那么也可以认为法官在判案时都有对案情的判断问题，也均不可信。这种推理，在逻辑上讲不通。

第二，在法律上，证据种类是法律确定的，法官无权更改。法官可以对案情中所涉及的具体证据做出可否采信的决定，可以特别指出该指纹鉴定为什么不能作为证据，不应该也不可以推导出指纹鉴定这类证据在法律上统统不可采用的结论。这好比法院错判了一个案子，而不能讲凡是法院所判的案件都是错案。

第三，指纹科学的理论和指纹技术的具体应用中的方法是否合理，即理论和应用，是要加以区别的。现场指纹有的清晰、有的完整，更多的是模糊和残缺。涉及指纹鉴定所具备的客观条件，在公安专业称为“指纹的客观性”。“指纹的客观性”很大程度决定鉴定的可信度，可信度的高低与指纹理论无关。

第四，在任何鉴定、检验中都需要有必要的客观条件。对模糊、残缺不清的指纹，硬是要作比对，得出的鉴定结论显然不可靠。这不是指纹理论有问题，而是鉴定人不讲科学精神，不遵守科学方法所造成。残缺不清的指纹造成鉴定失败，迁怒于指纹理论，是毫无道理的。

近 100 年来，各国指纹鉴定专家形成了一个公认的鉴定模式，只要有图钉大小的面积，也就是一枚指纹 1/10～1/8 的面积（一般会有 8～16 个细节特征），就足以做指纹的“同一认定”或者“不同认定”的鉴定，而且不会失误，客观条件是指纹必须清晰。指纹的细节特征又称高尔顿特征（Galton marker）。这就像血迹鉴定，并不要抽全身血，只要一滴血，或者更少更微量即可。

多数欧美国家认为 12 个以上细节特征为具备鉴定条件的标准，我国认可 8 个以上细节特征为具备鉴定条件。

各国指纹专家对布拉克的裁决纷纷发表不同意见。2002 年 3 月 13 日，布拉克突然发表声明：撤回 1 月 7 日的裁决，否定指纹鉴定不能作为法庭的证据的提议。

布拉克在声明中还讲了自己改变主意的过程：“为了重新考虑这次裁决，通过律师，我有机会向英国资深指纹专家艾伦 · 贝乐请教。这时才了解指纹的有趣历史和严格的理论，补充了自己在指纹学上的知识。因此，我决定改变主意了。”

布拉克对指纹的言论，造成了指纹学界一场虚惊。

四、重 视 足 印

婴儿一出生就做足纹捺印（图 1-17-2），用上好的红色或彩色油墨，印下婴儿来到世界的第一份标记，在艺术化的纸版上印几个小脚丫，这是非常珍贵的纪念。有的医院用水墨而不是用油墨印足纹，造成足纹图晕化，足纹不清。有的医院用油墨，多数是用黑色的，但纸张毛糙，造成足纹不清。因此，应该规范油墨、纸张的标号批号、捺印操作的要领。看不清新生儿足纹的主要原因是捺印模糊，而不是新生儿足纹太细。

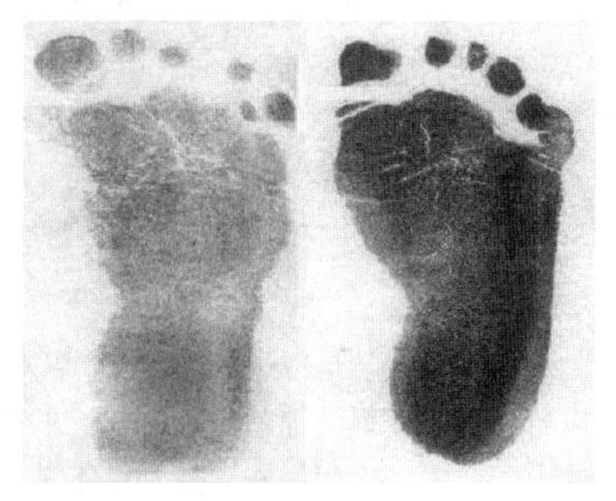

图 1-17-2　两名婴儿的右足印

足纹上也有与手纹一样的嵴线，在足趾和踇趾球部有弓、箕、斗形花纹。足纹与指纹一样有各不相同、终身稳定的基本特性。

新生儿捺印足纹的做法始于我国，最早开始于宋代，距今约有 1000 年。当时的育婴堂收留弃婴，只有生辰八字，无姓名、住址，就在登记造册时捺印手纹或足纹，便于日后辨认，这种利用肤纹技术的管理是我国古代婴儿收养事务中的创举。至今捺印新生儿的足纹仍用于新生儿出生档案管理中。

医院按规定捺印婴儿足印就是为了在意外发生而无法分辨孩子和亲生父母时，利用足纹鉴别。意外情况通常有故意调换、恶意丢弃、有意拐卖、大意抱错等。

在错抱婴儿的事故中，虽然医院常常想到用足纹做鉴定，但有的医院没有留足印，有的足印模糊不清而失去鉴定功能，有的医院无鉴定足纹的专业人员，导致足纹在纠错过程中没有发挥应有的作用，实属遗憾。

刚出生的婴儿足纹很细，肉眼难辨。借助放大镜，则容易观察。即便足纹很模糊，只要有图钉大小区域的嵴线是清晰的，就可以进行鉴定。足纹在外形上的差别大于手纹，足的五趾排列错落相间，少有规律，有的人踇趾最长，有的人第二趾最长。印在纸上的趾形也不一样，有扁圆形、长圆形、半圆形等。

成人的足印更有特点，因为足在鞋子里紧裹成形，捺印在纸上的足印在足弓的高低、弧度，趾印的有无、重叠等方面表现出各自的特点，趾印更有各种各样的不规则形态，所有特征均可供个体鉴别使用。肤纹专业人员不一定按照嵴线的细节特征，而凭足印各部分轮廓形象也能做出肯定或否定的鉴定意见。即使是穿了袜子的足印也可以用于鉴定。

成年人足纹能提供人的性别、年龄、身高、体态等方面的信息，比指纹有更大的鉴别价值。因为赤足的足印较少出现在犯罪现场，新闻报道和文学作品中很少提及它，所以人们知之甚少。

第十八章　肤纹在医学和体育选材上的应用

医学肤纹学是以患者为对象，以对照健康人群和患同种病人群的肤纹组合参数为方法，以给出患病概率供辅助诊断为目的的研究科目。

研究人类疾病的肤纹异常始于美国科学家 Cummins，他首次于 1936 年描述了唐氏综合征患儿的异常肤纹组合，从而开创了医学肤纹学的研究（Reed et al，1970）。许多学者对染色体畸变综合征和其他遗传病进行了大量的肤纹分析。临床诊断时观察肤纹可以作为遗传病的一种辅助诊断手段，诊断价值以唐氏综合征最高，其他疾病的诊断意义尚在探索和评估中。

第一节　染色体畸变综合征

在染色体畸变引起的遗传病中可以见到肤纹变化，其中包括常染色体畸变和性染色体畸变（黄铭新，1987）。

一、三体综合征

（一）唐氏综合征

唐氏综合征（Down syndrome）也称 21-三体综合征（21-trisomy syndrome），人类孟德尔遗传在线（Online Mendelian Inheritance in Man，OMIM）编号 190685#。染色体核型为 47，XY，+21 或 47，XX，+21。唐氏综合征是一种较常见的常染色体三体综合征，发病率很高，人群中的发病率为 1/650。多数患者成年后不久死亡。

唐氏综合征患者的主要临床特征如下：有特殊的面容，内眦赘皮，两眼外眼角向上翘，鼻梁低，口常张开，流口水，舌伸出口外；耳小，常为低位；智力发育落后。50%伴有先天性心脏畸形，并有唇裂、腭裂及多指（趾）、并指（趾）等畸形；呈草鞋足。男性多不育，女性虽能生育，但也可能将此病遗传给后代。患者中并发白血病的概率显著高于正常人群。

本综合征患者手指斗形纹频率减少，而箕形纹频率升高，其箕形纹多趋向于垂直形或 L 形。弓形纹亦减少，环指或小指桡箕增多，总指嵴数（TFRC）较正常群体少。轴三角移向远侧，呈高位轴三角，因而 atd 角增大，平均超过 65°。大约有一半患者一侧手掌可出现猿线。小指常呈单一指间褶。表 1-18-1 为笔者调查研究的唐氏综合征患者与正常对照组的对比。

表 1-18-1　唐氏综合征患者与正常对照组的对比（张海国，2002；张海国，2006）

序号	项目	唐氏综合征患者 108 人[①]（男 69 人，女 39 人）	正常人群 1040 人（男 520 人，女 520 人）	差异显著性检验
1	TFRC（$\bar{x}\pm s$，条）	120.63±34.27	143.63±42.36	t=8.69**
2	atd（$\bar{x}\pm s$，°）	58.94±18.43	39.52±6.12	t=15.55**
3	a-b RC（$\bar{x}\pm s$，条）	36.73±6.07	38.05±4.58	t=3.23**
4	手大鱼际纹（%）	0.93	8.67	χ^2=15.40**
5	箕形纹左右对应（%）	69.79	36.48	χ^2=44.40**
6	Lu 型指纹（%）	75.93	44.65	χ^2=73.76**
7	双手 10 指全箕指纹（%）	26.90	6.44	χ^2=55.67**
8	一手 5 指全箕指纹（%）	39.81	11.39	χ^2=128.40**
9	指间Ⅲ区纹（%）	55.09	14.66	χ^2=203.66**
10	指间Ⅳ区纹（%）	32.87	73.46	χ^2=145.85**
11	手小鱼际纹（%）	46.76	11.27	χ^2=205.05**
12	手猿线（%）	56.94	10.24	χ^2=345.72**
13	双手猿线（%）	48.15	4.62	χ^2=227.72**
14	手上缺指三角 c（%）	17.58	6.54	χ^2=189.64**
15	小指单指间褶（%）	27.31	0	χ^2=570.80**
16	蹈趾球纹胫弓（%）	93.98	4.18	χ^2=1421.76**
17	蹈趾其他弓纹（不含胫弓，%）	0	5.50	χ^2=1402.08**
18	趾间Ⅲ区纹（%）	87.02	50.34	χ^2=104.56**
19	足小鱼际纹（%）	54.62	10.97	χ^2=286.82**

① 资料来源于笔者研究。

** $P<0.001$。

唐氏综合征是肤纹诊断遗传病的代表性病种。美国印第安纳普渡大学（Purdue University）Reed 教授总结了 250 例唐氏综合征患者和 332 例染色体核型正常对照者的肤纹特征，1970 年，根据多元判别原理设计出诊断唐氏综合征肤纹列线图（dermatoglyphics nomogram）（Reed et al，1970）（图 1-18-1）。首先观察患者右蹈趾球纹，测量右手 atd 角，把所得两个结果标在列线图上得到两个点，连接两点成一条直线与 A 线相交，在 A 线上得到一个点。再观察右手示指指纹和左手示指指纹，也把所得两个结果标在列线图上得到两个点，同样连接两点成一条直线与 B 线相交，也在 B 线上得到一个点。然后，把 A 线上的点和 B 线上的点作一条连线，与诊断线相交，从而得出唐氏综合征、正常或（可疑）复查的诊断意见。

唐氏综合征诊断列线图的根据是组合，当右蹈趾球纹为 5 种、右手 atd 角每 1°为 1 种性状而全距约为 100°、左手指纹形态为 5 种、右手指纹形态为 5 种时，有 5×100×5×5=12 500 种组合。用列线图表示各种组合的概率，简洁明了、操作便利，在全球得到了推广。

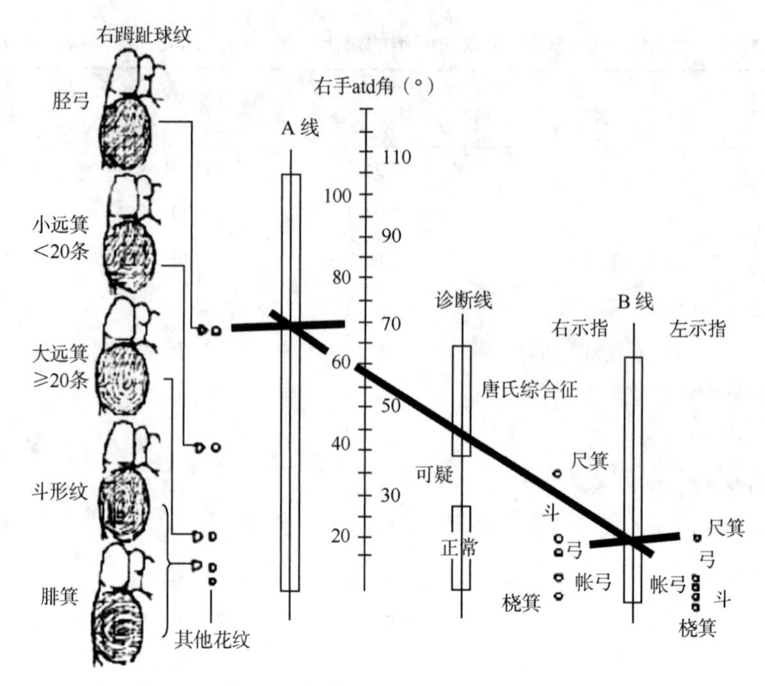

图 1-18-1　唐氏综合征诊断列线图

在列线图上，蹲趾球纹小远箕的 RC 为＜20 条，大远箕的 RC 为≥20 条。所示患者右蹲趾球纹为胫弓（At），右手 atd 角为 70°，右手示指为弓（A），左手示指为尺箕（Lu）。A 线和 B 线上的两点连成的直线与诊断线的唐氏综合征区相交，此患者为唐氏综合征可能

应用这个唐氏综合征诊断列线图，有 81%的患者被确诊（表 1-18-2）。有 67%的对照者和不到 1%的唐氏综合征患者会落在诊断线的正常区，而有不到 1%的对照和 81%的唐氏综合征患者会落在诊断线的唐氏综合征区。对落在这两个区域之间的（可疑者）要进一步复查，不能仅仅由这些肤纹特征做出明确的诊断。

表 1-18-2　列线图对患者群和对照人群的甄别

		列线图	
		+	−
人群	+	81%确诊	＜1%漏诊
	−	＜1%误诊	67%确诊

对列线图辅助诊断为唐氏综合征可能患者，建议做染色体核型分析以确诊。对可能患者要强化智力训练。肤纹用作疾病诊断，唯一有临床意义的疾病是唐氏综合征，其中肤纹作为辅助诊断手段出现。

（二）18-三体综合征

18-三体综合征（又称爱德华兹综合征，Edwards syndrome）染色体核型为 47，XY，+18 或 47，XX，+18。这是较罕见（发生率为 1/3500）的遗传病，男女比例为 1∶3，有严重的畸形（如房间隔缺损、小眼裂、肾异常等）。手指上多半为弓形纹，拇指有时会出现桡箕，而在正常人中此种组合罕见。患者的 atd 角也有增大的趋势，但不如唐氏综合征明显。

手掌上的猿线出现率也比正常人高。

（三）13-三体综合征

13-三体综合征（又称 Patau 综合征，Patau syndrome）染色体核型为 47，XY，+13 或 47，XX，+13。这是一类少见（发生率为 1/7000）的但畸形非常严重的疾病。患儿多在早期（1 岁之前）死亡。尺箕或斗形纹比正常人明显增加，桡箕多见于第四、五指上。轴三角 t 的位置很高，多在 t′ 或 t″ 处，双手 atd 角男性平均为 186°，女性平均为 196°，远远超过唐氏综合征患者。双手掌部有猿线的频率显著增加。不少患者的蹋趾球部为胫箕。蹋趾球部腓箕较少见，但为特征性标志。

（四）$4p^-$ 综合征

$4p^-$ 综合征（又称沃尔夫综合征，Wolf syndrome）染色体核型为 46，XY，$4p^-$或 46，XX，$4p^-$。这是一类染色体缺失综合征。有一些畸形常与下述 $5p^-$综合征相似。患者指纹中弓形纹频率增加，斗形纹频率减少。最明显的是出现嵴线裂解，即嵴线断裂为小碎片，在 80%的患者手上能见到这一现象。

（五）$5p^-$综合征

$5p^-$ 综合征（又称猫叫综合征，cri du chat syndrome）染色体核型为 46，XY，$5p^-$或 46，XX，$5p^-$，亦是染色体缺失综合征，因患儿哭声如猫叫而得名。患者为满月脸，有时兼有先天性心脏病的畸形，可能出现并指（趾），指三角 b 和 c 融合，也有的患者出现不明显的并指，即指蹼稍长于正常人。猿线出现率很高，约 80%的患者至少有一条猿线。轴三角略远移至 t′，通常无相应的小鱼际花纹。指间Ⅳ区纹的频率升高。C 主线去向尺侧的约占 60%。但是仅凭肤纹鉴别 $5p^-$综合征患者，会有 10.5%的分类错误。

二、性染色体畸变综合征

（一）先天性卵巢发育不全

先天性卵巢发育不全（又称特纳综合征，Turner syndrome）染色体核型为 45，XO。此病为女性性腺发育受阻，故无月经，身材矮小，第二性征不发育；仅限于女性中发生。患者的 TFRC 趋向于增加，双手 a-b RC 也显著增加，atd 角增大（大于正常人而小于唐氏综合征患者），猿线出现率也高于正常人。蹋趾球纹为斗形纹或远侧箕纹。由于存在不同核型的染色体类型，故其肤纹的变化亦有所差异。

（二）先天性睾丸发育不全

先天性睾丸发育不全（又称克兰费尔特综合征，Klinefelter syndrome）染色体核型为 47，XXY。此病表现为男性性腺发育受阻，故睾丸小，无精子产生，成为永久不育者。此类患者身体高瘦、乳房发育如女性。此病仅限于男性中发生。患者的 TFRC 比正常男性少，平均为 118.5 条，随着 X 染色体数的增加，TFRC 值呈减少趋势，如 48，XXXY 为 91.7 条；49，XXXXY 则为 64.6 条。另外，指纹中弓形纹增加。a-b RC、atd 角、猿线出现率等的增加或减少，各报道不一致。

（三）XYY 综合征

XYY 综合征（又称多 Y 综合征）染色体核型为 47，XYY。此病发生于男性中，多伴有高身材、精神症状异常、具攻击性行为等。患者 TFRC 偏低，一般为 100 条左右。随着 X 染色体数的增加，TFRC 值减少，如 48，XXYY 为 101.2 条；49，XXXYY 为 73 条。指纹中弓形纹增加，尺侧纹减少。atd 角平均值较正常人小，猿线的出现率并无显著增加。

（四）X-三体综合征

X-三体综合征（又称多 X 综合征）染色体核型为 47，XXX。此病发生于女性中，少数伴有原发性闭经或不育现象。患者指纹中斗形纹多达 8 个，因嵴线的宽度增大，故 TFRC 少于正常人群。atd 角可达 107°，轴三角 t 远移。

第二节　上海汉族 108 例唐氏综合征患者的肤纹代码集

以唐氏综合征患者的肤纹作诊断指标，在医学、人类遗传学领域有重要意义。长期以来，论文和图书中都缺少患者群体的具体参数，更遑论个体的具体代码。本书列出了笔者多年前收集的 108 例唐氏综合征患者的肤纹代码资料，患者年龄分布见表 1-18-3，具体代码见本书附录 2。

上海 108 人唐氏综合征患者肤纹图，捺印于 1980 年 11 月到 1982 年 9 月间。其中分析了 108 人的每张捺印图 56 项指纹、掌纹、足纹的指标，详细解读了肤纹的生物学信息。按照 Cummins 和中国肤纹研究协作组的分析方法（Cummins et al，1943；Zhang et al，2010；张海国，2012），列出了肤纹代码、所在部位和具体性状表型。

表 1-18-3　上海 108 例唐氏综合征患者的年龄分布

性别	人数	≤10 岁（人）	11～20 岁（人）	21～30 岁（人）	≥31 岁（人）	平均数（岁）	标准差（岁）	全距（岁）	最小
男	69	23	20	19	7	16.36	10.51	0.13～35	1.5 个月①
女	39	14	11	11	3	16.03	10.26	0.12～37	44d②
合计	108	37	31	30	10	16.24	10.38	0.12～37	44d②

注：上海唐氏综合征患者 108 人，全部是染色体 21 三体，均为汉族人。

①年龄为月计。

②年龄以日计。

第三节　单基因遗传病、多基因病和非遗传病的肤纹

1. 脑肝肾综合征（cerebro-hepato-renal syndrome）　患者因胰岛细胞增生而有低血糖症，有家族史。多有猿线出现，伴有肤纹纹理发育不全。少数患者指尖特别狭，随之指甲亦呈狭长形。

2. 德朗热综合征（de Lange syndrome）　患者精神发育阻滞伴多种先天畸形，如身体矮小、短肢、肘关节屈曲受限、小头、一字眉、鼻孔上翘、薄唇等畸形。指纹中桡箕显著增加，通常发生在第二指，也有发生在第三、四、五指中。TFRC 偏少，平均为 84 条，这是由嵴线的发育不良所致。轴三角远移，atd 角增大，平均是 107°。约有 2/3 的患者出现猿线，多为双侧性。小指只有一道指间褶，类似于唐氏综合征患者。在本病中显著的肤纹异常是指三角 b、c 合并，在指间Ⅲ区形成一个指间区三角，称为合指三角。

3. 心手综合征（Holt-Oram syndrome）　患者表现为上肢（特别是手）缺损、心脏畸形、肩狭，有家族史。指纹斗和桡箕出现率偏高，而尺箕和弓出现率偏低。桡箕出现在示指，也可发生在拇指和其他指。TFRC 比正常人群多，但 1967 年 Sanchez Cascos 报道在一个家系中患者比正常健康成员的 TFRC 少。60%以上的患者手掌屈肌线异常，可见典型或过渡型猿线。

4. Rubinstein-Taybi 综合征　患者的特征为有宽大的拇指和足趾，眼裂下斜，上颌骨发育不全。TFRC 偏少，为 112.3 条左右，这与指纹中弓形纹出现频率高有关。尺箕比正常人群少，桡箕无明显增加。有时在近侧小鱼际区可见尺箕，这和 atd 角增大及有一个远侧轴三角有关。

5. 非遗传性或非遗传因素所致的疾病　Gregg 于 1941 年已观察到如胎儿早期受到风疹病毒感染，不仅可导致严重的先天畸形，如小头、心脏缺陷和智力发育迟缓等，也可导致其肤纹出现不同程度的畸变。

其他如白血病（包括急性粒细胞白血病、急性淋巴细胞白血病和慢性淋巴细胞白血病等）、系统性红斑狼疮等疾病患者均被发现肤纹有不同程度的异常；也有免疫性疾病患者出现肤纹异常的报道（刘世明　等，1985）。

有些缺肢或缺指（趾）畸形患者肢端损伤或发育不良，同样造成了 TFRC 或指纹类型的减少或缺如。

第四节　肤纹在医学应用方面的局限性

肤纹异常是指某一类疾病患者群的特定肤纹组合，这种为一般正常群体所少见的组合就是异常肤纹。肤纹在胎儿期内发育，不少遗传病要到儿童期、成年期才表现出来（黄铭新，1987），通过观察肤纹可以看到一些异常，而在发病前采取适当的诊疗措施，对患者而言是很有益的。通过对遗传病家系中尚未发病成员的肤纹进行观察，也有助于及早发现患

者。肤纹对唐氏综合征的诊断有较大的帮助，该病是唯一可以肤纹辅助诊断的疾病。肤纹对先天性卵巢发育不全（特纳综合征）、先天性睾丸发育不全（克兰费尔特综合征）等的辅助诊断临床意义不显著。

肤纹只能作为辅助诊断手段，其原因在于：①目前还不清楚肤纹的遗传机制及肤纹与性状的内在联系。②难以找到肤纹与疾病间稳定的、相互对应的特异性标志。③由多项肤纹参数组成的一种组合，或许可以是某一特殊遗传病的标志，但这种多因素的多元数学关系辨析，往往使人无所适从。

肤纹虽在医学应用上有局限性，但肤纹技术操作方便、价廉、安全、快捷，能作为遗传病诊断的旁证或提供某种印象，并提示进一步诊断的方向，是一种值得在临床上采用的辅助手段。

第五节　肤纹在体育选材上的应用

国内外体育界的肤纹研究已表明，肤纹能为运动员选材提供一定的遗传信息。20 世纪 70 年代末，苏联体育界已开始将肤纹作为挑选运动员的指标之一。我国成都体育学院谢燕群、上海体育学院程勇民和徐本立、广州体育学院沈邦华和赖荣兴等都做过较深入的研究。1984～1989 年，我国河南体育科学研究所邵紫菀等对我国田径、体操、游泳和排球等四个项目的 2479 名汉族运动员的肤纹进行了研究，结果发现，肤纹变异较多的运动员绝大部分未能成材，而优秀运动员人群则具有共同的肤纹特征（邵紫菀　等，1988；邵紫菀　等，1989；邵紫菀，1989；田麦久　等，1988）。

从目前肤纹选材研究的情况看，肤纹只能对运动员在体质强弱和一定机敏程度上做出评价。因此，不能以肤纹评估代替其他选材指标。只有在各个不同体育项目所需的形态、机能、素质、心理等科学选材基础上，将肤纹列为一项新的选材指标，才能对被选人的运动潜力做出比较正确的估计。

对优秀运动员人群，包括在全国体操甲组比赛中获得全能或单项前 6 名的优胜者及田径、游泳、排球获得运动健将称号者共 831 人进行肤纹研究发现，他们的肤纹一般都无或少有变异，嵴线清晰、粗壮，atd 角较小，指纹双箕斗频率显著增高，弓形纹频率低，手掌屈肌线长而粗壮，通贯手和缺指三角、大鱼际纹和小鱼际纹出现率低或无。

根据优秀运动员人群所具有的肤纹特点，制定了选材的综合评价评分标准，选择了 9 项评价指标，采用百分制计分，以 60 分为及格，80 分以上为优秀。在运动员初选时，除了个别具有特长的苗子外，一般肤纹综合评价均应达到及格标准。复选和精选时，可根据不同的预期训练目标，适当提高肤纹综合评价的合格标准，重视优秀率。

9 项指标的评分值如下。

1. atd 角分值为 20 分　男性在 33°以下、34°～35°、36°～37°、38°、39°、40°、41°、42°、43°、44°～45°、46°以上；女性在 35°以下、36°～37°、38°、39°、40°、41°、42°、43°～44°、45°～46°、47°～48°、49°以上。

评分时男女左右手按上述次序分别计 10～0 分，依项递减 1 分。atd 越小，给分越多。

2. 双箕斗指纹分值为 20 分　个体的双箕斗（Wd）在 3 个以上、2 个、1 个、0 个，分别计 20 分、15 分、10 分、0 分。Wd 个数多，得分多。

3. 屈肌线分值为 20 分　远侧屈肌线止于中指根、近侧屈肌线和纵侧屈肌线止于掌心者均视为短线。

按左右手掌屈肌线都长、1 条短、2 条短、3 条短、4 条短的不同情况，分别判为 20 分、12 分、8 分、4 分、0 分。长线多，给分多。

4. 手大鱼际纹分值为 10 分　以嵴线顺大鱼际方向呈平行排列视为无变异，出现弓形纹视为非真实花纹，出现各种斗或箕视为真实花纹。

按大鱼际纹有无变化给分。双手为非真实花纹、一手真实花纹和一手非真实花纹、双手均有真实花纹的情况，分别评为 10 分、4 分、0 分。非真实花纹多，给分多。

5. 弓形指纹分值为 10 分　在 10 个手指中出现弓形纹的个数在 5 个以上、4 个或 3 个、2 个或 1 个、0 个，各评为 0 分、3 分、6 分、10 分。弓形指纹出现少，给分多。

6. 通贯手分值为 10 分　按双手皆通贯、一手通贯、无通贯，分别给 0 分、5 分、10 分。通贯手少，给分多。

7. 手小鱼际纹分值为 5 分　以嵴线顺小鱼际方向呈平行排列视为无变异，出现弓形纹视为非真实花纹、出现各种斗或箕视为真实花纹。

按小鱼际纹有无变化给分。双手为非真实花纹、一手真实花纹和一手非真实花纹、双手均有真实花纹的情况，分别评为 5 分、2 分、0 分。非真实花纹多，给分多。

8. 指三角分值为 5 分　一只手上指三角缺少的情况有两种：缺指三角 c 者称为缺 c；缺指三角 a、b、d 中的任何一个或几个，统称为缺其他三角。

个体按指三角无缺失、缺 1c、双手缺 c、缺其他三角、缺 1c 和 1 个其他三角、双手缺其他三角的情况，分别评以 5 分、4 分、3 分、2 分、1 分、0 分。指三角缺失少，给分多。

9. 桡箕　桡箕出现在第四或第五指者，另减 10 分，否则为 0 分。第四或第五指有桡箕（Lr），给分少。

上述 9 项指标的满分相加共 100 分。

以 60 分为及格，80 分以上为优秀，这是在超过 100 万种组合类型中，进行逐步判断运算后得到的结果，应有较大的可信度。但是，有的肤纹专家还是认为肤纹的体育应用要谨慎。

第十九章　指纹和DNA指纹

DNA 是脱氧核糖核酸的缩写，DNA 个人识别检测是这几年发展起来的高科技方法，也称作 DNA 指纹法。指纹和 DNA 指纹在实际应用上各有优缺点，不能互相代替。

一、DNA 指纹的优点

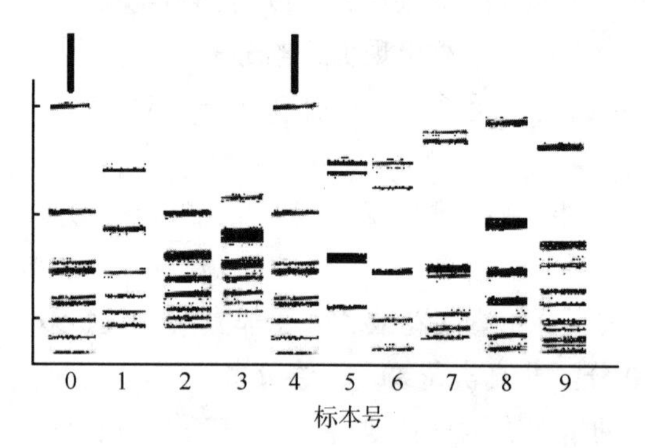

图 1-19-1　DNA 指纹模式图

0 号标本发现于案发现场，4 号标本取自某人。这两份标本不能排除来自同一人

把 DNA 作为像指纹那样独有的特征来识别不同的人，称为 DNA 指纹(DNA fingerprint)。现代分子生物学知识告诉我们：人身上的每一个有核细胞里，都有总数约为 30 亿碱基对的 DNA（陈竺，2005）。而每个人的 DNA 都不完全相同，人与人之间不同的碱基对数目达百万之多，因此通过分子生物学方法（如凝胶电泳等）所显示出来的人的 DNA 序列（如电泳条带等）式样就会因人而异（图 1-19-1），就可以像指纹那样用来分辨不同的人，这也就是“DNA 指纹”一词的由来。DNA 指纹除了具有指纹所能行使的功能以外，还有更突出的特点，这个特点是与 DNA 的本质分不开的，即 DNA 的遗传性，上下代有序传承，这是 DNA 指纹突出的优点。

DNA 是表达遗传特性的基本物质，因此通过对 DNA 指纹的鉴定就可以判断两个人之间的亲缘关系，而不仅仅是分辨人与人的不同。

DNA 指纹与指纹一样可以用于“同一认定”，也可用于“不同认定”。

指纹是可以抹去的，但 DNA 指纹却无法改变或抹去，科学家们只需要一滴血或是一根头发就可以对其 DNA 指纹进行鉴定。2002 年，在美国的著名橄榄球运动员辛普森案件中，警察也是通过对杀人现场的血样进行 DNA 指纹鉴定后证实辛普森确实到过现场。DNA 指纹鉴定技术在现代刑侦领域正发挥着越来越重要的作用。

DNA 指纹有指纹所不及的优点——时间长久性特点。当一个个体死亡，不具有人形，软组织腐烂时，只要还有骨存在，就有办法提取 DNA，进行 DNA 指纹分析；而人体死亡，手指腐烂，指纹消亡，指纹的同一认定或不同认定就会受阻。

DNA 指纹的全息性特点也是指纹所不及的，要得到指纹必须有保存得很好的手指，而 DNA 指纹的材料可以是人体任何部位的器官、任何组织团块、残留骨细胞，每一个组织细胞的 DNA 指纹都能反映个体的全部信息。

二、DNA 指纹的不足

DNA 指纹也有不足之处：要鉴定的材料有些在现场已受污染，主要是空气、土壤中的细菌污染，得到的 DNA 指纹分析报告，在法庭上会被质疑；分析的过程非常复杂，步骤繁多，实验重复性较差；仪器设备极其昂贵，药品试剂费用很高，导致 DNA 指纹分析的费用很高。DNA 指纹分析的普及率远远不如指纹，对操作人员的文化和技术水平要求很高，加上实验装备要求等，不是每个地区都能承受；并非在每一个案发现场都有可利用的生物材料做 DNA 指纹分析；DNA 指纹报告在许多国家是否列为法庭证据尚有争议。

当双生子来自 1 个受精卵时，遗传物质一模一样，是为单卵双生子；理论上认为他们的 DNA 结构是一样的，核苷酸排列的顺序也是一样的，DNA 指纹无法区分。然而，单卵双生子的指纹嵴线细节毫不相同，用指纹鉴别单卵双生子如同最普通的个体认定。

而 2016 年后，有学者发现并报道单卵双生子的 DNA 也有个别的碱基不同。

三、指纹与 DNA 指纹

指纹与 DNA 指纹在构造上是完全不同的，指纹是外胚层的嵴线构造，DNA 由核苷酸分子组成。在对个体认定的功能上，指纹和 DNA 指纹有相同的作用，也有各自的特点或优缺点，具体见表 1-19-1。

表 1-19-1　基于个体认同目的的指纹与 DNA 指纹的异同和优缺点

	指纹	DNA 指纹
相同	嵴细节排列组合复杂	30 亿碱基对排列组合复杂
	各不相同	各不相同
	终身稳定	终身稳定
不同	缺点：	优点：
	遗传规律不明	遗传规律明了
	仅在手指出现	人体物质的 DNA 全息性
	指印易揩	渍迹难抹
不同	优点：	缺点：
	采样便捷、无伤无害、极易保存	采样较难、有小创伤、易受污染
	鉴定便捷、高效省钱、重复性好	鉴定繁难、费时费财、重复性差
	单卵双生子的特异鉴定	单卵双生子的无效鉴定

从指印中可提取 DNA，在指印的照片里则不能提取 DNA。粘有上皮细胞的指印中有 DNA，模糊指印不能做指纹比对，但可做 DNA 鉴定。因此，指纹和 DNA 指纹相辅相成。

第二篇

各论——中国 56 个民族的肤纹

（各民族肤纹模式样本）

本篇的中国56个民族的排列，按《中国大百科全书·民族》(1986)的顺序。每个民族撰写一章，从第一章到第五十六章，列出全部56个民族的指纹、掌纹的二级模式参数，或含足纹项目的三级模式参数。

为表示对每位肤纹研究者的尊重。在各章或节的脚注部分都列出了研究者的名字和所在单位，他们都为我国的肤纹事业贡献了力量。

一、民族肤纹模式样本

调查一个群体，建立一个模式样本，只有在每个民族都有至少1个模式样本(model swatch)时，才能认为完成全民族的调查。本篇所列的56个民族群体都是模式样本。

模式样本：按要求采样的群体，分析技术按美国标准+中国版本、项目品种按中国标准提取的信息，是民族肤纹统计的抽样群体。一个模式样本是一个数据库。

模式样本实体：群体或个体已签知情同意书；肤纹捺印图——2016年及其之前的油墨捺印图或2017年(含2017年)后的电子扫描捺印图；数据集、论文或其他如统计软件等。

模式样本采样：有4条规定。

(1)男女身体健康，家族内无已知遗传病，随机群体。对人口特少(1万以下)的民族可用少量家系材料。

(2)样本量在1000人或以上，男女人数相近。对人口特少(1万人以下)的民族要求人数在总人口中占1.0%～3.0%。

(3)祖辈三代为同一民族，来自聚居区的样本。对人口特少的民族，要求此条严格执行。

(4)必须在知情同意伦理原则下采样(注意：2000年前，尚未提出伦理概念，样本不要求知情同意，2010年后必须知情同意)。摒弃油墨法捺印肤纹图。必须用无害的非油墨捺印采样，如电子数码扫描、照相等方法。

本篇引用的其他作者文献的数据，都经过数据的核对和逻辑检查，凡有错误都做了纠正。

本篇的模式样本中有男女人数不均等的群体，都用人数加权法计算出群体的统计量。对应各章都做了说明，列出的较详细数据可以供不同要求的对比，做数据不同系统合并。

在本篇中收入的所有模式样本都符合二级标准，既要有指纹的A、Lu、Lr、W和TFRC项目，也要含有掌纹的a-b RC、大鱼际纹(T/Ⅰ)、指间区纹(Ⅱ、Ⅲ、Ⅳ)和小鱼际纹(H)项目。有30个民族群体的肤纹有足纹描述，有踇趾球纹、趾间区纹(Ⅱ、Ⅲ、Ⅳ)、足小鱼际纹和足跟纹的项目，达到三级模式样本标准。

二、代码、参数和编号

肤纹研究中的个体花纹代码、民族花样参数、多民族花样矩阵是3种层次的数据，各有不同的用处和表现。

个体花纹代码（简称代码）是表现个体花纹的数据代码，以把花纹数字化。例如，简弓、帐弓、尺箕、桡箕、一般斗、双箕斗花纹分别用数字 1、2、3、4、5、6 代替，就是在特殊位置上填写的恰当数字，以数据表现花纹的（数码）代码，是最原始、最本色对花纹元素的描绘。代码中应该包含个体背景资料及个体性别、年龄和民族的资料。具体代码的产生和应用详见本书第一篇第九章第五节的描述。

民族花纹参数（简称参数）是对许多个体花纹代码分门别类进行初步处理（大多只进行单因素统计）后产生的数据集。民族是群体，群体可以是民族，参数一般表示群体肤纹的状况。例如，弓为 3%，箕是 46%，斗占 51%，表现了在某群体中指纹三种花纹的各自频率。又如，多数表格中有合计或小计栏，指对各性别、侧别、族群等数据平均处理、累加处理，即总样本的对应数据。

多民族参数矩阵（简称矩阵）是把各民族参数浓缩整理在一张二维表或多维表中的数据阵，每一个民族必须要有规定项目的参数，参与矩阵的民族可多可少，但是各民族项目的参数量必须整齐划一。例如，我国 30 个民族的三级肤纹参数表，每个民族都有指的 5 个、掌的 6 个和足的 8 个，共 19 个参数。肤纹研究者希望获得整齐的参数矩阵，直接把矩阵数据编入计算程序，对各群体（民族）进行研究。

个体都有 1 个编号，也是个体的档案号，永远伴随个体，犹如个体身份证号，编号由“首要元素+次要元素+再次要元素+……”组成，编号的首要元素是一个群体的所有个体所有表型项目的编号，后缀的次要元素才是具体项目的标签。编号含有采样日期、民族、地点、序号信息，后缀包含项目 1、项目 2、批次、流水……有时编号是区分甄别个体的 4 位以下的数字，为现场实践形成，非常适用。没有必要再纠正为统一编号。

本书个体花纹代码在汉族（见第二篇第十六章第八节）内容中有所举例。民族花样参数几乎占第二篇的全部篇幅，多民族花样参数矩阵在民族综合分析（见第一篇第十六章第一节）的内容中有使用和举例。

三、表格中数据的单位

本篇表格中指纹的 TFRC 单位是条；手掌的 a-b RC 单位也是条；手掌 atd 角的单位是度（°）；手掌 tPD 是比例数，没有单位；主要掌纹线指数也没有单位；肤纹的其他表型统计出现频率（%），没有单位。

第一章　阿昌族的肤纹[①]

研究对象为来自云南省德宏傣族景颇族自治州的学生和成年人，三代都是阿昌族人，身体健康，无家族性遗传病。平均年龄（27.78±16.84）岁（8～77岁）。

以黑色油墨捺印法捺印研究对象的指纹、掌纹和足纹。

所有的分析都以577人（男287人，女290人）为基数（丁明 等，2001）。

一、指　　纹

（一）指纹频率

男性各手指的指纹频率见表2-1-1，女性各手指的指纹频率见表2-1-2。

表2-1-1　阿昌族男性各手指的指纹频率（%）（男287人）

	男左					男右				
	拇	示	中	环	小	拇	示	中	环	小
As	3.83	5.23	3.48	0.69	1.39	2.44	4.53	1.39	1.05	0.35
At	0.00	0.35	0.00	0.00	0.00	0.00	0.00	0.35	0.00	0.00
Lu	46.69	39.02	54.36	37.63	81.89	34.15	38.68	60.98	36.23	76.31
Lr	1.74	9.40	2.09	0.70	0.00	2.09	10.45	1.74	0.35	1.74
Ws	41.12	45.30	37.63	60.63	16.72	56.79	46.34	34.49	62.37	21.60
Wd	6.62	0.70	2.44	0.35	0.00	4.53	0.00	1.05	0.00	0.00

表2-1-2　阿昌族女性各手指的指纹频率（%）（女290人）

	女左					女右				
	拇	示	中	环	小	拇	示	中	环	小
As	4.83	6.55	5.52	2.76	2.76	3.79	5.52	3.45	0.69	2.07
At	0.34	0.34	1.03	0.34	0.34	0.00	0.69	0.00	0.00	0.00
Lu	50.00	36.90	53.79	37.93	85.17	46.55	42.07	67.93	37.59	83.45
Lr	2.07	11.72	1.38	0.34	0.34	1.38	6.90	0	1.03	0.34
Ws	35.86	43.80	36.21	58.29	11.39	41.73	44.82	28.28	60.00	14.14
Wd	6.90	0.69	2.07	0.34	0.00	6.55	0.00	0.34	0.69	0.00

Lr多见于示指，Lu多见于小指。

---

①研究者：丁明，云南省计划生育技术科学研究所；张海国，上海第二医科大学（现为上海交通大学医学院）；黄明龙，云南红十字会医院。

男女合计指纹频率见表 2-1-3。

表 2-1-3　阿昌族男女合计指纹频率（%）（男 287 人，女 290 人）

	As	At	Lu	Lr	Ws	Wd
合计	3.12	0.19	52.37	2.79	39.87	1.66

3 种指纹频率见表 2-1-4。

表 2-1-4　阿昌族 3 种指纹频率（%）和标准误（男 287 人，女 290 人）

	A	L	W
指纹频率	3.31	55.16	41.53
百分标准误（s_p）	0.235 5	0.654 8	0.648 8

（二）指纹组合

左右同名指的组合格局频率见表 2-1-5。

表 2-1-5　阿昌族左右同名指的组合格局频率（男 287 人，女 290 人）

	A/A	A/L	A/W	L/L	L/W	W/W
观察频率（%）	1.56	3.40	0.10	44.16	18.61	32.17
期望频率（%）	0.11	3.64	2.75	30.43	45.82	17.25
P	<0.01	>0.05	<0.01	<0.01	<0.01	<0.01

观察左右同名指组合格局中 A/A、L/L、W/W 都显著增多，它们各自的观察频率和期望频率的差异显著性检验都是 $P<0.01$，表明同型指纹在左右配对为非随机组合。A/W 的观察频率与期望频率之间也有显著性差异（$P<0.01$），提示 A 与 W 的不相容现象。

一手 5 指同为 W 者占 8.15%，同为 L 者占 16.29%，同为 A 者占 0.43%。一手 5 指组合 21 种格局的观察频率小计和期望频率小计的比较为差异极显著。一手 5 指为同一种花纹的观察频率和期望频率之间也有明显的差异，即观察频率明显增多（$P<0.01$），表现为非随机性组合。一手 5 指的异型组合 AOW、ALW 明显减少，表现为 A 与 W 组合的不相容。

本样本中 10 指全为 W 者占 4.51%，10 指全为 L 者占 8.49%，10 指全为 A 者占 0.35%。

（三）TFRC

各指别 FRC 均数见表 2-1-6。

表 2-1-6　阿昌族各指别 FRC（条）均数（男 287 人，女 290 人）

	拇	示	中	环	小
男左	14.69	12.14	13.26	15.36	12.09
男右	16.51	12.03	12.38	15.22	11.70
女左	13.63	12.02	12.70	14.81	11.76
女右	15.43	11.41	12.22	15.34	11.46

合计 577 人的 TFRC 均数是 133.07 条。男性右手及女性右手拇指的 FRC 均数都占第 1 位，男性左手及女性左手环指的 FRC 均数最高。中指居中，示指和小指则较低。

W 的偏向分析：W 取 FRC 侧别的频率见表 2-1-7。

表 2-1-7 阿昌族 W 取 FRC 侧别的频率（%）（男 287 人，女 290 人）

	Wu	Wb	Wr	小计（频数）
Wu＞Wr 取尺侧	5.98	35.50	83.11	32.85（787）
Wu=Wr	2.92	26.00	6.20	5.88（141）
Wu＜Wr 取桡侧	91.10	38.50	10.69	61.27（1 468）
合计（频数）	100.00（1 438）	100.00（200）	100.00（758）	100.00（2 396）

Wu 的 91.10%是取桡侧的 FRC，Wr 的 83.11%是取尺侧的 FRC，进行关联分析得 $P<0.01$，表明取 FRC 的侧别与 W 的偏向有密切关系。

Wb 的 26.00%是两侧相等，Wb 两侧 FRC 相似度很高。

各偏向 W 的对应分析：这 3 种 W 在同名指若是随机相对应，则应服从概率乘法定律得到的期望频率。左右同名指 W 对应的观察频率与期望频率及差异显著性检验见表 2-1-8。

表 2-1-8 阿昌族左右同名指 W 对应频率的比较（男 287 人，女 290 人）

	Wu/Wu	Wr/Wr	Wb/Wb	Wu/Wb	Wu/Wr	Wb/Wr	合计（频数）
观察频率（%）	42.24	18.10	0.86	9.70	23.28	5.82	100.00（928）
期望频率（%）	34.49	10.66	0.74	10.13	38.35	5.63	100.00（928）
P	＜0.01	＜0.01	＞0.05	＞0.05	＜0.01	＞0.05	

同种偏向 Wu/Wu 与 Wr/Wr 对应频率显著增加。分析 Wu/Wr 的对应关系，得观察频率显著减小。此现象可能是由于 Wu 与 Wr 为两个相反方向的 W，可视为两个极端型。而 Wb 属于不偏不倚的中间型，介于二者之间。因此，Wu 与 Wr 对应要跨过中间型，具有不易性，这表现出同名指的对应并不呈随机性。

二、掌　　纹

（一）tPD 与 atd

tPD 的均数、标准差、标准误见表 2-1-9。

表 2-1-9 阿昌族 tPD 的参数（男 287 人，女 290 人）

	$\bar{x}$	s	$s_{\bar{x}}$		$\bar{x}$	s	$s_{\bar{x}}$
男左	18.45	6.34	0.37	女左	17.93	5.96	0.35
男右	19.32	7.37	0.44	女右	18.41	6.10	0.36

左右手的 tPD 并不一定相等，差值绝对值的分布见表 2-1-10。

表 2-1-10　阿昌族 tPD 左右手差值分布的频率（%）（男 287 人，女 290 人）

	0	1～3	4～6	≥7
男	19.86	42.16	17.77	20.21
女	23.45	42.07	20.69	13.79
合计	21.66	42.12	19.24	16.98

atd 的均数、标准差、标准误见表 2-1-11。

表 2-1-11　阿昌族 atd（°）的参数（男 287 人，女 290 人）

	$\bar{x}$	s	$s_{\bar{x}}$		$\bar{x}$	s	$s_{\bar{x}}$
男左	40.17	5.69	0.34	女左	42.05	5.18	0.30
男右	40.50	6.62	0.39	女右	41.49	5.18	0.30

左右手的 atd 并不一定相等，差值绝对值的分布见表 2-1-12。

表 2-1-12　阿昌族 atd 左右手差值分布的频率（%）（男 287 人，女 290 人）

	0°	1°～3°	4°～6°	≥7°
男	10.45	57.14	20.91	11.50
女	12.41	55.18	20.69	11.72
合计	11.44	56.15	20.80	11.61

tPD 与 atd 关联：tPD 与 atd 的相关系数 r 为 0.6288（P<0.01），呈高度相关。

由 tPD 推算 atd 用直线回归公式：

$$y_{atd}=27.4061+0.5715\times tPD$$

回归检验得 P<0.001，表明回归显著。

（二）a-b RC

a-b RC 的均数、标准差、标准误见表 2-1-13。

表 2-1-13　阿昌族 a-b RC（条）的参数（男 287 人，女 290 人）

	$\bar{x}$	s	$s_{\bar{x}}$		$\bar{x}$	s	$s_{\bar{x}}$
男左	38.62	4.94	0.29	女左	39.51	5.59	0.33
男右	37.94	5.67	0.33	女右	38.86	5.81	0.34

（三）主要掌纹线指数

主要掌纹线指数的均数、标准差、标准误见表 2-1-14。

表 2-1-14　阿昌族主要掌纹线指数的参数（男 287 人，女 290 人）

	$\bar{x}$	s	$s_{\bar{x}}$		$\bar{x}$	s	$s_{\bar{x}}$
男左	22.90	3.88	0.23	女左	21.67	3.75	0.22
男右	24.79	4.13	0.24	女右	24.17	4.25	0.25

（四）手大鱼际纹

手大鱼际真实花纹的频率见表 2-1-15。

表 2-1-15　阿昌族手大鱼际真实花纹的频率（%）（男 287 人，女 290 人）

	Ld	Lr	Lp	Lu	Ws	Wc	V 和 A
男左	0.35	1.39	7.32	0	0	0	90.94
男右	0.70	1.74	1.39	0	0	0	96.17
女左	0	0.34	5.18	0.34	0.69	0	93.45
女右	0	0	2.07	0	0	0	97.93
合计	0.26	0.87	3.98	0.09	0.17	0	94.63

本样本手大鱼际真实花纹的出现率为 5.37%。计有 1.91%的个体左右手以真/真对应。

（五）手指间区纹

手指间区真实花纹的频率见表 2-1-16。

表 2-1-16　阿昌族手指间区真实花纹的频率（%）（男 287 人，女 290 人）

	Ⅱ	Ⅲ	Ⅳ	Ⅱ/Ⅲ	Ⅲ/Ⅳ
男左	1.05	9.76	79.79	0.35	3.48
男右	2.79	28.57	68.99	0	3.48
女左	0.69	5.86	86.55	2.41	0.69
女右	0.34	25.52	73.79	0.34	1.03
合计	1.21	17.42	77.30	0.78	2.17

手指间区真实花纹在Ⅳ区最多。
左右同名指间区对应的频率见表 2-1-17。

表 2-1-17　阿昌族左右同名指间区对应频率（%）（男 287 人，女 290 人）

	真/真	真/非	非/非
Ⅱ	0.52	1.39	98.09
Ⅲ	6.41	27.56	66.03
Ⅳ	65.34	27.21	7.45

手指间Ⅳ区的真/真对应频率明显高于期望频率。Ⅳ区有 2 个 Ld（Ⅳ2Ld）的分布频率见表 2-1-18。

表 2-1-18　阿昌族Ⅳ2Ld 分布频率（%）（男 287 人，女 290 人）

男左	男右	女左	女右	合计
3.14	0.35	1.03	0.34	1.21

（六）手小鱼际纹

手小鱼际真实花纹的出现频率见表 2-1-19。

表 2-1-19 阿昌族手小鱼际真实花纹频率（%）（男 287 人，女 290 人）

	Ld	Lr	Lp	Lu	Ws	Wc	合计
男左	2.79	6.27	0.35	2.79	0	0	12.20
男右	1.39	8.01	0.35	2.44	0	0.35	12.54
女左	3.45	11.72	0.34	3.10	0.34	1.03	19.98
女右	1.72	10.69	0	3.10	0.34	0	15.85
合计	2.34	9.19	0.26	2.86	0.17	0.35	15.17

群体中手小鱼际真实花纹频率为 15.17%。有 7.45%个体左右手以真/真花纹对应，而真/真对应的期望频率是 2.30%，两者差异显著（$P<0.01$），真/真对应为非随机组合。

（七）指三角和轴三角

指三角和轴三角有指三角 b 缺失（–b）、指三角 c 缺失（–c）、指三角 d 缺失（–d）、轴三角 t 缺失（–t）、超常数轴三角 t（+t）的现象，分布频率见表 2-1-20。

表 2-1-20 阿昌族指三角和轴三角缺少或增加的频率（%）（男 287 人，女 290 人）

	–b	–c	–d	–t	+t
男左	0	3.48	0.70	0	2.79
男右	0	2.79	0.35	0.70	4.18
女左	0	2.76	0.34	0	3.10
女右	0	1.72	0.34	0	2.76
合计	0	2.69	0.43	0.17	3.21

本样本中以–c/–c 对应者占 0.52%。

（八）屈肌线

猿线的分布频率见表 2-1-21。

表 2-1-21 阿昌族猿线分布频率（%）（男 287 人，女 290 人）

男左	男右	女左	女右	合计
0	0	2.76	0.69	0.87

本样本的左右手都有猿线的占 0.17%。

（九）指间褶

本样本中的示指、中指、环指、小指都有 2 条指间褶，未见这 4 指有单指间褶的情况。

三、足　纹

（一）踇趾球纹

踇趾球纹的频率见表 2-1-22。

表 2-1-22　阿昌族踇趾球纹频率（%）（男 287 人，女 290 人）

	TAt	Ad	At	Ap	Af	Ld	Lt	Lp	Lf	Ws	Wc
男左	0	0.70	6.97	0	0	70.73	3.83	0	0	17.77	0
男右	0	0.70	7.32	0	0	74.21	4.88	0	0	12.89	0
女左	0	1.38	2.41	0	1.72	74.84	2.07	0	0	16.55	1.03
女右	0	1.72	3.10	0	1.38	80.02	1.72	0	0	11.72	0.34
合计	0	1.13	4.94	0	0.78	74.96	3.11	0	0	14.73	0.35

踇趾球纹以 Ld 最多，Ws 次之。

左右以 Ld/Ld 对应者占 67.76%，以 W/W 对应者占 8.49%，同型花纹对应的观察频率显著高于期望频率，表现出踇趾球部同型花纹左右配对为非随机组合。

（二）足趾间区纹

足趾间区真实花纹的频率见表 2-1-23。

表 2-1-23　阿昌族足趾间区真实花纹频率（%）（男 287 人，女 290 人）

	Ⅱ	Ⅲ	Ⅳ	Ⅱ/Ⅲ	Ⅲ/Ⅳ
男左	1.74	42.16	5.57	0	0
男右	2.79	45.99	8.01	0	0
女左	4.14	27.24	2.76	0.34	0
女右	5.52	30.00	4.83	0	0
合计	3.55	36.31	5.29	0.09	0

足趾间区真实花纹在Ⅲ区最多。

左右同名足趾间区对应的频率见表 2-1-24。

表 2-1-24　阿昌族左右同名足趾间区对应频率（%）（男 287 人，女 290 人）

	真/真	真/非	非/非
Ⅱ	1.73	5.37	92.90
Ⅲ	28.60	15.94	55.46
Ⅳ	2.43	5.89	91.68

Ⅲ区真/真对应的观察频率（28.60%）显著高于期望频率，表现出同型足趾间区真实花纹左右配对为非随机组合。

（三）足小鱼际纹

足小鱼际花纹在男性中的频率为49.48%，在女性中为63.28%，合计为56.41%。

（四）足跟纹

阿昌族足跟真实花纹的出现频率极低，仅在女性右足见到1枚，在本群体中频率为0.09%。

第二章　白族的肤纹[①]

研究对象为来自云南省大理白族自治州洱源县的学生和部分成年人，三代都是白族人，身体健康，无家族性遗传病。平均年龄（15.00±2.30）岁（10～20 岁）。

以黑色油墨捺印法捺印研究对象的指纹、掌纹和足纹。

所有的分析都以 1000 人（男 500 人，女 500 人）为基数（张海国 等，1989）。

一、指　　纹

（一）指纹频率

男性各手指的指纹频率见表 2-2-1，女性各手指的指纹频率见表 2-2-2。

表 2-2-1　白族男性各手指的指纹频率（%）（男 500 人）

	男左					男右				
	拇	示	中	环	小	拇	示	中	环	小
As	2.4	1.4	2.0	0.8	0.8	1.6	2.8	1.4	0.4	1.0
At	0.2	0.4	0.4	0	0.2	0	1.0	0.4	0.2	0
Lu	39.2	41.0	55.8	34.8	72.6	29.8	31.8	58.8	29.4	61.8
Lr	0.4	12.2	1.2	1.2	0.8	0.8	14.0	2.4	0.6	1.0
Ws	49.2	43.0	38.6	61.8	25.4	63.2	48.2	36.2	69.0	36.0
Wd	8.6	2.0	2.0	1.4	0.2	4.6	2.2	0.8	0.4	0.2

表 2-2-2　白族女性各手指的指纹频率（%）（女 500 人）

	女左					女右				
	拇	示	中	环	小	拇	示	中	环	小
As	3.0	2.4	1.4	0.4	0.2	1.4	2.0	0.8	0.4	0.2
At	0	0.2	0	0.4	0	0	0.4	0.2	0	0.2
Lu	39.8	40.8	58.4	36.6	78.6	40.8	42.8	67.2	37.0	75.8
Lr	2.0	10.6	1.6	0.8	0.4	0.2	7.0	0.8	0.8	0.4
Ws	45.4	42.0	35.4	61.0	19.8	52.4	45.8	29.2	61.0	22.8
Wd	9.8	4.0	3.2	0.8	1.0	5.2	2.0	1.8	0.8	0.6

Lr 多见于示指，Lu 多见于小指。男女合计指纹频率见表 2-2-3。

---

①研究者：张海国、沈若茝、苏宇滨、陈仁彪、冯波，上海第二医科大学生物学教研室；丁明、黄明龙、王亚平、焦云萍、彭林，云南省计划生育技术科学研究所。

表 2-2-3 白族男女合计指纹频率（%）（男 500 人，女 500 人）

	As	At	Lu	Lr	Ws	Wd
男	1.46	0.28	45.50	3.46	47.06	2.24
女	1.22	0.14	51.78	2.46	41.48	2.92
合计	1.34	0.21	48.64	2.96	44.27	2.58

3 种指纹频率见表 2-2-4。

表 2-2-4 白族 3 种指纹频率（%）和标准误（男 500 人，女 500 人）

	A	L	W
指纹频率	1.55	51.60	46.85
s_p	0.123 5	0.499 7	0.499 0

（二）指纹组合

1000 人 5000 对左右同名指的组合格局频率见表 2-2-5。

表 2-2-5 白族左右同名指的组合格局频率（男 500 人，女 500 人）

	A/A	A/L	A/W	L/L	L/W	W/W
观察频率（%）	0.64	1.66	0.16	40.70	20.14	36.7
期望频率（%）	0.02	1.60	1.45	26.63	48.35	21.95
P	<0.05	>0.05	<0.001	<0.01	<0.01	<0.01

观察左右同名指组合格局中 A/A、L/L、W/W 都显著增多，它们各自的观察频率和期望频率的差异显著性检验都是 $P<0.05$。A/W 的观察频率与期望频率之间也有显著性差异（$P<0.001$），提示 A 与 W 的不相容现象。

一手 5 指组合 21 种格局的观察频率和期望频率见表 2-2-6。

表 2-2-6 白族一手 5 指的组合格局频率（男 500 人，女 500 人）

A	L	W	观察频率（%）	期望频率（%）
0	0	5	14.15	2.26
0	5	0	14.55	3.66
5	0	0	0	$<10\times10^{-4}$
小计			28.70	5.92
0	1	4	15.60	12.43
0	2	3	15.05	27.38
0	3	2	17.00	30.16
0	4	1	17.60	16.61
小计			65.25	86.58
1	0	4	0.15	0.37
2	0	3	0	0.02

续表

A	L	W	观察频率（%）	期望频率（%）
3	0	2	0	<0.01
4	0	1	0	$<10\times10^{-4}$
小计			0.15	0.39
1	4	0	2.20	0.55
2	3	0	0.70	0.03
3	2	0	0.25	<0.01
4	1	0	0.10	$<10\times10^{-4}$
小计			3.25	0.58
1	1	3	0.35	1.64
1	2	2	0.35	2.72
1	3	1	1.75	1.99
2	1	2	0.05	0.09
2	2	1	0.15	0.09
3	1	1	0	2×10^{-3}
小计			2.65	6.53
合计			100.00	100.00

一手 5 指同为 W 者占 14.15%，同为 L 者占 14.55%，未见一手 5 指同为 A 者。一手 5 指组合 21 种格局的观察频率小计和期望频率小计的比较为差异极显著。一手 5 指为同一种花纹的观察频率和期望频率之间也有明显的差异，即观察频率明显增多（$P<0.001$）。一手 5 指的异型组合 AOW、ALW 的观察频率明显减少，表现为 A 与 W 组合的不相容。

本样本中 10 指全 W 者为 86 人（8.60%），10 指全 L 者为 78 人（7.80%），未见 10 指全 A 者。

（三）TFRC

各指别 FRC 均数见表 2-2-7。

男性左右手及女性右手拇指的 FRC 均数都占第 1 位，环指的 FRC 均数较高，中指居中，示指和小指则较低。

表 2-2-7　白族各指别 FRC（条）均数（男 500 人，女 500 人）

	拇	示	中	环	小
男左	15.63	12.01	12.85	14.70	11.76
男右	17.11	12.07	12.44	14.65	11.23
女左	13.58	11.35	12.26	14.26	10.67
女右	15.04	11.80	12.19	14.40	10.23

各侧别性别和合计的 TFRC 见表 2-2-8。

表 2-2-8　白族各侧别性别和合计的 TFRC（男 500 人，女 500 人）

	$\bar{x}$（条）	s（条）	$s_{\bar{x}}$（条）	t_{g1}	t_{g2}
男左	66.96	20.65	0.92	−2.48	0.39
男右	67.50	20.81	0.93	−2.17	0.15
女左	62.12	20.87	0.93	−0.92	−1.10
女右	63.67	20.04	0.90	−0.75	−1.30
男	134.46	40.56	1.81	−2.55	0.37
女	125.79	39.79	1.78	−0.89	−1.39
合计	130.12	40.39	1.28	−2.33	−0.95

男性 TFRC（134.46 条）与女性 TFRC（125.79 条）有显著性差异（t=3.41，P<0.01）。

（四）斗指纹偏向

1000 人中 W 4685 枚，其中 Wu 2787 枚（59.49%），Wr 1402 枚（29.93%），Wb 496 枚（10.59%）。W 取 FRC 侧别的频率见表 2-2-9。

表 2-2-9　白族 W 取 FRC 侧别的频率（%）（男 500 人，女 500 人）

	Wu	Wb	Wr	小计（频数）
Wu>Wr　取尺侧	8.28	35.19	83.33	33.60（1 574）
Wu=Wr	4.20	25.06	4.79	6.57（308）
Wu<Wr　取桡侧	87.52	39.75	11.88	59.83（2 803）
合计（频数）	100.00（2 787）	100.00（496）	100.00（1 402）	100.00（4 685）

Wu 的 87.52%是取桡侧的 FRC，Wr 的 83.33%是取尺侧的 FRC，进行关联分析得 P<0.01，表明取 FRC 的侧别与 W 的偏向有密切关系。

Wb 的 25.06%是两侧相等，Wb 两侧 FRC 相似度很高。

1402 个 Wr 分布于各指的次序为示指（36.16%）、环指（20.90%）、拇指（20.04%）、中指（18.76%）、小指（4.17%）。Wr 在示指的出现频率是其他 4 指的 1.7～8.6 倍，差异极显著（P<0.001），桡箕（Lr）也多出现在示指上，可以认为本样本示指指纹的偏向有倾向于桡侧的趋势。

（五）偏向斗组合

就 W/W 对应来讲，其中 3670 枚（1835 对）呈同名指左右对称，占 W 总数（4685）的 78.34%。在 3670 枚 W 中有 Wu 2133 枚（58.12%）、Wb 399 枚（10.87%）、Wr 1138 枚（31.01%）。这三种 W 在同名指若是随机对应，则应服从概率乘法定律得到的期望频率。左右同名指 W 对应的观察频率与期望频率及差异显著性检验见表 2-2-10。

表 2-2-10 白族左右同名指（1835 对）W 对应频率的比较（男 500 人，女 500 人）

	Wu/Wu	Wr/Wr	Wb/Wb	Wu/Wb	Wu/Wr	Wb/Wr	合计（频数）
观察频率（%）	38.53	13.64	1.21	12.16	27.26	7.20	100.00（1 835）
期望频率（%）	33.78	9.62	1.17	12.64	36.05	6.74	100.00（1 835）
P	<0.001	<0.001	>0.80	>0.50	<0.001	>0.50	

同种偏向 Wu/Wu 与 Wr/Wr 对应频率显著增加。分析 Wu/Wr 的对应关系，得观察频率显著减少。此现象可能是由于 Wu 与 Wr 为两个相反方向的 W，可视为两个极端型，而 Wb 属于不偏不倚的中间型，介于两者之间。因此 Wu 与 Wr 对应要跨过中间型，具有不易性，表现出同名指的对应并不呈随机性。

二、掌　　纹

（一）tPD 与 atd

tPD 的分布频率和均数±标准差见表 2-2-11。

表 2-2-11 白族 tPD 的分布频率和均数±标准差（男 500 人，女 500 人）

	-t（%）	t（1～10～20，%）	t′（21～30～40，%）	t″（41～50～60，%）	t‴（61～70～80，%）	$\bar{x} \pm s$
男	0	71.80	27.80	0.40	0	17.68±6.07
女	0.10	70.60	28.90	0.40	0	18.15±5.92
合计	0.05	71.20	28.35	0.40	0	17.92±6.00

男女合计的 tPD 均数为 17.92，t 和 t′合占 99.55%，得 t″2 例，未见 t‴。tPD 的全距是 12（4～16），众数为 14。

atd 的参数见表 2-2-12。

表 2-2-12 白族 atd 的参数（男 500 人，女 500 人）

	$\bar{x}$ (°)	s (°)	$s_{\bar{x}}$ (°)	t_{g1}	t_{g2}
男左	41.03	4.94	0.22	14.41	45.97
男右	41.58	4.95	0.22	7.76	6.29
女左	42.12	4.89	0.22	13.83	51.23
女右	42.47	4.96	0.22	3.99	2.34
男	41.31	4.95	0.16	15.54	35.73
女	42.29	4.93	0.16	12.39	35.99
合计	41.80	4.96	0.11	19.41	49.04

所有 atd 曲线对称度 t_{g1} 和曲线峰度 t_{g2} 都是大于 2 的正值，表明分布曲线为正偏态的高狭峰。atd 的全距为 53°（30°～83°），众数为 40°。

（二）左右手 tPD 与 atd 差值

左右手 tPD 差值的绝对值为 0 者占 10.20%，在 1～3 者占 50.90%，≥4 者占 38.9%。
左右手 atd 差值的绝对值为 0°者占 10.90%，在 1°～3°者占 53.80%，>3°者占 35.30%。

（三）tPD 与 atd 关联

tPD 与 atd 的相关系数 r 为 0.5622（$P<0.01$），呈高度相关。
由 atd 推算 tPD 用直线回归公式：

$$y_{tPD}=0.6798\times atd-10.5022$$

由 tPD 推算 atd 用直线回归公式：

$$y_{atd}=0.4650\times tPD+33.4691$$

回归检验得 $P<0.001$，表明回归显著。

（四）a-b RC

a-b RC 的参数见表 2-2-13。

表 2-2-13　白族 a-b RC 的参数（男 500 人，女 500 人）

	$\bar{x}$（条）	s（条）	$s_{\bar{x}}$（条）	t_{g1}	t_{g2}
男左	37.10	5.78	0.26	0.42	5.79
男右	36.95	6.27	0.28	−0.61	4.72
女左	36.65	5.42	0.24	−0.96	2.05
女右	36.15	5.72	0.26	−0.78	1.64
男	37.03	6.03	0.19	−0.26	7.40
女	36.40	5.57	0.18	−1.30	2.57
合计	36.72	5.81	0.13	−0.78	7.77

对男女性均数做差异显著性检验，t=2.4032，$P<0.05$，表明性别间的差异显著。左右手的 a-b RC 并不一定相等，差值绝对值的分布见表 2-2-14。

表 2-2-14　白族 a-b RC 左右手差值分布（男 500 人，女 500 人）

	0 条	1～3 条	4～6 条	≥7 条
人数	121	516	267	96
频率（%）	12.10	51.60	26.70	9.60

本样本左右手相减的绝对值≤3 条者占 63.70%，一般认为无差别。

（五）手大鱼际纹

手大鱼际真实花纹的频率见表 2-2-15。

表 2-2-15　白族手大鱼际真实花纹的频率（%）(男 500 人，女 500 人)

	Ld	Lr	Lp	Lu	Ws	Wc	V 和 A
男左	0.80	1.80	5.80	0	0.60	0.80	90.20
男右	0.40	0.60	1.20	0.20	0	0	97.60
女左	1.00	0.20	3.60	0.60	0	1.20	93.40
女右	0.20	0.20	2.00	0	0	0.20	97.40
合计	0.60	0.70	3.15	0.20	0.15	0.55	94.65

本样本手大鱼际真实花纹的出现率为 5.35%。计有1.50%个体左右手都有真实花纹，而真/真对应的期望频率为 0.2862%，两者差异显著（χ^2=6.7833，P<0.01）。

（六）手指间区纹

手指间区真实花纹的频率见表 2-2-16。

表 2-2-16　白族手指间区真实花纹的频率（%）(男 500 人，女 500 人)

	Ⅱ	Ⅲ	Ⅳ	Ⅱ/Ⅲ	Ⅲ/Ⅳ
男左	0	9.60	84.40	0	3.60
男右	0.4	25.20	70.00	0	4.60
女左	0	7.40	82.00	0	4.40
女右	0.80	19.40	72.80	0	4.40
男	0.20	17.40	77.20	0	4.10
女	0.40	13.40	77.40	0	4.40
合计	0.30	15.40	77.30	0	4.25

手指间区真实花纹在Ⅳ区最多。

左右同名指间区对应的频率见表 2-2-17。

表 2-2-17　白族左右同名指间区对应频率（%）(男 500 人，女 500 人)

	真/真	真/非	非/非
Ⅱ	0	0.60	99.40
Ⅲ	6.30	18.20	75.50
Ⅳ	65.30	23.90	10.80

手指间Ⅳ区的真/真对应明显高于期望频率。有 7.70%个体的双手上未见指间区纹，群体中有 0.20%个体在三区域（Ⅱ、Ⅲ、Ⅳ）内都有真实花纹。Ⅳ2Ld 的分布频率见表 2-2-18。

表 2-2-18　白族Ⅳ2Ld 分布频率（%）(男 500 人，女 500 人)

男左	男右	女左	女右	合计
4.0	1.0	1.0	0.4	1.6

群体中共 32 只手在Ⅳ区有 2 枚 Ld。

（七）手小鱼际纹

手小鱼际真实花纹的出现频率见表 2-2-19。

表 2-2-19　白族手小鱼际真实花纹频率（%）（男 500 人，女 500 人）

	Ld	Lr	Lp	Lu	Ws	Wc	V 和 A
男左	6.80	8.60	0	1.40	0.20	0	83.00
男右	2.80	9.00	0.40	1.40	0.40	0	86.00
女左	7.40	8.80	0.40	2.60	0.20	0.20	80.40
女右	4.20	8.00	0.20	2.00	0.20	0.60	84.80
合计	5.30	8.60	0.25	1.85	0.25	0.20	83.55

群体中手小鱼际真实花纹频率为 16.45%。有 7.40%个体左右手以真实花纹对应。

（八）指三角和轴三角

指三角和轴三角有–b、–c、–d、–t、+t 的现象，分布频率见表 2-2-20。

表 2-2-20　白族指三角和轴三角缺失或增加的频率（%）（男 500 人，女 500 人）

	男左	男右	女左	女右	男	女	合计
–b	0	0	0	0	0	0	0
–c	4.40	5.00	4.60	3.00	4.70	3.80	4.25
–d	0.60	0	0.20	0.40	3.00	3.00	0.30
–t	0	0	0	0.20	0	1.00	0.05
+t	2.60	2.60	2.00	2.80	2.60	2.40	2.50

–c 的手有 85 只，占 4.25%。左右手–c 的对应频率见表 2-2-21。

表 2-2-21　白族–c 对应频率（%）和频数（男 500 人，女 500 人）

	右手–c		右手有 c	
	频率（%）	频数	频率（%）	频数
左手–c	1.90	19	2.60	26
左手有 c	2.10	21	93.40	934

（九）屈肌线

本样本中有猿线的手为 80 只，频率为 4.0%。猿线在男女的分布频率见表 2-2-22。

表 2-2-22　白族猿线分布频率（%）（男 500 人，女 500 人）

男左	男右	女左	女右	合计
5.4	6.8	1.6	2.2	4.0

本样本的左右手屈肌线对应频率见表 2-2-23。

表 2-2-23 白族左右手屈肌线对应频率（%）（男 500 人，女 500 人）

	右手无猿线	右手有猿线
左手无猿线	93.80	2.70
左手有猿线	1.70	1.80

（十）指间褶

本样本中的示指、中指、环指、小指都有 2 条指间褶，未见这 4 指有单指褶的情况。

三、足　　纹

（一）踇趾球纹

踇趾球纹的频率见表 2-2-24。

表 2-2-24 白族踇趾球纹频率（%）（男 500 人，女 500 人）

	TAt	Ad	At	Ap	Af	Ld	Lt	Lp	Lf	Ws	Wc
男左	0	1.20	5.20	0.20	1.40	62.00	5.80	0	0	24.00	0.20
男右	0	1.60	4.60	0.80	2.20	64.20	5.00	0	0.20	21.40	0
女左	0	0.80	5.20	0.40	2.00	63.00	6.40	0	0.40	21.60	0.20
女右	0	0.40	3.00	0.60	2.20	65.80	6.40	0	0.20	21.20	0.20
合计	0	1.00	4.50	0.50	1.95	63.75	5.90	0	0.20	22.05	0.15

踇趾球纹以 Ld 为最多，Ws 次之。
踇趾球纹的左右对应频率见表 2-2-25。

表 2-2-25 白族踇趾球纹左右对应频率（男 500 人，女 500 人）

	A/A	Ld/Ld	W/W	A/W
观察频率（%）	5.10	55.60	14.80	0.40
期望频率（%）	0.63	40.96	4.75	3.47
P	<0.001	<0.001	<0.001	<0.001

A 类型与 W 对应仅占 0.40%，远低于期望频率的 3.47%，两者差异显著（$P<0.001$），这表示有 A 与 W 不亲和现象。A 与 A 对应、Ld 与 Ld 对应、W 与 W 对应的观察频率显著高于期望频率，表现出同型踇趾球纹左右配对为非随机组合。

（二）足趾间区纹

足趾间区真实花纹的频率见表 2-2-26。

表 2-2-26　白族足趾间区真实花纹频率（%）（男 500 人，女 500 人）

	Ⅱ	Ⅲ	Ⅳ	Ⅱ/Ⅲ	Ⅲ/Ⅳ
男左	5.00	52.20	3.20	0.20	0.20
男右	5.40	52.40	7.40	0	0
女左	5.20	41.80	1.80	0.20	0
女右	10.00	46.40	2.60	0	0
男	5.20	52.30	5.30	0.10	0.10
女	7.60	44.10	2.20	0.10	0
合计	6.40	48.20	3.75	0.10	0.05

足趾间区真实花纹在Ⅲ区最多。

左右同名足趾间区对应的频率见表 2-2-27。

表 2-2-27　白族左右同名足趾间区对应频率（%）（男 500 人，女 500 人）

	真/真	真/非	非/非
Ⅱ	2.00	8.80	89.20
Ⅲ	37.30	21.80	40.90
Ⅳ	1.40	4.70	93.90

群体中有 0.20%个体在 3 个区域（Ⅱ、Ⅲ、Ⅳ）内都有真实花纹，任何足趾间区都没有真实花纹的占 42.80%。Ⅲ区真/真对应的观察频率显著高于期望频率（χ^2=9.4888，P＜0.01），表现出同型足趾间区真实花纹左右配对为非随机组合。

（三）足小鱼际纹

足小鱼际真实花纹的频率见表 2-2-28。

表 2-2-28　白族足小鱼际真实花纹频率（%）（男 500 人，女 500 人）

男左	男右	女左	女右	合计
47.80	36.00	43.30	35.20	40.80

足小鱼际真实花纹多为 Lt，W 型占总体的 0.45%。

左右足都有小鱼际真实花纹的频率见表 2-2-29。

表 2-2-29　白族足小鱼际真实花纹对应频率（%）（男 500 人，女 500 人）

	右足非真实花纹	右足真实花纹
左足非真实花纹	45.60	8.40
左足真实花纹	18.80	27.20

足小鱼际花纹真/真对应的观察频率显著高于期望频率（16.65%），χ^2=45.4286，P＜0.01，表现出同型足小鱼际真实花纹左右配对为非随机组合。

观察到 1 例女性的右足小鱼际部有 2 个 Lt。

（四）足跟纹

足跟真实花纹的出现频率极低，其分布频率见表 2-2-30。

表 2-2-30　白族足跟花纹分布（男 500 人，女 500 人）

	右足跟非真实花纹		右足跟真实花纹	
	频率（%）	*n*	频率（%）	*n*
左足跟非真实花纹	99.30	993	0.40	4
左足跟真实花纹	0	0	0.30	3

白族足跟真实花纹共 10 枚，男性中出现 6 枚，女性中出现 4 枚，而且都是 Lt，足跟真实花纹在群体中频率为 0.50%。

第三章　布朗族的肤纹[①]

研究对象为来自云南省西双版纳傣族自治州勐海县的学生和成年人，三代都是布朗族人，身体健康，无家族性遗传病。平均年龄（30.10±13.42）岁（14～75岁）。

以黑色油墨捺印法捺印研究对象的指纹、掌纹和足纹。

所有的分析都以1000人（男500人，女500人）为基数（张海国 等，1989）。

一、指　　纹

（一）指纹频率

男性各手指的指纹频率见表2-3-1，女性各手指的指纹频率见表2-3-2。

表2-3-1　布朗族男性各手指的指纹频率（%）（男500人）

	男左					男右				
	拇	示	中	环	小	拇	示	中	环	小
As	2.0	2.4	1.0	0.2	0	0.6	1.4	0.4	0	0.2
At	0.2	1.6	1.0	0	0	0.2	1.6	0.4	0.4	0
Lu	48.4	45.2	63.0	37.0	71.4	34.0	36.6	60.0	26.2	61.6
Lr	0.4	6.2	0.8	0	0	0.4	8.6	1.2	0.2	0.2
Ws	38.6	41.8	33.0	61.4	27.8	59.6	50.2	36.8	72.8	38.0
Wd	10.4	2.8	1.2	1.4	0.8	5.2	1.6	1.2	0.4	0

表2-3-2　布朗族女性各手指的指纹频率（%）（女500人）

	女左					女右				
	拇	示	中	环	小	拇	示	中	环	小
As	3.0	2.0	0.8	0.8	0.6	2.2	2.0	1.0	0.4	0.6
At	0.8	2.6	1.4	0.4	0	0.4	1.2	0.2	0.2	0.2
Lu	51.6	46.8	64.2	42.2	73.2	43.6	46.6	67.2	37.0	70.8
Lr	0.6	5.2	0.8	0.2	0.2	0.6	3.2	0.6	0.4	0.6
Ws	35.2	41.8	31.6	56.4	25.8	49.0	46.4	30.0	61.8	27.6
Wd	8.8	1.6	1.2	0	0.2	4.2	0.6	1.0	0.2	0.2

Lr多见于示指，Lu多见于小指。

①研究者：张海国、沈若茝、苏宇滨、陈仁彪、冯波，上海第二医科大学生物学教研室；丁明、黄明龙、王亚平、焦云萍、彭林，云南省计划生育技术科学研究所。

男女合计指纹频率见表 2-3-3。3 种指纹频率见表 2-3-4。

表 2-3-3　布朗族男女合计指纹频率（%）（男 500 人，女 500 人）

	As	At	Lu	Lr	Ws	Wd
男	0.82	0.54	48.34	1.80	46.00	2.50
女	1.34	0.74	54.32	1.24	40.56	1.80
合计	1.08	0.64	51.33	1.52	43.28	2.15

表 2-3-4　布朗族 3 种指纹频率（%）和标准误（男 500 人，女 500 人）

	A	L	W
指纹频率	1.72	52.85	45.43
s_p	0.130 0	0.499 2	0.497 9

（二）左右同名指纹组合

1000 人 5000 对左右同名指的组合格局频率见表 2-3-5。

观察左右同名指组合格局中 A/A、L/L、W/W 都显著增多，它们各自的观察频率和期望频率的差异显著性检验均为 $P<0.01$，表明同型指纹在左右配对为非随机组合。A/W 的观察频率与期望频率之间也有显著性差异（$P<0.001$），提示 A 与 W 不相容的现象。

表 2-3-5　布朗族左右同名指的组合格局频率（男 500 人，女 500 人）

	A/A	A/L	A/W	L/L	L/W	W/W
观察频率（%）	0.66	1.94	0.18	41.58	20.60	35.04
期望频率（%）	0.03	1.82	1.56	27.93	48.02	20.64
P	<0.01	>0.05	<0.001	<0.001	<0.001	<0.001

（三）一手或双手指纹组合

一手 5 指组合 21 种格局的观察频率和期望频率见表 2-3-6。

表 2-3-6　布朗族一手 5 指的组合格局频率（%）（男 500 人，女 500 人）

A	L	W	观察频率（%）	期望频率（%）
0	0	5	12.70	1.94
0	5	0	16.60	4.12
5	0	0	0.10	$<2\times10^{-7}$
小计			29.40	6.06
0	1	4	15.15	11.26
0	2	3	16.65	26.19
0	3	2	15.30	30.47
0	4	1	16.95	17.72
小计			64.05	85.64
1	0	4	0.05	0.37
2	0	3	0	0.03

续表

A	L	W	观察频率（%）	期望频率（%）
3	0	2	0	<0.01
4	0	1	0	$<10\times10^{-4}$
小计			0.05	0.40
1	4	0	2.15	0.67
2	3	0	0.50	0.04
3	2	0	0.25	<0.01
4	1	0	0.15	$<3\times10^{-5}$
小计			3.05	0.71
1	1	3	0.35	1.70
1	2	2	1.15	2.97
1	3	1	1.85	2.31
2	1	2	0.05	0.10
2	2	1	0.05	0.11
3	1	1	0	2×10^{-3}
小计			3.45	7.19
合计			100.00	100.00

一手5指同为W者占12.70%，同为L者占16.60%，同为A者占0.10%。一手5指组合21种格局的观察频率小计和期望频率小计的比较为差异极显著。一手5指为同一种花纹的观察频率和期望频率之间也有明显的差异，即观察频率明显增多（$P<0.001$）。一手5指的异型组合AOW、ALW的观察频率明显减少，表现为A与W组合的不相容。

本样本中10指全W者为69人（6.90%），10指全L者为92人（9.20%），未见10指全A者。

（四）TFRC

各指别FRC均数见表2-3-7。

表2-3-7 布朗族各指别FRC（条）均数（男500人，女500人）

	拇	示	中	环	小
男左	14.71	10.88	12.11	14.36	11.74
男右	16.37	11.42	11.85	13.92	11.19
女左	12.99	10.67	11.91	13.57	11.17
女右	14.73	10.99	11.74	13.90	10.87

男性左右手及女性右手拇指的FRC均数都占第1位，环指的FRC均数较高，中指居中，示指和小指则较低。

各侧别性别和合计的TFRC见表2-3-8。

表 2-3-8 布朗族各侧别性别和合计的 TFRC（男 500 人，女 500 人）

	$\bar{x}$（条）	s（条）	$s_{\bar{x}}$（条）	t_{g1}	t_{g2}
男左	63.80	19.40	0.87	−0.01	0.12
男右	64.74	18.61	0.83	−0.04	−0.45
女左	60.32	19.80	0.89	−1.13	1.86
女右	62.24	19.63	0.88	−0.33	2.95
男	128.54	36.98	1.65	−0.10	−0.17
女	122.56	38.44	1.72	−0.86	2.67
合计	125.55	37.82	1.20	−0.82	1.97

男性 TFRC（128.54 条）与女性 TFRC（122.56 条）有显著性差异（t=2.51，P<0.05）。

（五）斗指纹偏向

1000 人中有 W 4543 枚，其中 Wu 3014 枚（66.34%），Wr 1229 枚（27.05%），Wb 300 枚（6.61%）。W 取 FRC 侧别的频率见表 2-3-9。

表 2-3-9 布朗族 W 取 FRC 侧别的频率（%）（男 500 人，女 500 人）

	Wu	Wb	Wr	小计（频数）
Wu>Wr 取尺侧	7.07	35.33	87.23	30.62（1 391）
Wu=Wr	3.12	27.33	4.39	5.06（230）
Wu<Wr 取桡侧	89.81	37.34	8.38	64.32（2 922）
合计（频数）	100.00（3 014）	100.00（300）	100.00（1 229）	100.00（4 543）

Wu 的 89.81%是取桡侧的 FRC，Wr 的 87.23%是取尺侧的 FRC，做关联分析得 P<0.01，表明取 FRC 的侧别与 W 的偏向有密切关系。

Wb 的 27.33%是两侧相等，Wb 两侧 FRC 相似度很高。

示指有 Wr 456 枚，占全部 Wr 的 37.10%，Wr 在示指的出现频率明显高于其他 4 指，差异极显著（P<0.001），桡箕（Lr）也多出现在示指上，可以认为本样本的示指指纹的偏向有倾向于桡侧的趋势。

（六）偏向斗组合

就 W/W 对应来讲，其中 3504 枚（1752 对）呈同名指左右对称。在 3504 枚 W 中有 Wu 2280 枚（65.07%）、Wb 238 枚（6.79%）、Wr 986 枚（28.14%）。这三种 W 在同名指若是随机相对应，则应服从概率乘法定律得到的期望频率。左右同名指 W 对应的观察频率与期望频率及差异显著性检验见表 2-3-10。

表 2-3-10 布朗族左右同名指（1752 对）W 对应频率的比较（男 500 人，女 500 人）

	Wu/Wu	Wr/Wr	Wb/Wb	Wu/Wb	Wu/Wr	Wb/Wr	合计
观察频率（%）	46.46	11.53	0.63	8.16	29.05	4.17	100.00（1 752）
期望频率（%）	42.34	7.92	0.46	8.84	36.62	3.82	100.00（1 752）
P	<0.05	<0.01	>0.50	>0.30	<0.001	>0.70	

同种偏向 Wu/Wu 与 Wr/Wr 对应频率显著增加。分析 Wu/Wr 的对应关系，得观察频率显著减少。此现象可能是由于 Wu 与 Wr 为两个相反方向的 W，可视为两个极端型，而 Wb 属于不偏不倚的中间型，介于二者之间，因此 Wu 与 Wr 对应要跨过中间型，具有不易性。这表现出同名指的对应并不呈随机性。

二、掌 纹

（一）tPD 与 atd

tPD 的分布频率和均数±标准差见表 2-3-11。

表 2-3-11 布朗族 tPD 的分布频率和均数±标准差（男 500 人，女 500 人）

	–t（%）	t（1～10～20，%）	t′（21～30～40，%）	t″（41～50～60，%）	t‴（61～70～80，%）	$\bar{x}\pm s$
男	0.30	76.50	23.00	0.20	0	7.26±5.73
女	0.70	71.50	27.10	0.70	0	18.01±6.51
合计	0.50	74.00	25.05	0.45	0	17.63±6.14

男女合计的 tPD 均数为 17.63，t 和 t′合占 99.05%，得 t″ 9 例，未见 t‴。tPD 的全距是 44（7～51），众数为 16。

atd 的参数见表 2-3-12。

表 2-3-12 布朗族 atd 的参数（男 500 人，女 500 人）

	$\bar{x}$ (°)	s（°）	$s_{\bar{x}}$ (°)	t_{g1}	t_{g2}
男左	39.91	4.29	0.19	6.09	3.76
男右	39.47	4.41	0.20	5.16	1.54
女左	42.01	5.15	0.23	14.52	25.43
女右	40.95	4.68	0.21	9.62	9.13
男	39.69	4.35	0.14	7.83	3.64
女	41.47	4.95	0.16	17.67	27.42
合计	40.58	4.74	0.11	19.65	28.71

除男性右手外，其他 atd 曲线对称度 t_{g1} 和曲线峰度 t_{g2} 都是大于 2 的正值，表明其分布曲线为正偏态的高狭峰。atd 的全距为 50°（25°～75°），众数为 40°。

（二）左右手 tPD 与 atd 差值

左右手 tPD 差值的绝对值为 0 者占 12.00%，在 1～3 者占 51.30%，≥4 者占 36.70%。左右手 atd 差值的绝对值为 0°者占 13.50%，在 1°～3°者占 56.40%，>3°者占 30.10%。

（三）tPD 与 atd 关联

tPD 与 atd 的相关系数 r 为 0.6015（$P<0.01$），呈高度相关。

由 atd 推算 tPD 用直线回归公式：

$$y_{tPD}=0.7787\times atd-13.9725$$

由 tPD 推算 atd 用直线回归公式：

$$y_{atd}=0.4645\times tPD+32.3917$$

回归系数 b 的显著性检验，s_b=0.1070，P＜0.01，表明回归显著。

（四）a-b RC

a-b RC 的参数见表 2-3-13。

表 2-3-13 布朗族 a-b RC 的参数（男 500 人，女 500 人）

	$\bar{x}$（条）	s（条）	$s_{\bar{x}}$（条）	t_{g1}	t_{g2}
男左	34.14	4.78	0.21	0.89	0.81
男右	33.95	5.26	0.24	0.78	0.75
女左	33.74	4.35	0.19	1.62	−0.08
女右	33.40	4.46	0.20	0.51	1.29
男	34.04	5.02	0.16	1.09	1.25
女	33.57	4.40	0.14	1.42	0.92
合计	33.81	4.73	0.11	2.09	2.07

男女性 a-b RC 均数差异显著性检验显示，t=2.2341，P＜0.05，表明性别间的差异显著。a-b RC 全距为 35（19～54）条，众数是 32 条。

左右手的 a-b RC 并不一定相等，差值绝对值的分布见表 2-3-14。

表 2-3-14 布朗族 a-b RC 左右手差值分布（男 500 人，女 500 人）

	0 条	1～3 条	4～6 条	≥7 条
人数	86	534	261	119
频率（%）	8.60	53.40	26.10	11.90

本样本左右手 a-b RC 差值的绝对值≤3 条者占 62.00%，一般认为无差别。

（五）手大鱼际纹

手大鱼际真实花纹的频率见表 2-3-15。

表 2-3-15 布朗族手大鱼际真实花纹的频率（%）（男 500 人，女 500 人）

男左	男右	女左	女右	男	女	合计
5.80	2.00	2.80	0.40	3.90	1.60	2.75

本样本手大鱼际真实花纹的出现率为 2.75%。计有 0.80%个体左右手都有真实花纹，而真/真对应的期望频率为 0.08%，两者差异显著（χ^2=4.0181，P＜0.05）。

（六）手指间区纹

手指间区真实花纹的频率见表 2-3-16。

表 2-3-16　布朗族手指间区真实花纹的频率（%）（男 500 人，女 500 人）

	Ⅱ	Ⅲ	Ⅳ	Ⅱ/Ⅲ	Ⅲ/Ⅳ
男左	1.00	3.60	77.80	0	6.60
男右	1.80	15.60	64.40	0	8.80
女左	0.80	4.40	76.60	0.20	6.60
女右	0.20	13.20	65.20	0.20	9.00
男	1.40	9.60	71.10	0	7.70
女	0.50	8.80	70.90	0.20	7.80
合计	0.95	9.20	71.00	0.10	7.75

手指间真实花纹在Ⅳ区最多。

左右同名指间区对应的频率见表 2-3-17。

表 2-3-17　布朗族左右同名指间区对应频率（%）（男 500 人，女 500 人）

	真/真	真/非	非/非
Ⅱ	0.20	1.50	98.30
Ⅲ	2.60	13.20	84.20
Ⅳ	56.10	29.80	14.10

手指间Ⅳ区的真/真对应明显高于期望频率。Ⅳ2Ld 的分布频率见表 2-3-18。

表 2-3-18　布朗族Ⅳ2Ld 分布频率（%）（男 500 人，女 500 人）

男左	男右	女左	女右	合计
1.80	0.60	2.60	0	1.25

群体中共 25 只手在Ⅳ区有 2 枚 Ld。

（七）手小鱼际纹

手小鱼际真实花纹的出现频率见表 2-3-19。

表 2-3-19　布朗族手小鱼际真实花纹频率（%）（男 500 人，女 500 人）

	Ld	Lr	Lp	Lu	Ws	Wc	V 和 A
男左	3.00	5.00	0	2.20	0	0.20	89.60
男右	2.00	4.00	0.20	2.00	0.20	0.40	91.20
女左	7.60	5.40	0	2.20	0.20	0.60	84.00
女右	7.80	6.20	0.20	0.60	0.40	0.40	84.40
男	2.50	4.50	0.10	2.10	0.10	0.30	90.40
女	7.70	5.80	0.10	1.40	0.30	0.50	84.20
合计	5.10	5.15	0.10	1.75	0.20	0.40	87.30

群体中手小鱼际真实花纹频率为 12.70%。有 6.20%个体左右手以真实花纹对应。

（八）指三角和轴三角

指三角和轴三角有–b、–c、–d、–t、+t 的现象，分布频率见表 2-3-20。

表 2-3-20　布朗族指三角和轴三角缺少或增加的频率（%）（男 500 人，女 500 人）

	男左	男右	女左	女右	男	女	合计
–b	0	0	0	0	0	0	0
–c	0.20	0.40	7.20	10.20	0.30	8.70	4.50
–d	1.80	0.80	1.40	0.60	1.30	1.00	1.15
–t	0	0.60	0.80	0.60	0.30	0.70	0.50
+t	2.40	2.80	1.40	0.60	2.60	1.00	1.80

–c 的手有 90 只，占 4.50%。左右手–c 的对应频率见表 2-3-21。

表 2-3-21　布朗族–c 对应频率和频数（男 500 人，女 500 人）

	右手–c		右手有 c	
	频率（%）	频数	频率（%）	频数
左手–c	2.6	26	2.7	27
左手有 c	1.1	11	93.6	936

（九）屈肌线

本样本中有猿线的手为 43 只，频率为 2.15%。猿线的分布频率见表 2-3-22。

表 2-3-22　布朗族猿线分布频率（%）（男 500 人，女 500 人）

男左	男右	女左	女右	合计
3.20	1.60	2.60	1.20	2.15

本样本的左右手屈肌线对应频率见表 2-3-23。

表 2-3-23　布朗族左右手屈肌线对应频率（%）（男 500 人，女 500 人）

	右手无猿线	右手有猿线
左手无猿线	96.30	0.80
左手有猿线	2.30	0.60

有 43 条猿线分布在 37 个个体上。

（十）指间褶

本样本中的示指、中指、环指、小指都有 2 条指间褶，未见这 4 指有单指间褶的情况。

三、足　　纹

（一）蹈趾球纹

蹈趾球纹的频率见表 2-3-24。

表 2-3-24　布朗族蹈趾球纹频率（%）（男 500 人，女 500 人）

	TAt	Ad	At	Ap	Af	Ld	Lt	Lp	Lf	Ws	Wc
男左	0.40	0.20	7.20	0.80	0.60	66.00	7.60	0	0.20	16.80	0.20
男右	0.60	0	9.40	1.60	0.40	67.40	5.80	0	0.20	14.60	0
女左	0	0.40	4.60	0.20	1.40	74.80	7.40	0	0.20	10.60	0.40
女右	0.40	0	6.00	0	1.60	76.40	7.20	0	0	8.40	0
合计	0.35	0.15	6.80	0.65	1.00	71.15	7.00	0	0.15	12.60	0.15

蹈趾球纹以 Ld 最多，Ws 次之。

蹈趾球纹的左右对应频率见表 2-3-25。

表 2-3-25　布朗族蹈趾球纹左右对应频率（男 500 人，女 500 人）

	A/A	Ld/Ld	W/W	A/W
观察频率（%）	5.60	64.10	7.90	0.70
期望频率（%）	0.80	50.62	1.59	2.26
P	<0.001	<0.01	<0.001	<0.001

各种 A 类型与 W 对应仅占 0.70%，远低于期望频率的 2.26%，两者差异显著（$P<0.001$），表现出 A 与 W 的不亲和现象。A 与 A 对应、Ld 与 Ld 对应、W 与 W 对应的观察频率显著高于期望频率，表现出同型蹈趾球部花纹左右配对为非随机组合。

（二）足跟纹

足跟真实花纹的出现频率极低，其分布频率见表 2-3-26。

表 2-3-26　布朗族足跟花纹分布（男 500 人，女 500 人）

	右足跟非真实花纹		右足跟真实花纹	
	频率（%）	n	频率（%）	n
左足跟非真实花纹	99.70	997	0.10	1
左足跟真实花纹	0.10	1	0.10	1

布朗族足跟真实花纹共 4 枚，男性中出现 1 枚，女性为 3 枚，而且均为 Lt，足跟真实花纹在群体中频率为 0.20%。

第四章　保安族的肤纹[1]

研究对象来自甘肃省积石山保安族东乡族撒拉族自治县，绝大部分为中学生，少数是小学高年级学生，很少为成年人，具体年龄不详，三代均为保安族人。

以黑色油墨捺印法捺印研究对象的指纹和掌纹。

全部分析以167人（男126人，女41人）为基数（李实喆 等，1984）。

一、指纹和 TFRC

指纹频率见表2-4-1。

表2-4-1　保安族指纹频率（%）（男126人，女41人）

	As	At	Lu	Lr	Ws	Wd
男	0.5	0.9	46.1	3.5	45.6	3.4
女	0	0	53.4	1.0	43.7	1.9
合计	1.06		47.89	2.89	48.16	

二、掌　　纹

TFRC参数见表2-4-2。

表2-4-2　保安族TFRC（条）的参数（男126人，女41人）

	$\bar{x}$	s	全距
男	138.50	45.0	235（35～270）
女	136.30	30.7	142（60～202）
合计	137.96	—	235（35～270）

针对atd角分析了均数、标准差、缺atd角和超常数atd分布频率和全距的情况，详情见表2-4-3。

表2-4-3　保安族atd的参数（男126人，女41人）

	$\bar{x}$（°）	s（°）	缺atd（%）	超常数atd（%）	全距（°）
男	42.2	5.1	0	7.9	26（32～58）
女	42.5	4.6	0	3.7	25（30～55）

①研究者：李实喆、毛钟荣、徐玖瑾、崔梅影、王永发、陈良忠、袁义达、李绍武、杜若甫，中国科学院遗传研究所。

a-b RC 值的均数、标准差、全距见表 2-4-4。

表 2-4-4　保安族 a-b RC（条）的参数（男 126 人，女 41 人）

	$\bar{x}$	s	全距
男	39.6	5.0	28（27～55）
女	38.0	5.4	30（26～56）
合计	39.21	—	—

鱼际指间区真实花纹的频率见表 2-4-5。

表 2-4-5　保安族鱼际指间区真实花纹的频率（%）（男 126 人，女 41 人）

	T/Ⅰ	Ⅱ	Ⅲ	Ⅳ	Ⅲ/Ⅳ	H
男	3.9	0	7.5	50.8	3.9	23.2
女	7.3	0	3.7	54.9	2.4	12.2

主要掌纹线指数的参数见表 2-4-6。

表 2-4-6　保安族主要掌纹线指数的参数（男 126 人，女 41 人）

	$\bar{x}$	s	全距
男	23.5	4.2	24（11～35）
女	22.4	4.3	16（16～32）

第五章　布依族的肤纹[①]

研究对象为来自贵州省布依族集居县（市）的小学生和部分成年人，男 230 人，女 220 人，合计 450 人，三代都是布依族人，身体健康，无家族性遗传病。平均年龄 10.60 岁。

以黑色油墨捺印法捺印研究对象的指纹、掌纹和足纹。

各项目人数不尽相同，指纹和 TFRC 分析为 448 人，其他项目为 450 人（吴立甫等，1983）。

一、指纹频率

指纹频率见表 2-5-1。

表 2-5-1　布依族指纹频率（%）（男 230 人，女 218 人）

	A	L	Lu	Lr	W
指纹频率	0.85	47.05	44.80	2.25	52.10

二、TFRC

本群体的 TFRC 为（132.99±38.39）条。

三、掌　　纹

掌纹的 tPD、atd、a-b RC、主要掌纹线指数的均数和标准差见表 2-5-2。

表 2-5-2　布依族掌纹的各项参数（男 230 人，女 220 人）

	tPD	atd（°）	a-b RC（条）	主要掌纹线指数
$\bar{x}$	16.21	42.33	36.68	23.69
s	5.40	5.61	5.23	3.99

手掌大鱼际真实花纹、指间各区真实花纹、小鱼际真实花纹的观察频率见表 2-5-3。

表 2-5-3　布依族掌纹各部位真实花纹的观察频率（%）（男 230 人，女 220 人）

T/Ⅰ	Ⅱ	Ⅲ	Ⅳ	H
3.24	0.89	12.83	65.86	8.93

①研究者：吴立甫、谢企云、曹贵强，贵阳医学院（现为贵州医科大学）生物学教研室。

四、足　纹

踇趾球纹、各趾间区真实花纹、足小鱼际真实花纹、足跟真实花纹的观察频率见表2-5-4。

表 2-5-4　布依族足纹的观察频率（%）（男 230 人，女 220 人）

踇趾球纹			趾间区纹			足小鱼际纹	足跟纹
A	L	W	Ⅱ	Ⅲ	Ⅳ	H	C
8.11	64.34	27.55	7.67	63.22	13.44	1.78	0

第六章　傣族的肤纹[1]

研究对象为来自云南省德宏傣族景颇族自治州的学生和成年人，三代都是傣族人，身体健康，无家族性遗传病。平均年龄（19.95±15.43）岁（7～76岁）。

以黑色油墨捺印法捺印研究对象的指纹、掌纹和足纹。

所有的分析都以1007人（男500人，女507人）为基数（丁明 等，2001）。

一、指　　纹

（一）指纹频率

男性各手指的指纹频率见表2-6-1，女性各手指的指纹频率见表2-6-2。

表2-6-1　傣族男性各手指的指纹频率（%）（男500人）

	男左					男右				
	拇	示	中	环	小	拇	示	中	环	小
As	4.20	5.80	3.00	0.80	0.20	2.40	5.80	2.80	0.40	0.80
At	0	3.00	0.80	0.20	0.40	0	2.40	0.60	0	0
Lu	44.80	41.20	62.20	42.00	79.00	39.00	40.80	63.60	36.00	71.80
Lr	2.00	14.00	2.20	0.40	0.20	0.80	13.00	1.20	1.00	0.80
Ws	34.60	33.40	29.20	55.80	19.40	48.40	36.00	30.20	61.60	26.60
Wd	14.40	2.60	2.60	0.80	0.80	9.40	2.00	1.60	1.00	0

表2-6-2　傣族女性各手指的指纹频率（%）（女507人）

	女左					女右				
	拇	示	中	环	小	拇	示	中	环	小
As	6.90	6.32	4.54	2.16	1.97	4.93	6.91	2.76	0.79	1.18
At	0.20	3.94	1.58	0.20	0	0.39	0.59	0.59	0.20	0.20
Lu	45.36	44.18	63.71	37.87	77.91	46.75	49.90	70.81	40.43	76.13
Lr	1.78	11.64	1.18	2.17	0.99	0.59	7.10	0.99	0.99	0.59
Ws	32.35	31.36	26.82	56.61	17.95	38.86	32.54	22.29	57.20	21.70
Wd	13.41	2.56	2.17	0.99	1.18	8.48	2.96	2.56	0.39	0.20

Lr多见于示指，Lu多见于小指。男女合计指纹频率见表2-6-3。

①研究者：丁明，云南省计划生育技术科学研究所；张海国，上海第二医科大学；黄明龙，云南红十字会医院。

表 2-6-3　傣族男女合计指纹频率（%）（男 500 人，女 507 人）

	As	At	Lu	Lr	Ws	Wd
合计	3.24	0.76	53.68	3.18	35.63	3.51

3 种指纹频率见表 2-6-4。

表 2-6-4　傣族 3 种指纹频率（%）和标准误（男 500 人，女 507 人）

	A	L	W
指纹频率	4.00	56.86	39.14
s_p	0.195 3	0.493 6	0.483 4

（二）左右同名指纹组合

左右同名指的组合格局频率见表 2-6-5。

表 2-6-5　傣族左右同名指的组合格局频率（男 500 人，女 507 人）

	A/A	A/L	A/W	L/L	L/W	W/W
观察频率（%）	2.05	3.75	0.16	45.36	19.25	29.43
期望频率（%）	0.16	4.55	3.13	32.33	44.51	15.32
P	<0.01	>0.05	<0.01	<0.01	<0.01	<0.01

观察左右同名指组合格局中 A/A、L/L、W/W 都显著增多，它们各自的观察频率和期望频率的差异显著性检验均为 $P<0.01$，表明同型指纹在左右配对为非随机组合。A/W 的观察频率与期望频率之间也有显著性差异（$P<0.01$），提示 A 与 W 的不相容现象。

（三）一手或双手指纹组合

一手 5 指同为 W 者占 9.14%，同为 L 者占 17.43%，同为 A 者占 0.45%。一手 5 指组合 21 种格局的观察频率小计和期望频率小计的比较为差异极显著。一手 5 指为同一种花纹的观察频率和期望频率之间也有明显的差异，即观察频率明显增多（$P<0.01$），表现为非随机性组合。一手 5 指的异型组合 AOW、ALW 明显减少，表现为 A 与 W 组合的不相容。

本样本中 10 指全 W 者占 4.57%，10 指全 L 者占 9.24%，10 指全 A 者占 0.30%。

（四）TFRC

各指别 FRC 均数见表 2-6-6。

表 2-6-6　傣族各指别 FRC（条）均数（男 500 人，女 507 人）

	拇	示	中	环	小
男左	14.00	10.24	11.53	13.93	11.17
男右	16.13	10.39	11.12	13.88	10.94
女左	13.45	10.94	12.37	14.69	11.79
女右	15.31	11.13	12.01	15.01	10.86

1007 人合计 TFRC 均数为 125.37 条。男性左右手及女性右手拇指的 FRC 均数都占第 1 位，女性左手环指的 FRC 均数最高。

（五）斗指纹偏向

W 取 FRC 侧别的频率见表 2-6-7。

表 2-6-7　傣族 W 取 FRC 侧别的频率（%）（男 500 人，女 507 人）

	Wu	Wb	Wr	小计（频数）
Wu＞Wr　取尺侧	10.55	34.45	71.69	28.60（1 127）
Wu=Wr	5.00	25.61	8.21	7.56（298）
Wu＜Wr　取桡侧	84.45	39.94	20.10	63.84（2 516）
合计（频数）	100.00（2 578）	100.00（328）	100.00（1 035）	100.00（3 941）

Wu 的 84.45%是取桡侧的 FRC，Wr 的 71.69%是取尺侧的 FRC，做关联分析得 $P<0.01$，表明取 FRC 的侧别与 W 的偏向有密切关系。

Wb 的 25.61%是两侧相等，Wb 两侧 FRC 相似度很高。

（六）偏向斗组合

3 种 W 在同名指若是随机对应，则应服从概率乘法定律得到的期望频率。左右同名指 W 对应的观察频率与期望频率及差异显著性检验见表 2-6-8。

表 2-6-8　傣族左右同名指 W 对应频率的比较（男 500 人，女 507 人）

	Wu/Wu	Wr/Wr	Wb/Wb	Wu/Wb	Wu/Wr	Wb/Wr	合计（频数）
观察频率（%）	43.93	11.34	0.60	10.19	28.07	5.87	100.00（1 482）
期望频率（%）	39.75	8.01	0.75	10.90	35.70	4.89	100.00（1 482）
P	＜0.05	＜0.01	＞0.05	＞0.05	＜0.01	＞0.05	

同种偏向 Wu/Wu 与 Wr/Wr 对应频率显著增加。分析 Wu/Wr 的对应关系，得观察频率显著减少。此现象可能是由于 Wu 与 Wr 为两个相反方向的 W，可视为两个极端型，而 Wb 属于不偏不倚的中间型，介于两者之间，因此 Wu 与 Wr 对应要跨过中间型，具有不易性。这表现出同名指的对应并不呈随机性。

二、掌　　纹

（一）tPD 与 atd

tPD 的均数、标准差、标准误见表 2-6-9。

表 2-6-9　傣族 tPD 的参数（男 500 人，女 507 人）

	$\bar{x}$	s	$s_{\bar{x}}$		$\bar{x}$	s	$s_{\bar{x}}$
男左	18.80	6.84	0.31	女左	20.08	6.19	0.28
男右	19.64	6.97	0.31	女右	20.27	6.62	0.29

左右手的 tPD 并不一定相等，其差值绝对值的分布见表 2-6-10。

表 2-6-10　傣族 tPD 左右手差值分布频率（%）（男 500 人，女 507 人）

	0	1～3	4～6	≥7
男	20.60	41.20	20.60	17.60
女	21.70	44.38	17.75	16.17
合计	21.15	42.80	19.17	16.88

atd 的均数、标准差、标准误见表 2-6-11。

表 2-6-11　傣族 atd（°）的参数（男 500 人，女 507 人）

	$\bar{x}$	s	$s_{\bar{x}}$		$\bar{x}$	s	$s_{\bar{x}}$
男左	39.18	6.77	0.30	女左	40.86	7.11	0.32
男右	39.69	6.62	0.30	女右	41.26	6.10	0.27

左右手的 atd 并不一定相等，差值绝对值的分布见表 2-6-12。

表 2-6-12　傣族 atd 左右手差值分布频率（%）（男 500 人，女 507 人）

	0°	1°～3°	4°～6°	≥7°
男	12.20	57.80	21.20	8.80
女	11.44	56.21	20.91	11.44
合计	11.82	57.00	21.05	10.13

（二）tPD 与 atd 关联

tPD 与 atd 的相关系数 r 为 0.3812（$P<0.01$），呈高度相关。

由 tPD 推算 atd 用直线回归公式：

$$y_{\text{atd}}=32.11+0.4069\times \text{tPD}$$

回归检验显示，$P<0.001$，表明回归显著。

（三）a-b RC

a-b RC 的均数、标准差、标准误见表 2-6-13。

表 2-6-13　傣族 a-b RC（条）的参数（男 500 人，女 507 人）

	$\bar{x}$	s	$s_{\bar{x}}$		$\bar{x}$	s	$s_{\bar{x}}$
男左	36.16	4.63	0.21	女右	38.95	4.99	0.22
男右	35.35	5.21	0.23	合计	37.50	—	—
女左	39.51	4.71	0.21				

（四）主要掌纹线指数

主要掌纹线指数的均数、标准差、标准误见表 2-6-14。

表 2-6-14　傣族主要掌纹线指数的参数（男 500 人，女 507 人）

	$\bar{x}$	s	$s_{\bar{x}}$		$\bar{x}$	s	$s_{\bar{x}}$
男左	22.41	4.09	0.18	女左	22.50	4.17	0.19
男右	24.92	4.62	0.21	女右	24.99	4.63	0.21

（五）手大鱼际纹

手大鱼际真实花纹的频率见表 2-6-15。

表 2-6-15　傣族手大鱼际真实花纹的频率（%）（男 500 人，女 507 人）

	Ld	Lr	Lp	Lu	Ws	Wc	V 和 A
男左	0.40	0.60	6.00	0	0	0.40	92.60
男右	0.60	0	1.00	0	0	0	98.40
女左	0	0.59	0.59	0	0	0	98.82
女右	0.39	0	0.40	0.20	0	0	99.01
合计	0.35	0.30	1.98	0.05	0	0.10	97.22

本样本手大鱼际真实花纹的出现率为 2.78%。计有 0.60%个体左右手以真/真对应。

（六）手指间区纹

手指间区真实花纹的频率见表 2-6-16。

表 2-6-16　傣族手指间区真实花纹的频率（%）（男 500 人，女 507 人）

	Ⅱ	Ⅲ	Ⅳ	Ⅱ/Ⅲ	Ⅲ/Ⅳ
男左	2.00	7.40	66.20	1.00	12.20
男右	2.40	21.40	60.20	0.60	14.40
女左	0.20	7.89	77.51	1.58	3.16
女右	1.58	20.71	67.46	0.59	4.93
合计	1.54	14.35	67.87	0.94	8.64

手指间真实花纹在Ⅳ区最多。

左右同名指间区对应的频率见表 2-6-17。

表 2-6-17　傣族左右同名指间区对应频率（%）（男 500 人，女 507 人）

	真/真	真/非	非/非
Ⅱ	0.30	2.48	97.22
Ⅲ	10.33	21.85	67.82
Ⅳ	57.00	27.10	15.90

手指间Ⅳ区的真/真对应明显高于期望频率。Ⅳ2Ld 的分布频率见表 2-6-18。

表 2-6-18　傣族Ⅳ2Ld 分布频率（%）（男 500 人，女 507 人）

男左	男右	女左	女右	合计
3.80	4.00	0	0.99	2.18

（七）手小鱼际纹

手小鱼际真实花纹的出现频率见表 2-6-19。

表 2-6-19　傣族手小鱼际真实花纹频率（%）（男 500 人，女 507 人）

	Ld	Lr	Lp	Lu	Ws	Wc	合计
男左	5.60	4.40	0	1.80	0	0	11.80
男右	1.20	4.40	0	3.00	0	0.20	8.80
女左	4.93	3.16	0.20	0.99	0	0.20	9.48
女右	3.94	2.76	0	1.18	0.39	0.20	8.47
合计	3.92	3.67	0.05	0.74	0.10	0.15	9.63

群体中手小鱼际真实花纹频率为 9.63%。有 3.77%个体左右手以真/真花纹对应，而真/真对应的期望频率是 0.93%，两者差异极显著（$P<0.01$），表明真/真对应为非随机组合。

（八）指三角和轴三角

指三角和轴三角有−b、−c、−d、−t、+t 的现象，分布频率见表 2-6-20。

表 2-6-20　傣族指三角和轴三角缺失或增加的频率（%）（男 500 人，女 507 人）

	−b	−c	−d	−t	+t
男左	0	9.80	0.80	0.60	1.60
男右	0	9.00	0.60	0.40	3.00
女左	0	4.73	1.58	0.20	0.99
女右	0	4.20	0.59	0.59	0.79
合计	0	6.90	0.89	0.45	1.59

样本中以−c/−c 对应的占 3.08%。

（九）屈肌线

猿线在男女的分布频率见表 2-6-21。

表 2-6-21　傣族猿线分布频率（%）（男 500 人，女 507 人）

男左	男右	女左	女右	合计
5.80	3.80	1.18	1.58	3.08

本样本的左右手都有猿线的占 0.99%。

（十）指间褶

本样本中的示指、中指、环指、小指都有 2 条指间褶，未见这 4 指有单指间褶的情况。

三、足　　纹

（一）蹲趾球纹

蹲趾球纹的频率见表 2-6-22。

表 2-6-22　傣族蹲趾球纹频率（%）（男 500 人，女 507 人）

	TAt	Ad	At	Ap	Af	Ld	Lt	Lp	Lf	Ws	Wc
男左	0	0.40	12.40	0.20	0.80	61.80	6.40	0	0.60	12.20	5.20
男右	0	0.40	8.20	0.20	2.80	61.00	8.80	0	0.20	16.80	1.60
女左	0	1.78	2.76	0.39	5.13	66.87	4.73	0	0	16.17	2.17
女右	0	0.79	3.94	0.39	4.34	69.63	3.94	0	0.20	16.57	0.20
合计	0	0.84	6.80	0.30	3.28	64.85	5.96	0	0.25	15.44	2.28

蹲趾球纹以 Ld 为最多，Ws 次之。

左右以 Ld/Ld 对应者占 57.40%，以 W/W 对应者占 11.22%，同型花纹对应的观察频率显著高于期望频率，表现出蹲趾球部同型花纹左右配对为非随机组合。

（二）足趾间区纹

足趾间区真实花纹的频率见表 2-6-23。

表 2-6-23　傣族足趾间区真实花纹频率（%）（男 500 人，女 507 人）

	Ⅱ	Ⅲ	Ⅳ	Ⅱ/Ⅲ	Ⅲ/Ⅳ
男左	4.40	48.60	7.00	0.20	1.20
男右	3.40	50.00	9.60	0.80	0.20
女左	5.33	33.33	4.73	0.20	0.99
女右	6.71	39.65	5.33	0	0.59
合计	4.97	42.85	6.65	0.30	0.74

足趾间区真实花纹在Ⅲ区最多。

左右同名足趾间区对应的频率见表 2-6-24。

表 2-6-24　傣族左右同名足趾间区对应频率（%）（男 500 人，女 507 人）

	真/真	真/非	非/非
Ⅱ	2.78	5.96	91.26
Ⅲ	32.97	20.36	46.67
Ⅳ	2.98	7.55	89.47

Ⅲ区真/真对应的观察频率（32.97%）显著高于期望频率（$P<0.05$），表现出同型足趾间区真实花纹左右配对为非随机组合。

（三）足小鱼际纹

足小鱼际真实花纹的频率在男性中为 29.10%，女性中为 28.99%，合计为 29.05%。

（四）足跟纹

傣族足跟真实花纹的出现频率极低，本群体中仅见 3 枚，占 0.15%。1 名男性左右足都有足跟纹。

第七章　达斡尔族的肤纹[①]

研究对象为来自新疆塔城地区达斡尔族的中小学生、农牧民，三代都是达斡尔族人，身体健康，无家族性遗传病。年龄为14～74岁。

以黑色油墨捺印研究对象的指纹和掌纹。

所有的分析都以1000人（男500人，女500人）为基数（赵荣枝 等，1990）。

一、指　　纹

（一）指纹频率

男性各手指的指纹频率见表2-7-1，女性各手指的指纹频率见表2-7-2。

表2-7-1　达斡尔族男性各手指的指纹频率（%）（男500人）

	男左					男右				
	拇	示	中	环	小	拇	示	中	环	小
A	1.00	5.00	3.80	0.20	1.20	1.00	4.60	2.80	0.60	0.40
Lu	38.00	33.20	53.40	39.00	72.60	29.20	30.20	52.60	33.20	61.00
Lr	1.80	11.20	1.60	0.60	0	1.20	13.80	3.00	1.20	0.40
W	59.20	50.60	41.20	60.20	26.20	68.60	51.40	41.60	65.00	38.20

表2-7-2　达斡尔族女性各手指的指纹频率（%）（女500人）

	女左					女右				
	拇	示	中	环	小	拇	示	中	环	小
A	2.20	5.80	5.60	1.40	2.60	1.20	4.40	2.00	1.40	2.00
Lu	34.60	31.20	48.00	37.00	71.80	34.00	33.20	58.60	35.00	70.40
Lr	1.40	11.40	1.40	1.00	0.40	0.40	8.40	1.60	1.80	0.60
W	61.80	51.60	45.00	60.60	25.20	64.40	54.00	37.80	61.80	27.00

Lr多见于示指，Lu多见于小指，W多见于拇指。

男女合计指纹频率见表2-7-3。

表2-7-3　达斡尔族男女合计指纹频率（%）（男500人，女500人）

	A	L	Lu	Lr	W
男	2.06	47.72	44.24	3.48	50.22

①研究者：赵荣枝、马梅荪、张济、党珍芳、托坎艾拜、郭卉，新疆医学院（现为新疆医科大学）；孙慧，泰安医学院（现为山东第一医科大学）；杨爱魁，塔城地区第一人民医院。

续表

	A	L	Lu	Lr	W
女	2.86	48.22	45.38	2.84	48.92
合计	2.46	47.97	44.81	3.16	49.57

（二）指纹组合

观察左右同名指组合格局中 A/A、Lu/Lu、Lr/Lr、W/W 都显著增多，它们各自的观察频率和期望频率的差异显著性检验都是 $P<0.01$，表现为非随机组合。A/W 的观察频率与期望频率之间也有显著性差异（$P<0.01$），提示 A 与 W 的不相容现象。

本样本中 10 指全为 W 者占 9.00%，全为 L 者占 5.80%，表现为非随机组合。10 指全为 A 者占 0.10%。

（三）TFRC

各指别 FRC 均数见表 2-7-4。

表 2-7-4　达斡尔族各指别 FRC（条）**均数**（男 500 人，女 500 人）

	拇	示	中	环	小	合计
男左	17.78	13.24	13.96	15.10	13.67	14.75
男右	18.73	13.46	13.32	15.08	11.92	14.50
女左	16.34	13.03	13.74	15.98	12.32	14.28
女右	17.34	13.71	13.31	15.17	11.40	14.18

男女性左右手拇指的 FRC 均数都占第 1 位，其次为环指的 FRC 均数。

男女合计的 TFRC 均数和标准差见表 2-7-5。TFRC 在男女间无显著性差异（$P>0.05$）。

表 2-7-5　达斡尔族 TFRC（条）**的参数**（男 500 人，女 500 人）

	男	女	合计
$\bar{x}$	146.27	142.34	144.29
s	43.21	45.40	44.29

二、掌　纹

（一）tPD

tPD 的参数见表 2-7-6。

表 2-7-6　达斡尔族 tPD 的参数（男 500 人，女 500 人）

	男左	男右	女左	女右	男	女	合计
$\bar{x}$	17.52	17.62	18.20	18.10	17.57	18.15	17.86
s	5.65	5.64	5.43	5.46	5.65	5.44	5.55

同性别的左右手 tPD 均数之间无显著性差异（$P>0.05$）。

（二）atd

atd 的参数见表 2-7-7。

表 2-7-7 达斡尔族 atd（°）的参数（男 500 人，女 500 人）

	男左	男右	女左	女右	男	女	合计
$\bar{x}$	40.83	40.71	41.90	41.61	40.79	41.76	41.27
s	5.48	4.81	4.44	4.58	4.96	4.49	4.73

同性别的左右手 atd 均数之间有显著性差异（P<0.01）。

（三）a-b RC

a-b RC 的参数见表 2-7-8。

表 2-7-8 达斡尔族 a-b RC（条）的参数（男 500 人，女 500 人）

	男左	男右	女左	女右	男	女	合计
$\bar{x}$	37.39	36.99	37.70	36.92	37.19	37.31	37.25
s	5.29	5.68	5.23	4.99	5.49	5.13	5.31

同性别的左右手 a-b RC 均数之间有显著性差异（P<0.01）。

（四）主要掌纹线指数

主要掌纹线指数的参数见表 2-7-9。

表 2-7-9 达斡尔族主要掌纹线指数的参数（男 500 人，女 500 人）

	男左	男右	女左	女右
$\bar{x}$	20.63	23.52	21.00	23.62
s	4.30	4.93	4.02	5.20

主要掌纹线指数的均数在男女间无显著性差异（P>0.05）。

（五）手掌上的真实花纹

手大鱼际、指间区、小鱼际的真实花纹和猿线的观察频率见表 2-7-10。

表 2-7-10 达斡尔族手大鱼际、指间区、小鱼际的真实花纹和猿线频率（%）（男 500 人，女 500 人）

	T/Ⅰ	Ⅱ	Ⅲ	Ⅳ	H	猿线
男左	6.10	2.00	16.40	63.60	21.20	14.40
男右	2.60	1.80	35.00	46.60	19.60	15.80
女左	2.20	1.00	15.60	63.60	16.00	10.20
女右	1.40	2.60	31.00	54.40	12.40	9.00
男	4.35	1.90	25.70	55.10	20.40	15.10
女	1.80	1.80	23.30	59.00	14.20	9.60
合计	3.08	1.85	24.50	57.05	17.30	12.35

第八章 德昂族的肤纹[①]

研究对象为来自云南省德宏傣族景颇族自治州的学生和成年人，三代都是德昂族人，身体健康，无家族性遗传病，平均年龄（24.96±14.66）岁（6～78岁）。

以黑色油墨捺印法捺印研究对象的指纹、掌纹和足纹。

所有的分析都以590人（男330人，女260人）为基数（丁明 等，2001）。

1985年9月经国务院批准改称崩龙族（Benglong ethnic group）为德昂族（De'ang ethnic group）。

一、指 纹

（一）指纹频率

男性各手指的指纹频率见表2-8-1，女性各手指的指纹频率见表2-8-2。

表2-8-1 德昂族男性各手指的指纹频率（%）（男330人）

	男左					男右				
	拇	示	中	环	小	拇	示	中	环	小
As	6.36	4.85	2.73	0.61	0	2.12	6.67	1.82	0.30	0
At	0	2.42	0.91	0.30	0	0	0.61	0.61	0.91	0
Lu	41.22	38.80	59.39	37.26	82.12	30.00	29.70	61.52	27.88	71.52
Lr	0.91	9.09	0.61	1.52	0	0.91	17.57	0.90	1.21	0
Ws	35.45	42.42	33.33	59.70	16.97	59.70	42.42	34.24	69.70	27.88
Wd	16.06	2.42	3.03	0.61	0.91	7.27	3.03	0.91	0	0.60

表2-8-2 德昂族女性各手指的指纹频率（%）（女260人）

	女左					女右				
	拇	示	中	环	小	拇	示	中	环	小
As	9.23	6.54	6.15	3.46	5.00	6.54	3.08	1.92	3.08	3.85
At	0	2.69	0.38	0.77	0.38	0	1.15	0	0	0.38
Lu	44.61	38.85	58.08	43.85	81.93	43.46	43.08	72.70	34.23	78.85
Lr	3.08	15.38	0.77	0.77	0	1.15	15.00	0.38	0.38	0.38
Ws	33.85	35.77	33.08	51.15	12.69	40.77	36.92	23.85	62.31	16.54
Wd	9.23	0.77	1.54	0	0	8.08	0.77	1.15	0	0

①研究者：丁明，云南省计划生育技术科学研究所；张海国，上海第二医科大学；黄明龙，云南红十字会医院。

Lr 多见于示指，Lu 多见于小指。

男女合计指纹频率见表 2-8-3。

表 2-8-3　德昂族男女合计指纹频率（%）（男 330 人，女 260 人）

	As	At	Lu	Lr	Ws	Wd
合计	3.58	0.58	50.59	3.47	38.88	2.90

3 种指纹频率见表 2-8-4。

表 2-8-4　德昂族 3 种指纹频率（%）和标准误

	A	L	W
指纹频率	4.16	54.06	41.78
s_p	0.2597	0.6488	0.6421

（二）指纹组合

左右同名指的组合格局频率见表 2-8-5。

表 2-8-5　德昂族左右同名指的组合格局频率（男 330 人，女 260 人）

	A/A	A/L	A/W	L/L	L/W	W/W
观察频率（%）	2.10	3.83	0.27	42.85	18.61	32.34
期望频率（%）	0.16	4.49	3.47	29.24	45.18	17.46
P	<0.01	>0.05	<0.01	<0.01	<0.01	<0.01

观察左右同名指组合格局中 A/A、L/L、W/W 都显著增多，它们各自的观察频率和期望频率的差异显著性检验均为 $P<0.01$，表明同型指纹在左右配对为非随机组合。A/W 的观察频率与期望频率之间也有显著性差异（$P<0.01$），提示 A 与 W 的不相容现象。

一手 5 指同为 W 者占 9.32%，同为 L 者占 13.39%，同为 A 者占 0.17%。一手 5 指组合 21 种格局的观察频率小计和期望频率小计的比较为差异极显著。一手 5 指为同一种花纹的观察频率和期望频率之间也有明显的差异，即观察频率明显增多（$P<0.01$），表现为非随机性组合。一手 5 指的异型组合 AOW、ALW 明显减少，表现为 A 与 W 组合的不相容。

本样本中 10 指全为 W 者占 4.58%，10 指全为 L 者占 5.93%，无 10 指全 A 者。

（三）TFRC

各指别 FRC 均数见表 2-8-6。

表 2-8-6　德昂族各指别 FRC（条）均数（男 330 人，女 260 人）

	拇	示	中	环	小
男左	14.31	13.35	12.67	14.28	11.73
男右	17.05	11.62	12.62	14.82	12.12
女左	11.73	10.03	11.10	13.05	10.08
女右	13.31	10.52	10.59	13.14	10.05

590 人的 TFRC 均数为 125.33 条。男性左右手及女性右手拇指的 FRC 均数都占第 1 位，女性左手环指的 FRC 均数最高。

（四）斗指纹偏向

W 取 FRC 侧别的频率见表 2-8-7。

表 2-8-7　德昂族 W 取 FRC 侧别的频率（%）（男 330 人，女 260 人）

	Wu	Wb	Wr	小计（频数）
Wu＞Wr 取尺侧	9.67	38.43	77.01	29.33
Wu=Wr	4.58	15.28	5.95	5.92
Wu＜Wr 取桡侧	85.75	46.29	17.04	64.75
合计（频数）	100.00（1 614）	100.00（229）	100.00（622）	100.00（2 465）

Wu 的 85.75%是取桡侧的 FRC，Wr 的 77.01%是取尺侧的 FRC，做关联分析得 $P<0.01$，表明取 FRC 的侧别与 W 的偏向有密切关系。

Wb 的 15.28%是两侧相等，Wb 两侧 FRC 相似度很高。

（五）偏向斗组合

这 3 种 W 在同名指若是随机对应，则应服从概率乘法定律得到的期望频率。左右同名指 W 对应的观察频率与期望频率及差异显著性检验见表 2-8-8。

表 2-8-8　德昂族左右同名指 W 对应频率的比较（男 330 人，女 260 人）

	Wu/Wu	Wr/Wr	Wb/Wb	Wu/Wb	Wu/Wr	Wb/Wr	合计（频数）
观察频率（%）	45.07	10.59	1.36	11.74	25.27	5.97	100.00（954）
期望频率（%）	40.41	6.87	1.04	12.99	33.33	5.36	100.00（954）
P	＜0.05	＜0.01	＞0.05	＞0.05	＜0.01	＞0.05	

同种偏向 Wu/Wu 与 Wr/Wr 对应频率显著增加。分析 Wu/Wr 的对应关系，得观察频率显著减少。此现象可能是由于 Wu 与 Wr 为两个相反方向的 W，可视为两个极端型，而 Wb 属于不偏不倚的中间型，介于两者之间，因此 Wu 与 Wr 对应要跨过中间型，具有不易性。这表现出同名指的对应并不呈随机性。

二、掌　　纹

（一）tPD 与 atd

tPD 的均数、标准差、标准误见表 2-8-9。

表 2-8-9　德昂族 tPD 的参数（男 330 人，女 260 人）

	$\bar{x}$	s	$s_{\bar{x}}$		$\bar{x}$	s	$s_{\bar{x}}$
男左	17.68	6.05	0.33	女左	18.81	6.40	0.40
男右	18.68	6.97	0.38	女右	18.86	6.70	0.42

左右手的 tPD 并不一定相等，差值绝对值的分布见表 2-8-10。

表 2-8-10　德昂族 tPD 左右手差值分布频率（%）（男 330 人，女 260 人）

	0	1～3	4～6	≥7
男	23.94	47.88	16.67	11.52
女	22.69	41.15	22.31	13.85
合计	23.39	44.92	19.15	12.54

atd 的均数、标准差、标准误见表 2-8-11。

表 2-8-11　德昂族 atd（°）的参数（男 330 人，女 260 人）

	$\bar{x}$	s	$s_{\bar{x}}$		$\bar{x}$	s	$s_{\bar{x}}$
男左	38.39	6.25	0.34	女左	40.03	7.91	0.49
男右	39.35	5.84	0.23	女右	39.65	6.83	0.28

左右手的 atd 并不一定相等，差值绝对值的分布见表 2-8-12。

表 2-8-12　德昂族 atd 左右手差值分布频率（%）（男 330 人，女 260 人）

	0°	1°～3°	4°～6°	≥7°
男	13.33	59.39	19.39	7.88
女	17.69	50.38	20.38	11.54
合计	15.25	55.42	19.83	9.49

（二）tPD 与 atd 关联

tPD 与 atd 的相关系数 r 为 0.5056（$P<0.01$），呈高度相关。

由 tPD 推算 atd 用直线回归公式：

$$y_{\text{atd}}=29.8842+0.5113\times \text{tPD}$$

回归检验显示，$P<0.001$，表明回归显著。

（三）a-b RC

a-b RC 的均数、标准差、标准误见表 2-8-13。

表 2-8-13　德昂族 a-b RC（条）的参数（男 330 人，女 260 人）

	$\bar{x}$	s	$s_{\bar{x}}$		$\bar{x}$	s	$s_{\bar{x}}$
男左	38.03	4.93	0.27	女右	35.10	4.13	0.26
男右	37.66	5.16	0.28	合计	36.79	—	—
女左	35.79	4.32	0.27				

（四）主要掌纹线指数

主要掌纹线指数的均数、标准差、标准误见表 2-8-14。

表 2-8-14　德昂族主要掌纹线指数的参数（男 330 人，女 260 人）

	$\overline{x}$	s	$s_{\overline{x}}$		$\overline{x}$	s	$s_{\overline{x}}$
男左	22.70	3.86	0.21	女左	22.30	3.72	0.23
男右	25.28	4.33	0.24	女右	24.98	4.59	0.28

（五）手大鱼际纹

手大鱼际真实花纹的频率见表 2-8-15。

表 2-8-15　德昂族手大鱼际真实花纹的频率（%）（男 330 人，女 260 人）

	Ld	Lr	Lp	Lu	Ws	Wc	V 和 A
男左	0.91	2.42	6.36	0.61	0.30	0	89.40
男右	0.30	0.30	0.61	0	0	0	98.79
女左	0.38	0.38	4.23	0	0.77	0	94.24
女右	0	0.38	0.77	0	0	0	98.85
合计	0.42	0.93	3.05	0.17	0.25	0	95.18

本样本手大鱼际真实花纹的出现率为 4.83%。计有 1.53%个体左右手以真/真对应。

（六）手指间区纹

手指间区真实花纹的频率见表 2-8-16。

表 2-8-16　德昂族手指间区真实花纹的频率（%）（男 330 人，女 260 人）

	Ⅱ	Ⅲ	Ⅳ	Ⅱ/Ⅲ	Ⅲ/Ⅳ
男左	0.30	8.18	76.67	0	3.94
男右	0.91	26.36	64.55	0	5.15
女左	0	1.92	73.46	0	14.23
女右	0.38	14.62	63.85	0.38	14.23
合计	0.42	13.31	69.75	0.08	8.81

手指间区真实花纹在Ⅳ区最多。

左右同名指间区对应的频率见表 2-8-17。

表 2-8-17　德昂族左右同名指间区对应频率（%）（男 330 人，女 260 人）

	真/真	真/非	非/非
Ⅱ	0	0.85	99.15
Ⅲ	9.49	23.73	66.78
Ⅳ	56.78	27.80	15.42

手指间Ⅳ区的真/真对应明显高于期望频率。Ⅳ2Ld 的分布频率见表 2-8-18。

表 2-8-18 德昂族Ⅳ2Ld 分布频率（%）（男 330 人，女 260 人）

男左	男右	女左	女右	合计
1.21	0.91	1.92	1.15	1.27

（七）手小鱼际纹

手小鱼际真实花纹的出现频率见表 2-8-19。

表 2-8-19 德昂族手小鱼际真实花纹频率（%）（男 330 人，女 260 人）

	Ld	Lr	Lp	Lu	Ws	Wc	合计
男左	1.21	3.94	0	2.42	0	0	7.57
男右	0.91	4.85	0	3.03	0.61	0	9.40
女左	8.08	6.92	0	1.15	0.38	0.38	16.91
女右	3.46	12.31	0	2.31	0	0	18.08
合计	3.14	6.69	0	2.29	0.25	0.08	12.46

群体中手小鱼际真实花纹频率为 12.46%。有 5.93%个体左右手以真/真花纹对应，而真/真对应的期望频率是 1.55%，两者差异极显著（$P<0.01$），表明真/真对应为非随机组合。

（八）指三角和轴三角

指三角和轴三角有–b、–c、–d、–t、+t 的现象，分布频率见表 2-8-20。

表 2-8-20 德昂族指三角和轴三角缺失或增加的频率（%）（男 330 人，女 260 人）

	–b	–c	–d	–t	+t
男左	0	10.00	0.91	0	2.73
男右	0	5.76	0.30	0	3.94
女左	0	9.23	0.77	0	1.54
女右	0	7.31	1.92	0.77	2.31
合计	0	8.05	0.93	0.17	2.71

样本中以–c/–c 对应的占 3.90%。

（九）屈肌线

猿线在男女的分布频率见表 2-8-21。

表 2-8-21 德昂族猿线分布频率（%）

男左	男右	女左	女右	合计
2.42	2.73	3.85	3.46	3.05

本样本的左右手都有猿线的占 0.68%。

（十）指间褶

本样本中的示指、中指、环指、小指都有 2 条指间褶，未见这 4 指有单指间褶的情况。

三、足　　纹

（一）踇趾球纹

踇趾球纹的频率见表 2-8-22。

表 2-8-22　德昂族踇趾球纹频率（%）（男 330 人，女 260 人）

	TAt	Ad	At	Ap	Af	Ld	Lt	Lp	Lf	Ws	Wc
男左	0	6.67	3.33	0.30	0.61	62.43	7.27	0	0	19.39	0
男右	0	6.06	1.82	0.30	0.91	68.79	6.36	0	0	15.76	0
女左	0	1.15	4.62	2.31	4.62	68.85	7.31	0	0.38	10.38	0.38
女右	0	1.15	5.00	2.69	4.23	71.93	5.77	0	0	9.23	0
合计	0	4.07	3.56	1.27	2.37	67.71	6.69	0	0.09	14.15	0.09

踇趾球纹以 Ld 为最多，Ws 次之。

左右以 Ld/Ld 对应者占 66.61%，以 W/W 对应者占 9.49%，同型花纹对应的观察频率显著高于期望频率，表现出踇趾球部同型花纹左右配对为非随机组合。

（二）足趾间区纹

足趾间区真实花纹的频率见表 2-8-23。

表 2-8-23　德昂族足趾间区真实花纹频率（%）（男 330 人，女 260 人）

	Ⅱ	Ⅲ	Ⅳ	Ⅱ/Ⅲ	Ⅲ/Ⅳ
男左	6.06	41.21	6.67	0.61	0.61
男右	6.36	38.81	5.45	0	0
女左	4.23	36.54	0.77	0.38	0
女右	6.15	37.69	1.54	0	1.15
合计	5.76	38.56	3.90	0.25	0.42

足趾间区真实花纹在Ⅲ区最多。

左右同名足趾间区对应的频率见表 2-8-24。

表 2-8-24　德昂族左右同名足趾间区对应频率（%）（男 330 人，女 260 人）

	真/真	真/非	非/非
Ⅱ	2.88	7.46	89.66
Ⅲ	28.81	20.85	50.34
Ⅳ	1.53	4.92	93.55

Ⅲ区真/真对应的观察频率（28.81%）显著高于期望频率，表现出同型足趾间区真实花纹左右配对为非随机组合。

（三）足小鱼际纹

足小鱼际真实花纹的频率在男性中为 50.45%，在女性中为 27.50%，合计为 40.43%。真/真对应频率为 27.95%。

（四）足跟纹

德昂族足跟真实花纹的出现频率极低，在本群体中未见，频率为 0。

第九章　独龙族的肤纹[①]

研究对象为来自云南省贡山独龙族怒族自治县的独龙族人，三代都是独龙族人，身体健康，无家族性遗传病。平均年龄（22.21±15.01）岁（10～65岁）。

以黑色油墨捺印法捺印研究对象的指纹、掌纹和足纹。

所有的分析都以300人（男136人，女164人）为基数（丁明 等，2001；何大明，1995）。

一、指　　纹

（一）指纹频率

男性各手指的指纹频率见表2-9-1，女性各手指的指纹频率见表2-9-2。

表2-9-1　独龙族男性各手指的指纹频率（%）（男136人）

	男左					男右				
	拇	示	中	环	小	拇	示	中	环	小
As	2.20	5.87	6.62	3.67	5.87	1.47	6.63	2.93	2.94	4.41
At	0	3.68	3.68	0.74	0	0	2.94	0.74	0	0
Lu	18.38	17.65	48.53	56.62	89.71	11.03	18.38	59.56	57.33	86.03
Lr	6.62	30.15	5.88	1.47	0	4.41	35.29	5.15	0	0.74
Ws	67.65	41.91	35.29	35.29	3.68	80.15	35.29	30.88	38.24	8.82
Wd	5.15	0.74	0	2.21	0.74	2.94	1.47	0.74	1.49	0

表2-9-2　独龙族女性各手指的指纹频率（%）（女164人）

	女左					女右				
	拇	示	中	环	小	拇	示	中	环	小
As	1.82	6.71	4.87	3.05	3.65	2.44	4.88	4.27	1.22	1.83
At	0	1.22	1.83	1.22	0	0	1.83	0.61	1.22	0
Lu	28.66	21.34	54.88	51.83	87.20	23.78	28.05	69.51	54.27	89.02
Lr	6.10	25.00	5.49	0	1.22	4.88	23.78	1.22	0.61	1.22
Ws	53.66	44.51	30.49	43.29	7.93	65.24	39.02	23.78	42.68	7.93
Wd	9.76	1.22	2.44	0.61	0	3.66	2.44	0.61	0	0

Lr多见于示指，Lu多见于小指，Ws多见于拇指。

---

①研究者：丁明、王亚平、焦云萍、简国敏、刘桂华、杨珍祥、余占军、陆文频、姜竹春，云南省计划生育技术科学研究所；黄明龙，云南红十字会医院；张海国，上海第二医科大学；何大明，云南大学。

男女合计指纹频率见表 2-9-3。

表 2-9-3 独龙族男女合计指纹频率（%）(男 136 人，女 164 人)

	As	At	Lu	Lr	Ws	Wd
男	4.26	1.18	46.26	8.97	37.79	1.54
女	3.48	0.79	50.92	6.95	35.73	2.13
合计	3.83	0.97	48.80	7.87	36.66	1.87

3 种指纹频率见表 2-9-4。

表 2-9-4 独龙族 3 种指纹频率（%）和标准误（男 136 人，女 164 人）

	A	L	W
指纹频率	4.80	56.67	38.53
s_p	0.390 3	0.904 7	0.888 7

（二）指纹组合

左右同名指的组合格局频率见表 2-9-5。

表 2-9-5 独龙族左右同名指的组合格局频率（男 136 人，女 164 人）

	A/A	A/L	A/W	L/L	L/W	W/W
观察频率（%）	2.66	4.00	0.20	46.87	15.80	30.47
期望频率（%）	0.13	3.82	2.56	34.34	44.63	14.52
P	＜0.001	＞0.05	＜0.001	＜0.001	＜0.001	＜0.001

观察左右同名指组合格局中 A/A、L/L、W/W 都显著增多，它们各自的观察频率和期望频率的差异显著性检验均为 $P<0.001$。A/W 的观察频率与期望频率之间也有显著性差异（$P<0.001$），提示 A 与 W 的不相容现象。

一手 5 指同为 W 者占 4.67%，同为 L 者占 11.33%，同为 A 者占 0.17%。一手 5 指组合格局为非随机组合。一手 5 指的异型组合 AOW、ALW 的观察频率明显减少，表现为 A 与 W 组合的不相容。

本样本中 10 指全为 W 者占 2.00%，全为 L 者占 7.33%，未见 10 指全 A 者。

（三）TFRC

各指别 FRC 均数见表 2-9-6。

表 2-9-6 独龙族各指别 FRC（条）均数（男 136 人，女 164 人）

	拇	示	中	环	小
男左	18.54	11.80	10.60	13.93	9.94
男右	16.13	12.07	10.97	13.99	10.37
女左	15.47	11.73	11.57	13.62	9.73
女右	16.87	11.49	11.21	14.72	9.84

男女性左右手拇指的 FRC 均数都占第 1 位，环指的 FRC 均数较高。男女合计的 TFRC 均数是 127.20 条。

（四）斗指纹偏向

W 取 FRC 侧别的频率见表 2-9-7。

表 2-9-7　独龙族 W 取 FRC 侧别的频率（%）（男 136 人，女 164 人）

	Wu	Wb	Wr	小计（频数）
Wu＞Wr　取尺侧	9.32	31.96	86.29	40.90（472）
Wu=Wr	4.40	24.74	3.60	5.81（67）
Wu＜Wr　取桡侧	86.28	43.30	10.11	53.29（615）
合计	100.00	100.00	100.00	100.00（1 154）

Wu 的 86.28%是取桡侧的 FRC，Wr 的 86.29%是取尺侧的 FRC，做关联分析得 $P<0.01$，表明取 FRC 的侧别与 W 的偏向有密切关系。

Wb 的 24.74%是两侧相等，Wb 两侧 FRC 相似度很高。

示指中有 Wr 的 181 枚，占全部 Wr（445 枚）的 40.67%，明显多于其他 4 指，桡箕（Lr）也多出现在示指上，可以认为本样本的示指指纹的偏向有倾向于桡侧的趋势。

（五）偏向斗组合

就 W/W 对应来讲，其中 914 枚（457 对）呈同名指左右对称。在 914 枚 W 中有 Wu 479 枚（52.41%），Wb 89 枚（9.74%），Wr 346 枚（37.86%）。这 3 种 W 在同名指若是随机相对应，则应服从概率乘法定律得到的期望频率。左右同名指 W 对应的观察频率与期望频率及差异显著性检验见表 2-9-8。

表 2-9-8　独龙族左右同名指（457 对）W 对应频率的比较（男 136 人，女 164 人）

	Wu/Wu	Wr/Wr	Wb/Wb	Wu/Wb	Wu/Wr	Wb/Wr	合计（频数）
观察频率（%）	35.01	21.23	1.31	9.19	25.60	7.66	100.00（457）
期望频率（%）	27.55	14.31	0.93	10.19	39.66	7.36	100.00（457）
P	＜0.01	＜0.01	＞0.05	＞0.05	＜0.01	＞0.05	

同种偏向 Wu/Wu 与 Wr/Wr 对应频率显著增加。分析 Wu/Wr 的对应关系，得观察频率显著减少。此现象可能是由于 Wu 与 Wr 为两个相反方向的 W，可视为两个极端型，而 Wb 属于不偏不倚的中间型，介于两者之间，因此 Wu 与 Wr 对应要跨过中间型，具有不易性。这表现出同名指的对应并不呈随机性。

二、掌　　纹

（一）tPD 与 atd

tPD 的参数见表 2-9-9。

表 2-9-9　独龙族 tPD 的参数（男 136 人，女 164 人）

	$\bar{x}$	s	$s_{\bar{x}}$		$\bar{x}$	s	$s_{\bar{x}}$
男左	20.30	7.16	0.61	女左	20.86	6.26	0.49
男右	21.25	6.43	0.55	女右	21.00	6.90	0.54

同性别的左右手 tPD 均数之间无显著性差异（$P>0.05$）。

左右手 tPD 的差值绝对值分布见表 2-9-10。

表 2-9-10　独龙族左右手 tPD 的差值绝对值分布频率（%）（男 136 人，女 164 人）

	0	1～3	4～6	≥7
男	25.74	36.02	25.00	13.24
女	11.59	46.94	32.32	9.15
合计	18.00	42.00	29.00	11.00

群体中有 60%的个体 tPD 左右手之差不大于 3。

atd 的参数见表 2-9-11。

表 2-9-11　独龙族 atd（°）的参数（男 136 人，女 164 人）

	$\bar{x}$	s	$s_{\bar{x}}$		$\bar{x}$	s	$s_{\bar{x}}$
男左	39.93	9.48	0.81	女左	42.85	8.80	0.69
男右	41.45	7.97	0.68	女右	44.24	6.76	0.53

同性别的左右手 atd 均数之间无显著性差异（$P>0.05$）。

左右手 atd 的差值绝对值见表 2-9-12。

表 2-9-12　独龙族左右手 atd 差值绝对值分布频率（%）（男 136 人，女 164 人）

	0°	1°～3°	4°～6°	≥7°
男	10.29	55.89	21.32	12.50
女	9.76	47.56	25.61	17.07
合计	10.00	51.33	23.67	15.00

群体中有 61.33%的个体 atd 左右手之差不大于 3°。

（二）a-b RC

a-b RC 的参数见表 2-9-13。

表 2-9-13　独龙族 a-b RC（条）的参数（男 136 人，女 164 人）

	$\bar{x}$	s	$s_{\bar{x}}$		$\bar{x}$	s	$s_{\bar{x}}$
男左	36.29	6.11	0.52	女右	36.80	5.36	0.42
男右	35.74	6.41	0.55	合计	36.47	—	—
女左	36.91	5.09	0.40				

同性别的左右手 a-b RC 均数之间无显著性差异（$P>0.05$）。

左右手 a-b RC 差值绝对值的分布频率（%）见表 2-9-14。

表 2-9-14　独龙族左右手 a-b RC 的差值绝对值分布频率（%）（男 136 人，女 164 人）

	0 条	1～3 条	4～6 条	≥7 条
男	11.03	55.89	24.26	8.82
女	11.59	46.94	32.32	9.15
合计	11.33	51.00	28.67	9.00

本群体中有 62.33%的个体 a-b RC 左右手之差不大于 3 条。

（三）主要掌纹线指数

主要掌纹线指数的参数见表 2-9-15。

表 2-9-15　独龙族主要掌纹线指数的参数（男 136 人，女 164 人）

	$\bar{x}$	s	$s_{\bar{x}}$		$\bar{x}$	s	$s_{\bar{x}}$
男左	22.24	4.22	0.36	女左	21.49	3.43	0.27
男右	24.04	4.38	0.38	女右	24.49	4.41	0.34

同性别的左右手主要掌纹线指数均数之间有显著性差异（$P<0.01$）。本样本左右手掌纹线指数相减的绝对值≤3 条者占 63.70%，一般认为无差别。

（四）手大鱼际纹

手大鱼际真实花纹的频率见表 2-9-16。

表 2-9-16　独龙族手大鱼际真实花纹的频率（%）（男 136 人，女 164 人）

	Ld	Lr	Lp	Lu	Ws	Wc	V 和 A
男左	0.74	1.47	5.15	0	1.47	0	91.17
男右	0.74	0.74	0	0	0	0	98.52
女左	0	4.88	6.10	0	0	0	89.02
女右	0	0.61	2.44	0	0	0	96.95
男	0.74	1.10	2.57	0	0.74	0	94.85
女	0	2.74	4.27	0	0	0	92.99
合计	0.33	2.00	3.50	0	0.33	0	93.84

本样本手大鱼际真实花纹的出现率为 6.16%。计有 1.67%个体左右手都有真实花纹。

（五）手指间区纹

手指间区真实花纹的频率见表 2-9-17。

表 2-9-17　独龙族手指间区真实花纹的频率（%）（男 136 人，女 164 人）

	Ⅱ	Ⅲ	Ⅳ	Ⅱ/Ⅲ	Ⅲ/Ⅳ
男左	0.74	6.62	63.97	0	8.09
男右	0.74	19.12	58.82	0	6.62
女左	0	3.05	81.71	0	1.83
女右	0	17.68	72.56	0	2.44
男	0.74	12.87	61.40	0	7.35
女	0	10.37	77.13	0	2.13
合计	0.33	11.50	70.00	0	4.50

手指间真实花纹在Ⅳ区最多。

左右同名指间区对应的频率见表 2-9-18。

表 2-9-18　独龙族左右同名指间区对应频率（%）（男 136 人，女 164 人）

	真/真	真/非	非/非
Ⅱ	0.33	0.33	99.34
Ⅲ	12.00	21.33	66.67
Ⅳ	61.67	23.33	15.00

手指间Ⅳ区的真/真对应的观察频率为 61.67%。

手Ⅳ2Ld 的分布频率见表 2-9-19。

表 2-9-19　独龙族Ⅳ2Ld 分布频率（%）（男 136 人，女 164 人）

男左	男右	女左	女右	合计
0.74	1.83	0.61	1.17	1.47

（六）手小鱼际纹

手小鱼际真实花纹的出现频率见表 2-9-20。

表 2-9-20　独龙族手小鱼际真实花纹频率（%）（男 136 人，女 164 人）

	Ld	Lr	Lp	Lu	Ws	Wc	V 和 A
男左	5.88	1.47	0	0.74	0	0	91.91
男右	3.68	0.74	0	0.74	0	0	94.84
女左	6.10	2.44	0	0.61	0.61	0.61	89.63
女右	5.49	5.49	0	0.61	0	0.61	87.80
男	4.78	1.11	0	0.74	0	0	93.37
女	5.79	3.96	0	0.61	0.30	0.61	88.73
合计	5.33	2.67	0	0.67	0.17	0.33	90.83

群体中手小鱼际真实花纹频率为 9.17%。有 4.33%的个体左右手以真实花纹对应。

（七）指三角和轴三角

指三角和轴三角有–b、–c、–d、–t、+t 的现象，分布频率见表 2-9-21。

表 2-9-21　独龙族指三角和轴三角缺失或增加的频率（%）（男 136 人，女 164 人）

	男左	男右	女左	女右	男	女	合计
–b	0.74	0	0	0	0.37	0	0.17
–c	15.44	13.97	9.15	7.32	14.71	8.23	11.17
–d	3.68	2.21	2.44	0.61	2.94	1.52	2.17
–t	0.74	0	0	0.61	0.37	0.30	0.33
+t	0.74	0.74	0.61	1.83	0.74	1.22	1.00

–c 的手占 11.17%。左右手–c 的对应频率见表 2-9-22。

表 2-9-22　独龙族–c 对应频率（%）（男 136 人，女 164 人）

	右手–c	右手有 c
左手–c	6.00	6.00
左手有 c	4.33	83.67

（八）屈肌线

猿线在男女性中的分布频率见表 2-9-23。本样本中有猿线的手频率为 2.67%。

表 2-9-23　独龙族猿线分布频率（%）（男 136 人，女 164 人）

男左	男右	女左	女右	男	女	合计
2.21	4.41	1.83	2.44	3.31	2.13	2.67

本样本的左右手屈肌线对应频率见表 2-9-24。

表 2-9-24　独龙族左右手屈肌线对应频率（%）（男 136 人，女 164 人）

	右手无猿线	右手有猿线
左手无猿线	95.67	2.33
左手有猿线	1.00	1.00

（九）指间褶

本样本中的示指、中指、环指、小指都有 2 条指间褶，未见这 4 指有单指褶的情况。

三、足　　纹

（一）蹈趾球纹

蹈趾球纹的频率见表 2-9-25。

表 2-9-25　独龙族踇趾球纹频率（%）（男 136 人，女 164 人）

	TAt	Ad	At	Ap	Af	Ld	Lt	Lp	Lf	Ws	Wc
男左	0	8.82	8.09	0	2.94	48.53	10.29	0	0	20.59	0.74
男右	0	3.68	5.88	0	2.94	55.14	9.56	0	0	22.06	0.74
女左	0	7.93	0.61	1.22	1.83	65.24	6.10	0	0	17.07	0
女右	0	4.88	1.83	0.61	1.83	68.29	7.32	0	0	14.63	0.61
男	0	6.25	6.99	0	2.94	51.83	9.93	0	0	21.32	0.74
女	0	6.40	1.22	0.91	1.83	66.78	6.71	0	0	15.85	0.30
合计	0	6.33	3.83	0.50	2.33	60.00	8.18	0	0	18.33	0.50

踇趾球纹以 Ld 最多，Ws 次之。

踇趾球纹的左右对应频率见表 2-9-26。

表 2-9-26　独龙族踇趾球纹左右对应频率（%）（男 136 人，女 164 人）

左	右		
	A	L	W
A	8.67	6.00	0.67
L	1.67	58.33	5.00
W	0.33	6.33	13.00

A 类型与 W 对应仅占 1.00%，远小于期望频率的 3.52%，二者差异极显著（$P<0.001$），表现出 A 与 W 的不亲和现象。Ld 与 Ld 对应占 51.67%，W 与 W 对应占 13.00%，观察频率显著高于期望频率，表现出同型踇趾球纹左右配对为非随机组合。

（二）足趾间区纹

足趾间区真实花纹的频率见表 2-9-27。

表 2-9-27　独龙族足趾间区真实花纹频率（%）（男 136 人，女 164 人）

	Ⅱ	Ⅲ	Ⅳ	Ⅱ/Ⅲ	Ⅲ/Ⅳ
男左	1.47	37.50	3.68	0	0
男右	2.94	40.44	2.94	1.47	0
女左	2.44	21.34	10.98	0	0
女右	1.22	31.71	7.93	0	0
男	2.21	38.97	3.31	0.74	0
女	1.83	26.52	9.45	0	0
合计	2.00	32.17	6.67	0.33	0

足趾间区真实花纹在Ⅲ区最多。

左右同名足趾间区对应的频率见表 2-9-28。

表 2-9-28 独龙族左右同名足趾间区对应频率（%）（男 136 人，女 164 人）

	真/真	真/非	非/非
Ⅱ	1.80	7.91	90.29
Ⅲ	30.58	24.46	44.96
Ⅳ	2.04	5.87	92.09

任何足趾间区都没有真实花纹的占 58.83%。Ⅲ区真/真对应的观察频率为 30.58%，显著高于期望频率的 7.96%（$P<0.01$），表现出同型足趾间区真实花纹左右配对为非随机组合。

（三）足小鱼际纹

足小鱼际真实花纹的频率见表 2-9-29。

表 2-9-29 独龙族足小鱼际真实花纹频率（%）（男 136 人，女 164 人）

男左	男右	女左	女右	男	女	合计
33.82	27.21	39.63	35.37	30.51	37.50	34.33

足小鱼际真实花纹多为 Lt。

左右足都有小鱼际真实花纹的频率见表 2-9-30。

表 2-9-30 独龙族足小鱼际真实花纹对应频率（%）（男 136 人，女 164 人）

	右足非真实花纹	右足真实花纹
左足非真实花纹	55.00	8.00
左足真实花纹	13.33	23.67

足小鱼际花纹真/真对应的观察频率（23.67%）显著高于期望频率（9.05%），$P<0.01$，表现出足小鱼际真实花纹左右配对为非随机组合。

（四）足跟纹

独龙族足跟真实花纹的出现频率极低，男女中均未见，足跟真实花纹在群体中的频率为 0。

第十章　侗族的肤纹[①]

研究对象为来自贵州省侗族集居县（市）的小学生和部分成年人，三代都是侗族人，身体健康，无家族性遗传病。

以黑色油墨捺印法捺印研究对象的指纹、掌纹和足纹。

掌纹、足纹分析人数有变，指纹和TFRC的分析都以414人（男199人，女215人）为基数（吴立甫 等，1983）。

一、指 纹 频 率

指纹频率见表2-10-1。

表2-10-1　侗族指纹频率（%）（男199人，女215人）

	A	L	Lu	Lr	W
指纹频率	3.01	47.27	45.34	1.93	49.72

二、TFRC

本群体的TFRC为（131.09±44.48）条。

三、掌　　纹

掌纹的tPD、atd、a-b RC、主要掌纹线指数的均数和标准差见表2-10-2。

表2-10-2　侗族掌纹的各项参数（男203人，女215人）

	tPD	atd（°）	a-b RC（条）	主要掌纹线指数
$\bar{x}$	19.47	44.70	37.16	24.12
s	6.37	6.18	5.10	4.10

手掌大鱼际真实花纹、指间各区真实花纹、小鱼际真实花纹的观察频率见表2-10-3。

表2-10-3　侗族掌纹各部位真实花纹的观察频率（%）（男203人，女215人）

T/Ⅰ	Ⅱ	Ⅲ	Ⅳ	H
2.52	1.53	15.36	63.62	9.96

①研究者：吴立甫、谢企云、曹贵强，贵阳医学院生物学教研室。

四、足　　纹

踇趾球纹、趾间各区真实花纹、足小鱼际真实花纹的观察频率见表 2-10-4。

表 2-10-4　侗族足纹的观察频率（%）（男 203 人，女 215 人）

踇趾球纹			趾间区纹			足小鱼际纹	足跟纹
A	L	W	Ⅱ	Ⅲ	Ⅳ	H	C
5.39	72.60	22.01	5.98	50.36	9.81	3.95	0

第十一章　东乡族的肤纹①

研究对象来自甘肃省东乡族自治县，男 307 人，女 75 人，合计 382 人，绝大部分为中学生，少数是小学高年级学生，很少为成年人，三代均为东乡族人。

以黑色油墨捺印法捺印研究对象的指纹和掌纹。

指纹和 TFRC 分析以 382 人为基数，其他项目的人数不尽相同（李实喆 等，1984）。

一、指　　纹

指纹频率见表 2-11-1。

表 2-11-1　东乡族指纹频率（%）（男 307 人，女 75 人）

	As	At	Lu	Lr	Ws	Wd
男	1.6	0.3	47.5	3.3	42.4	4.9
女	2.8	1.1	52.6	2.7	34.3	6.5
合计	2.29		48.50	3.18	46.03	

TFRC 参数见表 2-11-2。

表 2-11-2　东乡族 TFRC（条）的参数（男 307 人，女 75 人）

	$\bar{x}$	s	全距
男	144.9	42.8	271（4～275）
女	134.6	47.3	198（47～245）
合计	142.88	—	271（4～275）

二、掌　　纹

针对 atd，分析了平均数、标准差、缺 atd 角和超常数 atd 分布频率及全距的情况，详情见表 2-11-3。

表 2-11-3　东乡族 atd 的参数（男 592 只手，女 150 只手）

	$\bar{x}$（°）	s（°）	缺 atd（%）	超常数 atd（%）	全距（°）
男	40.4	5.2	0.3	5.1	33（28～61）
女	39.1	7.2	2.0	2.0	27（28～55）

①研究者：李实喆、毛钟荣、徐玖瑾、崔梅影、王永发、陈良忠、袁义达、李绍武、杜若甫，中国科学院遗传研究所。

a-b RC 值的均数、标准差、全距见表 2-11-4。

表 2-11-4　东乡族 a-b RC（条）**的参数**（男 307 人，女 75 人）

	$\bar{x}$	s	全距
男	38.2	4.7	35（21～56）
女	37.3	4.5	25（29～54）
合计	38.02	—	35（21～56）

鱼际指间区真实花纹的频率见表 2-11-5。

表 2-11-5　东乡族鱼际指间区真实花纹的频率（%）（男 608 只手，女 150 只手）

	T/ Ⅰ	Ⅱ	Ⅲ	Ⅳ	Ⅲ/Ⅳ	H
男	8.2	2.0	12.5	55.6	0.3	18.4
女	11.3	0.7	8.7	52.7	0.7	19.3
合计	8.81	1.74	11.75	55.03	—	18.58

主要掌纹线指数的参数见表 2-11-6。

表 2-11-6　东乡族主要掌纹线指数的参数（合计 382 人）

	$\bar{x}$	s	全距
男	23.7	4.7	25（13～38）
女	22.3	3.9	15（17～32）

第十二章 鄂温克族的肤纹[①]

研究对象来自内蒙古呼伦贝尔盟，男317人，女306人，合计623人，绝大部分为中学生，少数是小学高年级学生，很少为成年人，三代均为鄂温克族人。

以黑色油墨捺印法捺印研究对象的指纹和掌纹。

指纹和TFRC分析以623人为基数，其他分析项目的人数不尽相同（李实喆 等，1984）。

一、指　　纹

指纹频率见表2-12-1。

表2-12-1　鄂温克族指纹频率（%）（男317人，女306人）

	As	At	Lu	Lr	Ws	Wd
男	1.3	0.4	41.1	2.7	52.3	2.2
女	2.6	0.2	48.6	2.0	45.0	1.6

TFRC参数见表2-12-2。

表2-12-2　鄂温克族TFRC（条）的参数（男317人，女306人）

	$\bar{x}$	s	全距
男	154.5	38.0	220（27～247）
女	140.6	42.9	247（13～260）

二、掌　　纹

针对atd，分析了平均数、标准差、缺atd角和超常数atd分布频率及全距的情况，详情见表2-12-3。

表2-12-3　鄂温克族atd的参数（男317人，女306人）

	$\bar{x}$（°）	s（°）	缺atd（%）	超常数atd（%）	全距（°）
男	38.7	4.2	0.2	5.9	34（27～61）
女	39.4	4.4	0.2	4.8	28（28～56）

①研究者：李实喆、毛钟荣、徐玖瑾、崔梅影、王永发、陈良忠、袁义达、李绍武、杜若甫，中国科学院遗传研究所。

a-b RC 值的均数、标准差、全距见表 2-12-4。

表 2-12-4　鄂温克族 a-b RC（条）的参数（男 317 人，女 306 人）

	$\bar{x}$	s	全距
男	37.0	5.0	31（21～52）
女	35.7	4.8	34（17～51）

鱼际指间区真实花纹的频率见表 2-12-5。

表 2-12-5　鄂温克族鱼际指间区真实花纹的频率（%）（男 614 只手，女 630 只手）

	T/Ⅰ	Ⅱ	Ⅲ	Ⅳ	Ⅲ/Ⅳ	H
男	6.7	2.6	7.8	20.9	1.1	18.2
女	7.3	0.6	6.5	31.0	2.7	21.3

主要掌纹线指数的参数见表 2-12-6。

表 2-12-6　鄂温克族主要掌纹线指数的参数（男 317 人，女 306 人）

	$\bar{x}$	s	全距
男	26.2	5.2	23（15～38）
女	25.2	4.7	25（13～38）

第十三章　高山族的肤纹

高山族（Gaoshan ethnic group）是大陆对台湾少数民族的称呼，由多个支系组成（李壬癸，1997）。

目前台湾高山族共有 14 个支系（詹素娟 等，2001；连横，1947；许木柱 等，2001）。除原来高山族的 9 个支系（泰雅人、赛夏人、布农人、邹人、鲁凯人、排湾人、阿美人、卑南人与雅美人）之外，后增加（太鲁阁人、邵人和噶玛兰人）3 个支系，2007 年又正名撒奇莱雅人（Sakizaya）为第 13 个支系。2008 年 4 月 23 日，泰雅人分出的赛德克人是第 14 个支系。

高山族全国总人口约 49 万人，台湾居住人口有 48.5 万人，是台湾特有的少数民族，高山族语言属于南岛语系（马来-波利尼西亚语系）印度尼西亚语族高山语（国务院人口普查办公室 等，2002；中国大百科全书总编辑委员会《民族》编辑委员会，1986）。

本部分列出了台湾阿美人（Ami ethnic group）、噶玛兰人（Kavalan ethnic group）和太鲁阁人（Taroko ethnic group）的肤纹材料，分三节依次描述。

第一节　台湾阿美人肤纹[①]

中国大陆从 20 世纪 70 年代后期起，已经对民族肤纹进行了广泛的研究，并且有丰硕的研究成果。与大陆血浓于水的台湾，其肤纹学调查发端于 1910 年日本人的研究（Hasebe，1910）。1910～1971 年（Hasebe，1910；Wilder，1922；Chai，1971；Chen et al，1962；Hu，1956；Hung et al，1966；Hung et al，1963），至少有 58 篇民族肤纹学文章发表，是台湾肤纹学研究的高峰时期。

这个时期的论文，大多数仅讨论手纹的少数项目参数或指纹的分布情况，皆未能完整描述一个支系的肤纹（陈尧峰 等，2006；张海国，2012）。之后台湾的民族肤纹学走向式微，直到 21 世纪初，台湾没有任何民族肤纹学的研究成果再发表。然而从 2003 年起，台湾肤纹学研究有了一番新气象，台湾与大陆的学者开始进行交流与合作，对台湾汉族人与高山族的肤纹进行完整的调查与研究。

台湾高山族的 14 个支系中，阿美人是最大的支系。阿美人在 2006 年底人口约为 16.7 万（李壬癸，1997），占台湾高山族人口的 35%，他们主要居住在台湾东部花莲县与台东县的平原地区。研究发现阿美人有相当的遗传特殊性（Trejaut et al，2005；Lin，1998；许木柱 等，2001），并且可能和古代南岛语族在南洋群岛及太平洋的迁徙有关。阿美人尚未有

①研究者：陈尧峰、沈建甫、赖俊宏，慈济大学人类发展研究所；张海国，上海交通大学医学院。

完整的调查，仅早期的研究对少数项目参数与指纹分布进行了描述（Chen et al，1962；Hung et al，1966；Trejaut et al，2005）。

研究者于2003年8月至2006年9月在台湾东部实地采样，研究对象为成年的阿美人，其祖父母与外祖父母必须都是阿美人。捺印图是研究阿美人肤纹项目参数的直接素材，在知情同意原则下捺印研究对象的三面指纹与整体掌纹。男性平均年龄为（48.41±16.63）岁，女性为（51.29±18.11）岁，合计平均年龄为（49.85±17.40）岁。

所有分析都以200人（男100人，女100人）为基数（Chen et al，2008；张海国 等，2008）。

肤纹图像的技术分析以欧美体系为基础，以Cummins系统为原则，遵循美国肤纹学学会研究的规则，即美国标准+中国版本；肤纹项目图像的研究内容依据中国肤纹学研究协作组的项目品种标准，即中国标准。图像数量化（代码化）后，用自编的肤纹分析软件包进行计算提取参数。本节中的统计对比有"显著"和"极显著"的描述，分别以$P \leq 0.05$和$P \leq 0.01$为临界值（张海国 等，2008）。

一、指　　纹

（一）指纹频率

男性各手指的指纹频率见表2-13-1，女性各手指的指纹频率见表2-13-2。

表2-13-1　阿美人男性各手指的指纹频率（%）（男100人）

	男左					男右				
	拇	示	中	环	小	拇	示	中	环	小
As	1.0	0.0	0.0	0.0	0.0	1.0	0.0	0.0	0.0	0.0
At	0.0	2.0	1.0	0.0	0.0	0.0	2.0	0.0	0.0	0.0
Lu	28.0	28.0	31.0	30.0	67.0	28.0	19.0	37.0	25.0	63.0
Lr	2.0	8.0	1.0	0.0	1.0	0.0	13.0	0.0	0.0	0.0
Ws	51.0	56.0	56.0	68.0	27.0	59.0	55.0	57.0	74.0	37.0
Wd	18.0	6.0	11.0	2.0	5.0	12.0	11.0	6.0	1.0	0.0

表2-13-2　阿美人女性各手指的指纹频率（%）（女100人）

	女左					女右				
	拇	示	中	环	小	拇	示	中	环	小
As	4.0	1.0	0.0	0.0	1.0	1.0	1.0	1.0	1.0	1.0
At	0.0	2.0	0.0	0.0	0.0	1.0	3.0	0.0	1.0	0.0
Lu	37.0	28.0	50.0	32.0	79.0	42.0	34.0	50.0	33.0	75.0
Lr	0.0	14.0	1.0	0.0	0.0	1.0	6.0	0.0	0.0	0.0
Ws	44.0	50.0	40.0	64.0	17.0	42.0	51.0	45.0	64.0	24.0
Wd	15.0	5.0	9.0	4.0	3.0	13.0	5.0	4.0	1.0	0.0

指纹 Lr 型在男女左右手多出现在示指上。样本中共计有 47 枚 Lr，在示指中有 41 枚，占 87.23%，显著多于其他手指。男女合计指纹频率见表 2-13-3。

表 2-13-3　阿美人男女合计指纹频率（%）（男 100 人，女 100 人）

	As	At	A	Lu	Lr	L	Ws	Wd	W
男	0.20	0.50	0.70	35.60	2.50	38.10	54.00	7.20	61.20
女	1.10	0.70	1.80	46.00	2.20	48.20	44.10	5.90	50.00
合计	0.65	0.60	1.25	40.80	2.35	43.15	49.05	6.55	55.60

（二）左右同名指纹组合

左右同名指以同类花纹对应的格局频率见表 2-13-4。

表 2-13-4　阿美人左右同名指以同类花纹对应的格局频率（%）（男 100 人，女 100 人）

左	右			合计
	A	L	W	
A	0.20	0.90	0.10	1.20
L	1.00	33.50	9.20	43.70
W	0.10	8.20	46.80	55.10
合计	1.30	42.60	56.10	100.00

本样本指纹的观察频率 A 为 1.25%，L 为 43.15%，W 为 55.60%。左右同名指以同类花纹对应组合的期望频率应服从公式：

$$(f_A+f_L+f_W)^2=1$$

A/A、L/L、W/W 的组合在左右同名指对应观察频率显著高于期望频率，表现为同类花纹组合的亲和性。

（三）一手或双手指纹组合

一手 5 指为同类花纹的频率见表 2-13-5，在 200 人的 400 只手中，有 127 只手 5 指为同类花纹，其中 5 指同为 L 的有 44 只手，同为 W 的有 83 只手，没有同为 A 的手。双手 10 指为同类花纹的频率见表 2-13-6，在 200 人中，有 41 人双手 10 指为同类花纹，其中双手 10 指同为 L 的有 14 人，同为 W 的为 27 人。

把 5 指 3 花或 10 指 3 花的组合格局参数代入公式，可以求出特定组合格局的系数和理论频率。公式如下：

$$\frac{n!}{p!q!r!}a^p b^q c^r$$

式中，n 是总手指数，p、q、r 分别是一种组合中 A、L、W 的具体格局，a、b、c 分别为指纹 A、L、W 的观察频率。

对表 2-13-5（或表 2-13-6）中一手 5 指（或双手 10 指）出现同类花纹的观察频率和期

望频率进行差异显著性检验，都显示观察频率极显著高于期望频率。表 2-13-6 的差异显著性检验同样如此。这表现出指纹有同样花纹组合的亲和性。

表 2-13-5　阿美人一手 5 指 3 花的 21 种组合格局的观察频率和期望频率的对比（男 100 人，女 100 人）

序号	5 指组合格局			观察频数			观察频率（%）	期望频率（%）	χ^2（P）
	A	L	W	男	女	合计			
1	0	0	5	51	32	83	20.75	5.31	**
2	0	1	4	46	40	86	21.50	20.62	
3	0	2	3	26	26	52	13.00	32.00	**
4	0	3	2	28	28	56	14.00	24.84	**
5	0	4	1	26	32	58	14.50	9.64	*
6	0	5	0	16	28	44	11.00	1.50	**
7	1	0	4	1	0	1	0.25	0.60	
8	1	1	3	1	1	2	0.50	1.85	
9	1	2	2	3	1	4	1.00	2.16	
10	1	3	1	0	6	6	1.50	1.12	
11	1	4	0	2	3	5	1.25	0.22	*
12	2	0	3	0	0	0	0	0.03	
13	2	1	2	0	0	0	0	0.05	
14	2	2	1	0	1	1	0.25	0.05	
15	2	3	0	0	1	1	0.25	0.01	
16	3	0	2	0	1	1	0.25	<0.01	
17	3	1	1	0	0	0	0	<0.01	
18	3	2	0	0	0	0	0	<0.01	
19	4	0	1	0	0	0	0	<0.01	
20	4	1	0	0	0	0	0	<0.01	
21	5	0	0	0	0	0	0	<0.01	
合计				200	200	400	100.00	100.00	

*P<0.05；**P<0.01。

表 2-13-6　阿美人双手 10 指 3 花的 66 种组合格局的观察频率和期望频率的对比（男 100 人，女 100 人）

序号	10 指组合格局			观察频数			观察频率（%）	期望频率（%）	χ^2（P）
	A	L	W	男	女	合计			
1	0	0	10	16	11	27	13.5	0.28	**
2	0	1	9	14	8	22	11.0	2.19	**
3	0	2	8	13	12	25	12.5	7.65	
4	0	3	7	8	9	17	8.5	15.84	*
5	0	4	6	9	5	14	7.0	21.51	**

续表

序号	10 指组合格局			观察频数			观察频率	期望频率	χ^2
	A	L	W	男	女	合计	（%）	（%）	（P）
6	0	5	5	4	6	10	5.0	20.03	**
7	0	6	4	7	9	16	8.0	12.95	
8	0	7	3	7	7	14	7.0	5.74	
9	0	8	2	7	7	14	7.0	1.67	*
10	0	9	1	4	6	10	5.0	0.29	**
11	0	10	0	5	9	14	7.0	0.02	**
12	1	0	9	1	0	1	0.5	0.06	
13	1	1	8	0	0	0	0	0.44	*
14	1	2	7	0	0	0	0	1.38	*
15	1	3	6	1	0	1	0.5	2.49	*
16	1	4	5	0	0	0	0	2.90	*
17	1	5	4	1	1	2	1.0	2.30	
18	1	6	3	2	0	2	1.0	1.16	
19	1	7	2	0	3	3	1.5	0.39	
20	1	8	1	0	1	1	0.5	0.08	
21	1	9	0	0	2	2	1.0	<0.01	
22	2	0	8	0	0	0	0	<0.01	
23	2	1	7	0	0	0	0	0.04	
24	2	2	6	0	0	0	0	0.11	
25	2	3	5	0	1	1	0.5	0.17	
26	2	4	4	0	0	0	0	0.16	
27	2	5	3	0	0	0	0	0.10	
28	2	6	2	0	0	0	0	0.04	
29	2	7	1	0	0	0	0	0.01	
30	2	8	0	1	0	1	0.5	<0.01	
31	3	0	7	0	0	0	0	<0.01	
32	3	1	6	0	0	0	0	<0.01	
33	3	2	5	0	0	0	0	<0.01	
34	3	3	4	0	1	1	0.5	<0.01	
35	3	4	3	0	0	0	0	<0.01	
36	3	5	2	0	1	1	0.5	<0.01	
37	3	6	1	0	0	0	0	<0.01	
38	3	7	0	0	1	1	0.5	<0.01	
39	4	0	6	0	0	0	0	<0.01	

续表

序号	10 指组合格局			观察频数			观察频率	期望频率	χ^2
	A	L	W	男	女	合计	(%)	(%)	(P)
40	4	1	5	0	0	0	0	<0.01	
41	4	2	4	0	0	0	0	<0.01	
42	4	3	3	0	0	0	0	<0.01	
43	4	4	2	0	0	0	0	<0.01	
44	4	5	1	0	0	0	0	<0.01	
45	4	6	0	0	0	0	0	<0.01	
46	5	0	5	0	0	0	0	<0.01	
47	5	1	4	0	0	0	0	<0.01	
48	5	2	3	0	0	0	0	<0.01	
49	5	3	2	0	0	0	0	<0.01	
50	5	4	1	0	0	0	0	<0.01	
51	5	5	0	0	0	0	0	<0.01	
52	6	0	4	0	0	0	0	<0.01	
53	6	1	3	0	0	0	0	<0.01	
54	6	2	2	0	0	0	0	<0.01	
55	6	3	1	0	0	0	0	<0.01	
56	6	4	0	0	0	0	0	<0.01	
57	7	0	3	0	0	0	0	<0.01	
58	7	1	2	0	0	0	0	<0.01	
59	7	2	1	0	0	0	0	<0.01	
60	7	3	0	0	0	0	0	<0.01	
61	8	0	2	0	0	0	0	<0.01	
62	8	1	1	0	0	0	0	<0.01	
63	8	2	0	0	0	0	0	<0.01	
64	9	0	1	0	0	0	0	<0.01	
65	9	1	0	0	0	0	0	<0.01	
66	10	0	0	0	0	0	0	<0.01	
合计				100	100	200	100.0	100.00	

* $P<0.05$，** $P<0.01$。

（四）TFRC

TFRC 在各手指的均数和标准差见表 2-13-7。男性右拇指 RC 值最高，男性左手和女性左右手都是环指的 RC 值最高。各性别 TFRC 的均数、标准差和标准误见表 2-13-8。

表 2-13-7　阿美人各手指 RC（条）的参数（$\bar{x} \pm s$）（男 100 人，女 100 人）

	拇	示	中	环	小
男左	18.62±5.36	14.24±6.28	16.80±5.51	18.82±5.02	15.64±3.77
男右	19.47±5.28	15.79±6.27	16.58±5.65	18.60±4.69	15.17±3.95
女左	15.55±6.38	14.15±6.24	15.98±5.66	17.66±5.24	14.60±4.57
女右	16.69±6.16	14.64±6.16	15.09±5.46	17.64±5.04	14.41±4.51
男	19.05±5.32	15.02±6.31	16.69±5.57	18.71±4.85	15.40±3.86
女	16.12±6.28	14.40±6.19	15.53±5.56	17.65±5.13	14.51±4.53
合计	17.58±5.99	14.70±6.25	16.11±5.59	18.18±5.01	14.95±4.23

表 2-13-8　阿美人各性别 TFRC（条）的参数（男 100 人，女 100 人）

	男左	男右	女左	女右	男	女	合计
$\bar{x}$	84.12	85.61	77.94	78.47	169.73	156.41	163.07
s	20.24	20.36	23.53	22.28	39.67	44.70	42.68
$s_{\bar{x}}$	2.02	2.04	2.35	2.23	3.97	4.47	3.02

（五）斗指纹偏向

本样本有W类指纹 1112 枚（55.60%），计算 FRC 时要数出指纹尺侧边和桡侧边的 RC，比较两边 RC 的大小，取大数舍小数。W类指纹依偏向分为尺偏斗（Wu）、平衡斗（Wb）、桡偏斗（Wr），3 种斗两边 RC 差值情况见表 2-13-9，88.46%的平衡斗两边 RC 差值≤4 条。W类指纹依偏向取舍 RC 的情况见表 2-13-10，Wu 的 RC 取自桡侧、Wr 的 RC 取自尺侧都显著相关。

表 2-13-9　阿美人 3 种斗两边 RC 差值分布（男 100 人，女 100 人）

	Wu	Wb	Wr	合计
观察频数	749	52	311	1 112
差值=0 条（%）	4.41	32.69	5.79	6.12
0 条<差值≤4 条（%）	49.80	55.77	50.48	50.27

表 2-13-10　阿美人 3 种斗取 RC 侧别的频数和频率（男 100 人，女 100 人）

	Wu		Wb		Wr	
	频数	频率（%）	频数	频率（%）	频数	频率（%）
取自桡侧	642	85.71	21	40.39	43	13.82
两侧相等	33	4.41	17	32.69	18	5.79
取自尺侧	74	9.88	14	26.92	250	80.39
合计	749	100.00	52	100.00	311	100.00

（六）偏向斗组合

本样本有 468 对手指以 W/W 对应，W类指纹依偏向分为尺偏斗（Wu）、平衡斗（Wb）、桡偏斗（Wr）。3 种偏向斗在同名对应指的组合格局的观察频率和期望频率的比较见

表 2-13-11。Wu/Wr 组合的观察频率显著低于期望频率，同型斗组合的观察频率高于期望频率。

Wr 犹如 Lr 开口朝向桡侧，也像 Lr 一样在示指显著多于其他手指。本样本中有 311 枚 Wr，在示指上出现 143 枚，占 45.98%，极显著多于其他手指，表明示指有桡偏现象。

表 2-13-11 阿美人各偏向斗在同名对应指的组合格局的观察频率和期望频率（男 100 人，女 100 人）

	Wu/Wu	Wb/Wb	Wr/Wr	Wu/Wb	Wb/Wr	Wu/Wr
观察频率[%（频数）]	50.00（234）	0.43（2）	14.32（67）	5.98（28）	2.99（14）	26.28（123）
期望频率[%（频数）]	43.74（204.68）	0.24（1.13）	8.38（39.23）	6.50（30.42）	2.85（13.32）	38.29（179.22）
χ^2	3.441	0.005	7.609	0.037	0.004	14.900
P	>0.05	>0.05	<0.01	>0.05	>0.05	<0.01

二、掌　　纹

（一）a-b RC、atd、tPD

表 2-13-12 是手掌的 a-b RC 的各项参数、手掌的轴三角到指三角 atd 的各项参数及手掌的 tPD 的各项参数。

表 2-13-12 阿美人 a-b RC、atd、tPD 的参数（$\bar{x}+s$）（男 100 人，女 100 人）

		男左	男右	女左	女右	男	女	合计
a-b RC（条）		38.63±4.30	39.22±4.73	39.39±4.61	39.24±5.07	38.92±4.51	39.31±4.83	39.12±4.67
atd(°)	t	41.94±4.14	41.32±4.18	44.35±5.79	44.04±5.28	41.63±4.16	44.19±5.53	42.91±5.05
	t′	42.44±4.75	42.55±6.08	44.34±6.06	44.86±6.59	42.49±5.45	44.80±6.32	43.65±6.00
tPD	t	14.61±5.41	16.77±17.55	16.26±6.53	16.12±6.67	15.69±13.00	16.19±6.59	15.94±10.29
	t′	15.47±6.82	18.54±18.27	16.95±6.98	17.19±8.34	17.00±13.84	17.07±7.67	17.04±11.17

（二）大鱼际、小鱼际与指间区纹

手掌的大鱼际、小鱼际与指间区都只计算真实花纹的频率，表 2-13-13 列出了手大、小鱼际纹参数和指间区纹参数。

指间区真实花纹大多是 Ld，仅在一名男性的左右指间Ⅳ区见到 W。本样本共有 36 枚手大鱼际真实花纹（占 9.0%），其中有 16 枚（8 对，占个体的 4.0%）呈左右真实花纹对应。本样本共有 272 枚指间Ⅳ区真实花纹（占 68.0%），其中有 228 枚（114 对，占个体的 57.0%）呈左右真实花纹对应，指间Ⅳ区真实花纹左右对应观察频率显著高于期望频率。

表 2-13-13 阿美人手掌的鱼际、指间区真实花纹的频率（%）（男 100 人，女 100 人）

	男左	男右	女左	女右	男	女	合计
T/Ⅰ	14.00	4.00	14.00	4.00	9.00	9.00	9.00
Ⅱ	0	0	0	2.00	0	1.00	0.50

续表

	男左	男右	女左	女右	男	女	合计
Ⅲ	10.00	27.00	8.00	25.00	18.50	16.50	17.50
Ⅳ	74.00	63.00	75.00	60.00	68.50	67.50	68.00
Ⅳ2 Ld	2.00	1.00	3.00	1.00	1.50	2.00	1.75
Ⅲ/Ⅳ	12.00	9.00	13.00	12.00	10.50	12.50	11.50
H	16.00	15.00	10.00	6.00	15.50	8.00	11.75

（三）轴三角、指三角和猿线

表 2-13-14 是阿美人手掌的指三角和猿线的频率。

本样本中未见有跨Ⅱ/Ⅲ区的指间区真实花纹，也未见–t 和–d 现象。

表 2-13-14　阿美人手掌的指三角和猿线的频率（%）（男 100 人，女 100 人）

	男左	男右	女左	女右	男	女	合计
–c	4.00	3.00	5.00	5.00	3.50	5.00	4.25
+t	6.00	9.00	4.00	5.00	7.50	4.50	6.00
猿线	13.00	20.00	10.00	11.00	16.50	10.50	13.50

阿美人肤纹的特点如下：阿美人 TFRC 值、a-b RC 值、斗形纹、大鱼际与指间Ⅲ区真实花纹的比例较高，但弓形纹和尺箕的比例较低，桡箕与指间Ⅳ区真实花纹的比例介于中间。桡箕和桡偏斗较多出现在阿美人的示指，表明示指有桡偏现象。在中国人中，阿美人的双箕斗频率（6.55%）高居前列，男性甚至高达 7.20%。

这里较完整地描述了阿美人肤纹，虽然笔者小组研究过台湾闽南汉族人、客家汉族人、噶玛兰人的肤纹，但这些研究仅是台湾高山族各支系肤纹研究的一小部分，大部分支系的肤纹资料仍是空白。另外，台湾高山族与中国南方少数民族及东南亚民族的血缘关联（Lin et al，1998），也有待进一步探究，这些都是值得研究的主题。

第二节　台湾噶玛兰人肤纹[①]

台湾东部沿着太平洋由北至南分别是宜兰县、花莲县及台东县，是噶玛兰人活动的历史舞台。噶玛兰人最早的历史纪录，是在 1632 年以“abaran”一名出现在西班牙文献中。17 世纪时，噶玛兰人居住在今日宜兰县的平原地区，人数约 1 万。但随着汉族人移入宜兰开垦，噶玛兰人逐渐失去他们的土地，约从 1830 年开始迁徙。噶玛兰人开始移入宜兰南方的花莲县，而后甚至到达台东县的北部。今天在宜兰已经难以界定噶玛兰人的后裔，因为噶玛兰人已融入宜兰的汉族人社会；而在花莲与台东的噶玛兰人，虽长期与阿美人通婚，但其语言与社会文化却依然存在。花莲县丰滨乡新社村新社部落是今日噶玛兰人口最多的

①研究者：陈尧峰、赖俊宏，慈济大学人类发展研究所；张海国、陆振虞、王铸钢，上海交通大学医学院。

聚落，也是学者研究最多的部落。虽在其他部落也有噶玛兰人，但人口规模都较小（詹素娟 等，2001）。2004 年底统计噶玛兰人口约 800 人。

笔者团队于 2004 年在新社部落实地采样，研究对象为噶玛兰成年人，三代均为噶玛兰人。捺印图是研究噶玛兰人肤纹参数的实物和直接的素材，在知情同意原则下捺印他们的三面指纹与整体掌纹，选留符合分析要求的肤纹图。样本中，男性平均年龄为 49.3 岁，女性为 56.9 岁，合计平均年龄为 53.1 岁。所有分析以 100 人（男 50 人，女 50 人）为基数（Chen et al，2007；陈尧峰 等，2006）。

肤纹图像的分析技术依照美国标准+中国版本（Cummins et al，1943；Schaumann et al，1976；Mavalwala，1977），研究的项目品种依据中国肤纹学研究协作组的中国标准（张海国，2006；张海国，2012）。

一、指　　纹

（一）指纹频率

男性各手指的指纹频率见表 2-13-15。女性各手指的指纹频率见表 2-13-16。

表 2-13-15　噶玛兰人男性各手指的指纹频率（%）（男 50 人）

	男左					男右				
	拇	示	中	环	小	拇	示	中	环	小
As	2.0	2.0	2.0	0	0	0	2.0	0	0	0
At	0	2.0	2.0	0	0	0	0	0	0	0
Lu	24.0	26.0	34.0	30.0	54.0	22.0	34.0	50.0	28.0	42.0
Lr	0	14.0	2.0	0	0	0	14.0	4.0	0	0
Ws	56.0	48.0	50.0	66.0	44.0	70.0	46.0	44.0	72.0	58.0
Wd	18.0	8.0	10.0	4.0	2.0	8.0	4.0	2.0	0	0
合计	100.0	100.0	100.0	100.0	100.0	100.0	100.0	100.0	100.0	100.0

表 2-13-16　噶玛兰人女性各手指的指纹频率（%）（女 50 人）

	女左					女右				
	拇	示	中	环	小	拇	示	中	环	小
As	0	2.0	0	0	0	0	4.0	0	0	0
At	0	2.0	4.0	0	0	0	0	0	0	0
Lu	28.0	26.0	44.0	40.0	72.0	28.0	40.0	50.0	32.0	66.0
Lr	0	16.0	0	0	0	0	2.0	0	0	0
Ws	60.0	52.0	44.0	60.0	28.0	62.0	50.0	48.0	68.0	34.0
Wd	12.0	2.0	8.0	0	0	10.0	4.0	2.0	0	0
合计	100.0	100.0	100.0	100.0	100.0	100.0	100.0	100.0	100.0	100.0

指纹 Lr 型在男性左右手示指和女性左手示指上显著（P<0.05）多于其他手指。男女合计指纹频率见表 2-13-17。

表 2-13-17 噶玛兰人指纹频率（%）（男 50 人，女 50 人）

	As	At	A	Lu	Lr	L	Ws	Wd	W
男	0.80	0.40	1.20	34.40	3.40	37.80	55.40	5.60	61.00
女	0.60	0.60	1.20	42.60	1.80	44.40	50.60	3.80	54.40
合计	0.70	0.50	1.20	38.50	2.60	41.10	53.00	4.70	57.70

（二）左右同名指纹组合

本样本指纹的观察频率 A 为 1.20%，L 为 41.10%，W为 57.70%。左右同名指以同类花纹对应组合的期望频率应服从公式：

$$(f_A+f_L+f_W)^2=1$$

A/A、L/L、W/W 的组合在左右同名指对应观察频率显著高于期望频率（$P<0.05$）。A/W 组合的观察频率（0%）显著低于期望频率（$P<0.05$）。左右同名指以同类花纹对应的格局频率见表 2-13-18。

表 2-13-18 噶玛兰人左右同名指以同类花纹对应的格局频率（%）（男 50 人，女 50 人）

右	左			小计
	A	L	W	
A	0.60	1.20	0	1.80
L	0	30.80	10.20	41.00
W	0	9.20	48.00	57.20
合计	0.60	41.20	58.20	100.00

（三）一手或双手指纹组合

一手 5 指为同类花纹的频率见表 2-13-19，在 100 人 200 只手中，有 62 只手 5 指为同类花纹，其中 5 指同为 L 的有 17 只手，同为 W 的有 45 只手。双手 10 指为同类花纹的频率见表 2-13-20，在 100 人中，有 18 人双手 10 指为同类花纹，其中双手 10 指同为 L 的有 3 人，同为 W 的有 15 人。

表 2-13-19 噶玛兰人一手 5 指为同类花纹的频率（%）（男 50 人，女 50 人）

	A	L	W
男	0	9.00	25.00
女	0	8.00	20.00
合计	0	8.50	22.50

表 2-13-20 噶玛兰人双手 10 指为同类花纹的频率（%）（男 50 人，女 50 人）

	A	L	W
男	0	4.00	16.00
女	0	2.00	14.00
合计	0	3.00	15.00

（四）TFRC

指纹的 TFRC 值在各手指的均数和标准差见表 2-13-21。除女性左手环指的 RC 值最高外，其余都是拇指的 RC 值最高。

各性别 TFRC 的均数、标准差和标准误见表 2-13-22。

表 2-13-21 噶玛兰人各手指 RC（条）的均数和标准差（男 50 人，女 50 人）

		拇	示	中	环	小
男左	$\bar{x}$	18.12	15.04	14.64	17.58	15.18
	s	6.06	6.98	6.70	6.16	4.72
男右	$\bar{x}$	20.02	14.68	14.86	17.94	15.28
	s	5.92	6.81	6.39	5.98	4.50
女左	$\bar{x}$	16.98	15.86	15.92	17.36	14.70
	s	4.77	6.37	6.71	4.95	5.16
女右	$\bar{x}$	18.04	14.36	15.50	17.88	14.48
	s	5.87	6.48	5.23	5.29	4.52
男	$\bar{x}$	19.07	14.86	14.75	17.76	15.23
	s	6.04	6.86	6.51	6.05	4.59
女	$\bar{x}$	17.51	15.11	15.71	17.62	14.59
	s	5.35	6.44	5.99	5.10	4.83
合计	$\bar{x}$	18.29	14.98	15.23	17.69	14.91
	s	5.74	6.64	6.26	5.58	4.71

表 2-13-22 噶玛兰人各性别 TFRC（条）参数（男 50 人，女 50 人）

	$\bar{x}$	s	$s_{\bar{x}}$		$\bar{x}$	s	$s_{\bar{x}}$
男左	80.56	26.18	11.39	男	163.34	50.33	23.10
男右	82.78	25.52	11.71	女	161.08	41.96	22.78
女左	80.82	21.77	11.43	合计	162.21	46.11	16.22
女右	80.26	21.39	11.35				

（五）斗指纹偏向

本样本有W型指纹 577 枚（57.70%），计算 FRC 时要数出指纹尺侧边和桡侧边的 RC，比较两边 RC 的大小，取大数舍小数。W型指纹依偏向分为尺偏斗（Wu）、平衡斗（Wb）、桡偏斗（Wr）。3 种斗两边 RC 差值情况见表 2-13-23。

表 2-13-23 噶玛兰人 3 种斗两边 RC 差值分布（男 50 人，女 50 人）

	Wu	Wb	Wr	合计
观察频数	399	15	163	577
差值=0 条（%）	4.76	40.00	4.91	5.72
0 条<差值≤4 条（%）	52.38	46.67	52.15	52.17

Wb 两边 RC 差值≤4 条的占 86.67%。W型指纹依偏向取舍 RC 的情况见表 2-13-24。Wu 的 RC 取自桡侧、Wr 的 RC 取自尺侧都显著相关（P<0.05）。

表 2-13-24　噶玛兰人 3 种斗取 RC 侧别的频数和频率（男 50 人，女 50 人）

	Wu		Wb		Wr	
	频数	频率（%）	频数	频率（%）	频数	频率（%）
取自桡侧	357	89.47	8	53.33	8	4.91
两侧相等	19	4.76	6	40.00	8	4.91
取自尺侧	23	5.77	1	6.67	147	90.18
合计	399	100.00	15	100.00	163	100.00

（六）偏向斗组合

本样本有 240 对（480 枚）指纹以 W/W 对应，在这 480 枚 W 指纹中 Wu 占 68.33%，Wb 占 2.71%，Wr 占 28.96%。3 种偏向斗在同名对应指的组合格局的观察频率和期望频率的比较见表 2-13-25。Wu/Wr 组合的观察频率显著（P<0.01）低于期望频率，同型斗组合的观察频率高于期望频率，Wr/Wr 组合的观察频率高于期望频率。

表 2-13-25　噶玛兰人各偏向斗在同名对应指组合格局的观察频率和期望频率（男 50 人，女 50 人）

	Wu/Wu	Wb/Wb	Wr/Wr	Wu/Wb	Wb/Wr	Wu/Wr
观察频率（%）	51.67	0.42	13.75	3.75	0.83	29.58
频数	124	1	33	9	2	71
期望频率（%）	46.69	0.7	8.39	3.70	1.57	39.58
频数	112.07	0.18	20.13	8.88	3.76	94.98
χ^2	1.187 0	0.578 7	3.508 0	0.000 8	0.546 7	5.297 2
P	>0.05	>0.05	>0.05	>0.05	>0.05	<0.01

二、掌　　纹

（一）a-b RC、atd、tPD

手掌 a-b RC 的各项参数见表 2-13-26。手掌 atd 的各项参数见表 2-13-27。手掌 tPD 的各项参数见表 2-13-28。

表 2-13-26　噶玛兰人 a-b RC（条）**的参数**（男 50 人，女 50 人）

	男左	男右	女左	女右	男	女	合计
$\bar{x}$	41.04	40.52	39.84	39.40	40.78	39.62	40.20
s	3.88	4.32	4.59	5.21	4.09	4.89	4.54
$s_{\bar{x}}$	0.55	0.61	0.65	0.74	0.41	0.49	0.32

表 2-13-27　噶玛兰人 atd（°）的参数（男 50 人，女 50 人）

	男左	男右	女左	女右	男	女	合计
$\bar{x}$	41.38	41.26	42.80	42.30	41.32	42.55	41.94
s	4.33	4.75	5.75	4.81	4.52	5.28	4.94
$s_{\bar{x}}$	0.61	0.67	0.81	0.68	0.45	0.53	0.35

表 2-13-28　噶玛兰人 tPD 的参数（男 50 人，女 50 人）

	男左	男右	女左	女右	男	女	合计
$\bar{x}$	16.04	15.86	16.73	15.63	15.95	16.18	16.06
s	4.72	4.94	6.86	6.38	4.81	6.62	5.77
$s_{\bar{x}}$	0.67	0.70	0.97	0.90	0.48	0.66	0.41

（二）大鱼际、小鱼际花纹

手掌的大鱼际、小鱼际只计算真实花纹的频率。表 2-13-29 列出了手大鱼际纹和小鱼际纹参数。表 2-13-30 是大鱼际真实花纹的对应频率，表 2-13-31 是小鱼际真实花纹的对应频率。

表 2-13-29　噶玛兰人手大鱼际纹和小鱼际纹的频率（%）（男 50 人，女 50 人）

		男左	男右	女左	女右	男	女	合计
大鱼际纹	真实花纹	14.00	4.00	8.00	6.00	9.00	7.00	8.00
	非真实花纹	86.00	96.00	92.00	94.00	91.00	93.00	92.00
小鱼际纹	真实花纹	18.00	10.00	16.00	14.00	14.00	15.00	14.50
	非真实花纹	82.00	90.00	84.00	86.00	86.00	85.00	85.50

表 2-13-30　噶玛兰人大鱼际花纹对应的频率（%）（男 50 人，女 50 人）

左	右	
	真实花纹	非真实花纹
真实花纹	3.00	8.00
非真实花纹	2.00	87.00

表 2-13-31　噶玛兰人小鱼际花纹对应的频率（%）（男 50 人，女 50 人）

左	右	
	真实花纹	非真实花纹
真实花纹	7.00	10.00
非真实花纹	5.00	78.00

（三）指间区纹

手掌的指间区只计算真实花纹的频率。指间区真实花纹都是 Ld，指间区真实花纹的参数见表 2-13-32。跨Ⅱ/Ⅲ区的指间区纹仅在男性右手见到 1 例，占 2.00%。

表 2-13-32　噶玛兰人手掌的指间区纹的频率（%）（男 50 人，女 50 人）

		男左	男右	女左	女右	男	女	合计
Ⅱ	真实花纹	0	0	0	0	0	0	0
Ⅱ	非真实花纹	100.00	100.00	100.00	100.00	100.00	100.00	100.00
Ⅲ	真实花纹	6.00	26.00	4.00	22.00	16.00	13.00	14.50

续表

		男左	男右	女左	女右	男	女	合计
Ⅲ	非真实花纹	94.00	74.00	96.00	78.00	84.00	87.00	85.50
Ⅳ	真实花纹	84.00	66.00	88.00	78.00	75.00	83.00	79.00
Ⅳ	非真实花纹	16.00	34.00	12.00	22.00	25.00	17.00	21.00
Ⅳ	2 Ld	2.00	0	4.00	0	1.00	2.00	1.50
Ⅱ/Ⅲ		0	2.00	0	0	1.00	0	0.50
Ⅲ/Ⅳ		6.00	0	2.00	4.00	3.00	3.00	3.00

本样本共有158只手为指间Ⅳ区真实花纹（占79.00%），其中有136只（68对，占个体的68.00%）呈左右真实花纹对应，指间Ⅳ区真实花纹左右对应观察频率高于期望频率。表2-13-33是指间Ⅲ区真实花纹对应的频率，表2-13-34是指间Ⅳ区真实花纹对应的频率。

表2-13-33 噶玛兰人指间Ⅲ区花纹对应的频率（%）（男50人，女50人）

	右手真实花纹	右手非真实花纹
左手真实花纹	3.00	2.00
左手非真实花纹	21.00	74.00

表2-13-34 噶玛兰人指间Ⅳ区花纹对应的频率（%）（男50人，女50人）

	右手真实花纹	右手非真实花纹
左手真实花纹	68.00	18.00
左手非真实花纹	4.00	10.00

（四）指三角或猿线

手掌的指三角和猿线的频率见表2-13-35，猿线频率增加，可能是本群体老人居多的原因，老人手掌上的皱褶增多，好像是在远侧屈肌线和近侧屈肌线上架了桥梁，成为猿线。表中的–c为缺少指三角c；+t是有超常数轴三角t（t的常数等于1），即有两个或两个以上t。

表2-13-35 噶玛兰人手掌的指三角和猿线的频率（%）（男50人，女50人）

	男左	男右	女左	女右	男	女	合计
–c	2.00	6.00	6.00	4.00	3.00	5.00	4.00
+t	4.00	2.00	2.00	6.00	3.00	4.00	3.50
猿线	20.00	18.00	19.00	11.00	19.00	15.00	17.00

噶玛兰人的特点如下：相对于其他民族，他们的TFRC、a-b RC和斗形纹比例非常高，但弓形纹、尺箕与指间Ⅱ区真实花纹的比例非常低，大鱼际和指间Ⅳ区真实花纹比例较高，桡箕、指间Ⅲ区与小鱼际真实花纹的比例则居于中间。

本部分的资料来源是台湾第一篇完整描述一个民族肤纹的论文，虽然噶玛兰人只是一个小支系，其肤纹数据可能无法代表整个台湾少数民族，但这是中华民族肤纹研究的一个重要里程碑。台湾与大陆在20世纪的肤纹研究虽有不同历程，但我们在21世纪的肤纹研究是共同进行的（陈尧峰 等，2007a；陈尧峰 等，2007b；张海国，2006；张海国，2012）。

台湾高山族14个支系的肤纹研究是一个很大的课题。可能台湾高山族不是单一起源，他们和东南亚及大洋洲的民族有很近的亲缘关系（李壬癸，1997）。台湾高山族的肤纹研究，不但可增进对其体质人类学的了解，更是将中华民族的肤纹学推向东南亚与大洋洲民族的迁徙研究，为肤纹研究开启了新的一页。

第三节　台湾太鲁阁人肤纹①

笔者团队于2004年4月至2007年10月在台湾实地采样，研究对象为台湾花莲北部各县市成年的太鲁阁人，其祖父母与外祖父母必须都是太鲁阁人。捺印图是研究太鲁阁人肤纹项目参数的直接素材，在知情同意原则下捺印研究对象的三面指纹与整体掌纹。男性平均年龄为（39.88±15.23）岁，女性为（42.95±16.73）岁，合计平均年龄为（41.42± 16.04）岁。年龄全距为18～84岁。

肤纹图像的分析技术依照美国标准+中国版本肤纹学研究的规则（Cummins et al，1943；Schaumann et al，1976；Mavalwala，1977），研究的项目品种依据中国肤纹学研究协作组的中国标准（郭汉璧，1991；张海国，2006）。

太鲁阁人肤纹分析，各项目以200人（男100人，女100人）为基数（陈尧峰 等，2011）。

一、指　　纹

（一）指纹频率

太鲁阁人各手指的指纹频率见表2-13-36。

表2-13-36　太鲁阁人各手指的指纹频率（%）（男100人，女100人）

	男左					男右				
	拇	示	中	环	小	拇	示	中	环	小
As	1.00	0	0	0	0	0	1.00	1.00	0	0
At	0	0	0	0	0	0	1.00	0	0	0
Lu	44.00	31.00	58.00	53.00	84.00	32.00	25.00	58.00	39.00	84.00
Lr	1.00	17.00	1.00	0	0	1.00	19.00	2.00	0	0
Ws	39.00	49.00	36.00	45.00	16.00	61.00	47.00	36.00	61.00	16.00
Wd	15.00	3.00	5.00	2.00	0	6.00	7.00	3.00	0	0
As	1.00	1.00	1.00	0	1.00	1.00	0	0	0	1.00
At	0	1.00	0	0	0	0	1.00	0	0	0
Lu	47.00	29.00	60.00	49.00	85.00	44.00	24.00	65.00	45.00	82.00

①研究者：沈建甫、陈尧峰，慈济大学人类发展研究所；张海国，上海交通大学医学院。

续表

	男左					男右				
	拇	示	中	环	小	拇	示	中	环	小
Lr	1.00	8.00	2.00	0	0	0	7.00	2.00	0	2.00
Ws	32.00	60.00	36.00	49.00	14.00	45.00	60.00	33.00	54.00	15.00
Wd	19.00	1.00	1.00	2.00	0	10.00	8.00	0	1.00	0

指纹 Lr 型在男女左右手多出现在示指上。样本中共计有 63 枚 Lr，在示指中有 51 枚，占 80.95%，极显著多于其他手指。男女合计指纹频率见表 2-13-37。

表 2-13-37　太鲁阁人男女合计指纹频率（%）（男 100 人，女 100 人）

	As	At	A	Lu	Lr	L	Ws	Wd	W
男	0.30	0.10	0.40	50.80	4.10	54.90	40.60	4.10	44.70
女	0.60	0.20	0.80	53.00	2.20	55.20	39.80	4.20	44.00
合计	0.45	0.15	0.60	51.90	3.15	55.05	40.20	4.15	44.35

（二）左右同名指纹组合

左右同名指以同类花纹对应的格局频率见表 2-13-38。

表 2-13-38　太鲁阁人左右同名指以同类花纹对应的格局频率（%）（男 100 人，女 100 人）

左	右			小计
	A	L	W	
A	0.20	0.30	0.10	0.60
L	0.40	45.00	11.60	57.00
W	0	7.80	34.60	42.40
合计	0.60	53.10	46.30	100.00

本样本指纹的观察频率 A 为 0.60%，L 为 55.05%，W 为 44.35%。左右同名指以同类花纹对应组合的期望频率应服从公式：

$$(f_A+f_L+f_W)^2=1$$

A/A、L/L、W/W 的组合在左右同名指对应观察频率显著高于期望频率，表现为同类花纹组合的亲和性。

（三）一手或双手指纹组合

一手 5 指为同类花纹的频率见表 2-13-39，在 200 人的 400 只手中，有 102 只手 5 指为同类花纹，其中 5 指同为 L 的有 60 只手，同为 W 的有 42 只手，无同为 A 的手。双手 10 指为同类花纹的频率见表 2-13-40，在 200 人中，有 29 人双手 10 指为同类花纹，其中双手 10 指同为 L 的有 17 人，同为 W 的为 12 人。

把 5 指 3 花或 10 指 3 花的组合格局参数代入公式，可以求出特定组合格局的系数和期望频率。公式如下：

$$\frac{n!}{p!q!r!}a^p b^q c^r$$

式中，n 为总手指数，p、q、r 分别是一种组合中 A、L、W 的具体格局，a、b、c 分别为指纹 A、L、W 的观察频率。

对表 2-13-39 中的一手 5 指、表 2-13-40 中的双手 10 指出现同类花纹的观察频率和期望频率进行差异显著性检验，都显示观察频率极显著高于期望频率。这表现了指纹有同样花纹组合的亲和性。

表 2-13-39　太鲁阁人一手 5 指 3 花的 21 种组合格局的观察频率和期望频率的对比（男 100 人，女 100 人）

序号	5 指组合格局			观察频数			观察频率	期望频率	χ^2
	A	L	W	男	女	合计	(%)	(%)	(P)
1	0	0	5	23	19	42	10.50	1.715 8	**
2	0	1	4	32	23	55	13.75	10.648 8	
3	0	2	3	31	42	73	18.25	26.436 0	**
4	0	3	2	32	41	73	18.25	32.814 0	**
5	0	4	1	46	43	89	22.25	20.365 4	
6	0	5	0	33	27	60	15.00	5.055 8	**
7	1	0	4	0	0	0	0	0.116 1	
8	1	1	3	0	0	0	0	0.576 3	
9	1	2	2	0	0	0	0	1.072 9	
10	1	3	1	0	2	2	0.50	0.887 9	
11	1	4	0	2	1	3	0.75	0.275 5	
12	2	0	3	0	0	0	0	0.003 1	**
13	2	1	2	0	0	0	0	0.011 7	**
14	2	2	1	1	0	1	0.25	0.014 5	
15	2	3	0	0	1	1	0.25	0.006 0	
16	3	0	2	0	0	0	0	0	**
17	3	1	1	0	0	0	0	0.000 1	**
18	3	2	0	0	1	1	0.25	0.000 1	
19	4	0	1	0	0	0	0	0	**
20	4	1	0	0	0	0	0	0	**
21	5	0	0	0	0	0	0	0	**
合计				200	200	400	100.00	100.000 0	

**$P<0.01$；当观察频率为 0 且期望频率（%）$<10^{-3}$ 时，不做 χ^2 对比。

表 2-13-40　太鲁阁人双手 10 指 3 花的 66 种组合格局的观察频率和期望频率的对比（男 100 人，女 100 人）

序号	10指组合格局			观察频数			观察频率	期望频率	χ^2
	A	L	W	男	女	合计	（%）	（%）	（P）
1	0	0	10	7	5	12	6.00	0.029 4	**
2	0	1	9	4	6	10	5.00	0.365 4	*
3	0	2	8	12	3	15	7.50	2.041 2	*
4	0	3	7	9	10	19	9.50	6.756 3	
5	0	4	6	4	11	15	7.50	14.676 2	*
6	0	5	5	10	18	28	14.00	21.860 2	
7	0	6	4	10	5	15	7.50	22.611 9	**
8	0	7	3	11	8	19	9.50	16.038 5	
9	0	8	2	13	13	26	13.00	7.465 5	
10	0	9	1	7	10	17	8.50	2.059 3	**
11	0	10	0	10	7	17	8.50	0.255 6	**
12	1	0	9	0	0	0	0	0.004 0	**
13	1	1	8	0	0	0	0	0.044 5	**
14	1	2	7	0	0	0	0	0.220 9	
15	1	3	6	0	0	0	0	0.639 8	
16	1	4	5	0	0	0	0	1.191 3	
17	1	5	4	0	0	0	0	1.478 7	
18	1	6	3	0	0	0	0	1.223 6	
19	1	7	2	0	3	3	1.50	0.650 9	
20	1	8	1	0	0	0	0	0.202 0	
21	1	9	0	2	0	2	1.00	0.027 9	
22	2	0	8	0	0	0	0	0.000 2	**
23	2	1	7	0	0	0	0	0.002 4	**
24	2	2	6	0	0	0	0	0.010 5	**
25	2	3	5	0	0	0	0	0.026 0	**
26	2	4	4	0	0	0	0	0.040 3	**
27	2	5	3	0	0	0	0	0.040 0	**
28	2	6	2	1	0	1	0.50	0.024 8	
29	2	7	1	0	0	0	0	0.008 8	**
30	2	8	0	0	0	0	0	0.001 4	**
31	3	0	7	0	0	0	0	0	
32	3	1	6	0	0	0	0	0.000 1	
33	3	2	5	0	0	0	0	0.000 3	**
34	3	3	4	0	0	0	0	0.000 6	**
35	3	4	3	0	0	0	0	0.000 7	**
36	3	5	2	0	0	0	0	0.000 5	**
37	3	6	1	0	0	0	0	0.000 2	**

续表

序号	10指组合格局			观察频数			观察频率	期望频率	χ^2
	A	L	W	男	女	合计	（%）	（%）	（P）
38	3	7	0	0	0	0	0	0	
39	4	0	6	0	0	0	0	0	
40	4	1	5	0	0	0	0	0	
41	4	2	4	0	0	0	0	0	
42	4	3	3	0	0	0	0	0	
43	4	4	2	0	0	0	0	0	
44	4	5	1	0	0	0	0	0	
45	4	6	0	0	0	0	0	0	
46	5	0	5	0	0	0	0	0	
47	5	1	4	0	0	0	0	0	
48	5	2	3	0	0	0	0	0	
49	5	3	2	0	0	0	0	0	
50	5	4	1	0	0	0	0	0	
51	5	5	0	0	1	1	0.50	0	
52	6	0	4	0	0	0	0	0	
53	6	1	3	0	0	0	0	0	
54	6	2	2	0	0	0	0	0	
55	6	3	1	0	0	0	0	0	
56	6	4	0	0	0	0	0	0	
57	7	0	3	0	0	0	0	0	
58	7	1	2	0	0	0	0	0	
59	7	2	1	0	0	0	0	0	
60	7	3	0	0	0	0	0	0	
61	8	0	2	0	0	0	0	0	
62	8	1	1	0	0	0	0	0	
63	8	2	0	0	0	0	0	0	
64	9	0	1	0	0	0	0	0	
65	9	1	0	0	0	0	0	0	
66	10	0	0	0	0	0	0	0	
合计				100	100	200	100.00	100.000 0	

*$P<0.05$，**$P<0.01$；当观察频率为0且期望频率（%）$<10^{-3}$时，不必做χ^2对比。

（四）TFRC

太鲁阁人各手指 RC 的均数和标准差见表 2-13-41。

表 2-13-41 太鲁阁人各手指 RC（条）的参数（男 100 人，女 100 人）

		拇	示	中	环	小
男左	$\bar{x}$	17.90	13.54	15.52	17.80	14.75
	s	5.53	4.87	5.53	4.72	4.11
男右	$\bar{x}$	20.01	14.54	14.84	17.50	14.55
	s	5.14	5.56	5.56	4.44	4.05
女左	$\bar{x}$	17.21	14.15	15.30	17.82	15.31
	s	4.80	5.73	5.17	5.21	4.81
女右	$\bar{x}$	18.42	14.34	14.82	17.63	14.44
	s	5.25	5.33	4.51	5.13	4.68
男	$\bar{x}$	18.95	14.04	15.18	17.65	14.65
	s	5.43	5.24	5.54	4.58	4.07
女	$\bar{x}$	17.82	14.24	15.06	17.73	14.88
	s	5.05	5.52	4.84	5.16	4.76
合计	$\bar{x}$	18.39	14.14	15.12	17.69	14.76
	s	5.27	5.38	5.20	4.87	4.42

男性左右手拇指的 RC 值最高；女性左手环指、右手拇指 RC 值最高，其次男女性都是环指的 RC。各性别 TFRC 的均数、标准差和标准误见表 2-13-42。

表 2-13-42 太鲁阁人各性别 TFRC（条）参数（男 100 人，女 100 人）

	$\bar{x}$	s	$s_{\bar{x}}$		$\bar{x}$	s	$s_{\bar{x}}$
男左	79.51	19.36	1.94	男	160.95	37.98	3.80
男右	81.44	19.51	1.95	女	159.44	40.06	4.01
女左	79.79	21.20	2.12	合计	160.20	38.94	2.75
女右	79.65	19.72	1.97				

本样本有W型指纹 887 枚（44.35%），计算 FRC 时要数出指纹尺侧边和桡侧边的 RC，比较两边 RC 的大小，取大数舍小数。W型指纹依偏向分为尺偏斗（Wu）、平衡斗（Wb）、桡偏斗（Wr），3 种斗两边 RC 差值情况见表 2-13-43，85.25%的 Wb 两边 RC 差值≤4 条。W型指纹依偏向取舍 RC 的情况见表 2-13-44，Wu 的 RC 取自桡侧、Wr 的 RC 取自尺侧都显著相关。

表 2-13-43 太鲁阁人 3 种斗两边 RC 差值分布（男 100 人，女 100 人）

	Wu	Wb	Wr	合计
观察频数	579	61	247	887
差值=0 条（%）	6.56	22.95	3.24	6.76
0 条<差值≤4 条（%）	39.38	62.30	46.56	42.95

表 2-13-44　太鲁阁人 3 种斗取 RC 侧别的频数和频率（男 100 人，女 100 人）

	Wu		Wb		Wr	
	频数	频率（%）	频数	频率（%）	频数	频率（%）
取自桡侧	492	84.98	30	49.18	44	17.81
两侧相等	38	6.56	14	22.95	8	3.24
取自尺侧	49	8.46	17	27.87	195	78.95
合计	579	100.00	61	100.00	247	100.00

（五）指纹斗的偏向

本样本有 346 对手指以 W/W 对应，3 种偏向斗在同名对应指组合格局的观察频率和期望频率的比较见表 2-13-45。Wu/Wr 组合的观察频率显著低于期望频率，同型斗组合的观察频率高于期望频率。

表 2-13-45　太鲁阁人各偏向斗在同名对应指组合格局的观察频率和期望频率（男 100 人，女 100 人）

	Wu/Wu	Wb/Wb	Wr/Wr	Wu/Wb	Wb/Wr	Wu/Wr
观察频率（%）	45.37	1.16	17.05	8.67	3.76	23.99
频数	157	4	59	30	13	83
期望频率（%）	38.08	0.54	9.56	9.10	4.56	38.16
频数	131.74	1.88	33.09	31.47	15.77	132.05
χ^2	3.50	0.22	7.77	0.01	0.11	15.58
P	>0.05	>0.05	<0.01	>0.05	>0.05	<0.01

Wr 犹如 Lr 开口朝向桡侧，也像 Lr 一样在示指显著多于其他手指。样本中有 247 枚 Wr，在示指上出现 154 枚，占 62.35%，极显著多于其他手指，显示示指有桡偏现象。

二、掌　　纹

（一）a-b RC、atd、tPD

a-b RC、atd 和 tPD 的各项参数等见表 2-13-46。

表 2-13-46　太鲁阁人 a-b RC、atd 和 tPD 的各项参数（$\bar{x}\pm s$）（男 100 人，女 100 人）

	男左	男右	女左	女右	男	女	合计
a-b RC（条）	38.71±4.66	39.60±4.74	39.41±3.73	39.25±3.60	39.15±4.71	39.33±3.65	39.24±4.21
atd（°）	42.56±4.28	42.18±4.77	43.80±3.68	43.37±4.19	42.37±4.53	43.58±3.94	42.98±4.28
at′d（°）	42.94±4.82	43.14±6.05	44.34±5.77	44.20±5.78	43.04±5.47	44.27±5.77	43.66±5.65
at′d.（°）	43.21±6.28	43.14±6.05	44.34±5.77	44.20±5.78	43.17±6.15	44.27±5.77	43.72±5.98
tPD	16.41±6.04	16.19±5.75	14.69±4.85	14.42±4.96	16.30±5.88	14.55±4.89	15.43±5.47
t′PD	16.93±6.52	17.59±7.67	15.25±6.27	15.57±6.68	17.26±7.11	15.41±6.46	16.34±6.85
t″PD	17.13±7.21	17.59±7.67	15.25±6.27	15.57±6.68	17.36±7.43	15.41±6.46	16.39±7.02

注：有 t′、 t″为多轴三角。19 只手有 t′，1 只手有 t″（男性左手 65 号标本）。

（二）大小鱼际纹、指间区纹、三角、猿线

手大小鱼际纹、指间区纹、轴三角、指三角、猿线、特殊指间区纹的频率等见表 2-13-47。

表 2-13-47　太鲁阁人手掌大小鱼际纹、指间区纹、三角、猿线等的频率（%）（男 100 人，女 100 人）

	男左	男右	女左	女右	男	女	合计
T/Ⅰ	21.00	3.00	15.00	5.00	12.00	10.00	11.00
H	15.00	13.00	18.00	23.00	14.00	20.50	17.25
Ⅱ	2.00	2.00	0.00	0.00	2.00	0.00	1.00
Ⅲ	9.00	26.00	14.00	30.00	17.50	22.00	19.75
Ⅳ	80.00	70.00	78.00	61.00	75.00	69.50	72.25
Ⅲ/ⅣL	9.00	7.00	9.00	11.00	8.00	10.00	9.00
Ⅳ2L	5.00	0.00	1.00	0.00	2.50	0.50	1.50
猿线	13.00	13.00	5.00	6.00	13.00	5.50	9.25
+t	3.00	7.00	3.00	7.00	5.00	5.00	5.00
–c	3.00	3.00	3.00	1.00	3.00	2.00	2.50
–d	3.00	0.00	1.00	0.00	1.50	0.50	1.00

本样本共有 289 枚指间Ⅳ区真实花纹（占 72.25%），其中有 232 枚（116 对，占个体的 58.00%）呈左右真实花纹对应，指间Ⅳ区真实花纹左右对应观察频率显著高于期望频率。

太鲁阁人大小鱼际纹和指间区纹的对应频率见表 2-13-48。太鲁阁人样本中未见有跨Ⅱ/Ⅲ区的指间区真实花纹，未见–t 现象。

表 2-13-48　太鲁阁人大小鱼际纹、指间Ⅳ区纹对应的频率（%）（男 100 人，女 100 人）

左	右					
	大鱼际		小鱼际		指间Ⅳ区	
	非真实花纹	真实花纹	非真实花纹	真实花纹	非真实花纹	真实花纹
非真实花纹	81.00	1.00	74.50	9.00	13.50	7.50
真实花纹	15.00	3.00	7.50	9.00	21.00	58.00

台湾太鲁阁人肤纹与大陆 52 个民族 95 个群体资料（张海国　等，1998a；张海国　等，1998b；张海国，2006；张海国，2002；张海国，2012）做比较，太鲁阁人的特点如下：相对于其他群体，台湾太鲁阁人 TFRC 值、a-b RC 值、斗形纹、指间Ⅲ区真实花纹的比例很高，但尺箕的比例很低，弓形纹、桡箕、大鱼际与指间Ⅳ区真实花纹的比例则居于中间。另外，台湾太鲁阁人桡箕和桡偏斗极显著多地出现在示指上，表明示指有桡偏现象。

这里第一次完整描述太鲁阁人肤纹的参数，虽然台湾闽南汉族人、客家汉族人、噶玛兰人、阿美人的肤纹（陈尧峰　等，2006；陈尧峰　等，2007a；陈尧峰　等，2007b；陈尧峰　等，2011；张海国　等，2008）已有相关研究，填补了一些空缺，但长江以南浙江、江西、湖南、福建与广东各省不同方言群的肤纹仍待调查，他们与南方少数民族及东南亚民族的血缘关联，都是值得研究的，这也是中国肤纹学未来令人期待的发展方向。

第十四章　仡佬族的肤纹[①]

研究对象为来自贵州省仡佬族集居区的小学生和部分成年人，三代都是仡佬族人，身体健康，无家族性遗传病，平均年龄 10.45 岁。

以黑色油墨捺印法捺印研究对象的指纹、掌纹和足纹。

所有的分析都以 410 人（男 209 人，女 201 人）为基数（吴立甫 等，1983）。

一、指　　纹

指纹频率见表 2-14-1。

表 2-14-1　仡佬族指纹频率（%）（男 209 人，女 201 人）

	A	L	Lu	Lr	W
指纹频率	2.02	49.22	46.83	2.39	48.76

本群体的 TFRC 为（135.95±41.83）条。

二、掌　　纹

掌纹的 tPD、atd、a-b RC、主要掌纹线指数的均数和标准差见表 2-14-2。

表 2-14-2　仡佬族掌纹的各项参数（男 209 人，女 201 人）

	tPD	atd（°）	a-b RC（条）	主要掌纹线指数
$\bar{x}$	17.15	42.43	37.33	24.34
s	5.45	5.55	5.09	4.01

手掌大鱼际真实花纹、指间各区真实花纹、小鱼际真实花纹的观察频率见表 2-14-3。

表 2-14-3　仡佬族掌纹各部位真实花纹的观察频率（%）（男 209 人，女 201 人）

T/Ⅰ	Ⅱ	Ⅲ	Ⅳ	H
4.41	2.82	18.75	65.04	8.70

①研究者：吴立甫、谢企云、曹贵强，贵阳医学院生物学教研室。

三、足　　纹

踇趾球纹、趾间各区真实花纹、足小鱼际真实花纹的观察频率见表 2-14-4。

表 2-14-4　仡佬族足纹的观察频率（%）（男 209 人，女 201 人）

踇趾球纹			趾间区纹			H	C
A	L	W	Ⅱ	Ⅲ	Ⅳ		
10.25	61.58	28.17	8.17	54.88	8.66	2.44	0

第十五章 京族的肤纹[①]

研究对象为来自广西壮族自治区防城各族自治县（1993 年国务院批准撤销）京族聚居区的中小学生，三代都是京族人，身体健康，无家族性遗传病，年龄 7～18 岁。

以黑色油墨捺印法捺印研究对象的指纹和掌纹。

所有的分析都以 500 人（男 270 人，女 230 人）为基数（吴立甫，1991）。

一、指　纹

（一）指纹频率

男性各手指的指纹频率见表 2-15-1，女性各手指的指纹频率见表 2-15-2。

表 2-15-1　京族男性各手指的指纹频率（%）（男 270 人）

	男左					男右				
	拇	示	中	环	小	拇	示	中	环	小
A	1.85	2.59	1.85	0.37	0.37	0.74	3.33	1.49	0.74	0.74
Lu	30.74	33.71	55.56	40.37	64.44	25.93	32.97	54.44	27.04	54.45
Lr	0.74	13.70	0.37	0	0	0	13.70	2.96	0.74	1.48
W	66.67	50.00	42.22	59.26	35.19	73.33	50.00	41.11	71.48	43.33

表 2-15-2　京族女性各手指的指纹频率（%）（女 230 人）

	女左					女右				
	拇	示	中	环	小	拇	示	中	环	小
A	3.48	4.78	3.04	0.87	0.87	1.74	3.91	2.61	0.43	0.43
Lu	35.22	38.26	56.09	37.83	63.70	38.69	41.31	68.70	34.35	67.39
Lr	0.87	9.13	0.87	0.43	0	0	8.26	0.43	0.43	0.43
W	60.43	47.83	40.00	60.87	35.43	59.57	46.52	28.26	64.79	31.75

Lr 多见于示指。

男女合计指纹频率见表 2-15-3。

表 2-15-3　京族男女合计指纹频率（%）（男 270 人，女 230 人）

	A	Lu	Lr	W
男	1.41	42.33	3.37	52.89

①研究者：郭汉璧，南京医学院（现为南京医科大学）生物教研室；周家美，广西医学院（现为广西医科大学）生物教研室。

续表

	A	Lu	Lr	W
女	2.22	48.65	2.09	47.04
合计	1.78	45.24	2.78	50.20

W 型指纹频率男性多于女性。

（二）TFRC

TFRC 的均数和标准差见表 2-15-4。

表 2-15-4　京族 TFRC（条）的参数（男 270 人，女 230 人）

	男	女	合计
$\bar{x}$	143.40	137.90	140.81
s	36.70	42.96	39.83

男性 TFRC 多于女性，但无显著性差异（$P>0.05$）。

二、掌　纹

（一）atd

atd 的均数、标准差见表 2-15-5。

表 2-15-5　京族 atd（°）的参数（男 270 人，女 230 人）

	男	女	合计
$\bar{x}$	41.44	43.05	42.49
s	4.97	6.25	5.61

女性 atd 大于男性，有显著性差异（$P<0.01$）。

（二）a-b RC

a-b RC 的均数、标准差见表 2-15-6。

表 2-15-6　京族 a-b RC（条）的参数（男 270 人，女 230 人）

	男	女	合计
$\bar{x}$	38.82	39.08	38.95
s	5.23	5.10	5.16

（三）主要掌纹线指数

主要掌纹线指数的均数、标准差见表 2-15-7。

表 2-15-7 京族主要掌纹线指数的参数（男 270 人，女 230 人）

	男	女	合计
$\bar{x}$	23.64	22.97	23.31
s	4.19	4.25	4.22

（四）手掌上的真实花纹和猿线

手掌大鱼际、指间区、小鱼际的真实花纹和猿线的观察频率见表 2-15-8。

表 2-15-8 京族手掌真实花纹和猿线频率（%）（男 270 人，女 230 人）

	T/Ⅰ	Ⅱ	Ⅲ	Ⅳ	H	猿线
男	3.89	1.11	10.00	62.96	5.74	11.48
女	2.17	0.00	8.04	59.35	8.47	6.09
合计	3.10	0.60	9.10	61.30	7.00	9.00

第十六章　汉族的肤纹

本部分列出了八个汉族的模式样本，第一节是台湾客家汉族人肤纹，第二节为台湾闽南汉族人肤纹，第三节为山西汉族人肤纹，第四节为上海汉族人肤纹，第五节为广西南宁市汉族人肤纹，第六节为河南新密市汉族人肤纹，第七节为江苏泰州市汉族人肤纹，第八节为上海汉族人的肤纹代码。

第一节　台湾客家汉族人肤纹①

在台湾汉族人群中，客家人口数较少（刘大年 等，1978；连横，1947）。

笔者团队于 2003 年 8 月至 2006 年 8 月在台湾实地采样，对象为台湾各县市成年的客家人，其祖父母与外祖父母必须都是客家人。捺印图是研究客家人肤纹项目参数的直接素材，在知情同意（张海国，2004a）原则下捺印研究对象的三面指纹与整体掌纹。男性平均年龄为（46.04±14.01）岁，女性为（38.61±15.58）岁，合计平均年龄为（42.33±15.24）岁。

肤纹图像的分析技术依照美国标准+中国版本（Cummins et al，1943；Schaumann et al，1976；Mavalwala et al，1977），研究的项目品种依据中国肤纹学研究协作组的中国标准（郭汉璧，1991；张海国，2006）。图像数量化后，用自编的肤纹分析软件包进行计算。本部分的统计对比有“显著”和“极显著”的描述，分别以 $P \leqslant 0.05$ 和 $P \leqslant 0.01$ 为临界值（张海国，2006）。

所有分析都以 200 人（男 100 人，女 100 人）为基数（陈尧峰 等，2007a）。

一、指　　纹

（一）指纹频率

男性各手指的指纹频率见表 2-16-1，女性各手指的指纹频率见表 2-16-2。

表 2-16-1　台湾客家人男性各手指的指纹频率（%）（男 100 人）

	男左					男右				
	拇	示	中	环	小	拇	示	中	环	小
As	1.0	3.0	2.0	1.0	0.0	0.0	1.0	2.0	0.0	0.0
At	0.0	3.0	0.0	0.0	0.0	1.0	2.0	0.0	0.0	0.0

①研究者：陈尧峰、赖俊宏，慈济大学人类发展研究所；张海国、陆振虞、王铸钢，上海交通大学医学院。

续表

	男左					男右				
	拇	示	中	环	小	拇	示	中	环	小
Lu	31.0	36.0	49.0	33.0	79.0	31.0	34.0	50.0	27.0	57.0
Lr	1.0	6.0	3.0	0.0	0.0	1.0	12.0	4.0	1.0	0.0
Ws	53.0	48.0	41.0	63.0	19.0	65.0	49.0	38.0	70.0	43.0
Wd	14.0	4.0	5.0	3.0	2.0	2.0	2.0	6.0	2.0	0.0

表 2-16-2　台湾客家人女性各手指的指纹频率（%）（女 100 人）

	女左					女右				
	拇	示	中	环	小	拇	示	中	环	小
As	3.0	2.0	2.0	2.0	1.0	4.0	3.0	3.0	1.0	1.0
At	0.0	2.0	1.0	0.0	0.0	0.0	2.0	0.0	0.0	0.0
Lu	32.0	32.0	50.0	31.0	74.0	33.0	36.0	63.0	34.0	67.0
Lr	1.0	7.0	1.0	1.0	0.0	0.0	8.0	0.0	2.0	0.0
Ws	47.0	52.0	41.0	65.0	23.0	53.0	45.0	33.0	63.0	32.0
Wd	17.0	5.0	5.0	1.0	2.0	10.0	6.0	1.0	0.0	0.0

（二）左右同名指纹组合

指纹 Lr 型在男女左右手多出现在示指上。样本中计有 Lr 46 枚，在示指中有 Lr 32 枚，占 69.57%，极显著地多于其他手指。男女合计指纹频率见表 2-16-3，左右同名指以同类花纹对应的格局频率见表 2-16-4。

表 2-16-3　台湾客家人男女合计指纹频率（%）（男 100 人，女 100 人）

	As	At	A	Lu	Lr	L	Ws	Wd	W
男	1.00	0.60	1.60	42.70	2.80	45.50	48.90	4.00	52.90
女	2.20	0.50	2.70	45.20	2.00	47.20	45.40	4.70	50.10
合计	1.60	0.55	2.15	43.95	2.40	46.35	47.15	4.35	51.50

表 2-16-4　台湾客家人左右同名指以同类花纹对应的格局频率（%）（男 100 人，女 100 人）

左	右			小计
	A	L	W	
A	1.30	1.00	0.00	2.30
L	0.70	37.00	9.00	46.70
W	0.00	8.00	43.00	51.00
合计	2.00	46.00	52.00	100.00

本样本指纹的观察频率 A 为 2.15%，L 为 46.35%，W为 51.50%。左右同名指以同类花纹对应组合的期望频率应服从公式：

$$(f_A + f_L + f_W)^2 = 1$$

A/A、L/L、W/W 的组合在左右同名指对应观察频率显著高于期望频率，表现为同类花纹组合的亲和性。A/W 组合的观察频率（0）显著低于期望频率，表现为 A/W 组合的不相容现象。

（三）一手或双手指纹组合

一手 5 指为同类花纹的频率见表 2-16-5，在 200 人的 400 只手中，有 110 只手 5 指为同类花纹，其中 5 指同为 L 的有 39 只手，同为 W 的有 70 只手，同为 A 的有 1 只手。在 200 人中，有 32 人双手 10 指为同类花纹，其中双手 10 指同为 L 的有 10 人，同为 W 的为 22 人。

表 2-16-5　台湾客家人一手 5 指 3 花的 21 种组合格局的观察频率和期望频率的对比（男 100 人，女 100 人）

序号	5 指组合格局			观察频数			观察频率（%）	期望频率（%）	χ^2（P）
	A	L	W	男	女	合计			
1	0	0	5	36	34	70	17.50	3.62	**
2	0	1	4	40	36	76	19.00	16.30	
3	0	2	3	25	32	57	14.25	29.34	**
4	0	3	2	33	25	58	14.50	26.42	**
5	0	4	1	41	34	75	18.75	11.88	**
6	0	5	0	14	25	39	9.75	2.14	**
7	1	0	4	0	0	0	0.00	0.76	
8	1	1	3	0	0	0	0.00	2.72	**
9	1	2	2	2	1	3	0.75	3.68	**
10	1	3	1	3	5	8	2.00	2.21	
11	1	4	0	3	4	7	1.75	0.50	
12	2	0	3	0	0	0	0.00	0.06	
13	2	1	2	0	0	0	0.00	0.17	
14	2	2	1	0	0	0	0.00	0.15	
15	2	3	0	2	0	2	0.50	0.05	
16	3	0	2	0	0	0	0.00	<0.01	
17	3	1	1	0	0	0	0.00	<0.01	
18	3	2	0	0	0	0	0.00	<0.01	
19	4	0	1	0	0	0	0.00	<0.01	
20	4	1	0	1	3	4	1.00	<0.01	
21	5	0	0	0	1	1	0.25	<0.01	
合计				200	200	400	100.00	100.00	

**$P<0.01$。

把 5 指 3 花或 10 指 3 花的组合格局参数代入公式，可以求出特定组合格局的系数和期望频率。公式如下：

$$\frac{n!}{p!q!r!}a^p b^q c^r$$

式中，n 为总手指数，p、q、r 分别是一种组合中 A、L、W 的具体格局，a、b、c 分别为指纹 A、L、W 的观察频率。

对表 2-16-5 中一手 5 指出现同类花纹的观察频率和期望频率进行差异显著性检验，都显示观察频率极显著高于期望频率，表现出指纹有同样花纹组合的亲和性。

（四）TFRC

TFRC 在各手指的均数和标准差见表 2-16-6。除女性左手环指的 RC 值最高外，其余都是拇指的 RC 值最高。各性别 TFRC 的均数、标准差和标准误见表 2-16-7。

表 2-16-6 台湾客家人各手指 RC（条）的参数（男 100 人，女 100 人）

		拇	示	中	环	小
男左	$\bar{x}$	18.19	13.68	15.61	17.06	13.87
	s	5.47	5.98	6.15	5.41	4.53
男右	$\bar{x}$	19.44	13.59	14.57	16.52	13.68
	s	6.06	6.00	5.83	5.32	5.08
女左	$\bar{x}$	15.00	12.89	14.06	16.71	13.94
	s	6.14	6.59	6.06	5.99	5.39
女右	$\bar{x}$	17.24	13.12	13.23	16.52	13.61
	s	6.28	6.38	5.67	5.05	5.07
男	$\bar{x}$	18.82	13.64	15.09	16.79	13.77
	s	5.79	5.97	6.00	5.36	4.80
女	$\bar{x}$	16.12	13.01	13.65	16.61	13.77
	s	6.30	6.47	5.87	5.53	5.22
合计	$\bar{x}$	17.47	13.32	14.37	16.70	13.77
	s	6.19	6.23	5.97	5.44	5.01

表 2-16-7 台湾客家人各性别 TFRC（条）参数（男 100 人，女 100 人）

	$\bar{x}$	s	$s_{\bar{x}}$		$\bar{x}$	s	$s_{\bar{x}}$
男左	78.41	23.24	2.32	男	156.21	45.89	4.59
男右	77.80	23.53	2.35	女	146.32	47.41	4.74
女左	72.60	25.39	2.54	合计	151.26	46.80	3.31
女右	73.72	23.11	2.31				

（五）斗指纹偏向

本样本有W型指纹 1030 枚（51.50%），计算 FRC 时要数出指纹尺侧边和桡侧边的 RC，比较两边 RC 的大小，取大数舍小数。3 种斗两边 RC 差值情况见表 2-16-8，Wb 两边 RC 差值都是≤4 条。W型指纹依偏向取舍 RC 的情况见表 2-16-9，Wu 的 RC 取自桡侧、Wr 的 RC 取自尺侧都显著相关。

表 2-16-8 台湾客家人 3 种斗两边 RC 差值分布（男 100 人，女 100 人）

	Wu	Wb	Wr	合计
观察频数	679	50	301	1030
差值=0 条（%）	5.01	44.00	3.65	6.50
0 条＜差值≤4 条(%)	53.90	38.00	58.14	54.37

表 2-16-9 台湾客家人 3 种斗取 RC 侧别的频数和频率（男 100 人，女 100 人）

	Wu		Wb		Wr	
	频数	频率（%）	频数	频率（%）	频数	频率（%）
取自桡侧	583	85.86	14	28.00	43	14.29
两侧相等	34	5.01	22	44.00	11	3.65
取自尺侧	62	9.13	14	28.00	247	82.06
合计	679	100.00	50	100.00	301	100.00

（六）斗偏向组合

本样本有 430 对手指以 W/W 对应。3 种偏向斗在同名对应指组合格局的观察频率和期望频率的比较见表 2-16-10。Wu/Wr 组合的观察频率显著低于期望频率，同型斗组合的观察频率高于期望频率。

表 2-16-10 台湾客家人各偏向斗在同名对应指的组合格局的观察频率和期望频率（男 100 人，女 100 人）

	Wu/Wu	Wb/Wb	Wr/Wr	Wu/Wb	Wb/Wr	Wu/Wr
观察频率（%）	47.67	0.23	16.05	7.21	3.72	25.12
观察频数	205	1	69	31	16	108
期望频率（%）	40.75	0.33	9.28	7.27	3.47	38.90
期望频数	175.23	1.40	39.91	31.28	14.93	167.25
χ^2	4.177	0.066	8.897	0.001	0.039	18.760
P	＜0.05	＞0.05	＜0.01	＞0.05	＞0.05	＜0.01

Wr 犹如 Lr 开口朝向桡侧，也像 Lr 一样在示指显著多于其他手指。样本中有 301 枚 Wr，在示指上出现 129 枚，占 42.86%，极显著多于其他手指，表明示指有桡偏现象。

二、掌　　纹

（一）a-b RC、atd 和 tPD

手掌 a-b RC、atd 和 tPD 的各项参数见表 2-16-11。

表 2-16-11　台湾客家人 a-b RC、atd 和 tPD 的参数（$\bar{x} \pm s$）（男 100 人，女 100 人）

	男左	男右	女左	女右	男	女	合计
a-b RC（条）	39.27±4.59	39.48±4.87	39.50±4.28	39.26±4.09	39.38±4.72	39.38±4.18	39.38±4.45
atd（°）	40.40±4.72	40.32±4.39	43.02±5.43	42.45±4.60	40.36±4.55	42.73±5.03	41.55±4.93
tPC	15.58±5.27	15.71±5.49	16.58±6.49	16.66±6.30	15.65±5.37	16.62±6.38	16.13±5.91

（二）手大小鱼际纹、指间区纹、轴三角、指三角及猿线

手掌的大鱼际、小鱼际、指间区花纹如Ⅳ区都只计算真实花纹的频率，轴三角、指三角、猿线、特殊指间区表型的频率见表 2-16-12。左右手大鱼际以真实花纹对应频率为 2.00%。左右手小鱼际以真实花纹对应频率为 11.00%。指间区真实花纹都是远箕（Ld）。本样本共有 282 只手有指间Ⅳ区真实花纹（占 70.50%），其中有 226 只（113 对，占个体的 56.50%）呈左右真实花纹对应，指间Ⅳ区真实花纹左右对应观察频率（56.50%）高于期望频率（49.70%）。本样本中未见有跨Ⅱ/Ⅲ区的指间区真实花纹。

表 2-16-12　台湾客家人大鱼际纹、小鱼际纹、指间区纹、轴三角、指三角及猿线频率（%）（男 100 人，女 100 人）

	男左	男右	女左	女右	男	女	合计
T/Ⅰ	7.00	0	12.00	4.00	3.50	8.00	5.75
H	26.00	16.00	21.00	15.00	21.00	18.00	19.50
Ⅱ	3.00	4.00	1.00	4.00	3.50	2.50	3.00
Ⅲ	17.00	33.00	12.00	20.00	25.00	16.00	20.50
Ⅳ	71.00	60.00	78.00	73.00	65.50	75.50	70.50
Ⅳ2 Ld	3.00	1.00	5.00	0	2.00	2.50	2.25
Ⅲ/Ⅳ	8.00	11.00	5.00	6.00	9.50	5.50	7.50
+t	3.00	2.00	3.00	7.00	2.50	5.00	3.75
−d	1.00	1.00	1.00	0	1.00	0.50	0.75
−c	8.00	3.00	10.00	7.00	5.50	8.50	7.00
猿线	7.00	5.00	5.00	6.00	6.00	5.50	5.75

台湾客家汉族人肤纹参数特点如下：台湾客家汉族 TFRC 值、a-b RC 值、斗形纹、指间Ⅱ区、指间Ⅲ区与小鱼际真实花纹的比例很高，但尺箕的比例很低，弓形纹、桡箕、大鱼际与指间Ⅳ区真实花纹的比例则居于中间。另外，台湾客家人桡箕和桡偏斗极显著地出现在示指上，表明示指有桡偏现象。

第二节　台湾闽南汉族人肤纹[①]

汉族闽南人在台湾人口最多（刘大年 等，1978；连横，1947），他们的祖先从 17 世纪

①研究者：陈尧峰、赖俊宏，慈济大学人类发展研究所；张海国、陆振虞、王铸钢，上海交通大学医学院。

起便由福建南部向台湾迁移（中国大百科全书总编辑委员会《民族》编辑委员会，1986）。

笔者团队于 2003 年 8 月至 2005 年 5 月在台湾实地采样，研究对象为台湾各县市成年的闽南汉族人，其祖父母与外祖父母必须都是闽南人。捺印图是研究闽南人肤纹项目参数的直接素材，在知情同意原则下捺印研究对象的三面指纹与整体掌纹（张海国，2004a）。男性平均年龄为(26.77±9.41)岁，女性为(27.60±13.06)岁，合计平均年龄为(27.18±11.36)岁，全距为 18～71 岁。

肤纹图像的分析依照美国标准+中国版本的规则(Cummins et al, 1943; Schaumann et al, 1976; Mavalwala et al, 1977)，研究的项目品种依据中国肤纹学研究协作组的中国标准（郭汉璧，1991；张海国，2006）。图像数量化后，用自编的肤纹分析软件包进行计算。本部分的统计对比有“显著”和“极显著”的描述，分别以 $P \leqslant 0.05$ 和 $P \leqslant 0.01$ 为临界值（张海国，2006）。

所有分析都以 200 人（男 100 人，女 100 人）为基数（陈尧峰 等，2007b）。

一、指　　纹

（一）指纹频率

男性各手指的指纹频率见表 2-16-13，女性各手指的指纹频率见表 2-16-14，指纹 Lr 型在男性左右手示指和女性左右手示指上显著多于其他手指。

表 2-16-13　闽南人男性各手指的指纹频率（%）（男 100 人）

	男左					男右				
	拇	示	中	环	小	指	示	中	环	小
As	1.00	1.00	1.00	0	1.00	0	4.00	0	1.00	1.00
At	0	2.00	1.00	0	1.00	0	0.00	1.00	1.00	0
Lu	39.00	38.00	54.00	41.00	69.00	37.00	33.00	57.00	32.00	68.00
Lr	1.00	12.00	2.00	2.00	0	0	16.00	1.00	0	0
Ws	47.00	46.00	41.00	55.00	27.00	59.00	46.00	38.00	65.00	31.00
Wd	12.00	1.00	1.00	2.00	2.00	4.00	1.00	3.00	1.00	0

表 2-16-14　闽南人女性各手指的指纹频率（%）（女 100 人）

	女左					女右				
	拇	示	中	环	小	拇	示	中	环	小
As	3.00	6.00	6.00	1.00	2.00	1.00	3.00	2.00	1.00	1.00
At	0	1.00	0	0	0	0	2.00	0	0	0
Lu	46.00	32.00	52.00	36.00	63.00	46.00	47.00	67.00	35.00	65.00
Lr	0	7.00	0	0	0	0	4.00	0	1.00	0
Ws	37.00	52.00	40.00	62.00	34.00	48.00	41.00	29.00	63.00	33.00
Wd	14.00	2.00	2.00	1.00	1.00	5.00	3.00	2.00	0	1.00

男女合计指纹频率见表 2-16-15。

表 2-16-15　闽南人男女合计指纹频率（%）（男 100 人，女 100 人）

	As	At	A	Lu	Lr	L	Ws	Wd	W
男	1.00	0.60	1.60	46.80	3.40	50.20	45.50	2.70	48.20
女	2.60	0.30	2.90	48.90	1.20	50.10	43.90	3.10	47.00
合计	1.80	0.45	2.25	47.85	2.30	50.15	44.70	2.90	47.60

本样本指纹的观察频率 A 为 2.25%，L 为 50.15%，W为 47.60%。

（二）左右同名指纹组合

左右同名指以同类花纹对应组合的期望频率应服从公式：

$$(f_A+f_L+f_W)^2=1$$

A/A、L/L、W/W 的组合在左右同名指对应观察频率显著高于期望频率。A/W 组合的观察频率（0）显著低于期望频率。

左右同名指以同类花纹对应的格局频率见表 2-16-16。

表 2-16-16　闽南人左右同名指以同类花纹对应的格局频率（%）（男 100 人，女 100 人）

左	右			小计
	A	L	W	
A	0.90	1.80	0	2.70
L	0.80	39.80	8.80	49.40
W	0.10	9.30	38.50	47.90
合计	1.80	50.90	47.30	100.00

（三）一手或双手指纹组合

一手 5 指为同类花纹的频率见表 2-16-17，在 200 人的 400 只手中，有 135 只手 5 指为同类花纹，其中 5 指同为 L 的有 69 只手，同为 W 的有 66 只手。双手 10 指为同类花纹的频率见表 2-16-18，在 200 人中，有 43 人双手 10 指为同类花纹，其中双手 10 指同为 L 的有 21 人，同为 W 的为 22 人。

表 2-16-17　闽南人一手 5 指为同类花纹的频率（%）（男 100 人，女 100 人）

	A	L	W
男	0	18.50	16.00
女	0	16.00	17.00
合计	0	17.25	16.50

表 2-16-18　闽南人双手 10 指为同类花纹的频率（%）（男 100 人，女 100 人）

	A	L	W
男	0	12.00	11.00
女	0	9.00	11.00
合计	0	10.50	1　00

（四）TFRC

各手指 RC 的均数和标准差见表 2-16-19，除女性左手为环指 RC 值最高外，其余都是拇指的 RC 值最高。各性别 TFRC 的均数、标准差和标准误见表 2-16-20。

表 2-16-19　闽南人各手指 RC（条）的参数（男 100 人，女 100 人）

		拇	示	中	环	小
男左	$\bar{x}$	16.21	12.25	13.48	15.36	13.35
	s	4.84	6.18	6.37	5.78	5.21
男右	$\bar{x}$	18.59	12.65	12.67	15.09	12.38
	s	4.91	6.17	5.28	5.60	4.71
女左	$\bar{x}$	15.06	12.81	13.98	15.98	13.07
	s	5.33	6.27	6.72	5.97	5.63
女右	$\bar{x}$	17.53	12.80	13.34	16.56	13.60
	s	5.32	6.03	5.63	5.51	5.26
男	$\bar{x}$	17.40	12.45	13.07	15.23	12.86
	s	5.01	6.16	5.85	5.68	4.97
女	$\bar{x}$	16.30	12.81	13.66	16.27	13.34
	s	5.45	6.13	6.19	5.74	5.44
合计	$\bar{x}$	16.85	12.63	13.37	15.75	13.10
	s	5.26	6.14	6.02	5.73	5.21

表 2-16-20　闽南人各性别 TFRC（条）的参数（男 100 人，女 100 人）

	$\bar{x}$	s	$s_{\bar{x}}$		$\bar{x}$	s	$s_{\bar{x}}$
男左	70.65	23.81	7.07	男	142.03	45.19	14.20
男右	71.38	22.18	7.14	女	144.73	47.29	14.47
女左	70.90	25.48	7.09	合计	143.38	46.16	10.14
女右	73.83	22.69	7.38				

（五）斗指纹偏向

本样本有W型指纹 952 枚（47.60%），计算 FRC 时要数出指纹尺侧边和桡侧边的 RC，比较两边 RC 的大小，取大数舍小数。3 种斗两边 RC 差值情况见表 2-16-21，Wb 两边 RC 差值都是≤4 条。W型指纹依偏向取舍 RC 的情况见表 2-16-22，Wu 的 RC 取自桡侧、Wr 的 RC 取自尺侧都显著相关。

表 2-16-21　闽南人 3 种斗两边 RC 差值分布（男 100 人，女 100 人）

	Wu	Wb	Wr	合计
观察频数	645	51	256	952
差值=0 条（%）	3.26	47.06	1.17	5.04
0 条<差值≤4 条（%）	52.25	52.94	55.47	53.15

表 2-16-22　闽南人 3 种斗取 RC 侧别的频数和频率（男 100 人，女 100 人）

	Wu		Wb		Wr	
	频数	频率（%）	频数	频率（%）	频数	频率（%）
取自桡侧	586	90.85	14	27.45	30	11.72
两侧相等	21	3.26	24	47.06	3	1.17
取自尺侧	38	5.89	13	25.49	223	87.11
合计	645	100.00	51	100.00	256	100.00

（六）偏向斗组合

本样本有 385 对手指以 W/W 对应，3 种偏向斗在同名对应指组合格局的观察频率和期望频率的比较见表 2-16-23。Wu/Wr 组合的观察频率显著低于期望频率，同型斗组合的观察频率高于期望频率。

表 2-16-23　闽南人各偏向斗在同名对应指组合格局的观察频率和期望频率（男 100 人，女 100 人）

	Wu/Wu	Wb/Wb	Wr/Wr	Wu/Wb	Wb/Wr	Wu/Wr
观察频率（%）	50.65	1.56	15.06	4.94	3.90	23.90
观察频数	195	6	58	19	15	92
期望频率（%）	45.90	0.29	7.23	7.26	2.88	36.44
期望频数	177	1	28	28	11	140
χ^2	1.503 0	2.306 7	11.008 6	1.4502	0.358 3	13.627 5
P	>0.05	>0.05	<0.01	>0.05	>0.05	<0.01

二、掌　　纹

（一）a-b RC、atd 和 tPD

手掌 a-b RC 的各项参数见表 2-16-24，手掌 atd 角的各项参数见表 2-16-25，手掌 tPD 的各项参数见表 2-16-26。

表 2-16-24　闽南人 a-b RC（条）的参数（男 100 人，女 100 人）

	男左	男右	女左	女右	男	女	合计
$\bar{x}$	39.70	39.84	40.37	40.12	39.77	40.24	40.01
s	4.05	3.90	4.70	4.30	3.97	4.49	4.24
$s_{\bar{x}}$	0.40	0.39	0.47	0.43	0.28	0.32	0.21

表 2-16-25　闽南人 atd（°）的参数（男 100 人，女 100 人）

	男左	男右	女左	女右	男	女	合计
$\bar{x}$	41.81	41.53	43.13	42.23	41.67	42.68	42.18

续表

	男左	男右	女左	女右	男	女	合计
s	4.54	5.03	5.03	4.85	4.78	4.95	4.89
$s_{\bar{x}}$	0.45	0.50	0.50	0.49	0.34	0.35	0.24

表 2-16-26　闽南人 tPD 的参数（男 100 人，女 100 人）

	男左	男右	女左	女右	男	女	合计
$\bar{x}$	15.20	15.07	16.60	15.98	15.14	16.29	15.71
s	5.86	5.89	6.12	6.29	5.86	6.20	6.05
$s_{\bar{x}}$	0.59	0.59	0.61	0.63	0.41	0.44	0.30

（二）大小鱼际、指间区花纹

手掌的大鱼际、小鱼际、指间区都只计算真实花纹的频率，表 2-16-27 列出手大鱼际纹和手小鱼际纹参数，表 2-16-28 是大鱼际真实花纹的对应频率，表 2-16-29 是小鱼际真实花纹的对应频率。指间区真实花纹都是 Ld，指间区真实花纹的参数见表 2-16-30。本样本共有 303 只手有指间Ⅳ区真实花纹（占 75.75%），其中有 258 只（129 对，占个体的 64.50%）呈左右真实花纹对应，指间Ⅳ区真实花纹左右对应观察频率显著高于期望频率。表 2-16-31 是指间Ⅳ区真实花纹对应的频率。

表 2-16-27　闽南人手掌大鱼际纹和小鱼际纹的频率（%）（男 100 人，女 100 人）

		男左	男右	女左	女右	男	女	合计
大鱼际纹	真实花纹	14.00	3.00	14.00	5.00	8.50	9.50	9.00
	非真实纹	86.00	97.00	86.00	95.00	91.50	90.50	91.00
小鱼际纹	真实花纹	25.00	20.00	21.00	16.00	22.50	18.50	20.50
	非真实纹	75.00	80.00	79.00	84.00	77.50	81.50	79.50

表 2-16-28　闽南人大鱼际花纹对应的频率（%）（男 100 人，女 100 人）

	右手真实花纹	右手非真实花纹
左手真实花纹	3.00	11.00
左手非真实花纹	1.00	85.00

表 2-16-29　闽南人小鱼际花纹对应的频率（%）（男 100 人，女 100 人）

	右手真实花纹	右手非真实花纹
左手真实花纹	11.50	11.50
左手非真实花纹	6.50	70.50

表 2-16-30　闽南人手掌的指间区纹的频率（%）（男 100 人，女 100 人）

		男左	男右	女左	女右	男	女	合计
Ⅱ	真实花纹	1.00	2.00	0	2.00	1.50	1.00	1.25
	非真实花纹	99.00	98.00	100.00	98.00	98.50	99.00	98.75
Ⅲ	真实花纹	15.00	30.00	10.00	27.00	22.50	18.50	20.50
	非真实花纹	85.00	70.00	90.00	73.00	77.50	81.50	79.50
Ⅳ	真实花纹	80.00	64.00	86.00	73.00	72.00	79.50	75.75
	非真实花纹	20.00	36.00	14.00	27.00	28.00	20.50	24.25

表 2-16-31　闽南人指间Ⅳ区纹对应的频率（%）（男 100 人，女 100 人）

	右手真实花纹	右手非真实花纹
左手真实花纹	64.50	18.50
左手非真实花纹	4.00	13.00

（三）轴三角、指三角或猿线

表 2-16-32 是闽南人轴三角、指三角、猿线、特殊指间区表型的频率。

表 2-16-32　闽南人轴三角、指三角、猿线、特殊指间区表型的频率（%）（男 100 人，女 100 人）

	男左	男右	女左	女右	男	女	合计
+t	2.00	4.00	4.00	1.00	3.00	2.50	2.75
−t	0	0	0	1.00	0	0.50	0.25
−d	0	0	1.00	0	0	0.50	0.25
−c	8.00	3.00	11.00	9.00	5.50	10.00	7.75
猿线	7.00	12.00	5.00	8.00	9.50	6.50	8.00
Ⅲ2Ld	0	0	0	1.00	0	0.50	0.25
Ⅳ2Ld	2.00	3.00	3.00	1.00	2.50	2.00	2.25
Ⅲ/ⅣLd	3.00	7.00	2.00	3.00	5.00	2.50	3.75

本样本中未见有跨Ⅱ/Ⅲ区的指间区花纹。

台湾闽南汉族人肤纹的特色如下：相对于其他群体，他们的 a-b RC 值及大鱼际、指间Ⅲ区、指间Ⅳ区与小鱼际真实花纹的比例很高，但 TFRC、弓形纹、尺箕、桡箕、斗形纹与指间Ⅱ区真实花纹的比例则居于中间。

第三节　山西汉族人肤纹[①]

笔者团队于 2009 年 3 月至 2009 年 7 月在山西上党地区的长治实地采样，研究对象的祖父母与外祖父母必须都是当地汉族人。捺印图是研究中原汉族人肤纹项目参数的直接素材，在知情同意原则下，捺印研究对象的三面指纹与整体掌纹，并选留符合分析要求的肤纹图。男性平均年龄为（19.35±3.15）岁，女性为（20.63±3.48）岁，合计平均年龄为（19.99±3.38）岁，全距为 6～55 岁。

肤纹图像的分析技术依照美国标准+中国版本，项目品种依据中国肤纹学研究协作组的中国标准。

全部分析以 1000 人（男 500 人，女 500 人）为基数（聂晨霞 等，2011）。

---

①研究者：聂晨霞、车德才、马红莲、赵双、盖东征、裴陆田、王燕莎、张联珠，长治医学院医学生物学教研室；张海国，上海交通大学医学院医学遗传学教研室；武斌，长治市第六中学。

一、指　纹

（一）指纹频率

男性各手指的指纹频率见表2-16-33，女性各手指的指纹频率见表2-16-34。

表2-16-33　山西汉族人男性各手指的指纹频率（%）（男500人）

	男左					男右				
	拇	示	中	环	小	拇	示	中	环	小
As	1.60	0.80	0.40	0	0	0.80	1.40	0.20	0	0
At	0.40	3.20	1.60	0.40	0.40	0.20	1.40	1.40	0	0.40
Lu	41.40	39.80	51.60	32.20	72.40	34.20	36.00	55.00	27.40	59.60
Lr	0.40	9.60	2.60	0.40	0	0.80	10.00	2.40	1.40	0.80
Ws	40.00	42.60	39.20	64.20	25.40	56.20	47.00	38.20	70.20	37.60
Wd	16.20	4.00	4.60	2.80	1.80	7.80	4.20	2.80	1.00	1.60

表2-16-34　山西汉族人女性各手指的指纹频率（%）（女500人）

	女左					女右				
	拇	示	中	环	小	拇	示	中	环	小
As	2.20	1.80	0.40	0.20	0	1.40	1.00	0.60	0.20	0
At	1.40	3.60	2.40	0.40	0.80	0.40	4.00	0.80	0.20	0.40
Lu	44.60	40.60	52.00	36.00	71.80	46.60	42.80	62.40	33.40	66.80
Lr	1.40	7.80	1.20	0.20	0.60	0.20	6.80	0.60	1.60	0.60
Ws	40.20	43.60	41.00	61.80	26.00	41.80	42.80	34.00	63.00	31.80
Wd	10.20	2.60	3.00	1.40	0.80	9.60	2.60	1.60	1.60	0.40

指纹Lr型在男女左右手多出现在示指上。样本中共计有246枚Lr，在示指中有142枚，占57.72%，极显著多于其他手指。男女合计指纹频率见表2-16-35。

表2-16-35　山西汉族人男女合计指纹频率（%）（男500人，女500人）

	As	At	A	Lu	Lr	L	Ws	Wd	W
男	0.52	0.94	1.46	44.96	2.84	47.80	46.06	4.68	50.74
女	0.78	1.44	2.22	49.70	2.10	51.80	42.60	3.38	45.98
合计	0.65	1.19	1.84	47.33	2.47	49.80	44.33	4.03	48.36

（二）指纹组合

左右同名指以同类花纹对应的格局频率见表2-16-36。

表 2-16-36 山西汉族人左右同名指以同类花纹对应的格局频率（%）（男 500 人，女 500 人）

左	右			小计
	A	L	W	
A	0.72	1.40	0.08	2.20
L	0.70	39.56	10.40	50.66
W	0.06	7.98	39.10	47.14
合计	1.48	48.94	49.58	100.00

本样本指纹的观察频率 A 为 1.84%，L 为 49.67%，W为 48.49%。左右同名指以同类花纹对应组合的期望频率应服从公式：

$$(f_A+f_L+f_W)^2=1$$

A/A、L/L、W/W 的组合在左右同名指对应观察频率显著高于期望频率，表现为同类花纹组合的亲和性。

一手 5 指为同类花纹的频率见表 2-16-37。

表 2-16-37 山西汉族人一手 5 指 3 花 21 种组合格局的观察频率和期望频率的对比（男 500 人，女 500 人）

序号	5 指组合格局			观察系数	男观察频率（%）	男期望频率（%）	男 χ^2	女观察频率（%）	女期望频率（%）	女 χ^2
	A	L	W							
1	0	0	5	1	16.70	3.363 2	**	14.90	2.055 2	**
2	0	1	4	5	17.90	15.841 6		16.00	11.576 5	**
3	0	2	3	10	16.10	29.847 5	**	13.40	26.083 5	**
4	0	3	2	10	15.30	28.118 1	**	16.40	29.385 1	**
5	0	4	1	5	15.30	13.244 4		14.60	16.552 3	
6	0	5	0	1	12.80	2.495 4	**	16.40	3.729 5	**
7	1	0	4	5	0.10	0.483 9		0	0.496 1	
8	1	1	3	20	0.50	1.823 3	*	0.40	2.235 7	**
9	1	2	2	30	0.30	2.576 5	**	0.10	3.778 1	**
10	1	3	1	20	1.70	1.618 1		1.80	2.837 5	
11	1	4	0	5	2.10	0.381 1	**	4.10	0.799 2	**
12	2	0	3	10	0	0.027 8		0	0.047 9	
13	2	1	2	30	0	0.078 7		0.10	0.161 9	
14	2	2	1	30	0.10	0.074 1		0.40	0.182 4	
15	2	3	0	10	0.90	0.023 3	*	0.70	0.068 5	
16	3	0	2	10	0	0.000 8	**	0	0.002 3	**
17	3	1	1	20	0.10	0.001 5		0	0.005 2	**
18	3	2	0	10	0.10	0.000 7		0.60	0.002 9	*
19	4	0	1	5	0	0.000 0		0	0.000 1	**
20	4	1	0	5	0	0.000 0	**	0	0.000 1	**
21	5	0	0	1	0	0.000 0	**	0.10	0.000 0	
合计				243	100.00	100.000 0		100.00	100.000 0	

*$P<0.05$，**$P<0.01$；当观察频率为 0 且期望频率（%）$<10^{-3}$时，不做 χ^2 对比。

1000 人的 2000 只手中，有 609 只手 5 指为同类花纹，其中 5 指同为 L 的有 292 只手，同为 W 的有 316 只手，同为 A 的有 1 只手。

双手 10 指为同类花纹的频率见表 2-16-38，在 1000 人中，有 183 人双手 10 指为同类花纹，其中双手 10 指同为 L 的有 95 人，同为 W 的为 88 人，未见 10 指全 A 者。

表 2-16-38　山西汉族人双手 10 指 3 花 66 种组合格局的观察频率和期望频率的对比（男 500 人，女 500 人）

序号	10 指组合格局			观察系数	男观察频率（%）	男期望频率（%）	男 χ^2	女观察频率（%）	女期望频率（%）	女 χ^2
	A	L	W							
1	0	0	10	1	9.60	0.113 1	**	9.40	0.042 2	**
2	0	1	9	10	9.00	1.065 6	**	8.40	0.475 8	**
3	0	2	8	45	10.60	4.517 2	**	9.20	2.412 3	**
4	0	3	7	120	9.20	11.348 2		6.00	7.246 9	
5	0	4	6	210	7.80	18.708 3	**	7.00	14.287 4	**
6	0	5	5	252	10.00	21.149 1	**	7.00	19.315 2	**
7	0	6	4	210	6.20	16.603 1	**	10.00	18.133 2	**
8	0	7	3	120	8.60	8.937 7		8.40	11.673 4	
9	0	8	2	45	7.20	3.157 5	**	6.00	4.931 6	
10	0	9	1	10	4.60	0.661 0	**	6.60	1.234 6	**
11	0	10	0	1	8.20	0.062 3	**	9.40	0.139 1	**
12	1	0	9	10	0.20	0.032 5		0	0.020 4	**
13	1	1	8	90	0	0.275 9		0	0.206 8	
14	1	2	7	360	0	1.039 8		0.40	0.931 7	
15	1	3	6	840	0	2.285 7	**	0	2.449 3	**
16	1	4	5	1 260	0.40	3.229 9	**	0	4.138 9	**
17	1	5	4	1 260	1.00	3.042 7	*	0.40	4.662 8	**
18	1	6	3	840	0.60	1.911 0		1.20	3.502 0	*
19	1	7	2	360	1.00	0.771 5		0.80	1.690 8	
20	1	8	1	90	0.60	0.181 7		1.00	0.476 2	
21	1	9	0	10	2.00	0.019 0	**	3.80	0.059 6	**
22	2	0	8	45	0	0.004 2	**	0	0.004 4	**
23	2	1	7	360	0	0.031 8	*	0	0.039 9	
24	2	2	6	1 260	0	0.104 7		0	0.157 5	
25	2	3	5	2 520	0.20	0.197 3		0	0.354 8	
26	2	4	4	3 150	0	0.232 3		0	0.499 6	
27	2	5	3	2 520	0	0.175 1		0.20	0.450 3	
28	2	6	2	1 260	0.20	0.082 5		0.20	0.253 6	
29	2	7	1	360	0.40	0.022 2		0.60	0.081 6	
30	2	8	0	45	1.00	0.002 6		1.80	0.011 5	**
31	3	0	7	120	0	0.000 3	**	0	0.000 6	**
32	3	1	6	840	0	0.002 1	**	0	0.004 5	**

续表

序号	10 指组合格局			观察系数	男观察频率（%）	男期望频率（%）	男 χ^2	女观察频率（%）	女期望频率（%）	女 χ^2
	A	L	W							
33	3	2	5	2 520	0	0.006 0	**	0	0.015 2	**
34	3	3	4	4 200	0	0.009 5	**	0	0.028 5	*
35	3	4	3	4 200	0	0.008 9	**	0.20	0.032 2	
36	3	5	2	2 520	0	0.005 0	**	0.40	0.021 7	
37	3	6	1	840	0.60	0.001 6		0.20	0.008 2	
38	3	7	0	120	0.20	0.000 2		0.60	0.001 3	
39	4	0	6	210	0	0		0	0	
40	4	1	5	1 260	0	0.000 1		0	0.000 3	**
41	4	2	4	3 150	0	0.000 2	**	0	0.000 9	**
42	4	3	3	4 200	0	0.000 3	**	0	0.001 4	**
43	4	4	2	3 150	0	0.000 2	**	0	0.001 2	**
44	4	5	1	1 260	0	0.000 1		0	0.000 5	**
45	4	6	0	210	0.40	0		0.20	0.000 1	
46	5	0	5	252	0	0		0	0	
47	5	1	4	1 260	0	0		0	0	
48	5	2	3	2 520	0	0		0	0	
49	5	3	2	2 520	0	0		0	0	
50	5	4	1	1 260	0	0		0	0	
51	5	5	0	252	0	0		0	0	
52	6	0	4	210	0	0		0	0	
53	6	1	3	840	0	0		0	0	
54	6	2	2	1 260	0	0		0	0	
55	6	3	1	840	0.20	0		0	0	
56	6	4	0	210	0	0		0.40	0	
57	7	0	3	120	0	0		0	0	
58	7	1	2	360	0	0		0	0	
59	7	2	1	360	0	0		0	0	
60	7	3	0	120	0	0		0	0	
61	8	0	2	45	0	0		0	0	
62	8	1	1	90	0	0		0	0	
63	8	2	0	45	0	0		0.20	0	
64	9	0	1	10	0	0		0	0	
65	9	1	0	10	0	0		0	0	
66	10	0	0	1	0	0		0	0	
合计				59 049	100.00	100.000 0		100.00	100.000 0	

*$P<0.05$，**$P<0.01$；当观察频率为 0 且期望频率（%）$<10^{-3}$ 时，不做 χ^2 对比。

把 5 指 3 花或 10 指 3 花的组合格局参数代入公式，可以求出特定组合格局的系数和频率。公式如下：

$$\frac{n!}{p!q!r!}a^p b^q c^r$$

式中，n 为总手指数，p、q、r 分别是一种组合中 A、L、W 的具体格局，a、b、c 分别为指纹 A、L、W 的观察频率。

对表 2-16-37 中的一手 5 指、表 2-16-38 中的双手 10 指出现同类花纹的观察频率和期望频率进行差异显著性检验，都显示观察频率极显著高于期望频率，表现出指纹有同样花纹组合的亲和性。

（三）TFRC

各手指 TFRC 的均数和标准差见表 2-16-39。男性右拇指的 RC 值最高，男性拇指和女性环指的 RC 值最高。各性别 TFRC 的均数、标准差和标准误见表 2-16-40。

表 2-16-39　山西汉族人各手指 RC（条）的均数和标准差（男 500 人，女 500 人）

		拇	示	中	环	小
男	$\bar{x}$	17.85	12.81	13.70	16.26	12.26
	s	5.70	5.76	5.63	5.09	4.39
女	$\bar{x}$	15.25	12.03	13.36	15.64	11.49
	s	6.18	6.33	6.10	5.51	4.99

表 2-16-40　山西汉族人各性别 TFRC（条）的参数（男 500 人，女 500 人）

	$\bar{x}$	s	$s_{\bar{x}}$
男	145.78	41.10	1.84
女	135.55	47.00	2.10
合计	140.67	44.43	1.41

本样本 1000 人的 TFRC 是（140.67±44.43）条。

（四）斗指纹偏向

Wr 犹如 Lr 开口朝向桡侧，也像 Lr 一样在示指显著多于其他手指。样本中有 904 枚 Wr，在示指上出现 380 枚，占 42.04%（表 2-16-41），极显著多于其他手指，示指有桡偏现象。

表 2-16-41　山西汉族人各指纹的 3 种 W 的分布频数（男 500 人，女 500 人）

	拇	示	中	环	小	合计
Wu	636	255	337	652	433	2 313
Wb	334	311	308	511	155	1 619
Wr	140	380	178	167	39	904
合计	1 110	946	823	1 330	627	4 836

计算 FRC 时要数出指纹尺侧边和桡侧边的 RC，比较两边 RC 的大小，取大数舍小数。3 种斗两边 RC 差值情况见表 2-16-42，70.62%的 Wb 两边 RC 差值≤4 条。

表 2-16-42　山西汉族人 3 种斗两边 RC 差值分布（男 500 人，女 500 人）

	Wu	Wb	Wr	合计
观察频数	2 313	1 619	904	4 836
差值=0 条（%）	2.84	17.19	3.51	7.85
0 条<差值≤4 条(%)	47.83	70.62	48.98	55.81

W类指纹依偏向取舍 RC 的情况见表 2-16-43，Wu 的 RC 取自桡侧、Wr 的 RC 取自尺侧都显著相关。

表 2-16-43　山西汉族人 3 种斗取 RC 侧别的频数和频率（男 500 人，女 500 人）

	Wu		Wb		Wr	
	频数	频率（%）	频数	频率（%）	频数	频率（%）
取自桡侧	2 095	90.53	724	44.50	77	8.51
两侧相等	66	2.84	279	17.19	32	3.50
取自尺侧	152	6.63	616	38.31	795	87.99
合计	2 313	100.00	1 619	100.00	904	100.00

（五）偏向斗组合

本样本有 1956 对手指以 W/W 对应 Wu、Wb、Wr。3 种偏向斗在同名对应指组合格局的观察频率和期望频率的比较见表 2-16-44。Wu/Wr 组合的观察频率显著低于期望频率，同型斗组合的观察频率高于期望频率。

表 2-16-44　山西汉族人各偏向斗在同名对应指组合格局的观察频率和期望频率（男 500 人，女 500 人）

	Wu/Wu	Wb/Wb	Wr/Wr	Wu/Wb	Wb/Wr	Wu/Wr
观察频数	520	314	144	533	226	219
观察频率（%）	26.5	16.5	7.5	27.0	11.5	11.0
期望频数	430	245	68	626	254	333
期望频率（%）	22.0	12.5	3.5	32.0	13.0	17.0
P	**	*	**	*		**

*$P<0.05$；**$P<0.01$。

二、掌　纹

（一）a-b RC、atd、at′d、tPD、t′PD

手掌 a-b RC、atd 和 tPD 的各项参数等见表 2-16-45。

表 2-16-45　山西汉族人 a-b RC、atd、at′d、tPD、t′PD 的参数（男 500 人，女 500 人）

		男左	男右	女左	女右	男	女	合计
a-b RC（条）	$\bar{x}$	38.40	37.84	38.27	37.75	38.12	38.01	38.06
	s	4.48	5.09	4.57	4.83	4.80	4.71	4.76

续表

		男左	男右	女左	女右	男	女	合计
atd（°）	$\bar{x}$	40.32	40.11	41.62	41.31	40.22	41.47	40.84
	s	4.20	3.98	4.39	4.42	4.09	4.41	4.29
at′d（°）	$\bar{x}$	40.50	40.36	42.05	41.57	40.43	41.81	41.12
	s	4.52	4.38	4.87	4.67	4.45	4.78	4.66
tPD	$\bar{x}$	17.02	16.95	17.24	17.08	16.99	17.16	17.07
	s	5.28	5.34	5.62	5.78	5.30	5.70	5.50
t′PD	$\bar{x}$	17.26	17.27	17.84	17.45	17.27	17.64	17.45
	s	5.61	5.74	6.31	6.09	5.67	6.20	5.94

注：有 t′为多轴三角。

（二）大小鱼际纹、指间区纹

手掌的大小鱼际纹、指间区纹都只计算真实花纹的频率，手大小鱼际纹、指间区纹的频率等见表 2-16-46。

表 2-16-46　山西汉族人手掌大鱼际纹、指间区纹、小鱼际纹频率（%）（男 500 人，女 500 人）

	男左	男右	女左	女右	男	女	合计
T/ Ⅰ	21.00	6.20	12.80	3.80	13.60	8.30	10.95
Ⅱ	0.80	2.80	0	1.40	1.80	0.70	1.25
Ⅲ	12.80	32.80	8.40	24.40	22.80	16.40	19.60
Ⅳ	77.80	66.00	80.60	73.20	71.90	76.90	74.40
H	16.40	17.00	27.40	21.40	16.70	24.40	20.55

本样本共有 1488 只手有指间Ⅳ区真实花纹（占 74.40%），其中有 1238 只（619 对，占个体的 61.90%）呈左右真实花纹对应组合，指间Ⅳ区真实花纹左右对应组合观察频率显著高于期望频率。大小鱼际纹和指间区纹的对应组合频率见表 2-16-47。

表 2-16-47　山西汉族人大小鱼际纹、指间Ⅳ区纹对应的频率（%）（男 500 人，女 500 人）

左	右					
	大鱼际		小鱼际		指间Ⅳ区	
	非真实花纹	真实花纹	非真实花纹	真实花纹	非真实花纹	真实花纹
非真实花纹	82.60	0.50	71.20	6.90	13.10	7.70
真实花纹	12.40	4.50	9.60	12.30	17.30	61.90

（三）轴三角、指三角、猿线和特殊指间区表型

中原汉族人样本中未见有跨Ⅱ/Ⅲ区的指间区真实花纹，见有三角的–t 现象。轴三角、指三角、猿线和特殊指间区表型的频率等见表 2-16-48。+t、–c、猿线和跨Ⅲ/Ⅳ区花纹的对应组合频率见表 2-16-49。中原汉族人左手跨Ⅲ/Ⅳ区类帐弓花纹与右手Ⅲ区真实花纹的对应组合频率见表 2-16-50，两种阳性花纹对应的观察频率为 4.40%，而期望

频率是 2.57%。

表 2-16-48　山西汉族人手掌轴三角、指三角、猿线和特殊指间区的频率（%）（男 500 人，女 500 人）

	男左	男右	女左	女右	男	女	合计
−d	0.40	0	0.60	0.60	0.20	0.60	0.40
−t	0	0	0.20	0.20	0	0.20	0.10
+t	1.80	2.00	4.00	2.00	1.90	3.00	2.45
−c	4.80	4.00	6.00	3.00	4.40	4.50	4.45
猿线	6.00	4.80	2.60	2.60	5.40	2.60	4.00
Ⅳ2L	4.60	0.60	4.20	0.80	2.60	2.50	2.55
Ⅲ/ⅣLd	9.20	4.40	7.80	5.60	6.80	6.70	6.75

表 2-16-49　山西汉族人+t、−c、猿线和跨Ⅲ/Ⅳ区类帐弓花纹的对应组合频率（%）（男 500 人，女 500 人）

左	右							
	+t		−c		猿线		跨Ⅲ/Ⅳ区类帐弓花纹	
	非真实花纹	真实花纹	非真实花纹	真实花纹	非真实花纹	真实花纹	无花纹	有花纹
非真实花纹/无花纹	95.70	1.40	93.20	1.40	94.00	1.70	87.70	3.80
真实花纹/有花纹	2.30	0.60	3.30	2.10	2.30	2.00	7.30	1.20

表 2-16-50　山西汉族人左手跨Ⅲ/Ⅳ区类帐弓花纹与右手Ⅲ区真实花纹的对应组合频率（%）（男 500 人，女 500 人）

		右手Ⅲ区真实花纹	
		阴性（−）	阳性（+）
左手跨Ⅲ/Ⅳ区类帐弓花纹	阴性（−）	66.80	24.20
	阳性（+）	4.60	4.40

第四节　上海汉族人肤纹①

研究对象为来自上海第二医科大学的在读大学生、上海第二医科大学附属新华卫校的学生，三代都是汉族人，其父母祖籍都是上海人的仅占 14%，身体健康，无家族性遗传病，男生平均年龄 22.15 岁，女生平均年龄 19.87 岁，样本平均年龄 21.01 岁（15～32 岁）。

以黑色油墨捺印法捺印研究对象的指纹、掌纹和足纹。

所有的分析都以 1040 人（男 520 人，女 520 人）为基数（张海国 等，1981；张海国 等，1982；Zhang et al，1982），以 ALDOL60 计算机程序进行汉族肤纹研究（吉林大学数学系计算数学教研室，1976）。

①研究者：张海国、王伟成、许玲娣、杨珏琴、赵煜萍、董建中、陈仁彪，上海第二医科大学医学遗传学教研室；陈雪娟、苏炳华，上海第二医科大学数学教研室。

一、指　纹

（一）指纹频率

男性各手指的指纹频数见表2-16-51，女性各手指的指纹频数见表2-16-52。

表2-16-51　上海汉族男性各手指的指纹频数（男520人）

	男左					男右				
	拇	示	中	环	小	拇	示	中	环	小
As	15	11	9	3	5	10	9	7	1	3
At	0	4	2	0	2	0	4	2	1	1
Lu	177	187	270	156	365	153	152	267	131	311
Lr	4	42	5	3	0	3	67	8	1	1
Ws	231	250	216	335	129	309	253	224	379	201
Wd	93	26	18	23	19	45	35	12	7	3
合计	520	520	520	520	520	520	520	520	520	520

表2-16-52　上海汉族女性各手指的指纹频数（女520人）

	女左					女右				
	拇	示	中	环	小	拇	示	中	环	小
As	17	19	15	5	5	12	12	10	2	6
At	0	5	8	0	1	0	7	0	0	0
Lu	201	178	253	200	383	202	204	315	169	370
Lr	8	47	8	1	3	0	39	6	7	1
Ws	227	247	219	305	123	250	239	181	338	141
Wd	67	24	17	9	5	56	19	8	4	2
合计	520	520	520	520	520	520	520	520	520	520

男性各手指的指纹频率见表2-16-53，女性各手指的指纹频率见表2-16-54。

表2-16-53　上海汉族男性各手指的指纹频率（%）（男520人）

	男左					男右				
	拇	示	中	环	小	拇	示	中	环	小
As	2.88	2.11	1.73	0.58	0.96	1.92	1.73	1.35	0.19	0.58
At	0	0.77	0.39	0	0.39	0	0.77	0.38	0.19	0.19
Lu	34.04	35.96	51.92	30.00	70.19	29.42	29.23	51.34	25.19	59.81
Lr	0.77	8.08	0.96	0.58	0	0.58	12.89	1.54	0.19	0.19
Ws	44.42	48.08	41.54	64.42	24.81	59.42	48.65	43.08	72.89	38.65
Wd	17.89	5.00	3.46	4.42	3.65	8.66	6.73	2.31	1.35	0.58

表 2-16-54　上海汉族女性各手指的指纹频率（%）(女 520 人)

	女左					女右				
	拇	示	中	环	小	拇	示	中	环	小
As	3.27	3.65	2.88	0.96	0.96	2.31	2.31	1.92	0.38	1.15
At	0	0.96	1.54	0	0.19	0	1.35	0	0	0
Lu	38.65	34.23	48.65	38.46	73.66	38.84	39.23	60.58	32.50	71.15
Lr	1.54	9.04	1.54	0.19	0.58	0	7.50	1.15	1.35	0.19
Ws	43.65	47.50	42.12	58.66	23.65	48.08	45.96	34.81	65.00	27.12
Wd	12.89	4.62	3.27	1.73	0.96	10.77	3.65	1.54	0.77	0.39

男女各手指的指纹频率，Wd 多见于拇指，Lr 多见于示指，Ws 多见于环指，Lu 多见于小指。

男女合计指纹频数见表 2-16-55。

表 2-16-55　上海汉族男女合计指纹频数（男 520 人，女 520 人）

	As	At	Lu	Lr	Ws	Wd
男左	43	8	1 155	54	1 161	179
男右	30	8	1 014	80	1 366	102
女左	61	14	1 215	67	1 121	122
女右	42	7	1 260	53	1 149	89
男	73	16	2 169	134	2 527	281
女	103	21	2 475	120	2 270	211
合计	176	37	4 644	254	4 797	492

汉族男女合计指纹频率见表 2-16-56。

表 2-16-56　上海汉族男女合计指纹频率（%）(男 520 人，女 520 人)

	As	At	Lu	Lr	Ws	Wd
男左	1.653 8	0.307 7	44.423 1	2.076 9	44.653 9	6.884 6
男右	1.153 8	0.307 7	39.000 0	3.076 9	52.538 5	3.923 1
女左	2.346 1	0.538 5	46.730 8	2.576 9	43.115 4	4.692 3
女右	1.615 4	0.269 2	48.461 5	2.038 5	44.192 3	3.423 1
男	1.403 8	0.307 7	41.711 5	2.576 9	48.596 2	5.403 9
女	1.980 8	0.403 8	47.596 2	2.307 7	43.653 8	4.057 7
合计	1.692 3	0.355 8	44.653 8	2.442 3	46.125 0	4.730 8

4 种指纹频率见表 2-16-57。

表 2-16-57　上海汉族 4 种指纹频率（%）和标准误（男 520 人，女 520 人）

	A	Lu	Lr	W
指纹频率	2.05	44.65	2.44	50.86
s_p	0.14	0.49	0.15	0.49

（二）指纹组合

1040 人 5200 对左右同名指的组合格局频率见表 2-16-58。

表 2-16-58　上海汉族左右同名指的组合格局频率（男 520 人，女 520 人）

	A/A	A/L	A/W	L/L	L/W	W/W
观察频率（%）	0.88	2.25	0.08	36.44	19.06	41.29
期望频率（%）	0.04	1.93	2.09	22.18	47.91	25.87
P	<0.001	>0.05	<0.001	<0.001	<0.001	<0.001

观察左右同名指组合格局中 A/A、L/L、W/W 都显著增多，它们各自的观察频率和期望频率的差异显著性检验均为 $P<0.001$。A/W 的观察频率与期望频率之间也有显著性差异（$P<0.001$），提示 A 与 W 的不相容现象。

当花纹种类数为 3（n=3），手指数为 5（r=5）时，一手 3 花 5 指组合数按如下公式计算：

$$C_{n+r-1}^{r}=\frac{(n+r-1)!}{r!(n-1)!}=\frac{(3+5-1)!}{5!(3-1)!}=\frac{7!}{5!2!}=\frac{7\times6\times5\times4\times3\times2\times1}{5\times4\times3\times2\times1\times2\times1}=21$$

一手 5 指组合 21 种格局的观察频率和期望频率见表 2-16-59。

表 2-16-59　上海汉族一手 5 指的组合格局频率和对比（男 520 人，女 520 人）

序号	5 指组合格局			观察频数			观察频率（%）	期望频率（%）	期望频率系数	χ^2
	A	L	W	男	女	合计				
1	0	0	5	206	139	345	16.57	3.401 3	1	**
2	0	1	4	191	179	370	17.79	15.751 4	5	**
3	0	2	3	159	167	326	15.67	29.173 8	10	
4	0	3	2	172	172	344	16.54	27.017 1	10	**
5	0	4	1	150	164	314	15.10	12.509 9	5	**
6	0	5	0	98	139	237	11.39	2.317 0	1	**
7	1	0	4	1	1	2	0.10	0.685 0	5	*
8	1	1	3	3	3	6	0.29	2.537 4	20	**
9	1	2	2	7	10	17	0.82	3.524 7	30	**
10	1	3	1	14	22	36	1.73	2.176 1	20	
11	1	4	0	25	16	41	1.97	0.503 8	5	**
12	2	0	3	0	0	0	0	0.055 2	10	*
13	2	1	2	0	0	0	0	0.153 3	30	*
14	2	2	1	1	6	7	0.34	0.142 0	30	
15	2	3	0	5	11	16	0.77	0.043 8	10	**
16	3	0	2	0	0	0	0	0.002 2	10	**
17	3	1	1	1	0	1	0.05	0.004 1	20	
18	3	2	0	4	7	11	0.53	0.001 9	10	**
19	4	0	1	0	0	0	0	4.47×10^{-5}	5	**
20	4	1	0	3	3	6	0.29	4.14×10^{-5}	5	*
21	5	0	0	0	1	1	0.05	3.60×10^{-7}	1	
合计				1 040	1 040	2 080	100.00	100.000 0	243	

*$P<0.05$，示差异显著；**$P<0.01$，示差异极显著。

一手 5 指为同一种花纹的观察频率和期望频率之间有明显的差异，即观察频率明显增多（$P<0.001$）。一手 5 指的异型组合 AOW、ALW 的观察频率明显减少，表现为 A 与 W 组合的不相容。

双手 10 指的组合数按如下公式计算：

$$C_{n+r-1}^{r}=\frac{(n+r-1)!}{r!(n-1)!}=\frac{(3+10-1)!}{10!(3-1)!}=\frac{12!}{10!2!}$$
$$=\frac{12\times11\times10\times9\times8\times7\times6\times5\times4\times3\times2\times1}{10\times9\times8\times7\times6\times5\times4\times3\times2\times1\times2\times1}=66$$

各组合期望频率的系数根据多项式通式求得

$$(a+b+c\cdots\cdots z)^{n}=1$$

各组合系数通式为

$$\frac{n!}{p!q!r!\cdots\cdots s!}\ a^{p}b^{q}c^{r}\cdots\cdots z^{s}$$

如果要求双手 10 指的组合是 L A L L W L L L W W，由 1A 6L 3W 组成，此种组合格局可写为 $A^1L^6W^3$，公式中 n=10 为求 10 指组合，p=1 为有 1 个 A 或 A 的指数是 1，q=6 为有 6 个 L 或 L 的指数是 6，r=3 为有 3 个 W 或 W 的指数是 3，将指数值代入公式，有

$$\frac{10!}{1!6!3!}\ A^1L^6W^3=\frac{10\times9\times8\times7\times6\times5\times4\times3\times2\times1}{1\times6\times5\times4\times3\times2\times1\times3\times2\times1}A^1L^6W^3=840A^1L^6W^3$$

求得系数为 840，其中频率 A=2.0481%，L=47.0961%，W=50.8558%，解算式：

$$840A^1L^6W^3=840\times0.020\,481\times0.470\,961^6\times0.508\,558^3\approx0.024\,693$$

$A^1L^6W^3$ 的期望频率为 0.024 693×100%=2.4693%。

10 指 3 花排列的数目就是组合系数之和 59 049，也可由排列公式：3^{10}=59 049 算得。

汉族双手 10 指 66 种组合格局的观察频率、期望频率和它们的 χ^2 对比情况见表 2-16-60。

表 2-16-60　上海汉族双手 10 指 3 种花纹的组合格局频率和对比（男 520 人，女 520 人）

序号	10 指组合格局			观察频数			观察频率（%）	期望频率（%）	期望频率系数	χ^2
	A	L	W	男	女	合计				
1	0	0	10	62	41	103	9.90	0.115 7	1	**
2	0	1	9	62	42	104	10.00	1.071 6	10	**
3	0	2	8	47	46	93	8.93	4.465 1	45	**
4	0	3	7	42	41	83	7.98	11.028 7	120	*
5	0	4	6	44	48	92	8.85	17.873 3	210	**
6	0	5	5	47	47	94	9.04	19.862 4	252	**
7	0	6	4	40	40	80	7.69	15.328 4	210	**
8	0	7	3	47	46	93	8.94	8.111 5	120	
9	0	8	2	39	43	82	7.88	2.817 0	45	**
10	0	9	1	17	28	45	4.33	0.579 7	10	**
11	0	10	0	29	38	67	6.44	0.053 7	1	**
12	1	0	9	0	0	0	0	0.046 6	10	*
13	1	1	8	0	1	1	0.10	0.388 4	90	

续表

序号	10指组合格局			观察频数			观察频率（%）	期望频率（%）	期望频率系数	χ^2
	A	L	W	男	女	合计				
14	1	2	7	0	0	0	0	1.438 8	360	**
15	1	3	6	0	1	1	0.10	3.109 1	840	**
16	1	4	5	2	2	4	0.38	4.318 8	1 260	**
17	1	5	4	4	6	10	0.96	3.999 6	1 260	**
18	1	6	3	0	3	3	0.29	2.469 3	840	**
19	1	7	2	4	9	13	1.25	0.980 0	360	
20	1	8	1	6	7	13	1.25	0.226 9	90	*
21	1	9	0	8	4	12	1.15	0.023 3	10	**
22	2	0	8	0	0	0	0	0.008 4	45	**
23	2	1	7	1	0	1	0.10	0.062 6	360	
24	2	2	6	0	0	0	0	0.202 8	1 260	*
25	2	3	5	1	0	1	0.10	0.375 6	2 520	
26	2	4	4	0	0	0	0	0.434 8	3 150	**
27	2	5	3	1	0	1	0.10	0.322 1	2 520	
28	2	6	2	3	5	8	0.77	0.149 2	1 260	
29	2	7	1	2	5	7	0.67	0.039 5	360	*
30	2	8	0	3	3	6	0.58	0.004 6	45	*
31	3	0	7	0	0	0	0	0.000 9	120	**
32	3	1	6	0	0	0	0	0.005 9	840	**
33	3	2	5	0	0	0	0	0.016 3	2 520	**
34	3	3	4	0	0	0	0	0.025 2	4 200	*
35	3	4	3	0	0	0	0	0.023 3	4 200	*
36	3	5	2	0	0	0	0	0.013 0	2 520	**
37	3	6	1	0	1	1	0.10	0.004 0	840	
38	3	7	0	2	4	6	0.58	0.000 5	120	*
39	4	0	6	0	0	0	0	0.000 1	210	**
40	4	1	5	0	0	0	0	0.000 4	1 260	**
41	4	2	4	0	0	0	0	0.000 8	3 150	**
42	4	3	3	0	0	0	0	0.001 0	4 200	**
43	4	4	2	0	1	1	0.10	0.000 7	3 150	
44	4	5	1	0	1	1	0.10	0.000 3	1 260	
45	4	6	0	2	1	3	0.29	4.03×10^{-5}	210	
46	5	0	5	0	0	0	0	3.09×10^{-6}	252	**
47	5	1	4	0	0	0	0	1.43×10^{-5}	1 260	**
48	5	2	3	0	0	0	0	2.65×10^{-5}	2 520	**
49	5	3	2	1	0	1	0.10	2.45×10^{-5}	2 520	
50	5	4	1	0	2	2	0.19	1.14×10^{-5}	1 260	

续表

序号	10指组合格局			观察频数			观察频率（%）	期望频率（%）	期望频率系数	χ^2
	A	L	W	男	女	合计				
51	5	5	0	2	0	2	0.19	2.10×10^{-6}	252	
52	6	0	4	0	0	0	0	1.04×10^{-7}	210	**
53	6	1	3	0	0	0	0	3.84×10^{-7}	840	**
54	6	2	2	0	0	0	0	5.33×10^{-7}	1 260	**
55	6	3	1	0	0	0	0	3.29×10^{-7}	840	**
56	6	4	0	1	1	2	0.19	7.63×10^{-8}	210	
57	7	0	3	0	0	0	0	2.39×10^{-9}	120	**
58	7	1	2	0	0	0	0	6.63×10^{-9}	360	**
59	7	2	1	0	0	0	0	6.14×10^{-9}	360	**
60	7	3	0	0	2	2	0.19	1.89×10^{-9}	120	
61	8	0	2	0	0	0	0	3.60×10^{-11}	45	**
62	8	1	1	0	0	0	0	6.67×10^{-11}	90	**
63	8	2	0	1	1	2	0.19	3.09×10^{-11}	45	
64	9	0	1	0	0	0	0	3.22×10^{-13}	10	**
65	9	1	0	0	0	0	0	2.99×10^{-13}	10	**
66	10	0	0	0	0	0	0	1.30×10^{-13}	1	**
合计				520	520	1040	100.00	100.000 0	59 049	

*$P<0.05$，示差异显著，**$P<0.01$，示差异极显著。

本样本中10指全为W者103人（9.90%），10指全为L者67人（6.44%），观察频率都显著高于期望频率（$P<0.01$）。未见10指全A者。

（三）TFRC

各指别FRC均数见表2-16-61。

表2-16-61　上海汉族各指别FRC均数（条）（男520人，女520人）

	拇	示	中	环	小	合计
男左	16.84	13.06	14.29	16.78	13.47	14.88
男右	18.38	13.46	14.46	16.21	12.84	14.87
女左	14.74	12.67	13.23	15.63	12.34	13.72
女右	16.35	12.65	13.01	15.65	12.17	13.97

拇指和环指的FRC均数较高，中指居中，示指和小指则较低。女性左手环指FRC均数占左手各指首位，男性左右手及女性右手拇指的FRC均数都占第1位。

本样本有W 5289个，得FRC均数为17.15条；L 4898个，得FRC均数为11.88条。W的FRC均数高于L。

（四）各侧别性别和合计的 TFRC

各侧别性别和合计的 TFRC 各参数见表 2-16-62。

表 2-16-62　上海汉族各侧别性别和合计的 TFRC 各参数（男 520 人，女 520 人）

	$\bar{x}$（条）	s（条）	$s_{\bar{x}}$（条）	t_{g1}	t_{g2}
男左	74.43	21.55	0.94	−5.62	3.25
男右	74.37	20.99	0.92	−4.66	2.47
女左	68.62	21.39	0.94	−4.41	−0.26
女右	69.84	20.22	0.89	−4.36	0.51
男	148.80	42.53	1.86	−5.14	2.83
女	138.46	41.59	1.82	−4.37	0.04
合计	143.63	42.36	1.31	−6.47	1.83

对男性左右手的 TFRC 均数做差异显著性检验，t=0.05，P＞005，差异不显著；对女性左右手的 TFRC 均数做差异显著性检验，t=0.95，P＞005，差异也不显著；男性 TFRC（148.80 条）与女性 TFRC（138.46 条）有显著性差异（P＜0.01）。

各侧别性别和合计的对称度 t_{g1} 都是绝对值大于 2 的负值，表明分布曲线为负偏态。男性左手、右手及男性峰度 t_{g2} 为大于 2 的正值，表明曲线为高狭峰。女性左手、右手及女性、男女合计的峰度 t_{g2} 绝对值均小于 2，表明各曲线峰度符合正态分布。

（五）斗指纹偏向

1040 人中 W 5289 枚，其中 Wu 3038 枚（57.44%），Wr 1171 枚（22.14%），Wb 1080 枚（20.42%）。W 取 FRC 侧别的频率见表 2-16-63。

表 2-16-63　上海汉族 W 取 FRC 侧别的频率（%）（男 520 人，女 520 人）

	Wu	Wb	Wr	频数
Wu＞Wr　取尺侧	10.07	38.52	77.28	1 627
Wu=Wr	5.63	17.50	8.03	454
Wr＞Wu　取桡侧	84.30	43.98	14.69	3 208
合计	100.00	100.00	100.00	5 289

Wu 的 84.30%是取桡侧的 FRC，Wr 的 77.28%是取尺侧的 FRC，做关联分析得 P＜0.01，表明取 FRC 的侧别与 W 的偏向有密切关系。

Wb 的 17.50%是两侧相等。1080 枚 Wb 中有 957 枚（88.61%）的两侧 FRC 之差≤4 条，3038 枚 Wu 中有 1720 枚（56.62%）的两侧 FRC 之差≤4 条，1171 枚 Wr 中有 684 枚（58.41%）的两侧 FRC 之差≤4 条，可见 Wb 两侧 FRC 相似度很高。

1171 枚 Wr 分布于拇指 167 枚（14.26%），示指 542 枚（42.29%），中指 207 枚（17.68%），环指 224 枚（19.13%），小指仅 31 枚（2.65%）。Wr 在示指的出现频率是其他 4 指的 2.2～16 倍，差异极显著（P＜0.001）；1040 人中有 Lr258 个，其中 197 枚出现在示指上，占 76.26%，是其他 4 指的 6～39 倍，差异极显著（P＜0.001）。由此可以认为本样本的示指指纹的偏向有倾向于桡侧的趋势。

（六）偏向斗组合

本样本有 W 5289 枚，就 W/W 对应来讲，其中 4294 枚（2147 对）呈同名指左右对称，占 81.19%，仅有 995 枚（18.81%）为左右手指不对称。在 4294 枚 W 中有 Wu 2357 枚（54.89%），Wb 941 枚（21.91%），Wr 996 枚（23.20%）。这 3 种 W 在同名指若是随机相对应，则应服从概率乘法定律得到的期望频率。左右同名指 W 对应的观察频率与期望频率及差异显著性检验见表 2-16-64。

表 2-16-64　上海汉族左右同名指（2147 对）W 对应频率的比较（男 520 人，女 520 人）

	Wu/Wu	Wr/Wr	Wb/Wb	Wu/Wb	Wu/Wr	Wb/Wr	合计
观察频率（%）	35.59	9.08	6.47	20.63	17.98	10.25	100.00
期望频率（%）	30.14	5.38	4.80	24.06	25.46	10.16	100.00
P	<0.001	<0.001	<0.001	<0.01	<0.001	>0.05	

左右同名指 W 对应的观察频率与期望频率的差异显著性检验，$\chi^2=134.95$，df=5，$\chi^2_{0.001}=20.515$，$P<0.001$，表明差异极显著。本样本 W 的三种偏向并非左右随机对应，同种偏向对应频率显著增加。

分析 Wu/Wr 的对应关系，得 $\chi^2=47.09$，df=1，$\chi^2_{0.001}=10.828$，$P<0.001$，观察频率显著减少。此现象可能是由于 Wu 与 Wr 为两个相反方向的 W，可视为两个极端型，而 Wb 属于不偏不倚的中间型，介于两者之间，因此 Wu 与 Wr 对应要跨过中间型，具有不易性。

指纹一般分为 A、L、W 三大类型，本样本中以同类型指纹在左右同名指对应高达 78.00%，同类型指纹有对应趋势。W 按其偏向分为三种，在左右同名指上也有同样的对应倾向。

（七）TFRC 的频数分布

TFRC 的频数分布见表 2-16-65。

TFRC 的全距为 2～273 条，男性全距 5～273 条，女性全距为 2～242 条，个体差异极大。TFRC<10 条者，男性 1 人（5 条），女性 2 人（2 条和 7 条）。TFRC≥230 条者，男性 9 人（230 条、231 条、231 条、238 条、239 条、242 条、244 条、245 条和 273 条），女性 2 人（233 条和 242 条）。未见 10 指全 A 者。

表 2-16-65　上海汉族 TFRC 的频数分布（男 520 人，女 520 人）

组距（条）	男（人）	女（人）	合计（人）	组距（条）	男（人）	女（人）	合计（人）
2～20	4	4	8	161～180	109	105	214
21～40	6	5	11	181～200	69	49	118
41～60	9	13	22	201～220	30	20	50
61～80	18	32	50	221～240	11	3	14
81～100	29	41	70	241～260	3	1	4
101～120	50	66	116	261～273	1	0	1
121～140	78	94	172	小计	520	520	1 040
141～160	103	87	190				

（八）TFRC 的另一种求法

把 W 的尺侧和桡侧的 FRC 合成一个数，由此得到的 TFRC 数值是另外一套参数，详细参数见表 2-16-66。

表 2-16-66　上海汉族斗两边 FRC 相加计算 TFRC 的参数（男 520 人，女 520 人）

	$\bar{x}$（条）	s（条）	$s_{\bar{x}}$（条）	t_{g1}	t_{g2}
男左	110.49	46.10	2.02	0.76	−2.22
男右	113.45	45.62	2.00	0.20	−2.47
女左	100.20	44.50	1.95	1.47	−3.18
女右	100.88	42.12	1.85	1.57	−2.70
男	223.94	91.69	4.02	0.48	−2.36
女	201.08	86.61	3.80	1.52	−2.96
合计	212.51	89.83	2.79	1.59	−0.45

本样本各对称度均为 $t_{g1}<2$，表明符合正态曲线分布。男女合计的峰度 t_{g2} 绝对值<2，表明曲线峰度呈正态分布。其他项目的 t_{g2} 是绝对值>2 的负值，表明曲线为低阔峰。

二、掌　　纹

（一）atd

上海汉族 atd 的分布见表 2-16-67。

表 2-16-67　上海汉族 atd 的分布频率（%）（男 520 人，女 520 人）

	−atd	t（33～37～41）	t′（42～46～50）	t″（51～55～59）	t‴（60～64～68）
男	0.760	72.600	25.100	1.540	0
女	1.540	62.690	33.754	1.920	0.096
合计	1.150	67.645	29.427	1.730	0.048

t 和 t′位置上的 atd 合占 97.072%，得 t″ 36 例，t‴ 1 例。

上海汉族 atd 的均数、标准差和其他参数见表 2-16-68。

表 2-16-68　上海汉族 atd 的参数（男 520 人，女 520 人）

	$\bar{x}$（°）	s（°）	$s_{\bar{x}}$（°）	t_{g1}	t_{g2}
男左	38.97	5.70	0.25	−26.70	90.21
男右	39.26	5.44	0.24	−15.67	71.15
女左	40.14	6.70	0.29	−28.71	83.66
女右	39.70	6.50	0.29	−30.05	92.43
男	39.11	5.57	0.17	−30.47	115.17
女	39.92	6.60	0.21	−41.30	123.01
合计	39.52	6.12	0.13	−52.16	170.87

男女合计的 atd 均数为 39.52°。对男性左右手、女性左右手 atd 角的均数做差异显著性检验，都是 $P>0.05$，表明无显著性差异。

男女合计曲线对称度 t_{g1}=–52.16，表明正态分布曲线为负偏态，即众数（40.00°）大于均数（39.52°）；其曲线峰度 t_{g2}=170.89，表明曲线为高狭峰，提示频数分布集中于均数附近。

（二）tPD

上海汉族 tPD 的分布见表 2-16-69。

表 2-16-69 上海汉族 tPD 的分布频率（%）（男 520 人，女 520 人）

	–t	t（1～10～20）	t′（21～30～40）	t″（41～50～60）	t‴（61～70～80）
男	0	79.90	20.00	0.096	0
女	0.96	75.67	23.27	0.096	0
合计	0.48	77.79	21.64	0.096	0

t 和 t′合占 99.43%，得 t″ 2 例，未见 t‴。

上海汉族 tPD 的均数、标准差和其他参数见表 2-16-70。

表 2-16-70 上海汉族 tPD 的参数（男 520 人，女 520 人）

	$\bar{x}$	s	$s_{\bar{x}}$	t_{g1}	t_{g2}
男左	15.01	6.00	0.26	8.35	4.32
男右	16.18	6.61	0.29	6.12	1.94
女左	16.39	6.17	0.27	3.11	2.07
女右	16.41	6.10	0.27	4.37	5.95
男	15.60	6.34	0.20	10.23	4.17
女	16.40	6.13	0.19	5.26	5.54
合计	16.00	6.25	0.14	10.93	6.21

男女合计的 tPD 均数为 16.00。对 tPD 的均数做差异显著性检验，男性左右手有显著性差异（$P<0.01$）；女性左右手、男性合计与女性合计都是 $P>0.05$，表明无显著性差异。

男女合计曲线对称度 t_{g1}=10.93，表明正态分布曲线为正偏态，即众数（14.00）小于均数（16.00）；其曲线峰度 t_{g2}=6.21，表明曲线为高狭峰，提示频数分布集中于均数附近。

（三）左右手 atd 与 tPD 差值

左右手 atd 差值的绝对值为 0°者占 10.10%，在 0°～3°者占 73.27%，＞3°者占 26.73%。左右手 tPD 差值的绝对值为 0 者占 10.58%，在 0～6 者占 79.62%，≥7 者占 20.38%。

（四）变异系数

atd 和 tPD 都是衡量轴三角位置的测量值。它们的变异系数有较大不同，具体情况见表 2-16-71。

表 2-16-71　上海汉族 atd 与 tPD 的变异系数（男 520 人，女 520 人）

	男		女		合计	
	atd	tPD	atd	tPD	atd	tPD
变异系数	14.25	40.62	16.52	37.38	15.48	39.04

tPD 的变异系数为 39.04，atd 的变异系数为 15.48。

（五）atd 与 tPD 关联

atd 与 tPD 的相关系数 r 为 0.4307（$P<0.01$），二者呈高度正相关。
由 atd 推算 tPD 用直线回归公式：

$$y_{\mathrm{tPD}}=0.4396\times \mathrm{atd}-1.3732$$

由 tPD 推算 atd 用直线回归公式：

$$y_{\mathrm{atd}}=0.4219\times \mathrm{tPD}+32.7677$$

经回归系数 b 的显著性检验，t_b 值为 21.7526，$P<0.001$，表明回归显著。
求得的 atd 在 t 位是 37°，t′是 46°，t″ 是 55°，t‴是 64°，每一级相差 9°。

（六）a-b RC

a-b RC 的参数见表 2-16-72。

表 2-16-72　上海汉族 a-b RC 的参数（男 520 人，女 520 人）

	$\bar{x}$（条）	s（条）	$s_{\bar{x}}$（条）	t_{g1}	t_{g2}
男左	38.23	4.55	0.20	0.75	2.00
男右	37.87	4.70	0.21	2.00	2.29
女左	38.27	4.37	0.19	0.59	0.66
女右	37.82	4.69	0.21	0.18	1.22
男	38.05	4.63	0.14	1.92	2.93
女	38.05	4.54	0.14	0.38	1.45
合计	38.05	4.58	0.10	1.66	3.12

在男性的左右手之间、女性的左右手之间、男女性的左右手之间做均数差异显著性检验，都是 $t<2$，$P>0.1$，表明手别间、性别间的差异都不显著。

左右手的 a-b RC 并不一定相等，左手值减右手值的分布见表 2-16-73。

表 2-16-73　上海汉族 a-b RC 左右手差值分布（男 520 人，女 520 人）

	左手值减右手值（条）								合计
	−9～−7	−6～−4	−3～−1	0	1～3	4～6	7～9	≥10	
人数	8	125	259	134	330	172	11	1	1 040
频率（%）	0.77	12.02	24.90	12.88	31.73	16.54	1.06	0.10	100.00

本样本中有 12.88%的个体左右手相等，差值为 0 条。左右手相减≤3 条者，一般认为无差别，占 69.51%。差值在 4～6 条者占 28.56%。左右相差悬殊达 7～10 条者为 1.93%。

（七）手大鱼际纹

手大鱼际纹的频率见表 2-16-74。

表 2-16-74　上海汉族手大鱼际纹的频率（%）（男 520 人，女 520 人）

	A	Ld	Lr	Lp	Lu	Ws	Wc	V
男左	80.19	1.54	0.19	6.54	0	0.96	5.77	4.81
男右	94.23	0.58	0	1.92	0	0.19	0.77	2.31
女左	84.62	0.96	0	6.54	0	0.38	4.23	3.27
女右	94.04	0.19	0	2.69	0	0.39	0.77	1.92
男	87.21	1.06	0.10	4.23	0	0.57	3.27	3.56
女	89.33	0.58	0	4.61	0	0.38	2.50	2.60
合计	88.27	0.82	0.05	4.42	0	0.48	2.88	3.08

手大鱼际真实花纹是除了各种 A 和 V 以外的花纹。真实花纹的出现率男性为 9.23%，女性为 8.07%，合计（180 枚）为 8.65%。

手大鱼际真实花纹的出现率在男女之间无显著性差异（$P>0.05$）。在合计群体的左右手之间有显著性差异（$P<0.01$）。

手大鱼际花纹在左右对应的频率见表 2-16-75。

表 2-16-75　上海汉族手大鱼际花纹在左右对应的频率（%）（男 520 人，女 520 人）

左	右							
	A	Ld	Lr	Lp	Lu	Ws	Wc	V
A	81.83	0.19	0	0.29	0	0	0.10	0
Ld	0.87	0.19	0	0.19	0	0	0	0
Lr	0.10	0	0	0	0	0	0	0
Lp	4.81	0	0	1.35	0	0	0	0.38
Lu	0	0	0	0	0	0	0	0
W	0.19	0	0	0	0	0.29	0.10	0.10
C	3.65	0	0	0.38	0	0	0.58	0.38
V	2.69	0	0	0.10	0	0	0	1.25

计有 32 人的左右手以真/真对应，占 3.08%。其中 2.40%以同一类型花纹左右相对应。

（八）手小鱼际纹

手小鱼际真实花纹的频率见表 2-16-76。

表 2-16-76　上海汉族手小鱼际真实花纹的频率（%）（男 520 人，女 520 人）

	A	Ld	Lr	Lp	Lu	Ws	Wc	V
男左	82.12	10.19	4.62	0	1.92	0.19	0.58	0.38
男右	85.39	5.77	5.38	0	2.12	0.38	0.77	0.19

续表

	A	Ld	Lr	Lp	Lu	Ws	Wc	V
女左	79.42	12.89	5.58	0	1.16	0.19	0.38	0.38
女右	82.69	7.31	7.89	0	1.54	0	0.19	0.38
男	83.76	7.98	5.00	0	2.02	0.29	0.68	0.27
女	81.06	10.10	6.74	0	1.35	0.10	0.29	0.36
合计	82.41	9.04	5.87	0	1.69	0.19	0.48	0.32

手小鱼际真实花纹是除了各种 A 和 V 以外的花纹。手小鱼际真实花纹共计有 359 枚，占 17.26%。手小鱼际真实花纹的出现率在男女之间、左右之间无显著性差异（$P>0.05$）。

手小鱼际花纹在左右对应的频率见表 2-16-77。

表 2-16-77　上海汉族手小鱼际花纹在左右对应的频率（%）(男 520 人，女 520 人）

左	右							
	A	Ld	Lr	Lp	Lu	Ws	Wc	V
A	75.29	1.83	2.31	0	1.06	0	0.19	0.10
Ld	5.58	4.33	1.44	0	0.10	0	0.10	0
Lr	2.12	0	2.69	0	0	0.10	0.10	0.10
Lp	0	0	0	0	0	0	0	0
Lu	0.87	0	0.10	0	0.58	0	0	0
W	0	0.10	0	0	0.10	0	0	0
C	0	0.10	0.10	0	0	0.10	0.10	0.10
V	0.19	0.19	0	0	0	0	0	0

计有 105 名个体在左右手都有真实花纹，占 10.10%。7.69%以同一类型花纹左右相对应。

（九）手指间区纹

手指间区真实花纹的频率见表 2-16-78。

表 2-16-78　上海汉族手指间区真实花纹的频率（%）(男 520 人，女 520 人）

	Ⅱ		Ⅲ		Ⅳ		
	A	Ld	A	Ld	A	Ld	W
男左	99.23	0.77	91.92	8.08	20.38	79.62	0
男右	98.84	1.16	74.62	25.38	37.12	62.88	0
女左	99.81	0.19	94.04	5.96	21.35	78.46	0.19
女右	98.65	1.35	80.77	19.23	27.31	72.69	0
男	99.04	0.96	83.27	16.73	28.75	71.25	0
女	99.23	0.77	87.41	12.59	24.33	75.58	0.09
合计	99.13	0.87	85.34	14.66	26.54	73.41	0.05

手指间区真实花纹在Ⅱ区为0.87%，在Ⅲ区为14.66%，在Ⅳ区为73.46%。手指间真实花纹除了在女性左手Ⅳ区有1枚W纹外，其余都是Ld纹。手Ⅳ区有2枚Ld的占1.54%（32只手）。

手指间对应区域组合的情况见表2-16-79。

表2-16-79　上海汉族左右同名指间区对应组合的频率（%）（男520人，女520人）

		右					
		Ⅱ		Ⅲ		Ⅳ	
		A	Ld	A	Ld	A	Ld
男左	A	98.47	0.77	71.74	20.19	14.43	5.96
	Ld	0.38	0.38	2.88	5.19	22.69	56.92
女左	A	98.65	1.15	78.85	15.19	13.27	8.08
	Ld	0	0.20	1.92	4.04	14.04	64.42
	W	0	0	0	0	0.19	0
合计	A	98.56	0.96	75.29	17.69	13.85	7.02
	Ld	0.19	0.29	2.40	4.62	18.36	60.67
	W	0	0	0	0	0.10	0

在Ⅳ区左右以真/真组合者占60.67%，在Ⅲ区为4.62%，Ⅱ区为0.29%。

在1只手的Ⅱ～Ⅳ区，有的研究对象都有真实花纹（即3个花纹），有的仅在1个区或2个区同时有真实花纹，具体情况见表2-16-80。

表2-16-80　上海汉族1只手的Ⅱ～Ⅳ区真实花纹的频率（%）（男520人，女520人）

	Ⅱ～Ⅳ（0）	Ⅱ～Ⅳ（1个区）	Ⅱ～Ⅳ（2个区）	Ⅱ～Ⅳ（3个区）
男左	7.31	88.08	4.42	0.19
男右	6.92	88.08	4.23	0.77
女左	8.66	87.69	3.46	0.19
女右	5.39	88.65	5.19	0.77
男	7.12	88.08	4.32	0.48
女	7.03	88.17	4.32	0.48
合计	7.07	88.13	4.32	0.48

在本样本中，1只手上仅在1个区域有真实花纹的占88.13%。另见有10只手上的3个区域内都有真实花纹，占0.48%。

研究观察到指间区纹跨Ⅲ/Ⅳ区域，跨区花纹一般不做真实花纹计算，此处也用此法，具体频率见表2-16-81。

表2-16-81　上海汉族指间区纹跨Ⅲ/Ⅳ区的频率（%）（男520人，女520人）

	男左	男右	女左	女右	男	女	合计
跨Ⅲ/Ⅳ区纹	9.04	9.42	10.38	8.08	9.23	9.23	9.23
非跨Ⅲ/Ⅳ区纹	90.96	90.58	89.62	91.92	90.77	90.77	90.77

Ld 花纹跨Ⅲ/Ⅳ的占 9.23%。未见有跨Ⅱ/Ⅲ区的花纹，频率为 0。

研究还观察到在指间Ⅳ区内有 2 枚 Ld 花纹的情况，虽然在Ⅳ区有 2 枚真实花纹，但统计计算时仅计为 1，具体频率见表 2-16-82。

表 2-16-82　上海汉族Ⅳ2Ld 的频率（%）（男 520 人，女 520 人）

	男左	男右	女左	女右	男	女	合计
Ⅳ2Ld	2.31	0.38	2.88	0.58	1.35	1.73	1.54
非Ⅳ2Ld	97.69	99.62	97.12	99.42	98.65	98.27	98.46

在Ⅳ区内有 2 枚 Ld 的为 32 只手（涉及 31 人，2.98%），占 1.54%。未见到在Ⅱ区、Ⅲ区有 2 枚真实花纹的情况，它们的频率都是 0。

（十）屈肌线

屈肌线分析的主要项目是猿线，俗称通贯手，猿线的分布频率见表 2-16-83。

表 2-16-83　上海汉族猿线分布频率（%）（男 520 人，女 520 人）

	男左	男右	女左	女右	男	女	合计
猿线	10.19	11.92	8.08	10.77	11.06	9.42	10.24
无猿线	89.81	88.08	91.92	89.23	88.94	90.58	89.76

本样本中有猿线的手为 213 只，频率为 10.24%。

个体左右手都是猿线的组合频率见表 2-16-84。

表 2-16-84　上海汉族左右手猿线对应频率（%）（男 520 人，女 520 人）

左	男右		女右		合计右	
	猿线	无猿线	猿线	无猿线	猿线	无猿线
猿线	5.38	4.81	3.85	4.23	4.62	4.52
无猿线	6.54	83.27	6.92	85.00	6.73	84.13

个体左/右手以猿线/猿线（猿/猿）对应的有 48 人，占 4.62%。

远侧屈肌线与近侧屈肌线在虎口汇合或不汇合的频率（不包括群体中猿线的频率 10.24%）见表 2-16-85。不汇合的形态，非常像“川”字，故又把不汇合型称为“川”字纹。

表 2-16-85　上海汉族远、近 2 条屈肌线在虎口处汇合与否的频率（%）（男 520 人，女 520 人）

	男	女	合计
不汇合型	3.65	8.17	5.91
汇合型	85.29	82.40	83.85

（十一）指间褶

本样本中的示指、中指、环指、小指都有 2 条指间褶，未见这 4 指有单指间褶的情况。

（十二）多三角和缺三角

手掌上的三角有指根部（指垫）的指三角 a、b、c 和 d，轴三角 t。这些三角一般都在手掌上出现 1 次，此为常数 1。有的个体有多个 t（记为+t）或没有 t（记为–t），有人没有 c（记为–c）、没有 d（–d）。非常数三角的情况和频率见表 2-16-86。

表 2-16-86　上海汉族非常数三角的情况和频率（%）（男 520 人，女 520 人）

–t	+t	–d	–c	–c/–c
0.48	1.83	0.67	6.54	3.27

样本中的–c 占 6.54%。左右手以–c/–c 组合的占 3.27%，高于期望频率的 0.43%，表现出显著性差异（$P<0.001$）。

三、足　纹

（一）踇趾球纹

踇趾球纹的频率见表 2-16-87。

表 2-16-87　上海汉族踇趾球纹频率（%）（男 520 人，女 520 人）

		男左	男右	女左	女右	男	女	合计
A	TAt	0.38	1.18	0.38	0.96	0.78	0.67	0.73
	Ad	3.46	0.58	2.69	0.77	2.02	1.73	1.87
	At	5	4.80	3.65	3.27	4.9	3.46	4.18
	Ap	2.12	1.92	1.73	1.35	2.02	1.54	1.78
	Af	0.77	1.93	1.13	0.96	1.35	1.06	1.21
L	Ld	50.77	52.69	52.5	56.92	51.73	54.71	53.22
	Lt	6.54	8.46	6.36	8.08	7.5	7.22	7.36
	Lp	0.19	0.19	0	0	0.19	0	0.09
	Lf	0	0.19	0.19	0.38	0.09	0.29	0.19
W	Ws	30.58	27.87	31.14	27.12	29.23	29.13	29.18
	Wc	0.19	0.19	0.19	0.19	0.19	0.19	0.19

本样本中踇趾球纹频率，若以 A、L、W 三种类型计，有 A=9.77%、L=60.86%、W=29.37%。以各类型计，Ld 最多，占 53.22%，Ws 次之，占 29.18%。Ld 的频率在男性左右足间无显著性差异（$P>0.05$），在女性左右足间无显著性差异（$P>0.05$），在男女性间也无显著性差异（$P>0.05$）。

本样本的踇趾球纹左右组合的频率见表 2-16-88。其中，左右踇趾球部为同一型花纹者（778 人）占 74.81%，其中同为 Ld 者（465 人）占 44.71%，同为 W 者（217 人）占 20.87%，同为 Lt 者（44 人）占 4.23%，同为 At 者（24 人）占 2.31%，其他花纹的同型组合（28 人）占 2.70%。未见 Lf/Lf 组合。若按照 A、L、Ws 和 Wc 四种类型做左右配对，则本样本有

77.02%的个体左右足以同样类型花纹相对应。

表 2-16-88　上海汉族样本的踇趾球纹左右组合的频率（%）（男 520 人，女 520 人）

左	右											
	TAt	Ad	At	Ap	Af	Ld	Lt	Lp	Lf	Ws	Wc	左足边际和[①]
TAt	0.29	0	0	0	0	0	0.10	0	0	0	0	0.39
Ad	0	0.48	0.58	0.10	0	0.29	0.87	0	0	0.77	0	3.09
At	0	0.10	2.31	0	0	1.44	0.10	0	0	0.38	0	4.33
Ap	0	0	0	1.25	0.10	0.10	0.29	0	0	0.19	0	1.93
Af	0	0	0	0	0.38	0.10	0.19	0	0.10	0.19	0	0.96
Ld	0.48	0.10	1.06	0.10	0.77	44.71	0.87	0	0.10	3.46	0	51.65
Lt	0	0	0	0.19	0	0.29	4.23	0	0.10	1.63	0	6.44
Lp	0	0	0	0	0	0	0	0.10	0	0	0	0.10
Lf	0	0	0	0	0	0.10	0	0	0	0	0	0.10
Ws	0.29	0	0.10	0	0.19	7.79	1.63	0	0	20.87	0	30.87
Wc	0	0	0	0	0	0	0	0	0	0	0.19	0.19
右足边际和[②]	1.06	0.68	4.05	1.64	1.44	54.82	8.28	0.10	0.30	27.49	0.19	100.00

①1040 人左足的各型踇趾球纹频率的边际和。

②1040 人右足的各型踇趾球纹频率的边际和。

（二）足趾间区纹

足趾间区真实花纹以 Ld、Lp、W 为主，其他花纹未见。

足趾间Ⅱ区真实花纹的频率见表 2-16-89。

表 2-16-89　上海汉族足趾间Ⅱ区真实花纹频率（%）（男 520 人，女 520 人）

	非真实花纹	Ⅱ			真实花纹
		Ld	Lp	W	
男左	91.92	5.58	1.92	0.58	8.08
男右	88.85	8.27	2.88	0	11.15
女左	91.54	6.54	1.54	0.38	8.46
女右	90.39	8.27	1.15	0.19	9.61
男	90.38	6.93	2.40	0.29	9.62
女	90.97	7.41	1.34	0.28	9.03
合计	90.67	7.17	1.87	0.29	9.33

汉族足趾间Ⅱ区真实花纹有 194 枚，占 9.33%。

足趾间Ⅲ区真实花纹的频率见表 2-16-90。

表 2-16-90　上海汉族足趾间Ⅲ区真实花纹频率（%）（男 520 人，女 520 人）

	非真实花纹	Ⅲ			真实花纹
		Ld	Lp	W	
男左	44.43	54.42	0.77	0.38	55.57

续表

	非真实花纹	Ⅲ			真实花纹
		Ld	Lp	W	
男右	45.19	53.46	0.39	0.96	54.81
女左	57.65	42.16	0.19	0	42.35
女右	51.35	48.08	0.19	0.38	48.65
男	44.81	53.94	0.58	0.67	55.19
女	54.50	45.12	0.19	0.19	45.50
合计	49.66	49.53	0.38	0.43	50.34

汉族足趾间Ⅲ区真实花纹有 1047 枚，占 50.34%。

足趾间Ⅳ区真实花纹的频率见表 2-16-91。

表 2-16-91　上海汉族足趾间Ⅳ区真实花纹频率（%）（男 520 人，女 520 人）

	非真实花纹	Ⅳ			真实花纹
		Ld	Lp	W	
男左	93.85	6.15	0	0	6.15
男右	90.77	9.04	0.19	0	9.23
女左	98.08	1.92	0	0	1.92
女右	94.42	5.58	0	0	5.58
男	92.31	7.60	0.09	0	7.69
女	96.25	3.75	0	0	3.75
合计	94.28	5.68	0.04	0	5.72

汉族足趾间Ⅳ区纹真实花纹有 119 枚，占 5.72%。

足趾间Ⅱ区以真/真花纹对应组合的频率见表 2-16-92。

汉族在足趾间Ⅱ区以真实花纹 Ld/Ld 对应的有 30 人，占 2.88%。

表 2-16-92　上海汉族足趾间Ⅱ区以真/真花纹对应组合的频率（%）（男 520 人，女 520 人）

		右			
		ⅡA	ⅡLd	ⅡLp	ⅡW
男左	A	85.00	5.19	1.73	0
	Ld	2.12	3.08	0.38	0
	Lp	1.15	0	0.77	0
	W	0.58	0	0	0
女左	A	85.79	5.38	0.38	0
	Ld	3.65	2.69	0.19	0
	Lp	0.77	0.19	0.58	0
	W	0.19	0	0	0.19

续表

		右			
		ⅡA	ⅡLd	ⅡLp	ⅡW
合计左	A	85.39	5.29	1.06	0
	Ld	2.88	2.88	0.29	0
	Lp	0.96	0.10	0.67	0
	W	0.38	0	0	0.10

足趾间Ⅲ区纹以真/真花纹对应组合的频率见表 2-16-93。

表 2-16-93　上海汉族足趾间Ⅲ区以真/真花纹对应组合的频率（%）（男 520 人，女 520 人）

		右			
		ⅢA	ⅢLd	ⅢLp	ⅢW
男左	A	34.64	9.81	0	0
	Ld	10.38	43.65	0	0.38
	Lp	0.19	0	0.38	0.19
	W	0	0	0	0.38
女左	A	44.43	13.27	0	0
	Ld	6.92	34.81	0	0.38
	Lp	0	0	0.19	0
	W	0	0	0	0
合计左	A	39.52	11.54	0	0
	Ld	8.65	39.23	0	0.38
	Lp	0.10	0	0.29	0.10
	W	0	0	0	0.19

汉族在足趾间Ⅲ区以真实花纹 Ld/Ld 对应的有 408 人，占 39.23%。

足趾间Ⅳ区以真/真花纹对应组合的频率见表 2-16-94。

表 2-16-94　上海汉族足趾间Ⅳ区以真/真花纹对应组合的频率（%）（男 520 人，女 520 人）

		右			
		ⅣA	ⅣLd	ⅣLp	ⅣW
男左	A	88.65	5.00	0.19	0
	Ld	2.12	4.04	0	0
	Lp	0	0	0	0
	W	0	0	0	0
女左	A	94.23	3.85	0	0
	Ld	0.19	1.73	0	0
	Lp	0	0	0	0
	W	0	0	0	0

续表

		右			
		ⅣA	ⅣLd	ⅣLp	ⅣW
合计左	A	91.44	4.42	0.10	0
	Ld	1.16	2.88	0	0
	Lp	0	0	0	0
	W	0	0	0	0

汉族在足趾间Ⅳ区以真实花纹 Ld/Ld 对应的有 30 人，占 2.88%。

足趾间区的 Ld 花纹有时跨Ⅱ/Ⅲ区或跨Ⅲ/Ⅳ区，这种跨区的花纹并不计入真实花纹的数目。跨区花纹的频率见表 2-16-95，表中 A 为非真实花纹。

表 2-16-95　上海汉族足趾间区 Ld 跨Ⅱ/Ⅲ、Ⅲ/Ⅳ区的频率（%）（男 520 人，女 520 人）

		男左	男右	女左	女右	男	女	合计
跨Ⅱ/Ⅲ区	Ld	1.73	1.15	2.50	0.96	1.44	1.73	1.59
	A	98.27	98.85	97.50	99.04	98.56	98.27	98.41
跨Ⅲ/Ⅳ区	Ld	0.58	0	0.19	0	0.29	0.10	0.19
	A	99.42	100.00	99.81	100.00	99.71	99.90	99.81

足趾间区 Ld 花纹跨Ⅱ/Ⅲ区的有 33 枚，占 1.59%。跨Ⅲ/Ⅳ区的有 4 枚，占 0.19%。

在 1 只足的Ⅱ～Ⅳ区内，有的研究对象都有真实花纹（即 3 枚花纹），有的仅在 1 个区或 2 个区同时有真实花纹，具体情况见表 2-16-96。

表 2-16-96　上海汉族 1 只足的Ⅱ～Ⅳ区内有真实花纹的频率（%）（男 520 人，女 520 人）

	Ⅱ～Ⅳ（0）	Ⅱ～Ⅳ（1 个区）	Ⅱ～Ⅳ（2 个区）	Ⅱ～Ⅳ（3 个区）
男左	37.12	54.04	8.46	0.38
男右	34.81	55.00	9.23	0.96
女左	48.66	47.69	3.27	0.38
女右	41.35	52.69	5.77	0.19
男	35.96	54.52	8.85	0.67
女	45.01	50.19	4.52	0.28
合计	40.48	52.35	6.69	0.48

在本样本中，仅在足趾间的 1 个区域有真实花纹的为 1089 只足，占 52.35%。另见有 10 只足上的 3 个区域内都有真实花纹，占 0.48%。任何足趾间区都没有真实花纹的占 40.48%。

（三）足小鱼际纹

足小鱼际真实花纹以 Lt 和 W 为主。足小鱼际真实花纹的频率见表 2-16-97。

表 2-16-97　上海汉族足小鱼际真实花纹频率（%）（男 520 人，女 520 人）

	男左	男右	女左	女右	男	女	合计
Lt	10.58	15.00	6.35	11.54	12.78	8.94	10.86
W	0.19	0	0.19	0	0.10	0.10	0.10
A	89.23	85.00	93.46	88.46	87.12	90.96	89.04

足小鱼际真实花纹共有 228 枚，占 10.96%。左足上观察到 2 枚 W，男女各 1 枚，占 0.10%。足小鱼际真实花纹在男女之间、左右之间都有显著性差异（$P<0.01$）。

个体的左右足小鱼际纹以真/真对应的频率见表 2-16-98。

表 2-16-98　上海汉族足小鱼际纹以真/真对应的频率（%）（男 520 人，女 520 人）

左	右						左足边际和
	男		女		合计		
	A	Lt	A	Lt	A	Lt	
A	81.93	7.31	85.77	7.69	83.85	7.50	91.35
Lt	2.88	7.69	2.50	3.85	2.69	5.77	8.46
W	0.19	0	0.19	0	0.19	0	0.19
右足边际和	85.00	15.00	88.46	11.54	86.73	13.27	100.00

计有 5.77%个体的左右足都有小鱼际真实花纹。

在足小鱼际花纹中有 1 种 V 花纹，被称为退化纹，花纹的复杂程度介于真实花纹与非真实花纹之间，统计时以非真实花纹计算。足小鱼际 V 花纹的频率见表 2-16-99。

表 2-16-99　上海汉族足小鱼际退化纹的频率（%）（男 520 人，女 520 人）

	男左	男右	女左	女右	男	女	合计
V	0.19	0.77	0.19	1.92	0.48	1.06	0.77
其他纹	99.81	99.23	99.81	98.08	99.52	98.94	99.23

在汉族样本里，足小鱼际的退化纹有 16 枚，占 0.77%。

（四）足跟纹

足跟真实花纹的出现频率极低，多为非真实花纹，其分布频率见表 2-16-100。

表 2-16-100　上海汉族足跟花纹分布频率（%）（男 520 人，女 520 人）

	右足跟非真实花纹	右足跟真实花纹
左足跟非真实花纹	99.52（1 035）	0.19（2）
左足跟真实花纹	0.19（2）	0.10（1）

注：括号内数字为对应人数。

汉族足跟真实花纹共 6 枚，都在男性中出现，而且均为胫箕（Lt），足跟真实花纹的频率在男性中为 0.58%，在合计男女群体中的频率为 0.29%。

第五节 广西南宁市汉族855人肤纹[①]

2018年在广西南宁苏圩、三津地区以电子扫描仪进行了捺印采样，研究对象为南宁汉族900余人，筛选后正式留用855人，三代均是汉族人。总群体年龄54.92岁±10.48岁（20～82岁），其中男性349人，年龄55.91岁±10.64岁（20～82岁），女性506人，年龄54.23岁±10.31岁（20～78岁）。肤纹数据如下（表2-16-101～表2-16-106）。

表2-16-101 南宁汉族肤纹各表型观察指标情况（男349人，女506人）

指标	分型		男		女		合计		*u*
	左	右	*n*	频率（%）	*n*	频率（%）	*n*	频率（%）	
通贯手	+	+	16	4.58	11	2.17	27	3.16	1.98
	+	–	16	4.58	15	2.96	31	3.63	1.25
	–	+	20	5.73	12	2.37	32	3.74	2.54*
掌“川”字线	+	+	6	1.72	33	6.52	39	4.56	3.31**
	+	–	11	3.15	13	2.57	24	2.81	0.51
	–	+	6	1.72	18	3.56	24	2.81	1.60
缺指三角c	+	+	2	0.57	3	0.59	5	0.58	0.04
	+	–	3	0.86	6	1.19	9	1.05	0.46
	–	+	1	0.29	3	0.59	4	0.47	0.65
指间Ⅳ区2枚真实花纹	+	+	0	0	0	0	0	0	0
	+	–	13	3.72	11	2.17	24	2.81	1.35
	–	+	0	0	0	0	0	0	0
指间Ⅱ/Ⅲ区纹	+	+	0	0	0	0	0	0	0
	+	–	0	0	0	0	0	0	0
	+	+	1	0.29	1	0.20	2	0.23	0.26
指间Ⅲ/Ⅳ区纹	+	+	3	0.86	10	1.98	13	1.52	1.31
	+	–	25	7.16	39	7.71	64	7.49	0.30
	–	+	12	3.44	18	3.56	30	3.51	0.09
足跟真实花纹	+	+	1	0.29	0	0	1	0.12	1.20
	+	–	0	0	0	0	0	0	0
	–	+	0	0	0	0	0	0	0

注：对比结果，*表示 $P<0.05$，**表示 $P<0.01$，差异具有统计学意义。

表2-16-102 南宁汉族指纹情况（男349人，女506人）

	As		At		Lu		Lr		Ws		Wd		A		L		W	
	n	频率（%）	*n*	频率（%）	*n*	频率（%）	*n*	频率（%）	*n*	频率（%）	*n*	频率（%）	*n*	频率（%）	*n*	频率（%）	*n*	频率（%）
男	58	1.66	16	0.46	1 773	50.80	97	2.78	1 378	39.48	168	4.81	74	2.12	1 870	53.58	1 546	44.30
女	105	2.07	10	0.20	2 742	54.19	134	2.65	1 880	37.15	189	3.74	115	2.27	2 876	56.84	2 069	40.89
合计	163	1.91	26	0.30	4 515	52.81	231	2.70	3 258	38.10	357	4.18	189	2.21	4 746	55.51	3 615	42.28
u	1.37		2.15*		3.08**		0.37		2.18*		2.45*		0.47		2.98**		3.14**	

注：对比结果，*表示 $P<0.05$，**表示 $P<0.01$，差异具有统计学意义。

①研究者：张海国、毛宪化，复旦大学生命科学学院；杨海涛、张维，复旦大学泰州健康科学研究院；胡炀，广西医科大学。

表 2-16-103 南宁汉族各手指指纹频率（%）（男 349 人，女 506 人）

		左						右					
		As	At	Lu	Lr	Ws	Wd	As	At	Lu	Lr	Ws	Wd
男	拇	2.58	0	38.11	0.29	40.40	18.62	1.15	0	33.53	0	54.15	11.17
	示	3.72	1.15	40.68	11.75	39.26	3.44	4.30	1.72	42.68	10.89	38.40	2.01
	中	2.29	0.29	61.89	1.15	28.94	5.44	1.15	0.57	67.62	1.43	27.51	1.72
	环	0.86	0	41.83	0.57	54.73	2.01	0	0.29	32.95	1.15	65.04	0.57
	小	0.57	0.29	77.36	0	19.2	2.58	0	0.29	71.35	0.57	27.22	0.57
女	拇	3.56	0	41.5	0.99	37.35	16.6	2.17	0	41.70	0.20	50.4	5.53
	示	4.15	0.20	43.67	12.65	36.17	3.16	3.95	0.99	47.63	7.71	37.35	2.37
	中	2.77	0.59	62.65	2.37	28.46	3.16	0.99	0	71.15	0.59	25.1	2.17
	环	0.40	0	44.86	0.79	52.57	1.38	0.99	0.20	38.54	0.79	58.7	0.78
	小	1.38	0	78.46	0.20	18.58	1.38	0.40	0	71.74	0.20	26.88	0.78

表 2-16-104 南宁汉族一手 5 指、双手 10 指指纹的组合情况（男 349 人，女 506 人）

(a) 一手 5 指										
序号	组合			男		女		合计		u
	A	L	W	n	频率（%）	n	频率（%）	n	频率（%）	
1	0	0	5	72	10.31	106	10.47	178	10.41	0.11
2	0	1	4	103	14.76	143	14.13	246	14.39	0.36
3	0	2	3	125	17.91	139	13.74	264	15.44	2.35*
4	0	3	2	125	17.91	164	16.21	289	16.90	0.92
5	0	4	1	114	16.33	186	18.38	300	17.54	1.09
6	0	5	0	98	14.04	201	19.86	299	17.48	3.11**
7	1	0	4	0	0	0	0	0	0	0
8	1	1	3	0	0	2	0.20	2	0.12	1.18
9	1	2	2	8	1.15	5	0.49	13	0.76	1.53
10	1	3	1	15	2.15	16	1.58	31	1.81	0.87
11	1	4	0	26	3.72	28	2.77	54	3.16	1.11
12	2	0	3	0	0	0	0	0	0	0
13	2	1	2	1	0.14	0	0	1	0.06	1.20
14	2	2	1	2	0.29	4	0.39	6	0.35	0.37
15	2	3	0	8	1.15	8	0.79	16	0.94	0.75
16	3	0	2	0	0	0	0	0	0	0
17	3	1	1	0	0	0	0	0	0	0
18	3	2	0	1	0.14	3	0.30	4	0.23	0.64
19	4	0	1	0	0	0	0	0	0	0
20	4	1	0	0	0	4	0.39	4	0.23	1.66
21	5	0	0	0	0	3	0.30	3	0.18	1.44
合计	35	35	35	698	100.00	1 012	100.00	1 710	100.00	

续表

(b)双手10指										
序号	组合			男		女		合计		u
	A	L	W	n	频率(%)	n	频率(%)	n	频率(%)	
1	0	0	10	23	6.59	26	5.14	49	5.73	0.90
2	0	1	9	16	4.58	41	8.10	57	6.67	2.03*
3	0	2	8	32	9.17	33	6.52	65	7.60	1.44
4	0	3	7	27	7.74	39	7.71	66	7.72	0.02
5	0	4	6	37	10.60	32	6.32	69	8.07	2.26*
6	0	5	5	29	8.31	42	8.30	71	8.30	0
7	0	6	4	34	9.74	44	8.70	78	9.12	0.52
8	0	7	3	27	7.74	43	8.50	70	8.19	0.40
9	0	8	2	35	10.03	51	10.08	86	10.06	0.02
10	0	9	1	16	4.58	43	8.50	59	6.90	2.22*
11	0	10	0	26	7.45	61	12.06	87	10.18	2.19*
12	1	0	9	0	0	0	0	0	0	0
13	1	1	8	0	0	0	0	0	0	0
14	1	2	7	0	0	0	0	0	0	0
15	1	3	6	0	0	0	0	0	0	0
16	1	4	5	1	0.29	1	0.20	2	0.23	0.26
17	1	5	4	1	0.29	1	0.20	2	0.23	0.26
18	1	6	3	5	1.43	3	0.59	8	0.94	1.25
19	1	7	2	6	1.72	4	0.79	10	1.17	1.24
20	1	8	1	5	1.43	9	1.78	14	1.64	0.39
21	1	9	0	13	3.72	9	1.78	22	2.57	1.77
22	2	0	8	0	0	0	0	0	0	0
23	2	1	7	0	0	0	0	0	0	0
24	2	2	6	1	0.29	0	0	1	0.12	1.20
25	2	3	5	0	0	0	0	0	0	0
26	2	4	4	0	0	0	0	0	0	0
27	2	5	3	0	0	1	0.20	1	0.12	0.83
28	2	6	2	0	0	2	0.40	2	0.23	1.18
29	2	7	1	0	0	3	0.59	3	0.35	1.44
30	2	8	0	9	2.58	3	0.59	12	1.40	2.43*
31	3	0	7	0	0	0	0	0	0	0
32	3	1	6	0	0	0	0	0	0	0
33	3	2	5	0	0	0	0	0	0	0
34	3	3	4	0	0	0	0	0	0	0
35	3	4	3	1	0.29	1	0.20	2	0.23	0.26
36	3	5	2	3	0.86	0	0	3	0.35	2.09*
37	3	6	1	1	0.29	1	0.20	2	0.23	0.26

续表

(b) 双手10指									
序号	组合			男		女		合计		u
	A	L	W	n	频率（%）	n	频率（%）	n	频率（%）	
38	3	7	0	0	0	3	0.59	3	0.35	1.44
39	9	1	0	0	0	1	0.20	1	0.12	0.83
40	10	0	0	0	0	1	0.20	1	0.12	0.83
	其他组合			1	0.29	8	1.58	9	1.05	—
合计	220	220	220	349	100.00	506	100.00	855	100.00	—

注：对比结果，*表示 $P<0.05$，**表示 $P<0.01$，差异具有统计学意义。

表 2-16-105　南宁汉族肤纹表型频率（%）(男 349 人，女 506 人)

类型		男左	男右	女左	女右	男	女	合计
掌大鱼际纹		3.72	0.29	3.56	0.99	2.01	2.28	2.16
指间Ⅱ区纹		0.29	0.57	0.99	0.79	0.43	0.89	0.70
指间Ⅲ区纹		1.15	16.33	4.35	16.21	8.74	10.28	9.65
指间Ⅳ区纹		72.49	57.88	72.13	55.93	65.19	64.03	64.50
掌小鱼际纹		9.17	11.17	7.71	8.50	10.17	8.11	8.95
趾间Ⅱ区纹		6.31	4.30	6.33	6.53	5.31	6.43	5.97
趾间Ⅲ区纹		50.15	53.87	54.55	56.92	52.01	55.74	54.21
趾间Ⅳ区纹		6.31	10.31	3.16	6.32	8.31	4.74	6.20
足小鱼际纹		4.30	7.16	4.35	4.94	5.73	4.65	5.09
踇趾球纹	胫弓	4.58	6.30	3.36	5.93	5.44	4.64	4.97
	其他弓	2.58	2.86	0.60	1.19	2.72	0.90	1.64
	远箕	58.74	59.31	62.65	63.04	59.03	62.84	61.28
	其他箕	12.61	11.47	12.44	11.86	12.03	12.15	12.11
	一般斗	20.63	19.20	20.95	17.39	19.92	19.17	19.47
	其他斗	0.86	0.86	0	0.59	0.86	0.30	0.53

表 2-16-106　南宁汉族表型组肤纹指标组合情况（男 349 人，女 506 人）

		大鱼际纹			指间Ⅱ区纹			指间Ⅲ区纹			指间Ⅳ区纹			小鱼际纹		
组合	左	+	+	−	+	+	−	+	+	−	+	+	−	+	+	−
	右	+	−	+	+	−	+	+	−	+	+	−	+	+	−	+
合计	n	6	25	0	3	3	3	20	6	119	432	186	53	40	31	42
	频率（%）	0.70	2.92	0	0.35	0.35	0.35	2.34	0.70	13.92	50.53	21.75	6.20	4.68	3.63	4.91

		踇趾弓纹	踇趾箕纹	踇趾斗纹	趾间Ⅱ区纹			趾间Ⅲ区纹			趾间Ⅳ区纹			小鱼际纹		
组合	左	+	+	+	+	+	−	+	+	−	+	+	−	+	+	−
	右	+	+	+	+	−	+	+	−	+	+	−	+	+	−	+
合计	n	30	468	119	21	33	27	389	64	87	28	10	40	23	14	27
	频率（%）	3.51	54.74	13.92	2.46	3.86	3.16	45.50	7.49	10.18	3.27	1.17	4.68	2.69	1.64	3.16

第六节 河南新密市汉族1016人肤纹[①]

2017年在河南新密市进行了采样，使用电子扫描法共扫描捺印新密汉族人群1000余人，三代均是汉族人。通过选择保留有效个体1016人，年龄43.13岁±13.51岁（18～71岁），其中男性389人，年龄43.72岁±13.60岁（18～70岁），女性627人，年龄42.76岁±13.45岁（18～71岁）。新密汉族肤纹数据如下（表2-16-107～表2-16-112）。

表2-16-107 新密汉族肤纹各表型观察指标情况（男389人，女627人）

指标	分型		男		女		合计		u
	左	右	n	频率（%）	n	频率（%）	n	频率（%）	
通贯手	+	+	5	1.29	10	1.59	15	1.48	0.40
	+	–	16	4.11	13	2.07	29	2.85	1.90
	–	+	13	3.34	19	3.03	32	3.15	0.38
掌“川”字线	+	+	7	1.80	25	3.99	32	3.15	1.94
	+	–	13	3.34	26	4.15	39	3.84	0.65
	–	+	6	1.54	24	3.83	30	2.95	2.09*
缺指三角c	+	+	15	3.86	13	2.07	28	2.76	1.69
	+	–	17	4.37	16	2.55	33	3.25	1.59
	–	+	6	1.54	15	2.39	21	2.07	0.93
缺指三角d	+	+	1	0.26	0	0	1	0.10	1.27
	+	–	1	0.26	0	0	1	0.10	1.27
	–	+	1	0.26	3	0.48	4	0.39	0.55
指间Ⅳ区2枚真实花纹	+	+	16	4.11	15	2.39	31	3.05	1.55
	+	–	0	0	0	0	0	0	0
	–	+	0	0	0	0	0	0	0
指间Ⅱ/Ⅲ区纹	+	+	0	0	0	0	0	0	0
	+	–	1	0.26	1	0.16	2	0.20	0.34
	–	+	0	0	0	0	0	0	0
指间Ⅲ/Ⅳ区纹	+	+	10	2.57	11	1.75	21	2.07	0.89
	+	–	25	6.43	30	4.78	55	5.41	1.12
	–	+	17	4.37	24	3.83	41	4.04	0.43
足跟真实花纹	+	+	2	0.51	0	0	2	0.20	1.80
	+	–	0	0	1	0.16	1	0.10	0.79
	–	+	6	1.54	4	0.64	10	0.98	1.42

注：对比结果，*表示$P<05$，差异具有统计学意义。

①研究者：张海国，复旦大学生命科学学院；杨海涛，复旦大学泰州健康科学研究院；赵山博，吉林大学研究生院；严明亮，内蒙古师范大学研究生院。

表 2-16-108 新密汉族指纹情况（男 389 人，女 627 人）

	As		At		Lu		Lr		Ws		Wd		A		L		W	
	n	频率（%）	*n*	频率（%）	*n*	频率（%）	*n*	频率（%）	*n*	频率（%）	*n*	频率（%）	*n*	频率（%）	*n*	频率（%）	*n*	频率（%）
男	5	0.13	14	0.36	1 301	33.44	81	2.08	2 227	57.25	262	6.74	19	0.49	1 382	35.53	2 489	63.98
女	75	1.20	74	1.18	3 616	57.67	226	3.60	2 182	34.80	97	1.55	149	2.38	3 842	61.27	2 279	36.35
合计	80	0.79	88	0.86	4 917	48.40	307	3.02	4 409	43.40	359	3.53	168	1.65	5 224	51.42	4 768	46.93
u	5.92**		4.34**		23.75**		4.36**		22.19**		13.77**		7.25**		25.24**		27.13**	

注：对比结果，*表示 *P*<05，**表示 *P*<01，差异具有统计学意义。

表 2-16-109 新密汉族各手指指纹频率（%）（男 389 人，女 627 人）

		左						右					
		As	At	Lu	Lr	Ws	Wd	As	At	Lu	Lr	Ws	Wd
男	拇	0	0	0	0	69.41	30.59	0	0.26	17.99	1.03	69.67	11.05
	示	0.26	0.51	31.88	9.00	53.98	4.37	0.26	1.54	35.48	6.94	51.41	4.37
	中	0	0.77	43.19	1.80	48.33	5.91	0.51	0.26	47.56	1.54	46.53	3.60
	环	0	0	25.45	0.26	71.21	3.08	0	0	20.82	0.26	78.41	0.51
	小	0.26	0	60.41	0	37.79	1.54	0	0.26	51.67	0	45.76	2.31
女	拇	2.55	0.64	67.30	2.23	27.28	0	1.44	0.80	51.98	0.96	41.15	3.67
	示	2.23	3.67	45.93	13.56	32.06	2.55	1.75	2.56	47.53	11.32	35.09	1.75
	中	1.28	2.39	59.33	3.03	31.26	2.71	0.96	1.28	67.62	1.91	27.27	0.96
	环	0.80	0	42.90	1.12	52.63	2.55	0.32	0.16	40.67	1.12	57.42	0.31
	小	0.32	0.16	79.90	0.16	18.82	0.64	0.32	0.16	73.52	0.64	25.04	0.32

表 2-16-110 新密汉族 1 手 5 指、双手 10 指指纹的组合情况（男 389 人，女 627 人）

（a）一手 5 指									
序号	组合			男		女		合计		*u*
	A	L	W	*n*	频率（%）	*n*	频率（%）	*n*	频率（%）	
1	0	0	5	208	26.74	100	7.97	308	15.16	11.46**
2	0	1	4	155	19.92	160	12.76	315	15.50	4.34**
3	0	2	3	135	17.35	152	12.12	287	14.12	3.29**
4	0	3	2	138	17.74	186	14.83	324	15.94	1.74
5	0	4	1	113	14.53	243	19.38	356	17.52	2.80**
6	0	5	0	11	1.41	305	24.32	316	15.55	13.85**
7	1	0	4	2	0.26	2	0.16	4	0.20	0.48
8	1	1	3	4	0.51	3	0.24	7	0.34	1.03
9	1	2	2	4	0.51	13	1.04	17	0.84	1.26
10	1	3	1	7	0.90	22	1.75	29	1.43	1.58
11	1	4	0	0	0	39	3.11	39	1.92	4.97**

续表

(a)一手5指										
序号	组合			男		女		合计		u
	A	L	W	n	频率(%)	n	频率(%)	n	频率(%)	
12	2	0	3	0	0	0	0	0	0	0
13	2	1	2	0	0	0	0	0	0	0
14	2	2	1	0	0	2	0.16	2	0.10	1.11
15	2	3	0	1	0.13	19	1.52	20	0.98	3.08**
16	3	0	2	0	0	0	0	0	0	0
17	3	1	1	0	0	0	0	0	0	0
18	3	2	0	0	0	5	0.40	5	0.25	1.76
19	4	0	1	0	0	1	0.08	1	0.05	0.79
20	4	1	0	0	0	1	0.08	1	0.05	0.79
21	5	0	0	0	0	1	0.08	1	0.05	0.79
合计	35	35	35	778	100.00	1 254	100.00	2 032	100.00	

(b)双手10指										
序号	组合			男		女		合计		u
	A	L	W	n	频率(%)	n	频率(%)	n	频率(%)	
1	0	0	10	71	18.25	31	4.94	102	10.04	6.86**
2	0	1	9	50	12.85	24	3.83	74	7.28	5.38**
3	0	2	8	33	8.48	44	7.02	77	7.58	0.86
4	0	3	7	48	12.34	36	5.74	84	8.27	3.71**
5	0	4	6	29	7.46	48	7.66	77	7.58	0.12
6	0	5	5	35	9.00	41	6.54	76	7.48	1.45
7	0	6	4	34	8.74	40	6.38	74	7.28	1.41
8	0	7	3	41	10.54	65	10.37	106	10.43	9
9	0	8	2	25	6.43	69	11.00	94	9.25	2.45*
10	0	9	1	6	1.54	60	9.57	66	6.50	5.05**
11	0	10	0	0	0	88	14.04	88	8.66	7.73**
12	1	0	9	0	0	0	0	0	0	0
13	1	1	8	1	0.26	1	0.16	2	0.20	0.34
14	1	2	7	2	0.51	0	0	2	0.20	1.8
15	1	3	6	1	0.26	0	0	1	0.10	1.27
16	1	4	5	1	0.26	1	0.16	2	0.20	0.34
17	1	5	4	2	0.51	4	0.64	6	0.59	0.25
18	1	6	3	4	1.03	4	0.64	8	0.79	0.68
19	1	7	2	4	1.03	8	1.28	12	1.18	0.36
20	1	8	1	0	0	8	1.28	8	0.79	2.248*
21	1	9	0	0	0	21	3.35	21	2.07	3.65**
22	2	0	8	0	0	0	0	0	0	0

续表

(b)双手10指										
序号	组合			男		女		合计		*u*
	A	L	W	*n*	频率(%)	*n*	频率(%)	*n*	频率(%)	
23	2	1	7	0	0	0	0	0	0	0
24	2	2	6	0	0	1	0.16	1	0.10	0.79
25	2	3	5	0	0	1	0.16	1	0.10	0.79
26	2	4	4	0	0	2	0.32	2	0.20	1.12
27	2	5	3	1	0.26	2	0.32	3	0.30	0.18
28	2	6	2	0	0	4	0.64	4	0.39	1.58
29	2	7	1	1	0.25	2	0.32	3	0.30	0.18
30	2	8	0	0	0	7	1.12	7	0.69	2.09*
	其他组合			0	0	15	2.36	15	1.45	—
合计	220	220	220	389	100.00	627	100.00	1016	100.00	—

注：对比结果，*表示 *P*<05，**表示 *P*<01，差异具有统计学意义。

表 2-16-111　新密汉族肤纹指标频率（%）（男 389 人，女 627 人）

类型		男左	男右	女左	女右	男	女	合计
掌大鱼际纹		15.68	15.68	10.21	10.21	15.68	10.21	12.30
指间Ⅱ区纹		1.54	1.54	0.48	0.48	1.54	0.48	0.89
指间Ⅲ区纹		6.17	6.17	8.13	8.13	6.17	8.13	7.38
指间Ⅳ区纹		68.89	68.89	71.77	71.77	68.89	71.77	70.67
掌小鱼际纹		15.42	15.42	16.75	16.75	15.42	16.75	16.24
趾间Ⅱ区纹		9.00	7.46	7.50	7.93	8.23	7.72	7.91
趾间Ⅲ区纹		62.21	64.78	53.27	57.26	63.50	55.27	58.42
趾间Ⅳ区纹		8.74	14.91	4.47	8.45	11.83	6.46	8.51
足小鱼际纹		6.43	103	4.63	5.58	8.23	5.11	6.30
踇趾球纹	胫弓	6.43	4.63	4.30	3.19	5.52	3.75	4.43
	其他弓	1.81	2.05	3.35	2.84	1.94	3.10	2.65
	远箕	55.78	57.08	56.46	59.18	56.43	57.82	57.29
	其他箕	7.97	11.05	10.05	10.53	9.51	10.29	9.99
	一般斗	26.72	23.39	25.20	23.14	25.06	24.16	24.51
	其他斗	1.29	1.80	0.64	1.12	1.54	0.88	1.13

表 2-16-112　新密汉族表型组肤纹指标组合情况（男 389 人，女 627 人）

		大鱼际纹			指间Ⅱ区纹			指间Ⅲ区纹			指间Ⅳ区纹			小鱼际纹		
组合	左	+	+	−	+	+	−	+	+	−	+	+	−	+	+	−
	右	+	−	+	+	−	+	+	−	+	+	−	+	+	−	+
合计	*n*	123	0	0	9	0	0	75	0	0	718	0	0	163	0	0
	频率（%）	12.11	0	0	0.89	0	0	7.38	0	0	70.67	0	0	16.04	0	0

续表

		踇趾弓纹	踇趾箕纹	踇趾斗纹	趾间Ⅱ区纹			趾间Ⅲ区纹			趾间Ⅳ区纹			小鱼际纹		
组合	左	+	+	+	+	+	–	+	+	–	+	+	–	+	+	–
	右	+	+	+	+	–	+	+	–	+	+	–	+	+	–	+
合计	*n*	31	498	170	43	38	36	494	82	117	48	14	63	30	24	44
	频率（%）	3.05	49.02	16.73	4.23	3.74	3.54	48.63	8.07	11.52	4.72	1.38	6.20	2.95	2.36	4.33

第七节　江苏泰州市汉族 1025 人肤纹[①]

2015 年以油墨捺印法、2019 年以电子扫描法捺印指掌、足纹，收集和分析江苏泰州汉族人群肤纹共计 1025 人，三代都是汉族人，年龄 50.3 岁±10.3 岁（17～71 岁），其中男性（362 人）年龄 51.2 岁±12.2 岁（17～69 岁），女性（663 人）年龄 49.8 岁±10.7 岁（19～71 岁）。油墨捺印（男 212 人、女 315 人，合计 527 人）和电子扫描的具体肤纹数据如下（表 2-16-113～表 2-16-120）。

表 2-16-113　泰州汉族肤纹各表型观察指标情况（男 362 人，女 663 人）

指标	分型		男		女		合计		*u*
	左	右	*n*	频率（%）	*n*	频率（%）	*n*	频率（%）	
通贯手	+	+	22	6.08	28	4.22	50	4.88	1.32
	+	–	10	2.76	25	3.77	35	3.41	0.85
	–	+	14	3.87	19	2.87	33	3.22	0.87
掌“川”字线	+	+	1	0.28	22	3.32	23	2.24	3.14**
	+	–	0	0	9	1.36	9	0.88	2.23*
	–	+	2	0.55	3	0.45	5	0.49	0.22
缺指三角 c	+	+	4	1.10	5	0.75	9	0.88	0.58
	+	–	12	3.31	6	0.90	18	1.76	2.81**
	–	+	1	0.28	11	1.66	12	1.17	1.97
指间Ⅳ区 2 枚真实花纹	+	+	1	0.28	0	0	1	0.10	1.35
	+	–	10	2.76	8	1.21	18	1.76	1.81
	–	+	0	0	3	0.45	3	0.29	1.28
指间Ⅱ/Ⅲ区纹	+	+	0	0	0	0	0	0	0
	+	–	1	0.28	0	0	1	0.10	1.35
	+	+	0	0	0	0	0	0	0
指间Ⅲ/Ⅳ区纹	+	+	7	1.93	7	1.06	14	1.37	1.16
	+	–	18	4.97	38	5.73	56	5.46	0.51
	–	+	14	3.87	18	2.71	32	3.12	1.01

①研究者：张海国、曹家望，复旦大学生命科学学院；张维、杨海涛，复旦大学泰州健康科学研究院。

续表

指标	分型		男		女		合计		u
	左	右	n	频率（%）	n	频率（%）	n	频率（%）	
足跟真实花纹	+	+	2	0.55	5	0.75	7	0.68	0.37
	+	−	1	0.28	5	0.75	6	0.59	0.96
	−	+	3	0.83	5	0.75	8	0.78	0.10

注：对比结果，*表示 $P<05$，**表示 $P<01$，差异具有统计学意义。

表 2-16-114　泰州汉族指纹情况（男 362 人，女 663 人）

	As		At		Lu		Lr		Ws		Wd		A		L		W	
	n	频率（%）	n	频率（%）	n	频率（%）	n	频率（%）	n	频率（%）	n	频率（%）	n	频率（%）	n	频率（%）	n	频率（%）
男	35	0.97	29	0.80	1 693	46.77	143	3.95	1 598	44.14	122	3.37	64	1.77	1 836	50.72	1 720	47.51
女	137	2.06	27	0.41	3 506	52.88	199	3.00	2 553	38.51	208	3.14	164	2.47	3 705	55.88	2 761	41.65
合	172	1.68	56	0.55	5 199	50.72	342	3.34	4 151	40.50	330	3.22	228	2.22	5 541	54.06	4 481	43.72
u	4.14^{**}		2.59^{**}		5.99^{**}		2.56^{*}		5.56^{**}		0.64		2.32^{*}		5.03^{**}		5.73^{**}	

注：对比结果，*表示 $P<05$，**表示 $P<01$，差异具有统计学意义。

表 2-16-115　泰州汉族各手指指纹频率（%）（男 362 人，女 663 人）

		左						右					
		As	At	Lu	Lr	Ws	Wd	As	At	Lu	Lr	Ws	Wd
男	拇	2.49	0	35.08	1.93	46.96	13.54	0.83	0	28.73	1.38	63.81	5.25
	示	1.66	3.04	35.90	15.75	41.16	2.49	2.76	3.04	32.87	14.09	43.37	3.87
	中	0.83	0.28	55.52	3.31	37.57	2.49	0.55	0.83	58.84	1.66	36.19	1.93
	环	0	0	41.16	0	57.18	1.66	0	0	34.25	1.11	64.09	0.55
	小	0.28	0.83	76.24	0	21.27	1.38	0.28	0	69.06	0.28	29.83	0.55
女	拇	3.32	0	43.29	1.96	40.72	10.71	1.81	0	42.99	0.60	48.27	6.33
	示	3.62	1.36	39.37	12.21	39.97	3.47	4.07	1.66	40.88	9.20	40.42	3.77
	中	2.71	0.45	59.43	2.72	32.28	2.41	1.36	0.15	68.17	0.15	28.96	1.21
	环	0.75	0.15	42.08	1.21	54.45	1.36	0.30	0.15	39.82	0.91	58.52	0.30
	小	1.50	0.15	79.19	0.15	17.65	1.36	1.21	0	73.60	0.91	23.83	0.45

表 2-16-116　泰州汉族 1 手 5 指、双手 10 指指纹的组合情况（男 362 人，女 663 人）

（a）一手 5 指									
序号	组合			男		女		合计		u
	A	L	W	n	频率（%）	n	频率（%）	n	频率（%）	
1	0	0	5	107	14.78	176	13.27	283	13.80	0.94
2	0	1	4	127	17.54	217	16.37	344	16.78	0.68
3	0	2	3	91	12.57	171	12.90	262	12.78	0.21
4	0	3	2	105	14.50	220	16.59	325	15.85	1.24

续表

(a) 一手5指										
序号	组合			男		女		合计		*u*
	A	L	W	*n*	频率(%)	*n*	频率(%)	*n*	频率(%)	
5	0	4	1	133	18.37	232	17.50	365	17.80	0.49
6	0	5	0	107	14.78	204	15.38	311	15.17	0.37
7	1	0	4	5	0.69	7	0.53	12	0.59	0.46
8	1	1	3	2	0.28	3	0.23	5	0.24	0.22
9	1	2	2	8	1.10	10	0.75	18	0.88	0.81
10	1	3	1	15	2.07	26	1.96	41	2.00	0.17
11	1	4	0	16	2.21	35	2.64	51	2.49	0.60
12	2	0	3	1	0.14	1	0.08	2	0.10	0.43
13	2	1	2	0	0	2	0.15	2	0.10	1.05
14	2	2	1	1	0.14	3	0.23	4	0.20	0.43
15	2	3	0	4	0.55	10	0.75	14	0.68	0.53
16	3	0	2	0	0	0	0	0	0	0
17	3	1	1	0	0	1	0.08	1	0.05	0.74
18	3	2	0	2	0.28	4	0.30	6	0.29	0.10
19	4	0	1	0	0	0	0	0	0	0
20	4	1	0	0	0	1	08	1	0.05	0.74
21	5	0	0	0	0	3	0.23	3	0.15	1.28
合计	35	35	35	724	100.00	1 326	100.00	2 050	100.00	

(b) 双手10指										
序号	组合			男		女		合计		*u*
	A	L	W	*n*	频率(%)	*n*	频率(%)	*n*	频率(%)	
1	0	0	10	37	10.22	61	9.20	98	9.56	0.53
2	0	1	9	23	6.35	37	5.58	60	5.85	0.50
3	0	2	8	40	11.05	67	10.11	107	10.44	0.47
4	0	3	7	22	6.08	45	6.79	67	6.54	0.44
5	0	4	6	34	9.39	53	7.99	87	8.49	0.77
6	0	5	5	22	6.08	42	6.33	64	6.24	0.16
7	0	6	4	24	6.63	56	8.45	80	7.80	1.04
8	0	7	3	20	5.52	49	7.39	69	6.73	1.14
9	0	8	2	34	9.39	66	9.95	100	9.76	0.29
10	0	9	1	36	9.94	57	8.60	93	9.07	0.27
11	0	10	0	27	7.46	52	7.84	79	7.71	0.22
12	1	0	9	0	0	0	0	0	0	0
13	1	1	8	1	0.28	1	0.15	2	0.20	0.43
14	1	2	7	0	0	2	0.30	2	0.20	1.05
15	1	3	6	1	0.28	1	0.15	2	0.20	0.43
16	1	4	5	1	0.28	1	0.15	2	0.20	0.43

续表

(b) 双手 10 指										
序号	组合			男		女		合计		u
	A	L	W	n	频率（%）	n	频率（%）	n	频率（%）	
17	1	5	4	3	0.83	4	0.60	7	0.68	0.20
18	1	6	3	5	1.38	7	1.06	12	1.17	0.46
19	1	7	2	7	1.93	9	1.36	16	1.56	0.71
20	1	8	1	4	1.10	7	1.06	11	1.07	0.70
21	1	9	0	8	2.28	15	2.28	23	2.22	0.50
22	2	0	8	2	0.55	2	0.30	4	0.39	0.62
23	2	1	7	0	0	0	0	0	0	0
24	2	2	6	0	0	0	0	0	0	0
25	2	3	5	0	0	0	0	0	0	0
26	2	4	4	0	0	1	0.15	1	0.10	0.74
27	2	5	3	0	0	1	0.15	1	0.10	0.74
28	2	6	2	2	0.55	4	0.60	6	0.59	0.10
29	2	7	1	1	0.28	2	0.30	3	0.29	0.70
30	2	8	0	3	0.83	5	0.75	8	0.78	0.13
31	3	0	7	0	0	0	0	0	0	0
32	3	1	6	0	0	0	0	0	0	0
33	3	2	5	1	0.28	1	0.15	2	0.20	0.43
34	3	3	4	0	0	0	0	0	0	0
35	3	4	3	1	0.28	1	0.15	2	0.20	0.43
36	3	5	2	0	0	0	0	0	0	0
37	3	6	1	1	0.28	2	0.30	3	0.29	0.70
38	3	7	0	0	0	4	0.60	4	0.39	1.48
39	10	0	0	0	0	1	0.15	1	0.10	0.74
	其他组合			2	0.55	7	1.06	9	0.88	1.56
合计	220	220	220	362	100.00	663	100.00	1 025	100.00	—

表 2-16-117　泰州汉族肤纹表型频率（%）（男 362 人，女 663 人）

类型	男左	男右	女左	女右	男	女	合计
掌大鱼际纹	17.13	2.49	9.05	3.17	9.81	6.11	7.41
指间Ⅱ区纹	1.66	1.38	0.15	0.45	1.52	0.30	0.73
指间Ⅲ区纹	6.08	16.85	4.98	17.19	11.46	11.09	11.22
指间Ⅳ区纹	71.27	66.85	72.70	63.35	69.06	68.02	68.39
掌小鱼际纹	20.17	19.06	18.40	17.04	19.61	17.72	18.39
趾间Ⅱ区纹	5.25	7.18	5.43	5.28	6.22	5.36	5.66
趾间Ⅲ区纹	58.84	58.56	45.85	52.34	58.70	49.10	52.29
趾间Ⅳ区纹	5.80	7.74	1.81	3.17	6.77	2.49	4.00
足小鱼际纹	38.40	33.71	28.81	29.71	36.06	29.26	31.66

续表

类型		男左	男右	女左	女右	男	女	合计
蹋趾球纹	胫弓	8.29	8.01	7.39	7.99	8.15	7.69	7.85
	其他弓	1.93	1.39	2.11	1.52	1.66	1.82	1.76
	远箕	48.34	53.59	55.96	56.56	50.96	56.26	54.39
	其他箕	10.77	10.49	11.16	11.46	10.63	11.31	11.07
	一般斗	30.39	26.52	23.08	22.47	28.46	22.77	24.78
	其他斗	0.28	0	0.30	0	0.14	0.15	0.15

表 2-16-118　泰州汉族表型组肤纹指标组合情况（男 362 人，女 663 人）

		大鱼际纹			指间Ⅱ区纹			指间Ⅲ区纹			指间Ⅳ区纹			小鱼际纹		
组合	左	+	+	−	+	+	−	+	+	−	+	+	−	+	+	−
	右	+	−	+	+	−	+	+	−	+	+	−	+	+	−	+
合计	*n*	22	100	8	2	5	6	32	23	143	590	167	76	95	100	87
	频率（%）	2.15	9.76	0.78	0.20	0.49	0.59	3.12	2.24	13.95	57.56	16.29	7.41	9.27	9.76	8.49
		蹋趾弓纹	蹋趾箕纹	蹋趾斗纹	趾间Ⅱ区纹			趾间Ⅲ区纹			趾间Ⅳ区纹			小鱼际纹		
组合	左	+	+	+	+	+	−	+	+	−	+	+	−	+	+	−
	右	+	+	+	+	−	+	+	−	+	+	−	+	+	−	+
合计	*n*	51	466	172	31	24	30	466	71	113	19	14	30	252	78	67
	频率（%）	4.98	45.46	16.78	3.02	2.34	2.93	45.46	6.93	11.02	1.85	1.37	2.93	24.59	7.61	6.54

表 2-16-119　泰州汉族指纹三种斗取 FRC 侧别的情况（男 212 人，女 315 人）

	男						女					
	Wu		Wb		Wr		Wu		Wb		Wr	
	n	频率（%）	*n*	频率（%）	*n*	频率（%）	*n*	频率（%）	*n*	频率（%）	*n*	频率（%）
取桡侧	615	94.32	19	51.36	15	4.51	924	95.06	6	15	18	4.65
两侧相等	5	0.77	9	24.32	4	1.20	7	0.72	21	52.50	2	0.52
取尺侧	32	4.91	9	24.32	314	94.29	41	4.22	13	32.50	367	94.83
合计	652	100.00	37	100.00	333	100.00	972	100.00	40	100.00	387	100.00

表 2-16-120　泰州汉族掌纹 TFRC、a-b RC、atd、at′d、tPD 和 t′PD 参数（男 212 人，女 315 人）

		男左		男右		女左		女右		男		女		合计	
		$\bar{x}$	*s*	$\bar{x}$	*s*	$\bar{x}$	*s*	$\bar{x}$	*s*	$\bar{x}$	*s*	$\bar{x}$	*s*	$\bar{x}$	*s*
TFRC（条）	拇	19.79	6.84	20.93	6.72	17.09	7.18	18.71	7.12	20.36	6.79	17.90	7.19	18.77	7.05
	示	15.16	7.94	14.77	8.45	14.58	7.78	14.61	7.59	14.97	8.19	14.60	7.68	14.73	7.86
	中	16.73	7.07	15.13	7.25	15.52	6.92	14.26	6.74	15.93	7.20	14.89	6.85	15.26	6.97
	环	19.42	5.80	18.51	6.44	18.24	6.00	18.11	6.18	18.97	6.14	18.18	6.08	18.46	6.10
	小	15..33	6.04	14.55	6.51	13.75	6.15	13.42	6.15	14.94	6.28	13.59	6.15	14.07	6.20
	各手	86.42	28.05	83.89	29.28	79.19	28.66	79.12	28.63	170.32	56.08	158.31	56.14	162.55	56.12

续表

	男左		男右		女左		女右		男		女		合计	
	$\bar{x}$	s	$\bar{x}$	s	$\bar{x}$	s	$\bar{x}$	s	$\bar{x}$	s	$\bar{x}$	s	$\bar{x}$	s
a-b RC（条）	42.07	3.71	40.54	4.33	41.36	3.60	40.4	3.58	41.30	4.10	40.70	3.65	40.94	3.85
atd（°）	40.26	4.57	39.66	4.48	42.03	4.48	41.90	4.74	39.95	4.53	41.96	4.61	41.16	4.68
atd 例数	203		210		308		311		413		619		1032	
at′d（°）	40.71	5.07	40.31	5.27	42.44	5.29	42.30	4.84	40.51	5.17	42.37	5.06	41.63	5.19
at′d 例数	7		12		11		13		19		24		43	
tPD	14.22	6.65	14.91	6.68	15.66	5.87	16.13	6.37	14.56	6.67	15.89	6.13	15.36	6.38
t′PD	14.87	7.35	15.99	7.48	16.21	7.09	16.81	6.51	15.43	7.43	16.51	6.81	16.07	7.08

第八节　上海汉族400人肤纹代码

笔者团队于1979年在上海第二医科大学、新华医院卫生学校等地收集了1040例学生的肤纹图（张海国 等，1981；张海国 等，1982；Zhang et al，1982），这批样本平均年龄21.01岁（15～32岁）。本书按顺序列出男性200人和女性200人的个体肤纹代码，见附录3，以供选择、参考和使用。代码的含义在第一篇第九章第五节中做了阐述。

第十七章　哈尼族的肤纹

云南哈尼族的肤纹材料分两节列出，第一节是元阳县哈尼族肤纹材料，第二节是建水县哈尼族肤纹材料。

第一节　云南元阳县哈尼族肤纹①

本节的哈尼族肤纹样本根据随机化的原则，采自云南省红河哈尼族彝族自治州元阳县境内无遗传缺陷三代同族的健康村民和中小学生等。研究对象年龄5～78岁，平均（22.96±15.67）岁。

按照传统的古典油墨肤纹捺印法采样，应用9开道林纸与铅印黑色油墨，捺印同一个体的左右手纹和左右足印。

样本的分析依据中国的统一标准，再加上一些项目的组合研究，进行图像数量化及代码变换处理，并记录成册；应用自编的皮肤纹理分析软件包（吉林大学数学系计算数学教研室，1976；谭浩强　等，1984；Michael et al，1994；张后苏　等，1994）在计算机上完成数据的处理和分析。

所有分析以687人（男520人，女167人）为基数（丁明　等，2001）。

一、指　　纹

（一）指纹频率

元阳哈尼族男性和女性各手指的指纹频率见表2-17-1和表2-17-2。

表2-17-1　元阳哈尼族男性各手指的指纹频率（%）（男520人）

	男左					男右				
	拇	示	中	环	小	拇	示	中	环	小
As	0.96	2.88	1.73	0.19	0.38	0.96	2.12	1.15	0.38	0.19
At	0	0.38	0.38	0	0	0	0.38	0	0	0
Lu	38.08	40.00	61.92	38.08	73.47	29.63	36.73	60.58	33.85	64.43
Lr	0.77	12.88	1.73	0.19	0.38	0.38	12.50	1.54	1.15	0.00
Ws	47.69	40.21	30.78	60.19	25.00	63.65	44.81	34.23	63.85	35.38
Wd	12.50	3.65	3.46	1.35	0.77	5.38	3.46	2.50	0.77	0

①研究者：丁明，云南省计划生育技术科学研究所；张海国，上海第二医科大学；黄明龙，云南红十字会医院。

表 2-17-2　元阳哈尼族女性各手指的指纹频率（%）（女 167 人）

	女左					女右				
	拇	示	中	环	小	拇	示	中	环	小
As	3.59	4.19	2.40	1.20	0.60	1.80	4.19	1.20	0.60	0
At	0	0.60	0	0	0	0	0	0	0	0
Lu	46.11	46.71	62.28	41.32	80.84	47.31	41.92	73.05	45.51	82.04
Lr	0	8.38	0.60	0	0	0.60	10.78	0	0	0
Ws	41.92	37.72	31.73	56.88	18.56	44.30	41.31	24.55	53.89	17.96
Wd	8.38	2.40	2.99	0.60	0	5.99	1.80	1.20	0	0

结果可见，Lu 在小指上的出现频率最高，Lr 在示指上的出现频率最高，Wd 在拇指上的出现频率最高，Ws 在环指上的出现频率最高。

元阳哈尼族的指纹频率合计见表 2-17-3。

表 2-17-3　元阳哈尼族指纹频率（%）（男 520 人，女 167 人）

A	Lu	Lr	W
1.41	49.87	2.88	45.84

（二）指纹组合

元阳哈尼族左右同名指各种指纹类型组合情况见表 2-17-4。

表 2-17-4　元阳哈尼族左右同名指指纹类型组合情况（男 520 人，女 167 人）

		A/A	L/A	L/L	W/A	W/L	W/W	合计
观察频数	男	10	39	1 055	4	494	998	2 600
	女	10	12	404	2	161	246	835
	合计	20	51	1 459	6	655	1 244	3 435
观察频率（%）		0.58	1.48	42.47	0.17	19.08	36.22	100.00
期望频数		1	51	956	44	1 661	722	3 435
期望频率（%）		0.02	1.49	27.83	1.29	48.36	21.01	100.00

结果显示左右对应手指各种指纹组合格局的观察频率呈非随机分布。同型组合 A/A、L/L、W/W 显著偏高（$P<0.001$），异型组合 A/W、L/W 显著减少（$P<0.001$），数据提示 A 型指纹的花纹最简单，W 最复杂，L 居中，A 与 W 配对要跨过 L，表现不相容，称为 A/W 不相容。A/L 异型组合的观察频率与期望频率无显著性差异（$P>0.05$）。

（三）一手和双手指纹组合

一手 5 指指纹类型共有 21 种组合格局，双手 10 指指纹类型共有 66 种组合格局，全弓、全箕和全斗为特殊组合。哈尼族一手 5 指和双手 10 指指纹特殊组合情况分别见表 2-17-5 和表 2-17-6。

表 2-17-5　元阳哈尼族一手 5 指指纹特殊组合情况（男 520 人，女 167 人）

	5 指全弓		5 指全箕		5 指全斗	
	频数	频率（%）	频数	频率（%）	频数	频率（%）
男左	0	0	87	16.73	63	12.12
男右	0	0	68	13.08	83	15.96
女左	1	0.60	36	21.56	16	9.58
女右	0	0	38	22.75	15	8.98
男	0	0	155	14.90	146	14.04
女	1	0.30	74	22.16	31	9.28
合计	1	0.07	229	16.67	177	12.88

表 2-17-6　元阳哈尼族双手 10 指指纹特殊组合情况（男 520 人，女 167 人）

	10 指全弓		10 指全箕		10 指全斗	
	频数	频率（%）	频数	频率（%）	频数	频率（%）
男	0	0	41	7.88	47	9.04
女	0	0	21	12.57	11	6.59
合计	0	0	62	9.02	58	8.44

（四）各手指的 FRC

元阳哈尼族男女各指的 FRC 值分别见表 2-17-7。

表 2-17-7　元阳哈尼族各指 FRC 值（条，$\bar{x}\pm s$）（男 520 人，女 167 人）

	拇	示	中	环	小
男左	15.96±5.25	11.57±5.62	12.64±5.59	14.83±4.72	12.16±4.21
男右	17.87±5.28	11.89±5.53	12.23±4.86	14.94±4.69	11.89±4.33
女左	14.17±5.26	11.94±5.50	12.40±4.91	14.72±5.10	12.16±4.44
女右	16.90±5.51	12.35±5.14	13.17±4.82	15.56±4.61	12.27±4.24

由此可见，元阳哈尼族男性左右手和女性右手拇指嵴数均占 5 指的第 1 位，环指的嵴数均占 5 指的第 2 位；而女性左手环指的嵴数占 5 指的第 1 位，拇指的嵴数占 5 指的第 2 位。

（五）各性别的 TFRC

元阳哈尼族男女左右手 TFRC 和合计的 TFRC 参数见表 2-17-8。

表 2-17-8　元阳哈尼族男女左右手 TFRC 和合计的 TFRC 参数（男 520 人，女 167 人）

	$\bar{x}$	s	$s_{\bar{x}}$		$\bar{x}$	s	$s_{\bar{x}}$
男左	67.16	19.68	0.86	男	135.98	37.91	1.66
男右	68.82	19.34	0.85	女	135.66	38.71	2.99
女左	65.40	20.18	1.56	合计	135.90	38.08	1.45
女右	70.26	19.28	1.49				

（六）斗指纹偏向

元阳哈尼族各种斗取 FRC 侧别的情况见表 2-17-9。

表 2-17-9　元阳哈尼族各种斗取 FRC 侧别的情况（男 520 人，女 167 人）

		Wu	Wb	Wr	小计
Wu＞Wr　取尺侧	频率（%）	60.47	2.44	3.05	65.95
	频数	1 906	77	96	2 079
Wu=Wr	频率（%）	2.98	2.16	1.81	6.95
	频数	94	68	57	219
Wu＜Wr　取桡侧	频率（%）	4.16	2.95	19.99	27.10
	频数	131	93	630	854
合计	频率（%）	67.61	7.55	24.84	100.00
	频数	2 131	238	783	3 152

（七）偏向斗组合

元阳哈尼族左右同名指三种偏向斗各配对的观察频率及期望频率见表 2-17-10。

表 2-17-10　元阳哈尼族左右同名指偏向斗的配对情况（男 520 人，女 167 人）

	Wu/Wu	Wu/Wb	Wb/Wb	Wu/Wr	Wr/Wb	Wr/Wr	合计
观察频数	630	106	12	286	70	140	1 244
观察频率（%）	50.65	8.52	0.96	22.99	5.63	11.25	100.00
期望频数	549	133	8	422	51	81	1 244
期望频率（%）	44.09	10.68	0.65	33.95	4.11	6.52	100.00

由此可见，Wu/Wu 的观察频率明显高于期望频率，Wr/Wr 也是如此，表明同名指的同型对应并非随机分布。Wu/Wr 对应的观察频率明显低于期望频率，表明 Wu 与 Wr 的不亲和性。

二、掌　　纹

（一）atd

元阳哈尼族男女左右手 atd 的参数见表 2-17-11。

表 2-17-11　元阳哈尼族 atd（°）的参数（男 520 人，女 167 人）

	$\bar{x}$	s	$s_{\bar{x}}$
男左	40.05	5.05	0.22
男右	39.57	4.87	0.21
女左	41.00	4.22	0.33
女右	40.81	4.56	0.36
男	39.81	4.96	0.15
女	40.90	4.39	0.24
合计	40.07	4.85	0.13

元阳哈尼族男女间 atd 角均值差异显著性检验结果表明女性 atd 均数明显高于男性（$P<0.01$）。

（二）tPD

元阳哈尼族 tPD 的参数见表 2-17-12。

表 2-17-12　元阳哈尼族 tPD 的参数（男 520 人，女 167 人）

	$\bar{x}$	s	$s_{\bar{x}}$
男左	18.76	8.30	0.36
男右	19.41	11.93	0.52
女左	18.72	6.63	0.51
女右	18.76	7.25	0.56
男	19.08	10.28	0.32
女	18.74	6.94	0.38
合计	19.00	9.57	0.26

元阳哈尼族男女间 tPD 均值差异显著性检验结果表明差异不显著（$P>0.05$）。

（三）a-b RC

元阳哈尼族 a-b RC 的全距为 32 条（20～52 条），众数为 34 条。
元阳哈尼族 a-b RC 的参数见表 2-17-13。

表 2-17-13　元阳哈尼族 a-b RC 的参数（男 520 人，女 167 人）

	$\bar{x}$（条）	s（条）	$s_{\bar{x}}$（条）	t_{g1}	t_{g2}
男左	35.63	4.50	0.19	0.99	−0.19
男右	35.84	4.63	0.20	2.45	2.28
女左	36.79	4.66	0.36	1.26	0.77
女右	36.79	4.51	0.35	1.55	2.17
男	35.74	4.56	0.14	2.51	1.61
女	36.79	4.58	0.25	1.97	1.94
合计	35.99	4.59	0.12	3.14	2.36

元阳哈尼族男女左右手 a-b RC 均数差异显著性检验结果表明差异不显著（$P>0.05$）。
元阳哈尼族左右手 a-b RC 的差值分布情况见表 2-17-14。

表 2-17-14　元阳哈尼族左右手 a-b RC 差值分布（男 520 人，女 167 人）

	0 条		1～3 条		4～6 条		≥7 条	
	频数	频率（%）	频数	频率（%）	频数	频率（%）	频数	频率（%）
男	50	9.62	329	63.27	107	20.58	34	6.54
女	8	4.79	105	62.88	41	24.55	13	7.80
合计	58	8.44	434	63.17	148	21.55	47	6.85

由表 2-17-13 可见，元阳哈尼族双手 a-b RC 差值在 0～3 条者占 71.61%，由此认为差异不大，双手一致的程度较高。

（四）手大鱼际纹

元阳哈尼族手大鱼际各花纹的分布频率见表 2-17-15。

表 2-17-15　元阳哈尼族手大鱼际各花纹的分布频率（%）（男 520 人，女 167 人）

	真实花纹						V	非真实花纹	合计
	Ld	Lr	Lp	Lu	Ws	Wc			
男左	0	0	1.35	0	0	0.19	0.19	98.27	100.00
男右	0	0	0.19	0	0	0	0	99.81	100.00
女左	0	0	0	0.60	0	0	0	99.40	100.00
女右	0	0	0	0.60	0	0	0	99.40	100.00
男	0	0	0.77	0	0	0.10	0.10	99.03	100.00
女	0	0	0	0.60	0	0	0	99.40	100.00
合计	0	0	0.58	0.15	0	0.07	0.07	99.13	100.00

手大鱼际真实花纹频率为 0.80%，V 和非真实花纹为 99.20%。

元阳哈尼族手大鱼际区真实花纹以 Lp 最多，为 0.58%。

同一个体左右手大鱼际花纹对应组合情况见表 2-17-16。

表 2-17-16　元阳哈尼族同一个体左右手大鱼际花纹对应组合频率（%）（男 520 人，女 167 人）

	左手真实花纹	左手非真实花纹
右手真实花纹	0.30	1.17
右手非真实花纹	0	98.53

（五）手小鱼际纹

元阳哈尼族手小鱼际花纹的分布频率见表 2-17-17。

表 2-17-17　元阳哈尼族手小鱼际花纹的分布频率（%）（男 520 人，女 167 人）

	非真实花纹	Ld	Lr	Lp	Lu	Ws	Wc	V	合计
男左	87.70	9.42	1.35	0	1.15	0	0.38	0	100.00
男右	89.61	4.62	4.04	0	1.15	0	0.58	0	100.00
女左	86.23	8.38	4.19	0	1.20	0	0	0	100.00
女右	92.21	4.79	2.40	0	0.60	0	0	0	100.00
男	88.66	7.02	2.69	0	1.15	0	0.48	0	100.00
女	89.22	6.59	3.29	0	0.90	0	0	0	100.00
合计	88.80	6.91	2.84	0	1.09	0	0.36	0	100.00

手小鱼际真实花纹频率为 11.20%。

同一个体左右手小鱼际花纹对应组合频率见表 2-17-18。

表 2-17-18 元阳哈尼族左右手小鱼际花纹组合频率（%）(男 520 人，女 167 人)

	左手真实花纹	左手非真实花纹
右手真实花纹	5.83	6.84
右手非真实花纹	3.93	83.40

（六）手指间区纹

元阳哈尼族各手指间区纹的分布频率见表 2-17-19。

表 2-17-19 元阳哈尼族各手指间区真实花纹的分布频率（%）(男 520 人，女 167 人)

	Ⅱ	Ⅲ	Ⅳ	Ⅱ/Ⅲ	Ⅲ/Ⅳ
男左	0.19	9.42	87.12	0.38	2.88
男右	0.96	23.08	75.58	0	2.88
女左	1.80	9.58	89.82	0	0
女右	1.20	17.96	83.83	0	0.60
男	0.58	16.25	81.35	0.19	2.88
女	1.50	13.77	86.83	0	0.30
合计	0.80	15.65	82.68	0.15	2.26

指间区真实花纹在Ⅳ指间出现率最高，为 82.68%，都是 Ld。

同一个体左右同名指指间区纹对应组合频率见表 2-17-20。

表 2-17-20 元阳哈尼族左右同名指指间区纹组合频率（%）(男 520 人，女 167 人)

	真/真	真/非	非/非
Ⅱ	0	1.60	98.40
Ⅲ	5.24	20.82	73.94
Ⅳ	71.47	22.42	6.11

元阳哈尼族左右手Ⅱ、Ⅲ、Ⅳ指间区纹的对应组合频率见表 2-17-21。

表 2-17-21 元阳哈尼族左右手指间区纹的组合频率（%）(男 520 人，女 167 人)

左	右								合计
	000	00V	0V0	0VV	V00	V0V	VV0	VVV	
000	0.29	1.89	1.46	0	0	0	0	0	3.64
00V	2.62	68.85	13.10	1.60	0	0.29	0.29	0	86.75
0V0	0.15	3.33	3.78	0.58	0	0.15	0.15	0.15	8.29
0VV	0	0.44	0.13	0.15	0	0	0	0	0.72
V00	0	0	0.15	0	0	0	0	0	0.15
V0V	0	0	0	0	0	0	0	0	0
VV0	0	0	0.15	0	0	0	0	0	0.15
VVV	0	0.15	0.15	0	0	0	0	0	0.30
合计	3.06	74.66	18.92	2.33	0	0.44	0.44	0.15	100.00

注：00V 表示Ⅳ区为真实花纹，Ⅱ、Ⅲ区为非真实花纹；V00 表示Ⅱ区为真实花纹，Ⅲ、Ⅳ区为非真实花纹；以此类推，本书余同。

（七）屈肌线

手掌上的屈肌线有的横贯整个手掌，称为猿线或通贯手；也有的是远侧屈肌线（一线）与近侧屈肌线（二线）相互贯通而称为猿线。猿线被分为一横贯、一二相遇、一二相融和二横贯四型。元阳哈尼族猿线的分布频率见表 2-17-22；猿线在一个个体左右手的相应组合频率见表 2-17-23。

表 2-17-22　元阳哈尼族不同猿线类型的分布频率（%）（男 520 人，女 167 人）

	无猿线	一横贯	一二相遇	一二相融	二横贯	合计
男左	96.54	1.35	1.92	0.19	0	100.00
男右	96.15	1.54	1.54	0.77	0	100.00
女左	100.00	0	0	0	0	100.00
女右	99.40	0	0.60	0	0	100.00
男	96.35	1.44	1.73	0.48	0	100.00
女	99.70	0	0.30	0	0	100.00
合计	97.17	1.09	1.38	0.36	0	100.00

表 2-17-23　元阳哈尼族同一个体左右手猿线的对应组合频率（%）（男 520 人，女 167 人）

	右手有猿线	右手无猿线
左手有猿线	1.47	1.16
左手无猿线	1.60	95.77

三、足　　纹

（一）踇趾球纹

元阳哈尼族踇趾球纹的分布频率见表 2-17-24。

表 2-17-24　元阳哈尼族踇趾球纹的分布频率（%）（男 520，女 167 人）

	TAt	Ad	At	Ap	Af	Ld	Lt	Lp	Lf	Ws	Wc
男左	0	11.54	0	0	0.58	60.96	7.12	0	0	15.38	4.42
男右	0	10.38	0	0	0.58	63.65	9.23	0	0	13.66	2.50
女左	0.60	1.80	7.78	0	0	62.87	8.98	0	0	17.97	0
女右	0	1.20	5.99	0	0	70.06	8.38	0	0	14.37	0
男	0	10.96	0	0	0.58	62.31	8.17	0	0	14.52	3.46
女	0.30	1.50	6.89	0	0	66.47	8.68	0	0	16.16	0
合计	0.07	8.66	1.67	0	0.44	63.32	8.30	0	0	14.92	2.62

同一个体左右蹲趾球纹对应组合频率见表 2-17-25。

表 2-17-25　元阳哈尼族左右蹲趾球纹组合频率（%）（男 520 人，女 167 人）

左	右		
	A	L	W
A	6.69	4.08	0.73
L	2.77	62.01	4.35
W	0.58	8.01	10.78

（二）足趾间区纹

元阳哈尼族各趾间区真实花纹的分布频率见表 2-17-26。

表 2-17-26　元阳哈尼族趾间区真实花纹的分布频率（%）（男 520 人，女 167 人）

	Ⅱ	Ⅲ	Ⅳ	Ⅱ/Ⅲ	Ⅲ/Ⅳ
男左	5.77	39.81	2.12	0	0
男右	6.92	39.42	5.38	0	0
女左	6.59	28.74	0.60	0	0
女右	5.99	27.55	0.60	0	0.60
男	6.35	39.62	3.75	0	0
女	6.29	28.14	0.60	0	0.30
合计	6.33	36.83	2.98	0	0.07

元阳哈尼族均为趾间Ⅲ区真实花纹的出现率最高，为 36.83%。
元阳哈尼族同一个体左右同名趾间区花纹的对应组合频率见表 2-17-27。

表 2-17-27　元阳哈尼族左右同名趾趾间花纹的对应频率（%）（男 520 人，女 167 人）

	真/真	真/非	非/非
Ⅱ	2.33	8.01	89.66
Ⅲ	28.53	16.60	54.87
Ⅳ	1.02	3.93	95.05

元阳哈尼族Ⅲ趾间真/真对应的观察频率均明显高于期望频率（$P<0.01$）。
元阳哈尼族左右足趾间Ⅱ、Ⅲ、Ⅳ区内对应组合频率见表 2-17-28。

表 2-17-28　元阳哈尼族男女左右足趾间区内花纹的组合频率（%）（男 520 人，女 167 人）

左足	右足								合计
	000	00V	0V0	0VV	V00	V0V	VV0	VVV	
000	48.76	0.44	5.97	0.29	2.04	0	0	0	57.50
00V	0	0.27	0.15	0.15	0	0	0	0	0.57
0V0	5.82	0.44	24.87	1.46	1.89	0	0.29	0.15	34.92
0VV	0.15	0	0.44	0.43	0	0	0	0	1.02

续表

左足	右足								合计
	000	00V	0V0	0VV	V00	V0V	VV0	VVV	
V00	1.60	0	1.31	0	1.75	0	0.15	0	4.81
V0V	0	0	0	0	0	0	0	0	0
VV0	0.15	0	0.29	0.29	0.15	0	0	0.15	1.03
VVV	0	0	0	0	0	0	0	0.15	0.15
合计	56.48	1.15	33.03	2.62	5.83	0	0.44	0.45	100.00

（三）足小鱼际纹

元阳哈尼族足小鱼际区花纹的分布频率见表 2-17-29。

表 2-17-29　元阳哈尼族足小鱼际花纹的分布频率（%）（男 520 人，女 167 人）

	V	非真实花纹	Lt	其他真实花纹	合计
男左	0.19	47.69	51.54	0.58	100.00
男右	0	52.69	46.73	0.58	100.00
女左	0	44.91	55.09	0	100.00
女右	0	53.29	46.71	0	100.00
男	0.10	50.19	49.13	0.58	100.00
女	0	49.10	50.90	0	100.00
合计	0.07	49.93	49.56	0.44	100.00

足小鱼际真实花纹的频率为 50.00%，V 和非真实花纹的频率为 50.00%。
元阳哈尼族足小鱼际出现的真实花纹一般为 Lt 型。
元阳哈尼族同一个体左右足小鱼际花纹对应组合频率见表 2-17-30。

表 2-17-30　元阳哈尼族左右足小鱼际花纹对应组合频率（%）（男 520 人，女 167 人）

	右足真实花纹	右足非真实花纹
左足真实花纹	38.28	14.71
左足非真实花纹	8.88	38.13

（四）足跟纹

足跟真实花纹在各民族中都罕见。哈尼族足跟纹观察频率为 0。

第二节　云南建水县哈尼族肤纹[①]

研究对象为来自云南省红河哈尼族彝族自治州建水县、金平县、元阳县、绿春县的中

①研究者：白崇显、詹秀珍、韦正祥、李秀琼，云南省红河州建水县卫生干部进修学校；罗建国，云南省红河州卫生学校；张海国、冯波、陈仁彪，上海第二医科大学生物学教研室。

小学生及部分成年人、老年人，三代都是哈尼族人，身体健康，无家族性遗传病，平均年龄（16.76±6.51）岁（8～75 岁）。

以黑色油墨捺印法捺印研究对象的指纹、掌纹和足纹。

所有的分析都以 1000 人（男 500 人，女 500 人）为基数（张海国 等，1998a），以自编的 Basic 程序对木民族肤纹数据进行统计（谭浩强 等，1984；Michacl ct al，1994；张后苏 等，1994）。

一、指　　纹

（一）指纹频率

建水哈尼族男性各手指的指纹频率见表 2-17-31，女性各手指的指纹频率见表 2-17-32。

表 2-17-31　建水哈尼族男性各手指的指纹频率（%）（男 500 人）

	男左					男右				
	拇	示	中	环	小	拇	示	中	环	小
As	1.8	4.0	1.8	1.2	1.0	0.8	3.4	1.6	1.0	0.2
At	0	2.6	0.6	0.6	0.2	0	3.0	0.6	0.4	0
Lu	42.8	41.8	63.8	40.6	75.4	35.8	37.8	67.8	36.2	69.6
Lr	0.8	10.0	0.4	0.8	0.2	0.4	10.6	1.4	1.2	0.4
Ws	41.8	36.6	29.2	54.6	20.2	53.0	42.6	25.8	60.4	28.0
Wd	12.8	5.0	4.2	2.2	3.0	10.0	2.6	2.8	0.8	1.8

表 2-17-32　建水哈尼族女性各手指的指纹频率（%）（女 500 人）

	女左					女右				
	拇	示	中	环	小	拇	示	中	环	小
As	3.8	5.6	3.0	1.6	1.2	1.4	4.8	1.8	0.4	0.8
At	0	1.2	0.2	0	0	0	0	0.2	0	0
Lu	37.2	41.6	63.4	40.0	78.6	37.0	42.8	71.0	40.4	74.0
Lr	1.6	8.8	1.4	0.2	0.4	0.2	10.0	1.4	0.6	0.6
Ws	42.2	37.0	25.4	54.8	19.0	49.4	38.0	22.4	58.0	24.4
Wd	15.2	5.8	6.6	3.4	0.8	12.0	4.4	3.2	0.6	0.2

Lr 多见于示指，Lu 多见于小指。

男女合计指纹频率见表 2-17-33。

表 2-17-33　建水哈尼族男女合计指纹频率（%）（男 500 人，女 500 人）

	As	At	Lu	Lr	Ws	Wd
男	1.68	0.80	51.16	2.62	39.22	4.52
女	2.44	0.16	52.60	2.52	37.06	5.22
合计	2.06	0.48	51.88	2.57	38.14	4.87

3 种指纹频率见表 2-17-34。

表 2-17-34　建水哈尼族 3 种指纹频率（%）和标准误（男 500 人，女 500 人）

	A	L	W
指纹频率	2.54	54.45	43.01
s_p	0.157 3	0.498 0	0.495 1

（二）指纹组合

1000 人 5000 对左右同名指的组合格局频率见表 2-17-35。

表 2-17-35　建水哈尼族左右同名指的组合格局频率（男 500 人，女 500 人）

	A/A	A/L	A/W	L/L	L/W	W/W
观察频率（%）	1.02	2.84	0.20	43.34	19.38	33.22
期望频率（%）	0.06	2.77	2.18	29.65	46.84	18.50
P	<0.001	>0.85	<0.001	<0.001	<0.001	<0.001

观察左右同名指组合格局中 A/A、L/L、W/W 都显著增多，它们各自的观察频率和期望频率的差异显著性检验都是 $P<0.01$，表明同型指纹在左右配对为非随机组合。A/W 的观察频率与期望频率之间也有显著性差异（$P<0.001$），提示 A 与 W 的不相容现象。

一手 5 指组合 21 种格局的观察频率和期望频率见表 2-17-36。

表 2-17-36　建水哈尼族一手 5 指的组合格局频率（男 500 人，女 500 人）

A	L	W	观察频率（%）	期望频率（%）
0	0	5	10.45	1.47
0	5	0	15.00	4.79
5	0	0	0.10	10×10^{-5}
小计			25.55	6.26
0	1	4	14.20	9.32
0	2	3	15.10	23.59
0	3	2	18.20	29.86
0	4	1	17.95	18.90
小计			65.45	81.67
1	0	4	0.05	0.43
2	0	3	0	0.05
3	0	2	0	3×10^{-3}
4	0	1	0	9×10^{-5}
小计			0.05	0.48
1	4	0	2.60	1.13
2	3	0	1.25	0.10
3	2	0	0.30	4×10^{-3}
4	1	0	0.30	10×10^{-3}
小计			4.45	1.23

续表

A	L	W	观察频率（%）	期望频率（%）
1	1	3	0.50	2.20
1	2	2	0.55	4.18
1	3	1	3.05	3.54
2	1	2	0.10	0.19
2	2	1	0.25	0.25
3	1	1	0.05	8×10^{-3}
小计			4.50	10.36
合计			100.00	100.00

一手 5 指同为 W 者占 10.45%，同为 L 者占 15.00%，同为 A 者占 0.10%。一手 5 指为同一种花纹的观察频率和期望频率之间也有明显的差异，即观察频率明显增多（$P<0.001$）。一手 5 指的异型组合 AOW、ALW 的观察频率明显减少，表现为 A 与 W 组合的不相容。

本样本中 10 指全为 W 者 55 人（5.50%），10 指全为 L 者 80 人（8.00%），未见 10 指全 A 者。

（三）FRC 和 TFRC

各指别 FRC 均数见表 2-17-37。

表 2-17-37　建水哈尼族各指别 FRC 均数（条）（男 500 人，女 500 人）

	拇	示	中	环	小
男左	16.67	11.74	13.03	15.21	12.67
男右	18.75	12.17	12.30	15.22	12.24
女左	15.49	11.55	12.64	15.15	12.12
女右	17.30	11.84	12.10	15.12	11.84

男女性拇指的 FRC 均数都占第 1 位，环指的 FRC 均数较高，中指居中，示指和小指则较低。

各侧别性别和合计的 TFRC 见表 2-17-38。

表 2-17-38　建水哈尼族各侧别性别和合计的 TFRC 的参数（男 500 人，女 500 人）

	$\bar{x}$（条）	s（条）	$s_{\bar{x}}$（条）	t_{g1}	t_{g2}
男左	69.31	21.89	0.98	−3.18	1.29
男右	70.67	21.91	0.98	−1.33	1.08
女左	66.94	21.98	0.98	−2.11	0.66
女右	68.20	20.76	0.93	−2.13	−0.52
男	139.99	42.82	1.92	−2.26	1.02
女	135.14	41.73	1.87	−2.14	0.29
合计	137.57	42.33	1.34	−3.04	0.89

男性 TFRC（139.99 条）与女性 TFRC（135.14 条）无显著性差异（t=1.81，P>0.05）。

W 的偏向分析：1000 人中有 W 4301 枚，其中 Wu 2704 枚（62.87%），Wr 1274 枚（29.62%），Wb 323 枚（7.51%）。W 取 FRC 侧别的频率见表 2-17-39。

表 2-17-39　建水哈尼族 W 取 FRC 侧别的频率（%）（男 500 人，女 500 人）

	Wu	Wb	Wr	小计
Wu>Wr　取尺侧	15.50	33.44	66.88	32.06
Wu=Wr	5.29	14.55	7.61	6.67
Wu<Wr　取桡侧	79.21	52.01	25.51	61.26
合计（频数）	100.00	100.00	100.00	100.00

Wu 的 79.21%是取桡侧的 FRC，Wr 的 66.88%是取尺侧的 FRC，做关联分析得 P<0.01，表明取 FRC 的侧别与 W 的偏向有密切关系。

Wb 的 14.55%是两侧相等，Wb 两侧 FRC 相似度很高。

1274 枚 Wr 在示指有 479 枚（37.60%），Wr 在示指的出现频率明显多于其他 4 指。桡箕（Lr）也多出现在示指上，可以认为本样本示指指纹的偏向有倾向于桡侧的趋势。

各偏向 W 的对应分析：在 4301 枚 W 中有 1661 对（3322 枚）呈同名指左右对称，占 W 总数的 77.24%。在 3322 枚 W 中有 Wu 2009 枚（60.48%），Wb 272 枚（8.19%），Wr 1041 枚（31.34%）。这三种 W 在同名指若是随机相对应，则应服从概率乘法定律得到的期望频率。左右同名指 W 对应的观察频率与期望频率及差异显著性检验见表 2-17-40。

表 2-17-40　建水哈尼族左右同名指（1661 对）W 对应频率的比较（男 500 人，女 500 人）

	Wu/Wu	Wr/Wr	Wb/Wb	Wu/Wb	Wu/Wr	Wb/Wr	合计
观察频率（%）	41.60	14.03	1.20	8.55	29.20	5.42	100.00
期望频率（%）	36.57	9.82	0.67	9.90	37.91	5.13	100.00
P	<0.01	<0.001	>0.10	>0.25	<0.001	>0.80	

同种偏向 Wu/Wu 与 Wr/Wr 对应频率显著增加。分析 Wu/Wr 的对应关系，发现观察频率显著减少。此现象可能是由于 Wu 与 Wr 为两个相反方向的 W，可视为两个极端型，而 Wb 属于不偏不倚的中间型，介于两者之间，因此 Wu 与 Wr 对应要跨过中间型，具有不易性。这表现出同名指的对应并不呈随机性。

二、掌　　纹

（一）tPD 与 atd

tPD 的分布频率见表 2-17-41。

表 2-17-41　建水哈尼族 tPD 的分布频率和标准差±标准误（男 500 人，女 500 人）

	–t（%）	t（1～10～20，%）	t′（21～30～40，%）	t″（41～50～60，%）	t‴（61～70～80，%）	$\bar{x}\pm s$
男	0	75.00	24.40	0.60	0	17.57±6.47
女	0	76.00	23.00	1.00	0	17.57±6.77
合计	0	75.50	23.70	0.80	0	17.57±6.62

男女合计的 tPD 均数为 17.57，t 和 t′合计占 99.20%，得 t″ 8 例，未见 t‴。tPD 的全距是 49（5～54），众数为 14。

atd 的参数见表 2-17-42。

表 2-17-42　建水哈尼族 atd 的参数（男 500 人，女 500 人）

	$\bar{x}$（°）	s（°）	$s_{\bar{x}}$（°）	t_{g1}	t_{g2}
男左	42.46	5.15	0.23	9.22	10.04
男右	42.76	5.30	0.24	6.88	6.34
女左	43.77	6.07	0.27	19.75	51.06
女右	43.61	5.94	0.27	17.67	42.43
男	42.61	5.22	0.17	11.32	11.23
女	43.67	6.00	0.19	26.44	65.90
合计	43.15	5.65	0.13	29.36	68.29

所有 atd 曲线对称度 t_{g1} 和曲线峰度 t_{g2} 都是大于 2 的正值，表明分布曲线为正偏态的高狭峰。atd 的全距为 61°（30°～91°），众数为 42°。

左右手 tPD 与 atd 差值：左右手 tPD 差值的绝对值为 0 者占 11.50%，在 1～3 者占 51.60%，≥4 者占 36.90%。左右手 atd 差值的绝对值为 0°者占 13.00%，在 1°～3°者占 58.00%，>3°者占 29.00%。

tPD 与 atd 关联：tPD 与 atd 的相关系数 r 为 0.6666，s_r=39.89，$P<0.01$，呈高度相关。

由 atd 推算 tPD 用直线回归公式：

$$y_{\text{tPD}}=0.7825\times \text{atd}-16.1830$$

由 tPD 推算 atd 用直线回归公式：

$$y_{\text{atd}}=0.5680\times \text{tPD}+33.1643$$

回归检验得 s_b=0.0196，$P<0.001$，表明回归显著。

（二）a-b RC

a-b RC 的参数见表 2-17-43。

表 2-17-43　建水哈尼族 a-b RC 的参数（男 500 人，女 500 人）

	$\bar{x}$（条）	s（条）	$s_{\bar{x}}$（条）	t_{g1}	t_{g2}
男左	39.07	5.33	0.24	3.26	3.58
男右	38.24	5.73	0.26	3.68	4.90

续表

	$\bar{x}$（条）	s（条）	$s_{\bar{x}}$（条）	t_{g1}	t_{g2}
女左	38.53	4.93	0.22	1.79	1.07
女右	38.12	5.40	0.24	2.64	0.54
男	38.65	5.55	0.18	4.68	6.00
女	38.33	5.17	0.16	3.06	1.09
合计	38.49	5.36	0.12	5.70	5.71

男女性之间做均数差异显著性检验，t=1.36，P>0.05，表明性别间无显著差异。全距为 46（21～67）条，众数为 40 条。

左右手的 a-b RC 并不一定相等，差值绝对值的分布见表 2-17-44。

表 2-17-44　建水哈尼族 a-b RC 左右手差值分布（男 500 人，女 500 人）

	0 条	1～3 条	4～6 条	≥7 条
人数	108	515	262	115
频率（%）	10.80	51.50	26.20	11.50

本样本左右手差值的绝对值≤3 条者，有 62.30%，一般认为无差别。

（三）主要掌纹线

主要掌纹线指数的参数见表 2-17-45。

表 2-17-45　建水哈尼族主要掌纹线指数的参数（男 500 人，女 500 人）

	$\bar{x}$	s	$s_{\bar{x}}$	t_{g1}	t_{g2}
男左	22.41	3.98	0.18	5.85	2.23
男右	24.68	4.19	0.19	3.67	−0.19
女左	22.07	4.35	0.19	8.28	6.32
女右	23.95	4.42	0.20	7.04	2.55
男	23.54	4.24	0.13	6.39	0.54
女	23.01	4.48	0.14	10.20	5.32
合计	23.28	4.37	0.10	11.71	4.09

主要掌纹线指数的所有曲线对称度 t_{g1} 都是大于 2 的正值，表明分布曲线为正偏态。男女性之间做均数差异显著性检验，t=2.72，P<0.01，表明性别间差异显著。

（四）手大鱼际纹

手大鱼际真实花纹的频率见表 2-17-46。

表 2-17-46　建水哈尼族手大鱼际真实花纹的频率（%）（男 500 人，女 500 人）

男左	男右	女左	女右	男	女	合计
11.00	1.20	12.20	3.20	6.10	7.70	6.90

本样本手大鱼际真实花纹的出现率为 6.90%。计有1.20%个体左右手都有真实花纹，而真/真对应的期望频率为 0.4761%，二者差异不显著（χ^2=2.1358，P=0.1417）。

（五）手指间区纹

手指间区真实花纹的频率见表 2-17-47。

表 2-17-47 建水哈尼族手指间区真实花纹的频率（%）（男 500 人，女 500 人）

	Ⅱ	Ⅲ	Ⅳ	Ⅱ/Ⅲ	Ⅲ/Ⅳ
男左	0.80	8.40	85.20	0	4.80
男右	1.00	22.80	72.40	0	4.80
女左	0.40	6.20	85.00	0	4.40
女右	0.60	20.00	73.60	0	3.80
男	0.90	15.60	78.80	0	4.80
女	0.50	13.10	79.30	0	4.10
合计	0.70	14.35	79.05	0	4.45

手指间区真实花纹在Ⅳ区最多。

左右同名指间区对应的频率见表 2-17-48。

表 2-17-48 建水哈尼族左右同名指间区对应频率（%）（男 500 人，女 500 人）

	真/真	真/非	非/非
Ⅱ	0.30	0.80	98.90
Ⅲ	4.60	19.50	75.90
Ⅳ	67.60	22.90	9.50

手指间Ⅳ区的真/真对应明显高于期望频率。手Ⅳ2Ld 的分布频率见表 2-17-49。

表 2-17-49 建水哈尼族Ⅳ2Ld 分布频率（%）（男 500 人，女 500 人）

男左	男右	女左	女右	合计
5.20	0.40	2.80	0.60	2.25

群体中共 45 只手在Ⅳ区有 2 枚 Ld，占 2.25%。仅见一名男性在左右Ⅳ区以双 Ld 对应。

（六）手小鱼际纹

手小鱼际真实花纹的出现频率见表 2-17-50。

表 2-17-50 建水哈尼族手小鱼际真实花纹频率（%）（男 500 人，女 500 人）

	Ld	Lr	Lp	Lu	Ws	Wc	V 和 A
男左	11.40	6.20	0.60	1.40	0	0.20	80.20
男右	5.20	9.40	1.40	1.80	0	0.60	81.60

续表

	Ld	Lr	Lp	Lu	Ws	Wc	V 和 A
女左	13.20	7.80	0	2.20	0.60	0	76.20
女右	5.20	12.20	0	2.40	0.60	0.20	79.40
男	8.30	7.80	1.00	1.60	0	0.40	80.90
女	9.20	10.00	0	2.30	0.60	0.10	77.80
合计	8.75	8.90	0.50	1.95	0.30	0.25	79.35

群体中手小鱼际真实花纹频率为 20.65%。有 11.30%个体左右手以真实花纹对应，明显高于期望频率（4.26%），χ^2=33.10，P<0.001。

（七）指三角和轴三角

指三角和轴三角有–b、–c、–d、–t、+t 的现象，分布频率见表 2-17-51。

表 2-17-51　建水哈尼族指三角和轴三角缺失或增加的频率（%）（男 500 人，女 500 人）

	男左	男右	女左	女右	男	女	合计
–b	0	0	0	0.20	0	0.10	0.05
–c	4.80	3.20	3.80	4.80	4.00	4.30	4.15
–d	0.40	0.20	0.80	0.20	0.30	0.50	0.40
–t	0	0	0	0	0	0	0
+t	1.80	4.40	3.20	4.20	3.10	3.70	3.40

–c 的手有 83 只，占 4.15%。左右手–c 的对应频率和频数见表 2-17-52。

表 2-17-52　建水哈尼族–c 的对应频率和频数（男 500 人，女 500 人）

	右手–c		右手有 c	
	频率（%）	频数	频率（%）	频数
左手–c	2.20	22	2.10	21
左手有 c	1.80	18	93.90	939

（八）屈肌线

本样本中有猿线的手为 163 只，频率为 8.15%。猿线在男女性中的分布频率见表 2-17-53。

表 2-17-53　建水哈尼族猿线分布频率（%）（男 500 人，女 500 人）

男左	男右	女左	女右	合计
7.20	8.40	7.80	9.20	8.15

本样木的左右手屈肌线对应频率见表 2-17-54。

表 2-17-54　哈尼族左右手屈肌线对应频率（%）（男 500 人，女 500 人）

	右手无猿线	右手有猿线
左手无猿线	87.20	5.30
左手有猿线	4.00	3.50

（九）指间褶

本样本中的示指、中指、环指、小指都有 2 条指间褶，未见这 4 指有单指间褶的情况。

三、足　　纹

（一）踇趾球纹

踇趾球纹的频率见表 2-17-55。

表 2-17-55　建水哈尼族踇趾球纹频率（%）（男 500 人，女 500 人）

	TAt	Ad	At	Ap	Af	Ld	Lt	Lp	Lf	Ws	Wc
男左	0.40	2.20	7.80	0.40	0.20	58.80	9.40	0	0.20	20.00	0.60
男右	0.80	1.00	5.00	0.40	0.60	62.40	10.60	0	0.20	18.80	0.20
女左	0.40	0.80	5.40	3.20	0.60	68.40	6.20	0	0.20	14.60	0.20
女右	0.60	0	4.80	3.80	0.40	68.20	5.00	0	0	16.80	0.40
合计	0.55	1.00	5.75	1.95	0.45	64.45	7.80	0	0.15	17.55	0.35

踇趾球纹以 Ld 为最多，Ws 次之。
踇趾球纹的左右对应频率见表 2-17-56。

表 2-17-56　建水哈尼族踇趾球纹左右对应频率（男 500 人，女 500 人）

	Ld/Ld	W/W	A/W
观察频率（%）	56.00	11.00	1.00
期望频率（%）	41.54	3.08	3.40
P	<0.001	<0.001	<0.001

各种类型的 A 与 W 对应的观察频率大大低于期望频率，二者差异显著（$P<0.001$），表现出 A 与 W 不亲和现象。Ld 与 Ld 对应、W 与 W 对应的观察频率显著高于期望频率，表现了踇趾球部同型花纹左右配对为非随机组合。

（二）足趾间区纹

足趾间区真实花纹的频率见表 2-17-57。

表 2-17-57　建水哈尼族足趾间区真实花纹频率（%）（男 500 人，女 500 人）

	Ⅱ	Ⅲ	Ⅳ		Ⅱ	Ⅲ	Ⅳ
男左	5.80	44.80	3.40	男	6.50	43.80	4.00
男右	7.20	42.80	4.60	女	6.40	38.50	3.30
女左	5.20	37.40	2.60	合计	6.45	41.15	3.65
女右	7.60	39.60	4.00				

足趾间区真实花纹在Ⅲ区最多。

左右同名足趾间区对应的频率见表 2-17-58。

表 2-17-58 建水哈尼族左右同名足趾间区对应频率（%）（男 500 人，女 500 人）

	真/真	真/非	非/非
Ⅱ	3.20	6.50	90.30
Ⅲ	32.90	16.50	50.60
Ⅳ	1.60	4.10	94.30

群体在Ⅱ、Ⅲ、Ⅳ区真/真对应的观察频率显著高于期望频率，表现出同型足趾间区真实花纹左右配对为非随机组合。

（三）足小鱼际纹

足小鱼际真实花纹的频率见表 2-17-59。

表 2-17-59 建水哈尼族足小鱼际真实花纹频率（%）（男 500 人，女 500 人）

男左	男右	女左	女右	男	女	合计
41.00	40.00	47.00	44.80	40.50	45.90	43.20

足小鱼际真实花纹多为 Lt，W 型占总体的 0.10%，C 型占 0.15%。

左右足都有小鱼际真实花纹的频率见表 2-17-60。

表 2-17-60 建水哈尼族足小鱼际真实花纹对应频率（%）（男 500 人，女 500 人）

	右足非真实花纹	右足真实花纹
左足非真实花纹	49.40	6.60
左足真实花纹	8.20	35.80

足小鱼际花纹真/真对应的观察频率显著高于期望频率（18.66%），得 χ^2=72.89，P＜0.001，表现出同型足小鱼际真实花纹左右配对为非随机组合。

群体的 2.90%可观察到足小鱼际部有 2 枚 Lt。

（四）足跟纹

建水县哈尼族群体的足跟真实花纹的出现频率极低，仅在男性左足中出现 1 枚 Lt，足跟真实花纹的观察频率在群体中为 0.05%。

第十八章　赫哲族的肤纹[1]

研究对象来自黑龙江省饶河县、同江县赫哲族人聚居区，三代都是赫哲族人，身体健康，无家族性遗传病，年龄 7～68 岁。

以亚铁氰化钾-三氯化铁法拓下指纹和掌纹。

所有的分析都以 166 人（男 86 人，女 80 人）为基数（张继宗，1987）。

一、指　　纹

（一）指纹频率

指纹频率在男女性中的分布见表 2-18-1。

表 2-18-1　赫哲族男女合计指纹频率（%）（男 86 人，女 80 人）

	As	At	Lu	Lr	Ws	Wd
男左	1.16	2.56	52.09	2.33	39.77	2.09
男右	1.16	3.02	42.79	2.17	49.70	1.16
女左	1.75	0.50	51.75	1.00	43.75	1.25
女右	2.00	0.50	45.25	2.00	49.50	0.75
男	1.16	2.79	47.44	2.56	44.42	1.63
女	1.88	0.50	48.50	1.50	46.37	1.25
合计	3.19		47.95	2.05	46.81	

10 指全为 W 者占 4.22%，全为 L 者占 6.63%。一手 5 指全为 W 者占 24.70%，全为 L 者占 23.49%。

（二）TFRC

TFRC 的均数±标准差男性为（144.56±35.48）条，女性为（139.54±36.04）条，合计为 142.14 条。

二、掌　　纹

（一）atd

atd 的均数±标准差男性为 38.50°±3.09°，女性为 38.47°±4.47°，合计为 38.50°±3.29°。

①研究者：张继宗，公安部第二研究所法医研究室。

（二）a-b RC

a-b RC 的均数和标准差见表 2-18-2。

表 2-18-2　赫哲族 a-b RC（条）的参数（男 86 人，女 80 人）

	男左	男右	女左	女右	男	女	合计
$\bar{x}$	36.07	36.01	34.65	34.59	36.04	34.61	35.35
s	4.88	5.47	3.94	4.36	5.18	4.16	4.77

（三）手掌真实花纹和猿线

手大鱼际、指间区、小鱼际的真实花纹和猿线的观察频率见表 2-18-3。

表 2-18-3　赫哲族手大鱼际、指间区、小鱼际的真实花纹和猿线的观察频率（%）
（男 86 人，女 80 人）

	T/ Ⅰ	Ⅱ	Ⅲ	Ⅳ	H	猿线
男左	26.74	0	8.40	60.47	9.30	15.12
男右	9.30	2.33	32.56	41.86	13.95	7.23
女左	10.00	1.25	16.25	53.75	13.75	22.50
女右	2.50	3.75	31.25	48.75	7.50	10.00
合计	12.35	1.81	21.99	51.20	11.14	14.46

第十九章　回族的肤纹

回族肤纹材料分三节叙述，第一节是宁夏银川市回族肤纹，第二节是云南回族肤纹，第三节是宁夏贺兰县回族肤纹。

第一节　宁夏银川市回族肤纹[①]

研究对象为宁夏银川市的回族人，三代均为回族人。

所有的分析都以 931 人（男 431 人，女 500 人）为基数（张景隆，1985）。

一、指　　纹

指纹的频率见表 2-19-1。

表 2-19-1　银川回族指纹频率（%）（男 431 人，女 500 人）

A	Lu	Lr	W
4.40	48.50	2.20	44.90

二、掌　　纹

（一）TFRC、tPD、atd、a-b RC、主要掌纹线指数

TFRC、tPD、atd、a-b RC、主要掌纹线指数的均数见表 2-19-2。

表 2-19-2　银川回族 TFRC、tPD、atd、a-b RC、主要掌纹线指数的均数（男 431 人，女 500 人）

	TFRC（条）	tPD	atd（°）	a-b RC（条）	主要掌纹线指数
男	131.70	15.01	40.50	36.90	24.00
女	123.41	15.61	41.40	36.70	23.40
合计	127.25	—	—	36.79	—

（二）手掌真实花纹

手大鱼际、指间区、小鱼际的真实花纹和猿线的观察频率见表 2-19-3。

①研究者：张景隆，中国人民解放军第 411 医院。

表 2-19-3　银川回族手掌真实花纹和猿线的观察频率（%）（男 431 人，女 500 人）

	T/Ⅰ	Ⅱ	Ⅲ	Ⅳ	H	猿线
男	6.50	—	—	—	19.50	—
女	5.30	—	—	—	19.90	—
合计	5.90	0.10	26.20	80.80	19.70	14.50

三、足　　纹

（一）踇趾球纹

踇趾球纹见表 2-19-4。

表 2-19-4　银川回族踇趾球纹频率（%）（男 431 人，女 500 人）

	At	Ap	Af	Ld	Lt	Lf	W
男左	—	—	—	59.10	—	—	31.30
男右	—	—	—	60.20	—	—	29.20
女左	—	—	—	66.10	—	—	24.00
女右	—	—	—	70.10	—	—	21.00
合计	0.80	0.80	0.80	—	6.20	1.00	—

（二）足小鱼际纹

银川回族足小鱼际真实花纹频率在男性中为 0.50%，在女性中为 0.40%。

（三）足趾间区纹

银川回族趾间区真实花纹频率在趾间Ⅱ区为 6.30%，Ⅲ区为 28.10%，Ⅳ区为 36.60%。

第二节　云南回族肤纹[①]

云南回族肤纹样本是根据随机化的原则，采自云南省曲靖寻甸回族彝族自治县境内无遗传缺陷三代同族的健康村民和中小学生等。共采样 1000 人，其中男女性各 500 人，年龄为 10～70 岁。

按照传统的古典油墨肤纹捺印法采样，应用 9 开道林纸与铅印黑色油墨，捺印同一个体的左右手纹和左右足纹。

样本的分析依据中国统一标准，再加上一些项目的组合研究，进行图像数量化及代码变换处理，并记录成册，应用自编的肤纹分析软件包在计算机上完成数据的处理和分析。

所有手纹分析都以 1000 人（男 500 人，女 500 人）为基数，足纹分析以 743 人（男 363 人，女 380 人）为基数（丁明 等，2001）。

①研究者：丁明，云南省计划生育技术科学研究所；张海国，上海第二医科大学；黄明龙，云南红十字会医院。

一、指　　纹

（一）指纹频率

云南回族男性和女性各手指的指纹频率见表 2-19-5 和表 2-19-6。

表 2-19-5　云南回族男性各手指的指纹频率（%）（男 500 人）

	男左					男右				
	拇	示	中	环	小	拇	示	中	环	小
As	1.80	3.20	2.80	0.40	0.60	1.00	1.40	1.40	0.20	0.60
At	0	0.40	0.80	0	0	0	1.20	0	0	0
Lu	44.80	41.80	58.20	39.00	75.20	38.40	42.20	65.00	34.60	70.20
Lr	0.60	12.00	2.40	0.20	0.40	0.40	12.60	1.20	0.80	0.20
Ws	39.20	39.80	32.40	58.20	22.20	52.40	39.20	30.60	64.00	28.80
Wd	13.60	2.80	3.40	2.20	1.60	7.80	3.40	1.80	0.40	0.20

表 2-19-6　云南回族女性各手指的指纹频率（%）（女 500 人）

	女左					女右				
	拇	示	中	环	小	拇	示	中	环	小
As	2.60	4.80	3.80	1.20	2.60	2.20	3.80	2.20	0.60	1.20
At	0	1.40	0.80	0.20	0	0	0.40	0.20	0	0
Lu	48.00	39.80	57.20	36.80	72.60	48.20	46.60	69.40	39.20	71.20
Lr	1.00	10.40	2.20	0.80	0.60	0.60	7.60	1.20	0.40	0.40
Ws	40.60	40.80	34.00	59.80	24.00	42.00	38.40	25.00	59.00	26.40
Wd	7.80	2.80	2.00	1.20	0.20	7.00	3.20	2.00	0.80	0.80

可见，云南回族各型指纹按频率由高到低的排列是 L、W、A，Lu 在小指上的出现频率最高，Lr 在示指上出现频率最高，Wd 在拇指上的出现频率最高，Ws 在环指上的出现频率最高。

云南回族 1000 人的指纹 A 占 2.19%，Lu 占 51.92%，Lr 占 2.80%，W 占 43.09%。

（二）左右同名指纹组合

云南回族左右同名指各种指纹类型组合情况见表 2-19-7。

表 2-19-7　云南回族左右同名指指纹类型组合情况（男 500 人，女 500 人）

	A/A	L/A	L/L	W/A	W/L	W/W	合计
观察频数	51	113	2 209	4	941	1 682	5 000
观察频率（%）	1.02	2.26	44.18	0.08	18.82	33.64	100.00
期望频率（%）	0.05	2.40	29.94	1.89	47.15	18.57	100.00

结果显示左右对应手指各种指纹组合格局的观察频率呈非随机分布。同型组合 A/A、L/L、W/W 显著偏高（P＜0.001）。异型组合 A/W、L/W 显著减少（P＜0.001），数据提示 A 型指纹的花纹最简单，W 最复杂，L 居中，A 与 W 配对要跨过 L，表现为不相容，称 A/W 不相容。A/L 异型组合的观察频率与期望频率无显著性差异（P＞0.05）。

（三）一手或双手指纹组合

云南回族一手 5 指全弓的频率为 0.15%，5 指全箕的频率为 17.25%，5 指全斗的频率为 11.75%；双手 10 指全弓的频率为 0.10%，10 指全箕的频率为 8.60%，10 指全斗的频率为 6.50%。

（四）TFRC

云南回族男女各指 FRC 值分别见表 2-19-8。

表 2-19-8 云南回族各指 FRC 值（条，$\bar{x} \pm s$）（男 500 人，女 500 人）

	拇	示	中	环	小
男左	15.86±5.21	11.39±5.48	12.55±5.27	14.74±4.71	11.61±4.30
男右	17.15±5.40	11.39±5.66	12.08±4.96	14.89±4.61	11.96±4.51
女左	13.86±5.36	11.16±5.57	11.94±5.26	13.99±5.04	10.73±4.58
女右	15.02±5.61	11.21±5.57	11.81±4.77	14.22±4.66	10.87±4.56

由此可见，云南回族男性左右手和女性右手拇指嵴数均数均占 5 指的第 1 位，环指的嵴数均数均占 5 指的第 2 位；而女性左手环指的嵴数均数占 5 指的第 1 位，拇指的嵴数均数占 5 指的第 2 位。

云南回族男女左右手 TFRC 及合计的 TFRC 参数见表 2-19-9。

表 2-19-9 云南回族男女左右手 TFRC 及合计的 TFRC 参数（男 500 人，女 500 人）

	$\bar{x}$（条）	s（条）	$s_{\bar{x}}$（条）	t_{g1}	t_{g2}
男左	66.14	20.06	0.90	−3.05	0.04
男右	67.47	19.69	0.88	−2.76	−0.56
女左	61.68	20.96	0.93	−3.62	0.64
女右	63.13	20.26	0.91	−2.72	−0.19
男	133.62	38.90	1.74	−3.00	−0.14
女	124.80	40.15	1.80	−3.26	0.37
合计	129.21	39.76	1.26	−4.48	0.25

（五）斗指纹偏向

云南回族 W 取 FRC 侧别的情况见表 2-19-10。

表 2-19-10 云南回族 W 取 FRC 侧别的频率和频数（男 500 人，女 500 人）

		Wu	Wb	Wr	小计
Wu＞Wr 取尺侧	频率（%）	9.35	38.55	80.19	30.86
	频数	261	128	954	1 343

续表

		Wu	Wb	Wr	小计
Wu=Wr	频率（%）	4.75	27.58	5.31	6.78
	频数	132	91	63	286
Wu＜Wr　取桡侧	频率（%）	85.90	33.87	14.50	62.36
	频数	2 396	112	172	2 680
总计	频率（%）	100.00	100.00	100.00	100.00
	频数	2 789	331	1 189	4 309

斗形纹与取嵴线侧别呈高度相关（$P<0.01$）。

（六）偏向斗组合

云南回族左右同名指三种偏向斗各配对的观察频率及按三项式（$f_{Wu}+f_{Wb}+f_{Wr}$）$^2=1$ 得到的期望频率见表 2-19-11。

表 2-19-11　云南回族左右同名指偏向斗的配对频数和频率（3364 对）（男 500 人，女 500 人）

	Wu/Wu	Wr/Wr	Wb/Wb	Wu/Wb	Wu/Wr	Wb/Wr	合计
观察频数	1 528	434	30	342	848	182	3 364
观察频率（%）	45.42	12.90	0.89	10.17	25.21	5.41	100.00
期望频数	1 340	268	25	368	1 198	165	3 364
期望频数（%）	39.83	7.96	0.75	10.95	35.61	4.90	100.00

由此可见，Wu/Wu 的观察频率明显高于期望频率，Wr/Wr 对应也是如此，表明同名指的同型对应并非随机分布。Wu/Wr 对应的观察频率明显低于期望频率，表明 Wu 与 Wr 的不亲和性。

二、掌　　纹

（一）atd

云南回族男女左右手 atd 的参数见表 2-19-12。

表 2-19-12　云南回族 atd 的参数（男 500 人，女 500 人）

	$\bar{x}$（°）	s（°）	$s_{\bar{x}}$（°）	t_{g1}	t_{g2}
男左	40.99	5.38	0.24	9.63	11.25
男右	41.02	5.36	0.24	6.04	8.66
女左	42.61	5.67	0.25	7.67	5.06
女右	42.43	5.75	0.26	5.03	5.16
男	41.00	5.36	0.17	11.06	13.93
女	42.52	5.71	0.18	8.91	7.19
合计	41.76	5.59	0.13	14.05	13.82

云南回族男女间 atd 均数差异显著性检验结果表明女性 atd 均数明显高于男性（ $P<0.01$ ）。

云南回族左右手 atd 差值分布情况见表 2-19-13。

表 2-19-13　云南回族左右手 atd 差值分布（男 500 人，女 500 人）

差值	0°		1° ～3°		4° ～6°		≥7°	
	频数	频率（%）	频数	频率（%）	频数	频率（%）	频数	频率（%）
男	56	11.20	294	58.80	101	20.20	49	9.80
女	70	14.00	269	53.80	119	23.80	42	8.40
合计	126	12.60	563	56.30	220	22.00	91	9.10

–d 的有 9 只手，即云南回族共有 9 只手无 atd。38 只手上有 2 个 t。

（二）tPD

云南回族 tPD 值的参数见表 2-19-14。

表 2-14-14　云南回族 tPD 值的参数（男 500 人，女 500 人）

	$\bar{x}$	s	$s_{\bar{x}}$	t_{g1}	t_{g2}
男左	16.71	6.17	0.28	11.15	8.48
男右	16.92	6.09	0.27	12.58	11.83
女左	17.79	6.28	0.28	7.71	2.94
女右	18.48	6.49	0.29	7.95	1.67
男	16.81	6.13	0.19	16.70	14.18
女	18.14	6.39	0.20	11.07	3.22
合计	17.48	6.29	0.14	19.29	10.82

云南回族男女间 tPD 均数差异显著性检验结果表明二者差异显著（ $P<0.01$ ）。

云南回族左右手 tPD 差值分布情况见表 2-19-15。

表 2-19-15　云南回族左右手 tPD 差值分布（男 500 人，女 500 人）

	0		1～3		4～6		≥7	
	频数	频率（%）	频数	频率（%）	频数	频率（%）	频数	频率（%）
男	53	10.6	243	48.6	131	26.2	73	14.6
女	55	11.0	236	47.2	132	26.4	77	15.4
合计	108	10.8	479	47.9	263	26.3	150	15.0

（三）a-b RC

云南回族 a-b RC 的全距为 38 条（21～59 条），众数为 37 条。

云南回族 a-b RC 参数见表 2-19-16。

表 2-19-16　云南回族 a-b RC 的参数（男 500 人，女 500 人）

	$\bar{x}$（条）	s（条）	$s_{\bar{x}}$（条）	t_{g1}	t_{g2}
男左	38.28	4.93	0.22	0.48	4.84
男右	37.48	5.18	0.23	1.26	1.68
女左	37.46	5.24	0.23	1.89	0.85
女右	36.33	5.16	0.23	2.31	1.08
男	37.88	5.07	0.16	1.10	4.21
女	36.90	5.22	0.17	2.96	1.24
合计	37.39	5.17	0.12	2.75	3.36

云南回族男女左右手 a-b RC 均数差异显著性检验结果表明二者差异显著（P<0.01）。

云南回族左右手 a-b RC 的差值分布情况见表 2-19-17。

表 2-19-17　云南回族左右手 a-b RC 的差值分布（男 500 人，女 500 人）

差值	0 条		1～3 条		4～6 条		≥7 条	
	频数	频率（%）	频数	频率（%）	频数	频率（%）	频数	频率（%）
男	33	6.60	302	60.40	117	23.40	48	9.60
女	40	8.00	276	55.20	143	28.60	41	8.20
合计	73	7.30	578	57.80	260	26.00	89	8.90

由表可见，云南回族双手 a-b RC 的差值在 0～3 条者占 65.10%，差异不大，故认为双手一致的程度较高。

（四）手大鱼际纹

云南回族手大鱼际各花纹的分布频率见表 2-19-18。

表 2-19-18　云南回族手大鱼际各花纹的分布频率（%）（男 500 人，女 500 人）

	真实花纹						非真实花纹	合计
	Ld	Lr	Lp	Lu	Ws	Wc		
男左	0	0.40	5.40	0.40	0	0.20	93.60	100.00
男右	0	0	0.40	0.20	0	0.20	99.20	100.00
女左	0.20	0.40	1.40	0.20	0	0	97.80	100.00
女右	0	0.40	0.20	0.20	0.40	0	98.80	100.00
合计	0.05	0.30	1.85	0.25	0.10	0.10	97.35	100.00

云南回族手大鱼际区出现的真实花纹中以 Lp 最多。左右手以真/真对应的仅占 0.30%。

（五）手小鱼际纹

云南回族手小鱼际花纹的分布频率见表 2-19-19。

表 2-19-19 云南回族手小鱼际花纹的分布频率（%）(男 500 人，女 500 人)

	非真实花纹	Ld	Lr	Lp	Lu	Ws	Wc	合计
男左	83.60	4.80	8.60	1.60	1.00	0	0.40	100.00
男右	87.20	2.60	7.60	0.40	2.20	0	0	100.00
女左	80.40	5.00	10.40	1.40	1.60	0	1.20	100.00
女右	83.80	3.00	10.20	0.20	1.80	0.40	0.60	100.00
合计	83.75	3.85	9.20	0.90	1.65	0.10	0.55	100.00

有 7.20%的个体左右手以真/真对应，占 2.64%，二者差异显著（$P<0.001$）。

（六）手指间区纹

云南回族各手指间区真实花纹的分布频率见表 2-19-20。

表 2-19-20 云南回族各手指间区真实花纹的分布频率（%）(男 500 人，女 500 人)

	Ⅱ	Ⅲ	Ⅳ	Ⅱ/Ⅲ	Ⅲ/Ⅳ
男左	0.40	6.40	73.40	0.20	17.40
男右	0.20	16.20	70.00	0	13.20
女左	0.20	1.80	85.20	0	9.80
女右	0.40	7.60	78.40	0	11.80
男	0.30	11.30	71.70	0.10	15.30
女	0.30	4.70	81.80	0	10.80
合计	0.30	8.00	76.75	0.05	13.05

指间区真实花纹在Ⅳ区出现率最高，为 76.75%。

同一个体左右同名指指间区纹对应组合频率见表 2-19-21。

表 2-19-21 云南回族左右同名指指间区纹对应组合频率（%）(男 500 人，女 500 人)

	真/真	真/非	非/非
Ⅱ	0.10	0.40	99.50
Ⅲ	1.30	13.40	85.30
Ⅳ	61.90	29.70	8.40

本样本中有 16 只手（占 0.80%）有 2 枚 Ld 在指间Ⅳ区出现。

（七）屈肌线

云南回族猿线的分布频率见表 2-19-22。猿线在一个个体左右手的对应组合频率见表 2-19-23。

表 2-19-22　云南回族猿线的分布频率（%）
（男 500 人，女 500 人）

男左	男右	女左	女右	合计
7.20	6.60	1.80	1.40	4.25

表 2-19-23　云南回族同一个体左右手猿线的对应组合频率（%）（男 500 人，女 500 人）

	右手有猿线	右手无猿线
左手有猿线	1.70	2.80
左手无猿线	.30	93.20

（八）指三角和轴三角

云南回族指三角及轴三角缺失和增多的频率见表 2-19-24。

表 2-19-24　云南回族指三角及轴三角缺失和增多的频率（%）（男 500 人，女 500 人）

	–b	–c	–d	–t	+t
男左	0	5.00	0.60	0	1.40
男右	0	5.20	0.80	0	1.60
女左	0	5.80	0.20	0	1.60
女右	0	5.80	0.20	0	3.00
男	0	5.10	0.70	0	1.50
女	0	5.80	0.20	0	2.30
合计	0	5.45	0.45	0	1.90

–c 在一个个体左右手的组合频率见表 2-19-25。

表 2-19-25　云南回族–c 在一个个体左右手的组合频率（%）（男 500 人，女 500 人）

	右手–c	右手有 c
左手–c	2.60	2.80
左手有 c	2.90	91.70

三、足　　纹

足纹分析对象中男性为 363 人，女性为 380 人，共 743 人。

（一）踇趾球纹

云南回族踇趾球纹的分布频率见表 2-19-26。

表 2-19-26　云南回族踇趾球纹的分布频率（%）（男 363，女 380 人）

	TAt	Ad	At	Ap	Af	Ld	Lt	Lp	Lf	Ws	Wc
男左	0	0.55	2.20	0	0.83	58.12	11.02	0	0	26.45	0.83
男右	0	0.55	3.31	0	1.10	60.60	11.57	0	0	22.87	0
女左	0	0.79	2.89	0.53	0.53	65.00	12.89	0	0	17.37	0
女右	0.26	1.32	3.68	0.26	0.26	67.38	11.58	0	0	15.26	0
合计	0.07	0.81	3.03	0.20	0.67	62.85	11.78	0	0	20.39	0.20

云南回族蹈趾球纹出现最多的为 Ld（62.85%），其次是 Ws（20.39%）。

（二）足趾间区纹

云南回族各趾间区真实花纹的分布频率见表 2-19-27。

表 2-19-27 云南回族趾间区真实花纹的分布频率（%）（男 363，女 380 人）

	Ⅱ	Ⅲ	Ⅳ	Ⅱ/Ⅲ	Ⅲ/Ⅳ
男左	7.44	40.77	3.58	0	0
男右	7.16	39.12	8.26	0.83	0
女左	13.16	36.84	3.95	0.26	0
女右	12.63	40.00	4.21	0	0
男	7.30	39.94	5.92	0.41	0
女	12.89	38.42	4.08	0.13	0
合计	10.16	39.17	4.98	0.27	0

云南回族的趾间Ⅲ区真实花纹的出现率最高，为 39.17%。

云南回族同一个个体左右同名趾间区花纹的对应组合频率见表 2-19-28。

表 2-19-28 云南回族同一个体左右同名趾间区花纹的对应频率（%）（男 363，女 380 人）

	真/真	真/非	非/非
Ⅱ	4.84	10.64	84.52
Ⅲ	29.18	19.95	50.87
Ⅳ	2.56	4.84	92.60

趾间Ⅲ区真/真对应的观察频率为 29.18%，期望频率为 15.34%，二者差异显著（$P<0.01$）。云南回族有 48.04%的个体在趾间区未见到真实花纹。

（三）足跟纹

足跟的真实花纹在各民族中都罕见。云南回族足跟真实花纹的观察频率为 0。

第三节 宁夏贺兰县回族肤纹[①]

2018 年以电子扫描捺印法在宁夏银川贺兰县高岗镇卫生中心的回族人群中采样，三代均是回族人。共计 970 人，年龄 51.3 岁±10.67 岁（20～71 岁），其中男性 366 人，年龄 52.1 岁±11.3 岁（20～70 岁），女性 604 人，年龄 50.1 岁±10.1 岁（21～71 岁）。

肤纹数据如表 2-19-29～表 2-19-34。

①研究者：范龙龙，（甘肃）天水师范学院（学生）；严明亮，内蒙古师范大学（学生）；张海国，复旦大学生命科学学院。

表 2-19-29　贺兰回族肤纹各表型组合情况（男 366 人，女 604 人）

指标	分型		男		女		合计		u
	左	右	n	频率（%）	n	频率（%）	n	频率（%）	
通贯手	+	+	1	0.27	8	1.32	9	0.93	1.61
	+	–	0	0	2	0.33	2	0.21	0.32
	–	+	4	1.09	4	0.66	8	0.82	0.81
掌“川”字纹	+	+	14	3.83	43	7.12	57	5.88	2.10*
	+	–	8	2.19	27	4.47	35	3.61	1.94
	–	+	3	0.82	17	2.81	20	2.06	0.87
缺指三角 c	+	+	2	0.55	2	0.33	2	0.21	0.11
	+	–	12	3.28	10	1.66	22	2.27	1.58
	–	+	11	3.01	9	1.49	20	2.06	1.59
指间Ⅳ区 2 枚真实花纹	+	+	17	4.64	4	0.66	21	2.16	2.53
	+	–	0	0	13	2.15	13	1.34	2.08*
	–	+	0	0	2	0.33	2	0.21	1.01
指间Ⅲ/Ⅳ区纹	+	+	0	0	2	0.33	2	0.21	1.01
	+	–	11	3.01	10	1.66	21	2.16	1.25
	–	+	11	3.31	9	1.49	20	2.06	1.87
足跟真实花纹	+	+	1	0.27	8	1.32	9	0.72	1.82
	+	–	4	1.09	13	2.15	17	1.75	1.30
	–	+	0	0	7	1.16	7	0.72	1.91

注：对比结果，*表示 $P<0.05$，差异具有统计学意义。

表 2-19-30　贺兰回族指纹情况（男 366 人，女 604 人）

	As		At		Lu		Lr		Ws		Wd		A		L		W	
	n	频率（%）	n	频率（%）	n	频率（%）	n	频率（%）	n	频率（%）	n	频率（%）	n	频率（%）	n	频率（%）	n	频率（%）
男	23	0.63	11	0.30	1 633	44.61	153	4.18	1 596	43.61	244	6.67	34	0.93	1 786	48.79	1 840	50.28
女	51	0.84	15	0.25	3 010	49.84	243	4.02	2 326	38.51	395	6.54	66	1.09	3 253	53.86	2 721	45.05
合计	74	0.76	26	0.27	4 643	47.87	396	4.08	3 922	40.43	639	6.59	100	1.03	5 039	51.95	4 561	47.02
u	1.18		0.48		4.99**		0.38		4.96**		0.24		0.77		4.83**		5.00**	

注：对比结果，*表示 $P<0.05$，**表示 $P<0.01$，差异具有统计学意义。

表 2-19-31　贺兰回族各手指指纹频率（%）（男 366 人，女 604 人）

		左						右					
		As	At	Lu	Lr	Ws	Wd	As	At	Lu	Lr	Ws	Wd
男	拇	1.37	0	31.97	0.81	45.63	20.22	0.27	0	25.14	1.92	64.75	7.92
	示	2.19	0.55	42.90	10.37	36.61	7.38	1.37	1.64	30.87	19.40	41.53	5.19
	中	0.27	0.27	58.47	1.65	33.06	6.28	0.55	0.55	51.37	5.18	37.16	5.19
	环	0.27	0	36.61	0.28	56.28	6.56	0	0	28.42	1.09	67.76	2.73
	小	0	0	76.50	0.27	19.13	4.10	0	0	63.93	0.83	34.15	1.09

续表

		左						右					
		As	At	Lu	Lr	Ws	Wd	As	At	Lu	Lr	Ws	Wd
女	拇	2.15	0.17	38.41	3.31	41.39	14.57	0.50	0	37.91	0.99	48.02	12.58
	示	1.66	0.83	40.23	13.74	37.41	6.13	1.66	0.50	40.73	11.09	37.08	8.94
	中	0.66	0.17	50.66	5.13	35.60	7.78	0.50	0.66	59.77	1.99	31.62	5.46
	环	0.33	0	39.40	0.99	55.14	4.14	0.33	0	34.11	1.66	61.91	1.99
	小	0.50	0	80.96	0.33	15.89	2.32	0.17	0.17	76.16	0.99	21.02	1.49

表 2-19-32　贺兰回族一手 5 指、双手 10 指三类花纹的组合情况

（a）一手 5 指										
序号	组合			男		女		合计		u
	A	L	W	n	频率（%）	n	频率（%）	n	频率（%）	
1	0	0	5	117	15.99	140	11.60	257	13.24	2.81**
2	0	1	4	122	16.67	213	17.63	335	17.27	0.52
3	0	2	3	116	15.85	159	13.16	275	14.18	1.58
4	0	3	2	138	18.85	213	17.63	351	18.09	0.67
5	0	4	1	127	17.35	228	18.87	355	18.30	0.81
6	0	5	0	85	11.61	199	16.47	284	14.64	2.90**
7	1	0	4	0	0 0	0	0	0	0	0
8	1	1	3	0	0 0	4	0.33	4	0.21	1.61
9	1	2	2	3	0.41	8	0.66	11	0.57	0.68
10	1	3	1	8	1.09	9	0.75	17	0.88	0.77
11	1	4	0	9	1.23	28	2.32	37	1.91	1.71
12	2	0	3	0	0	0	0	0	0	0
13	2	1	2	0	0	0	0	0	0	0
14	2	2	1	2	0.27	1	0.08	3	0.15	1.01
15	2	3	0	5	0.68	3	0.25	8	0.41	1.42
16	3	0	2	0	0	0	0	0	0	0
17	3	1	1	0	0	0	0	0	0	0
18	3	2	0	0	0	3	0.25	3	0.15	1.27
19	4	0	1	0	0	0	0	0	0	0
20	4	1	0	0	0	0	0	0	0	0
21	5	0	0	0	0	0	0	0	0	0
合计	35	35	35	732	100.00	1 208	100.00	1 940	100.00	—

（b）双手 10 指										
序号	组合			男		女		合计		u
	A	L	W	n	频率（%）	n	频率（%）	n	频率（%）	
1	0	0	10	37	10.12	37	6.13	74	7.63	2.27*
2	0	1	9	25	6.83	48	7.95	73	7.53	0.64
3	0	2	8	35	9.56	57	9.44	92	9.48	0.06

续表

(b) 双手10指										
序号	组合			男		女		合计		u
	A	L	W	n	频率(%)	n	频率(%)	n	频率(%)	
4	0	3	7	36	9.84	39	6.46	75	7.73	1.91
5	0	4	6	25	6.83	51	8.44	76	7.84	0.91
6	0	5	5	41	11.20	47	7.78	88	9.07	1.80
7	0	6	4	33	9.02	60	9.93	93	9.59	0.47
8	0	7	3	35	9.56	60	9.93	95	9.79	0.19
9	0	8	2	35	9.56	57	9.43	92	9.49	0.06
10	0	9	1	24	6.56	47	7.78	71	7.32	0.71
11	0	10	0	20	5.46	57	9.43	77	7.94	2.22*
12	1	0	9	0	0	0	0	0	0	0
13	1	1	8	0	0	0	0	0	0	0
14	1	2	7	0	0	1	0.17	1	0.10	0.78
15	1	3	6	0	0	3	0.50	3	0.31	1.35
16	1	4	5	2	0.55	2	0.33	4	0.41	0.51
17	1	5	4	0	0	2	0.33	2	0.21	1.10
18	1	6	3	1	0.27	0	0	1	0.10	1.29
19	1	7	2	2	0.55	6	0.99	8	0.82	0.75
20	1	8	1	3	0.82	4	0.66	7	0.72	0.28
21	1	9	0	3	0.82	13	2.15	16	1.65	1.58
22	2	0	8	0	0	0	0	0	0	0
23	2	1	7	0	0	0	0	0	0	0
24	2	2	6	0	0	0	0	0	0	0
25	2	3	5	0	0	0	0	0	0	0
26	2	4	4	0	0	1	0.17	1	0.10	0.78
27	2	5	3	1	0.27	0	0	1	0.10	1.29
28	2	6	2	0	0	1	0.17	1	0.10	0.78
29	2	7	1	1	0.27	1	0.17	2	0.21	0.36
30	2	8	0	3	0.82	5	0.83	8	0.82	0.01
31	3	0	7	0	0	0	0	0	0	0
32	3	1	6	0	0	0	0	0	0	0
33	3	2	5	0	0	0	0	0	0	0
34	3	3	4	0	0	0	0	0	0	0
35	3	4	3	0	0	0	0	0	0	0
36	3	5	2	1	0.27	1	0.17	2	0.21	0.36
37	3	6	1	0	0	0	0	0	0	0
38	3	7	0	2	0.55	0	0	2	0.21	1.82
39	4	0	6	0	0	0	0	0	0	0
	其他组合			1	0.27	4	0.66	5	0.52	0.81
合计	220	220	220	366	100.00	604	100.00	970	100.00	—

注：对比结果，*表示 $P<0.05$，**表示 $P<0.01$，差异具有统计学意义。

表 2-19-33　贺兰回族肤纹表型频率（%）（男 366 人，女 604 人）

类型		男左	男右	女左	女右	男	女	合计
掌大鱼际纹		17.21	5.46	10.26	2.98	11.34	6.62	8.40
指间Ⅱ区纹		0	0.55	0	0.17	0.28	0.08	0.16
指间Ⅲ区纹		9.84	23.22	10.76	20.20	16.53	15.48	15.88
指间Ⅳ区纹		87.98	77.32	87.58	83.11	82.65	85.35	84.33
掌小鱼际纹		16.94	16.12	20.37	21.36	16.53	20.78	19.23
趾间Ⅱ区纹		9.02	7.65	7.46	8.11	8.34	7.79	7.99
趾间Ⅲ区纹		58.20	59.02	58.94	62.91	58.61	60.93	60.05
趾间Ⅳ区纹		5.19	7.65	5.47	7.12	6.42	6.30	6.34
足小鱼际纹		13.39	20.49	13.58	20.20	16.94	16.89	16.91
踇趾球纹	胫弓	2.73	2.73	4.80	3.97	2.73	4.39	3.76
	其他弓	2.73	2.46	1.33	0.99	2.60	1.16	1.70
	远箕	71.32	71.41	66.89	68.99	71.35	67.92	69.24
	其他箕	8.74	7.01	9.27	9.94	7.88	9.61	8.95
	一般斗	14.21	16.12	17.05	15.94	15.17	16.50	15.99
	其他斗	0.27	0.27	0.66	0.17	0.27	0.42	0.36

表 2-19-34　贺兰回族表型组肤纹指标组合情况（男 366 人，女 604 人）

		大鱼际纹			指间Ⅱ区纹			指间Ⅲ区纹			指间Ⅳ区纹			小鱼际纹		
组合	左	+	+	−	+	+	−	+	+	−	+	+	−	+	+	−
	右	+	−	+	+	−	+	+	−	+	+	−	+	+	−	+
合计	*n*	35	89	3	0	0	3	49	52	158	724	61	127	121	66	67
	频率（%）	3.61	9.18	0.31	0	0	0.31	5.05	5.36	16.29	74.64	6.29	13.09	12.47	6.80	6.91
		踇趾弓纹	踇趾箕纹	踇趾斗纹	趾间Ⅱ区纹			趾间Ⅲ区纹			趾间Ⅳ区纹			小鱼际纹		
组合	左	+	+	+	+	+	−	+	+	−	+	+	−	+	+	−
	右	+	+	+	+	−	+	+	−	+	+	−	+	+	−	+
合计	*n*	20	606	109	23	26	25	498	68	66	38	14	33	99	32	98
	频率（%）	2.06	62.47	11.24	2.37	2.68	2.58	51.34	7.01	6.80	3.92	1.44	3.40	10.21	3.30	10.10

第二十章　景颇族的肤纹[①]

研究对象为云南省德宏傣族景颇族自治州的学生和成年人，三代都是景颇族人，身体健康，无家族性遗传病，平均年龄（21.79±13.06）岁（7～78 岁）。

以黑色油墨捺印法捺印研究对象的指纹、掌纹和足纹。

所有的分析都以 1000 人（男 500 人，女 500 人）为基数（骆毅，1990；丁明 等，2001）。

一、指　　纹

（一）指纹频率

男性各手指的指纹频率见表 2-20-1，女性各手指的指纹频率见表 2-20-2。

表 2-20-1　景颇族男性各手指的指纹频率（男 500 人）

	男左					男右				
	拇	示	中	环	小	拇	示	中	环	小
As	1.80	4.00	2.80	1.40	1.40	1.20	2.80	3.00	0.80	1.00
At	0	0.40	0.40	0	0	0	0.40	0	0.20	0
Lu	46.40	33.00	55.40	40.20	80.20	34.80	29.80	57.20	35.40	69.80
Lr	1.80	12.40	3.00	0.80	0.20	1.20	14.00	3.00	1.00	0.20
Ws	44.60	49.00	37.60	57.20	17.80	60.00	50.40	36.40	62.20	29.00
Wd	5.40	1.20	0.80	0.40	0.40	2.80	2.60	0.40	0.40	0

表 2-20-2　景颇族女性各手指的指纹频率（女 500 人）

	女左					女右				
	拇	示	中	环	小	拇	示	中	环	小
As	6.60	5.40	3.80	0.80	1.80	2.80	3.00	1.80	0.80	0.40
At	0	0	0	0	0	0	0	0	0	0
Lu	44.80	31.60	61.60	43.60	80.00	45.00	40.40	73.80	46.80	80.60
Lr	2.00	13.20	2.00	1.00	1.40	1.00	6.40	0.80	1.80	1.00
Ws	39.60	46.80	30.40	53.60	16.40	46.00	47.00	22.40	50.60	17.80
Wd	7.00	3.00	2.20	1.00	0.40	5.20	3.20	1.20	0	0.20

Lr 多见于示指，Lu 多见于小指。

---

①研究者：骆毅、丁明、黄明龙、王亚平、焦云萍、彭林，云南省计划生育技术科学研究所；张海国，上海第二医科大学。

男女合计指纹频率见表 2-20-3。

表 2-20-3　景颇族男女合计指纹频率（%）（男 500 人，女 500 人）

	As	At	Lu	Lr	Ws	Wd
合计	2.37	0.07	51.52	3.41	40.74	1.89

3 种指纹频率见表 2-20-4。

表 2-20-4　景颇族 3 种指纹频率（%）和标准误（男 500 人，女 500 人）

	A	L	W
指纹频率	2.44	54.93	42.63
s_p	0.154 3	0.497 6	0.494 6

（二）指纹组合

左右同名指的组合格局频率见表 2-20-5。

表 2-20-5　景颇族左右同名指的组合格局频率（男 500 人，女 500 人）

	A/A	A/L	A/W	L/L	L/W	W/W
观察频率（%）	1.28	2.18	0.18	44.18	19.28	32.90
期望频率（%）	0.06	2.68	2.08	30.18	46.83	18.17
P	＜0.01	＞0.05	＜0.01	＜0.01	＜0.01	＜0.01

观察左右同名指组合格局中 A/A、L/L、W/W 都显著增多，它们各自的观察频率和期望频率的差异显著性检验均为 $P<0.01$，表明同型指纹在左右配对为非随机组合。A/W 的观察频率与期望频率之间也有显著性差异（$P<0.01$），提示 A 与 W 的不相容现象。

一手 5 指同为 W 者占 9.20%，同为 L 者占 17.30%，同为 A 者占 0.20%。一手 5 指组合 21 种格局的观察频率小计和期望频率小计的比较为差异极显著。一手 5 指为同一种花纹的观察频率和期望频率之间也有明显的差异，即观察频率明显增多（$P<0.01$），表现为非随机性组合。一手 5 指的异型组合 AOW、ALW 明显减少，表现为 A 与 W 组合的不相容。

本样本中 10 指全为 W 者占 4.80%，10 指全为 L 者占 9.60%，10 指全为 A 者占 0.10%。

（三）TFRC

各指别 FRC 均数见表 2-20-6。

表 2-20-6　景颇族各指别 FRC（条）均数（男 500 人，女 500 人）

	拇	示	中	环	小
男左	14.80	11.80	12.22	14.37	11.14
男右	16.52	12.09	11.72	14.19	10.94
女左	13.87	12.52	12.44	14.71	11.20
女右	16.06	12.85	12.41	15.33	11.71

男性左右手及女性右手拇指的 FRC 均数都占第 1 位，女性左手环指的 FRC 均数最高。1000 名景颇族的 TFRC 均数为 131.45 条。

（四）斗指纹偏向

W 取 FRC 侧别的频率见表 2-20-7。

表 2-20-7　景颇族 W 取 FRC 侧别的频率（%）（男 500 人，女 500 人）

	Wu	Wb	Wr	小计
Wu＞Wr　取尺侧	15.92	40.44	80.09	34.39
Wu=Wr	4.60	23.60	5.42	6.01
Wu＜Wr　取桡侧	79.48	35.96	14.49	59.60
合计	100.00	100.00	100.00	100.00

Wu 中 79.48%是取桡侧的 FRC，Wr 中 80.09%是取尺侧的 FRC，做关联分析得 $P<0.01$，表明取 FRC 的侧别与 W 的偏向有密切关系。

Wb 中 23.60%是两侧相等，说明 Wb 两侧 FRC 相似度很高。

各偏向 W 的对应分析：这三种 W 在同名指若是随机相对应，则应服从概率乘法定律得到的期望频率。左右同名指 W 对应的观察频率与期望频率及差异显著性检验见表 2-20-8。

表 2-20-8　景颇族左右同名指 W 对应频率的比较（男 500 人，女 500 人）

	Wu/Wu	Wr/Wr	Wb/Wb	Wu/Wb	Wu/Wr	Wb/Wr	合计
观察频率（%）	49.66	12.89	0.85	6.75	25.96	3.89	100.00（1 645）
期望频率（%）	43.59	7.73	0.38	8.15	36.72	3.43	100.00（1 645）
P	＜0.01	＜0.01	＞0.05	＞0.05	＜0.01	＞0.55	

同种偏向对应频率在 Wu/Wu 与 Wr/Wr 显著增加。分析 Wu/Wr 的对应关系，得观察频率显著减少。此现象可能是由于 Wu 与 Wr 为两个相反方向的 W，可视为两个极端型，而 Wb 属于不偏不倚的中间型，介于两者之间，因此，Wu 与 Wr 对应要跨过中间型，具有不易性。这表现出同名指的对应并不呈随机性。

二、掌　　纹

（一）tPD 与 atd

tPD 的均数、标准差、标准误见表 2-20-9。

表 2-20-9　景颇族 tPD 的参数（男 500 人，女 500 人）

	$\bar{x}$	s	$s_{\bar{x}}$		$\bar{x}$	s	$s_{\bar{x}}$
男左	17.60	6.67	0.30	女左	18.03	6.06	0.27
男右	19.13	7.32	0.33	女右	18.49	6.82	0.31

左右手的 tPD 并不一定相等，差值绝对值的分布见表 2-20-10。

表 2-20-10 景颇族 tPD 左右手差值分布频率（%）（男 500 人，女 500 人）

	0	1～3	4～6	≥7
男	21.60	44.40	17.20	16.80
女	20.80	48.40	15.80	15.00
合计	21.20	46.40	16.50	15.90

atd 的均数、标准差、标准误见表 2-20-11。

表 2-20-11 景颇族 atd（°）的参数（男 500 人，女 500 人）

	$\bar{x}$	s	$s_{\bar{x}}$		$\bar{x}$	s	$s_{\bar{x}}$
男左	39.71	5.57	0.25	女左	41.36	7.23	0.32
男右	39.94	5.58	0.25	女右	41.57	6.58	0.29

左右手的 atd 并不一定相等，差值绝对值的分布见表 2-20-12。

表 2-20-12 景颇族 atd 左右手差值分布频率（%）（男 500 人，女 500 人）

	0°	1°～3°	4°～6°	≥7°
男	11.20	60.20	20.20	8.40
女	12.40	58.00	21.00	8.60
合计	11.80	59.10	20.60	8.50

tPD 与 atd 关联：tPD 与 atd 的相关系数 r 为 0.3249（$P<0.01$），呈高度相关。由 tPD 推算 atd 用直线回归公式：

$$y_{atd}=34.6343+0.3315\times tPD$$

回归检验结果显示 $P<0.001$，表明回归显著。

（二）a-b RC

a-b RC 的均数、标准差、标准误见表 2-20-13。

表 2-20-13 景颇族 a-b RC（条）的参数（男 500 人，女 500 人）

	$\bar{x}$	s	$s_{\bar{x}}$		$\bar{x}$	s	$s_{\bar{x}}$
男左	35.00	4.70	0.21	女右	36.47	4.87	0.22
男右	34.66	4.76	0.21	合计	35.80	—	—
女左	37.05	4.72	0.21				

（三）主要掌纹线指数

主要掌纹线指数的均数、标准差、标准误见表 2-20-14。

表 2-20-14　景颇族主要掌纹线指数的参数（男 500 人，女 500 人）

	$\bar{x}$	s	$s_{\bar{x}}$		$\bar{x}$	s	$s_{\bar{x}}$
男左	23.25	3.68	0.16	女左	21.56	3.93	0.18
男右	24.85	4.01	0.18	女右	24.23	4.16	0.19

（四）手大鱼际纹

手大鱼际真实花纹的频率见表 2-20-15。

表 2-20-15　景颇族手大鱼际真实花纹的频率（%）（男 500 人，女 500 人）

	Ld	Lr	Lp	Lu	Ws	Wc	V 和 A
男左	0.60	1.20	5.60	0.20	0.20	0	92.20
男右	0	0	1.60	0	0	0	98.40
女左	0.20	0.20	2.20	0	0	0.20	97.20
女右	0	0.20	0.80	0	0	0	99.00
合计	0.20	0.40	2.55	0.05	0.05	0.05	96.70

本样本手大鱼际真实花纹的出现率为 3.30%。计有 1.30%个体左右手以真/真对应。

（五）手指间区纹

手指间区真实花纹的频率见表 2-20-16。

表 2-20-16　景颇族手指间区真实花纹的频率（%）（男 500 人，女 500 人）

	Ⅱ	Ⅲ	Ⅳ	Ⅱ/Ⅲ	Ⅲ/Ⅳ
男左	1.40	5.00	67.80	2.00	6.40
男右	2.40	18.40	54.80	1.40	6.20
女左	0.40	6.00	78.20	0.20	3.20
女右	1.00	17.40	69.60	0.40	0.60
合计	1.30	11.70	67.60	1.00	4.10

手指间真实花纹在Ⅳ区最多。
左右同名指间区对应的频率见表 2-20-17。

表 2-20-17　景颇族左右同名指间区对应频率（%）（男 500 人，女 500 人）

	真/真	真/非	非/非
Ⅱ	0.30	2.10	97.60
Ⅲ	6.10	19.30	74.60
Ⅳ	53.60	30.50	15.90

手指间Ⅳ区的真/真对应的观察频率明显高于期望频率。Ⅳ2Ld 的分布频率见表 2-20-18。

表 2-20-18　景颇族Ⅳ2Ld 分布频率（%）（男 500 人，女 500 人）

男左	男右	女左	女右	合计
2.00	0.40	0.40	0	0.70

（六）手小鱼际纹

手小鱼际真实花纹的出现频率见表 2-20-19。

表 2-20-19　景颇族手小鱼际真实花纹频率（%）（男 500 人，女 500 人）

	Ld	Lr	Lp	Lu	Ws	Wc	合计
男左	2.00	5.80	0.60	2.00	0.20	0	10.60
男右	1.60	3.80	0	2.60	0.20	0.20	8.40
女左	3.40	7.80	0.20	1.40	0	0.40	13.20
女右	1.40	7.20	0.20	2.40	0	0.20	11.40
合计	2.10	6.15	0.25	2.10	0.10	0.20	10.90

群体中手小鱼际真实花纹频率为 10.90%。有 5.50%个体左右手以真/真花纹对应，而真/真对应的期望频率是 1.19%，两者差异显著（$P<0.01$），说明真/真对应为非随机组合。

（七）指三角和轴三角

指三角和轴三角有–b、–c、–d、–t、+t 的现象，分布频率见表 2-20-20。

表 2-20-20　景颇族指三角和轴三角缺失或增加的频率（%）（男 500 人，女 500 人）

	–b	–c	–d	–t	+t
男左	0	2.20	0.40	0	2.00
男右	0	2.80	0.20	0.20	3.00
女左	0.20	4.80	1.20	0.80	1.60
女右	0	6.00	0.40	1.20	2.00
合计	0.05	3.95	0.55	0.55	2.15

样本中以–c/–c 对应的占 1.60%。

（八）屈肌线

猿线在男女的分布频率见表 2-20-21。

表 2-20-21　景颇族猿线分布频率（%）（男 500 人，女 500 人）

男左	男右	女左	女右	合计
0.80	0.80	1.00	1.60	1.05

本样本的左右手都有猿线的占 0.30%。

（九）指间褶

本样本中的示指、中指、环指、小指都有两条指间褶，未见这四指有单指间褶的情况。

三、足　　纹

（一）踇趾球纹

踇趾球纹的频率见表 2-20-22。

表 2-20-22　景颇族踇趾球纹频率（%）（男 500 人，女 500 人）

	TAt	Ad	At	Ap	Af	Ld	Lt	Lp	Lf	Ws	Wc
男左	0	3.40	7.00	0	0.60	69.60	3.60	0	0.20	12.00	3.60
男右	0.20	3.60	7.00	0.40	0.80	70.00	3.40	0	0	12.60	2.00
女左	0	2.40	5.20	0	0.60	73.40	7.60	0	0	9.00	1.80
女右	0	1.60	6.20	0	0.80	75.20	6.60	0	0	8.00	1.60
合计	0.05	2.75	6.35	0.10	0.70	72.05	5.30	0	0.05	10.40	2.25

踇趾球纹以 Ld 为最多，Ws 次之。

左右以 Ld/Ld 对应者占 65.20%，W/W 对应者占 6.20%，同型花纹对应的观察频率显著高于期望频率，表现出踇趾球部同型花纹左右配对为非随机组合。

（二）足趾间区纹

足趾间区真实花纹的频率见表 2-20-23。

表 2-20-23　景颇族足趾间区真实花纹频率（%）（男 500 人，女 500 人）

	Ⅱ	Ⅲ	Ⅳ	Ⅱ/Ⅲ	Ⅲ/Ⅳ
男左	1.60	46.80	4.80	0.20	0
男右	3.40	45.00	7.60	0.20	0
女左	4.20	18.60	3.40	1.00	3.40
女右	6.60	27.40	4.00	0.80	1.00
合计	3.95	34.45	4.95	0.55	1.10

足趾间区真实花纹在Ⅲ区最多。

左右同名足趾间区对应的频率见表 2-20-24。

表 2-20-24　景颇族左右同名足趾间区对应频率（%）（男 500 人，女 500 人）

	真/真	真/非	非/非
Ⅱ	1.40	5.10	93.50
Ⅲ	25.90	17.10	57.00
Ⅳ	2.30	5.30	92.40

Ⅲ区真/真对应的观察频率（25.90%）显著高于期望频率，表现出同型足趾间区真实花纹左右配对为非随机组合。

（三）足小鱼际纹

足小鱼际真实花纹的频率见表 2-20-25。

表 2-20-25　景颇族足小鱼际真实花纹的频率（%）（男 500 人，女 500 人）

男左	男右	女左	女右	男	女	合计
33.80	31.20	55.20	52.00	32.50	53.60	43.05

足小鱼际花纹在左右对应的频率见表 2-20-26。

表 2-20-26　景颇族足小鱼际花纹在左右对应的频率（%）（男 500 人，女 500 人）

	右足真实花纹	右足非真实花纹
左足真实花纹	33.60	10.90
左足非真实花纹	8.00	47.50

（四）足跟纹

景颇族足跟真实花纹的出现频率极低，在本群体中见到 5 枚，占 0.25%，但是未见左右足均有足跟真实花纹者。

第二十一章　基诺族的肤纹[①]

肤纹调查对象为来自云南省西双版纳傣族自治州景洪县基诺乡的学生和成年人，三代都是基诺族人，身体健康，无家族性遗传病，平均年龄（26.10±15.80）岁（4～84 岁）。

1979 年 6 月，国务院正式承认基诺族为中国单一的少数民族（中国大百科全书总编辑委员会《民族》编辑委员会，1986）

以黑色油墨捺印法捺印研究对象的指纹、掌纹和足纹。

所有的分析都以 834 人（男 395 人，女 439 人）为基数（张海国 等，1989）。

一、指　　纹

（一）指纹频率

男性各手指的指纹频率见表 2-21-1，女性各手指的指纹频率见表 2-21-2。

表 2-21-1　基诺族男性各手指的指纹频率（%）(男 395 人)

	男左					男右				
	拇	示	中	环	小	拇	示	中	环	小
As	2.78	3.29	3.04	2.02	1.52	1.77	3.54	2.53	1.77	1.52
At	0	0.51	0.76	0	0	0	0.51	0.25	0	0
Lu	53.43	50.89	58.23	40.00	75.44	44.56	43.80	66.09	36.71	69.12
Lr	0	6.58	1.01	0.76	0.76	0.51	9.62	1.01	0.76	0.25
Ws	29.87	36.20	31.14	55.70	20.51	47.59	39.24	27.59	60.76	28.86
Wd	13.92	2.53	5.82	1.52	1.77	5.57	3.29	2.53	0	0.25

表 2-21-2　基诺族女性各手指的指纹频率（%）(女 439 人)

	女左					女右				
	拇	示	中	环	小	拇	示	中	环	小
As	11.15	4.32	3.20	1.81	3.64	5.47	4.56	2.28	1.13	1.82
At	0	1.14	1.14	0	0	0	0.23	0	0	0
Lu	49.43	47.84	57.63	42.60	77.68	51.48	53.76	74.49	41.69	78.36
Lr	2.51	7.29	1.59	1.60	0.91	1.14	5.92	0.68	0.46	0.91
Ws	27.11	35.31	30.75	52.62	17.77	36.67	31.66	20.50	55.81	18.45
Wd	9.80	4.10	5.69	1.37	0	5.24	3.87	2.05	0.91	0.46

①研究者：张海国、沈若茝、苏宇滨、陈仁彪、冯波，上海第二医科大学生物学教研室；丁明、黄明龙、王亚平、焦云萍、彭林，云南省计划生育技术科学研究所。

Lr 多见于示指，Lu 多见于小指。

男女合计指纹频率见表 2-21-3。

表 2-21-3　基诺族男女合计指纹频率（%）（男 395 人，女 439 人）

	As	At	Lu	Lr	Ws	Wd
男	2.38	0.20	53.82	2.13	37.75	3.72
女	3.94	0.25	57.49	2.30	32.67	3.35
合计	3.20	0.23	55.75	2.22	35.07	3.53

3 种指纹频率见表 2-21-4。

表 2-21-4　基诺族 3 种指纹频率（%）和标准误（男 395 人，女 439 人）

	A	L	W
指纹频率	3.43	57.97	38.60
s_p	0.199 3	0.540 5	0.533 1

L 型指纹在群体中占第 1 位。

（二）指纹组合

基诺族 834 人 4170 对左右同名指的组合格局频率见表 2-21-5。

表 2-21-5　基诺族左右同名指的组合格局频率（男 395 人，女 439 人）

	A/A	A/L	A/W	L/L	L/W	W/W
观察频率（%）	1.82	3.09	0.12	47.39	18.08	29.50
期望频率（%）	0.12	3.97	2.65	33.61	44.75	14.90
P	<0.05	>0.05	<0.05	<0.01	<0.01	<0.01

观察左右同名指组合格局中 A/A、L/L、W/W 都显著增多，它们各自的观察频率和期望频率的差异显著性检验均为 $P<0.05$，表明同型指纹在左右配对为非随机组合。A/W 的观察频率与期望频率之间也有显著性差异（$P<0.01$），提示 A 与 W 的不相容现象。

一手 5 指组合 21 种格局的观察频率和期望频率见表 2-21-6。

表 2-21-6　基诺族一手 5 指的组合格局频率（男 395 人，女 439 人）

A	L	W	观察频率（%）	期望频率（%）
0	0	5	9.35	0.86
0	5	0	19.60	6.55
5	0	0	0.18	5×10^{-6}
小计			29.13	7.41
0	1	4	11.69	6.43
0	2	3	14.33	19.33
0	3	2	15.17	29.03
0	4	1	18.89	21.80
小计			60.08	76.59

续表

A	L	W	观察频率（%）	期望频率（%）
1	0	4	0.12	0.38
2	0	3	0	0.07
3	0	2	0.06	$<5\times10^{-3}$
4	0	1	0.06	$<2\times10^{-4}$
小计			0.24	0.45
1	4	0	3.90	1.94
2	3	0	0.83	0.23
3	2	0	1.14	0.01
4	1	0	0.42	$<3\times10^{-4}$
小计			6.29	2.18
1	1	3	0.66	2.29
1	2	2	0.96	5.15
1	3	1	2.04	5.16
2	1	2	0.06	0.30
2	2	1	0.36	0.46
3	1	1	0.18	0.01
小计			4.26	13.37
合计			100.00	100.00

一手 5 指同为 W 者占 9.35%，同为 L 者占 19.60%，同为 A 者占 0.18%。一手 5 指组合 21 种格局的观察频率小计和期望频率小计的比较为差异极显著。一手 5 指为同一种花纹的观察频率和期望频率之间也有明显的差异，即观察频率明显增多（$P<0.001$）。一手 5 指的异型组合 AOW、ALW 的观察频率明显减少，表现为 A 与 W 组合的不相容。

本样本中 10 指全为 W 者 39 人（4.68%），10 指全为 L 者 100 人（11.99%），10 指全为 A 者 1 人（0.12%）。

（三）TFRC

各指别 FRC 均数见表 2-21-7。

表 2-21-7　基诺族各指别 FRC（条）**均数**（男 395 人，女 439 人）

	拇	示	中	环	小
男左	14.03	11.37	12.09	14.55	11.35
男右	17.18	11.44	12.07	14.91	11.35
女左	11.39	10.56	11.58	13.80	9.81
女右	14.23	11.05	11.32	14.31	9.92

男性左手及女性左右手环指的 FRC 均数都占第 1 位，示指和小指的 FRC 均数较低。

各侧别性别和合计的 TFRC 参数见表 2-21-8。

表 2-21-8　基诺族各侧别性别和合计的 TFRC 参数（男 395 人，女 439 人）

	$\bar{x}$（条）	s（条）	$s_{\bar{x}}$（条）	t_{g1}	t_{g2}
男左	63.39	23.38	1.18	−1.52	−0.52
男右	66.94	23.13	1.16	−1.42	−0.36
女左	57.13	22.66	1.08	−0.86	−1.86
女右	60.82	22.31	1.06	−0.83	−1.36
男	130.34	45.55	2.29	−1.58	−0.30
女	117.95	43.86	2.09	−0.94	−1.47
合计	123.82	45.07	1.56	−1.56	−1.35

本群体的 t_{g1} 和 t_{g2} 绝对值均小于 2，表明曲线的左右对称度和峰度与正态分布无显著性差异。男性 TFRC（130.34 条）与女性 TFRC（117.95 条）有显著性差异（t=3.99，P<0.01）。

（四）斗指纹偏向

834 人中有 W 3219 枚，其 W 取 FRC 侧别的频率见表 2-21-9。

表 2-21-9　基诺族 W 取 FRC 侧别的频率（%）（男 395 人，女 439 人）

	Wu	Wb	Wr	小计
Wu>Wr　取尺侧	6.93	46.94	79.38	27.37
Wu=Wr	6.43	22.96	10.12	8.36
Wu<Wr　取桡侧	86.64	30.10	10.50	64.27
合计	100.00	100.00	100.00	100.00

Wu 的 86.64%是取桡侧的 FRC，Wr 的 79.38%是取尺侧的 FRC，做关联分析得 P<0.01，表明取 FRC 的侧别与 W 的偏向有密切关系。

Wb 的 22.96%是两侧相等，Wb 两侧 FRC 相似度很高。

示指中共有 Wr 344 枚，占全部 Wr（800 枚）的 43.00%，Wr 在示指的出现频率明显高于其他 4 指，差异极显著（P<0.001），桡箕（Lr）也多出现在示指上，可以认为本样本的示指指纹的偏向有倾向于桡侧的趋势。

（五）偏向斗组合

在 3219 枚 W 中，有 2460 枚 W 在左右同名指以 W/W 对应，计 1230 对。在 2460 枚 W 中有 Wu 1660 枚（67.48%），Wb 159 枚（6.46%），Wr 641 枚（26.06%）。这三种 W 在同名指若是随机相对应，则应服从概率乘法定律得到的期望频率。左右同名指 W 对应的观察频率与期望频率及差异显著性检验见表 2-21-10。

表 2-21-10　基诺族左右同名指（1230 对）W 对应频率的比较（男 395 人，女 439 人）

	Wu/Wu	Wr/Wr	Wb/Wb	Wu/Wb	Wu/Wr	Wb/Wr	合计
观察频率（%）	52.76	12.85	0.65	7.32	22.11	4.31	100.00
期望频率（%）	45.53	6.79	0.42	8.72	35.17	3.37	100.00
P	<0.001	<0.001	>0.50	>0.20	<0.001	>0.20	

同种偏向对应频率在 Wu/Wu 与 Wr/Wr 显著增加。分析 Wu/Wr 的对应关系，得观察频率显著减少。此现象可能是由于 Wu 与 Wr 为两个相反方向的 W，可视为两个极端型，而 Wb 属于不偏不倚的中间型，介于两者之间，因此，Wu 与 Wr 对应要跨过中间型，具有不易性。这表现出同名指的对应并不呈随机性。

二、掌　　纹

（一）tPD 与 atd

tPD 的分布和均数、标准差见表 2-21-11。

表 2-21-11　基诺族 tPD 的分布频率和均数±标准差（男 395 人，女 439 人）

	–t（%）	t（1～10～20，%）	t′（21～30～40，%）	t″（41～50～60，%）	t‴（61～70～80，%）	$\bar{x} \pm s$
男	0.38	47.59	51.40	0.63	0	21.17±6.64
女	0.91	53.19	45.22	0.68	0	20.81±6.30
合计	0.66	50.54	48.14	0.66	0	20.98±6.46

男女合计的 tPD 均数为 20.98，t 和 t′合计占 98.68%，得 t″ 11 例，未见 t‴。tPD 的全距是 46（3～49），众数为 19。

atd 的参数见表 2-21-12。

表 2-21-12　基诺族 atd 的参数（男 395 人，女 439 人）

	$\bar{x}$（°）	s（°）	$s_{\bar{x}}$（°）	t_{g1}	t_{g2}
男左	41.72	5.36	0.28	5.00	5.41
男右	41.87	5.76	0.29	11.04	22.27
女左	42.71	5.47	0.27	9.18	16.85
女右	42.16	5.56	0.27	10.16	15.39
男	41.79	5.56	0.20	11.83	21.42
女	42.43	5.57	0.19	13.58	22.41
合计	42.13	5.57	0.14	17.88	30.71

所有 atd 曲线对称度 t_{g1} 和曲线峰度 t_{g2} 都是大于 2 的正值，表明分布曲线为正偏态的高狭峰。atd 的全距为 55°（24°～79°），众数为 41°。

（二）左右手 tPD 与 atd 差值

左右手 tPD 差值的绝对值为 0 者占 10.19%，在 1～3 者占 44.60%，≥4 者占 45.21%。左右手 atd 差值的绝对值为 0°者占 13.55%，在 1°～3°者占 49.28%，＞3°占 37.17%。

（三）tPD 与 atd 关联

tPD 与 atd 的相关系数 r 为 0.6295（$P<0.01$），呈高度相关。

由 atd 推算 tPD 用直线回归公式：

$$y_{tPD}=0.7342\times atd-9.8867$$

由 tPD 推算 atd 用直线回归公式：

$$y_{atd}=0.5397\times tPD+30.7703$$

回归系数 b 的检验显示 $s_b=0.0226$，$P<0.05$，表明回归显著。

（四）a-b RC

a-b RC 的参数见表 2-21-13。

表 2-21-13　基诺族 a-b RC 的参数（男 395 人，女 439 人）

	$\bar{x}$（条）	s（条）	$s_{\bar{x}}$（条）	t_{g1}	t_{g2}
男左	36.88	5.93	0.30	–4.37	8.20
男右	37.62	5.58	0.28	–2.68	6.31
女左	36.42	5.51	0.26	2.62	4.46
女右	35.81	5.63	0.27	2.74	3.68
男	36.75	5.75	0.20	–5.02	10.30
女	36.12	5.57	0.19	3.72	5.60
合计	36.42	5.67	0.14	–0.96	10.57

男女性之间做均数差异显著性检验，$t=2.2735$，$P<0.05$，表明性别间的差异显著。全距为 48 条（11～59 条），众数是 36 条。

左右手的 a-b RC 并不一定相等，差值绝对值的分布见表 2-21-14。

表 2-21-14　基诺族 a-b RC 左右手差值分布（男 395 人，女 439 人）

	0 条	1～3 条	4～6 条	≥7 条
人数	67	362	239	166
频率（%）	8.03	43.41	28.66	19.90

本样本左右手相减的绝对值≤3 条者，有 51.44%，一般认为无差别。

（五）主要掌纹线

主要掌纹线指数的参数见表 2-21-15。

表 2-21-15　基诺族主要掌纹线指数的参数（男 395 人，女 439 人）

	$\bar{x}$	s	$s_{\bar{x}}$	t_{g1}	t_{g2}
男左	19.91	4.17	0.21	5.84	10.03
男右	22.54	4.49	0.23	5.83	4.64
女左	19.94	4.08	0.19	4.87	7.17
女右	22.23	4.17	0.20	3.33	1.73
男	21.22	4.53	0.16	7.90	8.62
女	21.08	4.28	0.14	5.33	4.72
合计	21.15	4.40	0.11	9.51	9.82

男女性之间做均数差异显著性检验，t=0.6512，$P>0.05$，表明性别间的差异不显著。同性别的左右手之间都是左手均数显著小于右手均数（$P<0.05$）。主要掌纹线指数的全距为 23（6～39），众数是 20。

（六）手大鱼际纹

手大鱼际真实花纹的频率见表 2-21-16。

表 2-21-16　基诺族手大鱼际真实花纹的频率（%）（男 395 人，女 439 人）

	Ld	Lr	Lp	Lu	Ws	Wc	V 和 A
男左	0.76	0.76	2.53	0	0	0	95.95
男右	0.25	0.25	0.51	0	0	0	98.99
女左	0	0	1.37	0.23	0	0	98.40
女右	0	0	0.46	0	0	0	99.54
合计	0.24	0.24	1.20	0.06	0	0	98.26

本样本手大鱼际真实花纹的出现率为 1.74%。计有 0.36%个体左右手都有真实花纹。

（七）手指间区纹

手指间区真实花纹的频率见表 2-21-17。

表 2-21-17　基诺族手指间区真实花纹的频率（%）（男 395 人，女 439 人）

	Ⅱ	Ⅲ	Ⅳ	Ⅱ/Ⅲ	Ⅲ/Ⅳ
男左	0.76	3.30	83.80	1.02	2.54
男右	0.26	10.89	73.93	0	6.59
女左	0.23	2.74	80.87	0	4.33
女右	0.46	9.34	73.81	0.23	3.65
男	0.51	7.09	78.87	0.51	4.56
女	0.35	6.04	77.34	0.12	3.99
合计	0.42	6.54	78.06	0.30	4.26

手指间真实花纹在Ⅳ区最多。

左右同名指间区对应的频率见表 2-21-18。

表 2-21-18　基诺族左右同名指间区对应频率（%）（男 395 人，女 439 人）

	真/真	真/非	非/非
Ⅱ	0	0.84	99.16
Ⅲ	1.32	10.43	88.25
Ⅳ	65.23	25.66	9.11

Ⅳ2 Ld 的分布频率见表 2-21-19。

表 2-21-19 基诺族Ⅳ2Ld 分布频率（%）(男 395 人，女 439 人)

男左	男右	女左	女右	合计
2.53	0.25	0.91	0.91	1.14

群体中共 19 只手在Ⅳ区有 2 枚 Ld。

(八) 手小鱼际纹

手小鱼际真实花纹的出现频率见表 2-21-20。

表 2-21-20 基诺族手小鱼际真实花纹频率（%）(男 395 人，女 439 人)

	Ld	Lr	Lp	Lu	Ws	Wc	合计
男左	11.39	2.28	0.25	0.25	0	0.25	14.42
男右	5.82	5.82	0	0	0	0.25	11.89
女左	13.67	5.01	0	0	0.23	0	18.91
女右	6.15	7.29	0.46	0.46	0.23	0	14.59
合计	9.29	5.16	0.18	0.18	0.12	0.12	15.05

群体中手小鱼际真实花纹频率为 15.05%。有 5.64%个体左右手以真实花纹对应。

(九) 指三角和轴三角

指三角和轴三角有–b、–c、–d、–t、+t 的现象，分布频率见表 2-21-21。

表 2-21-21 基诺族指三角和轴三角缺失或增加的频率（%）(男 395 人，女 439 人)

	男左	男右	女左	女右	男	女	合计
–b	0	0	0	0	0	0	0
–c	6.84	7.59	7.29	8.20	7.22	7.74	7.49
–d	3.80	1.77	3.19	2.28	2.78	2.73	2.76
–t	0.51	0.25	0.91	0.91	0.38	0.91	0.66
+t	0.51	1.01	0.23	0.46	0.76	0.34	0.54

–c 的手有 125 只，占 7.49%。左右手–c 的对应频率见表 2-21-22。

表 2-21-22 基诺族–c 对应频率和频数（男 395 人，女 439 人）

	右手–c		右手有 c	
	频率（%）	频数	频率（%）	频数
左手–c	3.00	25	4.08	34
左手有 c	4.91	41	88.01	734

–c/–c 对应的观察频率为 3.00%，期望频率为 0.5610%，二者之间有显著性差异（$P<0.05$）。

(十) 屈肌线

本样本中有猿线的手为 63 只，频率为 3.78%。猿线在男女性中的分布频率见表 2-21-23。

表 2-21-23　基诺族猿线分布频率（%）（男 395 人，女 439 人）

男左	男右	女左	女右	合计
5.82	3.80	3.87	1.82	3.78

本样本的左右手屈肌线对应频率见表 2-21-24。

表 2-21-24　基诺族左右手屈肌线对应频率（%）（男 395 人，女 439 人）

	右手无猿线	右手有猿线
左手无猿线	93.88	1.32
左手有猿线	3.36	1.44

总共有 51 个个体的手上有猿线。

（十一）指间褶

本样本中的示指、中指、环指、小指都有 2 条指间褶，未见这 4 指有单指间褶的情况。

三、足　　纹

（一）蹞趾球纹

蹞趾球纹的频率见表 2-21-25。

表 2-21-25　基诺族蹞趾球纹频率（%）（男 395 人，女 439 人）

	TAt	Ad	At	Ap	Af	Ld	Lt	Lp	Lf	Ws	Wc
男左	0	0.76	10.38	0	0.76	66.83	4.56	0	0.51	13.42	2.78
男右	0	0.25	11.65	0	0.76	65.56	4.56	0	0.25	14.94	2.03
女左	0	1.37	6.61	1.37	0.68	76.98	2.96	0	0	8.66	1.37
女右	0	0.68	6.38	1.14	0.46	77.67	3.87	0	0.91	8.66	0.23
合计	0	0.78	8.63	0.66	0.66	72.06	3.96	0	0.42	11.27	1.56

蹞趾球纹以 Ld 为最多，Ws 次之。

蹞趾球纹的左右以 Ld/Ld 对应占 66.55%，以 W/W 对应占 7.43%，都显著高于各自的期望频率，表现为同型花纹在左右蹞趾球部非随机组合。A 与 W 对应的频率为 0.48%，而期望频率为 2.42%，两者差异显著（$P<0.05$），表现为 A 与 W 的不亲和。

（二）足趾间区纹

足趾间区纹真实花纹的频率见表 2-21-26。

表 2-21-26　基诺族足趾间区纹真实花纹频率（%）（男 395 人，女 439 人）

	Ⅱ	Ⅲ	Ⅳ	Ⅱ/Ⅲ	Ⅲ/Ⅳ
男左	5.57	44.31	4.56	1.27	3.55
男右	5.32	48.61	7.35	1.02	1.02
女左	6.16	35.08	2.74	1.37	1.14
女右	5.93	43.97	5.47	1.14	1.37

续表

	Ⅱ	Ⅲ	Ⅳ	Ⅱ/Ⅲ	Ⅲ/Ⅳ
男	5.45	46.46	5.95	1.14	2.28
女	6.04	39.53	4.11	1.26	1.26
合计	5.76	42.81	4.98	1.20	1.74

足趾间区真实花纹在Ⅲ区最多。

左右同名足趾间区对应的频率见表 2-21-27。

表 2-21-27　基诺族左右同名足趾间区对应频率（%）（男 395 人，女 439 人）

	真/真	真/非	非/非
Ⅱ	1.80	7.91	90.29
Ⅲ	30.58	24.46	44.96
Ⅳ	2.04	5.87	92.09

任何足趾间区都没有真实花纹的占 47.84%。Ⅲ区真/真对应的观察频率（30.58%）显著高于期望频率（18.33%），$P<0.01$，表现出同型足趾间区真实花纹左右配对为非随机组合。

（三）足小鱼际纹

足小鱼际真实花纹的频率见表 2-21-28。

表 2-21-28　基诺族足小鱼际真实花纹频率（%）（男 395 人，女 439 人）

男左	男右	女左	女右	合计
43.04	31.39	46.47	32.35	38.37

足小鱼际真实花纹均为 Lt。

左右足都有小鱼际真实花纹的频率见表 2-21-29。

表 2-21-29　基诺族足小鱼际真实花纹对应频率（%）（男 395 人，女 439 人）

	右足非真实花纹	右足有真实花纹
左足非真实花纹	44.71	6.12
左足有真实花纹	20.87	28.30

足小鱼际花纹真/真对应的观察频率显著高于期望频率（14.72%），$P<0.01$，表现出同型足小鱼际真实花纹左右配对为非随机组合。

（四）足跟纹

足跟真实花纹的出现频率极低，其分布频率见表 2-21-30。

表 2-21-30　基诺族足跟花纹分布频率（%）（男 395 人，女 439 人）

男左	男右	女左	女右	合计
0	0.25	0.23	0.11	0.30

基诺族足跟真实花纹共 5 枚，出现在 5 个个体足上，占 0.30%，花纹都是 Lt。

第二十二章　哈萨克族的肤纹[①]

研究对象为来自乌鲁木齐市区、郊区的大中小学生，身体健康，无家族性遗传病，三代均同为哈萨克族人，祖籍为新疆，平均年龄 11.7 岁（6～19 岁）。

以黑色油墨捺印法捺印研究对象的指纹、掌纹及足纹。

所有分析都以 1000 人（男 500 人，女 500 人）为基数（张海国 等，1988）。

一、指　　纹

（一）指纹频率

男性手指的指纹频率见表 2-22-1，女性手指的指纹频率见表 2-22-2。

表 2-22-1　哈萨克族男性各手指的指纹频率（%）（男 500 人）

	男左					男右				
	拇	示	中	环	小	拇	示	中	环	小
As	2.8	4.0	4.4	1.0	0.8	0.8	5.0	3.0	0.6	0.6
At	0.2	0.6	0	0	0.2	0	0.8	0	0.2	0
Lu	44.2	40.2	60.0	45.2	80.8	35.4	31.0	58.4	33.8	72.8
Lr	1.2	17.0	1.6	0.6	0.2	0.6	20.0	2.4	1.4	1.0
Ws	42.6	35.4	32.0	52.4	17.0	58.0	41.4	34.0	64.0	25.0
Wd	9.0	2.8	2.0	0.8	1.0	5.2	1.8	2.2	0	0.6

表 2-22-2　哈萨克族女性各手指的指纹频率（%）（女 500 人）

	女左					女右				
	拇	示	中	环	小	拇	示	中	环	小
As	4.0	3.6	3.8	1.0	1.6	2.6	4.6	1.8	0.8	0.4
At	0	1.6	0	0	0	0	0.8	0.4	0.2	0
Lu	41.4	41.2	62.4	49.2	83.6	40.2	39.0	69.0	43.0	79.6
Lr	1.8	15.4	2.8	1.0	0.2	1.0	13.4	1.8	1.0	0.2
Ws	41.4	35.6	28.4	48.6	14.6	51.0	39.2	25.4	54.8	19.6
Wd	11.4	2.6	2.6	0.2	0	5.2	3.0	1.6	0.2	0.2

①研究者：金刚、李玉清、孟秀莲，新疆维吾尔自治区人民医院妇产科；张海国、陈仁彪，上海第二医科大学医学遗传学教研室。

小指的 Lu 最多，Lr 多见于示指，Ws 多见于环指，Wd 多见于拇指。

男女左右手合计的指纹频率见表 2-22-3。

表 2-22-3 哈萨克族男女左右手合计的指纹频率（%）（男 500 人，女 500 人）

	男左	男右	女左	女右	男	女	合计
As	2.60	2.00	2.80	2.04	2.30	2.42	2.36
At	0.20	0.20	0.32	0.28	0.20	0.30	0.25
Lu	54.08	46.28	55.56	54.16	50.18	54.86	52.52
Lr	4.12	5.08	4.24	3.48	4.60	3.86	4.23
Ws	35.88	44.48	33.72	38.00	40.18	35.86	38.02
Wd	3.12	1.96	3.36	2.04	2.54	2.70	2.62

男女合计 3 种指纹频率和百分标准误（s_p）见表 2-22-4。

表 2-22-4 哈萨克族 3 种指纹频率（%）和标准误（男 500 人，女 500 人）

	A	L	W
指纹频率	2.61	56.75	40.64
s_p	0.225 5	0.700 6	0.491 2

（二）左右同名指纹组合

1000 人的 5000 对左右同名指的组合格局见表 2-22-5。

表 2-22-5 哈萨克族左右同名指的组合格局频率（男 500 人，女 500 人）

	A/A	A/L	A/W	L/L	L/W	W/W
观察频率（%）	1.22	2.70	0.08	46.48	17.84	31.68
期望频率（%）	0.07	2.91	2.16	32.21	46.13	16.52
P	<0.001	>0.30	<0.001	<0.001	<0.001	<0.001

A/W 组合期望频率是观察频率的 27 倍，提示指纹组合格局中有 A 与 W 不相容的倾向。

（三）一手或双手指纹组合

一手 5 指指纹组合的 21 种格局中，见到一个个体 5 指全部为 W 者占 9.25%，全部为 L 者占 17.40%，全部为 A 者占 0.15%。

指纹随机组合的期望频率：5 指全部 W 的期望频率为 1.11%，明显低于观察频率，$P<0.01$；5 指全部 L 的期望频率为 5.89%，明显低于观察频率，$P<0.01$；5 指全部 A 的期望频率为 1×10^{-6}，明显低于观察频率，$P<0.001$。

一只手上的 A≥2 时，W 往往是 0。这表明异型组合 AOW 不相容，一手 5 指的组合格局见表 2-22-6。

表 2-22-6　哈萨克族一手 5 指的组合格局频率（男 500 人，女 500 人）

A	L	W	观察频率（%）	期望频率（%）
0	0	5	9.25	1.11
0	5	0	17.40	5.89
5	0	0	0.15	10×10^{-5}
小计			26.80	7.00
0	1	4	13.90	7.74
0	2	3	15.10	21.62
0	3	2	15.60	30.16
0	4	1	19.90	21.08
小计			64.50	80.60
1	0	4	0.15	0.36
2	0	3	0	0.05
3	0	2	0	0.007
4	0	1	0	0.01
小计			0.15	0.42
1	4	0	3.35	1.34
2	3	0	1.40	0.12
3	2	0	0.45	0.005
4	1	0	0.20	0.01
小计			5.40	1.48
1	1	3	0.35	1.99
1	2	2	0.50	4.16
1	3	1	1.70	3.88
2	1	2	0	0.19
2	2	1	0.50	0.27
3	1	1	0.10	0.008
小计			3.15	10.50
合计			100.00	100.00

由表 2-22-6 中观察频率小计和期望频率小计的比较，可见 5 指指纹的组合为非随机分布（χ^2=1506.026，df=4，$\chi^2_{0.001}$=18.467，$P<0.001$）。

双手 10 指的组合共有 66 种格局，表 2-22-7 中列出 30 种格局，另有 36 种格局是在 10 指中有 A、L、W 都出现的组合格局，称为其他格局。

表 2-22-7　哈萨克族双手 10 指的组合格局频率（男 500 人，女 500 人）

A	L	W	观察频率（%）	期望频率（%）
0	0	10	5.5	0.012
0	10	0	9.4	0.346
10	0	0	0.1	10×10^{-13}

续表

A	L	W	观察频率（%）	期望频率（%）
0	1	9	5.3	0.172
0	2	8	7.2	1.078
0	3	7	7.0	4.016
0	4	6	8.1	9.813
0	5	5	8.6	16.444
0	6	4	9.2	19.135
0	7	3	7.7	15.269
0	8	2	10.5	7.996
0	9	1	9.1	2.481
1	0	9	0.1	0.008
2	0	8	0	<0.01
3	0	7	0	<0.01
4	0	6	0	<0.01
5	0	5	0	<0.01
6	0	4	0	<0.01
7	0	3	0	<0.01
8	0	2	0	<0.01
9	0	1	0	<0.01
1	9	0	2.2	0.159
2	8	0	1.6	0.033
3	7	0	0.6	0.004
4	6	0	0.3	<0.01
5	5	0	0.6	<0.01
6	4	0	0.2	<0.01
7	3	0	0	<0.01
8	2	0	0	<0.01
9	1	0	0.1	<0.01
其他格局			6.6	23.034
合计			100.00	100.00

双手10指都为A者为1名女性，占0.10%，高于期望频率的10×10^{-9}，两者差异极显著（$P<0.001$）。双手10指全为L者和双手10指全为W者的观察频率都明显高于期望频率，都是差异极显著（$P<0.01$）。在双手10指的66种格局中，观察到一个个体手上A与W的不相容。由表2-22-7中观察频率小计和期望频率小计的比较可见10指指纹的组合为非随机分布（$P<0.001$）。哈萨克族的指纹左右同名指的A与W不相容、一手5指的A与

W 不相容、双手 10 指的 A 与 W 不相容现象值得进一步探讨。

（四）TFRC

各指别的 FRC 均数及其平均值见表 2-22-8。

表 2-22-8　哈萨克族各指别的 FRC（条）均数及其平均值（男 500 人，女 500 人）

	拇	示	中	环	小	平均值
男左	16.76	11.61	12.89	15.44	11.69	13.68
男右	18.11	12.20	12.20	15.13	11.40	13.81
女左	14.82	11.35	12.39	15.04	11.06	12.93
女右	16.24	12.17	11.97	14.97	10.76	13.22

女性左手环指 FRC 均数占左手各指的第 1 位，其他组左手环指 FRC 均数占第 2 位。本样本中共有 W 4064 枚，FRC 平均为 17.47 条，有 L 5675 枚，FRC 平均是 11.12 条。

各侧别性别和合计的 TFRC 参数见表 2-22-9。

表 2-22-9　哈萨克族 TFRC 的参数（男 500 人，女 500 人）

	$\bar{x}$（条）	s（条）	$s_{\bar{x}}$（条）	t_{g1}	t_{g2}
男左	68.40	22.02	0.98	−2.72	0.88
男右	69.04	21.50	0.96	−2.10	0.02
女左	64.66	22.32	1.00	−1.12	0.66
女右	66.11	21.88	0.98	−1.09	0.56
男	137.44	43.49	1.94	−2.39	0.48
女	130.77	44.19	1.98	−1.12	0.52
合计	134.11	43.95	1.38	−2.47	0.55

男性左右手之间的 TFRC 值无显著性差异（t=0.46，P>0.05），女性左右手之间的 TFRC 值也无显著性差异（t=1.04，P>0.05），男性的 TFRC 值显著多于女性（t=2.41，P<0.05）。女性组的对称度值 t_{g1} 绝对值都小于 2，表明符合正态分布曲线。峰度值 t_{g2} 都小于 2，表明女性各组的 FRC 值呈正态分布曲线。

把 W 的尺侧和桡侧的 RC 合为 1 个数，参加双手的 TFRC 运算，1000 人的均数为 187.84 条，标准差是 87.83 条。

（五）斗指纹偏向

1000 人中有 W 4064 枚，其中有 Wu 2399 枚，占 59.03%；Wb 579 枚，占 14.25%；Wr 1086 枚，占 26.72%。在 579 枚 Wb 中 FRC 相差≤4 条的有 565 枚，占 97.58%，相差≤3 条的有 545 枚，占 94.13%，有 127 枚两侧相等，占 21.93%。Wb 两侧 FRC 的相似度很高。4064 枚 W 取 FRC 侧别的频率见表 2-22-10。

表 2-22-10　哈萨克族 W 取 FRC 侧别的频率和频数（男 500 人，女 500 人）

	Wu		Wb		Wr		小计	
	频率（%）	频数	频率（%）	频数	频率（%）	频数	频率（%）	频数
Wu＞Wr　取尺侧	5.59	134	37.13	215	89.04	967	32.38	1 316
Wu=Wr	2.29	55	21.94	127	3.13	34	5.32	216
Wu＜Wr　取桡侧	92.12	2 210	40.93	237	7.83	85	62.30	2 532
合计	100.00	2 399	100.00	579	100.00	1.086	100.00	4 064

Wu 有 92.12%是取桡侧 FRC，Wr 有 89.04%是取尺侧 FRC，做关联分析得 *P*＜0.01，表明取 FRC 的侧别与 W 的偏向有关。

1086 枚 Wr 中分布于拇指的有 205 枚，占 18.88%，分布于示指的有 413 枚，占 38.03%，分布于中指的有 230 枚，占 21.18%，分布于环指的有 199 枚，占 18.32%，分布于小指的有 39 枚，占 3.59%。示指的 Lr 出现率占 5 指之首，而 Wr 的出现率也占 5 指之首，是其他 4 指的 1.8～10.6 倍。示指上的指纹有倾向于桡侧的趋势。

（六）偏向斗组合

在 4064 枚 W 中，左右同名指都有 W 的为 3168 枚（1584 对），仅 896 枚 W 不在左右同名指上出现。在 3168 枚 W 中有 Wu 1848 枚，占 58.33%，Wb 456 枚，占 14.40%，Wr 864 枚，占 27.27%，这 3 种 W 在同名指若是随机相对应，则应服从由概率乘法定律得到的期望频率。左右同名指 W 对应的观察频率和期望频率及差异显著性检验见表 2-22-11。

表 2-22-11　哈萨克族左右同名指（1584 对）**W 对应的频率比较**（男 500 人，女 500 人）

	Wu/Wu	Wr/Wr	Wb/Wb	Wu/Wb	Wu/Wr	Wb/Wr	合计
观察频率（%）	39.46	11.24	2.90	14.33	23.42	8.65	100.00
期望频率（%）	34.02	7.44	2.08	16.80	31.81	7.85	100.00
P	＜0.01	＜0.01	＞0.05	＞0.05	＜0.001	＞0.05	

差异显著性检验显示，Wu/Wu 对应、Wr/Wr 对应观察频率显著偏高，表明差异极显著（*P*＜0.01），同种偏向的 W 有对应的趋势。Wu/Wr 对应观察频率显著偏少，表明差异极显著（*P*＜0.01），Wu/Wr 的对应似有不相容或称不亲和现象。对表 2-22-11 的观察频率和期望频率作 2×6 表的差异显著性检验，得到 χ^2=91.9256，df=5，$\chi^2_{0.001}$=20.515，*P*＜0.001。这表明左右同名指各偏向 W 的组合并非随机。Wu 与 Wr 是两个相反方向的斗，Wb 可视为中间型，Wu 对应 Wr 要跨过中间型，具有不易性。

双箕斗（Wd）的一个箕头向上，另一个向下。箕头向上而靠近桡侧缘的占 93.13%（244 枚）。箕头向上且靠近尺侧缘的占 6.87%（18 枚），此 18 枚 W 有 66.67%出现于示指，有 27.78%出现于中指，有 5.55%出现于拇指，环指与小指上未见。

二、掌　纹

（一）tPD 和 atd

tPD 在各侧别性别和合计的参数见表 2-22-12。

表 2-22-12　哈萨克族 tPD 的参数（男 500 人，女 500 人）

	$\bar{x}$	s	$s_{\bar{x}}$	t_{g1}	t_{g2}
男左	16.39	5.92	0.26	14.73	12.62
男右	15.84	6.14	0.27	15.80	15.75
女左	16.05	6.87	0.31	14.94	15.35
女右	15.63	6.95	0.31	14.45	12.80

男性左右手之间的 tPD 值无显著性差异（$P>0.05$）。分布曲线 t_{g1} 和 t_{g2} 都大于 2，表明曲线为正偏态（即众数都为 13，小于均数）的高狭峰（提示频数分布集中于均值附近）。

试将掌心的轴三角作为 t″，则 t″的 tPD 应为 50（41～60），t 为 10（1～20），t′为 30（21～40），t‴为 70（61～80）。tPD 的分布频率与均数见表 2-22-13。

表 2-22-13　哈萨克族 tPD 的分布频率与均数（男 500 人，女 500 人）

	−t（%）	t（1～10～20，%）	t′（21～30～40，%）	t″（41～50～60，%）	t‴（61～70～80，%）	$\bar{x}$
男	0.60	82.20	16.80	0.40	0	16.12
女	1.90	80.30	16.90	0.90	0	15.84
合计	1.25	81.25	16.85	0.65	0	15.98

男女间的 tPD 无显著性差异（$P>0.05$）。

一个个体左右手的 tPD 相差 0 者占 10.80%，相差 1～3 者占 70.70%，相差 4～6 者占 16.60%，相差≥7 者占 1.90%。

有的个体手上轴三角不止 1 个，此超常数轴三角占 7.85%（157 只手，男 72 只，女 85 只）。

tPD 的全距为 45（5～50），众数为 13。

atd 在各性别的参数见表 2-22-14。

表 2-22-14　哈萨克族 atd 的参数（男 500 人，女 500 人）

	$\bar{x}$（°）	s（°）	$s_{\bar{x}}$（°）	t_{g1}	t_{g2}
男左	41.26	5.93	0.27	6.42	7.66
男右	41.20	6.73	0.30	8.07	9.26
女左	41.93	7.47	0.33	8.92	11.74
女右	41.60	8.25	0.37	9.64	12.70

同性别左右手之间的 atd 值无显著性差异（$P>0.05$）。分布曲线 t_{g1} 和 t_{g2} 都大于 2，表明曲线为正偏态的高狭峰。

atd 的分布频率与均数见表 2-22-15。

表 2-22-15　哈萨克族 atd 的分布频率与均数（男 500 人，女 500 人）

	−atd（%）	t（35°～39°～43°，%）	t′（44°～48°～52°，%）	t″（53°～57°～61°，%）	t‴（62°～66°～70°，%）	$\bar{x}$（°）
男	1.00	69.80	27.30	1.50	0.40	41.23
女	2.00	62.50	31.90	3.00	0.60	41.77
合计	1.50	66.15	29.60	2.25	0.50	41.50

男女间的 atd 无显著性差异（$P>0.05$）。

一个个体左右手的 atd 相差 0°者占 17.10%，相差 1°～3°者占 54.40%，相差 4°～6°者占 19.40%，相差≥7°者占 9.10%。

–t 计 25 只手，–d 有 5 只手，其 atd 都计为 0°。有见到–a 的手。

atd 的全距为 39°（29°～68°），众数为 40°。

（二）tPD 和 atd 关联分析

tPD 和 atd 高度相关，相关系数 r=0.569，$P<0.01$，呈正比关系。

由 atd 推算相应 tPD 值用公式：

$$y_{PD}=0.711\times atd-13.773$$

由 tPD 推算相应 atd 值用公式：

$$y_{atd}=34.25+0.456\times tPD$$

这两个公式的回归系数 b 的显著性检验中，得到两个 t_b 都为 30.731，$P<0.001$，表明公式作用显著。

求得 t、t′、t″ 和 t‴的相应 atd 分别为 39°、48°、57°和 66°，每级之间相差 9°。

tPD 的变异系数为 40.59，atd 的变异系数为 17.22。

（三）轴三角在年龄上的变化

轴三角在年龄上变化的情况见表 2-22-16。

atd 角在≥12 岁的 8 个组中有 6 个组的组内均数小于总群体（1000 人）的均数（41.56），小年龄的 atd 角一般都比大年龄组的大一些。

tPD 值在≥15 岁的 5 个组中有 3 个组的组内均数小于总群体（1000 人）的均数（15.91），小年龄的 tPD 也有年龄上的变化，但其变化的幅度不如 atd 明显。

表 2-22-16 哈萨克族各年龄组的 atd 和 tPD 情况（男 500 人，女 500 人）

年龄（岁）	atd		tPD	
	n	$\bar{x}$（°）	n	$\bar{x}$
6	22	41.95	22	15.49
7	139	43.26	139	16.04
8	271	43.14	271	16.13
9	191	42.80	192	16.33
10	203	43.23	204	16.31
11	193	42.40	193	16.61
12	226	41.35	227	16.39
13	156	41.27	156	15.99
14	115	41.91	115	16.12
15	125	40.78	125	15.97
16	125	41.37	125	15.49
17	117	41.87	119	16.03
18	65	40.26	65	14.96
19	22	38.50	22	14.79
合计	1 970	42.19	1 975	16.11

（四）a-b RC

男女左右手和合计的 a-b RC 参数见表 2-22-17。

表 2-22-17　哈萨克族 a-b RC 的参数（男 500 人，女 500 人）

	$\bar{x}$（条）	s（条）	$s_{\bar{x}}$（条）	t_{g1}	t_{g2}
男左	38.19	5.15	0.23	3.70	8.11
男右	37.18	5.27	0.24	3.34	5.35
女左	38.77	5.15	0.23	2.52	3.53
女右	37.30	4.76	0.21	0.08	1.16
男	37.69	5.23	0.17	4.80	9.18
女	38.03	5.01	0.16	2.32	4.08
合计	37.86	5.13	0.12	5.06	9.53

对表 2-22-17 内各项 a-b RC 均数做差异显著性检验，都是 $t<1.96$，$P>0.05$，表明在侧别间、性别间 a-b RC 均数无显著性差异。

500 名女性右手的 a-b RC 值频数分布曲线对称度（t_{g1}=0.08）及其峰度值（t_{g2}=1.16）都<2，表明曲线与正态分布无显著性差异。其他项目的 t_{g1} 和 t_{g2} 绝对值均大于 2，表明曲线为正偏态的高狭峰。

a-b RC 左右手差值分布见表 2-22-18。

表 2-22-18　哈萨克族 a-b RC 左右手差值分布（男 500 人，女 500 人）

	0 条	1～3 条	4～6 条	≥7 条
人数	164	525	216	95
频率（%）	16.4	52.5	21.6	9.5

有 68.9%个体的双手 a-b RC 值相差在 3 条以内，可以认为无差异。

a-b RC 值的全距为 43 条（17～60 条）。有 1 只手为 17 条，60 条的也只有 1 只手。

（五）大小鱼际纹和指间区纹

手大鱼际纹的频率分布见表 2-22-19。

表 2-22-19　哈萨克族手大鱼际纹的频率（%）（男 500 人，女 500 人）

	男左	男右	女左	女右	合计
非真实花纹	83.80	90.00	88.00	94.00	88.95
Ld	0	0	0	0.20	0.05
Lr	0	0	0	0	0
Lp	7.00	3.60	5.00	2.60	4.55
Lu	3.60	1.60	1.80	1.40	2.10
Ws	0.60	0.60	1.00	0	0.55
Wc	2.80	0.60	3.40	1.00	1.95
V	2.20	3.60	0.80	0.80	1.85

1000 人中手大鱼际真实花纹频率为 9.20%，非真实花纹与退化纹（V）占 90.80%。左右手以真/真对应的观察频率为 4.50%，期望频率为 0.85%，两者差异显著（P<0.001），表明手大鱼际真实花纹有真/真对应的趋势。

手指间区真实花纹的分布频率见表 2-22-20。

表 2-22-20 哈萨克族手指间区真实花纹的分布频率（%）（男 500 人，女 500 人）

	男左	男右	女左	女右	男	女	合计
Ⅱ	2.0	4.6	0.8	2.8	3.3	1.8	2.55
Ⅲ	23.0	42.4	18.6	37.6	32.7	28.1	30.40
Ⅳ	65.8	53.6	69.8	57.0	59.7	63.8	61.75

指间区纹的频率以Ⅳ区＞Ⅲ区＞Ⅱ区的次序出现。男女都是在Ⅲ区右手显著多于左手（P<0.05），在Ⅳ区左手显著多于右手（P<0.05）。本样本指间区真实花纹有 99.89%是 Ld，仅 0.11%为 W 型。

指间区真实花纹（真）与非真实花纹（非）在左右同名区域的对应组合格局的观察频率和期望频率见表 2-22-21。

表 2-22-21 哈萨克族指间区对应组合格局的观察频率（%）和期望频率（%）（男 500 人，女 500 人）

	非/非		非/真		真/真	
	观察频率	期望频率	观察频率	期望频率	观察频率	期望频率
Ⅱ	95.6	94.97	3.7	4.96	0.7	0.07
Ⅲ	54.2	48.44	30.8	42.32	15.0	9.24
Ⅳ	23.0	14.63	30.5	47.24	46.5	38.13

注：括号内数字为对应期望频率。

所观察的真/真对应格局在Ⅲ区、Ⅳ区内都显著增多（P<0.001），表明真实花纹有对应性。

在双手的任何指间区内都没有真实花纹者占 5.30%，仅左手没有的占 16.20%，仅右手没有的占 11.80%。在 1 只手的 3 个区域内都有真实花纹者占 0.75%，双手 3 个区域内都有真实花纹者占 0.10%。在Ⅳ区内有 2 个真实花纹（Ld）的占 1.75%（男 22 只，女 13 只）。跨Ⅲ/Ⅳ的占 5.30%（男 46 只，女 60 只）。

手小鱼际纹的分布频率见表 2-22-22。

表 2-22-22 哈萨克族手小鱼际纹的分布频率（%）（男 500 人，女 500 人）

	男左	男右	女左	女右	合计
非真实花纹	68.60	67.80	56.40	63.60	64.10
Ld	14.60	7.40	15.20	7.60	11.20
Lr	9.40	15.20	20.20	20.20	16.25
Lp	0	0.20	0.20	0.20	0.15
Lu	4.20	4.40	5.40	5.60	4.90
Ws	0.80	2.20	1.40	1.00	1.35
Wc	1.00	1.00	0.20	1.20	0.85
V	1.40	1.80	1.00	0.60	1.20
合计	100.00	100.00	100.00	100.00	100.00

1000 人的手小鱼际真实花纹频率为 34.70%，V 与非真实花纹占 65.30%。左右手以真/真对应者占 24.50%，而随机对应的期望频率为 12.04%，两者差异显著（$P<0.001$），表明手小鱼际真实花纹有真/真对应趋势。

（六）屈肌线

屈肌线分布的频数（频率）见表 2-22-23。

表 2-22-23　哈萨克族屈肌线的频数和频率（男 500 人，女 500 人）

	男		女		合计	
	频数	频率（%）	频数	频率（%）	频数	频率（%）
仅左手有猿线	7	1.40	11	2.20	18	1.80
仅右手有猿线	21	4.20	4	0.80	25	2.50
双手都有猿线	23	4.60	10	2.00	33	3.30
具有猿线的手	74	7.40	35	3.50	109	5.45

左右手屈肌线对应频率见表 2-22-24。

表 2-22-24　哈萨克族左右手屈肌线对应频率（%）（男 500 人，女 500 人）

	右手无猿线	右手有猿线
左手无猿线	92.40	2.50
左手有猿线	1.80	3.30

远侧屈肌线与近侧屈肌线在虎口处汇合或不汇合的频数和频率见表 2-22-25。

表 2-22-25　哈萨克族远侧屈肌线与近侧屈肌线在虎口处汇合与否的频数和频率（男 500 人，女 500 人）

	男		女		合计	
	频数	频率（%）	频数	频率（%）	频数	频率（%）
不汇合型	19	1.9	61	6.1	80	4.0
汇合型	981	98.1	939	93.9	1 920	96.0

（七）指间褶

本样本中的示指、中指、环指、小指都有 2 条指间褶，未见这 4 指有单指褶的情况。

三、足　　纹

（一）踇趾球纹

踇趾球纹的分布频率见表 2-22-26。

表 2-22-26　哈萨克族踇趾球纹的分布频率（%）（男 500 人，女 500 人）

	男左	男右	女左	女右	合计
TAt	0.8	0.8	0.4	0.2	0.55
Ad	1.0	0	0.2	0.2	0.35

续表

	男左	男右	女左	女右	合计
At	3.4	4.0	3.2	2.8	3.35
Ap	1.8	2.0	3.0	3.2	2.50
Af	2.0	2.2	2.6	2.0	2.20
Ld	59.6	59.6	61.0	66.4	61.65
Lt	8.0	9.8	7.4	6.0	7.80
Lp	0	0	0.2	0	0.05
Lf	0.8	0.4	0.2	0.2	0.40
Ws	22.2	21.0	21.6	19.0	20.95
Wc	0.4	0.2	0.2	0	0.20

踇趾球纹的Ld频率最高，为61.65%，Ws次之，为20.95%，At为3.35%，排第4位，有76.40%的个体左右以同类型踇趾球纹相对应。

（二）足趾间区纹

足趾间区真实花纹的频率见表2-22-27。

表2-22-27　哈萨克族足趾间区真实花纹的频率（%）（男500人，女500人）

	男左	男右	女左	女右	男	女	合计
Ⅱ	17.0	17.8	15.2	15.8	17.4	15.5	16.45
Ⅲ	70.2	73.0	53.2	59.4	71.6	56.3	63.95
Ⅳ	10.4	18.0	4.2	8.2	14.2	6.2	10.20

哈萨克族足趾间区真实花纹的频率在Ⅲ区最多（63.95%），Ⅳ区最少（10.20%）。在全部真实花纹中Ld占84.77%，Lp占10.49%，W占4.53%，其他类型占0.21%。趾间区真实花纹（真）和趾间区非真实花纹（非）在左右足同名区对应组合格局的观察频率和期望频率见表2-22-28。

表2-22-28　哈萨克族趾间区花纹对应组合格局的观察频率（%）**和期望频率**（%）（男500人，女500人）

	非/非		非/真		真/真	
	观察频率	期望频率	观察频率	期望频率	观察频率	期望频率
Ⅱ	77.4	69.80	12.3	27.49	10.3	2.71
Ⅲ	27.6	12.99	17.0	46.11	55.5	40.90
Ⅳ	84.8	80.64	10.0	18.32	5.2	1.04

注：括号内数字为对应期望频率。

所观察的真/真对应格局在3个区内都显著增高（$P<0.001$），表明足趾间区真实花纹有真/真对应趋势。

在双足任何足趾间区域内都没有真实花纹者占20.10%，仅在左足无真实花纹的占30.30%，仅在右足无真实花纹的占24.70%。在一足3个区域内都有真实花纹者占1.20%，在双足 3 个区域内都有真实花纹者占 0.4%。跨Ⅱ/Ⅲ区的真实花纹占 0.25%（男 3 只，女 2 只）。

（三）足小鱼际纹

足小鱼际纹分布频率见表 2-22-29。

表 2-22-29　哈萨克族足小鱼际纹分布频率（%）（男 500 人，女 500 人）

	男左	男右	女左	女右	合计
非真实花纹	28.8	32.6	30.2	30.4	30.50
Ld	60.0	54.2	57.4	56.4	57.00
W	0.6	0	0	0	0.15
其他真实花纹	0.6	0.8	0.2	0.6	0.55
V	10.0	12.4	12.2	12.6	11.80

足小鱼际真实花纹出现率为 57.70%，非真实花纹为 42.30%。左右足小鱼际纹真/真对应的占 49.70%，期望频率为 33.29%，两者差异显著（$P<0.001$），表明足小鱼际真实花纹有真/真对应趋势。

（四）足跟纹

足跟纹的真实花纹出现率极低，哈萨克族中足跟真实花纹的出现率为 2.65%，花纹都是 Lt（53 只足）。足跟纹的对应分布频数见表 2-22-30。

表 2-22-30　哈萨克族足跟纹对应分布频数（男 500 人，女 500 人）

	右足非真实花纹	右足真实花纹
左足非真实花纹	962	19
左足真实花纹	4	15

哈萨克族有 15 个个体在左右足跟都有真实花纹 Lt 出现。

第二十三章　柯尔克孜族的肤纹[①]

研究对象为来自新疆克孜勒苏柯尔克孜自治州的大中小学生及少量的学龄前儿童和老人，三代都是柯尔克孜族人，祖籍为南疆，身体健康，无家族性遗传病。平均年龄（16.6±10.47）岁（4～80 岁），其中 4～19 岁占 85.00%，20～39 岁占 10.00%，40～80 岁占 5.00%。

以黑色油墨捺印法捺印研究对象的指纹、掌纹和足纹。

所有的分析都以 1000 人（男 500 人，女 500 人）为基数（金刚 等，1990）。

一、指　　纹

（一）指纹频率

男性各手指的指纹频率见表 2-23-1，女性各手指的指纹频率见表 2-23-2。

表 2-23-1　柯尔克孜族男性各手指的指纹频率（%）（男 500 人）

	男左					男右				
	拇	示	中	环	小	拇	示	中	环	小
As	2.4	4.4	2.8	1.2	1.2	0.6	5.6	2.6	0.8	1.0
At	0.2	1.4	1.0	0.2	0	0	2.2	0.2	0.2	0
Lu	43.8	44.6	59.0	40.8	77.2	28.4	29.0	57.6	25.8	62.4
Lr	0.4	13.4	2.0	0.4	0	0	18.6	2.6	2.0	1.2
Ws	42.0	34.6	32.8	56.0	21.0	65.0	42.8	35.6	70.6	34.8
Wd	11.2	1.6	2.4	1.4	0.6	6.0	1.8	1.4	0.6	0.6

表 2-23-2　柯尔克孜族女性各手指的指纹频率（%）（女 500 人）

	女左					女右				
	拇	示	中	环	小	拇	示	中	环	小
As	3.2	5.8	3.4	0.4	1.4	1.8	5.4	3.0	0.4	1.0
At	0	1.0	0.6	0	0.2	0	0.6	0	0	0
Lu	39.6	41.6	55.4	42.4	80.6	40.2	40.4	64.8	34.4	74.0
Lr	1.4	12.2	2.6	0.8	0.2	0.4	11.6	1.8	3.0	0.8
Ws	46.8	37.6	35.4	55.2	17.6	53.6	41.0	28.8	61.8	24.2
Wd	9.0	1.8	2.6	1.2	0	4.0	1.0	1.6	0.4	0

①研究者：金刚、李玉清、孟秀莲，新疆维吾尔自治区人民医院妇产科遗传室；王燕，新疆维吾尔自治区计划生育技术指导所；张海国、沈若茝、陈仁彪，上海第二医科大学医学遗传学教研室。

Lr 多见于示指，Lu 多见于小指，Ws 在环指上最多。

男女合计指纹频率见表 2-23-3。

表 2-23-3　柯尔克孜族男女合计指纹频率（%）（男 500 人，女 500 人）

	As	At	Lu	Lr	Ws	Wd
男	2.26	0.54	46.86	4.06	43.52	2.76
女	2.58	0.24	51.34	3.48	40.20	2.16
合计	2.42	0.39	49.10	3.77	41.86	2.46

3 种指纹频率见表 2-23-4。

表 2-23-4　柯尔克孜族 3 种指纹频率（%）和标准误（男 500 人，女 500 人）

	A	L	W
指纹频率	2.81	52.87	44.32
s_p	0.1653	0.4992	0.4968

（二）左右同名指纹组合

1000 人 5000 对左右同名指的组合格局频率见表 2-23-5。

表 2-23-5　柯尔克孜族左右同名指的组合格局频率（男 500 人，女 500 人）

	A/A	A/L	A/W	L/L	L/W	W/W
观察频率（%）	1.46	2.48	0.22	41.72	19.82	34.30
期望频率（%）	0.08	2.97	2.49	27.96	46.86	19.64
P	$<1\times10^{-6}$	>0.14	$<1\times10^{-6}$	$<1\times10^{-6}$	$<1\times10^{-6}$	$<1\times10^{-6}$

观察左右同名指组合格局中 A/A、L/L、W/W 都是显著增多，它们各自的观察频率和期望频率的差异显著性检验都是 $P<1\times10^{-6}$，表明同型指纹在左右配对为非随机组合。A/W 的观察频率与期望频率之间也有显著性差异（$P<1\times10^{-6}$），提示 A 与 W 的不相容现象。

（三）一手或双手指纹组合

一手 5 指组合 21 种格局的观察频率和期望频率见表 2-23-6。

表 2-23-6　柯尔克孜族一手 5 指的组合格局频率（男 500 人，女 500 人）

A	L	W	观察频率（%）	期望频率（%）
0	0	5	11.70	1.75
0	5	0	14.15	4.13
5	0	0	0.05	2×10^{-6}
小计			25.90	5.88
0	1	4	15.45	10.19
0	2	3	14.85	24.33
0	3	2	15.40	29.03

续表

A	L	W	观察频率（%）	期望频率（%）
0	4	1	18.40	17.31
小计			64.10	80.86
1	0	4	0.25	0.54
2	0	3	0	0.07
3	0	2	0	4×10^{-3}
4	0	1	0	10×10^{-3}
小计			0.25	0.61
1	4	0	3.35	1.09
2	3	0	1.10	0.12
3	2	0	0.45	6×10^{-3}
4	1	0	0.20	2×10^{-4}
小计			5.10	1.21
1	1	3	0.35	2.59
1	2	2	1.10	4.63
1	3	1	2.25	3.68
2	1	2	0.10	0.25
2	2	1	0.60	0.29
3	1	1	0.25	4×10^{-3}
小计			4.65	11.44
合计			100.00	100.00

一手 5 指同为 W 者占 11.70%，同为 L 者占 14.15%，指同为 A 者占 0.05%。一手 5 指组合 21 种格局的观察频率小计和期望频率小计的比较差异极显著。一手 5 指为同一种花纹的观察频率和期望频率之间也有明显的差异，即观察频率明显增多（$P<0.001$），表现为非随机组合，一手 5 指的异型组合 AOW、ALW 的观察频率明显减少，表现为 A 与 W 组合的不相容。

本样本中 10 指全为 W 者 63 人（6.30%），10 指全为 L 者 76 人（7.60%），未见 10 指全 A 者。

（四）TFRC

各指别 FRC 均数见表 2-23-7。

表 2-23-7　柯尔克孜族各指别 FRC（条）均数（男 500 人，女 500 人）

	拇	示	中	环	小
男左	17.19	11.56	13.34	16.62	12.67
男右	19.75	11.92	12.94	16.00	11.83
女左	15.38	11.50	12.86	15.79	11.39
女右	17.22	11.77	12.45	15.62	11.15

男性左右手及女性右手拇指的 FRC 均数都占第 1 位，环指的 FRC 均数较高，中指居中，示指和小指则较低。

各侧别性别和合计的 TFRC 参数见表 2-23-8。

表 2-23-8　柯尔克孜族各侧别性别和合计的 TFRC 参数（男 500 人，女 500 人）

	$\bar{x}$（条）	s（条）	$s_{\bar{x}}$（条）	t_{g1}	t_{g2}
男左	71.37	22.86	1.02	−2.11	0.54
男右	72.45	22.52	1.01	−3.78	−0.11
女左	66.91	23.89	1.07	−1.23	−1.77
女右	68.21	23.11	1.03	−1.14	−1.67
男	143.82	44.50	1.99	−3.00	0.37
女	135.12	46.12	2.06	−1.19	−1.69
合计	139.47	45.51	1.44	−2.98	−1.23

男性 TFRC（143.82 条）与女性 TFRC（135.12 条）有显著性差异（t=3.03，P<0.01）。

（五）斗指纹偏向

1000 人中有 W 4432 枚，其中 Wu 2854 枚（64.40%），Wr 1244 枚（28.07%），Wb 334 枚（7.54%）。W 取 FRC 侧别的频率见 2-23-9。

表 2-23-9　柯尔克孜族 W 取 FRC 侧别的频率（%）（男 500 人，女 500 人）

	Wu	Wb	Wr	小计
Wu>Wr　取尺侧	6.73	23.95	69.86	25.75
Wu=Wr	3.47	23.65	7.07	6.00
Wu<Wr　取桡侧	89.80	52.40	23.07	68.25
合计	100.00	100.00	100.00	100.00

Wu 的 89.80%是取桡侧的 FRC，Wr 的 69.86%是取尺侧的 FRC，做关联分析得 P<0.01，表明取 FRC 的侧别与 W 的偏向有密切关系。

Wb 的 23.65%两侧相等，Wb 两侧 FRC 相似度很高。

1244 枚 Wr 中 33.84%（421 枚）出现在示指上，桡箕（Lr）也多出现在示指上，可以认为本样本示指指纹的偏向有倾向于桡侧的趋势。

（六）偏向斗组合

在 4432 枚 W 中，就 W/W 对应来讲，3430 枚（1715 对）呈同名指左右对称，占 W 总数（4432）的 77.39%。在 3430 枚 W 中有 Wu 2143 枚（62.48%），Wb 268 枚（7.81%），Wr 1019 枚（29.71%）。这三种 W 在同名指若是随机相对应，则应服从概率乘法定律得到的期望频率。左右同名指 W 对应的观察频率与期望频率及差异显著性检验见表 2-23-10。

表 2-23-10　柯尔克孜族左右同名指（1715 对）W 对应频率的比较（男 500 人，女 500 人）

	Wu/Wu	Wr/Wr	Wb/Wb	Wu/Wb	Wu/Wr	Wb/Wr	合计
观察频率（%）	42.80	12.30	0.82	9.27	30.09	4.72	100
期望频率（%）	39.04	8.83	0.61	9.76	37.12	4.64	100
P	<0.05	<0.01	>0.50	>0.50	<0.001	>0.90	

同种偏向对应频率在 Wu/Wu 与 Wr/Wr 显著增加。分析 Wu/Wr 的对应关系，得观察频率显著减少。此现象可能是由于 Wu 与 Wr 为两个相反方向的 W，可视为两个极端型，而 Wb 属于不偏不倚的中间型，介于两者之间，因此 Wu 与 Wr 对应要跨过中间型，具有不易性。这表现出同名指的对应并不呈随机性。

二、掌　　纹

（一）tPD 与 atd

tPD 的分布和均数、标准差见表 2-23-11。

表 2-23-11　柯尔克孜族 tPD 的分布频率和均数±标准差（男 500 人，女 500 人）

	-t （%）	t （1～10～20，%）	t′ （21～30～40，%）	t″ （41～50～60，%）	t‴ （61～70～80，%）	$\bar{x} \pm s$
男	0.30	76.40	22.40	0.90	0	17.41±6.88
女	1.20	62.80	35.10	0.90	0	19.51±7.14
合计	0.75	69.60	28.75	0.90	0	18.45±7.09

男女合计的 tPD 均数为 18.45，t 和 t′合计占 98.35%，得 t″ 18 例，未见 t‴。tPD 的全距是 45（4～50），众数为 13。

atd 的参数见表 2-23-12。

表 2-23-12　柯尔克孜族 atd 的参数（男 500 人，女 500 人）

	$\bar{x}$ (°)	s（°）	$s_{\bar{x}}$ (°)	t_{g1}	t_{g2}
男左	42.85	5.55	0.25	7.09	9.11
男右	42.96	5.85	0.26	10.64	12.24
女左	44.55	5.75	0.26	8.42	9.14
女右	44.30	5.92	0.27	11.60	18.05
男	42.91	5.70	0.18	12.71	15.33
女	44.42	5.83	0.19	14.17	19.29
合计	43.66	5.81	0.13	18.69	24.11

所有 atd 曲线对称度 t_{g1} 和曲线峰度 t_{g2} 都是大于 2 的正值，表明分布曲线为正偏态的高狭峰。atd 的全距为 53°（24°～77°），众数为 43°。

（二）左右手 tPD 与 atd 差值

左右手 tPD 差值的绝对值为 0 者占 12.00%，在 1～3 者占 52.20%，≥4 者占 35.80%。左右手 atd 差值的绝对值为 0° 者占 16.20%，在 1°～3° 者占 55.50%，≥4° 者占 28.30%。

（三）tPD 与 atd 关联

tPD 与 atd 的相关系数 r 为 0.6345，s_r=18.2442（P<0.01），呈高度相关。

由 atd 推算 tPD 用直线回归公式：

$$y_{tPD}=0.7857\times atd-16.2564$$

由 tPD 推算 atd 用直线回归公式：

$$y_{atd}=0.5124\times tPD+33.9292$$

回归检验得 s_b=0.0281，P<0.01，表明回归显著。

（四）a-b RC

a-b RC 的参数见表 2-23-13。

表 2-23-13　柯尔克孜族 a-b RC 的参数（男 500 人，女 500 人）

	$\bar{x}$（条）	s（条）	$s_{\bar{x}}$（条）	t_{g1}	t_{g2}
男左	38.74	5.01	0.22	2.73	2.20
男右	38.63	5.54	0.25	0.40	0.90
女左	39.36	5.42	0.24	3.99	2.95
女右	38.80	5.84	0.26	3.51	6.59
男	38.68	5.28	0.17	1.92	2.20
女	39.08	5.64	0.18	5.10	7.13
合计	38.88	5.46	0.12	5.32	7.36

男女性之间做均数差异显著性检验，t=1.6220，P>0.05，表明性别间的差异不显著。全距为 48 条（21～69 条），众数为 40 条。

左右手的 a-b RC 并不一定相等，差值绝对值的分布见表 2-23-14。

表 2-23-14　柯尔克孜族 a-b RC 左右手差值分布（男 500 人，女 500 人）

	0 条	1～3 条	4～6 条	≥7 条
人数	72	533	276	119
频率（%）	7.20	53.30	27.60	11.90

本样本左右手差值绝对值≤3 条者占 60.50%，一般认为无差别。

（五）手大鱼际纹

手大鱼际真实花纹的频率见表 2-23-15。

表 2-23-15　柯尔克孜族手大鱼际真实花纹的频率（%）（男 500 人，女 500 人）

男左	男右	女左	女右	男	女	合计
16.20	4.40	11.80	5.80	10.30	8.80	9.55

本样本手大鱼际真实花纹的出现率为 9.55%。计有 3.90%个体左右手都有真实花纹，而真/真对应的期望频率为 0.912%，两者差异显著（χ^2=17.9517，P<0.001）。

（六）手指间区纹

手指间区真实花纹的频率见表 2-23-16。

表 2-23-16　柯尔克孜族手指间区真实花纹的频率（%）（男 500 人，女 500 人）

	Ⅱ	Ⅲ	Ⅳ	Ⅱ/Ⅲ	Ⅲ/Ⅳ
男左	1.20	15.20	70.20	0	7.60
男右	3.20	35.40	54.00	0	5.40
女左	1.60	15.80	72.20	0	5.20
女右	1.80	34.60	57.00	0	4.40
男	2.20	25.30	62.10	0	6.50
女	1.70	25.20	64.60	0	4.80
合计	1.95	25.25	63.35	0	5.65

手指间真实花纹在Ⅳ区最多。

左右同名指间区对应的频率见表 2-23-17。

表 2-23-17　柯尔克孜族左右同名指间区对应频率（%）（男 500 人，女 500 人）

	真/真	真/非	非/非
Ⅱ	0.70	2.50	96.80
Ⅲ	10.70	29.10	60.20
Ⅳ	47.90	30.90	21.20

手指间Ⅳ区的真/真对应明显高于期望频率。群体中有 0.30%个体在 3 个区域（Ⅱ、Ⅲ、Ⅳ）内都有真实花纹。手Ⅳ区有 2 枚 Ld 的分布频率见表 2-23-18。

表 2-23-18　柯尔克孜族Ⅳ2Ld 分布频率（%）（男 500 人，女 500 人）

男左	男右	女左	女右	合计
2.00	0.40	4.80	0	1.80

群体中共 36 只手在Ⅳ区有 2 枚 Ld，占 1.80%。

（七）手小鱼际纹

手小鱼际纹的出现频率见表 2-23-19。

表 2-23-19　柯尔克孜族手小鱼际纹频率（%）（男 500 人，女 500 人）

	Ld	Lr	Lp	Lu	Ws	Wc	V 和 A
男左	12.20	12.80	0.20	3.00	0.60	0.40	70.80
男右	5.20	16.40	0.20	2.60	1.00	0.40	74.20
女左	12.80	20.00	0	4.00	1.20	1.20	60.80

续表

	Ld	Lr	Lp	Lu	Ws	Wc	V 和 A
女右	8.60	20.00	0.40	1.80	1.20	0.60	67.40
男	8.70	14.60	0.20	2.80	0.80	0.40	72.50
女	10.70	20.00	0.20	2.90	1.20	0.90	64.10
合计	9.70	17.30	0.20	2.85	1.00	0.65	68.30

群体中手小鱼际真实花纹频率为 31.70%。有 20.80%个体左右手以真实花纹对应。

（八）指三角和轴三角

指三角和轴三角有–b、–c、–d、–t、+t 的现象，分布频率见表 2-23-20。

表 2-23-20　柯尔克孜族指三角和轴三角缺失或增加的频率（%）（男 500 人，女 500 人）

	男左	男右	女左	女右	男	女	合计
–b	0	0	0	0	0	0	0
–c	12.00	11.20	12.20	9.80	11.60	11.00	11.30
–d	0.60	0	0.40	0.60	0.30	0.50	0.40
–t	0.20	0.40	0.80	1.60	0.30	1.20	0.75
+t	2.80	6.00	5.80	4.60	4.40	5.20	4.80

–c 的手有 226 只，占 11.30%。左右手–c 的对应频率见表 2-23-21。

表 2-23-21　柯尔克孜族–c 对应频率和频数（男 500 人，女 500 人）

	右手–c		右手有 c	
	频率（%）	频数	频率（%）	频数
左手–c	5.40	54	6.70	67
左手有 c	5.10	51	82.80	828

（九）屈肌线

本样本中有猿线的手为 96 只，频率为 4.80%。猿线在男女的分布频率见表 2-23-22。

表 2-23-22　柯尔克孜族猿线分布频率（%）（男 500 人，女 500 人）

男左	男右	女左	女右	合计
5.4	5.00	3.20	5.60	4.80

本样本的左右手屈肌线对应频率见表 2-23-23。

表 2-23-23　柯尔克孜族左右手屈肌线对应频率（%）（男 500 人，女 500 人）

	右手无猿线	右手有猿线
左手无猿线	92.80	4.00
左手有猿线	1.60	1.60

（十）指间褶

本样本中的示指、中指、环指、小指都有 2 条指间褶，未见这 4 指有单指间褶的情况。

三、足　　纹

（一）踇趾球纹

踇趾球纹的频率见表 2-23-24。

表 2-23-24　柯尔克孜族踇趾球纹频率（%）（男 500 人，女 500 人）

	TAt	Ad	At	Ap	Af	Ld	Lt	Lp	Lf	Ws	Wc
男左	0.80	0.80	4.60	3.80	0.60	61.40	6.00	0	0.60	20.80	0.60
男右	0.20	0	4.20	4.00	0.40	67.20	8.20	0	0.20	15.20	0.40
女左	0.60	0.60	3.20	7.00	0.40	64.00	5.40	0	0.20	18.60	0
女右	0.40	0	3.20	7.60	0.20	66.40	8.60	0	0.20	13.20	0.20
合计	0.50	0.35	3.80	5.60	0.40	64.75	7.05	0	0.30	16.95	0.30

踇趾球纹以 Ld 为最多，W 次之。

踇趾球纹的左右对应频率见表 2-23-25。

表 2-23-25　柯尔克孜族踇趾球纹左右对应频率（男 500 人，女 500 人）

	Ld/Ld	W/W	A/W
观察频率（%）	56.00	11.20	0.30
期望频率（%）	41.93	2.87	3.61
P	<0.001	<0.001	<0.001

A 与 W 对应频率远高于期望频率，两者差异显著（$P<0.001$），提示有 A 与 W 不亲和现象。Ld 与 Ld 对应、W 与 W 对应的观察频率显著高于期望频率，表现出同型踇趾球部花纹左右配对为非随机组合。

（二）足趾间区纹

足趾间区纹真实花纹的频率见表 2-23-26。

表 2-23-26　柯尔克孜族足趾间区纹真实花纹频率（%）（男 500 人，女 500 人）

	Ⅱ	Ⅲ	Ⅳ		Ⅱ	Ⅲ	Ⅳ
男左	16.40	66.40	11.60	男	14.90	67.50	14.20
男右	13.40	68.60	16.80	女	15.60	58.70	7.50
女左	15.80	55.40	7.00	合计	15.25	63.10	10.85
女右	15.40	62.00	8.00				

足趾间区真实花纹在Ⅲ区最多。

左右同名足趾间区对应的频率见表 2-23-27。

表 2-23-27　柯尔克孜族左右同名足趾间区对应频率（%）（男 500 人，女 500 人）

	真/真	真/非	非/非
Ⅱ	8.60	13.30	78.10
Ⅲ	53.70	18.80	27.50
Ⅳ	6.30	9.10	84.60

3 个区域（Ⅱ、Ⅲ、Ⅳ）的真/真对应的观察频率都显著高于期望频率（$P<0.001$），表现出同型足趾间区真实花纹左右配对为非随机组合。

（三）足小鱼际纹

足小鱼际真实花纹的频率见表 2-23-28。

表 2-23-28　柯尔克孜族足小鱼际真实花纹频率（%）（男 500 人，女 500 人）

男左	男右	女左	女右	合计
23.60	32.40	17.60	23.20	24.20

足小鱼际真实花纹多为 Lt。Lf 型在男性右足见到 3 枚，占总体的 0.15%。

左右足都有小鱼际真实花纹的频率见表 2-23-29。

表 2-23-29　柯尔克孜族足小鱼际真实花纹对应频率（%）（男 500 人，女 500 人）

	右足非真实花纹	右足真实花纹
左足非真实花纹	67.30	12.10
左足真实花纹	5.00	15.60

足小鱼际花纹真/真对应的观察频率显著高于期望频率（5.86%），得 $\chi^2=48.03$，$P<0.001$，表现出同型足小鱼际真实花纹左右配对为非随机组合。

（四）足跟纹

柯尔克孜族的足跟真实花纹的出现频率很高，达到 2.45%，其分布频率见表 2-23-30。

表 2-23-30　柯尔克孜族足跟花纹分布频率（%）

男左	男右	女左	女右	合计
1.60	3.00	2.00	3.20	2.45

足跟真实花纹真/真对应的频率见表 2-23-31。

表 2-23-31　柯尔克孜族足跟真实花纹对应频率（%）（男 500 人，女 500 人）

	右足跟非真实花纹	右足跟真实花纹
左足跟非真实花纹	96.40	1.80
左足跟真实花纹	0.50	1.30

柯尔克孜族足跟真实花纹分布于 36 个个体，而且都是 Lt 型。

第二十四章　朝鲜族的肤纹①

研究对象为来自辽宁省沈阳、盘锦地区（现为盘锦市）的朝鲜族中学生，三代都是朝鲜族人，身体健康，无家族性遗传病。

以黑色油墨捺印法捺印研究对象的指纹和掌纹。

所有的分析都以 600 人（男 300 人，女 300 人）为基数（李印宣 等，1986）。

一、指　　纹

（一）指纹频率

男女性各手指的指纹频率见表 2-24-1。

表 2-24-1　朝鲜族男女性各手指的指纹频率（男 300 人，女 300 人）

	男					女				
	拇	示	中	环	小	拇	示	中	环	小
A	1.16	7.66	2.50	0.83	0.33	4.16	8.00	3.50	1.00	1.66
Lu	44.01	35.67	58.50	39.17	72.50	47.17	41.83	62.17	41.00	73.01
Lr	0.83	12.00	1.83	0	0.50	0.50	7.50	1.00	0.33	0.33
W	54.00	44.67	37.17	60.00	26.67	48.17	42.67	33.33	57.67	25.00

Lr 多见于示指，Lu 多见于小指。

男女合计指纹频率见表 2-24-2。

表 2-24-2　朝鲜族男女合计指纹频率（%）（男 300 人，女 300 人）

	A	Lu	Lr	W
合计	3.08	51.50	2.48	42.94

（二）TFRC

各性别 TFRC 的均数、标准差和标准误见表 2-24-3。

表 2-24-3　朝鲜族 TFRC（条）的均数、标准差、标准误（男 300 人，女 300 人）

	$\bar{x}$	s	$s_{\bar{x}}$
男	108.67	36.90	2.13
女	97.20	33.32	1.92
合计	102.22	35.11	2.03

①研究者：李印宣、庄振西、王贵琛、王惠孚，锦州医学院（现为锦州医科大学）生物学教研室。

男女间的 TFRC 均数比较，差异极显著（$P<0.01$）。

二、掌　纹

（一）tPD 与 atd

tPD 与 atd 的均数和标准差等见表 2-24-4。

表 2-24-4　朝鲜族 tPD 和 atd 的参数（男 300 人，女 300 人）

		男	女	合计
tPD	$\bar{x}$	16.13	17.46	16.80
atd（°）	$\bar{x}$	37.88	39.68	38.78
	s	3.93	4.18	4.05
	$s_{\bar{x}}$	0.36	0.17	0.27

男女 tPD 均数之间无显著性差异（$P>0.05$），男女 atd 均数之间无显著性差异（$P>0.05$）。

（二）a-b RC

a-b RC 的均数、标准差和标准误见表 2-24-5。

表 2-24-5　朝鲜族 a-b RC（条）的参数（男 300 人，女 300 人）

	$\bar{x}$	s	$s_{\bar{x}}$
男	61.01	11.04	0.45
女	61.45	15.32	0.63
合计	61.23	13.18	0.34

本样本 a-b RC 的参数由双手合计得出，单手应该为 30.62 条。

（三）手大鱼际、指间区、小鱼际花纹和猿线

手大鱼际、指间区、小鱼际的真实花纹和猿线的观察频率见表 2-24-6。

表 2-24-6　朝鲜族手大鱼际、指间区、小鱼际和猿线的频率（%）（男 300 人，女 300 人）

	T/Ⅰ	Ⅱ	Ⅲ	Ⅳ	H	猿线
男	2.50	0.83	15.80	52.16	9.17	7.33
女	1.50	0.83	11.33	60.50	7.33	5.17
合计	2.00	0.83	13.58	56.33	8.25	6.25

第二十五章　拉祜族的肤纹

拉祜族肤纹材料有 2 份，1 份是 568 人群体的材料，另 1 份是 980 人群体的材料。

第一节　568 人群体的拉祜族肤纹[①]

研究对象来自云南省澜沧拉祜族自治县拉祜族聚居区，三代都是拉祜族人，身体健康，无家族性遗传病，年龄 12 岁以上。本群体是拉祜族的苦聪人群体。

以黑色油墨捺印法捺印研究对象的指纹和掌纹。

所有的分析都以 568 人（男 268 人，女 300 人）为基数（吴立甫，1991）。

一、指　　纹

（一）指纹频率

男性各手指的指纹频率见表 2-25-1。女性各手指的指纹频率见表 2-25-2。

表 2-25-1　拉祜族（568 人群体）男性各手指的指纹频率（%）（男 268 人）

	男左					男右				
	拇	示	中	环	小	拇	示	中	环	小
A	2.24	0.75	0.37	0.37	0.75	0	1.87	0.75	0.37	0
Lu	41.42	36.19	54.48	29.48	61.94	30.22	24.25	51.49	20.15	48.88
Lr	0	4.85	0.37	0	0.37	1.12	11.57	0.75	0	0.37
W	56.34	58.21	44.78	70.15	36.94	68.66	62.31	47.01	79.48	50.75

表 2-25-2　拉祜族（568 人群体）女性各手指的指纹频率（%）（女 300 人）

	女左					女右				
	拇	示	中	环	小	拇	示	中	环	小
A	5.00	1.33	0.67	0.33	0	2.00	1.67	0	0	0.33
Lu	41.33	36.33	55.33	33.34	60.33	38.33	33.33	61.00	25.67	52.34
Lr	0	6.33	0.67	0.33	0.67	0	5.33	0.33	0.67	0.33
W	53.67	56.01	43.33	66.00	39.00	59.67	59.67	38.67	73.66	47.00

①研究者：朱炳湘、金安鲁，昆明医学院（现为昆明医科大学）生物教研室；吴立甫，贵阳医学院。

Lr 多见于示指。

男女合计指纹频率见表 2-25-3。

表 2-25-3　拉祜族（568 人群体）男女合计指纹频率（%）（男 268 人，女 300 人）

	A	Lu	Lr	W
男	0.75	39.85	1.94	57.46
女	1.13	43.73	1.47	53.67
合计	0.95	41.90	1.69	55.46

W 型指纹频率男性多于女性。

（二）TFRC

男女 TFRC 的均数和标准差见表 2-25-4。

表 2-25-4　拉祜族（568 人群体）TFRC（条）的参数（男 268 人，女 300 人）

	男	女	合计
$\bar{x}$	151.95	145.62	148.61
s	35.62	36.21	36.42

男性 TFRC 多于女性，有显著性差异（$P<0.01$）。

二、掌　纹

（一）atd

atd 的均数和标准差见表 2-25-5。

表 2-25-5　拉祜族（568 人群体）atd（°）的参数（男 268 人，女 300 人）

	男	女	合计
$\bar{x}$	38.89	39.96	39.46
s	4.95	4.87	5.01

女性 atd 大于男性，有显著性差异（$P<0.05$）。

（二）a-b RC

a-b RC 的均数和标准差见表 2-25-6。

表 2-25-6　拉祜族（568 人群体）a-b RC（条）的参数（男 268 人，女 300 人）

	男	女	合计
$\bar{x}$	35.85	34.08	34.92
s	4.96	4.53	4.72

（三）主要掌纹线指数

主要掌纹线指数的均数和标准差见表 2-25-7。

表 2-25-7　拉祜族（568 人群体）主要掌纹线指数的参数（男 268 人，女 300 人）

	男	女	合计
$\bar{x}$	24.00	23.13	23.54
s	4.09	4.11	4.11

（四）手掌上的真实花纹和猿线频率

手掌大鱼际、指间区、小鱼际的真实花纹和猿线的观察频率见表 2-25-8。

表 2-25-8　拉祜族（568 人群体）手掌真实花纹和猿线频率（%）（男 268 人，女 300 人）

	T/Ⅰ	Ⅱ	Ⅲ	Ⅳ	H	猿线
男	4.12	1.12	20.79	66.48	8.05	10.87
女	5.67	1.00	16.17	74.83	6.33	6.67
合计	4.94	1.06	18.35	70.90	7.14	8.64

第二节　980 人群体的拉祜族肤纹[①]

拉祜族肤纹样本是根据随机化的原则，采自云南省思茅地区澜沧拉祜族自治县境内无遗传缺陷三代同族的健康村民和中小学生等。研究对象年龄为 6～75 岁，平均为（23.29±14.02）岁。

采用油墨肤纹捺印法采样，应用 9 开道林纸与铅印黑色油墨，捺印同一个体的左右手纹和左右足纹。

样本的分析依据中国统一标准，再加上一些项目的组合研究，进行图像数量化及代码变换处理，并记录成册，应用自编的肤纹分析软件包在计算机上完成数据的处理和分析。

全部分析以 980 人（男 480 人，女 500 人）为基数（丁明　等，2001）。

一、指　　纹

（一）指纹频率

拉祜族各指纹类型的分布频率见表 2-25-9 和表 2-25-10。

①研究者：丁明，云南省计划生育技术科学研究所；张海国，上海第二医科大学；黄明龙，云南红十字会医院。

表 2-25-9 拉祜族（980 人群体）各指纹分布频率（%）（男 480 人）

	男左					男右				
	拇	示	中	环	小	拇	示	中	环	小
As	1.67	2.29	0.83	0.63	0.21	0.83	1.67	0.63	0.21	0.21
At	0.21	0.83	0.21	0	0	0	1.67	0.63	0	0
Lu	43.53	37.92	58.34	35.62	66.04	27.49	21.45	53.12	23.12	48.12
Lr	0.63	6.25	0	0	0.21	0.42	11.25	0.83	1.04	0.42
Ws	39.38	50.63	37.29	62.50	32.08	66.88	60.42	43.33	75.63	51.25
Wd	14.58	2.08	3.33	1.25	1.46	4.38	3.54	1.46	0	0

表 2-25-10 拉祜族（980 人群体）各指纹分布频率（%）（女 500 人）

	女左					女右				
	拇	示	中	环	小	拇	示	中	环	小
As	4.20	1.40	0.80	0.20	0.60	1.20	1.00	0.20	0.20	0.40
At	0.20	0.40	0.40	0.20	0	0	0.80	0.20	0	0
Lu	43.40	40.40	64.60	41.60	69.20	40.00	35.80	65.80	33.80	62.40
Lr	0.80	8.00	0.80	0.40	0	0.40	6.20	0.40	0.60	0.20
Ws	36.20	47.80	32.40	57.20	29.00	49.60	52.80	32.00	65.20	37.00
Wd	15.20	2.00	1.00	0.40	1.20	8.80	3.40	1.40	0.20	0

由结果可见，拉祜族各型指纹按频率由高到低排列为 L、W、A，Lu 在小指上的出现频率最高，Lr 在示指上的出现频率最高，Wd 在拇指上的出现频率最高，Ws 在环指上的出现频率最高。

拉祜族(980 人群体)指纹频率，A 为 1.26%，Lu 为 45.67%，Lr 为 1.94%，W 为 51.13%。

（二）左右同名指纹组合

拉祜族左右同名指各种指纹类型组合情况见表 2-25-11。

表 2-25-11 拉祜族（980 人群体）左右同名指指纹类型组合频率情况（男 480 人，女 500 人）

		A/A	L/A	L/L	W/A	W/L	W/W	合计
观察频数	男	13	30	772	5	518	1 062	2 400
	女	7	46	980	2	568	897	2 500
	合计	20	76	1 752	7	1 086	1 959	4 900
观察频率（%）		0.41	1.55	35.76	0.14	22.16	39.98	100
期望频数		1	58	1 111	63	2 386	1 281	4 900
期望频率（%）		0.02	1.20	22.67	1.28	48.68	26.15	100

结果显示左右对应手指各种指纹组合格局的观察频率为非随机分布。同型组合 A/A、L/L、W/W 频率显著偏高（$P<0.001$），异型组合 A/W、L/W 频率显著减少（$P<0.001$）。

数据提示 A 型指纹的花纹最简单，W 最复杂，L 居中，A 与 W 配对要跨过 L，表现不相容，称为 A/W 不相容。A/L 异型组合的观察频率与期望频率无显著性差异（$P>0.05$）。

（三）一手或双手指纹组合

拉祜族一手 5 指和双手 10 指指纹特殊组合的频数和频率分别见表 2-25-12 和表 2-25-13。

表 2-25-12　拉祜族（980 人群体）一手 5 指指纹特殊组合的频数和频率（男 480 人，女 500 人）

	5 指全弓		5 指全箕		5 指全斗	
	频数	频率（%）	频数	频率（%）	频数	频率（%）
男左	0	0	70	14.58	75	15.63
男右	0	0	113	8.96	213	28.75
女左	0	0	70	14.00	48	9.60
女右	0	0	64	12.80	83	16.60
男	0	0	113	11.77	213	22.19
女	0	0	134	13.40	131	13.10
合计	0	0	247	12.60	344	17.55

表 2-25-13　拉祜族（980 人群体）双手 10 指指纹特殊组合的频数和频率（男 480 人，女 500 人）

	10 指全弓		10 指全箕		10 指全斗	
	频数	频率（%）	频数	频率（%）	频数	频率（%）
男	0	0	30	6.25	62	12.92
女	0	0	27	5.40	31	6.20
合计	0	0	57	5.82	93	9.49

（四）TFRC

拉祜族男女各指的 FRC 值分别见表 2-25-14。

表 2-25-14　拉祜族（980 人群体）各指 FRC（条）值（$\bar{x} \pm s$）（男 480 人，女 500 人）

	拇	示	中	环	小
男左	16.27±5.70	13.27±4.94	14.53±4.60	16.01±5.14	13.48±3.82
男右	19.18±5.03	13.85±5.04	13.71±4.59	15.91±4.34	13.72±4.04
女左	13.95±5.45	12.72±4.80	13.07±4.51	14.50±4.02	11.69±3.71
女右	16.90±5.31	13.09±4.47	13.30±4.02	14.84±3.99	12.59±3.99

由结果可见，拉祜族男性左右手和女性右手拇指嵴数均占 5 指的第 1 位，环指的嵴数占第 2 位；而女性左手环指的嵴数占 5 指的第 1 位，拇指的嵴数占第 2 位。

拉祜族男女左右手 TFRC 及合计的 TFRC 参数见表 2-25-15。

表 2-25-15 拉祜族（980 人群体）男女左右手 TFRC 及合计的 TFRC（条）参数（男 480 人，女 500 人）

	$\bar{x}$	s	$s_{\bar{x}}$
男左	73.57	18.84	0.86
男右	76.37	17.48	0.80
女左	65.94	17.08	0.76
女右	70.71	16.47	0.74
男	149.94	35.21	1.61
女	136.65	32.24	1.44
合计	143.16	34.36	1.10

（五）斗指纹偏向

拉祜族各种 W 取 FRC 的侧别情况见表 2-25-16。

表 2-25-16 拉祜族（980 人群体）W 取 FRC 侧别的频率和频数（男 480 人，女 500 人）

		Wu	Wb	Wr	小计
Wu＞Wr 取尺侧	频率（%）	60.68	1.38	3.73	65.80
	频数	3 041	69	187	3 297
Wu=Wr	频率（%）	2.77	1.42	1.86	6.05
	频数	139	71	93	303
Wu＜Wr 取桡侧	频率（%）	5.73	1.50	20.93	28.16
	频数	287	75	1 049	1 411
合计	频率（%）	69.18	4.30	26.52	100.00
	频数	3 467	215	1 329	5 011

（六）偏向斗组合

拉祜族（980 人群体）左右同名指三种偏向斗各配对的观察频率及按三项式 $(f_{Wu}+f_{Wb}+f_{Wr})^2=1$ 得到的期望频率见表 2-25-17。

表 2-25-17 拉祜族左右同名指偏向斗的配对频数和频率（男 480 人，女 500 人）

	Wu/Wu	Wu/Wb	Wb/Wb	Wu/Wr	Wr/Wb	Wr/Wr	合计
观察频数	988	104	9	555	48	255	1 959
观察频率（%）	50.43	5.31	0.46	28.33	2.45	13.02	100.00
期望频数	886	114	4	749	48	158	1 959
期望频数（%）	45.23	5.84	0.19	38.21	2.47	8.06	100.00

由结果可见，Wu/Wu 的观察频率明显高于期望频率，Wr/Wr 对应也是如此，表明同名指的同型对应非随机分布。Wu/Wr 对应的观察频率明显低于期望频率，表明 Wu 与 Wr 的不亲和性。

二、掌　　纹

（一）atd

拉祜族男女左右手 atd 的参数见表 2-25-18。

拉祜族男女间 atd 均数差异显著性检验结果表明女性 atd 均数明显高于男性(P<0.01)。

表 2-25-18　拉祜族（980 人群体）atd 的参数（男 480 人，女 500 人）

	n	$\bar{x}$ (°)	s (°)	$s_{\bar{x}}$ (°)
男左	479	38.52	5.43	0.25
男右	480	39.38	5.62	0.26
女左	468	39.67	4.89	0.23
女右	482	39.78	5.07	0.23
男	959	38.95	5.54	0.18
女	950	39.73	4.98	0.16
合计	1 909	39.34	5.28	0.12

（二）tPD

拉祜族 tPD 的参数见表 2-25-19。

表 2-25-19　拉祜族（980 人群体）tPD 的参数（男 480 人，女 500 人）

	n	$\bar{x}$	s	$s_{\bar{x}}$
男左	480	19.84	6.03	0.28
男右	480	20.44	6.56	0.30
女左	500	20.00	7.02	0.31
女右	500	20.19	6.74	0.30
男	960	20.14	6.30	0.20
女	1 000	20.09	6.88	0.22
合计	1 960	20.11	6.60	0.15

拉祜族男女间 tPD 均数差异显著性检验结果表明差异不显著（P>0.05）。

（三）a-b RC

拉祜族 a-b RC 的全距为 45 条（17～62 条），众数为 36 条。

拉祜族 a-b RC 的参数见表 2-25-20。

表 2-25-20　拉祜族（980 人群体）a-b RC 的参数（男 480 人，女 500 人）

	$\bar{x}$（条）	s（条）	$s_{\bar{x}}$（条）	t_{g1}	t_{g2}
男左	37.68	5.18	0.24	–7.97	27.97
男右	37.11	5.61	0.26	–4.22	16.23
女左	35.06	4.74	0.21	3.15	9.45

续表

	$\bar{x}$（条）	s（条）	$s_{\bar{x}}$（条）	t_{g1}	t_{g2}
女右	33.69	4.92	0.22	−9.47	37.24
男	37.40	5.41	0.17	−8.44	29.72
女	34.37	4.88	0.15	−4.99	35.46
合计	35.85	5.36	0.12	−7.26	36.88

拉祜族男女左右手 a-b RC 均数差异显著性检验结果表明差异不显著（$P>0.05$）。

拉祜族左右手 a-b RC 的差值分布情况见表 2-25-21。

表 2-25-21　拉祜族（980 人群体）**左右手 a-b RC 差值分布**（男 480 人，女 500 人）

	0 条		1～3 条		4～6 条		≥7 条	
	n	频率（%）	*n*	频率（%）	*n*	频率（%）	*n*	频率（%）
男	65	13.54	225	46.87	134	27.91	56	11.67
女	53	10.60	277	55.40	113	22.60	57	11.40
合计	118	12.04	502	51.23	247	25.20	113	11.53

由表可见，拉祜族双手 a-b RC 差值在 0～3 条者占 63.27%，可认为差异不大，双手一致的程度较高。

（四）手大鱼际纹

拉祜族手大鱼际各花纹的分布频率见表 2-25-22。

表 2-25-22　拉祜族（980 人群体）**手大鱼际各花纹的分布频率**（%）（男 480 人，女 500 人）

	真实花纹						V	非真实花纹	合计
	Ld	Lr	Lp	Lu	Ws	Wc			
男左	1.25	0	7.08	0.21	0	0	0	91.46	100.00
男右	0.42	0	0.63	0	0	0	0	98.95	100.00
女左	0	0	1.40	0	0	0	1.20	97.40	100.00
女右	0	0	0	0	0	0	0.20	99.80	100.00
男	0.83	0	3.85	0.10	0	0	0	95.22	100.00
女	0	0	0.70	0	0	0	0.70	98.60	100.00
合计	0.41	0	2.24	0.05	0	0	0.36	96.94	100.00

手大鱼际真实花纹频率为 2.70%，V 和非真实花纹频率为 97.30%。

拉祜族手大鱼际区出现的真实花纹中 Lp 最多。

同一个体左右大鱼际纹对应组合情况见表 2-25-23。

表 2-25-23　拉祜族（980 人群体）**大鱼际纹对应组合频率**（%）（男 480 人，女 500 人）

	右手真实花纹	右手非真实花纹
左手真实花纹	0.41	5.10
左手非真实花纹	0.10	94.39

（五）手小鱼际纹

拉祜族手小鱼际纹的分布频率见表 2-25-24。

表 2-25-24 拉祜族（980 人群体）手小鱼际纹的分布频率（%）（男 480 人，女 500 人）

	非真实花纹	Ld	Lr	Lp	Lu	Ws	Wc	V	合计
男左	96.46	1.46	1.46	0	0.62	0	0	0	100.00
男右	95.84	0.83	2.50	0	0.83	0	0	0	100.00
女左	92.60	3.40	2.60	0	1.20	0	0.20	0	100.00
女右	95.80	0.80	2.80	0	0.40	0	0.20	0	100.00
男	96.14	1.15	1.98	0	0.73	0	0	0	100.00
女	94.20	2.10	2.70	0	0.80	0	0.20	0	100.00
合计	95.15	1.63	2.35	0	0.77	0	0.10	0	100.00

手小鱼际真实花纹频率为 4.85%。

同一个体左右手小鱼际纹对应组合频率见表 2-25-25。

表 2-25-25 拉祜族（980 人群体）同一个体左右手小鱼际纹对应组合频率（%）

	右手真实花纹	右手非真实花纹
左手真实花纹	1.74	3.77
左手非真实花纹	2.45	92.04

（六）手指间区纹

拉祜族各手指间区纹的分布频率见表 2-25-26。

表 2-25-26 拉祜族（980 人群体）各手指间区纹分布频率（%）（男 480 人，女 500 人）

	Ⅱ	Ⅲ	Ⅳ	Ⅱ/Ⅲ	Ⅲ/Ⅳ
男左	0.62	21.25	77.50	0	2.29
男右	1.87	40.62	59.37	0	4.17
女左	0	23.20	66.60	0.20	6.00
女右	0.80	33.00	54.80	0.60	12.20
男	1.25	30.94	68.44	0	3.23
女	0.40	28.10	60.70	0.40	9.10
合计	0.82	29.49	64.49	0.20	6.22

指间区真实花纹在指间Ⅳ区出现率最高。

同一个体左右同名指指间区纹对应组合频率见表 2-25-27。

表 2-25-27 拉祜族（980 人群体）左右同名指间区纹组合频率（%）（男 480 人，女 500 人）

	真/真	真/非	非/非
Ⅱ	0.11	1.42	98.47
Ⅲ	16.12	26.74	57.14
Ⅳ	50.00	28.98	21.02

拉祜族左右手指间Ⅱ、Ⅲ、Ⅳ区花纹的对应组合频率见表 2-25-28。

表 2-25-28　拉祜族（980 人群体）指间Ⅱ、Ⅲ、Ⅳ区对应组合频率（男 480 人，女 500 人）

左	右								合计
	000	00V	0V0	0VV	V00	V0V	VV0	VVV	
000	2.24	2.76	2.04	0.20	0	0	0	0	7.24
00V	5.31	46.54	15.61	2.24	0.20	0.10	0.20	0.10	70.30
0V0	1.94	3.89	14.29	0.20	0	0	0.41	0	20.73
0VV	0	0.31	0.51	0.41	0	0	0	0.20	1.43
V00	0	0	0	0	0	0	0.10	0	0.10
V0V	0	0	0	0.10	0	0	0	0	0.10
VV0	0	0	0	0	0	0	0	0	0.00
VVV	0	0	0.10	0	0	0	0	0	0.10
合计	9.49	53.50	32.55	3.16	0.20	0.10	0.71	0.31	100.00

（七）屈肌线

手掌上的屈肌线有时横贯整个手掌，称为猿线或通贯手，也有的是远侧屈肌线（一线）与近侧屈肌线（二线）相互贯通而称为猿线。猿线被分为一横贯、一二相遇、一二相融和二横贯四型。拉祜族猿线的分布频率见表 2-25-29。猿线在一个个体左右手的相应组合频率见表 2-25-30。

表 2-25-29　拉祜族（980 人群体）不同猿线类型的分布频率（%）（男 480 人，女 500 人）

	无猿线	一横贯	一二相遇	一二相融	二横贯	合计
男左	100.00	0	0	0	0	100.00
男右	99.17	0	0.83	0	0	100.00
女左	98.60	1.00	0.20	0.20	0	100.00
女右	98.40	1.40	0.20	0	0	100.00
男	99.58	0	0.42	0	0	100.00
女	98.50	1.20	0.20	0.10	0	100.00
合计	99.03	0.61	0.31	0.05	0	100.00

表 2-25-30　拉祜族同一个体左右手猿线的对应组合频率（%）（男 480 人，女 500 人）

	右手有猿线	右手无猿线
左手有猿线	0	0.71
左手无猿线	1.22	98.07

三、足　　纹

（一）踇趾球纹

拉祜族踇趾球纹的分布频率见表 2-25-31。

表 2-25-31　拉祜族（980 人群体）踇趾球纹的分布频率（%）（男 480，女 500 人）

	TAt	Ad	At	Ap	Af	Ld	Lt	Lp	Lf	Ws	Wc
男左	0	3.96	9.79	1.88	0.42	50.40	15.63	0	0	17.92	0
男右	0	3.54	8.96	0.83	1.88	51.66	16.25	0	0	16.88	0
女左	0	10.60	2.40	4.20	6.80	55.60	8.60	0	0	11.20	0.60
女右	0	7.60	2.80	4.40	6.20	59.40	10.80	0	0	8.60	0.20
男	0	3.75	9.38	1.35	1.15	51.03	15.94	0	0	17.40	0
女	0	9.10	2.60	4.30	6.50	57.50	9.70	0	0	9.90	0.40
合计	0	6.47	5.92	2.86	3.88	54.34	12.76	0	0	13.57	0.20

同一个体左右踇趾球纹对应组合频率见表 2-25-32。

表 2-25-32　拉祜族踇趾球纹对应组合频率（%）（男 480 人，女 500 人）

左	右		
	A	L	W
A	13.67	7.03	0.10
L	3.67	57.05	3.70
W	0.81	5.30	8.67

（二）足趾间区纹

拉祜族各趾间区真实花纹的分布频率见表 2-25-33。

表 2-25-33　拉祜族（980 人群体）足趾间区真实花纹的分布频率（%）（男 480 人，女 500 人）

	Ⅱ	Ⅲ	Ⅳ	Ⅱ/Ⅲ	Ⅲ/Ⅳ
男左	9.79	45.00	2.92	0	0
男右	9.58	44.17	5.00	0	0.62
女左	11.80	28.80	1.00	0.80	0
女右	9.80	29.60	1.20	0.60	0
男	9.69	44.58	3.96	0	0.31
女	10.80	29.20	1.10	0.70	0
合计	10.26	36.73	2.50	0.36	0.15

拉祜族均为趾间Ⅲ区真实花纹的出现率最高。

拉祜族同一个个体左右同名趾间区花纹的对应组合频率见表 2-25-34。

表 2-25-34　拉祜族（980 人群体）左右同名趾间区花纹的对应频率（%）（男 480 人，女 500 人）

	真/真	真/非	非/非
Ⅱ	4.49	11.53	83.98
Ⅲ	26.41	20.63	52.96
Ⅳ	1.12	2.76	96.12

拉祜族趾间Ⅲ区真/真对应的观察频率均明显高于期望频率（$P<0.01$）。

拉祜族左右足趾间Ⅱ、Ⅲ、Ⅳ区内花纹对应组合频率见表2-25-35。

表2-25-35 拉祜族（980人群体）男女左右足趾间Ⅱ、Ⅲ、Ⅳ区内花纹的对应组合频率（%）（男480人，女500人）

左	右								合计
	000	00V	0V0	0VV	V00	V0V	VV0	VVV	
000	45.61	0.20	6.84	0.51	0.80	0	0.20	0	54.16
00V	0.10	0.51	0.42	0	0	0	0	0	1.03
0V0	5.51	0.31	22.55	0.82	3.47	0	0.71	0	33.37
0VV	0.10	0	0.10	0.41	0	0	0	0	0.61
V00	2.55	0	2.14	0	3.19	0	0.10	0.10	8.08
V0V	0	0	0	0	0	0	0	0	0
VV0	0.31	0	1.12	0	0.51	0	0.51	0	2.45
VVV	0.10	0	0	0.10	0	0	0	0.10	0.30
合计	54.28	1.02	33.17	1.84	7.97	0	1.52	0.20	100.00

（三）足小鱼际纹

拉祜族足小鱼际纹的分布频率见表2-25-36。

表2-25-36 拉祜族（980人群体）足小鱼际纹的分布频率（%）（男480人，女500人）

	非真实花纹	Lt	其他真实花纹	合计
男左	53.96	46.04	0	100.00
男右	64.58	35.42	0	100.00
女左	69.60	30.20	0.20	100.00
女右	75.00	25.00	0	100.00
男	59.27	40.73	0	100.00
女	72.30	27.60	0.10	100.00
合计	65.92	34.03	0.05	100.00

拉祜族足小鱼际出现的真实花纹一般均为Lt型。

拉祜族同一个体左右足小鱼际花纹对应组合频率见表2-25-37。

表2-25-37 拉祜族（980人群体）小鱼际纹对应组合频率（%）（男480人，女500人）

	右足真实花纹	右足非真实花纹
左足真实花纹	22.14	15.92
左足非真实花纹	7.96	53.98

（四）足跟纹

足跟的真实花纹是罕见的。

拉祜族男左足见1枚足跟纹，占该民族总足数的0.05%。

第二十六章　珞巴族的肤纹[①]

研究对象是世代居住在西藏林芝地区（现为林芝市）米林县的珞巴族人群，其身体健康，无家族性遗传病，三代均为同一民族。男性年龄全距是84岁（2～86岁），女性年龄全距是86岁（1～87岁），平均（28.90±20.38）岁。

以黑色油墨捺印法捺印研究对象的指纹、掌纹及足纹。

所有分析都以332人（男142人，女190人）为基数（汪宪平　等，1995）。在这个民族肤纹研究中，同时建立了计算机应用软件（Michael et al，1994）。

一、指　　纹

（一）指纹频率

珞巴族男性各手指的指纹频率见表2-26-1，女性各手指的指纹频率见表2-26-2。

表2-26-1　珞巴族男性各手指的指纹频率（%）（男142人）

	男左					男右				
	拇	示	中	环	小	拇	示	中	环	小
As	2.81	3.52	2.81	0.70	0.70	0.70	1.41	1.41	0.70	1.41
At	0	0	0	0.70	0.70	0	0	0	0	0
Lu	18.31	23.94	45.77	26.06	69.01	19.01	24.65	49.30	31.69	62.68
Lr	2.11	7.75	2.82	0	0.70	0	4.23	0.70	0	0
Ws	69.73	64.09	48.60	72.54	28.19	78.18	66.19	47.89	67.61	35.91
Wt	7.04	0.70	0	0	0.70	2.11	3.52	0.70	0	0

表2-26-2　珞巴族女性各手指的指纹频率（%）（女190人）

	女左					女右				
	拇	示	中	环	小	拇	示	中	环	小
As	3.16	2.63	1.05	0.05	0	1.59	1.05	0.53	0.53	1.05
At	0	0.53	0	0	0	0	0	0	0	0
Lu	22.11	30.00	53.16	43.86	73.16	23.68	31.05	59.47	42.11	73.68
Lr	2.11	5.79	1.05	0.53	0.53	0.53	2.11	0	0.53	0
Ws	68.41	60.52	43.69	54.51	25.78	71.04	64.74	39.47	56.30	25.27
Wt	4.21	0.53	1.05	1.05	0.53	3.16	1.05	0.53	0.53	0

①研究者：汪宪平、颜中、其梅、大尼玛、蔡险峰，西藏自治区人民医院；张海国、沈若茝、陈仁彪，上海第二医科大学医学遗传学教研室。

小指的 Lu 最多，Lr 多见于示指。女性的 Ws 多见于拇指。

男女左右手合计的指纹频率见表 2-26-3。

表 2-26-3　珞巴族男女左右手合计的指纹频率（%）（男 142 人，女 190 人）

	男左	男右	女左	女右	男	女	合计
As	2.11	1.13	1.47	0.95	1.62	1.21	1.39
At	0.28	0	0.11	0	0.14	0.05	0.09
Lu	36.62	37.46	44.42	46.00	37.04	45.21	41.72
Lr	2.68	0.99	2.00	0.63	1.83	1.32	1.53
Ws	56.62	59.15	50.53	51.37	57.89	50.95	53.92
Wd	1.69	1.27	1.47	1.05	1.48	1.26	1.35

男女之间的指纹频率差异显著性检验见表 2-26-4。

表 2-26-4　珞巴族男女之间的指纹频率差异显著性检验（男 142 人，女 190 人）

	As	At	Lu	Lr	Ws	Wd
男	0.95	0	46.00	0.63	51.37	1.05
女	1.21	0.05	45.21	1.32	50.95	1.26
χ^2	0.19	0.13	0.13	2.16	0.03	0.09
P	>0.05	>0.50	>0.50	>0.10	>0.75	>0.75

6 种指纹在男女间未见有显著性差异（P>0.05）。

3 种指纹在男女合计、男女间的分布和差异显著性检验见表 2-26-5。

表 2-26-5　珞巴族 3 种指纹在男女间的分布频率和差异显著性检验（男 142 人，女 190 人）

	A	L	W		A	L	W
男（%）	0.95	46.63	52.42	P	>0.5	>0.90	>0.90
女（%）	1.26	46.53	52.21	合计（%）	1.48	43.25	55.27
χ^2	0.31	0.001	0.001				

3 种指纹在男女间的差异显著性检验结果都是 P>0.05，未见有显著性差异。

（二）指纹组合

332 人的 1660 对左右同名指的组合格局频率见表 2-26-6。

表 2-26-6　珞巴族左右同名指的组合格局频率（男 142 人，女 190 人）

	A/A	A/L	A/W	L/L	L/W	W/W
观察频率（%）	0.78	1.33	0.06	34.45	16.27	47.11
期望频率（%）	0.02	1.28	1.64	18.71	47.80	30.55
P	<0.05	>0.05	<0.05	<0.05	<0.05	<0.05

从表 2-26-6 中可看到 A/A、L/L、W/W 的观察频率显著高于期望频率，都是 $P<0.01$。A/W 与 L/W 的观察频率显著低于期望频率，都是 $P<0.05$。A/W 组合的期望频率约为观察频率的 27 倍，而 L/W 组合的期望频率约为观察频率的 2.9 倍。这提示指纹组合格局中有 A 与 W 不相容的倾向。

5 指指纹 21 种格局中，见到一个个体 5 指全为 W 者占 19.13%，全为 L 者占 9.94%，全为 A 者占 0.30%。5 指指纹随机组合格局频率测定显示 5 指全为 W 的期望频率为 5.16%，明显低于观察频率，$P<0.05$；5 指全为 L 的期望频率为 1.51%，明显低于观察频率，$P<0.05$；5 指全为 A 的期望频率为 7×10^{-8}，明显低于观察频率，$P<0.001$。

一只手上的 A≥2 枚时，W 往往是 0，这表明异型组合 AOW 为不相容。一手 5 指的组合格局见表 2-26-7。

表 2-26-7　珞巴族一手 5 指的组合格局频率（男 142 人，女 190 人）

A	L	W	观察频率（%）	期望频率（%）
5	0	0	0.30	7×10^{-8}
0	5	0	9.94	1.51
0	0	5	19.13	5.16
0	4	1	12.50	9.67
0	3	2	17.77	24.71
0	2	3	15.96	31.58
0	1	4	20.65	20.18
1	4	0	1.20	0.26
1	3	1	0.30	1.32
1	2	2	0.60	2.54
1	1	3	0	2.16
1	0	4	0.15	0.69
2	3	0	0.90	0.02
2	2	1	0.15	0.07
2	1	2	0	0.09
2	0	3	0	0.04
3	2	0	0.30	6×10^{-4}
3	1	1	0	2×10^{-3}
3	0	2	0	9×10^{-4}
4	1	0	0.15	10×10^{-4}
4	0	1	0	10×10^{-4}

双手 10 指的组合格局见表 2-26-8。

表 2-26-8　珞巴族双手 10 指的组合格局频率（男 142 人，女 190 人）

A	L	W	观察频率（%）	期望频率（%）	*P*
10	0	0	0.30	10×10^{-9}	<0.01
0	10	0	5.72	0.02	<0.01
0	0	10	13.55	0.23	<0.01

双手 10 指都为 A 者占 0.30%，高于期望频率（10×10^{-9}），两者差异极显著，双手 10 指全为 L 者和双手 10 指全为 W 者观察频率都明显高于期望频率，差异极显著（$P<0.01$）。在双手 10 指的 66 种格局中，观察到一个个体手上 A 达到 3 枚时，W 就少于 3；当双手 A 达到 4 枚时，就见不到 W；当 A 达到 4 枚时，其只能与 L 配伍。这也说明 A 与 W 不相容。

珞巴族的指纹左右同名指的 A 与 W 不相容、一手 5 指的 A 与 W 不相容、双手 10 指的 A 与 W 不相容现象值得进一步探讨。

（三）TFRC

TFRC 在各侧别性别和合计的参数见表 2-26-9。

表 2-26-9　珞巴族 TFRC（条）的参数（男 142 人，女 190 人）

	$\bar{x}$	s	$s_{\bar{x}}$		$\bar{x}$	s	$s_{\bar{x}}$
男左	72.62	22.13	1.86	男	152.54	43.20	3.63
男右	75.92	22.09	1.85	女	142.95	39.13	2.84
女左	70.85	20.36	1.48	合计	147.05	41.13	2.26
女右	72.11	20.00	1.45				

男性左右手之间的 TFRC 值无显著性差异（t=0.2667，$P>0.05$），女性左右手之间的 TFRC 值也无显著性差异（t=0.6086，$P>0.05$），男性的 TFRC 值显著大于女性（t=2.0828，$P<0.05$）。

二、掌　　纹

（一）tPD 和 atd

tPD 在各侧别性别和合计的参数见表 2-26-10。

表 2-26-10　珞巴族 tPD 的参数（男 142 人，女 190 人）

	$\bar{x}$	s	$s_{\bar{x}}$		$\bar{x}$	s	$s_{\bar{x}}$
男左	19.35	6.99	0.59	男	18.32	6.69	0.40
男右	17.30	6.23	0.52	女	17.76	5.90	0.30
女左	18.43	5.64	0.41	合计	18.00	6.25	0.24
女右	17.09	6.09	0.44				

男性左右手之间的 tPD 值有极显著性差异（t=2.6086，$P<0.01$），女性左右手之间的 tPD 值也有显著性差异（t=2.2249，$P<0.05$），男女之间的 tPD 值有显著性差异（t=2.0828，$P<0.05$）。

atd 在各侧别性别和合计的参数见表 2-26-11。

表 2-26-11　珞巴族 atd（°）的参数（男 142 人，女 190 人）

	$\bar{x}$	s	$s_{\bar{x}}$		$\bar{x}$	s	$s_{\bar{x}}$
男左	42.76	10.50	0.88	男	42.02	9.48	0.56
男右	41.28	8.31	0.70	女	42.78	8.78	0.45
女左	43.22	9.21	0.67	合计	42.46	9.09	0.35
女右	42.34	8.33	0.60				

男性左右手之间的 atd 值无显著性差异（t=1.3174，P>0.05），女性左右手之间的 atd 也无显著性差异（t=0.9765，P>0.05），男女性之间的 atd 值无显著性差异（t=1.0546，P>0.05）。

（二）a-b RC

a-b RC 在各侧别性别和合计的参数见表 2-26-12。

表 2-26-12　珞巴族 a-b RC 的参数（男 142 人，女 190 人）

	$\bar{x}$（条）	s（条）	$s_{\bar{x}}$（条）	t_{g1}	t_{g2}
男左	39.18	5.03	0.42	−1.86	1.48
男右	38.73	5.11	0.43	−0.62	0.32
女左	38.28	4.84	0.35	−1.54	2.09
女右	37.69	4.55	0.33	−2.78	4.91
男	38.95	5.06	0.30	−1.73	1.07
女	37.99	4.70	0.24	−2.83	4.66
合计	38.40	4.88	0.19	−2.93	3.87

男性左右手之间的 a-b RC 值无显著性差异（t=0.7611，P>0.05），女性左右手之间的 a-b RC 值也无显著性差异（t=1.2336，P>0.05），男性的 a-b RC 值显著高于女性（t=2.5105，P<0.05）。

男性的 t_{g1} 和 t_{g2} 绝对值均<2，符合曲线正态分布。男女总和的 t_{g1}（负值）和 t_{g2} 绝对值>2，表明曲线为负偏态的高狭峰。

a-b RC 左右手差值分布见表 2-26-13。

表 2-26-13　珞巴族 a-b RC 左右手差值分布（男 142 人，女 190 人）

	0 条	1～3 条	4～6 条	≥7 条
人数	8	239	74	11
频率（%）	2.41	71.99	22.28	3.32

a-b RC 值的全距为 32 条（20～52 条）。有 2 只手各有 20 条。52 条的也有 2 只手。

（三）手大小鱼际纹、指间区纹

手大鱼际真实花纹的频率分布见表 2-26-14。

表 2-26-14 珞巴族手大鱼际真实花纹的频率（%）（男 142 人，女 190 人）

男左	男右	女左	女右	男	女	合计
14.08	2.82	16.20	7.04	8.45	8.68	8.58

男性左右手的大鱼际真实花纹频率差异显著（$P<0.05$），女性左右手的大鱼际真实花纹频率也差异显著（$P<0.05$），男女间左右手的大鱼际真实花纹频率差异不显著（$P>0.05$）。

手指间区真实花纹的分布频率见表 2-26-15。

表 2-26-15 珞巴族手指间区真实花纹的分布频率（%）（男 142 人，女 190 人）

	男左	男右	女左	女右	男	女	合计
Ⅱ	0.70	0	0	0	0.35	0	0.15
Ⅲ	9.86	19.01	6.32	17.37	14.44	11.82	12.95
Ⅳ	86.62	79.58	84.74	79.47	83.10	82.11	82.53
Ⅱ/Ⅲ	0.70	0.7	0	0	0.70	0	3.01
Ⅲ/Ⅳ	7.04	2.11	5.79	4.21	4.58	5.00	4.82

指间区纹的频率以Ⅳ区＞Ⅲ区＞Ⅱ区的次序出现。男女都是在Ⅲ区右手分布频率显著高于左手（$P<0.05$），Ⅳ区都是左手显著高于右手（$P<0.05$）。在Ⅳ区内有时会有 2 个真实花纹（Ld）出现，男性左手为 2.11%，女性左手为 2.63%，合计有 2.41%为双 Ld。

手小鱼际纹的频率分布见表 2-26-16。

表 2-26-16 珞巴族手小鱼际纹的频率（%）（男 142 人，女 190 人）

	男左	男右	女左	女右	男	女	合计
Ld	10.56	6.34	15.79	8.95	8.45	12.37	10.69
Lr	0.70	1.41	1.58	1.58	1.06	1.58	1.36
Lp	0.70	0	0	0	0.35	0	0.15
Lu	2.82	1.41	1.05	2.11	2.12	1.58	1.81
Ws	0	0.70	0	0	0.35	0	0.15
Wc	0	0.70	0	0	0.35	0	0.15
V	0	0.70	2.11	1.05	0.35	1.58	1.05
合计	14.79	10.56	18.42	12.63	12.68	15.53	14.31

男性左右手的小鱼际真实花纹频率差异显著（$P<0.05$），女性左右手的小鱼际真实花纹频率也差异显著（$P<0.05$），男女之间小鱼际真实花纹频率差异显著（$P<0.05$）。

（四）指三角和轴三角

这里主要分析–b、–c、–d、–t 和+t 现象，其分布频率见表 2-26-17。

表 2-26-17　珞巴族–b、–c、–d、–t 和+t 频率（%）（男 142 人，女 190 人）

	–b	–c	–d	–t	+t
男左	0	2.82	3.52	0.70	2.82
男右	0	1.41	2.11	0.70	2.11
女左	0	4.21	2.63	0.53	1.05
女右	0	2.10	1.05	1.05	2.10
男	0	2.42	3.23	0.81	2.82
女	0	3.16	1.84	0.79	1.58
合计	0	2.71	2.26	0.75	1.96

（五）屈肌线

屈肌线的分布频率见表 2-26-18。

表 2-26-18　珞巴族屈肌线的分布频率（%）（男 142 人，女 190 人）

	男左	男右	女左	女右	男	女	合计
远侧屈肌线成猿线	1.41	1.41	1.05	0	1.41	0.53	0.90
远近侧屈肌线成猿线（搭桥）	8.45	13.38	5.26	8.95	10.92	7.11	8.73
远近侧屈肌线全融合成猿线	0.70	0	0.53	0.53	0.35	0.53	0.45
近侧屈肌线成悉尼线	0	0	0.53	0.53	0	0.53	0.30
合计	10.56	14.79	7.37	10.01	12.68	8.70	10.38

远近侧屈肌线成猿线（搭桥）的类型占 8.73%，在整个猿线类型中 84.02%是这种情况。

（六）指间褶

本样本中的示指、中指、环指、小指都有 2 条指间褶，未见这 4 指有单指间褶的情况。

三、足　纹

（一）踇趾球纹

踇趾球纹的分布频率见表 2-26-19。

表 2-26-19　珞巴族踇趾球纹的分布频率（%）（男 142 人，女 190 人）

	男左	男右	女左	女右	男	女	合计
TAt	0	0	2.11	0.53	0	1.32	0.75
Ad	0	0	0.53	0	0	0.26	0.15
At	2.81	3.52	8.42	5.79	3.17	7.10	5.42
Ap	5.63	4.93	2.11	5.26	5.28	3.68	4.37
Af	0.70	0	0	0.53	0.35	0.26	0.30
Ld	56.34	59.86	64.73	64.74	58.11	64.75	61.90
Lt	6.36	7.75	3.68	5.26	7.04	4.47	5.58
Lp	0	0	0	0	0	0	0

续表

	男左	男右	女左	女右	男	女	合计
Lf	0.70	0.70	0.53	1.05	0.70	0.79	0.75
Ws	27.46	23.24	17.89	16.84	25.35	17.37	20.78
Wc	0	0	0	0	0	0	0

Ld 的频率最高，占 61.90%；Ws 次之，占 20.78%。

（二）足趾间区纹

足趾间区真实花纹的频率见表 2-26-20。珞巴族足趾间区真实花纹的频率在Ⅲ区最多（50.30%），Ⅱ区较少（6.93%），Ⅳ区最少（3.91%）。女性也是按Ⅲ区＞Ⅱ区＞Ⅳ区的次序排列，但男性是按Ⅲ区＞Ⅳ区＞Ⅱ区的次序排列。各区域内男女趾间区真实花纹的出现频率都有显著性差异（$P<0.05$）。

表 2-26-20　珞巴族足趾间区真实花纹的频率（%）（男 142 人，女 190 人）

		男左	男右	女左	女右	男	女	合计	区域合计
Ⅱ	Ld	2.11	4.93	5.26	11.58	3.52	8.42	6.33	
	Lp	0	0	1.05	1.05	0	1.05	0.60	6.93
Ⅲ	Ld	55.63	57.04	40.53	48.95	56.34	44.74	49.70	
	Lp	0.70	0.70	0	0	0.70	0	0.30	
	W	0.70	0.70	0.53	0	0.70	0.26	0.30	50.30
Ⅳ	Ld	6.34	7.04	0.53	2.11	6.69	1.32	3.61	
	Lp	0.70	0	0	0.53	0.35	0.26	0.30	3.91
Ⅱ/Ⅲ	Ld	0	0.70	1.05	0	0.35	0.53	0.45	0.45
Ⅲ/Ⅳ	Ld	0	0	0	0	0	0	0	0

（三）足小鱼际纹

足小鱼际真实花纹的频率分布见表 2-26-21。

表 2-26-21　珞巴族足小鱼际真实花纹的频率（%）（男 142 人，女 190 人）

男左	男右	女左	女右	男	女	合计
20.42	24.65	30.53	31.58	22.54	31.05	27.41

有 1 例男性左足、1 例男性右足和 1 例女性左足上见到在足小鱼际区内有 2 枚 Lt。

（四）足跟纹

足跟真实花纹的频率分布见表 2-26-22。

表 2-26-22　珞巴族足跟真实花纹的频率（%）

男左	男右	女左	女右	男	女	合计
0.70	0.70	1.05	1.05	0.70	1.05	0.94

珞巴族的 2 例女性左右足跟上都有 Lt。

第二十七章　黎族的肤纹[①]

研究对象年龄不详，来自海南岛黎族聚居区，三代都是黎族人，身体健康，无家族性遗传病。

以黑色油墨捺印法捺印研究对象的指纹和掌纹。

所有的分析都以 558 人（男 406 人，女 152 人）为基数（谢业琪，1982）。

一、指　　纹

（一）指纹频率

男女性指纹频率见表 2-27-1。

表 2-27-1　黎族男女性指纹频率（%）（男 406 人，女 152 人）

	As	At	Lu	Lr	Ws	Wd
男	2.24	0.44	45.00	2.76	42.84	6.72
女	3.16	0.20	48.82	3.29	39.14	5.39
合计	2.49	0.38	46.04	2.90	41.83	6.36

（二）TFRC

TFRC 的参数见表 2-27-2。

表 2-27-2　黎族 TFRC（条）的参数（男 406 人，女 152 人）

	男左	男右	女左	女右	男	女	合计
$\bar{x}$	71.26	73.42	67.18	70.91	144.68	138.09	142.88
s	24.66	25.55	23.90	23.14	46.82	46.02	47.06

二、掌　　纹

（一）atd、a-b RC

atd 的均数和标准差男性为 38.57°±5.85°，女性为 39.08°±6.86°，合计为 38.71°±6.14°。

a-b RC 的参数见表 2-27-3。

①研究者：谢业琪，中国科学院古脊椎动物与古人类研究所。

表 2-27-3　黎族 a-b RC（条）的参数（男 406 人，女 152 人）

	男左	男右	女左	女右	男	女	合计
$\bar{x}$	37.73	36.82	36.80	36.29	37.27	36.54	37.08
s	4.49	4.74	4.42	4.51	4.67	4.47	7.63

（二）手大鱼际纹、指间区纹、小鱼际纹

手大鱼际、指间区、小鱼际的真实花纹和猿线的观察频率见表 2-27-4。

表 2-27-4　黎族手大鱼际、指间区、小鱼际的真实花纹和猿线的频率（%）（男 406 人，女 152 人）

	T/Ⅰ	Ⅱ	Ⅲ	Ⅳ	H	猿线
男	6.03	3.94	19.83	72.91	15.89	10.10
女	3.29	0.33	16.78	72.04	17.11	7.89
合计	5.29	2.96	19.00	72.67	16.22	9.50

第二十八章　傈僳族的肤纹[①]

研究对象为来自云南省怒江傈僳族自治州的中小学生和成年人，三代都是傈僳族人，身体健康，无家族性遗传病。平均年龄（16.30±6.83）岁（9～74岁）。

以黑色油墨捺印法捺印研究对象的指纹、掌纹和足纹。

所有的分析都以783人（男500人，女283人）为基数（丁明 等，2001）。

一、指　　纹

（一）指纹频率

男性各手指的指纹频率见表2-28-1，女性各手指的指纹频率见表2-28-2。

表2-28-1　傈僳族男性各手指的指纹频率（%）（男500人）

	男左					男右				
	拇	示	中	环	小	拇	示	中	环	小
As	1.80	2.20	2.80	1.00	0.40	0.60	3.20	1.60	1.20	0.80
At	0	1.60	0.40	0	0.20	0	1.60	0.20	0	0
Lu	34.20	34.60	54.40	40.00	80.80	27.80	27.00	56.20	31.40	72.80
Lr	0.60	13.60	2.60	0.60	0.20	1.00	18.60	2.40	1.40	0.80
Ws	43.20	43.00	35.20	54.00	14.40	63.40	45.00	37.20	65.20	24.80
Wd	20.20	5.00	4.60	4.40	4.00	7.20	4.60	2.40	0.80	0.80

表2-28-2　傈僳族女性各手指的指纹频率（%）（女283人）

	女左					女右				
	拇	示	中	环	小	拇	示	中	环	小
As	4.24	4.24	3.18	0.35	0.71	1.06	2.12	2.12	0.71	0.35
At	0	0.35	0	0	0	0	0.35	0.35	0	0
Lu	44.52	43.11	61.84	49.12	82.69	42.76	43.82	72.79	48.41	81.63
Lr	1.41	12.37	2.47	1.07	0.34	0.35	11.66	0.72	1.41	0.35
Ws	37.46	33.57	27.21	46.99	15.55	46.29	37.81	19.43	48.76	16.61
Wd	12.37	6.36	5.30	2.47	0.71	9.54	4.24	4.59	0.71	1.06

Lr多见于示指，Lu多见于小指。

---

①研究者：张海国、沈若茝、苏宇滨、陈仁彪、冯波，上海第二医科大学生物学教研室；丁明、黄明龙、王亚平、焦云萍、彭林，云南省计划生育技术科学研究所。

男女合计指纹频率见表 2-28-3。

表 2-28-3　傈僳族男女合计指纹频率（%）（男 500 人，女 283 人）

	As	At	Lu	Lr	Ws	Wd
男	1.56	0.40	45.92	4.18	42.54	5.40
女	1.91	0.11	57.07	3.22	33.26	4.43
合计	1.69	0.29	49.95	3.83	39.08	5.16

三种指纹频率见表 2-28-4。

表 2-28-4　傈僳族三种指纹频率（%）和标准误（男 500 人，女 283 人）

	A	L	W
指纹频率	1.98	53.78	44.24
s_p	0.1574	0.5634	0.5613

（二）左右同名指纹组合

783 人 3915 对左右同名指的组合格局频率见表 2-28-5。

表 2-28-5　傈僳族左右同名指的组合格局频率（男 500 人，女 283 人）

	A/A	A/L	A/W	L/L	L/W	W/W
观察频率（%）	0.92	1.94	0.18	43.30	19.02	34.64
期望频率（%）	0.04	2.13	1.76	28.92	47.58	19.57
P	<0.05	>0.05	<0.05	<0.01	<0.01	<0.01

观察左右同名指组合格局中 A/A、L/L、W/W 都显著增多，它们各自的观察频率和期望频率的差异显著性检验均为 $P<0.05$，表明同型指纹在左右配对为非随机组合。A/W 的观察频率与期望频率之间也有显著性差异（$P<0.001$），提示 A 与 W 的不相容现象。

（三）一手或双手指纹组合

一手 5 指组合 21 种格局的观察频率和期望频率见表 2-28-6。

表 2-28-6　傈僳族一手 5 指的组合格局频率（男 500 人，女 283 人）

A	L	W	观察频率（%）	期望频率（%）
0	0	5	9.98	1.69
0	5	0	15.71	4.53
5	0	0	0.06	3×10^{-7}
小计			25.75	6.22
0	1	4	16.99	10.30
0	2	3	16.09	25.04
0	3	2	16.60	30.44
0	4	1	18.07	18.50
小计			67.75	84.28

续表

A	L	W	观察频率（%）	期望频率（%）
1	0	4	0	0.38
2	0	3	0	0.03
3	0	2	0	2×10^{-3}
4	0	1	0	3×10^{-5}
小计			0	0.41
1	4	0	2.23	0.83
2	3	0	0.77	0.06
3	2	0	0.51	2×10^{-3}
4	1	0	0.13	4×10^{-5}
小计			3.64	0.89
1	1	3	0.19	1.84
1	2	2	0.57	3.36
1	3	1	1.40	2.73
2	1	2	0.06	0.12
2	2	1	0.45	0.15
3	1	1	0.19	3×10^{-3}
小计			2.86	8.20
合计			100.00	100.00

一手 5 指同为 W 者占 9.98%，同为 L 者占 15.71%，同为 A 者占 0.06%。一手 5 指组合 21 种格局的观察频率小计和期望频率小计的比较为差异极显著。一手 5 指为同一种花纹的观察频率和期望频率之间也有明显的差异，即观察频率明显增多（$P<0.001$），为非随机组合。一手 5 指的异型组合 AOW、ALW 的观察频率明显减少，表现为 A 与 W 组合的不相容。

本样本中 10 指全为 W 者占 6.00%，全为 L 者占 7.92%，未见 10 指全 A 者。

（四）TFRC

各指别 FRC 均数见表 2-28-7。

表 2-28-7　傈僳族各指 FRC（条）均数（男 500 人，女 283 人）

	拇	示	中	环	小
男左	16.68	12.88	13.66	15.59	12.52
男右	18.69	12.90	13.22	15.36	12.37
女左	13.56	11.48	11.82	14.49	10.91
女右	15.51	11.77	11.74	14.58	10.55

男性左右手及女性右手拇指的 FRC 均数都占第 1 位，环指的 FRC 均数较高，中指居中，示指和小指则较低。

各侧别性别和合计的 TFRC 参数见表 2-28-8。

表 2-28-8　傈僳族各侧别性别和合计的 TFRC 的参数（男 500 人，女 283 人）

	$\bar{x}$（条）	s（条）	$s_{\bar{x}}$（条）	t_{g1}	t_{g2}
男左	72.33	22.30	1.00	−4.54	1.59
男右	72.55	22.33	1.00	−4.65	0.52
女左	62.25	23.07	1.37	−1.33	−1.92
女右	64.13	21.63	1.29	−1.75	−2.12
男	143.88	43.66	1.95	−4.89	1.25
女	126.39	43.46	2.59	−1.39	−2.14
合计	137.56	44.38	1.59	−4.51	−0.95

男性 TFRC（143.88 条）与女性 TFRC（126.39 条）有显著性差异（t=5.40，P<0.01）。

（五）斗指纹偏向

783 人中有 W 3464 枚，其中 Wu 2089 枚（60.31%），Wr 1082 枚（31.24%），Wb 293 枚（8.46%）。W 取 FRC 侧别的频率见表 2-28-9。

表 2-28-9　傈僳族 W 取 FRC 侧别的频率（%）（男 500 人，女 283 人）

	Wu	Wb	Wr	小计
Wu>Wr 取尺侧	8.90	37.88	69.40	30.25
Wu=Wr	4.69	22.87	17.38	10.19
Wu<Wr 取桡侧	86.41	39.25	13.22	59.56
合计	100.00	100.00	100.00	100.00

Wu 的 86.41%是取桡侧的 FRC，Wr 的 69.40%是取尺侧的 FRC，做关联分析得 P<0.01，表明取 FRC 的侧别与 W 的偏向有密切关系。

Wb 的 22.87%两侧相等，说明 Wb 两侧 FRC 相似度很高。

Wr 共有 1082 枚，示指有 Wr 436 枚，占 40.30%。桡箕（Lr）也多出现在示指上，可以认为本样本示指指纹偏向有倾向于桡侧的趋势。

（六）偏向斗组合

在 3464 枚 W 中，就 W/W 对应来讲，其中 2712 枚（1356 对）呈同名指左右对称，在 2712 枚 W 中有 Wu 1613 枚（59.48%），Wb 233 枚（8.59%），Wr 866 枚（31.93%）。这 3 种 W 在同名指若是随机相对应，则应服从概率乘法定律得到的期望频率。左右同名指 W 对应的观察频率与期望频率及差异显著性检验见表 2-28-10。

表 2-28-10　傈僳族左右同名指 W 对应频率的比较（男 500 人，女 283 人）

	Wu/Wu	Wr/Wr	Wb/Wb	Wu/Wb	Wu/Wr	Wb/Wr	合计
观察频率（%）	41.37	16.00	0.96	9.81	26.40	5.46	100.00
期望频率（%）	35.38	10.20	0.74	10.22	37.98	5.48	100.00
P	<0.05	<0.01	>0.70	>0.70	<0.01	>0.90	

同种偏向 Wu/Wu 与 Wr/Wr 对应频率显著增加。分析 Wu/Wr 的对应关系，得观察频率显著减少。此现象可能是由于 Wu 与 Wr 为两个相反方向的 W，可视为两个极端型，而 Wb 属于不偏不倚的中间型，介于两者之间，因此 Wu 与 Wr 对应要跨过中间型，具有不易性。这表现出同名指的对应并不呈随机性。

二、掌　　纹

（一）tPD 与 atd

tPD 的分布和均数、标准差见表 2-28-11。

表 2-28-11　傈僳族 tPD 值的分布频率和均数±标准差（男 500 人，女 283 人）

	–t（%）	t（1～10～20，%）	t′（21～30～40，%）	t″（41～50～60，%）	t‴（61～70～80，%）	$\bar{x} \pm s$
男	0.40	72.1	27.4	0.1	0	17.89±5.61
女	1.41	57.6	40.64	0.35	0	19.76±6.09
合计	0.77	66.86	32.18	0.19	0	18.56±5.86

注：手掌部长轴 5 等分，t″ 是长轴中心，每一等级间距为 20%。

男女合计的 tPD 均数为 18.56，t 和 t′ 合计占 99.04%，得 t″ 3 例，未见 t‴。tPD 的全距是 41（5～46），众数为 16。

atd 的参数见表 2-28-12。

表 2-28-12　傈僳族 atd 的参数（男 500 人，女 283 人）

	$\bar{x}$（°）	s（°）	$s_{\bar{x}}$（°）	t_{g1}	t_{g2}
男左	40.31	4.76	0.21	7.60	7.66
男右	40.41	4.67	0.21	4.75	0.17
女左	42.03	4.58	0.28	4.61	6.30
女右	41.81	4.73	0.28	2.96	1.48
男	40.36	4.72	0.15	8.76	5.63
女	41.92	4.65	0.20	5.25	5.20
合计	40.92	4.75	0.12	9.72	6.76

所有 atd 曲线对称度 t_{g1} 都是大于 2 的正值，表明曲线分布为正偏态；曲线峰度 t_{g2} 在男女及合计为大于 2 的正值，表明为高狭峰。atd 的全距为 35°（30°～65°），众数为 40°。

（二）左右手 tPD 与 atd 差值

左右手 tPD 差值的绝对值为 0 者占 12.01%，在 1～3 者占 56.19%，≥4 者占 31.80%。左右手 atd 差值的绝对值为 0°者占 13.28%，在 1°～3°者占 58.49%，>3°者占 28.23%。

（三）tPD 与 atd 关联

tPD 与 atd 的相关系数 r 为 0.5656（P<0.01），呈高度相关。

由 atd 推算 tPD 用直线回归公式：

$$y_{tPD}=0.6978\times atd-9.9944$$

由 tPD 推算 atd 用直线回归公式：

$$y_{atd}=0.4584\times tPD+32.4102$$

回归检验得 s_b=0.03，P<0.001，表明回归显著。

（四）a-b RC

a-b RC 的参数见表 2-28-13。

表 2-28-13　傈僳族 a-b RC 的参数（男 500 人，女 283 人）

	$\bar{x}$（条）	s（条）	$s_{\bar{x}}$（条）	t_{g1}	t_{g2}
男左	38.43	5.58	0.25	2.93	2.09
男右	38.45	6.16	0.28	0.66	6.85
女左	38.67	5.04	0.30	0.65	2.13
女右	37.60	5.21	0.31	–0.76	0.44
男	38.44	5.88	0.19	2.30	7.14
女	38.14	5.15	0.22	–0.22	1.85
合计	38.33	5.63	0.14	2.15	7.96

男女性之间做均数差异显著性检验，t=1.0522，P>0.05，表明性别间的差异不显著。全距为 55 条（12～67 条），众数为 38 条。

左右手的 a-b RC 并不一定相等，差值绝对值的分布见表 2-28-14。

表 2-28-14　傈僳族 a-b RC 左右手差值分布（男 500 人，女 283 人）

	0 条	1～3 条	4～6 条	≥7 条
人数	78	397	201	107
频率（%）	9.96	50.71	25.66	13.67

本样本左右手相减的绝对值≤3 条者占 60.67%，一般认为无差别。

（五）主要掌纹线

主要掌纹线指数的参数见表 2-28-15。

表 2-28-15　傈僳族主要掌纹线指数的参数（男 500 人，女 283 人）

	$\bar{x}$	s	$s_{\bar{x}}$	t_{g1}	t_{g2}
男左	21.64	3.55	0.16	3.94	0.86
男右	24.41	3.83	0.17	3.63	–2.61
女左	22.11	3.82	0.23	0.41	0.35

续表

	$\bar{x}$	s	$s_{\bar{x}}$	t_{g1}	t_{g2}
女右	24.70	3.89	0.23	1.05	–2.30
男	23.03	3.95	0.12	5.28	–1.14
女	23.40	4.06	0.17	1.04	–1.02
合计	23.16	3.99	0.10	4.79	–1.74

男女间的均数无显著性差异（t=1.77，$P>0.05$）。群体合计的对称度 t_{g1} 为 4.79，曲线是正偏态；峰度 t_{g2} 为–1.74，绝对值小于 2，说明曲线符合正态分布。

（六）手大鱼际纹

手大鱼际纹的频率见表 2-28-16。

表 2-28-16　傈僳族手大鱼际纹的频率（%）（男 500 人，女 283 人）

	Ld	Lr	Lp	Lu	Ws	Wc	V 和 A
男左	0	0.2	2.40	0	0	0	97.40
男右	0	0	0.20	0	0	0	99.80
女左	0.35	0.71	4.24	0	0	0	94.70
女右	0	0.35	1.41	0	0	0	98.24
合计	0.06	0.26	1.85	0	0	0	97.83

本样本手大鱼际真实花纹的出现率为 2.17%。计有 0.51%个体左右手都有真实花纹。

（七）手指间区纹

手指间区真实花纹的频率见表 2-28-17。

表 2-28-17　傈僳族手指间区真实花纹的频率（%）（男 500 人，女 283 人）

	Ⅱ	Ⅲ	Ⅳ	Ⅱ/Ⅲ	Ⅲ/Ⅳ
男左	0.80	3.60	80.40	0	7.60
男右	0.80	18.40	66.80	0	11.00
女左	0	4.59	81.27	0.35	7.07
女右	0.35	16.96	67.31	0	11.31
男	0.80	11.00	73.60	0	9.30
女	0.18	10.78	75.56	0.18	9.19
合计	0.57	10.92	73.95	0.06	9.29

手指间真实花纹在Ⅳ区最多。

左右同名指间区对应的频率见表 2-28-18。

表 2-28-18　傈僳族左右同名指间区对应频率（%）（男 500 人，女 283 人）

	真/真	真/非	非/非
Ⅱ	0.13	0.89	98.98
Ⅲ	2.68	16.48	80.84
Ⅳ	60.54	26.82	12.64

手指间Ⅳ区的真/真对应的观察频率（60.54%）与期望频率（54.69%）对比，得 χ^2=5.29，df=1，$P<0.05$，两者有明显差异。Ⅳ2 Ld 的分布频率见表 2-28-19。

表 2-28-19　傈僳族Ⅳ2Ld 分布频率（%）

男左	男右	女左	女右	合计
2.40	0	3.18	0.71	1.47

群体中共 23 只手在Ⅳ区有 2 枚 Ld。

（八）手小鱼际纹

手小鱼际纹的出现频率见表 2-28-20。

表 2-28-20　傈僳族手小鱼际纹频率（%）（男 500 人，女 283 人）

	Ld	Lr	Lp	Lu	Ws	Wc	V 和 A
男左	3.40	4.60	0	0.80	0	0	91.20
男右	1.00	5.40	0	1.40	0	0	92.20
女左	2.83	4.59	0	1.41	0	0	91.17
女右	0.35	4.59	0	0.71	0	0	94.35
合计	1.98	4.85	0	1.09	0	0	92.08

群体中手小鱼际真实花纹频率为 7.92%。有 3.84%个体左右手以真实花纹对应。

（九）指三角和轴三角

指三角和轴三角有–b、–c、–d、–t、+t 的现象，分布频率见表 2-28-21。

表 2-28-21　傈僳族指三角和轴三角缺失或增加的频率（%）（男 500 人，女 283 人）

	男左	男右	女左	女右	男	女	合计
–b	0	0	0	0	0	0	0
–c	5.20	4.40	6.71	5.30	4.80	6.01	5.24
–d	0.20	0	1.06	0.35	0.10	0.71	0.32
–t	0.40	0.40	1.77	1.06	0.40	1.41	0.77
+t	0.60	1.20	1.41	0.35	0.90	0.88	0.89

–c 的手有 82 只，占 5.24%。左右手–c 的对应频率见表 2-28-22。

表 2-28-22　傈僳族–c 对应频率和频数（男 500 人，女 283 人）

	右手–c		右手有 c	
	频率（%）	频数	频率（%）	频数
左手–c	3.45	27	2.30	18
左手有 c	1.28	10	92.97	728

（十）屈肌线

本样本中有猿线的手为 51 只，频率为 3.26%。猿线在男女性中的分布频率见表 2-28-23。

表 2-28-23　傈僳族猿线分布频率（%）（男 500 人，女 283 人）

男左	男右	女左	女右	合计
4.60	2.80	2.12	2.83	3.26

本样本的左右手屈肌线对应频率见表 2-28-24。

表 2-28-24　傈僳族左右手屈肌线对应频率（%）（男 500 人，女 283 人）

	右手无猿线	右手有猿线
左手无猿线	94.51	1.79
左手有猿线	2.68	1.02

（十一）指间褶

本样本中的示指、中指、环指、小指都有 2 条指间褶，未见这 4 指有单指间褶的情况。

三、足　　纹

（一）蹈趾球纹

蹈趾球纹的频率见表 2-28-25。

表 2-28-25　傈僳族蹈趾球纹频率（%）（男 500 人，女 283 人）

	TAt	Ad	At	Ap	Af	Ld	Lt	Lp	Lf	Ws	Wc
男左	0	2.20	8.00	0.60	0.20	60.20	8.00	0.20	0.20	19.60	0.80
男右	0	0.60	8.00	0.40	0.40	60.60	9.40	0	0.40	19.80	0.40
女左	0	2.12	7.42	1.06	1.41	60.78	9.54	0	0	17.67	0
女右	0	0.71	6.01	0.35	1.06	66.78	7.78	0	0.35	16.61	0.35
合计	0	1.40	7.54	0.57	0.64	61.62	8.69	0.06	0.26	18.77	0.45

蹈趾球纹以 Ld 为最多，Ws 次之。

蹈趾球纹的左右对应，各种 A 与 W 对应仅占 0.77%，远低于期望频率（3.80%），两者差异显著（P<0.001），提示有 A 与 W 不亲和现象。

（二）足趾间区纹

足趾间区真实花纹的频率见表 2-28-26。

表 2-28-26　傈僳族足趾间区真实花纹频率（%）（男 500 人，女 283 人）

	Ⅱ	Ⅲ	Ⅳ	Ⅱ/Ⅲ	Ⅲ/Ⅳ
男左	5.00	36.80	4.20	0.20	0.20
男右	6.20	40.80	6.00	0	0
女左	8.83	25.09	2.47	0	0
女右	6.01	30.04	3.18	0	0
男	5.60	38.80	5.10	0.10	0.10
女	7.42	27.56	2.83	0	0
合计	6.26	34.74	4.28	0.06	0.06

足趾间区真实花纹在各区的频率依次为Ⅲ区＞Ⅱ区＞Ⅳ区。

左右同名足趾间区对应的频率见表 2-28-27。

表 2-28-27　傈僳族左右同名足趾间区对应频率（%）（男 500 人，女 283 人）

	真/真	真/非	非/非
Ⅱ	3.09	6.36	90.55
Ⅲ	24.79	19.53	55.68
Ⅳ	2.04	4.47	93.49

任何足趾间区都没有真实花纹的占 52.11%。Ⅲ区真/真对应的观察频率为 24.79%，显著高于期望频率（12.07%）（$P<0.01$），表现出同型足趾间区真实花纹左右配对为非随机组合。

（三）足小鱼际纹

足小鱼际真实花纹的频率见表 2-28-28。

表 2-28-28　傈僳族足小鱼际真实花纹频率（%）（男 500 人，女 283 人）

男左	男右	女左	女右	合计
34.80	32.20	43.11	41.34	36.65

足小鱼际真实花纹都为 Lt。

左右足都有小鱼际真实花纹的频率见表 2-28-29。

表 2-28-29　傈僳族足小鱼际真实花纹对应频率（%）（男 500 人，女 283 人）

	右足真实花纹	右足非真实花纹
左足非真实花纹	51.85	10.34
左足真实花纹	12.64	25.17

足小鱼际花纹真/真对应的观察频率为 25.17%，显著高于期望频率（13.43%），$P<0.01$，表现出同型足小鱼际真实花纹左右配对为非随机组合。

（四）足跟纹

傈僳族足跟真实花纹共 6 枚，男性中有 5 枚，女性中有 1 枚，而且都是 Lt，足跟真实花纹的频率在群体中为 0.38%。有 2 名男性在左右足上都有足跟真实花纹，占群体的 0.26%。

第二十九章　满族的肤纹[①]

研究对象来自辽宁省绥中县高台子、兴城县（现为兴城市）红崖子满族聚居区，三代都是满族人，身体健康，无家族性遗传病，年龄7～54岁。

所有的分析都以472人（男242人，女230人）为基数（庄振西 等，1988）。

一、指　　纹

（一）指纹频率

男女性各手指的指纹频率见表2-29-1。

表2-29-1　满族男女性各手指的指纹频率（%）（男242人，女230人）

	男					女				
	拇	示	中	环	小	拇	示	中	环	小
A	0.62	2.90	0.83	1.03	1.03	5.00	3.27	2.17	1.52	1.96
Lu	41.12	34.44	57.85	33.26	66.95	45.00	43.58	59.14	36.74	73.04
Lr	0.62	13.28	1.44	0.83	0.41	0.65	8.71	1.52	0.22	0
W	57.64	49.38	39.88	64.88	31.61	49.35	44.44	37.17	61.52	25.00

Lr多见于示指，Lu多见于小指。

10指全为W者占9.0%，全为L者占5.8%。

男女合计指纹频率见表2-29-2。

表2-29-2　满族男女合计指纹频率（%）（男242人，女230人）

	A	Lu	Lr	W
男	1.28	46.73	3.31	48.68
女	2.78	51.50	2.22	43.50
合计	2.01	49.06	2.78	46.15

（二）TFRC

各性别TFRC的均数、标准差、标准误见表2-29-3。

①研究者：庄振西、高秀珍、王惠孚、田世家，锦州医学院生物学教研室。

表 2-29-3　满族 TFRC（条）的参数（男 242 人，女 230 人）

	$\overline{x}$	s	$s_{\overline{x}}$
男	129.80	33.75	2.17
女	122.07	37.33	2.46
合计	126.03	35.76	1.65

男女间的 TFRC 均数比较显示差异显著（$P<0.05$）。

二、掌　　纹

（一）tPD 与 atd

tPD 的均数、标准差和标准误见表 2-29-4。

表 2-29-4　满族 tPD 的参数（男 242 人，女 230 人）

	$\overline{x}$	s	$s_{\overline{x}}$
男	14.50	4.06	0.18
女	15.01	4.29	0.20
合计	14.75	4.18	0.14

男女 tPD 均数之间无显著性差异（$P>0.05$）。
atd 的均数、标准差和标准误见表 2-29-5。

表 2-29-5　满族 atd（°）的参数（男 242 人，女 230 人）

	$\overline{x}$	s	$s_{\overline{x}}$
男	38.85	4.51	0.20
女	38.97	5.17	0.24
合计	38.91	4.84	0.16

男女 atd 均数之间无显著性差异（$P>0.05$）。

（二）a-b RC

a-b RC 的均数、标准差、标准误见表 2-29-6。

表 2-29-6　满族 a-b RC（条）的参数（男 242 人，女 230 人）

	$\overline{x}$	s	$s_{\overline{x}}$
男	68.07	9.03	0.58
女	64.55	8.24	0.54
合计	66.36	8.91	0.41

本样本 a-b RC 的参数由双手合计得出。

（三）手大鱼际纹、指间区纹、小鱼际纹和猿线

手大鱼际、指间区、小鱼际的真实花纹和猿线的观察频率见表 2-29-7。

表 2-29-7　满族手大鱼际、指间区、小鱼际的真实花纹和猿线的频率（%）（男 242 人，女 230 人）

	T/Ⅰ	Ⅱ	Ⅲ	Ⅳ	H	猿线
男	7.23	1.46	9.80	51.87	16.32	17.98
女	6.30	0.22	6.96	51.17	16.96	16.09
合计	6.78	0.85	8.37	51.80	16.63	17.06

第三十章　毛南族的肤纹[①]

研究对象来自广西环江毛南族自治县下南乡，三代都是毛南族人，身体健康，无家族性遗传病。平均年龄 14.53 岁（13～18 岁）。

以黑色油墨捺印法捺印研究对象的指纹和掌纹。

所有的分析都以 480 人（男 240 人，女 240 人）为基数（李后文 等，1998）。

一、指　　纹

（一）指纹频率

男性各手指的指纹频率见表 2-30-1，女性各手指的指纹频率见表 2-30-2。

表 2-30-1　毛南族男性各手指的指纹频率（%）（男 240 人）

	男左					男右				
	拇	示	中	环	小	拇	示	中	环	小
A	2.08	7.50	6.25	1.67	1.67	1.67	8.33	1.25	1.25	0.42
Lu	48.33	38.33	56.25	37.92	75.41	40.00	41.67	64.59	33.33	66.25
Lr	0.83	10.42	0.83	0.41	0	0	8.33	0.83	0.83	0
W	48.76	43.75	36.67	60.00	22.92	58.33	41.67	33.33	64.59	33.33

表 2-30-2　毛南族女性各手指的指纹频率（%）（女 240 人）

	女左					女右				
	拇	示	中	环	小	拇	示	中	环	小
A	4.17	9.58	8.33	0.83	0.83	2.50	7.50	2.50	0.42	0.42
Lu	43.33	38.75	59.59	42.08	77.50	45.83	50.41	79.58	42.92	74.58
Lr	0.83	13.75	1.25	1.25	0.42	0.42	6.67	0	0.83	0.42
W	51.67	37.92	30.83	55.84	21.25	51.25	35.42	17.92	55.83	24.58

Lr 多见于示指。

男女合计指纹频率见表 2-30-3。

表 2-30-3　毛南族男女合计指纹频率（%）（男 240 人，女 240 人）

	A	Lu	Lr	W
男	3.21	50.21	2.25	44.33

①研究者：李后文、廖红、陈维平、莫发荣、陈纾，广西医科大学组胚教研室；吴立甫，贵阳医学院。

续表

	A	Lu	Lr	W
女	3.71	55.46	2.58	38.25
合计	3.46	52.83	2.42	41.29

W 指纹频率男性多于女性。

（二）TFRC

男女 TFRC 的均数、标准差见表 2-30-4。

表 2-30-4　毛南族 TFRC（条）的参数（男 240 人，女 240 人）

	男	女	合计
$\bar{x}$	133.96	127.29	130.63
s	44.75	41.86	43.42

男性 TFRC 多于女性，但无显著性差异（$P>0.05$）。

二、掌　　纹

（一）tPD 和 atd

tPD 和 atd 的均数、标准差见表 2-30-5。

表 2-30-5　毛南族 tPD 和 atd 的参数（男 240 人，女 240 人）

	tPD			atd（°）		
	男	女	合计	男	女	合计
$\bar{x}$	16.66	16.93	16.80	40.88	40.76	40.82
s	6.02	5.82	5.94	4.13	4.22	4.17

女性 tPD 大于男性，但无显著性差异（$P>0.05$）。女性 atd 小于男性，但无显著性差异（$P>0.05$）。

（二）a-b RC

a-b RC 的均数、标准差见表 2-30-6。

表 2-30-6　毛南族 a-b RC（条）的参数（男 240 人，女 240 人）

	男	女	合计
$\bar{x}$	36.69	35.93	36.31
s	4.58	4.10	4.36

（三）手掌上的真实花纹和猿线

手掌大鱼际、指间区、小鱼际的真实花纹和猿线的观察频率见表 2-30-7。

表 2-30-7　毛南族手掌真实花纹和猿线频率（%）（男 240 人，女 240 人）

	T/Ⅰ	Ⅱ	Ⅲ	Ⅳ	H	猿线
男	4.38	4.17	14.17	65.00	14.38	20.83
女	3.13	1.25	13.33	70.83	15.42	15.42
合计	3.75	2.71	13.75	67.92	14.90	18.12

第三十一章　苗族的肤纹

本章列出两个苗族的模式样本，第一节是贵阳市的苗族群体肤纹，第二节是贵州麻江县的苗族肤纹。

第一节　贵州贵阳市苗族肤纹[①]

研究对象来自贵州省苗族集居县（市）的小学生和部分成年人，三代都是苗族人，身体健康，无家族性遗传病。平均年龄 10.43 岁。

以黑色油墨捺印法捺印研究对象的指纹、掌纹和足纹。

指纹分析都以 403 人(男 221 人,女 182 人)为基数,其他项目人数有变(吴立甫 等,1983)。

一、指　　纹

（一）指纹频率

指纹频率见表 2-31-1。

表 2-31-1　贵阳苗族指纹频率（%）（男 221 人，女 182 人）

A	L	Lu	Lr	W
1.49	47.05	44.89	2.16	51.46

（二）TFRC

本群体的 TFRC 为（133.05±43.61）条。

二、掌　　纹

掌纹的 tPD、atd、a-b RC、主要掌纹线指数的均数和标准差见表 2-31-2。

表 2-31-2　贵阳苗族掌纹的各项参数（男 225 人，女 183 人）

	tPD	atd（°）	a-b RC（条）	主要掌纹线指数
$\bar{x}$	19.17	43.88	38.94	23.25
s	6.45	7.09	5.22	3.93

手掌大鱼际真实花纹、指间各区真实花纹、小鱼际真实花纹的观察频率见表 2-31-3。

---

①研究者：吴立甫、谢企云、曹贵强，贵阳医学院生物学教研室。

表 2-31-3 贵阳苗族掌纹各部位真实花纹的观察频率（%）(男 225 人，女 183 人)

T/Ⅰ	Ⅱ	Ⅲ	Ⅳ	H
3.44	1.49	11.43	74.08	8.35

三、足　　纹

蹈趾球纹、各趾间区真实花纹、足小鱼际真实花纹的观察频率见表 2-31-4。

表 2-31-4 贵阳苗族足纹的观察频率（%）(男 225 人，女 183 人)

蹈趾球纹			趾间区纹			足小鱼际纹	足跟纹
A	L	W	Ⅱ	Ⅲ	Ⅳ	H	
7.03	64.89	28.08	7.27	56.40	9.85	3.33	0

第二节　贵州麻江县苗族肤纹①

2015 年在贵州麻江县使用油墨捺印法采样，研究对象三代都是苗族人。这是最后的油墨法捺印群体。笔者分析的 TFRC、a-bRC、atd、at′ d、tPD 和 t′ PD 指标，出现在油墨分析的内容中。本节苗族肤纹群体共计 597 人，年龄 48.5 岁±12.2 岁（18～70 岁），其中男性 245 人，年龄 49.4 岁±12.9 岁（19～70 岁），女性 352 人，年龄 47.9 岁±11.7 岁（18～70 岁）。肤纹数据如下（表 2-31-5～表 2-31-12）。

表 2-31-5 麻江苗族肤纹各表型组合情况（男 245 人，女 352 人）

指标	分型		男		女		合计		u
	左	右	n	频率（%）	n	频率（%）	n	频率（%）	
通贯手	+	+	27	11.00	12	3.40	39	6.50	3.70**
	+	−	14	5.70	15	4.30	29	4.90	0.81
	−	+	6	2.40	14	4.00	20	3.40	1.02
缺指三角 d	+	+	0	0	0	0	0	0	0
	+	−	4	1.60	4	1.10	8	1.30	0.52
	−	+	1	0.40	2	0.60	3	0.50	0.27
缺指三角 c	+	+	7	2.90	13	3.70	20	3.40	0.56
	+	−	4	1.60	16	4.50	20	3.40	1.95
	−	+	1	0.40	4	1.10	5	0.80	0.96
指间Ⅳ区 2 枚真实花纹	+	+	0	0	1	0.30	1	0.20	0.83
	+	−	5	2.00	3	0.90	8	1.30	1.24
	−	+	0	0	4	1.10	4	0.70	1.67
指间Ⅲ/Ⅳ区纹	+	+	0	0	0	0	0	0	0
	+	−	1	0.40	2	0.60	3	0.50	0.27
	+	+	0	0	0	0	0	0	0

①研究者：杨海涛、张维，复旦大学泰州健康科学研究院；乔辉、张海国，复旦大学生命科学学院；黄丽，锦州医科大学；王洪荣，广西医科大学。

续表

指标	分型		男		女		合计		u
	左	右	n	频率（%）	n	频率（%）	n	频率（%）	
指三角t′	+	+	2	0.80	1	0.30	3	0.50	0.90
	+	−	3	1.20	7	2.00	10	1.70	0.72
	−	+	10	4.10	8	2.30	18	3.00	1.27
足跟真实花纹	+	+	2	0.80	3	0.90	5	0.80	0.05
	+	−	1	0.40	7	2.00	8	1.30	1.65
	−	+	1	0.40	5	1.40	6	1.00	1.22

注：对比结果，**表示 $P<0.01$，差异具有统计学意义。

表 2-31-6　麻江苗族指纹情况（男 245 人，女 352 人）

	As		At		Lu		Lr		Ws		Wd		A		L		W	
	n	频率（%）	n	频率（%）	n	频率（%）	n	频率（%）	n	频率（%）	n	频率（%）	n	频率（%）	n	频率（%）	n	频率（%）
男	15	0.61	18	0.73	1 135	46.33	90	3.67	1 070	43.67	122	5.00	33	1.35	1 225	50.00	1 192	48.65
女	91	2.59	35	0.99	1 721	48.89	96	2.73	1 388	39.43	189	5.40	126	3.58	1 817	51.62	1 577	44.80
合计	106	1.78	53	0.89	2 856	47.84	186	3.12	2 458	41.17	311	5.20	159	2.66	3 042	51.95	2 769	46.38
u	5.68**		1.05		1.95		2.07*		3.28**		0.67		5.27**		1.23		2.94**	

注：对比结果，*表示 $P<0.05$，**表示 $P<0.01$，差异具有统计学意义。

表 2-31-7　麻江苗族各手指指纹频率（%）（男 245 人，女 352 人）

		左						右					
		As	At	Lu	Lr	Ws	Wd	As	At	Lu	Lr	Ws	Wd
男	拇	0.41	0.41	37.14	1.22	43.27	17.55	0.81	0	31.02	0.41	58.78	8.98
	示	0.82	2.86	32.21	15.13	45.71	3.27	2.45	2.04	33.47	14.70	41.63	5.71
	中	0.41	0.41	57.55	2.04	34.69	4.9	0.40	0.41	60.82	2.86	33.06	2.45
	环	0	0.41	37.14	0	60	2.45	0	0	29.8	0.41	68.57	1.22
	小	0.82	0.81	78.37	0	17.55	2.45	0	0	65.71	0	33.47	0.82
女	拇	3.98	0	33.51	1.14	40.63	20.74	2.56	0	36.36	0.85	48.3	11.93
	示	3.69	2.56	35.51	11.93	40.91	5.4	5.4	3.69	35.8	8.52	41.76	4.83
	中	3.13	1.14	55.11	2.56	33.51	4.55	2.27	0.85	68.47	0	26.42	1.99
	环	1.42	0	39.49	1.14	56.25	1.7	0.85	0.28	36.93	0.29	61.08	0.57
	小	1.7	1.14	73.29	0.57	21.88	1.42	0.85	0.28	74.43	0.29	23.58	0.57

表 2-31-8　麻江苗族一手 5 指、双手 10 指纹的组合情况（男 245 人，女 352 人）

（a）一手 5 指

序号	组合			男		女		合计		u
	A	L	W	n	频率（%）	n	频率（%）	n	频率（%）	
1	0	0	5	69	14.08	88	12.50	157	13.15	0.80
2	0	1	4	80	16.33	98	13.92	178	14.91	1.15
3	0	2	3	83	16.94	112	15.91	195	16.33	0.47

续表

(a) 一手 5 指										
序号	组合			男		女		合计		u
	A	L	W	n	频率 (%)	n	频率 (%)	n	频率 (%)	
4	0	3	2	84	17.14	110	15.63	194	16.25	0.7
5	0	4	1	90	18.37	129	18.31	219	18.33	0.20
6	0	5	0	58	11.84	82	11.65	140	11.73	0.10
7	1	0	4	0	0	1	0.14	1	0.08	0.83
8	1	1	3	1	0.20	3	0.43	4	0.34	0.65
9	1	2	2	2	0.41	10	1.42	12	1.01	1.73
10	1	3	1	9	1.84	23	3.27	32	2.68	1.51
11	1	4	0	9	1.84	23	3.27	32	2.68	1.51
12	2	0	3	0	0	0	0	0	0	0
13	2	1	2	1	0.20	0	0	1	0.08	1.20
14	2	2	1	0	0	4	0.57	4	0.34	1.67
15	2	3	0	2	0.41	10	1.42	12	1.01	1.73
16	3	0	2	1	0.20	0	0	1	0.08	1.20
17	3	1	1	0	0	0	0	0	0	0
18	3	2	0	1	0.20	7	0.99	8	0.67	1.65
19	4	0	1	0	0	0	0	0	0	0
20	4	1	0	0	0	3	0.43	3	0.25	1.45
21	5	0	0	0	0	1	0.14	1	0.08	0.83
合计	35	35	35	490	100.00	704	100.00	1 194	100.00	—

(b) 双手 10 指										
序号	组合			男		女		合计		u
	A	L	W	n	频率 (%)	n	频率 (%)	n	频率 (%)	
1	0	0	10	20	8.16	31	8.81	51	8.54	0.28
2	0	1	9	22	8.98	16	4.55	38	6.37	2.18*
3	0	2	8	20	8.16	28	7.95	48	8.04	0.90
4	0	3	7	19	7.75	27	7.67	46	7.70	0.40
5	0	4	6	18	7.35	26	7.39	44	7.37	0.20
6	0	5	5	26	10.61	30	8.52	56	9.38	0.86
7	0	6	4	28	11.43	30	8.52	58	9.71	1.18
8	0	7	3	18	7.35	27	7.67	45	7.54	0.15
9	0	8	2	24	9.80	41	11.65	65	10.89	0.71
10	0	9	1	15	6.12	17	4.83	32	5.36	0.69
11	0	10	0	15	6.12	17	4.83	32	5.36	0.69
12	1	0	9	0	0	0	0	0	0	0
13	1	1	8	0	0	1	0.28	1	0.17	0.83
14	1	2	7	0	0	1	0.28	1	0.17	0.83

续表

(b)双手10指										
序号	组合			男		女		合计		u
	A	L	W	n	频率(%)	n	频率(%)	n	频率(%)	
15	1	3	6	0	0	1	0.28	1	0.17	0.83
16	1	4	5	0	0	2	0.57	2	0.33	1.18
17	1	5	4	1	0.41	2	0.57	3	0.50	0.27
18	1	6	3	3	1.22	6	1.70	9	1.51	0.47
19	1	7	2	4	1.63	6	1.70	10	1.67	0.70
20	1	8	1	4	1.63	10	2.89	14	2.34	0.96
21	1	9	0	2	0.82	5	1.42	7	1.17	0.67
22	2	0	8	0	0	0	0	0	0	0
23	2	1	7	0	0	0	0	0	0	0
24	2	2	6	0	0	1	0.28	1	0.17	0.83
25	2	3	5	0	0	0	0	0	0	0
26	2	4	4	0	0	0	0	0	0	0
27	2	5	3	1	0.41	1	0.28	2	0.34	0.26
28	2	6	2	0	0	4	1.14	4	0.67	1.67
29	2	7	1	1	0.41	3	0.85	4	0.67	0.65
30	2	8	0	0	0	6	1.70	6	1.01	2.05*
31	3	0	7	0	0	0	0	0	0	0
32	3	1	6	0	0	0	0	0	0	0
33	3	2	5	0	0	0	0	0	0	0
34	3	3	4	0	0	0	0	0	0	0
35	3	4	3	0	0	1	0.28	1	0.17	0
36	3	5	2	0	0	0	0	0	0	0
37	3	6	1	1	0.41	0	0	1	0.17	1.2
38	3	7	0	1	0.41	3	0.85	4	0.67	0.65
	其他组合			2	0.82	9	2.54	11	1.85	—
合计	220	220	220	245	100.00	352	100.00	597	100.00	—

注：对比结果，*表示 $P<0.05$，差异具有统计学意义。

表 2-31-9　麻江苗族肤纹指标表型频率（%）（男 245 人，女 352 人）

类型	男左	男右	女左	女右	男	女	合计
掌大鱼际纹	8.16	1.63	4.55	1.70	4.90	3.13	3.85
指间Ⅱ区纹	0.82	1.22	0	0.28	1.02	0.14	0.50
指间Ⅲ区纹	6.12	25.31	8.24	21.59	15.72	14.92	15.24
指间Ⅳ区纹	76.33	66.53	70.74	67.33	71.43	69.04	70.02
掌小鱼际纹	14.29	15.92	14.77	14.77	15.11	14.77	14.91
趾间Ⅱ区纹	7.76	8.57	7.67	8.24	8.17	7.95	8.04
趾间Ⅲ区纹	55.51	57.55	50	53.41	56.53	51.70	53.69

续表

类型		男左	男右	女左	女右	男	女	合计
趾间Ⅳ区纹		11.02	12.24	7.67	9.66	11.63	8.67	9.88
足小鱼际纹		50.20	43.67	43.18	37.22	46.94	40.20	42.96
蹋趾球纹	胫弓	16.33	11.84	7.95	7.95	14.08	7.95	10.47
	其他弓	1.23	2.04	2.27	1.99	1.63	2.12	1.93
	远箕	51.82	53.47	62.23	58.81	52.65	60.52	57.29
	其他箕	8.58	11.43	7.67	9.66	10	8.67	9.21
	一般斗	19.18	19.59	18.18	20.17	19.39	19.18	19.26
	其他斗	2.86	1.63	1.70	1.42	2.25	1.56	1.84

表 2-31-10　麻江苗族表型组肤纹指标组合情况（男 245 人，女 352 人）

		大鱼际纹			指间Ⅱ区纹			指间Ⅲ区纹			指间Ⅳ区纹			小鱼际纹		
组合	左	+	+	−	+	+	−	+	+	−	+	+	−	+	+	−
	右	+	−	+	+	−	+	+	−	+	+	−	+	+	−	+
合计	*n*	9	27	1	1	1	3	25	19	113	343	94	58	43	44	48
	频率（%）	1.51	4.52	0.17	0.17	0.17	0.50	4.19	3.18	18.93	57.39	15.75	9.72	7.20	7.37	8.04
		蹋趾弓纹	蹋趾箕纹	蹋趾斗纹	趾间Ⅱ区纹			趾间Ⅲ区纹			趾间Ⅳ区纹			小鱼际纹		
组合	左	+	+	+	+	+	−	+	+	−	+	+	−	+	+	−
	右	+	+	+	+	−	+	+	−	+	+	−	+	+	−	+
合计	*n*	37	285	67	18	28	32	263	49	66	35	19	29	197	78	41
	频率（%）	6.20	47.74	11.22	3.02	4.69	5.36	44.05	8.21	11.06	5.86	3.18	4.86	33.00	13.07	6.87

表 2-31-11　麻江苗族 W 取 FRC 侧别的出现情况（男 245 人，女 352 人）

	男						女					
	Wu		Wb		Wr		Wu		Wb		Wr	
	n	频率（%）	*n*	频率（%）	*n*	频率（%）	*n*	频率（%）	*n*	频率（%）	*n*	频率（%）
取桡侧	680	85.53	58	50	60	18.02	893	86.2	70	41.42	71	17.02
两侧相等	31	3.90	22	18.97	21	6.31	43	4.15	34	20.12	18	4.32
取尺侧	84	10.57	36	31.03	252	75.67	100	9.65	65	38.46	328	78.66
合计	795	100.00	116	100.00	333	100.00	1 036	100.00	169	100.00	417	100.00

表 2-31-12　麻江苗族 TFRC、掌纹 a-b RC、atd、at′ d、tPD 和 t′ PD 参数（男 245 人，女 352 人）

		男左		男右		女左		女右		男		女		合计	
		$\bar{x}$	s	$\bar{x}$	s	$\bar{x}$	s	$\bar{x}$	s	$\bar{x}$	s	$\bar{x}$	s	$\bar{x}$	s
TFRC（条）	拇	17.49	5.99	19.49	6.49	15.32	6.41	17.49	6.44	18.49	6.32	16.40	6.51	17.26	6.43
	示	12.87	6.29	12.96	6.55	12.26	6.28	12.35	6.44	12.91	6.42	12.30	6.36	12.55	6.38
	中	14.57	5.50	13.78	5.30	13.42	6.10	13.10	5.48	14.17	5.41	13.26	5.80	13.63	5.64

续表

		男左		男右		女左		女右		男		女		合计	
		$\bar{x}$	s	$\bar{x}$	s	$\bar{x}$	s	$\bar{x}$	s	$\bar{x}$	s	$\bar{x}$	s	$\bar{x}$	s
TFRC（条）	环	16.84	4.96	17.11	4.53	15.62	5.72	16.24	5.35	16.98	4.75	15.93	5.55	16.35	5.22
	小	13.00	4.52	13.53	4.66	12.29	5.48	12.65	5.09	13.26	4.60	12.47	5.29	12.79	5.01
	各手	74.76	21.85	76.87	21.88	68.91	24.23	71.82	23.12	151.64	42.80	140.73	46.40	145.21	44.92
a-b RC（条）		40.12	5.52	39.71	5.83	39.83	6.29	39.08	6.15	39.91	5.67	39.45	6.23	39.64	6..01
atd（°）		39.63	4.83	40.13	4.57	41.88	4.87	41.77	4.57	39.88	4.71	41.83	4.72	41.03	4.81
atd 例数		241		244		347		350		485		697		1 182	
at′ d（°）		39.81	4.94	40.48	4.72	42.07	5.09	42.02	4.78	40.15	4.84	42.04	4.93	41.27	4.98
t′ 的例数		6		11		8		9		17		17		34	
tPD		16.96	5.68	17.28	5.78	17.99	6.28	18.03	5.99	17.12	5.73	18.01	6.13	17.64	5.98
t′ PD		17.32	5.84	17.93	6.32	18.25	6.48	18.37	6.20	17.63	6.09	18.31	6.34	18.03	6.24

第三十二章　门巴族的肤纹[①]

研究对象是世代居住在西藏山南地区（现为山南市）错那县的门巴族人群，身体健康，无家族性遗传病，三代均为门巴族。平均年龄 30.10 岁（2～79 岁）。

以黑色油墨捺印法捺印研究对象的指纹、掌纹及足纹。

所有分析都以 217 人（男 101 人，女 116 人）为基数（汪宪平 等，1999）。

一、指　　纹

（一）指纹频率

男女合计指纹频率见表 2-32-1。

表 2-32-1　门巴族男女合计指纹频率（%）（男 101 人，女 116 人）

A	Lu	Lr	W
1.07	39.20	1.80	57.93

（二）指纹组合

左右同名指的组合格局频率见表 2-32-2。

表 2-32-2　门巴族左右同名指的组合格局频率（男 101 人，女 116 人）

	A/A	A/L	A/W	L/L	L/W	W/W
观察频率（%）	0.55	1.11	0	31.15	18.53	48.66
期望频率（%）	0.01	0.92	1.29	16.78	47.45	33.55
P	＜0.05	＞0.05	＜0.01	＜0.001	＜0.001	＜0.001

观察左右同名指组合格局中 A/A、L/L、W/W 显著增多，它们各自的观察频率和期望频率的差异显著性检验都是 $P<0.05$，表明同型指纹在左右配对为非随机组合。A/W 的观察频率与期望频率之间也有显著性差异（$P<0.01$），提示 A 与 W 的不相容现象。

一手 5 指同为 W 者观察频率为 20.74%，期望频率为 6.52%，差异显著性检验得 $P<0.001$；5 指同为 L 者观察频率为 9.45%，期望频率为 1.15%，差异显著性检验得 $P<0.001$；一手 5 指为同一种花纹的观察频率和期望频率之间有明显的差异，即观察频率明显增多，表现为非随机组合。未见一手 5 指全 A 者。一手 5 指的异型组合 AOW、ALW 明显减少，表现出

①研究者：汪宪平、颜中、其梅，西藏自治区人民医院；张海国、陆振虞、陈仁彪，上海第二医科大学医学遗传学教研室。

A 与 W 组合的不相容。

本样本中 10 指全为 W 者 29 人（13.36%），10 指全为 L 者 8 人（3.69%）。未见双手 10 指全 A 者。

（三）TFRC

各侧别、性别和合计的 TFRC 均数和标准差见表 2-32-3。

表 2-32-3　门巴族各侧别性别和合计的 TFRC（条）**的参数**（男 101 人，女 116 人）

	男左	男右	女左	女右	男	女	合计
$\bar{x}$	80.96	82.71	75.89	77.00	163.67	152.89	157.91
s	21.20	20.63	19.92	18.98	40.43	37.71	39.28

二、掌　　纹

（一）tPD、atd、a-b RC

tPD、atd、a-b RC 的均数和标准差见表 2-32-4。

表 2-32-4　门巴族 tPD、atd、a-b RC 的参数（男 101 人，女 116 人）

	tPD		atd（°）		a-b RC（条）	
	$\bar{x}$	s	$\bar{x}$	s	$\bar{x}$	s
男左	19.44	7.55	42.14	8.17	40.49	4.36
男右	18.11	7.04	41.55	4.81	39.75	5.46
女左	19.01	5.98	40.98	10.43	39.14	4.00
女右	18.33	6.72	40.81	8.15	38.66	4.31
男	18.78	7.31	41.85	6.69	40.11	4.95
女	18.67	6.35	40.90	9.34	38.90	4.16
合计	18.72	6.81	41.34	8.22	39.46	4.58

tPD 均数在男女间差异不显著（$P>0.05$）。atd 均数在男女间差异也不显著（$P>0.05$）。a-b RC 均数在男女间差异显著（$P<0.05$）。

（二）手掌上的真实花纹

手大鱼际、指间区、小鱼际真实花纹的观察频率见表 2-32-5。

表 2-32-5　门巴族手大鱼际、指间区、小鱼际真实花纹的频率（%）（男 101 人，女 116 人）

	T/Ⅰ	Ⅱ	Ⅲ	Ⅳ	Ⅲ/Ⅳ	H
男	11.39	0	19.31	69.31	7.92	24.26
女	3.45	0	15.09	75.86	6.03	26.72
合计	7.14	0	17.05	72.81	6.91	25.58

（三）手掌上的猿线、指三角和轴三角

手掌上的猿线、指三角和轴三角的观察频率见表 2-32-6。

表 2-32-6　门巴族猿线、指三角和轴三角的观察频率（%）（男 101 人，女 116 人）

	猿线	–b	–c	–d	–t	+t
男	7.92	0	6.44	0.50	0	3.47
女	9.05	0	4.31	3.45	0	2.16
合计	8.53	0	5.30	2.30	0	2.76

三、足　　纹

（一）蹈趾球纹

蹈趾球纹的频率见表 2-32-7。

表 2-32-7　门巴族蹈趾球纹频率（%）（男 101 人，女 116 人）

	TAt	Ad	At	Ap	Af	Ld	Lt	Lp	Lf	Ws	Wc
男	0	0	14.85	4.95	2.48	58.92	2.48	0	0.50	15.84	0
女	0	0	8.19	6.90	4.31	66.37	6.90	0	0.43	6.90	0
合计	0	0	11.29	5.99	3.46	62.90	4.84	0	0.46	11.06	0

蹈趾球纹以 Ld 为最多，Ws 次之。

蹈趾球纹左右以同型花纹对应的占 77.42%，显著高于各自的期望频率，表现为同型花纹在左右蹈趾球部非随机组合。

（二）足趾间区纹、足小鱼际纹

足趾间区、足小鱼际的真实花纹观察频率见表 2-32-8。

表 2-32-8　门巴族足趾间区和小鱼际真实花纹频率（%）（男 101 人，女 116 人）

	Ⅱ	Ⅲ	Ⅳ	H
男	10.89	71.29	2.97	49.01
女	2.58	65.95	0.86	46.12
合计	6.45	68.42	1.84	47.47

足趾间区真实花纹在Ⅲ区最多，并且以 Ld 为多。

左右足趾间Ⅲ区以真实花纹对应者占 61.74%。

（三）足跟纹

足跟真实花纹的出现频率极低，门巴族群体中未见。

第三十三章　蒙古族的肤纹

蒙古族肤纹材料有2份。第1份材料来自内蒙古自治区，第2份材料取自云南省。

第一节　内蒙古自治区的蒙古族肤纹[①]

研究对象为内蒙古自治区昭乌达盟（现为赤峰市）蒙古族中学生，三代都是蒙古族人，身体健康，无家族性遗传病。年龄16～20岁。

所有的分析都以600人（男300人，女300人）为基数（庄振西 等，1984）。

一、指　　纹

（一）指纹频率

男女性各手指的指纹频率见表2-33-1。

表2-33-1　内蒙古的蒙古族男女性各手指的指纹频率（%）（男300人，女300人）

	男					女				
	拇	示	中	环	小	拇	示	中	环	小
A	1.33	5.67	2.17	0.67	2.33	3.17	5.67	2.50	0.67	1.17
Lu	38.17	35.33	54.33	33.83	67.67	40.83	36.33	55.83	31.33	69.33
Lr	0.83	12.33	1.50	0.67	0.33	0.17	7.33	1.17	0.17	0.17
W	59.67	46.67	42.00	64.83	29.67	55.83	50.67	40.50	67.83	29.33

Lr多见于示指，Lu多见于小指。

样本中10指全为W者占9.67%，全为L者占4.33%。

男女合计指纹频率见表2-33-2。

表2-33-2　内蒙古的蒙古族男女合计指纹频率（%）（男300人，女300人）

	A	Lu	Lr	W
男	2.43	45.87	3.13	48.57
女	2.63	46.73	1.80	48.84
合计	2.53	46.30	2.47	48.70

①研究者：庄振西、李印宣、王贵琛、王惠孚，锦州医学院生物学教研室。

（二）TFRC

各性别 TFRC 的均数、标准差和标准误见表 2-33-3。

表 2-33-3　内蒙古的蒙古族 TFRC（条）的参数（男 300 人，女 300 人）

	$\bar{x}$	s	$s_{\bar{x}}$
男	129.50	44.45	2.57
女	117.60	41.26	2.38
合计	123.70	42.92	1.75

男女间的 TFRC 均数比较，差异非常显著（$P<0.01$）。

二、掌　　纹

（一）tPD 与 atd

tPD 的均数、标准差和标准误等见表 2-33-4。

表 2-33-4　内蒙古的蒙古族 tPD 的参数（男 300 人，女 300 人）

	$\bar{x}$	s	$s_{\bar{x}}$
男左	16.94	5.57	0.32
男右	17.62	5.57	0.32
女左	18.21	5.89	0.34
女右	18.17	5.94	0.35
男	17.28	5.58	0.23
女	18.19	5.92	0.24
合计	17.73	5.77	0.17

男女 tPD 均数之间有显著性差异（$P<0.01$）。
atd 的均数、标准差和标准误见表 2-33-5。

表 2-33-5　内蒙古的蒙古族 atd（°）的参数（男 300 人，女 300 人）

	$\bar{x}$	s	$s_{\bar{x}}$
男	39.15	40.09	39.71
女	4.28	4.75	4.50
合计	0.18	0.20	0.13

男女 atd 均数之间有显著性差异（$P<0.01$）。

（二）a-b RC

a-b RC 的均数、标准差和标准误见表 2-33-6。

表 2-33-6　内蒙古的蒙古族 a-b RC（条）的参数（300 人，女 300 人）

	$\bar{x}$	s	$s_{\bar{x}}$
男	65.22	13.61	0.79
女	64.25	12.54	0.72
合计	64.73	13.10	0.53

本样本 a-b RC 的参数由双手合计得出。

（三）手大鱼际纹、指间区纹、小鱼际纹和猿线

手大鱼际、指间区、小鱼际的真实花纹和猿线的观察频率见表 2-33-7。

表 2-33-7　内蒙古的蒙古族手大鱼际、指间区、小鱼际和猿线的频率（%）（男 300 人，女 300 人）

	T/ I	Ⅱ	Ⅲ	Ⅳ	H	猿线
男	3.66	1.67	18.50	57.00	13.50	11.34
女	1.01	1.17	12.83	60.83	15.00	6.00
合计	2.33	1.42	15.67	58.92	14.25	8.67

第二节　云南蒙古族肤纹[①]

蒙古族肤纹样本是根据随机化的原则，采自云南省玉溪地区通海县境内无遗传缺陷三代同族的健康村民和中小学生等。云南省通海县的蒙古族人自称为喀卓人。

样本的采取按照传统的油墨肤纹捺印法，应用 9 开道林纸与铅印黑色油墨，捺印同一个体的左右手纹。

样本的分析依据中国统一标准，再加上一些项目的组合研究，进行图像数量化及代码变换处理，并记录成册，应用自编的皮肤纹理分析软件包在计算机上完成数据的处理和分析。

所有手纹分析都以 726 人（男 313 人，女 413 人）为基数（丁明　等，2001）。

一、指　　纹

（一）指纹频率

云南蒙古族各指纹类型的分布频率见表 2-33-8 和表 2-33-9。

表 2-33-8　云南蒙古族各指纹类型频率（%）（男 313 人）

	男左					男右				
	拇	示	中	环	小	拇	示	中	环	小
A	1.60	4.15	2.87	0.32	0.96	1.28	4.15	1.60	0.32	0.32
Lu	47.92	50.48	61.34	41.53	69.97	42.17	47.92	68.37	31.35	66.77

①研究者：丁明，云南省计划生育技术科学研究所；张海国，上海第二医科大学；黄明龙，云南红十字会医院。

续表

	男左					男右				
	拇	示	中	环	小	拇	示	中	环	小
Lr	0.00	7.99	2.24	0.64	0.00	0.96	10.23	0.32	0.64	0.32
W	50.48	37.38	33.55	57.51	29.07	55.59	37.70	29.71	67.69	32.59

表 2-33-9　云南蒙古族各指纹类型频率（%）（女 413 人）

	女左					女右				
	拇	示	中	环	小	拇	示	中	环	小
A	5.08	6.54	3.14	1.44	1.69	2.90	4.60	2.42	0.25	0.49
Lu	44.32	47.94	62.96	42.63	78.94	48.43	55.21	73.37	47.94	79.66
Lr	0.48	5.57	1.94	0.48	0.48	0.24	4.60	0.48	0.24	0.00
W	50.12	39.95	31.96	55.45	18.89	48.43	35.59	23.73	51.57	19.85

云南蒙古族 726 人指纹频率，A 为 2.39%，Lu 为 55.89%，Lr 为 1.83%，W 为 39.89%。

（二）TFRC

云南蒙古族男女 TFRC 的参数见表 2-33-10。

表 2-33-10　云南蒙古族男女 TFRC（条）的参数（男 313 人，女 413 人）

	$\bar{x}$	s	$s_{\bar{x}}$
男	138.55	41.66	1.68
女	129.49	40.52	1.41
合计	133.40	41.09	1.08

二、掌　　纹

（一）atd

云南蒙古族男女左右手 atd 的参数见表 2-33-11。

表 2-33-11　云南蒙古族 atd（°）的参数（男 313 人，女 413 人）

	$\bar{x}$	s	$s_{\bar{x}}$
男	42.48	5.71	0.23
女	42.74	6.45	0.22
合计	42.61	6.08	0.16

（二）a-b RC

云南蒙古族 a-b RC 的全距为 55 条（12～67 条），众数 38 条。

云南蒙古族 a-b RC 的参数见表 2-33-12。

表 2-33-12　云南蒙古族 a-b RC（条）的参数（男 313 人，女 413 人）

	$\bar{x}$	s	$s_{\bar{x}}$
男	40.28	5.04	0.20
女	39.88	4.89	0.17
合计	40.05	4.97	0.13

（三）手大鱼际纹

云南蒙古族手大鱼际各花纹的分布频率见表 2-33-13。

表 2-33-13　云南蒙古族手大鱼际各花纹的分布频率（%）（男 313 人，女 413 人）

	真实花纹	非真实花纹
男左	5.91	94.09
男右	1.60	98.40
女左	2.91	97.09
女右	1.09	98.91
男	7.51	92.49
女	4.00	96.00
合计	5.51	94.49

云南蒙古族手大鱼际区出现的真实花纹中以 Lp 最多。

（四）手小鱼际纹

云南蒙古族手小鱼际花纹的分布频率见表 2-33-14。

表 2-33-14　云南蒙古族手小鱼际花纹的分布频率（%）（男 313 人，女 413 人）

	真实花纹	非真实花纹
男左	4.31	95.69
男右	3.99	96.01
女左	3.39	96.61
女右	2.66	97.34
男	8.31	91.69
女	6.05	93.95
合计	7.02	92.98

（五）手指间区纹

云南蒙古族各手指间区纹的分布频率见表 2-33-15。

表 2-33-15　云南蒙古族各手指间区真实花纹的分布频率（%）（男 313 人，女 413 人）

	Ⅱ	Ⅲ	Ⅳ
男左	0.32	6.87	37.86
男右	0.80	10.78	31.47
女左	0	3.27	39.23

续表

	Ⅱ	Ⅲ	Ⅳ
女右	0.36	8.32	33.17
男	1.12	17.78	69.33
女	0.36	11.50	72.40
合计	0.69	14.12	71.07

（六）主线横向指数

云南蒙古族主线横向指数参数见表 2-33-16。

表 2-33-16　云南蒙古族主线横向指数的参数（男 313 人，女 413 人）

	$\bar{x}$	s	$s_{\bar{x}}$
男性	22.13	3.88	0.16
女性	21.95	3.30	0.11
合计	22.04	3.59	0.09

第三十四章　仫佬族的肤纹[①]

研究对象为广西壮族自治区罗城仫佬族自治县东门乡仫佬族人群，身体健康，无家族性遗传病，三代均为仫佬族人。5～14岁者为297人。

以黑色油墨捺印法捺印研究对象的指纹和掌纹。

所有分析都以487人（男226人，女261人）为基数（周家美 等，1984）。

一、指　　纹

各手指、合计的指纹频率见表2-34-1。

表2-34-1　仫佬族各手指、合计的指纹频率（%）（男226人，女261人）

	A	Lu	Lr	Ws	Wd
拇	3.49	39.94	0.52	44.86	11.19
示	9.65	38.81	9.34	39.43	2.77
中	5.96	59.14	0.10	32.85	1.95
环	2.36	36.76	0.72	59.65	0.51
小	1.54	67.97	0.82	29.16	0.51
合计	4.33	48.52	2.57	41.19	3.39

Wd多见于拇指，Lr多见于示指。

二、TFRC、atd、a-b RC

TFRC、atd、a-b RC的最大值、最小值和均数见表2-34-2。

表2-34-2　仫佬族TFRC、atd、a-b RC的参数（男226人，女261人）

	TFRC（条）			atd（°）			a-b RC（条）		
	最大值	最小值	$\bar{x}$	最大值	最小值	$\bar{x}$	最大值	最小值	$\bar{x}$
男	235	4	128.03	59	20	38.33	57	26	36.96
女	208	14	125.00	59	30	41.59	55	26	37.01
合计	235	4	126.41	59	20	39.96	57	26	36.99

---

①研究者：周家美，广西医学院生物学教研室；陈祖芬，苏州医学院（现为苏州大学医学院）解剖学教研室。

三、手掌的真实花纹和猿线

手掌大鱼际、指间区、小鱼际的真实花纹和猿线的观察频率见表 2-34-3。

表 2-34-3　仫佬族手掌真实花纹和猿线频率（%）（男 226 人，女 261 人）

	T/ Ⅰ	Ⅱ	Ⅲ	Ⅳ	H	猿线
男	7.74	2.21	17.26	83.85	10.18	26.19
女	8.05	0.96	15.33	86.21	18.58	26.46
合计	7.91	1.54	16.22	85.12	14.68	26.36

第三十五章　纳西族的肤纹

纳西族的材料有 2 份，第 1 份是 620 人群体的材料，第 2 份是 828 人群体的材料。

第一节　620 人群体的纳西族肤纹[①]

研究对象来自云南省丽江县（现为丽江市）纳西族聚居区，三代都是纳西族人，身体健康，无家族性遗传病。年龄 12 岁以上。

以黑色油墨捺印法捺印研究对象的指纹和掌纹。

所有分析都以 620 人（男 310 人，女 310 人）为基数（吴立甫，1991）。

一、指　　纹

（一）指纹频率

男性各手指的指纹频率见表 2-35-1，女性各手指的指纹频率见表 2-35-2。

表 2-35-1　纳西族（620 人群体）男性各手指的指纹频率（%）（男 310 人）

	男左					男右				
	拇	示	中	环	小	拇	示	中	环	小
A	1.61	3.23	1.94	0.97	0.64	0.32	2.26	1.61	0.32	0.97
Lu	41.94	45.16	56.77	34.52	66.13	34.19	37.10	57.42	30.65	56.45
Lr	0.32	7.10	1.61	0.97	0	0.32	9.68	1.94	1.29	0
W	56.13	44.51	39.68	63.54	33.23	65.17	50.96	39.03	67.74	42.58

表 2-35-2　纳西族（620 人群体）女性各手指的指纹频率（%）（女 310 人）

	女左					女右				
	拇	示	中	环	小	拇	示	中	环	小
A	3.87	5.48	4.19	0.97	0.32	1.61	4.19	1.61	0.65	0.97
Lu	32.26	40.00	55.16	34.84	68.71	36.13	43.87	60.65	32.26	66.13
Lr	1.29	8.39	1.61	0	0.32	0.97	5.16	0.65	1.29	0.32
W	62.58	46.13	39.04	64.19	30.65	61.29	46.78	37.09	65.80	32.58

Lr 多见于示指。

男女合计指纹频率见表 2-35-3。

---

①研究者：朱炳湘，昆明医学院生物教研室；吴立甫，贵阳医学院。

表 2-35-3　纳西族（620 人群体）男女合计指纹频率（%）（男 310 人，女 310 人）

	A	Lu	Lr	W
男	1.39	46.03	2.32	50.26
女	2.39	47.00	2.00	48.61
合计	1.89	46.52	2.16	49.43

W 型指纹频率男性多于女性。

（二）TFRC

男女 TFRC 的均数、标准差见表 2-35-4。

表 2-35-4　纳西族（620 人群体）TFRC（条）的参数（男 310 人，女 310 人）

	男	女	合计
$\bar{x}$	135.83	128.21	132.02
s	40.29	40.48	41.03

男性 TFRC 多于女性，有显著性差异（$P<0.01$）。

二、掌　纹

（一）atd

atd 的均数、标准差见表 2-35-5。

表 2-35-5　纳西族（620 人群体）atd（°）的参数（男 310 人，女 310 人）

	男	女	合计
$\bar{x}$	41.43	42.21	41.82
s	4.69	4.61	4.65

女性 atd 大于男性，有显著性差异（$P<0.05$）。

（二）a-b RC

纳西族 a-b RC 的均数为 36.99 条。

（三）主要掌纹线指数

主要掌纹线指数的均数、标准差见表 2-35-6。

表 2-35-6　纳西族（620 人群体）主要掌纹线指数的参数（男 310 人，女 310 人）

	男	女	合计
$\bar{x}$	23.49	23.28	23.39
s	3.74	3.93	3.84

（四）手掌的真实花纹和猿线频率

手掌大鱼际、指间区、小鱼际的真实花纹和猿线的观察频率见表 2-35-7。

表 2-35-7　纳西族（620 人群体）手掌真实花纹和猿线频率（%）（男 310 人，女 310 人）

	T/ I	Ⅱ	Ⅲ	Ⅳ	H	猿线
男	2.90	0.97	18.06	79.68	9.52	10.98
女	1.61	0.97	14.03	83.39	17.58	6.13
合计	2.26	0.97	16.05	81.54	13.55	8.56

第二节　828 人群体的纳西族肤纹[①]

纳西族肤纹样本是根据随机化的原则，采自云南省丽江地区纳西族自治县境内无遗传缺陷三代同族的健康村民和中小学生等。对象年龄为 7～19 岁，平均（13.01±2.54）岁。

按照传统的古典油墨肤纹捺印法采样，应用 9 开道林纸与铅印黑色油墨，捺印同一个体的左右手纹和左右足纹。

样本的分析依据中国统一标准，再加上一些项目的组合研究，将其进行图像数量化及代码变换处理，并记录成册，应用自编的肤纹分析软件包在计算机上完成数据的处理和分析。

全部手纹和足纹的分析都以 828 人（男 408 人，女 420 人）为基数（丁明 等，2001）。

一、指　　纹

（一）指纹频率

纳西族男女各指纹类型的分布频率见表 2-35-8 和表 2-35-9。

表 2-35-8　纳西族（828 人群体）指纹频率（%）（男 408 人）

	男左					男右				
	拇	示	中	环	小	拇	示	中	环	小
As	1.23	0.49	0.49	0.49	0.25	0.98	1.47	0.74	0	0.25
At	0	2.45	0.98	0	0	0	1.47	0.98	0	0
Lu	38.73	37.01	50.98	29.17	63.47	28.68	34.56	56.12	24.75	53.43
Lr	0	10.54	1.47	0.49	0	0.25	11.03	1.23	1.23	0.49
Ws	51.46	48.28	43.14	68.13	35.54	65.68	50.00	38.97	73.53	45.83
Wd	8.58	1.23	2.94	1.72	0.74	4.41	1.47	1.96	0.49	0

①研究者：丁明，云南省计划生育技术科学研究所；张海国，上海第二医科大学；黄明龙，云南红十字会医院。

表 2-35-9　纳西族（828 人群体）指纹频率（%）（女 420 人）

	女左					女右				
	拇	示	中	环	小	拇	示	中	环	小
As	2.86	0.95	0.48	0.24	0.95	1.19	0.71	0.48	0.24	0.24
At	0	0.95	0.48	0	0	0	0	0	0	0
Lu	37.62	32.86	51.90	27.86	65.71	35.95	39.29	64.76	30.71	64.05
Lr	1.19	7.38	1.19	0.24	0.24	0.48	3.57	1.19	0.71	0
Ws	47.14	56.91	43.81	71.18	32.86	54.52	54.29	32.38	68.34	35.47
Wd	11.19	0.95	2.14	0.48	0.24	7.86	2.14	1.19	0	0.24

由结果可见，纳西族各型指纹按频率由高到低的排序是 L、W、A，Lu 在小指上的出现频率最高，Lr 在示指上的出现频率最高，Wd 在拇指上的出现频率最高，Ws 在环指上的出现频率最高。

纳西族（828 人群体）的指纹频率，A 为 1.10%，Lu 为 43.40%，Lr 为 2.14%，W 为 53.36%。

（二）左右同名指纹组合

纳西族左右同名指各种指纹类型组合情况见表 2-35-10。

表 2-35-10　纳西族（828 人群体）左右同名指指纹类型组合频数和频率（男 408 人，女 420 人）

		A/A	L/A	L/L	W/A	W/L	W/W	合计
观察频数	男	6	36	681	2	412	903	2 040
	女	9	22	762	1	415	891	2 100
	合计	15	58	1 443	3	827	1 794	4 140
观察频率（%）		0.36	1.40	34.86	0.07	19.98	43.33	100.00
期望频数		1	41	859	49	2 012	1 178	4 140
期望频率（%）		0.01	1.00	20.74	1.17	48.61	28.47	100.00

结果显示左右对应手指各种指纹组合格局的观察频率为非随机分布。同型组合 A/A、L/L、W/W 显著偏高（$P<0.001$）。异型组合 A/W、L/W 显著减少（$P<0.001$），数据提示 A 型指纹的花纹最简单，W 最复杂，L 居中，A 与 W 配对要跨过 L，表现为不相容，称 A/W 不相容。A/L 异型组合的观察频率与期望频率无显著性差异（$P>0.05$）。

（三）一手或双手指纹组合

纳西族一手 5 指指纹特殊组合的频数和频率分别见表 2-35-11 和表 2-35-12。

表 2-35-11　纳西族（828 人群体）一手指纹组合的频数和频率（男 408 人，女 420 人）

	5 指全弓		5 指全箕		5 指全斗	
	频数	频率（%）	频数	频率（%）	频数	频率（%）
男左	0	0	48	11.76	76	18.63
男右	0	0	41	10.05	94	23.04

续表

	5指全弓		5指全箕		5指全斗	
	频数	频率（%）	频数	频率（%）	频数	频率（%）
女左	0	0	57	13.57	71	16.90
女右	0	0	58	13.81	70	16.67
男	0	0	89	10.91	170	20.83
女	0	0	115	13.69	141	16.79
合计	0	0	204	12.32	311	18.78

表 2-35-12　纳西族（828人群体）双手指纹组合的频数和频率（男408人，女420人）

	10指全弓		10指全箕		10指全斗	
	频数	频率（%）	频数	频率（%）	频数	频率（%）
男	0	0	20	4.90	55	13.48
女	0	0	33	7.86	42	10.00
合计	0	0	53	6.40	97	11.71

（四）TFRC

纳西族男女各指的FRC均数、标准差见表2-35-13。

表 2-35-13　纳西族（828人群体）FRC（条）的参数（$\bar{x}\pm s$）（男408人，女420人）

	拇	示	中	环	小
男左	15.97±5.50	11.85±5.49	13.05±5.03	14.90±4.93	11.52±4.33
男右	17.36±5.18	12.11±5.54	12.40±5.00	14.59±4.61	11.15±4.50
女左	13.58±5.73	12.01±4.97	12.84±4.94	14.58±5.06	10.89±4.41
女右	15.13±5.27	12.16±4.68	12.78±4.70	14.55±4.97	11.05±4.91

由表可见，纳西族男性左右手和女性右手拇指嵴数均占5指的第1位，环指的嵴数占第2位；而女性左手环指的嵴数占5指的第1位，拇指的嵴数占第2位。

纳西族男女左右手TFRC及总TFRC参数见表2-35-14。

表 2-35-14　纳西族（828人群体）TFRC（条）的参数（男408人，女420人）

	$\bar{x}$	s	$s_{\bar{x}}$
男左	67.30	19.94	0.99
男右	67.62	19.60	0.97
女左	63.90	20.14	0.98
女右	65.68	19.46	0.95
男	134.92	38.49	1.91
女	129.58	38.43	1.88
合计	132.21	38.53	1.34

（五）斗指纹偏向

斗的偏向有 3 种，尺偏斗（Wu）、桡偏斗（Wr）和平衡斗（Wb）。纳西族各种斗取嵴数的侧别情况见表 2-35-15。

表 2-35-15　纳西族（828 人群体）W 取 FRC 侧别的频率和频数（男 408 人，女 420 人）

		Wu	Wb	Wr	小计
Wu>Wr　取尺侧	频率（%）	66.21	0.72	2.24	69.17
	频数	2 925	32	99	3 056
Wu=Wr	频率（%）	2.06	0.82	1.29	4.17
	频数	91	36	57	184
Wu<Wr　取桡侧	频率（%）	2.94	0.68	23.04	26.66
	频数	130	30	1 018	1 178
合计	频率（%）	71.21	2.22	26.57	100.00
	频数	3 146	98	1 174	4 418

（六）偏向斗组合

纳西族左右同名指 3 种偏向斗各配对的观察频率及期望频率见表 2-35-16。

表 2-35-16　纳西族（828 人群体）左右同名指偏向斗的配对情况（男 408 人，女 420 人）

	Wu/Wu	Wu/Wb	Wb/Wb	Wu/Wr	Wr/Wb	Wr/Wr	合计
观察频数	989	39	3	514	29	220	1 794
观察频率（%）	55.13	2.17	0.17	28.65	1.62	12.26	100.00
期望频数	893	52	1	693	20	135	1 794
期望频数（%）	49.76	2.91	0.04	38.65	1.13	7.51	100.00

由表可见，Wu/Wu 的观察频率明显高于期望频率，Wr/Wr 对应也是如此，表明同名指的同型对应并非随机分布。Wu/Wr 对应的观察频率明显低于期望频率，表明 Wu 与 Wr 的不亲和性。

二、掌　　纹

（一）a-b RC、atd、tPD

纳西族男女左右手 atd 的参数见表 2-35-17。

表 2-35-17　纳西族（828 人群体）atd 的参数（男 408 人，女 420 人）

	n	$\bar{x}$（°）	s（°）	$s_{\bar{x}}$（°）
男左	400	41.85	4.63	0.23
男右	397	43.79	5.12	0.26
女左	412	43.13	5.18	0.26

续表

	n	$\bar{x}$（°）	s（°）	$s_{\bar{x}}$（°）
女右	407	44.36	5.48	0.27
男	797	42.82	4.97	0.18
女	819	43.74	5.36	0.19
合计	1 616	43.29	5.19	0.13

纳西族男女间 atd 均值差异显著性检验结果表明女性 atd 均值明显高于男性（$P<0.01$）。

纳西族 tPD 的参数见表 2-35-18。

表 2-35-18　纳西族（828 人群体）**tPD 的参数**（男 408 人，女 420 人）

	n	$\bar{x}$	s	$s_{\bar{x}}$
男左	408	18.28	6.78	0.34
男右	408	18.33	7.00	0.35
女左	420	19.31	6.74	0.33
女右	420	19.39	7.16	0.35
男	816	18.30	6.89	0.24
女	840	19.35	6.95	0.24
合计	1 656	18.83	6.94	0.17

纳西族男女间 tPD 均数差异显著性检验结果表明差异显著（$P<0.01$）。

纳西族 a-b RC 的全距为 46（22～68）条，众数为 38 条。

纳西族 a-b RC 的参数见表 2-35-19。

表 2-35-19　纳西族（828 人群体）**a-b RC 的参数**（男 408 人，女 420 人）

	n	$\bar{x}$（条）	s（条）	$s_{\bar{x}}$（条）	t_{g1}	t_{g2}
男左	408	38.05	5.53	0.27	4.48	6.40
男右	408	37.16	5.80	0.29	5.12	7.23
女左	420	38.33	5.04	0.25	4.27	2.47
女右	420	37.54	5.30	0.26	5.11	5.11
男	816	37.60	5.68	0.20	6.62	9.39
女	840	37.93	5.19	0.19	6.47	5.30
合计	1 656	37.77	5.44	0.13	9.14	11.04

纳西族男女左右手 a-b RC 均数差异显著性检验结果表明差异不显著（$P>0.05$）。

纳西族左右手 a-b RC 的差值分布情况见表 2-35-20。

表 2-35-20　纳西族（828 人群体）**左右手 a-b RC 差值分布**（男 408 人，女 420 人）

	0 条		1～3 条		4～6 条		≥7 条	
	n	频率（%）	n	频率（%）	n	频率（%）	n	频率（%）
男	57	13.97	204	50.00	103	25.24	44	10.80
女	66	15.71	220	52.38	105	25.00	29	6.90
合计	123	14.86	424	51.21	208	25.12	73	8.81

由表可见，纳西族双手 a-b RC 差值在 0～3 条者占 66.07%，故认为差异不大，双手一致的程度较高。

（二）手大小鱼际纹、指间区纹

纳西族手大鱼际各花纹的分布频率见表 2-35-21。

表 2-35-21　纳西族（828 人群体）手大鱼际各花纹的分布频率（%）（男 408 人，女 420 人）

	真实花纹						V	非真实花纹	合计
	Ld	Lr	Lp	Lu	Ws	Wc			
男左	0.25	1.23	9.07	0	0	0	1.96	87.49	100.00
男右	0	0.74	1.23	0	0	0	0.25	97.78	100.00
女左	0	0.48	5.48	0	0.24	0.24	2.38	91.18	100.00
女右	0	0.71	1.43	0	0	0	0.95	96.91	100.00
男	0.12	0.98	5.15	0	0	0	1.10	92.65	100.00
女	0	0.60	3.45	0	0.12	0.12	1.67	94.04	100.00
合计	0.06	0.79	4.29	0	0.06	0.06	1.39	93.35	100.00

手大鱼际真实花纹频率为 5.26%，V 和非真实花纹为 94.74%。
纳西族手大鱼际区出现的真实花纹中以 Lp 最多。
同一个体左右手大鱼际花纹对应组合情况见表 2-35-22。

表 2-35-22　纳西族（828 人群体）大鱼际花纹对应组合频率（男 408 人，女 420 人）

	右手真实花纹	右手非真实花纹
左手真实花纹	1.69	6.77
左手非真实花纹	0.48	91.06

纳西族手小鱼际花纹的分布频率见表 2-35-23。

表 2-35-23　纳西族（828 人群体）手小鱼际花纹的分布频率（%）（男 408 人，女 420 人）

	非真实花纹	Ld	Lr	Lp	Lu	Ws	Wc	V	合计
男左	86.99	5.64	3.92	0	2.70	0.25	0.25	0.25	100.00
男右	88.22	1.72	8.09	0	1.72	0.25	0	0	100.00
女左	87.62	5.71	4.29	0	2.38	0	0	0	100.00
女右	87.37	3.10	5.71	0	3.10	0.48	0	0.24	100.00
男	87.62	3.68	6.00	0	2.21	0.25	0.12	0.12	100.00
女	87.45	4.42	5.02	0	2.75	0.24	0	0.12	100.00
合计	87.54	4.05	5.51	0	2.48	0.24	0.06	0.12	100.00

纳西族手小鱼际真实花纹频率为 12.34%，V 和非真实花纹频率为 87.66%。
同一个体左右手小鱼际纹对应组合频率见表 2-35-24。

表 2-35-24　纳西族（828 人群体）小鱼际纹对应组合频率（%）（男 408 人，女 420 人）

	右手真实花纹	右手非真实花纹
左手真实花纹	5.45	7.30
左手非真实花纹	6.58	80.67

纳西族各手指间区纹的分布频率见表 2-35-25。

表 2-35-25　纳西族（828 人群体）各手指间真实花纹的分布频率（%）（男 408 人，女 420 人）

	Ⅱ	Ⅲ	Ⅳ	Ⅱ/Ⅲ	Ⅲ/Ⅳ
男左	0.25	12.50	70.83	0	14.71
男右	1.96	27.70	65.20	0.25	11.76
女左	0	2.14	79.29	0	10.48
女右	1.43	25.48	66.67	0	13.57
男	1.10	20.10	68.01	0.12	13.24
女	0.71	18.81	72.98	0	12.02
合计	0.91	19.44	70.53	0.06	12.62

指间区真实花纹在Ⅳ区出现率最高。

同一个体左右同名指指间区纹对应组合频率见表 2-35-26。

表 2-35-26　纳西族指间区纹对应组合频率（%）（男 408 人，女 420 人）

	真/真	真/非	非/非
Ⅱ	0	1.81	98.19
Ⅲ	8.45	21.99	69.56
Ⅳ	56.88	27.30	15.82

纳西族左右指间Ⅱ、Ⅲ、Ⅳ区纹的对应组合频率见表 2-35-27。

表 2-35-27　纳西族（828 人群体）指间Ⅱ、Ⅲ、Ⅳ区纹对应组合频率（%）（男 408 人，女 420 人）

左	右								
	000	00V	0V0	0VV	V00	V0V	VV0	VVV	合计
000	3.86	5.92	4.11	0.36	0	0	0.24	0	14.49
00V	7.97	51.09	9.54	3.62	0.12	0.48	0.25	0	73.07
0V0	1.09	2.42	6.16	0.24	0	0	0.36	0.12	10.39
0VV	0.12	0.23	0.12	1.34	0	0	0.12	0	1.93
V00	0	0	0	0	0	0	0	0	0
V0V	0	0.12	0	0	0	0	0	0	0.12
VV0	0	0	0	0	0	0	0	0	0
VVV	0	0	0	0	0	0	0	0	0
合计	13.04	59.78	19.93	5.56	0.12	0.48	0.97	0.12	100.00

（三）指三角或猿线

纳西族猿线的分布频率见表 2-35-28。猿线在一个个体左右手的相应组合频率见表 2-35-29。

表 2-35-28　纳西族（828 人群体）不同猿线类型的分布频率（%）（男 408 人，女 420 人）

	无猿线	一横贯	一二相遇	一二相融	二横贯	合计
男左	96.32	0.74	0.98	1.96	0	100.00
男右	96.56	0.49	0.74	2.21	0	100.00
女左	96.43	1.19	1.19	1.19	0	100.00
女右	98.34	0.24	0.71	0.71	0	100.00
男	96.45	0.61	0.86	2.08	0	100.00
女	97.39	0.71	0.95	0.95	0	100.00
合计	96.92	0.66	0.91	1.51	0	100.00

表 2-35-29　纳西族（828 人群体）手猿线的对应组合频率（%）（男 408 人，女 420 人）

	右手有猿线	右手无猿线
左手有猿线	0.60	3.03
左手无猿线	1.93	94.44

三、足　　纹

（一）踇趾球纹

纳西族踇趾球纹的分布频率见表 2-35-30。

表 2-35-30　纳西族（828 人群体）踇趾球纹的分布频率（%）（男 408，女 420 人）

	TAt	Ad	At	Ap	Af	Ld	Lt	Lp	Lf	Ws	Wc
男左	0.25	2.45	1.72	0.49	1.23	72.78	2.94	0	0	18.14	0
男右	0	1.23	1.96	0	1.72	75.47	3.68	0	0	15.69	0.25
女左	0	0.48	1.19	0	1.67	79.04	2.62	0	0	14.52	0.48
女右	0	0.71	1.43	0.24	1.43	79.76	1.90	0	0	14.05	0.48
男	0.12	1.84	1.84	0.25	1.47	74.14	3.31	0	0	16.91	0.12
女	0	0.60	1.31	0.12	1.55	79.39	2.26	0	0	14.29	0.48
合计	0.06	1.21	1.57	0.18	1.51	76.81	2.78	0	0	15.58	0.30

同一个体左右踇趾球纹对应组合频率见表 2-35-31。

表 2-35-31　纳西族同一个体左右踇趾球纹对应组合频率（%）（男 408 人，女 420 人）

左	右		
	A	L	W
A	2.30	1.56	0.84
L	1.92	72.70	4.10
W	0.12	6.20	10.26

（二）足趾间区纹

纳西族各趾间区真实花纹的分布频率见表 2-35-32。

表 2-35-32　纳西族（828 人群体）趾间区真实花纹的分布频率（%）（男 408 人，女 420 人）

	Ⅱ	Ⅲ	Ⅳ	Ⅱ/Ⅲ	Ⅲ/Ⅳ
男左	3.68	45.10	4.90	0.25	1.72
男右	4.17	45.83	7.84	0	0
女左	6.20	40.48	2.62	0.24	0
女右	4.76	48.10	5.48	0.48	0
男	3.92	45.46	6.37	0.12	0.86
女	5.48	44.29	4.05	0.36	0
合计	4.71	44.86	5.19	0.24	0.42

纳西族均为趾间Ⅲ区真实花纹的出现率最高。

纳西族同一个个体左右同名趾间区纹的对应组合频率见表 2-35-33。

表 2-35-33　纳西族（828 人群体）趾间区纹的对应组合频率（%）（男 408 人，女 420 人）

	真/真	真/非	非/非
Ⅱ	1.93	5.54	92.53
Ⅲ	35.62	18.47	45.91
Ⅳ	2.42	5.56	92.02

纳西族趾间Ⅲ区真/真对应的观察频率均明显高于期望频率（$P<0.01$）。

纳西族左右足趾间Ⅱ、Ⅲ、Ⅳ区内花纹的对应组合频率见表 2-35-34。

表 2-35-34　纳西族（828 人群体）趾间区内花纹的对应组合频率（男 408 人，女 420 人）

左	右								
	000	00V	0V0	0VV	V00	V0V	VV0	VVV	合计
000	42.75	0.12	8.94	0.72	0.85	0	0	0	53.38
00V	0.24	0.12	0.24	0.36	0.12	0	0	0	1.08
0V0	4.95	0.85	28.26	2.42	0.48	0	0.97	0	37.93
0VV	0	0.24	0.72	1.57	0	0	0	0.12	2.65
V00	0.86	0.12	0.97	0	0.72	0	0.12	0	2.79
V0V	0	0	0	0	0	0	0	0	0
VV0	0.24	0	0.85	0	0.36	0	0.72	0	2.17
VVV	0	0	0	0	0	0	0	0	0
合计	49.06	1.42	39.98	5.07	2.54	0	1.81	0.12	100.00

（三）足小鱼际纹

纳西族足小鱼际纹的分布频率见表 2-35-35。

表 2-35-35 纳西族（828 人群体）足小鱼际纹的分布频率（%）（男 408 人，女 420 人）

	非真实花纹	Lt	其他真实花纹	合计
男左	71.81	27.94	0.25	100.00
男右	70.09	29.17	0.74	100.00
女左	70.00	29.76	0.24	100.00
女右	75.95	24.05	0	100.00
男	70.96	28.55	0.49	100.00
女	72.98	26.90	0.12	100.00
合计	71.98	27.72	0.30	100.00

纳西族足小鱼际出现的真实花纹多为 Lt 型。

纳西族同一个体左右足小鱼际纹对应组合频率见表 2-35-36。

表 2-35-36 纳西族（828 人群体）左右足小鱼际纹组合频率（%）（男 408 人，女 420 人）

	右足真实花纹	右足非真实花纹
左足真实花纹	17.39	11.71
左足非真实花纹	9.54	61.36

（四）足跟纹

足跟的真实花纹在各民族中都罕见。纳西族男左足仅见 1 枚足跟纹，占该民族总足数的 0.06%。

第三十六章　怒族的肤纹[①]

研究对象为来自云南省怒江傈僳族自治州的学生和成年人，三代都是怒族人，身体健康，无家族性遗传病。平均年龄（23.60±15.17）岁（9～78 岁）。

以黑色油墨捺印法捺印研究对象的指纹、掌纹和足纹。

所有的分析都以 351 人（男 175 人，女 176 人）为基数（张海国 等，1989）。

一、指　　纹

（一）指纹频率

男性各手指的指纹频率见表 2-36-1，女性各手指的指纹频率见表 2-36-2。

表 2-36-1　怒族男性各手指的指纹频率（%）（男 175 人）

	男左					男右				
	拇	示	中	环	小	拇	示	中	环	小
As	0.57	1.14	1.14	0	0	0	0	0.57	0	0.57
At	0	1.14	1.71	0	0	0	0.57	1.14	0	0.57
Lu	31.43	37.15	58.29	36.00	69.14	22.86	31.43	62.86	37.72	62.29
Lr	1.71	12.00	2.86	0	0	1.14	14.29	1.71	0.57	0.57
Ws	54.86	45.14	30.29	61.14	26.86	70.29	45.71	30.86	60.57	34.29
Wd	11.43	3.43	5.71	2.86	4.00	5.71	8.00	2.86	1.14	1.71

表 2-36-2　怒族女性各手指的指纹频率（%）（女 176 人）

	女左					女右				
	拇	示	中	环	小	拇	示	中	环	小
As	2.84	3.41	1.14	0	1.14	1.14	2.27	0	0	0.57
At	0.57	0.57	1.14	0	0.57	0.57	1.14	0.57	0	0
Lu	24.43	28.41	57.95	43.75	67.61	30.68	36.93	69.88	40.34	68.75
Lr	0	8.52	0.57	0	1.70	0	6.25	1.14	0.57	0.57
Ws	52.28	52.84	35.22	53.98	27.84	56.81	44.89	27.27	58.52	30.11
Wd	19.88	6.25	3.98	2.27	1.14	10.80	8.52	1.14	0.57	0

Lr 多见于示指。

---

①研究者：张海国、沈若茝、苏宇滨、陈仁彪、冯波，上海第二医科大学生物学教研室；丁明、黄明龙、王亚平、焦云萍、彭林，云南省计划生育技术科学研究所。

男女合计指纹频率见表 2-36-3。

表 2-36-3　怒族男女合计指纹频率（%）（男 175 人，女 176 人）

	As	At	Lu	Lr	Ws	Wd
男	0.40	0.51	44.91	3.49	46.00	4.69
女	1.25	0.51	46.88	1.93	43.98	5.45
合计	0.83	0.51	45.89	2.71	44.99	5.07

3 种指纹频率见表 2-36-4。

表 2-36-4　怒族 3 种指纹频率（%）和标准误（男 175 人，女 176 人）

	A	L	W
指纹频率	1.34	48.60	50.06
s_p	0.194 0	0.843 6	0.843 9

（二）指纹组合

351 人 1755 对左右同名指的组合格局频率见表 2-36-5。

表 2-36-5　怒族左右同名指的组合格局频率（%）（男 175 人，女 176 人）

	A/A	A/L	A/W	L/L	L/W	W/W
观察频率（%）	0.57	1.42	0.11	38.58	18.63	40.69
期望频率（%）	0.02	1.30	1.34	23.62	48.66	25.06
P	<0.05	>0.05	<0.05	<0.01	<0.01	<0.01

观察左右同名指组合格局中 A/A、L/L、W/W 都显著增多，它们各自的观察频率和期望频率的差异显著性检验均为 $P<0.05$。A/W 的观察频率与期望频率之间也有显著性差异（$P<0.001$），提示 A 与 W 的不相容现象。

一手 5 指组合 21 种格局的观察频率和期望频率见表 2-36-6。

表 2-36-6　怒族一手 5 指的组合格局频率（男 175 人，女 176 人）

A	L	W	观察频率（%）	期望频率（%）
0	0	5	17.52	3.14
0	5	0	12.82	2.71
5	0	0	0	4×10^{-8}
小计			30.34	5.85
0	1	4	16.67	15.26
0	2	3	14.53	29.63
0	3	2	16.24	28.77
0	4	1	17.24	13.96
小计			64.68	87.62

续表

A	L	W	观察频率（%）	期望频率（%）
1	0	4	0	0.42
2	0	3	0	0.02
3	0	2	0	$<5\times10^{-4}$
4	0	1	0	8×10^{-6}
小计			0	0.44
1	4	0	1.99	0.37
2	3	0	0.43	0.02
3	2	0	0.43	6×10^{-4}
4	1	0	0	8×10^{-6}
小计			2.85	0.39
1	1	3	0	1.65
1	2	2	0.43	2.38
1	3	1	1.28	1.54
2	1	2	0.14	0.07
2	2	1	0.28	0.06
3	1	1	0	<0.01
小计			2.13	5.70
合计			100.00	100.00

一手 5 指同为 W 者占 17.52%，同为 L 者占 12.82%，未见一手 5 指同为 A 者。一手 5 指组合 21 种格局的观察频率小计和期望频率小计的比较为差异极显著。一手 5 指为同一种花纹的观察频率和期望频率之间也有明显的差异，即观察频率明显增多（$P<0.001$）。一手 5 指的异型组合 AOW、ALW 的观察频率明显减少，表现为 A 与 W 组合的不相容。

本样本中 10 指全为 W 者占 12.25%，10 指全为 L 者占 5.98%，未见 10 指全 A 者。

（三）TFRC

各指别 FRC 均数见表 2-36-7。

表 2-36-7　怒族各指 FRC（条）均数（男 175 人，女 176 人）

	拇	示	中	环	小
男左	18.09	14.51	14.22	16.10	13.15
男右	20.23	14.47	13.46	15.77	12.79
女左	15.68	13.93	14.28	15.82	12.16
女右	17.74	13.80	13.97	15.88	12.03

男性左右手及女性右手拇指的 FRC 均数都占第 1 位，环指的 FRC 均数较高，中指居中，示指和小指则较低。

各侧别性别和合计的 TFRC 参数见表 2-36-8。

表 2-36-8 怒族各侧别性别和合计的 TFRC 参数（男 175 人，女 176 人）

	$\bar{x}$（条）	s（条）	$s_{\bar{x}}$（条）	t_{g1}	t_{g2}
男左	76.07	20.71	1.57	–0.56	0.24
男右	76.71	20.54	1.55	–0.65	–1.60
女左	71.88	21.76	1.64	–2.63	1.11
女右	73.43	20.87	1.57	–2.48	1.23
男	152.79	40.15	3.03	–0.74	–0.77
女	145.30	41.58	3.13	–2.72	1.40
合计	149.03	40.99	2.19	–2.55	0.76

所有峰度值 t_{g2} 绝对值都小于 2，表明各自曲线的峰度符合正态分布。男性 TFRC（152.79 条）与女性 TFRC（145.30 条）无显著性差异（t=1.72，P＞0.05）。

（四）斗指纹偏向

样本中 W 占 50.06%（1757 枚），W 取 FRC 侧别的频率见 2-36-9。

表 2-36-9 怒族 W 取 FRC 侧别的频率（%）（男 175 人，女 176 人）

	Wu	Wb	Wr	小计
Wu＞Wr 取尺侧	5.28	36.00	79.16	26.86
Wu=Wr	6.92	26.00	9.31	9.16
Wu＜Wr 取桡侧	87.80	38.00	11.53	63.97
合计	100.00	100.00	100.00	100.00

Wu 中 87.80%是取桡侧的 FRC，Wr 中 79.16%是取尺侧的 FRC，做关联分析得 P＜0.01，表明取 FRC 的侧别与 W 的偏向有密切关系。

Wb 中 26.00%为两侧相等，表明 Wb 两侧 FRC 相似度很高。

示指的 Wr 有 196 枚，占 Wr 的 43.46%，明显高于其他 4 指，桡箕（Lr）也多出现在示指上，可以认为本样本的示指指纹的偏向有倾向于桡侧的趋势。

（五）偏向斗组合

就 W/W 对应来讲，其中 1428 枚（714 对）呈同名指左右对称。在 1428 枚 W 中有 Wu 929 枚（65.06%），Wb 119 枚（8.33%），Wr 380 枚（26.61%）。这 3 种 W 在同名指若是随机相对应，则应服从概率乘法定律得到的期望频率。左右同名指 W 对应的观察频率与期望频率及差异显著性检验见表 2-36-10。

表 2-36-10 怒族左右同名指（714 对）W 对应频率的比较（男 175 人，女 176 人）

	Wu/Wu	Wr/Wr	Wb/Wb	Wu/Wb	Wu/Wr	Wb/Wr	合计
观察频率（%）	47.90	12.75	0.56	11.06	23.25	4.48	100.00
期望频率（%）	42.34	7.08	0.69	10.84	34.62	4.43	100.00
P	＜0.05	＜0.001	＞0.90	＞0.90	＜0.001	＞0.90	

同种偏向 Wu/Wu 与 Wr/Wr 对应频率显著增加。分析 Wu/Wr 的对应关系，得观察频率显著减少。此现象可能是由于 Wu 与 Wr 为两个相反方向的 W，可视为两个极端型，而 Wb 属于不偏不倚的中间型，介于两者之间，因此，Wu 与 Wr 对应要跨过中间型，具有不易性。这表现出同名指的对应并不呈随机性。

二、掌　纹

（一）tPD、atd 和 a-b RC

tPD 的分布频率和均数、标准差见表 2-36-11。

表 2-36-11　怒族 tPD 的分布频率和均数±标准差（男 175 人，女 176 人）

	−t（%）	t（1～10～20，%）	t′（21～30～40，%）	t″（41～50～60，%）	t‴（61～70～80，%）	$\bar{x}\pm s$
男	0	70.29	29.71	0	0	17.98±5.72
女	0	66.19	33.52	0.29	0	18.48±6.17
合计	0	68.23	31.62	0.14	0	18.23±5.95

男女合计的 tPD 均数为 18.23，t 和 t′合计占 99.85%，未见 t‴。tPD 全距是 38（4～42），众数为 16。

atd 的参数见表 2-36-12。

表 2-36-12　怒族 atd 的参数（男 175 人，女 176 人）

	$\bar{x}$（°）	s（°）	$s_{\bar{x}}$（°）	t_{g1}	t_{g2}
男左	41.02	5.00	0.38	2.55	0.79
男右	41.28	5.17	0.39	2.02	0.01
女左	42.39	5.72	0.43	4.65	2.46
女右	42.07	5.63	0.42	3.35	0.81
男	41.15	5.08	0.27	3.20	0.45
女	42.23	5.67	0.30	5.64	2.29
合计	41.70	5.41	0.21	6.78	2.86

男女间 atd 的均数有显著性差异，t=2.65，P＜0.01。

所有 atd 曲线对称度 t_{g1} 都是大于 2 的正值，表明分布曲线为正偏态。atd 的全距为 34°（28°～62°），众数为 41°。

（二）左右手 tPD 与 atd 差值

左右手 tPD 差值的绝对值为 0 者占 11.11%，在 1～3 者占 53.85%，≥4 者占 35.04%。左右手 atd 差值绝对值为 0°者占 15.67%，在 1°～3°者占 55.84%，＞3° 者占 28.49%。

（三）tPD 与 atd 关联

tPD 与 atd 的相关系数 r 为 0.5604（P＜0.01），呈高度相关。

由 atd 推算 tPD 用直线回归公式：

$$\hat{y}_{tPD}=0.6173\times atd-7.5255$$

由 tPD 推算 atd 用直线回归公式：

$$\hat{y}_{atd}=0.4585\times tPD+32.8781$$

回归检验得 s_b=0.0346，P＜0.001，表明回归显著。

（四）a-b RC

a-b RC 的参数见表 2-36-13。

表 2-36-13　怒族 a-b RC 的参数（男 175 人，女 176 人）

	$\bar{x}$（条）	s（条）	$s_{\bar{x}}$（条）	t_{g1}	t_{g2}
男左	39.68	5.25	0.40	0.36	2.30
男右	39.07	5.89	0.45	–0.89	3.87
女左	39.46	4.91	0.37	–0.68	3.47
女右	38.12	5.18	0.39	1.71	5.73
男	39.38	5.58	0.30	–0.66	4.74
女	38.79	5.08	0.27	0.67	5.84
合计	39.08	5.34	0.21	0.05	7.27

a-b RC 的 t_{g1} 绝对值小于 2，表明曲线符合左右对称的正态分布；t_{g2} 是大于 2 的正值，表明其峰度为正偏态。男女性之间做均数差异显著性检验，t=1.46，P＞0.05，表明性别间的差异不显著。全距为 42 条（17～59 条），众数为 40 条。

左右手的 a-b RC 并不一定相等，差值绝对值的分布见表 2-36-14。

表 2-36-14　怒族 a-b RC 左右手差值分布（男 175 人，女 176 人）

	0 条	1～3 条	4～6 条	≥7 条
人数	34	172	104	41
频率（%）	9.69	49.00	29.63	11.68

本样本左右手相减的绝对值≤3 条者占 58.69%，一般认为无差别。

（五）主要掌纹线指数

主要掌纹线指数参数见表 2-36-15。

表 2-36-15　怒族主要掌纹线指数参数（男 175 人，女 176 人）

	$\bar{x}$	s	$s_{\bar{x}}$	t_{g1}	t_{g2}
男左	21.90	4.01	0.30	–1.33	8.34
男右	25.07	4.66	0.35	–1.97	5.13
女左	21.57	3.95	0.30	0.22	–0.09
女右	24.94	4.24	0.32	–0.10	–0.68

续表

	$\bar{x}$	s	$s_{\bar{x}}$	t_{g1}	t_{g2}
男	23.49	4.63	0.25	–0.96	6.38
女	23.26	4.43	0.24	0.04	–1.15
合计	23.37	4.52	0.17	–0.66	4.06

所有对称度值 t_{g1} 绝对值都小于 2，表明各自曲线的对称度符合正态分布。男女性之间做均数差异显著性检验，t=0.6731，P>0.05，表明性别间的差异不显著。同性别的左右手之间都是左手均值显著小于右手（P<0.01）。全距为 35（3～38），众数为 24。

（六）手大鱼际纹

手大鱼际纹的频率见表 2-36-16。

表 2-36-16　怒族手大鱼际纹的频率（%）（男 175 人，女 176 人）

	Ld	Lr	Lp	Lu	Ws	Wc	V 和 A
男左	2.29	0.57	7.43	0	0.57	1.14	88.00
男右	0.57	0	0.57	0	0	0	98.86
女左	2.27	1.14	6.25	0	0.57	0.57	89.20
女右	0.57	0.57	0	0	0	0.57	98.29
合计	1.42	0.57	3.56	0	0.28	0.57	93.60

本样本手大鱼际真实花纹的出现率为 6.40%。计有 1.12%个体左右手都有真实花纹。

（七）手指间区纹

手指间区真实花纹的频率见表 2-36-17。

表 2-36-17　怒族手指间区真实花纹的频率（%）（男 175 人，女 176 人）

	Ⅱ	Ⅲ	Ⅳ	Ⅱ/Ⅲ	Ⅲ/Ⅳ
男左	0.57	9.14	82.86	0	2.86
男右	0.57	24.00	65.14	0.57	4.57
女左	0	9.09	81.25	0	3.98
女右	0.57	25.00	65.91	0	4.54
男	0.57	16.57	74.00	0.29	3.71
女	0.28	17.05	73.58	0	4.26
合计	0.43	16.81	73.79	0.14	3.99

手指间真实花纹在Ⅳ区最多。

左右同名指间区对应的频率见表 2-36-18。

表 2-36-18　怒族左右同名指间区对应频率（%）（男 175 人，女 176 人）

	真/真	真/非	非/非
Ⅱ	0.28	0.28	99.44
Ⅲ	5.41	22.79	71.80
Ⅳ	59.26	29.06	11.68

本群体见到 3 枚Ⅳ2Ld（男性个体 1 枚，女性个体 2 枚），出现频率为 0.43%。

（八）手小鱼际纹

手小鱼际纹的频率见表 2-36-19。

表 2-36-19　怒族手小鱼际纹频率（%）（男 175 人，女 176 人）

	Ld	Lr	Lp	Lu	Ws	Wc	V 和 A
男左	1.71	1.71	0	0	0	0	96.58
男右	0	6.29	0	1.14	0.57	0	92.00
女左	6.82	4.55	0	2.27	0	0	86.36
女右	1.70	6.25	0	0.57	0	0	91.48
合计	2.56	4.70	0	1.00	0.14	0	91.60

群体中手小鱼际真实花纹频率为 8.40%。有 3.97%的个体左右手以真实花纹对应。

（九）指三角和轴三角

指三角和轴三角有–b、–c、–d、–t、+t 的现象，分布频率见表 2-36-20。

表 2-36-20　怒族指三角和轴三角缺失或增加的频率（%）（男 175 人，女 176 人）

	男左	男右	女左	女右	男	女	合计
–b	0	0	0	0	0	0	0
–c	4.00	2.29	5.11	3.41	3.14	4.26	3.70
–d	1.71	0.57	0.57	0.57	1.14	0.57	0.85
–t	0	0	0	0	0	0	0
+t	0	1.14	2.84	0.57	0.57	1.70	1.14

–c 的手有 26 只，占 3.70%。左右手–c 的对应频率见表 2-36-21。

表 2-36-21　怒族–c 对应频率和频数（男 175 人，女 176 人）

	右手–c		右手有 c	
	频率（%）	频数	频率（%）	频数
左手–c	1.71	6	2.85	10
左手有 c	1.14	4	94.30	331

（十）屈肌线

本样本中有猿线的手为 69 只，频率为 9.83%。猿线在男女的分布频率见表 2-36-22。

表 2-36-22　怒族猿线分布频率（%）

男左	男右	女左	女右	合计
13.14	12.00	7.39	6.82	9.83

本样本的左右手屈肌线对应频率见表 2-36-23。

表 2-36-23　怒族左右手屈肌线对应频率（%）（男 175 人，女 176 人）

	右手无猿线	右手有猿线
左手无猿线	86.04	3.71
左手有猿线	4.57	5.68

（十一）指间褶

本样本中的示指、中指、环指、小指都有 2 条指间褶，未见这 4 指有单指间褶的情况。

三、足　　纹

（一）踇趾球纹

踇趾球纹的频率见表 2-36-24。

表 2-36-24　怒族踇趾球纹频率（%）（男 175 人，女 176 人）

	TAt	Ad	At	Ap	Af	Ld	Lt	Lp	Lf	Ws	Wc
男左	0	3.43	10.85	0	0	52.00	4.00	0	0	26.29	3.43
男右	0	1.71	6.29	0	0	54.29	5.14	0	0	32.00	0.57
女左	0	2.84	9.66	0	0	59.66	3.41	0	0	22.73	1.70
女右	0	1.14	4.54	0	0	61.36	4.55	0	0	25.57	2.84
合计	0	2.28	7.83	0	0	56.84	4.27	0	0	26.63	2.15

踇趾球纹 Ld 为最多，Ws 次之。

（二）足趾间区纹

足趾间区纹真实花纹的频率见表 2-36-25。

表 2-36-25　怒族趾间区纹真实花纹频率（%）（男 175 人，女 176 人）

	Ⅱ	Ⅲ	Ⅳ	Ⅱ/Ⅲ	Ⅲ/Ⅳ
男左	2.86	27.43	2.86	0.58	0
男右	2.28	28.58	2.86	0	0

续表

	Ⅱ	Ⅲ	Ⅳ	Ⅱ/Ⅲ	Ⅲ/Ⅳ
女左	1.70	17.62	2.85	0	0.57
女右	1.70	19.32	1.71	0	0
男	2.58	28.00	2.86	0.29	0
女	1.71	18.47	2.28	0	0.28
合计	2.14	23.23	2.57	0.14	0.14

足趾间区真实花纹在Ⅲ区最多。

左右同名足趾间区对应的频率见表 2-36-26。

表 2-36-26　怒族左右同名足趾间区对应频率（%）

	真/真	真/非	非/非
Ⅱ	0.56	3.13	96.31
Ⅲ	17.09	12.25	70.66
Ⅳ	0.57	3.99	95.44

任何足趾间区都没有真实花纹的占 70.66%。

（三）足小鱼际纹

足小鱼际真实花纹的频率见表 2-36-27。

表 2-36-27　怒族足小鱼际真实花纹频率（%）（男 175 人，女 176 人）

	男左	男右	女左	女右	男	女	合计
Lt	32.57	31.43	44.32	42.61	32.00	43.47	37.75
W	0	0	0.57	0	0	0.28	0.14
合计	32.57	31.43	44.89	42.61	32.00	43.75	37.89

足小鱼际真实花纹多为 Lt，W 型占总体的 0.14%。足小鱼际花纹真/真对应的观察频率（28.20%）显著高于期望频率（14.25%），$P<0.01$，表现出同型足小鱼际真实花纹左右配对为非随机组合。

（四）足跟纹

怒族足跟真实花纹的出现频率极低，在男性的 3 个个体中出现 4 枚，而且都是 Lt，女性未见。本群体中足跟真实花纹的频率为 0.57%。

第三十七章　鄂伦春族的肤纹[1]

研究对象来自内蒙古自治区呼伦贝尔盟（现为呼伦贝尔市）和黑龙江省呼玛县，绝大部分为中学生，少数是小学高年级学生，很少为成年人，三代均为鄂伦春族人。

以黑色油墨捺印法捺印研究对象的指纹和掌纹。

指纹分析以 422 人（男 184 人，女 238 人）为基数，其他项目的人数不尽相同（李实喆 等，1984）。

一、指　　纹

指纹频率见表 2-37-1。

表 2-37-1　鄂伦春族指纹频率（%）（男 184 人，女 238 人）

	As	At	Lu	Lr	Ws	Wd
男	1.6	0.3	41.4	2.7	51.6	2.4
女	2.2	0.6	49.3	1.8	44.1	2.0
合计	2.41		45.86	2.19	49.54	

TFRC 的参数见表 2-37-2。

表 2-37-2　鄂伦春族 TFRC（条）**的参数**（男 184 人，女 238 人）

	$\bar{x}$	s	全距
男	151.70	39.8	225（31～256）
女	142.20	43.7	236（24～260）
合计	146.34	—	236（24～260）

二、掌　　纹

研究分析了 atd 均数、标准差、缺 atd 和超常数 atd 的分布频率、全距的情况见表 2-37-3。

表 2-37-3　鄂伦春族 atd 的参数（男 184 人，女 238 人）

	$\bar{x}$（°）	s（°）	缺 atd（%）	超常数 atd（%）	全距（°）
男	40.1	4.8	0	7.4	29（30～59）
女	41.5	4.7	0	4.8	35（27～62）

①研究者：李实喆、毛钟荣、徐玖瑾、崔梅影、王永发、陈良忠、袁义达、李绍武、杜若甫，中国科学院遗传研究所。

a-b RC 值的均数、标准差和全距见表 2-37-4。

表 2-37-4　鄂伦春族 a-b RC（条）的参数（男 184 人，女 238 人）

	$\bar{x}$	s	全距
男	35.60	5.6	35（22～57）
女	36.00	5.0	33（20～53）
合计	35.83	—	37（20～57）

鱼际指间区真实花纹的频率见表 2-37-5。

表 2-37-5　鄂伦春族鱼际指间区真实花纹的频率（%）（男 352 只手，女 464 只手）

	T/Ⅰ	Ⅱ	Ⅲ	Ⅳ	Ⅲ/Ⅳ	H
男	14.8	0.9	7.7	16.8	2.0	16.2
女	7.5	1.1	13.4	31.7	2.4	20.0
合计	10.65	1.01	10.91	25.20	—	18.36

主要掌纹线指数参数见表 2-37-6。

表 2-37-6　鄂伦春族主要掌纹线指数参数（男 184 人，女 238 人）

	$\bar{x}$	s	全距
男	26.2	5.2	21（17～38）
女	25.3	5.0	27（11～38）

第三十八章　普米族的肤纹[①]

研究对象来自云南省兰坪白族普米族自治县普米族聚居区，三代都是普米族人，身体健康，无家族性遗传病。年龄 12 岁以上。

以黑色油墨捺印法捺印研究对象的指纹和掌纹。

所有的分析都以 297 人（男 159 人，女 138 人）为基数（吴立甫，1991）。

一、指　　纹

（一）指纹频率

男性各手指的指纹频率见表 2-38-1，女性各手指的指纹频率见表 2-38-2。

表 2-38-1　普米族男性各手指的指纹频率（%）（男 159 人）

	男左					男右				
	拇	示	中	环	小	拇	示	中	环	小
A	1.89	3.77	2.52	1.89	0	1.26	2.52	0.63	0	0.63
Lu	40.25	35.22	44.65	24.53	58.49	28.93	25.78	49.06	20.75	48.43
Lr	0.63	6.29	0	0	0	0.63	6.92	0	0.63	0
W	57.23	54.72	52.83	73.58	41.51	69.18	64.78	50.31	78.62	50.94

表 2-38-2　普米族女性各手指的指纹频率（%）（女 138 人）

	女左					女右				
	拇	示	中	环	小	拇	示	中	环	小
A	4.35	2.90	2.17	0.73	0	2.17	4.35	0	0	1.45
Lu	39.13	29.71	43.48	20.28	63.77	35.51	27.54	48.55	21.01	57.25
Lr	0	6.52	0.73	0	0.73	0	3.62	0.73	0.73	0
W	56.52	60.87	53.62	78.99	35.50	62.32	64.49	50.72	78.26	41.30

Lr 多见于示指。

男女合计指纹频率见表 2-38-3。

表 2-38-3　普米族男女合计指纹频率（%）（男 159 人，女 138 人）

	A	Lu	Lr	W
男	1.51	37.61	1.51	59.37

①研究者：金安鲁，昆明医学院生物教研室；吴立甫，贵阳医学院。

续表

	A	Lu	Lr	W
女	1.81	38.62	1.31	58.26
合计	1.65	38.08	1.42	58.85

W 型指纹频率男性多于女性，但差异并不显著（$P>0.05$）。

（二）TFRC

男女 TFRC 的均数和标准差见表 2-38-4。

表 2-38-4　普米族 TFRC（条）的参数（男 159 人，女 138 人）

	男	女	合计
$\bar{x}$	162.07	152.99	157.84
s	36.98	39.79	39.93

男性 TFRC 多于女性，有显著性差异（$P<0.05$）。

二、掌　　纹

（一）atd

atd 的均数、标准差见表 2-38-5。

表 2-38-5　普米族 atd（°）的参数（男 159 人，女 138 人）

	男	女	合计
$\bar{x}$	40.71	41.55	41.10
s	4.41	4.60	4.50

女性 atd 大于男性，有显著性差异（$P<0.05$）。

（二）a-b RC

a-b RC 的均数和标准差见表 2-38-6。

表 2-38-6　普米族 a-b RC（条）的参数（男 159 人，女 138 人）

	男	女	合计
$\bar{x}$	39.38	39.14	39.27
s	5.19	4.64	4.94

（三）主要掌纹线指数

主要掌纹线指数的均数和标准差见表 2-38-7。

表 2-38-7　普米族主要掌纹线指数的参数（男 159 人，女 138 人）

	男	女	合计
$\bar{x}$	22.43	22.91	22.65
s	3.46	3.08	3.29

（四）手掌的真实花纹和猿线

手掌大鱼际、指间区、小鱼际的真实花纹和猿线的观察频率见表 2-38-8。

表 2-38-8　普米族手掌真实花纹和猿线频率（%）（男 159 人，女 138 人）

	真实花纹					猿线
	T/Ⅰ	Ⅱ	Ⅲ	Ⅳ	H	
男	15.09	2.52	16.35	83.65	5.97	7.55
女	10.51	0	11.59	89.86	11.59	4.70
合计	12.96	1.35	14.14	86.53	8.59	6.23

第三十九章　羌族的肤纹[①]

研究对象年龄不详，肤纹采自四川省羌族聚居区，三代同为羌族人。

所有分析都以 568 人（男 296 人，女 272 人）为基数（李忠孝 等，1984）。

一、指　　纹

（一）指纹频率

男女合计的指纹频率见表 2-39-1。

表 2-39-1　羌族男女合计的指纹频率（%）（男 296 人，女 272 人）

	A	Lu	Lr	W
男	1.91	45.50	2.53	50.06
女	2.32	51.43	2.83	43.42
合计	2.10	48.34	2.68	46.88

（二）指纹组合

左右同名指纹组合频率见表 2-39-2。

表 2-39-2　羌族左右同名指纹组合观察频率（%）（男 296 人，女 272 人）

A/A	A/L	A/W	L/L	L/W	W/W
0.81	2.25	0.32	40.24	18.49	37.89

左右同名指纹组合以 A/A、L/L、W/W 对应的观察频率明显高于期望频率（$P<0.01$），表现为非随机组合。A/W 组合的观察频率明显低于期望频率（$P<0.01$），表现为 A 和 W 不相容。

（三）TFRC

TFRC 的均数和标准差分别为 164.32 条和 2.40 条。

二、掌　　纹

（一）tPD、atd、a-b RC

羌族 tPD、atd、a-b RC 的均数和标准差见表 2-39-3。

---

①研究者：李忠孝、张济安、左志民，泸州医学院（现为西南医科大学）生物教研组。

表 2-39-3　羌族 tPD、atd、a-b RC 的参数（男 296 人，女 272 人）

	tPD	atd（°）	a-b RC（条）*
$\bar{x}$	17.17	41.03	80.27
s	0.17	0.13	0.47

* a-b RC 的参数是双手合计的结果。

（二）手掌的真实花纹和猿线

手掌大鱼际、指间区、小鱼际的真实花纹和猿线的观察频率见表 2-39-4。

表 2-39-4　羌族手掌真实花纹和猿线频率（%）（男 296 人，女 272 人）

	真实花纹					猿线
	T/Ⅰ	Ⅱ	Ⅲ	Ⅳ	H	
男	10.50	—	—	—	10.83	—
女	11.45	—	—	—	12.79	—
合计	10.77	1.49	18.74	63.57	11.56	23.48

第四十章　俄罗斯族的肤纹

本章的材料有两组，第一组是张致中先生等做的研究，调查的对象都是女性；第二组是笔者团队整理的材料，调查的对象都是男性。

第一节　俄罗斯族女性肤纹[①]

研究对象都是女性，共25人，来自新疆维吾尔自治区的俄罗斯族聚居区（中国遗传学会，1992），三代同为俄罗斯族人。

一、指　　纹

俄罗斯族女性的指纹观察频率见表2-40-1。

表2-40-1　俄罗斯族女性指纹观察频率（%）（女25人）

A	Lu	Lr	W
3.60	69.20	3.60	23.60

二、TFRC、tPD、atd、a-b RC

TFRC、tPD、atd、a-b RC的均数见表2-40-2。

表2-40-2　俄罗斯族女性TFRC、tPD、atd、a-b RC的均数（女25人）

TFRC（条）	tPD	atd（°）	a-b RC（条）
143.00	15.15	41.50	36.50

三、大鱼际纹、指间区纹、小鱼际纹

手大鱼际、指间区、小鱼际真实花纹的观察频率见表2-40-3。

①研究者：张致中、王振国、刘建民、晁招相、张虎，中国人民解放军第十五医院；章竞安，石河子医学院（现为石河子大学医学院）；郭汉璧，南京医学院生物教研室。

表 2-40-3　俄罗斯族女性大鱼际、指间区、小鱼际真实花纹的观察频率（%）（女 25 人）

T/ I	Ⅱ	Ⅲ	Ⅳ	H
14.0	2.0*	20.0	52.0	14.0

*原来的数据是 20.00%，大幅超过了所有同类观察的数值。后与作者之一的郭汉璧教授联系，并经由郭教授与原作者再次研究发现有误，应更正为 2.0%。

第二节　俄罗斯族男性肤纹[①]

2001 年夏秋开始实地采样，研究对象为乌鲁木齐的身体健康的俄罗斯族人，三代都是俄罗斯族人。在知情同意的原则下，捺印研究对象的三面指纹、整体掌纹。选留符合分析要求的手纹图 31 份，全部为男性。平均年龄为（44.2±18.5）岁，全距为 9～81 岁。

肤纹图像的分析和分类依照中国肤纹学调查协作组的统一标准。图像数量化（即代码化）后，用自编的肤纹分析软件包进行计算。本文中的统计对比有“显著”和“极显著”的描述，是以 $P \leq 0.05$ 和 $P \leq 0.01$ 为临界值。所有的分析以男性 31 人为基数（徐双进 等，2004；Zhang et al，2003）。

一、指　　纹

（一）指纹频率

男性指纹按各手指分析的数据见表 2-40-4。

表 2-40-4　俄罗斯族男性各手指的指纹频率（%）（男 31 人）

	左					右				
	拇	示	中	环	小	拇	示	中	环	小
As	0	6.45	6.45	3.23	0	0	12.90	6.45	3.23	3.23
At	0	0	0	0	0	0	0	0	0	0
Lu	41.93	41.93	51.61	29.03	77.42	38.71	38.72	51.61	25.81	74.19
Lr	3.23	9.68	0	0	0	3.23	12.90	3.23	0	0
Ws	41.94	41.94	38.71	67.74	22.58	51.61	35.48	38.71	70.96	22.58
Wd	12.90	0	3.23	0	0	6.45	0	0	0	0

Lr 型指纹在男性左右示指上显著多于其他手指。

男性合计指纹频率见表 2-40-5。

表 2-40-5　俄罗斯族男性合计的指纹频率（%）（男 31 人）

As	At	Lu	Lr	Ws	Wd
4.19	0	47.09	3.23	43.23	2.26

①研究者：徐双进、袁疆斌、迪拉娜・阿巴斯、谢展华，乌鲁木齐市卫生防疫站；张海国、王铸钢、陆振虞、陈仁彪，上海第二医科大学医学遗传学教研室；黄薇，国家人类基因组南方研究中心。

（二）左右同名指纹组合

左右同名指以同类花纹对应的格局频率见表 2-40-6。

表 2-40-6 俄罗斯族男性左右同名指以同类花纹对应的格局频率（%）（男 31 人）

左	右		
	A	L	W
A	2.58	0.65	0
L	2.58	37.42	10.97
W	0	11.61	34.19

（三）一手和双手指纹组合

本样本指纹的观察频率 A 为 4.19%，L 为 50.33%，W 为 45.48%。左右同名指以同类花纹对应组合的期望频率应服从公式：

$$(f_A+f_L+f_W)^2=1$$

A/A、L/L、W/W 的组合在左右同名指对应观察频率显著高于期望频率。A/W 组合的观察频率（0）显著低于期望频率。

双手 10 指和一手 5 指为同类花纹的频率见表 2-40-7。在 31 人 62 只手中，有 14 只手 5 指为同类花纹，其中 5 指同为 L 的有 9 只手，同为 W 的有 5 只手。有 2 人双手 10 指为同类花纹，其中双手 10 指同为 L 的有 1 人，同为 W 的也为 1 人。

表 2-40-7 俄罗斯族男性一手和双手为同类花纹的频率（%）（男 31 人）

	A	L	W
一手 5 指同纹	0	14.52	8.06
双手 10 指同纹	0	3.23	3.23

（四）TFRC

各手指 RC 的均数和标准差见表 2-40-8。男性右手拇指的 RC 最多。

表 2-40-8 俄罗斯族男性各手指 RC（条）的参数（男 31 人）

	拇		示		中		环		小	
	$\bar{x}$	s	$\bar{x}$	s	$\bar{x}$	s	$\bar{x}$	s	$\bar{x}$	s
左	16.00	6.03	13.26	7.41	15.39	8.33	16.61	6.16	12.32	4.94
右	17.32	6.73	12.10	8.03	13.06	7.86	16.35	6.76	12.16	5.34
合计	16.66	6.38	12.68	7.68	14.23	8.11	16.48	6.41	12.24	5.10

各侧别 TFRC 的均数、标准差和标准误见表 2-40-9。

表 2-40-9　俄罗斯族男性 TFRC（条）的参数（男 31 人）

	$\bar{x}$	s	$s_{\bar{x}}$
左	73.58	27.52	13.22
右	71.00	28.59	12.75
合计	144.58	55.28	25.97

（五）斗指纹偏向

本样本有W型指纹 141 枚（45.48%），计算 FRC 时要数出指纹尺侧边和桡侧边的 RC，比较两边 RC 的大小，取大数舍小数。W型指纹依偏向分为 Wu、Wb、Wr。W型指纹依偏向取舍 RC 的情况见表 2-40-10。Wu 的 RC 取自桡侧、Wr 的 RC 取自尺侧都显著相关。

表 2-40-10　俄罗斯族男性 3 种斗取 RC 侧别的频数和频率（男 31 人）

	Wu		Wb		Wr	
	频数	频率（%）	频数	频率（%）	频数	频率（%）
取自桡侧	83	88.30	1	50.00	3	6.67
两侧相等	2	2.13	1	50.00	0	0
取自尺侧	9	9.57	0	0	42	93.33
合计	94	100.00	2	100.00	45	100.00

（六）偏向斗组合

本样本有 53 对手指以 W/W 对应，占 34.19%，显著高于期望频率（20.68%）。3 种偏向斗在同名对应指的组合格局的观察频率和期望频率的比较见表 2-40-11。

表 2-40-11　俄罗斯族男性各偏向斗在同名对应指组合格局的观察频率和期望频率（男 31 人）

	Wu/Wu	Wr/Wr	Wb/Wb	Wu/Wb	Wb/Wr	Wu/Wr
观察频率（%）	50.95	0	20.75	3.77	0	24.53
期望频率（%）	42.36	0.04	10.90	2.46	1.25	42.99
χ^2	1.690 7	0	3.612 5*	0.1576	0.995 3	8.111 3**

*表示 $P<0.05$，**表示 $P<0.01$，差异具有显著性。

二、掌　　纹

（一）a-b RC、atd、tPD

掌纹 a-b RC 的各项参数见表 2-40-12。掌纹 atd 角的各项参数见表 2-40-13。掌纹 tPD 的各项参数见表 2-40-14。

表 2-40-12　俄罗斯族男性 a-b RC（条）的参数（男 31 人）

	$\bar{x}$	s	$s_{\bar{x}}$
左	40.35	5.87	1.05
右	39.71	6.18	1.11
合计	40.03	5.99	0.76

表 2-40-13　俄罗斯族男性 atd（°）的参数（男 31 人）

	$\bar{x}$	s	$s_{\bar{x}}$
左	40.26	4.68	0.84
右	40.10	5.32	0.96
合计	40.18	4.97	0.63

表 2-40-14　俄罗斯族男性 tPD 的参数（男 31 人）

	$\bar{x}$	s	$s_{\bar{x}}$
左	13.60	6.24	1.12
右	13.02	7.33	1.32
合计	13.31	6.75	0.86

（二）大小鱼际纹、指间区纹

手掌的大鱼际、小鱼际、指间区都只计算真实花纹的频率，表 2-40-15 列出掌纹参数。指间区真实花纹都是远箕（Ld）。指间Ⅳ区真实花纹呈左右对应者占个体的 45.16%，指间Ⅳ区真实花纹左右对应观察频率高于期望频率（31.87%）。手小鱼际真实花纹左右对应观察频率（6.45%）高于期望频率（2.59%）。跨Ⅲ/Ⅳ区的真实花纹、指间区有 2 枚 Ld 的真实花纹频率都是 0。

表 2-40-15　俄罗斯族男性手掌纹各部花纹的频率（%）（男 31 人）

	男左	男右	合计
T/Ⅰ	0	3.23	1.61
Ⅱ	0	3.23	1.61
Ⅲ	22.58	38.71	30.65
Ⅳ	61.29	51.61	56.45
Ⅱ/Ⅲ	3.23	0	1.61
H	16.13	16.13	16.13

（三）指三角或猿线

样本的观察中未见到–d、–t 的个体。男性手掌纹指三角和猿线的频率见表 2-40-16。

表 2-40-16　俄罗斯族男性手掌纹指三角或猿线的频率（男 31 人）

	男左	男右	合计
猿线	6.45	6.45	6.45
–c	9.68	3.23	6.45
+t	0	6.45	3.23

三、男女合计的数据

俄罗斯族男女合并的样本参数见表 2-40-17。女性样本的数据来源于张致中先生的研究结果（本章第一节内容的数据）。

表 2-40-17　俄罗斯族男女合并的各项肤纹参数（男 31 人，女 25 人）

	男	女	合计
TFRC（$\bar{x}\pm s$，条）	144.58±55.28（31）	143.0（25）	143.87（56）
a-b RC（$\bar{x}\pm s$，条）	40.03±5.99（62）	36.5（50）	38.45（112）
A（%）	4.19（13）	3.6（9）	3.93（22）
Lu（%）	47.10（146）	69.2（173）	56.97（319）
Lr（%）	3.23（10）	3.6（9）	3.39（19）
W（%）	45.49（141）	23.6（59）	35.71（200）
T/Ⅰ（%）	1.61（1）	14.0（7）	7.14（8）
Ⅱ（%）	1.61（1）	2.0（1）	1.79（2）
Ⅲ（%）	30.65（19）	20.0（10）	25.89（29）
Ⅳ（%）	56.45（35）	52.0（26）	54.46（61）
H（%）	16.13（10）	14.0（7）	15.18（17）

注：括号内数值为对应频数。

第四十一章　撒拉族的肤纹[①]

王芝山先生曾对撒拉族肤纹进行了分析研究，为民族肤纹研究做出了开拓性贡献（王芝山 等，1981）。笔者团队在王芝山先生的帮助下又对撒拉族肤纹做了进一步扩大样本、补充项目参数、增加足纹内容的研究。

于2001年9月下旬实地采样，研究对象为青海循化撒拉族自治县身体健康的撒拉族小学生，其三代都是撒拉族人。在知情同意的原则下，捺印三面指纹、整体掌纹和足纹。研究对象男性年龄为（10.86±1.44）岁，女性年龄为（10.10±1.54）岁，男女合计年龄为（10.48±1.54）岁，年龄全距为8～14岁。

肤纹图像的分析和分类依照中国肤纹学研究协作组的统一标准（郭汉璧，1991；张海国，2006；张海国，2012）。图像数量化后，用自编的肤纹分析软件包进行计算。本章中的统计对比有“显著”和“极显著”的描述，是以$P \leqslant 0.05$和$P \leqslant 0.01$为临界值。

所有分析均以204人（男102人，女102人）为基数（王平 等，2003）。

一、指　　纹

（一）指纹频率

男性指纹按各手指分析的数据见表2-41-1。女性指纹按各手指分析的数据见表2-41-2。指纹Lr型在男女的示指上显著多于其他手指。

表2-41-1　撒拉族男性各手指的指纹频率（%）（男102人）

	男左					男右				
	拇	示	中	环	小	拇	示	中	环	小
As	0.98	1.96	1.96	0.98	0	0.98	2.94	0.98	0.98	0
At	0	1.96	0.98	0	0	0	2.94	0.98	0	0
Lu	33.33	43.13	53.93	35.29	71.57	25.49	24.51	56.87	32.35	63.73
Lr	0.98	13.73	5.88	1.96	0	2.94	21.57	5.88	2.94	0.98
Ws	52.95	38.24	35.29	60.79	28.43	64.71	47.06	34.31	63.73	35.29
Wd	11.76	0.98	1.96	0.98	0	5.88	0.98	0.98	0	0

①研究者：王平、王菡、杨江民、徐国治、王芝山，青海省中医院检验科；张海国、陆振虞、陈仁彪，上海第二医科大学医学遗传学教研室；彭志强，青海省循化撒拉族自治县人民医院检验科；黄薇，国家人类基因组南方研究中心。

表 2-41-2　撒拉族女性各手指的指纹频率（%）（女 102 人）

	女左					女右				
	拇	示	中	环	小	拇	示	中	环	小
As	0.98	1.96	2.94	0	0	0	0.98	0	0	0
At	0	1.96	1.96	0.98	0	0	2.94	0.98	0	0
Lu	31.37	39.22	50.99	30.39	78.43	26.47	36.27	65.69	26.47	71.57
Lr	4.90	11.76	2.94	0.98	0	1.96	13.73	3.92	1.96	0
Ws	50.99	45.10	37.25	66.67	21.57	63.73	46.08	25.49	71.57	28.43
Wd	11.76	0	3.92	0.98	0	7.84	0	3.92	0	0

男女合计指纹频率见表 2-41-3。

表 2-41-3　撒拉族男女合计指纹频率（%）（男 102 人，女 102 人）

	As	At	A	Lu	Lr	L	Ws	Wd	W
男	1.17	0.69	1.86	44.02	5.69	49.71	46.08	2.35	48.43
女	0.69	0.88	1.57	45.68	4.22	49.90	45.69	2.84	48.53
合计	0.94	0.78	1.72	44.85	4.95	49.80	45.88	2.60	48.48

（二）左右同名指纹组合

左右同名指以同类花纹对应的格局频率见表 2-41-4。

表 2-41-4　撒拉族左右同名指组合频率（%）（男 102 人，女 102 人）

左	右		
	A	L	W
A	0.88	0.98	0.10
L	0.59	39.12	11.37
W	0	8.43	38.53

本样本指纹的观察频率 A 为 1.72%，L 为 49.80%，W为 48.48%。左右同名指以同类花纹对应组合的期望频率应服从公式：

$$(f_A+f_L+f_W)^2=1$$

A/A、L/L、W/W 的组合在左右同名指对应观察频率显著高于期望频率。A/W 组合的观察频率（0.10%）显著低于期望频率。

（三）一手或双手指纹组合

一手 5 指为同类花纹的频率见表 2-41-5。本样本 111 只手上以 5 指同为一种花纹，其中同为 L 的有 54 只手，同为 W 的有 57 只手。

表 2-41-5 撒拉族一手 5 指为同类花纹的频率（%）（男 102 人，女 102 人）

	A	L	W
男	0	14.22	16.18
女	0	12.25	11.76
合计	0	13.24	13.97

双手 10 指为同类花纹的频率见表 2-41-6。在 29 人中以双手 10 指同为一种花纹，同为 L 的有 12 人，同为 W 的有 17 人。

表 2-41-6 撒拉族双手 10 指为同类花纹的频率（%）（男 102 人，女 102 人）

	A	L	W
男	0	5.88	9.80
女	0	5.88	6.86
合计	0	5.88	8.33

（四）TFRC

指纹的 TFRC 值在各手指的均数和标准差见表 2-41-7。

表 2-41-7 撒拉族各手指 RC（条）的参数（男 102 人，女 102 人）

	拇		示		中		环		小	
	$\bar{x}$	s	$\bar{x}$	s	$\bar{x}$	s	$\bar{x}$	s	$\bar{x}$	s
男左	17.62	4.71	12.59	5.69	13.59	5.72	16.52	4.86	12.79	4.27
男右	19.96	5.19	12.90	6.33	13.40	5.68	16.12	5.62	12.55	5.02
女左	16.29	5.02	13.16	6.12	13.89	5.86	17.44	5.74	13.07	4.47
女右	18.36	4.40	13.82	6.30	14.13	5.64	17.45	5.62	13.14	4.82
男	18.79	5.08	12.75	6.00	13.50	5.69	16.32	5.25	12.67	4.65
女	17.33	4.82	13.49	6.20	14.01	5.74	17.45	5.67	13.10	4.64
合计	18.06	5.00	13.12	6.11	13.75	5.71	16.88	5.48	12.89	4.64

除女性左手环指的 RC 值最高外，其余都是拇指的 RC 值最高。

各性别 TFRC 的均数、标准差和标准误见表 2-41-8。

表 2-41-8 撒拉族各性别 TFRC（条）参数（男 102 人，女 102 人）

	$\bar{x}$	s	$s_{\bar{x}}$
男左	73.11	18.63	7.24
男右	74.93	21.16	7.42
女左	73.85	22.03	7.31
女右	76.90	21.51	7.61
男	148.04	38.91	14.66
女	150.75	42.68	14.93
合计	149.40	40.76	10.46

（五）斗指纹偏向

本样本有W型指纹989枚（48.48%），计算FRC时要数出指纹尺侧边和桡侧边的RC，比较两边RC的大小，取大数舍小数。W型指纹依偏向分为Wu、Wb、Wr。3种斗两边RC差值分布情况见表2-41-9。

表 2-41-9　撒拉族 3 种斗两边 RC 差值分布（男 102 人，女 102 人）

	Wu	Wb	Wr	合计
观察频数	649	47	293	989
差值=0 条（%）	2.31	48.94	3.07	4.75
0 条<差值≤4 条(%)	54.24	40.43	58.36	54.80

Wb两边RC差值≤4条的占89.37%。

W型指纹依偏向取舍RC的情况见表2-41-10。

表 2-41-10　撒拉族 3 种斗取 RC 侧别的频数和频率（男 102 人，女 102 人）

	Wu		Wb		Wr	
	频数	频率（%）	频数	频率（%）	频数	频率（%）
取自桡侧	577	88.91	15	31.91	27	9.22
两侧相等	15	2.31	23	48.94	9	3.07
取自尺侧	57	8.78	9	19.15	257	87.71
合计	649	100.00	47	100.00	293	100.00

Wu的RC取自桡侧、Wr的RC取自尺侧都显著相关。

（六）偏向斗组合

3种偏向斗在同名对应指的组合格局的观察频率和期望频率的比较见表2-41-11。

表 2-41-11　撒拉族各偏向斗在同名对应指的组合格局的观察频率和期望频率（男 102 人，女 102 人）

	Wu/Wu	Wr/Wr	Wb/Wb	Wu/Wb	Wb/Wr	Wu/Wr
观察频率（%）	0.45	0.01	0.11	0.05	0.03	0.35
期望频率（%）	0.42	0.01	0.09	0.06	0.03	0.39
χ^2	0.52	0.33	1.11	0.10	0	1.77

Wu/Wr组合的观察频率低于期望频率，同型斗组合的观察频率高于或等于期望频率。

二、掌　纹

（一）a-b RC、atd、tPD

掌纹a-b RC的各项参数见表2-41-12。

表 2-41-12 撒拉族 a-b RC（条）的参数（男 102 人，女 102 人）

	男左	男右	女左	女右	男	女	合计
$\bar{x}$	40.53	41.04	39.49	39.78	40.78	39.64	40.21
s	4.11	4.73	3.91	4.28	4.43	4.09	4.30
$s_{\bar{x}}$	0.41	0.47	0.39	0.42	0.31	0.29	0.21

指三角或轴三角的缺少造成 atd 为 0°，统计这个项目时总例数有变化。掌纹 atd 的各项参数见表 2-41-13。

表 2-41-13 撒拉族 atd 的参数（男 102 人，女 102 人）

	男左	男右	女左	女右	男	女	合计
$\bar{x}$（°）	44.50	44.24	44.86	44.35	44.37	44.61	44.49
s（°）	4.02	4.32	4.23	4.34	4.17	4.28	4.22
$s_{\bar{x}}$（°）	0.40	0.43	0.42	0.43	0.29	0.30	0.21
n	102	102	102	100	204	202	406

指三角或轴三角的缺少也会造成 tPD 为 0，统计这个项目时总例数也有变化。掌纹 tPD 的各项参数见表 2-41-14。

表 2-41-14 撒拉族 tPD 的参数（男 102 人，女 102 人）

	男左	男右	女左	女右	男	女	合计
$\bar{x}$	15.49	15.59	16.57	16.61	15.54	16.59	16.07
s	5.08	5.58	6.26	5.95	5.32	6.09	5.74
$s_{\bar{x}}$	0.50	0.55	0.62	0.59	0.37	0.43	0.28
n	102	102	102	101	204	203	407

（二）大小鱼际纹、指间区纹、指三角或猿线

手掌的大鱼际、小鱼际、指间区都只计算真实花纹的频率，掌纹参数见表 2-41-15。

表 2-41-15 撒拉族手掌纹各部花纹的频率（%）（男 102 人，女 102 人）

	男左	男右	女左	女右	男	女	合计
T/Ⅰ	13.77	1.96	12.75	5.88	7.86	9.31	8.58
Ⅱ	1.96	1.96	0.98	1.96	1.96	1.47	1.72
Ⅲ	15.69	29.41	12.75	19.61	22.55	16.18	19.36
Ⅳ	79.41	63.73	83.33	77.45	71.57	80.39	75.98
Ⅳ2Ld	3.92	1.96	2.94	0	2.94	1.47	2.21
Ⅲ/Ⅳ	1.96	1.96	1.96	1.96	1.96	1.96	1.96
H	19.61	16.67	33.33	32.35	18.14	22.84	25.49
猿线	7.84	9.80	2.94	2.94	8.82	2.94	5.88
−c	2.94	4.90	7.84	5.88	3.92	6.86	5.39
+t	1.96	1.96	7.84	8.82	1.96	8.33	5.15

手大鱼际真实花纹有 Lp、W 和 Ld 等各种类型。指间区真实花纹都是 Ld。未见跨Ⅱ/Ⅲ区的指间纹，频率为 0。–d 仅在女性右手见到 1 例，占 0.25%。–t 也仅在女性右手见到 1 例，占 0.25%。

三、足　　纹

（一）踇趾球纹

踇趾球纹的分布见表 2-41-16。

表 2-41-16　撒拉族踇趾球纹的频率（%）（男 102 人，女 102 人）

	男左	男右	女左	女右	男	女	合计
TAt	0	0	0.98	0	0	0.49	0.24
Ad	0	0	0	0	0	0	0
At	0.98	3.92	2.94	0.98	2.45	1.96	2.21
Ap	0.98	0.98	1.96	1.96	0.98	1.96	1.47
Af	0	0	0	0	0	0	0
Ld	58.83	60.79	73.53	81.38	59.81	77.45	68.63
Lt	5.88	6.86	1.96	2.94	6.37	2.45	4.41
Lp	0	0	0	0	0	0	0
Lf	0	0	0.98	0	0	0.49	0.24
Ws	32.35	25.49	16.67	11.76	28.92	14.22	21.57
Wc	0.98	1.96	0.98	0.98	1.47	0.98	1.23

在踇趾球部，花纹以 Ld（68.63%）出现的频率最高，Ws（21.57%）次之。
本样本的 58.82%个体以 Ld 左右对称，13.24%个体以 W 左右对称。

（二）足趾间区纹、足小鱼际纹、足跟纹

趾间区、足小鱼际、足跟都仅计真实花纹频率，表 2-41-17 列出足部真实花纹参数。

表 2-41-17　撒拉族足各部真实花纹的频率（%）（男 102 人，女 102 人）

	男左	男右	女左	女右	男	女	合计
Ⅱ	8.82	4.90	5.88	6.86	6.86	6.37	6.62
Ⅲ	66.67	68.63	46.08	53.92	67.65	50.00	58.82
Ⅳ	9.80	11.76	2.94	1.96	10.78	2.45	6.62
H	50.98	52.94	43.14	43.14	51.96	43.14	47.55

足趾间真实花纹在Ⅳ区都是 Ld，在Ⅱ区和Ⅲ区有 Ld、Lp 和 W。足趾间真实花纹以Ⅲ区的观察频率最高（58.82%）。本样本有 48.53%的个体在趾间Ⅲ区以真实花纹左右对应，趾间Ⅲ区真实花纹对应的观察频率显著高于期望频率。足小鱼际真实花纹都是 Lt，有 36.27%个体以真实花纹左右对应，真实花纹左右对应的观察频率显著高于期望频率。

在本样本的撒拉族中，未见到足跟真实花纹，足跟纹的频率为 0 。

第四十二章　畲族的肤纹①

研究对象为来自浙江省少数民族师范学校及附近小学的学生，三代都是畲族人，身体健康，无家族性遗传病。年龄 7～25 岁，大多数为 13～20 岁。

所有的分析都以 425 人（男 270 人，女 155 人）为基数（章菊明 等，1985）。

一、指　掌　纹

（一）指纹频率

指纹频率见表 2-42-1。

表 2-42-1　畲族指纹频率（%）（男 270 人，女 155 人）

	As	At	Lu	Lr	Ws	Wd
男	1.56	1.22	47.00	2.48	42.22	5.52
女	4.06	1.23	53.48	3.03	34.84	3.36
合计	3.70		49.36	2.68	44.26	

（二）指纹组合

左右同名指对应组合的观察频率见表 2-42-2。

表 2-42-2　畲族左右同名指对应组合的观察频率（%）（男 270 人，女 155 人）

		A/A	A/L	A/W	L/L	L/W	W/W
男	拇	0.37	0.37	0.37	27.04	25.18	46.67
	示	4.07	6.30	1.48	29.26	19.62	39.27
	中	1.48	4.44	0	47.04	18.15	28.89
	环	0.37	0	0	29.26	15.19	55.18
	小	0.74	0.34	0	64.07	15.19	19.66
女	拇	1.94	3.23	0	41.94	13.55	39.34
	示	5.81	6.45	0	33.55	21.29	32.90
	中	2.23	9.03	0.65	49.67	16.13	22.29
	环	0.65	5.81	0	32.90	20.00	40.64
	小	0	3.87	0	70.97	10.97	14.19

左右同名指对应 L/L、W/W 组合的观察频率显著高于期望频率（$P<0.05$），表现为非随机组合。A/W 组合的观察频率显著低于期望频率（$P<0.05$），表现为 A 与 W 的不相容。

①研究者：章菊明、计显光、杨焕明，温州医学院（现为温州医科大学）生物学教研室；祝仁文，浙江省少数民族师范学校；王传周，浙江省丽水地区卫生学校。

（三）TFRC、tPD、atd、a-b RC

TFRC、tPD、atd、a-b RC 的均数和标准差见表 2-42-3。

表 2-42-3　畲族 TFRC、tPD、atd、a-b RC 的各项参数（男 270 人，女 155 人）

	TFRC（条）		tPD		atd（°）		a-b RC（条）	
	$\bar{x}$	s	$\bar{x}$	s	$\bar{x}$	s	$\bar{x}$	s
男左	—	—	17.10	6.62	41.76	4.87	37.81	5.32
男右	—	—	16.88	5.82	41.48	4.65	37.07	5.05
女左	—	—	17.43	6.00	42.56	4.45	37.41	4.74
女右	—	—	17.32	5.57	42.14	4.28	36.22	4.63
男	138.30	40.06	16.99	6.23	41.62	4.76	37.44	5.20
女	127.05	47.30	17.38	5.78	42.35	4.41	36.81	4.71
合计	134.20	—	—	—	—	—	37.21	—

（四）手掌的真实花纹

手大鱼际真实花纹、指间各区真实花纹、小鱼际真实花纹、猿线的观察频率见表 2-42-4。

表 2-42-4　畲族掌纹各部位真实花纹和猿线的观察频率（%）（男 270 人，女 155 人）

	T/Ⅰ	Ⅱ	Ⅲ	Ⅳ	H	猿线
男左	14.82	1.48	14.81	81.48	11.48	23.70
男右	4.44	2.59	32.96	62.22	10.00	23.70
女左	16.77	0	—	72.90	16.77	16.24
女右	7.74	1.29	—	64.52	18.07	20.92
男	9.63	2.04	23.89	71.85	10.74	23.70
女	12.26	0.65	—	68.71	17.42	18.58
合计	11.31	1.50	15.20	70.70	13.20	—

二、足　　纹

跗趾球纹的观察频率见表 2-42-5。

表 2-42-5　畲族跗趾球纹的观察频率（%）（男 270 人，女 155 人）

	TAt	Ad	At	Ap	Af	Ld	Lt	Lp	Lf	Ws	Wc
男左	0	0.74	10.00	0.37	1.85	55.93	6.30	0	0	24.81	0
男右	0	0.37	4.44	0.37	2.22	58.52	8.52	0	0	25.56	0
女左	0	0	6.45	0.65	1.94	59.35	8.38	0	0	23.23	0
女右	0	0	4.52	0	3.23	63.87	9.03	0	0	18.06	1.29
男	0	0.55	7.22	0.37	2.04	57.22	7.41	0	0	25.19	0
女	0	0	5.48	0.32	2.58	61.61	8.71	0	0	20.65	0.65

第四十三章　水族的肤纹[①]

研究对象为来自贵州省水族集居县（市）的小学生和部分成年人，三代都是水族人，身体健康，无家族性遗传病。平均年龄 10.63 岁。

以黑色油墨捺印法捺印研究对象的指纹、掌纹和足纹。

水族的指纹以 413 人（男 206 人，女 207 人）为基数，其他项目人数有变（吴立甫 等，1983）。

一、指　　纹

（一）指纹频率

指纹频率见表 2-43-1。

表 2-43-1　水族指纹频率（%）（男 206 人，女 207 人）

A	L	Lu	Lr	W
1.77	43.46	41.55	1.91	54.77

（二）TFRC

本群体的 TFRC 为（136.60±37.76）条。

二、掌　　纹

（一）tPD、atd、a-b RC、主要掌纹线指数

掌纹的 tPD、atd、a-b RC、主要掌纹线指数的均数和标准差见表 2-43-2。

表 2-43-2　水族掌纹 tPD、atd 和 a-b RC 的参数（男 206 人，女 205 人）

	tPD	atd（°）	a-b RC（条）	主要掌纹线指数
$\bar{x}$	18.09	44.85	37.07	23.20
s	6.26	6.42	5.60	3.73

（二）大鱼际纹、指间区纹、小鱼际纹

手掌大鱼际真实花纹、指间各区真实花纹、小鱼际真实花纹的观察频率见表 2-43-3。

①研究者：吴立甫、谢企云、曹贵强，贵阳医学院生物学教研室。

表 2-43-3　水族掌纹各部位真实花纹的观察频率（%）（男 206 人，女 205 人）

T/ I	Ⅱ	Ⅲ	Ⅳ	H
2.54	1.57	11.02	72.28	13.44

三、足　　纹

踇趾球纹、各趾间区真实花纹、足小鱼际真实花纹的观察频率见表 2-43-4。

表 2-43-4　水族足纹的观察频率（%）（男 206 人，女 205 人）

踇趾球纹			趾间区纹			H	C
A	L	W	Ⅱ	Ⅲ	Ⅳ		
8.11	67.19	24.70	3.03	50.61	9.93	1.81	0

第四十四章　塔吉克族的肤纹[①]

研究对象来自新疆维吾尔自治区塔什库尔干塔吉克自治县的塔吉克族，三代都是塔吉克族人，身体健康，无家族性遗传病。平均年龄 26 岁（3～90 岁）。

以黑色油墨捺印法捺印研究对象的指纹和掌纹。

所有的分析都以 1062 人（男 562 人，女 500 人）为基数（张致中 等，1991）。

一、指　　纹

（一）指纹频率

男女性的指纹频率见表 2-44-1。

表 2-44-1　塔吉克族指纹频率（%）（男 562 人，女 500 人）

	A	Lu	Lr	W
男	5.50	46.53	3.34	44.63
女	7.76	48.60	1.88	41.76
合计	6.57	47.49	2.65	43.29

W 型指纹频率男性多于女性。

（二）TFRC

男女性的 TFRC 的均数和标准差见表 2-44-2。

表 2-44-2　塔吉克族 TFRC（条）的参数（男 562 人，女 500 人）

	男	女	合计
$\bar{x}$	141.27	126.38	134.26
s	46.07	42.56	—

二、掌　　纹

（一）tPD 与 atd

tPD 与 atd 的均数、标准差见表 2-44-3。

①研究者：张致中、王振国、刘建民、晁招相、张虎，中国人民解放军第十五医院；章竞安，石河子医学院生物教研室；郭汉璧，南京医学院生物教研室。

表 2-44-3 塔吉克族 tPD 与 atd 的参数（男 562 人，女 500 人）

	tPD			atd（°）		
	男	女	合计	男	女	合计
$\bar{x}$	16.93	16.24	16.59	42.73	42.70	42.72
s	—		—	5.57	5.07	—

（二）a-b RC

a-b RC 的均数、标准差见表 2-44-4。

表 2-44-4 塔吉克族 a-b RC（条）的参数

	男	女	合计
$\bar{x}$	39.05	38.95	39.00
s	6.27	6.53	—

（三）主要掌纹线指数

主要掌纹线指数的均数、标准差见表 2-44-5。

表 2-44-5 塔吉克族主要掌纹线指数的参数（男 562 人，女 500 人）

	男	女	合计
$\bar{x}$	19.54	18.92	19.23
s	2.24	3.23	—

（四）手掌的真实花纹和猿线

手掌大鱼际、指间区、小鱼际的真实花纹和猿线的观察频率见表 2-44-6。

表 2-44-6 塔吉克族手掌真实花纹和猿线频率（%）（男 562 人，女 500 人）

	T/Ⅰ	Ⅱ	Ⅲ	Ⅳ	H	猿线
男	4.63	4.27	29.36	47.33	27.58	12.28
女	3.80	2.20	27.00	54.60	26.20	17.40
合计	4.24	3.30	28.25	50.74	26.93	14.69

第四十五章　塔塔尔族的肤纹

塔塔尔族是我国人口最少的民族之一，主要集中于新疆维吾尔自治区，是新疆特有的少数民族。

谢展华先生等曾对塔塔尔族肤纹进行分析调查，为民族肤纹调查做出了开拓性贡献。谢展华等的调查结果在内部刊物上有过披露。

本章塔塔尔族的肤纹有 2 个样本，第一节是 48 人的样本，第二节是 49 人的样本。

第一节　48 人群体的塔塔尔族肤纹①

研究对象来自新疆维吾尔自治区的塔塔尔族聚居区，三代都是塔塔尔族人，身体健康，无家族性遗传病。

以黑色油墨捺印法捺印研究对象的指纹和掌纹。

所有的分析都以 48 人（男 22 人，女 26 人）为基数（中国遗传学会，1989）。

一、指　　纹

指纹的频率和参数见表 2-45-1。

表 2-45-1　塔塔尔族（48 人群体）指纹的频率和 TFRC（男 22 人，女 26 人）

指纹频率（%）			TFRC（条，$\bar{x} \pm s$）
A	L	W	
4.17	61.46	34.37	144.00±37.95

左右对应同名指各种花纹的观察频率见表 2-45-2。

表 2-45-2　塔塔尔族（48 人群体）对应同名指观察频率（%）（男 22 人，女 26 人）

A/A	A/L	A/W	L/L	L/W	W/W
0.83	5.42	0.83	47.09	25.00	20.83

二、掌　　纹

群体 a-b RC 的均数±标准差为（39.84±5.61）条。

①研究者：谢展华、袁江兵、梁书昌，乌鲁木齐市卫生防疫站。

手掌大鱼际、指间区、小鱼际的真实花纹和猿线的观察频率见表 2-45-3。

表 2-45-3　塔塔尔族（48 人群体）手掌真实花纹和猿线频率（%）（男 22 人，女 26 人）

Ⅱ	Ⅲ	Ⅳ	H	猿线
1.04	18.74	21.87	15.63	14.58

第二节　53 人群体的塔塔尔族肤纹①

2001 年 9 月中上旬进行实地采样，研究对象为乌鲁木齐市和奇台县身体健康的塔塔尔族人，其父母都是塔塔尔族人②。在知情同意的原则和手续下，捺印研究对象的三面指纹、整体掌纹和足纹。研究对象年龄（43.64±21.18）岁，全距为 4～73 岁。捺印图是调查塔塔尔族肤纹项目参数的实物和直接的素材。

肤纹图像的分析和分类依照中国肤纹学调查协作组的统一标准（郭汉璧，1991；张海国，2012）。图像数量化后，用自编的肤纹分析软件包进行计算。本节中的统计对比有“显著”和“极显著”的描述，分别以 $P \leqslant 0.05$ 和 $P \leqslant 0.01$ 为临界值。

指纹和掌纹的分析以 53 人（男 29 人，女 24 人）为基数。足纹的分析以 49 人（男 27 人，女 22 人）为基数（袁疆斌 等，2003）。

一、指　　纹

（一）指纹频率

男性指纹按各手指分析的数据见表 2-45-4。女性指纹按各手指分析的数据见表 2-45-5。指纹 Lr 型在男性左右示指和女性左示指上显著多于其他手指。男女合计指纹频率见表 2-45-6。

表 2-45-4　塔塔尔族（53 人群体）男性各手指的指纹频率（%）（男 29 人）

	男左					男右				
	拇	示	中	环	小	拇	示	中	环	小
As	0	0	0	0	0	0	3.45	0	0	0
At	0	0	0	0	0	0	3.45	0	0	0
Lu	51.73	62.07	82.76	58.62	89.66	37.93	37.93	72.41	24.14	86.21
Lr	0	17.24	3.45	0	0	0	20.69	6.90	3.45	0
Ws	34.48	17.24	10.34	41.38	10.34	58.62	34.48	20.69	72.41	13.79
Wd	13.79	3.45	3.45	0	0	3.45	0	0	0	0

①研究者：徐双进、袁疆斌、迪拉娜·阿巴斯、谢展华，乌鲁木齐市卫生防疫站；张海国、王铸钢、陆振虞、陈仁彪，上海第二医科大学医学遗传学教研室；黄薇，国家人类基因组南方研究中心。

②致谢：新疆维吾尔自治区塔塔尔文化研究会（简称新疆塔塔尔协会）和协会的长辈协商会应调查要求——对象的父母必须都是塔塔尔族，为研究提供了极大的帮助，再次对其表示崇高的敬意。

表 2-45-5 塔塔尔族（53 人群体）女性各手指的指纹频率（%）（女 24 人）

	女左					女右				
	拇	示	中	环	小	拇	示	中	环	小
As	4.17	8.33	12.50	0	0	4.17	8.33	4.17	0	0
At	0	0	0	0	0	0	8.33	0	0	0
Lu	62.49	41.68	62.50	58.33	79.17	50.00	45.84	66.67	37.50	83.33
Lr	4.17	20.83	4.17	4.17	0	0	0	8.33	4.17	0
Ws	25.00	20.83	20.83	37.50	20.83	33.33	33.33	20.83	58.33	16.67
Wd	4.17	8.33	0	0	0	12.50	4.17	0	0	0

表 2-45-6 塔塔尔族（53 人群体）男女合计指纹频率（%）（男 29 人，女 24 人）

	As	At	A	Lu	Lr	L	Ws	Wd	W
男	0.35	0.34	0.69	60.35	5.17	65.52	31.38	2.41	33.79
女	4.17	0.83	5.00	58.75	4.58	63.33	28.75	2.92	31.67
合计	2.07	0.57	2.64	59.62	4.91	64.53	30.19	2.64	32.83

（二）左右同名指纹组合

左右同名指以同类花纹对应的格局频率见表 2-45-7。

表 2-45-7 塔塔尔族（53 人群体）左右同名指以同类花纹对应的格局频率（%）
（男 29 人，女 24 人）

左	右		
	A	L	W
A	1.13	1.13	0
L	1.89	51.70	16.98
W	0	5.66	21.51

本样本指纹的观察频率 A 为 2.64%，L 为 64.53%，W 为 32.83%。左右同名指以同类花纹对应组合的期望频率应服从公式：

$$(f_A+f_L+f_W)^2=1$$

A/A、L/L、W/W 的组合在左右同名指对应观察频率显著高于期望频率。A/W 组合的观察频率（0）显著低于期望频率。

（三）一手和双手指纹组合

一手 5 指为同类花纹的频率见表 2-45-8。在 53 人 106 只手中，有 22 只手 5 指为同类花纹，其中 5 指同为 L 的有 18 只手，同为 W 的有 4 只手。有 2 人双手 10 指为同类花纹，其中双手 10 指同为 L 的有 1 人，同为 W 的也为 1 人。

表 2-45-8　塔塔尔族（53 人群体）一手 5 指为同类花纹的频率（%）（男 29 人，女 24 人）

	A	L	W
男	0	17.24	3.45
女	0	16.67	4.17
合计	0	16.98	3.77

（四）TFRC

指纹的 TFRC 值在各手指的均数和标准差见表 2-45-9。男性拇指的 RC 值最高，女性环指的 RC 值最高。各性别 TFRC 的均数、标准差和标准误见表 2-45-10。

表 2-45-9　塔塔尔族（53 人群体）各手指 RC（条）的参数（男 29 人，女 24 人）

	拇		示		中		环		小	
	$\bar{x}$	s	$\bar{x}$	s	$\bar{x}$	s	$\bar{x}$	s	$\bar{x}$	s
男左	17.83	5.55	11.62	4.73	13.76	4.66	17.59	5.97	13.48	4.15
男右	20.24	5.07	12.97	7.69	12.24	5.63	16.24	6.24	12.10	4.76
女左	16.88	6.10	11.67	6.52	13.46	7.85	17.54	7.32	14.54	6.99
女右	17.54	6.03	10.42	6.72	12.21	6.90	17.79	6.94	12.75	4.95
男	19.03	5.41	12.29	6.37	13.00	5.18	16.91	6.09	12.79	4.48
女	17.21	6.01	11.04	6.58	12.83	7.33	17.67	7.06	13.65	6.06
合计	18.21	5.73	11.73	6.46	12.92	6.22	17.25	6.53	13.18	5.25

表 2-45-10　塔塔尔族（53 人群体）各性别 TFRC（条）的参数（男 29 人，女 24 人）

	$\bar{x}$	s	$s_{\bar{x}}$
男左	74.28	18.19	13.79
男右	73.79	22.47	13.70
女左	74.08	26.95	15.12
女右	70.71	23.70	14.43
男	148.07	39.03	27.50
女	144.79	50.07	29.56
合计	146.58	43.95	20.13

（五）斗指纹偏向

本样本有W型指纹 174 枚（32.83%），计算 FRC 时要数出指纹尺侧边和桡侧边的 RC，比较两边 RC 的大小，取大数舍小数。W型指纹依偏向取舍 RC 的情况见表 2-45-11。

表 2-45-11　塔塔尔族（53 人群体）3 种斗取 RC 侧别的频数和频率（男 29 人，女 24 人）

	Wu		Wb		Wr	
	频数	频率（%）	频数	频率（%）	频数	频率（%）
取自桡侧	113	91.87	1	25.00	1	2.13
两侧相等	4	3.25	2	50.00	2	4.26

续表

	Wu		Wb		Wr	
	频数	频率（%）	频数	频率（%）	频数	频率（%）
取自尺侧	6	4.88	1	25.00	44	93.61
合计	123	100.00	4	100.00	47	100.00

（六）偏向斗组合

Wu 的 RC 取自桡侧、Wr 的 RC 取自尺侧都显著相关。本样本有 57 对手指以 W/W 对应，3 种偏向斗在同名对应指的组合格局的观察频率和期望频率的比较见表 2-45-12。

表 2-45-12　塔塔尔族（53 人群体）各偏向斗在同名对应指组合格局的观察频率和期望频率
（男 29 人，女 24 人）

	Wu/Wu	Wr/Wr	Wb/Wb	Wu/Wb	Wb/Wr	Wu/Wr
观察频率（%）	0.54	0	0.16	0.07	0	0.23
期望频率（%）	0.48	<0.01	0.07	0.05	0.02	0.38
χ^2	0.43	0	2.07	0.13	1.03	2.90

二、掌　　纹

（一）a-b RC、atd、tPD

掌纹 a-b RC 的各项参数见表 2-45-13。掌纹 atd 角的各项参数见表 2-45-14。掌纹 tPD 的各项参数见表 2-45-15。

表 2-45-13　塔塔尔族（53 人群体）a-b RC（条）的参数（男 29 人，女 24 人）

	男左	男右	女左	女右	男	女	合计
$\bar{x}$	43.00	42.62	39.17	40.00	42.81	39.58	41.35
s	7.73	7.08	3.17	4.12	7.35	3.66	6.16
$s_{\bar{x}}$	1.43	1.31	0.65	0.84	0.96	0.53	0.60

表 2-45-14　塔塔尔族（53 人群体）atd（°）的参数（男 29 人，女 24 人）

	男左	男右	女左	女右	男	女	合计
$\bar{x}$	42.43	41.72	42.21	42.04	42.03	42.13	42.08
s	5.02	6.22	4.23	4.18	5.61	4.16	4.98
$s_{\bar{x}}$	0.93	1.16	0.86	0.85	0.74	0.60	0.48

表 2-45-15　塔塔尔族（53 人群体）tPD 的参数（男 29 人，女 24 人）

	男左	男右	女左	女右	男	女	合计
$\bar{x}$	14.00	15.66	14.51	15.28	14.83	14.89	14.86
s	6.70	8.16	5.89	6.61	7.45	6.21	6.88
$s_{\bar{x}}$	1.24	1.52	1.20	1.35	0.98	0.90	0.67

（二）大小鱼际纹、指间区纹、指三角或猿线

手掌的大鱼际、小鱼际、指间区都只计算真实花纹的频率，表 2-45-16 列出掌纹参数。指间区真实花纹都是 Ld。指间Ⅳ区真实花纹呈左右对应，占个体的 43.40%，指间Ⅳ区真实花纹左右对应观察频率显著高于期望频率。手小鱼际真实花纹频率以 Lr、Ld 为多。对样本的观察中未见到–d、–t 和跨Ⅱ/Ⅲ区的真实花纹，它们的频率都是 0。

表 2-45-16　塔塔尔族（53 人群体）手掌纹各部花纹的频率（%）（男 29 人，女 24 人）

	男左	男右	女左	女右	男	女	合计
T/Ⅰ	14.79	3.45	0	0	9.62	0	4.72
Ⅱ	0	3.45	4.17	4.17	1.72	4.17	2.83
Ⅲ	31.03	44.83	33.33	50.00	37.93	41.67	39.62
Ⅳ	65.52	58.62	50.00	62.50	62.07	56.25	59.43
Ⅳ2Ld	6.90	0	4.17	0	3.45	2.08	2.83
Ⅲ/Ⅳ	0	6.90	8.33	0	3.45	4.17	3.77
H	37.93	37.93	37.50	54.17	37.93	45.83	41.51
猿线	10.34	3.45	4.17	0	6.90	2.08	4.72
–c	10.34	3.45	8.33	4.17	6.90	6.25	6.60
+t	13.79	13.79	4.17	8.33	13.79	6.25	10.38

三、足　　纹

（一）踇趾球纹

踇趾球纹的分布见表 2-45-17。踇趾球纹的频率以 Ld（72.45%）最高，W（20.41%）次之。

表 2-45-17　塔塔尔族踇趾球纹的频率（%）（男 27 人，女 22 人）

	男左	男右	女左	女右	男	女	合计
Ad	0	0	0	4.55	0	2.27	1.02
At	7.41	3.70	0	0	5.56	0	3.06
Ap	0	3.70	0	0	1.85	0	1.02
Af	0	0	4.55	4.55	0	4.55	2.04
Ld	55.55	74.08	77.27	86.35	64.81	81.82	72.45
W	37.04	18.52	18.18	4.55	27.78	11.36	20.41

（二）足趾间区纹、足小鱼际纹、足跟花纹

足趾间区、足小鱼际、足跟都仅计算真实花纹的频率，表 2-45-18 列出了足部真实花纹的参数。

表 2-45-18 塔塔尔族足各部花纹的频率（%）（男 27 人，女 22 人）

	男左	男右	女左	女右	男	女	合计
Ⅱ	7.41	11.11	9.09	27.27	9.24	17.18	13.27
Ⅲ	66.67	70.37	63.64	63.64	68.52	63.64	66.33
Ⅳ	7.41	29.63	0	0	18.52	0	10.20
H	44.44	44.44	50.00	45.45	44.44	47.73	45.92
C	0	0	0	4.55	0	2.27	1.02

足趾间真实花纹在Ⅲ区有 Ld、Lp 和 W，在Ⅱ区和Ⅳ区有 Ld 和 Lp。足趾间真实花纹以Ⅲ区的观察频率最高（66.33%）。本样本有 53.06%的个体在趾间Ⅲ区以真实花纹左右对应，趾间Ⅲ区真实花纹对应的观察频率显著高于期望频率。足小鱼际真实花纹都是 Lt，有 36.73%的个体以真实花纹左右对应，真实花纹左右对应的观察频率显著高于期望频率。共见到 1 枚足跟纹真实花纹，在女性个体的右足。

第四十六章　藏族的肤纹

在本章第一节，收录了1000人群体的三级模式样本。藏族汉族通婚后代的肤纹三级模式样本参数，列在本章的第二节。

第一节　1000人群体的藏族肤纹①

研究对象为身体健康、无家族性遗传病、三代同为藏族的拉萨市区中小学生。平均年龄14.90（11～19）岁。

以黑色油墨捺印法捺印研究对象的指纹、掌纹及足纹。

所有分析都以1000人（男500人，女500人）为基数（汪宪平 等，1991）。

一、指　　纹

（一）指纹频率

男女各手指的指纹频率见表2-46-1和表2-46-2。

表2-46-1　藏族男性各手指的指纹频率（%）（男500人）

	男左					男右				
	拇	示	中	环	小	拇	示	中	环	小
As	1.6	1.4	0.2	0	0	0.4	0.8	0.2	0	0
At	0	0.8	0.2	0	0	0	0.6	0.2	0	0.2
Lu	32.6	31.6	48.6	30.0	66.8	25.8	24.8	51.4	25.4	55.8
Lr	1.4	8.6	1.4	0.2	0.2	1.0	10.6	2.8	1.4	1.0
Ws	55.8	56.0	49.0	69.2	32.6	69.8	62.2	45.0	73.0	43.0
Wd	8.6	1.6	0.6	0.6	0.4	3.0	1.0	0.4	0.2	0

表2-46-2　藏族女性各手指的指纹频率（%）（女500人）

	女左					女右				
	拇	示	中	环	小	拇	示	中	环	小
As	3.4	2.0	2.8	1.2	0.6	1.6	1.6	1.0	0.4	0.2
At	0	0.8	0.2	0	0.2	0	1.0	0	0	0

①研究者：汪宪平、其梅、战文慧，西藏自治区人民医院；张海国、沈若茝、陈仁彪，上海第二医科大学医学遗传学教研室；琼达，拉萨市妇幼保健院；高红，拉萨市人民医院；郭文敏，西藏自治区防疫站。

续表

	女左					女右				
	拇	示	中	环	小	拇	示	中	环	小
Lu	30.6	32.6	48.2	32.0	70.4	31.0	31.8	62.4	34.8	68.2
Lr	1.4	10.2	3.0	1.2	0.4	0.6	6.2	1.0	1.6	0.4
Ws	55.4	52.8	43.4	65.4	28.2	62.6	57.0	34.8	63.2	31.2
Wd	9.2	1.6	2.4	0.2	0.2	4.2	2.4	0.8	0	0

Lu 在小指最多，Lr 多见于示指。

男女合计指纹频率见表 2-46-3。

表 2-46-3　藏族男女合计指纹频率（%）（男 500 人，女 500 人）

	As	At	Lu	Lr	Ws	Wd
男	0.46	0.20	39.28	2.86	55.56	1.64
女	1.48	0.22	44.20	2.60	49.40	2.10
合计	0.97	0.21	41.74	2.73	52.48	1.87

3 种指纹男女合计频率见表 2-46-4。

表 2-46-4　藏族 3 种指纹男女合计频率（%）（男 500 人，女 500 人）

	A	L	W
男	0.66	42.14	57.20
女	1.70	46.80	51.50
合计	1.18	44.47	54.35

（二）TFRC

各侧别、性别和合计的 TFRC 参数见表 2-46-5。

表 2-46-5　藏族 TFRC 的参数（男 500 人，女 500 人）

	$\bar{x}$（条）	s（条）	$s_{\bar{x}}$（条）	t_{g1}	t_{g2}
男左	72.36	18.11	0.81	–3.19	2.81
男右	74.86	17.29	0.77	–2.46	2.42
女左	68.52	19.82	0.89	–5.72	2.91
女右	71.49	18.88	0.84	–4.67	1.67
男	147.22	34.21	1.53	–2.82	2.74
女	140.01	37.57	1.68	–5.70	2.70
合计	143.62	36.09	1.14	–6.58	4.47

男性的 TFRC 值显著高于女性（$P<0.05$）。

二、掌　　纹

（一）tPD 和 atd

将掌心的轴三角作为 t″，因此 t″ 的 tPD 应为 50（41～60），t 为 10（1～20），t′为 30（21～40），t‴为 70（61～80）。

tPD 的分布频率与均数、标准差见表 2-46-6。

表 2-46-6　藏族 tPD 的分布频率及均数±标准差（男 500 人，女 500 人）

	–t（%）	t（1～10～20，%）	t′（21～30～40，%）	t″（41～50～60，%）	t‴（61～70～80，%）	$\bar{x}\pm s$
男	0	74.40	25.60	0	0	17.55±6.22
女	0.10	68.00	31.80	0.10	0	18.22±6.41
合计	0.05	71.20	28.70	0.05	0	17.88±6.33

按直线回归方程计算 tPD，t″为 50，相当于 atd 角 57°（53°～61°）。因此，划分 t 位置上的 atd 为 38°，t′为 48°，t″为 57°，t‴为 66°。

atd 的分布频率与均数、标准差见表 2-46-7。

表 2-46-7　藏族 atd 角度的分布频率及均数±标准差（男 500 人，女 500 人）

	–atd（%）	t（35°～38.5°～43°，%）	t′（44°～48°～52°，%）	t″（53°～57°～60°，%）	t‴（61°～66°～69°，%）	$\bar{x}\pm s$（°）
男	0.40	53.70	40.20	5.10	0.60	41.80±5.08
女	0.90	46.50	48.20	4.10	0.30	42.14±4.74
合计	0.65	50.10	44.20	4.60	0.45	41.97±4.92

atd 均数在男女间差异不显著（$P>0.05$）。

（二）a-b RC

a-b RC 在各性别和合计的参数见表 2-46-8。

表 2-46-8　藏族 a-b RC 的参数

	$\bar{x}$（条）	s（条）	$s_{\bar{x}}$（条）	t_{g1}	t_{g2}
男	36.68	5.54	0.18	3.37	6.45
女	39.34	5.11	0.16	2.15	0.03
合计	38.01	5.49	0.12	2.64	4.20

男性的 a-b RC 值显著低于女性（$P<0.05$）。

（三）手掌的真实花纹

手大鱼际、指间区、小鱼际真实花纹和猿线、指（轴）三角的频率见表 2-46-9。

表 2-46-9 藏族大小鱼际、指间区和猿线、三角频率（%）（男 500 人，女 500 人）

	男	女	合计
T/Ⅰ	7.30	4.90	6.10
Ⅱ	0.70	0.50	0.60
Ⅲ	11.90	11.50	11.70
Ⅳ	79.80	84.20	82.00
Ⅱ/Ⅲ	0.10	0.10	0.10
Ⅲ/Ⅳ	4.00	3.50	3.75
Ⅳ2Ld	1.90	1.80	1.85
H	25.40	26.40	25.90
猿线	7.10	5.40	6.25
–c	5.70	4.00	4.85
–d	0.40	0.80	0.60
–t	0	0.10	0.05
+t	4.70	3.40	4.05

男性的大鱼际真实花纹显著多于女性（$P<0.05$）。小鱼际真实花纹在男女间无显著性差异（$P>0.05$）。猿线在男女间也无显著性差异（$P>0.05$）。

（四）指间褶

本样本中的示指、中指、环指、小指都有 2 条指间褶，未见这 4 指有单指间褶的情况。

三、足　　纹

（一）跗趾球纹

跗趾球纹的频率见表 2-46-10。

表 2-46-10 藏族跗趾球纹频率（男 500 人，女 500 人）

	TAt	Ad	At	Ap	Af	Ld	Lt	Lp	Lf	Ws	Wc
男	0.80	0.30	7.80	3.10	0.10	62.40	7.60	0	0.40	17.20	0.30
女	0.60	0.50	6.90	5.00	0.60	69.10	6.30	0	0.20	10.70	0.10
合计	0.70	0.40	7.35	4.05	0.35	65.75	6.95	0	0.30	13.95	0.20

跗趾球纹以 Ld 最多，占 65.75%；Ws 次之，占 13.95%。

（二）足趾间区纹

足趾间区真实花纹观察频率见表 2-46-11。

表 2-46-11 藏族足趾间区纹真实花纹频率（%）（男 500 人，女 500 人）

	男	女	合计
Ⅱ	9.40	9.60	9.50
Ⅲ	62.20	51.90	57.05

续表

	男	女	合计
Ⅳ	8.10	2.80	5.45
Ⅱ/Ⅲ	0.20	0.10	0.15
Ⅲ/Ⅳ	0	0	0

足趾间区真实花纹在Ⅲ区最多，并且以 Ld 为多。Ⅲ、Ⅳ区域内男女趾间区真实花纹的出现频率都有显著性差异（$P<0.05$）。

（三）足小鱼际纹

足小鱼际真实花纹的频率见表 2-46-12。

表 2-46-12　藏族足小鱼际真实花纹频率（%）（男 500 人，女 500 人）

男	女	合计
61.60	59.50	60.55

男女间足小鱼际真实花纹的频率无显著性差异（$P>0.05$）。

（四）足跟纹

足跟真实花纹的频率见表 2-46-13。

表 2-46-13　藏族足跟真实花纹频率（%）（男 500 人，女 500 人）

男	女	合计
3.00	1.90	2.45

藏族男女间足跟真实花纹的频率无显著性差异（$P>0.05$）。

第二节　藏族和汉族通婚子代 200 人及亲代的肤纹[①]

藏族（三代都为藏族）和汉族（三代都为汉族）通婚有两种方式：第一种是藏父汉母，第二种是汉父藏母。研究者对两种方式婚配的子代肤纹都做了分析，也列出了各种婚配方式的父亲、母亲的肤纹参数（汪宪平 等，1992a；汪宪平 等，1992b）。

研究人员于 1987 年夏在拉萨市区和郊区藏汉通婚的家庭里捺印父母二人的肤纹，随机捺印子代一人肤纹。研究材料具体情况见表 2-46-14。

①研究者：汪宪平、颜中、其梅、蔡险峰，西藏自治区人民医院；张海国、沈若茝、陈仁彪，上海第二医科大学医学遗传学教研室。

表 2-46-14　200 个藏族和汉族通婚家庭子代的肤纹研究材料情况

婚配方式	父亲人数	母亲人数	子代人数		子代年龄	子代平均
			男	女	全距（岁）	年龄（岁）
100 个家庭藏父汉母	100	99*	50	50	1～44	15.93
100 个家庭汉父藏母	88*	100	50	50	12～19	15.80

注：藏族父亲 100.00%来自西藏，其中 56.00%来自拉萨。汉族母亲 50.50%来自四川，其他省份者占 49.50%。汉族父亲 44.32%来自四川，其他省份者占 55.68%。藏族母亲 100.00%来自西藏，其中 69.00%来自拉萨。

*有些家庭的父母一方不在拉萨地区，没有取到肤纹捺印图。

研究对象的身体健康，无家族性遗传病。

以黑色油墨捺印法捺印研究对象的指纹、掌纹及足纹。

所有分析都以表 2-46-14 的人数为基数（汪宪平　等，1992a；汪宪平　等，1992b）。

一、指　　纹

（一）指纹频率

藏汉通婚子代男女各手指的指纹频率见表 2-46-15、表 2-46-16 和表 2-46-17。

两种婚配组样本（表 2-46-15）和两种婚配组样本男女性中 A 的出现率无显著性差异。L 的频率在汉父藏母子代组中女性显著高于男性，在藏父汉母子代组中男女性间无显著性差异。两组样本相比，藏父汉母子代组 L 的频率显著高于汉父藏母子代组。在藏父汉母子代组，男女无显著性差异。两种婚配组样本相比，汉父藏母子代组 W 的频率（52.30%）显著高于藏父汉母子代组（45.30%）。

表 2-46-15　藏汉通婚子代的指纹频率（%）

组别	性别	As	At	A	Lu	Lr	L	Ws	Wd	W
藏父汉母子代	男	1.00	0.80	1.80	47.20	4.00	51.20	44.80	2.20	47.00
	女	0.80	0.40	1.20	52.00	3.20	55.20	41.80	1.80	43.60
	合计	0.90	0.60	1.50	49.60	3.60	53.20	43.30	2.00	45.30
汉父藏母子代	男	0	1.40	1.40	40.20	1.80	42.00	50.20	6.40	56.60
	女	0	1.00	1.00	49.00	2.00	51.00	45.20	2.80	48.00
	合计	0	1.20	1.20	44.60	1.90	46.50	47.70	4.60	52.30

表 2-46-16　藏汉通婚子代男性左右手各指各型指纹频率（%）

组别	指纹	男左					男右				
	类型	拇	示	中	环	小	拇	示	中	环	小
藏父汉母子代	As	2.00	2.00	2.00	0	0	2.00	2.00	0	0	0
	At	0	4.00	2.00	0	0	0	2.00	0	0	0
	Lu	48.00	38.00	38.00	38.00	76.00	40.00	44.00	58.00	32.00	60.00
	Lr	0.00	18.00	6.00	0.00	2.00	0.00	8.00	0.00	2.00	4.00
	Ws	42.00	34.00	52.00	60.00	22.00	52.00	42.00	42.00	66.00	36.00
	Wd	8.00	4.00	0.00	2.00	0.00	6.00	2.00	0	0	0

续表

组别	指纹类型	男左					男右				
		拇	示	中	环	小	拇	示	中	环	小
汉父藏母子代	As	0	0	0	0	0	0	0	0	0	0
	At	2.00	4.00	2.00	2.00	0	2.00	2.00	0	0	0
	Lu	36.00	36.00	48.00	28.00	76.00	24.00	22.00	58.00	18.00	56.00
	Lr	2.00	6.00	2.00	0	0	0	6.00	2.00	0	0
	Ws	36.00	42.00	40.00	68.00	18.00	68.00	66.00	38.00	82.00	44.00
	Wd	24.00	12.00	8.00	2.00	6.00	6.00	4.00	2.00	0	0

表 2-46-17　藏汉通婚子代女性左右手各指各型指纹频率（%）

组别	指纹类型	女左					女右				
		拇	示	中	环	小	拇	示	中	环	小
藏父汉母子代	As	2.00	2.00	0	2.00	0	2.00	0	0	0	0
	At	0	0	0	0	0	0	0	4.00	0	0
	Lu	36.00	44.00	64.00	42.00	74.00	36.00	50.00	72.00	38.00	64.00
	Lr	0	14.00	4.00	4.00	2.00	0	8.00	0	0	0
	Ws	52.00	38.00	32.00	52.00	24.00	58.00	40.00	24.00	62.00	36.00
	Wd	10.00	2.00	0	0	0	4.00	2.00	0	0	0
汉父藏母子代	As	0	0	0	0	0	0	0	0	0	0
	At	2.00	4.00	0	0	0	2.00	2.00	0	0	0
	Lu	40.00	30.00	60.00	26.00	76.00	36.00	46.00	60.00	40.00	76.00
	Lr	0	10.00	2.00	0	0	2.00	2.00	0	2.00	2.00
	Ws	48.00	54.00	34.00	74.00	24.00	54.00	46.00	38.00	58.00	22.00
	Wd	10.00	2.00	4.00	0	0	6.00	4.00	2.00	0	0

汉父藏母子代组按各型指纹频率由高到低的排列为 Ws、Lu、Wd、Lr、At、As。

藏父汉母子代组按频率由高到低的排列为 Lu、Ws、Lr、Wd、As、At。

以指而论，两组样本均为拇指、环指以 Ws 型为主，Lr 多出现于示指，中指、小指则以 Lu 为主。

（二）TFRC

藏汉通婚子代男女手指 TFRC 值见表 2-46-18，两组 TFRC 值在两性别间均无显著性差异。两组子代的 TFRC 比较也无显著性差异。

表 2-46-18　藏汉通婚的子代 100 人男女手 TFRC（条）的参数

TFRC	藏父汉母子代 100 人			汉父藏母子代 100 人		
	男 50 人	女 50 人	合计 100 人	女 50 人	男 50 人	合计 100 人
$\bar{x}$	142.28	134.18	138.23	144.56	135.06	139.81
s	40.48	41.76	41.12	38.06	36.49	37.40

二、掌　纹

（一）a-b RC

藏汉通婚子代男女手 a-b RC 值见表 2-46-19。汉父藏母组男性 a-b RC 均数（38.68 条）显著高于女性（36.21 条）。上述两种婚配组样本间则无显著性差异。

表 2-46-19　藏汉通婚的子代 100 人男女手 a-b RC（条）的参数

a-b RC	藏父汉母子代 100 人			汉父藏母子代 100 人		
	男 50 人	女 50 人	合计 100 人	男 50 人	女 50 人	合计 100 人
$\bar{x}$	36.90	38.48	37.69	38.68	36.21	37.45
s	6.01	5.94	6.01	5.86	5.51	5.82

（二）轴三角、atd、tPD

藏汉通婚子代男女手轴三角 atd 和 tPD 的均数和标准差见表 2-46-20 和表 2-46-21。

表 2-46-20　藏汉通婚子代男女手 atd（°）的参数

组别	atd	男左	男右	女左	女右	男 50 人	女 50 人	合计 100 人
藏父汉母	$\bar{x}$	38.62	40.04	44.74	43.62	39.33	44.18	41.76
子代	s	8.94	8.46	6.83	7.18	8.69	6.98	8.23
汉父藏母	$\bar{x}$	40.80	40.36	40.47	40.31	40.58	40.39	40.73
子代	s	4.52	4.69	4.21	4.03	4.59	4.14	4.36

表 2-46-21　藏汉通婚子代男女手轴三角 tPD 的参数

组别	tPD	男左	男右	女左	女右	男 50 人	女 50 人	合计 100 人
藏父汉母	$\bar{x}$	14.92	17.32	18.14	18.24	16.12	18.44	17.28
子代	s	5.37	8.07	6.41	6.59	6.93	6.47	6.79
汉父藏母	$\bar{x}$	18.09	17.86	18.63	18.73	17.97	18.68	18.33
子代	s	5.79	6.38	5.53	6.33	6.09	5.93	6.01

（三）手大小鱼际纹、指三角和猿线

藏汉通婚子代男女手掌的大小鱼际、指三角和猿线的频率见表 2-46-22。

表 2-46-22　藏汉通婚子代男女手掌的大小鱼际、指三角和猿线的频率（%）

		藏父汉母子代 100 人			汉父藏母子代 100 人		
		男 50 人	女 50 人	合计 100 人	男 50 人	女 50 人	合计 100 人
大鱼际纹	真实花纹	6.00	3.00	4.50	5.00	5.00	5.00
	非真实花纹	94.00	97.00	95.50	95.00	95.00	95.00
小鱼际纹	真实花纹	15.00	17.00	16.00	20.00	19.00	19.50
	非真实花纹	85.00	83.00	84.00	80.00	81.00	80.50

续表

		藏父汉母子代 100 人			汉父藏母子代 100 人		
		男 50 人	女 50 人	合计 100 人	男 50 人	女 50 人	合计 100 人
指间区纹	Ⅱ	0	0	0	0	0	0
	Ⅲ	18.00	13.00	15.50	10.00	19.00	14.50
	Ⅳ	77.00	73.00	75.00	80.00	78.00	79.00
	Ⅳ2Ld	2.00	0	1.00	2.00	3.00	2.50
猿线		3.00	3.00	3.00	2.50	5.00	3.75
指三角、轴三角	–c	3.00	9.00	6.00	15.00	2.00	8.50
	–d	1.00	0	0.50	0	2.00	1.00
	–t	0	0	0	0	0	0
	+t	5.00	1.00	3.00	2.00	0	1.00

大小鱼际花纹和猿线的出现率在两种婚配组间、男女间均无显著性差异。

三、足　纹

藏汉通婚子代男女足纹各项目的频率见表 2-46-23。

表 2-46-23　藏汉通婚子代男女足纹各项目的频率（%）

		藏父汉母子代 100 人			汉父藏母子代 100 人		
		男 50 人	女 50 人	合计 100 人	男 50 人	女 50 人	合计 100 人
足小鱼际纹	真实花纹	69.00	60.00	64.50	51.00	43.00	47.00
	非真实花纹	31.00	40.00	35.50	49.00	57.00	53.00
足趾间区纹	Ⅱ	3.00	5.00	4.00	10.00	6.00	8.00
	Ⅲ	70.00	56.00	63.00	62.00	58.00	60.00
	Ⅳ	12.00	3.00	7.50	7.00	1.00	4.00
踇趾球纹	TAt	0	0	0	1.00	0	0.50
	Ad	0	4.00	2.00	0	0	0
	At	17.00	9.00	13.00	1.00	2.00	1.50
	Ap	5.00	3.00	4.00	4.00	3.00	3.50
	Af	0	2.00	1.00	1.00	2.00	1.50
	Ld	54.00	65.00	59.50	61.00	71.00	66.00
	Lt	9.00	7.00	8.00	1.00	0	0.50
	Lp	0	0	0	11.00	9.00	10.00
	Lf	0	1.00	0.50	0	0	0
	Ws	15.00	9.00	12.00	20.00	13.00	16.50
	Wc	0	0	0	0	0	0
足跟纹		4.00	0	2.00	1.00	2.00	1.50

足小鱼际纹、踇趾球纹、足跟纹在男女间无显著性差异。在两种婚配组样本间，足小鱼际纹中藏父汉母子代组显著高于汉父藏母子代组。踇趾球纹中，藏父汉母子代 A 的频率

显著高于汉父藏母子代组，L、W 两组间无显著性差异。足跟纹两种婚配组间也无显著性差异。足趾间区花纹两组均以 Ld 最多，Lf 最少。

四、藏汉通婚的两种婚配子代和亲代的肤纹参数

藏父汉母婚配子代和亲代的肤纹参数见表 2-46-24。汉父藏母婚配子代和亲代的肤纹参数见表 2-46-25。

表 2-46-24　藏父汉母婚配子代和亲代的肤纹参数

		藏父汉母子代 100 人			藏父样本 100 人	汉母样本 99 人
		男 50 人	女 50 人	合计 100 人		
TFRC（$\bar{x}\pm s$，条）		142.28±40.48	134.18±41.76	138.23±41.12	149.31±34.44	132.37±40.86
tPD（$\bar{x}\pm s$）		16.12±6.93	18.44±6.47	17.28±6.79	15.98±6.07	15.80±6.00
atd（$\bar{x}\pm s$，°）		39.33±8.69	44.18±6.98	41.76±8.23	38.65±6.70	39.55±7.92
a-b RC（$\bar{x}\pm s$，条）		36.90±6.01	38.48±5.94	37.69±6.01	39.20±6.12	36.73±5.54
指纹（%）	A	1.80	1.20	1.50	0.20	1.31
	L	51.20	55.20	53.20	46.40	55.15
	Lu	47.20	52.00	49.60	43.20	52.60
	Lr	4.00	3.20	3.60	3.20	2.55
	W	47.00	43.60	45.30	53.40	43.54
手大鱼际纹		6.00	3.00	4.50	8.00	3.54
指间区纹（%）	Ⅱ	0	0	0	0	0
	Ⅲ	18.00	13.00	15.50	21.00	12.63
	Ⅳ	77.00	73.00	75.00	75.50	81.31
	Ⅳ2Ld	2.00	0	1.00	2.50	0
手小鱼际纹（%）		15.00	17.00	16.00	21.50	9.59
猿线（%）		3.00	3.00	3.00	6.00	7.07
指三角、轴三角（%）	−c	3.00	9.00	6.00	3.50	10.10
	−d	1.00	0	0.50	1.00	0
	−t	0	0	0	1.00	2.02
	+t	5.00	1.00	3.00	4.50	1.51
蹞趾球纹（%）	A	22.00	18.00	20.00	12.00	8.59
	L	63.00	73.00	68.00	69.00	74.74
	W	15.00	9.00	12.00	19.00	16.67
趾间区纹（%）	Ⅱ	3.00	5.00	4.00	6.00	9.60
	Ⅲ	70.00	56.00	63.00	71.50	41.92
	Ⅳ	12.00	3.00	7.50	5.00	2.53
足小鱼际纹（%）		69.00	60.00	64.50	61.50	48.48
足跟纹（%）		4.00	0	2.00	0.50	0.50

表 2-46-25　汉父藏母婚配子代和亲代的肤纹参数

		汉父藏母子代 100 人			汉父样本 88 人	藏母样本 100 人
		男 50 人	女 50 人	合计 100 人		
TFRC（$\bar{x} \pm s$，条）		144.56±38.06	135.06±36.49	139.81±37.40	149.67±37.51	148.43±32.14
tPD（$\bar{x} \pm s$）		17.97±6.06	18.68±5.91	18.33±5.98	15.84±5.67	15.66±5.98
atd（$\bar{x} \pm s$，°）		40.58±4.59	40.89±4.14	40.73±4.36	38.75±6.06	39.10±8.98
a-b RC（$\bar{x} \pm s$，条）		38.68±5.86	36.21±5.51	37.45±5.81	37.28±5.19	38.69±5.39
指纹（%）	A	1.40	1.00	1.20	0.57	1.10
	L	42.00	51.00	46.50	46.36	46.60
	Lu	40.20	49.00	44.60	43.66	44.00
	Lr	1.80	2.00	1.90	2.70	2.60
	W	56.60	48.00	52.30	53.07	52.30
手大鱼际纹（%）		5.00	5.00	5.00	11.36	5.00
指间区纹（%）	Ⅱ	0	0	0	0	0
	Ⅲ	10.00	19.00	14.50	15.91	11.50
	Ⅳ	80.00	78.00	79.00	83.52	84.50
	Ⅳ2 Ld	2.00	3.00	2.50	1.14	2.00
手小鱼际纹（%）		20.00	19.00	19.50	28.41	26.50
猿线（%）		2.50	5.00	3.75	5.11	7.00
指三角、轴三角（%）	–c	15.00	2.00	8.50	3.98	5.00
	–d	0	2.00	1.00	0	1.50
	–t	0	0	0	0	1.50
	+t	2.00	0	1.00	2.84	3.00
踇趾球纹（%）	A	7.00	7.00	7.00	9.09	15.50
	L	73.00	80.00	76.50	68.75	72.50
	W	20.00	13.00	16.50	22.16	12.00
趾间区纹（%）	Ⅱ	10.00	6.00	8.00	13.07	7.50
	Ⅲ	62.00	58.00	60.00	48.30	55.00
	Ⅳ	7.00	1.00	4.00	8.52	2.00
足小鱼际纹（%）		51.00	43.00	47.00	60.80	46.00
足跟纹（%）		1.00	2.00	1.50	0	0

藏汉子代的肤纹特征介于藏族和汉族之间。

五、亲代藏族 200 人群体、汉族 187 人群体的肤纹参数表

亲代藏族 200 人群体、汉族 187 人群体的肤纹参数见表 2-46-26。

表 2-46-26　亲代藏族 200 人群体、汉族 187 人群体的肤纹参数

		藏族			汉族		
		男 100 人	女 100 人	合计 200 人	男 88 人	女 99 人	合计 187 人
TFRC（$\bar{x}\pm s$，条）		149.31±34.44	148.43±32.14	148.87±31.50	149.67±37.51	132.37±40.86	140.51±38.81
tPD（$\bar{x}\pm s$）		15.98±6.07	15.66±5.98	15.82±5.91	15.84±5.67	15.80±6.00	15.82±5.71
atd（$\bar{x}\pm s$，°）		38.65±6.70	39.10±8.98	38.88±7.41	38.75±6.06	39.55±7.92	39.17±6.49
a-b RC（$\bar{x}\pm s$，条）		39.20±6.12	38.69±5.39	38.95±5.05	37.28±5.19	36.73±5.54	36.99±4.63
指纹（%）	A	0.20	1.10	0.65	0.57	1.31	0.96
	L	46.40	46.60	46.50	46.36	55.15	51.01
	Lu	43.20	44.00	43.60	43.66	52.60	48.39
	Lr	3.20	2.60	2.90	2.70	2.55	2.62
	W	53.40	52.30	52.85	53.07	43.54	48.03
手大鱼际纹（%）		8.00	5.00	6.50	11.36	3.54	7.22
指间区纹（%）	Ⅱ	0	0	0	0	0	0
	Ⅲ	21.00	11.50	16.25	15.91	12.63	14.17
	Ⅳ	75.50	84.50	80.00	83.52	81.31	82.35
	Ⅳ2Ld	2.50	2.00	2.25	1.14	0	0.54
手小鱼际纹（%）		21.50	26.50	24.00	28.41	9.59	18.45
猿线（%）		6.00	7.00	6.50	5.11	7.07	6.15
指三角、轴三角（%）	−c	3.50	5.00	4.25	3.98	10.10	7.22
	−d	1.00	1.50	1.25	0	0	0
	−t	1.00	1.50	1.25	0	2.02	1.07
	+t	4.50	3.00	3.75	2.84	1.51	2.14
踇趾球纹（%）	A	12.00	15.50	13.75	9.09	8.59	8.83
	L	69.00	72.50	70.75	68.75	74.74	71.92
	W	19.00	12.00	15.50	22.16	16.67	19.25
趾间区纹（%）	Ⅱ	6.00	7.50	6.75	13.07	9.60	11.23
	Ⅲ	71.50	55.00	63.25	48.30	41.92	44.92
	Ⅳ	5.00	2.00	3.50	8.52	2.53	5.35
足小鱼际纹（%）		61.50	46.00	53.75	60.80	48.48	54.28
足跟纹（%）		0.50	0	0.25	0	0.50	0.26

第四十七章　土族的肤纹[①]

青海互助土族自治县是土族主要聚居地，土族是青海省特有的民族之一。

王芝山先生曾对土族肤纹进行过分析研究（王芝山 等，1981），为民族肤纹研究做出了开拓性贡献。笔者团队在王芝山先生的帮助下又对土族肤纹进一步研究，扩大了样本，补充了项目参数。

2001 年 9 月下旬进行实地采样，研究对象为青海互助土族自治县身体健康的土族中小学生，三代都是土族人。在知情同意的原则和手续下，捺印三面指纹、整体掌纹和足纹。研究对象男性年龄为（14.12±1.36）岁，女性年龄为（14.01±1.63）岁，男女合计年龄为（14.07±1.50）岁，年龄全距为 11～18 岁。捺印图是研究土族肤纹项目参数的实物和直接的素材。

肤纹图像的分析和分类依照中国肤纹学研究协作组的统一标准。图像数量化后，用自编的肤纹分析软件包进行计算。本章中的统计对比有“显著”和“极显著”的描述，分别以 $P\leqslant0.05$ 和 $P\leqslant0.01$ 为临界值。

所有分析均以 214 人（男 106 人，女 108 人）为基数（杨江民 等，2002）。

一、指　　纹

（一）指纹频率

男性指纹按各手指分析的频率数据见表 2-47-1。

表 2-47-1　土族男性各手指的指纹频率（%）（男 106 人）

	男左					男右				
	拇	示	中	环	小	拇	示	中	环	小
As	0	0.94	0.94	0	0	0	1.89	0	0	0
At	0	2.83	0	0	0	0	1.89	0	0.94	0
Lu	38.68	48.11	61.32	36.79	73.58	30.19	37.74	57.55	26.42	68.87
Lr	0	12.26	1.89	0	0	0	15.09	1.89	0.94	0
Ws	45.28	32.09	33.96	62.27	24.53	58.49	41.50	34.90	69.81	31.13
Wd	16.04	3.77	1.89	0.94	1.89	11.32	1.89	5.66	1.89	0

女性指纹按各手指分析的频率数据见表 2-47-2。

①研究者：杨江民、王菡、王平、徐国治、王芝山，青海省中医院检验科；张海国、陆振虞、王铸钢、陈仁彪，上海交通大学医学院医学遗传学教研室；仲世祥，互助土族自治县人民医院检验科；黄薇，国家人类基因组南方研究中心。

表 2-47-2　土族女性各手指的指纹频率（%）（女 108 人）

	女左					女右				
	拇	示	中	环	小	拇	示	中	环	小
As	2.77	2.78	4.63	0	0.93	2.78	1.85	1.85	0	0.93
At	0	1.85	3.70	0	0	0	3.70	0.93	0	0
Lu	50.00	41.67	51.85	41.67	75.92	47.22	50.01	67.59	41.67	72.22
Lr	0.93	14.81	1.85	0.93	0	0.93	2.78	0.93	0	2.78
Ws	40.74	37.04	37.04	55.55	22.22	42.59	39.81	28.70	58.33	24.07
Wd	5.56	1.85	0.93	1.85	0.93	6.48	1.85	0.	0	0

Lr 在男性左右手示指和女性左手示指上显著多于其他手指。

男女合计指纹频率见表 2-47-3。

表 2-47-3　土族男女合计指纹频率（%）（男 106 人，女 108 人）

	As	At	A	Lu	Lr	L	Ws	Wd	W
男	0.38	0.56	0.94	47.92	3.21	51.13	43.40	4.53	47.93
女	1.85	1.02	2.87	53.98	2.59	56.57	38.62	1.94	40.56
合计	1.12	0.80	1.92	50.98	2.90	53.88	40.98	3.22	44.20

（二）左右同名指纹组合

左右同名指以同类花纹对应的格局频率见表 2-47-4。

表 2-47-4　土族左右同名指以同类花纹对应的格局频率（%）（男 106 人，女 108 人）

左	右		
	A	L	W
A	0.56	1.59	0
L	1.12	43.28	10.84
W	0	7.66	34.95

本样本指纹的观察频率 A 为 1.92%，L 为 53.88%，W为 44.20%。左右同名指以同类花纹对应组合的期望频率应服从公式：

$$(f_A+f_L+f_W)^2=1$$

A/A、L/L、W/W 的组合在左右同名指对应观察频率显著高于期望频率。A/W 组合的观察频率（0）显著低于理论频率。

（三）一手或双手指纹组合

一手 5 指为同类花纹的频率见表 2-47-5。在 127 只手上以 5 指同为 L 的有 72 只手，同为 W 的有 55 只手。

表 2-47-5　土族一手 5 指为同类花纹的频率（%）（男 106 人，女 108 人）

	A	L	W
男	0	12.74	13.21
女	0	20.83	12.50
合计	0	16.82	12.85

双手 10 指为同类花纹的频率见表 2-47-6。在 38 人中双手 10 指同为 L 的有 20 人，同为 W 的有 18 人。

表 2-47-6　土族双手 10 指为同类花纹的频率（%）（男 106 人，女 108 人）

	A	L	W
男	0	8.49	7.55
女	0	10.19	9.26
合计	0	9.35	8.41

（四）TFRC

指纹的 TFRC 值在各手指的均数和标准差见表 2-47-7。

表 2-47-7　土族各手指 RC（条）的参数（男 106 人，女 108 人）

	拇		示		中		环		小	
	$\bar{x}$	s	$\bar{x}$	s	$\bar{x}$	s	$\bar{x}$	s	$\bar{x}$	s
男左	16.48	5.26	12.78	5.31	14.09	5.01	16.19	4.16	13.19	4.09
男右	18.83	4.95	12.97	5.87	13.54	5.67	16.15	4.66	12.59	4.46
女左	15.54	5.92	12.65	6.57	13.22	7.14	16.05	5.90	12.20	4.83
女右	17.14	5.55	12.33	6.46	13.18	6.27	15.92	5.38	11.95	4.89
男	17.66	5.23	12.88	5.58	13.82	5.34	16.17	4.40	12.89	4.28
女	16.34	5.78	12.49	6.50	13.20	6.70	15.98	5.63	12.08	4.85
合计	16.99	5.55	12.68	6.06	13.50	6.07	16.07	5.06	12.48	4.59

除女性左手环指的 RC 值最高外，其余都是拇指的 RC 值最高。

各性别 TFRC 的均数、标准差和标准误见表 2-47-8 。

表 2-47-8　土族各性别 TFRC（条）的参数（男 106 人，女 108 人）

	$\bar{x}$	s	$s_{\bar{x}}$
男左	72.74	17.82	1.73
男右	74.08	19.02	1.85
女左	69.66	24.61	2.37
女右	70.52	23.19	2.23
男	146.82	35.92	3.49
女	140.18	46.84	4.51
合计	143.47	41.82	2.86

（五）斗指纹偏向

本样本有W型指纹946枚（44.21%），计算FRC时要数出指纹尺侧边和桡侧边的RC，比较两边RC的大小，取大数舍小数。3种斗两边RC差值情况见表2-47-9。

表2-47-9　土族3种斗两边RC差值分布（男106人，女108人）

	Wu	Wb	Wr	合计
观察频数	656	63	227	946
差值=0条（%）	4.42	11.11	5.73	5.18
0条<差值≤4条（%）	52.74	84.13	61.67	56.98

Wb两边RC差值≤4条的占95.24%。

（六）偏向斗组合

W型指纹依据偏向取舍RC的情况见表2-47-10。

表2-47-10　土族3种斗取RC侧别的频数和频率（男106人，女108人）

	Wu		Wb		Wr	
	频数	频率（%）	频数	频率（%）	频数	频率（%）
取自桡侧	565	86.13	35	55.56	40	17.62
两侧相等	29	4.42	7	11.11	13	5.73
取自尺侧	62	9.45	21	33.33	174	76.65
合计	656	100.00	63	100.00	227	100.00

Wu的RC取自桡侧、Wr的RC取自尺侧都显著相关。

本样本有374对手指以W/W对应，3种偏向斗在同名对应指的组合格局的观察频率和期望频率比较见表2-47-11。

表2-47-11　土族各偏向斗在同名对应指的组合格局的观察频率和期望频率（男106人，女108人）

	Wu/Wu	Wr/Wr	Wb/Wb	Wu/Wb	Wb/Wr	Wu/Wr
观察频率（%）	0.53	0.01	0.09	0.08	0.03	0.26
期望频率（%）	0.47	0.01	0.06	0.10	0.03	0.33
χ^2	1.20	0.67	3.32	0.41	0.04	4.33

Wu/Wr组合的观察频率与期望频率之间有显著性差异。同型斗组合的观察频率多于期望频率。

二、掌　　纹

（一）a-b RC、atd、tPD

a-b RC的各项参数见表2-47-12。

表 2-47-12　土族 a-b RC（条）的参数（男 106 人，女 108 人）

	男左	男右	女左	女右	男	女	合计
$\bar{x}$	39.75	39.78	39.37	39.76	39.76	39.56	39.66
s	4.26	4.70	3.75	3.79	4.47	3.77	4.13
$s_{\bar{x}}$	0.41	0.46	0.36	0.37	0.31	0.26	0.20

指三角或轴三角的缺少造成 atd 为 0°，统计这个项目时总例数有变化。掌纹 atd 的各项参数见表 2-47-13。

表 2-47-13　土族 atd 的参数（男 106 人，女 108 人）

	男左	男右	女左	女右	男	女	合计
$\bar{x}$（°）	43.05	42.28	43.52	42.63	42.66	43.07	42.87
s（°）	5.37	4.69	5.33	5.28	5.04	5.31	5.17
$s_{\bar{x}}$（°）	0.52	0.46	0.53	0.52	0.35	0.37	0.25
n	105	106	103	105	211	208	419

指三角或轴三角的缺少也会造成 tPD 为 0，统计这个项目时总例数也有变化。掌纹 tPD 的各项参数见表 2-47-14。

表 2-47-14　土族 tPD 的参数（男 106 人，女 108 人）

	男左	男右	女左	女右	男	女	合计
$\bar{x}$	16.40	15.75	15.91	15.67	16.08	15.79	15.93
s	5.68	5.49	7.46	7.95	5.58	7.69	6.72
$s_{\bar{x}}$	0.55	0.53	0.72	0.76	0.38	0.52	0.33
n	106	106	107	108	212	215	427

（二）大小鱼际纹、指间区纹、指三角或猿线

手掌的大鱼际、小鱼际、指间区都只计算真实花纹的频率，表 2-47-15 列出掌纹参数。

表 2-47-15　土族手掌纹各部花纹的频率（%）（男 106 人，女 108 人）

	男左	男右	女左	女右	男	女	合计
T/Ⅰ	12.26	0.94	12.96	5.56	6.60	9.26	7.95
Ⅱ	0	4.72	0.93	0.93	2.36	0.93	1.64
Ⅲ	13.21	30.19	7.41	25.93	21.70	16.67	19.16
Ⅳ	76.42	70.75	79.63	66.67	73.58	73.15	73.36
Ⅳ2Ld	4.72	1.89	3.70	1.85	3.30	2.78	3.04
Ⅲ/Ⅳ	12.26	3.77	5.56	6.48	8.02	6.02	7.01
H	19.81	16.04	28.70	23.15	17.92	25.93	21.96
猿线	8.49	7.55	1.85	6.48	8.02	4.17	6.07
–c	6.60	5.66	12.04	6.48	6.13	9.26	7.71
–d	0.94	0	2.78	3.70	0.47	3.24	1.87
+t	4.72	2.83	2.78	1.85	3.77	2.31	3.04

手大鱼际真实花纹频率由高到低为 Lp、Ws、Wc、Lr。手小鱼际真实花纹频率由高到低为 Lr、Ld、Lu、Ws。指间区真实花纹都是 Ld。跨Ⅱ/Ⅲ区纹仅在男性右手见到 1 例，占 0.23%。–t 也仅在女性左手见到 1 例，占 0.23%。本样本共有 314 只指间Ⅳ区真实花纹（占 73.36%），其中有 264 只（132 对，占个体的 61.68%）呈左右对应，指间Ⅳ区真实花纹左右对应观察频率显著高于期望频率。

三、足　　纹

（一）踇趾球纹

踇趾球纹的分布见表 2-47-16。

表 2-47-16　土族踇趾球纹的分布频率（%）（男 106 人，女 108 人）

	男左	男右	女左	女右	男	女	合计
TAt	0	0	0.93	0.93	0	0.93	0.47
Ad	0.94	1.89	1.85	2.78	1.42	2.31	1.87
At	6.60	10.38	3.70	2.78	8.49	3.24	5.84
Ap	0	0.94	0	2.78	0.47	1.39	0.93
Af	0.94	0	0.93	0.93	0.47	0.93	0.70
Ld	69.83	67.92	62.04	59.24	68.87	60.64	64.72
Lt	3.77	1.89	6.48	5.56	2.83	6.02	4.44
Lp	0	0	0	0	0	0	0
Lf	0.94	0.94	0	0	0.94	0	0.47
Ws	16.04	16.04	24.07	25.00	16.04	24.54	20.33
Wc	0.94	0	0	0	0.47	0	0.23

踇趾球纹的频率以 Ld（64.72%）最高，Ws（20.33%）次之，At（5.84%）排第三位。

（二）足趾间区纹、足小鱼际纹、足跟纹

足趾间区、足小鱼际、足跟都仅计算真实花纹的频率，表 2-47-17 列出了足部真实花纹参数。

表 2-47-17　土族足的各部真实花纹的频率（%）（男 106 人，女 108 人）

	男左	男右	女左	女右	男	女	合计
Ⅱ	1.89	0.94	3.70	1.85	1.42	2.78	2.10
Ⅲ	61.32	61.32	46.30	50.93	61.32	48.61	54.91
Ⅳ	9.43	16.04	3.70	7.41	12.74	5.56	9.11
H	50.94	48.11	53.70	52.78	49.53	53.24	51.40
C	0.94	3.77	0	0.93	2.36	0.46	1.40

足趾间真实花纹在Ⅱ区和Ⅳ区都是 Ld，在Ⅲ区有 Ld 和 W。足趾间真实花纹以Ⅲ区的观察频率最高（54.91%）。本样本有 42.98%的个体在趾间Ⅲ区以真实花纹左右对应，趾间Ⅲ区真实花纹对应的观察频率显著高于期望频率。足小鱼际真实花纹都是 Lt，有 40.65%的个体以真实花纹左右对应，真实花纹左右对应的观察频率显著高于期望频率。总共见到 6 枚足跟纹，在 1 名男性的左右足见到足跟真实花纹，足跟真实花纹的频率为 1.40%。

第四十八章　土家族的肤纹[1]

研究对象来自四川省涪陵地区（现为重庆市涪陵区）秀山土家族苗族自治县土家族聚居区，三代都是土家族人，身体健康，无家族性遗传病。平均年龄 13.60 岁（8～16 岁）。

以黑色油墨捺印法捺印研究对象的指纹和掌纹。

所有的分析都以 505 人（男 265 人，女 240 人）为基数（吴立甫，1991）。

一、指　　纹

（一）指纹频率

男性各手指的指纹频率见表 2-48-1，女性各手指的指纹频率见表 2-48-2。

表 2-48-1　土家族男性各手指的指纹频率（%）（男 265 人）

	男左					男右				
	拇	示	中	环	小	拇	示	中	环	小
A	0.75	4.15	0.75	0.37	0.37	0.37	4.52	1.88	0	0.37
Lu	37.35	36.22	55.11	33.96	69.08	27.92	27.92	56.24	25.66	58.13
Lr	0	9.43	1.13	0	0	0.75	11.32	0.75	0.37	0
Ws	47.57	43.04	35.47	61.90	26.03	63.04	50.21	35.47	72.09	38.86
Wd	14.33	7.16	7.54	3.77	4.52	7.92	6.03	5.66	1.88	2.64

表 2-48-2　土家族女性各手指的指纹频率（%）（女 240 人）

	女左					女右				
	拇	示	中	环	小	拇	示	中	环	小
A	3.75	7.50	5.83	2.91	2.08	2.08	6.67	2.91	1.25	1.25
Lu	40.42	40.84	55.01	39.58	63.76	40.85	40.43	62.09	41.25	68.34
Lr	1.25	3.33	1.25	2.08	1.25	0.41	2.08	0	1.25	0
Ws	31.25	30.83	22.50	40.85	16.66	32.91	32.91	21.67	47.92	18.75
Wd	23.33	17.50	15.41	14.58	16.25	23.75	17.91	13.33	8.33	11.66

Lr 多见于示指。

男女合计指纹频率见表 2-48-3。

①研究者：葛承廉，川北医学院；吴立甫，贵阳医学院。

表 2-48-3　土家族男女合计指纹频率（%）（男 265 人，女 240 人）

	A	Lu	Lr	W
男	1.38	42.75	2.37	53.50
女	3.63	49.25	1.29	45.83
合计	2.43	45.84	1.86	49.87

W 型指纹频率男性多于女性。

（二）TFRC

男女 TFRC 的均数和标准差见表 2-48-4。

表 2-48-4　土家族 TFRC（°）的参数（男 265 人，女 240 人）

	男	女	合计
$\bar{x}$	123.18	116.57	120.04
s	31.50	31.70	31.60

男性 TFRC 多于女性，有显著性差异（$P<0.05$）。

二、掌　　纹

（一）tPD 与 atd

tPD 与 atd 的均数、标准差见表 2-48-5。

表 2-48-5　土家族 tPD 与 atd 的参数（男 265 人，女 240 人）

	tPD			atd（°）		
	男	女	合计	男	女	合计
$\bar{x}$	18.70	17.23	18.00	38.37	41.27	39.74
s	6.11	5.70	5.97	12.90	4.90	10.06

女性 tPD 值低于男性，有显著性差异（$P<0.01$）。女性 atd 值大于男性，有显著性差异（$P<0.01$）。

（二）a-b RC

a-b RC 的均数、标准差表 2-48-6。

表 2-48-6　土家族 a-b RC（条）的参数（男 265 人，女 240 人）

	男	女	合计
$\bar{x}$	38.33	38.78	38.54
s	4.94	6.65	5.82

（三）手掌的真实花纹和猿线

手掌大鱼际、指间区、小鱼际的真实花纹和猿线的观察频率见表 2-48-7。

表 2-48-7　土家族手掌真实花纹和猿线频率（%）（男 265 人，女 240 人）

	T/Ⅰ	Ⅱ	Ⅲ	Ⅳ	H	猿线
男	11.13	2.64	13.39	57.92	12.64	4.40
女	5.62	0.20	12.50	63.95	20.62	3.60
合计	8.51	1.48	12.97	60.79	16.43	4.00

第四十九章　维吾尔族的肤纹[①]

研究对象为新疆乌鲁木齐市市区的维吾尔族中小学生及成年人，三代都是维吾尔族人，祖籍为新疆（南疆者占71.5%），身体健康，无家族性遗传病。年龄为7～65岁，18岁以下占26.1%。

以黑色油墨捺印法捺印研究对象的指纹、掌纹和足纹。

所有的分析都以1000人（男500人，女500人）为基数（张海国 等，1986；张海国 等，1988）。

一、指　　纹

（一）指纹频率

男性各手指的指纹频率见表2-49-1，女性各手指的指纹频率见表2-49-2。

表2-49-1　维吾尔族男性各手指的指纹频率（%）（男500人）

	男左					男右				
	拇	示	中	环	小	拇	示	中	环	小
As	1.2	2.8	2.4	0.6	0.6	0.4	4.2	2.2	0.2	0.4
At	0	3.2	1.4	0.2	0	0	3.0	1.2	0.2	0
Lu	44.6	36.4	56.8	43.6	80.2	28.6	28.8	54.0	33.6	69.2
Lr	0.6	13.6	3.8	0.2	0	0.8	17.8	2.4	0.8	0.6
Ws	39.0	39.0	31.2	53.2	17.8	62.4	41.8	35.8	64.0	28.4
Wd	14.6	5.0	4.4	2.2	1.4	7.8	4.4	4.4	1.2	1.4

表2-49-2　维吾尔族女性各手指的指纹频率（%）（女500人）

	女左					女右				
	拇	示	中	环	小	拇	示	中	环	小
As	2.6	3.6	3.4	0.6	1.6	1.6	4.8	2.0	0.6	1.2
At	0	1.4	0.6	0	0	0	1.4	0.6	0	0
Lu	46.6	37.6	56.4	45.4	81.0	42.2	38.6	64.2	40.6	77.2
Lr	1.0	16.0	3.0	0.8	0.2	0.4	10.2	1.6	0.6	0.6
Ws	37.2	38.2	32.4	51.0	16.4	48.4	40.6	29.0	57.8	21.0
Wd	12.6	3.2	4.2	2.2	0.8	7.4	4.4	2.6	0.4	0

①研究者：张海国，上海第二医科大学医学遗传学教研室；金刚、孟秀莲、李玉清、盛惠敏，新疆维吾尔自治区人民医院妇产科。

Lr 多见于示指，Lu 多见于小指，Ws 在环指上最多。

男女合计指纹频率见表 2-49-3。

表 2-49-3　维吾尔族男女合计指纹频率（%）（男 500 人，女 500 人）

	男左	男右	女左	女右	男	女	合计
As	1.52	1.48	2.36	2.04	1.50	2.20	1.85
At	0.96	0.88	0.40	0.40	0.92	0.40	0.66
Lu	52.32	42.84	53.40	52.56	47.58	52.98	50.28
Lr	3.64	4.48	4.20	2.68	4.06	3.44	3.75
Ws	36.04	46.48	35.04	39.36	41.26	37.20	39.23
Wd	5.52	3.84	4.60	2.96	4.68	3.78	4.23

3 种指纹频率见表 2-49-4。

表 2-49-4　维吾尔族 3 种指纹频率（%）和标准误（男 500 人，女 500 人）

	A	L	W
指纹频率	2.51	54.03	43.46
s_p	0.22	0.71	0.50

（二）左右同名指纹组合

同名指的组合格局：1000 人 5000 对左右同名指的组合格局频率见表 2-49-5。

表 2-49-5　维吾尔族左右同名指的组合格局频率（男 500 人，女 500 人）

	A/A	A/L	A/W	L/L	L/W	W/W
观察频率（%）	1.10	2.64	0.18	43.46	18.50	34.12
期望频率（%）	0.06	2.72	2.18	29.19	46.96	18.89
P	<0.001	>0.05	<0.001	<0.001	<0.001	<0.001

观察左右同名指组合格局中 A/A、L/L、W/W 都显著增多，它们各自的观察频率和期望频率的差异显著性检验都是 $P<0.001$，表明同型指纹在左右配对为非随机组合。A/W 的期望频率是观察频率的 12 倍，它们之间有显著性差异（$P<0.001$），提示 A 与 W 的不相容现象。

（三）一手或双手指纹组合

一手 5 指组合 21 种格局的观察频率和期望频率见表 2-49-6。

表 2-49-6　维吾尔族一手 5 指的组合格局频率（男 500 人，女 500 人）

A	L	W	观察频率（%）	期望频率（%）
0	0	5	11.70	1.55
0	5	0	15.50	4.60
5	0	0	0	1×10^{-6}
小计			27.20	6.15

续表

A	L	W	观察频率（%）	期望频率（%）
0	1	4	14.90	9.33
0	2	3	13.85	23.96
0	3	2	17.10	29.79
0	4	1	17.40	18.82
小计			63.25	81.90
1	0	4	0.05	0.45
2	0	3	0	0.05
3	0	2	0	0.00
4	0	1	0	1×10^{-4}
小计			0.05	0.50
1	4	0	3.60	1.07
2	3	0	0.95	0.10
3	2	0	0.30	0.02
4	1	0	0.25	2×10^{-4}
小计			5.10	1.19
1	1	3	0.20	2.23
1	2	2	0.90	4.15
1	3	1	2.65	3.44
2	1	2	0.15	0.19
2	2	1	0.45	0.24
3	1	1	0.05	0.01
小计			4.40	10.26
合计			100.00	100.00

一手 5 指同为 W 者占 11.70%，同为 L 者占 15.50%，未见同为 A 者。一手 5 指同为 W 者的期望频率是 1.55%，同为 L 者的期望频率为 4.60%，观察频率明显增多（$P<0.001$），表现为非随机组合。

在表 2-49-6 中观察频率小计和期望频率小计的比较为差异极显著，也表现为非随机组合。

双手 10 指的组合格局共有 66 种，其中 3 种组合格局单由 1 种花纹组成，27 种组合格局由 2 种花纹组成，36 种组合格局由 3 种花纹组成，具体分布见表 2-49-7。

表 2-49-7　维吾尔族双手 10 指的组合格局频率（男 500 人，女 500 人）

A	L	W	观察频率（%）	期望频率（%）
0	0	10	7.2	0.024
0	10	0	8.2	0.212
10	0	0	0	10×10^{-15}
小计			15.4	0.236

续表

A	L	W	观察频率（%）	期望频率（%）
0	1	9	5.7	0.298
0	2	8	7.8	1.672
0	3	7	8.9	5.543
0	4	6	6.6	12.059
0	5	5	7.4	17.989
0	6	4	8.5	18.637
0	7	3	10.1	13.240
0	8	2	8.8	6.172
0	9	1	6.8	1.705
小计			70.6	77.315
1	0	9	0	0.014
2	0	8	0	0.004
3	0	7	0	5×10^{-4}
4	0	6	0	5×10^{-5}
5	0	5	0	4×10^{-6}
6	0	4	0	2×10^{-7}
7	0	3	0	6×10^{-9}
8	0	2	0	10×10^{-9}
9	0	1	0	10×10^{-11}
小计			0	0.019
1	9	0	2.8	0.077
2	8	0	1.2	0.021
3	7	0	0.7	0.023
4	6	0	0.6	2×10^{-4}
5	5	0	0.1	10×10^{-4}
6	4	0	0.1	4×10^{-7}
7	3	0	0.2	10×10^{-7}
8	2	0	0.1	2×10^{-10}
9	1	0	0	2×10^{-12}
小计			5.8	0.121
1	1	8	0.1	0.155
1	2	7	0.2	0.772
1	3	6	0.1	2.241
1	4	5	0.6	4.179
1	5	4	0.4	5.157
1	6	3	1.3	4.305
1	7	2	1.5	2.294
1	8	1	1.3	0.713
2	1	7	0	0.004
2	2	6	0	0.156
2	3	5	0	0.388
2	4	4	0.1	0.603

续表

A	L	W	观察频率（%）	期望频率（%）
2	5	3	0.5	0.600
2	6	2	0.8	0.373
2	7	1	0.5	0.134
3	1	6	0	0.005
3	2	5	0	0.018
3	3	4	0	0.093
3	4	3	0.1	0.046
3	5	2	0.2	0.035
3	6	1	0.1	0.014
4	1	5	0	4×10^{-4}
4	2	4	0.1	0.001
4	3	3	0	0.020
4	4	2	0.2	0.002
4	5	1	0.1	0.001
5	1	4	0	2×10^{-5}
5	2	3	0	6×10^{-5}
5	3	2	0	7×10^{-5}
5	4	1	0	5×10^{-5}
6	1	3	0	9×10^{-7}
6	2	2	0	10×10^{-5}
6	3	1	0	10×10^{-5}
7	1	2	0	2×10^{-8}
7	2	1	0	3×10^{-8}
8	1	1	0	3×10^{-10}
小计			8.2	22.309
合计			100.00	100.00

双手 10 指未见同为 A 者。双手 10 指同为 W 者和同为 L 者明显高于期望频率，都是差异极显著（$P<0.001$）。在双手 10 指的 66 种组合格局中，没有一个个体的双手指纹仅由 A 与 W 组成。观察频率小计和期望频率小计的比较显示差异极显著（$P<0.001$），表现为非随机组合。

维吾尔族的指纹左右同名指的 A 与 W 不相容、一手 5 指的 A 与 W 不相容、双手 10 指的 A 与 W 不相容现象值得进一步探讨。

本样本中 10 指全为 W 者 72 人（7.20%），10 指全为 L 者 82 人（8.20%），未见 10 指全 A 者。

（四）TFRC

各指 FRC 均数见表 2-49-8。

表 2-49-8 维吾尔族各指 FRC（条）均数（男 500 人，女 500 人）

	拇	示	中	环	小	合计
男左	16.99	12.10	13.65	16.38	12.23	14.27
男右	19.14	12.33	13.06	16.26	12.14	14.59
女左	14.57	11.47	12.53	15.44	10.86	12.97
女右	16.49	12.15	12.06	15.39	10.96	13.41

男性左右手及女性右手拇指的 FRC 均数都占第 1 位，环指的 FRC 均数较高，中指居中，示指和小指则较低。本样本中共有 W 4346 枚，FRC 平均为 17.64 条；有 L 5403 枚，FRC 平均为 10.81 条。

各侧别性别和合计的 TFRC 参数见表 2-49-9。

表 2-49-9 维吾尔族各侧别性别和合计的 TFRC 参数

	$\bar{x}$（条）	s（条）	$s_{\bar{x}}$（条）	t_{g1}	t_{g2}
男左	71.35	21.50	0.96	–1.27	0.23
男右	72.94	21.55	0.96	–2.24	–0.04
女左	64.85	22.41	1.00	–1.78	0.17
女右	67.04	21.65	0.97	–1.98	0.37
男	144.29	43.03	1.92	–1.75	0.02
女	131.89	44.05	1.97	–1.88	0.07
合计	138.09	43.96	1.39	–2.62	0.08

男性 TFRC 均数（144.29 条）与女性 TFRC 均数（131.89 条）有显著性差异（t=4.47，P＜0.01），男性左右手 TFRC 均数无显著性差异（t=1.30，P＞0.05），女性左右手 TFRC 均数也无显著性差异（t=1.79，P＞0.05）。

男性右手合计 1000 人的 t_{g1} 是绝对值大于 2 的负值，表明正态分布曲线为负偏态。其余的 t_{g1} 都是绝对值小于 2 的负值，表明曲线与正态分布的左右对称度值无显著性差异。t_{g2} 绝对值小于 2，表明曲线与正态分布的高低峰度值无显著性差异。

（五）斗指纹偏向

1000 人中有 W 4346 枚，其中 Wu 2664 枚，占 61.30%，Wb 455 枚，占 10.47%，Wr 1227 枚，占 28.23%。

在 455 枚 Wb 中，FRC 相差≤4 条的有 428 枚，占 94.07%，相差≤3 条的有 403 枚，占 88.57%，有 148 枚两侧相等，占 32.53%。由此认为 Wb 两侧 FRC 的相似度很高。

4346 枚 W 取 FRC 侧别的频率见 2-49-10。

表 2-49-10 维吾尔族 W 取 FRC 侧别的频率和频数（男 500 人，女 500 人）

	Wu		Wb		Wr	
	频率（%）	频数	频率（%）	频数	频率（%）	频数
Wu＞Wr 取尺侧	7.09	189	31.87	145	84.27	1 034
Wu=Wr	2.25	60	32.53	148	3.42	42

续表

	Wu		Wb		Wr	
	频率（%）	频数	频率（%）	频数	频率（%）	频数
Wu<Wr　取桡侧	90.66	2 415	35.60	162	12.31	151
合计	100.00	2 664	100.00	455	100.00	1 227

Wu 的 90.65%是取桡侧的 FRC，Wr 的 84.27%是取尺侧的 FRC，做关联分析得 $P<0.01$，表明取 FRC 的侧别与 W 的偏向有密切关系。

Wb 的 32.53%是两侧相等，说明 Wb 两侧 FRC 相似度很高。

1227 枚 Wr 中分布于拇指的有 226 个，占 18.42%，示指 474 枚，占 38.63%，中指 237 枚，占 19.32%，环指 245 枚，占 19.97%，小指 45 枚，占 3.67%。示指的 Lr 出现率占 5 指之首，而 Wr 的出现率也占 5 指之首，是其他 4 指的 1.9～10.5 倍之多。可以认为本样本的示指指纹的偏向有倾向于桡侧的趋势。

（六）偏向斗组合

在 4346 枚 W 中，就 W/W 对应来讲，有 3412 枚（1706 对）呈同名指左右对称，占 W 总数（4346）的 78.51%，仅 934 枚 W 不在左右同名指上出现。在 3412 枚 W 中有 Wu 2018 枚（59.14%），Wb 383 枚（11.23%），Wr 1011 枚（29.63%）。这 3 种 W 在同名指若是随机相对应，则应服从概率乘法定律得到 9 种排列的 6 种组合格局的期望频率。左右同名指 W 对应的观察频率与期望频率及差异显著性检验见表 2-49-11。

表 2-49-11　维吾尔族左右同名指（1706 对）**W 对应频率的比较**（男 500 人，女 500 人）

	Wu/Wu	Wr/Wr	Wb/Wb	Wu/Wb	Wu/Wr	Wb/Wr	合计
观察频率（%）	39.93	12.95	1.58	12.19	26.26	7.09	100.00
期望频率（%）	34.98	8.78	1.26	13.28	35.05	6.65	100.00
P	<0.001	<0.001	>0.05	>0.05	<0.001	>0.05	

同种偏向 Wu/Wu 与 Wr/Wr 对应频率显著增加，表明差异极显著（$P<0.001$）。

同种偏向的 W 有对应的趋势。分析 Wu/Wr 的对应关系，得观察频率显著减少，表明差异极显著（$P<0.001$），Wu/Wr 的对应似有不相容或不亲和现象。

对表 2-49-11 的观察频率和期望频率做 2×6 表的差异显著性检验，得到 χ^2=93.07，df=5，$\chi^2_{0.001}$=20.515，$P<0.001$，这表现出同名指各偏向 W 的组合并不呈随机性。此现象可能是由于 Wu 与 Wr 为两个相反方向的 W，可视为两个极端型，而 Wb 属于不偏不倚的中间型，介于两者之间，因此 Wu 与 Wr 对应要跨过中间型，具有不易性。

（七）TFRC 的另一种算法

把 W 的尺侧和桡侧的 FRC 相加，进行双手的 TFRC 运算，结果见表 2-49-12。

表 2-49-12　维吾尔族 W 两边的 FRC 相加计算的 TFRC 参数（男 500 人，女 500 人）

	$\bar{x}$（条）	s（条）	$s_{\bar{x}}$（条）	t_{g1}	t_{g2}
男左	101.05	45.27	2.02	3.83	−2.02
男右	107.34	45.06	2.02	2.08	−2.95
女左	89.80	43.04	1.92	3.91	−1.08
女右	93.78	42.69	1.91	3.70	−1.11
男	208.38	90.26	4.04	2.96	−2.56
女	183.58	85.70	3.83	3.80	−1.13
合计	195.98	88.84	2.81	4.86	−2.65

二、掌　　纹

（一）tPD 与 atd

tPD 在各侧别性别和合计的参数见表 2-49-13。

表 2-49-13　维吾尔族 tPD 的参数（男 500 人，女 500 人）

	$\bar{x}$	s	$s_{\bar{x}}$	t_{g1}	t_{g2}
男左	16.71	7.09	0.32	13.53	12.96
男右	16.02	7.58	0.34	15.94	16.52
女左	17.34	7.54	0.34	13.34	11.23
女右	16.90	7.84	0.35	13.26	10.07

同性别的左右手之间的 tPD 值无显著性差异（$P>0.05$）。正态分布曲线的对称度值 t_{g1} 都是大于 2 的正值，表明曲线为正偏态，众数（男女左侧为 15，右侧为 14）小于均数。峰度值 t_{g2} 也都是大于 2 的正值，表明曲线呈高狭峰，提示频数集中于均数附近。

试将掌心的轴三角作为 t″，因此，t″的 tPD 应为 50（41～60），t 为 10（1～20），t′为 30（21～40），t‴为 70（61～80）。tPD 的分布频率与均数±标准差见表 2-49-14。

表 2-49-14　维吾尔族 tPD 的分布频率与均数±标准差（男 500 人，女 500 人）

	−t（%）	t（1～10～20，%）	t′（21～30～40，%）	t″（41～50～60，%）	t‴（61～70～80，%）	$\bar{x}\pm s$
男	0.90	80.10	17.90	1.10	0	16.36±7.34
女	1.50	75.20	22.00	1.30	0	17.12±7.69
合计	0.20	77.65	19.95	1.20	0	16.74±7.53

男女间的 tPD 均数无显著性差异（$P>0.05$）。

有的个体手上轴三角不止 1 个，有此超常数轴三角的个体占 8.35%。

atd 在各侧别性别和合计的参数见表 2-49-15。

表 2-49-15　维吾尔族 atd 参数（男 500 人，女 500 人）

	$\bar{x}$（°）	s（°）	$s_{\bar{x}}$（°）	t_{g1}	t_{g2}
男左	41.28	6.34	0.28	10.54	17.34
男右	40.75	7.92	0.35	10.51	10.83
女左	41.96	7.56	0.34	20.76	47.22
女右	41.43	8.29	0.37	16.05	29.92

同性别的左右手之间的 atd 值无显著性差异（$P>0.05$）。正态分布曲线的对称度值 t_{g1} 和 t_{g2} 都是大于 2 的正值，表明曲线为正偏态的高狭峰。

atd 的分布频率与均数±标准差见表 2-49-16。

表 2-49-16　维吾尔族 atd 的分布频率与均数±标准差（男 500 人，女 500 人）

	–atd（%）	t（34°～38°～43°，%）	t′（44°～48°～53°，%）	t″（54°～58°～63°，%）	t‴（64°～68°～73，%）	$\bar{x}\pm s$（°）
男	1.20	71.50	23.50	3.20	0.60	41.01±7.17
女	1.50	66.80	27.00	3.70	1.00	41.69±7.94
合计	1.35	69.15	25.25	3.45	0.80	41.35±7.57

男女间的 atd 均数无显著性差异（$P>0.05$）。

左右手 tPD 与 atd 差值：tPD 在一个个体的左右手差值为 0 者占 11.30%，差值为 0～3 者占 61.20%，差值 4～6 者占 20.80%，差值≥7 者占 18.00%。

atd 在一个个体的左右手差值为 0°者占 13.70%，差值为 0°～3°者占 70.50%，差值为 4°～6°者占 19.70%，差值≥7°者占 9.80%。

tPD 与 atd 关联：tPD 与 atd 的相关系数 r=0.6220，$P<0.01$，呈高度相关。

由 atd 推算 tPD 用直线回归公式：

$$y_{\mathrm{tPD}}=0.7780\times \mathrm{atd}-15.6814$$

由 tPD 推算 atd 用直线回归公式：

$$y_{\mathrm{atd}}=0.4987\times \mathrm{tPD}+33.4824$$

这两个公式的回归系数 b 的显著性检验，分别得到两个 t_b 都为 35.30，$t_{b\,0.001}$=3.2910，$P<0.001$，表明公式作用显著。

求得 t、t′、t″、t‴相应的 atd 分别为 38°、48°、58°和 68°，每级之间相差 10°。

tPD 的变异系数为 44.9440，atd 的变异系数为 18.3080。

（二）a-b RC

a-b RC 的参数见表 2-49-17。

表 2-49-17　维吾尔族 a-b RC 的参数（男 500 人，女 500 人）

	$\bar{x}$（条）	s（条）	$s_{\bar{x}}$（条）	t_{g1}	t_{g2}
男左	37.52	5.70	0.26	–2.46	19.04
男右	37.24	5.79	0.26	–0.49	18.28

续表

	$\bar{x}$（条）	s（条）	$s_{\bar{x}}$（条）	t_{g1}	t_{g2}
女左	37.53	5.11	0.23	5.06	4.88
女右	36.76	5.05	0.23	1.58	2.29
男	37.39	5.54	0.18	–2.11	26.17
女	37.15	5.09	0.16	4.71	5.36
合计	37.27	5.43	0.12	1.15	26.18

男女性之间均数差异显著性检验结果显示，$t<1.96$，$P>0.05$，表明性别间的差异不显著。同性别的左右侧之间均数差异显著性检验结果显示，$t<1.96$，$P>0.05$，表明侧别间的差异不显著。

合计的 a-b RC 正态分布曲线的对称度值（t_{g1}=1.15）是<2 的正值，表明均数（37.27 条）大于众数（36 条），为左右对称的曲线，与常态分布无显著性差异。7 个项目的峰度值（t_{g2}）都是>2 的正值，表明曲线为高狭峰，频数集中于均数附近。

左右手的 a-b RC 并不一定相等，差值绝对值的分布见表 2-49-18。

表 2-49-18　维吾尔族 a-b RC 左右手差值分布（男 500 人，女 500 人）

	0 条	1～3 条	4～6 条	≥7 条
人数	181	527	217	75
频率（%）	18.10	52.70	21.70	7.50

左右手相减的绝对值≤3 条者占 70.80%，一般认为无差别。

本样本中有 1 人双手–b，此人的 a-b RC 为 0。a-b RC 全距为 38 条（22～60 条），其中 22 条的有 2 只手，60 条的有 3 只手。

（三）手鱼际纹

手大鱼际纹的频率见表 2-49-19。

表 2-49-19　维吾尔族手大鱼际纹的频率（%）（男 500 人，女 500 人）

	男左	男右	女左	女右	合计
非真实花纹	73.20	86.20	80.40	88.20	82.00
Ld	3.80	2.00	3.00	1.00	2.45
Lr	0	0	0	0	0
Lp	7.80	5.80	5.80	5.40	6.20
Lu	0	0	0	0	0
Ws	2.20	1.00	1.00	0.40	1.15
Wc	9.00	2.20	6.80	2.40	5.10
V	4.00	2.80	3.00	2.60	3.10

1000 人中手大鱼际真实花纹的出现率为 14.90%。非真实花纹与退化纹（V）占 85.10%。计有 8.40%个体左右手都有真实花纹，而真/真对应的期望频率为 2.22%，二者差异显著（$P<$

0.001）。手大鱼际真实花纹有真/真对应的趋势。

（四）手指间区纹

手指间区真实花纹的频率见表 2-49-20。

表 2-49-20 维吾尔族手指间区真实花纹的频率（%）（男 500 人，女 500 人）

	男左	男右	女左	女右	男	女	合计
Ⅱ	4.00	8.00	1.80	5.00	6.00	3.40	4.70
Ⅲ	27.80	58.80	28.80	49.20	39.30	39.00	39.15
Ⅳ	69.00	56.00	69.20	53.80	62.50	61.50	62.00

手指间区真实花纹的频率以Ⅳ区＞Ⅲ区＞Ⅱ区的次序出现。男女都是在Ⅲ区右手频率显著高于左手（$P<0.05$），Ⅳ区左手频率显著高于右手（$P<0.05$）。指间真实花纹有 99.34%是 Ld，0.47% 是 W 型，0.19%是 Lp。

左右同名指间区对应的频率见表 2-49-21。

表 2-49-21 维吾尔族左右同名指间区对应频率和频数（男 500 人，女 500 人）

	非/非		真/非		真/真	
	频率（%）	频数	频率（%）	频数	频率（%）	频数
Ⅱ	92.50	90.82	5.60	8.96	1.90	0.22
Ⅲ	45.30	37.03	31.10	47.64	23.60	15.33
Ⅳ	23.60	14.44	28.80	47.12	47.60	38.44

所观察的真/真对应格局在Ⅱ、Ⅲ、Ⅳ区内的频率都显著高于各自的期望频率（$P<0.001$），表明指间真实花纹有真/真对应趋势。

在双手的任何指间区内都没有真实花纹者占 4.20%，仅左手没有的占 12.60%，仅右手没有的占 8.90%。在 1 只手的 3 个区域内都有真实花纹者占 2.90%，双手的 3 个区域内都有真实花纹者占 0.30%。在Ⅳ区有 2 个真实花纹（Ld）的占 3.20%（男 33 只，女 31 只）。跨Ⅲ/Ⅳ区的真实花纹占 3.50%（男 34 只，女 36 只）。

（五）手小鱼际纹

手小鱼际纹的出现频率见表 2-49-22。

表 2-49-22 维吾尔族手小鱼际纹频率（%）（男 500 人，女 500 人）

	男左	男右	女左	女右	合计
非真实花纹	64.00	69.00	60.40	65.40	64.70
Ld	12.80	6.20	8.80	6.20	8.50
Lr	12.40	14.00	18.00	17.00	15.35
Lp	0	0.20	0.20	0.20	0.15
Lu	6.60	6.80	6.60	5.40	6.35
Ws	1.20	2.00	0.20	1.60	1.25
Wc	1.80	1.20	1.60	1.40	1.50
V	1.20	0.60	4.20	2.80	2.20

群体中手小鱼际真实花纹频率为 33.10%，V 与非真实花纹占 66.90%。有 20.70%的个体左右手以真/真对应，而真/真对应的期望频率为 10.96%，二者差异显著（$P<0.001$），手小鱼际真实花纹有真/真对应的趋势。

（六）屈肌线

猿线在男女性中的分布见表 2-49-23。

表 2-49-23 维吾尔族猿线在男女性中的分布（男 500 人，女 500 人）

	男		女		合计	
	n	%	*n*	%	*n*	%
仅左手有猿线	18	3.60	18	3.60	36	3.60
仅右手有猿线	15	3.00	10	2.00	25	2.50
双手都有猿线	20	4.00	9	1.80	29	2.90
具有猿线的手	73	7.30	46	4.60	119	5.95

本样本的左右手屈肌线对应频率见表 2-49-24。

表 2-49-24 维吾尔族左右手屈肌线对应频率（%）（男 500 人，女 500 人）

	右手无猿线	右手有猿线
左手无猿线	91.00	2.50
左手有猿线	3.60	2.90

远侧屈肌线和近侧屈肌线在虎口处汇合或不汇合的分布见表 2-49-25。

表 2-49-25 维吾尔族远近 2 条屈肌线在虎口处汇合或不汇合的分布（男 500 人，女 500 人）

	男		女		合计	
	n	%	*n*	%	*n*	%
不汇合型（川字纹）	7	0.70	49	4.90	56	2.80
汇合型	993	99.30	951	95.10	1 944	97.20

（七）指间褶

本样本中的示指、中指、环指、小指都有 2 条指间褶，未见这 4 指有单指间褶的情况。

三、足　　纹

（一）踇趾球纹

踇趾球纹的频率见表 2-49-26。

表 2-49-26 维吾尔族踇趾球纹频率（%）（男 500 人，女 500 人）

	TAt	Ad	At	Ap	Af	Ld	Lt	Lp	Lf	Ws	Wc
男左	0.20	0.40	2.60	3.80	1.20	55.60	9.40	0	0	26.40	0.40
男右	0.20	0.20	3.60	4.20	0.80	59.80	8.00	0	0.20	23.00	0

续表

	TAt	Ad	At	Ap	Af	Ld	Lt	Lp	Lf	Ws	Wc
女左	0.20	0.20	2.00	2.60	1.40	61.80	6.00	0.20	0	25.60	0
女右	0.60	0	2.20	2.40	1.80	65.20	5.20	0.20	0.20	22.20	0
合计	0.30	0.20	2.60	3.25	1.30	60.60	7.15	0.10	0.10	24.30	0.10

蹈趾球纹以 Ld 为最多，占 60.60%。Ws 次之，占 20.95%。有 78.70%的个体左右以同类型蹈趾球纹对应，表现出同型蹈趾球纹左右配对为非随机组合。

（二）足趾间区纹

足趾间区纹真实花纹的频率见表 2-49-27。

表 2-49-27　维吾尔族足趾间区纹真实花纹频率（%）（男 500 人，女 500 人）

	男左	男右	女左	女右	男	女	合计
Ⅱ	21.60	20.80	21.40	22.00	21.20	21.70	21.45
Ⅲ	67.80	69.60	55.40	60.40	68.70	57.90	63.30
Ⅳ	12.80	23.40	5.80	12.60	18.10	9.20	13.65

维吾尔族足趾间区真实花纹的频率在Ⅲ区最多（63.30%），Ⅳ区最少（13.65%）。在全部的真实花纹中 Ld 占 77.84%，Lp 占 15.44%，W 占 6.45%，其他型占 0.25%。

左右同名足趾间区对应的频率见表 2-49-28。

表 2-49-28　维吾尔族左右同名足趾间区对应频率（%）（男 500 人，女 500 人）

	非/非		真/非		真/真	
	观察频率	期望频率	观察频率	期望频率	观察频率	期望频率
Ⅱ	70.90	61.70	15.30	33.70	13.80	4.60
Ⅲ	27.00	13.74	19.40	46.26	53.60	40.00
Ⅳ	80.00	74.56	12.70	23.58	7.30	1.86

在 3 个区域里（Ⅱ、Ⅲ、Ⅳ）的真/真对应的观察频率都显著高于期望频率（$P<0.001$），表现出同型足趾间区真实花纹左右配对为非随机组合。

在双足的任何趾间区内都没有真实花纹者占 18.60%，仅左足无花纹的占 30.00%，仅右足无花纹的占 24.30%。

在 1 只足的 3 个区域内都有真实花纹者占 4.90%，双足的 3 个区域内都有真实花纹者占 0.60%。跨Ⅱ/Ⅲ区的真实花纹占 0.15%，跨Ⅲ/Ⅳ区的真实花纹占 0.05%（1 只足）。

（三）足小鱼际纹

足小鱼际纹的频率见表 2-49-29。

表 2-49-29　维吾尔族足小鱼际纹频率（%）（男 500 人，女 500 人）

	男左	男右	女左	女右	合计
非真实花纹	37.60	36.00	33.20	29.80	34.15
Lt	54.20	57.40	56.60	56.80	56.25
W	0	0	0	0.2	0.05
其他真实花纹	1.00	0.80	0	0.80	0.65
V	7.20	5.80	10.20	12.40	8.90

足小鱼际真实花纹的出现率为 56.95%，V 和非真实花纹占 43.05%。

足小鱼际花纹真/真对应的观察频率（55.90%）显著高于期望频率（32.43%），两者差异显著（$P<0.001$），表现出足小鱼际真实花纹左右配对为非随机组合。

（四）足跟纹

维吾尔族的足跟真实花纹的出现频率为 1.05%（21 只足），其对应分布频率见表 2-49-30。

表 2-49-30　维吾尔族足跟花纹对应分布（男 500 人，女 500 人）

	右足跟非真实花纹		右足跟真实花纹	
	频率（%）	频数	频率（%）	频数
左足跟非真实花纹	98.40	984	0.80	8
左足跟真实花纹	0.30	3	0.50	5

维吾尔族足跟真实花纹分布在 16 个个体上。

第五十章　乌孜别克族的肤纹[1]

研究对象为来自新疆维吾尔自治区塔城市、莎车县、叶城县的乌孜别克族人群，三代都是乌孜别克族人，身体健康，无家族性遗传病。平均年龄 24 岁（3～99 岁）。

以黑色油墨捺印法捺印研究对象的指纹和掌纹。

分析项目大多以 1200 人（男 600 人，女 600 人）为基数，仅 tPD 和 atd 测量时人数有变动（张致中 等，1993）。

一、指 纹 频 率

男女性的指纹频率见表 2-50-1。

表 2-50-1　乌孜别克族男女指纹频率（%）（男 600 人，女 600 人）

	A	L	Lu	Lr	W
男	2.70	50.39	47.46	2.93	46.91
女	4.23	53.90	51.32	2.58	41.87
合计	3.46	52.15	49.39	2.76	44.39

W 型指纹频率男性高于女性。

二、指掌上的测量值

TFRC、tPD、atd、a-b RC、主要掌纹线指数的均数、标准差见表 2-50-2 和表 2-50-3。

表 2-50-2　乌孜别克族 TFRC、a-b RC、主要掌纹线指数的均数、标准差（男 600 人，女 600 人）

	TFRC（条）		a-b RC（条）		主要掌纹线指数	
	$\bar{x}$	s	$\bar{x}$	s	$\bar{x}$	s
男	158.00	23.20	37.50	6.62	19.34	2.64
女	146.00	24.08	38.50	5.11	19.10	2.22
合计	152.00	—	38.00	—	19.22	—

①研究者：张致中、赛亚尔、王振国、张虎、王立新，中国人民解放军第十五医院；郭汉璧，南京医学院生物教研室。

表 2-50-3　乌孜别克族 tPD、atd 的均数、标准差（男 354 人，女 374 人）

	tPD		atd（°）	
	$\bar{x}$	s	$\bar{x}$	s
男	16.45	5.55	39.00	4.20
女	16.75	6.38	40.00	4.23
合计	16.60	—	39.50	—

测量 tPD 和 atd 时人数有变化，男性为 354 人，女性为 374 人，全是 15 岁以上。

三、手掌的真实花纹和猿线

手掌大鱼际、指间区、小鱼际的真实花纹和猿线的观察频率见表 2-50-4。

表 2-50-4　乌孜别克族手掌真实花纹和猿线频率（%）（男 600 人，女 600 人）

	T/Ⅰ	Ⅱ	Ⅲ	Ⅳ	H	猿线
男	7.15	7.67	50.58	49.92	27.58	—
女	4.66	3.58	40.75	58.83	26.50	—
合计	5.91	5.63	45.67	54.38	27.00	7.88

第五十一章　佤族的肤纹

佤族肤纹材料有 2 份。第一节是 770 人的西盟佤族自治县（西盟县）的材料，第二节是 900 人的沧源佤族自治县（沧源县）的调查。

第一节　云南西盟县佤族肤纹[①]

佤族肤纹样本根据随机化的原则，采自云南省思茅地区普洱市西盟佤族自治县境内无遗传缺陷、三代同族的健康村民和中小学生等。研究对象年龄为 7～80 岁，平均为（22.07±12.08）岁。

样本的采取按照传统的古典油墨肤纹捺印方法，应用 9 开道林纸与铅印黑色油墨，捺印同一个体的左右手纹和左右足纹。

样本的分析依中国统一标准，再加上一些项目的组合研究，将其进行图像数量化及代码变换处理，并记录成册，应用自编的肤纹分析软件包在计算机上完成数据的处理和分析。所有手纹和足纹分析都以 770 人（男 416 人，女 354 人）为基数（丁明 等，2001）。

一、指　　纹

（一）指纹频率

男性各手指的指纹频率见表 2-51-1，女性各手指的指纹频率见表 2-51-2。

表 2-51-1　西盟佤族男性各手指的指纹频率（男 416 人）

	男左					男右				
	拇	示	中	环	小	拇	示	中	环	小
As	0.72	1.68	1.20	0	0.72	0.48	1.44	0.48	0.24	0.24
At	0	0.96	0	0	0	0	0.48	0	0	0
Lu	45.68	41.83	67.79	45.19	79.33	36.78	41.34	71.88	35.58	71.40
Lr	0.96	13.22	1.68	1.20	0	0.72	10.82	1.44	0.96	1.20
Ws	38.22	38.70	25.48	50.73	17.55	57.45	40.63	24.76	62.74	26.44
Wd	14.42	3.61	3.85	2.88	2.40	4.57	5.29	1.44	0.48	0.72

①研究者：丁明，云南省计划生育技术科学研究所；张海国，上海交通大学医学院；黄明龙，云南红十字会医院。

表 2-51-2　西盟佤族女性各手指的指纹频率（女 354 人）

	女左					女右				
	拇	示	中	环	小	拇	示	中	环	小
As	5.65	4.80	2.82	1.69	2.82	2.54	4.52	2.26	1.41	1.69
At	0.56	1.13	0.28	0	0.28	0.28	0.85	0	0	0
Lu	44.35	51.99	72.60	47.46	78.55	44.64	54.80	77.41	45.76	77.69
Lr	0	2.54	0.85	0.56	0.28	0.56	1.98	0.56	0.28	0
Ws	36.16	34.46	21.19	49.44	17.51	43.79	35.31	18.08	51.70	20.62
Wd	13.28	5.08	2.26	0.85	0.56	8.19	2.54	1.69	0.85	0

由结果可见，西盟佤族各型指纹按频率由高到低是 L、W、A，Lu 在小指上的出现频率最高，Lr 在示指上的出现频率最高，Wd 在拇指上的出现频率最高，Ws 在环指上的出现频率最高。

在 770 名西盟佤族指纹（男 416 人，女 354 人）中，A 占 2.01%，Lu 占 56.36%，Lr 占 2.09%，W 占 39.54%。

（二）左右同名指纹组合

西盟佤族左右同名指各种指纹类型组合情况见表 2-51-3。

表 2-51-3　西盟佤族左右同名指指纹类型组合频率（男 416 人，女 354 人）

		A/A	L/A	L/L	W/A	W/L	W/W	合计
观察频数	男	5	25	972	1	398	679	2 080
	女	36	44	893	3	304	490	1 770
	合计	41	69	1 865	4	702	1 169	3 850
观察频率（%）		1.07	1.80	48.44	0.10	18.23	30.36	100.00
期望频数		2	91	1 315	61	1 779	602	3 850
期望频率（%）		0.04	2.35	34.17	1.59	46.22	15.63	100.00

结果显示左右对应手指各种指纹组合格局的观察频率为非随机分布。同型组合 A/A、L/L、W/W 显著偏高（$P<0.001$），异型组合 A/W、L/W 显著减少（$P<0.001$），数据提示 A 型指纹的花纹最简单，W 最复杂，L 居中，A 与 W 配对要跨过 L，表现为不相容，称 A/W 不相容。A/L 异型组合的观察频率与期望频率无显著性差异（$P>0.05$）。

（三）一手或双手指纹组合

西盟佤族一手 5 指和双手 10 指指纹特殊组合的频数和频率分别见表 2-51-4 和表 2-51-5。

表 2-51-4 西盟佤族一手 5 指指纹特殊组合的频数和频率（男 416 人，女 354 人）

	5 指全弓		5 指全箕		5 指全斗	
	频数	频率（%）	频数	频率（%）	频数	频率（%）
男左	0	0	91	21.88	34	8.17
男右	0	0	65	15.63	51	12.26
女左	4	1.13	69	19.49	19	5.37
女右	0	0	78	22.03	23	6.50
男	0	0	156	18.75	85	10.22
女	4	0.56	147	20.76	42	5.93
合计	4	0.26	303	19.68	127	8.25

表 2-51-5 西盟佤族双手 10 指指纹特殊组合的频数和频率（男 416 人，女 354 人）

	10 指全弓		10 指全箕		10 指全斗	
	频数	频率（%）	频数	频率（%）	频数	频率（%）
男	0	0	41	9.86	24	5.77
女	0	0	43	12.15	12	3.39
合计	0	0	84	10.91	36	4.68

（四）TFRC

男女各指的指纹嵴数值分别见表 2-51-6。

表 2-51-6 西盟佤族 FRC 值（条，$\bar{x} \pm s$）（男 416 人，女 354 人）

	拇	示	中	环	小
男左	16.83±5.28	12.26±5.33	12.93±4.68	14.77±4.88	12.03±4.36
男右	19.16±6.86	12.59±5.47	12.45±4.66	14.59±4.80	11.90±4.29
女左	14.63±6.37	12.08±5.39	12.58±5.07	14.59±5.53	11.42±4.86
女右	17.60±5.85	12.71±5.65	12.93±4.83	15.39±5.16	11.84±4.87

由结果可见西盟佤族男性左右手和女性左右手拇指嵴数均占 5 指的首位，环指的嵴数均占 5 指的第二位。

西盟佤族男女左右手 TFRC 和合计的 TFRC 参数见表 2-51-7。

表 2-51-7 西盟佤族男女左右手 TFRC 和合计的 TFRC（条）参数（男 416 人，女 354 人）

	$\bar{x}$	s	$s_{\bar{x}}$
男左	68.82	19.62	0.96
男右	70.69	19.83	0.97
女左	65.29	21.97	1.17
女右	70.45	21.02	1.12
男	139.52	38.25	1.88
女	135.74	42.01	2.23
合计	137.78	40.03	1.44

（五）斗指纹偏向

西盟佤族各种斗取嵴数的侧别情况见表 2-51-8。

表 2-51-8 西盟佤族 W 取 FRC 侧别的频数和频率（男 416 人，女 354 人）

		Wu	Wb	Wr	合计
Wu＞Wr 取尺侧	频数	1 858	36	110	2 004
	频率（%）	61.04	1.18	3.61	65.83
Wu=Wr	频数	94	22	59	175
	频率（%）	3.09	0.72	1.94	5.75
Wu＜Wr 取桡侧	频数	168	29	668	865
	频率（%）	5.52	0.95	21.95	28.42
合计	频数	2 120	87	837	3 044
	频率（%）	69.64	2.86	27.50	100.00

（六）偏向斗组合

西盟佤族左右同名指三种偏向斗各配对的观察频率及期望频率见表 2-51-9。

表 2-51-9 西盟佤族左右同名指偏向斗的配对频数和频率（1169 对）（男 416 人，女 354 人）

	Wu/Wu	Wu/Wb	Wb/Wb	Wu/Wr	Wr/Wb	Wr/Wr	合计
观察频数	612	35	0	352	28	142	1 169
观察频率（%）	52.35	2.99	0.00	30.11	2.40	12.15	100.00
期望频数	555	43	1	458	18	94	1 169
期望频数（%）	47.48	3.71	0.07	39.14	1.53	8.07	100.00

由此可见 Wu/Wu 的观察频率明显高于期望频率，Wr/Wr 对应也是如此，表明同名指的通行对应并非随机分布。Wu/Wr 对应的观察频率明显低于期望频率，表现出 Wu 与 Wr 的不亲和性。

二、掌 纹

（一）atd

西盟佤族男女左右手 atd 参数见表 2-51-10。

表 2-51-10 西盟佤族 atd（°）参数（男 416 人，女 354 人）

	$\bar{x}$	s	$s_{\bar{x}}$
男左	40.26	4.97	0.25
男右	40.65	5.44	0.27
女左	41.24	5.93	0.32

续表

	$\bar{x}$	s	$s_{\bar{x}}$
女右	41.22	5.51	0.30
男	40.46	5.21	0.18
女	41.23	5.72	0.22
合计	40.81	5.46	0.14

西盟佤族男女间atd均数差异显著性检验结果表明女性atd均数明显高于男性($P<0.01$)。

（二）tPD

西盟佤族 tPD 值见表 2-51-11。

表 2-51-11　西盟佤族 tPD 值参数（男 416 人，女 354 人）

	$\bar{x}$	s	$s_{\bar{x}}$
男左	18.01	6.39	0.31
男右	18.86	6.84	0.34
女左	18.61	6.70	0.36
女右	18.98	7.04	0.37
男	18.44	6.63	0.23
女	18.79	6.87	0.26
合计	18.60	6.74	0.17

西盟佤族男女间 tPD 均数差异显著性检验结果表明差异显著（$P>0.05$）。

（三）a-b RC

西盟佤族 a-b RC 的全距为 43 条（13～56 条），众数 38 条。
西盟佤族 a-b RC 值见表 2-51-12。

表 2-51-12　西盟佤族 a-b RC 参数（男 416 人，女 354 人）

	$\bar{x}$（条）	s（条）	$s_{\bar{x}}$（条）	t_{g1}	t_{g2}
男左	38.43	4.88	0.24	–0.37	0.58
男右	38.03	5.44	0.27	–0.83	–0.15
女左	37.71	5.07	0.27	3.27	9.83
女右	36.13	4.94	0.26	4.21	4.19
男	38.23	5.17	0.18	–1.04	0.38
女	36.92	5.06	0.19	5.19	9.39
合计	37.63	5.16	0.13	2.67	5.03

西盟佤族男女左右手 a-b RC 均数差异显著性检验结果表明差异不显著（$P>0.05$）。
西盟佤族左右手 a-b RC 的差值分布情况见表 2-51-13。

表 2-51-13　西盟佤族左右手 a-b RC 差值分布（男 416 人，女 354 人）

	0 条		1～3 条		4～6 条		≥7 条	
	n	频率（%）	*n*	频率（%）	*n*	频率（%）	*n*	频率（%）
男	67	16.11	218	52.40	95	22.84	36	8.65
女	30	8.47	180	50.85	98	27.68	46	12.99
合计	97	12.60	398	51.69	193	25.06	82	10.65

由表可见，西盟佤族双手 a-b RC 差值在 0～3 条者占 64.29%，故认为差异不大，双手一致的程度较高。

（四）手大鱼际纹

西盟佤族手大鱼际各花纹的分布频率见表 2-51-14。

表 2-51-14　西盟佤族手大鱼际各花纹的分布频率（%）（男 416 人，女 354 人）

	真实花纹						V	非真实花纹	合计
	Ld	Lr	Lp	Lu	Ws	Wc			
男左	0.24	1.20	5.29	0	0	0.24	0	93.03	100.00
男右	0	0.48	0.24	0	0	0	0	99.28	100.00
女左	0	0	2.54	0	0	0.28	0.56	96.62	100.00
女右	0	0	0.28	0	0	0	0.28	99.44	100.00
男	0.12	0.84	2.76	0	0	0.12	0	96.16	100.00
女	0	0	1.41	0	0	0.14	0.42	98.03	100.00
合计	0.06	0.45	2.14	0	0	0.13	0.19	97.03	100.00

西盟佤族手大鱼际区出现的真实花纹中以 Lp 为最多。手大鱼际真实花纹频率为 2.78%，V 和非真实花纹为 97.22%。

同一个体左右手大鱼际花纹对应组合情况见表 2-51-15。

表 2-51-15　西盟佤族同一个体左右手大鱼际花纹对应组合频率（%）（男 416 人，女 354 人）

	右手真实花纹	右手非真实花纹
左手真实花纹	0.52	4.81
左手非真实花纹	0.13	94.54

（五）手小鱼际纹

西盟佤族手小鱼际纹的分布频率见表 2-51-16。

表 2-51-16　西盟佤族手小鱼际纹的分布频率（%）（男 416 人，女 354 人）

	非真实花纹	Ld	Lr	Lp	Lu	Ws	Wc	V	合计
男左	92.31	1.44	2.40	0	3.13	0	0.72	0	100.00
男右	90.86	0.72	4.33	0	3.13	0.48	0.48	0	100.00

继表

	非真实花纹	Ld	Lr	Lp	Lu	Ws	Wc	V	合计
女左	87.57	5.37	4.52	0	2.26	0	0.28	0	100.00
女右	89.56	2.26	3.95	0	3.95	0	0	0.28	100.00
男	91.58	1.08	3.37	0	3.13	0.24	0.60	0	100.00
女	88.56	3.81	4.24	0	3.11	0	0.14	0.14	100.00
合计	90.19	2.34	3.77	0	3.12	0.13	0.39	0.06	100.00

手小鱼际真实花纹频率为 9.75%，V 和非真实花纹为 90.25%。同一个体左右手小鱼际花纹对应组合频率见表 2-51-17。

表 2-51-17　西盟佤族同一个体左右手小鱼际花纹对应组合频率（%）（男 416 人，女 354 人）

	右手真实花纹	右手非真实花纹
左手真实花纹	3.90	5.98
左手非真实花纹	5.75	84.37

（六）手指间区纹

西盟佤族各手指间区纹的分布频率见表 2-51-18。

表 2-51-18　西盟佤族各手指间区真实花纹的分布频率（%）（男 416 人，女 354 人）

	Ⅱ	Ⅲ	Ⅳ	Ⅱ/Ⅲ	Ⅲ/Ⅳ
男左	0	7.69	88.46	0	1.68
男右	1.68	24.04	72.36	0.24	6.73
女左	0	10.99	80.85	0	6.76
女右	0.56	22.54	67.61	0	8.45
男	0.84	15.87	80.41	0.12	4.21
女	0.28	16.76	74.23	0	7.61
合计	0.58	16.28	77.56	0.06	5.77

指间区真实花纹在Ⅳ区出现率最高，同一个体左右同名指指间区纹对应组合频率见表 2-51-19。

表 2-51-19　西盟佤族左右同名指指间区纹对应组合频率（%）（男 416 人，女 354 人）

	真/真	真/非	非/非
Ⅱ	0	1.17	98.83
Ⅲ	6.35	19.85	73.80
Ⅳ	64.72	25.68	9.60

西盟佤族左右手指间Ⅱ、Ⅲ、Ⅳ区纹的对应组合频率见表 2-51-20。

表 2-51-20　西盟佤族左右手指间区纹的对应组合频率（%）(男 416 人，女 354 人)

左	右								
	000	00V	0V0	0VV	V00	V0V	VV0	VVV	合计
000	1.17	2.85	2.08	0.13	0	0.26	0	0	6.49
00V	6.74	62.39	12.84	1.69	0.13	0.26	0.26	0	84.31
0V0	0.91	1.95	5.32	0.26	0	0	0.13	0	8.57
0VV	0	0	0.26	0.26	0	0	0	0.13	0.65
V00	0	0	0	0	0	0	0	0	0
V0V	0	0	0	0	0	0	0	0	0
VV0	0	0	0	0	0	0	0	0	0
VVV	0	0	0	0	0	0	0	0	0
合计	8.82	67.19	20.50	2.34	0.13	0.52	0.39	0.13	100.00

（七）屈肌线

西盟佤族猿线的分布频率见表 2-51-21，猿线在一个个体左右手的相应组合频率见表 2-51-22。

表 2-51-21　西盟佤族不同猿线类型的分布频率（%）(男 416 人，女 354 人)

	无猿线	一横贯	一二相遇	一二相融	二横贯	合计
男左	97.60	0	1.92	0.24	0.24	100.00
男右	98.32	0	1.20	0.48	0	100.00
女左	98.59	0.28	0.28	0.85	0	100.00
女右	98.59	0	1.41	0	0	100.00
男	97.96	0	1.56	0.36	0.12	100.00
女	98.59	0.14	0.85	0.42	0	100.00
合计	98.26	0.06	1.23	0.39	0.06	100.00

表 2-51-22　西盟佤族同一个体左右手猿线的对应组合频率（%）(男 416 人，女 354 人)

	右手有猿线	右手无猿线
左手有猿线	0.39	1.56
左手无猿线	1.17	96.88

三、足　　纹

（一）蹲趾球纹

西盟佤族蹲趾球纹的分布频率见表 2-51-23。

表 2-51-23　西盟佤族踇趾球纹的分布频率（%）（男 416，女 354 人）

	TAt	Ad	At	Ap	Af	Ld	Lt	Lp	Lf	Ws	Wc
男左	0	0.72	10.82	0	0.24	68.51	7.93	0	0	11.54	0.24
男右	0	0	10.58	0	0	69.71	7.45	0	0	12.26	0
女左	0	1.98	6.78	0.56	0.85	75.99	1.69	0	0	12.15	0
女右	0	0.28	6.78	0.28	0.85	81.36	2.26	0	0	8.19	0
男	0	0.36	10.70	0	0.12	69.11	7.69	0	0	11.90	0.12
女	0	1.13	6.78	0.42	0.85	78.67	1.98	0	0	10.17	0
合计	0	0.71	8.90	0.19	0.46	73.51	5.07	0	0	11.10	0.06

同一个体左右踇趾球纹对应组合频率见表 2-51-24。

表 2-51-24　西盟佤族左右踇趾球纹对应组合频率（%）（男 416 人，女 354 人）

左	右		
	A	L	W
A	6.36	3.90	0.78
L	2.86	71.68	2.47
W	0.26	4.55	7.14

（二）足趾间区纹

西盟佤族各趾间区真实花纹的分布频率见表 2-51-25。

表 2-51-25　西盟佤族趾间区真实花纹的分布频率（%）（男 416 人，女 354 人）

	Ⅱ	Ⅲ	Ⅳ	Ⅱ/Ⅲ	Ⅲ/Ⅳ
男左	1.68	35.10	6.25	0	0.24
男右	3.60	34.37	8.89	0	0
女左	1.97	15.82	2.54	0.28	0
女右	1.98	18.64	2.26	0	0
男	2.64	34.74	7.57	0	0.12
女	1.98	17.23	2.40	0.14	0
合计	2.33	26.68	5.19	0.06	0.06

西盟佤族均为趾间Ⅲ区真实花纹的出现率最高。

西盟佤族同一个个体左右同名趾间区纹的对应组合频率见表 2-51-26。

表 2-51-26　西盟佤族左右同名趾间区纹的对应频率（%）（男 416 人，女 354 人）

	真/真	真/非	非/非
Ⅱ	1.04	2.60	96.36
Ⅲ	18.57	16.24	65.19
Ⅳ	2.60	5.20	92.20

西盟佤族趾间Ⅲ区真/真对应的观察频率均明显高于其期望频率（$P<0.01$）。

西盟佤族左右足趾间Ⅱ、Ⅲ、Ⅳ区内对应组合频率见表 2-51-27。

表 2-51-27　西盟佤族左右足趾间区纹组合频率（%）（男 416 人，女 354 人）

左	右								
	000	00V	0V0	0VV	V00	V0V	VV0	VVV	合计
000	61.17	0.78	6.36	0.78	0.39	0	0.13	0	69.61
00V	0.65	0.78	0.39	0.91	0	0	0	0	2.73
0V0	5.58	0.91	15.45	0.78	0.78	0	0.52	0	24.02
0VV	0.26	0	0.65	0.91	0	0	0	0	1.82
V00	0.65	0	0	0	0.78	0	0	0	1.43
V0V	0	0	0	0	0	0	0	0	0
VV0	0.13	0	0	0	0	0	0.26	0	0.39
VVV	0	0	0	0	0	0	0	0	0
合计	68.44	2.47	22.85	3.38	1.95	0	0.91	0	100.00

（三）足小鱼际纹

西盟佤族足小鱼际区花纹的分布频率见表 2-51-28。

表 2-51-28　西盟佤族足小鱼际花纹的分布频率（%）（男 416 人，女 354 人）

	非真实花纹	Lt	其他真实花纹	合计
男左	53.12	46.88	0	100.00
男右	56.25	43.51	0.24	100.00
女左	52.83	46.89	0.28	100.00
女右	60.45	39.55	0	100.00
男	54.69	45.19	0.12	100.00
女	56.64	43.22	0.14	100.00
合计	55.59	44.29	0.12	100.00

西盟佤族足小鱼际出现的真实花纹一般为 Lt 型。

西盟佤族同一个体左右足小鱼际花纹对应组合频率见表 2-51-29。

表 2-51-29　西盟佤族左右足小鱼际花纹对应组合频率（%）（男 416 人，女 354 人）

	右足真实花纹	右足非真实花纹
左足真实花纹	33.64	13.38
左足非真实花纹	8.18	44.80

（四）足跟纹

足跟真实花纹罕见。佤族男女性左右足未见足跟纹，频率为 0。

第二节　云南沧源县佤族肤纹[①]

研究对象平均年龄 14.50 岁（11～18 岁），三代都是佤族人。

用红色印泥拓印指纹和掌纹。

所有的分析都以 900 人（男 500 人，女 400 人）为基数（吕承铭 等，1987）。

一、指　纹

沧源佤族的指纹频率见表 2-51-30。

表 2-51-30　沧源佤族指纹频率（%）（男 500 人，女 400 人）

	As	At	Lu	Lr	Ws	Wd
男左	1.28	0.56	60.48	2.68	27.40	7.60
男右	1.36	0.64	52.12	3.72	37.32	4.84
女左	3.10	0.45	58.65	2.50	28.65	6.65
女右	1.90	0.30	59.85	2.20	30.75	5.00
男	1.32	0.60	56.30	3.20	32.36	6.22
女	2.50	0.38	59.25	2.35	29.70	5.82
合计	2.34		57.61	2.82	37.23	

二、指 纹 组 合

沧源佤族左右同名指对应组合的观察频率见表 2-51-31。

表 2-51-31　沧源佤族左右同名指对应组合的观察频率（%）（男 500 人，女 400 人）

		A/A	A/L	A/W	L/L	L/W	W/W
男	拇	0.60	1.60	0	31.80	23.60	42.40
	示	2.00	6.60	0.60	43.80	19.20	27.80
	中	0.40	1.80	0.20	66.40	15.20	16.00
	环	0.20	0.40	0	29.60	24.60	45.20
	小	0.20	1.20	0	70.60	16.40	11.60
女	拇	1.25	2.25	0.25	40.25	18.25	37.75
	示	4.50	5.25	0	43.75	18.75	27.75
	中	1.25	2.75	0	64.00	18.00	14.00
	环	0.25	1.00	0.25	34.50	19.75	44.25
	小	0.25	2.00	0	75.50	12.00	10.25

①研究者：吕承铭、郭应明、杨逢泰，云南省临沧地区卫生防疫站；黄承勉，云南省临沧地区卫生局。

左右同名指对应 A/A、L/L、W/W 组合的观察频率显著高于期望频率（$P<0.05$），表现为非随机组合。A/W 组合的观察频率显著低于期望频率（$P<0.05$），表现出 A 与 W 的不相容。

三、手上的测量值

沧源佤族 TFRC、tPD、atd、a-b RC 的均数和标准差见表 2-51-32。

表 2-51-32　沧源佤族 TFRC、tPD、atd、a-b RC 的参数（男 500 人，女 400 人）

	TFRC（条）		tPD		atd（°）		a-b RC（条）	
	$\bar{x}$	s	$\bar{x}$	s	$\bar{x}$	s	$\bar{x}$	s
男左	—	—	16.94	5.85	41.51	4.20	38.26	4.25
男右	—	—	17.47	6.12	42.07	4.77	38.11	4.53
女左	—	—	19.12	5.72	42.90	4.40	38.28	4.11
女右	—	—	19.30	6.21	43.19	4.42	38.21	4.36
男	142.71	41.93	17.21	5.99	41.79	4.50	38.19	4.39
女	135.81	45.17	19.21	5.96	43.05	4.41	38.24	4.24
合计	139.60	—	—	—	—	—	38.20	—

四、手掌的真实花纹和猿线

沧源佤族手大鱼际真实花纹、各指间真实花纹、小鱼际真实花纹和猿线的观察频率见表 2-51-33。

表 2-51-33　沧源佤族手大鱼际、指间区、小鱼际真实花纹和猿线观察频率（%）
（男 500 人，女 400 人）

	T/Ⅰ	Ⅱ	Ⅲ	Ⅳ	H	猿线
男左	5.00	0.80	6.20	80.20	13.80	—
男右	1.00	2.20	24.80	62.60	10.40	—
女左	2.25	0.50	5.00	82.25	17.00	—
女右	2.25	0.50	20.75	71.00	14.25	—
男	3.00	1.50	15.60	71.30	12.10	—
女	2.25	0.50	12.88	76.63	15.63	—
合计	2.67	1.06	14.39	73.67	13.67	29.17

第五十二章　锡伯族的肤纹[①]

研究对象为来自新疆维吾尔自治区伊犁地区（现为伊犁哈萨克自治州）察布查尔锡伯自治县的锡伯族学生，三代都是锡伯族人，身体健康，无家族性遗传病。

以黑色油墨捺印法捺印一部分的手纹。

所有分析以 1000 人（男 500 人，女 500 人）为基数（中国遗传学会，1989）。

一、指　　纹

男女性的指纹频率见表 2-52-1。

表 2-52-1　锡伯族男女指纹频率（%）（男 500 人，女 500 人）

	A	Lu	Lr	W
男	1.62	42.78	2.98	52.62
女	2.00	48.00	2.28	47.72
合计	1.81	45.39	2.63	50.17

W 型指纹频率男性多于女性。

二、指纹对应组合

左右同名指以 A/A、L/L、W/W 对应者共占 79.54%，显示为非随机组合。A/W 组合出现率降低，有 A 与 W 不相容现象。

三、手掌上的测量值

TFRC、tPD、atd、a-b RC、主要掌纹线指数的均数、标准差见表 2-52-2。

表 2-52-2　锡伯族 TFRC、tPD、atd、a-b RC、主要掌纹线的参数（男 500 人，女 500 人）

	TFRC（条）		tPD		atd（°）		a-b RC（条）		主要掌纹线指数	
	$\bar{x}$	s	$\bar{x}$	s	$\bar{x}$	s	$\bar{x}$	s	$\bar{x}$	s
男	149.00	35.34	16.00	—	40.00	5.92	39.00	5.81	21.10	2.07
女	144.00	41.64	17.01	—	41.00	3.01	39.00	4.06	21.20	2.13
合计	146.50	—	16.55	—	40.50	—	39.00		21.15	—

①研究者：张致中、王佩玉、迪利拜、余明、张虎、孙晓燕、钟汉成、周正兴，中国人民解放军第十五医院；章竞安，石河子医学院。

四、手掌的真实花纹和猿线

手掌大鱼际、指间区、小鱼际的真实花纹和猿线的观察频率见表 2-52-3。

表 2-52-3　锡伯族手掌真实花纹和猿线频率（%）（男 500 人，女 500 人）

	T/Ⅰ	Ⅱ	Ⅲ	Ⅳ	H	猿线
男	8.10	1.70	25.50	55.40	18.90	8.70
女	6.90	1.90	16.60	74.50	23.10	5.80
合计	7.50	1.80	21.05	64.95	21.00	7.25

第五十三章　瑶族的肤纹[①]

研究对象为来自广西壮族自治区巴马瑶族自治县的中小学生和部分学龄前儿童，三代都是瑶族人，身体健康，无家族性遗传病。年龄5～16岁。

以红色油墨捺印指纹和掌纹，足纹以目测和记录获得。

所有分析以544人（男376人，女168人）为基数（杨贵彬 等，1986）。

一、指　　纹

（一）指纹频率

男性各指的指纹频率见表2-53-1。女性各指的指纹频率见表2-53-2。

表2-53-1　瑶族男性各指的指纹频率（%）（男376人）

	男左					男右				
	拇	示	中	环	小	拇	示	中	环	小
A	2.66	10.64	3.46	1.06	2.40	1.60	7.45	1.86	0.80	1.60
Lu	35.91	27.93	42.29	31.91	71.54	32.45	30.32	48.14	27.66	67.01
Lr	0.53	10.37	1.86	1.06	1.06	0.27	8.78	1.33	0.53	0.27
W	60.90	51.06	52.39	65.97	25.00	65.68	53.45	48.67	71.01	31.12

表2-53-2　瑶族女性各指的指纹频率（%）（女168人）

	女左					女右				
	拇	示	中	环	小	拇	示	中	环	小
A	2.38	7.14	1.78	1.19	3.57	2.38	7.74	1.19	0	1.19
Lu	40.48	32.74	43.45	38.69	77.38	39.29	33.92	54.17	41.07	80.95
Lr	1.19	6.55	1.79	0.60	0.60	0	7.74	1.19	0	0
W	55.95	53.57	52.98	59.52	18.45	58.33	50.60	43.45	58.93	17.86

男女指纹频率见表2-53-3。

①研究者：杨贵彬、张庆荣、黄日平、覃志安、李善荣，右江民族医学院儿科教研室；黎惠琼，右江民族医学院妇产科教研室；陶诚、肖福英、李宝珠，右江民族医学院生物学教研室。

表 2-53-3 瑶族男女指纹频率（%）(男 376 人，女 168 人)

	A	Lu	Lr	W
男	3.35	41.52	2.60	52.53
女	2.86	48.22	1.96	46.96
合计	3.20	43.58	2.41	50.81

W 型指纹频率男性多于女性。

（二）TFRC

各指的 FRC 均数见表 2-53-4。

表 2-53-4 瑶族各指的 FRC（条）均数（男 376 人，女 168 人）

	拇	示	中	环	小
男左	15.28	12.96	12.90	14.49	11.28
男右	15.94	12.73	14.56	14.54	11.23
女左	13.86	12.31	12.80	14.17	10.54
女右	14.82	12.54	12.17	13.88	10.88

男性左右手和女性右手拇指 FRC 均数最高。
各性别和侧别的 TFRC 参数见表 2-53-5。

表 2-53-5 瑶族各性别和侧别的 TFRC（条）参数（男 376 人，女 168 人）

	男左	男右	女左	女右	男	女	合计
$\bar{x}$	64.81	65.60	61.50	62.55	130.41	124.05	128.45
s	20.91	20.00	18.68	18.11	52.00	36.32	47.82
$s_{\bar{x}}$	1.08	1.03	1.44	1.40	2.68	2.80	2.05

二、掌 纹

（一）tPD

各性别和侧别的 tPD 参数见表 2-53-6。

表 2-53-6 瑶族各性别和侧别的 tPD 参数（男 376 人，女 168 人）

	男左	男右	女左	女右	男	女	合计
$\bar{x}$	18.77	19.41	20.09	20.05	19.09	20.07	19.58
s	5.66	6.03	5.50	5.98	5.84	5.75	5.83
$s_{\bar{x}}$	0.29	0.31	0.42	0.46	0.21	0.31	0.18

（二）atd

各性别和侧别的 atd 参数见表 2-53-7。

表 2-53-7　瑶族各性别和侧别的 atd（°）参数（男 376 人，女 168 人）

	男左	男右	女左	女右	男	女	合计
$\bar{x}$	39.20	39.74	39.47	41.08	41.10	41.09	40.28
s	4.77	4.93	4.88	4.95	5.34	5.14	—
$s_{\bar{x}}$	0.25	0.25	0.18	0.38	0.41	0.28	—

（三）a-b RC

各性别和侧别的 a-b RC 参数见表 2-53-8。

表 2-53-8　瑶族各性别和侧别的 a-b RC（条）参数（男 376 人，女 168 人）

	男左	男右	女左	女右	男	女	合计
$\bar{x}$	34.41	33.97	33.76	33.37	34.19	33.57	34.00
s	5.26	5.71	5.70	5.40	5.50	5.19	5.43
$s_{\bar{x}}$	0.27	0.29	0.44	0.42	0.20	0.28	0.16

（四）主要掌纹线指数

各性别和侧别的主要掌纹线指数参数见表 2-53-9。

表 2-53-9　瑶族各性别和侧别的主要掌纹线指数参数（男 376 人，女 168 人）

	男左	男右	女左	女右	男	女	合计
$\bar{x}$	22.81	25.77	23.55	25.35	24.29	24.45	24.37
s	3.92	4.30	4.25	3.96	4.38	4.20	4.32
$s_{\bar{x}}$	0.20	0.22	0.33	0.31	0.16	0.23	0.13

（五）手掌的真实花纹

手掌大鱼际、指间区、小鱼际的真实花纹观察频率见表 2-53-10。

表 2-53-10　瑶族手掌真实花纹频率（%）（男 376 人，女 168 人）

	T/Ⅰ	Ⅱ	Ⅲ	Ⅳ	H
男	1.99	2.26	13.83	62.77	6.38
女	0.30	2.98	13.69	70.24	10.12
合计	1.47	2.48	13.79	65.07	7.54

三、足　　纹

蹈趾球纹的观察频率见表 2-53-11。

表 2-53-11　瑶族蹈趾球纹的观察频率（%）（男 376 人，女 168 人）

	At	Ap	Af	Ld	Lt	Lf	W
男左	6.65	2.13	1.60	57.18	8.24	0.53	23.67
男右	6.12	1.06	2.13	58.24	8.78	0.27	23.40
女左	5.36	0	0.60	62.50	8.93	1.19	21.42
女右	8.33	0.60	1.79	63.10	3.56	0.60	22.02
男	6.38	1.60	1.86	57.71	8.51	0.40	23.54
女	6.84	0.30	1.19	62.80	6.25	0.89	21.73

瑶族蹈趾球纹的 Ap 观察频率在男女间有显著性差异（$P<0.05$），其他花纹在男女间无显著性差异（$P>0.05$）。

第五十四章　彝族的肤纹[①]

研究对象为来自云南曲靖地区路南彝族自治县（现为昆明市石林彝族自治县）的学生和部分成年人，三代都是彝族人，身体健康，无家族性遗传病。平均年龄（13.80±2.21）岁（9～20岁）。

以黑色油墨捺印法捺印研究对象的指纹、掌纹和足纹。

所有的分析都以1000人（男500人，女500人）为基数（张海国 等，1989）。

一、指　纹

（一）指纹频率

男性各手指的指纹频率见表2-54-1，女性各手指的指纹频率见表2-54-2。

表2-54-1　彝族男性各手指的指纹频率（%）（男500人）

	男左					男右				
	拇	示	中	环	小	拇	示	中	环	小
As	1.6	1.0	0.6	0	0	0.4	2.2	0.4	0	0
At	0	1.0	0.6	0	0	0	2.0	0.6	0	0
Lu	44.0	43.6	69.2	41.2	81.2	30.4	33.6	63.2	31.6	70.6
Lr	0.8	11.8	0.4	0.2	0	0.6	17.4	3.0	1.0	0.6
Ws	36.2	40.0	25.4	55.6	16.8	61.6	40.6	30.6	67.2	28.4
Wd	17.4	2.6	3.8	3.0	2.0	7.0	4.2	2.2	0.2	0.4

表2-54-2　彝族女性各手指的指纹频率（%）（女500人）

	女左					女右				
	拇	示	中	环	小	拇	示	中	环	小
As	3.6	4.0	2.4	0.2	1.0	2.2	4.0	1.2	0.2	0.6
At	0	1.4	0.4	0	0	0	0.4	0.4	0	0
Lu	42.6	41.4	62.6	40.0	80.0	36.4	36.8	64.6	34.8	76.2
Lr	1.0	8.2	0.6	0.6	0.2	0.2	8.0	0.6	0.8	0.4
Ws	36.4	40.6	28.4	57.0	16.8	53.0	47.6	30.4	63.6	22.4
Wd	16.4	4.4	5.6	2.2	2.0	8.2	3.2	2.8	0.6	0.4

Lr多见于示指，Lu多见于小指。

①研究者：张海国、沈若茝、苏宇滨、陈仁彪、冯波，上海第二医科大学生物学教研室；丁明、黄明龙、王亚平、焦云萍、彭林，云南省计划生育技术科学研究所。

男女合计指纹频率见表 2-54-3。

表 2-54-3　彝族男女合计指纹频率（%）

	As	At	Lu	Lr	Ws	Wd
男	0.62	0.42	50.86	3.58	40.24	4.28
女	1.94	0.26	51.54	2.06	39.62	4.58
合计	1.28	0.34	51.20	2.82	39.93	4.43

3 种指纹频率见表 2-54-4。

表 2-54-4　彝族 3 种指纹频率（%）和标准误（男 500 人，女 500 人）

	A	L	W
指纹频率	1.62	54.02	44.36
s_p	0.1262	0.4984	0.4968

（二）左右同名指纹组合

1000 人 5000 对左右同名指的组合格局频率见表 2-54-5。

表 2-54-5　彝族左右同名指的组合格局频率（男 500 人，女 500 人）

	A/A	A/L	A/W	L/L	L/W	W/W
观察频率（%）	0.82	1.50	0.10	43.10	20.34	34.14
期望频率（%）	0.03	1.74	1.44	29.18	47.93	19.68
P	＜0.001	＞0.05	＜0.001	＜0.001	＜0.001	＜0.001

观察左右同名指组合格局中 A/A、L/L、W/W 都显著增多，它们各自的观察频率和期望频率的差异显著性检验都是 *P*＜0.001，表明同型指纹左右配对为非随机组合。A/W 的观察频率与期望频率之间也有显著性差异（*P*＜0.001），提示 A 与 W 的不相容现象。

（三）一手或双手指纹组合

一手 5 指组合 21 种格局的观察频率和期望频率见表 2-54-6。

表 2-54-6　彝族一手 5 指的组合格局频率（男 500 人，女 500 人）

A	L	W	观察频率（%）	期望频率（%）
0	0	5	10.25	1.72
0	5	0	15.65	4.60
5	0	0	0.10	10×10^{-6}
小计			26.00	6.32
0	1	4	15.90	10.46
0	2	3	16.45	25.47
0	3	2	18.05	31.02

续表

A	L	W	观察频率（%）	期望频率（%）
0	4	1	17.65	18.89
小计			68.05	85.84
1	0	4	0	0.31
2	0	3	0	0.02
3	0	2	0	8×10^{-4}
4	0	1	0	2×10^{-5}
小计			0	0.33
1	4	0	2.25	0.68
2	3	0	0.45	0.04
3	2	0	0.20	<0.01
4	1	0	0.10	2×10^{-5}
小计			3.00	0.72
1	1	3	0.05	1.55
1	2	2	0.75	2.79
1	3	1	1.65	2.27
2	1	2	0.05	0.08
2	2	1	0.45	0.10
3	1	1	0	2×10^{-3}
小计			2.95	6.79
合计			100.00	100.00

一手 5 指同为 W 者占 10.25%，同为 L 者占 15.65%，同为 A 者占 0.10%。一手 5 指组合 21 种格局的观察频率小计和期望频率小计的比较为差异极显著。一手 5 指为同一种花纹的观察频率和期望频率之间也有明显的差异，即观察频率明显增多（$P<0.001$）。一手 5 指的异型组合 AOW、ALW 的观察频率明显减少，表现为 A 与 W 组合的不相容。

本样本中 10 指全为 W 者占 5.70%，10 指全为 L 者占 7.90%，10 指全为 A 者占 0.10%。10 指为同一类花纹的观察频率（13.70%）和期望频率（0.24%）的比较为差异极显著（$P<0.001$），表现为非随机组合。

（四）TFRC

各指别 FRC 均数见表 2-54-7。

表 2-54-7 彝族各指 FRC（条）**均数**（男 500 人，女 500 人）

	拇	示	中	环	小
男左	16.31	11.83	12.65	15.95	12.76
男右	18.37	12.30	12.30	15.47	11.89
女左	14.22	11.53	12.11	15.28	11.74
女右	16.20	11.98	12.02	14.84	11.03

男性左右手及女性右手拇指的 FRC 均数都占第 1 位，环指的 FRC 均数较高，中指居中，示指和小指则较低。

各侧别性别和合计的 TFRC 参数见表 2-54-8。

表 2-54-8 彝族各侧别性别和合计的 TFRC 参数（男 500 人，女 500 人）

	$\bar{x}$（条）	s（条）	$s_{\bar{x}}$（条）	t_{g1}	t_{g2}
男左	69.50	19.18	0.86	–2.78	1.13
男右	70.32	19.62	0.88	–0.90	0.63
女左	64.88	22.06	0.99	–1.49	–1.29
女右	66.06	21.18	0.95	–1.48	–0.54
男	139.82	37.79	1.69	–1.79	0.92
女	130.94	42.32	1.89	–1.53	–0.93
合计	135.38	40.35	1.28	–2.76	–0.05

男性 TFRC（139.82 条）与女性 TFRC（130.94 条）有显著性差异（t=3.50，P<0.01）。

（五）斗指纹偏向

1000 人中有 W 4436 枚，其中 Wu 2928 枚（66.01%），Wr 1200 枚（27.05%），Wb 308 枚（6.94%）。W 取 FRC 侧别的频率见表 2-54-9。

表 2-54-9 彝族 W 取 FRC 侧别的频率（%）（男 500 人，女 500 人）

	Wu	Wb	Wr	小计
Wu>Wr 取尺侧	9.08	32.14	83.67	30.86
Wu=Wr	4.47	21.10	6.92	6.29
Wu<Wr 取桡侧	86.45	46.76	9.41	62.85
合计	100.00	100.00	100.00	100.00

Wu 的 86.45%是取桡侧的 FRC，Wr 的 83.67%是取尺侧的 FRC，做关联分析得 P<0.01，表明取 FRC 的侧别与 W 的偏向有密切关系。

Wb 的 21.10%是两侧相等，表明 Wb 两侧 FRC 相似度很高。

（六）偏向斗组合

就 W/W 对应来讲，其中 3414 枚（1707 对）呈同名指左右对称。在 3414 枚 W 中有 Wu 2180 枚（63.85%），Wb 251 枚（7.35%），Wr 983 枚（28.79%）。这 3 种 W 在同名指若是随机相对应，则应服从概率乘法定律得到的期望频率。左右同名指 W 对应的观察频率与期望频率及差异显著性检验见表 2-54-10。

表 2-54-10 彝族左右同名指 W 对应频率的比较（男 500 人，女 500 人）

	Wu/Wu	Wr/Wr	Wb/Wb	Wu/Wb	Wu/Wr	Wb/Wr	合计
观察频率（%）	46.40	13.01	0.94	8.09	26.83	4.73	100.00
期望频率（%）	40.76	8.31	0.54	9.39	36.77	4.23	100.00
P	<0.01	<0.001	>0.20	>0.20	<0.001	>0.50	

同种偏向 Wu/Wu 与 Wr/Wr 对应观察频率显著增加。分析 Wu/Wr 的对应关系，得观察频率显著减少。此现象可能是由于 Wu 与 Wr 为两个相反方向的 W，可视为两个极端型，而 Wb 属于不偏不倚的中间型，介于两者之间，因此，Wu 与 Wr 对应要跨过中间型，具有不易性。这表现出同名指的对应并不呈随机性。

二、掌　　纹

（一）tPD 与 atd

tPD 的分布和均数、标准差见表 2-54-11。

表 2-54-11　彝族 tPD 的分布频率和均数±标准差（男 500 人，女 500 人）

	–t	t（1～10～20，%）	t′（21～30～40，%）	t″（41～50～60，%）	t‴（61～70～80，%）	$\bar{x}\pm s$
男	0	68.60	31.20	0.20	0	18.44±6.01
女	0	61.50	37.80	0.70	0	19.23±6.10
合计	0	65.05	34.50	0.45	0	18.84±6.07

男性 tPD 均数（18.44）与女性 tPD 均数（19.23）有显著性差异（t=2.91，P＜0.01）。

男女合计的 tPD 均数为 18.84，t 和 t′合计占 99.55%，t″占 0.45%，未见 t‴。tPD 的全距是 49（5～54），众数为 14。

atd 的参数见表 2-54-12。

表 2-54-12　彝族 atd 的参数（男 500 人，女 500 人）

	$\bar{x}$（°）	s（°）	$s_{\bar{x}}$（°）	t_{g1}	t_{g2}
男左	40.95	4.78	0.21	3.69	2.17
男右	41.74	4.99	0.22	8.66	11.74
女左	41.75	4.71	0.21	3.93	–0.46
女右	42.20	5.04	0.23	8.73	11.40
男	41.34	4.90	0.16	3.93	10.85
女	41.98	4.88	0.15	9.41	9.28
合计	41.66	4.90	0.11	12.87	14.03

atd 曲线对称度 t_{g1} 和曲线峰度 t_{g2}（除女性左手外）都是＞2 的正值，表明其各自的分布曲线为正偏态的高狭峰。atd 的全距为 40°（30°～70°），众数为 40°。

（二）左右手 tPD 与 atd 差值

左右手 tPD 差值的绝对值为 0 者占 10.00%，在 1～3 者占 51.10%，≥4 者占 38.90%。左右手 atd 差值的绝对值为 0°者占 12.60%，在 1°～3°者占 55.00%，＞3°者占 32.40%。

（三）tPD 与 atd 关联

tPD 与 atd 的相关系数 r 为 0.5941（P＜0.01），呈高度相关。

由 atd 推算 tPD 用直线回归公式：

$$y_{tPD}=0.7357\times atd-11.7877$$

由 tPD 推算 atd 用直线回归公式：

$$y_{atd}=0.4798\times tPD+32.6111$$

回归检验得 $s_b=0.0224$，$P<0.001$，表明回归显著。

（四）a-b RC

a-b RC 的参数见表 2-54-13。

表 2-54-13　彝族 a-b RC 的参数（男 500 人，女 500 人）

	$\bar{x}$（条）	s（条）	$s_{\bar{x}}$（条）	t_{g1}	t_{g2}
男左	39.89	4.97	0.22	1.24	1.96
男右	39.91	4.97	0.22	0.11	3.68
女左	38.07	4.54	0.20	–1.38	4.23
女右	37.75	4.51	0.20	–0.97	2.44
男	39.90	4.97	0.16	1.58	3.91
女	37.91	4.53	0.14	–1.64	4.64
合计	38.90	4.85	0.11	1.25	6.53

所有 a-b RC 曲线对称度 t_{g1} 绝对值都<2，表明这些曲线与正态分布无显著性差异；除了男性左手外的曲线峰度 t_{g2} 都是>2 的正值，表明其各自的曲线为高狭峰。男女性之间做均数差异显著性检验，t=9.3300，$P<0.001$，表明性别间的差异显著。全距为 38 条（19～57 条），众数为 40 条。

左右手的 a-b RC 并不一定相等，差值绝对值的分布见表 2-54-14。

表 2-54-14　彝族 a-b RC 左右手差值分布（男 500 人，女 500 人）

	0 条	1～3 条	4～6 条	≥7 条
人数	423	448	930	36
频率（%）	42.30	44.80	9.30	3.60

本样本左右手相减的绝对值≤3 条者有 87.10%，一般认为无差别。

（五）手大鱼际纹

手大鱼际纹的频率见表 2-54-15。

表 2-54-15　彝族手大鱼际纹的频率（%）（男 500 人，女 500 人）

	Ld	Lr	Lp	Lu	Ws	Wc	V 和 A
男左	0.40	1.20	1.60	0	0.20	0.20	96.40
男右	0.40	0.20	0	0	0	0	99.40
女左	0.20	0.40	2.20	0	0	0.20	97.00
女右	0.20	0.20	0.40	0	0	0	99.20
合计	0.30	0.50	1.05	0	0.05	0.10	98.00

本样本手大鱼际真实花纹的出现率为 2.00%。计有 0.50%个体左右手都有真实花纹。

（六）手指间区纹

手指间区真实花纹的频率见表 2-54-16。

表 2-54-16　彝族手指间区真实花纹的频率（%）（男 500 人，女 500 人）

	Ⅱ	Ⅲ	Ⅳ	Ⅱ/Ⅲ	Ⅲ/Ⅳ
男左	0	5.40	73.60	0	6.20
男右	0.80	25.60	55.60	0.20	5.40
女左	0	9.20	73.40	0	7.60
女右	0	24.40	63.80	0	8.40
男	0.40	15.50	64.60	0.10	5.80
女	0	16.80	68.60	0	8.00
合计	0.20	16.15	66.60	0.05	6.90

手指间区真实花纹在Ⅳ区最多。
左右同名指间区对应的频率见表 2-54-17。

表 2-54-17　彝族左右同名指间区对应频率（%）（男 500 人，女 500 人）

	真/真	真/非	非/非
Ⅱ	0	0.40	99.60
Ⅲ	5.50	21.40	73.10
Ⅳ	51.40	30.40	18.20

本群体有 3 只男性左手的Ⅳ区有 2 枚 Ld，占群体的 0.15%，未见于女性。

（七）手小鱼际纹

手小鱼际纹的出现频率见表 2-54-18。

表 2-54-18　彝族手小鱼际纹频率（%）（男 500 人，女 500 人）

	Ld	Lr	Lp	Lu	Ws	Wc	V 和 A
男左	2.20	7.60	0	1.20	0	0	89.00
男右	1.80	5.00	0	0.80	0	0.60	91.80
女左	4.20	3.60	0	1.80	0	0	90.40
女右	4.60	3.40	0	1.20	0	0	90.80
合计	3.20	4.90	0	1.25	0	0.15	90.50

群体中手小鱼际真实花纹频率为 9.50%。有 3.80%个体左右手以真实花纹对应。

（八）指三角和轴三角

指三角和轴三角有–b、–c、–d、–t、+t 的现象，分布频率见表 2-54-19。

表 2-54-19　彝族指三角和轴三角缺失或增加的频率（%）（男 500 人，女 500 人）

	男左	男右	女左	女右	男	女	合计
–b	0	0	0	0	0	0	0
–c	4.80	6.20	9.60	7.40	5.50	8.50	7.00
–d	0.80	0.80	0.60	0.20	0.80	0.40	0.60
–t	0	0	0	0	0	0	0
+t	1.40	1.60	1.00	0.40	1.50	0.70	1.10

–c 的手有 70 只，占 3.50%。左右手–c 的对应频率见表 2-54-20。

表 2-54-20　彝族–c 和 c 的对应频率和频数

	右手–c		右手有 c	
	频率（%）	频数	频率（%）	频数
左手–c	3.70	37	3.10	31
左手有 c	3.50	35	89.70	897

（九）屈肌线

本样本中有猿线的手为 71 只，频率为 3.55%。猿线在男女间的分布频率见表 2-54-21。

表 2-54-21　彝族猿线分布频率（%）（男 500 人，女 500 人）

男左	男右	女左	女右	合计
3.00	3.40	3.20	4.60	3.55

本样本的左右手屈肌线对应频率见表 2-54-22。

表 2-54-22　彝族左右手屈肌线对应频率（%）（男 500 人，女 500 人）

	右手无猿线	右手有猿线
左手无猿线	93.40	3.50
左手有猿线	2.60	0.50

（十）指间褶

本样本中的示指、中指、环指、小指都有 2 条指间褶，未见这 4 指有单指间褶的情况。

三、足　　纹

（一）蹞趾球纹

蹞趾球纹的频率见表 2-54-23。

表 2-54-23　彝族蹲趾球纹频率（%）（男 500 人，女 500 人）

	TAt	Ad	At	Ap	Af	Ld	Lt	Lp	Lf	Ws	Wc
男左	0	4.60	0.80	0.20	0.60	58.00	8.20	0	0.20	20.80	6.60
男右	0	2.80	1.40	0.40	0.80	57.60	12.40	0	0	21.00	3.60
女左	0	2.00	0.80	1.00	1.60	62.60	9.00	0	0.20	17.20	5.60
女右	0	1.60	1.20	1.00	1.40	62.20	9.80	0	0.20	18.00	4.60
合计	0	2.75	1.05	0.65	1.10	60.10	9.85	0	0.15	19.25	5.10

蹲趾球纹以 Ld 为最多，Ws 次之。

蹲趾球纹的左右对应频率见表 2-54-24。

表 2-54-24　彝族蹲趾球纹左右对应频率（男 500 人，女 500 人）

	A/A	Ld/Ld	W/W	A/W
观察频率（%）	3.10	51.30	11.60	0.20
期望频率（%）	0.31	36.12	3.71	2.14
P	<0.001	<0.001	<0.001	<0.001

类型 A 与 W 对应仅占 0.20%，远低于期望频率 2.14%，二者差异显著（$P<0.001$），显示 A 与 W 的不亲和现象。A 与 A 对应、Ld 与 Ld 对应、W 与 W 对应的观察频率显著高于期望频率，表明同型蹲趾球纹左右配对为非随机组合。

（二）足趾间区纹

足趾间区纹真实花纹的频率见表 2-54-25。

表 2-54-25　彝族足趾间区纹真实花纹频率（%）（男 500 人，女 500 人）

	Ⅱ	Ⅲ	Ⅳ	Ⅱ/Ⅲ	Ⅲ/Ⅳ
男左	6.00	47.60	5.00	1.20	0.20
男右	10.20	47.80	7.20	0.20	0
女左	9.20	37.60	2.60	0.20	0
女右	10.40	40.80	4.00	0.20	0.10
男	8.10	47.70	6.10	0.70	0
女	9.80	39.20	3.30	0.20	0
合计	8.95	43.45	4.70	0.45	0.05

足趾间区真实花纹在Ⅲ区最多。

左右同名足趾间区对应的频率见表 2-54-26。

表 2-54-26　彝族左右同名足趾间区对应频率（%）（男 500 人，女 500 人）

	真/真	真/非	非/非
Ⅱ	4.90	8.10	87.00
Ⅲ	35.50	15.90	48.60
Ⅳ	2.80	3.80	93.40

Ⅲ区真/真对应的观察频率（35.50%）显著高于期望频率（18.88%），得 $P<0.001$，差异显著，表现出同型足趾间区真实花纹左右配对为非随机组合。

（三）足跟纹

彝族足跟真实花纹的出现频率极低，仅在男性左足中出现 1 枚，女性右足有 1 枚，都是 Lt 型，足跟真实花纹的观察频率在群体中为 0.10%。

第五十五章　裕固族的肤纹[①]

研究对象为来自甘肃省肃南裕固族自治县的儿童和青少年，三代都是裕固族人，身体健康，无家族性遗传病。年龄 9～18 岁。

以黑色油墨捺印法捺印研究对象的指纹和掌纹。

裕固族指纹以 336 人（男 185 人，女 151 人）分析，其他项目人数有变动（戴玉景 等，1987）。

一、指　　纹

男女性各指的指纹频率见表 2-55-1。

表 2-55-1　裕固族男女各指的指纹频率（%）（男 185 人，女 151 人）

	男					女				
	拇	示	中	环	小	拇	示	中*	环	小
As	0.81	1.89	0.81	0	0	1.66	3.64	2.66	1.32	0.99
At	0	1.89	0.54	0.27	0	0	1.66	1.00	0.33	1.66
Lu	29.19	38.11	52.16	32.70	64.05	30.46	39.41	56.48	31.79	69.87
Lr	1.62	8.38	1.35	1.35	1.08	1.32	5.30	0.33	0.66	0.99
Ws	45.14	38.65	37.02	58.92	29.46	43.71	37.41	33.22	57.62	23.84
Wd	23.24	11.08	8.12	6.76	5.41	22.85	12.58	6.31	8.28	2.65

*一名女性右手中指因刀伤少 1 指。

男女指纹频率见表 2-55-2。

表 2-55-2　裕固族男女指纹频率（%）（男 1850 指，女 1509 指*）

	As	At	Lu	Lr	Ws	Wd
男	0.70	0.54	43.24	2.76	41.84	10.92
女	2.05	0.93	45.61	1.72	39.16	10.53
合计	2.03		44.30	2.29	51.38	

*因刀伤少 1 指。

W 型指纹频率男性高于女性。

裕固族 TFRC 均数为 147.40 条。男性 170 人，TFRC 为（149.34±31.16）条；女性 138

---

①研究者：戴玉景，兰州医学院人体解剖学教研室；杨东亚、陈晓邦，兰州大学生物系。

人，TFRC 为（145.01±33.37）条。男女间 TFRC 均数差异不显著（$P>0.05$）。

二、掌　　纹

（一）a-b RC

各性别和侧别 a-b RC 的均数和标准差见表 2-55-3。

表 2-55-3　裕固族各性别和侧别 a-b RC（条）的参数（男 185 人，女 145 人）

	男左	男右	女左	女右	男	女	合计
$\bar{x}$	41.02	40.79	40.71	40.74	40.91	40.46	40.71
s	0.43	0.45	0.40	0.46	0.31	0.31	—

（二）手掌的真实花纹

手掌大鱼际、指间区、小鱼际的真实花纹观察频率见表 2-55-4。

表 2-55-4　裕固族手掌真实花纹频率（%）（男 189 人，女 148 人）

	T/Ⅰ	Ⅱ	Ⅲ	Ⅳ	Ⅲ/Ⅳ	H
男左	12.70	1.06	10.05	49.74	32.80	23.81
男右	3.17	3.17	25.40	49.74	20.63	20.63
女左	13.51	1.35	14.86	60.14	21.62	31.76
女右	7.47	0.68	26.35	66.89	11.49	25.68
合计	9.05	1.63	18.99	55.79	21.64	25.07

第五十六章　壮族的肤纹

本章列出两个样本，第一节是广西百色市壮族肤纹，第二节是广西南宁市壮族肤纹。

第一节　广西百色市壮族肤纹[①]

研究对象为来自广西壮族自治区百色市的中学生和右江民族医学院的大学生，三代都是壮族人，身体健康，无家族性遗传病。

以红色油墨捺印研究对象的指纹和掌纹。

所有分析都以500人（男298人，女202人）为基数（陶诚 等，1990）。

一、指　　纹

（一）指纹频率

男女指纹频率见表2-56-1。

表2-56-1　百色壮族男女指纹频率（%）（298人，女202人）

	A	Lu	Lr	W
男左	3.09	46.64	3.02	47.25
男右	3.96	48.33	2.21	45.50
女左	4.26	47.12	1.49	47.13
女右	5.05	51.39	0.69	42.87
男	3.52	47.48	2.62	46.38
女	4.65	49.26	1.09	45.00
合计	3.98	48.20	2.00	45.82

W型指纹频率男性高于女性。

（二）TFRC

各性别和侧别的TFRC参数见表2-56-2。

表2-56-2　百色壮族各性别和侧别的TFRC（条）参数（男298人，女202人）

	男左	男右	女左	女右	男	女	合计
$\bar{x}$	67.75	68.39	64.23	66.43	136.14	130.66	133.40
s	26.30	25.20	19.43	20.84	47.36	37.44	43.73
$s_{\bar{x}}$	1.52	1.46	1.37	1.47	2.74	2.63	1.96

①研究者：陶诚、李宝珠、韦振邦、王飞、肖福英、黄立英、韦业华，右江民族医学院生物学教研室。

二、掌　　纹

（一）tPD、atd、a-b RC

各性别和侧别的 tPD 参数见表 2-56-3。

表 2-56-3　百色壮族各性别和侧别的 tPD 参数（男 298 人，女 202 人）

	男左	男右	女左	女右	男	女	合计
$\bar{x}$	16.70	16.75	17.35	18.13	16.72	17.74	17.13
s	5.01	3.75	7.34	6.64	4.42	7.00	5.63
$s_{\bar{x}}$	0.29	0.26	0.52	0.47	0.18	0.35	0.17

各性别和侧别的 atd 参数见表 2-56-4。

表 2-56-4　百色壮族各性别和侧别的 atd（°）参数（男 298 人，女 202 人）

	男左	男右	女左	女右	男	女	合计
$\bar{x}$	39.68	39.74	39.38	40.17	39.71	39.77	39.73
s	4.83	5.47	6.58	8.92	5.15	7.84	6.07
$s_{\bar{x}}$	0.28	0.32	0.46	0.63	0.21	0.39	0.19

各性别和侧别的 a-b RC 参数见表 2-56-5。

表 2-56-5　百色壮族各性别和侧别的 a-b RC（条）参数（男 298 人，女 202 人）

	男左	男右	女左	女右	男	女	合计
$\bar{x}$	37.79	38.17	37.44	37.49	37.98	37.47	37.79
s	4.60	4.43	4.63	4.31	4.52	4.33	4.44
$s_{\bar{x}}$	0.27	0.23	0.33	0.30	0.19	0.22	0.14

（二）主要掌纹线指数

各性别和侧别的主要掌纹线指数参数见表 2-56-6。

表 2-56-6　百色壮族各性别和侧别的主要掌纹线指数参数（男 298 人，女 202 人）

	男左	男右	女左	女右	男	女	合计
$\bar{x}$	23.48	24.80	20.90	22.89	24.14	21.90	23.23
s	4.34	4.62	4.72	4.40	4.53	4.66	4.71
$s_{\bar{x}}$	0.28	0.29	0.36	0.34	0.02	0.25	0.16

（三）手掌的真实花纹和猿线

手掌大鱼际、指间区、小鱼际的真实花纹和猿线的观察频率见表 2-56-7。

表 2-56-7　百色壮族手掌真实花纹和猿线频率（%）（男 298 人，女 202 人）

	T/Ⅰ	Ⅱ	Ⅲ	Ⅳ	H	猿线
男左	5.37	2.35	28.19	78.19	16.78	11.41
男右	2.01	2.68	32.55	68.79	15.10	12.42
女左	8.91	1.98	8.91	84.65	12.87	9.91
女右	7.43	3.47	25.25	72.77	10.89	10.40
男	3.69	2.52	30.37	73.49	15.94	11.91
女	8.17	2.72	17.08	78.71	11.88	10.15
合计	5.50	2.60	25.00	75.60	14.30	11.20

第二节　广西南宁市壮族肤纹[①]

2018 年春在广西南宁苏圩和三津地区使用电子扫描法采样，三代都是壮族人，共 464 人，年龄 56.61 岁±11.35 岁（28～83 岁），其中男性 121 人，年龄 58.60 岁±11.72 岁（31～83 岁），女性 343 人，年龄 55.61 岁±11.17 岁（26～80 岁）。南宁壮族肤纹数据如下（表 2-56-8～表 2-56-13）。

表 2-56-8　南宁壮族肤纹各表型观察指标组合情况（男 121 人，女 343 人）

指标	分型		男		女		合计		u
	左	右	n	频率（%）	n	频率（%）	n	频率（%）	
通贯手	+	+	7	5.79	6	1.75	13	2.80	2.31*
	+	–	5	4.13	6	1.75	11	2.37	1.48
	–	+	6	4.96	8	2.33	14	3.02	1.45
掌“川”字线	+	+	2	1.65	37	10.79	39	8.41	3.11**
	+	–	4	3.31	17	4.96	21	4.53	0.75
	–	+	4	3.31	14	4.08	18	3.88	0.38
缺指三角 c	+	+	0	0	4	1.17	4	0.86	1.19
	+	–	1	0.83	5	1.46	6	1.29	0.53
	–	+	1	0.83	3	0.87	4	0.86	0.50
指间Ⅳ区 2 枚真实花纹	+	+	0	0	0	0	0	0	0
	+	–	1	0.83	10	2.92	11	2.37	1.30
	–	+	0	0	0	0	0	0	0
指间Ⅱ/Ⅲ区纹	+	+	0	0	0	0	0	0	0
	+	–	1	0.83	0	0	1	0.22	1.69
	–	+	0	0	0	0	0	0	0
指间Ⅲ/Ⅳ区纹	+	+	4	3.31	2	0.58	6	1.29	2.28*
	+	–	4	3.31	16	4.66	20	4.31	0.63
	–	+	8	6.61	16	4.66	24	5.17	0.83
	+	+	0	0	0	0	0	0	0
足跟真实花纹	+	–	0	0	0	0	0	0	0
	–	+	1	0.83	0	0	1	0.22	1.69

注：对比结果，*表示 $P<0.05$，**表示 $P<0.01$，差异具有统计学意义。

①研究者：毛宪化、张海国，复旦大学生命科学学院；杨海涛、张维，复旦大学泰州健康科学研究院；胡炀，广西医科大学。

表 2-56-9　南宁壮族指纹情况（男 121 人，女 343 人）

	As		At		Lu		Lr		Ws		Wd		A		L		W	
	n	频率（%）	*n*	频率（%）	*n*	频率（%）	*n*	频率（%）	*n*	频率（%）	*n*	频率（%）	*n*	频率（%）	*n*	频率（%）	*n*	频率（%）
男	34	2.81	4	0.33	550	45.45	41	3.39	513	42.40	68	5.62	38	3.14	591	48.84	581	48.02
女	80	2.33	8	0.23	1815	52.92	72	2.10	1285	37.46	170	4.96	88	2.57	1887	55.01	1455	42.42
合计	114	2.46	12	0.26	2365	50.96	113	2.44	1798	38.75	238	5.13	126	2.72	2478	53.40	2036	43.88
u	0.92		0.57		4.46**		2.50*		3.03**		0.9		1.06		3.70**		3.37**	

注：对比结果，*表示 $P<0.05$，**表示 $P<0.01$，差异具有统计学意义。

表 2-56-10　南宁壮族男女各手指指纹频率（%）（男 121 人，女 343 人）

		左						右					
		As	At	Lu	Lr	Ws	Wd	As	At	Lu	Lr	Ws	Wd
男	拇	3.31	0	46.28	0	28.1	22.31	1.65	0	27.27	0	57.85	13.23
	示	7.44	2.48	32.23	13.22	39.67	4.96	4.96	0.82	35.54	14.88	42.15	1.65
	中	4.13	0	61.16	0	30.58	4.13	1.65	0	61.98	2.48	33.06	0.83
	环	0.83	0	36.36	1.65	56.2	4.96	1.65	0	29.75	0	67.77	0.83
	小	1.65	0	61.98	0.83	33.06	2.48	0.83	0	61.98	0.83	35.54	0.82
女	拇	3.79	0.29	41.99	0.29	37.9	15.74	2.04	0	40.24	0.58	49.56	7.58
	示	5.54	1.17	41.10	10.5	31.78	9.91	3.79	0.29	48.11	6.12	37.90	3.79
	中	2.92	0.58	59.77	0.87	28.86	7.00	1.17	0	72.01	0.29	24.49	2.04
	环	0.58	0	40.24	0.58	56.27	2.33	0.58	0	35.29	0.87	62.97	0.29
	小	1.75	0	76.97	0.29	20.12	0.87	1.17	0	73.47	0.58	24.78	0

表 2-56-11　南宁壮族一手 5 指、双手 10 指指纹的组合情况（男 121 人，女 343 人）

（a）一手 5 指

序号	组合			男		女		合计		理论值（%）	理论系数	观察 χ^2 值	对比结果	*u*
	A	L	W	*n*	频率（%）	*n*	频率（%）	*n*	频率（%）					
1	0	0	5	39	16.12	78	11.37	117	12.61	1.63	1	82.98	**	1.91
2	0	1	4	40	16.53	99	14.43	139	14.98	9.90	5	10.53	**	0.79
3	0	2	3	35	14.46	83	12.10	118	12.72	24.10	10	39.26	**	0.95
4	0	3	2	34	14.05	132	19.24	166	17.89	29.33	10	33.04	**	1.81
5	0	4	1	41	16.94	132	19.24	173	18.64	17.85	5	0.15		0.79
6	0	5	0	31	12.81	106	15.45	137	14.76	4.34	1	57.09	**	1.00
7	0	0	4	0	0	0	0	0	0	0.50	5	2.89		0
8	1	1	3	1	0.41	1	0.15	2	0.22	2.45	20	15.96	**	0.77
9	1	2	2	2	0.83	5	0.73	7	0.75	4.47	30	23.77	**	0.15
10	1	3	1	5	2.07	9	1.31	14	1.51	3.63	20	7.51	**	0.83
11	1	4	0	6	2.48	20	2.92	26	2.80	1.10	5	6.12	*	0.35

续表

序号	组合			男		女		合计		理论值(%)	理论系数	观察χ^2值	对比结果	u
(a) 一手5指														
	A	L	W	n	频率(%)	n	频率(%)	n	频率(%)					
12	2	0	3	0	0	0	0	0	0	0.06	10	0.31		0
13	2	1	2	0	0	0	0	0	0	0.23	30	0.59		0
14	2	2	1	0	0	2	0.29	2	0.22	0.28	30	0.04		0.84
15	2	3	0	4	1.65	11	1.60	15	1.62	0.11	10	10.56	**	0.05
16	3	0	2	0	0	0	0	0	0	0	10	25.99	**	0
17	3	1	1	0	0	0	0	0	0	0.01	20	9.57	**	0
18	3	2	0	2	0.83	5	0.73	7	0.75	0.01	10	5.03	*	0.15
19	4	0	1	0	0	0	0	0	0	0	5	901.26	**	0
20	4	1	0	0	0	3	0.44	3	0.32	0	5	1.33		1.03
21	5	0	0	2	0.83	0	0	2	0.22	0	1	0.50		2.38*
合计	35	35	35	242	100.00	686	100.00	928	100.00	100.00	243	—	—	—

序号	组合			男		女		合计		理论值(%)	理论系数	观察χ^2值	对比结果	u
(b) 双手10指														
	A	L	W	n	频率(%)	n	频率(%)	n	频率(%)					
1	0	0	10	13	10.74	24	7.00	37	7.97	0.03	1	36.12	**	1.31
2	0	1	9	12	9.92	19	5.54	31	6.68	0.32	10	25.91	**	1.66
3	0	2	8	7	5.79	32	9.33	39	8.41	1.76	45	19.85	**	1.21
4	0	3	7	9	7.44	20	5.83	29	6.25	5.72	120	0.04		0.63
5	0	4	6	11	9.09	22	6.41	33	7.11	12.19	210	6.30	*	0.99
6	0	5	5	7	5.79	28	8.16	35	7.54	17.81	252	21.17	**	0.85
7	0	6	4	12	9.92	33	9.62	45	9.70	18.06	210	12.89	**	0.09
8	0	7	3	11	9.09	35	10.20	46	9.91	12.56	120	1.38		0.35
9	0	8	2	8	6.61	35	10.20	43	9.27	5.73	45	3.68		1.17
10	0	9	1	8	6.61	26	7.58	34	7.33	1.55	10	16.92	**	0.35
11	0	10	0	8	6.61	30	8.75	38	8.19	0.19	1	35.04	**	0.74
12	1	0	9	0	0	0	0	0	0	0.02	10	11.24	**	0
13	1	1	8	0	0	0	0	0	0	0.18	90	0.03		0
14	1	2	7	0	0	0	0	0	0	0.87	360	2.31		0
15	1	3	6	0	0	0	0	0	0	2.48	840	9.71	**	0
16	1	4	5	0	0	1	0.29	1	0.22	4.53	1 260	16.82	**	0.59
17	1	5	4	1	0.83	2	0.58	3	0.65	5.51	1 260	16.80	**	0.29
18	1	6	3	1	0.83	2	0.58	3	0.65	4.47	840	12.12	**	0.29
19	1	7	2	1	0.83	5	1.46	6	1.29	2.33	360	0.88		0.53

续表

(b) 双手 10 指														
序号	组合			男		女		合计		理论值(%)	理论系数	观察 χ^2 值	对比结果	u
	A	L	W	n	频率(%)	n	频率(%)	n	频率(%)					
20	1	8	1	0	0	4	1.17	4	0.86	0.71	90	0.01		1.19
21	1	9	0	4	3.31	5	1.46	9	1.94	0.10	10	6.10	*	1.27
22	2	0	8	0	0	0	0	0	0	0	45	45.28	**	0
23	2	1	7	0	0	0	0	0	0	0.04	360	3.06		0
24	2	2	6	0	0	0	0	0	0	0.19	1 260	0.02		0
25	2	3	5	1	0.83	0	0	1	0.22	0.46	2 520	0.01		1.69
26	2	4	4	0	0	1	0.29	1	0.22	0.70	3 150	0.37		0.59
27	2	5	3	0	0	0	0	0	0	0.68	2 520	1.49		0
28	2	6	2	1	0.83	1	0.29	2	0.43	0.42	1 260	0.22		0.77
29	2	7	1	2	1.65	0	0	2	0.43	0.14	360	0.04		2.39*
30	2	8	0	0	0	7	2.04	7	1.51	0.02	45	4.94	*	1.58
31	3	0	7	0	0	0	0	0	0	0	120	284.37	**	0
32	3	1	6	0	0	0	0	0	0	0.01	840	31.64	**	0
33	3	2	5	0	0	0	0	0	0	0.02	2 520	7.32	**	0
34	3	3	4	0	0	0	0	0	0	0.05	4 200	2.76		0
35	3	4	3	0	0	1	0.29	1	0.22	0.06	4 200	0.06		0.59
36	3	5	2	0	0	0	0	0	0	0.04	2 520	3.30		0
37	3	6	1	0	0	0	0	0	0	0.02	840	10.67	**	0
38	3	7	0	0	0	2	0.58	2	0.43	0	120	0.48		0.84
39	4	0	6	0	0	0	0	0	0	0	210	0		0
40	10	0	0	1	0.83	0	0	1	0.22	0	1	0	—	1.69
	其他组合			3	2.48	8	2.33	11	2.37	0.66	25 814	—	—	0.09
合计	220	220	220	121	100.00	343	100.00	464	100.00	100.00	59 049	—	—	—

注：对比结果，*表示 $P<0.05$，**表示 $P<0.01$，差异具有统计学意义。

表 2-56-12　南宁壮族表型组肤纹指标频率（%）（男 121 人，女 343 人）

类型	男左	男右	女左	女右	男	女	合计
掌大鱼际纹	3.31	0	1.17	0	1.66	0.59	0.86
指间Ⅱ区纹	0	0	0	0	0	0	0
指间Ⅲ区纹	1.65	19.01	6.41	16.03	10.33	11.22	10.99
指间Ⅳ区纹	68.60	69.42	75.22	52.19	69.01	63.71	65.09
掌小鱼际纹	8.26	14.05	9.91	11.95	11.16	10.93	10.99
趾间Ⅱ区纹	5.79	4.96	5.83	5.54	5.38	5.69	5.60
趾间Ⅲ纹	60.33	60.33	49.27	53.35	60.33	51.31	53.66

续表

类型		男左	男右	女左	女右	男	女	合计
趾间Ⅳ纹		9.09	17.36	6.12	7.87	13.22	7.00	8.62
足小鱼际纹		4.13	7.44	4.66	7.29	5.79	5.98	5.93
踇趾球纹	胫弓	4.13	8.26	0.87	3.50	6.20	2.19	3.23
	其他弓	2.48	2.48	0.58	0.58	2.48	0.58	1.08
	远箕	62.81	55.37	65.01	65.60	59.09	65.31	63.69
	其他箕	11.57	11.57	14.29	13.70	11.57	13.99	13.36
	一般斗	19.01	21.49	17.78	16.33	20.25	17.06	17.89
	其他斗	0	0.83	1.47	0.29	0.41	0.87	0.75

表 2-56-13 南宁壮族表型组肤纹指标组合情况（男 121 人，女 343 人）

		大鱼际纹			指间Ⅱ区纹			指间Ⅲ区纹			指间Ⅳ区纹			小鱼际纹		
组合	左	+	+	−	+	+	−	+	+	−	+	+	−	+	+	−
	右	+	−	+	+	−	+	+	−	+	+	−	+	+	−	+
合计	n	0	8	0	0	0	0	9	15	69	191	150	72	22	21	36
	频率（%）	0	1.72	0	0	0	0	1.94	3.23	14.87	41.16	32.33	15.52	4.74	4.53	7.76

		踇趾弓纹	踇趾箕纹	踇趾斗纹	趾间Ⅱ区纹			趾间Ⅲ区纹			趾间Ⅳ区纹			小鱼际纹		
组合	左	+	+	+	+	+	−	+	+	−	+	+	−	+	+	−
	右	+	+	+	+	−	+	+	−	+	+	−	+	+	−	+
合计	n	7	258	58	15	12	10	209	33	47	27	5	21	18	3	16
	频率（%）	1.51	55.60	12.50	3.23	2.59	2.16	45.04	7.11	10.13	5.82	1.08	4.53	3.88	0.65	3.45

参 考 文 献

彼得·威廉斯，1999. 格氏解剖学. 第38版. 杨琳，高英茂，译. 沈阳：辽宁教育出版社：377
陈仁彪，叶根跃，庚镇城，等，1993. 我国大陆主要少数民族 HLA 多态性聚类分析和频率分布对中华民族起源的启示. 遗传学报，20（5）：389-398
陈尧峰，张海国，2007a. 台湾客家汉人肤纹学研究. 解剖学报，38（5）：606-609
陈尧峰，张海国，2007b. 台湾闽南汉人肤纹学研究. 人类学学报，26（3）：270-276
陈尧峰，张海国，沈建甫，2011. 台湾太鲁阁（Truku）族群肤纹学研究. 人类学学报，30（3）：334-342
陈竺，2005. 医学遗传学. 北京：人民卫生出版社：104，122
戴玉景，杨东亚，陈晓邦，1987. 裕固族皮纹学初步研究. 人类学学报，6（2）：109-116
邓少华，吴先娥，付学清，等，1991. 病理胎儿的皮纹研究. 中国优生与遗传杂志，（1）：84，85
邓紫云，赵其昆，田云芬，1993. 藏猴（*Macaca thibetana*）皮纹的研究. 人类学学报，12（3）：273-282
丁明，张海国，黄明龙，2001. 皮肤纹理学——24个民族皮肤纹理参数. 昆明：云南科学技术出版社：100
董悌忱，1964. 广西僮族的掌纹和指纹的研究. 复旦大学学报，9（2）：241-253
杜若甫，2004. 中国人群体遗传学. 北京：科学出版社：653-718
费孝通，1980. 关于我国民族的识别问题. 中国社会科学，（1）：147-162
高惠璇，1997. SAS 系统-SAS/STAT 软件使用手册. 北京：中国统计出版社：630
郭汉璧，1991. 人类皮纹学研究观察的标准项目. 遗传，13（1）：38
郭沫若，1945. 青铜时代. 重庆：重庆文治出版社：302
国务院人口普查办公室，国家统计局人口社会和科技统计司，2002. 2000年第五次全国人口普查主要数据. 北京：中国统计出版社：18-46
韩路，1998. 四库全书荟要（第一卷）. 天津：天津古籍出版社：195
何大明，1995. 高山峡谷人地复合系统的演进：独龙族近期社会、经济和环境的综合调查及协调发展研究. 昆明：云南民族出版社：97-115
何勤华，1999. 日本法律发达史. 上海：上海人民出版社：3
洪楩，2001. 清平山堂话本·卷二·快嘴李翠莲记. 上海：中华书局
胡焕庸，张善余，1984. 中国人口地理（上册）. 上海：华东师范大学出版社：124
花兆合，陈祖芬，2010. 皮纹探秘. 银川：宁夏人民出版社：38
花兆合，彭玉文，蔡坤，等，1993. 汉族 ABO 血型的皮纹特征分析. 人类学学报，12（4）：366-373
黄秉宪，潘华，1984. 计量医学. 上海：上海科学技术出版社：148-152
黄铭新，1987. 内科理论与实践（第一卷）. 上海：上海科学技术出版社：109-115
黄时鉴，1986. 通制条格. 杭州：浙江古籍出版社
黄宣银，程志让，1984. 对白马藏族的皮纹学研究. 人类学学报，3（4）：372-376
吉林大学数学系计算数学教研室，1976. 算法语言 ALGOL60 入门. 北京：科学出版社
金刚，李玉清，孟秀莲，等，1990. 新疆柯尔克孜族肤纹初步研究. 人类学学报，9（1）：41-44
金力，褚嘉祐. 2006. 中华民族遗传多样性研究. 上海：上海科学技术出版社：288
金丕焕，苏炳华，贺佳，2000. 医用 SAS 统计分析. 上海：上海医科大学出版社：108

李崇高，王京美，1979. 630例正常学龄儿童手的皮纹学观察. 遗传，1（4）：7-9
李后文，廖红，陈维平，等. 1998. 广西特有少数民族皮纹学研究. 山西医科大学学报， 29（S1）：37-39
李辉，金力，卢大儒，2000. 指间区纹的遗传学研究Ⅰ. 指间区纹的各种类型及其间关系. 人类学学报，19（3）：244-250
李辉，唐仕敏，姚建壮，2001. 指间区纹在灵长类动物中的进化. 人类学学报，20（4）：308-313
李辉，张蔚鸽，钱斌治，等，1999. 拉祜纳人肤纹研究. 复旦学报（自然科学版），38（5）：517-522
李壬癸，1997. 台湾南岛民族的族群与迁徙. 台北：常民文化出版社：122
李实喆，毛钟荣，徐玖瑾，等，1984. 中国十一个少数民族的皮纹研究. 人类学学报，3（1）：37-52
李印宣，庄振西，王贵琛，等，1986. 600例朝鲜族青少年皮纹正常值的测定. 解剖学杂志，9（3）：217-220
李忠孝，张济安，左志民，1984. 四川省五个民族的手纹研究. 遗传，6（6）：36-38
连横，1947. 台湾通史. 北京：商务印书馆：203
林凌，李辉，张海国，等，2002a. 上海郊区人群的体质特征和遗传关系. 人类学学报，21（4）：293-305
林凌，张海国，李辉，等，2002b. 上海郊区居民和台湾高山族的体质比较. 复旦学报（自然科学版），41（6）：694-697
刘持平，2001. 指纹的奥秘. 北京：群众出版社：78
刘持平，2003. 指纹无谎言. 南京：江苏人民出版社：107
刘持平，2021. 指纹与人类认识. 北京：群众出版社：290
刘持平，王京，2018. 中华指纹发明史考. 北京：群众出版社：360
刘大年，丁名楠，余绳武，1978. 台湾历史概述. 北京：生活·读书·新知三联书店：203
刘少聪，1984. 新指纹学. 合肥：安徽人民出版社：8
刘世明，边天羽，1985. 系统性红斑狼疮肤纹学55例分析. 天津医药，13（6）：342-346
刘筱娴，2000. 医学统计学. 北京：科学出版社：288-319
刘紫菀，1931. 中华指纹学. 上海：法学编译社
陆舜华，郑连斌，张炳文，1995. 内蒙古地区蒙古、汉、回、朝鲜族肤纹特征比较研究. 人类学学报，14（3）：240-246
罗伯特·海因德尔，2008. 世界指纹史. 刘持平，何海龙，王京，译. 北京：中国人民公安大学出版社：9
骆毅，1990. 云南德宏傣、景颇、阿昌、德昂族先天性遗传性疾病及健康情况调查研究. 芒市：德宏民族出版社：56-103
吕承铭，郭应明，杨逢泰，等，1987. 900例佤族青少年的手纹研究. 人类学学报，6（2）：117-124
吕学诜，王维人，1988a. 皮肤纹理学的历史和进展. 佳木斯医学院学报，11（4）：307-312
吕学诜，王维人，1988b. 皮肤纹理学的历史和进展（续上期）. 佳木斯医学院学报，12（1）：53-63
马慰国，1986. 中国的皮纹学简史. 中华医史杂志，16（3）：155-158
聂晨霞，张海国，车德才，等，2011. 山西上党地区汉族肤纹研究. 人类学学报，30（1）：91-101
阮家超，1992. 上海中学生（12～15足岁）手纹正常值测定. 上海师范大学学报（自然科学版），21（3）：86-90
上海辞书出版社，1995. 元曲鉴赏辞典·马致远·杂剧·马丹阳三度任风子. 上海：上海辞书出版社
上海通社，1998. 旧上海史料汇编（上）. 北京：北京图书馆出版社：105-106
邵华信，吕学诜，1991. 不同胎龄手掌侧皮肤皮嵴的分化特征. 解剖学杂志，（1）：78-80
邵紫菀，1989. 皮纹与选材. 北京：人民体育出版社：80
邵紫菀，刘建生，刁红，1988. 体操运动员的皮纹研究. 中国体育科技，6：32-39
邵紫菀，刘健生，刁红，等，1989. 全国首届青运会体操后备力量皮纹追踪调查. 中国体育科技，5：33-36

沈国文，徐同祥，2015. 中国指纹史. 北京：中国人民公安大学出版社：91
沈铭贤，2003. 生命伦理学. 北京：高等教育出版社：112
史秉璋，苏炳华，吴信魏，等，1987. 实用医学统计手册. 福州：福建科学技术出版社：126
四川民族研究所，1980. 白马藏人族属问题讨论集. 成都：四川省民族研究所：78
宋濂，1976. 元史 · 刑法志 · 户婚. 上海：中华书局
苏应元，1979. 皮纹嵴图型与先天畸形. 遗传，1（1）：21-24
谭浩强，田淑清，1993. BASIC 语言（四次修订本）. 北京：科学普及出版社：56
谭浩强，田淑清，谢锡迎，1984. BASIC 语言. 北京：科学普及出版社
唐长孺，1994. 吐鲁番出土文书（第二册）. 北京：文物出版社：204
陶诚，李宝珠，韦振邦，等，1990. 桂西壮族手皮纹的分析. 人类学学报，9（2）：139-146
田麦久，武福全，1988. 运动训练科学化探索. 北京：人民体育出版社：89
脱脱，1985. 宋史 · 列传第一百二. 上海：中华书局
汪宪平，其梅，琼达，等，1991. 西藏 1000 例藏族肤纹参数的研究. 遗传学报，18（5）：385-393
汪宪平，颜中，其梅，等，1992a. 藏汉通婚子代的肤纹参数研究. 遗传，14（1）：24-27
汪宪平，颜中，其梅，等，1992b. 藏汉后代肤纹参数的聚类分析. 遗传，14（4）：37-41
汪宪平，颜中，其梅，等，1995. 西藏珞巴族的肤纹参数和聚类分析. 人类学学报，14（1）：40-47
汪宪平，颜中，其梅，等，1999. 西藏门巴族肤纹参数研究. 人类学学报，18（1）：40-45
王平，王菡，张海国，等，2003. 青海撒拉族肤纹学研究. 解剖学报，34（2）：208-212
王日叟，1930. 指纹学研究. 上海：世界书局
王芝山，金燕军，李鸿文，1981. 青海土族、撒拉族皮纹学观察. 遗传，3（5）：4-6
吴立甫，1991. 中国西南少数民族皮纹学. 贵阳：贵州科技出版社：89
吴立甫，谢企云，曹贵强，1983. 贵州省少数民族皮纹学研究Ⅰ. 遗传，5（6）：33-37
吴山，1975. 试论我国黄河流域、长江流域和华南地区新石器时代的装饰图案. 文物，（5）：59-72
伍冰壶，1919. 指纹法. 广州：光东书局
夏全印，1922. 指纹学术. 上海：世界书局
肖春杰，杜若甫，Cavalli-Sforza LL，等，2000. 中国人群基因频率的主成分分析. 中国科学（C 辑），30（4）：434-441
肖曼，阿尔特，1984. 皮肤纹理学与疾病. 姚荷生，译. 南京：江苏科学技术出版社：73
肖允中，1980. 指纹小史. 西南政法学院学报，（3）：61-62
谢业琪，1982. 海南岛黎族指、掌纹研究及临高人与汉族、壮族指、掌纹特征比较. 人类学学报，1（2）：137-146
徐圣熙，1947. 实用指纹学，南京：中华警察学术研究社
徐双进，张海国，袁疆斌，等，2004. 新疆俄罗斯族肤纹学调查. 解剖学报，35（6）：660-663
杨贵彬，黎惠琼，陶诚，等，1986. 广西 544 例瑶族儿童的皮纹学观察. 右江民族医学院学报，8（1）：21-28
杨纪珂，1964. 数理统计方法在医学科学中的应用. 上海：上海科学技术出版社：17-19
杨江民，王菡，张海国，等，2002. 青海土族肤纹学研究. 人类学学报，21（4）：315-322
姚荷生，1978. 肤纹花样——诊断遗传疾病的一个辅助手段. 江苏医学，（11）：29-36
姚荷生，1981. 皮肤纹理学与疾病. 南京：江苏科学技术出版社：58
冶福云，1994. 皮纹与疾病. 北京：人民卫生出版社：103
叶智彰，潘汝亮，彭燕章，1991. 黑叶猴和菲氏叶猴的皮纹. 人类学学报，10（3）：255-263
俞叔平，1947. 指纹学. 上海：远东图书公司：50

袁疆斌，徐双进，张海国，等，2003. 新疆塔塔尔族肤纹学. 解剖学杂志，26（2）：178-183
张秉伦，赵向欣，1983. 中国古代对手纹的认识和应用. 自然科学史研究，2（4）：347-351
张海国，1979a. 肤纹与疾病. 科学画报，（1）：22，23
张海国，1979b. 肤纹与遗传性疾病. 大众医学，（9）：27-29
张海国，1988. 汉族人群指纹综合分析. 人类学学报，7（2）：121-127
张海国，1989. 我国的民族肤纹. 科学，41（1）：22-27
张海国，1990. 肤纹在民族识别中的作用. 科学，42（1）：47，48
张海国，2002. 中国民族肤纹学. 福州：福建科学技术出版社：50
张海国，2004a. 肤纹学研究的伦理问题. 医学与哲学，25（8）：57，58
张海国，2004b. 手纹科学. 上海：复旦大学出版社：20
张海国，2005. 肤纹学研究中的几个问题. 科学，57（2）：34-37
张海国，2006. 人类肤纹学. 上海：上海交通大学出版社：112
张海国，2011. 肤纹学之经典和活力. 北京：知识产权出版社：1，102-108
张海国，2012. 中华 56 个民族肤纹. 上海：上海交通大学出版社：30
张海国，白崇显，罗建国，等，1998a. 云南哈尼族肤纹参数测定. 山西医科大学学报，29（S1）：13-15
张海国，陈仁彪，陆兰英，等，1987. 小儿掌轴值特征的研究——2200 例小儿正常值. 临床儿科杂志，5（4）：216-217
张海国，丁明，焦云萍，等，1998b. 中国人肤纹研究Ⅲ. 中国 52 个民族的肤纹聚类. 遗传学报，25（5）：381-391
张海国，金刚，李玉清，等，1986. 新疆维吾尔族肤纹参数正常值测定//中国人类学学会. 医学人类学论文集. 重庆：重庆出版社：215-245
张海国，沈若茝，陈仁彪，等，1988. 新疆三个少数民族的肤纹参数及聚类分析. 上海第二医科大学学报，8（3）：237-243
张海国，沈若茝，苏宇滨，等，1989. 云南省七个少数民族的肤纹参数及聚类分析. 遗传学报，16（1）：74-80
张海国，王伟成，许玲娣，等，1981. 中国人肤纹研究Ⅰ. 汉族 10 项肤纹参数正常值的测定. 遗传学报，8（1）：27-33
张海国，王伟成，许玲娣，等，1982. 中国人肤纹研究Ⅱ. 1040 例总指纹嵴数和 a-b 纹嵴数正常值的测定. 遗传学报，9（3）：220-227
张后苏，向南平，黄建柏，等，1994. 计算机语言实用程序与编程技巧. 长沙：中南工业大学出版社
张济安，左志民，李忠孝，1986. 四川藏族四土家支指、掌纹分析. 解剖学杂志，9（2）：153-156
张继宗，1987. 赫哲族掌指纹特征研究. 人类学学报，6（1）：28-40
张景隆，1985. 中国回民皮纹学研究. 自然杂志，8（9）：684，685
张文君，2004. 生物特征权及其立法. 社会科学，（11）：57-62
张耀平，彭燕章，刘瑞麟，等，1981. 金丝猴解剖 ·川金丝猴和滇金丝猴的肤纹. 动物学研究，2（3）：199-207
张耀平，彭燕章，叶智彰，1980. 猕猴（*Macaca mulatta*）肤纹的研究. 动物学研究，1（3）：287-296
张耀平，叶智彰，彭燕章，等，1984. 树鼩（*Tupaia belangeri chinensis*）的皮纹. 人类学学报，3（4）：377-381
张振标，1988. 现代中国人体质特征及其类型的分析. 人类学学报，7（4）：314-323
张致中，赛亚尔，王振国，等，1993. 中国乌孜别克族手皮纹研究. 人类学学报，12（3）：269-272
张致中，章竞安，1991. 中国塔吉克族人手皮纹参数正常值测定与研究. 石河子医学院学报，1：46-48
章菊明，计显光，杨焕明，等，1985. 畲族皮纹研究. 遗传，7（4）：33-35

赵荣枝，马梅苏，张济，等，1990. 达斡尔族人肤纹学研究. 人类学学报，9（3）：223-230
赵桐茂，1984. HLA 分型原理和应用. 上海：上海科学技术出版社：245
赵桐茂，张工梁，朱永明，等，1991. 中国人免疫球蛋白同种异型的研究：中华民族起源的一个假说. 遗传学报，8（2）：97-108
赵向欣，1987. 指纹学. 北京：群众出版社：88
赵向欣，1997. 中华指纹学. 北京：群众出版社：109
赵璇，翟帧，田原，等，2010. 太行山猕猴掌面花纹嵴数的性差. 河南师范大学学报（自然版），38（4）：132-135
中国大百科全书总编辑委员会《民族》编辑委员会，1986. 中国大百科全书 · 民族. 北京：中国大百科全书出版社：100
中国科学院遗传研究所，1985. 研究工作年报. 北京：科学出版社：154
中国科学院遗传研究所一室二组，北京市儿童医院内科，中国科学院心理研究所一室发展组，等，1977. 一百五十五例先天性大脑发育不全儿童的染色体组型分析. 遗传学报，4（1）：55-62
中国社会科学院近代史研究所中华民国史研究室，中山大学历史系孙中山研究室，广东省社会科学院历史研究室，1984. 孙中山全集. 第三卷（1913—1916 年）. 北京：中华书局：141，142
中国遗传学会，1989. 中国遗传学会皮纹学第三届学术交流会论文摘要汇编. 佳木斯：佳木斯医学院：76-120
中国遗传学会，1992. 中国遗传学会第四届全国肤纹学学术交流会. 体育科技（论文专辑）. 郑州：河南省体育科学研究所，2（总 66），73，74
周家美，陈祖芬，1984. 仫佬族手纹形态分析. 人类学学报，3（2）：141-147
周稼骏，1980. 指纹古今谈. 文汇报. 1980-12-16
朱庭玉，1999. 肤纹——一种人体遗传信息. 自然与人，3（总 113）：38-40
庄振西，高秀珍，王惠孚，等，1988. 辽宁地区满族正常人皮纹学分析. 锦州医学院学报，9（1）：3-8，10，89
庄振西，李印宣，王贵琛，等，1984. 600 名蒙古族青少年皮纹学调查分析. 锦州医学院学报，5（1）：19-27
Chai CK，1971. Analysis of palm dermatoglyphics in Taiwan indigenius populations. American Journal of Physical Anthropology，34（3）：369-376
Chen LT，Hsu TP，Lin CK，1962. Palmar dermatoglyphics in the Vataan Ami. Journal of the Alumni of the University of Takau. Tsa Chih Gaoxiong Yi Xue Yuan Tong Xue Hui，61：853-867
Chen YF，Zhang HG，Lai CH，et al，2007. A dermatoglyphic study of the Kavalan aboriginal population of Taiwan. Science in China，Series C，Life Sciences，50（1）：135-139
Chen YF，Zhang HG，Shen CF，et al，2008. A dermatoglyphic study of the Amis aboriginal population of Taiwan. Science in China，Series C，Life Sciences，51（1）：80-85
Chu JY，Huang W，Kuang SQ，et al，1998. Genetic relationship of populations in China. Proceedings of the National Academy of Sciences of the United States of America，95（20）：11763-11768
Cummins H，Midlo C，1943. Finger Prints，Palms and Soles. Philadelphia：Blakiston Publications
Cummins H，Midlo C，1976. Finger Prints，Palms and Soles. New York：Dover Publications
Faulds H，1880. On the skin-furrows of the hand. Nature，22（574）：605
Grace HJ. 1974. Palmar dermatoglyphs of South African Negroes and Coloureds. Human Heredity，24（2）：167-177
Grace HJ，Ally FE，1973. Dermatoglyphs of the South African Negro. Human Heredity，23（1）：53-58

Hasebe K，1910. Palm patterns of Taiwan aborigines. Jinruigaku Zasshi，25（294）：439-449

Herschel WJ，1880. Skin furrows of the hand. Nature，23（578）：76

Hu S，1956. Palmar dermatoglyphics in the Atayal in the Malikoan district，Taiwan. Quarterly Journal of Anthropology Jinruigaku-Kenkyu，3（1）：2-4

Hung KS，Chen CC，Tu C，1963. Palmar dermatoglyphics in the Atayal in Ching-Mei village，Hua-Lien prefecture，Taiwan. Tsa Chih Gaoxiong Yi Xue Yuan Tong Xue Hui，62（4）：317-329

Hung KS，Cheng TF，1966. Palmar dermatoglyphics in the Pokpok Ami. Taiwan Yi Xue Hui Za Zhi，65（5）：232-241

Li H，Pan SL，Donnelly M，et al，2006. Dermatoglyph groups Kinh Vietnamese to Mon-Khmer. International Journal of Anthropology，21（3）：295-306

Lin M，Broadberry RE，1998. Immunohematology in Taiwan. Transfusion Medicine Reviews，12（1）：56-72

Mavalwala J，1977. Dermatoglyphics：An International Bibliography. Hague：Mouton Publishers：100

Plato CC，Cereghino JJ，Steinberg FS，1975. The dermatoglyphics of American Caucasians. American Journal of Physical Anthropology，42（2）：195-210

Reed T，Borgaonkar DS，Conneally PM，et al，1970. Dermatoglyphic nomogram for the diagnosis of Down's syndrome. Journal of Pediatrics，77（6）：1024-1032

Schaumann B，Alter M，1976. Congenital malformations of dermatoglyphics//Dermatoglyphics in Medical Disorders. Heidelberg：Springer Berlin Heidelberg：89-102

Steinberg FS，Cereghino JJ，Plato CC，1975. The dermatoglyphics of American Negroes. American Journal of Physical Anthropology，42（2）：183-194

Trejaut JA，Kivisild T，Loo JH，et al，2005. Traces of archaic mitochondrial lineages persist in Austronesian-speaking Formosan populations. PLoS Biology，3（8）：e247

Wilder HH，1922. Racial differences in palm and sole configuration. Palm and sole prints of Japanese and Chinese. American Journal of Physical Anthropology，5（2）：143-206

Zhang HG，Chen YF，Ding M，et al，2010. Dermatoglyphics from all Chinese ethnic groups reveal geographic patterning. PLoS One，5（1）：e8783

Zhang HG，Ding M，Jiao YP，et al，1998. A dermatoglyphic study on the Chinese population Ⅲ. Dermatoglyphics cluster of fifty-two nationalities in Chinese. Chinese Journal of Genetics，25（4）：241-251

Zhang HG，Wang WC，Xu LD，1982. Normal values of 12 dermatoglyphic parameters in Chinese Hans. Chinese Medical Journal，95（3）：197-202

Zhang HG，Xu SJ，Yuan JB，et al，2003. Investigation on dermatoglyphics of Russ nationality in Xinjiang Uygur Autonomous Region. Joural of Genetics & Molecular Biology，14（3）：167-170

附录1 英 汉 对 照

A

ADA standard	ADA 标准
American Association of Physical Anthropologists，AAPA	美国体质人类学家学会
American Dermatoglyphics Association，ADA	美国肤纹学学会
arch，A	弓形纹
atd triangle	atd 角
average linkage	类平均法
axial triradius	轴三角

B

balanced of whorl，Wb	平衡斗
Britain-American standard	英美标准

C

calcar pattern，C	足跟纹
CDA edition	CDA 版本
CDA standard	CDA 标准
center system	中心系统
centroid method	重心法
Chinese Dermatoglyphics Association，CDA	中国肤纹学研究协作组
classify standard	分类标准
cluster analysis	聚类分析
coefficient of correlation，*r*	相关系数
coefficient of variation，*V*	变异系数
complete method（farthest neighbor method）	最长距离法
complex pattern	复合纹
complex whorl，Wc	复合斗
Cummins index	库明斯（指纹）指数
Cummins standard	Cummins 标准

D

dermal ridge	皮肤嵴线
dermatoglyphics of ethnic groups	民族肤纹
dermatoglyphics nomogram	肤纹列线图
dermatoglyphics	肤纹学
digital a and b total ridge count，a-b RC	指三角 a-b 嵴数

digital triradius of soles	趾三角
digital triradius	指三角
distal arch，Ad	远弓
distal crease	远侧屈肌线
distal loop，Ld	远箕
DNA fingerprint	DNA 指纹
double loop whorl，Wd	双箕斗
Down syndrome	唐氏综合征

E

enumeration data	计数资料
expect frequency	期望频率

F

fibular arch，Af	腓弓
fibular loop，Lf	腓箕
fingerprint	指纹
flexible-beta method	可变类平均法
flexion crease	屈肌线
furrow fold	沟褶

G

Galton marker	高尔顿特征
glandular fold	腺褶

H

hallucal pattern	踇趾球纹
Hardy-Weinbery equilibrium	Hardy-Weinbery 平衡
hypothenar pattern，H	小鱼际纹

I

inflection point	拐点
informed choice	知情选择
informed consent	知情同意
ink print	捺印
interphalangeal crease	指间褶

K

Klinefelter syndrome	克兰费尔特综合征（先天性睾丸发育不全）

L

linear regression	直线回归
loop，L	箕形纹

M

main line formula	主要掌纹线公式
main line	主要掌纹线，主线
McQuitty's similarity analysis	相似分析法
measurement data	测量资料
median method（Equidistance）	中间距离法
mode	众数
model swatch	模式样本

N

non-true pattern	非真实花纹
normal curve	正态曲线
normal distribution	正态分布
northern Chinese group	中国北方群

O

observe frequency	观察频率
Online Mendelian Inheritance in Man，OMIM	人类孟德尔遗传在线
open arch	弓（开放型）

P

papillary ridge pattern	乳头嵴花纹
pattern intensity index，PII	手指纹强度指数
pattern	花纹，格局
percent distance of axial triradius，tPD	轴三角百分距离
percent standard error，s_p	百分标准误
phylogenetic tree	系统树
population marker，PM	群体标记
population	群体
primary ridge	初生嵴
principal component analysis，PCA	主成分分析
proximal arch，Ap	近弓
proximal crease	近侧屈肌线
proximal loop，Lp	近箕

R

radial double loop whorl，Wdr	桡侧双箕斗
radial loop，Lr	桡箕
radius-oriented of whorl，Wr	桡偏斗
range	全距
read point	起读点
regression coefficient	回归系数

regression phenomena	回归现象
regression	回归
ridge	嵴线，嵴纹，嵴
roof	穹隆

S

secondary ridge	次生嵴
simian line	猿线
simple arch，As	简弓
simple whorl，Ws	一般斗
single linkage（nearest neighbor method）	最短距离法
slope	斜率
sole hypothenar pattern	足小鱼际纹
southern Chinese group	中国南方群
standard deviation，s	标准差
standard error，$s_{\bar{x}}$	标准误
Sydney line	悉尼线

T

technological standard	技术标准
tented arch，At	帐弓
test of significance，*t*-test	显著性检验，*t* 检验
thenar crease	大鱼际屈肌线
thenar pattern，T	大鱼际纹
tibial arch，At	胫弓
tibial loop，Lt	胫箕
tibial tented arch，TAt	胫帐弓
total finger ridge count，TFRC	总指嵴数
triangle system	三角系统
triradius	三角
true pattern	真实花纹
Turner syndrome	特纳综合征
two-stage density linkage	两阶段密度估计法

U

ulnar-oriented of whorl，Wu	尺偏斗
ulnar double loop whorl，Wdu	尺侧双箕斗
ulnar loop，Lu	尺箕

V

vestige，V	退化纹
volar pad	掌趾垫

W

Ward's minimum-variance method	最小方差法
whorl，W	斗形纹
Wolf syndrome	沃尔夫综合征（$4p^-$综合征）

其他

Ⅰ interdigital pattern	指间Ⅰ区纹

附录2　108例唐氏综合征患者肤纹代码

序号	性别①	年龄②	1	2	3	4	5	6	7	8	9	10	11	12	13	14	15	16	17	18	19	20	21	22	23	24	25	26	27	28	29	30	31	32	33	34	35	36	37	38	39	40	41	42	43	44	45	46	47	48	49	50	51	52	53	54	55	56
			左足	左足	左足	左足	左足	左足	右足	右足	右足	右足	右足	右足	左指	左指	左指	左指	左指	左指	左指	左指	左指	左指	左手	左手	左手	左手	左手	左手	左手	左手	左手	左手	左手	右指	右指	右指	右指	右指	右指	右指	右指	右指	右指	右指	右手	右手	右手	右手	右手	右手	右手	右手	右手	右手	左小指	右小指
			踇趾球纹	趾间Ⅱ区纹	趾间Ⅲ区纹	趾间Ⅳ区纹	小鱼际纹	足跟纹	踇趾球纹	趾间Ⅱ区纹	趾间Ⅲ区纹	趾间Ⅳ区纹	小鱼际纹	足跟纹	小	环	中	示	拇	小RC（条）	环RC（条）	中RC（条）	示RC（条）	拇RC（条）	猿线	c/d/t	a-b RC（条）	大鱼际纹	指间Ⅱ区纹	指间Ⅲ区纹	指间Ⅳ区纹	指间Ⅱ/Ⅲ区纹	指间Ⅲ/Ⅳ区纹	小鱼际纹	atd（°）	拇	示	中	环	小	拇RC（条）	示RC（条）	中RC（条）	环RC（条）	小RC（条）	猿线	c/d/t	a-b RC（条）	大鱼际纹	指间Ⅱ区纹	指间Ⅲ区纹	指间Ⅳ区纹	指间Ⅱ/Ⅲ区纹	指间Ⅲ/Ⅳ区纹	小鱼际纹	atd（°）	单褶	单褶
1	1	8y	3	1	1	1	1	1	3	1	1	1	1	1	3	3	3	3	5	9	4	10	14	20	2	1	40	1	1	1	2	1	1	2	41	4	3	3	3	3	22	8	9	7	6	2	1	39	1	1	1	2	1	1	2	48	2	2
2	1	1y	3	1	1	1	1	1	3	1	1	1	1	1	3	3	3	3	3	15	10	11	12	12	2	1	42	1	1	2	1	1	1	1	50	3	3	3	3	3	12	14	18	8	16	2	1	42	1	1	1	1	1	1	1	52	3	3
3	1	2y	3	1	1	1	1	1	3	1	1	1	1	1	5	5	3	3	3	13	13	14	18	17	1	1	38	1	1	2	1	1	1	2	103	3	3	3	3	3	14	16	8	9	14	1	1	34	1	1	2	1	1	1	2	95	1	1
4	1	8y	3	1	1	2	2	1	3	1	1	2	2	1	5	5	3	3	3	13	13	14	13	12	2	1	36	1	1	1	2	1	1	1	66	3	3	3	3	3	6	18	17	14	12	2	1	38	1	1	2	2	1	1	1	40	2	2
5	1	5y	3	1	1	1	1	1	3	1	1	1	1	1	6	3	3	3	3	18	13	15	14	13	2	1	32	1	1	2	1	1	1	1	64	3	3	3	6	5	18	16	13	15	14	2	1	36	1	1	2	1	1	1	1	89	1	2
6	1	3y	3	1	1	1	1	1	3	1	1	1	1	1	3	3	3	3	3	8	8	8	7	13	2	1	42	1	1	2	1	1	1	1	50	3	3	3	3	3	14	13	8	6	9	2	1	38	1	1	1	2	1	1	1	53	3	2
7	1	18y	3	1	1	1	1	1	3	1	1	1	1	1	6	6	3	3	5	16	17	17	20	20	1	1	35	1	1	2	2	1	1	1	78	5	3	6	6	5	24	14	17	16	17	1	1	32	1	1	2	2	1	1	1	81	2	2
8	1	18y	3	1	2	1	1	1	3	1	2	1	1	1	3	3	3	3	3	10	16	10	8	10	2	1	38	1	1	2	1	1	1	2	62	3	3	3	3	3	12	12	10	10	7	2	3	42	1	1	1	1	1	1	2	41	1	1
9	1	5y	3	1	2	1	2	1	3	1	2	1	2	1	3	3	3	3	6	8	10	6	8	16	2	1	39	1	1	2	1	1	1	2	77	3	3	3	3	3	15	10	13	12	8	1	1	40	1	1	2	1	1	1	1	42	1	1
10	1	30y	3	1	1	1	1	1	3	1	1	1	1	1	3	3	3	3	3	8	9	15	16	24	2	1	40	1	1	1	2	1	1	1	58	3	3	3	4	5	25	14	17	12	10	2	1	40	1	1	2	1	1	1	1	58	2	2
11	1	21y	3	1	1	2	2	1	3	1	1	2	2	1	5	4	3	3	5	9	9	14	13	18	2	1	38	1	1	2	1	1	1	1	49	5	3	3	5	5	18	13	12	9	10	2	1	39	1	1	1	2	1	1	2	48	1	1
12	1	16y	3	1	1	1	2	1	3	1	2	1	1	1	3	5	3	3	3	13	14	16	15	23	2	1	31	2	1	1	2	1	1	1	39	5	3	3	5	3	20	15	13	17	16	2	1	31	1	1	2	2	1	1	1	45	1	1
13	1	10m	3	1	2	1	1	1	3	1	1	1	1	2	3	3	3	3	5	6	7	10	8	20	1	1	30	1	1	1	2	1	1	1	45	3	3	3	3	3	18	9	11	7	5	1	1	28	1	1	1	2	1	1	1	54	1	1
14	1	9m	3	1	1	1	1	1	3	1	1	1	1	1	3	3	3	3	5	10	14	15	14	23	2	1	34	1	1	2	1	1	1	1	58	5	5	5	5	3	21	16	16	12	10	2	1	33	1	1	2	1	1	1	1	60	1	1
15	1	2.5m	3	1	1	1	1	1	3	1	1	1	1	1	3	3	3	3	3	10	11	12	10	16	1	1	33	1	1	1	2	1	1	1	40	3	3	3	3	3	15	13	12	10	11	1	1	34	1	1	1	2	1	1	1	49	1	1

续表

序号	性别[①]	年龄[②]	1	2	3	4	5	6	7	8	9	10	11	12	13	14	15	16	17	18	19	20	21	22	23	24	25	26	27	28	29	30	31	32	33	34	35	36	37	38	39	40	41	42	43	44	45	46	47	48	49	50	51	52	53	54	55	56
			左足	左足	左足	左足	左足	左足	右足	右足	右足	右足	右足	右足	左指	左指	左指	左指	左指	左指	左指	左指	左指	左指	左手	左手	左手	左手	左手	左手	左手	左手	左手	左手	左手	右指	右指	右指	右指	右指	右指	右指	右指	右指	右指	右指	右手	右手	右手	右手	右手	右手	右手	右手	右手	右手	左小指	右小指
			踇趾球纹	趾间Ⅱ区纹	趾间Ⅲ区纹	趾间Ⅳ区纹	小鱼际纹	足跟纹	踇趾球纹	趾间Ⅱ区纹	趾间Ⅲ区纹	趾间Ⅳ区纹	小鱼际纹	足跟纹	小	环	中	示	拇	小RC（条）	环RC（条）	中RC（条）	示RC（条）	拇RC（条）	猿线	c/d/t	a-b RC（条）	大鱼际纹	指间Ⅱ区纹	指间Ⅲ区纹	指间Ⅳ区纹	指间Ⅱ/Ⅲ区纹	指间Ⅲ/Ⅳ区纹	小鱼际纹	atd（°）	拇	示	中	环	小	拇RC（条）	示RC（条）	中RC（条）	环RC（条）	小RC（条）	猿线	c/d/t	a-b RC（条）	大鱼际纹	指间Ⅱ区纹	指间Ⅲ区纹	指间Ⅳ区纹	指间Ⅱ/Ⅲ区纹	指间Ⅲ/Ⅳ区纹	小鱼际纹	atd（°）	单褶	单褶
16	1	32y	3	1	2	2	1	1	3	1	2	2	1	1	3	5	3	3	5	9	14	20	12	18	1	1	42	1	1	2	1	1	1	1	65	3	3	3	5	3	22	14	16	13	5	1	1	40	1	1	2	1	1	1	1	64	1	1
17	1	9y	3	1	1	1	1	1	3	1	1	1	1	1	3	3	3	3	3	12	12	9	10	19	2	1	41	1	1	1	2	1	1	2	72	3	3	3	5	3	32	12	11	15	13	1	1	35	1	1	2	1	1	1	1	46	3	3
18	1	10y	3	1	2	1	1	1	3	2	1	1	1	1	2	4	3	3	3	0	1	4	3	4	2	1	44	1	1	1	2	1	1	1	41	3	3	3	3	3	4	5	5	2	4	1	1	45	1	1	2	1	1	1	1	47	3	1
19	1	14y	3	1	2	1	1	1	3	1	2	1	1	1	3	5	3	3	3	15	9	13	11	9	2	1	43	1	1	1	2	1	1	2	95	5	3	3	5	3	19	13	11	11	14	1	1	34	1	1	2	1	1	1	2	63	1	1
20	1	6y	3	1	2	1	1	1	3	1	2	1	1	1	5	5	5	3	6	15	20	15	19	16	1	1	32	1	1	1	1	1	2	2	79	3	3	5	5	5	21	17	16	14	12	2	3	31	1	1	1	1	1	1	2	69	3	3
21	1	12y	3	1	1	1	1	1	3	1	1	1	1	1	3	3	3	3	3	10	13	10	13	22	1	1	41	1	1	2	1	1	1	1	80	5	3	3	3	3	20	7	10	6	8	1	1	41	1	1	2	1	1	1	1	76	1	1
22	1	19y	3	1	2	1	1	1	3	1	2	1	1	1	3	3	3	3	5	11	13	12	11	24	2	1	37	1	1	1	2	1	1	1	50	5	3	3	3	3	24	10	7	17	12	2	1	33	1	1	2	1	1	1	1	45	2	2
23	1	21y	3	1	2	1	1	1	3	1	1	1	2	1	3	3	5	3	5	13	13	18	20	21	2	1	40	1	1	2	1	1	1	2	71	5	3	5	5	3	21	15	14	18	10	2	1	28	1	1	2	1	1	1	2	73	1	3
24	1	7y	3	1	1	1	1	1	3	1	2	1	1	1	3	3	3	3	3	3	4	11	10	8	2	3	42	1	1	1	1	1	1	1	71	5	3	3	3	3	12	7	11	9	16	2	1	41	1	1	2	1	1	1	2	90	3	3
25	1	27y	3	1	1	1	1	1	3	1	1	1	1	1	3	3	3	3	3	8	5	12	10	4	2	1	40	1	1	2	1	1	1	1	41	3	3	3	5	3	21	11	13	7	9	2	1	38	1	1	2	1	1	1	1	41	1	1
26	1	9y	3	1	2	1	1	1	3	1	1	1	1	1	3	3	3	3	5	11	15	11	14	16	2	1	45	1	1	1	1	1	2	2	106	5	3	3	4	3	16	15	13	14	7	2	1	45	1	1	2	1	1	1	2	93	1	1
27	1	4y	3	1	2	1	1	1	3	1	2	1	1	1	3	4	3	3	6	11	12	13	11	16	2	1	39	1	1	2	1	1	1	2	90	5	3	3	5	3	20	13	13	13	13	1	1	41	1	1	2	1	1	1	2	80	2	2
28	1	8m	3	1	1	1	1	1	3	1	1	1	1	1	3	5	3	3	3	8	9	16	10	19	2	1	38	1	1	2	1	1	1	1	55	6	3	3	4	3	18	13	12	7	10	2	1	34	1	1	2	1	1	1	1	80	3	1
29	1	4y	3	1	1	1	1	1	3	1	2	1	1	1	3	3	3	3	5	20	11	10	7	18	2	1	40	1	1	1	1	1	2	2	89	5	3	3	3	3	15	8	5	6	7	1	1	36	1	1	2	1	1	1	2	51	1	3
30	1	32y	3	1	1	1	1	1	3	1	1	1	1	1	3	3	3	3	3	6	9	5	6	19	2	1	36	1	1	2	1	1	1	1	50	3	3	3	3	3	9	8	4	6	6	1	1	40	1	1	1	2	1	1	1	99	1	1
31	1	27y	3	1	1	1	2	1	3	1	1	1	1	1	4	5	3	3	3	11	12	10	11	18	2	1	38	1	1	1	2	1	1	2	43	3	3	3	5	3	17	14	15	11	11	2	1	34	1	1	1	2	1	1	2	61	3	2
32	1	27y	3	1	2	2	1	1	3	1	2	2	1	1	3	5	3	3	3	8	13	14	8	16	2	1	29	1	1	1	1	1	2	1	56	3	3	3	5	3	19	12	11	10	13	2	1	40	1	1	1	1	1	1	1	52	1	1
33	1	30y	3	1	2	1	1	1	3	1	2	1	1	1	3	3	3	3	3	14	16	13	11	16	2	1	36	1	1	1	1	1	2	1	46	3	3	3	3	5	16	12	13	8	18	2	3	41	1	1	2	1	1	1	1	61	2	2
34	1	26y	3	1	1	1	2	1	3	1	1	1	2	1	3	3	3	3	5	9	7	10	10	19	2	1	35	1	1	1	2	1	1	1	50	3	3	3	3	3	18	12	12	9	9	2	1	40	1	1	1	2	1	1	1	59	1	1

续表

序号	性别[1]	年龄[2]	1 左足 踇趾球纹	2 左足 趾间Ⅱ区纹	3 左足 趾间Ⅲ区纹	4 左足 趾间Ⅳ区纹	5 左足 小鱼际纹	6 左足 足跟纹	7 右足 踇趾球纹	8 右足 趾间Ⅱ区纹	9 右足 趾间Ⅲ区纹	10 右足 趾间Ⅳ区纹	11 右足 小鱼际纹	12 右足 足跟纹	13 左指 小	14 左指 环	15 左指 中	16 左指 示	17 左指 拇	18 左指 小RC（条）	19 左指 环RC（条）	20 左指 中RC（条）	21 左指 示RC（条）	22 左指 拇RC（条）	23 左手 猿线	24 左手 c/d/t	25 左手 a-b RC（条）	26 左手 大鱼际纹	27 左手 指间Ⅱ区纹	28 左手 指间Ⅲ区纹	29 左手 指间Ⅳ区纹	30 左手 指间Ⅱ/Ⅲ区纹	31 左手 指间Ⅲ/Ⅳ区纹	32 左手 小鱼际纹	33 左手 atd（°）	34 右指 拇	35 右指 示	36 右指 中	37 右指 环	38 右指 小	39 右指 拇RC（条）	40 右指 示RC（条）	41 右指 中RC（条）	42 右指 环RC（条）	43 右指 小RC（条）	44 右指 猿线	45 右手 c/d/t	46 右手 a-b RC（条）	47 右手 大鱼际纹	48 右手 指间Ⅱ区纹	49 右手 指间Ⅲ区纹	50 右手 指间Ⅳ区纹	51 右手 指间Ⅱ/Ⅲ区纹	52 右手 指间Ⅲ/Ⅳ区纹	53 右手 小鱼际纹	54 右手 atd（°）	55 左小指 单褶	56 右小指 单褶
35	1	19y	3	1	1	1	2	1	3	1	1	2	1	1	3	2	3	3	1	5	0	13	10	0	2	1	40	1	1	2	1	1	1	2	63	1	3	3	2	3	0	10	8	0	5	1	1	39	1	1	1	2	1	1	1	61	1	1
36	1	35y	3	1	2	1	1	1	3	1	1	1	1	1	5	5	5	6	6	21	14	14	16	14	2	1	30	1	1	1	1	1	1	1	45	5	3	5	5	5	19	14	18	12	12	2	1	29	1	1	1	1	1	1	2	46	1	1
37	1	28y	3	1	1	1	2	1	3	1	1	1	2	1	3	5	3	3	3	3	13	11	3	7	2	3	33	1	1	2	1	1	1	1	44	1	3	3	5	3	0	6	7	13	2	2	3	30	1	1	1	1	1	1	1	45	2	2
38	1	30y	3	1	2	1	2	1	3	1	2	2	2	2	3	3	3	3	5	10	8	14	11	26	1	1	34	1	1	2	1	1	1	1	38	5	3	3	3	3	26	8	10	5	7	1	3	33	1	1	2	1	1	1	1	41	1	1
39	1	30y	3	1	2	1	1	1	3	1	1	2	1	1	3	3	3	3	5	16	9	12	13	20	1	1	44	1	1	1	2	1	1	1	42	5	3	3	3	3	20	10	16	12	11	2	1	46	1	1	2	1	1	1	1	39	2	2
40	1	32y	3	1	1	1	2	1	3	1	1	1	2	1	3	6	3	3	6	20	17	15	20	24	1	1	26	1	1	1	2	1	2	2	64	6	3	6	3	3	22	12	24	16	10	1	1	31	1	1	2	2	1	1	2	60	1	1
41	1	7m	3	1	1	1	1	1	3	1	1	1	1	1	5	5	3	3	6	12	9	14	13	16	2	3	26	1	1	1	1	1	1	1	42	3	3	5	5	3	12	7	10	13	12	2	1	24	1	1	1	1	1	1	1	52	1	1
42	1	25y	3	1	1	1	1	1	3	1	1	1	1	1	5	5	5	3	6	13	14	15	11	13	1	1	39	1	1	1	2	1	1	1	69	5	6	3	5	4	14	14	16	14	10	1	1	42	1	1	1	2	1	1	2	79	1	1
43	1	20y	3	1	1	1	1	1	3	1	1	1	1	1	3	3	3	3	3	9	10	11	8	13	2	3	38	1	1	1	1	1	1	1	37	3	3	3	5	5	16	12	8	10	6	2	1	36	1	1	2	1	1	1	1	47	1	1
44	1	26y	3	1	1	1	2	1	3	1	1	1	1	1	3	6	6	3	3	12	24	25	25	24	2	1	34	1	1	1	2	1	1	2	55	6	6	6	6	3	26	24	24	20	22	2	1	36	1	1	1	2	1	1	1	38	1	1
45	1	26y	3	1	1	2	2	1	3	1	1	2	2	1	3	3	3	3	3	11	12	14	17	13	2	1	30	1	1	1	2	1	1	1	50	5	3	3	5	3	18	16	16	8	11	2	1	40	1	1	1	2	1	1	1	55	2	2
46	1	20y	3	1	2	1	2	1	3	1	2	1	1	1	3	5	3	3	3	10	17	14	12	16	2	1	36	1	1	2	1	1	1	2	68	3	3	3	4	3	17	10	14	11	7	2	1	29	1	1	2	1	1	1	2	69	2	2
47	1	27y	3	1	2	1	1	1	3	1	2	1	1	1	5	5	5	5	5	14	24	24	24	24	2	3	36	1	1	1	1	1	1	1	90	5	5	5	5	5	22	22	20	14	16	2	3	38	1	1	1	1	1	1	1	73	2	2
48	1	23y	3	1	1	1	2	1	3	1	1	1	2	1	3	3	3	3	3	14	14	12	20	21	2	1	30	1	1	2	1	1	1	2	38	3	3	3	3	3	19	16	12	14	14	1	1	32	1	1	2	1	1	1	2	40	2	2
49	1	25y	3	1	1	2	2	1	3	1	2	1	1	1	3	3	3	3	3	8	8	8	9	16	2	1	22	1	1	1	2	1	1	2	53	3	3	3	3	3	16	11	2	5	10	2	3	22	1	1	1	1	1	1	1	38	3	1
50	1	12y	3	1	1	1	1	1	3	1	1	1	1	1	3	3	3	3	3	5	4	7	3	4	1	1	42	1	1	1	2	1	1	2	71	3	3	3	3	3	9	9	9	9	5	1	1	40	1	1	2	1	1	1	2	87	1	1
51	1	11y	3	1	2	1	2	1	3	1	2	1	2	1	3	3	3	3	3	13	3	8	3	11	1	1	42	1	1	1	2	1	1	1	54	3	3	3	3	3	11	10	14	6	13	1	1	52	1	1	1	2	1	1	1	61	2	2
52	1	20y	3	1	1	1	2	1	3	1	1	1	2	1	3	2	3	3	3	8	0	12	13	14	2	1	41	1	1	1	2	1	1	2	84	3	3	3	3	3	14	4	9	7	5	2	1	41	1	1	2	1	1	1	2	93	2	2
53	1	1.5m	3	1	1	1	1	1	3	1	1	1	1	1	5	5	3	3	5	10	11	14	12	12	1	1	28	1	1	2	1	1	1	1	60	5	3	3	3	5	10	11	13	12	8	1	1	29	1	1	2	1	1	1	1	55	3	3

续表

序号	性别①	年龄②	1	2	3	4	5	6	7	8	9	10	11	12	13	14	15	16	17	18	19	20	21	22	23	24	25	26	27	28	29	30	31	32	33	34	35	36	37	38	39	40	41	42	43	44	45	46	47	48	49	50	51	52	53	54	55	56
			左足	左足	左足	左足	左足	左足	右足	右足	右足	右足	右足	右足	左指	左指	左指	左指	左指	左者	左指	左指	左指	左指	左手	左手	左手	左手	左手	左手	左手	左手	左手	左手	左手	右指	右指	右指	右指	右指	右指	右指	右指	右指	右指	右指	右手	右手	右手	右手	右手	右手	右手	右手	右手	右手	左小指	右小指
			踇趾球纹	趾间Ⅱ区纹	趾间Ⅲ区纹	趾间Ⅳ区纹	小鱼际纹	足跟纹	踇趾球纹	趾间Ⅱ区纹	趾间Ⅲ区纹	趾间Ⅳ区纹	小鱼际纹	足跟纹	小	环	中	示	拇	小RC（条）	环RC（条）	中RC（条）	示RC（条）	拇RC（条）	猿线	c/d/t	a-b RC（条）	大鱼际纹	指间Ⅱ区纹	指间Ⅲ区纹	指间Ⅳ区纹	指间Ⅱ/Ⅲ区纹	指间Ⅲ/Ⅳ区纹	小鱼际纹	atd（°）	拇	示	中	环	小	拇RC（条）	示RC（条）	中RC（条）	环RC（条）	小RC（条）	猿线	c/d/t	a-b RC（条）	大鱼际纹	指间Ⅱ区纹	指间Ⅲ区纹	指间Ⅳ区纹	指间Ⅱ\Ⅲ区纹	指间Ⅲ\Ⅳ区纹	小鱼际纹	atd（°）	单褶	单褶
54	1	31y	3	1	2	2	2	1	3	1	1	2	1	1	3	3	3	3	6	13	7	12	12	19	2	1	36	1	1	1	2	1	1	2	42	3	3	3	3	3	20	16	10	9	11	1	1	39	1	1	1	2	1	1	1	44	1	1
55	1	31y	3	1	1	1	1	1	3	1	1	2	2	1	5	5	3	3	6	15	15	14	10	19	1	1	33	1	1	1	2	1	1	2	46	6	3	5	5	3	21	9	14	13	9	1	1	32	1	1	1	2	1	1	1	48	1	1
56	1	26y	3	1	2	1	1	1	3	1	2	1	1	1	3	5	3	3	3	12	18	13	11	21	2	1	32	1	1	1	2	1	1	2	60	5	3	3	5	3	16	6	11	12	7	2	1	31	1	1	1	2	1	1	1	43	1	1
57	1	25y	3	1	2	1	1	1	3	1	2	1	2	1	3	3	3	3	6	11	12	12	15	16	2	1	25	1	1	2	2	1	1	1	35	6	3	3	3	3	20	15	11	12	11	2	1	25	1	1	2	1	1	1	1	37	1	1
58	1	12y	3	1	2	1	1	1	3	1	2	1	1	1	3	3	3	3	6	10	8	11	13	13	2	1	32	1	1	2	1	1	1	1	51	5	3	3	5	5	16	12	10	7	7	2	1	40	1	1	2	1	1	1	2	50	1	1
59	1	7m	3	1	1	1	1	1	3	1	1	1	1	1	5	5	5	3	5	14	20	20	11	10	2	1	40	1	1	1	2	1	1	2	91	5	3	5	5	5	14	7	20	14	10	2	3	38	1	1	1	1	1	1	2	93	2	2
60	1	31y	3	1	1	1	1	1	3	1	1	1	2	1	3	5	3	3	3	7	12	12	12	13	2	3	33	1	1	1	1	1	1	2	43	3	3	3	3	5	14	10	12	12	9	2	3	31	1	1	1	1	1	1	2	40	1	1
61	1	15y	3	1	2	1	1	1	3	1	2	1	1	1	5	5	3	3	5	16	23	16	14	16	2	1	37	1	1	1	1	1	1	2	60	5	3	3	5	5	15	12	14	15	17	2	1	39	1	1	2	1	1	1	2	72	2	2
62	1	14y	3	1	2	1	2	1	3	1	2	1	1	1	3	3	3	3	3	10	3	14	13	17	2	1	32	1	1	1	1	1	1	2	67	3	3	3	3	3	19	17	13	6	10	1	1	33	1	1	2	1	1	1	2	75	1	1
63	1	13y	3	1	1	1	1	1	3	1	1	1	1	1	3	3	3	3	3	11	11	7	12	18	2	1	40	1	1	1	1	1	1	1	38	3	3	3	3	3	22	19	15	16	10	2	1	40	1	1	2	1	1	1	1	41	1	1
64	1	13y	3	1	1	1	1	1	3	1	1	1	1	1	3	3	3	3	3	7	6	8	8	5	1	1	40	1	1	1	2	1	1	2	72	3	3	3	3	3	10	10	6	12	4	1	1	42	1	1	2	1	1	1	2	80	1	1
65	1	13y	3	1	1	1	2	1	3	1	1	1	2	1	3	3	3	3	3	10	12	13	14	17	1	1	40	1	1	1	1	1	2	1	45	3	3	3	3	3	17	15	15	11	11	1	1	44	1	1	1	1	1	2	2	55	1	1
66	1	12y	3	1	1	2	1	1	3	1	2	2	1	1	3	5	6	3	3	8	14	15	11	15	1	1	28	1	1	2	1	1	1	1	42	5	3	3	3	3	27	15	11	13	11	1	1	29	1	1	2	2	1	1	2	50	1	1
67	1	12y	3	1	1	1	1	1	3	1	2	1	1	1	3	3	3	3	3	10	7	12	11	14	2	1	40	1	1	2	1	1	1	2	90	3	3	3	3	3	16	10	12	10	14	2	1	40	1	1	2	1	1	1	2	87	1	1
68	1	9y	3	1	2	1	1	1	3	1	2	1	1	1	3	3	4	3	3	13	16	15	10	23	2	1	41	1	1	2	1	1	1	1	44	3	3	4	5	3	16	14	16	14	10	2	1	41	1	1	2	1	1	1	2	40	2	2
69	1	8y	3	1	2	1	1	1	6	1	1	2	1	1	3	3	3	3	1	16	9	19	18	0	1	1	42	1	1	1	1	1	2	1	50	3	5	3	5	3	8	16	17	20	16	1	1	42	1	1	2	1	1	1	2	72	1	1
70	0	8m	3	1	2	1	1	1	3	1	2	2	1	1	3	3	3	3	5	6	8	16	6	22	1	1	36	1	1	2	1	1	1	1	83	5	3	3	3	3	18	18	13	9	10	1	1	33	1	1	2	1	1	1	2	90	3	2
71	0	4y	3	1	1	1	1	1	3	1	1	1	1	1	3	3	3	3	5	10	9	11	14	22	2	1	36	1	1	1	2	1	1	1	66	5	3	3	3	5	18	16	13	8	12	2	1	39	1	1	1	2	1	1	1	75	1	1
72	0	18y	11	1	2	1	1	1	6	1	2	1	1	1	5	3	3	3	6	16	7	13	11	16	2	1	53	1	1	2	1	1	1	1	48	6	3	3	4	3	22	17	14	10	15	1	1	49	1	1	2	1	1	1	1	46	1	1

续表

序号	性别[1]	年龄[2]	1 左足 踇趾球纹	2 左足 趾间Ⅱ区纹	3 左足 趾间Ⅲ区纹	4 左足 趾间Ⅳ区纹	5 左足 小鱼际纹	6 左足 足跟纹	7 右足 踇趾球纹	8 右足 趾间Ⅱ区纹	9 右足 趾间Ⅲ区纹	10 右足 趾间Ⅳ区纹	11 右足 小鱼际纹	12 右足 足跟纹	13 左指 小	14 左指 环	15 左指 中	16 左指 示	17 左指 拇	18 左指 小RC（条）	19 左指 环RC（条）	20 左指 中RC（条）	21 左指 示RC（条）	22 左指 拇RC（条）	23 左手 猿线	24 左手 c/d/t	25 左手 a-b RC（条）	26 左手 大鱼际纹	27 左手 指间Ⅱ区纹	28 左手 指间Ⅲ区纹	29 左手 指间Ⅳ区纹	30 左手 指间Ⅱ/Ⅲ区纹	31 左手 指间Ⅲ/Ⅳ区纹	32 左手 小鱼际纹	33 左手 atd（°）	34 右指 拇	35 右指 示	36 右指 中	37 右指 环	38 右指 小	39 右指 拇RC（条）	40 右指 示RC（条）	41 右指 中RC（条）	42 右指 环RC（条）	43 右指 小RC（条）	44 右指 猿线	45 右手 c/d/t	46 右手 a-b RC（条）	47 右手 大鱼际纹	48 右手 指间Ⅱ区纹	49 右手 指间Ⅲ区纹	50 右手 指间Ⅳ区纹	51 右手 指间Ⅱ/Ⅲ区纹	52 右手 指间Ⅲ/Ⅳ区纹	53 右手 小鱼际纹	54 右手 atd（°）	55 左小指 单褶	56 右小指 单褶
73	0	24y	3	1	2	1	1	1	3	1	2	2	1	1	3	3	3	3	5	16	12	14	12	12	2	1	32	1	1	1	2	1	1	1	45	3	3	3	3	3	14	13	6	18	8	2	1	31	1	1	1	2	1	1	1	41	1	1
74	0	12y	3	1	2	1	1	1	3	1	1	1	1	1	3	3	3	3	3	3	6	7	2	8	2	1	34	1	1	1	1	1	2	2	99	3	3	3	3	3	8	5	11	4	3	2	1	32	1	1	1	1	1	2	2	51	1	1
75	0	8y	3	1	1	1	1	1	3	1	1	1	1	1	3	3	3	3	3	6	10	10	6	10	1	1	38	1	1	2	1	1	1	2	100	3	3	3	5	3	14	7	6	11	7	1	1	34	1	1	1	2	1	1	1	41	1	1
76	0	6y	3	1	1	1	2	1	3	1	1	1	2	1	3	3	3	3	3	7	5	7	9	5	2	1	15	1	1	2	1	1	1	2	66	3	3	3	4	3	9	9	5	7	7	2	1	18	1	1	2	1	1	1	2	75	1	1
77	0	9y	3	1	2	1	2	1	3	1	2	1	1	1	3	3	3	3	3	5	3	11	11	15	2	1	36	2	1	1	2	1	1	2	61	5	3	3	3	3	13	13	12	5	4	2	1	37	1	1	2	1	1	1	1	41	1	2
78	0	10y	3	1	1	1	1	1	3	1	1	1	1	1	3	5	3	3	5	10	14	10	13	19	2	1	39	1	1	2	1	1	1	2	96	5	3	3	5	3	20	9	10	15	10	1	1	34	1	1	2	1	1	1	2	71	2	2
79	0	13y	6	1	1	1	1	1	6	1	1	1	1	1	5	5	6	5	6	21	21	16	14	25	1	1	37	1	1	2	1	1	1	2	71	6	3	6	5	5	25	16	18	21	20	1	1	40	1	1	2	1	1	1	2	70	1	1
80	0	11y	3	1	2	1	1	1	3	1	2	2	2	1	3	3	3	3	3	8	8	16	14	7	2	1	42	1	1	2	1	1	1	1	55	3	3	3	5	3	13	12	16	11	8	2	1	41	1	1	2	1	1	1	1	54	1	1
81	0	3y	3	1	2	1	1	1	3	1	2	1	1	1	3	3	3	3	3	7	2	10	6	12	1	1	40	1	1	2	1	1	1	1	70	3	3	3	3	3	11	12	10	6	15	2	1	39	1	1	2	1	1	1	1	65	1	1
82	0	5y	3	1	1	1	1	1	3	1	1	1	1	1	3	3	3	3	3	6	5	12	6	19	2	3	33	1	1	1	1	1	1	2	48	3	3	3	3	3	17	5	8	7	8	2	3	40	1	1	1	1	1	1	1	43	2	2
83	0	44d	3	1	2	1	2	1	3	1	2	1	1	1	3	3	3	3	3	11	9	19	8	14	1	1	42	1	1	2	1	1	1	2	68	3	3	3	3	3	12	7	15	10	10	1	1	41	1	1	2	1	1	1	2	74	1	1
84	0	28y	3	1	1	1	1	1	3	1	1	1	1	1	3	3	3	3	6	9	10	9	11	12	1	1	43	1	1	2	1	1	1	2	75	5	3	3	5	3	16	8	7	7	4	1	1	35	1	2	2	1	1	1	2	67	3	3
85	0	3m	3	1	1	1	1	1	3	1	1	1	1	1	3	5	3	3	3	8	12	9	9	13	1	1	38	1	1	2	1	1	1	1	65	3	3	3	5	3	14	7	10	9	9	1	1	34	1	1	2	1	1	1	1	61	1	1
86	0	25y	3	1	1	1	2	1	3	1	1	1	2	1	3	3	3	3	3	8	9	9	8	8	1	1	46	1	1	2	2	1	1	1	54	3	3	3	3	3	16	11	12	6	6	1	1	44	1	1	1	2	1	1	2	80	2	3
87	0	27y	3	1	2	1	2	1	3	1	2	1	2	1	3	4	3	3	3	12	1	8	8	9	1	4	31	1	1	1	1	1	1	2	0	3	3	3	3	3	11	7	6	4	7	1	4	33	1	1	1	1	1	1	2	0	1	1
88	0	24y	3	1	1	1	1	1	3	1	1	1	2	1	5	5	3	6	6	15	20	14	24	25	2	1	41	1	1	2	2	1	1	2	89	6	6	6	5	5	22	24	16	24	16	2	1	40	1	1	2	2	1	1	1	46	1	1
89	0	29y	3	1	2	1	1	1	3	1	1	1	1	1	3	3	3	3	5	14	9	10	11	14	1	1	38	1	1	1	2	1	1	2	55	6	3	3	3	3	16	8	11	12	4	1	1	42	1	1	2	2	1	1	2	58	1	1
90	0	28y	3	1	1	1	2	1	3	1	1	1	2	1	3	3	3	3	3	3	3	5	3	10	2	1	40	1	1	1	2	1	1	2	80	3	3	3	3	3	1	3	7	2	3	2	1	38	1	1	1	2	1	1	1	42	2	2
91	0	21y	6	1	1	1	1	1	6	1	1	1	1	1	2	3	3	1	6	0	2	9	0	16	2	3	35	1	1	1	1	1	1	1	53	6	3	3	3	3	21	4	10	4	9	2	1	35	1	1	2	1	1	1	1	50	2	2
92	0	34y	6	1	2	1	1	1	6	1	2	1	2	1	3	5	3	3	3	8	8	12	15	19	1	1	35	1	1	2	1	1	1	2	42	3	3	3	3	5	18	15	12	9	8	1	1	33	1	1	2	1	1	1	2	43	1	1

续表

序号	性别①	年龄②	1	2	3	4	5	6	7	8	9	10	11	12	13	14	15	16	17	18	19	20	21	22	23	24	25	26	27	28
			左足	左足	左足	左足	左足	左足	右足	右足	右足	右足	右足	右足	左指	左指	左指	左指	左指	左指	左指	左指	左指	左指	左手	左手	左手	左手	左手	左手
			踇趾球纹	趾间Ⅱ区纹	趾间Ⅲ区纹	趾间Ⅳ区纹	小鱼际纹	足跟纹	踇趾球纹	趾间Ⅱ区纹	趾间Ⅲ区纹	趾间Ⅳ区纹	小鱼际纹	足跟纹	小	环	中	示	拇	小RC（条）	环RC（条）	中RC（条）	示RC（条）	拇RC（条）	猿线	c/d/t	a-b RC（条）	大鱼际纹	指间Ⅱ区纹	指间Ⅲ区纹
93	0	30y	3	1	2	1	1	1	3	1	2	1	1	1	3	3	3	3	3	8	9	8	9	13	1	1	39	1	1	2
94	0	19y	3	1	2	1	1	1	3	1	2	1	1	1	3	5	3	3	3	10	8	14	12	16	1	1	33	1	1	2
95	0	23y	3	1	2	1	2	1	3	1	2	1	2	1	3	3	3	3	3	7	12	12	9	12	2	1	41	1	1	1
96	0	19y	3	1	1	1	1	1	3	1	2	2	1	1	3	3	3	3	3	4	8	10	6	16	1	1	50	1	1	1
97	0	37y	3	1	2	1	2	1	3	1	2	1	1	1	3	3	3	3	3	15	16	13	12	17	1	1	40	1	1	2
98	0	16y	3	1	2	1	1	1	3	1	2	2	1	1	3	3	3	4	3	8	10	6	1	8	2	1	36	1	1	2
99	0	33y	3	1	1	1	1	1	3	1	2	2	1	1	3	3	3	3	3	2	10	13	9	9	1	1	31	1	1	2
100	0	14y	3	1	1	1	1	1	3	1	1	1	2	1	3	3	3	3	3	11	13	16	14	13	1	1	38	1	1	2
101	0	25y	3	1	1	1	1	1	3	1	1	1	1	1	3	3	3	3	6	4	3	6	9	13	2	1	32	1	1	1
102	0	4y	6	1	2	1	1	1	6	1	2	1	1	1	3	3	3	3	5	8	12	16	16	21	2	1	42	1	1	2
103	0	10y	3	1	1	1	2	1	6	1	2	1	2	1	3	5	3	3	3	4	16	11	9	6	1	1	38	1	1	1
104	0	13y	3	1	1	1	1	1	3	1	1	1	1	1	3	5	3	3	3	12	13	16	10	8	1	1	44	1	1	1
105	0	12y	6	1	2	1	1	1	3	1	2	1	2	1	3	5	3	3	5	7	16	13	15	21	1	1	39	1	1	2
106	0	11y	3	1	2	2	2	1	3	1	2	2	2	1	3	3	3	3	3	8	12	11	9	22	1	1	39	1	2	2
107	0	10y	3	1	1	1	1	1	3	1	2	1	2	1	3	4	3	3	3	5	8	10	9	10	2	3	41	1	1	1
108	0	9y	3	1	2	1	1	1	3	1	2	1	1	1	5	5	5	6	6	18	18	22	24	28	1	1	37	1	1	1

序号	29	30	31	32	33	34	35	36	37	38	39	40	41	42	43	44	45	46	47	48	49	50	51	52	53	54	55	56
	左手	左手	左手	左手	左手	右指	右指	右指	右指	右指	右指	右指	右指	右指	右指	右指	右手	右手	右手	右手	右手	右手	右手	右手	右手	右手	左小指	右小指
	指间Ⅳ区纹	指间Ⅱ/Ⅲ区纹	指间Ⅲ/Ⅳ区纹	小鱼际纹	atd（°）	拇	示	中	环	小	拇RC（条）	示RC（条）	中RC（条）	环RC（条）	小RC（条）	猿线	c/d/t	a-b RC（条）	大鱼际纹	指间Ⅱ区纹	指间Ⅲ区纹	指间Ⅳ区纹	指间Ⅱ/Ⅲ区纹	指间Ⅲ/Ⅳ区纹	小鱼际纹	atd（°）	单褶	单褶
93	1	1	1	1	40	3	3	3	3	3	15	6	8	9	8	1	1	39	1	1	2	1	1	1	1	44	1	1
94	1	1	1	1	57	3	3	3	3	3	17	10	15	4	10	1	1	31	1	1	2	1	1	1	2	53	1	1
95	1	1	2	1	78	3	3	3	3	3	16	10	13	12	11	2	1	38	1	1	2	1	1	1	1	92	2	2
96	1	1	1	2	49	3	3	3	3	3	22	10	9	7	5	1	1	44	1	1	1	1	1	1	1	39	2	2
97	1	1	1	2	43	3	3	3	5	3	15	12	13	13	9	2	1	36	1	1	2	1	1	1	1	42	1	1
98	1	1	1	2	55	3	3	3	3	3	18	5	10	11	8	2	1	36	1	1	2	2	1	1	1	40	2	2
99	2	1	1	2	45	3	3	3	3	3	5	4	14	10	5	1	1	34	1	1	2	1	1	1	2	61	1	1
100	1	1	1	2	46	3	3	3	3	3	20	15	17	16	15	1	1	42	1	1	2	1	1	1	2	47	1	1
101	2	1	1	2	66	3	3	3	3	3	24	13	9	2	6	2	1	36	1	1	1	2	1	1	2	62	1	1
102	1	1	1	1	55	5	3	3	3	3	23	16	18	12	6	1	1	46	1	1	2	1	1	1	2	60	2	2
103	2	1	1	2	71	3	3	3	5	5	8	12	13	7	8	1	1	39	1	1	2	1	1	1	2	76	1	1
104	2	1	1	1	102	3	3	3	5	3	13	12	12	12	12	1	1	41	1	1	2	1	1	1	2	105	1	3
105	1	1	1	2	50	3	3	3	3	3	10	11	13	15	12	1	1	43	1	1	2	1	1	1	1	37	1	1
106	1	1	1	1	40	3	3	3	5	3	24	5	10	9	8	1	1	40	1	2	2	1	1	1	1	39	1	1
107	1	1	1	2	51	3	3	3	4	4	12	11	11	5	6	1	1	42	1	1	2	2	1	1	2	45	3	3
108	1	1	2	1	44	6	3	6	6	3	20	17	20	20	22	1	1	38	1	1	1	2	1	2	1	41	1	1

注：本表有许多项目代码。第1列和第7列代表踇趾球纹，3表示胫弓纹，6表示远箕纹，11表示复合斗。第13～17、34～38列显示指纹类型，1是简弓，3是尺箕，5是一般斗。各列代码具体含义详见本书第一篇第九章第五节内容。第55、56例左、右小指指间褶正常，2条褶，记1；左、右小指指间褶仅有1条，不正常，记2；左、右小指指间褶虽有2条，但小指呈弯曲状，处于正常和不正常过渡阶段，记3。

①性别中1表示男性，0表示女性。

②年龄一列中y代表以年计，m代表以月计，d代表以天计。

附录3 上海汉族400人（男200人，女200人）肤纹代码

序号	性别（男=1，女=0）	1	2	3	4	5	6	7	8	9	10	11	12	13	14
		左足	左足	左足	左足	左足	左足	右足	右足	右足	右足	右足	右足	左拇	左示
		踇趾球纹	趾间Ⅱ区纹	趾间Ⅲ区纹	趾间Ⅳ区纹	小鱼际纹	足跟纹	踇趾球纹	趾间Ⅱ区纹	趾间Ⅲ区纹	趾间Ⅳ区纹	小鱼际纹	足跟纹	指纹型	指纹型
1	1	6	1	2	1	1	1	6	1	2	1	1	1	3	3
2	1	4	1	2	1	1	1	7	2	1	1	2	1	3	6
3	1	4	1	2	1	2	1	4	1	2	1	2	1	5	5
4	1	6	1	1	1	1	1	6	1	1	1	1	1	3	3
5	1	6	1	2	1	1	1	1	1	2	1	2	1	2	3
6	1	10	1	1	1	1	1	10	1	1	1	1	1	5	5
7	1	6	1	2	1	1	1	6	1	2	1	1	1	5	5
8	1	10	1	1	1	1	1	10	1	1	1	1	1	6	5
9	1	10	1	2	1	1	1	6	1	2	1	1	1	5	5
10	1	6	1	2	1	1	1	6	1	2	1	1	1	1	3
11	1	10	1	2	1	1	1	10	1	2	1	1	1	3	5
12	1	10	3	2	1	2	1	10	1	2	1	4	1	3	3
13	1	7	2	2	1	1	1	7	2	2	1	1	1	6	6
14	1	6	1	1	1	1	1	6	1	1	1	2	1	3	5
15	1	10	1	2	1	1	1	10	1	2	1	1	1	3	6
16	1	6	1	2	1	1	1	6	1	2	1	1	1	3	5
17	1	10	1	2	1	1	1	10	3	2	1	1	1	3	5
18	1	6	1	2	1	1	1	6	1	2	1	1	1	6	5
19	1	10	1	1	2	1	1	10	1	1	2	1	1	3	5
20	1	6	1	1	1	1	1	6	1	2	1	1	1	6	5
21	1	6	1	2	1	1	1	10	1	2	1	1	1	3	6
22	1	7	1	2	2	1	1	6	1	2	1	1	1	3	3
23	1	10	1	2	1	1	1	10	1	1	2	1	1	3	3
24	1	4	1	2	1	1	1	10	1	2	2	1	1	3	5
25	1	10	1	1	1	1	1	10	1	1	1	1	1	6	5

续表

序号	性别（男=1，女=0）	1	2	3	4	5	6	7	8	9	10	11	12	13	14
		左足	左足	左足	左足	左足	左足	右足	右足	右足	右足	右足	右足	左拇	左示
		踇趾球纹	趾间Ⅱ区纹	趾间Ⅲ区纹	趾间Ⅳ区纹	小鱼际纹	足跟纹	踇趾球纹	趾间Ⅱ区纹	趾间Ⅲ区纹	趾间Ⅳ区纹	小鱼际纹	足跟纹	指纹型	指纹型
26	1	7	1	2	1	1	1	7	1	2	1	1	1	5	5
27	1	6	3	2	1	1	1	6	3	2	1	1	1	5	5
28	1	6	1	1	1	1	1	6	1	1	1	1	1	5	5
29	1	10	1	2	1	1	1	6	1	2	2	1	1	3	3
30	1	10	1	2	1	1	1	10	2	2	1	1	1	3	3
31	1	6	2	1	1	1	1	6	2	1	1	2	1	3	5
32	1	10	1	2	1	1	1	10	1	2	1	1	1	1	1
33	1	6	1	1	1	1	1	6	1	1	1	1	1	3	5
34	1	6	1	2	1	1	1	6	1	2	1	1	1	3	6
35	1	6	1	1	1	1	1	6	1	1	1	1	1	5	5
36	1	6	1	2	2	1	1	10	1	1	2	2	1	3	5
37	1	6	1	2	1	1	1	6	1	2	1	1	1	3	5
38	1	10	1	2	1	1	1	6	1	2	1	1	1	3	5
39	1	10	1	2	1	1	1	10	1	2	1	1	1	5	5
40	1	10	1	1	1	1	1	10	1	2	1	1	1	3	5
41	1	6	1	2	1	1	1	6	1	2	1	1	1	3	5
42	1	10	1	2	1	1	1	10	1	4	1	1	1	3	3
43	1	4	1	2	1	1	1	4	3	2	1	1	1	3	5
44	1	6	1	2	2	1	1	6	1	2	2	1	1	5	5
45	1	6	1	1	1	1	1	6	1	1	1	1	1	3	5
46	1	4	1	2	1	1	1	4	1	2	1	1	1	3	3
47	1	6	1	2	1	1	1	6	2	2	1	1	1	3	5
48	1	6	1	1	1	1	1	6	1	1	1	1	1	6	5
49	1	6	1	2	2	1	1	6	1	2	2	1	1	3	5
50	1	2	1	2	2	1	1	7	1	1	2	1	1	3	3
51	1	10	1	1	1	1	1	10	1	1	1	1	1	3	3
52	1	10	1	2	1	1	1	10	1	2	2	1	1	3	5
53	1	6	1	2	2	1	1	6	1	2	2	1	1	3	3
54	1	10	1	1	1	1	1	7	1	2	1	2	1	3	3
55	1	10	1	1	1	2	1	10	1	2	1	1	1	3	5
56	1	6	1	2	1	1	1	6	1	2	1	1	1	3	6
57	1	6	1	2	1	1	1	6	1	1	1	1	1	3	5

续表

序号	性别（男=1，女=0）	1	2	3	4	5	6	7	8	9	10	11	12	13	14
		左足	左足	左足	左足	左足	左足	右足	右足	右足	右足	右足	右足	左拇	左示
		踇趾球纹	趾间Ⅱ区纹	趾间Ⅲ区纹	趾间Ⅳ区纹	小鱼际纹	足跟纹	踇趾球纹	趾间Ⅱ区纹	趾间Ⅲ区纹	趾间Ⅳ区纹	小鱼际纹	足跟纹	指纹型	指纹型
58	1	6	1	2	1	1	1	7	1	2	1	1	1	3	5
59	1	7	2	1	1	1	1	7	2	1	1	1	1	3	5
60	1	6	1	2	1	1	1	6	1	2	1	1	1	3	3
61	1	3	1	2	2	1	1	3	1	2	1	1	2	3	5
62	1	6	1	2	1	1	1	6	1	2	1	1	1	3	3
63	1	10	1	2	1	1	1	10	1	2	1	1	1	3	5
64	1	10	2	1	1	1	1	10	1	2	1	1	1	3	5
65	1	10	3	1	1	2	1	10	1	1	2	2	1	3	5
66	1	10	1	1	1	1	1	10	1	1	1	1	1	3	3
67	1	6	1	2	1	1	1	6	1	2	1	1	1	5	5
68	1	4	4	2	1	1	1	4	1	2	1	1	1	3	3
69	1	6	1	2	1	1	1	6	1	2	1	2	1	3	3
70	1	6	1	1	1	1	1	6	2	1	1	1	1	3	5
71	1	6	1	2	1	1	1	5	1	2	1	1	1	3	3
72	1	7	1	2	1	1	1	7	1	1	1	1	1	3	3
73	1	6	1	2	1	1	1	6	1	2	1	1	1	5	5
74	1	10	1	2	1	1	1	7	1	1	1	1	1	3	5
75	1	2	1	1	1	1	1	10	1	1	1	1	1	5	5
76	1	6	1	2	1	1	1	6	1	2	1	4	1	5	5
77	1	10	1	1	1	1	1	10	1	2	1	1	1	3	5
78	1	6	1	1	1	1	1	6	1	1	1	1	1	3	5
79	1	6	1	2	1	1	1	6	1	2	1	1	1	3	3
80	1	3	1	2	1	1	1	6	1	1	1	1	1	3	5
81	1	6	1	2	1	1	1	6	1	2	1	1	1	3	5
82	1	3	1	2	1	1	1	2	2	2	1	2	1	3	5
83	1	6	1	2	1	1	1	6	1	2	1	1	1	3	5
84	1	6	1	1	1	1	1	6	1	1	1	1	1	5	5
85	1	7	1	2	1	1	1	10	1	2	1	1	1	3	3
86	1	6	1	1	1	1	1	6	1	1	1	2	1	3	5
87	1	6	1	1	1	1	1	7	1	1	1	1	1	5	5
88	1	10	1	1	1	1	1	7	1	1	1	1	1	3	3
89	1	3	1	1	1	1	1	3	1	1	1	1	1	3	3

续表

序号	性别（男=1，女=0）	1 左足 蹋趾球纹	2 左足 趾间Ⅱ区纹	3 左足 趾间Ⅲ区纹	4 左足 趾间Ⅳ区纹	5 左足 小鱼际纹	6 左足 足跟纹	7 右足 蹋趾球纹	8 右足 趾间Ⅱ区纹	9 右足 趾间Ⅲ区纹	10 右足 趾间Ⅳ区纹	11 右足 小鱼际纹	12 右足 足跟纹	13 左拇 指纹型	14 左示 指纹型
90	1	6	1	1	1	1	1	6	1	1	1	1	1	3	3
91	1	10	1	1	1	1	1	4	1	1	2	2	1	5	5
92	1	10	1	2	1	1	1	5	1	2	1	1	1	3	5
93	1	10	1	2	1	1	1	6	1	2	1	1	1	3	3
94	1	6	1	2	1	1	1	6	1	4	2	1	1	3	5
95	1	10	1	2	1	1	1	10	1	2	1	1	1	3	5
96	1	6	1	1	1	1	1	1	1	2	1	1	1	3	3
97	1	2	1	2	1	1	1	6	1	2	1	1	1	3	3
98	1	10	1	2	1	1	1	7	1	1	1	1	1	3	3
99	1	6	1	1	1	1	1	6	1	1	1	1	1	3	6
100	1	6	1	1	1	3	1	1	1	2	1	1	1	3	3
101	1	10	1	2	1	2	1	10	1	2	1	1	1	6	5
102	1	10	1	2	1	2	1	10	1	2	1	2	1	3	5
103	1	10	1	2	1	2	1	10	1	1	1	2	1	6	5
104	1	6	1	2	1	1	1	6	1	2	1	1	1	3	5
105	1	6	1	1	1	1	1	6	1	1	1	2	1	3	3
106	1	6	1	2	1	1	1	10	1	2	1	1	1	3	5
107	1	6	2	1	1	1	1	6	2	1	1	1	1	3	3
108	1	10	2	2	1	1	1	10	3	2	1	1	1	3	3
109	1	2	1	1	1	1	1	10	1	1	1	1	1	3	3
110	1	2	1	2	1	1	1	10	1	1	1	1	1	3	3
111	1	6	1	2	1	1	1	6	1	2	1	1	1	3	5
112	1	7	1	2	1	1	1	4	2	2	1	1	1	3	5
113	1	6	1	2	1	1	1	6	1	1	1	1	1	3	3
114	1	10	1	2	1	1	1	10	1	2	1	1	1	3	5
115	1	6	1	2	1	1	1	6	1	2	1	1	1	5	5
116	1	6	1	2	1	1	1	6	2	1	1	1	1	3	5
117	1	10	1	1	1	1	1	10	1	1	1	1	1	3	6
118	1	6	1	2	1	1	1	6	1	2	1	1	1	3	3
119	1	6	1	1	1	1	1	6	1	2	1	1	1	3	5
120	1	3	1	2	1	1	1	3	1	2	1	1	1	3	3
121	1	6	1	2	2	1	1	6	1	2	2	1	1	6	5

续表

序号	性别（男=1，女=0）	1 左足 踇趾球纹	2 左足 趾间Ⅱ区纹	3 左足 趾间Ⅲ区纹	4 左足 趾间Ⅳ区纹	5 左足 小鱼际纹	6 左足 足跟纹	7 右足 踇趾球纹	8 右足 趾间Ⅱ区纹	9 右足 趾间Ⅲ区纹	10 右足 趾间Ⅳ区纹	11 右足 小鱼际纹	12 右足 足跟纹	13 左拇 指纹型	14 左示 指纹型
122	1	6	1	1	1	2	1	6	1	2	1	2	1	3	5
123	1	6	1	2	1	1	1	6	1	2	2	1	1	3	3
124	1	10	4	1	1	1	1	10	1	1	1	1	1	5	5
125	1	10	1	1	2	1	1	10	1	1	2	2	1	3	5
126	1	6	1	2	1	1	1	6	3	2	1	1	1	5	5
127	1	1	1	2	1	1	1	1	2	1	1	1	1	5	6
128	1	10	1	1	1	1	1	6	1	2	1	2	1	5	5
129	1	7	1	1	1	1	1	7	1	1	1	1	1	3	5
130	1	6	1	2	1	1	1	7	1	2	1	1	1	3	5
131	1	6	1	1	1	2	1	6	1	1	1	2	1	3	5
132	1	6	1	1	1	1	1	10	1	1	1	1	1	5	5
133	1	6	1	2	1	2	1	6	2	2	1	2	1	5	5
134	1	6	1	1	1	1	1	6	1	1	1	1	1	6	5
135	1	6	2	2	1	1	1	6	2	1	1	1	1	5	5
136	1	2	1	1	1	1	1	3	1	1	1	2	1	3	5
137	1	10	1	2	1	1	1	6	1	2	1	1	1	3	3
138	1	6	1	1	1	1	1	6	1	1	1	1	1	3	3
139	1	10	1	1	1	2	1	10	1	2	1	2	1	3	3
140	1	2	1	2	1	1	1	3	1	2	1	1	1	3	5
141	1	10	1	1	1	1	1	10	1	1	1	2	1	6	5
142	1	10	1	2	1	1	1	10	1	2	1	1	1	3	6
143	1	10	1	2	1	1	1	10	1	2	1	1	1	3	5
144	1	6	1	2	1	1	1	6	1	2	1	1	1	3	5
145	1	10	1	1	1	1	1	10	1	1	1	1	1	3	5
146	1	6	1	2	1	1	1	6	1	2	1	1	1	3	5
147	1	10	1	2	2	1	2	6	1	2	2	2	1	5	5
148	1	6	1	1	2	1	1	10	1	1	1	1	1	5	5
149	1	10	1	1	1	1	1	10	1	2	1	1	1	3	3
150	1	6	1	1	1	1	1	6	1	1	1	1	1	3	5
151	1	10	1	2	1	1	1	6	1	2	1	1	1	5	3
152	1	10	1	1	1	4	1	10	1	1	1	1	1	3	4
153	1	10	3	4	2	1	1	10	1	4	2	1	1	3	5

续表

序号	性别（男=1，女=0）	1	2	3	4	5	6	7	8	9	10	11	12	13	14
		左足	左足	左足	左足	左足	左足	右足	右足	右足	右足	右足	右足	左拇	左示
		踇趾球纹	趾间Ⅱ区纹	趾间Ⅲ区纹	趾间Ⅳ区纹	小鱼际纹	足跟纹	踇趾球纹	趾间Ⅱ区纹	趾间Ⅲ区纹	趾间Ⅳ区纹	小鱼际纹	足跟纹	指纹型	指纹型
154	1	6	1	2	1	1	1	6	1	2	1	1	1	3	5
155	1	6	1	2	1	1	1	6	1	2	1	1	1	5	5
156	1	6	1	1	1	2	1	6	1	1	1	1	1	3	5
157	1	6	1	1	1	1	1	10	2	1	1	1	1	3	5
158	1	10	1	1	1	1	1	6	1	1	1	1	1	5	6
159	1	6	1	1	1	1	1	6	1	1	1	2	1	3	3
160	1	10	1	1	1	1	1	10	1	1	1	1	1	3	3
161	1	6	1	2	1	1	1	10	1	2	1	1	1	3	5
162	1	6	1	2	1	1	1	6	1	2	1	1	1	5	5
163	1	6	1	1	2	1	1	6	1	2	1	1	1	5	5
164	1	6	3	1	1	2	1	3	1	1	1	2	1	5	5
165	1	10	1	2	1	2	1	10	1	2	1	2	1	5	5
166	1	6	1	2	1	1	1	6	1	2	1	1	1	3	5
167	1	6	1	2	1	1	1	6	1	1	1	1	1	5	5
168	1	6	1	2	1	2	1	6	1	2	1	1	1	5	5
169	1	6	1	2	1	1	1	6	1	2	1	1	1	3	3
170	1	7	1	1	1	1	1	10	1	2	1	1	1	3	5
171	1	10	1	1	1	1	1	6	1	1	1	1	1	5	5
172	1	10	1	2	1	1	1	10	1	2	1	1	1	3	5
173	1	6	1	2	1	1	2	6	1	2	1	1	1	3	3
174	1	6	1	1	1	1	1	6	1	1	1	1	1	5	5
175	1	10	1	2	1	1	1	10	1	2	1	1	1	3	5
176	1	7	1	2	1	1	1	7	1	2	1	1	1	3	5
177	1	3	1	1	1	1	1	3	1	1	1	1	1	3	5
178	1	10	3	4	2	1	1	10	3	4	2	2	1	3	3
179	1	10	1	2	1	1	1	7	1	1	1	1	1	3	5
180	1	6	1	1	1	1	1	6	1	1	1	1	1	3	5
181	1	6	1	1	1	1	1	6	1	2	1	1	1	3	5
182	1	6	1	1	1	1	1	6	1	1	1	1	1	3	5
183	1	3	1	1	1	2	1	3	1	2	1	2	1	3	5
184	1	10	1	2	2	1	1	6	1	2	1	1	1	3	3
185	1	6	1	1	1	1	1	6	1	1	1	1	1	3	5

续表

序号	性别（男=1，女=0）	1 左足 踇趾球纹	2 左足 趾间Ⅱ区纹	3 左足 趾间Ⅲ区纹	4 左足 趾间Ⅳ区纹	5 左足 小鱼际纹	6 左足 足跟纹	7 右足 踇趾球纹	8 右足 趾间Ⅱ区纹	9 右足 趾间Ⅲ区纹	10 右足 趾间Ⅳ区纹	11 右足 小鱼际纹	12 右足 足跟纹	13 左拇 指纹型	14 左示 指纹型
186	1	4	1	1	1	1	1	7	1	1	1	1	1	3	3
187	1	6	1	1	1	1	1	6	1	1	1	1	1	3	3
188	1	6	1	1	1	1	1	6	1	2	1	1	1	5	5
189	1	6	1	2	1	1	1	6	1	2	1	1	1	3	3
190	1	10	1	1	1	1	1	10	1	1	1	1	1	6	6
191	1	2	1	2	1	1	1	10	1	2	1	1	1	5	5
192	1	6	1	2	1	1	1	6	2	1	1	1	1	3	3
193	1	10	1	2	1	1	1	10	1	2	1	1	1	3	5
194	1	7	1	1	1	1	1	10	2	1	1	1	1	5	5
195	1	6	1	1	1	2	1	6	1	2	1	1	1	3	5
196	1	10	1	1	1	1	1	10	1	2	1	1	1	3	5
197	1	6	1	1	1	1	1	6	1	1	1	1	1	5	6
198	1	6	1	2	1	1	1	6	1	1	1	1	1	3	3
199	1	10	1	2	1	1	1	10	1	2	1	2	1	5	5
200	1	6	1	2	1	1	1	6	1	2	1	1	1	5	5
201	0	6	1	2	1	1	1	6	1	2	1	2	1	6	6
202	0	6	1	1	1	1	1	6	1	1	1	1	1	5	5
203	0	6	1	2	2	1	1	6	1	2	1	1	1	3	3
204	0	2	1	1	1	1	1	7	1	1	1	1	1	3	3
205	0	5	1	2	1	1	1	10	1	2	1	1	1	3	3
206	0	10	1	1	1	1	1	10	1	1	1	1	1	3	3
207	0	1	1	1	1	1	1	1	1	1	1	1	1	3	3
208	0	6	1	1	1	2	1	6	1	1	1	1	1	3	3
209	0	6	1	2	1	1	1	10	1	4	1	1	1	3	3
210	0	6	1	2	2	1	1	6	1	1	2	1	1	5	5
211	0	6	1	1	1	1	1	6	1	2	1	1	1	3	5
212	0	6	1	1	1	1	1	6	1	1	1	1	1	3	5
213	0	6	1	1	1	1	1	6	1	1	1	1	1	3	3
214	0	10	1	1	1	1	1	6	1	1	1	1	1	5	5
215	0	6	1	1	1	1	1	6	1	2	1	1	1	3	3
216	0	10	1	2	1	1	1	6	1	2	1	1	1	3	5
217	0	6	1	2	1	1	1	6	1	2	1	1	1	5	5

续表

序号	性别（男=1，女=0）	1 左足 踇趾球纹	2 左足 趾间Ⅱ区纹	3 左足 趾间Ⅲ区纹	4 左足 趾间Ⅳ区纹	5 左足 小鱼际纹	6 左足 足跟纹	7 右足 踇趾球纹	8 右足 趾间Ⅱ区纹	9 右足 趾间Ⅲ区纹	10 右足 趾间Ⅳ区纹	11 右足 小鱼际纹	12 右足 足跟纹	13 左拇 指纹型	14 左示 指纹型
218	0	6	2	1	1	1	1	6	2	1	1	1	1	3	3
219	0	4	1	2	1	1	1	10	1	2	1	1	1	5	5
220	0	6	1	1	1	1	1	6	1	2	1	1	1	3	3
221	0	2	1	2	1	1	1	7	1	2	1	1	1	5	5
222	0	6	1	2	1	1	1	10	1	2	2	1	1	3	3
223	0	10	1	2	1	1	1	10	1	2	1	1	1	3	5
224	0	6	1	1	1	1	1	6	1	1	1	1	1	5	5
225	0	7	1	2	1	1	1	7	1	2	1	1	1	5	5
226	0	6	1	2	1	1	1	6	1	1	1	1	1	3	6
227	0	10	1	2	1	1	1	10	2	2	1	1	1	3	3
228	0	10	2	1	1	1	1	6	2	1	1	1	1	3	3
229	0	4	2	1	1	1	1	4	2	1	1	1	1	3	5
230	0	6	1	2	1	1	1	6	1	1	1	1	1	5	5
231	0	6	1	1	1	1	1	6	1	1	1	1	1	3	3
232	0	6	1	1	1	1	1	6	1	1	1	1	1	5	5
233	0	10	1	1	1	2	1	10	1	1	1	2	1	3	6
234	0	6	1	2	1	2	1	5	1	2	1	1	1	3	5
235	0	10	1	2	1	1	1	6	1	2	1	1	1	5	5
236	0	10	2	1	1	1	1	10	2	1	1	1	1	5	5
237	0	10	1	2	1	2	1	10	1	2	1	4	1	5	5
238	0	10	1	1	1	1	1	6	1	2	1	1	1	5	5
239	0	10	1	2	1	1	1	10	1	2	1	2	1	5	5
240	0	6	1	1	1	1	1	6	1	1	1	1	1	3	3
241	0	6	1	1	1	1	1	6	1	1	1	2	1	3	3
242	0	6	2	1	1	1	1	6	1	1	1	1	1	5	5
243	0	6	1	1	1	1	1	6	1	1	1	1	1	3	5
244	0	6	1	1	1	1	1	6	1	1	1	1	1	3	3
245	0	6	1	2	1	1	1	6	1	2	1	1	1	3	3
246	0	3	1	1	1	1	1	6	1	1	1	1	1	3	5
247	0	6	1	1	1	1	1	6	1	1	1	1	1	3	3
248	0	6	1	1	1	1	1	6	1	1	1	1	1	3	3
249	0	10	1	2	1	1	1	10	1	2	1	1	1	3	5

续表

序号	性别（男=1，女=0）	1 左足 踇趾球纹	2 左足 趾间Ⅱ区纹	3 左足 趾间Ⅲ区纹	4 左足 趾间Ⅳ区纹	5 左足 小鱼际纹	6 左足 足跟纹	7 右足 踇趾球纹	8 右足 趾间Ⅱ区纹	9 右足 趾间Ⅲ区纹	10 右足 趾间Ⅳ区纹	11 右足 小鱼际纹	12 右足 足跟纹	13 左拇 指纹型	14 左示 指纹型
250	0	6	1	2	1	2	1	6	1	2	1	1	1	3	3
251	0	6	1	1	1	1	1	6	1	1	1	1	1	5	5
252	0	10	1	1	1	1	1	10	1	2	1	1	1	3	3
253	0	6	1	1	1	1	1	6	1	1	1	1	1	5	5
254	0	10	1	1	1	1	1	10	1	1	1	1	1	5	5
255	0	10	1	1	1	1	1	10	1	2	2	1	1	3	5
256	0	6	1	2	1	1	1	6	1	2	1	1	1	3	3
257	0	6	1	1	1	1	1	6	2	2	1	1	1	3	3
258	0	6	1	1	1	1	1	6	1	2	1	2	1	3	3
259	0	10	1	1	1	1	1	6	1	1	1	1	1	5	3
260	0	10	2	1	1	1	1	10	2	1	1	1	1	3	5
261	0	6	1	2	1	2	1	6	1	2	1	2	1	1	3
262	0	6	1	1	1	1	1	6	1	1	1	1	1	3	3
263	0	10	1	1	1	1	1	10	1	2	1	1	1	3	3
264	0	7	1	2	1	1	1	7	1	1	1	1	1	1	3
265	0	6	1	1	1	1	1	6	1	1	1	1	1	5	5
266	0	3	1	1	1	2	1	3	1	1	1	2	1	3	5
267	0	10	1	1	1	1	1	10	2	1	1	1	1	3	3
268	0	10	1	2	1	1	1	7	1	2	1	1	1	3	3
269	0	10	1	1	2	1	1	10	1	1	2	1	1	3	3
270	0	6	1	1	1	1	1	6	1	1	1	1	1	3	3
271	0	10	3	2	1	1	1	10	3	4	1	1	1	3	5
272	0	6	1	1	1	1	1	6	1	1	1	1	1	5	5
273	0	6	1	2	1	1	1	6	1	2	1	1	1	3	5
274	0	6	1	1	1	1	1	6	1	1	1	1	1	3	5
275	0	10	1	1	1	1	1	10	1	1	1	1	1	5	5
276	0	6	1	2	1	1	1	6	1	2	1	1	1	3	5
277	0	6	1	1	1	1	1	6	1	1	1	2	1	5	5
278	0	6	3	1	1	1	1	6	1	1	1	1	1	3	3
279	0	10	1	2	1	1	1	10	1	2	1	1	1	3	5
280	0	6	1	1	1	1	1	6	1	2	1	1	1	3	5
281	0	2	1	1	1	2	1	10	1	1	1	2	1	3	3

续表

序号	性别（男=1，女=0）	1	2	3	4	5	6	7	8	9	10	11	12	13	14
		左足	左足	左足	左足	左足	左足	右足	右足	右足	右足	右足	右足	左拇	左示
		踇趾球纹	趾间Ⅱ区纹	趾间Ⅲ区纹	趾间Ⅳ区纹	小鱼际纹	足跟纹	踇趾球纹	趾间Ⅱ区纹	趾间Ⅲ区纹	趾间Ⅳ区纹	小鱼际纹	足跟纹	指纹型	指纹型
282	0	7	1	1	1	1	1	10	1	1	1	1	1	3	3
283	0	6	1	2	1	1	1	6	1	2	1	1	1	3	3
284	0	3	1	2	1	1	1	3	1	1	1	2	1	3	3
285	0	3	1	1	1	1	1	7	1	2	1	1	1	3	5
286	0	2	2	1	1	1	1	7	2	1	1	1	1	3	5
287	0	6	1	1	1	1	1	6	1	1	1	1	1	5	3
288	0	6	1	1	1	1	1	6	1	1	1	1	1	5	5
289	0	6	1	1	1	1	1	6	1	1	2	4	1	5	5
290	0	6	1	2	1	1	1	6	1	2	1	1	1	3	5
291	0	7	1	1	1	1	1	7	2	1	1	1	1	3	3
292	0	6	1	1	1	1	1	6	1	1	1	1	1	3	3
293	0	6	1	2	1	1	1	10	3	2	1	1	1	3	5
294	0	10	1	2	1	1	1	7	1	2	1	1	1	3	5
295	0	10	2	1	1	1	1	7	1	2	1	1	1	3	5
296	0	10	1	1	1	1	1	10	1	1	1	1	1	3	3
297	0	7	1	1	1	1	1	10	1	1	1	1	1	5	5
298	0	10	1	1	1	1	1	10	1	1	1	1	1	5	6
299	0	6	1	1	1	1	1	6	1	1	1	1	1	3	3
300	0	10	1	1	1	1	1	10	1	1	1	1	1	3	3
301	0	6	1	1	1	1	1	6	1	2	1	1	1	3	5
302	0	6	1	1	1	1	1	6	1	1	1	1	1	3	5
303	0	7	1	2	1	1	1	7	1	2	1	1	1	5	5
304	0	6	2	1	1	1	1	6	2	1	1	1	1	3	3
305	0	3	1	2	1	1	1	10	1	1	1	1	1	5	5
306	0	10	1	1	1	1	1	10	1	1	1	1	1	5	5
307	0	2	1	2	1	1	1	3	1	2	1	1	1	6	5
308	0	6	1	1	1	1	1	10	1	1	1	1	1	3	3
309	0	6	1	2	1	1	1	9	1	2	1	1	1	3	5
310	0	10	1	2	1	1	1	10	1	2	1	1	1	3	5
311	0	10	1	1	1	1	1	10	1	1	1	1	1	3	3
312	0	6	1	1	1	1	1	6	1	1	1	1	1	3	5
313	0	10	2	2	1	1	1	10	1	2	1	1	1	3	3

续表

序号	性别（男=1，女=0）	1 左足 踇趾球纹	2 左足 趾间Ⅱ区纹	3 左足 趾间Ⅲ区纹	4 左足 趾间Ⅳ区纹	5 左足 小鱼际纹	6 左足 足跟纹	7 右足 踇趾球纹	8 右足 趾间Ⅱ区纹	9 右足 趾间Ⅲ区纹	10 右足 趾间Ⅳ区纹	11 右足 小鱼际纹	12 右足 足跟纹	13 左拇 指纹型	14 左示 指纹型
314	0	3	1	1	1	1	1	3	1	2	1	1	1	3	3
315	0	10	1	1	1	1	1	10	1	1	1	1	1	3	5
316	0	10	1	2	1	1	1	10	1	2	1	1	1	3	5
317	0	6	1	1	1	1	1	6	1	2	1	1	1	3	5
318	0	10	1	2	1	1	1	10	1	2	1	1	1	3	3
319	0	7	1	1	1	1	1	10	1	1	2	1	1	3	5
320	0	6	1	1	1	1	1	6	1	1	1	1	1	3	5
321	0	7	1	1	1	1	1	7	1	1	1	1	1	5	5
322	0	10	1	1	1	1	1	6	1	1	1	1	1	3	3
323	0	10	1	1	1	1	1	10	1	1	1	1	1	5	5
324	0	10	1	1	1	1	1	10	1	2	1	1	1	3	5
325	0	6	1	2	2	1	1	6	1	2	2	1	1	5	5
326	0	3	1	2	1	1	1	3	1	2	1	1	1	3	5
327	0	10	1	1	1	1	1	10	1	1	1	1	1	5	5
328	0	10	1	1	1	1	1	10	1	1	1	1	1	3	3
329	0	7	1	1	1	1	1	7	1	1	1	1	1	3	5
330	0	10	1	1	1	1	1	10	1	2	1	1	1	3	5
331	0	6	1	2	1	1	1	10	1	2	1	1	1	5	5
332	0	6	1	2	1	2	1	6	1	2	1	2	1	5	5
333	0	6	1	2	1	1	1	6	1	2	1	1	1	3	5
334	0	6	1	1	1	1	1	6	1	1	2	1	1	3	3
335	0	6	1	1	1	1	1	6	1	1	1	1	1	3	5
336	0	6	2	1	1	1	1	6	1	1	1	1	1	5	5
337	0	6	1	2	1	1	1	6	1	2	1	1	1	5	5
338	0	6	1	1	1	1	1	6	1	2	1	1	1	3	3
339	0	6	1	2	1	2	1	6	1	2	1	2	1	5	5
340	0	6	1	1	1	1	1	6	1	1	1	1	1	3	5
341	0	6	1	2	1	1	1	5	1	2	1	1	1	3	3
342	0	5	1	2	1	1	1	6	1	2	1	1	1	5	5
343	0	10	1	2	1	1	1	10	1	2	1	2	1	3	3
344	0	10	1	1	1	1	1	10	1	1	1	1	1	5	5
345	0	6	1	2	1	1	1	6	1	2	1	2	1	3	5

续表

序号	性别（男=1，女=0）	1 左足 踇趾球纹	2 左足 趾间Ⅱ区纹	3 左足 趾间Ⅲ区纹	4 左足 趾间Ⅳ区纹	5 左足 小鱼际纹	6 左足 足跟纹	7 右足 踇趾球纹	8 右足 趾间Ⅱ区纹	9 右足 趾间Ⅲ区纹	10 右足 趾间Ⅳ区纹	11 右足 小鱼际纹	12 右足 足跟纹	13 左拇 指纹型	14 左示 指纹型
346	0	10	1	1	1	1	1	6	1	1	1	1	1	3	5
347	0	7	1	2	1	1	1	7	1	2	1	1	1	3	5
348	0	6	1	2	1	1	1	6	1	2	1	2	1	3	5
349	0	10	1	1	1	1	1	3	1	1	1	2	1	3	5
350	0	6	1	1	1	1	1	6	1	1	1	1	1	3	5
351	0	10	1	1	1	1	1	10	1	1	1	1	1	3	3
352	0	10	1	1	1	1	1	10	1	2	1	1	1	3	3
353	0	10	3	1	1	2	1	10	1	1	1	2	1	3	3
354	0	6	1	1	1	1	1	6	1	1	1	1	1	3	3
355	0	6	1	1	1	2	1	6	1	1	1	2	1	3	5
356	0	4	2	1	1	1	1	7	1	2	1	1	1	5	5
357	0	10	2	1	1	1	1	6	1	2	1	1	1	3	3
358	0	10	1	1	1	1	1	10	1	1	1	1	1	6	5
359	0	6	1	1	1	1	1	6	1	2	1	1	1	3	5
360	0	10	1	2	1	1	1	10	2	1	1	1	1	5	5
361	0	10	1	2	1	1	1	10	1	2	1	2	1	3	3
362	0	6	1	1	1	1	1	10	1	1	1	1	1	5	5
363	0	6	2	1	1	1	1	7	1	2	1	1	1	5	5
364	0	6	1	2	1	1	1	6	1	2	1	1	1	3	5
365	0	6	1	1	1	1	1	6	1	1	1	1	1	5	5
366	0	6	1	2	1	1	1	6	2	1	1	1	1	4	5
367	0	3	2	1	1	1	1	6	1	1	1	1	1	3	3
368	0	6	1	1	1	1	1	6	1	1	1	1	1	5	5
369	0	10	1	2	1	1	1	6	2	1	1	1	1	3	3
370	0	6	1	2	1	1	1	6	1	2	1	1	1	5	5
371	0	6	1	2	1	1	1	6	1	2	1	1	1	3	3
372	0	7	1	1	1	1	1	4	1	1	1	1	1	3	3
373	0	10	1	2	1	1	1	6	2	1	1	1	1	3	5
374	0	5	1	2	1	1	1	7	1	1	1	1	1	5	5
375	0	6	1	1	1	1	1	6	1	2	2	1	1	3	5
376	0	6	1	2	1	2	1	6	1	2	1	1	1	3	3
377	0	10	1	2	1	1	1	10	1	1	1	1	1	3	3
378	0	6	1	1	1	1	1	6	1	1	1	1	1	5	5

续表

序号	性别（男=1，女=0）	1	2	3	4	5	6	7	8	9	10	11	12	13	14
		左足	左足	左足	左足	左足	左足	右足	右足	右足	右足	右足	右足	左拇	左示
		踇趾球纹	趾间Ⅱ区纹	趾间Ⅲ区纹	趾间Ⅳ区纹	小鱼际纹	足跟纹	踇趾球纹	趾间Ⅱ区纹	趾间Ⅲ区纹	趾间Ⅳ区纹	小鱼际纹	足跟纹	指纹型	指纹型
379	0	10	2	1	1	1	1	10	2	1	1	1	1	3	5
380	0	10	1	2	1	1	1	10	1	2	1	1	1	3	1
381	0	6	1	2	1	1	1	6	1	2	1	1	1	3	3
382	0	6	1	1	1	1	1	6	1	1	1	1	1	3	3
383	0	6	1	2	1	1	1	6	1	2	1	1	1	5	5
384	0	6	1	1	1	1	1	6	1	1	1	1	1	5	5
385	0	6	1	2	1	1	1	6	1	2	1	1	1	3	5
386	0	6	1	2	1	1	1	6	1	2	1	1	1	3	3
387	0	6	1	1	1	1	1	6	1	2	1	1	1	3	3
388	0	6	1	2	1	1	1	6	1	2	1	1	1	3	5
389	0	10	4	3	1	1	1	7	1	3	1	1	1	3	3
390	0	6	1	2	1	1	1	6	1	2	1	1	1	5	5
391	0	10	1	1	1	1	1	10	1	2	1	1	1	5	5
392	0	6	1	1	1	1	1	6	1	1	1	2	1	3	5
393	0	10	1	1	1	1	1	10	1	1	1	1	1	3	5
394	0	6	1	1	1	1	1	6	1	1	1	1	1	3	3
395	0	6	1	1	1	1	1	6	1	1	1	4	1	3	5
396	0	10	1	1	1	1	1	10	1	2	1	1	1	3	5
397	0	10	1	2	1	1	1	6	1	2	1	1	1	3	5
398	0	6	1	2	1	1	1	6	1	2	1	1	1	3	3
399	0	10	1	2	1	1	1	10	1	2	1	1	1	3	3
400	0	6	1	1	1	1	1	5	1	2	1	1	1	3	5

序号	15	16	17	18[①]	19	20	21	22	23	24[②]	25	26	27	28	29	30[③]
	左中	左环	左小	左拇	左示	左中	左环	左小	左	左	左	左	左	左	左	左
	指纹型	指纹型	指纹型	指纹RC（条）	指纹RC（条）	指纹RC（条）	指纹RC（条）	指纹RC（条）	猿线	–c/–d/–t	a-b RC（条）	大鱼际/指间Ⅰ区纹	指间Ⅱ区纹	指间Ⅲ区纹	指间Ⅳ区纹	指间Ⅱ/Ⅲ区纹
1	3	4	3	10	7	3	4	15	2	1	35	1	1	1	2	1
2	3	5	6	16	11014	12	21315	11820	1	1	39	1	1	1	2	1

续表

序号	15	16	17	18[1]	19	20	21	22	23	24[2]	25	26	27	28	29	30[3]
	左中	左环	左小	左拇	左示	左中	左环	左小	左	左	左	左	左	左	左	左
	指纹型	指纹型	指纹型	指纹RC（条）	指纹RC（条）	指纹RC（条）	指纹RC（条）	指纹RC（条）	猿线	-c/-d/-t	a-b RC（条）	大鱼际/指间Ⅰ区纹	指间Ⅱ区纹	指间Ⅲ区纹	指间Ⅳ区纹	指间Ⅱ/Ⅲ区纹
3	5	5	5	11318	22525	22114	22010	11720	1	3	38	1	1	1	1	1
4	3	3	3	16	20	11	14	21	1	1	38	1	1	1	2	1
5	3	3	3	0	6	8	3	19	1	1	40	1	1	1	2	1
6	5	5	5	11419	32018	21719	11217	11627	1	1	48	1	1	1	2	1
7	5	3	5	11412	12221	11514	10	31815	1	1	38	1	1	1	2	1
8	5	6	6	10714	11620	11520	11216	11624	2	1	37	1	1	1	1	1
9	5	5	5	11521	11316	11917	11519	12328	1	1	44	2	1	1	2	1
10	3	1	1	0	1	1	0	0	1	1	38	8	1	1	1	1
11	3	5	1	11	11316	10	10607	0	1	3	36	1	1	1	2	1
12	3	5	3	8	11	10	21213	17	1	1	40	4	1	1	2	1
13	6	6	6	11517	11522	11824	32523	11923	1	3	38	1	1	1	1	1
14	3	6	5	11	11519	16	10615	12020	1	1	38	1	1	1	2	1
15	5	5	6	13	10618	21316	21514	10817	1	1	40	1	1	1	2	1
16	3	3	5	8	11816	17	16	11615	3	1	39	1	1	1	2	1
17	3	3	3	14	11616	15	10	13	1	1	34	8	1	2	2	1
18	5	5	5	21520	22223	22317	31918	22225	1	3	34	1	1	1	1	1
19	5	3	3	6	11216	31610	13	12	1	1	45	1	1	1	2	1
20	5	6	6	11721	22719	12123	31917	11724	1	1	34	1	1	1	2	1
21	3	3	6	13	11117	11	8	11115	1	1	41	8	1	1	2	1
22	3	4	3	9	15	5	12	16	1	1	34	4	1	1	1	1
23	3	4	3	1	4	2	2	11	1	1	38	1	1	1	2	1
24	5	5	6	11	11415	11717	31917	11106	1	1	33	1	1	1	2	1
25	5	5	3	11523	12527	32116	12219	17	1	1	42	1	1	1	2	1
26	5	5	6	11513	11921	21920	31711	12122	1	1	38	1	1	1	2	1
27	5	5	5	11214	11717	31719	10511	11617	1	1	35	1	1	1	1	1
28	5	5	5	10720	11420	11121	11618	11019	1	3	34	1	1	1	1	1
29	3	4	5	6	10	6	11	11726	1	1	43	1	1	1	2	1
30	3	3	5	16	22	19	5	11720	1	1	41	1	1	2	2	1
31	5	5	3	16	11416	11818	31617	19	1	1	40	1	1	1	2	1
32	1	1	4	0	0	0	0	11	1	1	42	1	1	1	2	1
33	3	5	6	12	11118	14	10710	11816	1	1	37	1	1	1	2	1

续表

序号	15	16	17	18①	19	20	21	22	23	24②	25	26	27	28	29	30③
	左中	左环	左小	左拇	左示	左中	左环	左小	左	左	左	左	左	左	左	左
	指纹型	指纹型	指纹型	指纹RC（条）	指纹RC（条）	指纹RC（条）	指纹RC（条）	指纹RC（条）	猿线	-c/-d/-t	a-b RC（条）	大鱼际/指间Ⅰ区纹	指间Ⅱ区纹	指间Ⅲ区纹	指间Ⅳ区纹	指间Ⅱ/Ⅲ区纹
34	6	6	6	12	11824	11521	32016	11719	1	1	44	1	1	2	1	1
35	5	5	5	11014	10612	11315	11218	22019	1	1	35	1	1	1	2	1
36	3	3	5	16	11719	12	12	10908	1	1	40	4	1	1	2	1
37	3	3	5	13	11318	17	8	11920	1	1	42	8	1	1	2	1
38	5	5	5	25	22821	22017	32717	10621	3	1	43	1	1	1	2	1
39	5	5	5	11718	11718	21716	21813	22118	1	1	38	1	1	1	2	1
40	3	5	3	9	11013	12	31209	9	3	1	30	1	1	1	2	1
41	3	3	3	13	11320	12	6	6	1	1	36	1	1	1	1	1
42	3	3	5	11	7	6	7	11623	1	1	43	8	1	1	2	1
43	5	4	5	13	11318	32014	14	11316	1	3	28	1	1	1	1	1
44	5	4	5	11018	11418	11716	15	21718	1	1	38	1	1	1	2	1
45	3	3	3	16	11421	5	7	14	1	1	35	1	1	1	1	1
46	3	3	5	12	14	14	12	11018	1	1	33	1	1	1	2	1
47	5	5	5	16	12221	32218	31816	22222	1	1	39	1	1	1	2	1
48	5	6	5	11114	21717	11318	31918	11722	1	1	41	1	1	1	2	1
49	3	3	6	18	11419	14	8	11219	1	1	36	1	1	1	2	1
50	2	4	3	3	4	0	10	5	1	1	36	1	1	1	2	1
51	3	5	3	4	8	8	31304	11	1	3	38	1	1	1	1	1
52	3	3	5	13	11515	15	12	11518	1	1	41	8	1	2	2	1
53	3	5	3	10	15	16	21314	18	1	1	36	1	1	1	2	1
54	3	2	5	12	12	4	0	32115	1	1	42	1	1	1	2	1
55	5	5	5	15	11720	11220	21617	22126	1	1	35	1	1	1	2	1
56	6	3	5	20	11422	11616	7	11322	3	1	39	3	1	1	2	1
57	3	3	5	13	11419	10	12	11618	1	1	31	1	1	1	2	1
58	5	5	6	17	12016	32417	31814	32016	1	1	35	2	1	1	2	1
59	3	6	6	18	11222	10	21006	11309	1	1	34	4	1	1	2	1
60	3	3	3	17	17	12	8	3	1	1	42	7	1	1	2	1
61	5	4	5	16	11818	11715	18	32315	1	1	33	1	1	1	2	1
62	3	3	1	10	14	13	2	0	1	1	37	1	1	1	2	1
63	5	5	5	15	11619	12120	11321	11522	1	1	37	8	1	1	2	1
64	3	3	3	10	11114	8	4	9	1	1	32	1	1	1	2	1

续表

序号	15	16	17	18[①]	19	20	21	22	23	24[②]	25	26	27	28	29	30[③]
	左中	左环	左小	左拇	左示	左中	左环	左小	左	左	左	左	左	左	左	左
	指纹型	指纹型	指纹型	指纹RC（条）	指纹RC（条）	指纹RC（条）	指纹RC（条）	指纹RC（条）	猿线	–c/–d/–t	a-b RC（条）	大鱼际/指间Ⅰ区纹	指间Ⅱ区纹	指间Ⅲ区纹	指间Ⅳ区纹	指间Ⅱ/Ⅲ区纹
65	3	3	5	14	11415	15	6	11012	1	1	36	1	1	1	2	1
66	3	3	3	15	19	15	17	19	1	1	43	1	1	1	2	1
67	3	3	3	10915	10915	8	9	10	1	1	32	1	1	1	2	1
68	3	3	3	15	5	9	5	15	1	3	31	1	1	1	1	1
69	3	3	6	6	7	11	10	11317	1	1	36	1	1	1	2	1
70	3	5	3	18	11819	14	31413	16	1	1	33	1	1	1	2	1
71	1	1	1	6	12	0	0	0	1	1	41	4	1	1	2	1
72	3	3	6	21	15	16	15	10817	1	3	35	1	1	1	1	1
73	5	3	3	11318	11215	11216	10	11	1	1	40	1	1	1	2	1
74	5	5	3	16	11722	11517	11422	12	1	1	38	4	1	1	2	1
75	5	5	5	10917	21816	22327	31826	11619	5	1	37	1	1	1	2	1
76	5	5	5	11316	12122	21613	21414	22120	1	1	36	8	1	1	2	1
77	5	5	3	15	10916	10813	11013	16	1	1	38	7	1	1	2	1
78	3	3	5	10	21717	15	10	11015	1	1	38	1	1	1	2	1
79	5	5	5	14	15	31508	31309	11317	1	1	31	1	1	1	2	1
80	5	3	4	8	31612	21414	14	20	1	3	30	1	1	1	1	1
81	3	3	3	10	10514	9	7	9	1	1	33	7	1	1	2	1
82	3	6	3	11	10817	13	10913	21	2	1	37	1	1	1	2	1
83	3	3	3	18	11215	14	15	16	1	1	31	1	1	1	2	1
84	5	6	5	10916	21818	21713	31813	12024	1	1	42	1	1	1	2	1
85	3	3	5	17	22	12	8	22624	1	1	43	1	1	1	2	1
86	3	3	3	7	31509	2	7	9	1	1	33	1	1	1	2	1
87	5	5	5	11920	22403	22422	32219	12220	1	1	39	1	1	1	1	1
88	3	5	5	16	15	12	31211	21814	1	1	37	1	1	1	2	1
89	3	2	3	8	13	13	0	16	5	1	39	1	1	1	2	1
90	3	4	3	20	20	18	20	21	1	1	41	1	1	1	2	1
91	5	5	5	11418	21717	31611	21415	31711	1	1	33	2	1	1	1	1
92	5	5	1	17	11417	11514	21510	0	1	3	33	1	1	1	1	1
93	3	3	3	8	12	12	10	16	5	1	39	1	1	1	1	1
94	5	3	5	12	21814	11715	13	10822	1	1	31	1	1	2	2	1
95	3	5	5	14	11216	16	21112	11723	5	1	39	1	1	1	2	1

续表

序号	15	16	17	18[①]	19	20	21	22	23	24[②]	25	26	27	28	29	30[③]
	左中	左环	左小	左拇	左示	左中	左环	左小	左	左	左	左	左	左	左	左
	指纹型	指纹型	指纹型	指纹RC（条）	指纹RC（条）	指纹RC（条）	指纹RC（条）	指纹RC（条）	猿线	–c/–d/–t	a-b RC（条）	大鱼际/指间Ⅰ区纹	指间Ⅱ区纹	指间Ⅲ区纹	指间Ⅳ区纹	指间Ⅱ/Ⅲ区纹
96	3	1	3	13	14	8	0	12	1	1	36	1	1	1	2	1
97	3	5	3	14	18	16	31813	22	5	1	41	1	1	1	2	1
98	3	5	5	12	20	15	10912	11417	1	1	40	6	1	1	2	1
99	3	3	3	14	11618	12	17	20	1	1	38	7	1	1	2	1
100	3	3	3	12	15	13	4	16	1	1	41	1	1	1	2	1
101	3	5	3	11215	12322	20	11822	18	1	1	30	1	1	1	2	1
102	5	5	5	13	11221	22018	21718	32021	1	1	36	1	1	1	2	1
103	5	3	5	10817	11621	11617	17	21916	1	1	37	1	1	1	2	1
104	5	3	5	12	11517	11516	11	11619	1	1	40	1	1	1	2	1
105	3	3	5	9	14	10	9	11413	1	1	39	1	1	1	2	1
106	3	5	6	24	12328	9	11608	11615	1	3	37	1	1	1	1	1
107	3	3	3	9	14	11	12	19	1	1	41	1	1	1	2	1
108	3	4	3	9	12	10	9	17	1	1	44	1	1	1	2	1
109	3	5	3	7	9	13	31207	6	1	1	43	1	1	1	2	1
110	3	3	3	11	10	6	4	9	1	3	37	4	1	1	2	1
111	5	5	3	14	10920	11518	11316	3	1	1	35	7	1	1	2	1
112	3	3	3	14	21917	10	5	9	1	1	38	1	1	1	1	1
113	3	3	6	7	13	11	15	11518	1	1	36	1	1	1	1	1
114	5	5	5	16	21718	11314	31609	21821	1	1	36	4	1	1	2	1
115	5	3	6	11116	11819	32014	9	11619	1	1	38	1	1	1	2	1
116	5	5	5	16	22424	22323	11816	10710	1	4	44	1	1	1	1	1
117	3	3	5	6	11617	14	16	11421	1	1	26	7	1	1	2	1
118	3	5	3	6	13	13	21412	13	1	1	43	1	1	1	2	1
119	6	5	5	16	11318	10925	12224	22423	1	1	40	1	1	2	1	1
120	3	4	5	11	15	5	18	12222	1	1	39	8	1	1	2	1
121	5	3	6	11321	11818	11517	13	11623	1	1	31	1	1	1	2	1
122	5	3	5	10	11214	21008	11	31310	1	1	35	1	1	1	2	1
123	3	3	3	10	12	10	10	13	1	3	27	1	1	1	1	1
124	5	5	5	11321	11822	12118	11315	11923	5	1	38	6	1	1	2	1
125	5	5	6	16	11319	21817	21415	11022	1	1	41	1	1	1	2	1
126	6	5	6	10714	11818	11615	11114	11318	1	1	33	1	1	1	2	1

续表

序号	15 左中 指纹型	16 左环 指纹型	17 左小 指纹型	18[①] 左拇 指纹RC（条）	19 左示 指纹RC（条）	20 左中 指纹RC（条）	21 左环 指纹RC（条）	22 左小 指纹RC（条）	23 左 猿线	24[②] 左 –c/–d/–t	25 左 a-b RC（条）	26 左 大鱼际/指间Ⅰ区纹	27 左 指间Ⅱ区纹	28 左 指间Ⅲ区纹	29 左 指间Ⅳ区纹	30[③] 左 指间Ⅱ/Ⅲ区纹
127	3	3	3	10915	11816	12	11	20	1	1	35	1	1	2	1	1
128	5	5	5	11118	11720	21718	22117	21721	1	1	43	1	1	1	2	1
129	5	5	6	15	11516	10613	20910	10616	1	1	39	1	1	1	2	1
130	3	3	3	9	31107	10	9	8	5	1	36	1	1	1	2	1
131	5	3	3	17	22019	11318	16	23	1	1	35	1	1	1	2	1
132	5	5	5	11115	11619	21717	31812	12022	1	1	42	1	1	1	2	1
133	5	5	6	11119	11522	11820	11820	11420	1	1	35	1	1	1	2	1
134	3	4	5	10916	10916	4	21	31817	1	1	41	1	1	1	2	1
135	5	5	5	11416	22728	22120	21919	21614	1	1	40	1	1	1	2	1
136	3	5	5	12	21817	13	21416	32009	1	1	44	1	1	1	2	1
137	3	3	3	7	15	10	8	17	1	1	43	1	1	1	2	1
138	3	3	5	7	6	3	16	11821	1	1	32	1	1	1	1	1
139	3	3	3	7	19	14	8	17	3	1	37	1	1	1	2	1
140	5	3	5	15	11919	11717	15	11718	1	3	38	8	1	1	2	1
141	5	5	5	10914	11416	31912	21313	11522	2	1	37	1	1	1	2	1
142	3	5	5	15	11620	19	31915	21922	2	1	44	1	1	1	2	1
143	3	3	6	11	10615	11	5	11216	1	1	41	4	1	1	2	1
144	5	5	5	16	11722	12121	32819	12328	1	3	36	1	1	1	2	1
145	5	5	5	17	11825	11815	31716	22023	1	1	39	1	1	2	2	1
146	5	6	5	19	11521	11721	31716	11925	1	1	34	1	1	1	2	1
147	5	5	5	11311	11511	10514	21010	31810	1	1	31	1	1	1	2	1
148	5	3	3	11215	11416	11315	13	13	1	1	40	1	1	1	2	1
149	3	5	3	12	18	16	31313	23	2	1	30	1	1	1	2	1
150	3	3	3	13	11813	17	15	14	1	1	40	7	1	1	2	1
151	3	4	5	10914	17	13	16	11520	1	1	39	1	1	1	2	1
152	3	3	1	4	2	3	2	0	5	1	44	1	1	1	2	1
153	3	5	5	13	11314	15	11212	11521	1	1	46	6	1	1	2	1
154	5	5	5	14	11517	31617	32011	11824	1	1	39	7	1	2	1	1
155	3	5	5	21617	21817	15	31909	11823	1	1	36	1	1	1	2	1
156	3	5	5	13	11521	14	11219	21614	1	1	36	1	1	2	1	1
157	5	3	3	16	11215	11416	13	7	1	3	40	4	1	1	2	1

续表

序号	15	16	17	18[1]	19	20	21	22	23	24[2]	25	26	27	28	29	30[3]
	左中	左环	左小	左拇	左示	左中	左环	左小	左	左	左	左	左	左	左	左
	指纹型	指纹型	指纹型	指纹RC（条）	指纹RC（条）	指纹RC（条）	指纹RC（条）	指纹RC（条）	猿线	–c/–d/–t	a-b RC（条）	大鱼际/指间Ⅰ区纹	指间Ⅱ区纹	指间Ⅲ区纹	指间Ⅳ区纹	指间Ⅱ/Ⅲ区纹
158	3	5	5	11320	21818	17	11317	21720	1	1	28	1	1	2	1	1
159	3	3	5	12	13	14	14	11717	1	1	38	1	1	1	2	1
160	3	3	3	5	14	8	6	11	1	1	45	7	1	1	2	1
161	5	3	5	21	11621	11019	16	32015	1	1	37	1	1	1	2	1
162	3	6	3	11517	11819	16	11111	20	1	1	40	8	1	1	2	1
163	5	5	5	11011	11415	31210	31210	21515	1	1	42	1	1	1	2	1
164	5	5	5	10814	11714	11013	10809	11314	1	3	32	1	1	1	2	1
165	5	5	5	11413	11515	21513	21611	11921	1	1	36	1	1	1	2	1
166	3	3	3	11	10814	3	5	6	1	1	34	1	1	1	2	1
167	5	5	5	11214	11313	11415	31711	11721	1	1	49	4	1	1	2	1
168	5	5	5	10815	21715	21815	11217	32016	1	1	39	1	1	1	2	1
169	3	1	3	14	12	3	0	5	1	1	36	1	1	1	2	1
170	3	3	3	15	31916	13	8	12	1	1	35	1	1	2	1	1
171	5	5	5	11016	21619	11316	31805	11308	5	1	41	1	1	1	2	1
172	5	5	3	9	31909	10916	31109	8	1	1	32	1	1	1	2	1
173	3	4	3	10	11	4	3	9	1	1	38	1	1	1	2	1
174	5	5	5	11517	11719	21617	31912	22018	1	1	43	1	1	1	2	1
175	5	5	5	15	11621	11416	32012	11819	1	1	38	4	1	2	1	1
176	5	5	6	13	11723	21721	31515	11925	1	1	37	4	1	2	2	1
177	5	3	6	14	11120	11017	2	11210	1	3	35	1	1	1	1	1
178	3	3	5	14	13	15	1	11720	5	1	34	1	1	2	1	1
179	3	3	3	9	10509	10	10	10	1	1	45	1	1	1	2	1
180	5	3	5	12	11114	11312	9	11318	1	1	38	1	1	1	1	1
181	3	5	3	9	10911	9	31811	14	1	1	47	7	1	1	1	1
182	5	5	3	16	11518	21515	11013	8	5	1	37	1	1	1	2	1
183	5	5	5	11	11015	21815	21614	21516	1	1	25	1	2	1	1	1
184	3	5	5	15	17	17	11414	11819	2	1	43	4	1	1	2	1
185	3	5	3	16	11621	19	21215	16	1	1	32	1	1	1	1	1
186	3	5	3	12	12	11	21011	15	3	1	30	4	1	1	2	1
187	3	5	5	9	12	10	31412	11326	1	1	35	4	1	1	2	1
188	5	5	5	11316	11823	22119	21619	11819	1	1	38	4	1	1	2	1

续表

序号	15 左中 指纹型	16 左环 指纹型	17 左小 指纹型	18[①] 左拇 指纹RC（条）	19 左示 指纹RC（条）	20 左中 指纹RC（条）	21 左环 指纹RC（条）	22 左小 指纹RC（条）	23 左 猿线	24[②] 左 –c/–d/–t	25 左 a-b RC（条）	26 左 大鱼际/指间Ⅰ区纹	27 左 指间Ⅱ区纹	28 左 指间Ⅲ区纹	29 左 指间Ⅳ区纹	30[③] 左 指间Ⅱ/Ⅲ区纹
189	3	3	3	2	2	3	2	6	1	1	38	7	1	1	2	1
190	5	6	6	11619	11924	11722	11817	11816	1	1	41	4	1	1	2	1
191	5	5	6	11112	11818	11416	10715	11419	1	1	39	1	1	1	2	1
192	3	3	5	10	15	15	13	11518	1	1	32	1	1	1	1	1
193	5	5	5	15	11320	11716	31511	11423	1	1	41	1	1	1	2	1
194	5	6	3	10619	11619	11217	11612	16	1	1	43	1	1	1	2	1
195	3	5	3	14	12020	13	10607	19	1	1	33	1	1	1	2	1
196	3	3	3	14	11119	14	13	18	1	1	38	1	1	1	2	1
197	3	5	5	10816	11718	19	21614	12223	1	1	44	1	1	1	2	1
198	3	3	6	14	18	13	9	11716	1	1	34	1	1	1	2	1
199	6	5	5	11016	22926	22219	21512	11317	1	1	34	1	1	1	2	1
200	5	5	4	11017	21921	11818	11214	16	1	1	39	1	1	1	1	1
201	5	5	5	11118	11519	21618	31816	11422	1	1	37	1	1	1	2	1
202	3	3	5	21313	21717	11	16	11516	1	1	39	1	1	1	2	1
203	3	5	5	10	13	8	11011	21516	1	1	38	1	1	1	2	1
204	3	3	3	15	7	10	10	7	1	3	39	1	1	1	2	1
205	5	5	1	10	11	20405	30905	0	1	1	28	7	1	1	1	1
206	3	5	5	6	7	8	31609	21611	1	1	34	1	1	1	2	1
207	2	3	6	4	16	0	10	11820	1	1	41	7	1	1	2	1
208	3	3	3	8	12	15	15	16	2	1	43	1	1	1	2	1
209	3	2	5	16	15	6	0	21111	1	1	36	1	1	1	2	1
210	5	5	3	10816	21720	11614	11514	16	1	1	35	1	1	1	2	1
211	5	5	5	14	11016	10818	11614	11417	2	1	40	1	1	1	1	1
212	3	3	5	15	11219	5	8	11624	2	1	42	1	1	1	2	1
213	4	1	1	5	14	15	0	0	1	1	33	1	1	1	2	1
214	5	5	3	10610	11213	31510	31906	14	1	1	32	1	1	1	2	1
215	3	4	4	14	10	12	16	26	1	1	48	1	1	1	2	1
216	5	3	1	7	11319	21516	15	0	1	1	37	1	1	1	2	1
217	5	5	5	21214	31614	10812	31207	21916	2	1	37	6	1	2	2	1
218	3	6	3	3	9	9	10706	11	1	3	38	1	1	1	1	1
219	5	5	5	10919	12023	11318	21516	21517	1	1	42	1	1	1	2	1

续表

序号	15	16	17	18[1]	19	20	21	22	23	24[2]	25	26	27	28	29	30[3]
	左中	左环	左小	左拇	左示	左中	左环	左小	左	左	左	左	左	左	左	左
	指纹型	指纹型	指纹型	指纹RC（条）	指纹RC（条）	指纹RC（条）	指纹RC（条）	指纹RC（条）	猿线	–c/–d/–t	a-b RC（条）	大鱼际/指间Ⅰ区纹	指间Ⅱ区纹	指间Ⅲ区纹	指间Ⅳ区纹	指间Ⅱ/Ⅲ区纹
220	3	1	1	9	13	5	0	0	1	1	43	1	1	1	2	1
221	5	5	3	11112	11214	11514	21814	17	1	3	34	1	1	1	1	1
222	3	3	5	17	18	15	14	11516	1	1	35	1	1	1	2	1
223	5	5	3	11	11013	11412	31812	14	1	3	34	1	1	1	1	1
224	5	3	6	11015	21716	30815	18	11519	1	1	39	1	1	1	2	1
225	5	5	5	11213	12230	11714	11612	21715	1	1	40	1	1	2	1	1
226	6	6	5	19	11918	11718	11617	32614	1	1	38	1	1	1	2	1
227	3	5	3	4	7	3	30903	9	1	1	42	1	1	1	2	1
228	3	3	6	9	4	1	3	10811	1	1	40	1	1	1	1	1
229	5	5	6	17	11422	32314	31411	10409	1	1	37	1	1	1	2	1
230	5	5	6	11222	11119	11221	11319	10918	1	1	48	1	1	1	2	1
231	5	5	3	15	16	11416	11317	22	1	1	38	1	1	2	1	1
232	5	5	5	11112	21313	21414	31604	31306	1	1	40	1	1	1	2	1
233	5	5	5	14	11619	32014	32017	22424	1	1	47	1	1	1	2	1
234	5	5	1	16	11820	11520	21515	0	1	1	37	1	1	1	1	1
235	3	3	5	21009	11114	12	10	11011	1	1	39	1	1	1	2	1
236	5	6	5	11419	21920	22122	22118	12024	1	1	29	1	1	2	2	1
237	5	5	5	11118	11720	21620	11019	11119	1	1	37	1	1	1	2	1
238	5	3	5	11014	10918	11515	17	11117	1	1	39	1	1	1	2	1
239	6	6	6	11320	11821	31120	11913	11717	1	1	39	1	1	1	2	1
240	1	1	5	1	1	0	0	10708	1	1	41	1	1	1	1	1
241	5	5	3	15	13	10916	11622	14	1	3	42	1	1	1	2	1
242	5	5	5	11222	21822	11217	22117	21616	1	1	37	1	1	2	1	1
243	5	5	3	11	11014	10406	20808	2	1	1	31	1	1	1	2	1
244	3	5	6	5	15	36	20912	11013	1	1	41	7	1	1	2	1
245	3	3	3	7	13	9	8	13	1	3	39	1	1	1	1	1
246	5	3	3	15	11416	11014	8	13	1	1	42	7	1	1	2	1
247	6	4	5	20	21	11118	20	11723	1	1	42	1	1	1	2	1
248	3	3	3	8	12	12	11	14	1	1	38	1	1	2	1	1
249	3	5	3	6	21313	14	20807	7	1	1	42	1	1	1	2	1
250	3	4	3	9	15	9	2	12	1	1	41	1	1	1	2	1

续表

序号	15	16	17	18[①]	19	20	21	22	23	24[②]	25	26	27	28	29	30[③]
	左中	左环	左小	左拇	左示	左中	左环	左小	左	左	左	左	左	左	左	左
	指纹型	指纹型	指纹型	指纹RC（条）	指纹RC（条）	指纹RC（条）	指纹RC（条）	指纹RC（条）	猿线	–c/–d/–t	a-b RC（条）	大鱼际/指间Ⅰ区纹	指间Ⅱ区纹	指间Ⅲ区纹	指间Ⅳ区纹	指间Ⅱ/Ⅲ区纹
251	3	5	5	11013	21718	18	21514	22322	2	1	37	1	1	1	1	1
252	3	3	5	14	12	11	5	21813	1	1	40	1	1	1	2	1
253	5	5	5	11112	21511	11112	31512	11214	1	1	40	1	1	1	2	1
254	5	5	5	11316	22230	22828	11315	11619	5	1	39	1	1	1	2	1
255	5	5	5	15	11618	11819	11920	11721	5	1	35	1	1	1	1	1
256	3	3	3	13	12	6	3	14	1	1	39	1	1	1	1	1
257	3	3	5	14	11	9	8	31703	1	1	40	1	1	1	2	1
258	3	5	6	13	12	11	31613	11012	1	1	39	1	1	1	2	1
259	5	5	5	10912	16	11315	10511	10515	1	3	35	1	1	1	1	1
260	3	5	5	14	11119	12	1140	21711	1	1	37	1	1	1	2	1
261	1	1	4	0	3	0	0	16	1	1	42	1	1	1	2	1
262	3	4	3	8	10	6	11	11	1	1	34	1	1	1	1	1
263	5	5	3	10	19	22019	31814	20	1	1	47	4	1	1	2	1
264	3	1	3	0	10	2	0	4	1	1	30	1	1	1	2	1
265	5	5	5	11118	21920	12022	11619	12222	1	1	43	1	1	1	2	1
266	6	5	5	19	21826	31916	11415	22017	1	5	43	1	1	1	2	1
267	3	3	5	11	12	10	6	31913	1	1	40	1	1	1	2	1
268	4	3	3	6	10	2	6	11	1	1	36	1	1	1	2	1
269	3	5	5	13	19	16	31514	22123	2	5	52	1	1	1	2	1
270	3	4	3	8	6	5	5	12	1	1	34	1	1	1	2	1
271	3	1	6	18	11322	8	0	10716	5	1	40	4	1	1	4	1
272	5	5	5	11618	22021	22423	32113	32218	1	1	40	1	1	1	2	1
273	5	5	3	8	10818	11215	11320	16	1	1	42	1	1	1	2	1
274	3	3	3	4	10809	14	7	3	1	1	32	1	1	1	2	1
275	5	5	5	10910	21515	21616	21312	21512	1	1	41	1	1	1	2	1
276	3	4	3	8	11516	11	10	12	1	3	35	1	1	1	1	1
277	3	5	5	11316	11313	13	21315	31705	1	1	26	1	1	1	2	1
278	3	3	3	3	2	5	11	19	1	1	41	1	1	1	2	1
279	5	5	5	11	21616	11115	10915	31108	1	1	36	1	1	1	2	1
280	5	5	5	13	21415	10612	11113	21814	1	1	38	1	1	1	1	1
281	3	6	3	15	15	12	10811	8	1	1	40	1	1	1	2	1

续表

序号	15	16	17	18[①]	19	20	21	22	23	24[②]	25	26	27	28	29	30[③]
	左中	左环	左小	左拇	左示	左中	左环	左小	左	左	左	左	左	左	左	左
	指纹型	指纹型	指纹型	指纹RC（条）	指纹RC（条）	指纹RC（条）	指纹RC（条）	指纹RC（条）	猿线	–c/–d/–t	a-b RC（条）	大鱼际/指间Ⅰ区纹	指间Ⅱ区纹	指间Ⅲ区纹	指间Ⅳ区纹	指间Ⅱ/Ⅲ区纹
282	3	4	5	19	23	16	20	21824	1	1	37	1	1	1	2	1
283	3	4	3	3	14	1	1	16	1	1	38	1	1	1	2	1
284	1	1	3	9	13	0	0	11	1	1	31	1	1	1	2	1
285	5	5	5	15	31918	12017	31514	31508	1	3	40	1	1	1	1	1
286	3	3	3	13	10512	17	12	12	5	3	34	1	1	1	2	1
287	5	3	5	11017	12	21010	12	22218	1	1	32	1	1	1	2	1
288	5	6	6	11316	11417	10517	10812	10913	1	1	36	1	1	1	2	1
289	5	5	5	11117	21616	11417	11316	11416	5	1	38	1	1	1	1	1
290	5	5	3	18	11719	11716	11817	13	1	1	32	1	1	1	2	1
291	3	3	3	16	7	9	10	17	1	3	33	7	1	1	1	1
292	3	3	5	6	12	7	18	21515	1	1	35	1	1	1	2	1
293	4	3	5	12	11418	1	11	11920	1	1	37	1	1	1	2	1
294	5	5	6	20	11921	31814	32106	10917	1	1	33	1	1	1	2	1
295	3	5	5	16	11619	16	11719	22120	2	1	35	1	1	1	2	1
296	3	3	3	15	16	11	12	15	1	1	36	1	1	1	2	1
297	3	3	3	10810	30906	13	8	9	1	1	38	1	1	1	2	1
298	6	6	5	11219	11619	11919	32217	12021	3	1	37	1	1	1	2	1
299	3	3	5	15	14	14	13	11519	5	1	36	1	1	1	1	1
300	5	4	1	3	21815	11414	2	0	1	1	38	1	1	1	2	1
301	5	5	3	4	31717	11318	11116	14	5	1	40	1	1	1	2	1
302	5	3	3	7	31105	10509	9	12	1	1	40	1	1	1	2	1
303	5	5	6	11222	12225	22322	22321	12027	1	1	36	4	1	1	1	1
304	3	3	3	9	21	16	16	7	3	1	46	1	1	1	2	1
305	3	3	3	11216	22220	14	12	5	1	1	42	1	1	1	2	1
306	5	5	5	11012	11820	31619	21817	21717	5	1	45	6	1	1	2	1
307	5	4	6	11018	21916	21813	20	11114	1	1	37	4	1	1	1	1
308	3	4	3	10	17	12	15	11	1	1	43	1	1	1	1	1
309	5	6	5	15	11723	11922	11119	11718	1	1	36	1	1	2	1	1
310	3	3	3	9	11611	14	10	13	1	1	36	1	1	1	2	1
311	3	1	3	6	6	11	0	5	1	1	42	1	1	1	2	1
312	6	5	3	18	12122	11322	32319	9	1	1	36	1	1	1	2	1

续表

序号	15	16	17	18[1]	19	20	21	22	23	24[2]	25	26	27	28	29	30[3]
	左中	左环	左小	左拇	左示	左中	左环	左小	左	左	左	左	左	左	左	左
	指纹型	指纹型	指纹型	指纹RC（条）	指纹RC（条）	指纹RC（条）	指纹RC（条）	指纹RC（条）	猿线	-c/-d/-t	a-b RC（条）	大鱼际/指间Ⅰ区纹	指间Ⅱ区纹	指间Ⅲ区纹	指间Ⅳ区纹	指间Ⅱ/Ⅲ区纹
313	3	4	5	6	13	5	5	11416	1	1	36	1	1	1	2	1
314	3	3	3	15	3	6	12	13	1	3	37	1	1	1	1	1
315	5	5	3	12	11617	11617	31613	17	1	1	38	1	1	1	2	1
316	3	6	3	19	10317	11	11212	16	1	1	39	7	1	1	2	1
317	5	5	6	16	11718	11718	11923	10902	1	1	41	1	1	1	2	1
318	5	5	5	17	18	11518	11715	21917	1	1	42	1	1	1	2	1
319	5	5	5	12	10814	21616	21416	11418	1	1	39	1	1	1	2	1
320	5	3	5	15	11416	11014	10	11518	5	3	40	1	1	1	1	1
321	5	5	5	11019	11820	11623	11816	21925	1	1	42	1	1	1	2	1
322	3	3	3	13	15	15	10	16	3	1	36	1	1	1	2	1
323	5	5	5	11416	11821	11716	31916	12020	2	1	44	8	1	1	1	1
324	3	3	5	21	11121	4	12	11823	1	1	37	1	1	1	2	1
325	3	5	3	11214	11217	15	11215	15	5	3	31	1	1	1	1	1
326	3	5	3	18	11415	12	31911	13	1	1	37	1	1	1	2	1
327	5	5	6	11116	11921	11821	21919	11913	1	1	37	1	1	1	2	1
328	3	3	3	7	8	4	5	15	1	1	36	1	1	1	2	1
329	5	4	3	8	11212	31109	12	11	1	3	34	1	1	1	1	1
330	6	5	5	17	11314	11011	32309	21717	1	1	39	1	1	1	2	1
331	5	6	6	11517	11718	22018	11519	11319	1	1	34	1	1	1	2	1
332	5	5	5	11215	11419	11216	31915	11516	1	1	42	1	1	1	2	1
333	5	5	5	15	11618	21514	21416	11923	1	1	39	1	1	1	2	1
334	5	5	3	12	15	10809	10913	12	1	1	34	1	1	1	2	1
335	5	5	5	16	10923	11616	32209	21917	1	1	42	4	1	1	2	1
336	5	5	6	11318	11415	11414	31612	11418	1	1	38	1	1	1	2	1
337	2	5	5	10814	10611	0	31407	31704	1	1	39	1	1	1	2	1
338	2	3	4	13	6	0	4	14	1	1	37	1	1	1	2	1
339	5	5	3	10913	12222	22318	11817	14	1	1	36	1	1	1	2	1
340	3	3	5	13	11019	17	13	10920	1	1	37	1	1	1	2	1
341	3	3	3	13	19	12	8	14	2	1	36	1	1	1	2	1
342	5	5	3	11518	22222	11817	11519	20	1	1	39	1	1	1	2	1
343	3	3	3	8	12	9	13	12	1	1	39	1	1	1	2	1

续表

序号	15	16	17	18[1]	19	20	21	22	23	24[2]	25	26	27	28	29	30[3]
	左中	左环	左小	左拇	左示	左中	左环	左小	左	左	左	左	左	左	左	左
	指纹型	指纹型	指纹型	指纹RC（条）	指纹RC（条）	指纹RC（条）	指纹RC（条）	指纹RC（条）	猿线	–c/–d/–t	a-b RC（条）	大鱼际/指间Ⅰ区纹	指间Ⅱ区纹	指间Ⅲ区纹	指间Ⅳ区纹	指间Ⅱ/Ⅲ区纹
344	5	5	5	11418	22022	22524	22118	12023	1	1	43	4	1	1	2	1
345	3	3	5	6	11114	17	18	11018	1	1	38	1	1	1	2	1
346	5	5	5	17	21618	21916	11713	11918	1	1	32	1	1	1	2	1
347	5	5	6	22	12030	11721	32119	11619	1	1	43	1	1	1	2	1
348	5	5	3	14	11316	11315	21510	18	1	1	41	7	1	1	2	1
349	3	3	5	17	11818	6	6	11918	5	1	34	1	1	1	2	1
350	3	3	6	13	11517	11	6	11417	2	1	40	1	1	1	2	1
351	3	3	3	4	6	8	4	21	1	1	45	1	1	1	2	1
352	3	3	3	2	13	12	9	10	1	3	46	1	1	1	1	1
353	5	5	6	18	19	10616	21809	11415	1	1	41	1	1	1	2	1
354	3	4	3	7	15	9	6	13	1	1	39	1	1	1	2	1
355	5	3	4	13	21717	11113	13	9	1	1	35	4	1	1	2	1
356	5	5	5	11216	11619	11515	21412	11619	1	1	31	1	1	1	2	1
357	3	5	6	18	17	15	10920	11923	2	1	43	1	1	1	2	1
358	6	3	6	10919	22118	11417	10	11418	1	1	38	4	1	1	2	1
359	3	5	3	14	11116	21	21418	15	5	1	42	1	1	1	2	1
360	3	5	5	11521	11518	18	32213	11421	1	1	42	1	1	1	1	1
361	3	5	5	15	18	17	31613	11420	1	1	36	1	1	1	2	1
362	5	5	5	11115	11619	21616	11115	31513	1	1	38	1	1	1	2	1
363	3	3	5	11415	11317	15	14	11722	1	1	42	7	1	2	2	1
364	3	3	5	9	11116	11	6	21312	1	1	36	1	1	1	2	1
365	5	5	5	11315	11523	32419	1171	11622	1	1	42	8	1	1	2	1
366	5	5	3	8	11716	10915	10911	12	1	1	35	1	1	1	2	1
367	3	6	5	19	18	9	11311	32111	1	1	31	1	1	1	2	1
368	5	5	6	21111	31816	21714	31611	11416	1	1	43	1	1	1	1	1
369	3	3	1	6	16	12	10	0	1	1	34	1	1	1	2	1
370	3	4	3	11016	11019	14	4	6	1	1	34	4	1	1	2	1
371	3	5	5	14	14	15	11112	11516	1	3	32	1	1	1	1	1
372	3	1	5	2	7	6	0	21008	1	1	33	1	1	1	2	1
373	5	3	3	12	11214	31311	7	7	1	1	25	1	1	1	1	1
374	6	5	3	11318	11216	11615	22018	14	1	1	41	1	1	2	2	1
375	3	3	3	7	11114	12	12	13	1	1	33	4	1	1	2	1

续表

序号	15	16	17	18[①]	19	20	21	22	23	24[②]	25	26	27	28	29	30[③]
	左中	左环	左小	左拇	左示	左中	左环	左小	左	左	左	左	左	左	左	左
	指纹型	指纹型	指纹型	指纹RC（条）	指纹RC（条）	指纹RC（条）	指纹RC（条）	指纹RC（条）	猿线	–c/–d/–t	a-b RC（条）	大鱼际/指间Ⅰ区纹	指间Ⅱ区纹	指间Ⅲ区纹	指间Ⅳ区纹	指间Ⅱ/Ⅲ区纹
376	3	3	5	13	18	11	13	11114	1	1	34	1	1	1	2	1
377	5	5	3	13	15	21512	21612	14	4	1	27	1	1	1	2	1
378	5	5	5	11417	32017	32118	11921	2121	1	1	43	8	1	1	2	1
379	3	5	3	9	11418	14	10717	7	1	1	32	1	1	1	2	1
380	1	1	3	4	0	0	0	5	2	1	44	1	1	1	2	1
381	3	3	3	13	15	13	11	16	1	1	37	1	1	1	2	1
382	3	3	3	5	9	9	2	13	1	1	40	1	1	1	1	1
383	5	4	3	11515	31917	21718	1	14	1	1	44	1	1	2	2	1
384	5	5	5	11115	21917	11417	11215	11413	1	1	43	1	1	1	2	1
385	5	5	5	13	21415	11214	10916	22019	1	1	29	1	1	1	1	1
386	2	2	5	3	11	0	0	31404	1	1	44	1	1	1	2	1
387	3	5	5	14	16	11	10911	11416	1	1	28	1	1	1	2	1
388	5	6	5	16	11822	11820	31915	21920	1	1	39	4	1	2	2	1
389	3	2	5	12	17	12	0	11618	1	4	44	1	1	1	1	1
390	5	5	3	11014	11820	12019	11518	14	1	1	35	4	1	1	2	1
391	5	5	5	10816	11018	11018	32211	21616	1	1	41	1	1	1	2	1
392	5	4	3	12	11418	11616	17	14	2	1	40	1	1	1	2	1
393	3	5	3	12	21413	10	10814	11	1	1	40	1	1	1	1	1
394	3	5	5	18	20	18	31516	11514	1	1	38	1	1	1	2	1
395	5	5	6	19	11823	12329	21918	11214	1	1	30	1	1	1	2	1
396	6	5	5	11	22620	12423	21814	11617	1	1	34	1	1	1	2	1
397	5	3	3	17	21819	12014	15	20	2	1	35	1	1	1	2	1
398	3	1	1	12	14	6	0	0	1	1	33	2	1	1	1	1
399	3	5	5	11	9	13	11113	11413	5	1	43	4	1	1	2	1
400	2	4	3	10	11111	0	5	9	1	3	30	1	1	1	1	1

序号	31[④]	32	33	34	35	36	37	38	39	40	41	42	43	44	45
	左	左	左	右拇	右示	右中	右环	右小	右拇	右示	右中	右环	右小	右	右
	指间Ⅲ/Ⅳ区纹	小鱼际纹	atd（°）	指纹型	指纹型	指纹型	指纹型	指纹型	指纹RC（条）	指纹RC（条）	指纹RC（条）	指纹RC（条）	指纹RC（条）	猿线	–c/–d/–t
1	1	1	40	3	4	3	3	3	16	4	8	7	17	1	1
2	1	1	39	5	4	3	5	3	21716	9	15	31211	12	1	1

续表

序号	31④ 左 指间Ⅲ/Ⅳ区纹	32 左 小鱼际纹	33 左 atd（°）	34 右拇 指纹型	35 右示 指纹型	36 右中 指纹型	37 右环 指纹型	38 右小 指纹型	39 右拇 指纹RC（条）	40 右示 指纹RC（条）	41 右中 指纹RC（条）	42 右环 指纹RC（条）	43 右小 指纹RC（条）	44 右 猿线	45 右 –c/–d/–t
3	1	1	35	5	5	5	5	5	22120	31712	32718	32622	21620	1	3
4	1	3	34	5	3	4	5	5	11923	13	4	3313	31414	5	1
5	2	1	41	3	3	3	3	3	22	3	6	3	3	5	1
6	1	1	45	5	5	3	5	5	11726	32016	17	31715	11315	1	1
7	1	1	37	3	3	5	5	5	17	9	11213	31520	11114	1	1
8	2	1	48	5	6	5	5	5	11824	11614	11617	31417	11014	2	1
9	1	1	44	5	5	3	3	5	12223	12117	17	18	11613	1	1
10	2	1	47	1	3	3	3	1	0	5	1	3	0	1	1
11	1	1	36	4	5	4	5	3	3	20707	17	20914	9	1	3
12	1	1	44	6	3	3	3	3	21710	9	13	14	7	1	1
13	1	1	42	6	6	5	5	5	21724	32222	21723	11621	11118	1	3
14	1	1	39	5	5	3	5	5	21825	31614	14	31415	21313	1	1
15	1	1	35	5	5	5	5	5	11319	31111	21216	21415	21213	1	1
16	1	1	50	5	5	3	5	3	11620	31616	15	21619	15	3	1
17	1	1	44	5	4	5	5	3	11517	14	21111	21414	17	1	1
18	1	1	35	5	5	5	5	5	22424	32415	21920	22125	11322	3	1
19	1	1	39	3	5	3	5	3	11	11209	10	21013	5	1	1
20	1	1	36	5	6	5	5	5	11823	32017	12220	22825	11522	3	1
21	1	1	37	5	4	1	5	5	11318	17	0	11316	11114	1	1
22	1	1	31	3	3	3	3	3	6	5	5	11	10	1	1
23	1	1	43	3	3	3	3	3	11	5	7	6	4	1	1
24	1	1	35	5	5	5	5	5	11418	31713	21417	21416	11012	1	3
25	1	1	41	5	5	5	5	3	11519	32414	22519	22528	17	1	1
26	1	1	38	5	6	5	5	5	11728	31818	32021	32018	21714	1	1
27	2	1	44	5	5	3	5	5	31721	21114	10	21720	11212	1	1
28	1	1	43	5	5	5	5	5	11016	21518	21619	31817	21318	1	1
29	1	1	46	5	4	3	3	3	11022	11	11	14	12	1	1
30	1	1	43	5	5	3	3	3	22324	31302	15	23	19	1	1
31	1	1	34	3	4	5	5	3	20	18	21917	31417	13	1	1
32	1	1	43	1	1	1	1	3	0	0	0	0	3	1	1
33	1	1	47	5	5	3	5	3	21518	31412	12	21015	11	1	1
34	1	1	40	3	6	5	3	3	21	31717	11819	21	19	1	1
35	1	2	35	5	4	5	5	5	11722	16	31810	31415	21215	1	1
36	1	1	38	3	5	3	5	3	9	31007	7	21521	9	1	1

续表

序号	31[④] 左 指间Ⅲ/Ⅳ区纹	32 左 小鱼际纹	33 左 atd（°）	34 右拇 指纹型	35 右示 指纹型	36 右中 指纹型	37 右环 指纹型	38 右小 指纹型	39 右拇 指纹RC（条）	40 右示 指纹RC（条）	41 右中 指纹RC（条）	42 右环 指纹RC（条）	43 右小 指纹RC（条）	44 右 猿线	45 右 –c/–d/–t
37	1	1	40	6	5	3	3	3	32618	11012	15	20	11	1	1
38	1	1	38	5	6	5	5	5	10922	32913	32015	22428	11223	1	1
39	1	1	52	5	5	5	5	5	32024	31913	32115	31919	11117	1	1
40	1	2	39	3	5	3	5	3	14	31406	13	31511	8	3	1
41	2	1	33	6	5	3	3	3	11021	20908	6	15	9	2	1
42	1	2	42	5	3	1	3	3	12123	7	0	2	9	1	1
43	1	3	36	5	5	5	3	3	11221	11619	11318	20	9	1	3
44	1	1	35	5	5	5	5	5	11529	31609	21814	21616	11114	4	1
45	2	1	40	5	4	3	5	3	32017	7	3	10520	17	1	1
46	1	1	36	3	5	3	5	3	17	21214	12	11012	7	1	1
47	1	1	38	3	5	5	5	3	28	31915	22118	11827	12	1	1
48	1	1	43	3	6	6	5	5	23	32318	32318	31916	11115	1	1
49	1	1	51	5	3	3	5	5	12126	3	14	11420	10916	1	1
50	1	1	45	3	4	3	3	3	9	14	6	7	5	1	1
51	1	2	39	3	3	3	5	3	16	12	12	10706	4	1	3
52	1	1	41	5	3	3	5	3	11622	6	14	21315	17	1	1
53	1	2	46	3	3	3	3	3	18	14	11	19	18	1	1
54	1	3	41	5	2	3	5	3	32409	0	3	11217	10	1	1
55	1	1	34	5	5	5	5	3	11827	31615	11417	11617	15	1	1
56	1	1	37	5	4	3	5	3	11825	6	15	11719	17	1	1
57	1	1	34	5	5	3	5	3	11317	11512	11	31514	11	1	1
58	1	1	34	5	5	5	5	3	32117	31613	32014	21818	13	1	1
59	1	1	34	5	3	3	5	3	31908	3	13	11617	19	5	1
60	1	1	41	3	4	3	3	3	8	3	13	20	15	1	1
61	1	1	35	4	5	5	5	3	18	31713	31513	21719	15	1	1
62	1	1	40	5	3	3	3	3	11212	8	6	8	10	1	1
63	1	1	38	5	6	5	5	5	21721	31518	11518	22020	11118	1	1
64	1	1	39	5	3	3	5	3	11110	5	3	11009	5	1	1
65	1	1	46	5	5	3	5	3	11409	10708	13	11415	13	1	1
66	1	1	37	5	3	5	5	3	11523	16	11720	11520	17	1	1
67	1	1	36	3	3	3	5	5	10	5	7	11216	11213	1	1
68	1	1	32	3	4	3	3	3	12	3	3	16	14	1	3
69	1	1	38	3	3	3	3	3	23	12	12	9	7	1	1
70	1	1	40	5	5	5	5	3	11516	11513	21716	31515	15	1	1

续表

序号	31[4]	32	33	34	35	36	37	38	39	40	41	42	43	44	45
	左	左	左	右拇	右示	右中	右环	右小	右拇	右示	右中	右环	右小	右	右
	指间Ⅲ/Ⅳ区纹	小鱼际纹	atd（°）	指纹型	指纹型	指纹型	指纹型	指纹型	指纹RC（条）	指纹RC（条）	指纹RC（条）	指纹RC（条）	指纹RC（条）	猿线	-c/-d/-t
71	1	1	39	1	1	3	3	3	0	0	5	5	8	1	1
72	1	1	39	6	5	3	5	5	11217	32513	18	11117	11123	1	3
73	1	1	43	3	3	3	5	3	10	9	14	11315	13	1	1
74	1	1	41	3	5	5	5	3	17	10916	11619	31822	16	1	1
75	1	1	39	5	5	5	5	5	11719	32215	32117	31918	11318	5	1
76	1	1	39	5	5	5	5	5	32021	21419	21615	21620	11415	1	1
77	1	1	37	5	5	5	5	3	11516	31611	31404	10714	16	1	1
78	1	1	38	5	4	5	5	3	11518	15	11518	11416	15	5	1
79	1	3	41	5	5	5	5	5	22016	31410	31019	11314	10913	1	1
80	1	1	32	5	5	5	5	3	31908	31510	10815	31511	6	1	3
81	2	1	35	3	5	3	5	5	12	31106	4	21116	10413	1	1
82	1	1	45	5	4	5	5	3	11422	17	11314	10919	11	1	1
83	1	5	38	3	5	3	5	3	16	31712	5	11213	10	1	1
84	1	2	40	5	5	5	5	3	12229	32617	11215	11618	14	1	1
85	1	1	43	5	4	3	3	3	22228	2	7	22	10	1	1
86	1	6	38	3	3	3	3	3	12	8	8	12	11	1	1
87	2	1	39	5	5	5	5	5	32118	32217	32216	32620	11820	1	1
88	1	2	36	5	5	3	5	3	21818	21310	12	10713	17	1	1
89	1	1	45	5	3	3	3	3	11716	11	9	12	5	5	1
90	1	1	44	6	4	5	5	3	31724	14	31313	32018	22	1	1
91	2	3	41	5	5	3	5	5	11416	11314	13	11414	11315	1	1
92	1	1	39	1	5	5	5	5	0	11311	11611	21416	11014	1	3
93	2	1	35	5	3	3	3	3	11619	9	10	10	8	5	1
94	1	1	46	6	3	3	5	5	10918	14	13	11119	10813	1	1
95	1	1	48	5	3	3	3	3	11823	8	11	14	15	1	1
96	1	1	44	3	4	1	5	5	18	9	0	31514	10816	1	1
97	1	1	39	5	5	3	3	3	22023	31512	16	18	14	1	1
98	1	1	37	5	5	5	5	5	11622	21411	10712	10917	31406	1	1
99	1	1	40	3	5	3	5	3	19	21215	14	21416	17	1	1
100	2	1	36	3	3	3	3	3	19	9	9	15	13	1	1
101	1	3	31	3	5	5	5	5	18	31813	31916	31918	31416	1	1
102	1	1	47	5	5	5	5	3	32021	31912	31816	31718	13	1	1
103	1	2	38	5	5	5	5	3	21720	31716	11619	11517	17	1	1

续表

序号	31[④]	32	33	34	35	36	37	38	39	40	41	42	43	44	45
	左	左	左	右拇	右示	右中	右环	右小	右拇	右示	右中	右环	右小	右	右
	指间Ⅲ/Ⅳ区纹	小鱼际纹	atd（°）	指纹型	指纹型	指纹型	指纹型	指纹型	指纹RC（条）	指纹RC（条）	指纹RC（条）	指纹RC（条）	指纹RC（条）	猿线	–c/–d/–t
104	1	1	39	5	3	3	5	3	21721	13	9	11516	14	5	1
105	1	1	44	5	4	3	5	3	31315	8	6	10408	12	1	1
106	1	1	37	5	5	3	5	3	21615	31809	7	22028	18	1	3
107	2	2	39	3	3	3	3	3	16	13	11	18	4	1	1
108	1	1	41	3	3	3	3	3	16	12	16	16	9	1	1
109	1	2	41	3	3	3	3	3	7	10	9	13	6	1	1
110	1	5	35	3	3	3	3	3	9	9	5	18	5	1	1
111	1	1	39	4	4	5	5	3	13	21	21515	11319	15	1	1
112	2	1	38	3	1	3	5	3	8	0	8	21314	9	1	1
113	2	1	40	6	4	3	5	3	11020	13	11	20909	9	1	1
114	1	5	42	5	5	3	5	3	21922	32011	10	11316	16	1	1
115	1	1	36	6	6	3	5	5	11318	11415	9	31621	11216	1	1
116	1	1	ato	5	5	5	5	5	11012	32013	32418	11321	11019	1	1
117	1	3	33	5	4	3	5	5	11820	8	9	11316	21111	1	1
118	1	3	42	3	3	3	5	3	20	11	12	21112	8	1	1
119	1	1	38	5	5	5	5	3	22328	32518	33219	21820	18	1	1
120	1	1	38	5	3	3	5	3	22122	2	5	21316	10	1	1
121	1	1	38	5	6	3	5	5	11422	11513	17	21819	10619	1	1
122	1	1	38	5	3	3	5	5	20608	12	13	31210	30703	1	1
123	1	1	41	3	4	3	3	3	11	15	8	14	12	5	1
124	1	1	45	5	5	5	5	5	11521	31716	31915	32220	11419	5	1
125	1	1	36	5	4	5	5	3	12024	18	31616	21416	14	1	1
126	1	5	38	6	5	3	5	5	11420	31714	12	11520	31412	1	1
127	1	1	43	5	5	5	5	3	11524	11215	30711	11212	9	1	1
128	1	1	46	5	5	5	5	5	11719	31614	21415	11925	11116	1	1
129	1	1	42	6	3	3	5	3	10819	10	12	11018	14	1	1
130	1	1	40	3	3	3	3	3	11	11	7	14	9	5	1
131	1	7	39	3	5	5	5	5	22	10708	11819	21920	11320	1	1
132	1	2	48	5	4	5	5	5	21822	21	11621	11621	10815	1	1
133	1	1	36	6	5	5	5	5	22122	31716	32018	11521	11318	1	1
134	1	1	38	5	6	5	5	3	32220	32113	31513	11019	13	1	1
135	2	1	41	5	5	5	5	5	22021	31909	22119	22323	21918	1	1
136	1	1	49	5	5	4	5	3	21616	31708	13	11114	15	1	1
137	1	5	37	6	3	3	3	5	11522	9	13	15	10506	1	1

续表

序号	31[④] 左 指间Ⅲ/Ⅳ区纹	32 左 小鱼际纹	33 左 atd (°)	34 右拇 指纹型	35 右示 指纹型	36 右中 指纹型	37 右环 指纹型	38 右小 指纹型	39 右拇 指纹RC(条)	40 右示 指纹RC(条)	41 右中 指纹RC(条)	42 右环 指纹RC(条)	43 右小 指纹RC(条)	44 右 猿线	45 右 -c/-d/-t
138	1	1	31	5	3	3	3	3	11925	10	12	3	3	1	1
139	1	1	37	5	3	3	5	3	22020	5	7	21621	3	3	1
140	1	1	37	5	5	5	5	5	21818	21315	22020	21822	10914	1	3
141	1	2	41	5	5	5	5	5	21822	31414	31614	21415	10815	1	1
142	1	1	43	5	6	5	5	3	21817	32117	22019	11519	17	2	1
143	1	1	46	5	3	3	3	3	11516	9	8	17	13	1	1
144	1	1	39	5	5	5	5	5	12327	31922	21919	21819	11518	1	1
145	1	1	40	5	5	3	5	3	11922	32312	15	22223	14	1	1
146	1	1	50	5	5	5	5	3	12225	21612	11717	11618	15	1	1
147	1	1	36	5	5	5	5	5	31810	31310	11115	31312	31113	1	1
148	1	2	39	3	5	3	5	5	23	31412	13	11119	10913	1	1
149	1	1	37	6	3	3	3	3	11525	14	15	22	14	1	1
150	1	1	41	3	5	3	5	5	13	10913	20	31613	10507	1	1
151	1	1	38	5	5	3	3	3	22320	11318	14	17	15	1	1
152	1	1	39	1	3	3	3	2	0	8	5	6	0	1	1
153	1	1	43	5	5	5	5	5	12019	11111	10514	11215	10712	1	1
154	1	1	37	5	5	5	5	3	11824	21618	21513	11415	12	1	1
155	1	2	37	6	5	5	5	5	11925	32016	11617	11218	11214	1	1
156	1	1	41	5	5	3	5	3	11820	11418	13	21716	16	1	1
157	1	1	39	3	3	3	5	4	7	14	14	31614	10	1	1
158	1	1	39	5	6	5	5	3	11519	21718	21916	21817	19	1	1
159	1	1	37	5	3	3	5	3	11624	9	14	10618	14	1	1
160	1	1	48	3	2	3	5	3	16	0	6	21011	7	1	1
161	2	1	36	6	5	5	5	3	22014	32414	11515	21918	19	1	3
162	1	1	49	5	5	3	5	5	11723	11616	18	31721	11218	1	1
163	1	1	39	5	4	5	5	5	21817	11	31313	10916	10511	1	1
164	1	1	36	5	5	5	5	5	11417	31611	21513	31515	21311	1	3
165	1	1	34	5	5	5	5	5	32017	31512	21514	31616	30711	1	1
166	1	2	34	3	3	3	5	3	7	2	3	31310	11	1	1
167	1	1	42	5	5	3	5	5	12324	31511	18	31415	31515	1	1
168	1	1	47	5	4	5	5	3	11920	16	11312	21415	12	1	1
169	1	1	38	3	3	3	3	3	8	3	1	18	14	1	1
170	1	1	35	3	3	3	5	5	20	8	9	21317	21314	1	1
171	1	2	36	5	4	5	5	3	11120	18	10919	11519	15	5	1

续表

序号	31[④]	32	33	34	35	36	37	38	39	40	41	42	43	44	45
	左	左	左	右拇	右示	右中	右环	右小	右拇	右示	右中	右环	右小	右	右
	指间Ⅲ/Ⅳ区纹	小鱼际纹	atd（°）	指纹型	指纹型	指纹型	指纹型	指纹型	指纹RC（条）	指纹RC（条）	指纹RC（条）	指纹RC（条）	指纹RC（条）	猿线	–c/–d/–t
172	1	2	35	5	5	5	5	3	31508	31311	30509	31414	12	1	1
173	1	1	39	3	4	2	3	3	6	16	0	3	5	1	1
174	1	1	39	5	5	3	5	5	11619	21515	15	11608	11014	1	1
175	1	1	42	5	5	3	5	3	11923	31815	16	21620	13	1	1
176	1	1	39	5	5	5	5	3	11525	21815	31818	11520	15	1	1
177	1	1	38	5	3	5	5	3	11323	8	11617	11318	20	1	1
178	1	1	35	6	5	3	3	3	11317	30804	13	12	12	5	3
179	1	1	41	3	4	3	5	3	12	13	10	10513	7	1	1
180	2	1	35	5	5	3	5	5	21721	21010	10	21314	10615	1	1
181	1	1	42	5	5	3	3	3	21214	31716	9	17	12	1	1
182	1	1	43	5	5	5	5	3	10610	31610	21615	21613	11	5	3
183	1	1	37	5	5	5	5	3	21718	31713	31812	11017	11	1	1
184	2	1	41	5	5	5	5	3	11620	11113	31114	11216	15	2	1
185	1	3	48	3	5	5	5	3	16	11713	11619	11819	13	1	1
186	1	1	31	5	5	3	3	3	11619	31416	8	14	14	3	1
187	1	1	44	5	3	3	3	3	11522	12	10	10	6	1	1
188	1	1	39	5	5	5	5	5	11623	32319	31715	22120	11515	1	1
189	1	1	42	3	3	3	3	3	8	4	3	2	3	1	1
190	1	1	40	5	5	6	5	5	21918	32116	31916	22123	11419	1	1
191	1	1	38	5	5	3	5	5	11219	21514	18	31714	11114	1	4
192	2	3	39	5	4	3	3	3	31916	11	13	16	14	1	1
193	1	1	40	5	5	5	5	5	11323	31915	21415	21618	10914	1	1
194	1	1	39	3	5	3	5	5	15	21712	17	21622	10816	3	1
195	1	2	41	5	5	3	5	3	11615	31311	13	11416	11	1	1
196	1	1	41	6	5	3	5	5	11219	11010	14	10816	10316	1	1
197	1	1	38	5	5	5	5	3	22123	31617	21416	31915	16	1	1
198	1	1	34	5	3	3	5	3	11620	14	15	11019	14	1	1
199	1	1	34	5	6	5	5	5	31617	11216	31713	31820	21112	1	1
200	1	2	37	5	5	5	5	5	31206	31710	32116	21818	21419	1	1
201	1	1	34	5	5	5	5	3	11720	21717	21616	11718	18	1	1
202	1	1	37	5	3	3	5	5	11418	16	15	21216	11114	1	1
203	1	1	39	5	3	3	3	3	11321	12	9	12	11	1	1
204	1	1	37	3	3	3	3	3	4	9	8	12	9	1	1
205	2	2	40	1	3	3	3	3	0	5	8	13	10	1	1

续表

序号	31[4]	32	33	34	35	36	37	38	39	40	41	42	43	44	45
	左	左	左	右拇	右示	右中	右环	右小	右拇	右示	右中	右环	右小	右	右
	指间Ⅲ/Ⅳ区纹	小鱼际纹	atd（°）	指纹型	指纹型	指纹型	指纹型	指纹型	指纹RC（条）	指纹RC（条）	指纹RC（条）	指纹RC（条）	指纹RC（条）	猿线	-c/-d/-t
206	1	1	42	3	3	3	3	3	12	9	10	8	4	1	1
207	1	1	41	5	3	3	3	3	12221	7	6	13	9	1	1
208	1	1	50	3	5	3	3	3	15	31613	14	12	5	1	1
209	1	2	47	5	4	3	3	3	11114	3	6	14	16	1	1
210	1	1	36	5	6	3	5	5	11620	11312	14	11319	10819	1	1
211	1	1	38	3	5	3	5	3	20	21616	15	21416	15	2	1
212	1	2	43	5	3	3	3	3	11620	6	3	19	16	1	1
213	1	1	39	1	3	3	3	3	0	11	7	14	4	1	1
214	1	1	38	3	5	3	5	5	21	31411	15	11215	10812	1	1
215	1	1	40	5	5	3	3	3	32215	10913	14	13	15	1	1
216	1	1	45	3	3	5	5	3	11	13	10915	21420	7	1	1
217	1	3	41	5	5	3	5	5	11421	11217	15	11014	21015	1	1
218	2	2	46	3	3	3	3	3	15	12	11	16	5	2	3
219	1	1	34	5	5	5	5	5	21720	32012	10815	11618	10916	1	1
220	1	1	52	3	3	3	3	5	8	5	6	14	20808	1	1
221	1	1	30	3	5	5	5	3	14	31813	31613	21214	13	1	3
222	1	1	34	5	3	5	5	5	11520	16	11117	21416	11217	1	1
223	1	1	35	5	5	3	5	3	11016	31613	14	10915	10	1	1
224	1	1	41	3	3	3	5	5	21	16	15	31516	11316	1	1
225	1	1	47	5	4	5	5	5	21916	19	32620	22123	11316	1	1
226	1	1	39	5	5	5	5	5	11918	21515	21914	11817	10817	1	1
227	1	3	39	3	3	3	4	3	10	1	4	2	5	1	1
228	2	1	44	3	3	3	3	3	14	3	4	2	7	1	1
229	1	1	34	5	4	5	5	3	31409	21	31813	21717	16	1	1
230	1	1	49	5	5	3	5	5	21819	32018	20	21419	11219	1	1
231	1	1	39	5	5	3	5	3	11320	11616	15	11319	15	5	1
232	1	2	42	5	3	5	5	5	11619	9	10810	10917	10311	1	1
233	1	2	40	5	6	3	5	3	22226	11521	17	11719	15	1	1
234	2	1	40	3	4	5	5	3	2	19	31713	22023	20	1	1
235	1	1	53	5	3	3	5	3	10716	11	13	21115	9	1	1
236	1	1	42	5	6	3	5	5	12027	11722	21	11818	11421	1	1
237	1	2	48	5	5	5	5	5	11318	11316	32118	21818	10817	1	1
238	1	3	35	3	5	5	5	3	18	31206	10818	11317	12	1	1
239	1	1	38	5	5	5	5	5	11619	32015	21810	22019	10816	1	1

续表

序号	31[④]	32	33	34	35	36	37	38	39	40	41	42	43	44	45
	左	左	左	右拇	右示	右中	右环	右小	右拇	右示	右中	右环	右小	右	右
	指间Ⅲ/Ⅳ区纹	小鱼际纹	atd（°）	指纹型	指纹型	指纹型	指纹型	指纹型	指纹RC（条）	指纹RC（条）	指纹RC（条）	指纹RC（条）	指纹RC（条）	猿线	–c/–d/–t
240	2	1	40	1	1	3	1	3	0	0	1	0	2	1	1
241	1	1	40	5	5	5	5	3	10911	31611	32011	11322	17	1	3
242	1	1	32	5	5	5	5	5	31714	31913	21917	31922	11219	1	1
243	1	1	42	3	3	3	3	3	10	4	7	13	12	1	1
244	1	1	39	3	3	3	3	3	23	5	11	15	9	1	1
245	1	1	40	3	3	3	3	3	17	7	4	13	5	1	3
246	1	1	40	3	5	5	5	3	14	31207	31414	11117	15	1	1
247	1	1	38	5	4	3	6	3	11822	22	12	11217	17	1	1
248	1	1	43	3	3	3	3	3	18	16	13	13	8	3	1
249	1	1	41	3	3	3	5	3	14	6	12	10917	3	1	1
250	1	1	42	3	3	3	5	3	14	8	3	10812	8	1	1
251	1	1	40	5	5	3	5	5	22322	21417	15	21615	11010	1	1
252	1	1	47	5	3	3	3	3	21515	8	9	15	15	1	1
253	1	1	58	5	5	5	5	5	11615	11213	10814	31513	20909	1	1
254	1	1	38	3	5	5	5	5	16	31614	22720	22829	11213	5	1
255	1	2	37	5	4	5	5	3	22018	22	32015	31917	16	1	1
256	2	1	37	5	3	3	3	3	10919	3	5	13	16	1	1
257	1	1	42	5	3	3	5	3	11115	9	12	10815	6	1	1
258	1	1	38	3	4	3	3	3	18	20	10	16	12	1	1
259	1	1	34	5	5	5	5	5	10713	31514	10813	10916	10813	1	3
260	1	1	43	5	5	3	5	3	11416	31710	13	11016	16	1	1
261	1	1	50	1	1	1	3	1	0	0	0	2	0	1	1
262	2	1	51	3	3	5	5	3	10	6	31207	21212	10	1	1
263	1	1	45	6	5	3	3	3	10920	31917	18	19	11	1	1
264	1	1	33	3	1	3	5	1	11	0	9	11318	0	1	1
265	1	1	44	5	5	5	5	3	12220	31718	22220	21617	15	1	1
266	1	2	aod	5	5	3	6	3	12218	32017	14	11922	16	2	1
267	1	1	36	5	3	3	3	3	11616	8	9	13	11	1	1
268	1	1	37	3	5	1	3	3	13	30413	0	12	10	1	1
269	1	1	aod	5	5	3	3	3	22122	31515	12	14	16	2	1
270	1	1	45	3	3	3	3	3	17	3	9	10	12	1	1
271	1	1	37	5	4	3	5	3	11521	4	9	11119	18	1	1
272	1	1	44	5	5	5	5	5	31917	32019	12230	22625	11319	1	1
273	1	1	39	3	5	3	3	3	17	11016	8	16	6	1	1

续表

序号	31[④]	32	33	34	35	36	37	38	39	40	41	42	43	44	45
	左	左	左	右拇	右示	右中	右环	右小	右拇	右示	右中	右环	右小	右	右
	指间Ⅲ/Ⅳ区纹	小鱼际纹	atd（°）	指纹型	指纹型	指纹型	指纹型	指纹型	指纹RC（条）	指纹RC（条）	指纹RC（条）	指纹RC（条）	指纹RC（条）	猿线	–c/–d/–t
274	1	2	42	3	3	3	5	3	10	8	12	31405	8	1	1
275	1	1	41	5	5	5	5	5	31714	11115	21618	21315	10813	1	1
276	1	1	42	3	5	5	3	3	18	31508	10712	13	12	1	3
277	1	1	41	3	3	3	5	5	3	16	13	10920	11219	1	1
278	1	1	44	3	3	3	3	3	19	6	7	3	4	1	1
279	1	1	42	5	5	5	5	5	31512	11114	21215	21514	21111	1	1
280	2	1	49	3	3	3	5	3	20	12	14	31614	12	1	1
281	1	3	36	3	5	3	5	3	15	21917	10	21719	16	1	1
282	1	1	37	5	6	5	5	3	21925	31407	21714	21823	20	1	1
283	1	1	34	3	1	3	3	3	16	0	6	10	5	1	1
284	1	1	38	3	1	3	3	3	13	0	8	15	11	5	1
285	1	1	37	3	5	5	5	3	16	11416	21717	32117	14	1	1
286	1	1	38	3	5	3	3	3	18	10815	14	14	11	5	1
287	1	5	39	5	3	3	5	3	31824	12	15	11115	15	1	1
288	1	1	39	3	6	3	5	5	9	10512	14	11018	21315	1	1
289	2	1	48	5	3	5	5	5	21720	15	11218	21619	11116	1	1
290	1	1	35	5	5	5	5	3	11617	32112	31714	31920	15	1	1
291	1	1	45	3	3	3	5	3	19	8	6	10715	13	1	1
292	1	1	40	5	3	3	3	3	11417	18	13	10	8	1	1
293	1	1	37	5	5	3	3	3	12023	11215	13	18	12	1	1
294	1	1	33	6	6	3	5	3	10612	31512	12	11819	17	1	3
295	1	1	40	5	6	5	5	3	22220	21718	11718	11619	14	2	1
296	1	1	40	3	3	3	5	3	20	14	11	11716	14	1	1
297	1	1	36	3	3	3	5	5	14	9	10	10913	10619	1	1
298	1	2	40	6	5	6	5	5	11825	32219	22222	11720	11217	1	1
299	2	5	36	5	3	3	3	3	11219	13	10	10	7	5	1
300	1	1	43	3	3	3	5	3	1	6	12	10719	4	1	1
301	1	3	42	3	3	3	5	3	15	15	16	11416	13	1	1
302	1	1	43	3	4	3	5	3	9	8	11	10708	5	1	1
303	2	1	37	5	5	5	5	3	12026	21224	12025	11824	20	5	1
304	1	1	50	6	3	3	5	3	11212	3	15	10719	8	1	1
305	1	1	42	3	5	5	5	5	12	31207	10413	32218	10712	5	1
306	1	1	45	6	5	5	5	3	11117	21414	10914	21718	14	1	1
307	2	1	42	6	4	6	5	5	11615	8	10717	11816	10817	1	1

续表

序号	31[④] 左 指间Ⅲ/Ⅳ区纹	32 左 小鱼际纹	33 左 atd（°）	34 右拇 指纹型	35 右示 指纹型	36 右中 指纹型	37 右环 指纹型	38 右小 指纹型	39 右拇 指纹RC（条）	40 右示 指纹RC（条）	41 右中 指纹RC（条）	42 右环 指纹RC（条）	43 右小 指纹RC（条）	44 右 猿线	45 右 –c/–d/–t
308	2	1	42	3	3	3	5	3	13	13	10	11117	11	1	1
309	1	1	41	5	5	5	5	3	32118	11518	11821	11822	17	1	1
310	1	1	41	5	3	5	5	3	11221	10	11014	31114	8	1	1
311	1	1	43	3	3	3	3	3	4	9	7	19	10	1	1
312	1	3	41	3	5	5	5	3	15	31916	22318	22223	18	1	1
313	1	1	36	6	2	3	3	3	11515	0	5	9	7	5	1
314	1	1	36	3	3	3	3	3	14	7	3	5	4	1	1
315	1	2	37	3	5	5	5	5	19	31515	32018	31316	31009	1	1
316	1	1	44	3	4	3	5	5	17	16	12	11016	10616	1	1
317	1	2	39	5	5	5	5	5	11721	11918	12119	21519	11116	1	1
318	1	1	43	5	5	5	5	3	31921	21315	21316	11416	15	1	1
319	1	1	39	3	5	5	5	3	20	31412	11215	11215	14	1	1
320	1	1	43	5	3	5	3	3	12022	9	10711	19	12	5	3
321	1	3	44	5	5	5	5	5	11828	32016	11816	11620	11318	1	1
322	1	3	42	5	5	5	5	3	31005	31309	11317	31612	6	1	1
323	2	1	48	5	5	5	5	5	32620	11719	11320	11621	11420	5	1
324	1	1	40	5	3	3	3	3	11623	15	10	20	19	1	1
325	1	3	43	5	3	3	5	5	11217	19	16	21717	10716	5	1
326	1	1	42	5	4	3	5	3	11516	15	13	10918	12	1	1
327	1	1	43	5	5	5	5	3	12118	32114	31617	11720	16	1	1
328	1	1	39	5	2	3	3	3	31517	0	14	8	5	1	1
329	1	1	38	3	4	4	5	3	13	13	7	21414	12	1	1
330	1	2	43	5	5	3	5	5	32018	32707	11	11316	11115	1	1
331	1	1	36	6	6	6	5	6	11923	32220	11521	31817	11319	1	1
332	1	1	42	5	5	3	5	3	21417	31414	17	11220	15	1	1
333	1	1	44	5	5	5	5	3	22118	31711	31612	21718	14	1	1
334	1	1	42	3	5	4	5	3	11	31308	10	31010	9	1	1
335	1	1	44	5	5	5	5	3	21719	31813	11313	11022	15	1	1
336	1	1	39	6	5	5	5	5	11120	31708	10712	21614	11317	1	1
337	1	2	42	6	6	3	5	5	11114	10708	2	21317	10914	1	1
338	1	1	42	6	2	3	3	3	11117	0	4	15	10	5	1
339	1	2	47	3	5	5	5	5	13	21814	22218	31516	31211	1	1
340	1	1	45	5	3	3	5	3	11119	15	12	11217	10	1	1

续表

序号	31[④]	32	33	34	35	36	37	38	39	40	41	42	43	44	45
	左	左	左	右拇	右示	右中	右环	右小	右拇	右示	右中	右环	右小	右	右
	指间Ⅲ/Ⅳ区纹	小鱼际纹	atd（°）	指纹型	指纹型	指纹型	指纹型	指纹型	指纹RC（条）	指纹RC（条）	指纹RC（条）	指纹RC（条）	指纹RC（条）	猿线	-c/-d/-t
341	1	1	42	3	3	3	5	3	17	9	9	31414	7	5	1
342	1	1	40	3	3	6	5	3	17	15	11419	21723	19	1	1
343	1	1	43	5	4	3	4	3	11119	5	11	8	7	1	1
344	1	1	46	5	5	5	5	5	12123	22118	32323	32121	21517	1	1
345	1	1	43	5	3	3	5	3	11416	14	15	10718	15	1	1
346	1	2	36	5	5	5	5	3	22024	32015	32115	31821	16	1	1
347	1	2	40	3	5	5	5	5	18	32315	12113	11824	11119	1	1
348	1	1	36	3	5	5	5	5	14	11112	11212	11114	10312	1	1
349	1	1	37	5	3	3	5	3	11719	9	10	11619	17	5	1
350	1	1	40	6	3	3	3	3	11024	11	11	17	13	2	1
351	1	1	31	3	3	3	3	3	21	13	10	14	2	5	5
352	1	1	41	3	3	3	3	3	10	6	10	5	4	1	1
353	1	1	44	5	5	5	5	3	21715	32211	21714	11016	17	1	1
354	1	1	45	3	3	3	3	3	8	10	8	15	13	1	1
355	1	1	40	6	6	3	5	3	10914	10212	8	11218	11	1	1
356	1	1	36	5	4	5	5	5	11419	15	11319	11517	11014	1	1
357	1	1	41	5	3	3	3	3	12021	17	11	19	19	1	1
358	1	1	38	6	3	3	5	5	22224	13	14	11020	10720	1	1
359	1	2	41	6	5	3	6	5	11218	11512	18	10817	10915	5	1
360	2	1	45	5	5	3	5	5	11821	32015	17	31718	11717	1	1
361	1	1	55	5	5	3	5	3	11323	10715	13	2118	14	2	1
362	1	1	38	5	3	3	5	5	21515	11	16	21517	10715	1	1
363	1	1	39	5	5	3	5	3	12022	31313	17	31617	20	1	1
364	1	1	38	5	2	3	5	3	21416	0	14	21318	11	1	1
365	1	1	42	5	5	5	5	5	12022	1118	21916	11826	11118	2	1
366	1	2	40	3	5	3	5	3	10	31112	13	11014	8	3	1
367	1	2	38	5	3	3	3	3	32016	12	13	16	8	1	1
368	2	1	51	5	5	3	5	3	11520	11016	16	11420	15	1	1
369	1	2	34	1	3	3	5	3	0	3	5	31211	7	1	1
370	1	1	46	3	4	3	5	3	9	2	8	10917	14	1	1
371	1	1	39	5	5	3	3	3	21416	31510	9	13	14	1	3
372	1	1	38	3	1	3	3	3	18	0	6	14	4	1	1
373	2	1	33	3	5	5	5	3	9	10509	31307	31417	10	2	1
374	1	1	40	6	5	5	5	3	11124	32014	11517	11220	18	1	1
375	1	3	40	3	3	3	5	3	19	13	12	10813	8	1	1

续表

序号	31[④]	32	33	34	35	36	37	38	39	40	41	42	43	44	45
	左	左	左	右拇	右示	右中	右环	右小	右拇	右示	右中	右环	右小	右	右
	指间Ⅲ/Ⅳ区纹	小鱼际纹	atd（°）	指纹型	指纹型	指纹型	指纹型	指纹型	指纹RC（条）	指纹RC（条）	指纹RC（条）	指纹RC（条）	指纹RC（条）	猿线	–c/–d/–t
376	1	1	41	5	5	3	5	3	11417	31509	11	10916	14	1	1
377	1	1	37	5	3	5	4	3	10815	13	31410	14	14	4	1
378	1	1	43	5	5	5	5	5	11920	22220	31915	31823	11517	1	1
379	1	1	37	3	3	3	5	3	9	8	12	11215	13	1	1
380	1	1	36	3	3	1	1	1	10	6	0	0	0	1	1
381	1	2	48	3	3	3	3	3	19	14	12	15	8	1	1
382	2	2	46	3	3	3	3	3	13	4	11	10	6	1	1
383	1	2	41	3	3	3	5	5	20	15	15	21920	21415	1	1
384	1	1	40	5	5	3	5	5	11113	11515	14	32018	31213	1	1
385	2	1	37	5	5	5	5	5	11822	31612	31510	31411	31008	1	1
386	1	1	40	5	3	3	3	3	31108	3	5	5	5	1	1
387	1	1	32	6	5	3	3	3	11119	21011	13	15	12	1	1
388	1	1	34	6	3	3	3	3	22015	17	16	20	15	1	1
389	1	1	aod	5	3	3	3	3	11923	6	10	15	13	1	1
390	1	1	39	6	5	5	5	5	10921	11718	11818	11820	10915	1	3
391	1	1	39	5	5	5	5	3	21816	31814	31413	11116	15	1	1
392	1	1	38	3	5	3	3	3	17	31610	13	16	10	5	1
393	2	1	46	5	3	3	5	3	11018	14	15	31313	2	2	1
394	1	1	41	5	5	6	6	6	11715	31411	10916	11319	11016	1	1
395	1	1	50	5	5	5	5	5	11619	32419	32320	21918	11115	1	1
396	1	1	45	5	5	5	5	5	11620	21618	32419	32718	10915	1	1
397	1	2	44	6	3	3	5	3	10726	15	14	21420	13	2	1
398	2	1	41	1	3	3	5	3	0	3	7	10914	12	1	1
399	1	1	46	5	5	3	3	3	11318	11014	14	13	11	5	1
400	1	1	38	3	3	3	3	3	9	3	11	11	4	5	1

序号	46	47	48	49	50	51	52	53	54	55	56	57	58	59	60
	右	右	右	右	右	右	右	右	右	左	右	左 tPD	左 tPD	右 tPD	右 tPD
	a-b RC（条）	大鱼际/指间Ⅰ区纹	指间Ⅱ区纹	指间Ⅲ区纹	指间Ⅳ区纹	指间Ⅱ/Ⅲ区纹	指间Ⅲ/Ⅳ区纹	小鱼际纹	atd（°）	小指单褶	小指单褶	长线	短线	长线	短线
1	33	1	1	1	2	1	1	1	46	1	1	105	29	104	34
2	35	1	1	1	2	1	1	3	45	1	1	106	16	100	16
3	36	1	1	1	1	1	1	1	36	1	1	110	16	114	19

续表

序号	46	47	48	49	50	51	52	53	54	55	56	57	58	59	60
	右	右	右	右	右	右	右	右	右	左	右	左 tPD	左 tPD	右 tPD	右 tPD
	a-b RC（条）	大鱼际/指间Ⅰ区纹	指间Ⅱ区纹	指间Ⅲ区纹	指间Ⅳ区纹	指间Ⅱ/Ⅲ区纹	指间Ⅲ/Ⅳ区纹	小鱼际纹	atd（°）	小指单褶	小指单褶	长线	短线	长线	短线
4	37	1	1	1	2	1	1	1	37	1	1	114	20	111	17
5	39	1	1	2	1	1	1	1	43	1	1	109	24	105	21
6	43	1	1	1	2	1	1	3	48	1	1	115	16	113	27
7	41	1	1	1	2	1	1	1	38	1	1	105	15	103	11
8	40	1	1	2	1	1	1	1	43	1	1	110	25	117	33
9	47	1	1	1	2	1	1	1	45	1	1	115	30	116	33
10	35	8	1	2	1	1	1	1	48	1	1	112	28	110	33
11	37	1	1	1	2	1	1	1	37	1	1	117	21	112	12
12	41	1	1	1	2	1	1	1	41	1	1	109	27	100	20
13	39	1	1	1	2	1	1	1	43	1	1	105	14	107	22
14	38	1	1	1	2	1	1	1	43	1	1	100	14	100	22
15	35	1	1	2	1	1	1	3	36	1	1	112	16	110	13
16	38	1	1	1	2	1	1	1	47	1	1	105	25	104	30
17	36	4	1	2	2	1	1	1	38	1	1	107	24	112	17
18	37	1	1	1	1	1	2	1	36	1	1	115	14	115	16
19	43	1	1	1	2	1	1	1	41	1	1	105	19	113	30
20	36	1	1	1	2	1	1	1	34	1	1	110	16	110	18
21	38	1	1	2	1	1	1	1	37	1	1	109	11	115	25
22	37	4	1	1	2	1	1	1	33	1	1	108	13	105	16
23	41	1	1	1	2	1	1	1	44	1	1	103	20	94	21
24	30	1	1	1	1	1	1	1	36	1	1	112	10	113	18
25	41	1	1	1	2	1	1	1	48	1	1	109	20	103	10
26	37	1	1	2	1	1	1	1	38	1	1	108	13	108	20
27	31	1	1	1	2	1	1	1	48	1	1	116	28	112	32
28	36	1	1	2	1	1	1	1	42	1	1	108	22	118	35
29	42	1	1	1	2	1	1	1	46	1	1	105	18	112	35
30	38	1	1	2	2	1	1	1	41	1	1	110	23	106	18
31	38	1	1	1	1	1	2	1	37	1	1	107	13	107	15
32	39	1	1	1	2	1	1	1	42	1	1	115	21	109	21
33	42	1	1	1	2	1	1	1	58	1	1	106	26	107	45
34	38	1	1	2	1	1	1	1	39	1	1	110	18	107	25
35	36	1	1	1	2	1	1	2	33	1	1	117	10	115	16
36	40	1	1	1	2	1	1	1	43	1	1	115	19	95	16

续表

序号	46	47	48	49	50	51	52	53	54	55	56	57	58	59	60
	右	右	右	右	右	右	右	右	右	左	右	左 tPD	左 tPD	右 tPD	右 tPD
	a-b RC（条）	大鱼际/指间Ⅰ区纹	指间Ⅱ区纹	指间Ⅲ区纹	指间Ⅳ区纹	指间Ⅱ/Ⅲ区纹	指间Ⅲ/Ⅳ区纹	小鱼际纹	atd（°）	小指单褶	小指单褶	长线	短线	长线	短线
37	42	1	1	1	2	1	1	1	39	1	1	121	25	115	15
38	43	1	1	1	2	1	1	1	39	1	1	105	21	102	19
39	35	1	1	1	2	1	1	1	60	1	1	107	41	101	38
40	33	1	1	1	2	1	1	1	41	1	1	109	13	106	10
41	37	1	1	2	1	1	1	1	34	1	1	102	17	100	23
42	41	1	1	1	2	1	1	2	41	1	1	107	18	107	18
43	27	1	1	1	1	1	1	1	32	1	1	108	24	106	22
44	42	1	1	1	2	1	1	1	32	1	1	120	14	118	18
45	36	1	1	1	2	1	1	1	42	1	1	114	17	108	20
46	32	1	1	2	1	1	1	1	41	1	1	108	13	108	28
47	44	1	1	1	2	1	1	1	39	1	1	110	15	115	30
48	36	1	1	1	2	1	1	1	46	1	1	105	7	105	26
49	42	1	1	1	2	1	1	1	53	1	1	102	22	105	32
50	35	1	1	1	2	1	1	1	43	1	1	115	21	105	20
51	41	1	1	1	1	1	1	2	39	1	1	102	14	98	11
52	39	1	1	2	2	1	1	1	40	1	1	107	12	115	20
53	40	1	1	1	2	1	1	2	45	1	1	104	20	106	31
54	38	1	1	1	2	1	1	3	43	1	1	120	22	115	27
55	40	1	1	1	2	1	1	1	47	1	1	115	35	115	19
56	39	1	1	1	2	1	1	2	36	1	1	110	26	107	11
57	31	1	1	2	1	1	1	1	37	1	1	120	25	112	30
58	37	1	1	1	2	1	1	1	34	1	1	110	15	110	15
59	34	1	1	1	2	1	1	1	33	1	1	105	14	104	14
60	43	1	1	1	2	1	1	1	42	1	1	102	8	102	8
61	32	1	1	1	1	1	2	1	32	1	1	108	9	115	15
62	36	1	1	1	2	1	1	1	36	1	1	110	18	110	18
63	37	1	2	2	2	1	1	1	35	1	1	116	14	114	12
64	31	1	1	1	2	1	1	1	42	1	1	110	28	102	21
65	37	1	1	1	2	1	1	1	38	1	1	100	15	98	11
66	41	1	1	1	2	1	1	1	40	1	1	115	23	110	25
67	34	1	1	1	2	1	1	1	36	1	1	111	16	109	17
68	31	1	1	1	1	1	1	1	27	1	1	112	13	111	18
69	40	1	1	1	2	1	1	1	38	1	1	115	11	113	16

续表

序号	46	47	48	49	50	51	52	53	54	55	56	57	58	59	60
	右	右	右	右	右	右	右	右	右	左	右	左 tPD	左 tPD	右 tPD	右 tPD
	a-b RC（条）	大鱼际/指间Ⅰ区纹	指间Ⅱ区纹	指间Ⅲ区纹	指间Ⅳ区纹	指间Ⅱ/Ⅲ区纹	指间Ⅲ/Ⅳ区纹	小鱼际纹	atd（°）	小指单褶	小指单褶	长线	短线	长线	短线
70	39	1	1	1	1	1	2	1	43	1	1	105	18	100	20
71	40	1	1	1	2	1	1	1	41	1	1	116	21	105	13
72	35	1	1	1	1	1	1	1	37	1	1	105	15	102	19
73	37	1	1	1	2	1	1	1	40	1	1	110	20	112	22
74	39	1	1	1	1	1	2	1	40	1	1	100	8	100	9
75	38	1	1	1	2	1	1	2	44	1	1	97	17	96	24
76	41	1	1	1	2	1	1	1	39	1	1	110	16	108	12
77	39	1	1	1	1	1	2	1	37	1	1	115	18	118	22
78	40	1	1	1	2	1	1	1	43	1	1	115	17	115	26
79	33	1	1	1	2	1	1	1	42	1	1	15	24	115	29
80	28	1	1	1	1	1	1	1	31	1	1	114	15	111	19
81	30	1	1	1	2	1	1	1	32	1	1	111	20	106	12
82	32	1	1	1	2	1	1	1	41	1	1	117	38	116	36
83	33	1	1	2	1	1	1	5	41	1	1	115	23	116	23
84	43	1	1	1	2	1	1	1	38	1	1	115	18	115	20
85	47	1	1	1	2	1	1	1	44	1	1	117	21	116	22
86	29	1	1	1	2	1	1	5	40	1	1	108	18	105	15
87	34	1	1	1	1	1	2	1	38	1	1	114	12	111	11
88	34	1	1	1	2	1	1	1	38	1	1	105	10	100	8
89	43	1	1	1	2	1	1	1	46	1	1	101	26	100	13
90	39	1	1	1	2	1	1	1	44	1	1	112	20	110	20
91	33	4	1	1	1	1	2	3	40	1	1	112	17	108	16
92	32	1	1	1	1	1	1	1	32	1	1	108	26	106	20
93	35	1	1	2	1	1	1	1	40	1	1	105	10	104	21
94	38	1	1	2	2	1	1	1	44	1	1	105	18	96	12
95	36	1	1	1	2	1	1	1	38	1	1	110	14	108	10
96	37	1	1	1	2	1	1	1	44	1	1	115	17	116	21
97	37	1	1	1	2	1	1	1	36	1	1	105	9	104	14
98	40	1	1	1	2	1	1	1	38	1	1	103	14	99	12
99	32	8	1	1	1	1	1	1	41	1	1	116	23	111	24
100	38	1	1	1	2	1	2	1	32	1	1	115	14	112	15
101	31	1	1	2	1	1	1	3	38	1	1	106	13	100	11
102	35	1	1	1	2	1	1	5	36	1	1	105	27	112	20

续表

序号	46	47	48	49	50	51	52	53	54	55	56	57	58	59	60
	右	右	右	右	右	右	右	右	右	左	右	左 tPD	左 tPD	右 tPD	右 tPD
	a-b RC（条）	大鱼际/指间Ⅰ区纹	指间Ⅱ区纹	指间Ⅲ区纹	指间Ⅳ区纹	指间Ⅱ/Ⅲ区纹	指间Ⅲ/Ⅳ区纹	小鱼际纹	atd（°）	小指单褶	小指单褶	长线	短线	长线	短线
103	37	1	1	1	2	1	1	3	40	1	1	107	8	107	10
104	36	1	1	1	2	1	1	1	37	1	1	105	27	106	25
105	42	1	1	2	2	1	1	1	52	1	1	110	26	100	34
106	34	1	1	1	1	1	1	1	36	1	1	112	23	112	23
107	36	1	1	2	1	1	1	1	38	1	1	112	9	111	13
108	40	1	1	1	2	1	1	1	41	1	1	120	14	111	11
109	43	1	1	1	2	1	1	1	41	1	1	100	12	95	14
110	31	1	1	1	2	1	1	1	41	1	1	120	28	110	30
111	39	1	1	1	2	1	1	1	39	1	1	110	10	106	16
112	40	1	1	2	1	1	1	1	39	1	1	104	6	104	7
113	38	1	1	2	1	1	1	1	36	1	1	100	12	100	30
114	40	1	1	1	2	1	1	1	43	1	1	115	18	110	13
115	36	1	1	1	2	1	1	7	36	1	1	118	13	115	15
116	41	1	1	1	2	1	1	1	45	1	1	111	16	109	16
117	30	1	1	1	1	1	2	3	38	1	1	105	10	98	8
118	41	1	1	1	2	1	1	3	42	1	1	108	17	108	10
119	44	1	1	1	1	1	2	1	40	1	1	105	9	104	12
120	37	1	1	1	1	1	2	1	39	1	1	110	17	108	10
121	31	1	1	1	2	1	1	1	40	1	1	107	12	107	15
122	38	1	1	1	2	1	1	1	40	1	1	108	18	108	23
123	31	1	1	1	1	1	1	1	37	1	1	108	26	110	28
124	38	6	1	1	2	1	1	1	47	1	1	100	12	100	14
125	41	1	1	1	2	1	1	1	35	1	1	120	14	108	11
126	38	1	1	1	2	1	1	1	37	1	1	110	17	100	10
127	34	1	1	2	1	1	1	1	42	1	1	105	12	103	14
128	44	1	1	1	2	1	1	1	46	1	1	114	24	105	19
129	37	1	1	1	2	1	1	2	41	1	1	106	15	105	15
130	39	1	1	1	2	1	1	1	37	1	1	115	23	111	18
131	38	1	1	1	2	1	1	7	38	1	1	103	15	105	28
132	40	1	1	1	2	1	1	1	48	1	1	108	22	104	20
133	32	1	1	2	1	1	2	1	42	1	1	117	14	108	16
134	40	1	1	1	2	1	1	1	39	1	1	111	14	100	7
135	37	1	1	2	1	1	1	1	43	1	1	110	12	107	20

续表

序号	46	47	48	49	50	51	52	53	54	55	56	57	58	59	60
	右	右	右	右	右	右	右	右	右	左	右	左 tPD	左 tPD	右 tPD	右 tPD
	a-b RC（条）	大鱼际/指间Ⅰ区纹	指间Ⅱ区纹	指间Ⅲ区纹	指间Ⅳ区纹	指间Ⅱ/Ⅲ区纹	指间Ⅲ/Ⅳ区纹	小鱼际纹	atd（°）	小指单褶	小指单褶	长线	短线	长线	短线
136	41	1	1	1	2	1	1	1	38	1	1	106	22	109	19
137	40	1	1	1	2	1	1	5	33	1	1	115	12	120	8
138	30	1	1	1	2	1	1	1	32	1	1	110	12	106	10
139	32	1	1	1	2	1	1	1	40	1	1	110	9	106	17
140	38	1	1	1	1	1	1	1	41	1	1	110	17	108	20
141	35	1	1	1	2	1	1	2	39	1	1	104	16	105	13
142	46	1	1	1	2	1	1	1	44	1	1	109	20	105	15
143	37	4	1	1	2	1	1	1	43	1	1	110	7	112	18
144	40	1	1	1	2	1	1	1	38	1	1	104	12	107	15
145	43	2	1	2	1	1	1	1	54	1	1	105	15	100	19
146	39	1	1	1	2	1	1	1	36	1	1	95	28	93	17
147	27	1	1	1	1	1	2	1	35	1	1	107	13	102	15
148	41	1	1	1	2	1	1	2	39	1	1	103	10	105	13
149	32	1	1	2	1	1	1	1	35	1	1	110	10	114	19
150	38	1	1	2	1	1	1	1	34	1	1	113	18	114	14
151	40	1	1	1	1	1	2	1	37	1	1	110	21	100	17
152	42	1	1	1	2	1	1	1	39	1	1	113	13	105	10
153	48	1	1	1	2	1	1	1	43	1	1	111	15	113	28
154	32	4	1	1	2	1	1	1	38	1	1	110	13	109	14
155	33	1	1	1	2	1	1	2	38	1	1	107	15	108	18
156	44	2	1	2	1	1	1	1	53	1	1	100	13	100	28
157	40	1	1	2	1	1	1	1	38	1	1	104	10	106	12
158	32	1	1	2	1	1	1	1	34	1	1	110	19	112	15
159	37	1	1	1	2	1	1	1	40	1	1	106	14	106	15
160	47	4	1	1	2	1	1	1	48	1	1	115	26	110	21
161	31	1	1	1	1	1	1	1	38	1	1	115	19	110	16
162	43	1	1	1	2	1	1	1	50	1	1	110	24	105	26
163	35	1	1	1	2	1	1	1	38	1	1	115	19	112	20
164	32	1	1	1	1	1	1	2	40	1	1	113	19	110	28
165	40	1	1	1	2	1	1	1	36	1	1	105	11	100	12
166	28	1	1	1	2	1	1	3	33	1	1	108	16	108	16
167	49	1	1	2	1	1	1	1	42	1	1	104	13	104	20
168	36	1	1	1	2	1	1	1	38	1	1	115	24	108	16
169	30	1	1	2	1	1	1	1	38	1	1	110	18	105	20

续表

序号	46	47	48	49	50	51	52	53	54	55	56	57	58	59	60
	右	右	右	右	右	右	右	右	右	左	右	左 tPD	左 tPD	右 tPD	右 tPD
	a-b RC（条）	大鱼际/指间Ⅰ区纹	指间Ⅱ区纹	指间Ⅲ区纹	指间Ⅳ区纹	指间Ⅱ/Ⅲ区纹	指间Ⅲ/Ⅳ区纹	小鱼际纹	atd（°）	小指单褶	小指单褶	长线	短线	长线	短线
170	31	1	1	2	1	1	1	1	37	1	1	115	20	110	18
171	42	1	1	2	1	1	1	1	37	1	1	105	12	105	13
172	38	1	1	1	2	1	1	1	34	1	1	120	17	114	14
173	33	1	1	1	2	1	1	1	39	1	1	110	24	105	21
174	44	1	1	1	2	1	1	1	39	1	1	105	15	108	14
175	39	4	1	2	1	1	1	1	40	1	1	108	17	106	14
176	34	1	1	1	2	1	1	1	41	1	1	110	16	108	15
177	32	1	1	2	1	1	1	1	32	1	1	110	13	115	17
178	31	1	1	1	2	1	1	1	33	1	1	100	11	105	11
179	40	1	1	1	2	1	1	1	37	1	1	115	25	115	26
180	40	1	1	1	2	1	1	1	37	1	1	115	19	110	18
181	44	7	1	1	2	1	1	1	42	1	1	144	10	105	10
182	38	1	1	1	1	1	1	1	43	1	1	105	23	105	25
183	26	1	2	2	2	1	1	3	40	1	1	112	24	100	24
184	41	4	1	1	1	1	2	1	41	1	1	103	10	100	12
185	37	1	1	1	1	1	2	3	50	1	1	104	30	106	41
186	30	1	1	1	2	1	1	1	30	1	1	120	13	110	10
187	36	1	1	1	2	1	1	1	47	1	1	100	15	110	41
188	37	4	1	1	2	1	1	1	40	1	1	120	21	118	33
189	36	7	1	1	2	1	1	1	43	1	1	98	14	100	19
190	39	1	1	1	2	1	1	1	40	1	1	115	10	105	7
191	37	1	1	1	1	1	1	1	ato	1	1	108	22	110	30
192	33	1	1	1	2	1	1	3	35	1	1	105	16	100	13
193	41	1	1	2	1	1	1	1	40	1	1	103	12	102	12
194	40	1	1	2	1	1	1	1	42	1	1	103	10	105	19
195	36	1	1	1	2	1	1	2	40	1	1	110	19	110	23
196	34	1	1	1	2	1	1	1	39	1	1	110	26	105	25
197	48	1	1	1	2	1	1	1	40	1	1	110	12	115	20
198	33	1	2	2	1	1	1	1	31	1	1	107	6	105	12
199	38	1	1	1	2	1	1	1	32	1	1	124	17	123	20
200	36	1	1	1	2	1	1	2	39	1	1	110	12	110	17
201	31	1	1	1	2	1	1	5	39	1	1	96	14	97	15
202	44	1	1	1	2	1	1	1	39	1	1	100	17	102	19
203	36	1	1	1	2	1	1	1	35	1	1	96	15	94	14

续表

序号	46	47	48	49	50	51	52	53	54	55	56	57	58	59	60
	右	右	右	右	右	右	右	右	右	左	右	左 tPD	左 tPD	右 tPD	右 tPD
	a-b RC（条）	大鱼际/指间Ⅰ区纹	指间Ⅱ区纹	指间Ⅲ区纹	指间Ⅳ区纹	指间Ⅱ/Ⅲ区纹	指间Ⅲ/Ⅳ区纹	小鱼际纹	atd（°）	小指单褶	小指单褶	长线	短线	长线	短线
204	39	1	1	1	2	1	1	1	37	1	1	94	18	96	17
205	29	1	1	2	1	1	1	3	40	1	1	99	16	100	16
206	37	1	1	1	2	1	1	1	42	1	1	95	23	96	24
207	44	1	1	1	2	1	1	1	41	1	1	94	8	93	5
208	38	1	1	1	2	1	1	1	41	1	1	100	12	100	17
209	37	1	1	1	2	1	1	1	45	1	1	101	22	98	21
210	32	1	1	1	2	1	1	1	35	1	1	95	12	95	9
211	37	1	1	1	2	1	1	1	41	1	1	100	20	100	19
212	40	1	1	2	2	1	1	1	44	1	1	100	21	105	26
213	33	1	1	2	1	1	1	1	45	1	1	97	18	97	23
214	37	1	1	1	2	1	1	1	37	1	1	100	9	100	10
215	46	1	1	1	2	1	1	1	35	1	1	104	18	97	12
216	34	1	1	1	1	1	2	1	42	1	1	100	28	96	19
217	34	6	1	2	2	1	1	3	41	1	1	101	23	103	24
218	43	1	1	1	1	1	2	1	46	1	1	105	27	100	25
219	41	1	1	1	2	1	1	1	41	1	1	90	15	94	20
220	40	1	1	1	2	1	1	1	52	1	1	97	27	100	33
221	31	1	1	1	1	1	1	1	32	1	1	100	17	100	19
222	34	1	1	1	2	1	1	1	28	1	1	103	11	110	13
223	34	1	1	1	2	1	1	1	36	1	1	102	23	95	20
224	41	1	1	1	2	1	1	1	40	1	1	94	5	90	0
225	40	1	1	2	1	1	1	1	44	1	1	110	26	105	19
226	37	1	1	1	2	1	1	1	37	1	1	95	16	96	10
227	43	1	1	1	2	1	1	3	36	1	1	100	18	98	13
228	37	1	1	1	2	1	1	1	42	1	1	98	25	95	22
229	33	1	1	1	2	1	1	1	34	1	1	105	13	106	13
230	46	1	1	1	2	1	1	1	41	1	1	106	28	108	19
231	38	1	1	2	1	1	1	1	38	1	1	95	9	98	10
232	34	1	1	1	2	1	1	2	39	1	1	97	16	104	19
233	51	1	1	2	1	1	1	1	42	1	1	104	23	100	12
234	36	1	1	2	1	1	1	1	40	1	1	97	23	94	14
235	37	1	1	1	2	1	1	1	48	1	1	105	31	109	35
236	29	1	1	2	1	1	1	1	41	1	1	105	24	104	25
237	41	1	1	1	2	1	1	2	49	1	1	100	29	98	20

续表

序号	46	47	48	49	50	51	52	53	54	55	56	57	58	59	60
	右	右	右	右	右	右	右	右	右	左	右	左 tPD	左 tPD	右 tPD	右 tPD
	a-b RC（条）	大鱼际/指间Ⅰ区纹	指间Ⅱ区纹	指间Ⅲ区纹	指间Ⅳ区纹	指间Ⅱ/Ⅲ区纹	指间Ⅲ/Ⅳ区纹	小鱼际纹	atd（°）	小指单褶	小指单褶	长线	短线	长线	短线
238	35	1	1	1	2	1	1	3	36	1	1	97	9	96	11
239	41	1	1	1	2	1	1	3	43	1	1	105	20	90	9
240	40	1	1	1	2	1	1	1	41	1	1	105	20	100	15
241	36	1	1	1	2	1	1	1	37	1	1	102	24	105	15
242	38	1	1	1	2	1	1	1	34	1	1	100	18	91	11
243	35	1	1	1	2	1	1	1	43	1	1	105	26	99	22
244	41	1	1	1	1	1	2	1	40	1	1	97	13	94	11
245	43	1	1	1	1	1	1	1	40	1	1	89	11	95	17
246	41	1	1	1	2	1	1	1	43	1	1	105	15	104	6
247	36	1	1	1	1	1	2	1	35	1	1	100	10	98	8
248	35	1	1	1	1	1	2	1	42	1	1	110	35	95	22
249	42	1	1	1	2	1	1	1	39	1	1	92	13	91	10
250	40	1	1	1	2	1	1	1	41	1	1	98	16	105	22
251	36	1	1	1	1	1	2	1	36	1	1	104	18	105	18
252	40	4	1	1	2	1	1	2	46	1	1	100	13	99	14
253	39	1	1	1	2	1	1	1	55	1	1	102	42	112	51
254	38	1	1	1	2	1	1	1	38	1	1	106	17	100	8
255	36	1	1	1	1	1	1	1	42	1	1	107	21	109	28
256	36	1	1	2	1	1	1	1	34	1	1	108	27	100	12
257	40	1	1	1	2	1	1	1	38	1	1	100	16	102	18
258	40	1	1	1	2	1	1	1	35	1	1	101	11	105	13
259	32	1	1	1	1	1	1	1	35	1	1	106	12	105	16
260	35	1	1	1	1	1	2	1	44	1	1	100	25	98	26
261	41	1	1	1	2	1	1	1	45	1	1	97	22	93	17
262	28	1	1	1	1	1	2	1	47	1	1	90	23	90	21
263	49	1	1	1	2	1	1	1	43	1	1	105	14	105	14
264	30	1	1	1	2	1	1	1	31	1	1	101	18	100	18
265	48	1	1	1	2	1	1	1	48	1	1	104	15	102	16
266	49	1	1	1	2	1	1	2	45	1	1	105	0	105	12
267	39	1	1	1	2	1	1	1	38	1	1	110	18	105	20
268	37	1	1	1	2	1	1	1	39	1	1	102	15	99	18
269	46	1	1	1	2	1	1	1	38	1	1	100	0	106	23
270	35	1	1	1	2	1	1	1	40	1	1	100	26	99	26
271	42	4	1	1	2	1	1	1	39	1	1	100	15	96	17

续表

序号	46	47	48	49	50	51	52	53	54	55	56	57	58	59	60
	右	右	右	右	右	右	右	右	右	左	右	左 tPD	左 tPD	右 tPD	右 tPD
	a-b RC（条）	大鱼际/指间Ⅰ区纹	指间Ⅱ区纹	指间Ⅲ区纹	指间Ⅳ区纹	指间Ⅱ/Ⅲ区纹	指间Ⅲ/Ⅳ区纹	小鱼际纹	atd（°）	小指单褶	小指单褶	长线	短线	长线	短线
272	44	1	1	2	1	1	1	1	47	1	1	93	18	95	17
273	41	1	1	1	2	1	1	1	39	1	1	109	18	100	14
274	32	1	1	1	2	1	1	1	42	1	1	112	33	99	23
275	35	1	1	1	1	1	2	1	37	1	1	100	17	105	17
276	37	1	1	1	1	1	1	1	47	1	1	105	26	100	24
277	29	1	1	1	2	1	1	1	42	1	1	104	21	105	24
278	43	1	1	1	2	1	1	1	41	1	1	98	14	97	19
279	39	1	1	1	1	1	1	1	42	1	1	100	29	100	25
280	35	1	1	1	1	1	1	1	41	1	1	104	25	100	13
281	41	1	1	1	1	1	2	1	38	1	1	100	11	105	21
282	37	1	1	1	2	1	1	1	35	1	1	104	13	103	16
283	32	1	1	1	2	1	1	1	38	1	1	104	11	105	17
284	30	1	1	1	2	1	1	1	38	1	1	95	21	100	16
285	41	1	1	1	2	1	1	1	36	1	1	101	13	100	12
286	34	1	1	1	3	1	1	1	35	1	1	103	21	105	19
287	36	1	1	1	2	1	1	5	39	1	1	100	14	104	14
288	39	1	1	1	2	1	1	3	38	1	1	104	14	103	0
289	37	1	1	1	2	1	1	2	45	1	1	100	13	93	12
290	32	1	1	1	2	1	1	1	38	1	1	104	18	109	28
291	34	1	1	2	1	1	1	2	44	1	1	102	29	98	24
292	35	1	1	1	1	1	2	1	43	1	1	97	15	97	23
293	39	7	1	1	2	1	1	1	39	1	1	110	16	107	23
294	36	1	1	1	1	1	1	1	34	1	1	98	10	100	15
295	34	1	1	1	2	1	1	1	43	1	1	102	9	105	25
296	40	1	1	1	2	1	1	1	40	1	1	110	19	105	13
297	33	1	1	1	2	1	1	1	40	1	1	98	11	95	18
298	33	1	1	1	2	1	1	1	41	1	1	100	17	100	16
299	32	1	1	2	1	1	1	5	37	1	1	99	13	97	13
300	33	1	1	1	2	1	1	1	45	1	1	100	16	107	35
301	42	1	1	1	2	1	1	1	42	1	1	104	20	102	16
302	44	1	1	1	2	1	1	1	43	1	1	98	20	93	19
303	34	1	1	1	1	1	2	1	35	1	1	90	12	104	24
304	45	1	1	1	2	1	1	1	48	1	1	109	21	110	25
305	39	1	1	1	2	1	1	1	39	1	1	110	12	106	14

续表

序号	46	47	48	49	50	51	52	53	54	55	56	57	58	59	60
	右	右	右	右	右	右	右	右	右	左	右	左 tPD	左 tPD	右 tPD	右 tPD
	a-b RC（条）	大鱼际/指间Ⅰ区纹	指间Ⅱ区纹	指间Ⅲ区纹	指间Ⅳ区纹	指间Ⅱ/Ⅲ区纹	指间Ⅲ/Ⅳ区纹	小鱼际纹	atd（°）	小指单褶	小指单褶	长线	短线	长线	短线
306	48	6	1	1	2	1	1	1	41	1	1	102	17	102	15
307	34	1	1	2	1	1	1	1	38	1	1	104	19	104	21
308	37	1	1	1	2	1	1	1	39	1	1	97	18	90	14
309	37	1	2	2	1	1	1	3	41	1	1	100	29	100	26
310	38	1	1	2	1	1	1	1	39	1	1	100	22	98	22
311	42	1	1	1	2	1	1	1	42	1	1	100	16	99	15
312	37	1	1	1	2	1	1	3	45	1	1	96	15	95	15
313	38	1	1	1	2	1	1	1	37	1	1	104	11	104	15
314	38	1	1	2	1	1	1	1	39	1	1	103	22	102	22
315	41	1	1	1	2	1	1	2	41	1	1	100	17	100	21
316	39	1	1	1	2	1	1	1	45	1	1	96	17	96	16
317	42	1	1	1	2	1	1	1	41	1	1	100	17	97	16
318	39	1	1	1	2	1	1	1	40	1	1	104	16	101	15
319	38	1	1	1	2	1	1	1	40	1	1	98	13	96	15
320	41	1	1	1	1	1	1	1	40	1	1	94	16	98	17
321	40	1	1	1	2	1	1	3	44	1	1	104	22	94	13
322	35	1	1	1	2	1	1	1	42	1	1	97	14	104	29
323	40	1	1	2	1	1	1	1	41	1	1	91	20	94	10
324	33	1	1	2	1	1	1	1	40	1	1	99	13	97	15
325	31	1	1	2	1	1	1	1	39	1	1	110	29	108	25
326	41	1	1	1	2	1	1	1	43	1	1	91	12	91	14
327	36	1	1	1	2	1	1	1	42	1	1	105	22	102	16
328	39	1	1	1	2	1	1	3	39	1	1	104	14	104	12
329	32	1	1	1	2	1	1	1	39	1	1	99	28	100	25
330	40	1	1	2	1	1	1	2	41	1	1	106	18	103	16
331	34	1	1	1	1	1	2	1	32	1	1	99	20	100	15
332	40	1	1	1	2	1	1	2	38	1	1	95	15	97	16
333	40	1	1	1	2	1	1	1	43	1	1	110	23	97	12
334	35	1	1	1	2	1	1	1	40	1	1	105	22	100	19
335	38	4	1	1	1	1	2	1	44	1	1	105	27	107	33
336	40	1	1	2	1	1	1	1	40	1	1	95	14	92	13
337	41	1	1	1	2	1	1	2	40	1	1	98	12	96	13
338	41	1	1	1	2	1	1	1	38	1	1	112	20	105	13
339	35	1	1	1	2	1	1	1	42	1	1	100	12	100	25

续表

序号	46	47	48	49	50	51	52	53	54	55	56	57	58	59	60
	右	右	右	右	右	右	右	右	右	左	右	左 tPD	左 tPD	右 tPD	右 tPD
	a-b RC（条）	大鱼际/指间Ⅰ区纹	指间Ⅱ区纹	指间Ⅲ区纹	指间Ⅳ区纹	指间Ⅱ/Ⅲ区纹	指间Ⅲ/Ⅳ区纹	小鱼际纹	atd（°）	小指单褶	小指单褶	长线	短线	长线	短线
340	37	1	1	1	2	1	1	1	42	1	1	106	28	105	22
341	35	1	1	1	2	1	1	1	42	1	1	101	14	98	6
342	40	1	1	1	2	1	1	1	43	1	1	101	10	105	21
343	37	1	1	1	2	1	1	1	45	1	1	94	21	95	15
344	40	1	1	1	2	1	1	1	42	1	1	101	19	98	13
345	36	1	1	1	2	1	1	1	43	1	1	101	23	101	20
346	31	1	1	1	2	1	1	2	39	1	1	113	23	100	14
347	50	1	1	1	2	1	1	1	36	1	1	108	17	108	18
348	41	7	1	1	2	1	1	1	38	1	1	100	14	94	13
349	32	1	1	1	1	1	2	1	45	1	1	105	15	105	30
350	40	1	1	1	2	1	1	1	37	1	1	103	18	105	16
351	44	1	1	2	1	1	1	1	aod	1	1	110	12	105	0
352	43	1	1	1	2	1	1	1	43	1	1	98	18	95	20
353	37	1	1	1	2	1	1	1	46	1	1	104	18	109	35
354	41	1	1	1	2	1	1	1	47	1	1	98	15	98	20
355	36	8	1	1	2	1	1	3	44	1	1	98	14	95	16
356	30	1	1	1	2	1	1	1	37	1	1	96	13	96	15
357	46	1	1	1	2	1	1	1	44	1	1	110	21	100	15
358	40	1	1	1	2	1	1	1	36	1	1	100	11	104	13
359	32	1	1	1	2	1	1	2	45	1	1	106	14	104	23
360	38	1	1	1	2	1	1	1	43	1	1	95	20	97	18
361	40	1	1	1	2	1	1	1	52	1	1	91	23	104	23
362	32	1	1	1	2	1	1	1	38	1	1	94	8	90	8
363	39	7	1	2	2	1	1	1	37	1	1	95	5	97	5
364	39	1	1	1	2	1	1	1	35	1	1	105	10	101	14
365	41	1	1	1	2	1	1	1	41	1	1	89	17	95	19
366	40	1	1	1	2	1	1	2	38	1	1	105	18	108	18
367	31	1	1	1	2	1	1	2	37	1	1	94	9	100	15
368	37	1	1	2	1	1	1	1	47	1	1	95	17	91	10
369	34	1	1	1	2	1	1	2	33	1	1	96	5	99	7
370	34	4	1	1	2	1	1	1	43	1	1	95	21	89	14
371	32	1	1	1	1	1	1	1	39	1	1	95	6	97	10
372	31	1	1	1	2	1	1	1	37	1	1	91	5	93	10
373	24	1	1	2	1	1	1	1	33	1	1	94	9	95	15

续表

序号	46	47	48	49	50	51	52	53	54	55	56	57	58	59	60
	右	右	右	右	右	右	右	右	右	左	右	左 tPD	左 tPD	右 tPD	右 tPD
	a-b RC（条）	大鱼际/指间Ⅰ区纹	指间Ⅱ区纹	指间Ⅲ区纹	指间Ⅳ区纹	指间Ⅱ/Ⅲ区纹	指间Ⅲ/Ⅳ区纹	小鱼际纹	atd（°）	小指单褶	小指单褶	长线	短线	长线	短线
374	44	1	1	2	2	1	1	1	41	1	1	101	16	101	18
375	38	4	1	1	2	1	1	3	40	1	1	96	14	95	14
376	31	1	1	1	2	1	1	1	43	1	1	94	9	95	13
377	28	1	1	2	1	1	1	1	38	1	1	95	14	91	12
378	46	8	1	1	2	1	1	1	43	1	1	95	9	95	8
379	37	1	1	2	1	1	1	1	41	1	1	100	13	96	13
380	42	1	1	1	2	1	1	1	38	1	1	106	8	96	7
381	38	1	1	1	2	1	1	1	40	1	1	96	19	94	12
382	42	1	1	2	1	1	1	1	42	1	1	95	16	100	13
383	46	1	1	2	2	1	1	1	39	1	1	88	15	90	12
384	42	1	1	1	1	1	2	1	43	1	1	95	20	101	25
385	32	1	1	1	2	1	1	1	33	1	1	92	11	90	7
386	43	1	1	1	2	1	1	1	40	1	1	86	6	86	7
387	34	1	1	1	2	1	1	1	34	1	1	88	2	90	6
388	37	4	1	1	2	1	1	1	32	1	1	96	2	96	8
389	43	1	1	1	2	1	1	1	39	1	1	95	9	96	8
390	37	1	1	1	1	1	1	1	33	1	1	105	23	97	10
391	40	1	1	1	2	1	1	1	42	1	1	100	17	100	19
392	36	1	1	1	2	1	1	1	37	1	1	103	17	104	22
393	44	1	1	1	1	1	2	1	43	1	1	103	20	103	20
394	36	1	1	1	2	1	1	1	41	1	1	96	12	100	14
395	31	1	1	1	2	1	1	1	46	1	1	93	21	90	18
396	32	1	1	1	2	1	1	1	43	1	1	106	28	103	26
397	39	1	1	1	2	1	1	1	40	1	1	102	18	94	10
398	34	1	1	2	1	1	1	1	42	1	1	98	21	94	21
399	44	1	1	1	2	1	1	1	45	1	1	104	14	105	16
400	34	1	1	1	2	1	1	1	39	1	1	102	14	105	14

注：李金喜博士参加本表的部分整理。

①指纹RC：计数指纹嵴的条数。其中0是弓形纹的计数；2位数或1位数是箕形纹的计数；5位数是斗形纹的信息，第1位是1～3的数字，依据斗形纹2个三角的内根基线关系，定尺偏记1，平衡记2，桡偏记3。以左手为例，第2位和第3位是尺侧RC，第4位和最后位是桡侧RC。右手桡侧RC在前。详细说明见本书表1-9-6及其描述。

②在此列披露缺少三角c、d、t的信息，缺c记3，缺d记4，缺t记5。

③有些指间区纹嵌在指间Ⅱ区和Ⅲ区之间，仅计数真实花纹的出现频数。

④有些指间区纹嵌在指间Ⅲ区和Ⅳ区之间，仅计数真实花纹的出现频数。